Ordnungssysteme

Studien
zur Ideengeschichte
der Neuzeit

Herausgegeben von
Dietrich Beyrau,
Anselm Doering-Manteuffel
und Lutz Raphael

Band 30

R. Oldenbourg Verlag München 2010

Gestwa · Die Stalinschen Großbauten des Kommunismus

Klaus Gestwa

Die Stalinschen Großbauten des Kommunismus

Sowjetische Technik- und Umweltgeschichte, 1948–1967

R. Oldenbourg Verlag München 2010

Gedruckt mit Unterstützung des Förderungs- und Beihilfefonds Wissenschaft der VG Wort

Bibliografische Information der Deutschen Nationalbibliothek
Die Deutsche Nationalbibliothek verzeichnet diese Publikation in der Deutschen Nationalbibliografie; detaillierte bibliografische Daten sind im Internet über <http://dnb.d-nb.de> abrufbar.

Rosenheimer Straße 145, D-81671 München
Internet: oldenbourg.de

Umschlaggestaltung: Dieter Vollendorf
Umschlagbild: Roman Clemens: Spiel aus Form, Farbe, Licht und Ton (1929)
© Theaterwissenschaftliche Sammlung, Universität zu Köln
Gedruckt auf säurefreiem, alterungsbeständigem Papier (chlorfrei gebleicht).

Satz: Typodata GmbH, München
Druck und Bindung: Druckhaus »Thomas Müntzer« GmbH, Bad Langensalza

ISBN 978-3-486-58963-4

Inhalt

Vorwort

Das vorliegende Buch beschäftigt sich nicht nur mit Großbauten; es war selbst ein Großbau, dessen Abschluss deutlich mehr Mühe und Energie erforderte als ursprünglich erwartet. Vieles, was geplant war, konnte nicht umgesetzt werden, weil es an Zeit oder an Quellen fehlte. Zudem verzögerte sich die Fertigstellung meiner Habilitationsschrift und damit dieses Buches um mehrere Jahre. Das hat seinen Grund darin, dass ich als Vater von vier Söhnen oft mehr Zeit auf dem Kinderspielplatz als am Schreibtisch verbrachte. Meine fünf Jahre Elternzeit, in der ich der Universität vorübergehend den Rücken kehrte, waren für mich eine unvergessliche Lebenserfahrung, die mir andere Perspektiven eröffnete und mich neue Bekanntschaften jenseits der engen Grenzen des Universitätslebens schließen ließ.

Dass ich trotz aller Rückzüge ins Familienleben meine Habilitationsschrift abschließen konnte, habe ich vor allem dem besonderen Klima des Instituts für Osteuropäische Geschichte und Landeskunde am Historischen Seminar der Universität Tübingen zu verdanken. Hier hatte ich Kollegen, die zu Freunden geworden sind. Als ich 1998 begann, mich eingehender mit der Technik- und Umweltgeschichte zu beschäftigen, ahnte wohl niemand, dass mir elf Jahre später die Leitung des Instituts anvertraut werden sollte. Ich empfinde es als ein unerwartetes Glück und großes Privileg, fortan die Verantwortung für diese einmalige Lehr- und Forschungseinrichtung zu tragen, an der ich im Frühjahr 2007 meine Habilitationsschrift eingereicht habe. Den Professoren Dietrich Beyrau, Dietmar Neutatz, Anselm Doering-Manteuffel, Otfried Höffe und Ellen Widder bin ich für ihre wohlwollenden Gutachten dankbar.

Dietrich Beyrau, der langjährige Direktor des Instituts für Osteuropäische Geschichte und Landeskunde, verfolgte mein Habilitationsprojekt mit großem Interesse. Gerade in kritischen Zeiten trugen sein Zuspruch und seine Unterstützung maßgeblich dazu bei, dass mein Forschungsvorhaben nicht an der Doppelbelastung von Familie und Wissenschaft scheiterte. Herrn Beyrau verdanke ich wichtige Ideen, wie sich die Geschichte der „Großbauten des Kommunismus“ schreiben lässt. Er hat mich stets ermutigt, meine Wege zu gehen. Seine methodische Offenheit beeindruckt mich genauso wie seine Fähigkeit, mir den Eindruck zu vermitteln, dass ich etwas mitzuteilen habe, das andere mit Gewinn lesen. Das half mir über Schaffens- und Sinnkrisen hinweg, die alle Wissenschaftler auf die eine oder andere Weise meistern müssen.

Über zehn Jahre lang forschte ich mit Jörg Baberowski zuerst in Frankfurt und später in Tübingen Tür an Tür. Auch wenn im vorliegenden Buch weniger von Gewalt, Terror und Philosophen die Rede ist, so half sein Verständnis von Geschichte und Stalinismus mir doch dabei, einen Zugang zu meinem Thema zu finden und über die Besonderheiten der Sowjetmoderne nachzudenken.

Ingrid Schierle hat das Talent, mich auf ihre charmante Art auf den Boden der Tatsachen zurückzuholen. Sie erinnerte mich zum richtigen Zeitpunkt daran, endlich in die „Quellen zu gehen", um meinen interpretativen Höhenflügen solide empirische Studien folgen zu lassen. Unsere gemeinsamen Filmübungen, bei denen wir die Studierenden in lebhafte Diskussion verwickeln, sind Höhepunkte meiner Lehrtätigkeit.

Jan Plamper kam von Berkeley nach Tübingen, als ich in den Elternurlaub ging. Ihm habe ich es zu verdanken, dass ich trotz meiner Abwesenheit immer auf dem Laufenden war, was sich im Institut und in unserer Wissenschaft ereignete. Glücklicherweise sind unsere wechselseitigen historiographischen Umerziehungsversuche kläglich gescheitert. Unsere unterschiedlichen Ansichten zu wissenschaftlichen Themen erörterten wir wiederholt unter vier Augen und im Rahmen des Institutskolloquiums. Dieser lebhafte Meinungsaustausch veranlasste mich *nolens volens* dazu, bestimmte Dinge anders zu sehen und meinen Denkhorizont zu erweitern. Das wird Jan Plamper freuen, auch wenn er sicherlich (wie immer) sagen wird, dass ich ihn nicht richtig verstanden habe. Seine Freundschaft möchte ich nicht missen.

Mit Katharina Kucher verbindet mich neben unseren gemeinsamen Semestern am Tübinger Institut vor allem ein schöner Abend, den wir im kleinen Kreis von befreundeten Kollegen im August 1999 am Novosibirsker Stausee verbrachten. In einem Strandlokal aßen wir Schaschlik und tranken sibirisches Bier, während hinter dem Panorama des gigantischen Kraftwerkbaus die Abendsonne im Stausee verschwand. An dieses beeindruckende Bild und die gemütliche Stimmung dachte ich oft, als ich später mit meinen Materialien und Texten zu kämpfen hatte.

Mit ihren Forschungsarbeiten gaben mir meine Tübinger Kollegen Benno Ennker und Christoph Mick zahlreiche Anregungen und erleichterten mit ihren Hinweisen meine Arbeit in den Moskauer Archiven. Eberhard Müller machte sich die Mühe, mehrere Kapitel der Habilitationsschrift zu lesen. Seine Korrekturen und Anmerkungen verbesserten die Lesbarkeit des Textes spürbar. Dietrich Geyer begleitete meine jahrelange Arbeit an den „Großbauten des Kommunismus" mit Wohlwollen. Seine aufmunternden Worte halfen, dass mein Enthusiasmus für das Thema nicht verloren ging. Bei Margit Schneider, Zuzana Křižova, Agnes Wiglusch und Andrea Hacker habe ich für mich für die kompetente Zusammenarbeit und das freundliche Miteinander zu bedanken. Sie sorgten in den letzten zehn Jahren jeweils auf ihre Weise für die reibungslose Organisation des Institutsbetriebs und für eine angenehme Atmosphäre.

In den letzten zehn Jahren habe ich mich wiederholt mit Kollegen über Themen der Sowjet-, Technik- und Umweltgeschichte ausgetauscht und viel von ihnen gelernt. Wichtige Gesprächspartner waren Susanne Schattenberg, Maike Lehmann, Malte Rolf, Dietmar Neutatz, Helmuth Trischler, Paul Josephson, Michael David-Fox und Dirk van Laak. Julia Obertreis war so freundlich, meine Habilitationsschrift zu lesen und mir ihre Eindrücke mitzuteilen. Mit Johannes Grützmacher verbindet mich das gemeinsame Interesse an sowjetischen Großprojekten und Infrastrukturen. Wir haben in Tübingen regelmäßig die Gelegenheit genutzt, über unsere Forschungen zu sprechen. Marc Elie war so freundlich, mit mir seine umfangreichen Kenntnisse und sein reichhaltiges Archivmaterial zum GULag-System zu teilen.

Das vorliegende Buch wäre niemals in Druck gegangen ohne die tatkräftige Hilfe zahlreicher studentischer Hilfskräfte, allen voran Mark Edele, Johannes Grützmacher, Maike Lehmann, Jens-Peter Müller, Regine Kramer, Marc Elie, Tobias Rupprecht, Luminita Gatejel, Katharina Uhl, Alexa von Winning, Boris Belge, Raphael Schulte-Kellinghaus, Simon Jersak, Elisabeth Häge und Lenka Fehrenbach. Sie kopierten, recherchierten und korrigierten. Darüber hinaus wussten sie mir vieles mitzuteilen, was ihnen unverständlich erschien. Ihre Meinung war mir wichtig und hat mich bei meinen Überlegungen weiter gebracht. Besonders freut mich, dass sich mehrere wissenschaftliche Hilfskräfte mittlerweile als aufstrebende Historikerinnen und Historiker einen Namen gemacht haben und andere dies sicherlich bald tun werden.

Die „Großbauten des Kommunismus" sind wiederholt Gegenstand meiner Lehrveranstaltungen in Tübingen gewesen. Besonders das Proseminar im Wintersemester 2005 sowie die Vorlesung und die damit verbundene Übung im Sommersemester 2008 sind mir in bester Erinnerung geblieben. Die teilnehmenden Studierenden waren äußerst engagiert und diskutierten lebhaft meine Interpretationen zur sowjetischen Umwelt- und Technikgeschichte, um mir dadurch deutlich machten, was ich noch besser erklären muss.

Das vorliegende Buch ist zwar in Tübingen geschrieben worden, aber seiner Abfassung gingen zahlreiche Reisen voraus. Dank der großzügigen Förderung durch die DFG konnte ich zwischen 1998 und 2002 mehrmonatige Forschungsreisen nach Moskau, Novosibirsk und Irkutsk unternehmen, um in den dortigen Archiven und Bibliotheken das notwendige Material zusammenzutragen. Die Forschungsarbeit in Russland machte mir großen Spaß, weil ich überall gute Arbeitsbedingungen hatte. Besonders gern war ich bei meiner „Archivfamilie" im Staatsarchiv der Russländischen Föderation (GARF). Im 8. Stock des 12. Eingangs konnte ich in einem kleinen Lesesaal in unmittelbarer Nähe wichtiger Aktenbestände recherchieren. Die dortigen Mitarbeiterinnen holten mir viele Dutzende von schweren Aktenmappen aus den Regalen und berieten mich kompetent. Ihrem Engagement verdanke ich zahlreiche zentrale Funde, ohne die wichtige Fragen in diesem Buch unbeantwortet geblieben wären. Sofija Viktorovna Somonova, Galina Kuznecova und Inna Dubrovec sind mir in dieser Zeit ans Herz gewachsen. Tatjana Žukova, die mir im GARF vor allem mit Rat und Tat zur Seite stand, ist mittlerweile eine gute Freundin meiner Familie.

In Moskau waren Elena Zubkova und Oleg Chlevnjuk wichtige Gesprächspartner. Die beiden ließen mich großzügig an ihrem umfassenden Wissen teilhaben und trugen so vieles dazu bei, damit ich mit meinen Recherchen und Analysen vorankam. Ihnen bin ich in Dankbarkeit und Freundschaft verbunden. Albina Aleksandrovna und Danil Kadnikov danke ich für ihre großzügige Gastfreundschaft. Während meiner langen Moskau-

Aufenthalte fühlte ich mich in ihrer Wohnung in der Nähe der Metrostation Ščukinskaja heimisch.

In Novosibirisk sorgten meine Schwiegereltern dafür, dass ich in der dortigen Wissenschaftsstadt Akademgorodok zwei arbeitsreiche und schöne Sommer verbringen durfte. Dort lernte ich meinen Kollegen Sergej Krasil'nikov kennen, der mir im Archiv half und mich zu einem Vortrag einlud.

Sheila Fitzpatrick war so großzügig, mich im akademischen Jahr 2004/2005 an die University of Chicago einzuladen. Die Seminare und Workshops mit den dortigen Studierenden und Promovierenden machten mir viel Freude und gaben mir Anregungen für meine Studien. Dank Emma Gilligan, Caitjan Gainty, Lucas Canino, Alan Barenberg, Andrew Janco, Andrey Shlyakhter und Brian LaPierre werde ich das Jahr am Lake Michigan in guter Erinnerung behalten.

Cornelia Reichert gilt mein Dank für die große Sorgfalt, mit der sie das Manuskript las und verbesserte. Zusammen mit der Redaktion der Zeitschrift Osteuropa, Raphael Schulte-Kellinghaus und Richard Szydlak habe ich die beiden Karten erstellt, die den Lesern helfen, sich bei meinen Ausführungen im sowjetischen Raum zu orientieren. An der Erstellung des Registers waren Alexa von Winning und Boris Belge beteiligt. Beim Oldenbourg Verlag danke ich Sabine Walther und Cordula Hubert für die freundliche Unterstützung und Betreuung.

Meine anfänglich enthusiastische, dann zunehmend aufopferungsvolle Arbeit an den „Großbauten des Kommunismus“ verlangte meiner Frau mehr als nur unendliche Geduld ab. Sie wird froh darüber sein, wenn dieses Buch endlich seinen Weg aus meinem Kopf ins Regal gefunden hat. Ich bewundere meine Frau dafür, mit welcher Energie sie unseren anstrengenden Alltag zwischen Familie und Universität meistert. Während ich vor Erschöpfung schon den Überblick verliere, bleibt sie weiter umsichtig und regelt alles noch Notwendige. Ohne ihre Kraft und Ausdauer wäre dieses Buch niemals geschrieben worden. Ihr ist es darum in Liebe gewidmet.

Meine Kinder wundern sich immer wieder darüber, warum ihr Vater so viel Zeit – selbst am Wochenende – hinter dem Computer verbringt und warum er abends so lange im Institut weilt. Maxim, unser Ältester, hat es deshalb schon mehr als einmal bedauert, dass ich Historiker und nicht Busfahrer oder Lokführer bin. Ich hoffe, dass unsere regelmäßigen Ausflüge und Spaziergänge, unser gemeinsames Herumtoben und Vorlesen es meinen Söhnen erleichtern, mit der eigentümlichen akademischen Berufstätigkeit ihres Vaters klarzukommen. Es wäre schön, wenn mir nach Abschluss der „Großbauten des Kommunismus“ mehr Zeit für Dinosaurier und Schnecken, Legosteine und Puzzles bliebe.

Tübingen im September 2009

1. Einleitung: Energetischer Imperativ und hydraulische Gesellschaft

Gleichermaßen gefährlich und nützlich ist auch das Machen
Einleuchtender Bilder. Da wird der Kosmos gebildet.
Nebeneinander liegen, einander bedingend, die Dinge.
Vielerlei dient dazu, ein Alles ahnbar zu machen.
Der nachschaffende Geist genießt die Genüsse des Schaffens.
Alles scheint ihm geordnet, da er es geordnet. So manches
Was nicht hineinpaßt, läßt er heraußen und nennt es
„das Wenige" […]
Kämpfend nämlich mit neuen Lagen, niemals erfahrenen
Kämpfen die Menschen zugleich mit den alten Bildern und machen
Neue Bilder, das nunmehr möglich Gewordene
Auszuzeichnen, das Unhaltbare verschwunden
Schon beseitigt zu zeigen. In großen Modellen
Zeigen sie so sich selbst das schwer vorstellbare Neue
Schon funktionierend. Da nun diese neuen Modelle
Meist aus den alten gemacht, den vorhandenen gebildet
Werden, scheinen sie falsch, doch sie sind's nicht.
Sie wurden's.

Bertolt Brecht 1981: 902.

Energie wird seit jeher als die Grundlage alles Geschehens, als „die alles treibende Kraft"[1]) begriffen, die um des Fortschritts willen erschlossen und genutzt werden müsse.[2]) Vielen stellt sich die Geschichte sogar als „Kampf des Menschen um immer mehr Energiequellen"[3]) dar. Wer von Energie spricht, beginnt zumeist auch „die Natur durch die Brille der modernen Ökonomie zu betrachten".[4]) Die Natur erscheint dann als Rohstoff- und Energiespeicher, die dem Mängelwesen Mensch „als mechanische, elektrische und thermische Energie zu Diensten steht".[5]) Das Ziel der fortschreitenden Naturunterwerfung steht zweifellos im Zentrum des prometheischen Weltbildes der aufgeklärten Moderne. Sein energetischer Imperativ ermächtigt den Menschen dazu, Herrschaft über alles auszuüben. Alles erscheint machbar, so dass der menschliche Wille auf nichts und niemanden Rücksicht zu nehmen braucht. Die moderne Zivilisation verbindet Energie deshalb vor allem mit der Fähigkeit zu handeln, „um die Welt zu verändern, die Dinge dazu zu zwingen, anders zu werden, als sie bisher waren, oder gefälligst von der Bühne zu ver-

[1]) Zischka 1988. Kürzlich war sogar von der „Weltmacht Energie" die Rede. Vgl. Hennicke/Müller 2005.
[2]) Zur Weltgeschichte der Energie vgl. Varchim/Radkau 1981; Smil 1994.
[3]) Alekseev 1973a: 345.
[4]) Sachs 1985: 40.
[5]) Sachs 1985: 38.

schwinden."[6]) Dabei treibt Energie nicht nur Maschinen und Volkswirtschaften an. Die „Geschichte der Hochenergie-Technik ist gleichzeitig die Geschichte der Hochenergie-Kultur". Stets bringen technische Innovationen neue Wünsche und Lebensbilder hervor. Sie verkörpern „die Sehnsüchte und Selbstverständlichkeiten einer Epoche" und stellen damit „den materiellen Ausdruck einer kulturellen Ordnung" dar.[7]) Im Verlauf des 20. Jahrhunderts stieg Energie zum „Zauberwort und Fetisch"[8]), zum Lebenssaft und täglichen Brot des modernen Menschen auf. Angesichts der „grandiosen energetischen Revolution [...], die das menschliche Leben nicht weniger grundlegend veränderte als die Entdeckung des Feuers in der Urzeit"[9]), wurde die neue Kraftquelle Elektrizität zum „fünften Element"[10]) und zur „allmächtigen Zauberin"[11]) erklärt. Sie demonstrierte, dass Energie nicht bloß eine Abstraktion, sondern eine höchst reale Angelegenheit war, die Menschen in ihrem Alltag unmittelbar erfuhren. Die neuen, immer effizienteren Formen der Stromproduktion schienen schließlich sogar die baldige Umsetzung des „Menschenrechts auf Energie" in greifbare Nähe zu rücken, um dem „Kampf ums Überleben" endlich ein Ende zu machen.[12])

Die faszinierende Abfolge immer neuer technischer Superlative beeindruckte so sehr, dass viele glaubten, mit dem optimistischen energetischen Weltbild den Nerv der Zeit zu treffen und den Bewegungsmodus der modernen Geschichte entdeckt zu haben. Die Energienutzung schien als „mächtiger Katalysator der sozialwirtschaftlichen Entwicklung" zu wirken und „eines der wichtigsten Kriterien für den gesellschaftlichen Fortschritt" zu sein.[13]) Als wirksame Hintergrundideologie trug diese lange Zeit ungebrochene energetische Denkweise mit ihrem technischen Sachzwang und wirtschaftspolitischen Handlungsdrang maßgeblich dazu bei, während des „langen 20. Jahrhunderts der Elektrizität"[14]) die Wahrnehmungen und Handlungen der Menschen zu gestalten.

Neben der Energiegewinnung ging von der Wassernutzung eine enorme Transformationskraft aus. Dem engen Zusammenhang von Hydrobauten und Herrschaftsformen ist insbesondere Karl Wittfogel systematisch nachgegangen. In seiner 1957 erstmals publizierten Monographie von der „orientalischen Despotie" skizzierte er mit einer sozialhistorischen Tiefenanalyse einen inter-

[6]) Bauman 1996: 38.
[7]) Sachs 1985: 41.
[8]) Radkau 1996: 24–30.
[9]) Alekseev 1981: 135. Auch Sieferle 1982.
[10]) Meya/Sibum 1987.
[11]) Gugerli 1994. Von der Elektrizität als „unserem Lebenselement" sprach Flemming 1967: 9.
[12]) Zischka 1979.
[13]) Alekseev 1981: 135. Auch Alekseev 1973a: 344–352; Alekseev 1983: 164–182. Neuerdings ähnlich Siemann/Freytag 2003: 11.
[14]) So der Begriff von Stier 2000. Ferner Wessel 2002.

pretativen Rahmen, um die Errichtung umfangreicher Bewässerungsanlagen, die Umsetzung zentralistischer Technologien und die Festigung der Staatsmacht durch monopolbürokratische Institutionen aufeinander zu beziehen. Wittfogels Metabegriff der „hydraulischen Gesellschaft“ überschritt Ländergrenzen und Jahrhunderte. Er diente dazu, mit europäischem Vorurteil die Vorstellung von der „asiatischen Despotie“ erneut zu verbreiten, um in der Systemkonkurrenz des Kalten Krieges das unheilvolle „theoretische Vakuum“ auszufüllen, das der Renegat Wittfogel während der 1950er Jahre auf westlicher Seite zu erkennen glaubte.[15])

Laut Wittfogel rief die zentralstaatlich regulierte Wasserwirtschaft eine hydraulische Bürokratie ins Leben, die wie ein Schwamm immer mehr Funktionen und Kompetenzen aufsaugte.[16]) Kanalbauten schufen eine „aus dem Geist geschaffene Zauberwelt“, die versprach, den „Traum der Macht“ Wirklichkeit werden zu lassen.[17]) Neuere Forschungen belegen zwar, dass sich der Zusammenhang zwischen Wasserwirtschaft und Machtlegitimation weit komplexer darstellt als in Wittfogels monokausalem Erklärungsansatz angenommen;[18]) doch bleibt unbestritten, dass die Menschen im Umgang mit dem Wasser Anlagen entwickelten, die Systemcharakter hatten und in den jeweiligen historischen Epochen zu Schlüsseltechnologien wurden. Wasser gilt als „Lebensspender par excellence“[19]), als „Urgrund aller Dinge“[20]) und die hydrotechnische Infrastruktur folglich als eine der wesentlichen Grundlagen moderner Zivilisation.[21]) Darum leitet „eine Geschichte der Wasserbautechnik fast von selbst zu den Hauptströmen der Geschichte über.“[22]) Das hat die Mitte der 1980er Jahre beginnende, bis heute fortdauernde Flut an Flussgeschichten besonders deutlich gemacht.[23]) Um den „großen Durst“[24]) der auf Wachstum und Expansion ausgerichteten Industriegesellschaften zu stillen, schuf sich die moderne Wasserbautechnologie in Dämmen, Kanälen, Kläranlagen, Bewässerungs- und Kanalisationssystemen sowohl „Verehrungsstätten“ als auch „Entsorgungsdeponien“.[25])

Bei der Lektüre von Wittfogels Werk fällt mit einem Abstand von 50 Jahren auf, dass der Renegat die Sowjetunion und China zwar als „hydraulische Dik-

[15]) Wittfogel 1977: 34.

[16]) Wittfogel 1977: 327.

[17]) Flemming 1957: 193 u. 213.

[18]) Zum Forschungsstand Radkau 2000: 107–153.

[19]) Clarke 1994: 9. Von der „Weltmacht Wasser“ sprachen Flemming 1965 und zuletzt Feist 2009.

[20]) So schon Thales von Milet, zit. n. Garbrecht 1985: 258.

[21]) Allgemein zur Bedeutung des Wassers im globalen Lebenserhaltungssystem der Erde vgl. Mauser 2007.

[22]) Radkau 1987: 662.

[23]) Vgl. z.B. Fradkin 1996; Tümmers 1994; Gumprecht 1999; Cioc 2002. Von „liquid history“ sprach in diesem Zusammenhang zuletzt Ackroyd 2009.

[24]) Hundley 1992.

[25]) Zu diesen Begriffen Marquardt 1993: 372.

taturen" charakterisierte. Der „moderne kommunistische industrielle Apparatstaat" hätte eine „industrielle Despotie" und ein „System der bürokratischen Staatssklaverei" geschaffen, das die „totale politische Macht mit totaler sozialer und geistiger Kontrolle" vereinigt.[26]) Bei seiner dezidiert antikommunistischen Theorie unterließ Wittfogel es aber, sich systematisch mit den Wasserbauvorhaben der Sowjetunion zu beschäftigen. Seine Ausführungen über den „modernen totalitären Überstaat"[27]) des Stalinismus blieben sehr allgemein gehalten.[28])

Die Unternehmungen der Moskauer Führung, die Flüsse in den Dienst ihrer offenbarungsartigen Heilsgewissheit zu stellen, sind darum Gegenstand der vorliegenden Untersuchung. Sie will zeigen, dass im Geflecht der Technikutopien, die das Webmuster des Zeitgeists im 20. Jahrhundert ergeben, der Glaube der sowjetischen Planungs- und Machteliten an die segensreiche Wirkung gigantischer Flusskraftwerke und Kanalbauten als technophiler und fortschrittsgläubiger Faden besonders hervorsticht. Wer den Sowjetkommunismus als „vollstreckten Wahn" und „Utopie an der Macht" interpretiert,[29]) hat darauf einzugehen, dass zu den revolutionären Visionen, denen die Moskauer Parteiführer den Weg in die Wirklichkeit bahnen wollten, die Faszination großflächiger Landschaftsveränderungen gehörte. Der „neue Sowjetmensch" sollte sich mittels moderner Technik „ein neu erschaffenes Land in einer neu erschaffenen Natur"[30]) aufbauen. „Indem wir die Natur verändern, verändern wir uns selbst", so brachte es Maksim Gor'kij, der stalinistische Chefingenieur der Seelen, auf den Punkt.[31]) Die sowjetische Moderne stellte sich von Beginn an als eine Zivilisation der Grenzüberschreitungen dar, als eine Zivilisation, die davon ausging, dass Grenzen, die ihr Handeln einschränkten, dazu da seien, überschritten zu werden, dass alle sowohl gesellschaftlichen als auch naturräumlichen Hemmnisse, die ihrer Fortschrittspolitik im Weg stünden, rücksichtslos beseitigt werden müssten.

Laboratorien der sowjetischen Moderne

Bei der Erkundung sowjetischer Geschichte mit technik- und umwelthistorischen Fragestellungen führt an den hydrologischen Großprojekten kein Weg vorbei. Sie sorgten dafür, dass sich in allen Epochen der Sowjetgeschichte die eigentümliche Ambivalenz von Fortschritt und Vernichtung, von technologischem Durchbruch und ökologischem Desaster in irgendeiner Form in den

[26]) Wittfogel 1977: 183 u. 545.
[27]) Wittfogel 1977: 33.
[28]) Zu Wittfogels politischem Wandel und zur Rezeptionsgeschichte seiner Theorie vgl. Radkau 1983: 73–94.
[29]) Heller/Nekrich 1981; Malia 1994.
[30]) Welitsch 1952: 41. Ähnlich Sowjetmenschen 1951: 57 ff.; Zarevo 1959: 330–334.
[31]) Zit. n. Weiner 1988: 168–71. Ausführlich zum Menschen- und Naturbild Maksim Gor'kijs vgl. Weiner 1995: 65–88.

damals geschaffenen Industrie- und Planlandschaften niederschlug. Grandiose Kanal- und Kraftwerkbauten verliehen der utopischen Ideologie einen imposanten materiellen Ausdruck.

Wenn man die Begeisterung des Sowjetstaats für alles Technologische herausstellt, dann verliert die in der Zeit des Kalten Krieges liebgewonnene und sich hartnäckig behauptende Vorstellung an Plausibilität, die Sowjetunion sei primär eine politische und vom Ziel des Kommunismus geprägte Gesellschaft gewesen. Bei genauerem Hinsehen erweist sich im ersten sozialistischen Staat auf Erden die Technologie als mindestens ebenso wichtiges Entwicklungsmoment wie die Ideologie. Bei den Schöpfern der sowjetischen Industriegesellschaft ist an Wissenschaftler, Ingenieure und Planungsstrategen genauso zu denken wie an Revolutionäre und Funktionäre. Der Glaube an die segensreiche Kraft der Technik war von zentraler Bedeutung für das Evangelium von der politischen und sozialen Revolution, das die Machthaber im Kreml meinten, der Welt offenbaren zu müssen. Die Technisierung der Fortschrittsidee und die Verwirklichung ambitionierter großtechnischer Systeme gehörte ähnlich wie in den USA auch in der Sowjetunion maßgeblich zur „Genesis" der neuen Gesellschaft, die für sich beanspruchte, der Welt eine bessere Ordnung zu geben. Der Pakt von Technik und Staat, von Wissen und Macht führte zu einer Neugestaltung des gesellschaftlichen Kräftefeldes, ohne die beide Supermächte und ihre Systemkonkurrenz kaum denkbar wären.[32])

Das Verständnis der Technik als Kultur der Zukunft machte die sowjetischen Parteiführer anfällig für eine gigantomanische Technikbegeisterung, als sie nach 1928 den „Aufbau des Sozialismus" und zwei Jahrzehnte später sogar den „Übergang zum Kommunismus" durch einen radikalen Wandel aller Verhältnisse durchsetzen wollten. In dem überschwänglichen, aus der marxistischen Geschichtsphilosophie abgeleiteten Gefühl, sie seien dazu auserkoren, die Menschheit ins irdische Paradies des Kommunismus zu führen, verloren die Sozialingenieure in Staat und Partei das, worum es im Zeitalter des „high modernism"[33]) ohnehin schlecht bestellt war: das Maß. Dann tobten Gigantismus und Monumentalismus. Nur allzu gern gaben sich die Verantwortlichen in Wirtschaft, Wissenschaft und Politik der heilsgeschichtlichen Argumentation technophiler Enthusiasten hin.

Wenn die Moskauer Weltveränderer ihre Vormachtstellung mit Metaphern wie „Bezwinger der Naturgewalten" und „Beherrscher der Technik" legiti-

[32]) Zur Denkfigur der technologischen „Genesis" der modernen Industriegesellschaft vgl. Hughes 1989: 11 ff. Eng damit verbunden ist das Narrativ der „second creation", das wie in den USA auch in der frühen Sowjetunion weite Verbreitung fand. Dazu Nye 2003.

[33]) Als „high modernism" definiert James C. Scott die zwischen den 1920er und 1970er Jahren über Staatsgrenzen und ideologische Gegensätze hinweg weltweit verbreitete „strong muscle-bound version of the beliefs in scientific and technological progress [...] a supreme self-confidence about continued linear progress [...] the expansion of production, the rational design of social order, the growing satisfaction of human needs and an increasing control over nature." So Scott 1998: 89.

mierten, glaubten sie offensichtlich fest daran, dass diejenigen, die sich mittels moderner Technik der Natur bemächtigten, nicht nur einen Anspruch darauf, sondern sogar die moralische Pflicht dazu hätten, Herrschaft über jene auszuüben, die den blind waltenden Elementarkräften angeblich hilflos ausgeliefert seien. Im Vertrauen auf die „datensetzende“ und „wirklichkeitserschaffende“ Funktion großer Erschließungsprojekte reflektierten die Baumeister des Kremls euphorisch über den „doppelten Machtcharakter technischen Handelns“, dass „die Macht über die Kräfte der Natur“ einher gehe mit der „objektvermittelten Entscheidungsmacht über die Lebensbedingungen anderer Menschen“, um ihnen mit aller Entschiedenheit den Weg in das kommunistische Diesseitsparadies weisen zu können.[34]) Dem erklärten Feldzug gegen das Fremde und die Natur haftete deshalb von Beginn an ein starkes Sendungsbewusstsein russischer und russifizierter Eliten an, die den Sowjetvölkern in den Peripherien eine sozialistische Form der europäischen Moderne aufzwingen wollten. Die technologische Kolonisation war nicht einfach nur eine Form der Propaganda; sie muss als kulturimperialistische Strategie ernst genommen werden.[35]) Die Parteiführung war in ihrer verzerrten Wirklichkeitswahrnehmung fest davon überzeugt, eine zivilisatorische Mission zu erfüllen.[36])

Wegen ihres hohen Prestigewerts waren die wasserbaulichen Plangiganten als Laboratorien der sowjetischen Moderne in vielerlei Hinsicht politische und soziale Ausnahmefälle. Sie wurden aufwendig als wichtige Erfahrungsorte der neuen sozialistischen Gemeinschaft inszeniert, wo der Fortschritt in seiner betonierten Form zum Fest werden und die kommunistische Mustergesellschaft prototypisch Gestalt annehmen sollte. Als bedeutende Macht- und Konflikträume waren die Großbaustellen Schnittstellen der Kulturen, Projektionsflächen für die kühnsten Hoffnungen und die radikalsten Formen der Ablehnung. Eine „Topographie der sowjetischen Lebenswelten“ bedarf deshalb unbedingt weiterer „Geschichten von den Großbaustellen“[37]). Es gab keinen anderen Ort, an dem sich in der Sowjetunion so viel bewegte und so viel bewegt wurde. Innerhalb weniger Jahre mussten sich hier *ad hoc* eine mobilisierte Bevölkerung sowie gerade erst ins Leben gerufene Behörden und Organisationen in festen Strukturen konsolidieren. Deshalb lassen sich in Fallstudien zu technologischen Großvorhaben unter der Lupe und zugleich im Zeitraffer zahlreiche Entwicklungen und Grundprobleme in aller Schärfe darstellen, vor deren Lösung Staat und Gesellschaft standen. Die sowjetischen Plangiganten stellen darum weniger einen repräsentativen Mikrokosmos als vielmehr einen pulsierenden Fokus drängender gesellschaftlicher, wirtschaft-

[34]) Zum „doppelten Machtcharakter technischen Handelns“ vgl. Popitz 1992: 30f. u. 160–181, Zitate 31 u. 167. Das enge Verhältnis von Umwelt und Herrschaft thematisierten zuletzt Duceppe-Lamarre/Engels 2008.

[35]) Allgemein Adas 1989; Scott 1989; Adas 2006.

[36]) Baberowski 2004a.

[37]) Schlögel 1998: 338.

licher und politischer Fragen dar, um darin Stärken bzw. Schwächen des Systems näher zu bestimmen. Hier lässt sich die Diskrepanz zwischen Phrasen und Taten, zwischen Anspruch und Realität deutlich darlegen, um die maßlose Selbstüberforderung und die Hybris des Allmachtsanspruchs des sowjetischen Parteistaats in ihren wahren Ausmaßen und tatsächlichen Folgen zu veranschaulichen. Das gibt den Blick frei auf zentrale Bruchstellen, Ambivalenzen und Dissonanzen, anhand derer sich wichtige Zeit- und Systemspezifika erschließen lassen.[38])

Die Umsetzung ehrgeiziger, vielfach überdimensionierter Projekte gehörte zweifellos zu den Grundprozessen sowjetischer Gesellschafts- und Staatsentwicklung. Mit ihren weitreichenden Netzwerken der Macht lösten die Plangiganten institutionellen Wandel aus, verhalfen den Experten zu sozialem Aufstieg und bildeten in vielen Bereichen das Knochengerüst der sowjetischen Volkswirtschaft. Deshalb führten Großbauten zu besonderer Aktivität der Partei- und Staatsbehörden, und ihre Geschichte ist daher so gut wie kaum ein anderer sozialer Ort in den Zentral- und Provinzarchiven dokumentiert.

Der komparative Kontext: Das Zeitalter des Staudammbaus

Schon Novalis wusste: „Auf Vergleichen läßt sich wohl alles Erkennen, Wissen zurückführen."[39]) Fallstudien zu technischen Megaprojekten regen insbesondere zu diachronen und synchronen Strukturvergleichen an, weil die Kolossalbauten in fast allen Ländern und allen Perioden des 20. Jahrhunderts als gefeierte „Wunderwerke der Technik" und als „die mächtigsten Bauwerke aller Zeiten"[40]) die ungeteilte Aufmerksamkeit der Zeitgenossen fanden. Integrativ angelegt, können technik- und umwelthistorische Untersuchungen darum mit einem gelungenen Wechselspiel zwischen Mikroblick und Konzeptualisierungsversuch die Grenzen üblicher Einzelstudien überschreiten. Auf diese Weise lassen sich nicht nur die jeweiligen zeittypischen sowjetischen Großbauten miteinander vergleichen, um Wandel- und Kontinuitätsaspekte in der Sowjetgeschichte zu erklären. Arbeiten zu technologischen Großsystemen in anderen Industrienationen und Entwicklungsländern, deren Zahl beständig wächst, bieten zudem interessante Möglichkeiten, durch komparative Studien anhand des Technikstils und des kulturellen Designs zum einen Spezifika des sowjetischen Entwicklungswegs schärfer zu profilieren, zum anderen industriegesellschaftliche Basisprozesse und Grundprobleme herauszustellen, die für die Geschichte des 20. Jahrhunderts prägend waren.[41])

[38]) So urteilt auch Manfred Hildermeier zum Prestigeobjekt des Moskauer Metrobaus, dass es „aufgrund seiner herausragenden Bedeutung einerseits nicht repräsentativ war, andererseits aber die charakteristischen Mechanismen der stalinistischen Herrschafts- und Sozialorganisation in nuce aufwies". Vgl. Manfred Hildermeier 1998b: IX.

[39]) Novalis 1907, Fragment 229.

[40]) Flemming 1967: 5.

[41]) Graham 1998; Laak 1999; Josephson 2002.

Die Geschichte der Hydroenergetik drängt sich für einen Vergleich politischer Systeme in besonderem Maße auf. Bis zum Beginn des Atomzeitalters war unter Ingenieuren überall auf der Welt die Überzeugung verbreitet, dass die Zukunft vor allem der Wasserkraft, der sogenannten „weißen Kohle" gehöre. Als Dominante des energetischen Fortschrittsdenkens galt sie als saubere und unerschöpfliche Energiequelle, der bei der Gestaltung von Räumen und Gesellschaften sowie bei der „umsichtigen Vorausplanung der Zukunft"[42]) große Bedeutung zukäme. Viele teilten in der ersten Hälfte des 20. Jahrhunderts die Einstellung Winston Churchills, der, überwältigt von dem großartigen Naturschauspiel, das sich ihm bei seiner Afrikareise 1908 am Nordufer des Viktoriasees bot, schrieb: „Solch eine Gewalt, die sinnlos verströmt [...], solch einen Hebel ungenutzt zu sehen, mit dem die Naturkräfte Afrikas beherrscht werden können, vermag die Vorstellung nur zu kränken und sie anzuregen. Welch ein Vergnügen wäre es doch, den uralten Nil seinen Lauf mit einem Sturz in eine Turbine beginnen zu lassen."[43])

Mit ihren hohen Staumauern aus Beton und ihren riesigen künstlichen Seen konnten die immer imposanteren Flusskraftwerke in aller Welt mit neuen Höchst- und Pionierleistungen aufwarten. Sie erschienen als beeindruckende Mittelpunkte des Wirtschaftslebens. Ihr Bau wurde als Patentrezept für praktisch alle Probleme verstanden, die mit Unterentwicklung, Knappheit und Unkontrollierbarkeit zusammenhingen. Es war ihre komplexe Nutzung als kombinierte Schifffahrts- und Irrigationsprojekte sowie als Regulierungs- und Kraftwerkbauten, die nicht nur bestimmte Ingenieursgruppen, sondern auch führende Kreise in Staat, Wirtschaft und Gesellschaft faszinierten.[44]) Mit der emissionslosen Stromproduktion, der Vermeidung von Überschwemmungen, der verbesserten Trinkwasserversorgung, der großflächigen Bewässerung von agrarischer Nutzfläche und neuen Freizeitmöglichkeiten boten die Flusskraftwerke und ihre Stauseen Antworten auf viele drängende Fragen der Zeit. Sie versprachen, die Industrie- und Industrialisierungsgesellschaften von ihrem Leiden an Rückständigkeit und Mangel zu erlösen.[45])

Die Wasserbauingenieure schrieben zweifellos Geschichte.[46]) Ihre ambitiösen Projekte gestalteten zahlreiche Landschaften neu. Insgesamt wurden im 20. Jahrhundert 800000 kleine und 45000 große Staudämme gebaut,[47]) die den Lauf von knapp zwei Dritteln aller Flüsse auf der Erde veränderten.[48]) Heute

[42]) Flemming 1967: 22.

[43]) Zit. n. McNeill 2005: 165.

[44]) Von „Mehrzweckbauten" sprach Flemming 1967: 28.

[45]) Radkau 2000: 290.

[46]) Garbrecht 1985: 7.

[47]) Als groß gelten den Experten heute Staudämme, deren Staumauer fünfzehn Meter übersteigt und damit ein fünfstöckiges Haus überragt.

[48]) Eine Untersuchung schwedischer Forscher ergab, dass vor allem im nördlichen Drittel der Welt, d.h. in Nordamerika, Europa und in der ehemaligen Sowjetunion, drei von vier Flüssen durch Dammbauten maßgeblich in ihrem Lauf verändert und dadurch ihre Öko-

produzieren Flusskraftwerke knapp neunzehn Prozent des Weltstroms; jede dritte Nation deckt mindestens die Hälfte ihres Elektrizitätsbedarfs durch die Nutzung ihrer Wasserkraftressourcen. Dabei speichern die von Menschen geschaffenen Seen mittlerweile vierzehn Prozent des gesamten Niederschlags, der auf die Landmassen der Erde niedergeht. Knapp sechzehn Prozent der weltweiten Nahrungsmittelproduktion beruht auf künstlichen Bewässerungssystemen, in die das Wasser aus Stauseen geleitet und gepumpt wird. Durch Großdammprojekte wurde eine Fläche von einer Million Quadratkilometern überflutet. Das entspricht fast dem Dreifachen des deutschen Staatsterritoriums. Bis zu 80 Millionen Menschen verloren dabei Haus und Hof und mussten in neue Städte oder Dörfer umsiedeln.[49])

Bei der medialen Inszenierung der Flusskraftwerke fallen neben den vehement vorgetragenen ökonomischen Argumenten stets eine lautstarke Begleitrhetorik und eine Neigung zu Monumentalität und Repräsentativität auf. Die Eroberung der Flüsse wurde zur „kulturellen Obsession" und zum „imperialen Imperativ".[50]Als zentraler Teil energetischer Versorgungssysteme waren die Kraftwerkriesen nicht nur Gegenstände und Produkte von mächtigen Akteurskonstellationen, politischen Debatten und komplexen Entscheidungsprozessen, sondern sie wurden gleichfalls mit Bedeutungen und Sinnzuschreibungen aufgeladen. Die Staumauern, die in ihnen untergebrachten Aggregate zur Stromproduktion, die Kanal- und Bewässerungssysteme machten aus zerstörerischer Naturgewalt nutzbringende Wasserkraft. Als integrierter Teil technischer Infrastruktur verwandelte sich der Fluss von einem unberechenbaren Ungeheuer in eine „organic machine".[51]) In die hydroenergetische Technologie war ein kultureller Code eingelassen: Die Faszination der Kraftwerke, Dämme und Kanäle entsprang dem Sichtbarwerden des menschlichen Willens in der Geschichte und sollte wirkmächtige Bilder vom besseren Leben in die Köpfe der Menschen projizieren.[52]) Die hydrotechnischen Anlagen, die sich den reißenden Flüssen entgegenstellten, wirkten wie „useful pyramids"[53]). Anlässlich der fortschreitenden Arbeiten am Assuan-Hochdamm verkündete der ägyptische Präsident Nasser 1964 voller Stolz: „In alten Zeiten errichteten wir den Toten Pyramiden. Heute bauen wir nun Pyramiden für die Leben-

systeme erheblich geschädigt worden sind. Vgl. Dynesius/Nilsson 1994. In den USA sind nach zwei Jahrhunderten intensiven Dammbaus sogar nur zwei Prozent der Flüsse unreguliert geblieben. So Postel/Richter 2003: 92f.

49) Zu diesen Zahlen vgl. Dams 2000: XXIX, 8f. u. 14; McCully 2001a: XXVIff.; Barlow/Clarke 2002: 48f. u. 61; Baur 2001: 24; Montaigne 2002: 71.

50) Shiva 2002: 53.

51) White 1995. Al Wright, einer der leitenden Lobbyisten des Kraftwerkbaus auf dem Columbia River, machte die Maschinenmetapher populär, als er voller Stolz über die neuen technologischen Errungenschaften Ende der 1930er Jahre verkündete: „We took a pristine river and we turned it into a working river – a machine. And it is a damn fine machine." Zit. n. Harden 1996: 59.

52) Allgemein dazu Nye 1994: 133–142; Worster 1992.

53) Schnitter 1994.

den."[54]) Mit ihren imposanten Staumauern zählten die Flusskraftwerke zu den neuen „Weltwundern des 20. Jahrhunderts".[55]) Wenn nämlich der Strom mächtiger Flüsse in riesige Stauseen umgeleitet wurde und Schiffe plötzlich durch Wüsten fuhren, so zeigte dies eindrucksvoll, dass der moderne Mensch als Landschaftschirurg die Geographie nach seinen Interessen und Wünschen gestalten konnte.[56]) Derartige Aussichten und Verklärungen machten Wasserbauingenieure und Politiker zu „masters of illusion"[57]), aber auch zu „prisoners of myth"[58]). Als Kathedralen der Elektrizität erschienen die Flusskraftwerke oftmals als die Kraftzentren neu gestalteter Landschaft. Die technologischen Großprojekte präsentierte man deshalb vielfach als „Karte der Vergesellschaftung".[59]) Was sich im technokratischen Planungseifer und der Eroberung der Flüsse artikulierte, war die „Verlandschaftlichung des zentralperspektivischen Gerüstes"[60]), das dem Staats- und Gesellschaftsverständnis moderner Industrienationen oftmals zugrunde lag. Das zentralistische Konzept eines Großverbundnetzes, getragen von wenigen Kraftwerken und flächendeckenden Hochspannungsleitungen, machte die moderne Energiewirtschaft zu einem politischen und gesellschaftlichen Integrationsmedium erster Ordnung. Stromnetze waren mehr als nur bloße technische Übertragungssysteme; sie schufen Machtbeziehungen, hielten diese aufrecht und ließen sie expandieren. Eingebunden in zentralistisch-technizistische Modernisierungsprogramme, wirkten Stromnetze in zweifacher Hinsicht als „networks of power". Sie hatten nicht nur den energetischen, sondern auch den politischen Anschluss zum Ziel.[61])

Die energetische Verbundwirtschaft dokumentierte eindrucksvoll den Anspruch der Mächtigen, ihren Herrschaftswillen und ihre Gestaltungskraft überall zur Geltung zu bringen. Sie vermittelte das Bild einer tatkräftigen Regierung, die ihr energisches Handeln ganz auf die Verbesserung des Wohlergehens der Gesellschaft ausrichtete. Nicht umsonst trugen die aus dem Boden und in die Flüsse gestampften Plangiganten die Namen von Präsidenten, erschienen auf den Titelseiten bedeutender Zeitschriften und wurden auf Briefmarken verewigt. Vor allem in entlegenen Gebieten erschien die Wasserkraft als „Eroberungsenergie"[62]). Flusskraftwerke machten es hier als Brückenköp-

[54]) Zit. n. McNeill 2005: 185.

[55]) Kunze 1977.

[56]) Wie überwältigend die gigantischen Flusskraftwerke mit ihren imposanten Staumauern auf ihre Betrachter wirkten, brachte der amerikanische Präsident Franklin D. Roosevelt 1935 treffend zum Ausdruck, als er 1935 erstmals den Hoover Dam am Colorado besichtigte. Ergriffen vom Technikschauspiel, teilte er seine Eindrücke in dem Satz mit: „Ich kam, sah und war besiegt." Zit. n. Pearce 2007: 191.

[57]) Caufield 1996.

[58]) Hargrove 1994.

[59]) Schlögel 1988: 285.

[60]) Burckhardt 1997: 191.

[61]) Hughes 1983.

[62]) Nye 1998: 15.

fe der Moderne und des politischen Zentrums möglich, im Rahmen einer technologischen Binnenkolonisation kulturgeographische und siedlungshistorische Grenzen zu überwinden. Mit der Schaffung neuer Damm- und „Kanalkolonien"[63]) trugen sie maßgeblich zur Produktion von Territorialität bei, nämlich zur ökonomischen Erschließung aller Landesteile, zur herrschaftlichen Durchdringung des Staatsgebiets und zur kulturellen Homogenisierung der Bevölkerung. Die Überflutungen ursprünglicher Landschaften erschienen als „Naturereignisse, die man bedauern, aber nicht ändern kann [...] Man braucht sie auch nicht zu bedauern, wenn die Kulturlandschaften bewußt zu Parks und Gärten ausgestaltet werden."[64]) Von diesen übersichtlichen Ordnungsmodellen versprachen sich die Regierungen, die vorhandenen vielfältigen Ressourcen ihres Landes effizienter nutzen zu können, um sich im Wettstreit der Modernen zu behaupten.[65]) Die Industriegesellschaft des 20. Jahrhunderts stellte sich nicht selten als eine „DamNation" heraus.[66])

Wegen des enormen Verbrauchs an Landschaften, der Vernichtung wertvoller Kulturstätten, der Zerstörung von Lebenswelten und Ökosystemen stieß der Bau von Flusskraftwerken stets auf Widerspruch und Widerstand.[67]) Allzu oft stellten sich die realisierten Projekte später als ökonomisches Fiasko und ökologisches Desaster heraus, die in Trockengebieten den wertvollen Regen verschwendeten. Vielerorts breiteten sich längs der Stauseen, Kanäle und Bewässerungssysteme als unerwarteter „dam fallout"[68]) Malaria, Typhus, Cholera und andere Krankheiten aus. Die Eroberung der Flüsse und die volkswirtschaftliche Indienstnahme ihres Wassers kostete mit ihren „unerfreulichen Nebenerscheinungen"[69]) ungezählten Menschen das Leben.[70]) In den vom Staudammbau betroffenen Gebieten war das soziale Klima dauerhaft vergiftet, weil der heftige Streit zwischen den Kraftwerksgesellschaften und Industriepolitikern auf der einen, den Anwohnern und Naturschützern auf der anderen Seite zu einem „langjährigen Kriegszustand" und zu einem regionalen bzw. nationalen Trauma führte.[71]) Während die „Wasserkartelle"[72]) an ihren Plänen festhielten, um ihre politische und ökonomische Macht nicht zu verlie-

[63]) Zu diesem Begriff McNeill 2005: 175.

[64]) Flemming 1967: 295.

[65]) Zum Zusammenhang von Wasser- und Raumbeherrschung vgl. Lefebvre 1994; Scott 1998; Maier 2000. Neuerdings Eible u.a. 2008.

[66]) Wehr 2004: 225.

[67]) Vgl. dazu z.B. Harden 1996; Goldsmith/Nicholas 1984/86; Pater/Schmidt-Kallert 1989; Power 1996; Brandt/Hassan 2000.

[68]) Barlow/Clarke 2002: 61 ff.

[69]) Flemming 1967: 295.

[70]) McNeill 2005: 198f.; McCully 2001a: 29-187; Adams 1992; Jobin 1999; Young 2000; Pearce 2007.

[71]) McCully 2001b; Mallaby 2004: 50-58. Dass sich die Konflikte um die „Hydropolitik" häufig zu einem regelrechten „Wasserkrieg" im metaphorischen und buchstäblichen Sinne ausweiteten, beschreiben Shiva 2002; Cossi 1993; Ohlsson 1995; Ward 2002.

[72]) Barlow/Clarke 2002: 129.

ren, hofften die Vertreter der „Anti-Damm-Bewegungen", durch ihren Sieg die Schaffung von „Wasserdemokratien" und damit einen grundlegenden Wandel der Wirtschafts- und Herrschaftssysteme einzuleiten. Bei diesem Zusammenstoß zweier Wasserkulturen ging und geht es deshalb um weit mehr als nur um das Schicksal einzelner Flüsse.[73])

Obwohl seit Ende der 1950er Jahre zaghafte Kritik an den Hydrogiganten geäußert worden war, die rasch an Schärfe und Vehemenz gewann, schien der technizistisch-utopische Horizont erst in den 1990er Jahren endgültig zu verblassen. Damals gingen die fast ein halbes Jahrhundert andauernden „dam decades" mit ihren sich immer wieder übertreffenden Rekordmarken zu Ende; die Zahl der neu errichteten großen Dämme sank drastisch.[74]) Die in Beton und Stahl gegossenen beeindruckenden Staumauern erwiesen sich vielen nunmehr als markante „Abgründe von Big Power".[75]) Sie galten als Beleg dafür, „dass die Tagträume einer Zeit immer von den Alpträumen einer späteren Epoche beantwortet werden."[76]) Die Hydroenergetiker wurden eines „productive, creative vandalism"[77]) oder sogar eines „ecological terrorism"[78]) beschuldigt. Die Mega-Dämme, zuvor als großartige Monumente der Moderne gefeiert, galten nun als „Monumente der Korruption" und „Massenvernichtungswaffen".[79])

Der zeitliche Kontext: Von Trümmerlandschaften zu Traumlandschaften

In der Geschichte des Dammbaus hatte die Sowjetunion besonders während der 1950er und 1960er Jahre herausragende Kapitel geschrieben. Drei Jahre nach dem Sieg im Zweiten Weltkrieg riefen die Moskauer Parteiführer einen erneuten „Generalangriff der fortschrittlichen sowjetischen Wissenschaft und Technik"[80]) auf die Naturgewalten aus. Die auf erreichbare Ziele ausgerichtete Wiederaufbauwirtschaft der unmittelbaren Nachkriegsjahre mündete in die vom Wunschdenken bestimmte spätstalinistische Expansionsökonomie; die Trümmerlandschaften des Krieges wichen den Traumlandschaften von der

[73]) Dazu vor allem Shiva 2002: IX, XV u. 28–36. Wichtige Informationen zu laufenden Staudammbauten und Kraftwerkprojekten sowie zu „Anti-Damm-Bewegungen" finden sich in der Zeitschrift World Rivers Review sowie im Internet unter http://www.irn.org (International Rivers Network) und http://www.ern.org (European Rivers Network).

[74]) Dams 2000: 9f. Dabei hob sich die Zeit von 1970 bis 1975 durch besonders aktive Bauarbeiten hervor. Damals wurden weltweit 5000 Staudämme fertig gestellt; an weiteren mehreren Tausenden schritten die Bauarbeiten voran. In den 1990er Jahren ging die Zahl der errichteten Staudämme merklich auf 2069 zurück. Im Jahr 2000 wurde weltweit noch an 1700 Großdämmen gebaut.

[75]) Radkau 1996: 28.

[76]) So Lars Gustafsson, zit. n. Strouhal 1991: 15.

[77]) Reisner 1993: 484. Ähnlich kritisch Fradkin 1996; Worster 1985; Villiers 2000: 231 ff.

[78]) Shiva 2002: XIV.

[79]) McCully 2001a: LIV u. 243–255; Shiva 2002: 63.

[80]) Kusin 1955: 58.

kommunistischen Zukunftsgesellschaft. Techno- und Gigantomanie nahmen seit dem Oktober 1948 erneut starken Einfluss auf die sowjetische Politik, als der „Stalinsche großartige Plan der Umgestaltung der Natur" veröffentlicht wurde. Stalin „spielte Gott. Das Buch Genesis wurde in Ukasform gebracht."[81]) Innerhalb der nächsten fünfzehn Jahre sollte ein Bündel komplexer Maßnahmen einen Klimaaustausch zwischen dem wald- und wasserreichen Norden und den südlichen Steppengebieten herbeiführen, um neue Nährflächen zu erschließen.

Dieser „Plan der Pläne, als das Gesamtkunstwerk schlechthin gefeiert"[82]), wurde in den beiden folgenden Jahren mit grandiosen Vorhaben, den sogenannten „Stalinschen Großbauten des Kommunismus" (*Stalinskie Velikie Strojki Kommunizma*), zu einem monströsen Erschließungsprojekt verbunden, um den gesamten Süden des Landes von der Krim bis zum Ural und weit nach Mittelasien hinein ökonomisch besser zu durchdringen. Getragen von der verzweifelten Hoffnung auf Wirtschaftswunder, zielte das „highly ambitious assembly of projects"[83]) auf nichts weniger als auf eine ökologische Revolution.[84]) Die Regierungserlasse zu diesen neuen Großvorhaben veröffentlichte die *Pravda* erst zwischen dem 21. August und dem 20. September 1950, um sodann die ehrgeizigen Pläne durch eine massive Propagandakampagne in Szene zu setzen.[85])

An der Wolga war bei Kujbyšev (dem heutigen Samara) und Stalingrad (dem heutigen Volgograd) der Bau der damals weltgrößten Flusskraftwerke vorgesehen, um den majestätischen „Strom zur Stauseetreppe"[86]) zu machen. Die Wolga-Region erhielt außerdem durch die Fertigstellung des Wolga-Don-Schifffahrtskanals eine bessere Verkehrsanbindung. Auch die Südukraine und die Krim galten als Erschließungsgebiete. So wurde am Dnepr' der Kachovsker Stausee angelegt, um neben der hydroenergetischen Stromgewinnung die Grundlage für den südukrainischen Kanal und weitreichende Irrigationssysteme zu schaffen. Des Weiteren kam Mittelasien in den Genuss hoher Investitionsmittel. Der Turkmenische Hauptkanal, der aus dem Fluss Amu-Dar'ja gespeist wurde, sollte in der Karakum-Wüste und der Kaspischen Tiefebene große Baumwollanpflanzungen ermöglichen. Diesen fünf „Stalinschen Großbauten" fiel eine zentrale Rolle bei der angestrebten „Schaffung der materiell-produktiven Basis des Kommunismus" zu.[87])

Im Jahr 1950 begannen auch die Bauarbeiten für die ersten großen sibirischen Flusskraftwerke am Ob' bei Novosibirsk und an der Angara bei Irkutsk.

[81]) Schlögel 2001a: 303f.

[82]) Schlögel 2001a: 303.

[83]) Jasny 1961: 249.

[84]) Medvedev 1987: 144f. Zu den grandiosen Perspektiven dieses Planes vgl. bes. die euphorischen Prognosen bei Il'in 1951; Aleksandrov 1952; Kovda 1952.

[85]) Zaleski 1980: 391.

[86]) Veigt 1978.

[87]) Žukovskij/Russakovskij 1951; Wunderwerke 1951: 18.

Sie erhielten wegen ihrer geringeren Kapazitäten meist die Bezeichnung „Neubau" (*novostrojka*), waren aber gleichfalls als „Flammen des Kommunismus"[88]) und als „Bauten von besonderer Bedeutung"[89]) fest in wirtschaftliche Perspektivpläne eingebunden.[90]) Daneben gingen damals die Planungen für weitere Kolossalbauten in ihre entscheidende Phase. Besondere Bedeutung kam den Kraftwerkkaskaden an den großen sibirischen Flüssen zu. Die hier geplanten Giganten sollten mit ihrer Leistungskraft die Kraftwerke im europäischen Landesteil weit überragen und neue Superlative aufstellen. Sie waren herausragende Symbole für die forcierte industrielle Erschließung des asiatischen Landesteils, der seit den 1950er Jahren unter dem Slogan „von der Wolga zur Angara"[91]) wachsende wirtschaftspolitische Priorität erhielt. Die Riesenkraftwerke galten als „energetische Schlüssel zu den reichen natürlichen Vorratskammern".[92]) Ihre Aufgabe war es, industrielle Inseln im „grünen Ozean"[93]) Sibiriens – in den unendlichen Weiten der Taiga und Tundra – entstehen zu lassen. Auch fernab des europäischen Kernlands sollten die „Flüsse im Dienst der Heimat" stehen.[94])

Diese ehrgeizigen Projekte führten in den 1950er Jahren zu einem fieberhaften Aufstieg der Wasserbauwirtschaft.[95]) In dieser Dekade begann der Bau von dreißig neuen, gigantischen Flusskraftwerken, die „als monumentale Bauwerke der Epoche den siegreichen Aufbau des Kommunismus"[96]) verhießen. Der Anteil der Wasserkraft an der sowjetischen Stromproduktion stieg im Jahr 1958 auf den niemals wieder erreichten Spitzenwert von knapp zwanzig Prozent. Nur in den USA produzierten Flusskraftwerke noch mehr Elektrizität.[97]) Überall stand zu lesen, die Sowjetunion sei mit ihren 108000 Flüssen eine „Schatzkammer der weißen Kohle"[98]). Sie verfüge mit ihren mächtigen Wasseradern neben der Volksrepublik China über das größte hydroenergetische Potential.[99]) Die verantwortlichen Ingenieure glaubten an den Anbruch

[88]) Ogni kommunizma 1952.

[89]) So die bürokratische Aufwertung, die mit höheren Gehaltszahlungen und Mittelzuweisung verbunden war. Vgl. RGAE, 4372/96/451, 197.

[90]) In Verbindung mit den später gebauten Flusskraftwerken bei Bratsk und Krasnojarsk wurden sie in einzelnen Publikationen auch wiederholt als „Großbauten" (*velikie strojki*) bezeichnet. Vgl. z.B. Cunc 1956.

[91]) So der griffige Titel eines Zeitschriftenbeitrags, der die Schwerpunktverlagerung des sowjetischen Hydroenergieprogramms thematisierte. Vgl. Aleksandrov 1956.

[92]) Neporožnij 1979: 148.

[93]) Markin 1957: 98.

[94]) So der emphatische Titel von Gavrilov 1951.

[95]) Von „der Periode der stürmischsten Entwicklung des hydroenergetischen Bauwesens in unserem Land" sprach Nesteruk 1963: 113 u. 369. Zum Optimismus der Zeit vgl. auch die euphorischen Studien von Gubin 1949; Zolotarev 1951a.

[96]) Mstislavskij/Pustovalov 1953: 33.

[97]) Novikov 1962: 79f.

[98]) Davydov/Zunz 1955: 535.

[99]) Sowjetische Experten gingen nach langjährigen Forschungsarbeiten 1961 davon aus, dass China 14,4 Prozent, die Sowjetunion knapp 12 Prozent und die USA nur 4,5 Prozent

eines neuen hydraulischen Zeitalters und meinten, nun sei die Zeit gekommen, um ihre vorbereiteten Pläne und langgehegten Träume endlich Wirklichkeit werden zu lassen. Als „die populärste Karte in der Sowjetunion" galt damals diejenige, auf der die neuen und geplanten Stauseen, riesigen Meeren gleich, schon eingetragen waren.[100]) Der Triumph im „Großen Vaterländischen Krieg" und die Systemkonkurrenz des Kalten Krieges hatten eine Perspektive eröffnet, die in Anbetracht der ungeahnten Dimensionen der neuen hydroenergetischen Vorhaben die Zuversicht vermittelte, das Finale der historischen Entwicklung sei angebrochen und der Übergang zum Kommunismus stehe unmittelbar bevor. „Immer heller leuchtet das Morgenrot des elektrischen Zeitalters über den Weiten des Sowjetlandes, immer deutlicher heben sich die Umrisse der Zukunft ab." So pathetisch formulierten es führende sowjetische Energetiker, die sich in den 1950er Jahren zu Propheten von Fortschritt und Frieden berufen fühlten.[101])

Die grandiosen Bauwerke trafen auch auf der anderen Seite des Eisernen Vorhangs auf Bewunderung. Trotz vieler „Fehler und Leiden, die diese Projekte mit sich brachten und die in der totalitären Atmosphäre ihrer Verwirklichung unvermeidliche Begleiterscheinungen sind,"[102]) könnten „Ingenieur und Volkswirt ihre Achtung vor der Größe der Vorhaben nicht versagen. Die meisten der auftretenden Mängel wird man sicher im Laufe der Zeit beseitigen können [...] Versucht man die russischen Pläne auf eine ganz kurze Formel zu bringen, so müsste man wohl nicht von einer Umgestaltung der Landschaft, sondern einer Neuschöpfung sprechen."[103]) In ähnlicher Weise meinte der westdeutsche Sowjetunionexperte Erwin Buchholz 1961 prognostizieren zu können, „unter Weglassung des propagandistischen Beiwerkes" bestände kein Zweifel daran, dass die Großbauten „als ein Kernstück der sowjetischen Raum- und Wirtschaftsgestaltung [...] dem sowjetischen Landesbild in 10 bis 20 Jahren ein wesentlich anderes Gesicht verleihen und [...] zur Erhöhung der Landeswohlfahrt beitragen."[104]) Im Jahr 1967 meinte Hans Walter Flemming sogar: „Noch niemals ist in der Geschichte der Menschen eine so radikale Umgestaltung der Erdoberfläche in Angriff genommen worden, wie wir dies in der Gegenwart (an der Wolga und in Sibirien) erleben."[105])

der potentiellen Wasserkraftressourcen auf der Welt besäßen. Das hydroenergetische Potential der Sowjetunion wurde dabei mit 381 Millionen Kilowatt Leistung bei einer möglichen jährlichen Stromproduktion von 3338 Milliarden Kilowattstunden angegeben. Vgl. dazu Nesteruk 1963: 55ff.; Šeršov 1957: 19; Jurinov 1969: 15. Ähnlich sahen dies westliche Experten wie z.B. Krüger 1957: 351f.

[100]) Vgl. Markin 1957: 20 u. 24f. Eine ähnliche Karte findet sich u.a. bei Nesteruk 1963: 377f. (Abb. 75); Novikov 1962: 72f. (Abb. 2).

[101]) Markin 1957: 142.

[102]) Petrov 1955: 438.

[103]) Flemming 1957: 280 u. 283.

[104]) Buchholz 1961a: 54.

[105]) Flemming 1967: 291.

Nachdem zwischen dem 18. September und dem 19. Oktober 1959 eine Delegation des Senats der USA, der führende Energiepolitiker und Experten angehörten, kreuz und quer durch die Sowjetunion gereist war, um die dortigen Kraftwerke in Augenschein zu nehmen, hielten ihre Teilnehmer in einem über 200-seitigen Bericht an den Senat abschließend fest, die Sowjetunion habe beim Bau von Flusskraftwerken einen „outstanding progress" erzielt. Sie sei mittlerweile in wichtigen technischen Bereichen Weltführer. Voller Hochachtung vor den sowjetischen Errungenschaften hieß es: „The axis of world hydroelectric development is swinging from the U.S.A. to the U.S.S.R."[106]) Die Energieexperten prognostizierten, dass bei gleichbleibendem Wachstumstempo die Sowjetunion im Jahr 1975 die USA in der Stromproduktion überholen würde. Um an diesem Frontabschnitt des „peaceful economic war of production" nicht das Nachsehen zu haben, empfahlen sie dem Senat darum nachdrücklich, für die Erschließung der amerikanischen Wasserkraftressourcen mehr Gelder zur Verfügung zu stellen und bestimmte Bau- und Planungspraktiken aus der Sowjetunion zu übernehmen.[107])

Der räumliche Kontext: Fünf Großbauten als ausgewählte Untersuchungsorte

Angesichts der „sozialen Tiefenstruktur"[108]) technologischer Großprojekte muss es darum gehen, jenseits deterministischer Engführung und sozialkonstruktivistischer Beliebigkeit die vielfältigen Interaktionen zwischen Gesellschaft und Technik als „rekursive Prozesse von Vorschreiben, Einschreiben und Zuschreiben", als Mischung von „Gebrauchsanweisung, sozialen Inschriften und kulturellem Design" anschaulich zu machen".[109]) Dann lässt sich durch das intelligente Wechselspiel zwischen sozialer Konstruktion von Technik und technischer Konstruktion von Gesellschaft ein reiches historisches Erkenntnispotential erschließen und sinnvoll darlegen, wie im Zeitalter des „gardening the human landscape"[110]) die ehrgeizigen Pläne zur Neuordnung der sozialen Welt mit ihrer politischen und kulturellen Software auf der technischen Hardware aufsetzten.[111])

In der Forschungspraxis hängt es vom Erkenntnisinteresse und nicht zuletzt von der Energie des Historikers ab, „wie weit die ins Spiel kommenden, wissenschaftlich-technischen, ökonomischen, politischen, religiösen, sozialen, kul-

[106]) Vgl. auch die Einschätzung von Flemming 1967: 247: „Sicher scheint auf den Titel: ‚Land der unbegrenzten Möglichkeiten' Russland heute im Wasserbau mehr Anspruch zu haben als die USA."

[107]) Relative Water 1960: 1 f., 7 f., 13, 19, 41 u. 131.

[108]) Joerges 1996: 141 ff.

[109]) Kaufmann 2000: 205 f.

[110]) Weiner 2003.

[111]) Zu den Forderungen an eine kulturwissenschaftliche und historische Technikanalyse vgl. Teusch 1993; Nye 1997; Ropohl 2001; Hård 2003; Dolata 2003; Misa 2003; Williams 2003; Hughes 2004; Reith 2008.

Karte 1: Wolga-Kama-System

turellen und militärischen Fakten und Kompetenzen einzubeziehen sind."[112]) Unbestritten bleibt, dass regionale Feldforschungen nur dann wirklich Durchbrüche erzielen können, wenn ihnen nicht ein kleinräumiger Lokalmief anhängt, sondern sie die kultur- und sozialhistorischen Kernfragen aufgreifen, um den Duft der weiten Welt der Wissenschaft zu schnuppern und eine breite Themenpalette in den Blick zu nehmen. Wegen der dazu erforderlichen empirischen Basis geht die vorliegende Untersuchung in Form von Fallstudien auf fünf hydrotechnische Großvorhaben näher ein.

(1) Der *Wolga-Don-Schifffahrtskanal namens V.I. Lenin* war der erste „Großbau des Kommunismus", in den Jahren von 1948 bis 1952 fertig gestellt, und der einzige, der noch zu Lebzeiten Stalins in Betrieb ging. Die Fluten von Wolga und Don trafen sich am 31. Mai 1952. Einige Tage später durchfuhren die ersten Schiffe den Kanal; am 27. Juni fand seine offizielle Einweihung statt. Der Kanal hatte eine Tiefe von 3,6 Metern und eine Länge von 101 Kilometern. Mittels dreizehn Schleusenanlagen überwand er eine Wasserscheide von 48 Metern. Er verband nicht nur zwei bedeutende europäische Flüsse, sondern weitverzweigte Netze von Wasserstraßen. Die neue Ost-West-Magistrale schloss eine für die sowjetische Binnenschifffahrt bedeutsame Lücke. Dank des Wolga-Don-Kanals wurde Moskau ein „Hafen an fünf Meeren".[113]) Drei große Pumpstationen speisten den neuen Schifffahrtsweg mit Wasser aus dem Don. Er nahm seinen Anfang in der Nähe der Stadt Kalač und mündete bei Krasnoarmejsk an der südlichen Stadtgrenze Stalingrads in die Wolga. Zur besseren Versorgung mit Wasser und Strom wurde am Don das Cimljansker Flusskraftwerk mit einer Leistung von 160000 Kilowatt errichtet. Das durch den Dammbau entstandene sogenannte Kosaken- oder Steppenmeer hat bei einer Länge von 350 Kilometern und einer maximalen Breite von 40 Kilometern eine Fläche von 2700 Quadratkilometern.[114]) Der Gesamtkomplex des Wolga-Don-Kanals galt zudem als „hydrotechnischer Schlüssel zur Rekonstruktion des trockenen Dreiecks zwischen Don, Wolga und dem Stavropoler Hochland".[115]) Die geplanten 130 Pumpwerke und 568 Irrigationskanäle sollten über zwei Millionen Hektar Agrarfläche berieseln und bewässern, um hier vornehmlich Weizen, Baumwolle und Reis anbauen zu können.[116])

(2) Als das *Kujbyšever Wolga-Flusskraftwerk namens V.I. Lenin* im Oktober 1957 seine volle Leistungskraft erreicht hatte, war es das größte Flusskraftwerk der Welt, das die U.S.-amerikanischen Hydrogiganten am Colorado (Boulder Dam, später Hoover Dam) und am Columbia (Grand Coulee) weit

[112]) Kaufmann 2000: 208.

[113]) Gemeint waren Schwarzes, Azovsches, Kaspisches und Weißes Meer sowie die Ostsee, zwischen denen es fortan direkte Verbindungen in Form von Flüssen und Kanälen gab.

[114]) Ausführlich Razin 1956.

[115]) Bernštejn-Kogan 1954: 149 u. 206f.

[116]) Bernštejn-Kogan 1954: 175ff. Eine anschauliche Karte zu den Bewässerungssystemen des Wolga-Don-Kanals findet sich bei Sčerbakov 1951: 772f.

Tabelle 1: Chronologie der Kraftwerkbauten, 1949–1967

	Kujbyšev	Stalingrad	Novosibirsk	Bratsk
Gründung des Bautrusts	06.10.1949	17.08.1950	04.01.1951	01.09.1954
Beginn der Bauarbeiten	14.11.1949	01.01.1951	01.04.1951	21.12.1954
Abriegelung und Umleitung des Flusslaufs	24.10.1955	31.10.1958	05.11.1956	01.09.1961
Inbetriebnahme des ersten Aggregats	29.12.1955	22.12.1958	10.11.1957	28.11.1961
Volle Leistungskraft	14.10.1957	09.12.1960	31.03.1959	14.12.1966
Offizielle Einweihung	10.08.1958	10.09.1961	12.08.1961	08.09.1967

hinter sich ließ. Es hatte 20 Aggregate mit einer Kapazität von jeweils 105000 Kilowatt, die nach Verbesserungen im Jahr 1959 schließlich auf 115000 Kilowatt stieg. Das Kujbyšever Riesenkraftwerk erreichte damit eine Gesamtleistung von 2,3 Millionen Kilowatt und konnte jährlich 11,4 Mrd. Kilowattstunden Elektrizität produzieren. Es war durch neuartige Hochspannungsleitungen (400000 Volt) sowohl mit Moskau als auch mit der Uralregion verbunden, deren Verbundwirtschaften die größten Verbraucher der Wolga-Energie wurden. Mit seinen weitreichenden Vernetzungen trug der Kujbyšever Gigant dazu bei, dass die regionalen Stromnetze allmählich zum Vereinten Europäischen Energiesystem zusammenwuchsen.[117]) Sein Staudamm befand sich im sogenannten Wolga-Knie in den malerischen Žiguli-Bergen. Er hatte eine Länge von 1686 Metern und ließ den Wasserspiegel der Wolga um 27 Meter steigen. Der Fluss wurde dadurch auf einer Länge von über 600 Kilometern gestaut. Das so entstandene Kujbyšever Meer wirkte sich auch auf die Kama aus, den größten Zufluss im mittleren Wolga-Gebiet, dessen Wasser sich fortan gleichfalls auf einer Strecke von 350 Kilometern staute. Unweit der Staumauer des Flusskraftwerks am Wolga-Knie gelegen, entwickelten sich die Städte Žigulevsk und Stavropol' (1964 in Tol'jatti umbenannt) zu regionalen Verwaltungs- und Wirtschaftszentren. Die Moskauer Parteiführung feierte das Kujbyšever Flusskraftwerk als „Symbol des siegreichen Sozialismus", das zeige, „dass sich vor den Augen des Sowjetvolkes die klaren Konturen der kommunistischen Gesellschaft immer deutlicher abzeichnen."[118])

(3) Das *Stalingrader Flusskraftwerk namens I.V. Stalin* war der zweite Hydrogigant am Mittellauf der Wolga. Während der zweiten Entstalinisierungswelle im Jahr 1961 wurde sein Name schließlich in *Volgograder Flusskraftwerk namens 22. Parteitag der KPdSU* geändert. Seine 22 Aggregate hatten eine

[117]) Vgl. dazu Novikov 1962: 97-103 u. 171-210; Žimerin 1962: 170-177 u. 380-384; Nekrasova 1974: 23-29; Davydova/Burjak 1981: 93f.; Thiel 1950b.

[118]) Zit. n. Nesteruk 1963: 140 u. 142. Eine ausführliche Beschreibung des Kujbyšever Kraftwerks findet sich in Stepanov 1953; Komzin/Luk'janov 1960.

Gesamtkapazität von 2,56 Mrd. Kilowatt und produzierten jährlich 11,5 Mrd. Kilowattstunden Strom. Damit setzte das Riesenkraftwerk eine neue Rekordmarke. Dank zweier damals einzigartiger Hochspannungsleitungen mit Übertragungsleistungen von 500000 und 800000 Volt konnte die in Stalingrad produzierte Elektrizität über Entfernungen von 1000 bzw. 500 Kilometern in das Moskauer Stromnetz und in die Verbundwirtschaft der hochindustrialisierten Donbass-Region geleitet werden. Auf der Dammkrone gab es eine zweispurige Straße und eine zweigleisige Eisenbahnstrecke. Der Monumentalbau galt als „ein mächtiger Akkord in der industriellen Sinfonie von Stalingrad, als ein neues Kapitel in der heroischen Geschichte dieser Stadt."[119]) Die Siedlung der Bauarbeiter wuchs schließlich zur Kleinstadt Volžkij heran, die dank bedeutender Großbetriebe zu einem wichtigen Industriestandort wurde.[120]) Mit dem 500 Kilometer langen und bis zu vierzehn Kilometer breiten Stalingrader Stausee, der sich bis Kujbyšev erstreckte, hofften die Raumplaner, endlich die widrigen klimatischen Verhältnisse in der Kaspi-Niederung zu verbessern. Dort entstanden zahlreiche der gefährlichen Sandstürme, die der Landwirtschaft am Mittellauf der Wolga große Verluste zufügten. Um die Wüsten- und Halbwüstengebiete im Norden der Kaspi-Niederung besser für Viehzucht und Ackerbau nutzen zu können, war der Bau des Stalingrader Hauptzuleitungskanals vorgesehen, mit einer Länge über 600 Kilometern, einer Breite von bis zu 300 Metern und einer Tiefe von mindestens 4,5 Metern. Er sollte nicht nur eine direkte Schifffahrtsverbindung zwischen den Flüssen Wolga und Ural herstellen, sondern auch die Möglichkeit schaffen, mit dem Wasser aus dem Stalingrader Stausee eine Fläche von sechs Millionen Hektar zu bewässern und zu berieseln. Während der Wolga-Don-Kanal die rechtsufrigen Gebiete am Mittellauf der Wolga umgestaltete, eröffnete der Stalingrader Kraftwerkkoloss die Chance, auf der anderen Flussseite neue Nährflächen zu erschließen und so eine einzigartige „Siegeslandschaft" zu schaffen. Aus Kostengründen wurde dieses aufwendige Agrarprogramm später jedoch nicht realisiert.[121])

(4) Das *Novosibirsker Flusskraftwerk* liegt 18 Kilometer unterhalb der größten Stadt Sibiriens und gewinnt Strom aus dem Wasser des Ob'. Am längsten und wasserreichsten Fluss Westsibiriens sollte eine Kraftwerkkaskade mit zehn Staustufen entstehen. Der Novosibirsker Großbau stellte die vierte Staustufe dar, blieb allerdings das einzige aus dem Gesamtprojekt realisierte Vorhaben. Es galt als energiewirtschaftliches „Flaggschiff", dem die Propaganda eine „beneidenswerte Biographie" zuschrieb.[122]) Im Vergleich zu den

[119]) Maximova 1959: 13.

[120]) Gorod Volžskij 2004.

[121]) Vgl. den Erlass zum Bau des Stalingrader Flusskraftwerks. Er ist abgedruckt in: Velikie Strojki 1951: 61f. Kurz erläutert von Lebed/Yakovlev 1956: 84–88. Ausführliche Beschreibungen finden sich in Loginov 1952; Stalingradskaja gidroelektrostancija 1961; Bukin/Birger 1962.

[122]) Zykov 1969a: 82.

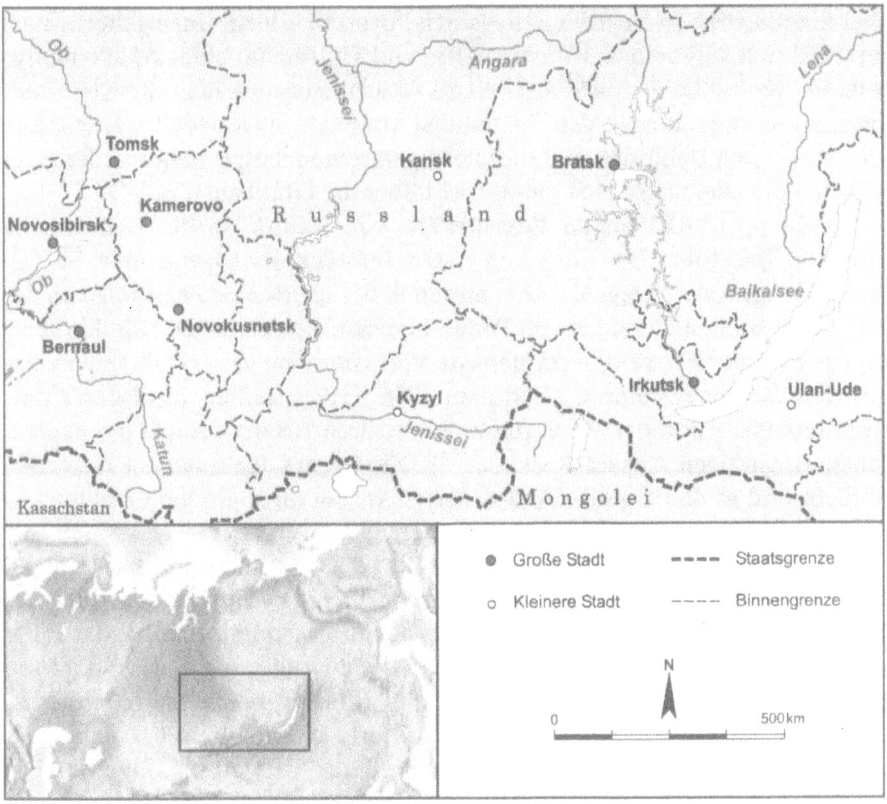

Karte 2: Sibirien

beiden damals weltgrößten Wolga-Kraftwerken fiel es mit seiner Gesamtkapazität von 400 000 Kilowatt deutlich ab. Seine sieben Aggregate konnten jährlich 1,68 Mrd. Kilowattstunden Strom ins Netz einspeisen. Das entsprach lediglich einem Siebtel der Produktion des Stalingrader Hydrogiganten. Zwischen 1968 und 1972 wurden leistungsfähigere Turbinen und Generatoren installiert, die allerdings nur zu einem Anstieg der Leistung auf 455 000 Kilowatt führten. Anfänglich hatten die Planer den Bau von Schleusenanlagen nicht vorgesehen. Nachdem die Vertreter der Binnenschifffahrt aber nachdrücklich auf die neuen Möglichkeiten hingewiesen hatten, die sich durch den 230 Kilometer langen und bis zu 40 Kilometer breiten Stausee ergaben, wurden die hydrotechnischen Anlagen um einen dreistufigen Schleusenkanal erweitert, der die Durchfahrt großer Schiffe ermöglichte und den Ob' an seinem Oberlauf zu einer neuen Verkehrsmagistrale werden ließ.[123]) Die Siedlungen der Bauarbeiter waren die Grundlage für die Gründung eines neuen Novosibir-

[123]) Eine gute Schilderung technischer Einzelheiten bieten Butjagin 1955; Egorov 1957; Dubrovskij 1957; Dubrovskij 1961; Opyt stroitel'stva 1962; Novosibirskaja gidroelektrostancija 1968.

sker Stadtbezirks (*rajon*), der den Namen Sovetskij erhielt. Dazu gehörte auch die 1958 neu gegründete Wissenschafts- und Universitätsstadt Akademgorodok. In unmittelbarer Nachbarschaft zu Akademgorodok liegt die Kleinstadt Berdsk. Sie musste nach dem Dammbau komplett umgesiedelt werden. Die hier ansässigen Behörden und Parteiorganisationen hatten während der Bauarbeiten die administrative Oberaufsicht über die Großbaustelle.[124])

(5) Knapp 630 Kilometer flussaufwärts von Irkutsk, an der Bahnstrecke zwischen Tajšet und Ust-Kut (dem ersten Teilstück der sogenannten Bajkal-Amur'-Magistrale) gelegen, wurde mitten in der unerschlossenen Taiga an der 800 Meter breiten Engstelle von Padun in einem steilwandigen Durchbruchstal das *Bratsker Flusskraftwerk namens 50ter Jahrestag der Oktoberrevolution* aus dem Boden gestampft. Nach dem 1956 fertiggestellten Irkutsker Kraftwerk (660000 Kilowatt) war es das zweite realisierte Großprojekt der geplanten siebenstufigen Angara-Kaskade.[125]) Die Angara, die aus dem Bajkalsee abfließt und in den Enisej mündet, besitzt wegen ihres großen Gefälles von 380 Metern und ihrer über den gesamten Jahresverlauf hin gleichmäßigen, außerordentlich großen Wassermenge eine kolossale Kraft und bietet damit beste Chancen für die Stromgewinnung.[126]) Die majestätische „Tochter des Bajkalsees" galt in den 1950er Jahren als geradezu perfekter „Fluss der Elektrizität"[127]) und „Perle der Hydroenergetik"[128]). Nachdem schon vor dem Tod Stalins die Planungsarbeiten intensiviert worden waren, erklärte die neue Parteiführung den Bau des Bratsker Flusskraftwerks zu ihrem Prestigeobjekt und zum beeindruckenden Symbol für die neue Tauwetterperiode.[129]) Die Fertigstellung des Kolossalbaus war ein wichtiger erster Schritt in dem auf mehrere Jahrzehnte angelegten Perspektivplan, das Zentrum der sowjetischen Elektrizitätsgewinnung nach Sibirien zu verlagern und längs der Flüsse Angara und Enisej neue mächtige „Energie-Industrie-Komplexe" [130]) entstehen zu lassen.[131]) Zur Jahreswende 1954/55 nahm der Bautrust, der zuerst *Nižnean-*

[124]) Balandin 1986: 52–55 u. 63–73.

[125]) Ausführlich zur Angara-Kaskade vgl. Koval'ev 1975.

[126]) Das hydroenergetische Potential der Angara entsprach dem der vier bedeutendsten Flüsse des europäischen Landesteils (Wolga, Don, Dnepr' und Kama) zusammengenommen, so die Berechnung sowjetischer Experten. Vgl. das Schaubild in Tvardovskij/Pečerskij 1956: 2049.

[127]) Fainbojm 1956.

[128]) Davydov/Zunz 1955: 534.

[129]) Der erste Planentwurf für das Bratsker Kraftwerk lag im August 1952 vor. Im März 1953 rief *Gosplan*, die oberste staatliche Planungsagentur, eine spezielle Expertenkommission ein, die in der Folgezeit den endgültigen Plan erarbeitete. Er wurde im Spätsommer 1954 angenommen. Vgl. zur Einberufung der Expertenkommission und ihren Planungen RGAE, 7964/11/1381, 127-158.

[130]) Bursian/Pansa 1963: 201.

[131]) Die neuen geologischen Forschungen in der 1950er Jahren hatten gezeigt, dass 90 Prozent der sowjetischen Kohlevorräte und 85 Prozent des hydroenergetischen Potentials außerhalb der europäischen Sowjetunion und zwar mehrheitlich in Sibirien lagen. Anfang der 1960er Jahren unterstrichen die neu entdeckten sibirischen Erdöl- und Erdgasvor-

garagesstroj hieß, bevor er im Frühjahr 1956 in *Bratskgesstroj* umbenannt wurde, die ersten vorbereitenden Bauarbeiten für das imposante Flusskraftwerk in Angriff. Die dabei in Pressekampagnen inszenierte Aufbruchstimmung zielte besonders auf die junge Generation. Deshalb übernahm der *Komsomol*, die Jugendorganisation der Partei, die Schirmherrschaft (*šefstvo*) über den Kraftwerkbau und nutzte die ihm zur Verfügung stehenden Mobilisierungsmittel, um junge Menschen dafür zu gewinnen, sich mit aller Kraft und Begeisterung für den Sieg der sowjetischen Großtechnik an der entlegenen ostsibirischen Angara einzusetzen. Das Bratsker Flusskraftwerk war anfänglich auf eine Kapazität von 3,6 Millionen Kilowatt ausgelegt. Im August 1959 fiel dann die Entscheidung, seine Leistung auf 4,1 Millionen Kilowatt zu erhöhen. Achtzehn Aggregate (zwei mit einer Kapazität von 250000 und sechzehn mit 225000 Kilowatt) produzierten schließlich jährlich insgesamt bis zu 22,6 Mrd. Kilowattstunden Strom.[132]) Ihre Inbetriebnahme begann im Oktober 1961 und zog sich über fünf Jahre hin. Ende der 1960er Jahre begann eine zweite Ausbauphase, während der alle achtzehn Aggregate eine Kapazität von 250000 Kilowatt erhielten. Bis 1974 erhöhte sich damit die Gesamtleistung des Bratsker Kraftwerks auf 4,5 Millionen Kilowatt. Es konnte jährlich bis zu 28 Millionen Kilowattstunden zu einem Selbstkostenpreis von nur je 0,055 Kopeken erzeugen. In Effizienz und Leistungskraft ließ der Bratsker Stromriese die beiden Wolga-Kraftwerke bei Kujbyšev und Stalingrad weit hinter sich, und er blieb bis 1970 die weltgrößte Wasserkraftanlage. Dann setzte das Krasnojarsker Kraftwerk am Enisej neue Maßstäbe.

Als „elektrisches Herz Sibiriens"[133]) versorgte der Bratsker Großbau über zwölf Hochspannungsleitungen die gesamte mittlere Angara-Region mit Elektrizität und speiste einen Teil seiner Energie auch in das Irkutsker und Krasnojarsker Netz ein. Damit übernahm es eine wichtige Brückenfunktion bei der Entstehung des vereinigten zentralsibirischen Energiesystems.[134]) Am Bratsker Flusskraftwerk, damals lautstark als „irdischer, sibirischer Sputnik" und „Russland stolzestes Kind" gefeiert, meinten viele Zeitgenossen, den dynamischen „Pulsschlag des jungen Sibiriens" wahrzunehmen. Hier schien die Sowjetunion dank des ambitiösen, 1959 beginnenden Siebenjahrplans mit Sie-

kommen noch einmal die enorme Bedeutung Sibiriens als die sowjetische Energievorratskammer. Vgl. die damals publizierten geographischen Sammelwerke Zapadnaja Sibir' 1963; Srednjaj Sibir' 1964. Schon zuvor Škol'nikov 1958.

[132]) Das entsprach damals fünf Prozent der gesamtsowjetischen Stromproduktion, knapp einem Drittel der sowjetischen Hydroelektroenergie und der gesamten Elektrizitätsproduktion der Schweiz (so die Berechnung von Karger 1965: 92). Von den installierten achtzehn Aggregaten waren zumeist fünfzehn in Betrieb, während die restlichen drei im Wechsel für die notwendigen Wartungen stillstanden.

[133]) *Sowjetunion Heute*, 1969/10: 13.

[134]) Vgl. dazu Zejliger 1960: 211-217; Kislov/Saatčja 1960; Butjagin 1963: 82-96. Von einem „Ring der Energie", in dem „das wahre energetische Herz Sibiriens" schlägt, spricht Semjonov 1975: 423.

benmeilenstiefeln in die Zukunft des Kommunismus voranzuschreiten.[135]) Die beeindruckende Staumauer an der Engstelle von Padun (gebaut als Gewichtsstauwerk mit einem geraden statt einem konkaven Grundriss) hatte eine Länge von 924 Metern, eine Breite von 110 Metern und eine Höhe von 127 Metern. Für dieses grandiose Bauwerk wurden mehr als fünf Millionen Kubikmeter Beton vergossen und 17 Millionen Kubikmeter Erde, Kies und Fels aufgeschüttet. Bei den Bau- und Montagearbeiten griffen die Verantwortlichen verstärkt zu innovativen Methoden und leiteten damit eine „neue Etappe der sowjetischen Hydroenergetik“[136]) ein. Dank der Verwendung vorgefertigter Betonplatten und Betonblöcke konnten die Baukosten deutlich gesenkt werden. Sie beliefen sich letztlich nur auf knapp die Hälfte der Kosten, die für den Bau des Kujbyšever Kolossalbaus aufgebracht worden waren. Durch den Damm wurde der Wasserspiegel der Angara um 102 Meter gehoben. Das dabei entstandene Bratsker Meer hatte zehnmal die Größe des Bodensees. Während Kujbyšev, Stalingrad und Novosibirsk schon vor dem Kraftwerkbau Großstädte gewesen waren, machte das imposante Flusskraftwerk aus der kleinen Siedlung Bratsk eine „neue Stadt“ (*novyj gorod*). Sie zählte 1959 schon 43000 und ein Jahrzehnt später 155000 Einwohner. In den 1970er Jahren stieg die Bevölkerungszahl weiter dynamisch an. Während der 1980er Jahre ließ der demographische Zuwachs merklich nach, so dass sich die Einwohnerzahl von 1988 an auf 250000 bis 270000 dauerhaft einpendelte.[137]) Mit ihrer großen Aluminiumfabrik und ihrem riesigen Holzindustriekombinat machte sich Bratsk bald einen Namen als bedeutender Industriestandort.[138])

Die Auswahl von zwei in Sibirien und drei am Mittellauf der Wolga aus dem Boden gestampften „Großbauten des Kommunismus“ bot sich aus thematischen Gründen an, um die „Ostwanderung“ der sowjetischen Hydroenergetik zu erörtern und jenseits fallspezifischer Besonderheiten generalisierbare Strukturmerkmale zur Diskussion zu stellen. Sie drängte sich zudem von den Quellen her auf. Die Moskauer Zentralbehörden stellten die Planungen und Bauarbeiten an den fünf ausgewählten hydrotechnischen Unternehmungen oft in einen gemeinsamen Kontext und handelten die anfälligen Probleme in der administrativen Praxis nicht gesondert, sondern eng miteinander verbunden ab. Die aufwendige Sichtung der Aktenberge zentraler Staatsbehörden, Parteiorgane und Gewerkschaftskomitees wurde ergänzt durch Recherchen in den Regionalarchiven von Novosibirsk. Deren Bestände geben gute Auskunft darüber, wie Behörden der Regional- und Lokalverwaltung sowie Par-

[135]) Gudkov 1960; Portisch 1967: 56.

[136]) Gluchov 1978: 38.

[137]) Im Jahr 2008 gab die Stadtverwaltung von Bratsk offiziell eine Einwohnerzahl von 252000 an. Zu den Einwohnerzahlen vgl. http://www.mojgorod.ru/irkutsk_obl/bratsk/index.html (zuletzt eingesehen am 15. Mai 2009).

[138]) Ausführliche Beschreibungen des Flusskraftwerks und der Stadt Bratsk finden sich u.a. in Koval'ev 1970; Rudych 1972; Luk'janenko 1973.

tei- und Gewerkschaftsorganisationen vor Ort agierten, um Einfluss auf Planungen und Bauarbeiten zu nehmen.[139])

Längst widerlegt ist die Vorstellung, dass wegen akuten Quellenmangels „the last stage of Stalin's rule is as difficult to interpret as any period in the Middle Ages."[140]) Selbst den zeitgenössischen Presseorganen und Fachzeitschriften lassen sich wertvolle Informationen sowohl zu den propagandistischen Inszenierungspraktiken als auch zu technisch-ökonomischen Problemen entnehmen.[141]) Dies gilt in besonderem Maße für die Tauwetterperiode, während der über die Erfolge und Schwierigkeiten auf den hydrotechnischen Großbaustellen regelmäßig kritisch berichtet wurde.

Die Signaturen der Epoche: Spätstalinismus und Tauwetter, das „1950er Syndrom" und die „1970er Diagnose"

Bedeutende stalinistische Großprojekte sind schon Gegenstand historischer Studien gewesen und als gesellschaftsdiagnostische Artefakte untersucht worden.[142]) Die vorliegende Untersuchung knüpft unmittelbar an sie an, unterscheidet sich aber in zwei wichtigen Punkten von ihnen. Erstens geht sie näher auf die internationale Literatur zu großen technischen Systemen ein, um deren gebräuchliche Zugänge, thematische Orientierungen und interpretierende Begrifflichkeiten aufzugreifen. Bislang hat die Stalinismus-Forschung die lebhaften Diskussionen der neuen Technik- und Umweltgeschichte weitgehend ignoriert. Die vorliegende Arbeit richtet sich damit sowohl an Experten für die Sowjetgeschichte als auch an Technik- und Umwelthistoriker, die wiederholt Interesse an den sowjetischen Unternehmungen gezeigt haben, Natur und Raum mittels moderner Großtechnik zu bezwingen. Zweitens wird in der Untersuchung ein zeitlicher Fokus gesetzt, der auf den Zeitraum von 1948 bis 1967 ausgerichtet ist. Die bisherigen Studien zu sowjetischen Großprojekten behandeln dagegen vornehmlich die 1920er und 1930er Jahre. Ziel ist es darum, von technik- und umwelthistorischer Perspektive aus Interpretationen zum Charakter des Spätstalinismus und der Tauwetterphase als spezifischer Perioden mit eigenen komplexen Signaturen zur Diskussion zu stellen.

Zweifellos haben die langen 1930er Jahre (1928–1941) als Sattelzeit des Stalinismus die Forschung lange Zeit über Gebühr dominiert. Die Herausgeber der Fachzeitschrift *Kritika* sprachen deshalb von der „Diktatur dieser Dekade".[143]) Zwar stellte Julie Hessler 1998 noch fest, die späte Stalinzeit nach 1945

[139]) Zu den Erfahrungen in den Novosibirsker Archiven vgl. ausführlich Gestwa 2000.

[140]) Pethybridge 1967: 15.

[141]) Die wichtigsten Artikel in führenden sowjetischen Tageszeitungen, die kanonischen Charakter hatten, sind später zusammengefasst und in Sammelbänden erneut publiziert worden. Vgl. bes. Zarevo 1959; Velikie Strojki 1951; Velikie Strojki 1952; Bratskaja GES 1964/1967.

[142]) Vgl. bes. Rassweiler 1988; Kotkin 1995; Ruder 1988; Neutatz 2001; Payne 2001.

[143]) David-Fox 2002; David-Fox 2003.

sei „probably the most understudied period in Soviet history".[144]) Seitdem hat sich der Schwerpunkt der internationalen Forschung aber eindeutig verschoben. Als erste forderte Elena Zubkova, das Jahrzehnt nach Ende des Zweiten Weltkriegs müsse als „Schlüsselphase in der Entwicklung des Sowjetstaats und der Sowjetgesellschaft" verstanden werden.[145]) Nach Amir Weiner hatten die Erfahrungen im Zweiten Weltkrieg und in der unmittelbaren Nachkriegszeit eine so starke Wirkung, dass der omnipräsente Mythos des „Großen Vaterländischen Kriegs" die Erinnerungen an die Oktoberrevolution, den Bürgerkrieg und die Industrialisierungs- und Kollektivierungsschlachten der 1930er Jahre überlagerte und durch seinen „langen Schatten"[146]) immer mehr in den Hintergrund treten ließ. In seiner Interpretation sowjetischer Geschichte, die auf die Zentralität der Weltkriegserfahrungen fokussiert ist, erscheinen die 1940er Jahre als der eigentliche Dreh- und Angelpunkt.[147]) Darin folgten ihm die sowjetischen Historiker Aleksandr Danilov und Aleksandr Pyžikov und zuletzt Juliane Fürst und Sheila Fitzpatrick in einem Sammelband über den Spätstalinismus, der die wichtigsten internationalen Forschungen zusammenfasst.[148])

Andere neuere Studien heben hervor, dass sich im Spätstalinismus „die in den 1930ern noch nicht erreichte Systemhaftigkeit" verfestigte.[149]) In dieser „Phase des reifen Totalitarismus"[150]) wurden aus Prozessen Strukturen; die Formierung ging in Konsolidierung über. Der durch gewaltige Kraftakte entstandene stalinistische Parteistaat gewann damit an Stabilität. Nach 1945 wirkte in der Sowjetunion vor allem die „force of order" anstelle der vorherigen „force of movement".[151]) Zugleich hielt der Triumph im Zweiten Weltkrieg die Revolutionsromantik weiter hoch. Der Aufstieg zur Supermacht verschaffte im beginnenden Kalten Krieg der Meistererzählung vom baldigen Endsieg des Kommunismus neue Legitimation. Mit dem Jahr 1945 wurde die Sowjetunion auch zum *global player*. Sie begann, ihr politisches System und ihre Infrastrukturen in die Satellitenstaaten des Ostblocks und in Volksdemokratien auf anderen Kontinenten zu exportieren. Damit veränderte sich der erste sozialistische Staat auf Erden merklich. „Die UdSSR trat in ihr imperiales Zeitalter ein."[152])

Bei allen Forschungen, die sich mit dem Zeitraum von 1948 bis 1968 beschäftigen, ist die interpretatorische Generalfrage die nach der Kontinuität.

[144]) Hessler 1998: 518, Fn. 4.
[145]) Zubkova 1998b: 4f.
[146]) Weiner 2001a: 443-456.
[147]) Weiner 2001. Pointiert Weiner 2000.
[148]) Danilov/Pyžikov 2002; Fürst 2006a und Fitzpatrick 2006.
[149]) Plaggenborg 2001a: 31.
[150]) Fainsod 1965: 637.
[151]) McCagg 1978: 14. Von einer „period [...] of relative equilibrium and institutional consolidation" sprechen Gorlizki/Khlevniuk 2004: 12.
[152]) Plaggenborg 2001a: 30.

Noch herrscht Unklarheit darüber, inwieweit sich die Moskauer Partei- und Staatsführung als lernfähig erwies, um aus den Erfahrungen der 1930er Jahre sowie der Kriegs- und Nachkriegszeit die notwendigen Schlüsse zu ziehen, die Zugewinne sowohl an Normalität als auch an Modernität ermöglichten. Das widersprüchliche Wechselspiel von in Routine erstarrter und mobilisierender Politik, von ideologischer Verblendung und Pragmatismus wirft weiterhin Interpretationsprobleme auf.

Die meisten Forscher gehen vom Übergewicht restaurativer Momente aus und schätzen das strukturelle Veränderungspotential eher gering ein. Die sowjetische Nachkriegsordnung stellt sich ihnen als die Vollendung des stalinistischen Systems, als seine Apotheose dar. Deshalb sprechen sie vom „Hochstalinismus".[153]) Die Zeit nach 1945 erschien Alec Nove als „eigenartig konturlose Periode", weil die Politik des Wiederaufbaus „schnell in der Vorkriegsform eingefroren wurde".[154]) Diese Lehrmeinung blieb lange wegweisend. So sah Chris Ward die letzten Jahre stalinistischer Herrschaft als „bleak desert separating two fertile battlegrounds": auf der einen Seite die Eruptionen stalinistischer Herrschaft in den 1930er Jahren und der Zweite Weltkrieg, auf der anderen Seite die Entstalinisierungsprozesse der Tauwetterperiode.[155]) In Manfred Hildermeiers monumentaler Geschichte der Sowjetunion steht zu lesen, dass „die Restauration des Kommandosozialismus der dreißiger Jahre [...] der Nachkriegsentwicklung ihr typisches Gepräge (gab) [...] In vieler Hinsicht erstarrte das politisch-soziale und kulturelle Leben." Zwischen 1945 und 1953 habe in der Sowjetunion „Friedhofsruhe" geherrscht. Die letzte Phase stalinistischer Herrschaft werde darum „meist als Appendix behandelt. Sie erscheint als Endphase einer längeren Ära ohne eigene Signatur." Ihr fehle eins gewiss: „die Dynamik des Umbruchs."[156])

Ganz so eindeutig lässt sich der Spätstalinismus aber doch nicht als „Endzeit" und „Auslaufmodell"[157]) abhandeln, während der sich die sowjetische Gesellschaft in einer „Todesstarre"[158]) befunden habe. So schreibt selbst Hildermeier nach der eingehenden Analyse spätstalinistischer Herrschaftsmechanismen und sozialer Prozesse, dass schon vor dem Tod des Diktators „die Wesensmerkmale der nachstalinistischen Ordnung sichtbar" geworden seien.[159]) Es habe damals eindeutige Anzeichen für Veränderungen gegeben. „Sie wiesen gleichsam in die Zukunft und bildeten – über die fortdauernden Systemmerkmale hinaus – bemerkenswerte Brücken zur nachstalinistischen

[153]) Zuletzt Plaggenborg 2001a: 31; Duskin 2001: 2.
[154]) Nove 1984: 289.
[155]) Ward 1993: 186.
[156]) Hildermeier 2001: 62.
[157]) Plaggenborg 2001a: 33.
[158]) Hildermeier 1998a: 789.
[159]) Hildermeier 1998a: 670, 675 u. 784.

Ära."[160]) Archie Brown sieht die stalinistische Nachkriegsphase als „trostlose Zeit [...] für viele", räumt aber auch ein, dass manche Bereiche eine „Blütezeit" erlebten.[161]) In einem Forschungsbericht hebt darum Elena Zubkova nachdrücklich Phänomene und Entwicklungen hervor, die sich nicht in den Erklärungsrahmen von „Niedergang" und „Abgesang" einfügen lassen. Die chronologische und konzeptionelle Identifikation des Spätstalinismus müsse vielmehr in Betracht ziehen, dass auch diese relativ kurze achtjährige Periode ihre „breaking points" gehabt hätte, die „new political tendencies" freisetzten.[162]) Ähnlich schlussfolgern Oleg Khlevniuk und Yoram Gorlizki. Auch wenn nach 1945 die Symbiose zwischen Stalin und dem politischen System ihren Höhepunkt erreichte, so ließe sich dennoch kaum übersehen, dass „a feverish wave of activity" die Partei ergriffen hätte. Zugleich hätte sich im sowjetischen Staatsapparat immer deutlicher ein genereller Konsens abgezeichnet, dass es nach dem Tod Stalins zu grundlegenden Reformen in vielen Politikbereichen kommen müsste.[163]) Mit Nachdruck besteht darum Juliane Fürst darauf, der janusköpfige Spätstalinismus verweise sowohl zurück auf die 1930er Jahre als auch vorwärts in die weitere Zukunft. Die Endphase stalinistischer Herrschaft „was just as much about reinvention as it was about reconstruction." Sie sei weniger von enthemmtem Terror und ideologischem Furor gekennzeichnet als von der sich verschärfenden Konkurrenz mit dem Westen, einer ideologischen Krise und dem Aufstieg einer normalitätsfixierten, zunehmend entpolitisierten Konsumgesellschaft.[164]) Thomas Wolfe spricht sogar davon, der Spätstalinismus sei „a kind of incubator of reforms" gewesen, weil viele, vor allem jüngere Sowjetmenschen ernsthaft über ihre Gesellschaft und Geschichte sowie über das Wesen des Sozialismus nachzudenken begonnen hätten. Dieser allmählich um sich greifende kritische Zeitgeist, der öffentlich vorerst kaum in Erscheinung habe treten können, sei als „constituency for reform that would emerge in the late 1950s" wirksam gewesen.[165]) Das Tauwetter in der Ära Chruščev kam zweifellos nicht über Nacht.[166]) Es hatte seine Vorgeschichte. Der Spätstalinismus war deshalb sicherlich mehr als nur ein Epilog zu den 1930er Jahren. Er war das erste Kapitel in der Geschichte der sowjetischen Nachkriegsgesellschaft und hatte den Charakter einer „Übergangszeit"[167]). Damals spitzten sich unübersehbar Probleme zu, die einer dringenden Lösung bedurften, und kamen Entwicklungen in Gang, die über

[160]) Hildermeier 2001: 64. Vom „Ferment der nachstalinschen Entwicklung", das in bestimmten Prozessen während der letzten Lebensjahre Stalins zu wirken begonnen habe, sprach zuvor schon Schlögel 1984a: 44.

[161]) Brown 2009: 302.

[162]) Zubkova 2004: 134.

[163]) Gorlizki/Khlevniuk 2004: 168.

[164]) Fürst 2006a: 2 u. 13ff. Ihr folgt Fitzpatrick 2006: 274ff.

[165]) Wolfe 2005: 32. Ähnlich Pyžikov 2002.

[166]) So schon Pethybridge 1967: 15. Ausführlich Gorlizki 1995.

[167]) Meissner 1966: 46.

die historische Schallgrenze von 1953 – dem Todesjahr Stalins – hinweg fortdauerten. In mancherlei Hinsicht, so Juliane Fürst und Sheila Fitzpatrick, habe der Spätstalinismus sogar Entwicklungen vorweggenommen, die erst unter den Vorzeichen des „reifen Sozialismus“ während der 1970er Jahre ihre gesellschaftliche Dynamik entfalteten.[168])

Die lange übliche Interpretation des Spätstalinismus unter den Vorzeichen der Restauration hatte zur Folge, dass die Zeit unmittelbar nach Stalins Tod vor allem als Phase des notwendigen Wandels und Aufbruchs gesehen wurde. Der Wille zur Reform löste nach 1953 eine politische und soziokulturelle Dynamik aus, die das Sowjetsystem erschütterte, ohne es jedoch ernsthaft zu gefährden. Der 20. Parteitag im Februar 1956 zieht als „Schocktherapie“[169]) zumeist die Aufmerksamkeit der Historiker auf sich. Selbstverständlich kam Chruščevs Geheimrede, in der er die erstaunten Delegierten des Parteitags über die Verbrechen Stalins aufklärte, einem politischen Erdbeben gleich. Zugleich bleibt bei der Untersuchung dieses Parteitags häufig unerwähnt, dass bezeichnenderweise in vielen wichtigen Politikbereichen weiterhin „business as usual“ praktiziert wurde. Während die neue Partei- und Staatsführung nach 1953 vieles unternahm, um den Stalinismus als spezifische terroristische Diktatur aufzulösen, hielt sie weiter unbeirrt an der sozialwirtschaftlichen und politischen Gesamtordnung fest, die in den beiden Jahrzehnten zuvor geschaffen worden war. Chruščev stellte sich als „communist liberal“[170]) gegen Stalin, aber nicht gegen das System, in dem er selbst politisch groß geworden war. Der neue Reformkurs war primär auf eine Steigerung von Effizienz und Rationalität ausgerichtet, um durch neue administrative Lenkungsformen das Wachstum zu forcieren und den Fortschritt zu beschleunigen.[171])

Deshalb müssen die Liberalisierung des soziokulturellen Lebens und die neuen Partizipationsangebote als sekundäre Folge des bemühten Strebens der neuen Parteiführung interpretiert werden, mehr Systemeffizienz zu erreichen. Die politische Prärogative lag weiter darin, den gesellschaftlichen Wandel mit allen Mitteln des Parteistaats zu lenken.[172]) Neue Studien wenden sich darum dezidiert gegen die Bezeichnung der Tauwetterperiode als „interval of freedom“[173]). Zwar sei nach 1953 zunehmend Politik an die Stelle von Gewalt und Terror getreten, aber „the profound extension of a system of communal enslavement“ habe großen Konformitätszwang auf die Sowjetmenschen ausgeübt und vielfach tiefer in die Lebensführung des Einzelnen eingegriffen als die vorherigen, stalinistischen Repressionen.[174]) Chruščevs Träume von einer

[168]) Fürst 2006a: 14f.; Fitzpatrick 2006: 276.
[169]) Zezina 1995.
[170]) Juliver 1976: 82.
[171]) Vgl. z.B. schon die zeitgenössischen Analysen von Gregory 1960; Nove 1964, bes. 51–66; Kath 1972.
[172]) So schon Schröder 1986.
[173]) Gibian 1960.
[174]) Kharkhordin 1999: 297f.

umfassenden sozialen Disziplinierung seien darauf ausgerichtet gewesen, eines der großen Ziele des Stalinismus endlich Wirklichkeit werden zu lassen.[175]) In wichtigen Politikbereichen sei deshalb sogar eine „intensification of Stalinist ideas and campaigns“ zu beobachten gewesen.[176]) Die für das Tauwetter verwandten Begriffe Reform, Liberalisierung und Wandel entsprechen daher mehr der Selbstdarstellung Chruščevs als den tatsächlichen Ereignissen und Prozessen.[177])

Eine ausgewogene Beurteilung der Regierungszeit des Ersten Sekretärs Chruščev fällt zweifellos schwer. Mit seinem „impulsiven Dogmatismus“ passte Stalins Nachfolger einerseits zur Dynamik der Epoche, anderseits zur konservativen Masse.[178]) Der „dreamer of grandiose dreams“ und „authoritarian populist“[179]) wirkte sicherlich als „founding father of reform“[180]) und „Baumeister des Neuen“.[181]) Zugleich vollendete der systemtreue Reformer, auch wenn seine Politik letztlich an seiner „blustering impulsiveness“ und „hypomania“[182]) scheiterte, die Revolution von oben, die Stalin begonnen hatte. Er schuf die Grundlagen dafür, dass die ihm überlieferte Staats- und Gesellschaftsordnung noch einige Jahrzehnte fortexistieren konnte.[183]) Merle Fainsod zählte Chruščev darum zur Gruppe der „essentially conservative transitional figures who undertake to build a bridge from the old to the new.“[184]) Der von Chruščev forcierte Übergang „von der personalen zur institutionellen Diktatur“,[185]) „vom Modell des Personenkults zum Modell des administrativen Sozialismus“[186]) überführte den Ausnahmezustand, in dem die Sowjetgesellschaft zuvor hatte leben müssen, in eine stabile Krise.[187]) Sein Herrschaftssystem lässt sich darum als „aufgeklärter oder rationalisierter

175) Kharkhordin (1999: 299) sieht das Ziel Chruščevs darum in der Schaffung eines „fine-tuned and balanced system of total surveillance, firmly rooted in people as policing each other in an orderly and relatively peaceful manner.“

176) Fürst 2006b: 150. Ähnlich Raschka 2005 u. 2006; LaPierre 2006; Fitzpatrick 2006; Hilger 2008.

177) Fürst 2006b: 136 u. 150. Ähnlich Kharkhordin 1999: 299f.

178) Vajl'/Genis 2001.

179) Conyngham 1973: 68.

180) Taubman 2003: 650.

181) Merl 2001: 179 u. 316.

182) Taubman 2003: XX u. 650.

183) Repräsentativ für die unentschiedene Bewertung Chruščevs durch die neuere Forschung ist das Diktum von Robert Service 1998: 375. Er sah in Chruščev zugleich „a Stalinist and an anti-Stalinist, a communist believer and a cynic, a self-publicizing poltroon and a crusty philanthropist, a trouble-maker and a peacemaker, a stimulating colleague and a domineering bore, a statesman and a politician who was out his intellectual depths.“

184) Hough/Fainsod 1979: 232. Ähnlich Cohen 1980: 16.

185) Hildermeier 1998a: 773.

186) Popov 1990: 381.

187) Neuerdings populär ist die Formulierung von der „Diktatur ohne Massenterror“. So Alder 2002: 89f.; Hilger 2008: 255.

Totalitarismus“[188]) bezeichnen, der die schlimmsten Missstände des Stalinismus beseitigte oder milderte, zugleich aber die Substanz der totalitären Macht bewahrte. Unter Chruščev begann der stalinistische Maßnahmenstaat, ohne seine Vorliebe für politische Kampagnen gänzlich aufzugeben, zu einem poststalinistischen Normenstaat zu mutieren.[189])

Der neue Wirtschaftsfeldzug, dem sich die Parteiführung verschrieb, brachte zwar nicht die versprochenen ökonomischen Wunder, aber immerhin eine wirtschaftliche Konsolidierung, die das Leben in der Sowjetunion erleichterte. Die Zähmung des Stalinismus, die Humanisierung der Politik und der verkündete „Konsumkommunismus“ schufen neue Bestandssicherheiten, ohne jedoch die eklatanten Systemprobleme zu lösen. In der ersten poststalinistischen Dekade offenbarten sich angesichts des enormen Wachstums der Institutionen in Staat, Wirtschaft und Gesellschaft eine starke sozialistische Staatsräson und eindeutige Grenzen der Reformfähigkeit des Regimes. Dieses eigentümliche Zusammenspiel von „Licht und Schatten eines großartigen Jahrzehnts“[190]) bescherte dem Chruščevschen Tauwetter das Image eines „Dramas“ und einer „lost reform“.[191])

Es ist unumgänglich, dass Historiker der „Dynamik des aufgefrischten, entstalinisierten Sozialismus“[192]) nachspüren, auch um den „qualitativen Wandel“ angemessen darzustellen, den der endgültige Verzicht auf Massenterror für die Sowjetgesellschaft eingeleitet hatte.[193]) Allerdings haben der Spätstalinismus und die Tauwetterperiode zahlreiche Charakteristika gemeinsam. Dazu gehört der verzweifelte Versuch, durch Extensität und Größenwachstum zu kompensieren, was an Intensität und Produktivität fehlte. Außerdem führte die 1948 beginnende Re-Ideologisierung der Politik im Zusammenhang mit dem Konzept vom Übergang zum Kommunismus dazu, dass die 1950er Jahre zur Blütezeit einer Politik des Wunschdenkens und zur „letzten Zuckung der Utopie an der Macht“[194]) wurden. In den beiden Jahrzehnten nach Kriegsende kennzeichnete eine spezifische, wechselhafte Mischung von Ideologie und Pragmatismus, von Populismus und Professionalismus die sowjetische Politik. Es galt, den revolutionären Wandel zum Kommunismus zu forcieren und das System zugleich im erbittert ausgetragenen Wettbewerb der Modernen des Kalten Krieges nicht zu überfordern. Hin- und hergerissen von den Notwendigkeiten der Systemtransformation und der Systemerhaltung, war die Weltsicht der Parteiführer einerseits geprägt von Enthusiasmus, Selbstbewusstsein und Zuversicht, anderseits aber auch von Angst, Misstrauen

[188]) Fainsod 1965: 639.
[189]) Plaggenborg 2006: 201–212; Hilger 2008: 272f.
[190]) Svet i ten' 1989.
[191]) Yanov 1984.
[192]) Hildermeier 1998a: 779.
[193]) Mit Nachdruck zuletzt Hilger 2008: 255.
[194]) So Lubomir Sochor, zit. n. Beyrau 2005: 48. Ausführlich zum damaligen Boom der Utopie vgl. Gilison 1975.

und Unsicherheiten. Chruščev gestand später in seinen Erinnerungen offen ein: „Wir hatten Angst – wirkliche Angst. Wir fürchteten, das Tauwetter könne eine Flut auslösen, die wir nicht unter Kontrolle bringen und in der wir untergehen konnten. Sie könne die Ufer des sowjetischen Flussbetts überfluten und eine Flutwelle bilden, die alle Barrieren und Stützmauern unserer Gesellschaft wegspülen würde. Wir wollten die Entwicklung des Tauwetters so steuern, dass es nur jene kreativen Kräfte anregte, die zur Stärkung des Sozialismus beitragen würden.“[195])

Im Zustand der Erschütterung wurde die Entstalinisierungspolitik mit ihrem „unstable compound of conservatism and radicalism“[196]) zum Balanceakt, bei dem es der Partei- und Staatsführung darum ging, die Gesellschafts- und Wirtschaftskräfte zu mobilisieren, ohne dadurch eine gefährliche, alle und alles mitreißende politische Dynamik freizusetzen.[197])

Die Verbindung von Optimismus und Furcht hatte verhängnisvolle Blockaden bei der Realitätswahrnehmung zur Folge. Sie zeigten sich in der grenzenlosen Überschätzung des politischen und wirtschaftlichen Vermögens der Sowjetunion, in der überzogenen Erwartungshaltung sowohl der Parteiführung als auch der Bevölkerung und im festen Glauben an die Überlegenheit des Kommunismus.[198]) Die fortgesetzte Unfähigkeit der Parteiführer, die komplexen Zusammenhänge der sich ausdifferenzierenden Industriegesellschaft zu erkennen, ließ hoffnungsvolle Experimente allzu oft im Chaos enden und schuf Legitimationsprobleme, die Angst und Misstrauen schürten. Die Chruščevsche Reformpolitik warf darum mehr Fragen auf, als sie beantworten konnte. Daraus ergab sich eine problematische Konstellation, die unter der Bezeichnung „dilemma of destalinisation“ die Aufmerksamkeit der Historiker gefunden hat.[199])

Als Phase eines markanten Umbruchs sind die 1950er Jahre von der internationalen Forschung weithin besonders beachtet worden. So operiert die Umweltgeschichte seit einiger Zeit mit dem Konzept des „1950er Syndroms“, um zu verdeutlichen, dass diese Dekade einen tiefen Einschnitt im Umgang mit Energie, Natur und Technik markierte.[200]) Die durch den Zweiten Weltkrieg zeitweise brachgelegten Wachstumspotentiale der Industrienationen

[195]) Zit. n. Khrushchev 1974: 78f. In deutscher Übersetzung bei Brown 2009: 324.

[196]) Jones 2006a: 2.

[197]) Crankshaw 1966: 225.

[198]) Die verzerrte Wirklichkeitswahrnehmung Chruščevs und seiner Gefolgsleute zeigte sich eindrucksvoll auf der Sitzung des Präsidiums des Zentralkomitees am 14. Dezember 1959, als ein Entwurf des neuen Parteiprogramms zur Diskussion stand. Das Stenogramm der Sitzung verdeutlicht den naiven Optimismus der Parteiführer, noch zu ihren Lebzeiten die kommunistische Überflussgesellschaft mit den erprobten politischen Mitteln und auf überkommenen ökonomischen Wegen schaffen zu können. Vgl. Prezidium 2003: 397–412. Allgemein Gilison 1975; Löwenthal 1970; Walicki 1995: 508–521.

[199]) Jones 2006a; Colton 1984; Taubman 2006.

[200]) Pfister 1995; Brüggemeier 1998: 179–191; Andersen 1998; Engels 2006a: 33f.

konnten sich damals ungehindert entfalten. Durch den forcierten wissenschaftlich-technischen Fortschritt erfuhren seit langem wirksame Prozesse eine bemerkenswerte Beschleunigung.[201] Sie mündete in eine bis dahin beispiellose Wachstumsspirale. In der „Landschaft nach der Schlacht" nahm die Konsum- und Hochenergie-Gesellschaft mit ihren aggressiven Erschließungsstrategien Gestalt an.[202] Dabei wurden Megaprojekte und Großraumplanungen als kombiniertes Wiederaufbau- und Expansionsprogramm konzipiert und zur Chiffre einer ganzen Epoche erhoben. Sie versprachen mit ihrer umfassenden „Modernisierung im Wiederaufbau"[203] einen Ausweg aus dem sozialwirtschaftlichen Chaos der Nachkriegszeit. In Nordamerika und Europa wich das „Katastrophenzeitalter" der ersten Jahrhunderthälfte einem „Goldenen Zeitalter".[204]

Der in der Nachkriegszeit einsetzende Boom dauerte bis in die frühen 1970er Jahre, so dass die Historiker schnell mit dem Begriff der „langen fünfziger Jahre" bei der Hand sind.[205] Niemals zuvor hatten so viele Menschen innerhalb einer einzigen Generation eine derartige Erweiterung ihrer Handlungsräume und eine derartige dauerhafte Verbesserung ihres Lebensstandards erfahren. Planung galt in Ost und West als aktivistische Leitvokabel und Zauberwort, um mit „prometheischem Stolz die Eroberung der Zukunft in Angriff zu nehmen" und Utopie Wirklichkeit werden zu lassen.[206] Die „Geborgenheit im gesicherten Fortschritt"[207] verhieß in dieser Zeit der Planbarkeit und Machbarkeit den „Aufbruch ins Schlaraffenland"[208]; der Traum fortwährender Prosperität schien kein Ende zu kennen. In Nordamerika und Europa wurden die 1950er Jahre zur „Epochenschwelle oder Sattelzeit zwischen zwei Gesellschaftsformationen – der Industriegesellschaft und der Konsumgesellschaft".[209] Die Unterwerfung der Naturkräfte und die Ausbreitung des Massenkonsums galten als Schlüssel zur sozialen und politischen Stabilität. Der enorme Energieverbrauch, der hemmungslose Umgang mit den Ressourcen und die wachsende Umweltbelastung stellten die Schattenseiten dieser Entwicklung dar. Sie trugen zusammen mit den Unsicherheiten und Ängsten, die der Kalte Krieg schürte, dazu bei, den „janusköpfigen 50er Jahren"[210] einen eigentümlichen „Charme des Chamäleons"[211] zu verleihen.

201) Borscheid 2004: 345–378. Zu den beschleunigten Zeitstrukturen vgl. auch Rosa 2005.
202) Schlögel 2001a.
203) Schildt/Sywottek 1993.
204) Hobsbawm 1994: 285–499. Einen guten Überblick bieten Doering-Manteuffel/Raphael 2008: 15–27.
205) Abelshauser 1987. Vgl. auch Kaelble 1992.
206) Bröckling 2008: 72. Zur Geschichte der Planung vgl. neuerdings bes. Laak 2008;
207) Metzler 2003.
208) Sieglerschmidt 1995.
209) Pfister 2003: 69.
210) Bollenbeck/Schäfer 2000.
211) Greiner 2003: 3.

In jüngster Zeit verschiebt sich im Rahmen einer „dekadologischen Arbeitsweise“[212]) der Fokus der Umweltgeschichte vom „1950er Syndrom“ auf die „1970er Diagnose“. Das Jahr 1972 gilt als umwelthistorischer Wendepunkt, weil damals der zivilisationskritische Bericht des Projektteams *Club of Rome* die „Grenzen des Wachstums“ prophezeite.[213]) Die Dynamik eines exponentiellen Wachstums habe – so das damalige Zusammenbruchsszenario – irreparable Umweltschäden und die unverantwortliche Verschwendung knapper Rohstoffe heraufbeschworen. Die Eigendynamik des Wohlstands schien sich zu verflüchtigen. „Planung war nun nicht mehr der Name, in dem die Gesellschaft ihr Verhältnis zur Zukunft begriff.“[214]) Nach dieser „großen Ernüchterung“[215]) zog ein neues „age of uncertainty“[216]) herauf. Die damit einsetzenden ökologischen Umdenkprozesse fielen mit der Auflösung des fordistischen Fabriksystems und dem Niedergang der herkömmlichen, auf Kohle und Eisen beruhenden industriellen Welt zusammen. Das führte zu einem „Strukturbruch, der sozialen Wandel von revolutionärer Qualität mit sich gebracht hat“[217]). Während der Mitte der 1970er Jahre beginnenden „decade of disaster“[218]) machte eine Folge dramatischer Umweltkatastrophen und technischer Unglücksfälle schließlich deutlich, dass das Verheißungsvolle oft unauflösbar mit dem Verhängnisvollen verbunden war. Infolge dieser „Schockerfahrung der Zerbrechlichkeit der Grundlagen der zivilisierten Welt“[219]) verfestigten sich Irritationen und Vertrauensverluste in Ost und West zu einer dauerhaften Sinnkrise. In dieser Zeit „nach dem Boom“[220]) kam es zum „Übergang von der festen zur flüchtigen Phase der Moderne“.[221]) Das „Prinzip der unbezähmbaren Ungewissheit“[222]) und das oft beklagte „Ende der Zuversicht“[223]) machen es seitdem den Menschen auf der angestrengten „Suche nach der verlorenen Sicherheit“[224]) sichtlich schwer, sich in der vom beschleunigten Wandel ergriffenen Welt mit all ihren Kontingenzen, Komplexitäten und Risiken zu orientieren. Vor dem aktuellen Hintergrund der Klimadebatte und dem Scheitern des neoliberalen „Katastrophen-Kapitalismus“[225])

[212]) Doering-Manteuffel/Raphael 2008: 7.
[213]) Kupper 2003; Hünemörder 2003.
[214]) Bröckling 2008: 75.
[215]) Schanetzky 2007.
[216]) Galbraith 1977.
[217]) Doering-Manteuffel/Raphael 2008: 10.
[218]) Larabee 2000.
[219]) Beck 2007: 135.
[220]) Doering-Manteuffel/Raphael 2008.
[221]) Bauman 2008: 7.
[222]) Bauman 2008: 8.
[223]) Jarausch 2008.
[224]) Fischer 1991; Beck 2007.
[225]) Klein 2007.

trägt die „1970er Diagnose" darum nicht nur unter umwelthistorischen Gesichtspunkten zu einer „Problemgeschichte der Gegenwart"[226]) bei.

Themen und Kapitel

Die vorliegende Exkursion in die kollektiven Technikträume und Fortschrittsmythen des ersten sozialistischen Staats auf Erden beginnt mit einem Überblick über den Aufstieg der Wasserkraft. Im Mittelpunkt steht die Machtkomponente hydraulischer Großbauten. Ausführlich beschrieben wird, wie sich der aus dem 19. Jahrhundert übernommene Glaube an die Unerschöpflichkeit der Natur und an die Segnungen des technischen Fortschritts mit der neuen Gleichgültigkeit der sowjetischen Herren gegenüber sozialen und ökologischen Folgen zu einer radikalisierten Variante der Industriegesellschaft und zu einer extremistischen Modernität verbanden. In den beiden folgenden Kapiteln werden die kühnen Zukunftsvisionen im Spiegel ökonomischer Realitäten, kontroverser politischer Diskussionen und der Ausbildung von neuen Machtstrukturen dargestellt.

Anschließend geht es um eine Analyse des euphorischen Technikkults, der mit den Kraftwerk- und Kanalbauten einherging. Massenhaft fabrizierte die Werbeindustrie von Staat und Partei Bilder der neuen sowjetischen Landschaften, um die Wunschseite der Wirklichkeit zu transportieren und sie als das Gesamtbild der Realität auszugeben. Sie erhob die Idee über die Wirklichkeit und erklärte das Gewünschte zum Tatsächlichen. Die gigantischen Wasserkraftwerke produzierten nicht nur Strom, sondern auch Bedeutungen und Visionen, mit denen sich die Machthaber im Kreml die Einbildungskraft der ihnen Unterworfenen erobern wollten. Der moderne Technikkult erschien als probates Mittel, um durch eine demonstrative Modernität bestimmte Botschaften der Macht zu verbreiten. Das Utopische und Imaginäre wurde zum nüchtern eingesetzten Machtinstrument einer affirmativen sowie appellativen Legitimationsbeschaffung. Damit hofften die ideologisch verblendeten Machthaber, Meinungen und Ziele zu formulieren, die auf breite Zustimmung trafen und sich deshalb zur kollektiven Selbstthematisierung eigneten. Auf diesem Konsens baute der Parteistaat seine dirigistische Sozialtechnologie auf. Er forderte die Teilnahme aller am verordneten Aufbauwerk und erzwang bei seiner „mobilized participation"[227]) jenes Maß an Enthusiasmus, das er für notwendig erachtete, um seine Pläne zu verwirklichen.

Den Bauplätzen der sowjetischen Moderne wies die Partei- und Staatsführung als Identitätsfabriken und Disziplinaranstalten große Bedeutung zu. Sie waren darum in den Medien omnipräsent. Die Frage nach der gesellschaftlichen Akzeptanz des Technikkults lässt sich allerdings nur beantworten, wenn

[226]) Hockerts 1993. Explizit zuletzt Doering-Manteuffel/Raphael 2008: 7 ff.

[227]) Zimmerman 1987. Von einer „superstructure of superficially participatory structures" sprachen DiFranceisco/Gitelman 1984: 604.

die Ziele und die Selbstdarstellung des Regimes mit den Motivationen und den Verhaltensweisen der Betroffenen und Beteiligten verglichen werden. Deshalb werden im sechsten Kapitel die Verhaltensweisen der Ingenieure und Bauarbeiter auf den Großbaustellen und der in ihrem Umfeld umgesiedelten Familien in den Blick genommen, um so die Nähe und Distanz zwischen inszeniertem und gelebtem Sowjetkommunismus aufzudecken. Erst wenn die permanenten Spannungen zwischen dem Kontrollierten und Unkontrollierten, dem Regelmäßigen und dem Unregelmäßigen, dem Vorhersehbaren und dem Unerwarteten fassbar werden, erhält die Geschichte der sowjetischen Prestigeprojekte das notwendige Maß an Dramatik und Anschaulichkeit. Dann wird deutlich, dass die Bauplätze sowjetischer Moderne sowohl Orte beglückender Gemeinschaftserlebnisse, des politischen Aufbruchs und des sozialen Aufstiegs als auch Orte tragischer Zusammenstöße, vielfältiger Irritation und drückender Nöte waren.

Bei den verzweifelten Bemühungen der sowjetischen Propaganda, die Großbaustellen als entscheidende Schlachtfelder der Sowjetmoderne im Kampf gegen die Natur, das Fremde und Rückständige darzustellen, vermied die publizistisch-mediale Schaumschlägerei seit 1938 ein heikles Thema: dass nämlich die zahlreichen Großbaustellen ein Heer von Häftlingen beschäftigten. Die riesigen Zwangsarbeitslager stellten einen besonderen Ort der Begegnung der Sowjetvölker dar. Hier feierte nicht nur die Propaganda, sondern auch die Gewalt ungeahnte Triumphe. Unter der Ägide der Hauptverwaltung der Lager, GULag abgekürzt, schufen die grandiosen Aufbauwerke des Stalinismus ein mächtiges Wirtschaftsimperium und praktisch einen Staat im Staat. Auf den Großbaustellen verlief nicht nur die Frontlinie zwischen lichter Zukunft und düsterer Vergangenheit, zwischen Wirklichkeit und Utopie, sondern auch zwischen Zivilisation und Barbarei. Ohne eine angemessene Analyse der millionenfachen Zwangsarbeit lässt sich weder die kulturelle Geographie des Stalinismus noch seine Topographie des Terrors erfassen. Erst dann ist plausibel zu erklären, warum die Kraftwerk- und Kanalbauten, lange Zeit inszeniert als „Räume des enthusiastischen Willens“[228]) und „Räume des Jubels“[229]), schließlich ein schlechtes Image erhielten als Pyramiden des Stalinismus, die sowohl an den Größenwahn als auch an die Repressionen jener dunklen Zeit erinnerten.[230])

Der Mangel an seriösen Forschungen zur russisch-sowjetischen Umweltgeschichte ist wiederholt beklagt worden.[231]) Deshalb führt die Zeitreise abschließend ins Museum technologischer Grausamkeiten und ökologischer Fiaskos, das die Sowjetunion ihrer Nachwelt hinterlassen hat. Beim Rundgang

[228]) Kaganskij 2001: 142.

[229]) Ryklin 2003.

[230]) Weiner 1999: 356.

[231]) Radkau 2000: 215; Raleigh 2002: 23; McNeill 2003: 30. Eine gute Bilanz der Forschungsanstrengungen der letzten Jahre bieten Bruno 2007; Gille 2009.

durch die umgestalteten Landschaften längs der Flüsse werden die erfolglose Umweltschutzpolitik, die Folgeschäden der ambitiösen Plangiganten und ökologisch motiviertes Protestverhalten thematisiert. Statt imponierender Erfolgsgeschichten, die heute im postkommunistischen Russland erneut populär geworden sind, werden desillusionierende Verlustgeschichten bilanziert. Wasserwirtschaftliche Pharaonenprojekte trugen maßgeblich dazu bei, dass die Utopien unbeschränkten Technikvertrauens allmählich dem Gefühl ohnmächtiger Bedrohung wichen. In den von den Höhenflügen des Fortschrittsglaubens heimgesuchten Gebieten litten die Menschen zunehmend unter Unsicherheit. Wissenschaftler, Schriftsteller und Filmemacher bemühten sich, das Trauma eines in Moskau anbefohlenen Zivilisationsprozesses in die sowjetische Öffentlichkeit zu bringen. Sie warnten, dass angesichts der zerstörerischen Auswirkungen der rücksichtslosen Industrialisierung das beschleunigte Wirtschaftswachstum nicht mehr unreflektiert als Königsweg zur Vervollkommnung des Menschen verklärt werden dürfe. Die moderne Technik schuf keineswegs die Voraussetzung für den Übergang zum Kommunismus. Ihre forcierte Entwicklung führte vielfach zu einer wachsenden Entfremdung in den zwischenmenschlichen Beziehungen und war für das Auseinandertreten von Mensch und Natur verantwortlich. Der über Jahrzehnte propagierte Wertekatalog der technikgläubigen Sowjetgesellschaft geriet zunehmend ins Wanken, so dass der sowjetische Parteistaat schließlich in den Jahren der Perestrojka im Strudel um sich greifender Krisen unterging. Die Moskauer Fortschrittsprediger und selbsternannten „Herren über die Natur“ fanden sich in den Niederungen gesellschaftlicher Nöte, ökonomischer Fehlschläge und ökologischer Katastrophen wieder. An diesem furios-fatalen Finale sowjetischer Geschichte zeigt sich, dass sich im 20. Jahrhundert Superdämme und Riesenkraftwerke im Kontext kraftvoller politischer Wunsch- und Sehnsuchtspotentiale entfalteten. Sie produzierten zunächst den für den Systemerhalt wichtigen kulturellen Treibstoff, um später mit ihren hohen Kosten und desaströsen Nebenfolgen gefährliche Krisen heraufzubeschwören.

2. Die Geschichte wasserbaulicher Großprojekte bis 1947

Das russische Erbe

Als die Bolschewiki 1917 die Macht ergriffen, befand sich das russische Imperium längst im revolutionären Aufbruch. Es war ein Land der Baumeister, Architekten und Sozialtechnokraten im Wartestand. Biopolitische Utopien, in denen eine Beherrschung der Natur und die Überwindung des Todes herbeigesehnt wurden, zirkulierten in den gebildeten Schichten und machten viele anfällig für Ideen von einer „neuen Menschheit".[1]) Unverkennbar hatten sich im 19. Jahrhundert starke Kräfte ausgebildet, die Russland auf seinem Weg aus der agrargesellschaftlichen Rückständigkeit vorantrieben. Der Aufstieg von Technik, Wissenschaft und Industrie hatte machtvolle Stützpunkte errichtet, wo das moderne Leben entlang den Bahnlinien, in den Häfen und neuen Industriegebieten zu pulsieren begann.[2]) Die Fertigstellung der Transsibirischen Eisenbahn (1891-1900) galt als das „bis dahin teuerste Friedensunternehmen der modernen Geschichte"[3]). Diese transkontinentale Verkehrsmagistrale sollte als Schmuckstück der industriellen Moderne Russland nicht mehr als Koloss auf tönernen Füßen, sondern als Giganten auf eisernen Rädern erscheinen lassen, der mit aller Kraft vorwärts stürmt. Beim Bau der neuen infrastrukturellen Leitachse sammelten die zuständigen Planungseliten wichtige Erfahrungen, wie Zentralbehörden technologische Großprojekte durch Technologieimporte aus dem Westen, durch forcierte Kapitalinvestitionen und den Arbeitseinsatz Zehntausender Häftlinge umsetzen konnten.[4])

Der feste Wille, mittels moderner Technik und Wissenschaft die als drückend empfundene Rückständigkeit endlich zu überwinden, ließ russische Forscher und Ingenieure immer angestrengter über Entwicklungsprogramme nachdenken, wie die enormen natürlichen Ressourcen des Zarenreiches genutzt werden könnten. In den Jahren vor dem Ersten Weltkrieg beschäftigten sich die Experten intensiv mit den Planungen, wie der schon zur Zeit Peters des Großen in Angriff genommene Kanal zwischen Wolga und Don endlich fertiggestellt werden könne, um die zwei wichtigsten russischen Wasserstraßen zu einem einheitlichen Binnenverkehrsnetz zu verbinden. Staat und Wirtschaft ließen sich jedoch nicht dafür gewinnen, das entsprechende Kapital bereitzustellen.[5]) Zudem arbeiteten Ingenieure an Plänen, es den führenden europäischen Industrienationen und den USA gleichzutun und die russische Elektrizi-

[1]) Vgl. dazu den informativen Band von Groys/Hagemeister 2005. Ferner Hagemeister 1989; Hagemeister 2003; Shlapentokh 1996.

[2]) Schlögel 1988: 114-117; Schattenberg 2002: 49-69.

[3]) Marks 1991: 217.

[4]) Marks 1991: 224-226; Schenk 2005: 41-45.

[5]) Bernštejn-Kogan 1954: 103-116; Lebed/Yakovlev 1956: 93; Garmonov/Panpulov 1937: 9ff.

tätswirtschaft durch den Bau großer Flusskraftwerke zu befördern. In St. Petersburg nahm eine speziell dazu ins Leben gerufene „überbehördliche Kommission" die Beratungen auf. Hier kamen die führenden Experten, Wirtschaftsvertreter und Repräsentanten wichtiger Ministerien zusammen. Sie dachten in größeren Perspektiven und legten Entwürfe dazu vor, welche Projekte in den Jahren 1911 bis 1915 und in einer zweiten Phase von 1916 bis 1920 verwirklicht werden sollten. Eine Periode von fünf Jahren schien ihnen für ehrgeizige Elektrifizierungsprogramme der geeignete Zeithorizont zu sein, um der praktischen Umsetzung ihrer Pläne einen realistischen Rahmen zu geben.[6])

Das Projekt, an den Stromschnellen in der Nähe von Zaporož'e den Dnepr' zur Errichtung eines Flusskraftwerks zu stauen, scheiterte allerdings. Einflussreiche Landbesitzer setzten sich erfolgreich gegen die Überflutung ihrer Ländereien zur Wehr.[7]) Auch der begabte Hydroingenieur Genrich O. Graftio fand keine Unterstützung für seinen Plan, ein großes Kraftwerk am Volchov zu errichten, das St. Petersburg mit Strom hätte versorgen können.[8]) Die Zeit vor 1917 erwies sich für aufstrebende russische Ingenieure als „Jahre der Arbeit für die Schublade".[9])

Unzufrieden mit ihrer Position in der zarischen Gesellschaft waren auch die Wissenschaftler. In seiner Rede am 4. Februar 1915 erklärte der international bekannte Biochemiker Vladimir I. Vernadskij (1863–1945), die russische Wissenschaft sei nicht auf die Bedingungen vorbereitet, „unter denen das staatliche Leben der Menschheit im 20. Jahrhundert vonstatten geht". Unter dem Eindruck der drohenden militärischen Niederlage Russlands im Ersten Weltkrieg rief er zur „Mobilisierung der Wissenschaft" auf.[10]) Unter seiner Leitung richtete die Kaiserliche Akademie der Wissenschaften die „Kommission zur Erforschung der natürlichen Produktivkräfte Russlands" (KEPS) ein. Ihre Aufgabe war es, eine umfassende Bilanz der im russischen Imperium vorhandenen Naturreichtümer und Produktivkräfte vorzulegen. Als der Krieg zu Ende ging, hatten die zahlreichen wissenschaftlichen Expeditionen neue Ressourcen und Energiequellen entdeckt und sogar konkrete Vorschläge ausgearbeitet, wie sie sich effizient volkswirtschaftlich nutzen ließen. Selbstbewusst erklärte die Leitung der KEPS, angesichts der Dramatik der Lage hätte sie „eine lebendige Beziehung zwischen Wissenschaft, Technik und Industrie hergestellt und die Ablösung der überholten technischen Methoden der Betriebswirtschaft durch fortgeschrittenere gefördert".[11])

[6]) Gidrotechnika 1990: 117; Levit 1957: 12f.

[7]) Lebed/Yakovlev 1956: 45; Rassweiler 1988: 20–24; Saslavskij 1932: 31f.; Nosov 1958: 37f.

[8]) Lebed/Yakovlev 1956: 33; Schattenberg 2002: 55; Nosov 1958: 37; Svet nad Rossiej 1960: 81.

[9]) Schlögel 1988: 294. Zur Lage russischer Ingenieure vor 1917 vgl. auch Schattenberg 2002: 49–69; Bailes: 1978: 19–43; Rieber 1990; Balzer 1990: 142–146; Balzer 1996: 55–88.

[10]) Zit. n. Schlögel 1988: 292.

[11]) Schlögel 1988: 289. Zur Tätigkeit der KEPS vgl. auch Remington 1984: 124ff.; Vucinich 1984: 68–71 u. 101–106; Bailes 1990: 139ff.; Kol'cov 1999; Kojevnikov 2002: 250–254; Kojevnikov 2006: 5–22.

Mit dem Hinweis auf ihre anwendungsorientierten Forschungen drängten sich viele russische Wissenschaftler und Ingenieure in den Monaten nach der Oktoberrevolution den neuen Machthabern im Kreml als Mitgestalter von Wirtschaft und Gesellschaft auf. Sie nahmen den revolutionären Wandel nicht nur als ein politisches Ereignis wahr, sondern auch als einen universalen Prozess, in dem sich mit Hilfe moderner Technik die Geschichte der Menschheit erfüllen sollte. Während die wissenschaftlich-technischen Eliten den Tag herbeisehnten, an dem das neue Regime alle Hemmnisse aufhöbe und ihnen die Chance gäbe, ihre Ideen zu verwirklichen, stellten Lenin und seine Revolutionsgehilfen fest, dass sie neben der Rückständigkeit des Zarenreiches auch zahlreiche Pläne geerbt hatten, wie dem Land durch verschiedene technische Großprojekte aus seiner ökonomischen Schwäche aufgeholfen werden könnte. Die zügige Umsetzung mitunter schon ausformulierter Erschließungsprogramme versprach, die Macht der Bolschewiki zu sichern und schnelle Erfolge bei der Umgestaltung von Natur und Gesellschaft zu erzielen. Nicht wenige hofften damals, dass die Partei endlich jenes lange Zeit vermisste Bindeglied zwischen den Interessen des Staats, der Bevölkerung und den Projekten wissenschaftlich-technischer Expertenmilieus bilden könne.[12])

Das marxistische Erbe und das bolschewistische Lebenselixier

Das sowjetische Fortschrittskonzept war offensichtlich im Selbstverständnis und Erwartungshorizont der industrialisierten Welt des 19. Jahrhunderts verankert. Den Raum für die Moderne hatten dabei aber nicht nur die Projekte ehrgeiziger Ingenieure und Wissenschaftler geöffnet. Das Modernitätsdenken der bolschewistischen Hohepriester von Revolution und Fortschritt war maßgeblich durch den Marxismus bestimmt. Obwohl Marx und Engels den Zusammenhang von Natur und Mensch wiederholt behandelten, lässt sich ihren Werken keine systematische, in sich kohärente Theorie über Natur und Technik entnehmen.[13]) Unter dem Eindruck der sich im linken Spektrum etablierenden grünen Partei versuchen darum linke Politiker und Theoretiker seit den 1980er Jahren, eine enge Verbindung von Sozialismus und ökologischer Kritik an der Industriezivilisation herauszuarbeiten.[14]) Diese Verfechter eines „ökologischen Marxismus" können in den gesammelten Werken Marx' und Engels durchaus Zitate finden, in denen Gefahren beschworen werden, die von der Zusammenballung von Menschen in überfüllten Großstädten und vom

[12]) Bailes 1990: 142–169; Schattenberg 2002: 70ff.; Kojevnikov 2002: 254–270.

[13]) Radecki/Rotko 1991: 5ff.

[14]) Zu den Bemühungen einer „Rot-Grün-Synthese" vgl. bes. Parsons 1977; Ryle 1988; Benton 1996; Foster 1998; O'Connor 1998; Sheasby 1999. Die politische Zeitschrift *Capitalism, Nature, Socialism* bietet den Anhänger des „ecosocialism" ein Forum, um neben aktuellen Umweltfragen das ökologische Erbe von Marx und Engels zu pflegen.

Einsatz von Chemie in der Landwirtschaft ausgehen.[15]) So schrieb Friedrich Engels in „Dialektik der Natur", der Rückblick auf die „menschlichen Siege über die Natur" erinnere daran, „dass wir keineswegs die Natur beherrschen, wie ein Eroberer ein fremdes Volk beherrscht, wie jemand, der außer der Natur steht – sondern dass wir ihr mit Fleiß und Blut und Hirn angehören und mitten in ihr stehen, und dass unsere ganze Herrschaft über sie darin besteht, vor allen anderen Geschöpfen ihre Gesetze erkennen und richtig anwenden zu können. Und in der Tat lernen wir mit jedem Tag ihre Gesetze richtig verstehen und die näheren und entfernteren Nachwirkungen unserer Eingriffe in den herkömmlichen Gang der Natur erkennen."[16])

Derartige Textbelege dürfen nicht darüber hinwegtäuschen, dass Marx und Engels dem Prinzip der Naturbeherrschung Vorrang einräumten. Das „Reich der Freiheit" erreiche der zivilisierte Mensch nur im Ringen mit den Elementargewalten, wenn es den Produzenten gelänge, „ihren Stoffwechsel mit der Natur rationell zu regeln, unter ihre gemeinschaftliche Kontrolle zu bringen, statt von ihm als einer blinden Kraft beherrscht zu werden."[17]) Den Raubbau an der Natur deuteten Marx und Engels nur als ein Problem der industriekapitalistischen Wirtschaftsweise, die mit ihrer rücksichtslosen Ausbeutung von Mensch und Natur „die Springquellen allen Reichtums untergräbt".[18]) Während eines bestimmten Entwicklungsstadiums des Kapitalismus würden sich die Produktivkräfte zunehmend in Destruktivkräfte verwandeln. Die sozialistische Gesellschaft werde mit der Beendigung der privatwirtschaftlichen Profitgier und der Planmäßigkeit der Produktion „die wahrhafte Auflösung des Widerstreites zwischen dem Menschen und der Natur" erreichen.[19]) Das Hauptziel der industriellen Produktion im Sozialismus werde fortan „nicht der Gewinn, sondern das Gewinnen" sein.[20])

In ihrer materialistischen Weltsicht fanden Marx und Engels den Ausgangspunkt der menschlichen Geschichte eindeutig im Kampf mit der Natur, die sich ihnen erkenntnistheoretisch immer weniger als ein „Gegebenes" und immer mehr als ein „Gemachtes" darstellte. Die Umgestaltung der Natur diene der Neugestaltung von Gesellschaft. So griff Marx den zu seiner Zeit populären antiindustriellen Pastoralismus als Verklärung einer „blöden Bauernidylle" und die Idyllisierung der Natur als „Muster naiver philosophischer Mystifikation" heftig an.[21]) Wer kein Vergnügen daran finde, „aus eigenen Mitteln

[15]) MEW, Bd.20: 452; ebd., Bd.23: 528f.; ebd., Bd.32: 53. Mit Hinweis auf Marx sprach August Bebel 1895 davon, dass die Großstadtbildung „den Eindruck eines Menschen macht, dessen Bauchumfang beständig zunimmt, wohingegen die Beine immer dünner werden und schließlich die Last nicht mehr tragen können." Vgl. Bebel 1977: 478f.

[16]) Engels 1958: 190f.

[17]) So Marx im 48. Kapitel in: Das Kapital. MEW, Bd.25: 828.

[18]) MEW, Bd.20: 530.

[19]) MEW, Ergänzungsband 1 (1979): 536.

[20]) MEW, Bd.13: 618.

[21]) Vgl. Schmidt 1971: 132ff.

die ganze Welt zu bauen, Weltschöpfer zu sein, [...] ist aus dem Tempel und dem ewigen Genuß des Geistes gestoßen und darauf angewiesen, über seine Privatseligkeit Wiegenlieder zu singen und nachts von sich selbst zu träumen."[22]) Indem der Mensch durch seine Arbeit auf „die Natur außer ihm wirkt und sie verändert, verändert er zugleich seine eigene Natur."[23]) Fortschritte in der Naturbeherrschung gestalten mit der Wirklichkeit der Menschen „auch ihr Denken und die Produkte ihres Denken" um.[24]) Prometheus war nicht umsonst der vornehmste Heilige im philosophischen Kalender des Marxismus. Als zwecksetzende „Naturmacht" tritt der Mensch mit seinem Selbstbewusstsein und Willen dem „Naturstoff" entgegen. Er verwandelt die Materialien und Energien der Natur aus einem „toten An-sich" in ein „lebendes Für-uns", um so den Schöpfungsprozess weiter voranzutreiben.[25]) Marx feierte den historischen Endzustand des Kommunismus darum als „vollendete(n) Humanismus-Naturalismus, er ist die wahrhafte Auflösung des Widerstreits zwischen den Menschen mit der Natur und mit den Menschen, die wahre Auflösung des Streits zwischen Existenz und Wesen, zwischen Vergegenständlichung und Selbstbestätigung, zwischen Freiheit und Notwendigkeit, zwischen Individuum und Gattung. Er ist das aufgelöste Rätsel der Geschichte und weiß sich als diese Lösung."[26])

Der Marxismus war eine theoretische Spiegelung der industriellen Revolution des 19. Jahrhunderts und damit des epochalen Vorgangs, der ihn hervorgebracht hatte.[27]) In ihrem philosophischen Reflex auf den Durchbruch der neuen Maschinenproduktion konnten sich Marx und Engels der Faszination der modernen Technik nicht entziehen. Die neuen technischen Anlagen und Fertigungsmethoden verstanden sie als „Organe der Herrschaft des menschlichen Willens über die Natur".[28]) So sei es die Technologie, die „das aktive Verhalten des Menschen zur Natur, den unmittelbaren Produktionsprozess seines Lebens, damit auch seine gesellschaftlichen Lebensverhältnisse und die ihnen entquellenden geistigen Vorstellungen" enthülle.[29]) Die technischen Arbeitsmittel seien folglich „nicht nur der Gradmesser der menschlichen Arbeitskraft, sondern auch Anzeiger der gesellschaftlichen Verhältnisse."[30]) Im Stand der Technik manifestiere sich die spezifische Organisation der Gesellschaft. „Die Handmühle ergibt eine Gesellschaft mit Feudalherren, die Dampfmühle eine Gesellschaft mit industriellen Kapitalisten."[31]) Im „elektri-

[22]) MEW, Ergänzungsband 1 (1979): 247.
[23]) MEW, Bd. 23: 192.
[24]) MEW, Bd. 3: 27.
[25]) Schmidt 1971: 33 u. 74.
[26]) MEW, Ergänzungsband 1 (1979), 516
[27]) Ausführlich dazu Nolte 1983.
[28]) Kusin 1970: 63.
[29]) MEW, Bd. 23: 393.
[30]) MEW, Bd. 23: 194f.
[31]) MEW, Bd. 4: 130.

schen Säkulum", das in den letzten beiden Jahrzehnten des 19. Jahrhunderts viele anbrechen sahen, werde der Strom als mirakulöser Entwicklungsbeschleuniger dem Sozialismus Tür und Tor öffnen. Denn mit der Elektrifizierung bekämen die Produktivkräfte „eine Ausdehnung, bei der sie der Leitung der Bourgeoisie mit gesteigerter Geschwindigkeit entwachsen."[32]) Unvermeidlich würde „eine Epoche sozialer Revolutionen" beginnen.[33])

Marx und Engels waren offensichtlich dem „technischen Eros" erlegen.[34]) Sie erkannten in der Technik eine die Zukunft antizipierende und geschichtsformende Kulturkraft. Der liberale Friedrich Naumann befand deshalb 1908: „Das Größte, was Marx der deutschen Arbeiterbewegung geleistet hat, ist die Grundstimmung, die er in der Arbeiterschaft dem technischen Fortschritt gegenüber geweckt hat."[35]) Die Beherrschung und technische Nutzbarmachung der Natur durch den Menschen erschien im Marxismus als Freiheitsvision. Die durch die Fortschritte der Technik ermöglichte Entwicklung der Produktivkräfte überlagerte eindeutig die Reflexion über damit verbundene Folgeschäden. Der Nachwelt hinterließen Marx und Engels mit ihren Ausführungen zu Natur und Technik ein umfangreiches Zitatenrepertoire und griffige Sprachformeln, die sich für simplifizierende Interpretationen gut eignen, um konkrete Handlungsanweisungen zu legitimieren.

Ohne die hochtönende Illuminierung der sozialistischen Moderne wäre der Sowjetkommunismus als gesellschaftlich beglaubigtes Wahnsystem wohl kaum erfolgreich gewesen, auch wenn sich das GULag-System und die sowjetischen Großprojekte nicht unmittelbar aus den Schriften von Marx und Engels ableiten lassen. Um Ideen in der politischen Praxis wirksam zu machen, bedurfte es ihrer Anbindung an die Interessen starker Machtkartelle und ihrer Konkretisierung durch tatkräftige Institutionen. Den neuen Machthabern im Kreml erschien die Technik als ein mobilisierendes und auch mobilisierbares revolutionäres Kräftepotential, auf das zurückgegriffen werden konnte, um eine Aufbruchstimmung zu schaffen. Die in Staatsideologie transformierte Geschichtsphilosophie des historischen Materialismus stattete die Moskauer Führung mit alleingültiger Legitimität und einem Überschuss an Motivation aus. Der Marxismus stellte sich als „Zukunftslehre" dar, die aus der retrospektiven Erforschung der Menschheitsgeschichte die Prognose der Zukunftsgesellschaft entwickelt.[36]) Dabei vermittelte das Moskauer Weltverständnis eine gefährliche Einsicht in den angeblich epochalen Geschichtsverlauf und die Erkenntnis, die Bolschewiki seien die Ersten und Einzigen, die bislang die historischen Gesetzmäßigkeiten erkannt hätten. Aus dieser Selbstzuschreibung einer Avantgarde-

[32]) MEW, Bd. 35: 444f. Allgemein dazu König 1989.

[33]) MEW, Bd. 13: 9.

[34]) Hommes 1955. Vgl. auch Rosenberg 1983: 34–51; MacKenzie 1984; Heilbronner 1994: 53–65; Cohen 2000.

[35]) Zit. n. König 1989: 30.

[36]) Kolakowski 1988: 419f.

Rolle ließ sich die Selbstermächtigungsformel „Uns ist alles erlaubt" ableiten, um durch die planmäßige Umgestaltung der Natur den gesellschaftlichen Fortschritt rücksichts- und bedenkenlos voranzubringen.

Der Revolutionsführer Leo Trockij (1879–1940) sah Russland wegen der östlichen Winde, die „im Winter Frost, im Sommer Dürre bringen, [...] von Natur aus zu weitem Zurückbleiben verurteilt". Er forderte darum „ein Besitzergreifen von Natur", das durch den Einsatz moderner Technik nicht nur in die Breite, sondern auch „in die Tiefe" gehe.[37]) Es sei an der Zeit, dass der sozialistische Mensch die „Natur ernstlich und wiederholt korrigieren wird [...] Er wird weisen, wo Berge stehen und wo sie weichen sollen, wird die Richtung der Flüsse ändern und die Meere meistern." Die befreite Menschheit müsse dazu erzogen werden, „die Welt zu betrachten als gefügigen Ton der Modellierung immer vollkommenerer Lebensformen [...] Das passive Naturgenießen wird aus der Kunst verbannt sein."[38]) Jetzt würden aus dem, was sich die russischen Gelehrten und Erfinder im 19. Jahrhundert erträumten, Pläne, die durch konzentrierte Anstrengungen aller sozialen Kräfte in die Wirklichkeit umzusetzen seien. Der neue sowjetische Staat mache den Weg für die Realisierung gigantischer, staatlich geförderter Umgestaltungsprojekte frei, so der führende Bolschewik Aleksej Rykov (1881-1938), als er Ende Oktober 1918 die Leitung des Obersten Volkswirtschaftsrats übernahm.[39]) Szenen wie auf dem berühmten Gemälde von Il'ja Repin, das erschöpfte Wolga-Treidler bei ihrer kräfteraubenden Arbeit zeigt (1870–73), wie sie ein Schiff gegen den Strom vorwärtsziehen und vor lauter Mühsal und Leid dabei fast von der Erde verschlungen werden, sollten bald der Vergangenheit angehören. Der erste sowjetische Präsident, Michail Kalinin (1875–1946), sprach davon, dass die Freiheit des Menschen ohne seine Herrschaft über die Natur genauso unmöglich sei wie die Emanzipation der Bauern ohne Land.[40]) Anatolij Lunačarskij (1875-1933), der Volkskommissar für Volksbildung, verstand den Sozialismus darum als den „organisierten Kampf der Menschheit mit der Natur zu ihrer vollkommenen Unterwerfung unter die Vernunft".[41])

Dabei setzten die Revolutionsführer großes Vertrauen in die Umgestaltungskraft moderner Technik, die sie aus den führenden Industrienationen importieren wollten. Lenin forderte von seinen Parteifreunden Fantasie und Wagemut, ohne sich in Utopien zu verlieren. Lautstark verkündete er im Frühjahr 1918, der Sieg des Sozialismus über den Kapitalismus sei undenkbar „ohne großkapitalistische Technik, die nach dem letzten Wort modernster Wissenschaft aufgebaut ist".[42]) Lenin war fest davon überzeugt, dass „dem

[37]) Trotzki 1982: 13.
[38]) Trotzki 1924: 172–176.
[39]) Remington 1984: 127.
[40]) Zit. n. Shlapentokh 1996: 444.
[41]) Zit. n. Beyrau 2003: 33.
[42]) Lenin 1960/27: 332.

Bündnis von Wissenschaft, Proletariat und Technik keine noch so finstere Kraft widerstehen können wird."[43]) Unter „großkapitalistischer Technik" verstand er besonders die Elektrifizierung der gesamten Wirtschaft, um sich mittels des neuen Kraftstroms der Gesellschaft und der Natur zu bemächtigen.[44]) Den Bauern versprach er vollmundig, mit strombetriebenen Bewässerungssystemen die Landwirtschaft grundlegend zu modernisieren. Die Kombination von flächendeckender Elektrifizierung und großräumiger Bewässerung werde „mehr als alles andere das Land umgestalten, es aufleben lassen, die Vergangenheit begraben und den Übergang zum Sozialismus festigen."[45])

Nikolaj Bucharin (1888–1938), lange Zeit der „Liebling" und Cheftheoretiker der Partei, hatte den Sieg der Bolschewiki schon 1920 damit begründet, dass nur sie die Menschheit durch den Einsatz moderner Technik in einer sozialistischen Planwirtschaft „vom Joche der Natur befreien" und die natürlichen Ressourcen den „neuen Menschen" verfügbar machen könnten.[46]) Es sei das „Entwicklungsgesetz der sozialistischen Gesellschaft [...], die unbezwungenen Naturgewalten dem Menschen dienstbar zu machen und für das Wohl und Glück des Volkes zu bauen."[47]) Auch der Historiker Michail N. Pokrovskij (1868–1932) prognostizierte, dass schon bald durch den Fortschritt in Wissenschaft und Technik „die Natur zu weichem Wachs in den Händen des Menschen wird, der in der Lage sein wird, ihr die von ihm gewünschte Form zu geben."[48]) Für Vjačeslav Molotov stand 1928 fest, „dass Technik und Kommunismus nicht voneinander getrennt werden können" und ein qualifizierter Techniker „für uns der wichtigste Typ eines Kommunisten (ist)".[49]) Stalins vielzitierte Aussage von 1931, „die Technik entscheidet alles", belegte eindrucksvoll den unerschütterlichen Glauben der Parteiführer an die transformative Kraft moderner Technologie.[50])

Zum Lebenselixier der Bolschewiki wurde ihre Zuversicht, dass sie durch die Nutzung moderner Technik und Wissenschaft in der Lage seien, „ein Tempo einzuschlagen, von dem wir heute nicht einmal zu träumen wagen".[51]) Ein hohes Tempo bei der Umgestaltung von Natur und Gesellschaft erschien ihnen unbedingt erforderlich, um innerhalb kürzester Zeit zu den westlichen Industrienationen aufzuschließen. „Entweder der Tod oder die fortgeschrittenen kapitalistischen Länder einholen und überholen"[52]), so brachte Stalin zum Ausdruck, dass die Existenzberechtigung der Sowjetunion davon abhän-

[43]) Lenin 1960/30: 394.
[44]) Lenin 1960/30: 369f.
[45]) Lenin 1960/32: 329.
[46]) Bucharin/Preobraženskij 1985: 145 u. 147.
[47]) Galaktionov 1953: 31.
[48]) Ponting 1991: 157f.
[49]) Zit. n. Schattenberg 2002: 11.
[50]) Stalin 1955/13: 38.
[51]) Stalin 1955/13: 38.
[52]) Stalin 1955/13: 36.

ge, dass die sowjetische Planwirtschaft der Entwicklung der modernen Technik nicht mehr hinterherlaufe, sondern sich mit eindrucksvollen Erschließungsprojekten an ihre Spitze stelle: „Wir gehen mit Volldampf den Weg der Industrialisierung zum Sozialismus, unsere uralte russische Rückständigkeit hinter uns lassend. Wir werden zu einem Land des Metalls, einem Land der Automobilisierung, einem Land der Traktorisierung. Und wenn wir die UdSSR aufs Automobil und den Bauern auf den Traktor gesetzt haben – mögen dann die ehrenwerten Kapitalisten im Westen, die sich mit ihrer Zivilisation brüsten, uns einzuholen versuchen.“[53])

Die Fundamente der Sowjetmacht sind folglich keineswegs nur in Moskau zu suchen, sondern gleichermaßen dort, wo die roten Kolonisatoren periphere Landschaften durch Großbauten besetzten und die dort lebenden Menschen ihrer Vision unterwerfen wollten. Technik und Macht hatten nicht nur das Streben nach Ordnung, System und Kontrolle gemeinsam, sondern auch das Denken in vermeintlich schnellen und umfassenden Lösungen und die vehement vorgetragene Forderung, dass sich ihrer Zivilisationsmission alle und alles anzupassen hätten. Als wichtige Steuerungsregulative sollten Großprojekte Prozesse des ökonomischen Wachstums, der politischen Machtkonzentration und der Vergesellschaftung miteinander vernetzen und in gewünschte Bahnen lenken. Ihnen wurde die Rolle technologischer Beherrschungsapparate von Natur und Gesellschaft zugeschrieben.

Der GOELRO-Plan und die Elektrifizierung der Fortschrittsidee

Als sich in der Sowjetunion Industrialisierung und Revolution zu einer überschießenden Modernisierungsbewegung zusammenschlossen, sprach bald niemand mehr von Entwicklung und Wachstum. „Umgestaltung“ wurde zum Schlüsselwort von Politik und Kultur.[54]) Die prometheischen Schöpfungsträume der neuen Machthaber zielten nicht nur auf eine soziale und politische, sondern auch auf eine ökologische und anthropologische Revolution. Die Moskauer Propaganda prophezeite, dass durch „Veränderungen im Antlitz unserer Heimat [...] etwas Unerhörtes, Erstaunliches, in der Weltgeschichte noch nie Dagewesenes, aus dem Willen des Sowjetmenschen Geborenes erreicht wird: [...] ein neu erschaffenes Land in einer neu erschaffenen Natur.“[55]) So wurde der unerbittliche „Feldzug gegen die Natur“ zum wichtigen Teil der zivilisatorischen Mission des Kremls. Die Natur war damit nicht mehr nur Werkstatt und Rohstofflager des Menschen; sie war, weil sie das Aufbauwerk zu hemmen schien, ähnlich wie der Klassen- und Volksfeind ein gefährlicher Gegner, der geschlagen, bezwungen und unterworfen werden musste. Die Industrialisierung des Landes geriet zur Kriegserklärung gegen die Natur und

53) Stalin 1955/13: 119.

54) So schon Tucker 1971: 146. Vgl. auch Gasparov 1996; Bunce 1999: 21f.

55) Welitsch 1952: 12f. u. 41.

gegen diejenigen, die vom Pathos der Umgestaltung nicht ergriffen wurden. Wer sich an der Natur erfreute, dem russischen Dorf und den ihre Lebensweise verteidigenden Bauern das Existenzrecht nicht absprach, geriet in Verdacht, ein Sympathisant der alten Welt und damit ein Feind der neuen Ordnung zu sein. Der Natur und allen, die bemüht waren, im Einklang mit ihr zu leben, haftete der Makel der Rückständigkeit an, wohingegen die Technik, die Ingenieure und Arbeiter, die im Metallwerk und auf der Baustelle Höchstleistungen erzielten, dem Fortschritt und Sozialismus dienten.[56])

Noch während des Bürgerkriegs fand die durch den Marxismus und die deutsche Sozialdemokratie tradierte Elektrifizierung der Fortschrittsidee in Sowjetrussland ihren entsprechenden Ausdruck. Den festen Glauben an die modernitätsbringende Wirkung der neuen Energiequelle brachte Lenin 1920 auf den zeitgemäßen Slogan: „Sowjetmacht plus Elektrifizierung gleich Kommunismus".[57]) Der „elektrisierende Strom der Zuversicht"[58]) hatte ihn dazu angehalten, aus der wissenschaftlich-technischen Erbmasse des Zarenreiches die Pläne zum Aufbau einer modernen Elektrizitätswirtschaft aufzugreifen und damit einer vorrevolutionären Linie der technischen Modernisierung Russlands zu folgen. Inmitten des Bürgerkriegschaos bot die Vision von der Elektrifizierung der Wirtschaft, Gesellschaft und der „Seelen" einen reichen Metaphernvorrat. Der Strom als verdichtetes Symbol von Modernität und Fortschritt sollte das neue Fluidum werden, das Staat und Gesellschaft zusammenführt und zusammenhält.

Die neu ins Leben gerufene „Staatliche Kommission für die Elektrifizierung Russlands" (GOELRO) erarbeitete binnen Jahresfrist nicht nur ein technisches Projekt, sondern den „ersten Perspektivplan" in der modernen Wirtschaftsgeschichte.[59]) Als Lenin ihn im Dezember 1920 der Öffentlichkeit präsentierte, sprach er von „unserem zweiten Parteiprogramm". Nur seine Umsetzung ermögliche es, dass aus dem kleinbäuerlichen Land auf der „technischen Grundlage der modernen Großproduktion" eine industrielle Macht werde.[60]) Angesichts der zerrütteten Gesellschaft sollte der Elektrifizierungsplan durch die Konzentration aller noch vorhandener Kraft- und Energieströme eine Modernisierungsmaschinerie in Gang setzen. Der Eros der Technik verband sich mit dem Eros der Macht. Das Werk der GOELRO war so nicht bloß ein technischer Plan, der sich aus der Summierung mehrerer Kraft-

[56]) Zum „Feldzug gegen die Natur" vgl. Schattenberg 2002: 213–222; Bailes 1978: 386–393; Shlapentokh 1996: 433–451; Clark 1981: 100–106; Günther 1993: 155–174; McCannon 1998: 81–144.

[57]) Lenin 1960/31: 514.

[58]) So Karl Radek, als er 1920 Sekretär des Exekutivkomitees der *Komintern* war. Zit. n. Haumann 1974: 171.

[59]) Der GOELRO-Plan wurde in Form eines umfangreichen Buches von 600 Seiten veröffentlicht. Vgl. dazu Plan elektrifikacii 1955; Trudy GOELRO 1964.

[60]) Lenins Rede auf dem 8. Allrussischen Sowjetkongress ist gedruckt in Lenin 1960/31: 510ff.

werkprojekte ergab. Er war im Selbstverständnis seiner Protagonisten „vor allem ein politischer Plan zur Umgestaltung der gesamten Wirtschaft auf neuen Grundlagen".[61] Zweihundert überwiegend nicht-bolschewistische Fachleute folgten dem Aufruf zum gemeinsamen Vorgehen und übten unter der Führung des kommunistischen Ingenieurs Gleb M. Kržižanovskij, der wegen seiner guten Kontakte zum Mittelsmann zwischen Partei und Expertenmilieu aufstieg, erstmals planerisches Handeln ein.[62] Der Elektrifizierungsplan fügte das an Wissenschafts-, Organisations- und Ingenieurskompetenz zusammen, was bestand, aber nicht zueinander hatte finden können. Die gehemmten wissenschaftlich-technischen Modernisierungspotentiale sollten sich nun entfalten und einen massiven Wachstumsimpuls freisetzen, um im buchstäblichen Sinn mit einem Stromschlag Wirtschaft und Gesellschaft wiederzubeleben.[63]

Obwohl in den folgenden Jahren Defizite, Verzögerungen und Planänderungen den Aufbau der sowjetischen Energiewirtschaft kennzeichneten und deren Wachstum deutlich hinter der Expansion der Stromproduktion in den westlichen Industrieländern zurückblieb,[64] bemühten sich die Protagonisten der Elektrifizierung, den Eindruck zu erwecken, die neue Gesellschaftsordnung habe sich durch einen revolutionären Willens- und Kraftakt etabliert, der seinesgleichen in der Weltgeschichte suche. Der Strom erschien als Antriebskraft der Revolution, als Lebenselixier des Bolschewismus und als Chiffre für Modernisierung und Zivilisierung. Solche metaphorischen Auslegungen und symbolischen Codierungen bildeten das Raster, in dem sich die Plausibilität sowohl der neuen Ordnung als auch der neuen Technik entfaltete.[65] Alles Technische hatte damals „Weihe; nichts wird ernster genommen als die Technik", so beobachtete Walter Benjamin auf seiner Moskau-Reise im Dezember 1926.[66] In einer Gesellschaft, in der revolutionäre Eliten aus traditionsverhafteten Sozialgruppen wie Bauern und Nomaden auf möglichst schnellem Wege „neue Menschen" machen wollten und sich dabei für radikale Problemlösungen begeisterten, „wo der Handkarren und die Schaufel zur Grundausrüstung" gehörten, fand „die Idee von der erlösenden Kraft der Technik" zahlreiche Anhänger und wurde zum Stoff für Träume vom Kommunismus.[67]

[61]) Saslavskij 1932: 21.

[62]) Zum Ansehen Kržižanovskijs als Wegbereiter der Elektrifizierung vgl. die offiziöse Biographie von Flakserman 1964.

[63]) Zum GOELRO-Plan vgl. Žimerin 1962: 21–40; Haumann 1974: 59–69, 100–141 u. 178–200; Coopersmith 1992: 151–191; Schlögel 1988: 277–313; Rassweiler 1988: 12–29; Nekrasova 1960; Huß/Tangemann 1992.

[64]) Coopersmith 1992: 247–253 u. 258f.

[65]) Želtova 1996.

[66]) Benjamin 1980: 82.

[67]) Schlögel 1995: 179; Todorov 1991: 363ff.; Richter 1997: 74f. u. 93ff.

Nachdem es die zarische Wirtschaft nicht vermocht hatte, große Flusskraftwerke in Betrieb zu nehmen,[68]) eignete sich der symbolträchtige Topos der „weißen Kohle" – wie die Wasserkraft seit dem Bau der ersten leistungsstarken Kraftwerke genannt wurde – vorzüglich,[69]) um vor dem Hintergrund der dunklen Vergangenheit eines rückständigen Russlands die Modernisierungsleistung des Sowjetstaats umso deutlicher erstrahlen zu lassen. Der ehrgeizige Elektrifizierungsplan von 1920 sah zwar vor, den Großteil der Elektrizität durch die Verbrennung fossiler Brennstoffe (Holz, Torf, Schiefer, Kohle, Ölprodukte) in Heizkraftwerken zu produzieren; wie die neuen Machthaber im Kreml assoziierten aber auch die meisten Mitglieder der GOELRO-Kommission vor allem die Hydroenergetik mit dem zukunftsweisenden Kraftstrom. Neun der vor 1917 ausgearbeiteten Projekte zu Flusskraftwerken wurde darum aktualisiert. Der GOELRO-Plan sah schließlich vor, dass auf die Nutzung der Wasserkraft 34 Prozent der neu installierten Kraftwerkleistung entfallen sollten. Schon in der Aufbauphase der sowjetischen Elektrizitätswirtschaft wurde damit frühzeitig das Ziel festgeschrieben, ein Drittel des Strombedarfs durch die forcierte Elektrifizierung der Flüsse abzudecken.[70])

Mit großem propagandistischen Aufwand ging im Dezember 1926 – zwei Jahre nach Lenins Tod – das damals größte sowjetische Flusskraftwerk am Volchov (58000 Kilowatt) in Betrieb. Es versorgte in jenen Jahren Leningrad mit mehr als der Hälfte des benötigten Stroms und galt als leuchtendes Symbol der „elektrischen Zukunft" und als „Vorbote eines neues Zeitalters". Im neuen Sowjetrussland, „das mittelalterliche Überlieferungen und Aberglauben, Trägheit, Indolenz, Rohheit, Unwissenheit von der Vergangenheit geerbt hat", nahm unter äußerst schwierigen Umständen ein „Nationalbau" Gestalt an. Von ihm hieß es in der sowjetische Presse, dass er als „eines der glänzendsten, heroischsten und kühnsten Geschehen in die Geschichte der Revolution eingehen wird". Laut ließen die Parteiführer verkünden, dass es „wie ein Märchen" anmute, „wenn man an den Volchov-Ufern umherstreift, gestern noch Ödland, heute eine Stadt mit elektrischem Licht und Wasserleitung, mit Boulevards und Straßen, mit Theatern und Kinos". Die Bedeutung dieser ersten sowjetischen wasserwirtschaftlichen Großbaustelle liege vor allem darin, dass sie zur Schule geworden sei. Sie bilde Arbeiter, Werkmeister und Ingenieure aus, so dass der neue Sowjetstaat „nicht nur ein vorzügliches Kraftwerk für

[68]) Zur russischen Energiewirtschaft vor 1917 vgl. Haumann 1974: 13–21; Coopersmith 1992: 42–120.

[69]) Auf das Unvermögen der zarischen Regierung, den Bau von Flusskraftwerken in die Wege zu leiten, verwiesen sowohl sowjetische Propagandabroschüren als auch historische Studien. Vgl. z.B. Nesteruk 1963: 35ff.; Vinter/Markin 1956: 78; Loginov 1957: 5. Im Jahr 1917 gab es im zarischen Russland lediglich 78 kleine Flusskraftwerke, die zusammen eine Leistung von nur 16000 Kilowatt hatten. So die Angaben in Gidroenergetika 1982: 17f.

[70]) Coopersmith 1992: 234ff.; Gidrotechnika 1990: 122–139; Nosov 1958: 38ff.; Nesteruk 1963: 39–49; Gidroenergetika 1982: 18–21; Terman 1980: 20–32.

die aufblühende Leningrader Industrie, sondern auch Bauarbeiterkader für andere neue Kraftwerke (erhält)".[71])

Unter dem Eindruck der Fertigstellung des Volchov-Kraftwerks brachte der Wortschmied V. Zazurbin auf dem sowjetischen Schriftstellerkongress 1926 den damaligen zügellosen Transformationswillen und die Umgestaltungswut deutlich zum Ausdruck, als er lauthals verkündete: „Lasst uns die zerbrechliche grüne Brust Sibiriens in einen Zementpanzer aus Städten kleiden, bewaffnet mit steinernen Muskeln aus Fabrikschornsteinen und umgürtet mit eisernen Riemen aus Bahnschienen. Lasst uns die Taiga abbrennen und abholzen; lasst uns die Steppen zertrampeln [...] Das wird unvermeidlich sein. Denn nur in Zement und Eisen kann die brüderliche Union aller Völker, die eiserne Bruderschaft der Menschheit geschmiedet werden."[72])

Der Aufstieg zum hydraulischen Imperium, 1928-1939

Als Stalin und seine treuen Gefolgsleute von 1928 an die Sowjetgesellschaft in Industrialisierungs- und Kollektivierungsschlachten stürzten, wurde an den Stromschnellen des Dnepr' bei Zaporož'e 1932 ein hydroenergetischer Traum Wirklichkeit. Nach vierjähriger Bauzeit begann das damals größtes Flusskraftwerk Europas (mit einer Kapazität von 558000 Kilowatt) als leistungsfähiges elektrisches Modernitätsaggregat und krönender Abschluss des GOELRO-Plans, Strom zu produzieren.[73]) Mit seinem 767 Meter langen und 70 Meter hohen Staudamm, seinen zehn Turbinen und seiner riesigen Dreikammerschleuse war dieses „Wahrzeichen der neuen sozialistischen Sowjetukraine"[74]) ein zentrales Prestigeobjekt des ersten Fünfjahrplans. *Dneproges* – unter diesem Kürzel ging das Kraftwerk in die Sowjetgeschichte ein – unterstrich den Anspruch der Moskauer Staats- und Parteiführer, die raumüberwindende Macht technischer Großprojekte zu nutzen und sich auch in Randgebieten neue Gestaltungsmöglichkeiten zu eröffnen. Die Weite des Landes wurde mit dem ersten Fünfjahrplan offensichtlich nicht mehr nur erkundet; sie wurde großflächig erobert.[75])

[71]) Saslavskij 1932: 3-16, Zitate 3, 6, 10 u. 15. Vgl. auch Svet nad Rossiej 1960: 82-100; Nesteruk 1963: 66-70; Nosov 1958: 40f.; Clark 1995: 201-203.

[72]) Hillel 1991: 294f. Die Verwandlung Sibiriens durch Fabriken und Eisenbahnen in ein gigantisches Industriegebiet war schon in den 1880er Jahren Gegenstand der technizistischen Utopien des Schriftstellers L.S. Zlatopolskij. Vgl. dazu Stites 1989: 29f. Im Jahr 1917 griff Aleksej Gastev (1882-1941), der bald als „Prophet der Maschine" bekannt werden sollte, die Sibirien-Utopie von Zlatopolskij in seinem Science-Fiction-Roman *Express – eine sibirische Fantasie* wieder auf. Diesen Roman bespricht ausführlich Rougle 1984.

[73]) Zur Geschichte von *Dneproges* vgl. Svet nad Rossiej 1960: 111-131; Nesteruk 1963: 73-77; Rassweiler 1988; Kolodjažnyj 1953. Ferner die anschaulichen Memoiren von Sproge 1999: 316-383.

[74]) Saslavskij 1932: 42.

[75]) Bulgakowa 2003a: 55-62; Widdis 2003a.

Als der revolutionäre Furor des gewalttätigen stalinistischen Gesellschaftsexperiments in diesen Jahren über die Landschaften und ihrer Bewohner hinwegfegte, wurde der beeindruckende Baukomplex mit seinen Dämmen und Kanälen als Bollwerk des Sozialismus zelebriert, das nicht nur die reißenden Fluten des Dnepr' bändigte. Vielmehr sollte es sich auch den zersetzenden Kräften der Klassenfeinde, Zweifler und Ungläubigen entgegenstellen, um für ruhiges Fahrwasser zu sorgen, in dem die Kremlkapitäne ihr Staatsschiff sicher in die Welt der Industriemoderne steuerten.[76]) Der hydroenergetische Gigant sprenge – so die Propaganda – den üblichen Vorstellungsrahmen und veranschauliche, dass es keinen Gradmesser gebe, „an dem man [...] die Geschehnisse in Sowjetrussland messen könnte." Nur Lenin und seinen wagemutigen Gefährten sei es vergönnt gewesen vorauszusehen, „welche unermesslichen schöpferischen Kräfte, welche unbegrenzten neuen Möglichkeiten die Revolution in diesem Lande auslösen werde, in dem das siegreiche Proletariat eben erst seine rote Fahne gehisst hatte."[77])

Der GOELRO-Plan wurde fortan zum Gründungsmythos der Sowjetökonomie erhoben und wegen seines optimistischen Fortschrittskonzepts einer Ikone gleich verehrt, auf der Lenins Heiligenschein in Form einer elektrischen Lichterkette erstrahlte. Die sowjetische Kulturavantgarde sang eine Hymne auf die Verheißungen der Elektrifizierung. Der Proletkul't-Schriftsteller M.A. Gerasimov schilderte Sowjetrussland als „eine gigantische Elektrowerkstatt", wo „das Herz in der Brust des Bauern eine elektrische Birne" sei.[78]) Anlässlich der runden Jahrestage des GOELRO-Plans erschienen fortan regelmäßig Jubiläumsbände, die immer wieder den Vergleich mit der Stromproduktion von 1913 anführten, um die in der Sowjetzeit erreichten Fortschritte durch beeindruckende Wachstumszahlen zu zelebrieren.[79]) Verschwiegen wurde allerdings die Tatsache, dass sich der am Dnepr' entstandene Kolossalbau nur mit U.S.-amerikanischer Hilfe in Form von moderner Technologie fertigstellen ließ.[80])

Als weithin sichtbare Leuchttürme von Fortschritt und Größe versprachen kostspielige Plangiganten wie *Dneproges* innerhalb kürzester Zeit den langersehnten modernisierungspolitischen Durchbruch. Ihre gesellschaftliche Funktion bestand darin, „dem utopischen Entwurf des kommunistischen Aufbaus eine bestimmte Gestalt zu geben."[81]) Sie waren eindrucksvolle, in Stahl und Beton gegossene Leistungsnachweise dafür, dass es „keine Festungen" gebe, die – so Stalin 1931 – „die Bolschewiki nicht einnehmen könnten".[82]) Der

[76]) Saslavskij 1932: 40f.
[77]) Saslavskij 1932: 12.
[78]) So der Proletkul't-Schriftsteller M. A. Gerasimov. Zit. n. Altrichter/Haumann 1987: 110–112.
[79]) Vgl. z.B. Nekrasova 1960; 50 let 1970; Levit 1960; Novikov 1960a.
[80]) Eine herausragende Rolle bei den Planungs- und Bauarbeiten fiel dem amerikanischen Experten Colonel Hugh L. Cooper zu. Vgl. Dorn 1979.
[81]) Groys 1995: 161.
[82]) Stalin 1955/13: 38.

Unterschied zwischen den 1920er und 1930er Jahren lag zweifellos darin, dass nach 1928 alle verfügbaren Ressourcen aus der Bevölkerung herausgepresst wurden, um hochfliegende Industrialisierungsvorhaben in bedenklich kurzer Zeit umzusetzen. Die Umgestaltung von Natur und Gesellschaft wurde in Form eines Sturmlaufs und einer Verzweiflungsattacke in Angriff genommen. Die neuen Kolossalbauten, die selbst westliche Beobachter beeindruckten, bezahlte der Sowjetstaat mit einem dramatisch sinkenden Lebensstandard. Während Hochöfen und Kraftwerke aus dem Boden schossen, verloren die Bauern in der Kollektivierung ihr Hab und Gut. Der Reallohn der städtischen Arbeiterschaft halbierte sich zwischen 1928 und 1932. Die stalinistischen Großprojekte nahmen in einer „Flugsandgesellschaft“[83]) Gestalt an; sie waren, weil sich damals vieles im steten Fluss befand, auf unsicheren sozialen Grund gebaut. Es galt, im Schmelztiegel von roher Arbeitskraft und asketischer Entbehrung „die Fundamente zu legen, um darauf einen industriellen Pyramidenbau zu errichten, der irgendwann alles im Überfluss bereitstellen werde.“[84]) Die grandiosen Vorhaben verwandelten zahlreiche Bevölkerungsschichten in ein helotisches Subproletariat, dessen angebliche „neue Menschen“ kaum mehr frei über die Wahl ihres Wohn- und Arbeitsplatzes entscheiden konnten und sich ihr Leben am Rande des Existenzminimums einrichten mussten.

Den engen Zusammenhang zwischen dem gewaltsamen Besitzergreifen von Natur und Gesellschaft machte das ausufernde stalinistische Lagersystem deutlich. Als „erstes großes Bauvorhaben der Lagerwirtschaft“[85]) und „wunderlichstes Bauwerk des 20. Jahrhunderts“[86]) erlangte der Weißmeer-Ostsee-Kanal (im Russischen abgekürzt zu *Belomor*) traurige Berühmtheit. Obwohl die Vermessungs- und Erschließungsarbeiten in der hydrologischen *terra incognita* des hohen Nordens nach sieben Monaten noch nicht abgeschlossen waren, erging im September 1931 der Erlass, mit dem Kanalbau zu beginnen. Die neue Wassermagistrale hatte insgesamt eine Länge von 227 Kilometern. In einer unwirtlichen Gegend Kareliens ohne Infra- und Siedlungsstrukturen mussten fünf Dämme und neunzehn Schleusen gebaut werden. Über Nacht entstanden große Lagerkomplexe, die sich schnell füllten. Die Zahl der Zwangsarbeiter, die hier ohne moderne Baumaschinen mit einfachsten Mitteln in schwerer Handarbeit riesige Erdmassen bewegten und Hafen- und Schleusenanlagen errichteten, lässt sich nicht genau bemessen. Sie lag, so die neuesten Angaben, zwischen 126000 und 170000. Geschätzt wird, dass ein Drittel der Zwangsarbeiter beim kräfteraubenden Arbeitseinsatz an Hunger, Arbeitsunfällen oder ansteckenden Krankheiten starb. Mehr als 10000 gelang die Flucht.

[83]) Lewin 1985: 44 u. 221.
[84]) Koenen 2000: 405.
[85]) Ivanova 2001: 86.
[86]) Solschenizyn 1978: 86.

Als der Weißmeer-Ostsee-Kanal, der stolz den Namen Stalins trug, im August 1933 fristgerecht für den Schiffsverkehr freigegeben wurde, rechneten die Verantwortlichen aus, dass der Bau statt 400 nur 93 Millionen Rubel gekostet hätte. Vom überstürzten Tempo, von der mangelhaften Planung und den zahlreichen Pannen wollte hingegen niemand reden, zumal die stalinistischen Machthaber dank tätiger Mithilfe von Maksim Gor'kij und anderen Intellektuellen den Kanalbau nicht nur als ehrgeiziges Wasserstraßenprojekt, sondern zugleich als groß angelegtes Umerziehungsprogramm von Kriminellen, „Parasiten“ und „Schädlingen“ propagandistisch in Szene setzten. Im dazu zusammengestellten und gleichfalls in englischer Sprache publizierten Sammelband kamen die damaligen Protagonisten der Sowjetliteratur kollektiv zu Wort.[87]) Ihre Aufgabe war es, die Öffentlichkeit im In- und Ausland zu beruhigen, die sich durch das brutale Schrittmaß von Kollektivierung und Industrialisierung zunehmend besorgt zeigte.[88]) Als bemerkenswertes Zeugnis für den „bekennenden Terror“[89]) des stalinistischen Gewaltregimes schrieb der Sammelband Geschichte, weil er drastisch zeigte, „wie totalitäre Gesellschaften Schriftsteller und Intellektuelle korrumpieren können.“[90])

Nachdem sich – so die menschenverachtende Sicht der Machthaber – der Einsatz von Häftlingen beim Kanalbau als Erfolg erwiesen hatte, griff eine Besessenheit von gewaltigen Bauprojekten um sich. Wasserbauwirtschaftliche Großprojekte galten fortan als „ein besonderes Privileg der Lagerwirtschaft“[91]) und beförderten maßgeblich den Aufstieg des GULag-Systems zum Wirtschaftsimperium. Große Bedeutung kam dabei der hydrotechnischen Moskauer Projektierungs- und Erschließungsagentur zu. Ihre Geschichte begann 1930, als in einer Gasse hinter der Großen Lubjanka inhaftierte Hydroingenieure und andere Fachleute in einem besonderen Konstruktionsbüro (*šaraga*) zusammengeführt wurden, um – unter Anleitung und strenger Bewachung – die Planungsarbeiten für den Bau des Weißmeer-Ostsee-Kanals auszuführen. Nachdem durch diese Form intellektueller Zwangsarbeit eine Gruppe von Experten zueinander gefunden hatte, machten sich die Verantwortlichen daran, die Verbindung von moderner Wissenschaft und Sklaverei zu institutionalisieren. 1935 wurde das Konstruktionsbüro Teil des neu geschaffenen Bautrusts *Volgostroj*, dessen leitende Mitarbeiter als Offiziere des NKVD[92])

[87]) Belomorsko-baltijskij kanal 1934.

[88]) Zur Geschichte des Weißmeer-Ostsee-Kanals vgl. Ivanova 2001: 86ff.; Applebaum 2003: 99–109; Čuchin 1990; Stettner 1996: 230–234; Baron 2001a; Morukov 2003; Joyce 2003; Khlevniuk 2004: 24–29, 35f. u. 333ff.; Stalinskie Strojki 2005: 30–59.

[89]) So der Begriff von Ehrhard Neubert. Zit. n. Beyrau 2000a: 174.

[90]) Solschenizyn 1978: 81-96; Applebaum 2003: 106. Zur Umdeutung der Zwangsarbeit als eine Erziehungsmaßnahme vgl. ausführlich Ruder 1998; Klein 1995; Tolczyk 1999; Prieß 2002; Westerman 2002: 61-82.

[91]) Ivanova 2001: 87.

[92]) Die Abkürzung NKVD steht für *Narodnyj Komissariat Vnutrennich Del* (Volkskommissariat für Innere Angelegenheiten).

besondere Privilegien genossen. Als Unterabteilung des NKVD machte sich *Volgostroj* mit Planungsarbeiten für weitere Kanal- und Kraftwerkbauten am Oberlauf der Wolga bald einen Namen.[93])

Als nächster wasserwirtschaftlicher Plangigant und eines der prestigeträchtigsten Hauptvorhaben des zweiten Fünfjahrplans (1933–1937) stand der Moskau-Wolga-Kanal an. Für dessen Fertigstellung waren das Konstruktionsbüro und das Führungspersonal verantwortlich, die sich in den Augen der Parteioberen zuvor beim Weißmeer-Ostsee-Kanal ausgezeichnet hatten. Die Bauarbeiten begannen im Herbst 1932 und zogen sich bis Ende 1937 hin. Die Länge der Wassermagistrale, die Moskau im Herzen des Sowjetlandes in das Netz der sowjetischen Schifffahrtswege integrierte, betrug 128 Kilometer. Die Kanaltrasse war ein Bau der Superlative, der massiv in Landschaften und Ökosysteme eingriff. Umfangreiche Erdbewegungen und Betonierungsarbeiten erwiesen sich als erforderlich. Planung und Bau waren eine organisatorische und wissenschaftlich-technische Meisterleistung. Die neue Flussmagistrale behob einen „Fehler der Natur", der Moskau von den großen Wasserarterien des Landes abgeschnitten hatte. Nach Aufnahme des Passagier- und Frachtverkehrs am 15. Juli 1937 stieg Moskau, im Zentrum des Landes gelegen, zu einer Hafenstadt auf. Unermüdlich feierte die Sowjetpresse die neue Wasserstraße als „ein Manifest der Verbindung, der Vernetzung, der Verdichtung eines nach allen Richtungen sich erstreckenden und wohl auch auseinanderstrebenden Landes [...] Symbol nicht nur dafür, dass Berge versetzt werden können, sondern auch dafür, dass ein Riesenland zu einem Gesamtorganismus zusammengebunden werden kann."[94])

Mit dem Kanal wurden zwei große Stauseen in Stadtnähe angelegt, um die Hauptstadt mit ihrer sprunghaft wachsenden Einwohnerzahl besser mit Trinkwasser versorgen zu können. In engem Zusammenhang mit dem Kanalbau stand der Bau des ersten Flusskraftwerks an der Wolga bei Ivankovo (30000 Kilowatt). Dessen Stausee, der zahlreiche alte Dörfer und Kleinstädte der Überflutung preisgab, wurde als Moskauer Meer bekannt. Nicht allein die Stadt, sondern ihr ganzes Hinterland ging in umgestalteter Form in eine großräumige technogene Flusslandschaft ein. Sie präsentierte sich als überwältigender Landschaftspark, in dem Wasserversorgung, Transport und Stromproduktion genauso wie Technik, Natur und Freizeitkultur idyllisch und harmonisch eingebettet sein sollten.

Für die aufwendigen Bauarbeiten richteten die zuständigen NKVD-Stellen in der Kleinstadt Dmitrov, 60 Kilometer nördlich von Moskau gelegen, einen

[93]) Gulag 2000: 712f. u. 767ff. Ferner Ivanova 2001: 158; Solschenizyn 1978: 81f.; Komarow 1979: 82ff. Eine kurze Übersicht über verhaftete Geologen, die an den Planungsarbeiten des Weißmeer-Ostsee-Kanals beteiligt waren, gibt Schlögel 2008: 345ff. u. 377. Eine ausführliche Liste repressierter Wissenschaftler hat die russische Akademie der Wissenschaftler erstellen lassen. Sie findet sich unter http://russcience.chat.ru/repress/rep.htm (zuletzt eingesehen am 15. Mai 2009).

[94]) Schlögel 2008: 371.

riesigen Lagerkomplex ein. Zum einen wurden Zwangsarbeiter und Planungsstäbe in Form eines organisatorischen Transfers von Arbeitskräften und Fachwissen vom Weißmeer-Ostsee-Kanal im fernen Karelien innerhalb kürzester Zeit verlegt; zum anderen kamen Häftlinge (und auch Freiwillige) aus zahlreichen Regionen der Sowjetunion ins Moskauer Hinterland. In den Jahren 1934 und 1937 zählte das sogenannte *Dmitlag* (abgekürzt DLAG oder DITL) stets zwischen 146000 und 192000 Insassen, die als sogenannte Kanalarmisten (*kanalarmecy*) Zwangsarbeit auf den Baustellen der neuen Binnenwasserstraße zu leisten hatten. Obwohl diesmal die Bauleitung einen für damalige sowjetische Verhältnisse beachtlichen Fuhr- und Maschinenpark zusammengezogen hatte (200 Bagger, 300 Traktoren, 1800 Autos, 172 Lokomotiven und 2000 Waggons), wurden die Erd- und Betonarbeiten am Kanal weiterhin überwiegend per Hand ausgeführt. Den Großteil der Erdmassen transportierten die Kanalarmisten mit Schub- und Pferdekarren ab.[95]) Mit dieser vor den Toren der Hauptstadt aus dem Boden gestampften Parallelwelt des Lagers veranschaulicht die Baugeschichte der hochgepriesenen Wassermagistrale die verstörende Ambivalenz und den Kern des Stalinismus: „das Zusammenspiel von Wissenschaft und Terror, von Spezialistentum und Zwangsarbeit, die Verwandlung des Wissens von der Aneignung der Natur in Wissen zur Unterjochung des Menschen.“[96])

Der Moskau-Wolga-Kanal galt als hochgelobter „Bruder der Metro“[97]) und damit als wichtiger Teil des „Generalplans“, durch den das „neue Moskau“ entstehen sollte, um als „Schaufenster“ des ersten sozialistischen Staats auf Erden die Weltöffentlichkeit von der Überlegenheit der stalinistischen Ordnung zu überzeugen. Deshalb legten die Parteiführer, die Bauleiter und die zuständigen Planer viel Wert auf die prunkvolle Ausgestaltung der Hafen- und Schleusenanlagen. Sie erhoben den vollmundigen Anspruch, „die großartige Schönheit der klassischen Kunst im Verein mit dem ideologischen Reichtum unserer Zeit“[98]) zum Ausdruck zu bringen. Dementsprechend hemmungslos bedienten sie sich aus der Schatzkammer der Architektur und imitierten glanzvolle Bauten. So war die 150 Meter lange Hauptfassade am *Rečnoj Vokzal* (Flusshafen) dem Dogenpalast in Venedig nachempfunden. Die Schleusen schmückten pompöse neoklassizistische Türme mit eingelassenen Schiffsrümpfen, wie man sie vom alten St. Petersburg her kannte. Vor der Schleuse Nr.3 zog die Nachbildung der Karavelle *Santa Maria*, mit der Christoph Kolumbus Amerika entdeckt hatte, die Blicke auf sich, um so die stalinistischen Pläne zur Umgestaltung der Natur in die Geschichte großer Errun-

[95]) Solschenizyn 1978: 96–111; Stalinskie Strojki 2005: 59–102 u. 523; Sistema 1998: 214f.; Stettner 1996: 234f.; Applebaum 2003: 94 u. 128; Khlevniuk 2004: 86, 111–119 u. 338f.; Rees 1997: 240f. u. 255f.; Rees 2002a: 105ff.; Chlusov 1999: 200; Kokurin/Petrov 1999/3: 107–125; Kokurin/Petrov 1999/4: 94–111; Kokurin/Petrov 2000/5: 108–123; Schlögel 2008: 373–379.

[96]) Schlögel 2008: 360.

[97]) Kokurin/Petrov 1999/4: 109.

[98]) Bodenschatz 2003: 358, Anm.222.

genschaften einzureihen. Wie Kolumbus' mutige Tat im Jahr 1492 würden die sowjetischen Großprojekte den Weg freimachen, um Horizonte zu verschieben und neue Räume zu erschließen. Als die legitimen Nachfolger Kolumbus' stellten eindrucksvolle Monumentalskulpturen Lenin und Stalin dar, die sich an der Einfahrt in den Kanal, am linken und rechten Ufer stehend, mit 26 Metern Höhe über die Köpfe der Schiffskapitäne und Passagiere erhoben. Groß in Szene gesetzt wurde die fertiggestellte Wassermagistrale 1938 in dem populären stalinistischen Musicalfilm *Volga-Volga*. In dessen Schlussszene diente der *Rečnoj Vokzal* mit seiner Triumpharchitektur als eindrucksvolle Kulisse und erlangte als eines der Markenzeichen des zur Weltmetropole aufgestiegenen neuen Moskaus Berühmtheit.[99])

Nach der Umgestaltung Moskaus und seines Hinterlandes mittels Kanal- und Dammbauten stand als nächstes Großprojekt die Elektrifizierung des Oberlaufs der Wolga an. Von 1937 bis 1942 stellte eine Armee von 88000 Zwangsarbeitern, die im Lagerkomplex *Volgolag* zusammengezogen worden waren, bei Uglič (110000 Kilowatt) und Rybinsk (330000 Kilowatt) am Oberlauf der Wolga zwei weitere Flusskraftwerke fertig. Auch sie trugen zur Stromversorgung Moskaus bei.[100]) Dabei handelte es sich um die ersten realisierten Vorhaben des nach langjährigen Vermessungsarbeiten 1934 vorgelegten Projekts der Großen Wolga.[101]) Unter dem Slogan „Die Wolga fließt in den Kommunismus" sah es die Umwandlung des gesamten Flusslaufs in eine Kraftwerkskaskade und in eine Treppe von „künstlichen Meeren" vor. In diesem ehrgeizigen Projekt meinten seine Protagonisten, das Allheilmittel für zahlreiche drängende Probleme der Zeit gefunden zu haben. Die Verbindung diverser wasserbaulicher Großprojekte zu einem Perspektivplan und das fortan die sowjetische Hydroenergetik dominierende Planungsprinzip der Kaskaden und Staustufen versprachen, durch die komplexe Nutzung der Wasserressourcen im Herzen des Sowjetlandes ein großräumiges *geoengineering* zu ermöglichen. In Fachpublikationen und Propagandaschriften war vollmundig die Rede von der „sozialistischen Rekonstruktion des Wolga-Kaspi-Gebiets". Selbst ausländische Beobachter wie der deutsche Raumforscher Erich Thiel meinten bewundernd, die Pläne seien geeignet, „eine weitgehende Neuordnung der osteuropäischen Wirtschaftsgebiete herbeizuführen [...] In dem Streben der Menschheit nach Ausgestaltung ihrer Naturräume wird das Projekt der Großen Wolga zum bisher größten Beispiel."[102])

[99]) Bodenschatz 2003: 260ff.; Lebed/Yakovlev 1956: 71–77. Vgl. zur Architektur und zu den Skulpturen den Jubelband Architektura 1939.

[100]) Die komplette Inbetriebnahme all ihrer Stromaggregate zog sich wegen des beginnenden Zweiten Weltkriegs noch bis 1946 hin. Vgl. zu diesen beiden Kraftwerkbauten Sistema 1998: 190f.; Gulag 2000: 712f. u. 767ff.; Nesteruk 1963: 93–96; Nosov 1958: 43; Kokurin/Petrov 1999/4: 110; Kokurin/Petrov 2000/7: 114f. u. 117f.; Rybinskoe vodochranilišče 1972: 17ff.; Zaključennye na strojkach kommunizma 2008: 16f. u. 39–44.

[101]) Schema 1934.

[102]) Thiel 1950a: 363 u. 371.

Das vom Leningrader Institut *Gidroelektroproekt* vorgelegte Schema der Großen Wolga wurde schnell Gegenstand wissenschaftlicher Debatten und Polemiken. Zwar waren sich Experten und Planer einig, dass die Rekonstruktion der Wolga eine volkswirtschaftliche Aufgabe oberster politischer Priorität sei; zu den hydrotechnischen Großbauten lagen aber konkurrierende Entwürfe vor. Führende Akademiemitglieder wie I.G. Aleksandrov, der dem Planungsbüro *Niževolgoproekt* vorstand, und einflussreiche Hydroingenieure des dem NKVD unterstehenden *Volgostroj* legten abweichende Gutachten vor. Sie schlugen andere Standorte für Kraftwerke und neue Routen für die geplanten Schifffahrts- und Bewässerungskanäle vor. Erbittert und ohne politische Rücksichtnahme rangen die drei involvierten Planungsagenturen darum, welche von ihnen im Bereich des aufstrebenden hydrotechnischen Bauwesens fortan den größten Einfluss haben sollte.[103]) Als Generalmajor Sergej Žuk von *Volgostroj* den Parteioberen im Sommer 1937 seine „besondere Meinung" zu einzelnen Bauvorhaben an der Wolga zukommen ließ, gerieten die Bauleiter und die führende Ingenieure der anderen Planungsbüros in das Räderwerk des Großen Terrors. Das machte den wachsenden Einfluss der NKVD-Behörden deutlich und zeigte, zu welcher Seite sich die Machtbalance zu verschieben begann.[104])

Zeitgleich mit der beginnenden Erschließung der Wolga fing die sowjetische Energiewirtschaft an, sich die hydroenergetischen Ressourcen des Kaukasus, Zentralasiens und Sibiriens durch erste Kraftwerkbauten zunutze zu machen. Die Vermessungs- und Erschließungsarbeiten schritten zügig voran, um die Flüsse Angara, Enisej, Ob', den Irtyš', Amu-Dar'ja und Syr-Dar'ja zu elektrifizieren und mit dem Wasser der entstehenden Stauseen die westsibirischen Steppengebiete und die zentralasiatische Wüste zum Blühen zu bringen. Die Entwürfe der Experten begannen die zuständigen Moskauer Planungskommissionen zunehmend zu interessieren.[105]) Bei den damaligen Planungen zeichnete sich ab, dass wegen der naturräumlichen Gegebenheiten in der Sowjetunion nicht das Gebirgskraftwerk mit großem Gefälle und hohem Wasserdruck dominieren würde, sondern das Flusskraftwerk im Flachland, durch dessen Turbinen riesige Wassermengen mit niedrigem Druck strömen. Die Anlage großer Stauseen und die damit verbundenen großflächigen Überflutungen nahmen Ingenieure und Planer deshalb als notwendiges Übel billigend in Kauf.[106])

[103]) Zum Plan der Großen Wolga vgl. Thiel 1950a; Lebed/Yakovlev 1956: 69ff. u. 78–96; Bernštejn-Kogan 1954: 155–160; Gidrotechnika 1990: 139–144; Pohl 1934; Zimm 1957.

[104]) Gidrotechnika 1990: 143f. Aufschlussreich sind die veröffentlichten Erinnerungen des damals bei *Niževolgostroj* tätigen Ingenieurs Sproge 1999: 432–485.

[105]) Wichtig für die spätere Entwicklung waren vor allem die Entwürfe zur Elektrifizierung der Angara. Vgl. bes. Aleksandrov 1931; Aleksandrov/Malyšev 1933b; Aleksandrov/Malyšev 1933a; Bovin 1931. Zu der damals schon projektierten Elektrifizierung zahlreicher sowjetischer Flüsse vgl. die Übersicht bei Stekol'nikov 1933. Instruktiv auch die Übersicht in der Einleitung zu Bratskaja GES 1964: 8–14 u. 43–46.

[106]) Lebed/Yakovlev 1956: 101–123; Nesteruk 1963: 77ff., 84, 92f. u. 96ff.; Loginov 1957: 6f.; Nosov 1958: 43–47; Gidroenergetika 1982: 23f.; Zolotaryov 1937: 265–299.

Dank der großen Euphorie für die „weiße Kohle“ gewann die Wasserkraft im Rahmen der sowjetischen Stromproduktion zunehmend an Bedeutung. Zwischen 1920 und 1941 entstanden insgesamt 25 Hydrogiganten und zahlreiche weitere Flusskraftwerke mittlerer Größe.[107]) Dennoch wurde am Vorabend des Zweiten Weltkriegs lediglich jede zwanzigste Kilowattstunde Strom hydroenergetisch erzeugt (vgl. Tab. 2). Trotz der bewilligten Investitionssummen und der eindeutigen politischen Prioritäten tat sich zwischen den hochgesteckten Erwartungen und den tatsächlichen energiewirtschaftlichen Erfolgen weiter eine große Kluft auf.

Abkehr von der hydraulischen Gigantomanie, 1939–1947

Ungeachtet der großen Begeisterung für die „Elektrifizierung der Flüsse“ gab es in der fortschritts- und technikgläubigen Sowjetunion stets auch mahnende Stimmen. Schon bei den Diskussionen zum GOELRO-Plan hatten einige Experten vor den hohen Kosten und den langen Bauzeiten der Flusskraftwerke gewarnt. Nur reiche Länder könnten sich die Finanzierung solcher aufwendigen Großprojekte leisten. Rückständige Länder wie Sowjetrussland müssten ihre knappen Geldmittel anders nutzen, um durch minimalen Kapitaleinsatz ein maximales Wachstum der Stromproduktion zu erzielen.[108]) Deshalb war die Fertigstellung des Dnepr'-Kraftwerks äußerst umstritten. In der Hochphase der Bautätigkeit verschlang dieser Plangigant sechs Prozent der jährlichen staatlichen Gesamtinvestitionen. Damit wendete das Sowjetregime für dieses prestigeträchtige Vorhaben genauso viel Geldmittel auf wie für den gesamten Agrarsektor. Stalin, der *Dneproges* bis 1926 kritisch gegenübergestanden hatte, weil sein Rivale im Kampf um die Macht, Leo Trockij, dieses Vorhaben protegierte, höhnte sogar, die Finanzierung dieses kostenintensiven Unternehmens sei „dasselbe, als wenn ein Bauer, der ein paar Kopeken zusammengekratzt hat, statt seinen Pflug zu reparieren, sich ein Grammophon kauft“.[109]) Schon zwei Jahre später jedoch wich Stalins anfängliche Skepsis der Euphorie für dieses Projekt,[110]) obwohl neben den Kosten auch der Nutzen des hydroenergetischen Megaprojekts fragwürdig zu sein schien. Wegen des stark schwankenden Wasserstands des Dnepr' garantierte das Flusskraftwerk keine stabile Stromproduktion. Der Bau zusätzlicher Heizkraftwerke war notwendig, um saisonale Engpässe auszugleichen. Kritik gab es auch, weil die Schifffahrt und die Landwirtschaft keines-

[107]) In den Jahren zwischen 1922 und 1927 wurden dreizehn, im Zeitraum des ersten (1928–32) wie auch des zweiten Fünfjahrplans (1933–1937) jeweils sechs neue große Flusskraftwerke gebaut. Die jeweiligen Bauten sind aufgelistet bei Nosov 1984: 44.

[108]) Coopersmith 1992: 205 ff. u. 249.

[109]) Zit. n. Koenen 2000: 175 f.

[110]) Rassweiler 1988: 58; Gregory 2004: 250 f.

falls in dem Maß von der Anlage eines Stausees profitierten, wie dies die Planer prophezeiten.[111])

Führende Protagonisten der Wärmeenergetik wagten es darum, die einseitige Förderung weniger überdimensionierter Hydroenergieanlagen als falsche Strategie zu bezeichnen. Sie forderten stattdessen, die Elektrifizierung des Landes durch den Bau von Wärmekraftwerken voranzubringen. 1930 wurden viele Vertreter dieser Ansicht verhaftet und während der Schauprozesse gegen die sogenannte Industriepartei verurteilt. Auch wenn die repressierten Wärmeenergetiker später in einem speziellen Konstruktionsbüro (*šaraga*) zusammengefasst wurden, um unter Aufsicht von NKVD-Offizieren neue Kraftwerkprojekte auf den Weg zu bringen, erlitt die Forschungs- und Entwicklungstätigkeit im Bereich der Wärmeenergetik einen Rückschlag. So verlor das führende Moskauer Institut für Wärmetechnik seinen Direktor L.K. Ramzin und fast sein gesamtes Leitungspersonal.[112])

Im angespannten politischen Klima des ersten Fünfjahrplanes wurden die Bedenken und der Widerspruch der Experten als Verbrechen geahndet. Der Verwirklichung von hydroenergetischen Kolossalbauten konnte darum vorerst nichts entgegengestellt werden. Der 1932 erstellte zweite generelle Elektrifizierungsplan (1933–1937) und auch die Planungen für den dritten Fünfjahrplan (1938–1942) sahen den weiteren Ausbau der Wasserkraft vor.[113]) Für heftige Kritik sorgte allerdings bald das kaum beherrschbare Chaos auf den Großbaustellen. Im Dezember 1937 stellte sich die allgemeine Lage derart desolat dar, dass der stellvertretende Vorsitzende der Staatlichen Planungskommission, Nikolaj A. Voznesenskij, Alarm schlug. Seine kritische Bestandsaufnahme war erschütternd. Die Fertigstellung vieler Kraftwerke zog sich hin, weil die mangelhafte technische Dokumentation der Pläne regelmäßig zu Verzögerungen führte. Zudem gingen die Kosten weit über den vorgesehenen Finanzrahmen hinaus. Für den Bau der Flusskraftwerke am usbekischen Fluss Čirčik und am georgischen Fluss Chrami waren zusammen 300 Millionen Rubel veranschlagt worden. Tatsächlich hatten die verantwortlichen Stellen aber schon über 817 Millionen Rubel freigeben müssen, und die Bauarbeiten dauerten noch an.[114])

[111]) Rassweiler 1988: 44f.; Graham 1993: 53ff. Wegen des zu niedrigen Wasserstands konnten auch die Turbinen des Volchov-Flusskraftwerks im Herbst und Winter nicht voll eingesetzt werden, so dass seine angegebene Kapazität auf die Hälfte reduziert werden musste. Vgl. dazu Saslavskij 1932: 5.

[112]) Bailes 1978: 93, 110–113 u. 356f.; Khlevniuk 2004: 32 u. 353.

[113]) Vgl. Zaleski 1980: 119-127 u. 173. Im Jahr 1942 sollten sowjetische Flusskraftwerke jährlich insgesamt 15 Mrd. Kilowattstunden erzeugen. Das hätte siebzehn Prozent der gesamten Stromproduktion entsprochen.

[114]) Der Bericht Voznesenskijs ist veröffentlicht in Chromov 1999: 159-166, hier bes. 163. Allgemein zum Planrückstand der sowjetischen Elektrizitätswirtschaft am Vorabend des Zweiten Weltkriegs vgl. Harrison 1985: 30.

Als Fiasko stellte sich auch der Ausbau des nordrussischen Flusses Svir' durch Kraftwerk- und Kanalbauten dar. Schon 1926 als unmittelbares Nachfolgeprojekt des Volchov-Kraftwerks in Angriff genommen, zögerten sich die Bauarbeiten durch die schwierigen naturräumlichen Bedingungen immer wieder hinaus. Der Untergrund erwies sich als außerordentlich weich, so dass sich die Dämme nur langsam setzten und die Schleusen-, Hafen- und Kraftwerkanlagen erst spät installiert werden konnten.[115]) Wegen derartiger Kosten- und Bauprobleme blieb die Erschließung der Wasserkraft stets hinter den Plänen zurück. Während des zweiten Fünfjahrplans (1933–1938) gingen daher nur 72 Prozent der vorgesehenen neuen hydroenergetischen Kapazitäten ans Netz; im Jahr 1940 erhöhte sich dieser Anteil lediglich auf 78 Prozent.[116])

In seiner wirtschaftspolitischen Grundsatzrede auf dem 18. Parteitag im März 1939 forderte Stalins treuer Gefolgsmann Vjačeslav Molotov darum eine „entschiedene Abkehr von der Gigantomanie, die bei einigen Wirtschaftsführern geradezu zu einer Krankheit geworden ist". Er forderte, verstärkt kleine und mittlere Projekte anzugehen, die den Bedürfnissen und Möglichkeiten des Landes besser Rechnung trügen. Ein entsprechender Parteitagsbeschluss wurde gefasst. Begleitet von einer Pressekampagne, die Großvorhaben als „Fass ohne Boden" darstellte, erklärte die Moskauer Führung den vorläufigen Verzicht auf die Realisierung weiterer wasserbaulicher Plangiganten.[117])

Die Forderung von Molotov nach einem Wandel in der Investitionspolitik blieb nicht ohne Widerspruch und Kritik.[118]) Allerdings traf der Parteibeschluss auch auf Zustimmung. Seine Richtigkeit unterstrich besonders Michail G. Pervuchin, der zum Leiter des am 24. Januar 1939 neugegründeten Volkskommissariats für Elektrizitätsproduktion und Elektroindustrie berufen worden war und im April 1940 zum stellvertretenden Vorsitzenden des Rates der Volkskommissare aufstieg. Sein am 21. August 1940 abgefasster Bericht über die Lage und die Perspektiven der sowjetischen Elektrizitätswirtschaft stärkte Molotovs Position nachdrücklich. Pervuchin klagte darin erneut über die zu langen Bauzeiten und die zu hohen Baukosten der hydroenergetischen Großprojekte. Die verbesserte Nutzung der Wasserkraft müsse darum mittels der Fertigstellung von Kraftwerken mittlerer Größe (d.h. mit Kapazitäten zwischen 10000 und 100000 Kilowatt) erreicht werden. Deren Bau dauere nur zwei bis drei Jahre, und die Baukosten blieben überschaubar. Der von Pervuchin unterbreitete Entwurf für den neuen Fünfjahrplan von 1941 bis 1945 sah den Bau von 54 Flusskraftwerken vor, die sich durch bescheidene Kapazitäten

[115]) Nesteruk 1963: 82ff.; Lebed/Yakovlev 1956: 34–37; Markin 1957: 12f.; Terman 1980: 24f.

[116]) Zaleski 1980: 154, 188, 196 u. 271.

[117]) XVIII S-ezd 1939: 302f. und 654; Rešenija partii 1967/2: 685.

[118]) So forderte der für das Gebiet Kujbyšev zuständige regionale Parteisekretär S.P. Ignatov in seiner Rede vor dem Parteitag vehement die zügige Fertigstellung des Kujbyšever Riesenkraftwerks und bezog damit Stellung gegen Molotov. Vgl. XVIII S-ezd 1939: 378f.

auszeichneten. Auf der Grundlage von Pervuchins Vorschlag wurde im Oktober 1940 ein entsprechender Erlass des Ministerrats vorbereitet. Die sowjetische Elektrizitätspolitik stellte sich für die 1940er Jahre mittelfristig auf eine vorsichtigere Investitionspolitik ein, die vorläufig keine zeit- und kapitalaufwendigen Großprojekte vorsah.[119])

Der neu verkündete Kurs in der Stromwirtschaft fiel zusammen mit Stalins Äußerung im Mai 1939, dass angesichts der drohenden Kriegsgefahr und der bedenklichen Rückstände in der Militärtechnik „alles für die Armee" unternommen werden müsse. Der Rüstungsbereich verschlang schon bald 43 Prozent des sowjetischen Staatsbudgets. Laut Unterlagen der Staatlichen Planungsbehörde (*Gosplan*) musste deshalb zwischen 1939 und 1941 die Umsetzung von 362 Großprojekten aufgeschoben werden, darunter fast alle ins Auge gefassten hydrotechnischen Großvorhaben.[120]) Der verfügte Baustopp betraf selbst schon begonnene und öffentlich in Szene gesetzte Kolossalbauten. So sollte an der mittleren Wolga bei Samara (1935 in Kujbyšev umbenannt) das weltgrößte Flusskraftwerk aus dem Boden gestampft werden, um schon Mitte der 1940er Jahren mit voller Kapazität Strom zu produzieren. Auf der New Yorker Weltausstellung „The World of Tomorrow" hatte die Sowjetunion stolz ein eindrucksvolles Modell dieses Riesenkraftwerks präsentiert und damit bei den staunenden Besuchern große Aufmerksamkeit erregt.[121]) Nach dem Erlass des Rates der Volkskommissare vom 10.August 1937, der den Bau des Kujbyšever Hydrogiganten anordnete, kam es im September sogar schon zur Gründung der entsprechenden Bauorganisation. Einen Monat später wurden in der Nähe des zukünftigen Bauplatzes erste Zwangsarbeiterlager eingerichtet.[122]) Die Zahl ihrer Insassen stieg bis September 1940 auf 41219 an, ehe der Fortgang der vorbereitenden Baumaßnahmen gestoppt, das Heer von Zwangsarbeitern verlegt und die bis dahin schon fertiggestellten Eisenbahnstrecken, Kraftwerke, Reparaturwerkstätten und Fabriken der Bauindustrie anderweitig genutzt wurden.[123])

[119]) RGASPI, 82/2/642, 55-102. Vgl. dazu auch die Dokumente in Zaključennye na strojkach kommunizma 2008: 58-66.

[120]) Die entsprechenden Berichte zum Aufschub der Großprojekte finden sich im GARF, 5446/81b/6691, 5-6, 24-29, 41-54 u. 72-91.

[121]) Swift 1998: 369f. u. 373f. Ausführlich dargestellt wurde das Projekt zwei Jahre zuvor in einer populärwissenschaftlichen Informationsbroschüre (Auflage 10000 Exemplare) von Čaplygin 1937 (später auch abgedruckt in der wichtigen Zeitschrift der Partei *Bol'ševik*, 1937, Nr. 18).

[122]) Sistema 1998: 370f.; Zaključennye na strojkach kommunizma 2008: 17, 45ff. u. 190ff.

[123]) Vgl. zum Baustopp die 1949 und 1950 rückblickend erstellten Auskünfte (*spravki*) in GARF, 5446/51a/3764, 16.; ebd., 81b/6691, 169. Bis zur Einstellung der Baumaßnahmen waren zwischen 1937 und 1940 schon 127 Millionen Rubel investiert worden. An anderer Stelle werden die Aufwendungen für die Bauarbeiten sogar auf 370 Millionen Rubel beziffert. So Gulag 2000: 771; Khlevniuk 2004: 336; Zaključennye na strojkach kommunizma 2008: 17f. u. 45-49, 182-191. Das vorgesehene Großprojekt der *Samarskaja Luka* (ausführlich dokumentiert in Samarskaja Luka 1934; Čaplygin 1934; Čaplygin 1937) war keines-

Zum Stopp der schon begonnenen Baumaßnahmen kam es 1940 auch flussabwärts. Unterhalb der Stadt Kamyšin sollte, so sah es der am 23.Mai 1932 verabschiedete Erlass von Partei und Regierung vor, innerhalb einer Bauzeit von fünf Jahren ein weiteres gigantisches Flusskraftwerk entstehen, um mit dem Wasser des Stausees zwischen den Flüssen Wolga und Ural zugleich riesige neue Agrarflächen zu erschließen.[124]) Die Umschichtung der Investitionsmittel betraf des Weiteren den Wolga-Don-Kanal. Seinen Bau hatten die Delegierten des 17. Parteitags schon 1934 beschlossen. Kurze Zeit später lagen erste ausgearbeitete Projektentwürfe vor.[125]) In den folgenden Jahren schritten die Planungsarbeiten voran. Die anschließend in Angriff genommenen Baumaßnahmen wurden mit Beginn des Zweiten Weltkriegs dann eingestellt.[126])

Die bevorzugte Förderung der Rüstungsindustrie und die Verzögerungen beim Kraftwerkbau blieben nicht ohne Folgen. Volkswirtschaftliche Disproportionen verschärften sich. Schon gegen Ende der 1930er Jahre bemerkten die verantwortlichen Wirtschaftsplaner ein wachsendes Stromdefizit, das sich negativ auf die gesamtwirtschaftliche Entwicklung auszuwirken begann. Der Kraftwerkbau verlief damals schleppend. Lediglich die Hälfte der geplanten neuen Kapazitäten konnten nach 1937 in Betrieb genommen werden, weil die sowjetische Maschinenbauindustrie nicht mit der Fertigung von Turbinen, Generatoren und anderen Bauteilen nachkam.[127]) Wie bedenklich der Zustand der sowjetischen Elektrizitätswirtschaft tatsächlich war, zeigte sich während des Zweiten Weltkriegs. Energieengpässe schwächten die Schlagkraft der Roten Armee und die Leistungskraft der Heimatfront, an der es durch Stromausfälle wiederholt zu Produktionsstopps kam. Diese Kriegserfahrungen machten deutlich, dass die Sowjetunion neuer Kraftwerke bedurfte, um im Kalten Krieg den Status einer Supermacht behaupten zu können. Flusskraftwerke hatten während des Zweiten Weltkriegs ihren strategischen Nutzen bewiesen,

wegs unumstritten. Zum einen sah es den Bau zweier Staudämme bei Žigulovsk und Pereveloki vor. Das hätte zusätzliche Kosten verursacht. Zum anderen erwies sich der Standort als unpassend, weil die beiden geplanten Stauseen die gerade entdeckten wertvollen Ölfelder bei Žigulevsk überflutet hätten. Vgl. dazu Gulag 2000: 713f. u. 769ff.; Lebed/Yakovlev 1956: 80; Koval'ev 1964: 9–20.

124) Zu diesem Projekt vgl. Aleksandrov 1934; Voliani 1934. Der Standort Kamyšin stand gleichfalls in der Kritik. Der projektierte Stausee hätte nämlich nicht nur wertvolles Ackerland, sondern auch große Teile der Stadt Saratov und die gesamte Stadt Engels überflutet. Außerdem wäre ein zweiter Dammbau am Unterlauf notwendig gewesen, um die Wolga vollständig schiffbar zu machen. Vgl. dazu Lebed/Yakovlev 1956: 84; Sproge 1999: 432ff.; Koval'ev 1964: 10f.

125) Vgl. Davidovskij 1937; Galaktionov/Zernov 1939.

126) Lebed/Yakovlev 1956: 94; Bernštejn-Kogan 1954: 148–160 u. 163f. Vgl. auch GARF, 5446/81b/6645, 40.; ebd. 6691, 5–6 u. 28; ebd., 9401/2/269, 69. Bis zum Baustopp waren in die vorbereitenden Bauarbeiten 45 Millionen Rubel investiert worden.

127) So Nikolaj A. Voznesenskij in seinem Bericht an Stalin und Molotov im Dezember 1937. Abgedruckt in Chromov 1999: 159–166. Vgl. ausführlich Haumann 1974: 187–195; Coopersmith 1992: 192–257.

weil sie dank ihrer Unabhängigkeit von Brennstofftransporten einen wichtigen Beitrag zur Energieversorgung der Heimatfront leisteten.[128]) Der bekannte Experte für Kraftwerkbau Arkadij Vinter (er war Mitglied der sowjetischen Akademie der Wissenschaften) hatte schon am 23.Mai 1942 Stalin in einem Brief informiert, dass der Bau kleiner und mittelgroßer Flusskraftwerke intensiviert werden müsse, um den kriegsbedingten Strombedarf zu decken.[129]) Sein Vorschlag wurde aufgegriffen und zur Grundlage des Regierungserlasses vom 5.November 1942, der den Flusskraftwerkbau „in erster Linie an den Flüssen des Urals" vorsah.[130])

Im Mai 1945 bot die Sowjetunion das Bild eines ruinierten Siegers; das Kriegsende erwies sich als „Triumph im Elend".[131]) In der folgenden Phase des Wiederaufbaus ging es deshalb zuerst einmal um „die Liquidierung der Kriegsschäden und die Vorbereitung einer mächtigen Bewegung zum weiteren Wachstum des gesamten Volkswirtschaft."[132]) Auf ihrem Rückzug hatte die deutsche Wehrmacht 61 große Kraftwerke zerstört.[133]) Sie, allen voran das große Flusskraftwerk am Dnepr', galt es zuerst zu reparieren, damit sie ihren Betrieb wieder aufnehmen und dank moderner Technik mit gestiegenen Kapazitäten wachsende Strommengen produzieren konnten. Ein Expertenbericht wies im Juni 1947 noch einmal mit Nachdruck darauf hin, dass neugebaute Flusskraftwerke nur mit einer relativ kurzen Bauzeit von bis zu maximal zwei Jahren unter den Nachkriegsbedingungen volkswirtschaftlich rentabel seien.[134]) Dementsprechend bewilligten die Planungsbehörden weiter lediglich Gelder für die Fertigstellung von kleinen und mittelgroßen Kraftwerken.[135]) Die ersten Jahre nach Kriegsende wurden darum zur „Blütezeit der kleinen Hydroenergetik".[136]) In Fortsetzung des 1939 eingeschlagenen elektrizitätswirtschaftlichen Kurses verzichtete der erste Fünfjahrplan der Nachkriegszeit (1946–50) vorläufig darauf, die ausgearbeiteten Projekte zu

[128]) Nesteruk 1963: 98–104; Nekrasova 1974: 23–38 u. 46ff.; Nosov 1958: 47; Novikov 1962: 74–77; Žimerin 1962: 66–89; Voznesenskij 1949: 12; Alekseev 1973b: 234–292.

[129]) RGASPI, 82/2/642, 116–120.

[130]) Kokurin/Petrov 2000/12: 105. Ausführlich Zaključennye na strojkach kommunizma 2008: 18 u. 75–88.

[131]) Bonwetsch 1998: 52–88.

[132]) Loginov 1957: 7.

[133]) War Damage 1947: 5f.

[134]) Er wurde von M.F. Fel'dman abgefasst, dem Leiter der Abteilung Wasserwirtschaftliche Probleme bei der sowjetischen Akademie der Wissenschaften. Vgl. GARF, 5446/49/1146, 101–104.

[135]) Für das Jahr 1946 war so der Neubau von 1200 kleinen Wasserkraftwerken vorgesehen, die nur lokale Bedeutung hatten. Vgl. Zaleski 1980: 411.

[136]) Barabanova/Malik 1995a: 9. Vgl. dazu auch die vom Ministerium für Kraftwerkbau erstellte Übersicht (RGAE, 7964/11/814, 8) von 30 mittelgroßen Flusskraftwerken, die zwischen 1941 und 1949 neu in Betrieb genommen wurden. Eine Liste der wichtigsten im Bau befindlichen Flusskraftwerke findet sich zudem in Karasev 1947: 2f.

den 1940 gestoppten monumentalen Kanal- und Kraftwerkbauten erneut anzugehen. Ihre Zeit sollte erst noch kommen.[137])

Tabelle 2: Anteil der Energieträger an der sowjetischen Stromproduktion, 1913-1990

	Wärmekraft	Atomkraft	Wasserkraft	Stromproduktion insgesamt in Mrd. Kilowattstunden
1913	100,0%	-	-	2,0
1921	100,0%	-	-	0,5
1928	99,6%	-	0,4%	5,0
1940	94,8%	-	5,2%	48,6
1950	87,3%	-	12,7%	91,2
1960	82,6%	-	17,4%	292,0
1970	82,7%	0,5%	16,8%	741,0
1980	80,2%	5,6%	14,2%	1294,0
1990	74,2%	12,3%	13,5%	1726,0

Quellen: Elektroenergetika 1983: 32f.; Bater 1996: 219 u. 248.

[137]) Vgl. bes. Artikel 10 des vom Obersten Sowjet am 18. März 1946 angenommenen Gesetzes zum „Fünfjahrplan der Wiederherstellung und Entwicklung der Volkswirtschaft". Zit. n. Rešenija partii 1968/3: 261f. Ausführlich zur Entwicklung der Wasserkraft zwischen 1945 und 1948 vgl. Voznesenskij 1949: 12–19; Markin 1957: 14–18; Nesteruk 1963: 105–110; Nosov 1958: 47ff.; Žimerin 1960: 98–132; Žimerin 1962: 90–128; Gidroenergetika 1982: 25ff.; Nekrasova 1974: 51–61. Zum vierten Fünfjahrplan (1946–1950) und seinen Zielen siehe Zaleski 1980: 348–364.

3. Technik und Herrschaft: Entscheidungsprozesse und Machtstrukturen

Technologische Großprojekte bestehen nicht nur aus Maschinen und Apparaturen. Sie setzen zugleich Machtinstanzen und Organisationen voraus, die in der Lage sind, weitreichende Pläne zu entwerfen und diese erfolgreich umzusetzen. Die Institutionalisierung wissenschaftlich-technischen Wissens führt damit zur Ausbildung mächtiger Behördenapparate und teils monopolartiger Technostrukturen. Das häufig dominierende *Think Big* bezieht sich damit sowohl auf die Technologie als auch auf die dazugehörende Bürokratie. Neben normativen Regelwerken und politischen Regulationen erfordert die Manövrierfähigkeit aufwendiger Megaprojekte ausgefeilte Management- und Organisationskonzepte. Deshalb zählen zu den „Systembauern"[1]) nicht nur Wissenschaftler, Erfinder und Ingenieure, sondern auch Verwaltungsfachleute, die mit ihren Regelungs- und Normierungskompetenzen die Megaprojekte in die bestehenden Infrastrukturen integrieren. Des Weiteren bedürfen moderne Technologien politischer Fürsprecher, die mächtig genug sind, um bei den Verteilungskonflikten um staatliche Gelder die notwendigen Förderprogramme und forschungspolitischen Prioritätensetzungen durchzusetzen. Dabei kommt es zur Herausbildung von Expertenkartellen und zu Koalitionen zwischen wissenschaftlich-technischen und administrativ-politischen Eliten, die auf langfristige Expansion hin ausgerichtete industriell-technische Entwicklungen über Fehlschläge und Durststrecken hinweg vorantreiben und die nötige Unterstützung in Politik und Öffentlichkeit mobilisieren.[2])

Als auf wohlintegrierte „Netzstrukturen hin orientierte, von einer disziplinierten Ingenieur- und Managerelite kontrollierte System(e)"[3]) sind technologische Großprojekte fraglos der offensichtliche Ausdruck des Willens zur Macht. Sie wirkten im 20. Jahrhundert als Triebkraft gesellschaftlicher Zentralisierung und Hierarchisierung. „Ein enger Zusammenhang zwischen der Organisationsweise großer technischer Systeme und den jeweils gesamtgesellschaftlich dominierenden Governance-Formen" lässt sich kaum leugnen. Mit dem Aufstieg moderner Technologien entwickelte sich die gesellschaftliche Machtkonzentration zu einer „Symbiose zwischen hierarchisierten politischen, industriellen und technischen Systemen".[4]) Diese komplexen institutionellen Arrangements leiteten wichtige Strukturveränderungen moderner Industriegesellschaften ein und forcierten die Entwicklung des modernen Interventionsstaats.[5])

[1]) So der Begriff von Hughes 1989: 14ff.

[2]) Die Bedeutung von politischen Netzwerken und „managerial prowess" für die Geschichte großer technischer Systeme thematisiert ausführlich Hughes 1998.

[3]) Braun/Joerges 1994: 40.

[4]) Mayntz 1993: 105.

[5]) Vgl. allgemein Schneider 1991; Schneider 2001: 36–49; Mayntz 1995; Coutard 1999.

Infolge der vielfältigen Vernetzungen zwischen technischen Innovationen, Bürokratisierungsprozessen und Machtverhältnissen bietet die Untersuchung technologischer Großprojekte eine wichtige Ergänzung zur üblichen historischen Politikanalyse. Sie greift Kernfragen zur Organisation und zum Wandel politischer Herrschaft auf, indem sie interessante Einblicke in die Geschichte wichtiger Institutionen, in Entscheidungsprozesse und Machtmechanismen gewährt. Die Thematisierung des Wechselverhältnisses von Technik und Politik wirft die Frage auf, wer bei der Entwicklung von Spitzentechnologien im 20. Jahrhundert die Initiative ergriff und als treibende Kraft wirkte. Dann zeigt sich vielfach, dass die Technik nicht nur ein Medium politischer, sozialer und ökonomischer Ziele war, sondern ihnen gleichsam voranging, sie dominierte und koordinierte. Den ausführenden Experten wurde dabei eine weitgehende Vollmacht eingeräumt, ihren Interessen und der Logik ihres technischen Denkens zu folgen.[6]) Während die Experten das Ethos ihres Tuns ins Politische transferierten, sich den suggestiven Angeboten der Machtpolitik verschrieben und auf politische Intrigenspiele einließen, geriet die Politik durch ihre Vorliebe für große Prestigevorhaben und ihren Glauben an die segensreiche Qualität von Großraumplanungen in zunehmende Abhängigkeit von Expertenmilieus. Politiker, die vom Prestige technischer Höchst- und Pionierleistungen profitieren wollten, mussten ihre Ideologie und Politik mit Wissenschaftlern und Ingenieuren abstimmen, die mit ihren Plänen sozialwirtschaftliche Gestaltungs- und politische Führungsansprüche anmeldeten. Mit der Ausarbeitung expansiver Industrialisierungsprogramme wurde im 20. Jahrhundert das sozialtechnokratische Expertentum immer wichtiger bei der Ausgestaltung weltanschaulicher Ziele. Die angestrengte Suche nach wissenschaftlich-technischen Problemlösungen führte häufig dazu, dass dank großzügiger Finanzierung einzelne Forschungseinrichtungen und Projektierungsagenturen zu Großorganisationen aufstiegen, die ein eigenständiges Machtprofil gewannen. Nur gemeinsam konnten Macht- und Facheliten jene Tradition säkularisierter Zukunftserwartungen etablieren, die großen Anteil an der Wahngeschichte des ideologischen Zeitalters der Industriemoderne hatte. Die „Stalinschen Großbauten des Kommunismus" sind fraglos besonders anschauliche Beispiele dafür. Eingebettet in sich wandelnde vielschichtige Macht- und Verwaltungsbeziehungen, waren sie das Ergebnis langwieriger politischer Aushandlungsprozesse und bürokratischer Manöver. Bei ihren umfassenden Ordnungsentwürfen und Zentralisierungskonzepten hatten die zuständigen Experten frühzeitig erkannt, wie wichtig es war, glaubhaft machen zu können, dass ihre Plangiganten nicht nur die Lösung der zur Debatte stehenden Probleme darstellten, sondern zugleich wichtige Grundlagen für den Aufstieg weiterer Produktionssysteme schüfen, also Zukunftsszenarien antizipierten. Zugleich galt es Probleme und Risiken herunterzuspielen, um Widerstände zu überwinden und Zweifel auszuräumen. Entscheidend für den Erfolg der wasserbaulichen

[6]) Laak 1999: 10.

Machtkartelle war demnach, ob ihre Fürsprecher den politischen Prozess mit ihren Plänen beeinflussen konnten. Ihre Anpassungsstrategien und Inszenierungstechniken sowie die durch vielschichtige interorganisatorische Beziehungsnetze entstehenden Regelungsstrukturen gilt es daher einhergehend zu analysieren.

3.1. Energiepolitik: Debatten und Kurswechsel

Für die Entwicklung der sowjetischen Nachkriegsgesellschaft sollte das Jahr 1948 in vielerlei Hinsicht ein „schicksalhaftes Jahr“[7]) werden. Zum Jahreswechsel 1947/48 hatte sich Stalin noch einmal gegen eine überzogene Investitionspolitik ausgesprochen. Als am 25. Dezember 1947 im Ministerrat der Plan für das Jahr 1948 erörtert wurde, beschwerte er sich: „Der Plan ist sehr aufgebläht und geht über unsere Kräfte. Man sollte nur Geld für anlaufende Projekte ausgeben und sich nicht bei vielen anderen Projekten verzetteln. Allerlei Unsinn wird an neuen, unbesiedelten Orten gebaut und viel Geld verschwendet. Man sollte die alten Unternehmen erweitern. Unsere Planer sind Lumpen, sie planen alle nur neue Fabriken und übertreiben den Bau.“[8]) Trotz dieser deutlichen Ermahnung zu investitionspolitischer Umsicht schienen Stalin und die verantwortlichen Wirtschaftsplaner zunehmend über den Rahmen eines Wiederaufbaus hinauszudenken. Die Sowjetpropaganda hatte so die erneute Inbetriebnahme der vier Aggregate des Flusskraftwerks am Dnepr', die sich vom März 1947 bis zum September 1948 hinzog, zum offiziellen Symbol dafür erklärt, dass die „Phase der Rekonstruktion“ und der energiewirtschaftlichen Notmaßnahmen demnächst abgeschlossen werde.[9])

Im Herbst 1948 ließen die vorgelegten Zahlen schließlich keinen Zweifel mehr daran, dass der Jahresplan übererfüllt werden würde. Statt eines Zuwachses der industriellen Gesamtproduktion um 19 Prozent gingen die offiziellen Statistiken von nunmehr 27 Prozent aus. Die wichtigsten Ziele des Wiederaufbaus schienen nun endgültig erreicht und die zahlreichen Schäden behoben, die der Zweite Weltkrieg der sowjetischen Ökonomie zugefügt hatte.[10]) Diese positive Entwicklung vermittelte Zuversicht. Sie hielt Stalin dazu an, statt auf Mäßigung auf eine deutliche Steigerung der industriellen Wachstumsrate zu drängen. Als die Pläne für das Jahr 1949 diskutiert wurden, kam es so zu einem merklichen Stimmungsumschwung. Der Konsolidierungskurs der

[7]) Krementsov 1997: 158.

[8]) So die Aufzeichnung von V.A. Malyšev in seinem Tagebuch. Zit. n. Chlevnjuk 2000: 1036.

[9]) Zum Wiederaufbau von *Dneproges* und seiner symbolischen Bedeutung vgl. Nekrasova 1974: 30–36; Ežov 1999: 17. Ausführlich in pathetischem Stil Loginov 1951. Hier sei kurz darauf hingewiesen, dass Leonid Brežnev der regionale Parteisekretär in Zaporož'e war, der den Wiederaufbau koordinierte und sich damit einen Namen machte.

[10]) Chlevnjuk 2000: 1038; Gorlizki/Khlevniuk 2004: 69. Ausführlich Jasny 1961: 362ff.

ersten drei Nachkriegsjahre wich ambitionierten Zielen, die eine verstärkte Mobilisierung finanzieller und sozialer Ressourcen voraussetzten. Der Wiederaufbau ging in eine Phase expansiven Wachstums über.[11])

Die beiden einflussreichsten Verfechter einer vorsichtigen und ausgewogenen Wirtschaftspolitik, Molotov und Voznesenskij, waren damals in Affären und Intrigen verstrickt. Ihnen blieb darum nichts anders übrig, als gleichfalls von ihrer vormaligen Kritik am Gigantismus Abstand zu nehmen. Die Zeichen der Zeit waren auf unbedingten ökonomischen Vormarsch gestellt, der sich weniger an tatsächlichen wirtschaftlichen Kapazitäten, sondern vielmehr an politischen Wünschen orientierte.[12])

Das optimistische Bild, das die aggregierten Statistiken vermittelten, verdeckte die Unausgewogenheit der Sowjetwirtschaft. Vor allem der akute Mangel an elektrischer Energie stellte einen gefährlichen Engpass dar. Mit der voranschreitenden Modernisierung industrieller Produktionsverfahren, der geforderten Elektrifizierung der Landwirtschaft sowie wichtiger Eisenbahnstrecken und dem wachsenden Stromverbrauch der städtischen Kommunalwirtschaften verdoppelte sich der jährliche gesamtsowjetische Elektrizitätsbedarf zwischen 1946 und 1950 auf 65,2 Mrd. Kilowattstunden.[13]) Die fortschreitende Elektrifizierung galt deshalb als „die Seele und das Kernstück des technischen Fortschritts".[14]) Schon der erste Nachkriegsfünfjahrplan (1946–50) sah daher ein beschleunigtes Wachstum der Kraftwerkkapazitäten um 5,4 Millionen Kilowatt vor. Dazu sollten neu erbaute kleine und mittelgroße Flusskraftwerke knapp ein Viertel (1,3 Millionen Kilowatt) beisteuern.[15]) Die vorgesehene Inbetriebnahme neuer Kraftwerke verzögerte sich jedoch ständig. Die Fabriken erhielten darum nur knappe Stromkontingente (*limity*) zugewiesen. In den Spitzenzeiten am Abend und frühen Morgen, in denen die meiste Elektrizität verbraucht wurde, waren sie gezwungen, ihre Produktion deutlich zurückzufahren, um die drohende Überlastung des Stromnetzes zu vermeiden.[16])

Die Engpässe in der Elektrizitätswirtschaft gaben Anlass zu ernster Sorge.[17]) Am 11. Oktober 1947 legte das Leningrader Erschließungs- und Projektierungsinstitut *Gidroenergoproekt* ein ausführliches Arbeitspapier darüber

[11]) Chlevnjuk 2000: 1041 f.; Gorlizki/Khlevniuk 2004: 85 f.

[12]) Zu Stalins Attacken auf Molotov und Voznesenskij vgl. ausführlich Chlevnjuk 2000: 1038–1047; Gorlizki/Khlevniuk 2004: 74–89. Ferner Bonwetsch 1990: 312–319; Zubkova 1998a: 206–216; Politbjuro 2002: 274–318; Brandenburger 2004; Tromly 2004.

[13]) Novikov 1962: 82.

[14]) Zunz 1956: 95.

[15]) RGASPI, 82/2/643, 126–127.

[16]) Novikov 1962: 61 u. 82.

[17]) So hatte sich das Büro des Ministerrates, des obersten Regierungsorgans, schon im Juli 1947 mit dem akuten Stromdefizit in wichtigen Industrieregionen, mit den Problemen beim Kraftwerkbau und bei der Turbinen- sowie Generatorenproduktion beschäftigt. Vgl. die publizierten Tagesordnungen in Politbjuro 2002: 499–528.

vor, wie sich die sowjetische Stromwirtschaft bis 1960 voraussichtlich entwickeln würde. Es prognostizierte für zahlreiche bedeutende Industriegebiete sich weiter zuspitzende Versorgungsengpässe.[18]) Fabriken würden gebaut, ohne an die Schaffung einer soliden energetischen Infrastruktur zu denken.[19])

Mit seiner mahnenden Kritik blieb *Gidroenergoproekt* nicht allein. Die Abteilung „Produktion" bei *Gosplan* erstellte am 23. März 1948 einen Bericht, der keinen Zweifel mehr daran ließ, dass sich die sowjetische Volkswirtschaft in einer dramatischen Stromkrise befand, in der Netzzusammenbrüche längst eine alltägliche Erscheinung geworden waren.[20]) Die Probleme beim Bau neuer Kraftwerke führten zu einer „erheblichen Anspannung in der Strombalance und zu einem verzögerten Wachstumstempo bei der industriellen Produktion in einer Reihe von Wirtschaftsbranchen." Wegen der verzögerten Inbetriebnahme neuer Kapazitäten seien vielerorts die bestehenden Kraftwerke völlig überlastet. Es bleibe kaum Zeit für notwendige Wartungs- und Reparaturarbeiten.[21]) Angesichts des Verschleißes der oftmals überalterten und fehleranfälligen Anlagen forderten die Experten darum, „durchgreifende Maßnahmen für den beschleunigten Kraftwerkbau zu ergreifen."[22])

In einem gemeinsam verfassten Schreiben zu Lage und Perspektiven der sowjetischen Elektrizitätswirtschaft stellten Žimerin, der Minister für Kraftwerke, und E. A. Russakovskij, der verantwortliche Abteilungsleiter von *Gosplan*, am 29. August 1948 fest, dass in den letzten drei Jahren nur 72 Prozent der geplanten neuen Kraftwerke ans Netz gegangen seien. Statt der im Fünfjahrplan vorgesehenen 5,4 Millionen rechneten sie bis Ende 1950 deshalb lediglich mit neuen Kraftwerkkapazitäten von maximal 3,9 Millionen Kilowatt. Besonders große Rückstände gab es im Bereich der Hydroenergetik.[23])

Im Juli 1948 trat das Ministerium für Kraftwerke mit der Bitte an *Gosplan* heran, die ihm zugewiesenen Mittel für das Jahr 1949 deutlich zu erhöhen. Die Kapitalinvestitionen in den beiden folgenden Jahren seien nämlich entschei-

[18]) RGAE, 4372/95/89, 7-23.

[19]) RGAE, 4372/96/444, 313.

[20]) Zur wachsenden Zahl der Stromausfälle und der Netzzusammenbrüche gegen Ende der 1940er und Anfang der 1950er Jahre vgl. die statistische Übersicht RGAE, 7964/11/2224, 8-13. So wurden für die ersten fünf Monate des Jahres 1950 in den sowjetischen Stromnetzen offiziell insgesamt 2564 Aus- und Unfälle verzeichnet.

[21]) RGAE, 4372/95/286, 257-271.

[22]) RGAE, 4372/95/281, 331-333. Kurz darauf folgten von den *Gosplan*-Abteilungen „Elektrifizierung" und „Territoriale Planung und Verteilung der Unternehmen" ähnlich alarmierende Berichte. Vgl. RGAE, 4372/95/126, 202-204; ebd., 4372/95/286, 69-71.

[23]) RGAE, 4372/95/283, 199-201 u. 227-229. Im November und Dezember 1948 wurden weitere Berichte vorgelegt. Sie bestätigten die akuten Planrückstände und die zuvor berechneten Zahlen. Im Bereich der Hydroenergetik wurde bis Ende 1948 der Plan sogar nur zu 42 Prozent erfüllt. Vgl. RGAE, 4372/95/284, 221-229; ebd., 289, 46-48; ebd., 741, 293-304 u. 330-337; ebd., 7964/11/656, 235-242; GARF, 5446/51a/3762, 60; RGASPI, 82/2/643, 126. Zu Planrückständen vgl. auch Zaleski 1980: 371.

dend dafür, ob das Stromdefizit in absehbarer Zeit überwunden oder zu einem dauerhaften Entwicklungshemmnis für die gesamte Volkswirtschaft würde. Die alarmierenden Forderungen zeigten Wirkung. Im Vergleich zu den Vorjahreszahlen erhielt das Ministerium für Kraftwerke für 1949 schließlich 60 Prozent mehr Investitionsmittel zugewiesen.[24]) Der Anteil der Elektrizitätswirtschaft an den Gesamtinvestitionen in die sowjetische Industrie erhöhte sich von 8,9 auf 10,6 Prozent.[25])

Dank dieser außerplanmäßigen Budgetaufstockung wurden noch im Lauf des Jahres 1948 mit dem Wolga-Flusskraftwerk bei Gor'kij und einer weiteren großen Wasserkraftanlage an der Kama (einem Nebenfluss am Mittellauf der Wolga) zwei ehrgeizige Projekte in Angriff genommen. Deren Bau hatten Experten schon in der Vorkriegszeit als wichtigen Schritt gesehen, um die Verwirklichung des ehrgeizigen Plans von der Großen Wolga auf den Weg zu bringen. Die alten Projekte für Hydrogiganten waren 1948 wieder politikfähig geworden.[26])

Die Rückkehr zur hydraulischen Gigantomanie: 1948–49

Die Idee, mittels Perspektivplänen die wirtschaftliche Entwicklung der Sowjetunion voranzubringen, hatten Stalin, Molotov und Voznesenskij schon auf dem 18. Parteikongress im Jahr 1939 geäußert.[27]) Stalin griff sie in seiner vielbeachteten Rede wieder auf, die er vor einer Wählerversammlung am 9. Februar 1946 in Moskau hielt. Darin verkündete er, dass es zum „neuen machtvollen Aufschwung der Volkswirtschaft" eines Perspektivplans bedürfe, der drei neue Planjahrfünfte umfasse, um die sowjetische Energiegewinnung deutlich zu steigern und so den „Stand unserer Industrie im Vergleich zum Vorkriegsstand, sagen wir, auf das Dreifache zu heben [...] Nur unter diesen Bedingungen kann man damit rechnen, dass unser Vaterland gegen alle Zufälle gesichert sein wird."[28])

Nachdem *Gosplan* schon im August 1947 mit ersten Vorarbeiten für einen Zwanzigjahrplan begonnen hatte,[29]) schien nach Abschluss der Wiederaufbauphase Ende des Jahres 1948 die Zeit gekommen, die von Molotov und Stalin geforderten langfristigen Wirtschaftspläne auszuarbeiten.[30]) Eine ange-

[24]) RGAE, 4372/95/193, 56, 294–296, 365-365, 431–432 u. 443–444. Vgl. auch ebd., 283, 133-135; RGASPI, 82/2/643, 128.

[25]) Zaleski 1980: 426.

[26]) Novikov 1962: 62–65. Zudem wurde 1948 am Irtyš' in der Nähe der kazachischen Stadt Ust'-Kamenogorsk ein dritter Hydrogigant in Angriff genommen. Vgl. Novikov 1962: 65-70. Ferner RGAE, 4372/95/283, 227–229 u. ebd., 445, 83–84; Nesteruk 1963: 134ff. u. 199.

[27]) XVIII S-ezd 1939: 312-5. Vgl. auch Kirstein 1985: 37.

[28]) Stalin 1979: 51.

[29]) Zaleski 1980: 386; Hahn 1982: 130.

[30]) Zaleski 1980: 386 u. 390f.; Kirstein 1985: 106f.

strengte Planungstätigkeit erfasste die Moskauer Behörden. Wegweisende Entscheidungen standen an. Es ging um eine veränderte politische Prioritätensetzung, um die Entwicklung der Sowjetökonomie langfristig auf neue ehrgeizige Ziele auszurichten, ein Gleichgewicht (*proportional'nost'*) zwischen den Wirtschaftsbereichen zu erreichen und damit ausgewogene Wachstumsprozesse zu initiieren. Dazu wurden spezielle Kommissionen gegründet. Deren Aufgabe war es, für die wichtigsten volkswirtschaftlichen Branchen sogenannte „Direktiven zur Erstellung von Perspektivplänen" für die Zeit von 1951 bis 1960 bzw. 1965 zu erarbeiten.

Im Zuge des um sich greifenden „Kommissionsfiebers"[31]) wurde bei *Gosplan*, dem „economic headquarter"[32]) des Sowjetstaats, kurzfristig eine Elektrifizierungskommission ins Leben gerufen. Sie war hochkarätig besetzt, mit Dmitrij Žimerin, dem Minister für Kraftwerkbau, mit Generalmajor Sergej Žuk, dem Direktor des Moskauer Erschließungs- und Projektierungsinstituts *Gidroproekt*, mit I.M. Kločkov, dem stellvertretenden Vorsitzenden von *Gosplan*, und mit E.A. Russakovskij, dem Leiter der *Gosplan*-Abteilung „Elektrifizierung". Im Regierungsapparat des Ministerrats gab es zudem „Bevollmächtigte Staatliche Planungskomitees" (*Upolnomočennye Gosudarstvennye Planovye Komitety*), die für die wichtigen Industriegebiete Perspektivpläne vorlegten und dabei der Stromwirtschaft besondere Beachtung schenkten. Auch das Politbüro richtete am 13. Dezember 1948 die „Kommission für die Erstellung des Zehnjahrplans für den Kraftwerkbau" ein. Hier besprachen die beiden hauptverantwortlichen Planer Žuk und Žimerin mit den engen Vertrauten Stalins (Voznesenskij, Berija, Kaganovič, Malenkov, Mikojan und Saburov) die zentralen Fragen, um Kontrolle über die spezialisierten Kommissionen von *Gosplan* und Ministerrat auszuüben.[33])

Die Wende hin zu wasserbaulichen Großvorhaben war seit langem hinter den Kulissen vorbereitet worden. Die ehrgeizigen, bereits in den 1930er Jahren in den politischen Prozess eingebrachten Projekte waren weder bei Experten noch bei Parteiführern in Vergessenheit geraten. Man wartete lediglich auf einen günstigen Moment, um sie endlich anzugehen. So hatte sich Stalin schon im Frühjahr 1946 mit der Frage an Voznesenskij gewandt, ob „außerhalb des Plans Mittel für den Bau des Wolga-Don-Kanals beschafft werden" könnten, weil dieser „ein ungeheuer wichtiges Projekt auch vom militärischen Standpunkt her" darstelle. Denn „im Falle eines Krieges könnten wir aus dem Schwarzen Meer vertrieben werden – unsere Flotte ist schwach und wird es auch noch lange bleiben. Was sollten wir dann mit unseren Schiffen machen? Stellen Sie sich vor, wie wertvoll die Schwarzmeerflotte während der Schlacht von Stalingrad gewesen wäre, wenn wir sie auf der Wolga gehabt hätten!"[34])

[31]) Zu diesem Begriff vgl. Kirstein 1979: 285.
[32]) Zaleski 1980: 46.
[33]) Politbjuro 2002: 110.
[34]) Djilas 1962: 198f.

Stalins Ausführung während eines seiner privaten Tischgespräche hatte Folgen. Voznesenskij erklärte, die Mittel für den Wolga-Don-Kanal könnten beschafft werden. Kurze Zeit später verfasste Sergej Žuk, der Leiter des Moskauer Erschließungs- und Projektierungsinstituts *Gidroproekt*, zusammen mit dem Innenminister Sergej N. Kruglov eine ausführliche Notiz zum möglichen Kanalbau. Diese erreichte am 13. Juni sowohl Stalin als auch den stellvertretenden Vorsitzenden des Ministerrats Berija. Im Frühjahr 1947 folgten weitere Schreiben, so dass Stalin am 16. März 1947 den Erlass des Ministerrats unterschrieb, der *Gidroproekt* mit weitergehenden Erschließungsarbeiten beauftragte. Am 27. Mai 1947 lud Stalin schließlich Sergej Žuk zu einem zweistündigen persönlichen Gespräch in den Kreml ein, um dort gemeinsam mit dem Landwirtschaftsminister Ivan A. Benediktov und dem Finanzminister Arsenij G. Zverev das weitere Vorgehen zu erörtern. Am 20. Januar 1948 waren die Projektierungsarbeiten dann so weit abgeschlossen, dass Žuk dem Ministerrat einen ausformulierten Erlass für den Bau des Wolga-Don-Kanals vorlegte. Daraufhin bat Stalin am 16. Februar Žuk noch einmal in den Kreml, um mit ihm den ganzen Tag lang die Pläne sorgfältig durchzusehen.[35]) Elf Tage später hatte Stalin den Erlass genehmigt und unterschrieben.[36]) Er beauftragte das Innenministerium damit, noch im Laufe des Jahres 1948 Zwangsarbeiterlager einzurichten und vorbereitende Baumaßnahmen auszuführen. Den Planungsstrategen von *Gidroproekt* wurde bis Ende Mai 1949 Zeit gegeben, alle notwendigen technischen Dokumentationen vorzulegen, um sodann mit dem eigentlichen Kanalbau sowie mit der Konstruktion des dazugehörenden Cimljansker Flusskraftwerks am unteren Don zu beginnen.[37]) Mit über 100 zugeteilten Ingenieuren, Wissenschaftlern und anderen Fachleuten gründete das Innenministerium am 11. März 1948 die Bauorganisation *Volgodonstroj*. Zu ihrem Leiter wurde Generaloberst K.A. Pavlov ernannt, zu seinem Stellvertreter und leitenden Ingenieur Sergej Žuk. Offiziell galt der 11. Juni 1948 als der Tag, an dem die Bauarbeiten begannen.[38])

Mit der Aufnahme des forcierten Baus des Wolga-Don-Kanals in die sowjetischen Wirtschaftspläne setzten die Kremlführer ein deutliches Wegzeichen,

[35]) Die Einladungen Žuks und die Dauer seines Aufenthalts sind in Stalins Besucherbüchern genau vermerkt. Deren Eintragungen finden sich in publizierter Form in einzelnen Heften der Zeitschrift *Istoričeskij Archiv* (1994–1998). Unter Anleitung Stephen G. Wheatcrofts wurde dazu dankenswerterweise eine Datenbank erstellt, die online verfügbar ist. Vgl. Project Data Base for the Attendance at a Meeting with Stalin, in: The Melbourne Gateway to Research on Soviet Histoy. www.history.unimelb.edu.au/Russia (zuletzt eingesehen am 15. Mai 2007).

[36]) GARF, 5446/50a/3941, 126–132.

[37]) Zur Vorgeschichte des Wolga-Don-Kanals vgl. GARF, 5446/53/5174, 7-13; ebd., 50a/3942, 1-6; ebd., 9401/2/269, 69. Siehe auch die abgedruckten Dokumente in Stalinskie Strojki 2005: 103ff. u. 124–128; Zaključennye na strojkach kommunizma 2008: 103–109; Ekonomika Gulaga 2004: 463–468; Kokurin/Morukov 2001/16: 109; Kokurin/Morukov 2001/21: 97-102.

[38]) GARF, 5446/81b/6645, 36–40.

dass sie nach einem Jahrzehnt zurückhaltender Investitionen aufs Neue gewillt waren, Großvorhaben zu realisieren. In den folgenden Monaten wurden darum weitere in den Jahren 1939 bis 1941 gestoppte Projekte erneut in Angriff genommen.[39]) Dabei rückten auch die Flusskraftwerke am Mittellauf der Wolga wieder in den Vordergrund. Daher verfasste E.A. Russakovskij, der Leiter der Abteilung „Elektrifizierung" bei *Gosplan*, am 19. März 1947 einen ausführlichen Bericht. Darin gab er Aufschluss über die 1940 gestoppten Bauarbeiten des Kujbyšever Hydrogiganten und verwies auf die großartigen Perspektiven, die eine Realisierung dieses Großprojekts eröffnen würde.[40])

Potentielle Kraftwerkstandorte in Sibirien hatte das Leningrader Institut *Gidroenergoproekt* seit längerem näher untersucht. Es konnte darum schon am 11. Oktober 1947 „grobe Umrisse für einen Generalplan zur Entwicklung des hydroenergetischen Bauwesens in der Sowjetunion bis 1960" vorlegen. Darin hieß es, die Wasserkraft sei ein „wichtiger Faktor bei der Gestaltung der neuen industriellen Geographie" des Landes. Eine „Erhöhung des Anteils des durch Wasserkraft produzierten Stroms" stehe dringend an. Deshalb müsse die Verwirklichung der Großbauten an den sibirischen Flüssen Angara, Enisej und Ob' „in der Reihe der notwendigen Maßnahmen als eine der wichtigsten" angesehen werden.[41]) Zur gleichen Zeit forderte Berija, der damals im Büro des Ministerrats für den Kraftwerkbau zuständig war,[42]) vom Ministerium für Kraftwerke Gutachten über den Bau neuer Flusskraftwerke an. Er ließ sich über den Stand der fortlaufenden Erschließungs- und Projektierungsarbeiten unterrichten und fragte explizit danach, welche aufgeschobenen Vorkriegsprojekte an erster Stelle wieder aufgegriffen werden müssten.[43]) Das Ministerium für Kraftwerke sandte ihm daraufhin eine umfangreiche Sammlung von Projektentwürfen zu, für deren Realisierung sich die Experten nachdrücklich einsetzten.[44])

Als im Verlauf des Jahres 1948 der wachsende Elektrizitätsbedarf der einzelnen Industriegebiete näher bestimmt wurde, zeigte sich, dass sowohl das Gebiet am Mittellauf der Wolga (*Povol'že*) als auch West- und Ostsibirien zu jenen Regionen zählten, die besonders unter Strommangel litten.[45]) Die ehr-

[39]) Eine im Mai 1950 erstellte Mitteilung listete, allein bezogen auf die Bautätigkeit des MVD, 33 „eingefrorene" Großprojekte auf, deren Umsetzung 1948 und 1949 angegangen wurde. Weitere 45 standen zudem zur erneuten Diskussion. Vgl. GARF, 5446/81b/6691, 41-54 u. 72-91.

[40]) RGAE, 4372/96/443, 271-278.

[41]) RGAE, 4372/95/89, 4-46, Zitate 4, 24 u. 30.

[42]) Gorlizki/Khlevniuk 2004: 55.

[43]) GARF, 5446/49/1148, 34-38.

[44]) Die gesammelten Projektentwürfe sind in den folgenden Akten zusammengefasst: GARF, 5446/49/1145-1149.

[45]) Zu den regionalen Stromdefiziten im mittleren Wolgaraum und Sibirien siehe auch die Expertenberichte und Berechnungen in RGAE, 4372/95/89, 23; ebd., 126, 46 u. 202-204; ebd., 282, 142-144; ebd., 284, 123-126; ebd., 286, 69-71; ebd., 287, 43-44 u. 121-123; ebd., 289, 166-169; ebd., 741, 27-42, 293-304 u. 330-337. Ferner Novosibirskaja gidroelektrostancija 1968: 2.

geizigen hydroenergetischen Großvorhaben gewannen damit an Bedeutung. Die Experten ließen im Sommer und Herbst 1948 keine Gelegenheit aus, die geplanten Hydrogiganten mit ihrer „Dreieinigkeit von Schiffbarmachung, Elektrifizierung und Bewässerung"[46]) als volkswirtschaftliche Allheilmittel anzupreisen. Die Vollendung des Programms der Großen Wolga verspreche, die Wirtschaftskraft der aufstrebenden Regionen längs der Wolga entscheidend zu stärken. Die Inangriffnahme neuer Kraftwerkkaskaden an Ob', Angara und Enisej garantiere den Zugriff auf die Naturreichtümer West- und Ostsibiriens.[47])

Einen energetischen Problemfall der besonderen Art stellte Moskau dar. Die sowjetische Hauptstadt war unaufhörlich im Wachsen begriffen. Ihr Strombedarf stieg zwischen 1946 und 1950 um das Achtfache.[48]) Die regionale Elektrizitätswirtschaft erwies sich als völlig überfordert.[49]) Im Laufe des Jahres 1948 brach wiederholt das gesamte Moskauer Stromnetz zusammen, zuerst für Stunden und schließlich sogar für zwei ganze Tage.[50]) Ungeachtet dieser dringenden Energieprobleme verkündete die Sowjetpropaganda voller Stolz den weiteren Aufstieg Moskaus zur Weltmetropole, die zum Schaufenster des Fortschritts und zum Zentrum der modernen Zivilisation werden sollte. „Ohne gute Hauptstadt gibt es keinen Staat", so brachte Stalin es damals auf den Punkt.[51]) Der hochtrabende neue Generalplan sah für Moskau vor, das städtische Infrastrukturnetz schon bald zum „progressivsten der Welt" und damit „zum Vorbild für die Entwicklung sozialistischer Städte in der Periode des Aufbaus der kommunistischen Gesellschaft zu machen. Die Energiewirtschaft Moskaus soll in vollem Umfang den sanitären und hygienischen Anforderungen moderner Großstädte entsprechen und in maximalem Umfang die schöpferischen Tätigkeiten der Moskauer Stadtbewohner fördern."[52])

Die Moskauer Verbundwirtschaft beruhte im Wesentlichen auf Wärmekraftwerken älterer Bauart. Sie verwendeten mit Schiefer, Torf und Kohle aus regionaler Förderung besonders emissionsreiche Brennstoffe. Schon in den 1930er Jahren waren alle Versuche gescheitert, die Wärmekraftwerke mit Fil-

[46]) Westerman 2002: 107.

[47]) Besonders eindrücklich sind in diesem Zusammenhang die „Thesen zur Schaffung eines neuen Industriegebiets auf der Basis der Ausnutzung der hydroenergetischen Ressourcen des Bajkalsees, der Angara und des Enisejs". Erstellt wurden sie im Frühjahr 1948 von vier namhaften Mitgliedern der Akademie der Wissenschaften, M. Bessonov, Arkadij Vinter, V. Semencov, P. und D. Dmitrievskij. Vgl. RGAE, 4372/95/290, 88–102.

[48]) RGAE, 7964/11/996, 302.

[49]) Das war auch schon Ende der 1930er Jahre wiederholt festgestellt worden. Der für Moskau zuständige regionale Parteisekretär Ščerbakov hatte so in seiner Rede vor dem 18. Parteitag den sofortigen Bau von zehn bis fünfzehn mittelgroßen Kraftwerken gefordert. Vgl. XVIII S-ezd 1939: 71.

[50]) RGAE, 4372/95/287, 90; ebd., 96/453, 14–31 u. 36–40.

[51]) Stalin 2001.

[52]) RGAE, 7964/11/996, 297. Zum am 2. Januar 1949 in Auftrag gegebenen Entwurf eines neuen Generalplans für Moskau vgl. auch Zaleski 1980: 386 u. 390.

teranlagen auszustatten, um einen Großteil der Asche und Abgase zurückzuhalten.[53]) Daran änderte sich auch in der Nachkriegszeit kaum etwas. Zum einen waren die Kraftwerkbetreiber nicht am Einbau und am ordnungsgemäßen Betrieb der Filter interessiert; zum anderen fehlte es in den 1950er Jahren weiterhin an den technischen Voraussetzungen, um in der Sowjetunion effektive Filteranlagen zu fertigen. Statt eines geforderten Reinigungsgrads von 98 Prozent konnten mit der sowjetischen Ausrüstung selbst bei sachgerechter Bedienung im Höchstfall nur 88 Prozent, oft noch weniger der Asche herausgefiltert werden.[54]) Außerdem verbrauchten die sowjetischen Wärmekraftwerke deutlich zu viel Brennstoffe für die Produktion einer Kilowattstunde Strom. Die Zielvorgaben, die sich in der Nachkriegszeit international durchgesetzt hatten, blieben in der Sowjetunion unerreicht.[55]) Mit ihrem hohen Schadstoffausstoß waren die Wärmekraftwerke Dreckschleudern, die in der Hauptstadt zwei Drittel der gefährlichen atmosphärischen Emissionen produzierten.[56]) Laut Angaben eines führenden sowjetischen Forschungsinstituts überstieg der Schadstoffanteil in der Moskauer Luft deshalb die gesetzlich festgelegten Grenzwerte um mindestens das Drei- bis Fünffache.[57]) In den Schutzwäldern am Stadtrand und in den innerstädtischen Parkanlagen beobachteten die Experten gegen Ende der 1940er Jahre ein massives Baumsterben. Sie machten nachdrücklich auf die großen Gefahren für die Gesundheit der Stadtbevölkerung aufmerksam. Moskaus ‚dicke Luft' habe zu einem deutlichen Anstieg der Erkrankungen geführt. Der Bau weiterer Wärmekraftwerke scheine darum kaum mehr möglich. Die bestehenden Aggregate müssten schnell auf die Nutzung von Gas und hochwertiger Kohle aus dem Donbass umgestellt werden. Zudem waren sich Umwelt- und Energieexperten darin einig, dass die Moskauer Stromwirtschaft nur dann den wachsenden Erwartungen und Anforderungen gerecht werden könne, wenn der Anteil der Wasserkraft im hauptstädtischen Verbundnetz bis 1960 von 15 auf mindestens 35 oder sogar 43 Prozent steige.[58]) Wegen des Mangels an hydroenergetischen Ressourcen im Hinterland eignete sich der Bedarf Moskaus an sauberer Energie als vorzügliches Argument, um die alten Pläne für den Bau der gigantischen Wolga-Kraftwerke wieder auf die politische Tagesordnung zu bringen. Deren Elektrizität sollte mittels neuer Hochspannungsleitungen über Distan-

[53]) RGASPI, 82/2/586, 59.

[54]) RGAE, 7964/2/1739, 210–215. Ferner RGAE, 7964/11/1273, 143–146; ebd., 1382, 4–6; ebd., 1436, 1-3; GARF, 5446/86/886, 32.

[55]) RGAE, 7964/11/1692, 18–20; ebd., 1708, 63–68 u. 150–151. So brauchten die Wärmekraftwerke in den USA für die Produktion einer Kilowattstunde Strom 16 Prozent weniger Brennstoff. Vgl. ebd., 1708, 64.

[56]) RGAE, 7964/11/1273, 139-143 u. 163-164. Ferner auch die Klagen in RGAE, 7964/2/1831, 204; GARF, 5446/86/886, 1-3.

[57]) Der kritische Bericht des für Luftverschmutzung in Moskau zuständigen Sanitär- und Hygieneinstituts findet sich in RGAE, 7964/11/1374, 50–58.

[58]) RGAE, 7964/11/996, 230 u. ebd., 1030, 37.

zen von 800 bis 900 Kilometern in das hauptstädtische Energienetz eingespeist werden.[59]) Das gebändigte Wasser der Wolga sollte nicht nur Moskau zum Leuchten und die hauptstädtischen Fabriken zum Laufen bringen, sondern auch helfen, den Moskowitern das Grün ihrer Parkanlagen ebenso wie ihre Gesundheit zu bewahren.

Mit ihren Berichten verstanden es die Protagonisten hydroenergetischer Großvorhaben im Verlauf der Jahres 1948, die Voraussetzungen für die gewünschte energiepolitische Wende zu schaffen. Bevor die Kommissionen, die zur langfristigen Planung der weitergehenden Elektrifizierung der Sowjetunion einberufen worden waren, ihre Abschlussberichte vorlegten, waren die Würfel schon gefallen. Das brachte ein ausführliches Schreiben Voznesenskijs an Stalin vom 10.Dezember 1948 zum Ausdruck. Darin trug der Leiter von *Gosplan* die Meinung seiner Behörde, der obersten Planungsinstanz, unmissverständlich vor. Die letzten Berechnungen hätten ergeben, dass zwischen 1951 und 1960 in der Sowjetunion Kraftwerkkapazitäten mit mindestens 75 Millionen Kilowatt Leistung neu in Betrieb gehen müssten, um die gesamtsowjetische Stromproduktion von 75 auf die erforderlichen 380 Mrd. Kilowattstunden zu steigern. Dabei sei „in dieser Periode dem Bau von Flusskraftwerken besondere Beachtung zu schenken." Die forcierte Erschließung der Wasserkraftressourcen stelle „zweifellos eine der wichtigsten volkswirtschaftlichen Aufgaben" dar. Voznesenskij forderte darum in den 1950er Jahren den Bau von 50 großen Flusskraftwerken (mit Kapazitäten von 100 000 bis 600 000 Kilowatt) und darüber hinaus von weiteren Hydrogiganten, deren Leistung 1 000 000 Kilowatt übersteigen sollte.

Voznesenskij kritisierte nicht nur den schleppenden Fortgang der Kraftwerkbauten, sondern auch die unzureichende Mittelzuweisung. Infolgedessen sei es kaum möglich, die Bauarbeiten fristgerecht abzuschließen und diejenigen Projekte anzugehen, deren Verwirklichung dringend notwendig erschien. Für den Bau weiterer Kraftwerke müsse deshalb in den folgenden Jahren deutlich mehr Investitionskapital bewilligt werden. Es gehe darum, die vielen maroden Wärme- durch neue Flusskraftwerke zu ersetzen. Letztere benötigten für ihre Stromproduktion keine Brennstoffe, so dass sich ihre hohen Baukosten durch die niedrigen Betriebskosten schnell amortisierten. Ihre Fertigstellung dränge sich zudem geradezu auf, weil „mittels der komplexen Nutzung der Wasserressourcen der wichtigen sowjetischen Flüsse nicht nur die Ziele der Energetik, sondern auch die der forcierten Bewässerung und des Wassertransports zu erreichen" seien. Außerdem hatten vom Zentralen Statistischen Amt (*Central'noe Statističeskoe Upravlenie*) zusammengestellte Vergleichszahlen ergeben, dass die Sowjetunion gegenwärtig nur 14 Prozent ihrer gesamten Elektrizität aus Flusskraftwerken bezog; in den USA entfiel auf die Wasserkraft hingegen ein Anteil von 25 Prozent. Die Hydroenergetik galt da-

[59]) Vgl. dazu die Berichte in RGAE, 4372/96/443, 15–24 u. 289; ebd., 7964/11/996, 230–231, 236 u. 296–297; ebd., 1273, 103–104.

mals als Zukunftstechnologie, so dass die Sowjetunion in ihrem Bestreben, sich als neue Supermacht in Szene zu setzen, unbedingt zur amerikanischen Entwicklung aufschließen musste.[60])

Am 12. Februar 1949 präsentierte das bei *Gosplan* eingerichtete Expertengremium für Elektrifizierung seinen Anschlussbericht zur „Erstellung der Direktiven für den Perspektivplan". Dieser war von der „Politbüro-Kommission für die Erstellung des Zehnjahrplans für den Kraftwerkbau" genehmigt worden und lag dem Ministerrat in Form eines Entwurfes für einen Regierungserlass vor.[61]) Die beiden Kommissionen sprachen sich für einen „schon 1949 beginnenden grundlegenden Umbruch beim Bau von Flusskraftwerken" aus. Die hydroenergetischen Kapazitäten sollten bis zum Jahr 1960 um das Siebenfache steigen, um schließlich einen Anteil von 30 Prozent an der gesamten sowjetischen Kraftwerkleistung zu erreichen. Schon für die Jahre 1949 und 1950 forderte die Kommission, das Investitionsvolumen des Ministeriums für Kraftwerkbau noch einmal deutlich – um 50 Prozent – zu erhöhen. Sie listete über 60 sogenannte „erstrangige" (*pervoočerednye*) Flusskraftwerke auf, die bis 1955 ganz oder zumindest teilweise fertiggestellt werden müssten. Zugleich bedürfe es weiterer massiver Investitionen in den Ausbau bestehender Unternehmen des Elektromaschinenbaus und der Errichtung neuer Zulieferfabriken, um die notwendige Zahl von Generatoren und Turbinen produzieren zu können.[62])

Insgesamt sollten die sowjetischen Kraftwerkkapazitäten bis 1950 auf 20 Millionen, bis 1960 auf 52 Millionen und bis 1965 auf 95 Millionen Kilowatt steigen.[63]) Das bedeutete ein jährliches Wachstum von fünf Millionen Kilowatt im Vergleich zu 2,3 Millionen in der Zeit von 1946 bis 1950 (und von drei Millionen in den USA). Ein forcierter Kraftwerkbau war vor allem im asiatischen Landesteil vorgesehen. Während hier 1940 nur 20 Prozent und 1950 knapp 35 Prozent des sowjetischen Stroms produziert wurden, lag die Zielvor-

[60]) RGASPI, 82/2/643, 124–132, Zitate 126, 130 u. 132. Voznesenskij griff in seinem Schreiben an Stalin die Argumente auf, die zuvor Žimerin, der Minister für Kraftwerke, in seinem Bericht hervorgehoben hatte. Žimerin hatte dabei den Bau großer Flusskraftwerke als Möglichkeit gesehen, der Landwirtschaft „erste Hilfe" zu leisten und den Kohleverbrauch im Land deutlich zu reduzieren. Auch der evidente Rückstand hinter der Entwicklung der Hydroenergetik in den kapitalistischen Ländern beunruhigte Žimerin und war für ihn ein wichtiger Grund, ein umfassendes Bauprogramm auf den Weg zu bringen. Eigentlich sollte die sowjetische Stromproduktion bis 1950 mindestens schon 43 Prozent der U.S.-amerikanischen erreicht haben; tatsächlich kam sie damals nicht über 32 Prozent hinaus. Die Kluft zwischen den beiden Supermächten schien sich wegen der mangelhaften Erschließung der sowjetischen Wasserkraftressourcen eher zu vergrößern statt zu verkleinern. Siehe RGAE, 4372/96/445, 7-13 u. 83–85.

[61]) RGAE, 4372/96/43, 90–111 u. 174–202.

[62]) GARF, 5446/51a/3763, 288-323, Zitat 321-322.

[63]) Für den Fünfjahrplan von 1951-55 war ein Leistungszuwachs von 14,5 Millionen und im folgenden Fünfjahrplan (1956–1960) von 17,5 Millionen Kilowatt geplant. Auf neue Flusskraftwerke sollten dabei 31 bzw. 46 Prozent des Zuwachses entfallen. Siehe GARF, 5446/51a/3763, 63.

gabe für 1965 schon bei 50 Prozent.[64]) Ein Großteil dieses enormen Zuwachses sollte durch die Elektrifizierung der mächtigen sibirischen Flüsse realisiert werden. Mit den Kraftwerken bei Irkutsk und Bratsk, deren Inangriffnahme 1953 oder spätestens 1954 vorgesehen war, zählten die ersten beiden Projekte der ehrgeizigen Angara-Kaskade zu den erstrangigen Bauten.[65])

Anlass zur Diskussion gab die Auswahl der erstrangigen Flusskraftwerke. Die Kommissionsmitglieder hatten beschlossen, die vierstufige Kaskade am Ob' mit der Konstruktion des Novosibirsker Kraftwerks zu beginnen. Das stieß auf Kritik. Die Regierung der Kazachischen Sowjetrepublik und der Parteisekretär des Autonomen Kreises Altaj setzten sich stattdessen für den Bau des ersten Ob'-Kraftwerks bei Kamen' ein. Sie verwiesen auf das schon in den 1930er Jahren ausgearbeitete Programm von *Ob'-Kulundproekt*. Das Wasser eines Stausees bei Kamen' könnte nämlich für weite Bewässerungssysteme in der kazachischen Steppe und in den fruchtbaren, aber trockenen Schwarzerdegebieten am Oberlauf des Ob' eingesetzt werden, um neue landwirtschaftliche Nutzflächen zu erschließen. Auch Zosima Šaškov, der Minister für Binnenschifffahrt, sprach sich für den erstrangigen Kraftwerkbau bei Kamen' aus, um hier den Ob' endlich schiffbar zu machen. Unbeirrt von den Hinweisen auf die Interessen der Landwirtschaft und Binnenschifffahrt hielten die Planungsstrategen am Standort Novosibirsk fest. Priorität hatte für sie die Elektrizitätsproduktion für das Novosibirsker Stromnetz, um die expandierenden Unternehmen der Stadt besser zu versorgen, die Elektrifizierung der Transsibirischen Eisenbahn sicherzustellen und einen Teil der Elektrizität in das Verbundsystem der Nachbarregion des Kuzbass einzuspeisen, das mit seinen Bergwerken und Stahlhütten unter großem Energiemangel litt. Das erste Ob'-Kraftwerk wurde deshalb in der Nähe von Novosibirsk und nicht im 250 Kilometer entfernten Kamen' gebaut.[66])

Bei den jeweiligen Standortentscheidungen zeigte sich schon, dass die Interessen der Energiewirtschaft und Industrie gegenüber denen der Landwirtschaft Vorzug erhielten. Das galt auch bei den Planungen für den Mittellauf der Wolga. In der Kommission zur Elektrifizierung hatten sich zwei unterschiedliche Meinungen herausgebildet. Sergej Žuk, der Leiter von *Gidroproekt*, favorisierte als ersten Großbau ein Flusskraftwerk in der Nähe der Stadt Kamyšin, um mit dem gestauten Wolgawasser riesige Flächen zu bewässern und der regionalen Landwirtschaft zum Aufschwung zu verhelfen. Für das konkurrierende Kujbyšever Flusskraftwerk waren die Vorkriegsentwürfe noch einmal überarbeitet worden, so dass das neue Projekt den Bau eines Kraftwerks anstelle der ursprünglichen zwei Staustufen vorsah. Seine Baukos-

[64]) RGAE, 4372/95/290, 44–52.

[65]) GARF, 5446/51a/3763, 68–82; RGAE, 4372/95/290, 40; ebd., 96/43, 106–111 u. ebd., 7964/11/1030, 94–95.

[66]) Zu den Debatten vgl. RGAE, 4372/96/443, 69–74 u. 90–100; ebd., 7964/11/1030, 81–82 u. 86–88; GARF, 5446/51a/3763, 30–50 u. ebd., 80/878, 256–62. Ferner GANO, 1179/1/184, 1–12 u. 17–22.

ten lagen damit unter denen des Vorhabens in Kamyšin. Auch würden bei einer Fertigstellung des leistungsstärkeren Kujbyšever Hydrogiganten weniger Siedlungen, Wald und Land überflutet. Als wichtigstes Argument für diesen Großbau erwies sich, dass sich der Strom vom geplanten Standort oberhalb der Stadt Kujbyšev aus über Hochspannungsleitungen besser in die Verbundnetze Moskaus und des Urals leiten ließ.[67])

Während Ende 1948 und Anfang 1949 die zuständigen Kommissionen ihre Planungen unter Hochdruck vorangebracht hatten, geriet der politische Prozess anschließend ins Stocken. Zwar wurde am 12.Februar 1949, als der Abschlussbericht „Erstellung der Direktiven für den Perspektivplan für den Kraftwerkbau" endlich vorlag, unverzüglich eine Kopie samt zusätzlichen Gutachten zu den offenen Standortfragen an Stalin gesandt;[68]) aber mit seiner persönlichen Entscheidungsfindung ließ sich Stalin Zeit. Er lud am 11. und 13.April 1949 Sergej Žuk und Dmitrij Žimerin zu längeren Gesprächen in den Kreml ein.[69]) Dabei scheinen die dargelegten Vorteile schließlich den Ausschlag für Kujbyšev gegeben zu haben. Im nächsten Schritt mussten die Planer den Wasserstand des Stausees bestimmen. Davon hingen sowohl die Produktionskapazitäten des Kraftwerks als auch die Überschwemmungsverluste ab. Das Erschließungs- und Projektierungsinstitut *Gidroproekt* hatte vier unterschiedliche Varianten zur Diskussion gestellt. Die Entscheidung fiel schließlich zugunsten eines Wasserstandes von 49,5 Metern, um die Stromproduktion zu maximieren.[70])

Zwei Monate nach Stalins Gesprächen mit Žuk und Žimerin waren am 17.Juni 1949 alle offenen Fragen endgültig entschieden worden. Nachdem Stalin seine Zustimmung signalisiert hatte, luden die Mitglieder des Politbüros die verantwortlichen Planer Žuk und Žimerin sowie die zuständigen Minister noch einmal zur ausführlichen Berichterstattung vor.[71]) Gemeinsam mit dem Ministerrat verabschiedete das Politbüro anschließend die „Direktiven für die Erstellung des Zehnjahrplans für den Kraftwerkbau von 1951 bis 1960". Dieser Erlass orientierte sich an der Vorlage, die im Februar die Kommission für Elektrifizierung eingereicht hatte.[72]) Er korrigierte die Ziele für den Bau

[67]) Zu dieser Standortdiskussion und den unterschiedlichen Gutachten vgl. RGASPI, 17/163/1519, 10-11; ebd., 82/2/643, 130; GARF, 5446/51a/3764, 1-20; RGAE, 4372/96/443, 143-147, 250-256 u. 287-291; ebd., 444/334-349 u. 354-357; ebd., 445, 70-73 u. 93-99.

[68]) RGAE, 4372/96/43, 90-111 u. 174-202.

[69]) Project Data Base for the Attendance at a Meeting with Stalin, in: The Melbourne Gateway to Research on Soviet Histoy. www.history.unimelb.edu.au/Russia (zuletzt eingesehen am 15.Mai 2007).

[70]) GARF, 5446/51a/3759, 8 u. 86; ebd., 3762, 120-127, 140, 150-151 u. 168-169. Es gab zwar durchaus die Möglichkeit, einen noch höheren Wasserstand zu wählen; aber in diesem Falle wären die Folgen der Überflutung katastrophal gewesen. Sie hätten unter anderem einen Großteil der Stadt Kazan' dem Wolgawasser preisgegeben.

[71]) Politbjuro 2002: 427.

[72]) Wichtige Ausschnitte dieses Erlasses liegen in gedruckter Form vor in: Direktivy 1958: 470. Der gesamte Erlass findet sich in GARF, 5446/51a/3762, 259-280.

großer Wasserkraftanlagen sogar noch nach oben.[73]) Stalin, der Ministerrat und das Politbüro hatten sich damit der Meinung der Experten angeschlossen, dass durch verstärkte Investitionen in den Bau von Hydrogiganten der hemmenden „Disproportion zwischen dem Strombedarf und den Kraftwerkkapazitäten" endlich ein Ende gemacht werden müsse.[74])

Der Erlass des Ministerrats ordnete zusätzlich zum Baubeginn der erstrangigen Vorhaben explizit an, die Projektierungs- und Erschließungsarbeiten für nachrangige Unternehmungen zu forcieren, die nach 1955 angegangen und in den 1960er Jahren fertiggestellt werden sollten. Dazu zählte neben weiteren Bauten an Wolga, Angara und Ob' vor allem auch die Konzeption eines „Schemas", um die hydroenergetischen Ressourcen des Enisej zu erschließen. Die Perspektiven des Erlasses gingen damit weit über den Zeitrahmen der 1950er Jahre hinaus. Die hydroenergetische Wende in der sowjetischen Elektrizitätspolitik war 1949 auf Dauer gestellt.[75])

Die hydroenergetische Dekade: 1949–1958

Nach der Verabschiedung der „Direktiven für die Erstellung des Zehnjahrplans" folgten bald weitere Erlasse des Ministerrats, um die geplanten Bauarbeiten auf den Weg zu bringen. Der Kujbyšever Hydrogigant, das energetische Flaggschiff der verkündeten Bauoffensive, stand vornan. Per Erlass vom 30. Juni 1949 verfügte der Ministerrat, alles zu unternehmen, damit die Bauarbeiten unverzüglich beginnen könnten. Bis Ende 1955 sollten alle Aggregate des Flusskraftwerks ihren Betrieb aufgenommen haben.[76]) Schon am 9. Juli folgten Anordnungen (*prikazy*) des Innenministers, weitere Planungsarbeiten und erste Baumaßnahmen vor Ort durchzuführen. Am 6. Oktober wurde die Bauorganisation *Kujbyševgesstroj* ins Leben gerufen, der man das Zwangsarbeitslager Kunevskij zuordnete. Zum Bauleiter ernannte der Innenminister Ivan V. Komzin.[77]) Mit einer Verfügung vom 14. November 1949 verkündete der Ministerrat schließlich den offiziellen Beginn der Bauarbeiten.[78])

Im Herbst und Winter 1949 wurden die entsprechenden Erlasse, Anordnungen und Verfügungen für die Inangriffnahme des Novosibirsker Flusskraft-

[73]) Bis 1960 sollte so der Anteil der Wasserkraft an den gesamtsowjetischen Kraftwerkkapazitäten nicht auf 30, sondern sogar auf 32 Prozent steigen. Vgl. ebd., 278.

[74]) Ebd., 279–280. Die Kapazität der Flusskraftwerke sollte von 3,3 Millionen Kilowatt im Jahr 1951 auf 15,8 Millionen im Jahr 1960 ansteigen, dementsprechend ihre jährliche Stromproduktion von 12,9 Mrd. auf 72,8 Mrd. Kilowattstunden. Vgl. zu diesen Zahlen RGAE, 7964/11/1032, 13.

[75]) GARF, 5446/51a/3762, 266 u. 269. Die Direktiven zum Zehnjahrplan mit ihren 64 erstrangigen und 44 zweitrangigen Flusskraftwerken wurden auch in Form einer großen Überblickskarte (Maßstab 1:25 000) abgebildet. Sie findet sich in RGAE, 4372/96/446.

[76]) GARF, 5446/51a/3759, 45–54;.

[77]) Zaključennye na strojkach kommunizma 2008: 132–136; Kokurin/Morukov 2001/17: 120.

[78]) RGAE, 7964/11/1450, 1.

werks verabschiedet. Am 4. Januar 1950 nahm die Bau- und Montageorganisation *Novosibirskgesstroj* offiziell ihre Arbeit auf. Ihre Aufgabe war es, dafür zu sorgen, dass bis 1955 alle Kraftwerkaggregate Strom in das regionale Verbundnetz einspeisten.[79])

Die neue Bauoffensive wirkte sich auch auf den schon im Bau befindlichen Wolga-Don-Kanal aus. Der Erlass des Ministerrats vom 18. Mai 1949 verfügte dessen beschleunigte Fertigstellung und stellte dazu weitere Geldmittel und Ressourcen zur Verfügung. Der Abschluss der Bauarbeiten und die offizielle Eröffnung der neuen Wasserstraße wurden für den Herbst 1952 erwartet.[80])

Nachdem im Sommer 1949 der Ministerrat „die maximale Erhöhung des Anteils der Wasserkraft zu einer der wichtigsten staatlichen Aufgaben“[81]) erklärt hatte, entwickelte die Begeisterung für hydraulische Großvorhaben eine Eigendynamik, die bald über den von den „Direktiven für die Erstellung des Zehnjahrplans“ abgesteckten Rahmen hinausging. Schon im Juni 1949 schlug das Moskauer Institut *Gidroproekt* vor, mit dem Bau des zweiten Hydrogiganten an der mittleren Wolga nicht länger zu warten, sondern seine Fertigstellung parallel zu den Bauarbeiten in Kujbyšev anzugehen. Dabei rückte *Gidroproekt* vom zuvor favorisierten Kraftwerkprojekt in Kamyšin ab. Seine Leiter führten nun wirtschaftliche Gründe an, warum es sinnvoller sei, weiter flussabwärts an der Stadtgrenze Stalingrads den geplanten zweiten Kraftwerkriesen zu errichten, der sogar die Leistungskraft der Kujbyšever Stromzentrale übertreffen werde.[82]) Nicht zuletzt die Aussicht, mittels des beeindruckenden Hydrogiganten einen wichtigen Beitrag zum Wiederaufbau der im Weltkrieg völlig zerstörten Stadt zu leisten, dürfte Grund dafür gewesen sein, dem prominenten Standort den Vorzug zu geben. Die „Heldenstadt“, die den Namen des „weisen Führers“ trug, bot den Hydroenergetikern die geeignete Bühne, eines ihrer großartigsten Projekte publikumswirksam zu inszenieren und sich damit dauerhaft in die sowjetische Geschichte einzuschreiben.[83])

Am 9. Juli 1949 ordnete darum der Ministerrat an, intensive Erschließungs- und Projektierungsarbeiten für das Stalingrader Flusskraftwerk durchzuführen. Am 17. August 1950 wurde der Erlass zum Kraftwerkbau verabschiedet und einen Tag später die Bauorganisation *Stalingradgesstroj* gegründet. Ihrem Leiter Fedor Loginov, der für seine Leistungen beim Wiederaufbau des *Dneproges* kurz darauf den Stalinpreis erhielt, unterstanden Zehntausende von Zwangsarbeitern im Lagerkomplex Achtubinskij. Offiziell begannen die Bauarbeiten am Stalingrader Hydrogiganten am 1. Januar 1951 und sollten Ende

[79]) Novosibirskaja gidroelektrostancija 1968: 2; Egorov 1957: 3ff.

[80]) GARF, 5446/51a/5205, 1-9; ebd., 53/d. 5174, 8; ebd., 81b/6645, 36–40; 9401/2/269 (Teil 2), 63 u. 69.

[81]) GARF, 5446/51a/3762, 46–47.

[82]) Zu dieser recht kurzen Debatte Mitte Juni 1949 vgl. RGAE; 4372/96/444, 350–357; GARF, 5446/51a/3759, 13 u. 33; ebd., 3762, 120–122, 168–169 u. 222–225.

[83]) Zum Wiederaufbau Stalingrads als „Heldenstadt“ des Zweiten Weltkriegs vgl. Arnold 1998; Tumarkin 1994; Kämpfer 1994.

1956, also ein Jahr nach geplanter Fertigstellung des Kujbyšever Kraftwerks, abgeschlossen werden.[84]) Nachdem die Vorbereitungen für die Anlage bei Stalingrad vorangekommen waren, publizierte die *Pravda* schließlich zwischen dem 21.August und dem 21.September 1950 die teilweise schon vor mehr als einem Jahr verabschiedeten Erlasse des Ministerrats zu den fünf größten hydraulischen Vorhaben, um damit die Welt von der anstehenden wasserbauwirtschaftlichen Offensive in Kenntnis zu setzen. Die sowjetische Propagandamaschinerie stellte die fünf ausgewählten Großprojekte als ein koordiniertes Gesamtprogramm dar und gab ihnen den stolzen Namen „Stalinsche Großbauten des Kommunismus".

Neben dem Stalingrader Flusskraftwerk wurden im Verlauf des Sommers 1949 weitere Großprojekte den ursprünglichen Direktiven zugefügt, so dass am 30.September die Zahl der erstrangigen und zweitrangigen hydroenergetischen Großbauten innerhalb dreier Monate von 108 auf 123 angestiegen war.[85]) Während des Jahres 1950, und damit noch vor Ende des laufenden 4. Fünfjahrplans am 31.Dezember 1950, wurden die Bauarbeiten an insgesamt sechzehn neuen Flusskraftwerken aufgenommen.[86]) Das führte dazu, dass sich die Verabschiedung des neuen 5. Fünfjahrplans (1951-1955) hinzog. Die „Stalinschen Großbauten" und die weiteren in Angriff genommenen Hydrogiganten setzten alte Berechnungen außer Kraft.[87]) So hatten sich die für den Kraftwerkbau vorgesehenen Mittel für die Jahre 1950 und 1951 im Vergleich zu den Vorjahren um 32 bzw. 40 Prozent erhöht.[88]) Der verabschiedete neue Fünfjahrplan legte fest, dass die sowjetische Elektrizitätswirtschaft im Vergleich zum vorhergehenden mit 60 Mrd. Rubel fast das Vierfache an Investitionen erhielt, um den Bau der erstrangigen Flusskraftwerke finanzieren zu können.[89]) Während in den 1940er Jahren im Rahmen des Kraftwerkbaus zwei Drittel der bewilligten Gelder auf die Fertigstellung von Wärmekraftwerken entfallen waren und die Hydroenergetik nur ein Drittel erhalten

[84]) GARF, 5446/51a/3758, 1-9; ebd., 80a/7830, 54-72, 94-112, 131-146 u. 168-185 (hierbei handelt es sich um „geheime Beilagen" zum Erlass, die detailliert festlegten, welche Leistungen die einzelnen Ministerien und Regionalbehörden für den Kraftwerkbau zu erbringen hatten); ebd., 81b/6524, 12; RGAE, 7964/11/1452, 1. Vgl. Zaključennye na strojkach kommunizma 2008: 130ff. u. 138ff.; Kokurin/Morukov 2001/17: 120; Kokurin/Morukov 2001/18: 104.

[85]) RGAE, 7964/11/1029, 7.

[86]) Nosov 1984: 45.

[87]) Zaleski 1980: 392f.

[88]) Zaleski 1980: 413.

[89]) Zu diesen Zahlen vgl. RGAE, 7964/11/1573, 15. Insgesamt war für die Dekade von 1951 bis 1960 schließlich die riesige Summe von 105 Milliarden Rubel für die „Elektrifizierung" der Flüsse vorgesehen (zum Vergleich: im Plan für das Jahr 1949 waren es lediglich 1,2 Mrd. Rubel gewesen). Während der Anteil Sibiriens an den Investitionen für den Ausbau der Hydroenergetik 1952 nur bei knapp 12 Prozent lag, sollte er sich ab 1954 deutlich erhöhen und bis auf ein Drittel im Jahr 1960 steigen. Zu diesen Zahlen vgl. RGAE, 7964/11/1029, 55; ebd., 7964/11/1032, 12 u. 151.

hatte,[90]) drehte sich dieses Verhältnis nun um.[91]) Allein die Bauarbeiten am Kujbyšever Flusskraftwerk banden in den Jahren 1954 und 1955 knapp 12 Prozent bzw. schließlich sogar 17 Prozent der gesamten Investitionen in den Kraftwerkbau.[92]) Dem neuen Elektrifizierungsprogramm stimmte der 19. Parteitag am 10.Oktober 1952 ausdrücklich zu, nachdem es im Vorfeld von einer vom Zentralkomitee gegründeten Kommission überprüft worden war.[93]) Der Parteitag beschloss sogar, die Zielvorgaben des Fünfjahrplans für den Bau von Hydrogiganten über die zuvor genehmigten Planzahlen hinaus anzuheben.[94]) Voller Zuversicht hieß es damals: „Das Siegervolk, das die zerstörte Wirtschaft wiederaufgebaut hat, schreitet neuen Zielen entgegen."[95])

Über den 5. Fünfjahrplan schrieb Chruščev später in seinen Erinnerungen: „Es war der schlechteste Fünfjahrplan, der je von einem Parteitag angenommen wurde. Er war dürftig vom Inhalt her und wurde dürftig präsentiert. Später, nach Stalins Tod, [...] blieb uns nichts anderes übrig, als einige Änderungen einzubringen [...] es war uns klar, dass dieser spezielle Fünfjahrplan zu nichts führen würde."[96]) Eigentlich änderte das Ableben Stalins aber vorerst wenig am eingeschlagenen Kurs. Zwar wurden zahlreiche Lagerkomplexe des Innenministeriums aufgelöst und Großprojekte gestoppt, darunter mit dem Turkmenischen Hauptkanal auch ein „Stalinscher Großbau";[97]) aber beein-

[90]) RGAE, 7964/11/814, 9.

[91]) Im Jahr 1951 entfielen zum ersten Mal über 50 Prozent der Gesamtinvestitionen im Bereich des Kraftwerkbaus auf den Energieträger Wasserkraft. Für 1954 berechneten die Moskauer Statistiker einen Anteil von 63 Prozent und für den gesamten Zeitraum von 1951 bis 1954 einen von 60 Prozent. Vgl. dazu die Angaben in den Berichten des Ministeriums für Kraftwerke RGAE, 7964/11/1709, 27; ebd., 1588, 10. Ursprünglich hatten die Pläne lediglich einen Anstieg des Investitionsanteils der Hydroenergetik auf 55 Prozent vorgesehen. Siehe die Zielvorgaben in RGAE, 7964/11/1043, 5-7. Andere Statistiken, die sich auf die Gesamtinvestitionen der sowjetischen Elektrizitätswirtschaft beziehen, also neben dem Kraftwerkbau auch die Ausgaben für den Ausbau des Stromnetzes einberechnen, gehen von einem maximalen Investitionsanteil der Wasserkraft von 55 Prozent aus. Vgl. Nosov 1984: 45; RGAE, 7964/11/1840, 98. Bezogen auf den Zeitraum von 1951 bis 1958 erhielt die Hydroenergetik 47 Prozent der in die sowjetische Elektrizitätswirtschaft investierten Gelder. So Nekrasova 1974: 124.

[92]) RGAE, 7964/11/1561, 22; ebd., 1584, 2f.

[93]) Wegen der Schlüsselstellung der Stromwirtschaft hatte das Zentralkomitee im Vorfeld des 19. Parteitags sogar eine eigene Elektrifizierungskommission einberufen, um die neuen Pläne zu überprüfen. Vgl. Nekrasova 1974: 84.

[94]) Während der 5. Fünfjahrplan (1951-1955) einen Zuwachs an neuen Kraftwerkkapazitäten um 15 Millionen Kilowatt, dabei 6,2 Millionen durch Flusskraftwerke, vorsah, setzte der 19. Parteitag dieses Planziel auf 19 Millionen bzw. 6,4 Millionen Kilowatt hoch. Vgl. RGAE, 7964/11/1588, 9-10; ebd., 1573, 1-2. Zum Beschluss des 19. Parteitags vgl. Rešenija partii 1967/68: 718f; Nekrasova 1974: 54.

[95]) Zit. n. E. Taranov 1978: 132.

[96]) Chruschtschow 1971: 283. Vgl. auch Kirstein 1985: 108-112.

[97]) GULAG 2000: 788-791; Sistema 1998: 57 u. 124; Ivanova 2001: 130f.; Kokurin/Požarov 1996; Khlevniuk 2003: 54 u. 63; Knight 1993: 184f. Im Wasserbau wurden neben dem Turkmenischen Hauptkanal auch die Bauarbeiten am Wolga-Ostsee-Schifffahrtsweg (*Volgobaltijskij vodnyj put'*), am Flusskraftwerk am unteren Don und am Wolga-Ural-Zulei-

druckende Flusskraftwerke genossen weiter oberste politische Priorität. Malenkov und Pervuchin erklärten in einem Artikel in der *Izvestija* am 27. April 1954, die Entscheidungen von 1949 seien „heute immer noch maßgebend."[98]) Die hohen Baukosten der Wasserkraftriesen würden sich dank niedriger Personal- und Produktionskosten schon innerhalb von acht bis zehn Jahren amortisieren, so dass von der forcierten Erschließung der Flüsse auf Dauer große Gewinne für die sowjetische Volkswirtschaft zu erwarten seien. Auch ein Jahr später, nachdem Nikolaj Bulganin Malenkov als Vorsitzenden des Ministerrats abgelöst hatte und die Industriepolitik zum Gegenstand der Diskussion geworden war, stellte sich die Staats- und Parteiführung zusammen mit den Experten für Elektrifizierung weiter hinter die bevorzugte Förderung der Hydroenergetik. Die Pläne für die nächsten fünfzehn Jahre sahen vor, die sowjetische Stromproduktion jährlich um mindestens zehn Prozent auf schließlich 700–750 Mrd. Kilowattstunden im Jahr 1970 zu steigern, wovon Flusskraftwerke 200–250 Mrd. erzeugen sollten.[99])

Angesichts dieser unbeirrt ambitiösen Zielvorgaben wurde die Zeit zwischen 1954 und 1958 in der Geschichte der Erschließung sowjetischer Wasserkraftressourcen zur „herausragenden Periode".[100]) Der 6. Fünfjahrplan (1956–1960) sah den Neubau von insgesamt 74 großen Kraftwerken vor, darunter 42 Flusskraftwerke, auf die ein Investitionsanteil von 60 Prozent entfiel.[101]) Der 20. Parteitag, der im Februar 1956 zusammentrat, billigte den neuen Fünfjahrplan. Während die Kapazitäten der Wärmekraftwerke in den folgenden fünf Jahren um 220 Prozent ansteigen sollten, wurde im Bereich der Hydroenergetik ein Zuwachs von 270 Prozent erwartet. Zwar sprach Malenkov in seiner Rede die großen Überflutungsverluste und die hohen Baukosten an, die durch den Bau von Flusskraftwerken im Tiefland entstünden; aber die einzigartigen Perspektiven, die sich durch Kraftwerkkaskaden eröffneten, blieben ausschlaggebend dafür, in der Erschließung der „wahrhaft einmaligen Wasserkraftreserven" weiterhin ein wichtiges wirtschaftspolitisches Ziel zu sehen. Der Schwerpunkt sollte fortan auf die „industrielle Entwicklung [...] der Ostgebiete des Landes gerichtet" sein, um durch die Fertigstellung der Kraftwerkkaskade an der Angara und am Enisej das „riesige Verbundnetz Sibiriens" und damit eine „in der Welt einmalige hochproduktive Energiequelle" zu schaffen. „Neben der Versorgung gewaltiger, viel Energie verbrauchender Betriebe zur Erzeugung von Aluminium, Magnesium, Titan,

tungskanal (*samotečnyj kanal Volga-Ural*) gestoppt. Die Gesamtkosten der bis zum März 1953 dem Innenministerium übertragenen Bauvorhaben beliefen sich auf 105 Mrd. Rubel. Nach Stalins Tod wurden davon Großbauten gestoppt, deren errechnete Baukosten zusammengenommen 49 Mrd. Rubel ergaben.

[98]) *Izvestija*, 27. April 1954: 6f. Vgl. auch Malyšev 1953: 30; Kraftwerke 1954: 1901-1903; Petrov 1956: 114f.

[99]) Štejngauz 1955; Davies 1956: 310f.

[100]) Michajlov/Jurinov 1980: 14f.

[101]) RGAE, 7964/11/1573, 132–133. Vgl. auch ebd., 7, 15 u. 133–135; ebd., 1692, 19 u. 47.

Ferrolegierungen usw. mit billigem Strom wird es möglich sein, 30-40 Milliarden Kilowattstunden aus dem sibirischen Netz an den Ural abzugeben." Die ostsibirischen Flusskraftwerke erschienen als die adäquate Lösung für das „Problem der Standortverteilung der Produktion", bei dem es darum ging, in Sibirien mächtige Industriegebiete aus dem Boden zu stampfen, um die dortigen Naturreichtümer effizient zu nutzen.[102])

Im Jahr 1958 wurde in der Sowjetunion schließlich fast jede fünfte Kilowattstunde Strom durch die Nutzung von Wasserkraft erzielt. Die Fertigstellung des Kujbyšever Kraftwerkriesen und die Inbetriebnahme erster Aggregate der Novosibirsker und Stalingrader Hydrogiganten hatten maßgeblich dazu beitragen, diesen Spitzenwert zu erreichen.[103])

Die Hydroenergetik in der Defensive, 1958-1961

Das Jahr 1958 markiert sowohl den Höhepunkt als auch das Ende der hydroenergetischen Dekade in der sowjetischen Wirtschaftsgeschichte. Die *Izvestija* hatte am 27. Juli 1958 einen Artikel veröffentlicht, in dem ein führender Hydroenergetiker noch einmal nachdrücklich auf die zahlreichen Vorzüge der Flusskraftwerke hinwies.[104]) Zur selben Zeit hatte der damals für den Kraftwerkbau zuständige Minister Aleksej Pavlenko internationalen Journalisten und Experten kundgetan, die Sowjetunion werde weiter bevorzugt in den Bau großer Flusskraftwerke investieren. Seine Zuversicht sollte allerdings ein sehr kurzes Verfallsdatum haben.[105])

Ausgerechnet in seiner Rede zur feierlichen Eröffnung des Kujbyšever Kraftwerkriesen verkündete Chruščev am 10. August 1958 die offizielle Kehrtwende in der sowjetischen Elektrizitätspolitik. Nachdem der damals unumstrittene Kremlchef zuerst die Ingenieure, Planungsstrategen und Bauarbeiter für ihren Einsatz gelobt und das weltgrößte Flusskraftwerk als Meilenstein in der Entwicklung der Sowjetunion herausgestellt hatte, erklärte er, in den nächsten Jahren müsse zuerst „die wichtigste Aufgabe gelöst werden, nämlich Zeit zu gewinnen, die Baufristen zu verkürzen und bei geringerem Aufwand mehr Elektroenergie zu erzeugen." Er rechnete vor, dass zum Beispiel „die Errichtung des Saratover Flusskraftwerks mit einer Leistung von einer Million Kilowatt etwa vier Jahre in Anspruch nehmen und mindestens vier Milliarden Rubel kosten wird. Die Kosten der Wärmekraftwerke von der gleichen Kapazität werden sich aber nur auf ungefähr eine Milliarde Rubel belaufen, wobei für ihre Errichtung höchstens drei Jahre benötigt werden." In der nächsten Zeit sollten darum vorrangig Wärmekraftwerke gebaut werden, um

[102]) XX S-ezd 1956: 443f. Deutsch zit. n. Malenkov 1956: 138-143. Vgl. auch KPSS v rezoljucijach 1971: 345f; Resolutionen 1956: 44f. Ferner Nekrasova 1974: 55; Šeršov 1957: 79ff.

[103]) Nesteruk 1963: 133. Vgl. auch Relative Water 1960: 31.

[104]) *Izvestija*, 27. Juli 1958: 6.

[105]) Wessely 1959: 309.

den Abstand zu den USA in der Elektrizitätsproduktion aufzuholen. „Die verlorengegangene Zeit kann durch keinerlei Geldmittel kompensiert werden. Im friedlichen Wettbewerb mit den kapitalistischen Ländern müssen wir zehn bis fünfzehn Jahre gewinnen. Wenn wir das geschafft und unsere Industrie noch stärker entwickelt haben, können wir die erforderlichen Mittel für den Bau von Flusskraftwerken bereitstellen." Der Aufschub geplanter und schon bewilligter Bauarbeiten stelle kein Problem dar, denn „die Wasserkraftreserven, über die unser Land verfügt, gehen nicht verloren. Mit der Zeit werden sie im Interesse der kommunistischen Gesellschaft vollständig genutzt werden."[106])

Kurze Zeit später erklärte die sowjetische Partei- und Staatsführung den gesamten 6. Fünfjahrplan vorzeitig für beendet, um ihn zu Beginn des Jahres 1959 durch einen neuen Siebenjahrplan zu ersetzen. Dieser war Gegenstand der Diskussionen auf dem 21. Parteitag, der am 5. Februar 1959 zusammentrat. Der neue Siebenjahrplan (1959–1965) sah eine Verdopplung der sowjetischen Stromproduktion und die Inbetriebnahme von 58–60 Millionen Kilowatt neuer Kraftwerkkapazitäten vor. Lediglich ein Sechstel davon sollte auf die Hydroenergetik entfallen.[107]) Falls weiter an dem seit 1949 geltenden Verhältnis von Wärme- zu Wasserkraft festgehalten würde – so Chruščev in seinem Schlusswort –, müssten zur Planerfüllung in der Elektrizitätswirtschaft in den nächsten sieben Jahren mindestens 20 Mrd. Rubel zusätzlich investiert oder die geplante Inbetriebnahme neuer Kraftwerke drastisch reduziert werden.[108])

Statt der vormaligen Zielvorgabe, ein Drittel des sowjetischen Stroms hydroenergetisch zu erzeugen, wurde bis in die 1970er Jahre hinein nur noch mit einem Anteil von 15 bis 20 Prozent geplant.[109]) Für laufende Kraftwerkbauten wurden die erforderlichen Mittel bewilligt, um sie fertigstellen zu können; neue Projekte sollten allerdings nur noch angegangen werden, wenn ihre Effizienz zweifelsfrei erwiesen sei. Im Jahr 1958 begann die Zeit, „als man über Einsparungen im Bauwesen zu reden begann und uns Hydrotechniker als Hydro-Haie bezeichnete, weil wir so viele Mittel schluckten." So erinnerte sich

[106]) *Pravda*, 12. August 1958: 1. Drei Tage später, nachdem Chruščevs Rede für rege Diskussionen gesorgt hatte, ließ der Generalsekretär keinen Zweifel mehr an der Richtigkeit des energetischen Kurswechsels. Auf der Sitzung des Smolensker Parteikomitees stellte er mit Nachdruck noch einmal fest: „Was die Wasserkraftressourcen betrifft, so laufen sie uns nicht davon, und mit der Zeit werden sie vollständig genutzt. Aber jetzt, ich wiederhole es, ist es für uns wichtig, Zeit zu gewinnen." So *Izvestija*, 24. August 1958: 1f. Vgl. auch Zvorykin 1962: 15; Relative Water 1960: 39ff.

[107]) Nekrasova 1974: 122–125; XXI S-ezd 1959: 480–482.

[108]) Chruščev 1959: 27. Er wiederholte seine Ansichten noch einmal im November 1959 in seiner Rede auf der Allunions-Konferenz für Kraftwerkbau. Der Text dieser Rede findet sich in englischer Übersetzung in Relative Water 1960: 181–187.

[109]) Nekrasov 1959a: 7; Nesteruk 1963: 150f. u 369; Novikov 1962: 121. Vgl. auch den Bericht U.S.-amerikanischer Experten Relative Water 1960: 32, 42 u. 129. Ferner Gustafson 1981: 50.

Andrej Bočkin, der bekannte Bauleiter mehrerer Kraftwerkriesen, später an den damaligen energiepolitischen Kurswechsel.[110]) Während im Zeitraum von 1952–1958 insgesamt 36 Mrd. Rubel für den Bau von Flusskraftwerken ausgegeben worden waren, sahen die Planungen für die kommenden sieben Jahre (1959–1965) lediglich 20 Mrd. Rubel vor. Dafür sollten die Investitionen in Wärmekraftwerke von 31 auf 74 Mrd. Rubel und in das Stromnetz von 8 auf 33 Mrd. Rubel ansteigen.[111])

Die sowjetische Propagandamaschinerie, die lange Zeit die Wasserkraft als Eroberungsenergie und Zukunftstechnologie inszeniert hatte, geriet in Zugzwang. Es kam zur forcierten Publikation von Broschüren und Artikeln in populär-wissenschaftlichen Zeitschriften, um die veränderten Prioritäten einer breiten Leserschaft nahezubringen. Im Bereich der Wärmekraft sei der technische Fortschritt schneller und besser umgesetzt worden. Ferner ließe sich die Abwärme der Wärmekraftwerke nutzen, um über neue Infrastrukturen die Wohnhäuser ganzer Stadtteile zu heizen. Diese *teplofikacija* der sowjetischen Großstädte eröffne der Wärmekraft neue Verwertungschancen, um Synergieeffekte freizusetzen und wichtige Effizienzgewinne zu erzielen. Zudem biete die Entdeckung mächtiger Erdgas-, Erdöl- und Kohlevorkommen der Sowjetwirtschaft ungeahnte neue Möglichkeiten, die nicht ungenutzt bleiben dürften. Diese veränderten Rahmenbedingungen würden „einige Energetiker bei ihren Erwägungen leider nicht berücksichtigen und stattdessen weiter fordern, vor allem Flusskraftwerke zu bauen."[112]) Zur gleichen Zeit verfasste der vormalige Bauleiter des Stalingrader Flusskraftwerks, Fedor Loginov, der 1954 zum Minister für Kraftwerkbau aufgestiegen war, im führenden energiewirtschaftlichen Fachorgan einen Artikel, in dem er kundtat, dass die neu entdeckten enormen Vorkommen an Brennstoffen und die hohen Baukosten von Flusskraftwerken leider „einige nicht ganz kompetente Leute dazu verleiten, über die Verringerung des Wachstumstempos bei hydroenergetischen Bauvorhaben nachzudenken."[113]) Die öffentliche Kritik einerseits an der Uneinsichtigkeit der Hydroenergetiker, anderseits an der Inkompetenz ihrer Gegner deutet darauf hin, dass hinter den Kulissen ein erbitterter

[110]) Botschkin 1978: 31. Zur wachsenden Opposition gegen Hydrogiganten vgl. auch Gustafson 1981: 46ff.

[111]) So die Berechnungen in Relative Water 1960: 41 u. 129. Ähnlich Gustafson 1981: 48f. Sowjetische Berechnungen gingen davon aus, dass die schließlich bewilligte Rubelsumme für den Bau von Flusskraftwerken im Jahrzehnt von 1955 bis 1965 um 30 Prozent zurückgegangen sei. Der Investitionsanteil der Hydroenergetik in der Elektrizitätswirtschaft sei darum von vormals über 50 auf weniger als 20 Prozent gefallen. So Neporožnij/Razin 1965: 28f.

[112]) Vilenskij 1958: 2. Ausführlich erklärt wurde die energiepolitische Wende auch in Nekrasov 1959a. Dabei handelte es sich um eine kleine Broschüre, die in der hohen Auflage von 45500 Exemplaren erschien und eindeutig darauf zielte, eine breite Leserschaft zu erreichen und ihnen das Für und Wider von Wärme- und Wasserkraft eingängig darzulegen.

[113]) Loginov 1958: 5.

„Kampf der Projekte“[114]) tobte. Er hatte sich, so plötzlich die Abkehr von der Wasserkraft vielen damals auch erschienen sein mochte, in Streitigkeiten um knappe Mittel angedeutet, die zwischen Moskauer Planungs- und Machtinstanzen ausgetragen worden und bis 1958 kaum an die Öffentlichkeit gedrungen waren.[115]) Schon im Sommer 1954 hatte sich abgezeichnet, dass der sowjetische Kraftwerkbau die ehrgeizigen Zielvorgaben des laufenden 5. Fünfjahrplans weit verfehlen würde.[116]) Statt der erwarteten 15 Mrd. Kilowatt neuer Kraftwerkkapazitäten (bzw. der vom 19. Parteitag geforderten 19 Mrd.) wurden schließlich nur 11,4 Mrd. in Betrieb genommen. Zu diesem eklatanten Rückstand trugen vor allem die akuten Probleme im Bereich der Hydroenergetik bei. Bei der fortschreitenden „Elektrifizierung der Flüsse“ waren lediglich 2,5 Millionen der geplanten 6,2 Millionen Kilowatt neuer Kraftwerkleistung realisiert worden.[117]) Der zuständige Minister musste eingestehen, dass trotz der Zuweisung enormer Investitionsmittel „das Tempo beim Bau von Flusskraftwerken weiterhin sehr unbefriedigend ist.“[118]) Zahlreiche Großbauten wie die Kujbyšever und Novosibirsker Hydrogiganten könnten leider nicht vor Abschluss des 5. Fünfjahrplans Ende 1955 fertiggestellt werden. Darum verfügten die regionalen Stromnetze immer noch nicht über die geforderten „Reserven“, um Zeit für notwendige Wartungs- und Reparaturarbeiten zu haben und die viel zu hohen Laufzeiten der Kraftwerke auf ein akzeptables Maß zu reduzieren. Auch der Vergleich mit der Entwicklung westlicher Elektrizitätswirtschaften gebe Anlass zur Sorge. Freilich weise die sowjetische Stromproduktion höhere Zuwachsraten auf; allerdings sei der Abstand zu den USA dadurch nur geringfügig verkleinert worden. Das Ziel, den weltpolitischen Konkurrenten in absehbarer Zeit einzuholen, erfordere darum ein forciertes Entwicklungstempo.[119])

114) Nikolaev/Sinedubskij 1964: 81-84. Vgl. dazu auch die Beobachtung in Relative Water 1960: 39.

115) Lediglich einzelne Artikel in Fachzeitschriften wiesen auf die Kontroverse zwischen Hydro- und Wärmeenergetikern hin. Vgl. Jasny 1961: 292 u. 432f.

116) Vgl. dazu die kritische Einschätzung der Planabteilung (*planovoj otdel*) des Ministeriums für Kraftwerke in RGAE, 7964/11/1588, 9-10. Die erwarteten Planrückstände wurden kurz darauf auch vom Minister für Kraftwerkbau an den Ministerrat weitergeleitet. Siehe RGAE, 7964/11/1533, 2.

117) Das ist dem Bericht zu entnehmen, den das Ministerium für Kraftwerke im September 1956 den Ministerrat zuleitete. Vgl. RGAE, 7964/11/1692, 17. Die Zahlen zeigen, dass im Bereich der Wärmekraft der Plan nur knapp verfehlt, im Bereich der Wasserkraft aber nur 42 Prozent der Zielvorgabe erreicht wurde. Vgl. dazu auch Nekrasova 1974: 123f.

118) RGAE, 7964/11/1573, 131.

119) Ebd., 217-219. Nach den Berechnungen des Ministeriums für Kraftwerke verfügte die U.S.-amerikanische Stromwirtschaft 1954 über 91 Millionen Kilowatt Kraftwerkkapazitäten, die sowjetische allerdings nur über knapp 28 Millionen. Umgerechnet auf die jeweilige Bevölkerungszahl, zeigte sich, dass die Sowjetunion pro Einwohner deutlich weniger Elektrizität produzierte als alle führenden westlichen Industrienationen. Zu den USA war der Abstand von 3269 zu 690 Kilowattstunden besonders frappant.

Die Nichterfüllung des Fünfjahrplans erklärte das Ministerium für Kraftwerke mit fehlenden Ressourcen und forderte erneut die Zuweisung zusätzlicher Mittel. Die für den Aufschwung der Elektrizitätswirtschaft bewilligten Gelder sollten für das Jahr 1955 von 13,3 Mrd. Rubel auf 20,5 Mrd. anwachsen.[120]) Die Verantwortlichen von *Gosplan* konnten diesem Anstieg von 62 Prozent im Vergleich zum Vorjahr kaum zustimmen. Sie erhöhten das Investitionsvolumen schließlich auf 15,8 Mrd. Rubel und zogen damit den Unmut des Ministeriums auf sich.[121]) Auch in der Verteilung der Mittel gab es unterschiedliche Meinungen. *Gosplan* kritisierte das beständig wachsende Übergewicht der Hydroenergetik und wollte ihren Anteil an den Investitionen zugunsten eines stärkeren Ausbaus der Stromnetze und der Wärmekraft reduzieren.[122]) Die Experten der obersten Planungsbehörde verwiesen dabei auf die Entwicklungen im Westen. Hier stünden die Investitionen in die drei Bereiche Wasserkraft, Wärmekraft und Stromnetze in einem deutlich ausgeglicheneren Verhältnis als in der Sowjetunion.[123])

Der Konflikt zwischen *Gosplan* und dem Ministerium für Kraftwerke spitzte sich 1955 und 1956 zu, als die Mittelzuweisung für den neuen 6. Fünfjahrplan (1956–1960) zur Diskussion stand. Angesichts der eklatanten Rückstände trat das Ministerium die Flucht nach vorne an. Mit dem Verweis auf die 1949 beschlossenen „Direktiven für die Erstellung eines Zehnjahrplans" forderte es nicht nur die notwendigen Geldmittel, um die überfälligen erstrangigen Kraftwerkbauten abzuschließen, sondern auch weitere Milliarden Rubel, um mit der Verwirklichung wichtiger zweitrangiger Großprojekte zu beginnen.[124]) Das errechnete Investitionsvolumen für die sowjetische Elektrizitätswirtschaft belief sich darum für den nächsten Fünfjahrplan auf insgesamt 115 Mrd. Rubel. *Gosplan* ging lediglich von Investitionen im Umfang von 90 Mrd. Rubel aus. Seine Experten wollten vor allem 14 Mrd. Rubel weniger für den Bau von Flusskraftwerken gewähren.[125]) Als die Pläne von *Gosplan* bekannt wurden, protestierte die Leitung des Kraftwerkministeriums im August 1956 mit dem Verweis auf die Entscheidung des 20. Parteitags heftig. Sie erklärte sich zwar bereit, einigen Umschichtungen zugunsten des Ausbaus der Wärmekraft und der Stromnetze zuzustimmen und einige teure Flusskraftwerke erst in den 1960er Jahren zu realisieren. Diese Zugeständnisse erwiesen sich jedoch nur als kleine Korrekturen. Am eingeschlagenen Kurs hielt die Ministeriumsspitze unbeirrt fest und beschwerte sich darüber, dass andere Wirtschaftsbereiche im neuen Fünfjahrplan von hohen Zuwächsen ihres Investitionsvolumens profitieren würden, während die berechtigten Forderungen der Elektrizitätswirt-

120) RGAE, 7964/11/1561, 22; ebd., 1573, 5.
121) RGAE, 7964/11/1709, 27 u. 31.
122) RGAE, 7964/11/1581, 45–47. *Gosplan* forderte unter anderem, bei der Erschließung Ostsibiriens den Wärmekraftwerken mehr Bedeutung zuzumessen. Vgl. ebd., 11/1980, 4.
123) RGAE, 7964/11/1573, 218.
124) RGAE, 7964/11/1573, 5-7, 15 u. 133-140.
125) RGAE, 7964/11/1692, 34–36.

schaft unerhört blieben. Deshalb sei zu erwarten, dass schon eingeleitete Projektierungs- und Bauarbeiten an wichtigen Kraftwerkriesen eingestellt werden müssten und damit zahlreiche schon investierte Gelder verlorengingen.[126]) Mit besonderem Nachdruck setzte sich das Ministerium vor allem für den Bau der ostsibirischen Hydrogiganten an Angara und Enisej ein, die neue Weltrekorde setzen, aber mit berechneten Baukosten von zusammen achtzehn bis zwanzig Mrd. Rubel das Staatsbudget außerordentlich stark belasten würden.[127])

Mit ihrem hartnäckigen Insistieren auf der Bewilligung beständig wachsender Mittel, ohne dass die in Aussicht gestellten Planziele jemals erreicht wurden, hatte das Ministerium für Kraftwerke im Verlauf des Jahres 1956 schließlich den Bogen überspannt. Schon am 4. Januar 1956 hatte der Generalsekretär Nikita Chruščev auf der Sitzung des Präsidiums des Zentralkomitees (wie das Politbüro seit Ende 1952 hieß) den Generalplan für die Elektrifizierung der Eisenbahn zum Anlass genommen, die alten Pläne zum Kraftwerkbau in Frage zu stellen. Er forderte den verstärkten Bau von Wärmekraftwerken sowie eine rationellere Nutzung der knappen Ressourcen und stellte sich damit gegen die Politik des Ministeriums für Kraftwerkbau.[128]) Sein deutlich vorgetragenes Unbehagen an den hohen Investitionen in die Elektrizitätswirtschaft stützte sich auf ausführliche Kosten-Nutzen-Rechnungen, die in ihrem Ergebnis ziemlich eindeutig ausfielen und Anlass boten, die elektrizitätspolitischen Prioritäten zu überdenken.

Schon im Sommer 1955 hatte V. Eristov, der Leiter der technischen Abteilung des Ministeriums für Kraftwerkbau, errechnet, dass die Fertigstellung der Hydrogroßbauten deutlich mehr kosten würde als ursprünglich geplant. So seien für den Bau der Kujbyšever und Stalingrader Kraftwerkriesen zusammen 14,9 Mrd. Rubel veranschlagt worden. Tatsächlich würden sich die Baukosten aber auf mindestens 21,5 Mrd. belaufen und damit den vorgesehenen Investitionsrahmen um 45 Prozent übersteigen.[129]) Eristov betonte, dass „die wahren Gründe der hohen Kosten der hydroenergetischen Bauten“ vor allem darin lägen, dass die verantwortlichen Planer von Beginn an die Kosten falsch bemessen und leichtsinnigerweise heruntergerechnet hätten. Vor allem der Unterhalt des riesigen Fuhrparks an Fahrzeugen und Baumaschinen und die Anschaffung der notwendigen Baustoffe wären deutlich kostspieliger gewesen als zuvor ausgewiesen. Das Explodieren aller Kostenpläne sei darum kein Zufall, sondern bewusst einkalkuliert, um mit akzeptablen, aber unrealistischen Investitionssummen die Entscheidungsinstanzen dazu zu bewegen, den

[126]) RGAE, 7964/11/1692, 37–40 u. 43–52.

[127]) Vgl. den ausführlichen Bericht zu den Kraftwerkkaskaden an Angara und Enisej, der für das Zentralkomitee erstellt wurde, in RGAE, 7964/11/1693, 1–69. Später dann auch die Schreiben in ebd., 11/1980, 1-5.

[128]) Prezidium 2003: 84.

[129]) RGAE, 9572/1/166, 1-2. Eine andere Berechnung, die mehrere Flusskraftwerke erfasste, kam mit 43 Prozent zu einem vergleichbaren Wert. Vgl. Nekrasova 1974: 124.

Bau der Hydrogiganten in ihre Wirtschaftsprogramme aufzunehmen. Die mehrjährigen Verzögerungen bei der Inbetriebnahme neuer Kraftwerke und die ständige außerplanmäßige Forderung, der Elektrizitätswirtschaft zusätzliche Gelder und Ressourcen zuzuweisen, stelle letztlich nichts anderes dar als die logische Konsequenz falscher Kostenberechnungen.[130])

Im Mai 1956 begann schließlich selbst E.A. Russakovskij, der Leiter der Abteilung „Energiewirtschaft“ bei *Gosplan* und langjähriger Protagonist der Hydroenergetik, eine energiepolitische Wende zu fordern. Er bemängelte, dass „die Aufgabe der Elektrifizierung des gesamten Landes noch weit davon entfernt ist, gelöst zu sein.“ Die bisherigen elektrizitätswirtschaftlichen Prioritäten hätten zu einer gefährlichen Vernachlässigung der Wärmekraft und der Stromnetze geführt. In einem Geheimbericht legte Russakovskij Zahlen vor, die zeigten, dass die Baukosten pro Kilowatt installierter Kraftwerkkapazität bei den Wasserkraftriesen mindestens um das Dreifache den Vergleichswert der Wärmekraftwerke überstiegen.[131]) Auch würden sich die teuren Flusskraftwerke keineswegs in nur acht bis zehn Jahren amortisieren, wie ihre Protagonisten stolz verkündeten, sondern vermutlich erst in fünfzehn bis siebzehn Jahren. Insgesamt habe sich also die „Elektrifizierung der Flüsse“ keineswegs als angemessene Strategie erwiesen, um den wachsenden Strombedarf der Sowjetwirtschaft abzudecken.[132])

Im August 1957 erhielt die sowjetische Staats- und Parteiführung einen weiteren kritischen Bericht, diesmal von A.F. Eliseev. Er war Leiter der Abteilung für Kraftwerkbauten bei *Gosstroj*, dem für das Bauwesen zuständigen Staatskomitee. Der Eliseev-Bericht rief zu schnellem politischen Handeln auf. Er errechnete eine noch längere Amortisationsfrist der „Großbauten des Kommunismus“, weil deren Befürworter die Kosten-Nutzen-Bilanz dadurch geschönt hätten, dass bestimmte Kosten und Schäden nicht in ihre Berechnungen einbezogen worden wären. Auch der Vergleich mit der Entwicklung in den USA spreche keineswegs für die sowjetische Hydroenergetik. Erstens würden die tatsächlichen Bauzeiten der sowjetischen Flusskraftwerke deutlich über denen der US-amerikanischen liegen.[133]) Zweitens hätten die USA in die einzelnen Bereiche der Stromwirtschaft gleichmäßig investiert. Wäh-

[130]) RGAE, 9572/1/187, 12–15.

[131]) Eine andere Kostenkalkulation ging für die Jahre von 1951 bis 1955 sogar vom Sechsfachen aus. Vgl. die Tabelle in Nekrasova 1974: 106. Einige Jahre später ergab die Kostenanalyse von 22 Flusskraftwerken, die in den 1950er Jahren fertiggestellt wurden, einen Mittelwert von 2760 Rubel pro Kilowatt Kapazität. Die „Stalinschen Großbauten des Kommunismus“ gehörten allerdings zu der Gruppe der besonders teuren Hydrogiganten mit Kosten zwischen 5000 und 10000 Rubel pro Kilowatt Kapazität. Der Mittelwert für 109 Wärmekraftwerke lag hingegen bei 926 Rubel. So die Angaben in Žimerin 1960: 222. Ferner Gersdorff 1962: 129.

[132]) RGAE, 7964/11/1840, 89–115, Zitat 95.

[133]) Für den Bau des eigentlichen Flusskraftwerks brauchte man in den USA zwischen 36 und 48 Monaten, in der Sowjetunion meist aber 52 oder sogar 64 Monate. Zu diesen Zahlen vgl. Žimerin 1960: 223.

rend so die Sowjetunion mit ihren Zuwachsraten im Bereich der Wasserkraft mithalten könnte, sei sie in der Entwicklung der Wärmekraft und dem Ausbau der Stromnetze weit zurückgefallen. Drittens entfielen in der US-amerikanischen Volkswirtschaft nur zehn Prozent aller Gesamtinvestitionen auf die Elektrizitätswirtschaft, in der Sowjetunion wegen der teuren Hydrogiganten aber dreizehn Prozent.

Der *Gosstroj*-Experte ging auch auf die am 4. Februar 1957 im Präsidium des Zentralkomitees geführte Diskussion um die geplanten ostsibirischen Kraftwerkriesen bei Bratsk und Krasnojarsk ein.[134]) Er gab zu bedenken, dass die ambitiösen Großvorhaben wegen ihrer riesigen Kapazitäten zwar niedrigere Baukosten pro Kilowatt Leistung aufweisen würden als diejenigen an der Wolga. Der Kraftwerkbau in entlegenen Gegenden setze aber zugleich weitere Investitionen in den Aufbau des Stromnetzes und einer regionalen Industrie voraus, damit der produzierte Strom entsprechend genutzt werden könnte. In Krasnojarsk seien so neben den sieben Milliarden Rubel für die Fertigstellung des Kraftwerks weitere achtzehn Milliarden Rubel für den Bau von großen Fabrikkombinaten erforderlich.[135])

Zusammen mit *Gosplan* und *Gosstroj* wies das Zentrale Statistische Amt (*Central'noe Statističeskoe Upravlenie*) im Sommer 1957 auf das Ungleichgewicht in der gesamtsowjetischen Investitionspolitik hin. Dank der hohen Kosten für die Hydrogroßbauten erhalte die Elektrizitätswirtschaft einen unverhältnismäßig hohen Investitionsanteil, so dass die berechtigten Interessen anderer Wirtschaftsbranchen unberücksichtigt bleiben müssten. Die Mittel seien dringend umzuschichten, um Kapital für die Bunt- und Schwarzmetallurgie, die Schwerindustrie und den Erzbergbau freizubekommen.[136]) Dem Ministerrat legten die sowjetischen Chefstatistiker darum nahe, die für Flusskraftwerke eingerichteten großen Bauorganisationen fortan im Bergbau einzusetzen. Konkret schlugen sie vor, den Fuhrpark und die Baumaschinen samt Belegschaft vom bald fertiggestellten Kujbyšever Hydrogiganten nach Belgorod und Kursk zu transferieren, wo damals wertvolle Erzvorkommen abgebaut wurden. Für die Bauorganisation *Novosibirskgesstroj* war ein Einsatz in den Erz- und Kohlegruben des Kuzbass vorgesehen und für *Bratskgesstroj* die Einbindung in das Bergbaukombinat *Koršunovskij*.[137])

Die energiepolitischen Debatten fielen zeitlich mit dem sich zuspitzenden Machtkampf im Kreml zusammen. Nachdem der Sturz Chruščevs im Sommer 1957 fehlschlagen war, wurden die drei Rädelsführer der sogenannten „Anti-Parteigruppe", Malenkov, Pervuchin und Saburov, für die einseitige Investiti-

[134]) Prezidium 2003: 225.

[135]) RGAE, 7964/2/1806, 109-122.

[136]) Nachdem die Elektrizitätswirtschaft im Zeitraum 1950-1956 in jedem Jahr Budgeterhöhungen im zweistelligen Prozentbereich erhalten hatte, war geplant, die bewilligten Investitionsmittel für die Jahre 1957 und 1958 auf dem erreichten Stand vorübergehend einzufrieren. RGAE, 7964/2/1807, 40.

[137]) Ebd., 109, 135 u. 142-144; ebd., 7964/2/1866, 61-82.

onspolitik zugunsten der Hydroenergetik und die Vernachlässigung der Wärmeenergetik verantwortlich gemacht.[138]) Alle drei waren in den Jahren zuvor in unterschiedlichen Funktionen für die Energiepolitik zuständig gewesen. Allerdings spielten die persönlichen Rivalitäten zwischen Chruščev und seinen Gegnern in der energiepolitischen Auseinandersetzung keine wesentliche Rolle. Sachzwänge und Ressortkämpfe gaben den Ausschlag für das Umdenken in der Stromwirtschaft. In der heftigen Kontroverse um die Hydroenergetik standen sich innerhalb der Planungs- und Ministerialbürokratie zwei Machtallianzen gegenüber. Planungsagenturen wie *Gosplan* und *Gosstroj* übten Druck auf das Ministerium für Kraftwerkbau aus und konnten dabei auf die Unterstützung bestimmter Ressorts setzen. So wollten die Ministerien für Buntmetall, Metallindustrie und Erzbergbau Investitionen und Ressourcen erhalten, die bislang dem Kraftwerkbau zugewiesen worden waren. Diese starke Fraktion der sogenannten Eisenfresser schloss sich mit den Ministerien für Kohlebergbau, Erdöl und Erdgas zusammen, die den Kurswechsel von teuren Fluss- zu billigeren Wärmekraftwerken forderten, um die Bedeutung ihrer Energieträger aufzuwerten.

Gegen dieses mächtige Bündnis einflussreicher Ressorts bildeten die Befürworter der Hydroenergetik Zweckallianzen mit den Ministerien für Binnenschifffahrt und Landwirtschaft, die dank neuer Wasserwege und Bewässerungssysteme hofften, von der Fertigstellung großer Flusskraftwerke zu profitieren.[139]) Das Ministerium für Kraftwerke und die Leitung des Instituts *Gidroenergoproekt* widersprachen vehement den vom Zentralen Statistischen Amt vorgeschlagenen Umschichtungen und entwarfen ein düsteres volkswirtschaftliches Katastrophenszenarium. Nachdem die Sowjetführung seit dem GOELRO-Plan der Wasserkraft stets hohe Priorität eingeräumt und sich die Hydroenergetik gerade in Krisenzeiten immer bewährt hätte, würde ein Kurswechsel den Zusammenbruch der Stromversorgung in wichtigen Industriegebieten zur Folge haben und das geplante Wirtschaftswachstum zum Erliegen bringen.[140]) Das Ministerium präsentierte eigene Kosten-Nutzen-Bilanzen,

[138]) Vgl. z.B. den am Vorabend des 22. Parteitags 1961 erstellten Rückblick des Ministers für Kraftwerkbau Novikov auf die Elektrifizierungspolitik der 1950er Jahre: RGAE, 9572/1/1906, 149-150. Ferner die Anschuldigungen auf dem Dezember-Plenum des Zentralkomitee 1958, die dokumentiert sind in Meissner 1960: 170f.

[139]) Zu diesen ressortübergreifenden Machtallianzen vgl. RGAE, 4372/96/445, 7; ebd., 7964/2/1866, 61-82; ebd. 11/1990, 170-177; ebd., 1/1936, 386-402; Nikolaev/Sinedubskij 1964: 81-84. Wie sehr die Hydroenergetiker bei ihren Megaprojekten den Schulterschluss mit den Ministerien für Binnenschifffahrt und Landwirtschaft suchten, zeigt sich darin, dass sie in den Propagandabroschüren stets die Möglichkeiten der komplexen Nutzung der Wasserressourcen unterstrichen und wiederholt die Verantwortlichen für Binnenschifffahrt und Landwirtschaft zu Wort kommen ließen, um die Bedeutung der neuen Stauseen und Kanäle herauszustreichen. Vgl. z.B. Velikie Strojki 1951: 82-108 u. 136-141; Velikie sooruženija 1951: 133-171; Košelev 1952: 66-101.

[140]) RGAE, 7964/11/1990, 170-171; ebd., 2/1805, 249 u. 260. Vgl. auch RGAE, 7964/11/1984, 18.

um die Rentabilität und Effizienz der Flusskraftwerke zu unterstreichen.[141]) Das wichtigste Argument waren die niedrigen Betriebskosten. Während die Wärmekraftwerke mindestens acht Prozent des produzierten Stroms zum Eigenbedarf bräuchten, kämen die Flusskraftwerke mit nur 0,28 Prozent aus. Ferner erfordere ihr Betrieb nur eine kleine Belegschaft. Dank der Nutzung der Wasserkraft würde die sowjetische Elektrizitätswirtschaft über 100000 Arbeitskräfte einsparen und diese für andere wichtige Aufgaben freisetzen.[142]) Der geringe Energie- und Personalbedarf und die Nutzung von Wasser als regenerative, kostenlose Ressource führten schließlich dazu, dass die Produktionskosten einer Kilowattstunde Strom bei den hydroenergetischen Riesen im Vergleich zu Wärmekraftwerken um das Fünf- bis Sechsfache niedriger seien. Des Weiteren müssten die Kaskaden an Wolga und Dnepr' durch neue Bauten vollendet werden, um diese beiden wichtigen Flüsse im europäischen Landesteil als durchgehende Wasserstraßen nutzen zu können. Nicht zu vergessen sei ferner die große Bedeutung der Kraftwerkbauten im Kampf gegen das Hochwasser. Darüber hinaus hielten es die Protagonisten der Flusskraftwerke für beschämend, dass sich der Sowjetunion zwar großartige Perspektiven im Bereich der Hydroenergetik böten, dieses bedeutende Energiepotential bislang aber lediglich zu 1,5 Prozent erschlossen sei, während die anderen führenden Industrienationen schon mindestens ein Viertel ihrer Wasserkraftressourcen nutzen würden.[143]) Mit großem Nachdruck wies das Ministerium für Kraftwerkbau außerdem darauf hin, dass bislang keine Pläne vorlägen, um die geplanten Hydrogiganten durch große Wärmekraftwerke zu ersetzen. Die energiepolitische Wende würde so zu erheblichen Turbulenzen in der Energieversorgung führen.[144])

Trotz heftiger Gegenwehr mussten die Protagonisten der Hydrogroßbauten, die im Ministerium für Kraftwerkbau offensichtlich die Oberhand hatten, letztlich doch einsehen, dass sich die Gewichtung zu ihren Ungunsten verschoben hatte. Sie waren gezwungen, den berechtigten „Forderungen an das hydrotechnische Bauwesen" nachzukommen.[145]) Dazu gehörte vor allem der forcierte Übergang zur „industriellen Bauweise". Gemeint war damit die überwiegende Verwendung vorgefertigter Stahlbetonplatten und Betonblö-

[141]) Zum folgenden RGAE, 7964/2/1805, 64–76 u. 249–60; ebd., 1806, 105–106; ebd., 11/1980, 1–5; ebd., 1990, 170–177; ebd., 9572/1/871, 11–14 u. 18–21; ebd., 1936, 221–222. Vgl. auch Nekrasova 1974: 123f.; Žimerin 1960: 221. Die kontroversen Debatten um die „Kostenintensität" der Hydrogiganten und die unterschiedlichen Berechnungsschemata werden ausführlich erörtert von Gustafson 1981: 57–69.

[142]) Allein die beiden ostsibirischen Plangiganten bei Bratsk und Krasnojarsk führten zu einer Einsparung von 17000 Arbeitskräften. So die Berechnung in RGAE, 7964/2/1805, 256.

[143]) An anderer Stelle wird von einer dreiprozentigen Nutzung des hydroenergetischen Potentials gesprochen. Vgl. RGAE, 9572/1/1936, 231; Žimerin 1960: 220.

[144]) So auch die damalige Einschätzung U.S.-amerikanischer Experten. Vgl. Relative Water 1960: 36–39.

[145]) Žimerin 1960: 213.

cke. Das ermöglichte die „grundlegende Überarbeitung“ zahlreicher Projekte.[146]) Während beim Bau des Stalingrader Kraftwerkriesen lediglich drei Prozent der gesamten Betonarbeiten mittels Fertigbauteilen ausgeführt wurden, sollte fortan dieser Anteil deutlich steigen und schließlich 80 Prozent erreichen.[147]) Die im November 1959 einberufene Allunions-Konferenz für das energetische Bauwesen arbeitete dazu einen Aktionsplan mit ehrgeizigen Zielvorgaben aus.[148]) Die zunehmende Typologisierung und Standardisierung beim Kraftwerkbau, die beschleunigte Mechanisierung wichtiger Arbeitsprozesse und der Aufbau einer spezialisierten Bauindustrie in der Nähe der Großbaustellen schien die erforderliche Verkürzung der Bauzeit und die Senkung der Baukosten zu ermöglichen, um hydroenergetische Megaprojekte für neue Energieprogramme interessant zu machen. Die geschätzten Kosten nur für das Krasnojarsker Flusskraftwerk reduzierten sich so von sieben auf 5,6 Mrd. Rubel.[149]) Des Weiteren versprach die Installation immer leistungsfähigerer Turbinen und Generatoren eine höhere Effizienz.[150]) Selbstbewusst und zuversichtlich rechneten die Protagonisten der Flusskraftwerke darum vor, dass sich in den kommenden Jahren die Baukosten pro installiertem Kilowatt Kraftleistung halbieren und damit nur noch unwesentlich über dem Vergleichswert bei Wärmekraftwerken liegen würden.[151])

Nach dem Rücktritt des Ministers Aleksej Pavlenko, der nicht von der Priorität der Hydroenergetik ablassen wollte,[152]) versuchte der neue Ressortchef Novikov, eine Kompromissformel zu finden, um die Erschließung und Nutzung der unterschiedlichen Energieträger auf breiter Front voranzubringen und die Interessen der unterschiedlichen Lobbygruppen zu wahren. Die Zielvorgabe, ein Drittel des sowjetischen Stroms in Flusskraftwerken zu erzeugen, wurde auf ein Fünftel gesenkt. Dies ermöglichte es, den neuen, verstärkt auf Wärmekraft ausgerichteten energiepolitischen Kurs umzusetzen und zugleich den Bau weiterer wichtiger Hydrogiganten fordern zu können. Die unterschiedlichen Energieträger sollten nicht mehr im Wettbewerb miteinander stehen, sondern sich ergänzen. Die damals geplanten und in Angriff genom-

146) Novikov 1962: 143 u. 147.

147) Žimerin 1960: 229f.; Nekrasova 1974: 107; Davydova/Burjak 1981: 73.

148) Nesteruk 1963: 161.

149) Novikov 1960b: 5f. Vgl. auch RGAE, 9572/1/872, 191-199. Auch beim Bratsker Flusskraftwerk wurden die Baukosten um mehr als zwanzig Prozent gesenkt. Vgl. Bratskaja GES 1964: 431; Dyker 1983: 129. Der überarbeitete Plan für den gleichfalls umstrittenen Hydrogiganten bei Saratov sah eine um ein Jahr gekürzte Bauzeit und um ein Drittel niedrigere Baukosten vor. Vgl. RGAE, 9572/1/871, 11-14 u. 18-21; ebd., 872, 11-14 u. 22-28; ebd., 7964/3/2068, 48-62. An anderer Stelle wurde sogar von einer Halbierung der Baukosten gesprochen. Vgl. Žimerin 1960: 230.

150) RGAE, 7964/2/1675, 246-252; ebd., 9572/1/1936, 230-231; Novikov 1962: 139-170; Žimerin 1962: 363-370; Novikov 1960a: 47-59. Ausführlich auch Neporožnij 1960.

151) RGAE, 9572/1/1236, 193-197; Michel/Klain 1964: 212f.; Wessely 1959: 307; Voznesenskij/Besčinskij 1960: 90f.

152) Wessely 1959: 307.

menen überregionalen Stromnetze böten so gute Möglichkeiten für eine „harmonische Entwicklung von Wärme- und Flusskraftwerken"[153]). In den räumlich ausgreifenden Verbundsystemen würden die Wärmekraftzentralen vor allem den Großteil der Grundlast bei der Stromversorgung übernehmen. Den Flusskraftwerken, die durch das Schließen und Öffnen ihrer Wehre innerhalb kürzester Zeit ihren Betrieb aufnehmen und wieder einstellen konnten,[154]) fiel dank ihrer „Manövrierfähigkeit" vor allem die Funktion zu, während der Spitzenzeiten in den Wintermonaten sowie in den Morgen- und Abendstunden den sprunghaft wachsenden Strombedarf abzudecken. Zudem waren sie außerordentlich nützlich für die Reservehaltung in Stromnetzen. Sie konnten den Ausfall von Wärmekraftwerken gut kompensieren, zu dem es wegen notwendiger Wartungs- und Reparaturarbeiten regelmäßig kam. Der flexible Einsatz hydroenergetischer Kapazitäten in weitgehend von Wärmekraftwerken dominierten Stromnetzen erwies sich als wichtiges ökonomisches Argument, um innerhalb der Elektrizitätswirtschaft einen akzeptablen Interessenausgleich zu erzielen.[155]) So hielt der neue Minister Ignatij Novikov an einer Liste von mittlerweile 173 großen Flusskraftwerken fest. Er forderte, die Bauarbeiten an 61 von ihnen hätten noch in den 1960er Jahren zu beginnen; die anderen sollten bis spätestens 1980 in Angriff genommen werden. Bei vielen dieser Projekte handelte es sich um Hydrogiganten, die schon 1949 in die Perspektivplanungen aufgenommen worden waren. Die für die Elektrizitätswirtschaft Verantwortlichen gaben offensichtlich ihre alten Pläne nicht auf; sie wollten ihnen lediglich einen erweiterten Zeitrahmen geben, um sie in überarbeiteter Form erfolgreich den sich ändernden wirtschaftlichen Bedingungen und politischen Prioritäten anzupassen.[156])

Die Bilanz der Jahre 1961 bis 1991: Ziele verfehlt – Großprojekte realisiert

Die Schwerpunktverlagerung von der Hydro- zur Wärmeenergetik wurde zwar 1958 verkündet; doch ohne abschließenden Kommissionsbericht und klare Direktiven blieb offen, wie in Zukunft tatsächlich geplant und gebaut werden sollte. Damals herrschte in der sowjetischen Energiepolitik eine gewisse Unsicherheit. Die politisch Verantwortlichen wollten sich nicht eindeutig festlegen, sondern hielten die Diskussion weiter offen, um mehr Hand-

[153]) Žimerin 1960: 224. Zu Novikovs Kompromissformel vgl. Relative Water 1960: 40f.

[154]) Die Inbetriebnahme aller Kapazitäten eines Flusskraftwerks dauerte nicht länger als zwei Minuten. Ein Wärmekraftwerk hingegen brauchte 24 Stunden, bis es seine volle Leistungsfähigkeit erreicht hatte. So Neporožnij/Kozlov 1990: 13.

[155]) Vgl. Neporožnij/Kozlov 1990: 13; Nesteruk 1963: 163f.; Nosov 1958: 56; Gersdorff 1962: 128; Kislov/Saatčja 1960; Energetičeskie resursy SSSR. Bd.2: Gidroenergetičeskie resursy 1967: 209–223 u. 237f.

[156]) RGAE, 9572/1/1936, 6–24 u. 219–225; ebd., 1943, 47–52 u. 140–142. Vgl. auch Žimerin 1960: 314–318; Nesteruk 1963: 211–237. Eine übersichtliche Karte mit den vorgesehenen Kraftwerkbauten findet sich in Energetičeskie resursy 1967: Priloženie 3.

lungsspielraum zu haben. Das wiederum eröffnete der Fraktion der Hydroenergetiker die Möglichkeit, ihre Projekte weiterhin in den politischen Prozess einzubringen. Sie hatte an Bedeutung und Einfluss eingebüßt, behauptete aber weiterhin ihren Platz in der Arena der Macht.

So stellte sich schon drei Jahre nach dem energiepolitischen Wandel heraus, dass auch die Verschiebung der Prioritäten nicht dazu beitrug, die akuten Planrückstände in der sowjetischen Stromproduktion zu beseitigen. Ein kritischer Bericht im Oktober 1961 kam zu dem Ergebnis, die im Siebenjahrplan (1958–1965) beschlossene forcierte Förderung von Wärmekraftwerken übersteige bei weitem die Kapazitäten des sowjetischen Energieanlagenbaus. In den ersten zehn Monaten des Jahres 1961 sei darum nur ein Drittel der geplanten neuen thermodynamischen Kraftwerkleistung realisiert worden. Die lange einseitige Bevorzugung der Flusskraftwerke und die starke Ausrichtung der Elektromaschinenbauindustrie auf die Belange der Hydroenergetik hätten zu einer gefährlichen Vernachlässigung der Wärmekraft geführt. Deshalb gebe es bei der Produktion von Turbinen und Generatoren zahlreiche Engpässe und technische Probleme, die den Bau und den Betrieb von Wärmekraftwerken erheblich behindern würden.[157])

Führende Moskauer Experten und Wissenschaftler sprachen im Bereich der Wärmeenergetik von einem mindestens fünfjährigen Rückstand der Sowjetunion hinter der US-amerikanischen Entwicklung. So brauchten sowjetische Kraftwerke für die Produktion einer Kilowattstunde Strom immer noch durchschnittlich 460 Gramm Brennstoff im Vergleich zum Mittelwert von 370 Gramm in den führenden westlichen Industrienationen. Auch die Organisation und Finanzierung von Forschung und Entwicklung gab „Anlass zu ernster Sorge“. Sie entsprach „bei weitem nicht denjenigen grandiosen Aufgaben, die der Sieben- und Zwanzigjahrplan zur ökonomischen Entwicklung an die Energiewirtschaft stellen.“ Hinzu kamen eine falsche Ressourcenverteilung und der fortgesetzte Unwillen zahlreicher Energiepolitiker, endlich von ihrer Vorliebe für die Hydroenergetik abzulassen. In einem Brief an Chruščev schrieb V. Droščuk, der Leiter des Allunions-Instituts für Wärmemechanik: „Uns kann auch nicht beruhigen, dass das relative Wachstum der Kraftwerkkapazitäten in der Sowjetunion größer ist als in den USA. Uns besorgt vielmehr, dass der absolute Abstand sich nicht verringert, sondern sich im Gegenteil vergrößert.“ So hätten die akuten Mängel beim Bau von Wärmekraftwerken dazu geführt, dass die „sowjetischen Kraftwerkkapazitäten in den ersten drei Jahren des Siebenjahrplans (von 1959 bis 1961) insgesamt nur um

[157]) RGAE, 9572/1/1936, 2–5 u. 234. Ferner ebd., 1234/1/19–20; ebd., 1939, 37–45; ebd., 1940, 98–100. Die evidenten Planrückstände beim Bau von Wärmekraftwerken waren schon 1959 im Präsidium des Ministerrats kritisch erörtert worden. So RGAE, 9572/1/875, 186. Vgl. allgemein Gersdorff 1962: 59f.; Michel/Klain 1964: 219; *Gidrotechnik*, 9. Februar 1962, Nr. 170: 1.

20,3 Millionen Kilowatt gestiegen sind, in den USA im gleichen Zeitraum aber um etwa 38 Millionen."[158])

Die offensichtliche Krise in der thermodynamischen Stromproduktion nutzte der Minister Novikov, um erneut den Bau weiterer Hydrogiganten ins Gespräch zu bringen. Ihm ging es vorrangig darum, weitere Projekte der Wolga- und der Dnepr'-Kaskade zu realisieren und „energiewirtschaftliche Komplexe" an den ostsibirischen Flüssen Angara und Enisej zu schaffen.[159]) Dank der umtriebigen Lobbyarbeit der Hydroenergetiker und ihrer nun moderateren Zielsetzungen stand der 22. Parteitag, der Ende Oktober 1961 zusammentrat, dem Bau weiterer Flusskraftwerke keineswegs mehr so ablehnend gegenüber wie der vorhergehende und zeigte sich bereit, neue Mittel für Erschließungs- und Projektierungsarbeiten zu bewilligen.[160]) Er beschloss zudem ein neues Parteiprogramm, das die Elektrizitätswirtschaft dazu aufforderte, die „materiell-technische Basis des Kommunismus zu schaffen. Das bedeutet die völlige Elektrifizierung des Landes und auf dieser Grundlage die Vervollkommnung der Technik, Technologie und Organisation der gesellschaftlichen Produktion in allen Zweigen der Volkswirtschaft." Die Elektrifizierung galt – so erklärte das Parteiprogramm noch einmal nachdrücklich – als „Angelpunkt des Aufbaus der Ökonomik der kommunistischen Gesellschaft". Sie sei „entscheidend für die Entwicklung aller Volkswirtschaftszweige, für die Verwirklichung des gesamten gegenwärtigen technischen Fortschritts." Deshalb müsse „die Erzeugung von elektrischer Energie in ihrer Entwicklung den anderen Produktionszweigen vorauseil(en)."[161]) Der Bau von Flusskraftwerken wurde vor allem im asiatischen Landesteil weiterhin nachdrücklich befürwortet, um hier „neue Energieschwerpunkte entstehen" zu lassen.[162]) Konkrete Angaben und Pläne ließen sich dem Parteiprogramm aber nicht entnehmen, so dass es trotz des partiellen Stimmungswandels weiterhin bei einer „Ungewissheit über die geplante Gesamtleistung der Wasserkraftwerke" blieb.[163])

[158]) RGAE 9572/1/1944, 14–26, Zitate 14–15 u. 21–22. Ähnlich die Einschätzung amerikanischer Experten in Relative Water 1960: 37 u. 188.

[159]) Vgl. Prezidium 2003: 530; RGAE, 9572/1/1936, 6–16. Ferner Nesteruk 1963: 218f. u. 353–362; Žimerin 1960: 314–318.

[160]) Vgl. bes. das Referat Chruščevs, in dem er bis 1980 die Vollendung des Plans der Großen Wolga und des Großen Dnepr', die Fertigstellung der schon geplanten Riesenkraftwerke an Angara und Enisej sowie die Realisierung mehrerer hydroenergetischer Großbauten in Zentralasien in Aussicht stellt. Allerdings forderte er verbesserte Baupläne, die „für jedes einzelne Kraftwerk auf das sorgfältigste zu prüfen sind." Sein Referat ist abgedruckt in Chruščev 1963a: 443f. Ferner Zadači 1961: 9–14. Zur euphorischen Aufnahme des 22. Parteitags im Lager der Hydroenergetiker vgl. *Gidrotechnik*, 15.Dezember 1961, Nr.162: 1; ebd., 9. Februar 1962, Nr.170: 1; ebd., 10.August 1962, Nr.195/196: 1-3.

[161]) In den 1960er Jahren war für die Stromproduktion eine jährliche Zuwachsrate von 12 bis 13 Prozent vorgesehen, während die Industrieproduktion um 10 Prozent wachsen sollte. Für die 1970er Jahren wurden Zuwächse von 11,5 bzw. 7,4 Prozent angestrebt. Vgl. Wessely 1962: 578.

[162]) Programm 1961: 78f., 82 u. 86.

[163]) Wessely 1962: 580.

In den 1960er Jahren legte die sowjetische Energiepropaganda weiterhin großen Wert auf den Ruhm der weltgrößten Flusskraftwerke. Sie eigneten sich als „unübertroffene Beispiele sowjetischer Ingenieurkunst“[164]) vorzüglich zur Verherrlichung technischer Höchstleistungen und hoben merklich das Selbstbewusstsein der sowjetischen Experten.[165]) Nach den Diskussionen und Entscheidungen der Jahre 1956 bis 1961 hatten die Hydroenergetiker den zuständigen Planungs- und Machteliten aber die Effizienz und Nützlichkeit ihrer ambitiösen Großvorhaben nachzuweisen, um die notwendigen Investitionsmittel zu erhalten.[166]) Sie nutzten darum jede sich bietende Möglichkeit, um die Aufnahme ihrer Projekte in die Wirtschaftspläne einzufordern.[167]) So führten sie neue Argumente an, um die Integrationsfähigkeit der Hydroenergetik in die sich wandelnde politische und soziale Landschaft zu demonstrieren. Angesichts der neuen Agrarpolitik, die Irrigationsmaßnahmen wachsende Bedeutung zumaß, hoben die Protagonisten hydroenergetischer Bauvorhaben verstärkt die Möglichkeiten zur intensiven Bewässerungswirtschaft hervor, die sich durch die neuen Stauseen boten. Bei Umsetzung ihrer Pläne versprachen sie, dass sich die Fläche der bewässerten Felder und Weiden zwischen 1960 und 1980 von neun auf 29 Millionen Hektar vergrößern würde.[168]) Die forcierten Urbanisierungs- und Industrialisierungsprozesse hatten seit den 1950er Jahren ferner zu einem wachsenden Bedarf an Trink- und Brauchwasser geführt. Deshalb wurden die Stauseen als wichtige Wasserreservoire gepriesen, die für den weiteren Aufstieg der Großstädte und ihrer Industrien unentbehrlich seien.[169]) Außerdem schüfen die gestauten Flüsse mit ihren endlosen Ufern wichtige Naherholungsgebiete, auf deren hohen Freizeitwert die Befürworter der Wasserkraft seit den 1960er Jahren verstärkt hinwiesen. 1971 gab es an den Ufern des Wolga-Stausees bei Kujbyšev schon einhundert touristische Einrichtungen (Hotels, Sanatorien, Erholungsheime, Kinderlager

[164]) Zvorykin 1962: 55.

[165]) Gersdorff 1962: 89f.

[166]) In den 1960er Jahren mussten alle Projekte, deren Realisierung mehr als 50 Million Rubel Investitionen erforderte, einer Expertenkommission aus Wissenschaftlern und Ministerialbeamten vorgelegt werden, die Gutachten erstellten und Kosten sowie Nutzen berechneten. Vgl. Gustafson 1981: 47.

[167]) So hatte sich Chruščev am 29. Juli 1962 bei der offiziellen Einweihung des Kremenčuger Kraftwerks am Dnepr’ weniger kritisch als zuvor und durchaus wohlwollend über die Leistungen und Perspektiven der sowjetischen Hydroenergetik geäußert. Er sprach sogar davon, dass im Verlauf der nächsten zwanzig Jahre 180 neue Flusskraftwerke gebaut werden müssten. Vgl. Chruščev 1964c: 260. Kurz darauf versuchte Novikov den Ministerrat davon zu überzeugen, bis 1970 noch mit den Arbeiten an weiteren Flusskraftwerken zu beginnen. Vgl. RGAE, 9572/1/1937, 347 u. 351-352. Ein weiterer Vorstoß wurde nach dem Sturz Chruščevs auf dem 23. Parteitag unternommen, als die Protagonisten der Hydroenergetik hofften, die neue Partei- und Staatsspitze von ihren Projekten überzeugen zu können. Dazu siehe z.B. Osnovnye položenija 1966: 5f.

[168]) RGAE, 9572/1/1936, 220. Siehe auch Davydova/Burjak 1981: 14.

[169]) Vgl. z.B. Neporožnij/Kozlov 1990: 15f.

und Campingplätze) für 150000 Touristen. Ferner machten sich dort neu gebaute Sportstätten als Austragungsorte von nationalen und internationalen Wettkämpfen bald einen Namen.[170]

Besonders in Sibirien kam den Stauseen wegen des sonstigen Mangels an interessanten regionalen Erlebnisorten und der großen Entfernung zu den beliebten Urlaubsgebieten im europäischen Landesteil große touristische Bedeutung zu. Am Novosibirsker Stausee legte die Stadtverwaltung weiträumige Strände an und schuf zahlreiche Möglichkeiten zum Wassersport. So ergab sich hier – wie die Befürworter großer Flusskraftwerke unterstrichen – angeblich eine „gelungene Verbindung von ursprünglicher und künstlich geschaffener Natur".[171] In den Schriften zu den Hydrogiganten tauchten zunehmend weiße Kreuzfahrtschiffe auf, an deren Decks sich glückliche sowjetische Touristen dem Komfort an Bord und der Schönheit der umgestalteten Landschaft hingaben. Die Reise mit dem Schiff auf den gestauten Flüssen bot ein kulturelles Erlebnis der besonderen Art.[172]

Seit Ausgang der 1950er Jahre begannen die Menschen, sich intensiver mit ihrer Lebensqualität zu befassen. Neben Fragen der Trinkwasserversorgung und der Erholung beschäftigten vor allem Umweltprobleme den sowjetischen Parteistaat und seine Öffentlichkeit. Die Fürsprecher der Hydroenergetik bemühten sich deshalb darum, das saubere Image der Wasserkraft als „weiße Kohle" herauszustellen. Flusskraftwerke, die emissionslos einen regenerativen Energieträger nutzen, würden einen wichtigen Beitrag im Kampf gegen die Luftverschmutzung leisten. Jede weitere Million Kilowatt installierter hydroenergetischer Kraftwerkleistung ergebe jährlich eine Einsparung von vier Millionen Tonnen Brennstoff, die andernfalls in Wärmekraftwerken zur Stromproduktion hätten verbrannt werden müssen.[173] Allein die Großanlage bei Kujbyšev speiste mit ihrer Jahresproduktion von 11 Mrd. Kilowattstunden so viel Strom ins Netz ein, dass die Zugwagons mit Kohle, die für eine entsprechende thermodynamische Stromerzeugung notwendig gewesen wären, hintereinander gestellt eine Strecke von 4000 Kilometern ergeben hätten.[174] Die ökologische Botschaft dieser eingängigen Vergleiche war offensichtlich: Wer

[170] Neporožnij/Kozlov 1990: 19f.; Avakjan 1971; Avakjan/Jakovleva 1975; Artjuchina 1988: 2. Vgl. dazu auch die Beobachtungen U.S.-amerikanischer Experten in Relative Water 1960: 6 u. 168.

[171] Novosibirsk 1970: 107. Vgl. ferner Egorov 1957: 8; Neporožnij 1979: 147f.

[172] Vgl. z.B. Auf der Wolga 1959: 15f. Zuvor auch schon Na prostorach 1952: 6–9. In spätstalinistischer Zeit erschien die Flussreise aber noch nicht als Form des „Massentourismus", sondern blieb sozialen Gruppen und Personen vorbehalten, die sich mit ihrem Einsatz für den Sowjetstaat besonders ausgezeichnet hatten.

[173] Davydov/Zunz 1955: 505f. Ende der 1960er Jahre führte eine Studie an, dass durch die sowjetischen Flusskraftwerke bei der Stromproduktion pro Jahr so viel Kohle eingespart würde, wie der Bergbau im Donbass jährlich förderte. So Avakjan/Šarapov 1968: 117.

[174] Kraftwerke 1954: 1901.

sich ernsthaft Sorgen um die Reinhaltung der Luft und Atmosphäre mache, müsse den forcierten Bau von Flusskraftwerken fordern.[175])

Die aktive Öffentlichkeitsarbeit der Hydroenergetiker konnte nicht verhindern, dass die relative Bedeutung der Wasserkraft nach der energiepolitischen Wende des Jahres 1958 in den folgenden Jahrzehnten weiter abnahm. Der Anteil der elektrizitätswirtschaftlichen Investitionen in den Bau von Flusskraftwerken fiel von vormals über fünfzig Prozent bis 1960 zuerst auf ein Drittel, um sich seit 1965 auf einem Niveau von etwa zwanzig Prozent zu stabilisieren.[176]) Die Anfang der 1960er Jahre von Novikov korrigierte Zielvorgabe, ein Fünftel des sowjetischen Stroms hydroenergetisch zu erzeugen, konnte damit nicht erreicht werden. Während 1978 knapp 21 Prozent des Weltstroms auf den Energieträger Wasserkraft entfielen, war die Sowjetunion trotz ihres unermesslichen Reichtums an hydroenergetischen Ressourcen mit fünfzehn Prozent hinter der internationalen Entwicklung zurückgefallen.[177]) Der Blick auf die realen Zuwachsraten zeigt jedoch, dass die Erschließung der Wasserkraft in den 1960er und 1970er Jahren bemerkenswerte Fortschritte machte. Nachdem die in Betrieb genommenen hydroenergetischen Kapazitäten zuerst rückläufig waren, stiegen sie seit der zweiten Hälfte der 1960er Jahre wieder an.[178])

Tabelle 3: Neue hydroenergetische Kraftwerkkapazitäten in Millionen Kilowatt, 1956–1985

1956–60	8,8
1961–65	7,5
1966–70	9,1
1971–75	9,1
1976–80	11,4
1981–85	10,3

Quelle: Nosov 1984: 45f.

Die Jahre von 1976 bis 1980 erwiesen sich als die Zeit, in der die sowjetische Hydroenergetik mit 11,4 Millionen Kilowatt neuer Kraftwerkleistung die höchste Zuwachsrate erzielte. In diesem Jahrfünft wurden zum einen viele Bauten abgeschlossen, deren Fertigstellung zuvor immer weiter hinausgeschoben worden war; zum anderen hatte der internationale Schock nach der Ölkrise des Jahres 1973 die Moskauer Führung darüber nachdenken lassen, dass

[175]) Neporožnij/Kozlov 1990: 12f.; Novikov 1960b: 9; Naučno-techničeskij progress 1962: 53; Gidroenergetika 1982: 203; Vasil'ev/Chrisanov 1984: 234f.; Michajlov 1990: 6.

[176]) Elektroenergetika 1983: 85; Gidroenergetika 1982: 32; Nosov 1984: 45.

[177]) Gidroenergetika 1982: 13f.

[178]) Der Aufschwung zeigt sich auch darin, dass ab 1966 die Investitionen in die Hydroenergetik – in absoluten Zahlen gesehen – nach sieben Jahren des Rückgangs und der Stagnation zunächst zögerlich, dann deutlich anstiegen. Vgl. Elektroenergetika 1983: 84. Ferner Gidroenergetika 1982: 173.

auch die reichen fossilen Brennstoffvorkommen in der Sowjetunion einmal enden würden. Eine große Konferenz der Wissenschaftlich-Technischen Allunions-Gesellschaft der Hydroenergetiker kritisierte deshalb 1977 die politisch Verantwortlichen dafür, dass sie in den letzten zwanzig Jahren ganz offensichtlich das Potential falsch eingeschätzt hätten, das die sowjetischen Flüsse und die moderne Kraftwerktechnik böten. Sie sprachen von der Notwendigkeit einer neuen Energiepolitik, um den Anteil der auf fossilen Brennstoffen beruhenden Wärmekraft dauerhaft zu reduzieren.[179])

Der erneute Aufschwung der Stromerzeugung durch Wasserkraft wurde jedoch abgebremst, weil ihr die Atomkraft als neue Energiequelle und Zukunftstechnologie längst den Rang abgelaufen hatte.[180]) Der Bau von Kernkraftwerken hatte nun oberste Priorität. Dafür bewilligte die Partei- und Staatsführung den Großteil der Investitionen, die für die Erschließung und Entwicklung nichtfossiler Energieträger bereitgestellt wurde. Hinzu kam, dass die Sowjetwirtschaft seit Ausgang der 1970er Jahre zu stagnieren begann. Damit fehlte es an Mitteln, um weitere aufwendige Flusskraftwerke in Angriff zu nehmen. Die 1980er Jahre erwiesen sich damit für die Hydroenergetik als eine kritische Dekade, zumal der Protest gegen hydraulische Großvorhaben an Schärfe und Wirkung gewann. Der Anteil der Wasserkraft an der gesamtsowjetischen Stromproduktion fiel am Vorabend des Zusammenbruchs des Sowjetimperiums auf nur noch 13,5 Prozent und erreichte damit in etwa wieder den Stand von 1948–1950.

Auch wenn weder die ehrgeizigen Ziele von 1949 noch die moderaten Vorgaben von 1961 erfüllt wurden, so konnte sich die Entwicklung der sowjetischen Hydroenergetik in der zweite Hälfte des 20. Jahrhunderts durchaus sehen lassen. Ihre Befürworter verwiesen mit Stolz darauf, zahlreiche Megaprojekte verwirklicht zu haben. So waren die Kraftwerkkaskaden an Wolga und Dnepr' in den 1970er Jahren schließlich fertiggestellt worden. Sie verwandelten diese vormals fließenden Ströme in gigantische Stauseetreppen.[181]) Die Flusskraftwerke am Enisej bei Krasnojarsk (1955–1971) und bei Sajan-Šušenskoe (1963–1988) übertrafen sogar noch die Leistungsfähigkeit des Bratsker Kolosses. Durch ihre schiere Größe beeindruckten auch die hydroenergetischen Anlagen bei Ust'-Ilimsk an der Angara (1965–1980) und durch seine atemberaubend hohe Staumauer das Flusskraftwerk im tadžikischen Nurek (1961–1979).

Dank dieser Bauten konnten zentrale wirtschaftliche Entwicklungsprogramme sukzessiv umgesetzt werden, die schon Ende der 1940er Jahre in den Direktiven zum Perspektivplan der Elektrifizierung skizziert worden waren.

179) Gidroenergetika 1977: 3ff.

180) Gidroenergetika 1982: 13 u. 31–35.

181) Davydova/Burjak 1981: 9–12 u. 65–85; Dyker 1983: 140–150; Neporožnij 1979: 31–96; Podvig 1972; Gidroenergetika 1974: 50–55 u. 71; Weigt 1978; Dienes/Shabad 1979: 131–148; Ivanov 1990; Wein 1999: 95–99.

Die Kraftwerkriesen, die mächtige Flüsse zähmten, gaben der Karte der Sowjetunion ein neues Gesicht. Die Gebiete an der mittleren Wolga waren zu Mittelpunkten überregionaler energetischer Verbundsysteme aufgestiegen, und Sibirien hatte endlich die geforderten „energiewirtschaftlichen Komplexe" erhalten. Hier wurde Mitte der 1970er Jahre über die Hälfte des gesamtsowjetischen Hydrostroms produziert, nachdem es zwei Jahrzehnte zuvor lediglich ein Fünftel gewesen war.[182]) Nach dem Ende der hydroenergetischen Dekade im Jahr 1958 spielten die monumentalen Flusskraftwerke in der sowjetischen Elektrizitätswirtschaft zwar nicht mehr die dominante, aber zweifellos weiterhin eine bemerkenswerte Rolle.

3.2. Institutionen: Kompetenzen und Konflikte

Stalin und der neopatrimoniale Staat

Der Zweite Weltkrieg hatte in der Sowjetunion nicht nur die Wirtschaft zerrüttet und die Gesellschaft deformiert, sondern auch dazu geführt, dass der administrative Apparat aus den Fugen geraten war. Die kriegsbedingten Notmaßnahmen und Reorganisationen hatten das Verhältnis zwischen Staat und Partei sowie zwischen Zentral- und Regionalbehörden aus dem Gleichgewicht gebracht. Die Wiederherstellung einer klaren Verwaltungshierarchie und die Einrichtung leistungsstarker exekutiver und legislativer Organe gehörten zweifellos zu den größten politischen Herausforderungen, denen sich Stalin, der nach 1945 im Zenit seiner Macht stand, zu stellen hatte. Dabei tat er alles, um die Symbiose zwischen seiner uneingeschränkten Führerrolle und dem von ihm geschaffenen politischen System zu festigen.

Die nach Kriegsende etablierte Organisation politischer Macht war von zwei unterschiedlichen Strategien gekennzeichnet, die zum besonderen Charakter des Spätstalinismus beitrugen. Dafür liefern die Geschichte der „Großbauten des Kommunismus" und die damit einhergehende Wende in der Elektrizitätspolitik anschauliche Belege. Auf der einen Seite ließen sich technokratische Entwicklungen kaum übersehen. Sie entsprangen der Notwendigkeit, die Sicherheit und den Supermachtstatus der Sowjetunion durch eine Rationalisierung von Verwaltungsstrukturen und Entscheidungsprozessen zu festigen. Es galt, durch klar gegliederte, kompetente Bürokratien und durch eine Politik, die das Fachwissen der Experten nutzte, das produktive Potential der sowjetischen Wirtschaft langfristig zu maximieren. Für diese Form politischer Herrschaft stand zweifellos die Einrichtung von speziellen Kommissionen für den Kraftwerkbau bei den obersten Staats- und Parteiorganen. Hier kamen Experten und Politiker zusammen, um aus Projekten durchsetzungsfähige Pläne zu machen. Daraus ergaben sich nicht nur erweiterte Partizipations-

[182]) Gidroenergetika 1982: 31.

chancen und eine stärkere Einflussnahme für diejenigen, deren Expertise für den Aufbau einer kraftvoll expandierenden Wirtschaft und eines leistungsfähigen Staatswesens gefragt war. Zugleich setzten sich ein „spezifischer Entscheidungshabitus“[183]) und eine bürokratische Routine durch, die den Apparaten nach den Turbulenzen der 1930er Jahre und der Weltkriegszeit endlich die dringend ersehnte Ordnung und Stabilität gaben. Politik sollte fortan mehr als nur staatliches Handeln im permanenten Ausnahmezustand sein; sie sollte, nach allseits akzeptierten Verfahrensweisen geregelt, zum routinierten Alltagsgeschäft werden.

Auf der anderen Seite spitzte sich trotz des Zugewinns an formaler Struktur und bürokratischer Rationalität der personale Zuschnitt des Gesamtsystems weiter zu. Freilich ließ der ergraute Diktator regieren und kümmerte sich selbst kaum um den politischen Alltag. Dennoch gelang es ihm jederzeit, die Verantwortlichen zu manipulieren, in laufende Verfahren zu intervenieren und dem politischen Prozess die Richtung zu weisen. Die patriarchale Autorität Stalins blieb unangetastet. So löste Stalin mit seinen Äußerungen zum militärischen Nutzen des Wolga-Don-Kanals im Frühjahr 1946 fieberhafte Planungstätigkeiten aus und bereitete damit die Rückkehr zur wasserbaulichen Gigantomanie vor. Auch die Grundsatzentscheidung zum forcierten Kraftwerkbau im Sommer 1949 wurde in enger Absprache zwischen den obersten Staats- und Parteiorganen und dem „weisen Führer“ getroffen, der in Personalunion dem Regierungs- und Parteiapparat als Vorsitzender des Ministerrats und Generalsekretär vorstand. Während die Kommissionen mit ihren Berichten und Entwürfen vielfach die notwendigen Vorarbeiten leisteten, traten in der entscheidenden Endphase des politischen Prozesses persönliche Begegnungen zwischen den verantwortlichen Planern und Stalin an die Stelle der Gremienarbeit und formaler Prozeduren. Diese Kompatibilität von bürokratischer Rationalität und patriarchaler Autorität ließ die spätstalinistische Sowjetunion zu einem neopatrimonialen Staatswesen werden.[184])

Die Kommissionen führten stets wirtschaftliche Gründe an, die für die Fertigstellung der aufwendigen „Großbauten des Stalinismus“ sprachen. Allerdings hatte die angestrengte Planungstätigkeit der verantwortlichen Experten und Politiker letztlich nur Erfolg, weil Stalin damals eine besondere Vorliebe für Kanäle und Riesenkraftwerke entwickelte, die wie keine anderen vergleichbaren Vorhaben den Triumph der Sowjetmacht zu demonstrieren schienen.[185]) Der „große Baumeister des Kommunismus“[186]) litt unter „einem besonders schweren Fall der Aquaphilie“[187]). Chruščev erklärte die Inangriff-

[183]) Kirstein 1979: 284.

[184]) Die Definition der spätstalinistischen Sowjetunion als „neo-patrimonal“ stammt von Gorlizki 2002. Ausführlich auch Gorlizki/Khlevniuk 2004.

[185]) Ivanova 2001: 87.

[186]) Velikie Strojki 1952: 130.

[187]) Goldman 1972: 220f.

nahme fragwürdiger Großprojekte wie des Turkmenischen Hauptkanals später damit, dass Stalin Ende der 1940er Jahre „offensichtlich schon seinen nahenden Tod spürte und begann, sich Denkmäler zu setzen, Denkmäler seiner Tätigkeit. Natürlich, der Bau eines Kanals – das ist ein großartiges Denkmal, einen künstlichen Fluss durch die Wüste fließen zu lassen. Und so nahm er die Karte und zeichnete dort, wo früher der Amu-Darja floss, einfach eine Linie. Und er begann sodann bauen zu lassen."[188]) Die „Großbauten des Kommunismus" waren offensichtlich auch Pyramiden des Stalinismus.

Nachdem die entscheidenden Erlasse für den Baubeginn im Sommer 1949 beschlossen worden waren, kümmerte sich Stalin zwar nicht mehr um die anfallenden Verwaltungs- und Planungstätigkeiten; aber seine Präsenz blieb weiterhin überwältigend, weil die Megaprojekte während der seit 1950 entfalteten Medienkampagne ihre Sammelbezeichnung als die „Stalinschen Großbauten des Kommunismus" erhielten. Das kam nicht von ungefähr. Zum einen wurden sie in einer Zeit in Angriff genommen, als anlässlich des 70. Geburtstags des Diktators 1949 der Personenkult seinen Höhepunkt erreichte;[189]) zum anderen feierten die Protagonisten der Großvorhaben Stalin nur zu gern als „Genie der Menschheit" und „Führer im Titanenkampf für das Glück der Menschheit"[190]). Indem sie den Hydrogiganten den Namen des Diktators gaben, erklärten sie diese zur Chefsache.[191])

Stalins Nachfolger, Nikita Chruščev, posierte gleichfalls vor dem riesigen Staudamm des Bratsker Flusskraftwerks. Für diesen Monumentalbau, der als wichtiges Schlüsselprojekt der Tauwetterperiode zelebriert wurde, hatte sich der neue Erste Sekretär persönlich stark gemacht,[192]) um in der ostsibirischen Taiga einen technologischen Wallfahrtsort für ausländische Staatsgäste zu schaffen.[193]) Ansonsten zeigte Chruščev keine besondere Euphorie für die Hydroenergetik und hielt Distanz zu ihren Protagonisten.[194]) Er begeisterte

[188]) Prezidium 2003: 605. Molotov hatte schon auf dem ZK-Plenum im Juli 1953, wenn auch indirekt, ohne den Namen Stalins zu nennen, auf die eigenmächtige Rolle des Diktator hingewiesen. Er gestand damals ein, dass niemand wüsste, „welche Institutionen oder führende Genossen" vor etwas mehr als drei Jahren auf der Dringlichkeit des Baus des Turkmenischen Hauptkanals bestanden und ihn schließlich durchgesetzt hätten. Vgl. Fall Berija 1993: 93f. u. 317; Berija 1999: 351f.

[189]) Vgl. dazu Bonnell 1997: 251-257; Brooks 2000: 198-201 u. 219-223.

[190]) Velikie Strojki 1951: 269; Sowjetmenschen 1951: 92.

[191]) Offiziell hieß es in der Propagandaliteratur, dass „das Sowjetvolk diese Anlagen mit dem Gefühl aufrichtigen Stolzes und wahrer Liebe die Stalinschen Großbauten des Kommunismus nannte". So Velikie Strojki 1952: 133 u. 149.

[192]) So erinnerte sich Petr Neporožnij, der spätere Minister für Energetik und Elektrifizierung, in Čelovek 1994: 37f.

[193]) Ingesamt besuchten 200 internationale Delegationen die entlegene Großbaustelle an der Angara. So Čelovek 1994: 111. Zu diesen Besuchen vgl. ausführlich die Propagandamaterialien in Bratskaja GES 1964: 453-501.

[194]) Beeindruckt schien Chruščev wohl nur noch vom mit sowjetischer Hilfe fertiggestellten Assuan Hochdamm in Ägypten gewesen zu sein, den er im Mai 1964 besuchte. Vgl. Chruschtschow 1971: 444f. Mehr Interesse zeigte er für den Kanalbau. So berichtete er am

sich vor allem für die Kernenergie und die Raumfahrt, die mit ihren bahnbrechenden Erfolgen den technologischen Enthusiasmus stärkten und eine neue Aufbruchstimmung schufen. Die gigantischen Flusskraftwerke waren nach 1953 keine Chefsache mehr.

Die zentralen Parteiorgane: Politbüro und Zentralkomitee

Das Verständnis der spätstalinistischen Herrschaftsordnung als neopatrimonial zielt darauf, die notwendige interpretative Balance zu halten. Während die Bedeutung der bürokratischen Rationalisierungs- und Konsolidierungsprozesse keineswegs überschätzt werden darf, hat sich zugleich die althergebrachte Lehrmeinung als unzutreffend erwiesen, die davon ausging, dass sich nach 1945 alle Institutionen von Staat und Partei in der „Säure des Despotismus" auflösten und nur minimale Maßnahmen ergriffen wurden, um die vollständige Atrophie der obersten Staats- und Parteiorgane zu verhindern.[195])

Bei der „Konversion der obersten Machtebene"[196]) nach Ende des Zweiten Weltkriegs ging es darum, durch eine bessere Systematisierung die Doppelstruktur politischer Macht übersichtlich zu gestalten und damit zu festigen. Die Analyse der Beziehungen zwischen Partei- und Regierungsapparat ist damit zentral für die Interpretation der sowjetischen Herrschaftsstrukturen.[197]) „Die Partei" wird im Folgenden nicht abstrakt als „ein Kürzel und ein Symbol für das Machtzentrum" untersucht, sondern als eine Institution und damit als „konkretes, vielschichtiges und hierarchisch strukturiertes Gebilde".[198]) Seine Spitze bildete das Politbüro (1952 in ZK-Präsidium umbenannt), seinen breiten Sockel das weitgespannte Netz regionaler und lokaler Parteikomitees. Die Partei verstand sich als „führende und lenkende Kraft" der Sowjetgesellschaft, als „Integrationspunkt aller Interessen".[199])

In den 1930er Jahren hatte das Politbüro als „leitender Kern" den staatlichen Einrichtungen seinen Willen aufgezwungen und diese eindeutig dominiert. In seiner Kabinettsfunktion war es mit dem Rat der Volkskommissare (*Sovet Narodnych Kommissarov*), der eigentlichen Regierung, verschmolzen. Differenzierungs- und Entflechtungsprozesse, die zur allmählichen Verschiebung des politischen Gravitationszentrums führten, setzten erst nach den Wirren des Großen Terrors 1937/8 in der unmittelbaren Vorkriegszeit ein. Vormalige Abhängigkeiten, vor allem im Bereich der Wirtschaftsadministration, be-

12. Oktober 1962 seinen Gefolgsleuten im Präsidium des Zentralkomitees von seinen Reiseerfahrungen, die er kurz zuvor bei einem offiziellen Besuch in Zentralasien gemacht hatte: „Ein Schiff fährt durch die Wüste, und drum herum Kamele und Sanddünen. Wüste, und du fährst auf einem Schiff. Das ist einfach unglaublich." Vgl. Prezidium 2003: 606.

[195]) Zu dieser traditionellen Sicht vgl. Fainsod 1963: 109; Rigby 1992: 27 u. 31.

[196]) Politbjuro 2002: 7.

[197]) Hough/Fainsod 1979: 448.

[198]) Kirstein 1985: 3.

[199]) Zit. nach Kirstein 1972: 13 u. 15. Ferner Teckenberg 1983: 84f.

gannen sich zu lockern.[200]) Dieser Entwicklungstrend setzte sich nach 1945 fort.[201]) Die Rückkehr zur bürokratischen Normalität bedeutete darum, dass sich das Politbüro verstärkt auf Themen und Probleme politischer Natur konzentrierte. Darunter zählten neben der Kader-, Kultur- und Außenpolitik die Belange der inneren Sicherheit und der Landesverteidigung. Zugleich formte Stalin das Politbüro in sein persönliches Machtinstrument um. Er passte das oberste Parteiorgan seinen persönlichen Gewohnheiten, seiner Lebensweise und seinem Arbeitsrhythmus an. Die Sitzungen fanden immer häufiger in Form von Gastmahlen und Trinkgelagen auf Stalins Datscha statt.[202]) Das so domestizierte Politbüro bot dem Diktator die Möglichkeit, seine Entourage zu überwachen, seine Vertrauten durch Intrigen gegeneinander auszuspielen und sie in ein System kollektiver Verantwortlichkeit einzubinden.[203]) Es erwies sich kaum mehr als Forum, wo die Spitzengenossen zusammenkommen sollten, um ein gemeinsames Verständnis von Politik zu erarbeiten. Die Zahl der tatsächlich im Politbüro getroffenen Entscheidungen fiel darum deutlich hinter den Vergleichswert der Vorkriegszeit zurück.[204])

Die Geschichte der „Großbauten des Kommunismus“ zeigt allerdings, dass der Bedeutungsverlust der obersten Parteiorgane im Spätstalinismus nicht überzeichnet werden darf. Sie sanken keineswegs zu „rein dekorativen Einrichtungen“[205]) herab, obwohl sich zweifellos eine Kluft zwischen Parteistatut und Parteiwirklichkeit auftat. Das Politbüro besaß innerhalb der politischen Prozesse weiterhin klar definierte institutionelle Zuständigkeiten und organisatorische Funktionen. So übte es 1949 in einer entscheidenden Phase eine Kontrollfunktion über die Kommissionen der Planungs- und Ministerialbürokratie aus; seine Mitglieder nahmen bei den Perspektivplanungen zum Kraftwerkbau ihr Informations- und Mitspracherecht in Anspruch. Während der Bauarbeiten übersah das Politbüro zusammen mit dem Zentralkomitee das gesamte Feld der politischen Information und trug Verantwortung dafür, dass der Kult um die „Großbauten des Kommunismus“ der sowjetischen Öffentlichkeit in der gewünschten Weise vermittelt wurde. Die obersten Parteior-

[200]) Chlewnjuk 1998: 348–360.

[201]) Vgl. schon die zeitgenössischen Beobachtungen in Rivalität 1953: 136–141, hier 136f.

[202]) Die besten Schilderungen der in Form von Gastmahlen stattfindenden Sitzungen finden sich immer noch in Chruschtschow 1971: 254–258, 286f. u. 301-311; Djilas 1962: 188–206.

[203]) Zur Entwicklung des Politbüros nach 1945 siehe Gorlizki 2001: 291-312; Gorlizki/Khlevniuk 2004: 58f., 106f. u. 170. Ferner Danilov 2000.

[204]) Die publizierten Tagesordnungspunkte der Politbüro-Sitzungen geben gute Auskunft darüber. Vgl. Politbjuro 2000/2001. Eine knappe Übersicht über die Zahl der getroffenen Entscheidungen gibt Rees 2004: 214.

[205]) Rivalität 1953: 136–141, hier 136f. Von einer „bureaucratic extension of the personality and dynamism of the dictator, a privileged chorus of sycophants who sang his praises and enforced his will“ sprach Fainsod 1963: 161. Ähnliche Schlussfolgerungen bei Conyngham 1973: 56f.; Kirstein 1985: 117; Gorlizki/Chlevnjuk 2004: 46–52; Zubkova 2004: 138f.

gane regelten ferner Kaderfragen, verteilten Auszeichnungen und bemühten sich, die Wissenschaft für die neuen Großvorhaben zu mobilisieren.[206])

Der 19. Parteitag im Oktober 1952 leitete schon vor Stalins Tod eine Revitalisierung des Parteilebens ein. Die *Pravda* kritisierte die Parteiorgane wegen ihres „Mangels an Intervention" (*nevmešatel'stvo*) und forderte von ihnen, fortan eine aktivere Führungsrolle im staatlichen und wirtschaftlichen Leben auszuüben. Die zentralen Staatsbehörden sahen sich wieder rüden Attacken ausgesetzt. Ministerialbeamten und Wirtschaftsfunktionären wurde „Augenwischerei bei der Planerfüllung" vorgeworfen und die „Tendenz" unterstellt, „ihre eigenen Ressortinteressen und die Personalpolitik über die allgemeinen staatlichen Interessen zu stellen" und damit Betriebe und Behörden „in ihre Pfründe zu verwandeln, ihre eigene ‚Ordnung', eigene ‚Disziplin' einzuführen und die Staatsdisziplin über Bord zu werfen". Der Ruf nach einer verbesserten Parteikontrolle, um entschieden gegen „Selbstgefälligkeit und bürokratische Selbstzufriedenheit" vorzugehen, ließ sich kaum überhören.[207])

Fraglich bleibt, ob die sich 1952 abzeichnende verstärkte Einflussnahme der Parteiorgane schon als „destalinization under Stalin" bezeichnet werden kann.[208]) Kaum zu bestreiten ist, dass nach Stalins Tod der neue Generalsekretär Chruščev dem eingeschlagenen Weg folgte, die Verteilung von Macht und Autorität umzugestalten. Seine bemühten Versuche, dem Parteiapparat innerhalb der sich ausdifferenzierenden sowjetischen Industriegesellschaft eine wichtige Koordinierungs- und Leitungsfunktion zuzuweisen, dienten nicht nur dazu, der Partei die Möglichkeit zu geben, durch ihre gestärkte Rolle eines maßgebenden Koordinators, Kontrolleurs, Organisators, Integrators und Regulators neue Legitimität zu erlangen. Die forcierten Parteiaktivitäten waren darüber hinaus sowohl Ziel als auch Mittel im Machtkampf, der nach Stalins Tod unter seinen Nachfolgern ausgebrochen war.[209]) Mit der Expansion der Parteikompetenzen schwächte der Erste Sekretär Chruščev seinen Widersacher Malenkov, der im Rahmen der neu verkündeten kollektiven Führung den Vorsitz im Ministerrat übernommen hatte. Dieser musste seinen Führungsposten aber schon im Frühjahr 1955 abtreten und geriet nach der missglückten Absetzung Chruščevs im Sommer 1957 endgültig ins politische Abseits.[210])

Im Bereich der Elektrizitätspolitik änderte sich die Rolle der obersten Parteiorgane allerdings kaum. Wie zuvor bei der Rückkehr zur wasserbaulichen

[206]) Zum Politbüro vgl. Politbjuro 2000/2001: 754, 802 u. 882. Zum Zentralkomitee siehe die Akten in RGASPI, 17/132/356, 29-36, 112-114; ebd., 357, 1-4; ebd., 33/183, 1-120.

[207]) Rivalität 1953: 141f. Um eine bessere Parteikontrolle zu erreichen, wurde der Apparat des Moskauer Zentralkomitees personell gestärkt. Die Zahl der Experten in den jeweiligen Abteilungen des ZK-Sekretariats stieg merklich an. Im April 1953 verfügte das Zentralkomitee schließlich über 1490 Mitarbeiter. Vgl. Gorlizki 1995: 2.

[208]) Gorlizki 1995.

[209]) Conyngham 1973: 65.

[210]) Vgl. zusammenfassend Merl 2001: 182-191, 200f., 226 u. 242ff.; Taubman 2003: 257-266 u. 300-324; Naumov 1996: 10-31.

Gigantomanie im Jahr 1949 stand die Debatte um die Prioritäten im Kraftwerkbau zwischen 1956 und 1958 auf der Tagungsordnung des Präsidiums des Zentralkomitees, wie das reformierte Politbüro seit Ende 1952 hieß. Trotz der Schlüsselstellung der Elektrizitätswirtschaft schenkten die Präsidiumsmitglieder ihr aber weit weniger Beachtung als anderen Branchen, wie z.B. der Chemieindustrie oder der Landwirtschaft. Dennoch holten die zuständigen Abteilungen des Sekretariats des Zentralkomitees zu einzelnen Projekten weitergehende Auskünfte ein.[211]) Sie ließen sich von den Befürwortern und Gegnern der Hydroenergetik auch über den Stand der Diskussion informieren. Allerdings ging beim energiepolitischen Kurswechsel keine Initiative von ihnen aus. Das Zentralkomitee beschränkte sich auf seine Funktion als Mobilisierungsagentur. Es wandte sich am 19. Mai 1956 mit einem leidenschaftlichen „gesellschaftlichen Aufruf" (*obščestvennyj prizyv*) an die sowjetische Jugend, um 500000 Komsomolzen, Studenten und Schüler dazu zu bewegen, ihre angestammte Lebenswelt zu verlassen. In Bratsk und auf anderen Großbaustellen in Sibirien fehle es allerorten an Arbeitskräften, so dass sich hier jungen Patrioten die großartige Gelegenheit biete, sich zu bewähren und aktiv am Aufbau des Kommunismus mitzuwirken.[212]) Die Arbeit in diesen Grenzregionen des technischen Fortschritts sei „eine ausgezeichnete Schule zur Erziehung tatkräftiger, unbeugsamer und willensstarker Menschen, die vor keinen Schwierigkeiten zurück stecken und die bereit sind, diese zu überwinden."[213])

Die Mitarbeiter des ZK-Apparats halfen außerdem mit, Großkonferenzen zu organisieren, um Behördenvertreter, Industriemanager, Planungsstrategen und Wissenschaftler zum Informations- und Erfahrungsaustausch zusammenzubringen. Eine der größten Veranstaltungen dieser Art war die im August 1958 in Irkutsk stattfindende Konferenz zur „Entwicklung der Produktivkräfte Ostsibiriens", bei der die geplanten Kraftwerkkaskaden an der Angara und dem Enisej im Mittelpunkt standen. Neben Repräsentanten der Moskauer Ministerialbürokratie und der obersten Parteiorgane reisten Vertreter zahlreicher Regionalbehörden, Planungsagenturen, Großunternehmen und von über 300 Forschungs- und Erschließungsinstituten zur Konferenz an.[214])

[211]) So forderten die zuständigen Experten des ZK-Apparats 1960 von der Leitung des Leningrader Instituts *Gidroenergoproekt* eine ausführliche Stellungnahme, nachdem sich der Ingenieuer A. Makeev institutsintern mit seinem Projekt für den Kraftwerkbau an der Zej, einem Nebenfluss des Amur', nicht hatte durchsetzen können. Unter starkem Rechtfertigungsdruck musste die Institutsleitung schließlich mehrere ausführliche Gutachten vorlegen, um die Ablehnung des Projekts stichhaltig zu begründen. Vgl. RGAE, F. 9572/1/1243, 166–214.

[212]) *Pravda*, 19. Mai 1956: 1f. Auch abgedruckt in Bratskaja GES 1964: 93–97 (dt. Übersetzung in: *Presse der Sowjetunion*, 1956: 1518). Im Jahr 1961 gab es einen ähnlichen Aufruf. Vgl. Zykov 1969b: 176; Drozdov 1975: 14f.

[213]) Auf zu neuen Großtaten 1956.

[214]) Die Ergebnisse dieser Konferenz sind zusammengetragen in Razvitie 1960. Gleichfalls auf Betreiben des Zentralkomitees wurde 1962 eine vergleichbare Veranstaltung zum energetischen Bauwesen organisiert. Zu diesen Großkonferenzen vgl. Zykov 1969b.

Der Regierungsapparat: Der Ministerrat und die Ministerien für Kraftwerke und Kraftwerkbau

Die Imperative des ökonomischen Wiederaufbaus hatten nach 1945 unübersehbar zu einem Bedeutungszuwachs der staatlichen Wirtschafts- und Planungsbürokratie geführt. Das fand seinen offenkundigsten Ausdruck darin, dass Stalin den Rat der Volkskommissare am 19. März 1946 in Ministerrat (*Sovet Ministerov*) umbenennen ließ.[215]) Er hatte auf der Sitzung des Zentralkomitees zwei Tage zuvor erklärt, der Titel des Kommissars stehe „für die Periode des revolutionären Umbruchs [...] Aber diese Zeit ist jetzt vorbei. Unser Sozialsystem hat nun feste Formen angenommen und ist aus Fleisch und Blut gemacht. Deshalb ist es an der Zeit, den Titel des ‚Volkskommissars' durch den des ‚Ministers' zu ersetzen."[216]) Der unter Mitwirkung Stalins verfasste und am 8. Februar 1947 verabschiedete Erlass stellte dann die institutionelle Zuständigkeit des Ministerrats auf eine feste Grundlage. Fortan konnte das oberste Regierungsorgan zu vielen Wirtschafts- und Verwaltungsfragen eigenständig Beschlüsse fassen, ohne vorher das Politbüro informieren zu müssen. Stalin stand als Vorsitzender zwar offiziell dem Ministerrat vor; in der Nachkriegszeit nahm er jedoch an dessen Sitzungen nicht teil. Er überließ es seinen Favoriten, die Kabinettsarbeit zu regeln. Mit seinem spezialisierten und hierarchisierten Kommissionswesen stieg der Ministerrat immer mehr zur exekutiven Kerninstitution auf, die verwaltete und die Politik gestaltete.[217])

Die Entwicklung des Regierungsapparats kennzeichneten miteinander verzahnte Konzentrations- und Differenzierungsprozesse. Infolge der Ausgliederung neuer Ressorts gab es im Februar 1947 schon insgesamt 57 Ministerien sowie elf Hauptverwaltungen und Staatskomitees, deren Vertreter das Recht und die Pflicht hatten, an den Sitzungen des Ministerrats teilzunehmen. Angesichts dieser „inflation of the staff of the Council of Ministers"[218]) bildete sich eine neue supraministerielle Ordnung aus.[219]) Die eigentliche Regierungsarbeit verlagerte sich in das Büro des Ministerrats, später Präsidium genannt. In ihm kamen nur die stellvertretenden Vorsitzenden des Ministerrats zusammen. Ihre Zahl stieg zwischen 1947 und 1950 von zuerst acht auf schließlich vierzehn. Am 7. April 1950 wurde dann mit dem Büro des Präsidiums ein noch kleineres Entscheidungsorgan eingerichtet. Ihm gehörten nur die sechs, später dann die neun einflussreichsten stellvertretenden Vorsitzenden des Ministerrates an. Während das Präsidium des Ministerrats nur alle zehn Tage zusammentraf, tagte das Büro des Präsidiums zweimal in der Woche. Zusammen bildeten diese beiden exklusiven Machtgremien eine Art inneres Kabinett. Nach Stalins Tod wurde das Büro des Präsidiums aufgelöst. Das änderte allerdings

[215]) Das Gesetz ist abgedruckt in Politbjuro 2002: 25.
[216]) Zit. n. Sovet Narodnych Komissarov 1999: 14.
[217]) Gorlizki/Khlevniuk 2004: 52–65.
[218]) Zaleski 1980: 17.
[219]) Crowfoot/Harrison 1990: 43. Ferner Politbjuro 2002: 42.

wenig an der Struktur und Funktion des Ministerrats, dessen aufgewertetes Präsidium fortan allein das Herzstück des sowjetischen Regierungsapparats bildete.[220])

Die stellvertretenden Vorsitzenden des Ministerrats übernahmen in der Nachkriegszeit die Rolle sogenannter „overlords“[221]) oder „oligarchs of Team-Stalin“[222]). Sie waren für mehrere Ministerien zuständig, die in sogenannten Sektionsbüros zusammengefasst waren, um innerhalb bestimmter Wirtschaftsbereiche Entwicklungsprogramme koordinieren und die Umsetzung der Planungen besser kontrollieren zu können.[223]) So war 1947 das Sektionsbüro für Brennstoffe und Elektrizitätskraftwerke eingerichtet worden. Ihm stand anfänglich Lavrentij Berija vor, später dann Maksim Saburov, der während der hitzigen Planungsphase der Jahre 1948/49 die politische Verantwortung für den Kraftwerkbau trug.[224]) Als sich im Januar 1950 der Apparat des Ministerrats weiter ausdifferenzierte, kam es zur Gründung des neuen Sektionsbüros für Chemie und Kraftwerke, das Michail Pervuchin als Vorsitzender leitete.[225])

Ein eigentümlicher „fission-fusion cycle“[226]) bestimmte zwischen 1940 und 1962 die Geschichte der sowjetischen Ministerien.[227]) Die wechselhaften Prozesse von Aufspaltung und Zusammenlegung veranschaulichte die Entwicklung der elektrizitätswirtschaftlichen Ressorts. Die Volkskommissariate/Ministerien für Kraftwerke, Elektroindustrie und Kraftwerkbau wurden wiederholt getrennt und dann erneut vereinigt.[228])

220) Vom „real Council of Ministers“ sprach Zaleski 1980: 17. Vgl. ferner Gorlizki/Chlevnjuk 2004: 54ff.; Crowfoot/Harrison 1990: 39; Politbjuro 2002: 83, 97, 102 u. 539-563.

221) Nove 1967: 65f.; Dunmore 1984: 16f. Dunmore bezeichnete die „overlords“ wegen ihrer Machtfülle in den jeweiligen Wirtschaftssparten sogar als „little Stalins“.

222) Wheatcroft 2004: 102. Vom „inner core of the confidants“ sprachen Hough/Fainsod 1979: 184.

223) Die Namen der stellvertretenden Vorsitzenden des Ministerrates und ihre „Dienstzeiten“ in dieser Funktion finden sich bei Zaleski 1980: 17, Fn. 44.

224) Gorlizki/Khlevnjuk 2004: 55.

225) Politbjuro 2002: 79f. Dem Sektionsbüro gehörten neben Pervuchin auch Žimerin, N.N. Kalmykov, B.I. Dončenko und S.M. Tichomirov, der Minister für Chemieindustrie, an. Im November 1952 wurde das Sektionsbüro „Maschinenbau und Elektroindustrie“ unter der Leitung von V. A. Malyšev eingerichtet. Es war für bestimmte Bereiche zuständig, die eng mit dem Kraftwerkbau verbunden waren. Vgl. dazu ebd., 99.

226) Crowfoot/Harrison 1990: 43.

227) Nach dem Höchststand von 57 Ministerien im Februar 1947 sank die Zahl der Ministerien bis 1949 zuerst auf 48 und im März 1953 sogar auf nur noch 25. Dann drehte der Trend kurz erneut um. Im April 1954 gab es schon wieder 46 Ministerien, deren Zahl sich bis zum Januar 1957 auf 52 erhöhte. Vgl. Sovet Narodnych Komissarov 1999: 15-20; Nove 1967: 64; Crowfoot/Harrison 1990: 45-49; Ežov 1999: 13f.; Zaleski 1980: 19f.; Politbjuro 2002: 102f. Der Prozess der Ausdifferenzierung der Ressorts hatte schon vor 1941 begonnen. Vgl. Gregory 2004: 177ff.

228) Sovet Narodnych Komissarov 1999: 91 u. 104ff.; Ivkin 1999: 73-77. Gute Übersicht bei Zaleski 1980: 706.

Tabelle 4: Volkskommissare und Minister für Kraftwerke und Kraftwerkbau, 1939–1985

	Name der Volkskommissariate/Ministerien	Volkskommissar/Minister
24.01.39–14.04.40	Volkskommissariat für Kraftwerke und Elektroindustrie	Michail Pervuchin
17.04.40–16.01.42	Volkskommissariat/Ministerium für Kraft-	Andrej Letkov
16.01.42–05.03.53	werke (aufgespalten, dann umbenannt)	Dmitrij Žimerin
05.03.53–17.04.54	Ministerium für Kraftwerke und Elektroindustrie (umbenannt)	Michail Pervuchin
22.11.54–09.02.55	Ministerium für Kraftwerke (aufgespalten)	Aleksej Pavlenko
09.02.55–29.06.57		Georgij Malenkov
29.06.57–10.05.57	Ministerium für Kraftwerkbau	Aleksej Pavlenko
22.11.54–10.05.57		Fedor Loginov
10.05.57–31.12.58	Ministerium für Kraftwerke (fusioniert mit dem Ministerium für Kraftwerkbau)	Aleksej Pavlenko
31.12.58–26.09.62	Ministerium für Kraftwerkbau (umbenannt)	Ignatij Novikov
26.09.62–24.11.62	Staatskomitee/Ministerium für Energetik	Ignatij Novikov
24.11.62–22.03.85	und Elektrifizierung (umbenannt)	Petr Neporožnij

Quelle: Sovet Narodnych Komissarov 1999: 91 u. 104ff.; Ivkin 1999: 73–77.

Die institutionellen Veränderungen der Ministerien stellten lediglich „Versuche differenzierter Verwaltung unter gleichbleibenden Systembedingungen" dar.[229]) Die Probleme blieben häufig die gleichen und weiterhin ungelöst. Mit Hinblick auf den massiven Aufschwung des Kraftwerkbaus seit 1948 gelang es den Verantwortlichen nicht, leistungs- und tragfähige bürokratische Strukturen zu etablieren.[230]) So ging durch die Ressortzusammenlegung zwischen 1952 und 1954 die Zahl der Beamten in den Zentralbehörden insgesamt um zwanzig Prozent zurück. Innerhalb des mit dem Ministerium für Kraftwerkbau fusionierten Ministeriums für Kraftwerke gab es infolge einer exzessiven internen Ausdifferenzierung 366 administrative Einheiten, die vielfach nicht mehr als eine Handvoll Bedienstete beschäftigten. Die Zahl der Abteilungsleiter und ihrer Stellvertreter war außerordentlich groß, die der Mitarbeiter, denen es oblag, die eigentlichen Verwaltungsaufgaben auszuführen, hingegen unzureichend.[231]) Im Februar 1954 beklagte sich die Leitung des Ministeriums über „ernsthafte Mängel in der Arbeit des Apparats". Die zahllosen Abteilungsleiter seien nur mit der „Zusammenstellung unzähliger Anordnungen, Schreiben, Auskünfte und anderer unwichtiger Papiere" überlastet. So würden pro Tag im Ministerium bis zu 9000 Dokumente ausgestellt. Das führe zu einem „kanzleimäßig-bürokratisch-papiernen" Arbeitsstil und zu einem aku-

[229]) Plaggenborg 2001a: 31.
[230]) So schon Michel/Klain 1964: 219.
[231]) Crowfoot/Harrison 1990: 49.

ten Defizit an „aktiver operativer Führung".[232] Wie andere Ministerien stellte auch das Ministerium für Kraftwerke ein „semi-autonomous mini-empire"[233] und einen kaum beweglichen Koloss dar. Im Juli 1954 waren auf den Kraftwerkbaustellen und in den dem Ministerium unterstellten Fabriken, Instituten und Behörden insgesamt 799 630 Mitarbeiter tätig, zuzüglich 102 112 Wachleuten und einem Heer von 82 270 Verwaltungsbeamten. Die Verschlankung des Apparats erschien dringend notwendig, um durch den Verzicht auf unnötige Papierarbeiten und überflüssige Posten kompetente Leute für die eigentlich wichtigen Arbeiten freistellen zu können.[234] Die Verwaltungsreform wurde allerdings immer wieder aufgeschoben oder nur halbherzig durchgeführt. Erst im Juni 1957 nutzten die Verantwortlichen die erneute Fusion der Ministerien für Kraftwerke und Kraftwerkbau für einen drastischen Personalabbau und zur Schaffung übersichtlicherer administrativer Strukturen.[235]

Die für Flusskraftwerke zuständigen Abteilungen und Unterabteilungen wurden in den jeweiligen Ministerien für Kraftwerke und Kraftwerkbau mehreren sogenannten Hauptverwaltungen (*Glavnye Upravlenija*, kurz *Glavki*) zugeordnet.[236] In der Zeit von 1948 bis 1962 wurden diese wiederholt umbenannt, zusammengelegt oder erneut unterteilt. Als zweifellos wichtigste Hauptverwaltung mit Allunionsverantwortlichkeit koordinierte *Glavgidroenergostroj*, die Hauptverwaltung für den Bau von Flusskraftwerken, das Geschehen auf zahlreichen Großbaustellen, löste dort die anfallenden Versorgungs- und Arbeitskräfteprobleme und trug Verantwortung für Planungen und Planerfüllung.[237]

Das Ministerium für Innere Angelegenheiten (MVD) und das GULag-System

Die Aufbauwerke des Stalinismus, insbesondere der Bau von Kanälen und Flusskraftwerken, hatten das Volkskommissariat für Innere Angelegenheiten (NKVD) und seine Hauptverwaltung der Lager (*Glavnoe Upravlenie Lagerej*), GULag abgekürzt, schon in den 1930er Jahren zu einem mächtigen Wirtschaftsimperium und praktisch zu einem „Staat im Staat" aufsteigen lassen. Mit seinen Zuständigkeiten für die Fertigstellung zahlreicher Plangiganten wuchs der „Lager-Industrie-Komplex"[238] derart rasant, dass die Verantwortlichen des GULag-Systems ihren Verwaltungsapparat reorganisieren und ausdifferenzieren mussten. Sie richteten nach dem Branchenprinzip spezialisierte Abteilungen

[232] RGAE, 7964/11/1561, 2-5, Zitate 2-3.
[233] Filtzer 2002: 261.
[234] RGAE, 7964/11/1557, 7 u. 10.
[235] Nosov 1984: 45.
[236] Zur Funktion der ministeriellen Hauptverwaltungen vgl. Zaleski 1980: 32ff. u. 485f.; Nove 1980: 27 u. 92ff.
[237] Nosov 1984: 44–47.
[238] Sistema 1998: 46, 55 u. 62.

(*Otdelenija*) und Sektoren (*Sektory*) ein, unter denen der im August 1935 gegründete Sektor für das hydrotechnische Bauwesen einer der bedeutendsten und größten war.[239]) Im September 1940 wurden dann die wichtigsten Produktionsabteilungen aus dem GULag-Apparat ausgegliedert und zu eigenen Hauptverwaltungen aufgewertet. So entstand die Hauptverwaltung der Lager des hydrotechnischen Bauwesens, die unter dem Akronym *Glavgidrostroj* bekannt wurde und die unterschiedliche wasserbauwirtschaftliche Bau- und Planungsarbeiten im Rahmen der Lagerwirtschaft koordinierte.[240])

Nach Ausbruch des Zweiten Weltkriegs und dem vorläufigen Verzicht auf die Fertigstellung geplanter Kanal- und Kraftwerkbauten verlor *Glavgidrostroj* am 1. November 1941 wieder seinen eigenständigen administrativen Status und wurde der Hauptverwaltung für Industriebauten (*Glavpromstroj*) als Abteilung unterstellt.[241]) Mit dem erneuten Aufschwung der Kanal- und Kraftwerkbauten erhielt *Glavgidrostroj* am 10. November 1947 seine vormalige Eigenständigkeit zurück.[242]) Damals beschäftigte *Glavgidrostroj* schon 22771 Mitarbeiter und war für acht Lagerkomplexe und Großbaustellen zuständig.[243])

Nachdem sich das Ministerium für Innere Angelegenheiten die Zuständigkeit für die fünf „Großbauten des Kommunismus" gesichert hatte, expandierten die Verwaltungsarbeiten weiter, so dass im November 1949 eine erneute administrative Reorganisation unumgänglich erschien. Für die Wolga-Kraftwerke bei Kujbyšev und Stalingrad und den Turkmenischen Hauptkanal wurden mit *Kujbyševgesstroj*, *Stalingradgesstroj* und *Sredazgidrostroj* drei neue Bautrusts gegründet, die wegen ihrer herausragenden Bedeutung keiner Hauptverwaltung, sondern direkt dem Innenminister unterstellt wurden.[244]) Der Großteil des nun aufgelösten *Glavgidrostroj* verschmolz mit *Volgodonstroj*, der für den Wolga-Don-Kanal zuständigen Bauorganisation, die fortan unter dem kaum auszusprechenden Akronym *Glavgidrovolgodonstroj* als die hydrotechnische Hauptverwaltung des Innenministeriums bekannt wurde.[245]) Nach Fertigstellung des Wolga-Don-Kanals erhielt *Glavgidrovolgodonstroj* im

[239]) GULAG 2000: 235–248, hier bes. 247; Stalinskie Strojki 2005: 9. Im Februar wurde der Sektor in „Hydrotechnische Abteilung" (*gidrotechničeskij otdel*) umbenannt.

[240]) GULAG 2000: 270 u. 340f.; Stalinskie Strojki 2005: 10f. u. 20f.; Sistema 1998: 45 u. 107; Kokurin/Petrov 2000/5: 108; Lubjanka 2003: 25 u. 138; Zum Leiter ernannte man Jakov D. Rapoport, der innerhalb des GULag-Systems als Leiter von Lagerkomplexen für den Bau des Weißmeer-Ostsee-Kanals, des Moskau-Wolga-Kanals und der Flusskraftwerke am Wolga-Oberlauf Karriere gemacht hatte. Zu seiner Biographie vgl. GULAG 2000: 844.

[241]) Sistema 1998: 47 u. 107; Stalinskie Strojki 2005: 12; Lubjanka 2003: 31 u. 138.

[242]) Sistema 1998: 106f.; Stalinskie Strojki 2005: 13f.; Lubjanka 2003: 138. Zum Leiter wurde erneut Rapoport ernannt.

[243]) GULAG 2000: 329. Ähnliche Zahlen in Sistema 1998: 107.

[244]) Sistema 1998: 57 u. 107; Lubjanka 2003: 65 u. 71. Im Jahr 1951 wurde schließlich der stellvertretende Innenminister P.K. Georgievskij damit beauftragt, sich intensiv um die neuen Bautrusts zu kümmern, um anfallende Probleme unverzüglich zu lösen. Vgl. Kokurin/Morukov 2001/20: 114f.

[245]) Stalinskie Strojki 2005: 110f. u. 137–140.

Juli 1952 eine neue Aufgabe. Unter dem geänderten Namen Hauptverwaltung der Lager für den Bau des Wolga-Ostsee-Schifffahrtswegs (*Glavgidrovolgobaltstroj*) koordinierte sie die aufwendigen Bauarbeiten an Kanälen, Kraftwerken und Schleusenanlagen, um die Binnenschifffahrt im europäischen Landesteil der Sowjetunion grundlegend zu verbessern.[246])

Nach Stalins Tod und der Reorganisation des „Lager-Industrie-Komplexes" ging *Glavgidrovolgobaltstroj* an das Ministerium für die Meeres- und Binnenschifffahrt über, *Kujbyševgesstroj* und *Stalingradgesstroj* an das Ministerium für Kraftwerke.[247]) Der Bautrust *Sredazgidrostroj* wurde wegen der Einstellung der Bauarbeiten am Turkmenischen Hauptkanal aufgelöst. Seinen Maschinenpark und seine Kader verleibten sich andere Bautrusts ein.[248])

Diese durch die administrative Neuordnung notwendige Umverteilung verlief keineswegs problemlos. So beklagte sich das Ministerium für Kraftwerke im März 1953 beim Ministerrat darüber, dass die Bautrusts für die Wolga-Kraftwerke bei Kujbyšev und Stalingrad wichtige Teile des Maschinenparks erhalten sollten, der zuvor beim Bau des Wolga-Don-Kanals zum Einsatz gekommen war. Allerdings war vorgesehen, die speziell entwickelten 22 großen Saugbagger und bedeutende Fabriken für Baustoffe dem Ministerium für Meeres- und Binnenschifffahrt zuzuweisen. Pervuchin, damals Minister für Kraftwerke, drohte in dem Verteilungskonflikt laut damit, es könne bei den prestigeträchtigen Giganten an der Wolga zu erheblichen Verzögerungen und Planrückständen kommen, wenn die Ressourcen von *Glavgidrovolgobaltstroj* lediglich für den Ausbau der Wasserstraßen eingesetzt würden. Er erreichte schließlich, dass zahlreiche Saugbagger zu den Baustellen der beiden Wolga-Kraftwerke transferiert wurden.[249])

Der Aufstieg einer „neuen Garde" in der zentralen Partei- und Staatsbürokratie

Die Reorganisationsprozesse der obersten Partei- und Staatsapparate gingen mit bedeutenden personellen Veränderungen einher. Neben der „alten Garde" von Stalins Kampfgefährten, die seit den 1920er Jahren als enge Vertraute in seine Politik eingespannt waren (Molotov, Kaganovič, Mikojan, Vorošilov), etablierte sich eine neue Generation von politischen Aufsteigern (Berija, Malenkov, Voznesenskij, Pervuchin, Saburov, Žimerin, Novikov, Pavlenko u.a.).[250])

[246]) Sistema 1998: 115; Stalinskie Strojki 2005: 14–19 u. 118; Lubjanka 2003: 138; Kokurin/Morukov 2001/20: 119f.

[247]) Zum Übergang der für die „Großbauten des Kommunismus" zuständigen Bautrusts vom Innenministerium an die zuständigen Wirtschaftsministerien vgl. Stalinskie Strojki 2005: 19f.; Sistema 1998: 125; Lubjanka 2003: 138.

[248]) GULAG 2000: 788–791; Stalinskie Strojki 2005: 20; Sistema 1998: 57 u. 124; Kokurin/Požarov 1996.

[249]) RGAE, 7964/11/1320, 1 u. ebd., 1321, 8–9;

[250]) Vgl. zusammenfassend zum Aufstieg der „neuen Garde" Zubkova 2004: 140f.; Mawdsley 2004: 71ff.

Nach der Großen Säuberung von 1937/38 in Führungsämter aufgestiegen, einte diese „Sieger des Terrors“[251]) die Altersgenossenschaft und ein ähnlicher Werdegang. Sie waren fast alle in den Jahren zwischen 1902 und 1907 geboren. Als herausragende Repräsentanten der sogenannten Brežnev-Generation hatten sie technische Fachhochschulen besucht und eine Ingenieurausbildung durchlaufen.[252]) Politisch bewährten sie sich zuerst im Rahmen des Parteiapparats, um sodann mit wichtigen Aufgaben in der Wirtschaftsadministration betraut zu werden. Im Zweiten Weltkrieg waren viele von ihnen als tatkräftige Manager an der Heimatfront aufgefallen. Sie arbeiteten sich in den Apparaten der Wirtschaftsadministration hoch und entwickelten einen starken Ressortgeist und eine „departmental identity“[253]). In wichtigen Staatsbehörden hatten sie bald Stellvertreterposten inne und stiegen im Rahmen der Ressortaufteilungen zu Vorsitzenden und Ministern auf. Diese „postpurge elite“ trug zur „expansion of managerial representation“[254]) in den obersten Staats- und Parteiorganen bei.[255])

Neben ihrem politischen Durchsetzungsvermögen, ihren guten Insiderkenntnissen und dem Rückhalt in den Apparaten brachten sie etwas ein, was im Zuge der Ausdifferenzierung der Volkswirtschaft und der Staatsverwaltung besonders gefragt war, nämlich ökonomisch-technisches Fachwissen. Während die Präsenz der „alten Garde“ in den obersten Staats- und Parteiorganen diesen Autorität verlieh, führte der Aufstieg der „neuen Garde“ zu einem stärkeren Einfluss von Sachverstand.[256]) Die aufstrebenden Repräsentanten der „neuen technisch-administrativen Intelligenz“[257]) galten als *chozjajstvenniki*, also als Verwaltungs- und Wirtschaftsfachleute. Westliche Sozialwissenschaftler stellten sie später als „Technokraten“, „Manager“ und „Optimierer“ derjenigen Gruppe von Parteifunktionären gegenüber, die als „Ideologen“ und „Dialektiker“ nur wenig Verständnis für volkswirtschaftliche und administrative Sachzwänge aufbrachten.[258])

[251]) Hildermeier 1998a: 673. Von den „men of 1938“ sprachen Armstrong 1961: 330f. und Beach 1969: 191. Die Termini „class of '38“ und „late Stalinist elite“ verwenden Mawdsley/White 2000: 92.

[252]) Vgl. allgemein zum Profil der Brežnev-Generation Beach 1969; Rigby 1972: 3-23; Bailes 1978: 6 u. 267f.; Hough/Fainsod 1979: 469ff.; Fitzpatrick 1992: 149-182; Beyrau 1993: 145ff.; Hildermeier 1998a: 680ff., 714f. u. 776-783; Mawdsley/White 2000: 108-126 u. 133ff.; Duskin 2001: 7f.

[253]) Azrael 1966: 121.

[254]) Azrael 1966: 104.

[255]) Crowfoot/Harrison: 49-53.

[256]) Gorlizki/Chlevnjuk 2004: 56f. Die Bezeichnungen „junge/neue“ und „alte Garde“ finden sich schon in Chruschtschow 1971: 255ff.

[257]) Hildermeier 1998a: 673.

[258]) Vgl. zu dieser Unterteilung z.B. Zubkova 2004: 141; Azrael 1966: 4.

Die Planungszentren: Gidroenergoproekt und Gidroproekt

So wichtig die „neue Garde" der Minister, ihre Ressorts, Hauptverwaltungen und Bautrusts für die Geschichte der „Großbauten des Kommunismus" waren, die eigentlichen Planungs- und Bauarbeiten wurden vor allem von zwei bedeutenden Projektierungs- und Erschließungsinstituten getragen. Im Bereich der Wasserwirtschaft und des Kraftwerkbaus hatte das dem Ministerium für Kraftwerke zugeordnete *Gidroenergoproekt* die längste Geschichte. Sie lässt sich bis in die Jahre des Ersten Weltkriegs zurück verfolgen.[259]) Die Vorläuferorganisationen von *Gidroenergoproekt* hatten in den 1920er und 1930er Jahren Arbeiten für die prestigeträchtigen Kraftwerkriesen an der Svir', am Volchov und Dnepr' übernommen und sich an der Ausarbeitung des Plans der Großen Wolga beteiligt. Zur eigentlichen Institutsgründung kam es 1936, als die beiden konkurrierenden Organisationen *Gidroelektroproekt* und *Niževolgostroj* zu *Gidroenergoproekt* verschmolzen.[260])

Die Mitarbeiter dieses neuen Projektierungs- und Erschließungsinstituts erstellten das erste umfassende Kataster für 1477 sowjetische Flüsse, das weitere Planungen anstieß. Nach dem Zweiten Weltkrieg setzte sich *Gidroenergoproekt* insbesondere für den Aufschwung der Hydroenergetik in Sibirien ein. So trug es in den 1950er Jahren die Verantwortung für den Bau der Kraftwerkriesen bei Novosibirsk und Bratsk und für die Planungen zur Kaskadisierung der Flüsse Angara, Enisej und Ob'. Im Jahre 1958 koordinierten die Mitarbeiter von *Gidroenergoproekt* nicht nur die laufenden Bauarbeiten von 35 Flusskraftwerken, sondern hatten darüber hinaus Projekte für 275 weitere Großvorhaben erarbeitet. Von 1936 bis 1957 hatte sich die Mitarbeiterzahl von *Gidroenergoproekt* schließlich auf 11 800 fast vervierfacht. Knapp die Hälfte davon waren Ingenieure und Techniker. Neben dem Ausbau des Leningrader Instituts war es zur Gründung von Abteilungen und Filialen in Moskau, Char'kov, in Taškent, Tbilisi, Baku und Erevan gekommen.[261])

Besonders eng ist die Geschichte der „Großbauten des Kommunismus" mit dem kometenhaften Aufstieg des Moskauer Projektierungs- und Erschließungsinstituts *Gidroproekt* verbunden, das im Rahmen des Wirtschaftsimperiums des Volkskommissariats/Ministeriums für Innere Angelegenheiten wichtige Planungsarbeiten ausführte, technische Dokumentationen für die einzelnen Baumaßnahmen erstellte und darüber hinaus entscheidenden Einfluss auf Entscheidungsprozesse nahm. Offiziell wurde es im April 1942 gegründet, als man die unterschiedlichen hydrotechnischen Büros und Kontore des NKVD wie *Volgostroj* zu einem einheitlichen Institut zusammen-

[259]) Grigor'ev 1981: 52.

[260]) Nosov 1984; Sproge 1999: 479; Voznesenskij 1958: 219f.; Michajlov/Jurinov 1980: 9f.

[261]) RGAE, 7964/3/2071, 2; Voznesenskij 1958: 220f., 226 u. 250–253; Davydova/Burjak 1981: 67. In den folgenden fünf Jahren ging die Zahl der Beschäftigten angesichts der neuen elektrizitätswirtschaftlichen Prioritäten auf 9230 zurück. Vgl. RGAE, 9572/1/1941, 139.

fasste.[262]) Als im September 1949 die Bauarbeiten an den „Großbauten des Kommunismus" begannen, wertete man den administrativen Status von *Gidroproekt* auf und stellte es mit den großen Bautrusts wie z.B. *Kujbyševgesstroj* gleich.[263]) Im März 1953 ging *Gidroproekt* vom Innenministerium an das Ministerium für Kraftwerke über und konnte dabei seine privilegierte Stellung wahren.[264])

Zum Zeitpunkt seiner Gründung 1942 hatte *Gidroproekt* lediglich 72 feste Stellen,[265]) sechs Jahre später allerdings schon 2870 Mitarbeiter, darunter 1103 Ingenieure und Techniker.[266]) Mit der Übernahme der Verantwortung für die „Großbauten des Kommunismus" vervierfachte sich zwischen 1948 und 1953 der Umfang der ausgeführten Projektierungs- und Erschließungsarbeiten von 55 auf 228 Millionen Rubel. Im Januar 1953 waren darum 11760 Mitarbeiter bei *Gidroproekt* beschäftigt, von denen über 5000 als Ingenieure und Techniker tätig waren.[267]) In der zweiten Jahreshälfte von 1951 entsandte das Moskauer Institut allein über 2000 Mitarbeiter nach Kujbyšev. Organisiert in vier großen Expeditionen, erstellten sie vor Ort die notwendigen Pläne und Dokumentationen für das Großkraftwerk.[268])

Schon 1950 hatte *Gidroproekt* nicht nur in Kujbyšev eine Filiale eingerichtet, sondern auch in Leningrad und Stalingrad. 1953 kam eine weitere in Taškent und zu Beginn der 1960er Jahre noch eine Filiale in Alma-Ata hinzu. In Dedovsk gab es ein spezialisiertes Konstruktionsbüro und Baukontor, in Tušino vor den Toren Moskaus ein großes Laboratorium und am Fluss Schodno ein Miniaturversuchskraftwerk. *Gidroproekt* verfügte ferner über eigene Reparaturwerkstätten, Ausrüstungslager und Fuhrparks.[269]) Zudem unterhielt

[262]) In der offiziellen Institutsgeschichte wird allgemein 1930 als Gründungsjahr von *Gidroproekt* angegeben, als hinter der Lubjanka in Moskau ein Konstruktionsbüro eingerichtet wurde, das für die Planung des Weißmeer-Ostsee-Kanals zuständig war. Vgl. z.B. Michajlov/Jurinov 1980: 9f.; Jurinov 1969: 13f. Zum Gründungserlass von 1942 vgl. Stalinskie Strojki 2005: 12; Zaključennye na strojkach kommunizma 2008: 121f.

[263]) Stalinskie Strojki 2005: 16.

[264]) Ebd; Russo 1958: 266. Das offizielle Übergabedokument (*akt peredači*) findet sich in RGAE, 7964/11/1450.

[265]) Kokurin/Petrov 2000/9: 122.

[266]) GARF, 9417/3/49, 6–7; ebd., 9401/2/269 (Teil 1), 29. An anderer Stelle ist schon von 3340 Beschäftigten, darunter 1219 Ingenieuren und Technikern die Rede. Vgl. ebd., 26 u. 12.

[267]) RGAE, 7964/11/1450, 2-3. Nachdem es in den Jahren nach Stalins Tod zu einem allgemeinen Stellenabbau in den Zentralbehörden gekommen war und sich 1958 der Kurs der sowjetischen Energiepolitik geändert hatte, verkleinerte sich die Belegschaft von *Gidroproekt*. 1960 hatte das Institut aber weiterhin 7803 Mitarbeiter, darunter über 5200 Ingenieure und Techniker. Vgl. RGAE, 9572/1/1226, 4. Vergleichbare Zahlen für 1959 finden sich in RGAE 7964/3/2068, 145 u. 147.

[268]) GARF, 5446/81b/6524, 15-16; Koval'ev 1964: 20f. Zur Filiale in Kujbyšev vgl. für das Jahr 1953 auch RGAE, 7690/5/318, 146.

[269]) Zu den Versuchsanlagen, Abteilungen und Filialen und den Maßnahmen zur Unterstützung von *Gidroproekt* vgl. GARF, 5446/80a/7582, 1-98; RGAE, 7964/3/2068, 24–25; ebd., 11/1450, 2-3; ebd., 9572/1/1226, 4.

das Institut eine ausgezeichnete Fachbibliothek. Eine eigene Übersetzungsabteilung sorgte dafür, dass den Forschungs- und Entwicklungsingenieuren sowie den Leitern der Projektierungs- und Erschließungsexpeditionen relevante fremdsprachige Aufsätze und Bücher zugänglich gemacht wurden.[270])

Die Mitarbeiter von *Gidroproekt* galten als Beschäftigte des Innenministeriums. Sie erhielten deshalb Privilegien und Zuschläge. Das Leitungspersonal bekam Offiziersränge zugesprochen und trug entsprechende Uniformen und Abzeichen, was sie deutlich von den üblichen sowjetischen Ingenieuren, Bauleitern und Forschern abhob.[271]) Dennoch herrschte ein akuter Mangel an Fachkräften. Deshalb unterstützte die Leitung von *Gidroproekt* die Gründung von Fach- und Hochschulen und arbeitete anschließend eng mit diesen zusammen, um die notwendigen Kader von Ingenieuren und Technikern für sich ausbilden zu können.[272])

Dank der Zuständigkeiten für die „Großbauten des Kommunismus" hatte sich *Gidroproekt* innerhalb kurzer Zeit als eine der bedeutendsten sowjetischen Planungsagenturen sowie als wichtiges Forschungs- und Entwicklungszentrum etabliert und mit dem älteren Leningrader Konkurrenten *Gidroenergoproekt* gleichgezogen. Das Verhältnis zwischen diesen beiden expandierenden Instituten war zum einen dadurch gekennzeichnet, dass sie ihre Projekte nicht mehr gegenseitig kritisierten. Eine wechselseitige Kontrolle fand so zum Leidwesen der Leitung des Ministeriums kaum statt.[273]) Zum anderen gab es unverhohlene Konkurrenz. Seit 1955 versuchte *Gidroproekt* verstärkt, sich in die Arbeiten zur Angara-Enisej-Kaskade einzubringen und beim Bau des Bratsker und Krasnojarsker Riesenkraftwerks seinen Zuständigkeitsbereich zu erweitern. Diese beiden Prestigeobjekte waren bislang die Domäne von *Gidroenergoproekt* gewesen, das nach den Intrigen um den Plan der Großen Wolga zu Mitte der 1930er Jahre bei den Giganten dort auf seine Mitwirkung verzichtet hatte, um freie Kapazitäten für die ambitiösen Erschließungsprogramme in Ostsibirien zu haben. Das Leningrader Institut hoffte, durch die Übernahme der Verantwortung für die beiden neu entstehenden weltgrößten Flusskraftwerke sein Ansehen und seinen politischen Stellenwert zu verbessern, und reagierte deshalb eifersüchtig auf die Interventionsversuche des Moskauer Konkurrenten.

Zwischen den beiden Instituten, die seit 1953 dem gleichen Ministerium zugeordnet waren, gab es keinen effizienten Erfahrungs- und Informationsaustausch und nur wenig Absprachen. Immer wieder kam es darum zu Parallelarbeiten und somit zur Verschwendung knapper Ressourcen.[274]) Es lag deshalb

[270]) RGAE, 7964/3/2068, 132.

[271]) GARF, 5446/80a/7530, 60–61.

[272]) GARF, 5446/80a/7582, 91-96.

[273]) RGAE, 7964/2/1675, 36.

[274]) Zur Kritik von Seiten des Ministeriums vgl. ebd., 33-39; ebd., 1669, 134–135 u. 138–139. Vgl. auch Relative Water 1960: 123.

nahe, die beiden großen Planagenturen für den Wasserbau zu einem Zentralinstitut zusammenzuschließen. Nachdem Chruščev auf dem ZK-Plenum im November 1962 die „Zersplitterung der Projektierungs- und Erschließungsorganisationen" heftig kritisiert hatte,[275]) erfolgte kurz darauf die Fusion. Dabei wurde das ältere Leningrader *Gidroenergoproekt* dem Moskauer *Gidroproekt* unterstellt und verlor damit seine Eigenständigkeit.[276]) Das neue Zentralinstitut *Gidroproekt*, durch die Fusion „zur größten komplexen Projektierungsorganisation" der Sowjetunion aufgestiegen,[277]) musste sich fortan in einem politischen Umfeld bewähren, in dem der Bau von kostspieligen Flusskraftwerken nur noch mit Mühen durchzusetzen war. Seine Leiter verwiesen wiederholt darauf, „dass das Kollektiv des Instituts große Erfahrungen erworben hat, über eine gute wissenschaftliche Forschungsbasis verfüge und bereit ist, neue Aufgaben zur Entwicklung des hydroenergetischen und wasserwirtschaftlichen Bauwesens in unserem Land zu erfüllen."[278]) Die spezialisierten und kompetenten Fachkader des Instituts bildeten eine wichtige Ressource, die nicht ungenutzt bleiben dürfe. *Gidroproekt* verfüge über ausgezeichnete Verbindungen zu anderen Planungsagenturen und Ministerien und sei in weitreichende Netzwerke eingebunden.[279]) In den Jahren zuvor habe man enorme Mittel investiert, um den Bau von Hydrogiganten auf den Weg zu bringen. Diese aufwendigen Arbeiten müssten unbedingt zu Ende gebracht werden.[280])

Nach dem Ende der hydroenergetischen Boomphase musste es *Gidroproekt* darum gehen, neue Tätigkeitsfelder zu erschließen. Als sich in den 1960er Jahren die Schwerpunkte im Wasserbau von der Stromproduktion zur Irrigation verlagerten, begannen die Institutsmitarbeiter, verstärkt Planungen für Bewässerungssysteme zu übernehmen.[281]) Ende der 1980er Jahre verwies die Institutsleitung stolz darauf, dass dank der realisierten Vorhaben von *Gidroproekt* in den letzten drei Jahrzehnten zehn Millionen Hektar agrarischer Nutzfläche gewonnen worden seien.[282]) Zugleich drang das Moskauer Institut seit 1957 vehement auf die baldige Verwirklichung des megalomanischen Vorhabens, den nach Norden fließenden nordrussischen und sibirischen Flüssen große Wassermengen zu entnehmen und diese über gigantische Kanäle Rich-

[275]) Zit. n. Knirsch 1965: 234.

[276]) Michajlov/Jurinov 1980: 10; Michajlov 1990: 5. Zu den Protesten vgl. RGAE, 9572/1/1941, 134–141.

[277]) So Michajlov/Jurinov: 1980: 11. Von einer „imponierenden Großorganisation" sprach Flemming 1967: 251.

[278]) Razin 1969: 39.

[279]) Gidroenergetika 1982: 4; Artjuchina 1988: 13f. u. 21.

[280]) RGAE, 7964/2/1806, 105–106.

[281]) Schon 1968 wurde viermal mehr Kapital in Bewässerungsprojekte als in den Bau von Flusskraftwerken investiert. Vgl. Gustafson 1981: 49. Allgemein zum Wandel im sowjetischen Wasserbau Gustafson 1981: 97–162.

[282]) Michajlov 1990: 6. Zur verstärkten Planung von Kanälen und Bewässerungssystemen vgl. auch *Gidrotechnik*, 29. Januar 1960, Nr. 64: 1; ebd., 13. Januar 1961, Nr. 114: 1; ebd., 26. Mai 1961, Nr. 133: 1–2.

tung Süden umzuleiten. Die nordrussischen und sibirischen Sumpfgebiete könnten so entwässert, die südlichen Steppen- und Wüstengebiete bewässert werden, um riesige neue Agrarflächen zu erschließen. Außerdem sollten der verschmutzten Wolga, dem Kaspischen Meer und dem Aralsee frisches Wasser zugeführt und damit neues Leben eingehaucht werden. Dieses „Jahrhundertprojekt", für dessen Umsetzung fünfzig Jahre veranschlagt wurden, versprach, den lang gehegten Traum sowjetischer Landschaftschirurgen endgültig Wirklichkeit werden zu lassen, nämlich durch Eingriffe in die Geographie das Antlitz der Erde im buchstäblichen Sinne neu zu gestalten. Selbst westliche Experten bezeichneten damals dieses Jahrhundertprojekt ehrfurchtsvoll als „Weckruf für die tiefgreifende Umgestaltung der östlichen Landschaft".[283]) Die seit langem bekannte Idee der titanischen Flussumleitungen hatte der Hydrologe Mitrofan Davydov schon 1949 für die sibirischen Ströme (Enisej, Ob' und Irtyš') konkretisiert und die Leningrader Abteilung von *Gidroproekt* 1954 für die nordrussischen Flüsse (Kama, Vyčegda und Pečora).[284]) Als 1956 die kontroverse Diskussion um den Nutzen großer Flusskraftwerke begann, bestätigten die Leiter von *Gidroproekt* ausdrücklich die Realisierbarkeit des Davydov-Plans und ihres Kama-Vyčegda-Pečora-Projekts.[285]) In den folgenden Jahren wandten sie sich mit Berichten und Schreiben an den Ministerrat und das Zentralkomitee, um auf die Notwendigkeit der Flussumleitungen hinzuweisen, die grandiose Perspektiven für eine komplexe großräumliche Nutzung der reichen sowjetischen Wasserressourcen eröffnen würden.[286]) Die Lobby der „Umleiter" konnte sich auf der Ebene der Ministerien breiter Unterstützung sicher sein und startete eine Publikationsoffensive, um in der sowjetischen Öffentlichkeit über das Projekt ausführlich zu berichten. Die Umsetzung des Davydov-Plans und des Kama-Vyčegda-Pečora-Projekts hätte die Stellung und Bedeutung von *Gidroproekt* deutlich gestärkt, so dass seine Vertreter immer wieder auf seine baldige Inangriffnahme drangen.[287]) Immerhin gelang es den Verfechtern des Umleitungsprojekts durchzusetzen, dass die Parteiführung im 1961 verabschiedeten neuen Parteiprogramm die Realisierung des Davydov-Plans innerhalb der nächsten zwanzig Jahre in Aussicht stellte.[288]) Das ermöglichte es *Gidroproekt*, Mittel für aufwendige Forschungs-, Erschließungs- und Projektierungsarbeiten einzufordern. Im Jahr

[283]) Flemming 1967: 255.

[284]) Der 1949 zuerst in der Zeitschrift *Sibiriskie Ogni* (Nr. 2: 102–10) veröffentlichte Plan ist übersetzt in Davydov 1972. Dazu auch Gellert 1949; Leimbach 1950; Fleck 1952; Dmitriev 1957.

[285]) RGAE, 7964/2/1670, 125–131.

[286]) RGAE, 9572/1/1226, 8–10 u. 15–36; ebd., 1605, 170–178; ebd., 9572/1/1235, 366–370. Ferner *Gidrotechnik*, 20. Mai 1960, Nr. 80: 1; ebd., 8. Dezember 1961, Nr. 161: 1; ebd., 25. Mai 1962, Nr. 185: 1.

[287]) Zur Bedeutung der Flussumleitungspläne in Politik und Öffentlichkeit vgl. Davydov 1956; Mensch 1956; Russo 1961; Grekulov 1957; Rostanowski 1977; Stern 1986.

[288]) Meissner 1962: 80 u. 194.

1971 musste das Zentralinstitut die Leitung für die Flussumleitungsprojekte allerdings an das Ministerium für Melioration und Wasserwirtschaft abtreten, das mit *Sojuzvodproekt* über eine eigene Erschließungs- und Projektierungsagentur verfügte.[289])

Seit Ende der 1960er Jahre brachte sich *Gidroproekt* dann in die Planungs- und Bauarbeiten von Atomkraftwerken ein. Es war bald zuständig für die Kühlsysteme des RBKM-1000 Reaktors und erstellte seismographische Gutachten. Dank ihrer jahrelangen Erfahrungen im Kraftwerkbau waren die Institutsmitarbeiter zudem gefragte Experten, die wichtige Ratschläge bei der Auswahl der Baumaterialien und bei der fortschreitenden Industrialisierung der Bauarbeiten gaben. Die Zahl der Aufträge aus dem Bereich der Kernenergie wuchs während der 1970er Jahre kontinuierlich. Schon 1979 belief sich ihr Anteil am Gesamtbudget von *Gidroproekt* auf 15 Prozent, bezogen auf die Projektierungs- und Entwicklungsarbeiten des Instituts sogar auf mehr als 25 Prozent.[290]) So war das Zentralinstitut unter anderem auch an den Planungen des Reaktorparks in Černobyl' beteiligt.[291])

Schon seit Ausgang der 1940er Jahre waren die Mitarbeiter von *Gidroenergoproekt* und *Gidroproekt* keineswegs einzig allein für die Planung von Flusskraftwerken auf dem Territorium der Sowjetunion zuständig gewesen, sondern hatten auch Projektierungs- und Erschließungsarbeiten für Wasserbauvorhaben in Ostblockstaaten und Entwicklungsländern übernommen.[292]) 1949 gingen die Moskauer Planungsstrategen davon aus, dass in der Zeit von 1956–1960 ein Zehntel der Produktion sowjetischer Hydroturbinen und -generatoren für das Ausland bestimmt sein werde.[293]) Der Bau von Flusskraftwerken wurde in den 1950er Jahren dann zu einem Lieblingsprojekt der sowjetischen Entwicklungshilfe und bildete das Rückgrat ehrgeiziger Entwicklungsprogramme.[294]) Die Sowjetunion inszenierte sich zunehmend als energetische Supermacht, um im Zeitalter des Postkolonialismus mit dem Export ihrer Infrastrukturen zu beginnen. Die führende Rolle, die *Gidroenergoproekt* und *Gidroproekt* bei der Planung und beim Bau von Flusskraftwerken in anderen Volksdemokratien und befreundeten Staaten übernahmen, galt als „sichtbarer Beweis für die Erfolge der sowjetischen Hydroenergetiker".[295])

[289]) Stern 1986: 74ff.

[290]) Kirillov 1980: 107–115.

[291]) Michajlov/Jurinov 1980: 11 u. 18f.; Dodd 1994: 80.

[292]) Erste Belege für 1948 und 1949 finden sich in RGASPI, 82/2/587, 96 u. 101-106; GARF, 5446/81a/3763, 329-338.

[293]) GARF, 5446/81a/3763, 335. Vier Jahre später ging das Ministerium für Kraftwerke sogar von einem Exportanteil von 15 Prozent aus. Vgl. RGAE, 7964/ 11/1382, 75–77.

[294]) Vgl. RGAE, 7964/2/1672, 171–197; ebd., 1868, 232–251; ebd., 3/2068, 38–42; ebd., 11/956, 128–132, 142–155 u. 159–161; ebd., 1466, 2–12; ebd., 1934, 1–47. Ferner Prezidium 2003: 693f.; Nesteruk 1963: 334–350; Janickij 1954; Nesteruk 1961.

[295]) Davydova/Burjak 1981: 67.

Die dynamische Entwicklung des Dammbaus in den Entwicklungsstaaten Asiens und Afrikas eröffnete in den 1960er und 1970er Jahren dem fusionierten Zentralinstitut *Gidroproekt* die Möglichkeit, neue Aufträge zu erhalten und sich als feste Größe auf dem Weltmarkt der Hydroenergetik zu etablieren. Während der Dammbau auf dem Territorium der Sowjetunion stagnierte, florierten die Auslandsgeschäfte. Die Institutsleitung brüstete sich später stolz damit, dass sowjetische Planer, Ingenieure und Experten in zahlreichen Ländern tätig gewesen seien, so in Afghanistan, Nepal, Nordkorea, Thailand, Vietnam, Tunesien, Iran, Syrien, Polen, Bulgarien, Rumänien, Jugoslawien, Indonesien, Ghana, Indien und China. Mit ihren norwegischen und finnischen Kollegen arbeiteten sie an gemeinsamen Projekten, um im Hohen Norden das energetische Potential grenzüberschreitender Flüssen zu erschließen. Später kam es zur sowjetischen Beteiligung an Kraftwerkbauten in Brasilien und Argentinien.[296])

Das wohl bekannteste Auslandsunternehmen, an dem sich *Gidroproekt* maßgeblich beteiligte, war der monumentale Assuan-Hochdamm in Ägypten, dessen Planung die Institutsmitarbeiter nach dem Rückzug westlicher Geldgeber und Baufirmen 1958 übernahmen und dessen offizielle Einweihung 1971 stattfand.[297]) Die Sowjetpropaganda verklärte den hydroenergetischen Giganten am Nil zum „Symbol für die Freundschaft des Sowjetvolks mit den Ländern des Ostens."[298]) Zu seinem politischen Symbolwert schrieb Chruščev später: „Die Hilfe, die wir den Ägyptern zuteil werden ließen, würde zeigen, daß notleidende Völker in aller Welt, die sich von der Kolonialherrschaft befreiten, auf den Beistand der Sowjetunion zählen konnten [...] Sie bekamen dadurch ein genaues und verheißungsvolles Bild, was wir für Länder, die das Joch des Kolonialismus abschüttelten, zu tun gedachten."[299])

Durch seine forcierten Aktivitäten bei Bewässerungsprojekten, in der Kernenergie und im Ausland konnte *Gidroproekt* seine in den 1950er Jahren erreichte Stellung als führendes sowjetisches Projektierungs- und Erschließungsinstitut wahren. In den 1970er Jahren bezog das Zentralinstitut im Nordwesten Moskaus an der *Leningradskij Šosse*, einer der wichtigen Ausfallstraßen der Hauptstadt, ein imposantes Hochhaus als neues Hauptquartier. Fort-

[296]) Eine gute Auflistung der Auslandsprojekte findet sich bei Jurinov 1969: 17–19. Zur sowjetischen „Entwicklungshilfe" beim Staudamm- und Kraftwerkbau vgl. ferner Flemming 1967: 282–288; Artjuchina 1988: 19ff.

[297]) Zur sowjetischen Beteiligung am Bau des Assuan-Hochdamms vgl. zusammenfassend Asuan 1964; Aleksandrov 1971; Heikal 1980: 94ff., 128ff., 143f. u. 154–161; Bishop 1997.

[298]) Nesteruk 1963: 345. Ähnlich Malyšev 1959; Kondrašev 1958. Nach offiziellen Angaben arbeiteten 1963 über 1100 sowjetische Ingenieure, Techniker und Facharbeiter auf der Großbaustelle am Nil. Die Zahl der ägyptischen Ingenieure wurde mit 280 und die der Bauarbeiter mit 18500 angegeben. Vgl. Alexandrov 1963: 30. Im Verlauf der Bauarbeiten kam es zu regelmäßigen Konflikten wegen des sowjetischen Plan- und Arbeitsstils, so dass Kairo schließlich westliche Baufirmen mit wichtigen Baumaßnahmen beauftragte. Der sowjetische Einfluss ließ merklich nach. Vgl. bes. Flemming 1967: 211–218; Bishop 1997.

[299]) Chruschtschow 1971: 442f. Dazu auch Taubman 2003: 609ff.

an war *Gidroproekt* sowohl in der politischen Landschaft als auch im Moskauer Stadtbild kaum mehr zu übersehen. Die Zahl seiner fest angestellten Beschäftigten, mehrheitlich Ingenieure und Techniker, fiel in diesen Jahren nicht unter 14500.[300])

Ohne das Engagement seines langjährigen Leiters Sergej Žuk ist der rasante Aufstieg von *Gidroproekt* undenkbar. Seit seinem Tod im März 1957 trägt das Institut darum seinen Namen und hat unter dieser Bezeichnung sowjetische Geschichte geschrieben.[301]) Noch heute gilt Žuk als „Gründungsvater der vaterländischen Schule der Hydrotechniker“[302]). Er wurde 1892 in Kiev geboren und schloss 1917 im Revolutionsjahr sein Ingenieurstudium am Petrograder Institut für Verkehrswege ab. Mit einer ihm öffentlich bescheinigten „tadellosen sowjetischen Biographie“ gehörte er zu jenem „besten Teil der technischen Intelligenz, der schnell die großartigen Möglichkeiten erkannte, die sich ihm dank des Sowjetsystems eröffneten.“[303]) So stellte sich Žuk während des Russischen Bürgerkriegs in den Dienst der bolschewistischen Machthaber. Als „junger Ingenieur“ und kühner Spezialist, der unbedingt „hydrotechnische Anlagen bauen wollte“, zog er sich, so die offizielle Laudatio, nicht feige „in den entscheidenden Phasen ins Büro zurück“. Vielmehr suchte er vor Ort kühn die Herausforderung durch das Wasser.[304]) Deshalb nahm er an den Projektierungsarbeiten für die Kraftwerke am Fluss Svir’ teil und leistete so seinen Beitrag für den GOELRO-Plan. 1925 trug Žuk erstmals die alleinige Verantwortung für den Schleusenbau am Fluss Šeksna. Zwischen 1927 und 1930 stand er dann einer Projektgruppe vor, die einen Entwurf für den Bau des Wolga-Don-Kanals erarbeitete. Damit empfahl er sich für höhere Aufgaben. Im Frühjahr 1931 wurde er folglich mit der Leitung des speziell eingerichteten Konstruktionsbüros (*šaraga*) betraut, in dem unter der Ägide der Geheimpolizei verhaftete und angeworbene Experten die Pläne für den Bau des Weißmeer-Ostsee-Kanals erstellten. Als schließlich die Bauarbeiten für den Kanal begannen, ernannte man Žuk zum leitenden Ingenieur. Anschließend übertrug ihm der NKVD die Planung für das nächste wasserbauliche Großprojekt des Stalinismus, den Moskau-Wolga-Kanal, bei dem er gleichfalls die Planungs- und Bauarbeiten koordinierte. Seit Mitte der 1930er Jahre beschäftigte sich Žuk mit dem Projekt der Großen Wolga. Er war an den Planungen zu den ersten Wolga-Kraftwerken in Uglič und Ščerbakovsk beteiligt, bis er dann zwischen 1937 und 1940 den Posten des leitenden Ingenieurs für

[300]) Michajlov 1990: 5. Andere Schätzungen gehen sogar von 30000 bis 50000 Mitarbeitern aus. Es scheint jedoch, dass sich diese Zahlen nicht auf die Stammbelegschaft beziehen, sondern auch jene mit einrechnen, die im Rahmen von Projektierungs- und Erschließungsarbeiten den Expeditionen von *Gidroprojekt* zeitweilig zugeteilt worden waren. Vgl. Gustafson 1981: 54.

[301]) Von *Gidroproekt* als „Zhuk’s hydraulic empire“ spricht Weiner 1999: 356.

[302]) Jurinov 1969: 21.

[303]) Belomorsko-baltijskij kanal 1934: 124.

[304]) Belomorsko-baltijskij kanal 1934: 124f.

den Monumentalbau in Kujbyšev übernahm. In den 1930er Jahren war die Karriere Žuks unlösbar mit dem Entstehen des hydrotechnischen Archipel GULag verknüpft. Er habe, so die offizielle Jubelorgie, maßgeblich zum „Sieg der wagemutigen čekistischen Projektierung technischer Aufgaben" beigetragen und in den „Köpfen der Ingenieure Verbindungen geknüpft, über die niemals zuvor nachgedacht worden war."[305]) Für seine aktive Mitarbeit an den prestigeträchtigen Kanal- und Kraftwerkbauten erhielt er darum Orden, Auszeichnungen und Prämien. Als er im September 1940 zum leitenden Ingenieur der hydrotechnischen Abteilung des GULag-Systems ernannt wurde, stand er schon als Major im Offiziersdienst des NKVD.

Der Rat der Volkskommissare, das Politbüro und die einzelnen Volkskommissariate hatten Žuk in den 1930er Jahren wiederholt zu Konsultationen eingeladen. Er fasste sogar Entwürfe für staatliche Erlasse ab. Der Partei trat Žuk allerdings erst 1942 bei, als auf sein Betreiben hin das Institut *Gidroproekt* gegründet worden war, dessen erster Direktor er wurde und bis zu seinem Tod blieb. Wegen seiner ausgezeichneten Verbindungen zum sowjetischen Regierungsapparat ernannte ihn die Leitung von *Gosplan* 1944 zum Mitglied ihres Technik- und Wirtschaftsrats, eines einflussreichen Gremiums in dieser obersten Planungsbehörde. Als gegen Ende 1948 *Gosplan* eine Kommission ins Leben rief, um „Direktiven für die Erstellung des Zehnjahrplanes für den Kraftwerkbau" zu erstellen, war es Žuk, der die Diskussion dominierte, die entsprechenden Entwürfe erarbeitete und sie dem Ministerrat und Politbüro präsentierte. In dieser entscheidenden Umbruchphase nutzte Žuk geschickt seine aktive Gremienarbeit, um die „Großbauten des Kommunismus" auf den Weg zu bringen. Damals erreichte seine Karriere ihren Höhepunkt. Wiederholt bat ihn Stalin zu sich, um sich über die Pläne von *Gidroproekt* aus erster Hand ausführlich berichten zu lassen.[306]) Zwischen 1948 und 1952 koordinierte Žuk als stellvertretender Leiter und leitender Ingenieur von *Glavgidrovolgodonstroj* nicht nur den Bau des Wolga-Don-Kanals, sondern war – mittlerweile im Rang eines Generalmajors – maßgeblich auch an den Planungen und dem Bau der Kujbyšever und Stalingrader Kraftwerke beteiligt. Anfang der 1950er Jahre wurde er für sein Engagement als „Held der sozialistischen Arbeit" ausgezeichnet; er erhielt den Lenin-Orden und gleich zweimal den Stalin-Preis. Sergej Žuk war Deputierter des Obersten Sowjets und Mitglied der Sowjetischen Akademie der Wissenschaften, wo er zwischen 1953 und 1957 der Sektion Wasserwirtschaft vorstand.[307])

[305]) Belomorsko-baltijskij kanal 1934: 126.

[306]) Die Besucherbücher Stalins verzeichnen, dass Žuk zwischen 1937 und 1950 sechzehn Mal zu Gast bei Stalin in dessen Kremlbüro oder auf der Datscha in Kuncevo war. Vgl. Project Data Base for the Attendance at a Meeting with Stalin, in: The Melbourne Gateway to Research on Soviet Histoy. www.history.unimelb.edu.au/Russia (zuletzt eingesehen am 15. Mai 2007). Ferner Stalinskie Strojki 2005: 19.

[307]) Zur Karriere von Žuk vgl. darüber hinaus den ausführlichen Lebenslauf in der Einleitung zu seinem privaten Aktenbestand (*ličnyj fond*) im Staatlichen Russischen Wirt-

Nach Stalins Tod hielt Žuk weiterhin engen Kontakt zu einflussreichen Staats- und Parteiführern; er war mit dem neuen Generalsekretär Chruščev aber nicht mehr durch Patronage verbunden. Žuks Nachfolger wurde in der kritischen Phase von 1957 sein langjähriger Stellvertreter Georgij A. Russo. 1901 geboren, hatte er 1929 sein Ingenieurstudium in Moskau abgeschlossen, um sich sodann auf der Großbaustelle von *Dneproges* und nach 1932 beim Bau des Moskau-Wolga-Kanals zu bewähren. Anschließend arbeitete er zusammen mit Žuk am Plan der Großen Wolga und wechselte 1942 als stellvertretender Direktor zu *Gidroproekt*. Russo repräsentierte die erste Generation „roter Spezialisten", die, in den 1920er Jahren ausgebildet, als „Stalins Ingenieure"[308]) in den 1930er Jahren auf sich aufmerksam machten und seit dem Zweiten Weltkrieg die Führungsposten auf Großbaustellen und in wichtigen Instituten übernahmen.[309]) Diese „roten Spezialisten" waren das Pendant zur „neuen Garde" von Wirtschaftsfachleuten, die in die obersten Partei- und Staatsorgane aufgestiegen waren. Russo war sicherlich ein anerkannter Fachmann, der mit den Entscheidungsträgern in Staat und Partei einiges gemeinsam hatte; er war aber zweifellos kein politisches Schwergewicht wie zuvor Žuk. Ihm fehlte es an den Beziehungen, die notwendig gewesen wären, um eine Verlängerung der hydroenergetischen Dekade zu erwirken.[310])

Die „wissenschaftliche Front"

Vom Aufstieg der Hydroenergetik profitierten nicht nur die an den Planungs- und Bauarbeiten unmittelbar beteiligten beiden Projektierungs- und Erschließungsinstitute, sondern auch zahlreiche Forschungseinrichtungen, die mit *Gidroenergoproekt* und *Gidroproekt* zusammenarbeiteten, so vor allem das Leningrader Allunions-Forschungsinstitut für Hydrotechnik, abgekürzt VNIIG.[311]) 1921 gegründet, war es zehn Jahre später unter neuem Namen reorganisiert worden. Das Institut übernahm zahlreiche Forschungsaufträge für Kanalbauten und Bewässerungssysteme und wirkte zwischen 1931 und 1957 am Bau von 250 Flusskraftwerken mit. Es zählte im Jahr 1957 immerhin 760 Mitarbeiter, darunter 16 bekannte Professoren, 100 Wissenschaftler und 280

schaftsarchiv, der dort unter folgender Signatur einsehbar ist: RGAE, 301/1. Kurzbiographien gibt es ferner in Stalinskie Strojki 2005: 493f.; Michajlov 1990: 7; Politbjuro 2002: 578 u. 882. Weitere Hinweise zu Ernennungen, Auszeichnungen und Tätigkeiten von Žuk finden sich in Rees 1997: 255; Stalinskie Strojki 2005: 15; Kokurin/Petrov 2000/5: 108, 119 u. 121; Kokurin/Morukov 2000/10: 118; Kokurin/Morukov 2000/11: 109.

[308]) Schattenberg 2002.

[309]) Vgl. die Kurzbiographien von 30 führenden sowjetischen Energetikern in Budzko 1984: 336–342.

[310]) Zu Russo vgl. den Lebenslauf in der Einleitung zu seinem privaten Aktenbestand in RGAE, Fond 156. Ferner Michajlov 1990: 9.

[311]) Die offizielle russische Bezeichnung lautet *Vsesojuznyj Naučno-Issledovatel'skij Institut Gidrotechniki (VNIIG) imeni B. E. Vedeneeva.*

Ingenieure und Techniker.[312]) Kleinere und regional spezialisierte Forschungsinstitute für Hydrotechnik und Melioration gab es ferner in Tbilisi und Taškent.[313]) Alle drei Einrichtungen unterstanden den Ministerien für Kraftwerke und Kraftwerkbau und trugen maßgeblich zum Aufstieg der sowjetischen Hydrologie, Hydromechanik und Hydrotechnik bei, die im zarischen Russland noch rückständige Wissenschaftszweige und randständige Technikbereiche gewesen waren.[314])

Zum Zusammenspiel von Forschung und Lehre kam es an den großen sowjetischen Universitäten und vor allem an spezialisierten Fachhochschulen wie dem Moskauer Institut für Hydroingenieure und dem Moskauer Institut für Bauingenieure, das ab 1930 eine eigene Fakultät für Hydrotechnik hatte. Beide Einrichtungen übernahmen Forschungsarbeiten für die „Großbauten des Kommunismus"; sie waren zugleich renommierte höhere Lehranstalten, die zwischen 1930 und 1960 jeweils zwischen 3000 und 4000 Hydroingenieure ausbildeten und damit zu wichtigen Kaderschmieden für die Wasserbauwirtschaft aufstiegen.[315])

Unter dem Einfluss der Kampagne um die „Großbauten des Kommunismus" gründete auch das Leningrader Institut für Bauingenieure 1950 eine spezielle Abteilung, um wissenschaftlich-technische Hilfe beim Bau der Plangiganten bei Kujbyšev und Stalingrad leisten zu können. Das Institut bot sogar an, seine Lehrpläne umzustellen, um Ingenieure für ihren Arbeitseinsatz auf den Großbauten vorzubereiten.[316])

Neben der Expansion und der Spezialisierung schon bestehender Forschungsinstitute und Lehranstalten kam es in den Städten, in deren Umland die Kraftwerkriesen gebaut wurden, zu Neugründungen von Hoch- und Fachschulen. Deren Absolventen sollten auf den Großbaustellen den akuten Mangel an Fachkadern lösen. So finanzierte das Ministerium für Kraftwerke 1952 in Irkutsk den Bau eines Technikums für Hydroenergetisches Bauwesen. Die Schülerzahl wurde zuerst auf 840, dann auf 1020 Schüler festgelegt, denen sich beim geplanten Bau der Angara-Kaskade ein weites Tätigkeitsfeld bieten sollte.[317]) Auch in der Stadt Stavropol', die unweit der Kujbyšever Großbaustelle lag, wurde 1950 ein Technikum eingerichtet, um die Baustelle mit den dringend benötigten Fachkräften versorgen zu können.[318]) In Bratsk gab es seit 1955 ein Technikum und seit 1959 sogar eine Filiale der Irkutsker Polytechnischen Hochschule, die aufstiegswilligen und lernbereiten Bauarbeitern über

[312]) Kravcov/Pičužkin 1958.

[313]) Dži Mšelejšvili 1958; Davydova/Burjak 1981: 68; Novikov 1962: 82.

[314]) Nesteruk 1963: 247-265.

[315]) Askočenskij 1957; Slisskij 1965.

[316]) GARF, 5446/80/2489, 7-9.

[317]) GARF, 5446/86/887, 137-147.

[318]) RGAE, 7964/11/1838, 118; Ekonomika Gulaga 2004: 318. Seine Schülerzahl lag anfänglich bei 480, stieg dann aber schnell.

ein Fern- und Abendstudium ein Hochschuldiplom in Aussicht stellte.[319]) Die Großbauten trugen damit zum Aufstieg bedeutender regionaler Bildungs- und Wissenschaftsstandorte an der mittleren Wolga sowie in West- und Ostsibirien bei.[320])

Angesichts der allgemeinen Mobilisierung wissenschaftlicher Ressourcen für die „Großbauten des Kommunismus" konnte und wollte die Sowjetische Akademie der Wissenschaften als die Trutzburg des ehrwürdigen Gelehrtentums nicht abseits stehen. Die Propaganda verhieß, die sowjetischen Wissenschaftler sähen in ihrer aktiven Teilnahme an den grandiosen Vorhaben „eine Sache der Ehre und ihre patriotische Pflicht".[321]) Die Festigung der „schöpferischen Verbindung zwischen Wissenschaft, Produktion und Bauarbeiten" werde „als mächtige Quelle des Fortschritts dienen und unser Vorwärtsschreiten zum Kommunismus beschleunigen."[322]) Seit den ersten sowjetischen Großprojekten bestehe eine „enge Bindung" zwischen der Hydroenergetik und der Wissenschaft. Die Freundschaft zwischen Gelehrten, Produzenten und Bauarbeitern „ist schon Tradition geworden und hat bemerkenswerte Triumphe erbracht."[323]) Im September 1950 versprach darum Sergej I. Vavilov, der damalige Präsident der Sowjetischen Akademie der Wissenschaften, die Akademiemitglieder würden an der Popularisierung des grandiosen Plans von der Umgestaltung der Natur mitwirken.[324]) In der Folgezeit hielten bekannte Wissenschaftler öffentliche Vorlesungen und verfassten zahlreiche Broschüren sowie Artikel für große Tageszeitungen und populärwissenschaftliche Zeitschriften, in denen die Hydrogiganten als großartige Errungenschaften überschwenglich gefeiert wurden.[325])

Vavilov unterrichtete die Parteileitung zudem davon, dass die Sowjetische Akademie der Wissenschaften ein Unterstützungskomitee (*Komitet Sodejstvija*) ins Leben gerufen habe, um bei den „Großbauten des Kommunismus" den Bauleitern „methodologische und konsultative Hilfe" anzubieten. Diesem Komitee gehörten 45 bekannte Akademiemitglieder an, darunter einige der damals berühmtesten sowjetischen Wissenschaftler. Vavilov stellte in Aussicht, die Akademie der Wissenschaften werde für das Jahr 1951 „entsprechende wissenschaftliche Problemstellungen ausarbeiten, die eng mit den Regierungs-

319) Dolgoljuk 1988: 73, 91 u. 93f.

320) Eine exemplarische Schilderung des Aufstiegs von Wissenschaft und Bildung im Umland von Kraftwerkriesen gibt Kujbyševskaja oblast' 1967: 444–476. Ferner *Gidrostroitel'*, 9. Juni 1960, Nr. 1277: 1.

321) Velikie Strojki 1951: 79; Zarevo 1959: 251.

322) Nesmejanov 1953.

323) Morozov 1952: 3. Ähnlich Saptaev 1950.

324) Zarevo 1959: 250.

325) Vgl. z.B. die gesammelten Beiträge in Velikie Strojki 1951 und Velikie Strojki 1952. Auffälligstes Beispiel eines publizistisch aktiven Wissenschaftlers war V. Galaktionov, der mehrere Reiseberichte über den Wolga-Don-Kanal verfasste, während er als leitender Geologe die Forschungsarbeiten zu diesem Großbau koordinierte.

projekten verbunden sind."[326]) Gemeinsam mit der Moskauer Staatlichen Universität organisierte die Akademie der Wissenschaften 1951 so mehrere „komplexe Expeditionen" zur Erforschung hydrologischer Fragen und warb dafür beträchtliche Fördermittel ein. Diese Expeditionen sollten die Voraussetzungen für die Großvorhaben schaffen. Enge Kooperationsverhältnisse bestanden auch zwischen verschiedenen Akademie-Einrichtungen und dem Leningrader Unternehmen *Elektrosila*, das für die Entwicklung und Fertigung der riesigen Turbinen und Generatoren die Verantwortung trug. Seit November 1951 gab es innerhalb der Akademie der Wissenschaften sogar eine spezielle Sektion, die ganz den „Großbauten des Kommunismus" und „Stalins Plan zur Umgestaltung der Natur" gewidmet war. Insgesamt übernahmen in den beiden folgenden Jahren 120 Forschungseinrichtungen der Akademie der Wissenschaften Aufträge für die spätstalinistischen Vorzeigeprojekte. Zahlreiche Akademiemitglieder reisten in diesen Jahren auch zu Konferenzen auf die Baustellen, um einen aktiven Informations- und Erfahrungsaustausch mit Ingenieuren und Bauleitern auf den Weg zu bringen. „Die direkten lebendigen Beziehungen zwischen der Akademie der Wissenschaften und den großartigen Stalinbauten des Kommunismus" sollten sich dadurch weiter festigen, dass eine wachsende Zahl von Doktoranden und Jungwissenschaftlern sogenannte Gelehrtenbrigaden (*Brigady Učenych*) bildeten. Sie beobachteten aus nächster Nähe den Fortgang der Bau- und Montagearbeiten, um den Arbeitsbrigaden wertvolle Hinweise geben und ihrerseits von den Bauarbeitern erfahren zu können, wie sich ihre Forschungen besser auf die Bedürfnisse der wirtschaftlichen Praxis ausrichten ließen.[327]) In dieser gegenseitigen Hilfe „drückt sich das Stalinsche Prinzip der Einheit von Theorie und Praxis und der Volkstümlichkeit (*narodnost'*) der Wissenschaft aus."[328]) Im Unterschied zum Westen „verglüht die sowjetische Wissenschaft nicht in den Studierstuben eigenbrötlerischer Gelehrter oder in isolierten Laboratorien". Sie ist vielmehr eng mit dem Wirtschaftsleben verbunden und „dient dem Wohl des Sowjetvolkes".[329])

Den „Großbauten des Kommunismus" wurde in der modernen, sich zunehmend ausdifferenzierenden Forschungslandschaft eine wichtige integrative Funktion zugeschrieben. Sie hielten Wissenschaftler zu interdisziplinären und anwendungsorientierten Forschungen und damit zum Ausbruch aus dem Elfenbeinturm der Akademie und der Universitäten an.[330]) Die eingeforderte „Orientierung am Ingenieurwesen" führte bei vielen Gelehrten zu einem

[326]) RGASPI, 17/32/356, 112-129.

[327]) RGASPI, 17/33/183, 71–94 u. 118–120. Vgl. auch Nekrasova 1974: 95ff.; Velikie Strojki 1951: 79–82; Nesmejanov 1951. Zu den Gelehrtenbrigaden vgl. auch Vucinich 1984: 239f.; Kozlov 2003: 172.

[328]) Nesmejanov 1953: 2.

[329]) Askočenskij 1957: 53.

[330]) Nesmejanov 1951: 754; Korčagin 1951; Armand 1951; Ščerbakov 1957.

veränderten Selbstverständnis.[331]) So wollten sowjetische Geographen ihre Wissenschaft neu definieren. Es gehe nicht mehr nur darum, die Welt zu vermessen und zu beschreiben. Geographen müssten lernen, wie Ingenieure zu denken und ihre Arbeit darauf ausrichten, durch eine neue „Ingenieurgeographie“ die Welt nach ihrem Willen zu verändern.[332]) Ende des Jahres 1951 wurde darum eine aus Geologen, Geographen und Ingenieuren bestehende Arbeitsgruppe, die zu dringenden Problemen bei den „Großbauten des Kommunismus“ Lösungsvorschläge vorlegte, zum Vorbild erhoben und für ihr Engagement mit dem Stalin-Preis ausgezeichnet.[333])

Wichtig für die Selbstmobilisierung der Wissenschaftler und die spätstalinistischen wasserbaulichen Schlüsselprojekte war die Wissenschaftlich-technische Allunionsgesellschaft der Energetik und elektrotechnischen Industrie (*Vsesojuznoe Naučno-techničeskoe Obščestvo Energetiki i Elektrotechničeskoj Promyšlennosti*). Ihre Geschichte geht zurück bis auf das Jahr 1892, als sich zarische Hydro- und Elektroingenieure zum ersten Kongress trafen und einen Verein aus der Taufe hoben, der bis zur Oktoberrevolution rasch an Mitgliedern und Bedeutung gewann. Der sowjetische Parteistaat stellte ihn wie andere Vereine und Gesellschaften dann in den Dienst seiner Propagandamaschinerie, um den Massen moderne Wissenschaft und Technik nahezubringen und zugleich Forscher und Ingenieure für die grandiosen Vorhaben zu gewinnen.[334]) Als in den 1930er Jahren die ehrgeizigen Kanal- und Kraftwerkbauten angegangen und realisiert wurden, bildeten die Hydroenergetiker 1937 innerhalb der Wissenschaftlich-technischen Allunions-Gesellschaft der Energetik und elektrotechnischen Industrie ihre eigene Sektion. Deren wichtigste Aufgabe war die Organisation von Konferenzen und Tagungen, auf denen die Experten zum Wissens- und Ideenaustausch zusammenkamen und anstehende Probleme erörterten. Die „Großbauten des Kommunismus“ waren dabei seit Ausgang der 1940er Jahre ein bevorzugtes Thema, um durch neue Initiativen die Elektrifizierung der sowjetischen Flüsse voranzubringen. Auf ihren Veranstaltungen erarbeiteten die Mitglieder der Gesellschaft konkrete Vorschläge, um den Kraftwerkbau effizienter zu gestalten, und legten die immer wieder auftauchenden Meinungsstreitigkeiten zwischen den Projektierungs- und Erschließungsinstituten einerseits und den Maschinenbaufabriken anderseits bei. Die Konferenzmaterialien wurden gesammelt, sorgsam aufbereitet und ausführlich kommentiert, um sie sodann Vertretern der Planungs- und Ministerialbürokratie auszuhändigen. Nachdem die Mitgliederzahl der hydroenergetischen Sektion 1945 noch 2302 betragen hatte, stieg sie bis 1950 schon auf knapp 10000, um sich dann bis 1955 auf 23018 mehr als zu verdoppeln. Im Jahr 1967 zählte der Dachverband der Wissenschaftlich-technischen Alluni-

[331]) Zugleich gab es dagegen auch Widerstand. Vgl. Vucinich 1984: 241 f.
[332]) Armand 1951.
[333]) Popov 1952.
[334]) Vgl. ausführlich dazu Andrews 2003.

ons-Gesellschaft der Energetik und elektrotechnischen Industrie schließlich über 160000 Mitglieder und hatte 2650 Ortsvereine. Er gab mit *Električestvo* eine eigene Zeitschrift heraus, die sich an Fachleute und interessierte Laien wandte. Eine spezifische Form von Öffentlichkeit war entstanden, die sowohl informierte als auch wissenschaftliche Ressourcen mobilisierte.[335])

So bemerkenswert die Vernetzung von Forschungseinrichtungen mit Planungsagenturen, Bautrusts, Unternehmen und gesellschaftlichen Massenorganisationen erscheinen mag, bei genauerem Hinsehen zeigt sich jedoch, dass die beständige Erweiterung „der gemeinsamen wissenschaftlichen Front"[336]) keineswegs unproblematisch verlief. Wiederholt beschwerten sich die Wissenschaftler über mangelhafte Förderung. In einem Brief an das Zentralkomitee beklagte sich R.V. Krasovickij, der Parteisekretär im Leningrader Allunions-Forschungsinstitut für Hydrotechnik, 1961 darüber, dass während der letzten 12 Jahre, in denen die „Großbauten des Kommunismus" einen nie gekannten Entwicklungsschub in der Hydrologie und Hydrotechnik ausgelöst hätten, nicht ein einziges neues Laboratorium fertiggestellt worden sei. Im Institut gebe es unhaltbare Zustände; die Bedingungen für Experimente seien miserabel, die Laborausstattungen längst überaltert. Länder wie Frankreich und Italien, die nur einen Bruchteil der Summe für den Bau ihrer Flusskraftwerke aufwenden, die in der Sowjetunion investiert werde, würden deutlich mehr Mittel für ihre hydrotechnischen Forschungseinrichtungen bereitstellen. Das Leningrader Institut, das nur über ein Zehntel der Laborfläche seines Pendants in den USA verfüge, könne gerade einmal mit vergleichbaren Einrichtungen in Portugal konkurrieren.[337])

Auch andere Institute monierten, „das Niveau der wissenschaftlichen Forschung im Bereich der Energetik entspricht nicht jenen grandiosen Aufgaben, welche die volkswirtschaftlichen Pläne stellen." Stagnierende Mittelzuweisungen, der Mangel an Fachkräften und die Aufsplitterung der wissenschaftlichen Ressourcen auf eine Vielzahl von Einrichtungen galten als Hauptursachen für die evidenten Probleme. Es fehle an abgestimmten Perspektivplänen und einer koordinierten Forschungspolitik, um die Kräfte zu bündeln und auf die entscheidenden Probleme zu konzentrieren. Vieles bleibe Stückwerk; mögliche technologische Durchbrüche verzögerten sich.[338])

Während die Forschungsinstitute die politisch Verantwortlichen dazu drängten, die staatliche Förderung zu verbessern, forderte Loginov, der Minister für Kraftwerkbau, dass sich die Akademie der Wissenschaften aktiver in das hydrotechnische Bauwesen einbringen müsse. Die Akademie-Institute hätten genügend Ressourcen, um verstärkt Expertisen zu erstellen, Gutachten zu über-

335) Zarevo 1959: 250f.; Levit 1957; Levit/Skladnev 1967.

336) GARF, 5446/60/6010, 5.

337) RGAE, 9572/1/1936, 157-159. Zuvor schon GARF, 5446/49/1146, 166–167.

338) RGAE, 9572/1/1944, 21-24 u. 27. Zur miserablen Ausstattung der Volgograder Filiale von *Gidroproekt* Ende 1961 vgl. RGAE, 9572/1/1936, 379-381.

prüfen und Forschungsaufträge auszuführen. Offensichtlich war die zu Beginn der 1950er Jahre inszenierte Selbstmobilisierung der Akademie der Wissenschaften für die „Großbauten des Kommunismus" mehr eine kurzfristige Kampagne als ein dauerhaftes Engagement gewesen.[339])

Der Kooperationswille ließ auch bei den Abteilungen der Wissenschaftlich-technischen Allunionsgesellschaft auf der Novosibirsker Großbaustelle zu wünschen übrig. Über ihre Mitglieder und Funktionsträger hieß es, sie würden nur in abstrakter Form über die neuesten technischen Errungenschaften dozieren, sich aber nicht über die tatsächlichen Arbeitsprozesse informieren und kaum Verbesserungsvorschläge einbringen.[340]) Im Jahr 1959 erstellte das Staatskomitee für Wissenschaft und Technik dann einen äußerst kritischen Bericht. Darin wurde den Instituten vorgeworfen, dass sie trotz der Gewährung enormer Forschungsgelder bei ihren Arbeiten zu Gleichstrom-Hochspannungsleitungen immer noch keine neuen Ergebnisse vorweisen könnten. Auch bei der Konstruktion der neuen Generation von Hydrogeneratoren und Hydroturbinen ergäben sich bedenkliche Rückstände, die dringend aufgeholt werden müssten. Die sowjetischen Forschungsinstitute hatten Schwierigkeiten, mit dem wissenschaftlich-technischen Fortschritt im Bereich der Hydroenergetik mitzuhalten. In seiner Anweisung vom 1. Dezember 1958 drang der Ministerrat darum mit großem Nachdruck darauf, dass die Forschung vorangetrieben werden müsse, weil sich die geplanten und teils schon im Bau befindlichen Wasserkraftriesen nur mittels effektiverer Aggregate schnell amortisieren könnten.[341])

Große Sorgen bereitete zudem die Informationspolitik der beteiligten Institute und Organisationen, in der es bedenkliche Leerstellen gab. Zwar berichteten die Leiter und Mitarbeiter von *Gidroproekt* in ihren Artikeln prahlerisch über den technischen Fortschritt und ihre gigantischen Projekte. Sie setzten sich aber viel zu wenig für die Ausbildung einer Fachöffentlichkeit ein. Zwischen den einzelnen Instituten, Baustellen und Behörden fand kein geregelter Erfahrungs- und Wissensaustausch statt, obwohl sich vielerorts ähnliche Probleme stellten.[342]) Zudem verhinderte der Zwang zur Geheimhaltung das Maß an Kommunikation zwischen den Experten, das notwendig gewesen wäre, um durch ungehinderte Informationsströme innovative Kreativität zu entfalten und die knappen Ressourcen zielgerichtet einzusetzen. Unter diesen Bedingungen war es unmöglich, die Arbeiten der Projektierungs- und Forschungsinstitute von anderen Dienststellen und Fachleuten kritisch begutachten zu lassen, so dass es im sowjetischen Wasserbau eigent-

[339]) RGAE, 9572/1/207, 3–4.
[340]) GANO, 1373/1/121, 73–74.
[341]) RGAE, 9572/1/888, 25 u. 45–50.
[342]) RGAE, 7964/2/1670, 23–25; GARF, 5475/23/819, 33. Ähnlich auch die kritischen Artikel in *Strojka Kommunizma*, 11. August 1951: 1; ebd., 29. September 1951: 1.

lich keine effektiven Kontrollmechanismen gab, um Planungsfehler zu korrigieren.[343])

Allianzen und Kooperationen zwischen Regional- und Zentralbehörden

Es gibt kaum bessere Themen als die Geschichte der „Großbauten des Kommunismus", um Einblick in die wechselhaften Spannungsverhältnisse zwischen den Moskauer Zentral- und den Regionalbehörden zu gewinnen. Der Große Terror von 1937/38 hatte zahlreichen selbstbewussten regionalen Parteiführern den Tod gebracht, ihre Machtbasis zerschlagen und damit die Stellung des politischen Zentrums in Moskau eindeutig gestärkt.[344]) Schon bald darauf drangen die Regionen aber wieder auf ihre politische Besserstellung. So klagten die zuvor neu ins Amt gekommenen regionalen Parteisekretäre auf dem 18. Parteitag 1939 darüber, dass es in der Zusammenarbeit mit Moskau erhebliche Probleme gebe. Die Zentralbehörden würden ihre Interessen und Projekte rücksichtslos durchsetzen und die Lokalbehörden bevormunden sowie die ökonomischen Belange der Regionen meist völlig außer Acht lassen. Während die Volkskommissariate infolge neuer Ressortgründungen immer mehr regionale Betriebe und Unternehmen ihrer Zuständigkeit unterstellten, vernachlässigten sie ihre Aufgaben beim Ausbau der Infrastrukturen und unternähmen zu wenig, um die drückenden Entwicklungsdefizite in wichtigen Industrieregionen zu beheben.[345])

In den Wirren des Zweiten Weltkriegs büßte der zentrale Partei- und Staatsapparat einen Teil seiner Anleitungs- und Kontrollfunktionen ein. Die unbeirrte Betonung fester Regeln und komplizierter Instanzenzüge hätte zur Handlungsunfähigkeit geführt. Lokal- und Regionalbehörden gewöhnten sich deshalb seit 1941 daran, Entscheidungen selbst und ad hoc zu treffen. Sie erreichten damit im Vergleich zur Vorkriegszeit eine relative Autonomie. Diese Entwicklung lief faktisch auf eine zunehmende Dezentralisierung politischer Macht hinaus, war aber auf Dauer mit den zentralistischen Verwaltungsmethoden des stalinistischen Parteistaats kaum vereinbar. Dennoch lösten auch nach Kriegsende die örtlichen Staats- und Parteifunktionäre vielfach dringende Aufgaben weiterhin eigenständig im direkten Kontakt mit den ortsansässigen Unternehmen, ohne zuvor die Genehmigung der zuständigen Ministerien einzuholen.[346]) Die „Leningrader Affäre" 1949, in deren Vorfeld und weiterem Verlauf verschiedene regionale Apparate gesäubert wurden, unterstrich

[343]) So das kritische Fazit des Ministers Pavlenko, der 1957 auf bedenkliche bürokratische Routinepraktiken hinwies, die seit Jahren eine effiziente Planungsarbeit behinderten. Vgl. RGAE, 7964/2/1675, 33-39.

[344]) Rees 2002b: 195-199; Harris 1996: 146-190; Getty/Naumov 1999: 267 u. 446-451.

[345]) Die Klagen der regionalen Parteiführer sind gut zusammengefasst bei Rees 2002b: 205f.

[346]) Zubkova 1998b: 143f.; Zubkova 1998a: 198; Kirstein 1985: 114f.; Harris 1996: 193ff.; Segbers 1987: 72f.; Barber/Harrison 1991: 42.

dann allerdings, dass mit dem Ende der Wiederaufbauphase und mit den neuen ehrgeizigen Großprojekten das politische Zentrum in Moskau fortan nicht mehr gewillt war, eigenmächtige Vorstöße regionaler Parteibosse hinzunehmen.[347])

In den Regionen selbst waren die Herrschaftsformen und Entscheidungsprozesse wie im Moskauer Zentrum von der Doppelstruktur politischer Macht, dem Zusammenspiel von Staatsbehörden und Parteiorganen, geprägt. Der Gebietsverwaltung, die sich in spezialisierte Apparate ausdifferenzierte, stand als oberstes Exekutivorgan das Ausführende Gebietskomitee (*Oblastnoj Ispol'nitel'nyj Komitet*) vor, das in der Sowjetunion unter dem Akronym *Oblispolkom* bekannt war. Seine Mitglieder koordinierten die tägliche administrative Arbeit. Sie hatten alles zu unternehmen, um die Planerfüllung in den Betrieben, auf den Kolchozen und Baustellen der Region sicherzustellen. Mit Erlassen und Verordnungen versuchten sie, Engpässe und Missstände zu beheben.

Die Spitze des Parteiapparats bildete das Gebietskomitee (*Oblastnoj Komitet*), abgekürzt *Obkom*. Es wurde vom regionalen Parteisekretär geleitet, der vor Ort der eigentliche starke Mann war und die Funktion eines Vermittlers zwischen Zentrum und Region ausübte. Zum einen hatte er die Aufgabe, das gesamtgesellschaftliche Interesse im Auge zu behalten und gegen regionalen Partikularismus vorzugehen; zum anderen sollte er regionale Belange vertreten. Angesichts seiner weitreichenden Machtbefugnisse fiel dem regionalen Parteisekretär eine Rolle zu, die sich am besten mit der des französischen Präfekten vergleichen lässt.

Wie in den Zentralbehörden kam es auch in den regionalen Partei- und Staatsapparaten zum Aufstieg der neuen Generation von „roten Spezialisten". Sie kombinierten die Qualifikationen des politischen Generalisten mit denen des Fachmanns und erwarben so „dual leadership skills"[348]). Zumeist als Ingenieure ausgebildet, übernahmen sie im Spätstalinismus und in der Tauwetterperiode politische Führungsämter, um Einfluss auf die industrielle Entwicklung zu nehmen.[349])

Im Unterschied zum Moskauer Zentrum spielte die Partei in den Regionen eine eindeutig stärkere Rolle. Sie mischte sich vor allem nach 1953 immer wieder in die administrative Arbeit der Regionalverwaltung und in das Wirtschaftsleben ein, indem sie in wichtigen Fragen über die Verteilung von Mitteln und Ressourcen entschied. Von den regionalen Parteiorganen wurde mehr erwartet, als nur die Menschen zu mobilisieren und Begeisterung zu wecken. Als wichtige Kontroll- und Berufungsinstanzen hatten sie weitgehende

[347]) Hier sei daran erinnert, dass der formelle Anlass für die „Leningrader Affäre" die eigenmächtige Organisation einer Großhandelsmesse in Leningrad gewesen war, ohne dass die Regionalbehörden zuvor die Genehmigung des Ministerrats eingeholt hatten. Vgl. ausführlich dazu die in Fn. 12 genannte Literatur.

[348]) Fischer 1968: 14. Ähnlich Frolic 1972: 48-51.

[349]) Hough 1969: 35-79; Hough 1974: 53-94; Hough/Fainsod 1979: 480-517. Ferner Hodnett 1965; Moses 1974: 126-158.

Anweisungsbefugnisse, von denen die Parteisekretäre Gebrauch zu machen hatten, um Staatsbedienstete und Fabrikdirektoren zu überwachen und sie zur Planerfüllung anzutreiben. Chruščevs Politik der Wiederbelebung des Parteilebens hatte eindeutig den Einfluss der regionalen Parteichefs gestärkt, die ihn dafür im Machtkampf mit seinen Rivalen in Moskau unterstützten.[350])

Unter der Leitung des *Obkom* schlossen die regionalen Verwaltungs- und Parteistellen in ihrem Einsatz für den Bau von Hydrogiganten oft Allianzen mit den Moskauer Zentralbehörden, die für die jeweiligen Projektierungs- und Bauarbeiten zuständig waren. Der Bau von Riesenkraftwerken, Kanälen und Bewässerungssystemen versprach den Regionen nämlich einen ökonomischen Aufschwung und die Zuweisung großer Investitionsmittel. So forderte der für das Gebiet Kujbyšev zuständige Parteisekretär S.P. Ignatov in seiner Rede vor dem 18. Parteitag vehement die zügige Fertigstellung des Kujbyšever Kraftwerks. Er wies auf die hochgesteckten Ziele hin, das mittlere Wolgagebiet wegen seiner neu entdeckten Erdöl- und Erdgasvorkommen und seiner enormen hydroenergetischen Ressourcen zu einer energetischen Schlüsselregion, zu einem „Zweiten Baku“ zu machen. Die neugestaltete Wolga und Kama sowie der Wolga-Don-Kanal sollten neue Hauptschlagadern des Warenverkehrs schaffen, um einen bedeutenden, infrastrukturell verdichteten Großwirtschaftsraum entstehen zu lassen.[351])

Großraumplanung und regionale Wirtschaftsförderung waren ebenfalls in Sibirien eng miteinander verknüpft und brachten die zentralen Planungsstrategen und die Verantwortlichen vor Ort einander näher. Als das Leningrader Institut *Gidroenergoproekt* im Sommer 1945 eine Expedition für Voruntersuchungen zusammengestellt hatte, um den richtigen Standort für den Bau eines Flusskraftwerks am Ob' in der Nähe der aufstrebenden westsibirischen Industriemetropole Novosibirsk zu bestimmen, begeisterten sich die regionalen Behörden sofort für dieses Projekt und leisteten alle nur erdenkliche Hilfe. Der Novosibirsker Parteisekretär drang im Dezember 1946 *Gidroenergoproekt* sogar dazu, so früh wie möglich mit den konkreten Planungen zu beginnen, und setzte sich in Moskau dafür ein, die notwendigen Mittel unverzüglich freizugeben. Im September und Oktober 1948 befuhren dann 38 Personen mit einem gecharterten Schiff den Ob', darunter neben den Leningrader Experten zahlreiche Vertreter der Novosibirsker Regionalbehörden und ortskundige Wissenschaftler aus Novosibirsk und Tomsk. Sie einigten sich auf eine Stelle, an der das Kraftwerk errichtet werden sollte, und arbeiteten bei den folgenden Projektierungs- und Erschließungsarbeiten eng zusammen.[352]) Dank der

350) Zur Doppelstruktur politischer Macht auf der regionalen Ebene vgl. neben den in der letzten Fußnote erwähnten Werken auch Nove 1980: 135–138; Conyngham 1973: 59ff., 109–120 u. 235–244; Schapiro 1965: 178–184; Stewart 1968; Ross 1987: 17–61; Mildner 1996: 58–75.

351) XVIII S-ezd 1939: 378f.

352) Balandin 1986: 30ff.; Dubrovskij 1957: 46ff. u. 52; Egorov 1960: 149; Novosibirskaja gidroelektrostancija 1968: 2. Vgl. Auch PANO, 4/33/909, 41; ebd., 34/222, 70.

politischen Unterstützung aus Novosibirsk konnte sich *Gidroenergoproekt* schließlich gegen die Regierung der Kazachischen Sowjetrepublik und den Parteisekretär des Autonomen Kreises Altaj durchsetzen, die forderten, das erste Kraftwerk am Ob' müsse weiter südlich bei Kamen' gebaut werden.[353])

Zu koordinierten Aktionen zwischen *Gidroenergoproekt*, dem Ministerium für Kraftwerke und den regionalen Behörden kam es auch im Fall des Bratsker Flusskraftwerks. Am 12. August 1951 sandte A. Chvorostuchin, der Parteisekretär des Gebiets Irkutsk, ein Schreiben an den Ministerrat und Stalin. Darin verwies er mit Nachdruck auf den großen Nutzen einer solchen Wasserkraftanlage in Bratsk, die an der Angara eine mächtige Industrieregion schaffen würde. Seinem Schreiben legte er Karten, Skizzen, Fotos und Gutachten bei, die ihm zuvor die Leitung von *Gidroenergoproekt* in Form einer Info-Mappe zusammengestellt hatte. Chvorostuchin forderte, die Projektierungs- und Erschließungsarbeiten zu forcieren, um schon 1953 mit dem Kraftwerkbau zu beginnen. Das Innenministerium unterhalte im Gebiet Irkutsk riesige Lagerkomplexe mit einem Heer von Häftlingen und verfüge zudem über gut ausgerüstete Bau- und Montageabteilungen, deren Kapazitäten und Ressourcen sich für die Bauarbeiten in Bratsk problemlos mobilisieren ließen. Chvorostuchins Initiative unterstützten P.P. Silinskij, der Leiter der Irkutsker Planungskommission, V.A. Kotov, stellvertretender Vorsitzender der Ostsibirischen Filiale der Sowjetischen Akademie der Wissenschaften, und P.M. Dmitrievskij, der leitende Ingenieur für Projektierungsarbeiten bei *Gidroenergoproekt*. Gemeinsam verfassten sie einen weiteren ausführlichen Bericht an Stalin und den Ministerrat, in dem sie erneut die „großartigen Perspektiven" erläuterten, die sich durch den Kraftwerkbau in Bratsk ergeben würden.[354])

Im Jahr 1957 wehrten *Gidroenergoproekt* und der Irkutsker Parteisekretär geschlossen einen Vorstoß aus dem benachbarten Gebiet Krasnojarsk ab. Dessen Vertreter forderten, statt des Bratsker Giganten zuerst das Krasnojarsker Riesenkraftwerk am Enisej fertigzustellen, um die reichen Erz- und Kohlevorkommen des Gebiets besser abbauen zu können. Im Konkurrenzkampf einzelner Regionen um den Zuschlag für Großprojekte spielten die zentralen Projektierungs- und Erschließungsinstitute oftmals die entscheidende Rolle und konnten später von den Regionalvertretern die Einlösung von Dankesschulden einfordern.[355])

Als zu Beginn der 1960er Jahre die Protagonisten gigantischer Flusskraftwerke mit allen Mitteln versuchten, die Staats- und Parteiführung von der Notwendigkeit einzelner neuer Großvorhaben zu überzeugen, setzten sie erneut auf Hilfe vor Ort. So machten die Experten von *Gidroproekt* den Parteileitern im Gebiet Astrachan' große Versprechungen, was sich alles in ihrer

[353]) Ausführlich Kap. 3.1.

[354]) GARF, 5446/81b/5524, 1-30, 46-47, 54 u. 57; Bratskaja GES 1964: 47-52.

[355]) Zum Konflikt zwischen Bratsk und Krasnojarsk vgl. Miller 1957: 79.

Region durch die Fertigstellung des umstrittenen Kraftwerks an der unteren Wolga verändern würde und wie sich die Landverluste und die Probleme für den Fischfang eingrenzen ließen. Die Verantwortlichen in Astrachan' schenkten den grandiosen Zukunftsaussichten Glauben und drangen deshalb gemeinsam mit *Gidroproekt* in Moskau auf eine schnelle Realisierung des Großprojekts.[356])

Nach Beginn der Bauarbeiten einte die Ministerien für Kraftwerke und Kraftwerkbau, die Bautrusts und die regionalen Behörden- und Parteivertreter weiter das gleiche Ziel, nämlich die Wasserkraftriesen so schnell wie möglich in Betrieb zu nehmen.[357]) So sah der Leiter der regionalen Plankommission 1952 durch den Bau des Flusskraftwerks das Novosibirsker Gebiet „mit gigantischen Schritten auf dem Weg der weiteren Industrialisierung voranschreiten".[358]) Die Regionalverwaltung und der regionale Parteisekretär sprachen dem Kraftwerkbau darum „oberste Priorität" zu und forderten von allen Behörden, Organisationen und Betrieben volle Unterstützung. Im Februar 1950 verabschiedete das Büro des Novosibirsker *Obkom* einen Erlass, der alles regelte, damit der Bautrust *Novosibirskgesstroj* seine Arbeit aufnehmen konnte. Zahlreiche Novosibirsker Unternehmen mussten Wohn-, Büro- und Lagerräume sowie Gebäude abtreten und darüber hinaus dem Bautrust Arbeitskräfte, Arbeitsgeräte, Fahrzeuge, Pferde, Baumaterialien und Benzin zur Verfügung stellen. Kolchozen und Dörfer wurden geräumt, damit die Bauleitung und die Bauarbeiter hier ihr Quartier aufschlagen konnten. Der Bautrust erhielt ferner Wald und Land zugesprochen. Besonders im näheren Umfeld des Kraftwerkstandorts kam es zu einer grundlegenden Umverteilung der Ressourcen. Der *Obkom*-Erlass ordnete zudem an, dass fortan Hoch- und Fachschulabsolventen und Schulabgänger vornehmlich Anstellungen auf den Bauplätzen des Novosibirsker Flusskraftwerks finden sollten, um hier den drückenden Arbeitskräftemangel zu beheben.[359])

In der Folgezeit wurde in Novosibirsk ein Regionaler Unterstützungsrat (*Oblastnoj Sovet Sodejstvija*) für den Kraftwerkbau eingerichtet. Er umfasste 1956, als es galt, zentrale Bauarbeiten auszuführen, 26 Mitglieder. Diese vertraten die Regionalverwaltung, die regionalen Parteiorganisationen und zahlreiche Großbetriebe. Ihre Aufgabe bestand darin, auf Bitten des Bautrusts schnell und unkompliziert die notwendige Hilfe zu leisten, um die rechtzeitige Fertigstellung des Kraftwerks zu gewährleisten. Der Unterstützungsrat war

[356]) RGAE, 9572/1/1936, 176–177.

[357]) Vielfach waren es die Regionalbehörden, die besonders auf Tempo drangen. So leitete der Parteisekretär von Irkutsk 1959 den Vorschlag eines Ingenieurs nach Moskau weiter, um zu erreichen, dass die ersten Generatoren des Bratsker Giganten ein Jahr früher als geplant ans Netz gingen. Allerdings wäre dies nur unter Inkaufnahme großer Risiken und der Mobilisierung zusätzlicher Arbeitskräfte möglich gewesen. Deshalb wurde der Vorschlag letztlich abgelehnt. Zu dieser Korrespondenz vgl. RGAE, 9572/1/900, 4–27.

[358]) GANO, 1020/2/571, 171.

[359]) PANO, 4/33/1207, 48–52.

als zentrale Anlauf- und Koordinationsstelle vorgesehen.[360]) Zusammen mit dem *Obkom*-Büro kommandierte er im Juli 1955 zahlreiche Bedienstete der Behörden und Parteiorgane sowie Arbeiter der regionalen Betriebe und Kolchozen zum vorübergehenden Arbeitseinsatz auf die Großbaustelle ab. Der *Komsomol*, die Jugendorganisation der Partei, stellte Schüler- und Studentenbrigaden zusammen, die gleichfalls beim Kraftwerkbau mithalfen, um Planrückstände aufzuholen. Eine Mobilisierung aller verfügbaren Arbeitskräfte schien erforderlich, um wichtige Bauarbeiten in der vorgegebenen Zeit vollenden zu können. An ihren freien Wochenenden fuhren Tausende Menschen zur Großbaustelle, um dort einen mehr oder weniger freiwilligen Arbeitseinsatz zu leisten.[361])

Zu einer weiteren Mobilisierungskampagne kam es, als im Dezember 1957 der Ob' für die Inbetriebnahme des ersten Aggregats abgeriegelt wurde. Das *Obkom*-Büro verfügte, dass die Novosibirsker Betriebe und Behörden ihre Kipplader und großen Lastwagen samt Fahrer, Ersatzteilen und Reparaturstätten zur Verfügung stellen sollten, um den raschen Erfolg der bevorstehenden Flussabriegelung zu ermöglichen.[362])

Während der Bauphase blieb das Engagement der regionalen Behörden und Parteiorgane nicht auf ihren Einsatz vor Ort beschränkt. Als sich das Stromdefizit in Novosibirsk wegen der raschen Industrialisierung der Stadt zuspitzte, drang das *Obkom*-Büro in mehreren Schreiben zwischen 1952 und 1956 an die Moskauer Zentralbehörden darauf, alles zu unternehmen, um die zügige Inbetriebnahme des Flusskraftwerks zu gewährleisten. In Zusammenarbeit mit dem Bautrust *Novosibirskgesstroj* und den Ministerien für Kraftwerke und Kraftwerkbau verfasste das *Obkom*-Büro deshalb nicht nur Briefe, sondern auch Entwürfe für Erlasse des Ministerrats, die diesem zur Verabschiedung zugingen. Auf diese Weise versuchten die regionalen Parteifunktionäre und Behördenvertreter, direkten Einfluss auf die Regierungsarbeit zu nehmen und ihre Interessen zu wahren. Die Erlassentwürfe forderten zum einen von *Gosplan*, für den Bau des Novosibirsker Plangiganten mehr Gelder zur Verfügung zu stellen. Zum anderen führten sie detailliert auf, welche Leistungen von anderen Zentral- und Regionalbehörden, Unternehmen und Organisationen unbedingt erbracht werden müssten, um die Bauarbeiten zu forcieren. Besonderen Anlass zur Sorge gab der akute Mangel an qualifizierten Ingenieuren. Deshalb bat das *Obkom*-Büro den Ministerrat 1952 darum, *Novosibirskgesstroj* dringend mehr Spezialisten zuzuweisen.[363])

360) PANO, 4/33/1625, 115–116; Drozdov 1974: 90.

361) Zu diesen kollektiven Arbeitssamstagen und -sonntagen (*subbotniki* und *voskresniki*) vgl. PANO, 27/1/, 307, 12; PANO, 4, 33/1/1625, 105; Dubrovskij 1957: 179f.; Drozdov 1974: 90.

362) PANO, 4/33/1653, 24–27; ebd., 1696, 75.

363) Entsprechende Schreiben des *Obkom* an die Moskauer Zentralbehörden und ausformulierte Entwürfe für Erlasse des Ministerrats finden sich in PANO, 4/34/401, 156–168 u. 191-192; ebd., 409, 181-182; ebd., 427, 111-117; ebd., 453, 191-200; ebd., 457, 113-114; ebd., 458, 97 u. 139.

Konflikte zwischen Regionalverwaltung und Bauleitung

Auch wenn beim Bau von Riesenkraftwerken die zuständigen Zentral- und Regionalbehörden kooperierten, um die notwendigen Ressourcen zu mobilisieren, so waren ihre Beziehungen während der Bauarbeiten doch zunehmend von Konflikten und „objektiven Widersprüchen" gekennzeichnet, wie es ein sowjetischer Industriemanager nannte.[364]) Beide Seiten rangen um die Durchsetzung eigener Interessen. Auf der einen Seite agierten die jeweiligen Bautrusts, die als Brückenköpfe des Zentrums nicht in das regionale Verwaltungsgefüge integriert waren, sondern direkt den Moskauer Ministerien unterstanden. Vor allem die Großbaustellen des Wolga-Don-Kanals und der Wolga-Kraftwerke bei Kujbyšev und Stalingrad bildeten mit ihren Lagerkomplexen faktisch „einen Staat im Staate außerhalb der Kontrolle der regionalen Verwaltungen"[365]). Auf der anderen Seite vertraten die lokalen Staatsbehörden und die örtlichen Partei- und Gewerkschaftsorganisationen sowohl ihre Belange als auch die Anliegen der Bauarbeiter und der ortsansässigen Bevölkerung. So entstanden zwei Fraktionen, deren Auseinandersetzungen maßgeblich die Machtverhältnisse auf den Großbaustellen und in den Regionen bestimmten. Beide Seiten warfen sich die widerrechtliche Aneignung knapper Ressourcen, fehlende Unterstützung und mangelhaftes Engagement vor, um eigene Planrückstände zu erklären und andere Institutionen für Probleme und Defizite verantwortlich zu machen. So beschwerte sich Loginov, der Minister für Kraftwerkbau, 1957 beim Zentralkomitee bitter darüber, dass sich verschiedene Regionalverwaltungen wiederholt aus dem Fuhrpark des Bautrusts *Glavelektroset'stroj* bedient hätten, der für den Bau der Hochspannungsleitung zwischen dem Stalingrader Flusskraftwerk und der Stadt Moskau zuständig war.[366]) Die Bauarbeiten am Wolga-Don-Kanal litten unter akutem Mangel an Bauholz, weil zahlreiche andere Betriebe gleichfalls ein Auge auf die für den Kanalbau bestimmten Holzlieferungen geworfen hätten.[367]) Die Bauleitung vom Kujbyšever Flusskraftwerk bat das Zentralkomitee wiederholt um Hilfe, denn Regionalbehörden und andere Ministerien nähmen Eisenbahnwagons für sich in Anspruch, die eigentlich für den Transport von Baustoffen, Material und Maschinen zum Großbau an der Wolga vorgesehen seien. Die Probleme mit der Wagonzuteilung hätten schon wiederholt zu erheblichen Verzögerungen bei den Bau- und Montagearbeiten geführt und die rechtzeitige Fertigstellung des Hydrogiganten in Gefahr gebracht.[368]) Die Baustellenzeitung von *Stalingradgesstroj* warf anderen Ap-

[364]) Hough 1969: 307.
[365]) Beyrau 2000a: 169.
[366]) RGAE, 7964/2/1806, 12.
[367]) GARF, 9417/1/58, 159–160. Von den Begehrlichkeiten anderer Unternehmen berichtete auch ein Schreiben an den Ministerrat im Frühsommer 1950. Vgl. GARF, 5446/80/2488, 61–62.
[368]) RGAE, 7964/2/1806, 31.

paraten mangelnden Kooperationswillen vor und beschwerte sich heftig über deren „administrativen Egoismus" und „schädlichen Starrsinn".[369])

Ständigen Streit zwischen der Bauleitung und den Regionalbehörden gab es um die Stromversorgung. Die Großbaustellen hatten einen enormen Elektrizitätsbedarf, dem die hoffnungslos überlasteten regionalen Verbundwirtschaften kaum nachkommen konnten. Während so die Regionalvertreter verlangten, die großen Bautrusts hätten sich an die ihnen zugeteilten knappen Stromlimits zu halten, forderten die Bauleiter eine bessere Stromversorgung, um die Bau- und Montagearbeiten durch eine unzureichende Energiezufuhr nicht ins Stocken geraten zu lassen.[370])

In Novosibirsk weigerten sich Behörden und Betriebe, ihre Fuhrparke und Arbeitskräfte für den Kraftwerkbau zur Verfügung zu stellen.[371]) In den Sommermonaten erhoben die Regionalvertreter zudem Anspruch auf die Lastwagen und Traktoren des Bautrusts, um den umliegenden Kolchozen bei der Ernte wichtige Hilfe zu leisten.[372]) Der stellvertretende Leiter von *Novosibirskgesstroj* beschwerte sich darum 1956, die Bauleitung sei zu 90 Prozent ihrer Zeit damit beschäftigt, die akuten Versorgungsprobleme zu lösen. Viele Unternehmen und Behörden würden die Pläne und ihre Zusagen nicht einhalten. Vertreter des Bautrusts, die mit Nachdruck auf die Lieferungen und Bereitstellungen drangen, müssten sich von Fabrikdirektoren, lokalen Partei- und Behördenvertretern als „Hundesöhne" beschimpfen lassen.[373]) Große Sorge bereitete den Bauleitern auch das völlige Versagen der lokalen Miliz. Sie sei nicht in der Lage, Ruhe und Ordnung zu schaffen. Ihr Unfähigkeit und Untätigkeit erlaube zahllose Diebstähle von Baumaterialien, die zu einem ernsten Problem für den Fortgang der Arbeiten geworden seien.[374])

Die regionalen Behördenvertreter und Parteisekretäre beklagten sich ihrerseits über das anmaßende Verhalten der Bautrusts. Diese für Großprojekte eingerichteten Organisationen fassten unterschiedliche Bauabteilungen, Versorgungsunternehmen und sogar Staatsgüter zusammen. Sie waren nicht nur mit Bau- und Montagearbeiten beschäftigt, sondern verfügten auch über eine eigene Produktionsbasis, um einen Großteil der benötigten Baumaterialien selbst herzustellen und die Wartung des Maschinen- und Fuhrparks in Eigenregie zu übernehmen. In ihrem Autarkiestreben drangen die Bautrusts darauf, sich im Umland ihrer Bauplätze sowohl Steinbrüche, Sand- und Kiesgruben, Ziegeleien, Werkstätten und andere Betriebe als auch zahlreiche Gebäude

369) *Strojka Kommunizma*, 29. Juni 1957, Nr. 797: 4.

370) PANO, 4, 33/1/1625, 103; ebd., 4/34/458, 116–114; RGAE, 7854/2/1805, 13; ebd., 7964/11/976, 162–163; ebd., 1380, 118–119; ebd., 1571, 196–196; ebd., 1981, 1; GARF, 5446/59/5262, 160–164.

371) PANO, 27/1/307, 52–53; RGAE, 9572/1/704, 18–23.

372) RGAE, 7854/2/1277, 15.

373) PANO, 1420/1/6, 20.

374) PANO, 27/1/256, 104.

und Wohnhäuser einzuverleiben, ohne dafür Entschädigung zu zahlen.[375]) Die Propaganda ließ zwar 1951 verlauten, dass trotz der enormen Kriegszerstörungen und der zahlreichen Probleme beim Wiederaufbau die Stadt Stalingrad voller Freude „den Bauleuten heute schon ihre hilfreiche Hand reicht."[376]) Tatsächlich waren aber heftige Verteilungskämpfe entbrannt. Die Stalingrader Gebietsverwaltung warf so im Juli 1948 der Bauleitung des Wolga-Don-Kanals vor, ohne Rücksichtnahme ganze Dörfer und Stadtteile für sich in Beschlag zu nehmen und die vorherigen Bewohner und Nutzer einfach vor die Tür zu setzen.[377]) Im Januar 1950 drangen die Stalingrader Behördenvertreter beim Ministerrat darauf, das Auftragsvolumen der regionalen Ziegeleien und Baustoffunternehmen für die Kraftwerkbaustellen zu senken. Ansonsten käme der Wohnungsbau in der Region wegen der unzureichenden Produktionskapazitäten zum Erliegen.[378]) In Novosibirsk beanspruchte der Bautrust ein großes Waldgebiet für sich, um seinen Bedarf an Bau- und Brennholz zu befriedigen. Seine Leiter lehnten es strikt ab, den Wünschen der Regionalbehörden entgegenzukommen, die bislang den Wald für eigene Zwecke genutzt hatten.[379])

Große Unzufriedenheit herrschte außerdem, weil die Bautrusts sich ganz auf den Kraftwerkbau konzentrierten und alle anderen Aufgaben beim Infrastrukturausbau vernachlässigten. So warfen die regionalen Parteibosse im Dezember 1953 Loginov, dem Bauleiter von *Stalingradgesstroj*, ein „herrschaftlich-geringschätziges Verhältnis" gegenüber der Belegschaft vor. Sie machten ihn für den schleppenden Wohnungsbau und die Versorgungsnotstände verantwortlich, die viele Arbeiter abschreckten und sie dazu veranlassten, der Großbaustelle den Rücken zu kehren.[380]) Das Novosibirsker *Obkom*-Büro kritisierte im Juni 1952 in ähnlich deutlicher Weise, dass Ivanov, der Leiter von *Novosibriskgesstroj*, den Wohnungs-, Krankenhaus-, Kindergarten- und Schulbau in den Arbeitersiedlungen offensichtlich für eine „unbedeutende Angelegenheit" halte und deshalb keine Baumaterialien und Transportmittel zur Verfügung stelle. Angesichts der zögerlichen Fertigstellung von „soziokulturellen Objekten" seien die Lebensumstände für die Bauarbeiter und die ortsansässige Bevölkerung unhaltbar.[381])

Anlass zu Unmut gab auch, dass zwar viele Betriebe in Novosibirsk Patenschaften (*šefstvo*) für Bauabteilungen und Bauplätze übernommen hätten und sich redlich bemühten, uneigennützig dortige Engpässe zu beheben. Umgekehrt würde sich *Novosibirskgesstroj* aber nicht um das Wohlergehen der Re-

[375]) Allgemein zur Struktur und Funktion von Trusts (*tresty*) vgl. Nove 1963: 43; Nove 1980: 28; Zaleski 1980: 27ff.
[376]) Wunderwerke 1951: 16.
[377]) GARF, 9417/3/58, 7-8 u. 27.
[378]) GARF, 5446/80a/7572, 20.
[379]) GANO, 1179/1/266, 19-20 u. 67-68.
[380]) RGAE, 7964/11/1570, 9-18.
[381]) PANO, 4/33/1367, 36-37; ebd., 27/1/304, 65-73.

gion kümmern. So habe der Bautrust im Rahmen der Neulandgewinnung seinerseits Patenschaften für den Bau neuer Kolchozen und Motoren-Traktoren-Stationen übernommen, ohne jedoch ernsthaft daran zu denken, seinen Verpflichtungen nachzukommen.[382]) Später klagte die für die Schifffahrt auf dem Ob' zuständige Regionalbehörde (*Ob'skoe Bassejnovoe Upravlenie*) laut darüber, dass *Novosibirskgesstroj* ihre Interessen einfach missachte. Die für den Schiffverkehr wichtigen Signalsysteme fehlten vielerorts; die Arbeiten an der Fahrrinne, den Hafen- und Schleusenanlagen verliefen nur zögerlich, weil die Bauleitung 1957 Arbeitskräfte abgezogen hätte, um sie beim Kraftwerkbau einzusetzen.[383]) Auch der regionale Stromverbund *Novosibirskenergo* war alles andere als zufrieden. Zwar kämen die Bauarbeiten am Kraftwerk voran; aber die notwendigen Stromleitungen seien auch 1959 von *Novosibirskgesstroj* noch nicht fertiggestellt worden. Bald werde das Kraftwerk mit voller Leistung Elektrizität produzieren, ohne diese jedoch den Verbrauchern zuleiten zu können.[384])

In Kujbyšev beschwerte sich die Regionalverwaltung darüber, dass die mit dem Kraftwerkbau einhergehenden Bewässerungsprojekte von den Bautrusts der Moskauer Ministerien nicht mit ausreichendem Arbeits- und Materialeinsatz angegangen würden. Ihre Vertreter forderten deshalb 1952, die neue Regionalbehörde *Kujbyševoblvodstroj* zu gründen. Die Experten vor Ort verfügten über das erforderliche lokale Wissen, um die anfallenden Aufgaben kompetent auszuführen. Die Ministerien sollten darum Abteilungen ihrer Bautrusts dieser neuen Behörde unterstellen und Zuständigkeiten abtreten. Die administrative Neuordnung scheiterte letztlich am Widerstand von *Gosplan* und dem Finanzministerium. Sie befürchteten einen finanziellen Mehraufwand und stärkten die Position der Ministerien, die keineswegs gewillt waren, auf Kompetenzen und Ressourcen zu verzichten.[385])

Zum Streit um Zuständigkeiten kam es insbesondere gegen Ende der Bauarbeiten, wenn es um die Reorganisation der riesigen Bautrusts ging. Die Ministerien für Kraftwerke und Kraftwerkbau waren daran interessiert, die Kader und den Maschinen- und Fahrzeugpark entweder auf andere Großbaustellen zu transferieren oder sie weiter dem Kraftwerk zuzuweisen, um noch anfallende Bau- und Reparaturarbeiten ausführen zu können. Die Regional-

[382]) PANO, 4/33/1550, 186; ebd., 1558, 18–20; ebd., 1638, 167–170; ebd., 27/1/286, 34–35. Ferner GARF, 7690/5/526, 202–203; *Na Strojke*, 25. Juni 1954, Nr. 140: 1. *Novosibirskgesstroj* rechtfertigte sich damit, dass die geforderten Hilfsmaßnahmen notwendige Ressourcen in Anspruch nähmen, die dringend für den Kraftwerkbau gebraucht würden. So RGAE, 7854/2/1087, 4–10. Vgl. zu einer ähnlichen Vernachlässigung der Patenschaft für Kolchozen und Motoren-Traktoren-Stationen (MTS) durch *Stalingradgesstroj* im Jahr 1955 RGAE, 7964/2/1477, 134. Zu den Patenschaften von *Kujbyševgesstroj* vgl. *Gidrostroitel'*, 13. Januar 1954, Nr. 316: 1; ebd., 26. April 1954, Nr. 359: 3: ebd., 24. Juni 1954, Nr. 376: 1 u. 3.

[383]) GANO, 1681/1/272, 8–9 u. 16; ebd., 393, 21–22, 27–35, 44–45 u. 56–62; ebd., 351, 31 u. 38;

[384]) GANO, 1020/2/828, 259–261; ebd., 1373/1/121, 26–29

[385]) GARF, 5446/86, 4226, 45–53 u. 118–122; ebd., 87/2276, 14–17.

verwaltung hingegen setzte alles daran, die Verantwortung für die Bautrusts zu erhalten und deren Ressourcen fortan für eigene Projekte zu nutzen. So unterrichtete im September 1957 das Novosibirsker *Obkom*-Büro das Zentralkomitee und den Ministerrat darüber, dass der Bau der neuen Wissenschaftsstadt Akademgorodok gefährdet sei, weil der Bautrust *Novosibirskgesstroj* nicht ausreichend Baumaschinen, Fahrzeuge, Ingenieure und Arbeiter zur Verfügung stellen wolle. Seine Umwandlung in einen regionalen Bautrust zog sich wegen des eigenwilligen Verhaltens des Ministeriums für Kraftwerke hin. Die Ministeriumsleitung wollte die Ressourcen von *Novosibirskgesstroj* ursprünglich für den geplanten Bau des zweiten Kraftwerks der Ob'-Kaskade weiter südlich bei Kamen' nutzen. Erst als dieses Projekt aufgeschoben worden war, gab es keine Handhabe mehr, um sich den Forderungen der Novosibirsker Regionalbehörden zu widersetzen.[386])

Für reichlich Spannung zwischen Regional- und Zentralbehörden sorgten die zahlreichen Arbeiten, die für die Vorbereitung des Stausees notwendig waren. Zehntausende von Menschen und Gebäude mussten umgesiedelt und das Überflutungsgebiet durch Rodungen „gesäubert" (*očistit'*) werden. Die Pläne hatten Aufgabenteilungen zwischen den Zentral- und Regionalbehörden und entsprechende Ausgleichszahlungen vorgesehen. Doch Streit war unvermeidlich. So kritisierte das Novosibirsker *Obkom*-Büro, die Planungsexperten hätten zahlreiche Korrekturen am Plan vorgenommen und den Regionalbehörden kaum zu bewältigende Zusatzbelastungen aufgebürdet.[387]) Den beiden zuständigen zentralen Projektierungs- und Erschließungsinstituten *Gidroenergoproekt* und *Gidroproekt* hielten die Vertreter der Regionen vor, auf Konsultationen vor Ort zu verzichten und so falsche Pläne zu erstellen.

Die Missachtung lokalen Wissens führte wiederholt dazu, dass deutlich mehr Land, Siedlungen und Betriebe überflutet oder unterspült wurden als vorgesehen. Voreilig getroffene Prognosen und die daraus resultierenden Fehlkalkulationen warfen zusätzliche soziale und wirtschaftliche Probleme auf. Vielerorts mussten die Ufer aufwendig befestigt werden, um weitere Zerstörungen zu verhindern. Die Regionalverwaltung forderte deshalb vom Ministerrat mehr Ausgleichszahlungen. Zugleich erhob sie den Anspruch, besser beurteilen zu können, wie die Gelder zu verteilen seien, und lehnte alle Moskauer Anweisungen als unzutreffend ab. Die Verantwortlichen vor Ort hielten sich für kompetenter und erwarteten darum, als ausführende Organe mehr Handlungsfreiraum, Entscheidungs- und Mitspracherechte zugesprochen zu bekommen. Sie sahen sich dabei als Interessenvertreter der betroffenen Sied-

[386]) PANO, 4/34/491, 16–20; GANO, 1653/1/108, 38–39; RGAE, 9572/1/1238, 332–334; ebd., 7964/2/1830, 118; ebd., 1839, 118. Zum Streit um die Abteilung für Forstwirtschaft des Novosibirsker Bautrusts vgl. RGAE, 7964/2/1831, 207–209 u. 234–235. Zu ähnlichen Konflikten bei *Kujbyševgesstroj* vgl. RGAE, 9572/1/900, 1–3; ebd., 7964/2/1833, 193–194 u. 197. Ein Großteil des Maschinen- und Fuhrparks wurde schließlich zum Bau des Flusskraftwerks in Saratov genutzt.

[387]) GANO, 1179/1/304, 1.

lungen und Städte, deren Forderungen sie nach Moskau weiterleiteten und damit in den politischen Prozess einbrachten. *Gidroenergoproekt* und *Gidroproekt* wehrten sich und legten geologische Gutachten vor, um die Richtigkeit ihrer Pläne und Berechnungen zu belegen. Gemeinsam mit den Bautrusts und den Ministerien für Kraftwerke und Kraftwerkbau beschuldigten sie die Regionalbehörden, ihren Aufgaben bei der Umsiedlung und der Vorbereitung des Überflutungsgebiets nicht nachgekommen zu sein. Deshalb hätten sie die Verantwortung für unvorhersehbare Schäden und damit für höhere Ausgaben zu übernehmen.[388])

Die Zielscheibe der Kritik waren stets die Bauleiter und leitenden Ingenieure. Der Kujbyšever Parteisekretär kritisierte, dass die öffentlichen Auftritte und Mitteilungen von I.V. Komzin, dem Leiter von *Kujbyševgesstroj*, „vorsichtig formuliert, keineswegs unbescheiden sind [...] Er legt viel Wert auf Selbstdarstellung und berichtet deshalb in der Presse und im Radio falsche Dinge." So verkünde er stets voller Stolz, der Kraftwerkbau komme gut voran, verschweige aber geflissentlich die zahlreichen Miss- und Rückstände. Er führe somit die Öffentlichkeit in die Irre. Seine Schönfärberei diene nur dazu, seine mangelhaften Führungsqualitäten und die Misswirtschaft auf den Bauplätzen zu vertuschen.[389]) Ähnliche Vorwürfe äußerte auch ein lokaler Parteifunktionär, der in einem Brief an die Moskauer Zentralbehörden das Chaos und die Unordnung auf den einzelnen Bauplätzen sogar mit Fotos dokumentierte. Komzin und seine Mitarbeiter versprächen viel, hielten jedoch kaum etwas ein. Sie hätten „dem gesamtgesellschaftlichen und staatlichen Wohlergehen" großen Schaden zugefügt.[390])

In der Kritik stand auch die Bauleitung in Bratsk. Bauarbeiter und Parteifunktionäre denunzierten deren Leiter Najmušin im Sommer 1959 nicht nur wegen seines „unmoralischen Lebenswandels". Mit seiner „Verantwortungslosigkeit trägt er die Schuld für die verschwendeten Millionen". Angesichts seiner drei Geliebten sei „er mehr zu Hause als auf der Arbeit". Auf den Bauplätzen lasse er sich nicht sehen, weil er „Angst davor hat, den Arbeitern Auge in Auge gegenüberzutreten". Er führe sich auf wie der „Minister für Ostsibirien", dulde keinen Widerspruch und habe das gesamte Leitungspersonal seinem Willen unterworfen. Sein Führungsstil und seine öffentliche Selbstinszenierung zeigten „Züge des Personenkults".[391])

[388]) Die Konflikte zwischen Zentral- und Regionalbehörden bei den Maßnahmen zur Säuberung des Überflutungsgebiets sind in den Akten ausführlich dokumentiert. Vgl. für Novosibirsk und Kujbyšev z.B. RGAE, 7964/4/774, 220–225; ebd., 775, 16 u. 74; ebd., 792/1–6, 13–14 u. 22–23; ebd., 2/1804, 117; ebd., 9572/1/704, 81–84; GANO, 1020/2/618, 67–68; ebd., 633, 235–237; ebd., 729, 238–239; ebd., 1179/1/269, 1–31; ebd., 416, 4–11; ebd., 461, 108–110 u. 116–121; PANO, 4/34/400, 16–41; ebd., 426, 36–40. Für Stalingrad vgl. RGAE, 7964/2/1455, 181–183.

[389]) GARF, 5446/87/1232, 23; Zaključennye na strojkach kommunizma 2008: 1721 f.

[390]) RGAE, 9572/1/731, 210–211.

[391]) RGAE, 9572/1/873, 128–129.

In Novosibirsk mussten der Bauleiter Ivanov und der leitende Ingenieur Kuz'min vergleichbare rüde Attacken über sich ergehen lassen. Von 1951 bis 1959 warfen ihnen die regionalen Parteifunktionäre immer wieder „Verantwortungslosigkeit", „Disziplinlosigkeit", „Fehleinschätzungen" und die „systematische Missachtung aller Pläne" vor. Sie hätten keine Kontrolle über die Arbeiter und Bauprozesse, gäben „sich mit kleinen Erfolgen zufrieden", fänden sich „mit dem häufigen Stillstand der Bauarbeiten" ab und unternähmen viel zu wenig, um die „großen Mängel bei der Arbeitsorganisation" zu beseitigen. Das *Obkom*-Büro forderte die Moskauer Zentralbehörden wiederholt auf, Druck auszuüben, um Ivanov und Kuz'min zum energischen Durchgreifen zu bewegen. Beide wurden persönlich dafür verantwortlich gemacht, dass sich der Kraftwerkbau so lange hinzog und die Kosten explodierten. Die rüden Attacken erreichten im Februar 1956 ihren Höhepunkt. Mit Nachdruck forderten die regionalen Parteifunktionäre das Moskauer Zentralkomitee, die zentrale Planungsbehörde *Gosplan* und das Ministerium für Kraftwerke dazu auf, Ivanov wegen Inkompetenz abzuberufen und ihn zu maßregeln. Begleitet wurden diese Angriffe von kritischen Berichten in der Novosibirsker Lokalzeitung *Sovetskaja Sibir'*. Die Person Ivanov stand damit nicht nur intern, sondern auch öffentlich in der Kritik, worunter seine Autorität erheblich litt.[392])

Der Bauleiter und seine Mitarbeiter setzten sich gegen die fortgesetzte Kritik zur Wehr. Sie wiesen jegliche Verantwortung von sich. Wegen unzureichender Mittelzuweisung und der mangelhaften Unterstützung durch andere Behörden und Unternehmen hätten sie bedauerlicherweise kaum Spielraum, um auf die berechtigten Interessen der Arbeiter und der ortsansässigen Bevölkerung einzugehen und den notwendigen Infrastrukturausbau voranzutreiben. Die Bauleitung befinde sich offensichtlich in einer Zwangslage und sei voll und ganz damit beschäftigt, den akuten Mangel zu verwalten. Deshalb konzentriere sie die verfügbaren Ressourcen auf den Kraftwerkbau und müsse zwangsläufig andere Bereiche vernachlässigen.[393]) Zeitungsredakteure und

[392]) Vgl. zu diesen Attacken PANO, 1420/1/6, 10; ebd., 4/33/1314, 22; ebd., 1521, 12-14; ebd., 1625, 99-100 u. 107; ebd., 1707, 9-10; ebd., 34/431, 289-290; ebd., 27/1/256, 56-57; RGAE 7964/11/1838, 102-108. In Stalingrad forderte das *Obkom*-Büro im Dezember 1953 nach gleichfalls heftigen persönlichen Attacken zwar nicht die Entlassung Loginovs, wollte aber einen strengen Verweis in seine Personalakte eintragen lassen. Vgl. RGAE, 7964/11/1570, 13. Auch der Bauleiter des Wolga-Don-Kanals, Rapoport, war im März 1953 „wegen schwacher Führung" von den regionalen Parteisekretären angegriffen worden. Er habe seine Untergebenen zu „schleimerischem Benehmen, Kriecherei und Lobpreisung ihres Chefs" gezwungen und Leitungspersonal vornehmlich nach „nationalen Kriterien" eingestellt (gemeint war die angebliche Bevorzugung jüdischer Fachleute). Vgl. Stalinskie Strojki 2005: 109f. u. 113.

[393]) Vgl. vor allem Ivanovs ausführlichen Bericht im Sommer 1956 in PANO, 27/1/327, 38-80. Seine Erklärungen teilten sogar einige Gewerkschafts- und Parteifunktionäre. Siehe dazu GANO, 1373/1/120, 88; ebd., 121, 40-41. Zu ähnlichen Rechtfertigungen der Leiter von *Stalingradgesstroj* und *Volgodonstroj* vgl. RGAE, 7964/2/1455, 183; GARF, 9414/3/65, 260-261.

Parteifunktionäre – so Stepanov, der stellvertretende Leiter von *Novosibirskgesstroj* – ließen sich zu ungerechtfertigten Attacken verleiten, ohne über die wahren Gründe für die Miss- und Rückstände informiert zu sein.[394]) Schließlich ging die Leitung des Novosibirsker Bautrusts ihrerseits in die Offensive und verkündete: die Vertreter der regionalen Behörden und Parteiorganisationen seien vielfach „inkompetent, unzuverlässig und bestechlich" und müssten für ihr Fehlverhalten hart bestraft werden.[395])

Zur Untersuchung der andauernden Probleme zwischen der Regionalverwaltung und dem Bautrust wurde in Novosibirsk schließlich eine Kommission einberufen, die im Juli 1957 ihren Abschlussbericht vorlegte. In diesem hieß es, dass „bei der Beilegung von Streitfragen die Leitung der Gebietsverwaltung keine gemeinsame Sprache mit der Leitung von *Novosibirskgesstroj* gefunden hat." Es gab trotz der Einrichtung des „Unterstützungsrats" keine funktionierende Koordinationsstelle, die in der Lage war, zwischen unterschiedlichen Interessen zu vermitteln. Regionalverwaltung und Bauleitung sprachen ihre jeweiligen Anordnungen und Maßnahmen kaum miteinander ab, so dass sie mehr gegen- als miteinander agierten. So blieben die Vertreter des Bautrusts den Sitzungen der Regional- und Lokalbehörden meist fern, auf denen Problemlösungen erörtert wurden. Die Kommission warf der Bauleitung darum Eigensinnigkeit und den örtlichen Verwaltungsstellen Schwerfälligkeit vor, weil Anfragen erst lange überprüft und notwendige Entscheidungen viel zu spät getroffen worden seien. Die mangelhafte Flexibilität beider Seiten hatte die administrative Handlungsfähigkeit der zuständigen Instanzen enorm eingeschränkt.[396])

Dezentralisierung der Wirtschaftsadministration: Die regionalen Volkswirtschaftsräte

Während in Novosibirsk und Kujbyšev die regionalen Behördenapparate und Parteiorganisationen einerseits, die Bautrusts, die zentralen Projektierungsinstitute und die Ministerien für Kraftwerke und Kraftwerkbau anderseits ihre Konflikte austrugen, rangen in Moskau „Zentralisten" und „Regionalisten"[397]) um den richtigen Weg, wie sich die evidenten administrativen Schwierigkeiten der sowjetischen Ökonomie beheben ließen. Nachdem anfänglich erste Maßnahmen zu einer noch stärkeren Zentralisation der Wirtschaftsbefugnisse getroffen worden waren, untergrub 1957 die Gründung regionaler Volkswirtschaftsräte (bekannt unter dem Akronym *sovnarchozy*) den zuvor geschaffe-

[394]) PANO, 1420/1/6, 20.

[395]) GANO, 1179/1/319, 20–21. Zur ähnlichen Verteidigungsstrategie des für den Bau von Bewässerungssystemen am Wolga-Don-Kanal zuständigen leitenden Ingenieurs R.F. Takanaev vgl. GARF, 5446/86/2317, 231–261, hier bes. 243–254.

[396]) GANO, 1179/1/319, 4–9 u. 57–58. Ähnliche Schlussfolgerungen waren schon vorher getroffen worden. Vgl. GANO, 1179/1/269, 24, 47 u. 53–58.

[397]) Zu diesen beiden Begriffen vgl. Tatu 1968: 110–113.

nen diktatorischen Zentralstaat stalinistischer Prägung. Die Machtbalance zwischen Zentrum und Regionen wurde mit einem gewagten politischen Manöver grundlegend neu austariert. Mit der Auflösung von 25 Ministerien kam es zur gleichzeitigen Einrichtung von 105 regionalen Volkswirtschaftsräten. Deren Grenzen folgten zumeist den Territorien der Gebiete (*oblasti*) und wurden damit nach administrativen und nicht nach wirtschaftlichen Kriterien festgelegt. Die einzelnen Volkswirtschaftsräte besaßen mit dem Technisch-wissenschaftlichen Rat eine Expertenkörperschaft und unterschiedliche Industriesektorenverwaltungen, die für die einzelnen Branchen und zahlreiche Unternehmen zuständig waren. Sie erstellten die erforderlichen Pläne, stimmten die Ressourcenzuteilung darauf ab und kontrollierten die Planerfüllung. Der auf der Gebietsebene neu geschaffene Behördenapparat übernahm die Befugnisse der Fachministerien. Zugleich kam es zu einem „brain drain". Vormalige Minister und ihre Stellvertreter verließen die Hauptstadt, um als Vorsitzende der Volkswirtschaftsräte ihr Wissen und ihre Erfahrungen in den Dienst der neuen regionalen Machtinstanzen zu stellen.[398]) Die vormals zentralisierten Kommandoketten wichen einer neuen Verwaltungshierarchie.

Durch diese radikale Neugestaltung spielte Chruščev zum einen die Partei in der Provinz gegen das Zentrum aus, um die Unterstützung regionaler Parteiführer und Behördenapparate für sich zu gewinnen und zugleich seine Konkurrenten Malenkov und Molotov zu schwächen, die ihre Machtbasis in der Moskauer Ministerialbürokratie hatten. Zum anderen handelte es sich bei der umstrittenen Reform des Systems der Wirtschaftslenkung um eine schmerzliche Radikallösung drängender Probleme, entstanden durch das beharrliche Bestreben der Ministerien, mit ihren unbeweglichen Riesenapparaten ein selbstherrliches Wirtschaftsimperium zu bilden. Angesichts chronischer Engpässe und Unsicherheiten hatten die einzelnen Ministerien das Vertrauen in andere Ressorts und Regionalbehörden verloren. Sie setzten alles daran, sich eine jeweils eigene Versorgungsbasis zu schaffen. So weiteten sie ihre Zuständigkeiten auf immer mehr Zulieferbetriebe und Versorgungsunternehmen aus. Dieser starke Trend zur ministeriellen Autarkie behinderte branchenübergreifende Kooperationsverhältnisse, erschwerte die volkswirtschaftliche Integration und verursachte vermeidbare Absurditäten. So ließen Ministerien Maschinen, Einzel- und Ersatzteile Tausende von Kilometern quer durch das Land zu „ihren" Unternehmen und Baustellen transportieren, anstatt von örtlichen Kapazitäten Gebrauch zu machen.

Die territoriale Dezentralisierung sollte diesem auswuchernden Ressortegoismus (*vedomstvennost'*) der zentralen Kommandowirtschaft endlich ein Ende setzen. Von der Verschiebung der Entscheidungskompetenzen und An-

[398]) Zwei Drittel der Vorsitzenden der neuen regionalen Volkswirtschaftsräte waren ehemalige Minister oder leitende Ministerialbeamte, die zuvor in Moskau tätig gewesen waren. Nur eine Minderheit stammte aus der Region selbst. Vgl. Hough 1969: 57ff.; Teckenberg 1983: 81.

weisungsrechte aus den großen Branchenministerien in die neu geschaffenen regionalen Volkswirtschaftsräte erhofften sich die Reformer, die operative Lenkung von Produktion und Bauarbeiten so nahe wie möglich an die zuständigen Behördenapparate vor Ort heranzubringen. Erklärtes Ziel war es, die Gängelung und Bevormundung aus Moskau durch örtliche Sachkenntnis zu ersetzen, um in den einzelnen Regionen durch die einheitliche Koordination aller Branchen eine harmonische und gleichgewichtige Entwicklung der Wirtschaft zu erreichen. Der Wandel vom Produktions- zum Territorialprinzip in der Verwaltungsordnung versprach kürzere Instanzen- und Transportwege und eine größere Flexibilität und Reaktionsfähigkeit der Wirtschaftsexekutive. Die Funktionäre vor Ort begriffen, „dass damit eine Kompetenzverlagerung zu ihren Gunsten von erheblichem, über die Wirtschaft hinausgehendem Ausmaß begründet wurde."[399]) Die Einrichtung regionaler Volkswirtschaftsräte verstand sich demnach als ein Reformkonzept, das nicht nur auf wachsende Unzufriedenheit mit dem wirtschaftspolitischen Zentralismus aufbaute, sondern auch auf dem allmählichen, aber doch merklichen Zugewinn an Selbstbewusstsein bei den Regionalbehörden.[400])

Chruščevs rigoroser Dezentralisierungsplan löste in der Sowjetunion heftige Diskussionen aus, die auch öffentlich in Zeitungen und Zeitschriften ausgetragen wurden. Die Moskauer Ministerien taten alles, um ihre Auflösung zu verhindern. Am 16. März 1957 wandte sich Loginov, der Minister für Kraftwerkbau, mit der Forderung an den Ministerrat, die Kompetenzen und Ressourcen seines Hauses nicht an die Volkswirtschaftsräte zu übertragen. Das Ministerium sei für bedeutende Investitions- und Infrastrukturvorhaben zuständig, die weit über den regionalen Rahmen hinausgingen und nur erfolgreich bewältigt werden könnten, wenn die verfügbaren Kapazitäten konzentriert und unter zentraler Kontrolle blieben. Seine Forderungen unterstützten vierzehn bekannte Ingenieure und Institutsleiter in einem gemeinsamen Schreiben. Darin wiesen sie auf die Risiken hin, die mit der Aufsplitterung der Entscheidungskompetenzen und Ressourcen auf regionale Apparate einhergingen. Beim Bau von großen Kraftwerken müssten Baumaschinen und Fachkader aus unterschiedlichen Landesteilen zusammengezogen werden; die Zulieferindustrien seien oft Tausende von Kilometern von den Baustellen entfernt. Der Apparat der Volkswirtschaftsräte verfüge nicht über die Erfahrungen und Fertigkeiten, um die anfallenden Koordinationsaufgaben bei großen Investitionsvorhaben angemessen ausüben zu können.[401])

399) Hildermeier 1998a: 802.

400) Die Einrichtung der regionalen Volkswirtschaftsräte ist schon oft ausführlich geschildert worden. Vgl. bes. Nove 1984: 344ff. u. 356–364; Filtzer 1995: 79–82; Merl 2001: 226ff.; Taubman 2003: 307ff. Ausführlich zuvor schon Miller 1957; Boettcher 1959: 160–165; Meissner 1960: 19–29, 284–309; Nove 1963: 74–81; Meder 1965: 307ff. u. 335f.; Katz 1972: 53–76.

401) RGAE, 9572/1/704, 165–173 u. 225–231; Nekrasova 1974: 132ff.

Diese Einwände hatten Erfolg. Als eines von elf Ministerien wurde das Ressort für Kraftwerke nicht aufgelöst, sondern blieb weiterhin für den Bau großer Kraftwerke zuständig. Auch die Hauptverwaltung *Glavgidroenergostroj* existierte weiter fort. Erst nach Abschluss der Bauarbeiten übernahmen die Volkswirtschaftsräte den Kraftwerkbetrieb und gründeten dazu eigene Elektrizitätsverwaltungen. Die Reformer hofften, damit eine „günstige Lösung zwischen Zentralismus und Föderalismus gefunden" zu haben, um die Vorteile einheitlicher Planung zu nutzen und zugleich den konkreten Strombedürfnissen der regionalen Industrien gerecht zu werden.[402])

Doch die administrative und wirtschaftliche Praxis entsprach bei weitem nicht den Erwartungen. In vielen Gebieten liefen die Flusskraftwerke bald auf Verschleiß, weil die überregionale Verteilung von Kohle, Erdöl und anderen Brennstoffen ins Stocken geriet und infolgedessen die Wärmekraftwerke nicht mehr mit voller Kraft produzierten. Die Hydroenergetik bildete damit die einzige regionale Stromquelle, die in hohem Maß von den Volkswirtschaftsräten ausgenutzt wurde, um die wachsenden Energieengpässe zu schließen.[403]) Im Dezember 1958 beklagte sich dann der Minister für Kraftwerke Pavlenko darüber, dass die drei Volkswirtschaftsräte in Kujbyšev, Kazan' und der Mordvinischen ASSR den für den Bau von Stromleitungen an der mittleren Wolga zuständigen Bautrust *Srednevolgoenergostroj* unter sich aufgeteilt und damit eingespielte Strukturen und Belegschaften auseinandergerissen hätten. Durch willkürliche Abänderung der Investitionsplanung verletzten die Regionalbehörden die Staatsdisziplin und gaben lokalen Interessen den Vorzug vor gesamtstaatlichen Belangen. Darunter litt vor allem der Bau von Hochspannungsleitungen und Überlandzentralen. In den überregionalen Stromverbünden gab es so Netzlücken, die sich infolge des „lokalen Partikularismus" (*mestničestvo*) nicht schließen ließen. Das wirkte sich außerordentlich negativ auf die Effizienz der Elektrizitätswirtschaft aus. Die staatlich zentralisierte Planung und die Entfaltung der Initiative der örtlichen Organe griffen nicht ineinander.[404])

Mit Einsetzen des neuen Siebenjahrplans zum Jahreswechsel 1958/59 erhielt das Ministerium, nun in Ministerium für Kraftwerkbau umbenannt, darum deutlich mehr Zuständigkeiten zugesprochen, um den Bau von Kraftwerken und den dazugehörenden Stromnetzen besser koordinieren zu können. Doch die Probleme schwanden nicht. Ende 1961 beanstandete eine speziell eingerichtete Kommission in ihrem Abschlussbericht, dass sich der Bau des Stalingrader Flusskraftwerks und der Aufbau einer effektiven Großverbund-

402) Diese optimistische Einschätzung teilten damals auch westliche Experten. Vgl. Gersdorff 1962: 57f.

403) RGAE, 7964/2/1833, 270–271.

404) RGAE, 7964/2/1833, 162–185. Ferner Nekrasova 1974: 134ff. Zu ähnlichen Problemen beim Bau von Stromleitungen und zum Desinteresse des regionalen Volkswirtschaftsrats vgl. für Novosibirsk RGAE, 9572/1/1235, 378. Allgemein auch Novikov 1960b: 26f.

wirtschaft viel zu lange hingezogen hätte, weil der zuständige Volkswirtschaftsrat nicht in der Lage gewesen sei, die erforderlichen Baumaterialen und Baumaschinen für die zahlreichen Vorhaben bereitzustellen. Die territoriale Dezentralisierung der Wirtschaftsadministration behindere den Warenverkehr. Durch das Ausbleiben von Zulieferungen entständen ressourcenaufwendigen Großprojekten erhebliche Nachteile.[405]

Auch in Novosibirsk hatten sich durch die Einrichtung der Volkswirtschaftsräte die Versorgungsschwierigkeiten noch verschärft. Der Bauleiter und seine Mitarbeiter mussten immer häufiger nach Moskau fliegen und in Nachbarregionen reisen, um die notwendigen Materiallieferungen sicherzustellen. Die Zahl der sogenannten „Schieber" (*tolkači*) stieg weiter an, die im Auftrag von *Novosibirskgesstroj* als Makler bei Betrieben und Behörden vorstellig wurden, um das zu organisieren, was für den Fortgang der Bau- und Montagearbeiten dringend erforderlich war. Das weitgespannte informelle Tauschnetz, das die Starrheit des staatlichen Versorgungssystems umging und Möglichkeiten zur Selbsthilfe schuf, verdichtete sich und musste immer häufiger in Anspruch genommen werden.[406]

In Bratsk gab es heftige Konflikte zwischen dem Irkutsker Volkswirtschaftsrat und *Bratskgesstroj* um die Zuständigkeiten für die forstwirtschaftlichen Unternehmen. Sie führten dazu, dass die Rodungsarbeiten auf dem Überflutungsgebiet nicht schnell genug vorankamen, so dass später große Holzbestände dem Wasser zum Opfer fielen. Auch geschlagenes Holz verkam massenhaft im sich füllenden Stausee, weil das Kompetenzgerangel es verhindert hatte, dass die gefällten Stämme rechtzeitig abtransportiert wurden.[407]

Diese ungelösten Probleme begünstigten vorhandene Rezentralisierungsbestrebungen. 1962 beklagte das Ministerium, es verfüge lediglich über eine größere Bauorganisation, habe aber keine Befugnis, die Energie- und Elektrizitätspolitik in dem Maße zu koordinieren, wie dies notwendig sei, um die möglichen technischen Neuerungen umzusetzen und Plangiganten fristgerecht sowie kostengünstig fertigzustellen. Der administrativen Unordnung und den Kompetenzstreitigkeiten müsse endlich durch eine straff organisierte zentralisierte Wirtschaftsexekutive ein Ende gemacht werden. Die Entwicklung sich ausbreitender Großverbundwirtschaften setze eine leistungsfähige Zentralbehörde voraus. Deshalb sei das Ministerium für Kraftwerkbau in ein Ministerium für Energetik und Elektrifizierung umzuwandeln, das große Autorität und weitreichende Koordinierungs- und Leitungsfunktionen habe.[408]

[405]) RGAE, 9572/1/1936, 328–334. Zu ähnlichen Versorgungsproblemen bei anderen Kraftwerkbauten vgl. Nekrasova 1974: 135f.

[406]) GANO, 1373/1/120, 38. Zu den *tolkači* vgl. bes. Nove 1980: 120f., 133f., 215 u. 304; Zaleski 1980: 422f, 486 u. 491; Belova 2001: 139–142. Zuvor schon Berliner 1957: 207–230; Boettcher 1959: 172ff.; Nove 1963: 41, 93f., 230f.; Kaser 1970: 178, 182f. u. 185.

[407]) Dyker 1983: 125.

[408]) RGAE, 9572/1/1937, 287–297; ebd., 1944, 17–19, 25, 29 u. 33–37.

Der Wandel vom Produktions- zum Territorialprinzip in der Wirtschaftsverwaltung hatte offensichtlich mindestens so viele Probleme geschaffen, wie er zu lösen vorgab. Der Ressortgeist war nur durch das Aufblühen des regionalen Chauvinismus ersetzt worden. Von Chruščevs radikalen Dezentralisierungsexperimenten gingen keine Anstöße für eine höhere Effizienz der Wirtschaftsbürokratie aus. Der Übergang vom „zentralistischen Konservativismus" in Moskau zur „demokratischen Beweglichkeit" vor Ort blieb aus. Die ehrgeizige Reform war schon 1962 gescheitert.[409]) Seit September 1962 riss das anstelle des Ministeriums neu gegründete Staatskomitee für Energetik und Elektrifizierung wieder wichtige Entscheidungskompetenzen an sich. Als es im Oktober 1965 in Ministerium für Energetik und Elektrifizierung umbenannt wurde, verleibte sich das ministerielle Wirtschaftsimperium alle Elektrizitätsverwaltungen der regionalen Volkswirtschaftsräte ein. Die Fabrikdirektoren, Bau- und Behördenleiter nahmen wieder Anordnungen von den Bürokraten aus Moskau und nicht mehr aus der Gebietshauptstadt entgegen.[410])

Partei- und Gewerkschaftsorganisationen auf der Großbaustelle

Die Doppelstruktur politischer Macht setzte sich über die Regionalbehörden bis auf die Großbaustelle fort. Der Bautrust war ein Staatsunternehmen, dessen Leiter vom staatlichen Auftraggeber Geld für die Bau- und Montagearbeiten erhielt. Er musste dann zusehen, wie er die verfügbaren Ressourcen möglichst kostensparend einsetzte, um die Pläne fristgerecht zu erfüllen. Der Bautrust war zu einer wirtschaftlichen Rechnungsführung (*chozjajstvennyj razčet*, gewöhnlich *chozrazčet* abgekürzt) verpflichtet. Er arbeitete mit eigenen Verlust- und Gewinnrechnungen, um die maximale Wirtschaftlichkeit aller ökonomischen Tätigkeiten zu erreichen.[411]) Es gab Anreize zu Planübererfüllung und Sparmaßnahmen, weil ein kleiner Teil der erzielten Gewinne in die sogenannten Betriebsfonds (später auch Direktorenfonds genannt) zurückfloss, die dann für Gratifikationen an die Belegschaft und für Investitionen in den Wohnungsbau und die allgemeine soziokulturelle Infrastruktur zur Verfügung standen. Wie alle sowjetischen Betriebe war auch der Bautrust

[409]) Zum Scheitern der Reform vgl. bes. Nove 1984: 361ff.; Harris 1996: 199ff.; Merl 2001: 229ff. Ferner Meissner 1960: 103f., 110f. u. 458–461; Nove 1963: 223-228; Meder 1965: 309f. u. 329-337; Wiles 1965: 450ff. u. 457–460; Bilinsky 1966: 174–181; Tatu 1968: 112-118, 331-335 u. 446–449; Conyngham 1973: 105-112 u. 139-142.

[410]) Nekrasova 1974; Koržichina 1994: 237f.

[411]) Ein offizielles Lehrbuch zur Politikökonomie definierte *chozrazčet* als „Form der planmäßigen Wirtschaftsführung der sozialistischen Betriebe, die durch die Wirkungen des Wertgesetzes bedingt wird und ihren Ausdruck findet in einer in Geldform durchgeführten Gegenüberstellung von Kosten und Ergebnissen der wirtschaftlichen Tätigkeit, in der Deckung der Ausgaben der Betriebe durch ihre eigenen Einnahmen, in einer Einsparung von Mitteln und in der Sicherung der Rentabilität der Produktion." So Političeskaja ekonomika 1962: 544. Vgl. auch Leptin 1965: 198ff.

mehr als nur ein Arbeitgeber, er war ein umfassender „social organizer“. Als zentrale Versorgungsinstanz bot er seinen Beschäftigten neben dem Arbeitsplatz umfassende Sozialleistungen wie Wohnungen, Kindergärten, Schulen, Krankenhäuser, Erholungsheime, Klubs und Sportvereine. Der Bautrust baute darum mehr als nur Kanäle und Kraftwerke; er baute ganze Siedlungen und Städte. So ließ er weitgehend auf sich selbst bezogene Lebenswelten und „Mikrogesellschaften“ entstehen.[412])

Wegen seiner umfassenden ökonomischen, sozialen und administrativen Aufgaben entwickelte der Bautrust einen äußerst sperrigen Verwaltungsapparat. Nach einer Dienstreise zur Großbaustelle in Kujbyšev äußerte sich ein Beamter des Ministeriums für Kraftwerkbau entsetzt über die komplizierten bürokratischen Strukturen. *Kujbyševgesstroj* hatte damals 498 Abteilungen, die 2627 Angestellte beschäftigten. Bei einem dermaßen aufgeblähten Apparat schien eine sinnvolle Koordination kaum möglich. Oft – so berichtete der Moskauer Ministerialbeamte – „wüsste die rechte Hand nicht, was die linke gerade tut.“ Eine Verschlankung des Apparats und die Durchsetzung klar gegliederter Verwaltungsstrukturen seien darum dringend erforderlich. 317 Abteilungen mit 2028 Angestellten würden allemal ausreichen. Zum bürokratischen Wildwuchs sei es gekommen, weil Ingenieure und Manager auf eigene Abteilungen drangen, um sich höhere Löhne und ein größeres Prestige zu sichern.[413]) Eine ähnliche Entwicklung gab es beim Stalingrader Flusskraftwerk. Die Baustellenzeitung berichtete kritisch, dass sich hier „die Bauleitung von einem kämpferischen Führungsstab in einen bürokratischen Apparat verwandelt hat, dessen Arbeitsweise bei weitem nicht den wachsenden Anforderungen und Aufgaben entspricht.“[414])

Die Verantwortung für alle Tätigkeiten des Bautrusts trug der Bauleiter. Er war nur den Moskauer Zentralbehörden gegenüber rechenschaftspflichtig und hatte auf der Baustelle die „Ein-Mann-Führung“ (*edinonačalie*) inne, d.h. er besaß die alleinige exekutive Gewalt. Die Beschäftigten waren angehalten, seinen Entscheidungen zu folgen. Als der „unmittelbare Kommandeur“[415]) auf der Großbaustelle hatte der Bauleiter weitreichende Zuständigkeiten und Kompetenzen. Er musste besondere diplomatische Fähigkeiten besitzen, um dem Widerspruch der verschiedenen Instanzen und Kontrollorgane zu entgehen und die nötige Unterstützung für seine Aktivitäten zu erhalten. Wer als Bauleiter oder leitender Ingenieur Organisationstalent und Durchsetzungskraft zeigte, machte Karriere. Neben Sergej Žuk galt dies vor allem für Fedor

[412]) Vgl. dazu Teckenberg 1983: 261–274. Ausführlich auch die soziologische Studie von Škaratan 1978.

[413]) RGAE, 9572/1/172, 4–8. Ähnlich noch die Klagen aus dem Jahr 1957 in ebd., 730, 25–28. Sie zeigen, dass sich der bürokratische Wildwuchs auf den Großbaustellen nur schwer beschneiden ließ.

[414]) *Strojka Kommunizma*, 5.September 1951, Nr.30: 1. Ähnlich zuvor schon ebd., 5.Juni 1951, Nr.7: 2.

[415]) Boettcher 1959: 192.

Loginov, der zuerst für den Wiederaufbau von *Dneproges* und dann für den Bau des Stalingrader Riesenkraftwerks zuständig war, um 1954 schließlich zum Minister für Kraftwerkbau ernannt zu werden.[416])

Auf den Großbaustellen war es in den 1950er Jahren zweifellos zu „politics of depressurization“[417]) gekommen, zu einem Verzicht auf permanente geheimpolizeiliche Interventionen. Anders als zwei Jahrzehnte zuvor mussten Bauleiter und Ingenieure nicht mehr befürchten, angesichts von Planrückständen, Denunziationen oder Beschwerden ihren Arbeitsplatz zu verlieren und in das Räderwerk des Terrors zu geraten. Weder im Spätstalinismus noch in der Tauwetterperiode kam es bei den Großbauten zu systematischen Säuberungswellen.[418]) Diese „politics of depressurization“ warfen zwangsläufig die Frage auf, wie weit die wirtschaftlich-operative Selbständigkeit der Bautrusts gehen sollte. Tatsächlich besaß der Bauleiter kaum Handhabe für selbständige Anordnungen zur Änderung der Betriebs- und Arbeitsorganisation. Er hatte nicht das Recht, von sich aus Maßnahmen zur Einführung organisatorisch-technischer Neuerungen zu ergreifen, die für die Anwendung fortschrittlicher Arbeitsprozesse erforderlich schienen. Er konnte auch nicht ungehindert die Zulieferbetriebe und Versorgungsunternehmen auswählen, um mit diesen Bedingungen auszuhandeln und Verträge abzuschließen. Zentrale Angelegenheiten waren der Kompetenz des Bauleiters entzogen; seine Initiative wurde durch Anordnungen und Vorschriften übergeordneter Instanzen eingeschränkt. Deshalb hatte der Vorsitzende des Ministerrats Bulganin schon am 17. Juli 1955 in einem Beitrag für die Tageszeitung *Izvestija* davon gesprochen, dass die Erweiterung der Zuständigkeiten und Rechte der Fabrikdirektoren und der Bauleiter eine „dringliche Aufgabe der Industrie beim Ausbau der Wirtschaft“ sei.[419]) Wenn es schon staatliche Pläne gebe und die Partei die Bauleiter ernenne, dann solle man diese auch arbeiten lassen, ohne sie in ihrer Verantwortung für die Bau- und Montagearbeiten zu weit einzuschränken. Angesichts ungelöster akuter Mangelsituationen seien die Bauleiter einfach dazu gezwungen, eigene Prioritäten zu setzen, um das Mögliche machbar zu machen und zentrale Bauprozesse voranzubringen. Sie würden deshalb ein „kompliziertes System des Ausweichens“[420]) entwickeln, um

[416]) Zur Karriere von Loginov vgl. Ivkin 1999: 392; Sovet Narodnych Komissarov 1999: 335.

[417]) Azrael 1966: 112. Von „deradicalization“ sprach Tucker 1967.

[418]) In Einzelfällen konnte es dennoch zu harten Strafen kommen. So wurden beispielsweise beim Bau des Wolga-Don-Kanals mehrere für den Eisenbahntransport zuständige leitende Beamte zu fünfzehn Jahren Lagerhaft verurteilt. Wegen ihrer „Verantwortungslosigkeit und Inkompetenz“ trugen sie – so ein entsprechender Kommissionsbericht – nämlich persönlich Schuld daran, dass 1700 Eisenbahnwagons auf Abstellgleisen herumstanden und ihre wertvolle Fracht nicht zu den Bauplätzen gelangte. Vgl. GARF, 5446/80a/7573, 60–70. Zu Entlassungen wegen inkompetenten und unredlichen Verhaltens vgl. Stalinskie Strojki 2005: 109f.

[419]) Zit. nach Boettcher 1959: 190ff.

[420]) Boettcher 1959: 285.

Vorgaben und Anordnungen zu unterlaufen und gegebenenfalls sogar Pläne zu durchkreuzen.

Um ein Überhandnehmen dieser informellen Arrangements und eigenwilligen Handlungen zu verhindern, wurde der Bauleiter vor Ort überwacht. Die wichtigste Kontroll- und Prüfinstanz auf den „Großbauten des Kommunismus" war sicherlich das speziell gegründete Parteikomitee. Geleitet wurde es von erfahrenen, vielfach dorthin versetzten Funktionären, die durch eine aktive Parteiarbeit Einfluss auf die Bauarbeiten nehmen sollten. Sie standen sowohl mit dem regionalen Parteisekretär als auch mit dem Sekretariat des Zentralkomitees in Moskau im ständigen Kontakt.[421])

Während die Bauleitung bei den Plangiganten die wirtschaftliche Führung innehatte, oblag die „politische Leitung" dem jeweiligen Parteikomitee. In ihm sah die Moskauer Parteiführung einen „Garanten für eine abgestimmte und zielstrebige Arbeit der Kollektive von Bauarbeitern, Ingenieuren und Architekten." [422]) Der Zuständigkeitsbereich des Parteikomitees war dabei weit gefasst. Zum ersten musste es die Arbeit aller anderen Massenorganisationen auf der Großbaustelle anleiten, vor allem die Tätigkeiten der Gewerkschaften, des *Komsomol* und der wissenschaftlich-technischen Gesellschaften. Zum zweiten hatte es zahlreiche Propaganda- und Mobilisierungsaufgaben zu übernehmen. Dazu zählte vor allem die aktive politische Aufklärungs- und Erziehungsarbeit, um den Bauarbeitern die große Bedeutung ihrer Tätigkeiten für den „Aufbau des Kommunismus" zu verdeutlichen, und die Organisation des sozialistischen Wettbewerbs. Letzterem fiel die Funktion eines Allheilmittels zu, um die verschiedenen Arbeitsbrigaden im inszenierten „freundschaftlichen Wettkampf" gegeneinander zu höheren Leistungen anzutreiben und so die Planerfüllung zu gewährleisten. Zum dritten hatte das Parteikomitee die Arbeitsorganisation auf der Großbaustelle und die Aktivitäten der Bauleitung genau zu untersuchen, um Fehlentwicklungen unverzüglich zu korrigieren. Und zuletzt stellte es eine Makleragentur dar, die bei Engpässen von der Bauleitung gern in Anspruch genommen wurde, um säumige Zulieferbetriebe und eigensinnige Behörden zur fristgerechten Bereitstellung benötigter Waren, Maschinen und Dienstleistungen zu bewegen und in akuten Krisensituationen auch die außerplanmäßige Zuteilung von Produktionsgütern herbeizuführen.[423])

Das Parteikomitee von *Novosibirskgesstroj* hatte 1953 insgesamt 358 Mitglieder und 50 Kandidaten.[424]) Sie verteilten sich auf achtzehn „primäre Organisationen" auf den jeweiligen Bauplätzen, in den Zulieferbetrieben und

[421]) Zur Gründung von Parteikomitees auf den Großbaustellen direkt durch das Moskauer Zentralkomitee vgl. z.B. RGASPI, 17/135/54, 29–36, 47–48 u. 63–65; PANO, 4/33/1207, 52; Lebed/Yakovlev 1956: 128; Zykov 1969b: 117f.

[422]) Zit. nach Nove 1980: 134f.

[423]) Kaser 1970: 185.

[424]) Der Frauenanteil lag bei den Parteimitgliedern bei elf Prozent.

Versorgungsunternehmen.[425]) Sorge bereitete der allgemein niedrige Bildungsstand der Parteimitglieder, die zu zwei Dritteln Arbeiter waren. Nur siebzehn Parteimitglieder hatten einen Hochschulabschluss. Die Mehrheit verfügte nur über Grundkenntnisse des Lesens, Schreibens und Rechnens. Acht Prozent waren sogar Analphabeten. Zudem erhielten die ökonomischen Belange nicht die notwendige Priorität. Im Verlauf des Jahres 1953 organisierte das Parteikomitee 27 Sitzungen und elf Vollversammlungen. Mehrheitlich wurden parteiorganisatorische und parteipolitische Fragen erörtert. Nur ein Viertel der Tagesordnungspunkte bezog sich auf die Diskussion der wirtschaftlichen Aktivitäten der Bauleitung.[426])

Obwohl sich die Parteikomitees nur zu gern „als zementierende Kraft der Großbauten-Arbeitskollektive" selbst feierten,[427]) gab ihre Arbeit ständigen Anlass für scharfe Kritik und ernste Vorwürfe:[428]) Die Funktionäre ließen sich nur selten auf den Bauplätzen und in den Betrieben sehen, weil sie es vorzogen, von ihren Büros aus ihre wichtigen Anleitungsfunktionen auszuüben. Das führte zu einem „oberflächlichen Verhältnis zu den Bauarbeitern". Das Niveau der Parteiarbeit entsprach, so die Baustellenzeitung in Stalingrad, bei weitem „nicht den Aufgaben, die auf die Bolschewiki auf den Bauplätzen warten." Es fehlte offensichtlich an „kreativer, lebendiger Führung".[429]) In Novosibirsk meldete der Staatsanwalt voller Erschütterung, dass mehrere führende Parteimitglieder zu den stadtbekannten Trunkenbolden gehörten. Den hohen Anforderungen an ihre politische Arbeit wurden sie kaum gerecht.[430])

Vielfach hatten die verantwortlichen Funktionäre vollständig den Überblick über das Baustellenleben verloren. Ihre sträfliche Vernachlässigung der Propaganda und der politischen Erziehungsarbeit wurde für den sinkenden Enthusiasmus, die sich zunehmend verschlechternde Arbeitsdisziplin und Arbeitsorganisation seit den 1950er Jahren verantwortlich gemacht. Der „sozialistische Wettbewerb" war in bloßer Routine erstarrt und bot den Arbeitern kaum mehr einen Anreiz, ihre Arbeitsleistung zu steigern. Zwar erkannten Funktionäre mitunter die Missstände, machten sie öffentlich und forderten kritisch von anderen und sich selbst, diese unverzüglich zu beheben. Doch sie bestanden meist nicht mit genügendem Nachdruck auf der Ausführung ihrer Entscheidungen, sondern gaben sich damit zufrieden, entsprechende Schrei-

[425]) Das Parteikomitee von *Novosibirskgesstroj* stellte sich im Vergleich zu anderen Großbaustellen, weil deren Belegschaft weitaus größer war, als relativ klein dar. Auf dem Höhepunkt der Bauarbeiten am Kujbyšever Giganten im Jahr 1955 zählte man dort 63 „primäre Organisationen" mit mehr als 3000 Mitgliedern und Kandidaten. Vgl. Očerki istorii 1967: 517f.

[426]) PANO, 4/1/431, 282 u. 286; ebd., 27/1/282, 27; ebd., 27/1/256, 7.

[427]) Taranov 1978: 134.

[428]) Zu den folgenden Vorwürfen, die meist nicht ausgeräumt wurden, vgl. z.B. für *Novosibirskgesstroj* PANO, 4/33/1/431, 283; ebd., 1439, 15 u. 17; ebd., 27/1/257, 56-59; ebd., 258, 119-129, 189-190, 206 u. 297-298; ebd., 308, 55-56 u. 151-153.

[429]) *Strojka Kommunizma*, 23. Juni 1951, Nr. 10: 1.

[430]) GARF, 8131/32/4256, 233-234.

ben aufgesetzt zu haben. Der Schritt „von der bloßen Deklaration zur tatsächlichen Unterstützung" ließ oftmals auf sich warten.[431]) Statt die Bauleitung streng zu überwachen, ergaben sich wiederholt „falsche Wechselbeziehungen" zwischen Ingenieuren und Funktionären, die sich absprachen und gegenseitig deckten.[432]) Immer wieder kam es auch zum Parteiausschluss einzelner Amtsträger wegen Inkompetenz, Kritikunfähigkeit und fortgesetzter Verstöße gegen die Parteidisziplin, worunter häufig systematischer Alkoholmissbrauch und ein lasterhafter Lebenswandel verstanden wurden.[433]) Das Fazit ernüchterte: die Arbeit der Parteikomitees erstarb im „Formalismus", während sich seine leitenden Sekretäre in „Hochstaplerei und Angeberei" ergingen.[434]) Im Februar 1954 musste auf der Großbaustelle in Kujbyšev sogar die gesamte Sekretariatsbelegschaft neu besetzt werden, nachdem Bauarbeiter und Parteimitglieder ihren Funktionären wegen Inkompetenz, Gleichgültigkeit und Bestechlichkeit das Vertrauen entzogen hatten.[435])

Ähnlich betrüblich stellte sich die Arbeit des *Komsomol* auf den „Großbauten des Kommunismus" dar, obwohl die Propaganda die Jugendorganisation der Partei unermüdlich als „Quelle des Enthusiasmus"[436]) inszenierte. Auf den Großbaustellen, den „Schulen des Kommunismus"[437]), komme es zum „Staffellauf der Generationen", bei dem die Komsomolzen von den erfahrenen Arbeitern lernen und allmählich mehr Verantwortung übernehmen würden, um im Wettrennen zu Fortschritt und Frieden neue Bestleistungen zu erzielen.[438]) Die Jugendorganisation der Partei wurde als „mächtige patriotische Bewegung" zelebriert. Sie bestand in der offiziellen Weltsicht nur aus mitreißenden Siegertypen, die als Beherrscher von Technik und Natur und als „Erbauer des Kommunismus" zu den „Besten der Besten" zählten.[439]) So bildeten die Komsomolzen bei *Novosibirskgesstroj* über 40 Komsomolbrigaden, die andere Kollektive mit ihrem selbstlosen Engagement und ihren großartigen Arbeitserfolgen überflügeln und damit neue, höhere Ziele setzen sollten.[440]) Beim Bau des Wolga-Don-Kanals richteten die dortigen Komsomolorganisationen sogenannte „fliegende Brigaden" ein, die immer dort zum Einsatz kamen, wo sich akute Engpässe ergaben.[441]) Sie übernahmen Paten-

[431]) PANO, 27/1/256, 96–99 u. 103.

[432]) PANO, 4, 33/1/1625, 100. Vgl. allgemein dazu Granick 1960: 38–41.

[433]) Von 50 geahndeten Verstößen gegen die Parteidisziplin bei *Novosibirskgesstroj* im Jahr 1953 handelt es sich in zwanzig Fällen um fortgesetzte Trunksucht und öffentliche Alkoholexzesse einzelner Parteimitglieder. Vgl. PANO, 4/1/431, 283.

[434]) PANO, 4/33/1/1314, 42 u. 44.

[435]) *Gidrostroitel'*, 13. Februar 1954, Nr. 326: 2.

[436]) Uns lehrte Lenin 1961: 224.

[437]) Lebed/Yakovlev 1956: 127.

[438]) Viktor Borulja 1972: 43.

[439]) Vgl. z. B. Velikie Strojki 1951: 275f.; Pobedy 1951: 2–4; Nebenzja 1951; Molodež' 1952: 22f.

[440]) Drozdov 1974: 89.

[441]) Uns lehrte Lenin 1961: 194.

schaften und erklärten sich damit für fristgerichtete Lieferungen und Planerfüllungen verantwortlich. Der *Komsomol* hatte damit die Funktionen einer Mobilisierungsagentur und eines *trouble shooter* zu erfüllen.

Allerdings kamen seine Komitees auf den Großbaustellen diesen wichtigen Aufgaben mehr schlecht als recht nach. Die Kritik ähnelte sich meist. Der *Komsomol* arbeitete offensichtlich „ohne Elan und Leidenschaft".[442]) Seine Funktionäre, so höhnte der Generalsekretär des *Komsomol* Aleksandr Šelepin im April 1958, seien „selbstgefällige Beamtenseelen [...], die alles auf Befehl tun, sich ohne Direktive nicht einmal zu verlieben wagen und mit den Komsomolzen wie unverbesserliche Bürokraten umspringen."[443]) Junge Menschen, die sich in den Aufbau des Kommunismus einbringen wollten, erfuhren vielfach keine Förderung und Unterstützung und verbitterten deshalb zunehmend.[444]) Sich selbst überlassen, gaben sie sich oft dem Rowdytum (*chuliganizm*) hin.[445]) Um den Ruf der Komsomolzen war es bei den „Großbauten des Kommunismus" darum oft nicht gut bestellt. Sie fielen häufig durch „unmoralisches Verhalten" auf und taugten wegen mangelhafter Arbeitsdisziplin nicht zum Vorbild.[446]) Zudem ließen sich Komsomolfunktionäre gern bestechen und nutzten ihren Einfluss, um bestimmte Leute bei der Zuteilung von Wohnraum und anderen sozialen Leistungen unrechtmäßig zu bevorteilen.[447]) Die Komsomolorganisationen litten auch unter akuten Rekrutierungsproblemen.[448]) Die Rolle der „kämpferischen Avantgarde beim umgestaltenden Angriff auf die Natur" [449]) konnten sie bei den „Großbauten des Kommunismus" deshalb nur bedingt spielen.[450])

Weit stärker als die Partei- und Komsomolorganisationen sahen sich die gewerkschaftlichen Baukomitees (*Postrojtel'nye Komitety*, abgekürzt *Postkom*) auf den Großbaustellen mit Loyalitätskonflikten konfrontiert. Sie taten sich schwer damit, ihre Aufgabe als Transmissionsriemen der Wirtschaftspolitik mit den Schutzpflichten ihren Mitgliedern gegenüber zu vereinbaren.[451]) Während der stalinistischen Brachialindustrialisierung der 1930er Jahre waren die sowjetischen Gewerkschaften gefügig gemacht worden. Seitdem wirkten sie im Arbeitsleben an der Schaffung paternalistischer Verhältnisse mit. Sie überwachten die Einhaltung der rigiden Arbeitsverfassung, die den freien

[442]) PANO, 27/1/302, 101; *Na Strojke*, 2. März 1955, Nr. 239: 2; ebd., 30. September 1955, Nr. 316: 2.
[443]) Šelepin 1958: 537.
[444]) PANO, 1420/1/6, 42.
[445]) PANO, 27/1/330, 66–67 u. 144–145.
[446]) PANO, 4/1/431, 287; ebd., 27/1/258, 235;
[447]) PANO, 27/1/258, 234.
[448]) PANO, 27/1/256, 30. Allgemein zu den Rekrutierungsproblemen des *Komsomol* vgl. Filtzer 2002: 141-144.
[449]) Nebenzja 1951: 22.
[450]) Neben den bisher angeführten Belegstellen vgl. für *Novosibirskgesstroj* auch PANO, 4/1/258, 40–41; ebd., 431, 283-286; ebd., 27/1/257, 241-242; ebd., 307, 159-162.
[451]) Nove 1963: 143.

Arbeitsplatzwechsel verbot und harte Strafen gegen jene Beschäftigten vorschrieb, die der Arbeit fernblieben, zu spät kamen oder durch Bummelei auffielen. Auf den Großbaustellen organisierten die Baukomitees regelmäßige Überstunden und Feiertagsarbeit, um in kritischen Phasen Planrückstände aufzuholen. Zusammen mit den Parteikomitees trugen sie außerdem die Verantwortung für die Ausrichtung „sozialistischer Wettbewerbe" und mussten die Arbeiter dazu bewegen, dem Namen nach freiwillige, in Wirklichkeit aber obligatorische und deshalb ungeliebte Staatsanleihen zu zeichnen.

Während die Verpflichtung der Gewerkschaftsorganisationen, die Belegschaft zu mobilisieren, stets betont wurde, traten ihre Mitspracherechte immer mehr in den Hintergrund. Freilich verwalteten die Baukomitees den Sozialversicherungsfond und waren damit zuständig für wichtige Wohlfahrts- und Versorgungsmaßnahmen. Sie sollten alles unternehmen, um die Arbeits- und Lebensumstände der Arbeiter zu verbessern und Verstöße gegen die Arbeitsgesetze und Rechte der Arbeiter zu verhindern.[452]) Allerdings versagten die gewerkschaftlichen Baukomitees meist auf der ganzen Linie. So wurden die Gewerkschaftsfunktionäre bei *Novosibirskgesstroj* 1951 für ihre „kanzleimäßig-bürokratischen Arbeitsmethoden" heftig gescholten. Sie unternahmen viel zu wenig, um die Effizienz und die Qualität der Bau- und Montagearbeiten zu verbessern.[453]) Ein Jahr später gab ihre allgemeine Passivität Anlass zur Kritik. Die Funktionäre hielten viel zu wenig Kontakt zu den Arbeitern und ließen sich nicht auf den Bauplätzen sehen.[454]) Sie versäumten es, die Vertreter einzelner Abteilungen, Betriebe und Brigaden zu den Sitzungen und Konferenzen einzuladen. Insgesamt waren sie deshalb schlecht über den Fortgang der Bauarbeiten und die zahlreichen Probleme informiert. Für besonderen Unmut sorgte, dass mehr als ein Drittel der Belegschaft immer noch nicht der Gewerkschaft beigetreten war und die Beiträge vieler Gewerkschaftsmitglieder einfach nicht eingesammelt wurden. Die Tätigkeit des Baukomitees bei *Novosibirskgesstroj* kennzeichneten, so die besorgte Kritik, Nachlässigkeit und mangelnde Sorgfalt um das Wohlergeben der Arbeiter.[455])

Nach Stalins Tod wurde das allgemeine Versagen der Gewerkschaften öffentlich diskutiert und man versuchte, ihre Mitbestimmungs- und Kontrollrechte zu erweitern. So kam es seit 1954 vermehrt zu Kollektivverträgen, die zwischen Bauleitung und Belegschaft geschlossen wurden, um höhere Ar-

[452]) Zu den vielfältigen Aufgaben der gewerkschaftlichen Baukomitees vgl. ebd., 141-144; Nove 1980: 273-277; Meder 1965: 299-303.

[453]) PANO, 4, 33/1/1314, 42-43.

[454]) Die Bauarbeiter warfen den Gewerkschaftsfunktionären ständig deren fehlende Präsenz an den Arbeitsstätten vor, so dass sie keine Ahnung hätten, wie anstrengend und gefährlich die Bau- und Montagearbeiten eigentlich seien. Vgl. dazu die heftige Worte in GARF, 7690/5/546, 49-50 u. 54; ebd., 46, 80-82.

[455]) GARF, 7690/4/1752, 71; *Strojka Kommunizma*, 16. Juni 1951: 1; ebd., 23. Juni 1951: 2. Zu ähnlichen im Dezember 1951 vorgetragenen Klagen einer Untersuchungskommission beim Wolga-Don-Kanal vgl. GARF, 5475/23/719, 21-24 u. 39; ebd., 819, 8, 18-20, 40, 52-54 u. 61.

beitsleistungen mit verbesserten Sozialleistungen zu belohnen. Ende des Jahres 1957 fasste das Zentralkomitee der Partei dann mehrere Beschlüsse, um die Stellung der Baukomitees aufzuwerten.[456]) Sie sollten „jetzt zu lebenskräftigen und bevollmächtigten Organen" werden, die sich an Planung und Verwaltung beteiligten und so zur „Heranziehung der Arbeiter zur Leitung der Produktion" beitrugen.[457]) „Näher an die Produktion, näher an die Maschinen" – so die Losung für die Gewerkschafter bei *Stalingradgesstroj*.[458]) Es galt, Initiativanträge von Seiten der Arbeiter aufzugreifen und in Absprache mit der Bauleitung umzusetzen. Ständige „Produktionsräte" wurden eingerichtet, die paritätisch besetzt waren. Als institutionalisierte Formen der Aussprache und Beratung dienten „Produktionskonferenzen" (*Proizvodstvennye Soveščanija*) dazu, anstehende Probleme und Aufgaben im Dialog zwischen Leitung und Belegschaft gemeinschaftlich zu erörtern, um schnellstens Abhilfe bei Mängeln und Missständen zu schaffen.[459])

Trotz dieser „concrete gestures towards democratization"[460]) konnte von einer innerbetrieblichen Mitsprache in der Praxis aber keine Rede sein. Die gewerkschaftlichen Baukomitees blieben „eine Art auf Konsultativrecht eingeschränkter Betriebsrat".[461]) Nach wie vor führten sie in erster Linie Ordnungsaufgaben des Staates aus. Sie waren keine unabhängigen Interessenvertretungen der Arbeiter, sondern Garanten für die Erfüllung der Wirtschaftspläne.[462]) Auch wenn sie begannen, verstärkt Missstände auf den Großbaustellen anzuprangern und die dafür Verantwortlichen zu benennen, so fehlte es ihnen schlicht an den Mitteln, etwas Grundsätzliches daran zu verändern. So hieß es 1958, dass trotz aller Bemühungen des Baukomitees, das Leitungspersonal von *Novosibirskgesstroj* stärker in die Verantwortung zu nehmen, weiter gegen Sicherheitsauflagen und Hygienebestimmungen verstoßen werde und die Beschäftigten immer noch widrigen Arbeits- und Lebensumständen ausgesetzt seien. Die Funktionäre vermochten es nicht, die permanenten Konflikte zwischen Belegschaft und Bauleitung zu schlichten. Es gab viel Gerede, aber meist kaum durchgreifende Maßnahmen und Aktionen. Für die Bauleitung war es daher ein Leichtes, über die Klagen hinwegzuhören. Die Produktionskonferenzen dienten darum mehr der Verkündigung von Direktiven und Anordnungen als dem konstruktiven Meinungsaustausch.[463])

[456]) Allgemein zu den öffentlichen Diskussionen und zur Reform der Gewerkschaften vgl. Jo 2009.

[457]) Zit. n. Boettcher 1959: 69f.

[458]) *Strojka Kommunizma*, 13. Juni 1957, Nr. 785: 3.

[459]) Zur Reform der Gewerkschaften vgl. Meissner 1960: 107f.; Granick 1960: 216–230; Boettcher 1959: 69f.; Kirstein 1972: 22-25; Nove 1980: 275f.; Schlögel 1984a: 84ff. Ausführlich Ruble 1977.

[460]) Filtzer 1992: 57. Die offizielle sowjetische Sichtweise sah in den „Produktionskonferenzen" sogar eine „Form der direkten Demokratie". Vgl. Kotok 1964.

[461]) Teckenberg 1983: 96.

[462]) Kirstein 1972: 25.

[463]) PANO, 4, 33/1/1625, 100; GANO, 1373/1/120, 23-30 u. 48-50; ebd., 121, 52-53.

Die Gewerkschaftsfunktionäre wiesen auf den Großbaustellen wiederholt auf die „Illusion der Mitbestimmung“[464]) und ihre offensichtliche Machtlosigkeit hin. Wegen fehlender Inspektoren, Ressourcen und Druckmittel blieb ihnen nichts anderes übrig, als sich über das „niedrige Niveau der Arbeitskultur“ zu beschweren. Abhilfe konnten sie nicht schaffen.[465]) Bei *Novosibirskgesstroj* wehrte sich der Vorsitzende einer gewerkschaftlichen Kulturkommission schließlich dagegen, für die akuten Missstände immer wieder verantwortlich gemacht zu werden. Er gestand ein, dass es ihm und seinen wenigen Mitarbeitern an Erfahrung und Unterstützung fehlte. Sich selbst überlassen, schlecht angeleitet und miserabel ausgestattet, taten sie ihr Bestes, das Chaos erträglicher zu gestalten. Es zu beenden, schien ihnen schlichtweg unmöglich. Sie waren mit der Situation hoffnungslos überfordert.[466]) Trotz aller politischen Verlautbarungen und Reformen konnten die Baukomitees deshalb keine Autorität gewinnen. Sie vermochten vielfach nicht einmal, die Entlassung von Abteilungsleitern durchsetzen, die der Korruption, des Diebstahls und des „äußerst groben Umgangs“ mit ihren Untergebenen bezichtigt wurden.[467]) Schließlich kapitulierten die meisten gewerkschaftlichen Baukomitees sowohl vor der Gleichgültigkeit und dem mangelhaften Engagement der Belegschaft als auch vor der Ignoranz der Bauleitung.

Angesichts der Rituale von Kritik und Selbstkritik waren einige der Klagen und gegenseitigen Attacken sicherlich rhetorisch und wiederholten die in den allgemeinen Pressekampagnen verbreiteten Vorwürfe. Doch die Häufigkeit und die Nachdrücklichkeit, mit der die Beschwerden vorgetragen wurden, lassen kaum einen Zweifel daran, dass dabei ernste Probleme zur Sprache kamen. Reibungsverluste kennzeichneten die soziale Praxis auf den Großbaustellen. Bauleitung, Partei, *Komsomol* und Gewerkschaften waren hier nur unzureichend miteinander verzahnt.[468]) Unter den Bedingungen einer Mangelökonomie ließ sich das Prinzip der „Ein-Mann-Führung“, das die Stellung des Bauleiters stärkte, nur schwer mit der Forderung nach Kollegialität (*kollegial'nost'*) in Einklang bringen, die Kompromisse mit Partei- und Gewerkschaftskomitees verlangte.[469]) Die ständigen Diffamierungen der verantwortlichen Bau- und Abteilungsleiter, die zumeist ohne Folgen für die Betroffenen blieben, offenbarten zum einen die Wirkungslosigkeit der Kontrolle, zum anderen die Machtlosigkeit der Kontrollorgane. Das offensichtliche Versagen aller Beteiligten, von der Problemerkennung zur Problemlösung überzugehen, begünstigte konfliktträchtige Situationen, in denen sich jeweils derjenige mit der größten politischen Rückendeckung durchsetzte. Das war

[464]) Thalheim 1966: 199.

[465]) Vgl. z.B. GARF, 7690/5/1195, 30; ebd., 1993, 18; ebd., 5475/23/710, 1-2, 7-11, 36-42 u. 60-65; ebd., 726, 48-51.

[466]) GARF, 7690/5/546, 70-72 u. 84-85.

[467]) GARF, 7690/4/1765, 89-105.

[468]) Zu dieser Einsicht vgl. GARF, 7690/5/1196, 62.

[469]) Teckenberg 1983: 58; Jo 2009: 129.

zumeist der Bauleiter. Er erhielt nicht nur Beistand vom Moskauer Ministerium, sondern verfügte vor Ort auch über die größeren Handlungsressourcen. Die Partei- und die Gewerkschaftsorganisation gerieten damit ins Hintertreffen. So konnten sie weder als Transmissionsriemen für die Wirtschaftspolitik wirken noch einen Schlichtungsmechanismus installieren, um schwelende Konflikte dauerhaft beizulegen.[470]

Wer in der politisch durchorganisierten Sowjetgesellschaft nach Handlungschancen, Artikulations- und Partizipationsformen sucht, wird feststellen, dass die Instanzen vor Ort sicherlich mehr als nur Befehlsempfänger des Moskauer Zentrums und willige Vollstrecker der Regierungspolitik waren. Sie machten sich wiederholt zu Fürsprechern der Bauarbeiter und der ortsansässigen Bewohner, indem sie ihre Interessen ernst nahmen und ihre Forderungen in den politischen Prozess einbrachten. Beschwerden, die im lokalen Rahmen vortragen wurden, erreichten über die unterschiedlichen Ebenen des sowjetischen Behördenstaats in wichtigen Fällen sogar den Ministerrat. Die Kommunikationskanäle innerhalb des sowjetischen Systems verliefen demnach nicht nur von oben nach unten. Wie in jeder anderen modernen Staatsbürokratie konnte auch die Sowjetunion nicht darauf verzichten, ein Mindestmaß von Wünschen und Informationen von unten aufzunehmen. Im „zirkulären Kreislauf der Macht“ ist ein gewisser Einfluss unterer Instanzen kaum zu leugnen.[471] So ergaben sich auf lokaler und regionaler Ebene Berührungszonen zwischen Parteistaat und Bevölkerung. Eingebettet in die strenge hierarchische Gliederung des sogenannten demokratischen Zentralismus, standen die Funktionsträger auf der lokalen und regionalen Ebene allerdings unter hohem Druck. Ihre partizipatorischen Ansprüche ließen sich kaum mit ihren Verpflichtungen übereinbringen, in Kooperation mit der Bauleitung die Planerfüllung zu gewährleisten.[472] Sie hatten nur auf unterster Ebene Regelungskompetenz. Und selbst hier blieben die für das Mitorganisieren oder gar Mitregieren zugänglichen Bereiche gesellschaftlicher Einflussnahme und Selbststeuerung stark begrenzt. Solange die Instanzen vor Ort von oben nicht ausreichende Mittel zugewiesen bekamen, ließ sich nichts Grundlegendes an den widrigen Arbeits- und Lebensumständen verändern.

Die stark eingeschränkten Gestaltungsräume führten zwangsläufig zu Erfolglosigkeit und allmählichem Legitimitätsverlust. Die Bauarbeiter und die ortsansässige Bevölkerung gaben sich bald nicht mehr zufrieden damit, dass Partei- und Gewerkschaftsfunktionäre ihre Forderungen lediglich artikulierten, den kritischen Worten dann aber keine Taten folgten. Frustriert über die Schwäche der Institutionen, die sie in ihrer unmittelbaren Lebenswelt vorfanden, wandten sich die betroffenen Arbeiter und Anwohner mit Petitionen

[470]) So zuletzt noch einmal zum Scheitern der Gewerkschaftsreform in der Tauwetterperiode Jo 2009: 137ff.

[471]) Zum Begriff „zirkulärer Kreislauf der Macht“ vgl. Daniels 1971: 20 u. 22.

[472]) McAuley 1977: 250f.

direkt an die Moskauer Zentralorgane oder brachten mit Leserbriefen und Presseklagen in wichtigen Tageszeitungen die sie bedrückenden Probleme an die Öffentlichkeit. Bittschriften, Diffamierungen und Denunziationen waren Ausdruck eines paternalistischen Verständnisses der Kommunikation von Volk und Herrschaft und bildeten eine besondere Form politischer Partizipation, die den Sowjetbürgern ansonsten kaum gewährt wurde. Darin äußerte sich kein prinzipieller Widerstand gegen das System und seine Ordnungsstrukturen; angeprangert wurden lediglich einzelne konkrete Missstände im sozialen Nahbereich. Der Mythos von der Unfehlbarkeit der Zentralmacht stand nicht in Frage.[473])

Während in den USA bei politischen Problemen meist vor allem der Präsident in der Kritik stand, kritisierte man in der Sowjetunion den Parteichef und die Politik des Moskauer Zentrums niemals, ansonsten aber alle und alles.[474]) Diese Beobachtung von Alex Inkeles aus dem Jahr 1951 überzieht sicherlich, sie verweist aber auf einen wichtigen politischen Mechanismus. „Sündenböcke" vor Ort dienten offensichtlich dazu, vom Versagen sowjetischer Politik abzulenken und durch die Zuweisung persönlicher Verantwortlichkeit die evidenten strukturellen Schwächen zu überspielen. Die administrativen Veränderungen der 1950er Jahre vermittelten die trügerische Illusion, ein grundlegender Wandel des Sowjetsystems sei nicht erforderlich, obwohl die bestehende Ordnung augenscheinlich die an sie gestellten Anforderungen nicht zu bewältigen vermochte. Diese offizielle Darstellung sowjetischer Politik hatte verhängnisvolle Folgen. Sie führte bei Herrschern und Beherrschten zu gesteigerten Erwartungen und zum fehlenden Gefühl für das eigentlich Machbare und Notwendige.[475])

3.3. Fazit: Entwicklungsnotwendigkeiten und Charakteristika sowjetischer Herrschaft

Der erste sozialistische Staat auf Erden war durch überaus komplizierte Verwaltungsstrukturen gekennzeichnet. Als nach 1945 der Übergang „von der totalitär-revolutionären Phase der System-Gründung zur autoritären Phase des System-Managements"[476]) begann, entwickelte sich die Sowjetunion zweifellos zu einer „bureaucracy writ large"[477]), zum „wohl am stärksten bürokratisierten, d.h. verwaltungsmäßig geleiteten System der modernen Welt"[478]).

[473]) So für Novosibirsk z.B. PANO, 27/1/308, 187–188, 208 u. 214–215. Allgemein zu Denunziationen als Form politischer Partizipation vgl. Kozlov 1996; Fitzpatrick 1996a; Fitzpatrick 1996b; Baberowski 2000.

[474]) Inkeles 1951: 202.

[475]) Teckenberg 1983: 177f.

[476]) Borcke/Simon 1980: 98.

[477]) So Alfred G. Meyer, hier zit. n. Hough/Fainsod 1979: 480.

[478]) Borcke/Simon 1980: 129.

Gegenüber den 1930er Jahren kam es zu einer gewissen Formalisierung und Verregelung der Machtausübung, zu einer strukturierten Kommunikation und damit zu einer besseren Systematisierung der Herrschaft. So artete das hyperaktive Kommissionswesen nicht in einen „Leerlauf-Mechanismus" aus,[479]) sondern erbrachte in Form von Direktiven klare Handlungsanweisungen für die Energiepolitik. Mit der immer komplexer werdenden sowjetischen Industriegesellschaft und der wachsenden Zahl von ambitiösen Großprojekten kam es zugleich zu beschleunigten Prozessen funktionaler Spezialisierung und Professionalisierung. Diese führten zu einem zunehmend ausdifferenzierten Regierungsapparat, der allerdings, wie die periodisch aufeinander folgenden Ressortausgliederungen und erneuten Zusammenlegungen demonstrierten, neue Koordinationsprobleme aufwarf.

Des Weiteren bildeten sich entlang professionellem Fach- und politischem Leitungswissen ressortübergreifende Machtallianzen heraus, um im erbitterten Kampf um knappe Investitionsmittel den eigenen kostspieligen Projekten politische Priorität zu sichern. Dabei ging es um weit mehr als nur um das übliche bürokratische *Infighting*. So nahmen die heftigen Auseinandersetzungen zwischen Gegnern und Befürwortern der Hydroenergetik maßgeblichen Einfluss auf die sowjetische Wirtschaftspolitik, weil die gigantischen Kraftwerk- und Kanalbauten stets im Mittelpunkt zentralistisch-technizistischer Modernisierungsprogramme standen. Vertreter korporatistischer Systemtheorien, die mit dem Ansatz der Interessengruppen und Begriffen wie „institutioneller Pluralismus", „Polyarchie" und „bürokratischer Sozialismus" operieren, werden aus der Geschichte der „Großbauten des Kommunismus" Belege für ihre Sichtweise ableiten.[480]) Spezifische Funktionsweisen großer Verwaltungsapparate und die typischen Kontroversen zwischen bestimmten Machtallianzen lassen sich im sowjetischen Energiesektor kaum übersehen.

Wie vergleichbare Prestigeobjekte in anderen Industriegesellschaften und Entwicklungsländern waren die „Großbauten des Kommunismus" eindeutig zentralstaatliche Veranstaltungen. Mit ihren Steuerungsstrukturen, institutionellen Arrangements und Anpassungsdynamiken verschoben sie die Machtbalance zwischen Zentrum und Regionen und ließen eine planende und ausführende Techno-Bürokratie entstehen, die von den Metropolen aus das Land mit neuen Infrastrukturen und Machtnetzwerken überzog. In einer „Art koevolutionärer Beziehung" haben sich in der Sowjetunion „der moderne Zentralstaat und die großen technischen Systeme in ihrem Wachstum stimuliert und in ihrer Zentralisierung gefördert."[481])

[479]) Kirstein 1979: 284.

[480]) Dazu zählen vor allem Meyer 1961; Meyer 1965; Meyer 1974; Skilling 1966; Skilling/Griffiths 1974. Vgl. zur Tragweite dieses Ansatzes Borcke/Simon 1980: 98–143; Hildermeier 1998a: 1006–1011.

[481]) Mayntz 1993: 105.

Als Zentren des sowjetischen wasserindustriellen Komplexes waren die beiden 1962 schließlich fusionierten Projektierungs- und Erschließungsinstitute *Gidroproekt* und *Gidroenergoproekt* für die Planung und den Bau wichtiger Großvorhaben zuständig. Sie entwickelten als neue „superagencies"[482]) ein institutionelles Rollenbewusstsein und trugen maßgeblich die Verantwortung für die „orgy of hydroelectric and canal construction"[483]), die nach 1948 in der Sowjetunion stattfand. Von ihrer Größe und ihren Funktionen her haben sie einiges gemeinsam mit den beiden großen wasserbaulichen Projektierungs- und Erschließungsinstituten in den Vereinigten Staaten. Während *Gidroenergoproekt* wie das *Bureau of Reclamation* ein zentralstaatliches ziviles Institut war, ähnelte das dem Innenministerium unterstehende *Gidroproekt*, das wie ein Armee-Einrichtung geführt wurde und seinen leitenden Ingenieuren, Forschern und Planungsstrategen Offiziersränge zusprach, dem *U.S. Army Corps of Engineers*. Eine Handvoll Offiziere mit ingenieur- und naturwissenschaftlicher Ausbildung hatten es nach französischem Vorbild schon 1802 gegründet, um fortan strategisch wichtige Infrastrukturbauten zu planen und fertigzustellen. Die in Ost und West vorangetriebene Großoffensive gegen feindliche Elementarkräfte führte offensichtlich dazu, dass die daran teilnehmenden Großorganisationen mitunter den Status quasi-militärischer Institutionen erhielten.[484])

Gidroproekt und *Gidroenergoproekt* hatten sich weitreichende Beziehungsnetze, Rückhalt bei den obersten Machtinstanzen und sogar direkten Zugang zu Stalin verschafft. Die Institutsleitung hatte den Umgang mit den politischen Verhaltensregeln und die Aufgaben korporativer Interessenvertretung gelernt. Rhetorische Unterwerfungsrituale legitimierten ihre Projekte, und die Lobpreisung Stalins als deren weitblickenden Initiators verlieh ihnen das politische Gütesiegel. Die Protagonisten großer wasserbaulicher Vorhaben zogen alle propagandistischen Register, damit die vorgebrachten Ansprüche, Zukunft zu gestalten, sozial anschlussfähig und offen für vielfältige Interpretationen und Wirtschaftsprogramme blieben. Den Machthabern erschienen *Gidroproekt* und *Gidroenergoproekt* als geeigneter Prototyp für die Verzahnung von Wissenschaft und Technik, von Ökonomie und Bürokratie. Der Experte, der die Natur nicht nur erforschen, sondern sich ihrer bemächtigen wollte, taugte zum Vordenker und Mitgestalter. Er zeichnete sich durch nutzenorientierte Fachkompetenz, charakterliche Härte und handlungsbereite Entschlossenheit aus.

482) Scott 1998: 95.
483) Weiner 1999: 355.
484) Zum *Bureau of Reclamation* und dem *U.S. Army Corps of Engineer* vgl. Maass 1951; Morgan 1971; Warne 1973; Shallat 1994; Pisani 2002. In den 1990er Jahren erhob das *U.S. Army Corps of Engineers* den Anspruch, mit 37500 Mitarbeitern (nun mehrheitlich Zivilangestellte) „the largest river engineering organization in the world" zu sein. So Reuss 1999: 293.

Der rasante Aufstieg der beiden Großinstitute *Gidroproekt* und *Gidroenergoproekt* zeigte, dass der Sowjetstaat nach 1945 sein Konsultationssystem ausbaute, um vom Fachwissen der Sachverständigen zu profitieren. Die Projektierungs- und Erschließungsinstitute waren mehr als bloße Hilfsgremien des Herrschaftsapparats, die den Behörden die Möglichkeit der besseren Information gaben. Vielfach agierten sie als Initiatoren und treibende Kräfte für die Inangriffnahme wichtiger Projekte und lenkten im vorbereitenden Stadium mit ihren Gutachten und Ideen den Entscheidungsprozess. Ihre Vorschläge und Entwürfe waren oftmals Präjudize, die der weiteren Planung den Weg wiesen. Die ehrgeizigen Megavorhaben stützten als weitgehende Konzepte sozialer Ordnung zentrale Aspekte sowjetischer Weltanschauung und sollten für Plausibilität und Akzeptanz kommunistischer Expansionspolitik sorgen. Die Grenze zwischen Konsultation und Manipulation verschwamm. Die Beratung ging in Beeinflussung über.

Nach 1945 wurde der Kreis derjenigen, die am politischen Entscheidungsprozess direkt oder indirekt beteiligt waren, allmählich größer. Die Planungskörperschaften und Expertenkommissionen bildeten Brennpunkte bürokratischer Schlachten um Mittelzuweisungen und Erschließungsprogramme. Konsultationen im Arkanbereich der sowjetischen Macht galten als politisches Privileg. Sie unterstrichen so die exponierte Position der Leiter von *Gidroproekt* und *Gidroenergoproekt* und formten etwas, das „der vordemokratischen notablen Gesellschaft verblüffend ähnlich ist: eine Schicht von Leuten mit Namen, Rang und Würde". Wer zur Konsultation gerufen wurde, gehörte zur „neuen Einflusselite". Die Teilnahme am politischen Prozess sicherte ihr die Möglichkeit zur Mitwirkung, die „sie braucht, um das Gefühl zu haben, dass es auf sie ankommt."[485]) Anders als es sich westliche Beobachter damals erhofft hatten, wirkten die sowjetischen Technokraten keineswegs als „Totengräber des Kommunismus"[486]). Die Diskussionen hinter verschlossenen Türen ließen vielmehr eine „partizipatorische Bürokratie"[487]), eine „Elite des Industrialisierungsprozesses"[488]) und damit eine Interessengemeinschaft zwischen politischer Führung, administrativen Entscheidungsträgern und exponierten, loyalen Expertenkartellen entstehen, ohne die sich die „Großbauten des Kommunismus" nicht denken lassen.[489])

Nachdem im Vorkriegsstalinismus das gespannte Verhältnis von Techno- und Herrschaftsstruktur noch Probleme und Repressionen heraufbeschworen hatte,[490]) sind die spätstalinistischen Plangiganten Beispiele für die im Bereich der Wirtschaftsadministration praktizierte Konsolidierungspolitik eines „les-

485) Zum sowjetischen Konsultationssystem vgl. Kirstein 1972: 106.
486) Azrael 1966: 173f.; Achminow 1964.
487) Hildermeier 1998a: 1007.
488) Fainsod 1965: 638 u. 650.
489) Zur wachsenden Partizipation von Experten im politischen Prozess während der 1950er und 1960er Jahren vgl. zuletzt die Studie von Melvin 2003.
490) Schattenberg 2002: 85-107 u. 339-396; Bailes 1978: 69-15.

ser terror"[491]). Zwar blieben unterschiedlich dosierte Formen politischen Drucks weiterhin existent, unter anderem die fortbestehenden Rituale von Kritik und Selbstkritik, ein Denunziationswesen, ständiger Bekenntniszwang sowie verordnete und verinnerlichte Denkverbote. Die „institutionalisierte Unsicherheit"[492]) der 1930er Jahre mit ihren Wechselbädern ständiger Kampagnen, Sonderkommissionen und Säuberungswellen hatte aber auf den „Stalinschen Großbauten des Kommunismus" ein Ende gefunden.[493]) Diese zeichneten sich über die politischen Zäsuren von 1953 und 1956 hinaus durch die Kontinuität ihres Leitungspersonals aus.[494]) Als es mit dem Aufstieg von zunehmend besser qualifiziertem Personal in politische Ämter zur „managerialization"[495]) und Professionalisierung der Wirtschaftsverwaltung kam, setzte sich mit dem Streben nach bürokratischer Normalisierung die Erkenntnis durch, dass die politische Führung den Apparaten und ihren Fachkadern keine zu engen Fesseln anlegen durfte. Wer die Imperative der „wissenschaftlich-technischen Revolution" betonte, hatte den Experten politischen Einfluss einzuräumen und ihnen die notwendige Sicherheit zu geben.[496]) Typisch dafür war der Ausgang eines heftigen Konflikts beim Bau des Wolga-Don-Kanals. Der Bauingenieur Žuk, der als Experte die Planung für den Großbau übernommen hatte, attackierte im Winter 1948 wegen Inkompetenz Karp A. Pavlov, den kurz zuvor ernannten Leiter der Großbaustelle und der dazugehörenden Lagerkomplexe. Pavlov war ein bewährter Čekist, der vom Kanalbau tatsächlich keine Ahnung hatte, aber innerhalb des Apparats des Innenministeriums aufgestiegen war. Der Ministerrat entschied schließlich zugunsten des Fachmanns, entließ Pavlov und setzte mit Jakov D. Rapoport einen Vertrauten Žuks als neuen Bauleiter ein.[497]) Auch der diktatorisch verfasste sowjetische Parteistaat konnte sich offensichtlich nicht mehr über die Funktionserfordernisse und „evolutionary universals"[498]) der hochgradig arbeitsteiligen Industriegesellschaft hinweg setzen.

Der Trend zum „konsultativen Autoritarismus"[499]), der sich schon vor 1953 abzuzeichnen begann, darf über zwei wichtige Punkte nicht hinwegtäuschen. Zum einen führte der Aufstieg der Expertenkartelle nicht unbedingt zu einem stärkeren Rationalitäts- und Effizienzdenken. Die Experten brachten neben

[491]) Parrish 1996.

[492]) Beyrau 1993: 80.

[493]) Von einem Prozess des „institutionalizing and channeling anxiety" sprach in diesem Zusammenhang Inkeles 1968: 83.

[494]) So heißt es bei Mawdsley/White 2000: 92: „the most striking element of continuity was that the top leadership [...] and the elite were still in place."

[495]) Azrael 1966: 124.

[496]) Die nach 1945 zur Norm werdende Sicherheit der Kader bedeutet in diesem Fall „physical security and even job security". So Mawdsley/White 2000: 94.

[497]) Stalinskie Strojki 2005: 106f.

[498]) So der Begriff von Parsons 1964.

[499]) Meyer 1974: 6; Borcke/Simon 1980: 147.

ihrem Fachwissen ihre ambitiösen Projekte in den politischen Prozess ein. *Gidroproekt* und *Gidroenergoproekt* erweisen sich als gute Beispiele dafür, dass spezialisierte Zentralinstitute oftmals Ausgangspunkte eines ungehemmten Gigantismus, Voluntarismus und technologischen Wunschdenkens waren und Staatsbehörden zu volkswirtschaftlichen Abenteuern verleiteten. Die sowjetischen Hydroingenieure verfolgten vor allem ihre Interessen und Planungsstrategien. Insofern war ihre Rationalität eine begrenzte, eine „bounded rationality".[500]) Zum anderen blieb trotz des wachsenden politischen Gewichts der Expertenkartelle die letztinstanzliche Entscheidungsbefugnis weiterhin bei den Kremlchefs. Stalin spielte in der Geschichte der „Großbauten des Kommunismus" eine zentrale Rolle. Er setzte seine diktatorische Befehlsgewalt ein, um die Planungs- und Bauarbeiten auf den Weg zu bringen. Die spätstalinistischen Prestigeobjekte trugen darum zu Recht seinen Namen, auch wenn die Sowjetpropaganda in ihrer Inszenierung des „größten Baumeisters der Weltgeschichte" maßlos überzog. Nach Stalins Tod verwandelte sich die Führerdiktatur allmählich in die Macht der Apparate. Von einer Gleichrangigkeit zwischen Fach- und Machteliten kann aber weiterhin keine Rede sein. Zudem gefiel sich auch Chruščev in der Rolle des Patrons von Großvorhaben. Nur faszinierten ihn nicht mehr so sehr Flusskraftwerke, sondern vor allem die Raumfahrt, die Atomkraft und die Neulanderschließung. Die sowjetische Dammbau-Bürokratie musste ins zweite Glied zurücktreten.

Die „Großbauten des Kommunismus" hatten eine spezifische Chronologie. Der Beginn und das Ende der hydroenergetischen Dekade fielen nicht mit den üblichen politischen Zäsurdaten zusammen. Zwar wirkten sich die administrativen Reorganisationen des Jahres 1953 auf die Geschichte der Hydrogiganten aus. Ein weit wichtigeres Eckdatum war aber das Jahr 1948, als nach Ende der Wiederaufbauphase eine neue Aufbruchstimmung die Moskauer Machthaber ergriff und neue großartige Vorhaben auf den Weg brachte, um angeblich den Übergang zum Kommunismus vorzubereiten.[501]) Ein Jahrzehnt später kam es dann nach kontroversen Debatten im Vorfeld des neuen Siebenjahrplans 1958 zu einem erneuten energiepolitischen Wandel, der zu einer Verlagerung der Prioritäten von der Hydro- zur Wärmeenergetik führte.

Die „Stalinschen Großbauten des Kommunismus" waren sowohl Teil der Geschichte des Spätstalinismus als auch der ersten Jahre des Chruščevschen Tauwetters. Ungeachtet vieler Kontinuitäten zwischen diesen beiden Perioden sowjetischer Geschichte fallen deutliche Unterschiede und Zeitspezifika auf. In den Jahren vor 1953 führte die verordnete „Konfliktlosigkeit" (*bezkonfliktnost'*) dazu, dass es um die Rückkehr zum wasserbaulichen Gigantismus keine kontroversen Diskussionen gab. Die Protagonisten der Hydro- und

500) So der Begriff von Herbert Simon. Hier zit. n. Borcke/Simon 1980: 123.

501) Der Zäsurcharakter der Jahre 1948/49 ist auch in anderen sowjetischen Politik- und Gesellschaftsbereichen beobachtet worden, so z.B. von Hessler 1998; Filtzer 2001: 124ff; Filtzer 2002: 258ff.

Wärmeenergetik entwickelten eine eigentümliche „language of conflict".[502]) Sie priesen vor allem die Vorzüge ihrer Projekte und verzichteten darauf, offene Kritik an konkurrierenden Programmen zu äußern. Außerdem war den Beteiligten bewusst, dass Stalin den Bau grandioser Kanäle und Flusskraftwerke unterstützte. Niemand wagte darum die Risiken zu thematisieren, die mit der einseitigen Investitionspolitik einhergingen. Das änderte sich erst nach 1956. Die Befürworter und Gegner der Hydroenergetik tauschten ihre Argumente fortan nicht nur in internen Berichten und Gutachten aus. Fachzeitschriften, die Presse, in hohen Auflagen erscheinende Broschüren, Reden und Vorträge schufen ein Forum, um über das Pro und Kontra großer Flusskraftwerke und damit die Richtlinien sowjetischer Energiepolitik ausführlich zu informieren.

Die hitzigen Debatten um das Ende der hydroenergetischen Dekade zeigten, dass die Rufe nach einer gleichmäßigeren Investitionspolitik und der stärkeren Beachtung von Rentabilitäts- und Effizienzkriterien nicht mehr wirkungslos verhallten. In der sowjetischen Elektrizitätswirtschaft kam es 1958 zum sich schon zuvor abzeichnenden „shift in economic planning away from traditional mobilization concepts towards more emphasis on equilibrium and allocative efficiency".[503]) Der Spielraum für Fachkontroversen in Bereichen, die für die Leistungsfähigkeit des Regimes bedeutsam waren, erweiterte sich dadurch. Finanz- und Wirtschaftsexperten fungierten fortan als „institutional safeguards"[504]). Sie verhinderten allzu kostspielige und riskante Großprojekte und bemühten sich, visionäre Hydroingenieure wieder auf den Boden ökonomischer Realitäten zurückzuholen.

Während die Verantwortlichen der sowjetischen Energiepolitik die Einsparung von Kapital und die Abkehr von einseitigen Perspektivplänen forderten, streuten sie zugleich ihre Investitionen und Ressourcen, um neben der Entwicklung der Wärmeenergetik und dem Aufstieg der Kernkraft die weitergehende Elektrifizierung der Flüsse voranzubringen. Angesichts dieses „Equilibrierungsprozesses von Interessen"[505]) bedeutete das Ende der hydroenergetischen Dekade nicht den endgültigen Abschied von riesigen Flusskraftwerken und Prestigeobjekten. Die neuen Giganten an Angara und Enisej überstiegen keineswegs nur in der Leistung, sondern auch in den Kosten die „Stalinschen Großbauten des Kommunismus". Die fortschreitende Ausdifferenzierung der sowjetischen Wirtschaft ging mit einer Vielzahl von neuen Interessen einher. Während des allmählichen Wandels von „der traditionellen, zentral-administrativen Planung in ein System der aufgelockerten, rationalisierten administra-

[502]) So schon Ploss 1965: 10–23.

[503]) Crowfoot/Harrison 1990: 55. Als Zeit der „Suche nach einer ausgewogenen Entwicklung", charakterisierte Brus in seiner wirtschaftshistorischen Gesamtdarstellung die Phase von 1957 bis 1965. So Brus 1987: 141 ff.

[504]) Conyngham 1973: 74.

[505]) Borcke/Simon 1980: 105.

tiven Planwirtschaft"[506]) versuchte die Partei- und Staatsspitze, allen gerecht zu werden und ein breites, möglichst gleichgewichtiges Wirtschaftswachstum sicherzustellen. Dabei wurden die tatsächlichen Möglichkeiten oft überschätzt. Das stellte die sowjetische Elektrizitätswirtschaft vor neue Probleme.[507])

Um unpassende Vergleiche zwischen Ost und West zu vermeiden, muss näher auf das proklamierte Gestaltungs- und Machtmonopol der Partei eingegangen werden, das zu fließenden Grenzen zwischen Staat und Gesellschaft und zu einer tiefeingewurzelten autoritären politischen Struktur führte. Das Erklärungsmodell der „monoorganizational society" versucht, dem dualen System administrativer Kontrolle und politischer Macht einen entsprechenden Namen zu geben und die interpretative Balance zwischen totalitarismus- und bürokratietheoretischen Deutungen zu wahren. Während es aber recht einfach ist, der Partei „a place of undisputed supremacy in all aspects of Soviet life"[508]) zuzuschreiben und auf die monopolistisch organisierte Gesellschaftsstruktur der Sowjetunion hinzuweisen, ergeben sich in der Forschungspraxis meist ernsthafte Probleme bei der funktionalen Bestimmung der Rolle, die der Partei eigentlich zukam.[509])

Durch die fortschreitende Professionalisierung der Apparate arbeitete in den Parteiorganen bald eine wachsende Zahl ausgebildeter Fachleute, die über ähnliche Sachkompetenz und Bildungsqualifikation wie Regierungsbeamte, Bauleiter und Manager verfügten und so die Arbeit der Staatsbehörden und Bautrusts überwachen und beurteilen konnten.[510]) Dennoch ließ sich die Kluft zwischen der offiziell verkündeten Rolle der Partei und ihrem tatsächlichen Platz im sowjetischen Wirtschafts- und Verwaltungssystem kaum überbrücken. Selbst die Fachabteilungen im Sekretariat des Zentralkomitees hatten nur wenig gemeinsam „mit den *think thanks* und den hoch differenzierten akademischen Szenarien des Kalten Krieges in den USA".[511]) Das Dilemma sowjetischer Politik bestand vor allem darin, die Dualität zwischen zwei ausgebauten Apparaten abzubauen, ohne zugleich auf die vielfältigen Mittel der Kontrolle und auf die Kanäle direkten Einflusses zu verzichten, die sich dank der Omnipräsenz der Partei ergaben. Im Grundkonflikt zwischen Politik und Wirtschaft war es offensichtlich schwierig, einen Mittelweg zwischen der erforderlichen bürokratisch-ökonomischen Routine und der weiterhin erwünschten politischen Intervention zu finden. Die bessere Organisation und Regelung des administrativen Prozesses sollte nicht in eine lähmende Bürokratisierung umschlagen.

[506]) Teckenberg 1983: 54.

[507]) Vgl. die zeitgenössischen Analysen von Wessely, 1962: 581-584; Michel/Klain 1964: 219f.

[508]) Armstrong 1961: 320.

[509]) Conyngham 1973: 273. Von den führenden Parteiorganen als „black box" sprach darum Brunner 1986: 57.

[510]) Schapiro 1965: 579.

[511]) Beyrau 2005: 55.

Selbst als in der Tauwetterperiode die Rolle der Partei deutlich gestärkt wurde, ging es offensichtlich nicht darum, sie in der Wirtschaftsadministration als Lenkungsinstitution zu etablieren. Die Partei galt nun weniger als Demiurg denn als Vormund der Gesellschaft, zumindest als ihr *supremus arbiter*. Sie war die Klammer, die das System zusammenhielt und Prioritäten garantierte. Wie schon im Spätstalinismus sahen sich die obersten Moskauer Parteiorgane deshalb genauso wie die regionalen und lokalen Parteikomitees als übergeordnete Instanzen, die „als institutionalisiertes Misstrauensvotum gegen die Bürokratie" mit ihren fachbedingten Informationsmonopolen eingesetzt wurden.[512]) Mit den Parteiorganisationen hatte der Sowjetstaat darum seine Berufungs- und Kontrollorgane in einem Maß ausgebaut, für das es in westlichen Industriegesellschaften kein Beispiel gab. In ihrer Funktion als Parallelbürokratie zur staatlichen Verwaltung ließ sich die Partei über den Fortgang der Planungs- und Bauarbeiten stets ausführlich informieren, ohne jedoch den Planungsstrategen und Bauleitern konkrete Vorschriften zu machen, wie sie zu planen und zu bauen hätten. Die Parteibürokraten bestimmten so weder die Entscheidungs- noch die Durchführungsprozesse. Als Wachhunde hielten sie die Fachbürokraten im Blick und fielen weniger durch eigeninitiative Vorstöße als vielmehr durch reaktives Handeln auf. In kritischen Situationen nutzten sie das weitreichende Mobilisierungssystem der Partei, um durch die Bewilligung von Sondermitteln Engpässe zu überwinden und durch Kampagnen die Zahl der Arbeitskräfte und die Arbeitsleistungen auf den Großbaustellen zu steigern. Zahlreiche Publikationen – sowohl wissenschaftliche als auch populäre – feierten die Partei überschwenglich als „Organisator" der gigantischen Flusskraftwerke. Allerdings konnten sie eine Leitungsfunktion der Parteiorgane auf den Großbaustellen nicht belegen. Sie mussten sich ganz darauf konzentrieren, die Partei als aktive Konsensbeschaffungs- und Mobilisierungsagentur darzustellen, und hoben deshalb ihre Kontroll- und Agitationsfunktionen hervor.[513]) In den Unterlagen der Parteiorganisationen finden sich zahllose Hinweise über die „mangelhafte Intervention" der zuständigen Funktionäre in das Baustellenleben, jedoch nicht ein Dokument, das ihnen vorwirft, sich zu sehr in die Angelegenheiten der Bauleitung, der zuständigen Staatsbehörden und der Projektierungs- und Erschließungsinstitute eingemischt zu haben. Die Rolle der Parteiorgane auf den „Stalinschen Großbauten des Kommunismus" lässt sich sicherlich weder als parasitär noch als allmächtig beschreiben.

[512]) Teckenberg 1983: 167. Von einem „System des institutionalisierten Misstrauens" sprach auch schon Merle Fainsod, zit. n. Meissner 1982: 28. Einige westliche Experten verglichen darum die Rolle der obersten Parteiorgane mit der eines Aufsichtsrats in einem kapitalistischen Großkonzern, „der auf wirtschaftliche Kräfte antwortet, die er nur teilweise kontrolliert". So Nove 1963: 17. Ferner Granick 1960: 199–203.

[513]) Vgl. z.B. Očerki istorii 1967: 504 u. 510–518; Mel'nikov 1962; Vedernikov 1966; Lekivcev 1967; Zykov 1969b.

Als Organisator partizipatorischer Mobilisation und Fürsprecher der Bauarbeiter und Anwohner gerieten die lokalen Parteifunktionäre gegenüber dem Bautrust zumeist ins Hintertreffen. Regionale Amtsträger in Staat und Partei, die in der Entscheidungsphase noch gesuchte Partner waren, litten in der Umsetzungsphase unter der Ignoranz der von Moskau entsandten Bürokraten und Experten, die vielfach ohne Rücksichtnahme auf andere Interessen eine technologische Binnenkolonisation durchführten und strikt an den zentral festgelegten Plänen und Prozeduren festhielten. Großprojekte wurden so in den peripheren Räumen weitestgehend von einer Oligarchie ortsfremder Bauleiter realisiert. Den Politikakteuren und Betroffenen vor Ort wurde lediglich auf dem Papier Mitsprache eingeräumt. Zumeist blieben ihre Klagen, Vorschläge und Warnungen wirkungslos. Die damit einhergehende sträfliche Missachtung lokalen Erfahrungswissens hatte ökonomische und ökologische Folgen. Zudem hatten die regionalen Amtsträger und Parteifunktionäre kaum Einfluss darauf, wie die mit der neuen Technik erzielten Erzeugnisse und die bewilligten Investitionsmittel verteilt wurden. Die Einsicht, dass eine erfolgreiche Entwicklung nur dialogisch erfolgen kann und allen Beteiligten zugutekommen muss, vermochte sich nicht gegen die verhängnisvolle Vorstellung durchzusetzen, die den zuvor festgelegten, sich an technikimmanenten Kriterien, überzogenen Machbarkeitskriterien und politischen Wünschen des Zentrums orientierenden Plan als den einzig möglichen und richtigen Weg anerkannte.

Prägend für das Sowjetsystem war damit ein starkes Machtgefälle und das Fehlen eines partizipatorischen Politikstils, also die Abwesenheit von Prozeduren, die ergebnisoffen auf der gleichberechtigten Teilnahme aller beteiligten Akteure beruhen. Exklusive Entscheidungs- und Durchführungsprozesse konstituierten ein erhebliches Defizit an Gesellschaft und Bürokratie im modernen Sinn. Forscher, die statt der monolithischen Struktur des Sowjetsystems seinen institutionellen Pluralismus betonen, sollten darum unbedingt dessen bürokratisch-oligarchische Natur akzentuieren, die Organisations- und Meinungsfreiheit ausschloss. Die Pluralität von Sonderinteressen und der Konkurrenzkampf unterschiedlicher Apparate um knappe Investitionsmittel schaffen bei weitem noch keinen echten politischen Pluralismus, der kompromissorientierte Interessenvermittlung und Mitsprache voraussetzt. Die aus modernisierungs- und konvergenztheoretischer Sicht entwickelten Wandlungsszenarien laufen darum Gefahr, dass durch die Fokussierung auf „Pseudo-Universalien"[514]) die Charakteristika sowjetischer Herrschaft aus dem Blick geraten.

Während die Moskauer Zentralbehörden so taten, als ob sie die Interessen der Bautrusts und die Ansprüche der Regionen in ihrer Politik berücksichtigten, gaben die Bauleiter und regionalen Politakteure vor, dass sie den Vor-

[514]) So der Begriff von Giovanni Sartori, zit. n. Borcke/Simon 1980: 103.

gaben der Zentralmacht folgten, versuchten aber indessen, durch zahlreiche Manöver des Ausweichens und Unterlaufens für sich das Beste aus der Situation zu machen. Auf den „Stalinschen Großbauten des Kommunismus" beruhte die sowjetische Herrschaft darum auf einem prekären Gleichgewicht zwischen bürokratischer Routine und informellen Arrangements. Ihre Realität war gleichzeitig von Macht und Ohnmacht gekennzeichnet. Die duale Autoritätsstruktur der Sowjetunion erwies sich für Beteiligte und Betroffene oft als kaum durchdringbares bürokratisches Gestrüpp. Mit der von ihm geschaffenen zentralistischen Zuteilungsgesellschaft und Mangelökonomie war der sowjetische Parteistaat „both too centralized and not centralized enough: it requires a degree of authority and control which it does not and cannot possess."[515])

Die Vielzahl der ungelösten Konflikte und Probleme auf den Großbaustellen und die Frustration vieler Amtsträger zeigen genauso wie die Unzufriedenheit Chruščevs mit den von ihm angestoßenen Partei- und Staatsreformen, dass die mangelnde Kompatibilität zwischen dem wissenschaftlich-technischen Fortschritt und den Machtstrukturen zur Quelle allmählich wachsender politischer Instabilität wurde. Auch wenn sich die Jahre von 1948 bis 1965 durch hektische Reformversuche in Form von „disorganizing reorganizations"[516]) auszeichneten, so ist doch nicht zu übersehen, dass sich der sowjetische Parteistaat schon damals „solide festgefahren" [517]) hatte und die Entwicklung unverkennbar in Richtung bürokratischer Versteinerung und „konservativer Degeneration"[518]) voranschritt. Die zentrale Anweisungs- und Planungskompetenz, die sich als systemischer Imperativ durch keinerlei Reformen umgestalten ließ, vertrug sich nicht mit den Erfordernissen funktionaler Effizienz, die sich zwangsläufig ergaben, als mit den „Großbauten des Kommunismus" ambitiöse Perspektivplanungen und großräumige Erschließungsprogramme in Angriff genommen wurden.

[515]) Nove 1982: 169.
[516]) Nove 1984: 370.
[517]) Teckenberg 1983: 174.
[518]) So Barrington Moore, zit. n. Borcke/Simon 1980: 123.

4. Technik und Wirtschaft: Die Kommandowirtschaft auf dem Prüfstand

„My stroili, stroili, i nakonec postroili."
Čeburaška

Im 20. Jahrhundert galt die moderne Technik als zentraler Produktions- und Wachstumsfaktor, als mobilisierendes und leicht mobilisierbares Kräftepotential. Die Verantwortlichen verstanden den technischen Fortschritt als ökonomische Modernisierung und glaubten, das Wirtschaftswachstum hänge entscheidend von der Freisetzung technologischer Kreativität ab. In ehrgeizigen Großprojekten sah man angemessene Antworten auf zahlreiche ökonomische Kernfragen. Sie versprachen nicht nur Natur-, sondern auch bisher gültige Wirtschaftsgesetze außer Kraft zu setzen. Geplant als Technologieträger, Arbeitsbeschaffer und Wachstumsbeschleuniger, waren Großbauten ökonomische Veranstaltungen, deren Protagonisten reichhaltig aus den wirtschaftlichen Argumentationsarsenalen schöpften.

Allerorten waren und sind die politisch und ökonomisch Mächtigen der festen Überzeugung, dass die Wettbewerbsfähigkeit ihrer jeweiligen Nation wesentlich von der Fähigkeit abhänge, technologische Großprojekte zu verwirklichen. Leistungsstarke Spitzen- und Höchsttechnologie, auch wenn die für ihre Entwicklung und Realisierung anfallenden Kosten fantastische Höhen erreichen, nähren die Hoffnung, sich im internationalen Konkurrenzkampf einer globalen Wirtschaft behaupten zu können. Prestigeprojekte werden mit ihren Schlüssel- und Vorzeigeinnovationen zur ökonomischen Leistungsschau. Sie stellen außergewöhnliche Kraftanstrengungen und Bewährungsproben dar, die eindrucksvoll die Stärken und Schwächen, die Potentiale und Defizite des jeweiligen Wirtschaftssystems belegen. Die Geschichte moderner Volkswirtschaften ist folglich „nur unter Berücksichtigung der Existenz und Wirkungsweise großer technischer Systeme zu erfassen und adäquat zu erklären."[1])

Die ökonomische Mentalität der industriellen Moderne war lange Zeit (und ist es vielleicht weiterhin) vom alles beherrschenden Glauben geprägt, ein konsequentes Größenwachstum führe zum volkswirtschaftlichen Heil. Mit der Größe der technischen Systeme wuchsen jedoch auch die Größe der Probleme und die Zahl der Risiken. Anders als die Befürworter, die stets die vielfältigen Nutzungsmöglichkeiten und Stimulanzeffekte betonten, thematisierten die Gegner von Großprojekten die überhandnehmende Komplexität der ehrgeizigen Vorhaben und die ans Unmögliche grenzenden Schwierigkeiten, sie in einer sinnvollen Weise zu steuern. Die enormen Transport-, Koordina-

[1]) Mayntz 1993: 107.

tions- und Kompatibilitätsprobleme überstiegen die Organisationsfähigkeit volkswirtschaftlicher Steuerungsmechanismen und Ordnungsstrukturen häufig bei weitem. Zudem brachten Fehlkalkulationen, nicht vorhersehbare Folgeschäden und Störfälle die wirtschaftliche und technische Logik immer wieder durcheinander.

Hyperempfindlichkeit ist demnach ein zentraler Wesenszug von Großprojekten. Das zeigt sich immer wieder auch darin, dass durch menschliches oder technisches Versagen sowie durch Naturgewalten, Krieg und Terror ausgelöste Ausfälle der ins Gigantische gewachsenen Ent- und Versorgungsnetze stets den Lebensnerv moderner Volkswirtschaften treffen. Derartige „normale Katastrophen“[2]) und die davon ausgehenden Kettenreaktionen „offenbaren mehr als alles andere, wie ein System funktioniert oder nicht funktioniert, wie weit es reicht und wie eng es vernetzt ist, welche Risiken seine Größe und seine Komplexität enthalten und über welche Rückkopplungsmechanismen es verfügt.“[3])

Angesichts ökonomisch unsicherer und ökologisch riskanter Umstände konnte es bei der Realisierung aufwendiger Großprojekte keine Planungssicherheit geben. Die grandiosen Vorhaben enthielten einen hohen „Bestandteil von Mutmaßungen“, beruhten auf einem „Gemisch von Kalkulation und Riecher“ und waren deshalb stets ein gewagter Schuss ins Blaue.[4]) Der „Fluch der Größe“ ergab sich vor allem daraus, „dass sich die Projekte oft wirklich nur dann rentierten, wenn sie tatsächlich das volle Maximum ihrer Leistungskraft erreichten.“[5]) Dazu bedurfte es weiterer enormer Anschlussinvestitionen, um durch Aufwärts- und Abwärtstransformationen die notwendigen ökonomischen Strukturen zu schaffen, in denen sich die Synergiepotentiale der Großvorhaben entfalten konnten. Angesichts der so explodierenden Folgekosten mussten die Ambitionen der Megabauten bisweilen heruntergefahren und wichtige Teilprojekte gänzlich fallen gelassen werden. Das, was nach dem investitionspolitischen Sparkurs schließlich den Weg in die Wirklichkeit fand, unterschied sich meist merklich von den vormals hochfliegenden Plänen der Architekten und Ingenieure.

Mit ihrer Inbetriebnahme mussten Großbauten sodann ihre ökonomische Manövrierfähigkeit beweisen. Wegen der komplexen Nutzungsmöglichkeiten galt es, zwischen den unterschiedlichen Interessen zu vermitteln und eine Prioritätenliste zu erstellen. Während so in besonders geförderten Einzelbereichen langfristige Wachstumsprozesse einsetzten, wurden andere Entwicklungen vernachlässigt. Die Gleichzeitigkeit von Dynamik und Stillstand, Überfluss und Knappheit prägte daher die Geschichte zahlreicher Großvorhaben. Der Triumph technischer Höchstleistungen stellte sich darum im Nach-

2) Perrow 1987.
3) Radkau 1994: 52.
4) Nove 1963: 248.
5) Laak 1999: 213.

hinein häufig als äußerst zweifelhaft dar. Megaprojekte entpuppten sich, um einen populären Begriff aus der Entwicklungspolitik aufzugreifen, nicht selten sogar als „weiße Elefanten". Gemeint sind damit „vom Staat mit hohem Aufwand geförderte große technische Projekte, die im guten Glauben gegenüber der Öffentlichkeit (den eigentlichen Financiers) als bahnbrechend, zukunftsweisend, schlechthin unverzichtbar angepriesen werden, sich nach einiger Zeit aber als ‚Fehlschlag', als ‚in den Sand gesetzt', als ‚Faß ohne Boden', kurzum als Investitionsruine erweisen."[6])

Mitte der 1980er Jahre verglich die *RAND Corporation*, ein einflussreicher kalifornischer *Think Tank*, 52 unterschiedliche Großvorhaben und kam zum ernüchternden Schluss, dass nur jedes dritte Projekt so rentabel arbeitete wie zuvor erwartet. Bei der großen Mehrheit erschien die Amortisation als ungesichert und blieb die Effizienz fragwürdig. Zahlreiche Projekte stellten sich als überschätzte Systeme heraus, von denen man sich zu viel versprochen hatte und deren Bau-, Betriebs- und Instandhaltungskosten unterschätzt worden waren. Die Schattenhaushalte der Großvorhaben stellten häufig ein Buch mit sieben Siegeln dar, das sich kaum öffnen, geschweige denn lesen und verstehen ließ.[7])

Angesichts zahlreicher evidenter Fehlschläge neigen heute viele dazu, Megaprojekte als Monumente sinnloser Verschwendungssucht und ruinöse Opfergaben auf dem Altar der industriellen Moderne darzustellen. Eine wirtschaftshistorische Analyse darf sich aber weder in einer triumphalen Erfolgsstory noch in einer ausschließlichen Misserfolgsgeschichte erschöpfen. Große technische Systeme können für die Wirtschaft sowohl zu einem Stabilisations- und Wachstumsfaktor als auch zu einem Element der Unruhe und Unsicherheit werden. Es wäre sicherlich zu einfach, sich ganz auf die Darstellung der meist auffälligen Kluft zwischen Anspruch und Wirklichkeit, zwischen hochgesteckten Erwartungen und weitaus bescheideneren Ergebnissen zu konzentrieren und die technologische Hybris der Ingenieure und Politiker zu entlarven. Bei der Autopsie des angeblichen oder auch tatsächlichen Scheiterns von technischen Großprojekten muss vor allem ihrer inneren Struktur, Wirkungskraft und Stellung im historischen Prozess besonderes Augenmerk geschenkt werden. Vor allem ist näher auf die ökonomische Praxis einzugehen: wie die verantwortlichen Bauleiter, Ingenieure und Planungsstrategen auf unvorhergesehene Herausforderungen und Krisen reagierten, um aus Störfällen, Engpässen und Kapazitätsmängeln rasche Konsequenzen zu ziehen und ihre Handlungsoptionen zu erweitern. Die Untersuchung der Entstehungs- und Nutzungsgeschichte von Großbauten ergibt dann zweifellos interessante Einblicke in komplexe Wirtschaftszusammenhänge.

6) Teusch 1993: 38f.

7) Merrow 1988. Vgl. auch Keck 1985; Feldman 1985: 138–158; Schlager 1994.

4.1. Die Bauphase: Rekorde und Rückstände, Effizienz und Misswirtschaft

Die neue „Technik des Kommunismus": Die Mechanisierung der Großbaustellen

Im Erlass vom 15. Januar 1949 zur „Mechanisierung der arbeitsaufwendigen und schweren Arbeiten bei *Volgodonstroj*" forderte der Ministerrat, der Bau des Wolga-Don-Kanals „muss auf die fortschrittlichste, mechanisierte Weise mit dem Einsatz moderner hocheffizienter Bagger-, Bau-, Transport-, Beladungs- und Entladungsmaschinen verwirklicht werden."[8]) Fortan galten die „Großbauten des Kommunismus" als „unübertroffene Beispiele sowjetischer Baukunst"[9]) und als „großartige Schule für die Bauarbeiter und die Bautechnik"[10]). Zu Beginn der 1950er Jahre schritt zuerst die Mechanisierung der Bau- und Montagearbeiten in schnellem Tempo voran; gegen Ende der Dekade setzte sich dann allmählich die industrielle Großbauweise durch. Dabei fanden in wachsendem Maß vorgefertigte Betonplatten und Betonblöcke Verwendung. Das verkürzte die Bauzeiten und reduzierte die Baukosten. Diese Erfolge beim Kanal- und Kraftwerkbau ließen sich in anderen Bereichen und Branchen nutzen, so dass die Fertigstellung der „Großbauten des Kommunismus" der gesamten sowjetischen Bauindustrie Entwicklungsimpulse gab. Gegen Ende der 1960er Jahre beschäftigte die sowjetische Bauindustrie sieben Millionen Arbeiter und verfügte über mehr als 100000 große Kräne, knapp 100000 Bagger, 80000 Bulldozer und 20000 Schrapper.[11])

Die sowjetische Propaganda überschlug sich nach 1948 geradezu mit Superlativen beim Lob auf die Bautechnik. „Die Größe unserer Tage kommt in der Größe der riesigen Baumaschinen zum Ausdruck." Auf den Großbaustellen „entsteht eine neue Technik von nie gekannter Produktivität – die Technik des Kommunismus".[12]) So war für die „Großbauten des Kommunismus" der weltgrößte Schreitbagger EŠ-14/65 konzipiert und fertiggestellt worden. Dank des riesigen Fassungsvermögens seiner Schürfkübel übernahm er bei Einebnungs- und Ausschachtungsarbeiten Aufgaben, die ansonsten den Einsatz von 10000 Bauarbeitern erfordert hätten.[13]) Großes Aufsehen erregten auch die gigantischen schwimmenden Saugbagger vom Typ 500-60 und 300-40, die mit ihren leistungsstarken Unterwasserfräsern, Ansaugpumpen und Rohrleitungen riesige Erdmassen aus Flüssen und Stauseen fortbewegten. Gemeinsam

[8]) Stalinskie Strojki 2005: 107.
[9]) Zvorykin 1962: 55.
[10]) Bernštejn-Kogan 1954: 211.
[11]) Isaev 1971: 34.
[12]) Veličie 1952: 3.
[13]) Černyšev 1951: 1047; Sčerbakov 1951: 771 f.; Mstislavskij/Pustovalov 1953: 29; Stepanov 1953: 29 ff.; Schreitbagger 1954: 51; Rjabčikov 1954: 76-85.

mit den speziell entwickelten Hydromonitoren (überdimensionalen Wasserspritzen), die mit ihrem mächtigen Strahl Dämme anschwemmen und Erdwälle abtragen konnten, beförderten sie den Aufstieg der sogenannten „Hydromechanik". Dieser sprunghaft entwickelte Zweig moderner Bautechnik erwies sich als immer wichtiger. Während 1948 noch 1,1 Millionen Kubikmeter Erde hydromechanisch bewegt wurden, waren es 1955 schon 66,4 Millionen Kubikmeter.[14])

Auf den Großbaustellen kamen des Weiteren Hebemaschinen wie Turm-, Portal-, Schwenk- und Blockkräne sowie Erdbewegungsmaschinen wie Muldenkipper, Bulldozer, Schrapper, Löffel- und Eimerkettenbagger zum Einsatz. Auch deren Kapazitäten wuchsen beständig und vereinfachten damit die Montage-, Ausschachtungs- und Erdbewegungsarbeiten. Riesige Fall- und Vibrohämmer schlugen tausende Spunte mit hohem Tempo metertief in den Untergrund. Aufwendige Pump-, Rohr- und Filterlagen sicherten den triumphalen „Sieg über das Grundwasser"[15]) und legten die Baugruben trocken. Betonmischer und -pumpen, Vibrorüssel und -rinnen, Vakuumapparaturen, automatisierte Zement- und Betonfabriken und Hängebahnen, die sich in schwindelnder Höhe über die Flüsse und Großbaustellen spannten, sorgten dafür, dass bei den Betonarbeiten immer höhere Arbeitsleistungen erzielt werden konnten. Spezielle Heizeinrichtungen in den massiven Verschalungskästen und den Betonmischern ermöglichten es sogar, bei Temperaturen weit unter dem Gefrierpunkt Beton zu verlegen. Technische Durchbrüche gab es auch beim Staudammbau. Bei der sogenannten Leichtbauweise bestanden die Dämme nicht mehr nur ausschließlich aus Beton. In ihrem Innern wurde vielmehr ein großer Kern mit Sand und anderen vor Ort verfügbaren Baumaterialien angefüllt, um den herum dann ein Betonmantel gegossen wurde. Damit ließ sich gegenüber den alten Verfahren ein Drittel an Beton einsparen. Besondere Arbeitsweisen zum Festigen, Verdichten und Entwässern sorgten dafür, dass die Stabilität der Dammkörper, die auf weichem Untergrund entstanden, durch den Grundwasserstrom und Unterspülungen nicht gefährdet war. Mit Erfolg führten die Bauleiter zudem neue Methoden bei der Abriegelung der Flüsse ein.[16])

Nur dank dieser technischen Fortschritte ließen sich die bei den „Großbauten des Kommunismus" anfallenden gewaltigen Bauarbeiten überhaupt bewältigen. Allein auf den fünf näher untersuchten Großbaustellen sollten

[14]) Beim Wolga-Don-Kanal wurden 31 Prozent, beim Cimljansker Flusskraftwerk schon 47 Prozent und beim Kujbyšever Giganten schließlich mehr als 60 Prozent der Erdarbeiten hydromechanisch ausgeführt. Zum Aufstieg der Hydromechanik vgl. Bernštejn-Kogan 1954: 211 f.; Černyšev 1951: 1047; Mstislavskij/Pustovalov 1953: 29; Stepanov 1953: 31 ff.; Škundin 1953: 291–295; Razin 1954: 5–10; Fogel'son 1958: 130–142; Bodunov 1958: 91.

[15]) Smirnov 1952. Vgl. auch Ščerbakov 1951: 776 ff.

[16]) Velikie Strojki 1952: 337–357; Nesteruk 1963: 161 f.; Gersdorff 1962: 148; Stepanov 1953: 33–40; Mstislavskij/Pustovalov 1953: 29 f.; Babkov 1952: 10 f.; Dombrovskij 1952; Morosov 1953: 132 f.; Kulev 1954; Opyt stroitel'stva 1962: 87–96; Chal'fin/Kičigin 1957.

zusammengerechnet innerhalb von knapp sieben Jahren insgesamt drei Mrd. Kubikmeter Erde bewegt und zwanzig Millionen Kubikmeter Beton verlegt werden.[17] Würde man die beim Bau des Kujbyšever Flusskraftwerks bewegte Erde (140 Millionen Kubikmeter) auf Eisenbahnwagons laden, „so ergäbe das einen Zug von 170000 Kilometern Länge, eine Strecke, viermal so lang wie der Umfang des Erdballs." Zugleich wurde im Dammkörper so viel Beton verbaut (6 Millionen Kubikmeter), dass sich daraus über eine Distanz von fast 2000 Kilometern „eine drei Meter hohe und ein Meter breite Mauer" errichten ließe.[18] Beim Bau des Dnepr'-Kraftwerks war Anfang der 1930er Jahre ein Spitzenwert von 518000 Kubikmetern verlegten Betons erreicht worden. 25 Jahre später setzten die Bauarbeiter beim Kujbyšever Giganten mit der sechsfachen Menge einen neuen Weltrekord.[19]

Während bei den Kraftwerkbauten in den 1930er Jahren nie mehr als ein Dutzend moderner Baumaschinen zum Einsatz gekommen waren, konnten die Bauarbeiter bei den „Großbauten des Kommunismus" über einen riesigen Maschinen- und Fuhrpark verfügen. Die Produktion von Baggern, Betonmischern, Bulldozern und Kippladern, die noch 1948 weit hinter den Plänen zurücklag,[20] expandierte dynamisch. Die sowjetische Baumaschinenindustrie nahm Gestalt an. Bei ihrem Aufholprozess profitierte sie von einem Technologietransfer. Sie erhielt nach 1945 zuerst in Form von Reparationen deutsche Baumaschinen und wichtiges Knowhow, um nach der Entstehung des Ostblocks fortan komplette Kräne und Bagger oder wichtige Bauteile aus der DDR und ČSSR zu beziehen. Die beiden „Bruderstaaten" würden mit ihren „Qualitätsleistungen", so die Moskauer Propaganda, ihren Beitrag zu den „Großbauten des Kommunismus" erbringen und damit nachdrücklich ihre Freundschaft mit der Sowjetunion unterstreichen.[21]

Als die Bauarbeiten in Kujbyšev 1955 ihren Höhepunkt erreichten, zählte man hier 222 Bagger, 40 Schrapper, 889 Bulldozer, 395 Kräne und über 3000 Lastwagen.[22] Allein zwischen 1951 und 1956 stieg die Zahl der beim Kraft-

[17] Mstislavskij/Pustovalov 1953: 26f.

[18] Uns lehrte Lenin 1961: 190f.

[19] Bodunov 1958: 101.

[20] Zum schlechten Zustand der sowjetischen Baumaschinenproduktion vgl. Voznesenskijs geheimen Bericht an Stalin vom 10. Dezember 1948 in RGASPI, 82/2/643, 127.

[21] Zur Propaganda vgl. z.B. Schaper 1959: 40f. Zum Technologietransfer und den Importen siehe GARF, 5446/51/2842, 13–15; RGAE, 7854/2/1157, 34–35; ebd., 1305, 5; ebd., 9579/1/670, 139; PANO, 4/34/428, 21. Der genaue Anteil der Importe am Maschinen- und Fuhrpark auf den Großbaustellen lässt sich leider genauso wenig einschätzen wie die Bedeutung des Technologietransfers bei der Entwicklung der riesigen sowjetischen Schreit- und Saugbagger. Vieles spricht dafür, sie als „sowjetische Projekte" zu begreifen. Auch die importierten Baumaschinen scheinen auf den meisten Großbaustellen mehrheitlich Lücken gestopft zu haben. Bagger, Kräne, Kipplader, Schrapper und Bulldozer aus sowjetischer Produktion bildeten den eigentlichen Kern des Maschinen- und Fuhrparks.

[22] RGAE, 7854/2/1157, 29–39. Beim Bau des Wolga-Don-Kanals kamen 1952 knapp 350 Bagger, 900 Schrapper und 300 Bulldozer zum Einsatz (Bernštejn-Kogan 1954: 212). Im

werkbau eingesetzten großen Baumaschinen um das Dreifache.[23]) Die Zeit, in der die sowjetischen Bauarbeiter mit Spaten und Schaufel sowie einfachen Schub- und Pferdekarren große Erdbewegungen vorzunehmen hatten, schien vorüber zu sein. Kranführer, Bulldozer- und Baggerfahrer waren die gefeierten Helden der Großbaustelle, die nunmehr nicht durch ihre Körperkraft und Ausdauer, sondern durch ihre Geschicklichkeit im Umgang mit riesigen Maschinen mediale Beachtung fanden. Der Mechanisierungsgrad der Erd- und Betonarbeiten, der noch in den 1940er Jahren lediglich bei 30–50 Prozent gelegen hatten,[24]) stieg laut offizieller Statistik seit 1954 auf weit über 90 Prozent an.[25])

Die „beste Technik der Welt" im Einsatz: Die Großbaustellen als „Friedhöfe der Fahrzeuge"

Die statistische Schönfärberei verschleierte, dass die Nutzung der angeblich „beste(n) Technik der Welt"[26]) erhebliche Probleme aufwarf. Im März 1955 waren auf der Kujbyšever Großbaustelle von den verfügbaren Bulldozern und Traktoren lediglich die Hälfte und von den 45 Schrappern sogar nur ein Drittel im Einsatz.[27]) Zwei von drei Baggern brauchten eine Generalüberholung (*kapital'nyj remont*); fast neunzig Prozent der Kräne und Bulldozer und alle 53 Betonpumpen erwiesen sich als reparaturbedürftig.[28]) In seinem Tagebuch vermerkte Fedor Loginov, der Leiter von *Stalingradgesstroj*, dass im ersten Baujahr (1951) mehr als ein Drittel des neuen Baumaschinen- und Fuhrparks (80 Bagger, 40 Bulldozer, 50 Schrapper, 80 Betonmischer, 1380 Lastwagen) nicht einsatzfähig war.[29]) Zahlen wie diese belegen, dass es um die Reparaturbereiche auf den Großbaustellen äußerst schlecht bestellt war. Überforderte Mechaniker zerstörten oft mehr, als sie instandsetzten.[30]) In

Jahr 1958 zählte man bei *Stalingradgesstroj* 206 Bagger, 158 Schrapper, 293 Bulldozer und über 2000 Lastwagen und Kipplader (Žimerin 1960: 218). Auf dem Höhepunkt der Bauarbeiten beim Bratsker Kraftwerk verfügte der Bautrust über 317 Bagger, 405 Bulldozer, 698 Kräne und über 3500 Lastwagen und Kipplader (Dolgoljuk 1988: 39).

[23]) Loginov 1958: 4.

[24]) Noch Ende 1948 wies Žimerin, der damals zuständige Minister für Kraftwerke, auf das völlig unzureichende Mechanisierungsniveau beim Bau von Flusskraftwerken hin. Siehe RGAE, 4372/96/445, 83–84.

[25]) Vgl. ausführlich Bodunov 1958: 90–116.

[26]) So Zumm 1952: 292.

[27]) Nekrasova 1974: 99.

[28]) RGAE, 7854/2/1157, 29-39.

[29]) Judin 1996: 201. Vgl. auch RGAE, 7964/11/1578, 212. Im April 1954, als das Innenministerium *Stalingradgesstroj* an das Ministerium für Kraftwerke und Elektroindustrie abtrat, galt sogar nur noch die Hälfte der Erdbewegungsmaschinen und Lastwagen als voll funktionstüchtig. Siehe das offizielle Übergabedokument in RGAE, 7964/11/1452, 8. Zur mangelhaften Nutzung der Bagger vgl. für die ersten acht Monate des Jahres 1952 auch die offiziellen statistischen Angaben bei Zaključennye na strojkach kommunizma 2008: 27f.

[30]) GARF, 9417/1/60, 178.

ihren Rechenschaftsberichten und Schreiben beklagten sich die Verantwortlichen immer wieder darüber, dass es an Werkstätten, Werkzeug und vor allem an Ersatzteilen fehlte, um die Betriebsfähigkeit der Baumaschinen und Fahrzeuge zu gewährleisten.[31]) Angesichts der versprochenen, aber meist nicht gebauten Garagen und Stellplätze standen Bagger, Bulldozer, Schrapper und Lastwagen im Freien. Hier waren sie Wind und Wetter schutzlos ausgeliefert.[32])

Hinzu kam, dass die von anderen Bauplätzen zu den Großbaustellen verfrachteten Baumaschinen und Fahrzeuge oftmals nur noch Schrottwert hatten und die fabrikneuen Modelle zahlreiche Konstruktionsfehler und Fertigungsmängel aufwiesen. Bei *Novosibirskgesstroj* war darum 1950 nur jeder fünfte neue Bagger, bei den Traktoren nur jeder vierte betriebsbereit. Die anderen mussten umgebaut und nachgerüstet werden oder ließen sich überhaupt nicht für die anstehenden Bauarbeiten einsetzen.[33]) Die Verantwortlichen für den schweren Maschinen- und Automobilbau hatten unter hohem Zeitdruck die Entscheidung getroffen, neue Fahrzeuge in Serienproduktion zu geben, obwohl deren Prototypen nicht ausreichend getestet waren. Die Fabriken lieferten so Bagger, Traktoren, Bulldozer, Kräne und Kipplader aus, die bei weitem nicht den Anforderungen auf den Großbaustellen gewachsen waren.[34]) Statt diesen Missstand durch durchgreifendes Handeln zu beheben, kam es zur gegenseitigen Schuldzuweisung. Die zuständigen Ingenieure beim Wolga-Don-Kanal erstellten zusammen mit Parteifunktionären und Fachleuten 1950 einen Kommissionsbericht, der detailliert nachwies, dass sich wichtige elektrische und hydraulische Bauteile wegen falscher Maße einfach nicht in die neu ausgelieferten Bagger einbauen ließen. Das kritisierte Ministerium für schweren Maschinenbau wies alle Verantwortung von sich und erklärte das Ministerium für Elektroindustrie für die Fehlproduktion zuständig. Zudem warf es der Bauleitung des Wolga-Don-Kanals eine „elementare Unordnung bei der Montage" vor. Der Zusammenbau der Bagger liege in den Händen von inkompetenten Personen, die Einzelteile nicht sachgerecht zusammenfügen könnten und damit für unnötige Schäden verantwortlich seien.[35])

[31]) RGAE, 7854/2/1157, 30–32; ebd., 653, 24–25; ebd., 7964/11/1321, 33; GARF, 5446/86/2317, 184–194; ebd., 86/4252, 81–82; PANO, 27/1/321, 26–36. Vgl. auch den aufrüttelnden Zeitungsartikel von Loginov 1954: 1906f. Ferner Opyt stroitel'stva 1962: 56ff.

[32]) RGAE, 7964/4/785, 7; PANO, 27/1/321, 37–42.

[33]) RGAE, 7854/2/653, 30–34. Zu einer ähnlichen Situation beim Wolga-Don-Kanal im gleichen Jahr vgl. GARF, 9417/3/249, 20, 49, 83–84 u. 87–88. Ferner die Klage aus Bratsk im Jahr 1956 in RGAE, 9572/1/490, 18–19.

[34]) GARF, 5446/86/2317, 140–142 u. 150–151; RGAE, 7854/2/1157, 34.

[35]) GARF, 5446/80/2448, 1–7; ebd., 9417/1/60, 173–175. Dass die Ingenieure auf den Bauplätzen mit der Montage und Wartung der modernen Baumaschinen oftmals hilflos überfordert seien, berichtete auch die Stalingrader Baustellenzeitung *Strojka Kommunizma*, 5. September 1951, Nr. 30: 2.

Die gigantischen Maschinen- und Fuhrparks verwandelten sich infolgedessen häufig in „Friedhöfe der Fahrzeuge".[36]) Angesichts der hohen Ausfallquote bei Baumaschinen, Traktoren und Lastwagen gaben sich die Bauleitungen nicht mit ihrem Fahrzeugbestand zufrieden, sondern forderten die beständige Zuteilung neuer Kontingente.[37]) Die Bauleiter des Wolga-Don-Kanals setzten sogar durch, dass benachbarte Bergbauunternehmen wichtige Erdbewegungsmaschinen an sie abtreten mussten.[38]) Die Vergrößerung des Maschinen- und Fuhrparks hatte durchaus Sinn angesichts des fortgesetzten Mangels an Ersatzteilen. Fast jeder dritte Bagger, Bulldozer, Traktor und Lastwagen wurde als Ersatzteillager genutzt, um andere Baumaschinen und Fahrzeuge betriebsfähig zu halten. Ausgeschlachtete Karosserien, die wie Skelette wirkten, gehörten damit zum Erscheinungsbild der Großbaustellen. Gegen diese weitverbreitete Form des „Maschinenkannibalismus" zogen Parteifunktionäre wiederholt in den Kampf, ohne daran allerdings etwas Grundsätzliches ändern zu können.[39])

Neben der hohen Ausfallquote zeigten sich die Verantwortlichen ernsthaft besorgt über die schlechte Einsetzbarkeit (*operativnost'*) des Maschinen- und Fuhrparks.[40]) Die Nutzungskoeffizienten der funktionstüchtigen Baumaschinen und Fahrzeuge schwankten meist nur zwischen 30 bis 80 Prozent.[41]) So verrichteten im Jahr 1954 die Bulldozer bei *Novosibirskgesstroj* zusammengenommen 55 031 Stunden Erdbewegungsarbeiten, während sie im gleichen Zeitraum 150 789 Stunden stillstanden.[42]) Ein Jahr zuvor hatte eine Untersuchung ergeben, dass auf den Baustellen von Flusskraftwerken die eingesetzten Bagger durchschnittlich nur 78 Prozent und die Schrapper nur 61 Prozent der möglichen Arbeitsleistung verrichteten.[43]) Die Ursachen für den Widerspruch zwischen den beeindruckenden Produktionskapazitäten der gigantischen Hebe- und Erdbewegungsmaschinen und ihren enttäuschenden Jahresleistungen waren vielfach in der schlechten Arbeitsorganisation zu suchen. Bagger, Bulldozer und Schrapper kamen zu Bauplätzen, wo der Grund noch nicht planiert war und sich so unnötige Wartezeiten ergaben.[44]) Andere Male gab es keine

[36]) So die Beschreibung der Zustände auf der Kujbyšever Großbaustelle in GARF, 5446/87/1232, 20-21.

[37]) Zu den fortgesetzten Forderungen vgl. z.B. RGAE, 9572/1/124, 7-8, 37-38 u. 44-45; ebd., 1593, 6-7; ebd., 1943, 45-46; ebd., 1944, 66.

[38]) GARF, 5446/51/2842, 13-15.

[39]) Zum „Maschinenkannibalismus" vgl. die Karikatur in: *Krokodil*, 1954, Nr. 31: 4.

[40]) GARF, 5446/81b/6524, 131-133; RGAE, 7854/2/653, 30-34; ebd., 906, 1 u. 47-50; ebd., 1277, 16, u. 19-22; ebd., 1305, 3-5; ebd., 7964/4/776, 5-6.

[41]) Eine aggregierte Statistik zu Ende der 1950er Jahre ging noch davon aus, dass die jährlichen Arbeitsleitungen der eingesetzten Baumaschinen um ein Drittel gesteigert werden könnten. Vgl. Žimerin 1960: 236.

[42]) PANO, 27/1/321, 1-12; ebd., 306, 142-175.

[43]) RGAE, 7964/11/2268, 115.

[44]) RGAE, 9572/1/166, 30-31; ebd., 7854/2/872, 41-43; ebd., 1157, 2, 6 u. 33; PANO, 1420/1/64, 63.

Abb. 1: Ju. Uzbjakov, „Eh, räumt die Technik zur Seite. Sie stört beim Ausschachten des Grabens." Karikatur aus: Krokodil, *1959/22: 7.*

Lastwagen, um die ausgeschachtete Erde abzutransportieren. Oft saß der Teufel im Detail. Teure Bagger und Kräne ließen sich nicht einsetzen, weil ein akuter Mangel an Schaufeln, einfachen Stahltrossen, Ketten und Seilen herrschte, die für viele Tätigkeiten unverzichtbar waren.[45]) Karikaturen in der satirischen Wochenzeitschrift *Krokodil* machten sich deshalb über „auf Diät" gesetzte Bagger lustig, in deren Schaufeln glückliche Vögel nisteten (Abb. 1).[46]) Angesichts widriger Straßenverhältnisse erreichten viele Baumaschinen oftmals auch nur mit Schwierigkeiten jenen Bauabschnitt, an dem ihr Einsatz gefordert war.[47]) Zu anderen Zeiten fehlte es an Benzin, Schmieröl und Tankanlagen, so dass sich auf der Großbaustelle in Novosibirsk 1950 beispielsweise sechs Wochen lang kaum etwas bewegte.[48])

Negativ wirkte sich auch die Praxis der *šturmovščina* aus.[49]) Dabei handelte es sich um ein überhitztes Bautempo im letzten Quartal, um durch eine Mobi-

[45]) So wurden für den Bau des Wolga-Don-Kanals im April 1951 weniger als 10 Prozent der dringend erforderlichen und bestellten Stahltrossen bereitgestellt. So GARF, 5446/81b/6522, 86. Ferner ebd., 51/2842, 28–29; ebd., 86/4252, 81–82; RGAE, 7964/2/1805, 3. Vgl. auch Opyt stroitel'stva 1962: 56f.

[46]) *Krokodil*, 1959, Nr. 20: 9 u. ebd., 1959, Nr. 22: 7. Ähnlich zuvor schon ebd., 1955, Nr. 21: 5 u. 1960, Nr. 16: 3.

[47]) RGAE, 9572/1/166, 30–31; ebd., 7854/2/1157, 33–34; ebd., 1277, 19–22.

[48]) RGAE, 7854/2/653, 23. Zu ähnlichen Situationen zu anderen Zeiten und auf anderen Großbaustellen vgl. ebd., 1021, 103; ebd., 1157, 45; ebd., 9572/1/166, 30–31.

[49]) Zur *šturmovščina* vgl. allgemein Nove 1963: 180f.; Granick 1960: 264–267; Filtzer 1992: 19–22.

lisierung aller Kräfte die aus den ersten drei Quartalen angefallenen Rückstände aufzuholen und den Jahresplan noch zu erfüllen.[50]) Nicht nur die Bauleiter, auch die Bauarbeiter waren an dieser Form der Mehrarbeit interessiert, um durch außergewöhnliche Arbeitsleistungen ihren Lohn aufzubessern. Sie verlangsamten vielfach die Arbeitsprozesse, um so zu Quartals- oder Jahresende künstlich die Bedingungen für eine *šturmovščina* zu schaffen. Während des „Arbeitssturms" kam es stets zu einer unverantwortlichen Überlastung des Maschinen- und Fuhrparks. Die notwendigen Wartungsarbeiten wurden eingestellt. Vermeidbare Unfälle, folgenreiche Schäden und aufwendige Reparaturen waren das zwangsläufige Ergebnis. Auf ungewöhnlich rasche Fortschritte bei der Planerfüllung folgten so unweigerlich neue Ausfälle, Einbrüche und Rückstände. Der kurzfristige Verschleiß rächte sich langfristig.[51])

Angesichts der hohen Ausfallquoten bei Baumaschinen gab es auf der Novosibirsker Großbaustelle 1953 selbst „bei aufwendigen und schweren Arbeitsgängen noch weitverbreitete Handarbeit".[52]) Ein Jahr zuvor beschwerte sich der Baggerführer Ivan Privalov, der am Bau der Bewässerungssysteme längs des Wolga-Don-Kanals beteiligt war, über die extreme körperliche Arbeit, die dort den Beschäftigten zugemutet wurde. Hier schachteten nicht moderne Bagger mit ihren riesigen Schaufeln die Kanäle und Gräben aus, sondern völlig erschöpfte Arbeiter mit Hacke und Spaten.[53]) Auch die Baustellenzeitung beim Stalingrader Flusskraftwerk kritisierte im Mai 1951 heftig, dass wichtige Arbeitsprozesse vielfach nicht mit moderner Technik, sondern in der längst „überkommenen Form des Bauernhandwerks" (*kustar'*) ausgeführt würden.[54]) Der Karikaturist E. Vedernikov brachte es auf den Punkt, als er bitterböse von der mit „Vollgas" voranschreitenden „Halbmechanisierung" sprach.[55])

Wegen des Mangels an Lastwagen heuerte *Novosibirskgesstroj* aus den umliegenden Dörfern jahrelang Hunderte von Kolchozbauern an, die mit ihren Pferdekarren Erde abtransportierten und die einzelnen Bauabschnitte mit den notwendigen Materialien belieferten. Sie passten so gar nicht in das Bild

[50]) Typisch für den wechselhaften Verlauf der Bauarbeiten und die schädliche Praxis der *šturmovščina* sind die Planziffern von *Novosibirskgesstroj* für das Jahr 1951. Im ersten Quartal wurde der Plan nur zu 64 Prozent, im zweiten zu 69 Prozent, im dritten zu 93 Prozent und im letzten plötzlich zu 126 Prozent erfüllt, so dass die Bauleitung in ihrem Rechenschaftsbericht abschließend anführen konnte, zumindest 89 Prozent des Jahresplans erreicht zu haben. Zu diesen Zahlen vgl. RGAE, 7854/2/872, 110–111.

[51]) RGAE, 7854/2/1157, 29–31 u. 40–41. Allgemein Gersdorff 1962: 65; Filtzer 1992: 19–22. Die *šturmovščina* und das beständige Springen „von einem Sturm zum anderen" wurde insbesondere von der Stalingrader Baustellenzeitung wiederholt heftig kritisiert. Vgl. *Strojka Kommunizma*, 4. Juni 1957, Nr. 778: 1; ebd., 23. Oktober 1957, Nr. 879: 3; 20. Dezember 1957, Nr. 916: 2; ebd., 26. Dezember 1957, Nr. 920: 3.

[52]) PANO, 27/1/257, 58. Auch RGAE, 7854/2/653, 30–34. Allgemein Novikov 1960: 23. Ähnlich für andere Großbaustellen RGAE, 7964/11/1570, 12.

[53]) GARF, 5446/86/4252, 46–49. Eine Untersuchungskommission bestätigte später die Richtigkeit der Klage. Vgl. ebd., 52 u. 62–64.

[54]) *Strojka Kommunizma*, 2. Juni 1951, Nr. 6: 1.

[55]) *Krokodil*, 1966, Nr. 22: 7.

der modernen Großbaustelle, das sich den sowjetischen Lesern in Zeitungen, Zeitschriften und Broschüren darbot.[56]) Parteifunktionäre beschwerten sich vehement darüber, dass die akuten Engpässe bei Transportdiensten und in anderen Handwerks- und Dienstleistungsbereichen dazu führten, dass *Novosibirskgesstroj* mit sogenannten *častniki*, also privaten Kleinunternehmern, zusammenarbeite. Im Umfeld der Großbaustelle könne man deshalb eine „Wiederbelebung des traditionellen Transport- und Kustargewerbes" beobachten, was unmöglich mit dem propagierten Übergang zum Kommunismus in Einklang zu bringen sei.[57])

Daneben blieben vor allem die akuten Probleme mit der Mechanisierung im Kleinen ungelöst. So fehlte es allerorten an Pumpen, Schweißgeräten, Fließbändern, kleinen Kränen und einfachen Maschinen für Maler- und Stuckarbeiten, um wichtige Arbeitsprozesse schnell abzuschließen. Die Verantwortlichen auf den sowjetischen Großbaustellen hatten übersehen, dass das Bautempo nicht nur vom Einsatz gigantischer Schreitbagger, sondern auch von der Verfügbarkeit leistungsfähiger Kleinmaschinen abhing. Die beeindruckenden neuen Rekorde bei den Erd- und Betonarbeiten gingen darum mit weiterhin rückständigen Arbeitsmethoden in vielen anderen Bereichen einher.[58])

Der Modernisierung der Bauprozesse fehlte es an Tiefe und Nachhaltigkeit. Dazu trug bei, dass von Seiten der Beschäftigten geäußerte Verbesserungsvorschläge zur forcierten Mechanisierung nur selten umgesetzt wurden. Die speziell auf den Großbaustellen eingerichteten Büros für Rationalisierung und Erfindungswesen hatten kaum etwas zu tun,[59]) weil die neuen Ideen und Überlegungen nur in wenigen Fällen weitergeleitet wurden.[60]) Selbst wenn die Vorgesetzten die Verbesserungsvorschläge den zuständigen Stellen meldeten, blieben diese nach endlos langer Prüfung oftmals in den bürokratischen Prozeduren hängen. Das demotivierte innovationsbereite Ingenieure, Techniker und Arbeiter, zumal sie für ihre Denkarbeit gering belohnt wurden.[61])

[56]) Zur Präsenz von hundert und mehr Pferdekarren auf der Novosibirsker Großbaustelle vgl. RGAE, 7854/2/653, 24; ebd., 872, 49; ebd., 906, 69; ebd. 1021, 101. In Kujbyšev heuerte die Bauleitung 1951 über 2500 Kolchozbauern zur Saisonarbeit auf der Großbaustelle an, wo sie zumeist mit ihren Pferdegespannen Transportdienste übernahmen. Dazu siehe GARF, 5446/81b/6524, 152.

[57]) PANO, 27/1/307, 29. Vgl. allgemein zum oft beklagten Wiederaufleben der traditionellen Formen des *kustarničestvo* Filtzer 1992: 27.

[58]) GARF, 9417/1/60, 178; RGAE, 7854/2/1157, 2–4, 25–27 u. 37–38; ebd., 1570, 12; ebd. 9572/1/166, 10–17; PANO, 27/1/285, 185–187; ebd., 321, 19–20 u. 25–26. Allgemein Žimerin 1960: 219; Filtzer 1992: 22–26.

[59]) Dieses Büro (*Bjuro po Rationalizacii i Izobretatel'stvu*) war unter der Abkürzung BRIZ bekannt.

[60]) *Strojka Kommunizma*, 1. August 1951, Nr. 21: 2 u. 25. Februar 1953, Nr. 190: 3; *Gidrostroitel'*, 17. April 1954, Nr. 347: 3.

[61]) GANO, 1373/1/120, 65–67. Allgemein zu den Neuerungs- und Innovationsproblemen infolge eines weitverbreiteten betriebswirtschaftlichen Konservativismus vgl. Nove 1963:

Versorgungsprobleme und Engpässe: Mangel im Überfluss

Der Maschineneinsatz litt zudem unter einem akuten Elektrizitätsmangel. Im Gebiet Stalingrad gehörten der Wolga-Don-Kanal und *Stalingradgesstroj* zu den größten Stromkonsumenten,[62]) deren Bedarf die regionale Verbundwirtschaft überforderte.[63]) Um Netzausfälle zu verhindern, erhielten die Großbaustellen bestimmte Strombudgets zugesprochen, die bei weitem nicht ausreichten, um energieintensive Bauprozesse wie Schweißarbeiten zum raschen Abschluss zu bringen. *Novosibirskgesstroj* erhielt zeitweilig sogar nur vierzehn Prozent der eigentlich benötigten Elektrizität.[64]) Es fehlte ferner an Generatoren, Transformatoren, Kabeln und Masten, um die einzelnen Bauabschnitte ans Stromnetz anzuschließen.[65]) Besonders dramatisch stellte sich die Situation in Bratsk dar. Inmitten der Taiga weitab jeglicher Zivilisation gelegen, musste eine fast 640 Kilometer lange neue Hochspannungsleitung gebaut werden, um die Großbaustelle an den Irkutsker Regionalverbund anzuschließen. Ihr Bau begann im Juli 1955 und zog sich bis Dezember 1957 hin.[66])

Um den enormen Bedarf der Großbaustellen an Sand, Kies, Schotter, Steinen, Zement und Beton abzudecken, wurde vor Ort eine spezialisierte Bauindustrie geschaffen. In Bratsk entstanden 30 neue Betriebe, darunter Steinbrüche, Sand- und Kiesgruben, Zement- und Röhrenfabriken, automatisierte Schweiß- und Betonwerke.[67]) Dennoch erwies sich recht bald, dass die regionalen Ressourcen bei weitem nicht ausreichten. Die Planer hatten sich verrechnet. Zahlreiche Baumaterialien mussten aus entfernten Gebieten mit großem Aufwand herbeigeschafft werden, um die akuten Engpässe und Rückstände in Bratsk zu überwinden.[68]) Bei der Errichtung der Flusskraftwerke in Cimljansk, Kujbyšev und Stalingrad griffen die Bauarbeiter daher auf Steine,

188–193. Über die langwierigen bürokratischen Prozeduren klagte auch die Allunionsgesellschaft der Erfinder und Rationalisatoren. Zu ihrer Geschichte und der des „sowjetischen Neuerertums" ausführlich Borisov 1964.

[62]) Zu den Engpässen von *Stalingradgesstroj* siehe so die Klagen in der Baustellenzeitung *Strojka Kommunizma*, 8.Dezember 1951, Nr.58: 1; ebd., 12.Dezember 1951, Nr.59: 1; ebd., 10.Januar 1957, Nr.677: 1; ebd., 12.September 1957, Nr.850: 4.

[63]) GARF, 5446/59/5262, 160–164; RGAE, 7964/11/1380, 127; Nekrasova 1974: 101. Gleiches galt für *Kujbyševgesstroj*. Der Bautrust benötigte 1955 knapp fünf Prozent des gesamten Stroms der regionalen Verbundwirtschaft und war damit der bei weitem größte Verbraucher an Elektrizität im Gebiet Kujbyšev. Vgl. Kujbyševskaja oblast' 1967: 269 u. 275.

[64]) RGAE, 7854/2/653, 25-26. Vgl. auch PANO, 4/34/430, 9–10, 17-18 u. 20–24; RGAE, 7854/2/1805, 13; RGAE, 7964/11/1986, 1. Ferner Opyt stroitel'stva 1962: 35–41; Drozdov 1974: 88.

[65]) GARF, 5446/86/2320, 104; RGAE, 4372/95/283, 266–267; ebd., 7854/2/872, 24–25; ebd., 1021, 108; ebd., 1157, 45–46; ebd., 1277, 27.

[66]) RGAE, 7964/11/1984, 78–79; ebd., 1977, 18. Zum Bau der Stromleitung vgl. auch Bratskaja GES 1964: 57f. u. 83f.; Wein 1987: 172f.; Dyker 1983: 121-125.

[67]) Gidroenergetika 1982: 164. Allgemein Nekrasova 1974: 102.

[68]) RGAE, 9572/1/1593, 6–7.

Kies und Sand aus dem Nordkaukasus zurück.[69]) Trotz aller Bemühungen stockte auch hier regelmäßig die Versorgung.[70]) Die erforderlichen Lieferungen von Baumaterial überlasteten das sowjetische Transportsystem. Es fehlte an modernen Hafenanlagen und Werften, gut ausgerüsteten Ent- und Beladestationen, an Rangierlokomotiven, Transportmitteln, Straßen und Bahnstrecken, um die Fracht schnell zu löschen und zu den Bauplätzen zu bringen.[71]) So standen 1950 über 1700 vollgepackte Eisenbahnwagons auf Abstellgleisen herum, die Baumaterial für den Wolga-Don-Kanal geladen hatten.[72]) Einige Jahre später kam es zu ähnlich dramatischen Situationen an den Großbaustellen bei Stalingrad und Novosibirsk.[73])

In den Steppengebieten an der mittleren Wolga gab es nur wenig Baumbestand. Die Bautrusts des Wolga-Don-Kanals und der beiden Kraftwerkriesen bei Kujbyšev und Stalingrad erhielten darum große Waldmassive am Oberlauf der Wolga und in der weiter nördlich gelegenen Komi ASSR zugewiesen, um hier ihr Holz zu schlagen. Das gelang nur bedingt. Die forstwirtschaftlichen Arbeiten, der Transport der Stämme und ihre Verarbeitung in Sägewerken blieben deutlich hinter den Plänen zurück.[74])

Bei Novosibirsk und Bratsk lagen große Waldgebiete im Überschwemmungsbereich des Stausees, so dass es für die Großbaustellen eigentlich genügend Holz hätte geben müssen. Bei den vorbereitenden Arbeiten für den riesigen Bratsker Stausee rechneten die Verantwortlichen insgesamt mit einem gewaltigen Holzeinschlag von bis zu 42 Millionen Kubikmeter (die jährliche gesamtsowjetische Holzbeschaffung belief sich damals auf 298 Millionen Kubikmeter). Allerdings waren die für die Holzfällarbeiten zuständigen forstwirtschaftlichen Unternehmen so mangelhaft mit Zugmaschinen und Arbeitskräften ausgestattet, dass es ihnen nicht gelang, die Stämme rechtzeitig aus dem Überflutungsgebiet zu den Sägewerken der Bautrusts zu bringen. Infolge des Mangels an Voraussicht bei den eingeleiteten Maßnahmen gab es inmitten des Überflusses ein akutes Defizit an Holz. Statt die Bäume zum dringend benötigten Bau- und Brennholz zu verarbeiten, blieb angesichts des steigenden Wasserspiegels des Stausees bald nichts anderes übrig, als wertvollen Holzbestand zu verbrennen, damit nicht zu viele hochgeschwemmte Stämme später gefährliches Treibgut auf der Wasseroberfläche bildeten oder als Senk-

[69]) Žimerin 1960: 214f.

[70]) Vgl. z.B. RGAE, 7964/2/1455, 275–279; ebd. 4/785, 21–22; ebd., 7854/2/1157, 35–37 u. 45; ebd. 9572/1/704, 252. Den zuständigen Zuliefer- und Transportunternehmen warf die Baustellenzeitung „unentschuldbare Langsamkeit" vor. So *Strojka Kommunizma*, 29. August 1957, Nr. 840: 2.

[71]) RGAE, 7854/2/1157, 38–44; ebd., 9572/1/124, 7–8; ebd., 9572/1/124, 36–37.

[72]) GARF, 5446/80a/7573, 60–70.

[73]) GARF, 5446/86/2321, 51–55 u. 60–69; RGAE, 7964/2/1455, 2 u. 7; *Strojka Kommunizma*, 21. Februar 1957, Nr. 707: 1; ebd., 6. März 1957, Nr. 716: 1.

[74]) RGAE, 7854/2/653, 24, 26 u. 181; ebd., 1157, 19; ebd., 1283, 35–36; GARF, 5446/80/2488, 61–62; ebd., 86/2321, 36–37; ebd., 9417/1/58, 118–119, 142–143 u. 159–160; ebd., 3/57, 51–52.

holz auf dem Seegrund verfaulten. Wichtige Ressourcen lösten sich im wahrsten Sinne des Wortes in Rauch auf.[75])

Die Bauleitungen reagierten auf die permanenten Versorgungsprobleme damit, dass sie verfügbares Baumaterial horteten, um bei stockendem Nachschub auf Vorräte zurückgreifen zu können. Allerdings fehlte es auf den Großbaustellen an geeigneten Lagerräumen, um Sand, Kies, Zement, Holz, Röhren, Isoliermaterial und anderes mehr sachgerecht zu deponieren. Selbst wertvolle Elektromotoren und Leitungen mussten „wie ein Haufen Müll unter freiem Himmel gelagert werden".[76]) Große Teile der gehorteten Vorräte wurden vom Winde verweht, vom Regen durchnässt und verdarben. Baumaterial in großen Mengen ging außerdem jedes Jahr durch den falschen Transport in offenen Lastwagen und Eisenbahnwagons verloren. Angesichts der hohen Lager- und Transportverluste riefen die verantwortlichen Minister und Parteifunktionäre die Bauleiter zu einem verantwortungsvollen Umgang mit den Ressourcen auf und warfen ihnen vor, nicht die stockenden Lieferungen, sondern die leichtsinnige Verschwendung knapper Baumaterialien sei Schuld an Engpässen und Stillständen.[77])

Auf den Großbaustellen in Kujbyšev und Stalingrad verschärften unzutreffende Kapazitätsberechnungen und die falsche Standortwahl die Versorgungsprobleme. So waren die Zement- und Betonwerke auf ein Produktionsvolumen ausgerichtet, das deutlich unter dem tatsächlichen Bedarf der Bautrusts lag. Des Weiteren hatten die Bauleitungen trotz aller Warnungen Zement- und Betonwerke in der Nähe der zentralen Bauplätze auf Überflutungsgebiet errichten lassen. Als die Arbeiten am Staudamm, den Kraftwerk- und Schleusenanlagen in ihr letztes Stadium gingen und die Aufstauung der Flüsse begann, lag deshalb die wichtige Zement- und Betonproduktion wochenlang brach. Die Fabriken mussten demontiert und mit großem Aufwand an einem neuen, sicheren Standort wieder aufgebaut werden.[78])

Die Probleme mit den Unternehmen der Bauindustrie waren dafür verantwortlich, dass sich beim Bau gigantischer Flusskraftwerke der Übergang zur industriellen Bauweise lange hinzog. Schon 1954 und 1955 hatte der Ministerrat zusammen mit dem Zentralkomitee wichtige Erlasse „zur weiterführenden Industrialisierung, zur Qualitätsverbesserung und Kostensenkung im Bauwesen" verabschiedet. Die „Produktion vorgefertigter Stahlbetonkonstruktionen" in Form von großen Blöcken und Platten versprach gerade bei den

[75]) PANO, 1420/1/46, 5 u. 19-20; RGAE, 7854/2/1277, 9-11; ebd., 9572/1/124, 38 u. 68. Vgl. auch Kulev 1956: 786; Opyt stroitel'stva 1962: 31; Dubrovskij 1957: 162f; Voznesenskij 1960: 180f. u. 184; Avakjan/Šarapov 1968: 221f. u. 291-300. Allgemein zur heftigen Kritik am Zustand der sowjetischen Forstwirtschaft vgl. Buchholz 1965.

[76]) *Strojka Kommunizma*, 1. August 1951, Nr. 21: 2.

[77]) GARF, 9417/1/59, 213-218; RGAE, 7854/2/653, 38-43; ebd., 1021, 103-105; ebd., 1277, 25; ebd., 1283, 46-47; ebd., 7964/11/1570, 12; PANO, 27/1/287, 85-87.

[78]) RGAE, 7854/2/1157, 3, 6, 16 u. 19; ebd., 7964/2/1455, 138-139; ebd., 4/785, 5.

aufwendigen „Großbauten des Kommunismus“ durchgreifende Erfolge.[79]) Bis Ende der 1950er Jahre wurde aber nur ein kleiner Teil des Stahlbetons in vorgefertigter Form verarbeitet. Die Großblock- und Plattenbauweise setzte sich beim Kraftwerkbau verspätet durch.[80]) Im Jahr 1958 wurden noch knapp 130000 Kubikmeter vorgefertigter Stahlbetonkonstruktionen produziert; erst 1965 waren es dann drei Millionen Kubikmeter. Das Bratsker Flusskraftwerk gehörte dabei zu einem der ersten Großvorhaben, bei denen sich die Industrialisierung des Bauwesens zumindest in einigen Bereichen durchgesetzt hatte.[81])

Budgetprobleme: Zersplitterung und Verschleuderung knapper Investitionsmittel

Hemmend wirkten sich auch die fortgesetzten Etatschwierigkeiten auf den Fortgang der Bauarbeiten aus. Ende 1948 hatte sich Nikolaj A. Voznesenskij in seiner Funktion als Leiter von *Gosplan* schon mahnend dagegen ausgesprochen, im Kraftwerkbau zu viele Projekte zur gleichen Zeit anzugehen. Das würde nur zur Zersplitterung (*raspylenie*) knapper Investitionsmittel führen. Die verfügbaren Ressourcen müssten auf wenige Großvorhaben konzentriert werden, um diese ohne Planrückstände zügig fertigstellen und dann mit ganzer Kraft neue Unternehmungen angehen zu können.[82]) Diese Warnung wurde jedoch während der folgenden Jahre in den Wind geschlagen. Angesichts der Gleichzeitigkeit zu vieler kostspieliger Kraftwerkbaustellen konnten den einzelnen Bautrusts nicht die Haushaltsgelder zugewiesen werden, die notwendig gewesen wären, um alle im Plan vorgesehenen Bau- und Montagearbeiten auszuführen. So erhielt *Novosibirskgesstroj* 1958 lediglich Mittel, mit denen statt der geforderten sieben maximal zwei Aggregate in Betrieb genommen werden konnten.[83]) Das führte zu Protesten von Seiten der Bauleitung.[84]) Diese Budgetprobleme verschärften sich, weil die Kosten für die benötigten Baumaterialien und den Unterhalt der großen Baumaschinen- und Fuhrparks sowie die Lohn- und Zuschlagszahlungen grundsätzlich deutlich größer waren als anfänglich berechnet. Deshalb reichten die Bauleiter immer wieder Nachtragshaushalte ein, von denen die zügige Fertigstellung der Kraftwerkriesen unmittelbar abhing.[85])

[79]) Direktivy KPSS 1958/4: 268 u. 460.

[80]) Vgl. dazu RGAE, 7964/4/785, 6; ebd., 11/1570, 53–56.

[81]) Nekrasova 1974: 107–112; Žimerin 1960: 229f.

[82]) RGASPI, 82/2/643, 127. Auch Politbjuro 2002: 371; Zaleski 1980: 434.

[83]) GANO, 1373/1/120, 62–64 u. 87–88.

[84]) Vgl. z.B. GARF, 5446/81b/6524, 9, 28–29 u. 66–69; RGAE, 7964/4/785, 3; ebd., 11/1980, 4; ebd., 9572/1/1235, 219; ebd., 1593, 6–7. Wiederholt kam es auch vor, dass die jährlichen Investitionen so hoch bemessen waren, dass die Bautrusts die bewilligten Mittel nicht nutzen konnten und deshalb wegen nicht erfüllter Jahrespläne in die Kritik gerieten. Vgl. Michel/Klain 1964: 218. Zu den Budgetproblemen allgemein Zaleski 1980: 422f., 431–434 u. 437.

[85]) GARF, 5446/50a/3942, 1–6; ebd., 51a/5205, 1–9; ebd., 80a/7575, 36–45; RGAE, 7854/2/1021, 49, 72 u. 150–151; ebd., 1088, 1 u. 6; ebd., 1283, 53; ebd., 1305, 9–10; ebd., 1335, 76; ebd., 1336, 12–14 u. 18–19; ebd., 9572/1/124, 35–39; ebd., 187, 24–25; ebd., 843, 1; ebd., 875, 279–280; PANO, 3/34/466, 276–301.

Parteifunktionäre und Behördenvertreter kritisierten die Bautrusts deshalb als „Nimmersatt" ohne jegliche Haushaltsdisziplin.[86]) Während sich die Bauzeiten mehrere Jahre verlängerten und damit die Gesamtpläne durcheinanderwirbelten, explodierten die Baukosten. In einem Bericht vom August 1959 hieß es: „Das Bratsker Flusskraftwerk ist eine der größten Baustellen im Land. Aber das heißt nicht, dass hier auch die größten Verluste gemacht werden dürfen. Es ist an der Zeit, ein für alle Mal die lästige Praxis der Verschleuderung (*razbazarivanie*) gesellschaftlicher Mittel zu beenden." Hier war der vorgegebene Haushalt schon während der ersten vier Baujahre derart überzogen worden, dass man mit den nachträglich eingeforderten Geldern eine „große Arbeitersiedlung für mehrere Tausend Familien" hätte errichten können.[87]) Das Stalingrader Flusskraftwerk kostete nach offiziellen Angaben statt 6,5 mindestens 9,9 Mrd. Rubel und der Kujbyšever Gigant statt 8,4 schließlich 11,6 Mrd. Rubel. Die Ausgaben überstiegen das geplante Finanzvolumen damit um 54 bzw. 38 Prozent. Zusammengenommen hätten die entstandenen Zusatzkosten für den Bau eines weiteren gigantischen Flusskraftwerks ausgereicht.[88])

Ob diese Zahlen den tatsächlichen Investitionen entsprachen, muss angesichts der miserablen Buchhaltung und Rechnungsführung für die Großbauten offen bleiben. Viele Zahlen waren fingiert; sie verschleierten wichtige Kosten. Rechenschaftsberichte erwiesen sich oft als unvollständig oder beschönigten die Bilanzen.[89]) Eine Untersuchungskommission kam bei *Novosibirskgesstroj* zu dem erschreckenden Ergebnis, dass „es im Jahr 1955 keine ausreichende Kontrolle über die materiellen und finanziellen Mittel sowie über ihre tatsächliche Verwendung gegeben hat."[90])

[86]) GANO, 1179/1/304, 1.

[87]) RGAE, 9572/1/873, 133.

[88]) RGAE, 9572/1/166, 1-3. Die Baukosten für das Novosibirisker Kraftwerk sollten sich auf 1,1 Mrd. Rubel belaufen. Sie stiegen zuerst auf 1,24 und 1,39 Mrd. und erreichten schließlich knapp 1,5 Mrd. Rubel. Das geplante Ausgabenvolumen wurde hier also auch um mehr als ein Drittel überschritten. Vgl. zu diesen offiziellen Angaben RGAE, 7854/2/1088, 1; GANO, 1707/1/351, 12-14; PANO, 4/34/453, 191-193; Balandin 1986: 33. Schon während der Bauarbeiten hatten die Baustellenzeitungen wiederholt darauf verwiesen, dass die einzelnen Bauarbeiten wegen des erhöhten Bedarfs an Baustoffen, Maschinen und Arbeitskräften sowie wegen der niedrigen Produktivität teilweise um knapp die Hälfte teurer seien als eigentlich vorgesehen. Vgl. *Strojka Kommunizma*, 15. März 1953, Nr. 723: 3; ebd., 19. August 1953, Nr. 239: 2f.; ebd., 22. Juni 1957, Nr. 792: 2f. Zu ähnlichen Klagen bei *Kujbyševgesstroj* siehe *Gidrostroitel'*, 30. März 1954, Nr. 341: 4.

[89]) Hier sei an den von einem russischen Betriebsleiter in den 1950ern veröffentlichten Zeitungsartikel erinnert, in dem es hieß, „dass ein strebsamer Fabrikdirektor nicht davor zurückschrecken dürfe, seine Bücher zu frisieren, um notwendige Ausgaben nachzuweisen, die für andere Zwecke erfolgt seien. Offensichtlich hielt er die strenge Beachtung der Vorschriften [...] für ein Zeichen der Unfähigkeit bei einem Manager." Zit. n. Granick 1960: 46.

[90]) RGAE, 7854/2/1305, 9-10 u. 16-19 (Zitat auf Blatt 19); ebd., 1306 (Teil 2), 1-18 u. 31-42. Im Jahr 1952 war die Finanzabteilung des Bautrusts für den Wolga-Don-Kanal wegen

Bauen ohne Plan

Nachdem ein Gesamtplan für den jeweiligen „Großbau des Kommunismus" erarbeitet worden war, bedurfte es detaillierter technischer Dokumentationen für die einzelnen Bauabschnitte. Sie gaben den zuständigen Ingenieuren und Vorarbeitern klare Vorgaben an die Hand, wie die Bau- und Montagearbeiten durchzuführen seien. Dafür zuständig waren Mitarbeiter der beiden führenden Projektierungs- und Erschließungsinstitute *Gidroproekt* und *Gidroenergoproekt*. Ihre Zusammenarbeit mit den Bautrusts lief aber keineswegs reibungslos. Die Bauleiter beklagten sich darüber, dass ihnen die detaillierten Baupläne meist verspätet zugingen. Im Jahr 1956 wurde *Gidroproekt* vorgeworfen, nur ein Viertel der ihm gestellten Aufgaben planmäßig erledigt zu haben.[91]) Die schädliche Praxis der „Planlosigkeit"[92]) (*bezplanovost'*) führte zur „unzulässigen Verlangsamung"[93]) der Bau- und Montagearbeiten.[94]) Des Weiteren erwiesen sich die technischen Dokumentationen oft als ungenau, fehlerhaft und unvollständig. Die verantwortlichen Planer in Moskau und Leningrad hielten sich ohne genaue Ortskenntnis strikt an ihre Vorgaben und berücksichtigten nicht die regionalen Besonderheiten. Die Baupläne für die Kraftwerke in Sibirien wurden darum nach dem Muster der Kraftwerke an der Wolga erstellt. Die klimatischen Eigenheiten Sibiriens, die oftmals schlechtere Qualität der Baumaterialien und die akuten Versorgungslücken gingen nicht in die Planungen ein. Das führte bei der Montage von Kraftwerk-, Schleusen- und Energieanlagen zu Fehlkalkulationen und mitunter zu schweren Unfällen.[95])

Die Arroganz und Ignoranz der Planer von *Gidroproekt* und *Gidroenergoproekt*, die auf Kritik nicht reagierten, trieb die Ingenieure auf den Großbaustellen geradezu zur Verzweiflung. In einem Brief an die Moskauer Zentralbehörden fasste ein Bauingenieur aus Bratsk 1956 seinen Unmut in deutliche Worte: „Nirgendwo wird so planlos gebaut und die sorgfältige Dokumenta-

mangelhafter Haushaltsdisziplin, fehlerhafter Rechenschaftsberichte und fingierter Bilanzen aufgefallen. Vgl. GARF, 5446/86/2319, 51–55 u. 59–60. Zu den akuten Problemen mit der Buchhaltung bei *Stalingradgesstroj* siehe die kritischen Artikel in der Baustellenzeitung *Strojka Kommunizma*, 15. August 1951, Nr. 25: 2; ebd., 24. Oktober 1951, Nr. 44: 1; 16. Februar 1957, Nr. 704: 4.

[91]) RGAE, 7964/4/784, 13.

[92]) So der Begriff in *Strojka Kommunizma*, 15. August 1951, Nr. 25: 2.

[93]) PANO, 1420/1/1, 2.

[94]) So hielt das Politbüro schon Anfang 1953 fest, dass bislang auf den Großbaustellen, die in den Zuständigkeitsbereich des Innenministeriums und des Ministeriums für Kraftwerke fielen, insgesamt Bau- und Montagearbeiten im Umfang von 2,1 bzw. 1,3 Mrd. Rubel noch nicht durchgeführt worden waren. Politbjuro 2002: 370f.

[95]) GARF, 5446/86/2317, 249–250; RGAE, 7854/2/653, 4, 23–24 u. 27–30; ebd., 906, 42–43; ebd., 1021, 71; ebd., 1277, 12; ebd., 9572/1/872, 120–122; ebd., 1235, 220 u. 378–383; ebd., 1593, 6–7. Die Vorwürfe, bei *Gidroproekt* hätten sich hinderliche Routinepraktiken festgesetzt, waren nicht aus der Luft gegriffen. Das zeigte ein kritischer Insiderbericht in RGAE, 9572/1/1234, 277–280.

tion des Bauobjekts derart sträflich vernachlässigt. Diese grobe Fahrlässigkeit scheint eine Angelegenheit für das Gericht zu sein. Ich wiederhole mich, derartige Missstände habe ich während meiner beruflichen Tätigkeit nirgendwo anders erlebt." Durch falsche Baupläne würden Millionen von Rubel verschwendet und der Enthusiasmus der Belegschaft untergraben.[96]) Die Stalingrader Baustellenzeitung *Strojka Kommunizma* bezeichnete die Planer sogar als „diplomierte Pfuscher" und „Schreibtischstrategen", die den Bauarbeitern den Rücken zukehrten, keinen ernsthaften Willen zur Zusammenarbeit zeigten und vielfach einfach nur „Unsinn" vorgäben. Ihre „mangelhafte Flexibilität und Anpassungsfähigkeit" verschleppte den zügigen Fortgang der Bauarbeiten.[97])

Als sich 1956 die Beschwerden häuften, verwiesen die Leiter von *Gidroproekt* und *Gidroenergoproekt* darauf, dass es sich dabei weitestgehend um „haltlose Vorwürfe" und um „keine objektive Beurteilung der Arbeit" der Projektierungs- und Erschließungsinstitute handle. Sie führten ihrerseits kritisch an, dass die konkreten Aufgabenstellungen von den Bautrusts lange auf sich warten ließen und es dann immer wieder zu Änderungswünschen käme, die alles durcheinander brächten. Ohne längere Vorbereitungszeiten müssten Planung und Bauarbeiten vielfach zeitgleich stattfinden, so dass die Praxis des Bauens ohne Plan große Verbreitung fände.[98])

Kurze Zeit zuvor hatte das Ministerium für Kraftwerk eingeräumt, dass die Fehlkalkulationen oftmals keinen „technischen, sondern einen taktischen Grund" hätten. Ihre Bauleiter waren sich nämlich der Tatsache bewusst, dass die anstehenden Arbeiten nicht innerhalb des knapp bemessenen Zeitraums abgeschlossen werden könnten.[99]) Deshalb suchten sie nach Rechtfertigungen und Erklärungen, um die harten Planvorgaben aufzuweichen und die Fristen hinauszuschieben. Für zahlreiche Verzögerungen waren auch die verworrenen Verwaltungswege verantwortlich, die nicht durch Formblätter und klare Instruktionen vereinfacht wurden.[100])

Der Hauptgrund für die enormen Schwierigkeiten, die *Gidroproekt* und *Gidroenergoproekt* dabei hatten, die zahlreichen Baupläne zu erstellen, lag schlichtweg darin, dass sie infolge der forcierten Förderung der Hydroenergetik einfach überfordert waren. Sergej Žuk, der Direktor von *Gidroproekt*, hatte so viele Funktionen übernehmen müssen, dass er im gesamten Jahr 1949

[96]) RGAE, 7854/2/931, 163.

[97]) *Strojka Kommunizma*, 9. März 1957, Nr. 719: 2; ebd., 12. März 1957, Nr. 720: 2; ebd., 13. März 1957, Nr. 721: 3.

[98]) RGAE, 7964/2/1669, 220–227 (Zitat auf 224).

[99]) Zu den gescheiterten Versuchen der Bauleiter und der Minister, die Kremlführung von realistischen Bauzeiten zu überzeugen und die Pläne entsprechend zu verändern, vgl. RGAE, 4372/96/449, 92–94; ebd., 7964/11/1368, 77. Hier sei erwähnt, dass sich die von den Bauleitern und den Ministern berechneten längeren Bauzeiten später als zutreffend herausstellten.

[100]) RGAE, 7964/2/1675, 33–37.

nur zwanzig Tage auf den Bauplätzen des Wolga-Don-Kanals zubringen konnte, wo er als leitender Bauingenieur eigentlich den Fortgang der Arbeiten hätte koordinieren sollen.[101] In regelmäßigen Abständen unterrichteten er und seine Kollegen die zuständigen Ministerien, den Ministerrat und das Zentralkomitee davon, dass die Kapazitäten der Projektierungs- und Erschließungsinstitute erschöpft seien.[102] Die immer wieder angesprochenen „äußerst schwierigen Verhältnisse"[103] verdeutlichte ein Schreiben, das 50 Fachleute von *Gidroproekt* unterschrieben hatten und Innenminister Kruglov am 1. Februar 1950 an den Stellvertretenden Vorsitzenden des Ministerrats, Berija, weiterleitete. Darin klagten die Experten: „Wir sind am Ende unserer Kräfte." Auf ihrer seit Jahren andauernden Wanderschaft von einer Großbaustelle zur anderen hätten sie sich durch aufopferungsvolle Arbeit um das Wohl des Vaterlands verdient gemacht, ohne dafür eine Anerkennung oder Gegenleistung zu erhalten. Schlecht ausgerüstet und miserabel versorgt, sei ihre Arbeit eine reine Schinderei. Fernab jeglicher Zivilisation müssten sie mit ihren Familien in baufälligen Baracken hausen. Nicht einmal ein minimaler Lebensstandard würde ihnen zugebilligt. Ein Kino, ein Theater, eine Bibliothek oder einen funktionierenden Klub hätten einige Familien schon seit Jahren nicht mehr aufsuchen können. Unter solchen erbärmlichen Bedingungen sei es völlig unrealistisch, dauerhaft Höchstleistungen zu erwarten.[104]

Als 1956 eine Gruppe von Ingenieuren und Architekten in Bratsk dafür kritisiert wurde, dass sie von den geforderten 2200 technischen Dokumentationen nur 1825 fertiggestellt hätten, entgegneten ihre Vertreter, sie müssten am „Rande der permanenten Erschöpfung und des körperlichen Zusammenbruchs" arbeiten. Die ihnen gestellten Aufgaben waren außerordentlich anspruchsvoll. Wegen der ständigen Berichte und Revisionen fiel zudem viel aufwendige Schreibarbeit an. Besonders Berufsanfänger, die direkt nach ihrem Studienabschluss ohne jegliche Erfahrung auf die Großbaustelle gekommen waren, zeigten sich oftmals den Anforderungen in keiner Weise gewachsen. Verspätete, halbfertige und fehlerhafte Baupläne ließen sich so kaum vermeiden.[105] Die angespannte Situation spitzte sich zwei Jahre später noch weiter zu, weil *Gidroproekt* in seiner Moskauer Zentrale infolge der von Chruščev verfügten allgemeinen Verkleinerung des Verwaltungsapparats 300 Stellen verlor. Wichtige Arbeiten mussten deshalb aufgeschoben oder unter noch höherem Zeitdruck erledigt werden.[106]

Während die Sowjetpropaganda immer wieder das hohe Bautempo beim Kanal- und Kraftwerkbau als Überlegenheitsbeweis in den Vordergrund ge-

[101] Stalinskie Strojki 2005: 110.

[102] GARF, 5446/51a/4948, 80; ebd., 81b/6523, 33; RGAE, 7964/2/1742, 100–02; ebd., 11/1375, 26–27.

[103] Vgl. z.B. für das Jahr 1949 GARF, 9417/3/26, 10. Ähnlich ebd., 3/73, 154–157.

[104] GARF, 5446/80/2488, 27–31.

[105] RGAE, 7854/2/1237, 8–9.

[106] RGAE, 9572/1/872, 136–139.

stellt hatte, musste der vormalige Minister für Kraftwerkbau, Žimerin, 1960 schließlich eingestehen, dass bei vergleichbaren Bauvorhaben die sowjetischen Bautrusts für die Fertigstellung mindestens ein Drittel mehr Zeit brauchten als ihre U.S.-amerikanischen Konkurrenten.[107])

Pfusch am Bau

Eine Folge der Kostenexplosion und des wachsenden Zeitdrucks war die einseitige Konzentration der Bauleiter „auf großräumige, leicht auszuführende Arbeiten", während „arbeitsaufwendige, kleinteilige Arbeiten aufgeschoben werden". Dieses Vorgehen, in Novosibirsk 1955 als die unumgängliche „große *Perestrojka* der Baustelle" bezeichnet, gab der Planerfüllung eindeutig Vorrang vor der Qualität der Arbeit.[108]) Das führte dazu, dass sich „die schädliche Praxis festgesetzt hat, Bauobjekte und Anlagen mit zahlreichen Mängeln und trotz der geringen Qualität der durchgeführten Arbeiten zur Nutzung freizugeben."[109]) So klagten die Parteisekretäre des Bautrusts *Kujbyševgesstroj* und des Kujbyšever Gebiets im Januar 1957 darüber, dass „die systematische Nichtvollendung der Bau- und Montagearbeiten zur sinkenden Zuverlässigkeit des Kraftwerkbetriebs und zur Verschwendung staatlicher Gelder führt." Die Stromaggregate hatte man unter dem Druck der Planerfüllung vorschnell in Betrieb genommen, obwohl beim Kraftwerkgebäude immer noch das Dach fehlte und wichtige Baumaßnahmen mangelhaft durchgeführt worden waren. Die Elektrizitätsproduktion musste unter „völlig unzulässigen Bedingungen" stattfinden. Es herrschte eine „*avarijnoe sostojanie*", also eine hohe Unfallgefahr, weil die teuren und empfindlichen Kraftwerkanlagen den wechselhaften Witterungsbedingungen schutzlos ausgeliefert blieben. Ein Kurzschluss im Transformatorraum legte darum für mehrere Tage die gesamte Stromübertragung in den Moskauer Regionalverbund lahm. Ein zuverlässiger Kraftwerksbetrieb erforderte „erhebliche Qualitätsverbesserungen und die unbedingte Beseitigung von zahlreichen Unzulänglichkeiten." Während die Presse den baldigen Abschluss der Bauarbeiten feierte, litten die Kraftwerkbetreiber unter dem Zustand fortgesetzter Vorläufigkeiten und Unfertigkeiten.[110])

Das überhitzte Bautempo zog ferner unweigerlich nach sich, dass die „Qualität der Arbeit auf sehr niedrigem Niveau" blieb, wie es in kritischen Berichten über die Stalingrader Großbaustelle wiederholt zu lesen war. Der Pfusch (*brak*) hatte „massenhaften Charakter" angenommen, weil die Verantwortlichen mit allen Mitteln versuchten, möglichst hohe Planziffern zu erreichen,

[107]) Žimerin 1960: 223.

[108]) RGAE, 7964/4/776, 12 u. 17. Ferner ebd., 9572/1/124, 36–37. Zu einer ähnlichen „Perestrojka" bei *Kujbyševgesstroj* im Jahr 1954 vgl. RGAE, 9572/1/192, 1-5.

[109]) RGAE, 7964/11/1838, 182-186.

[110]) RGAE, 7964/2/1805, 103-109. Zu den akuten Qualitätsmängel und Konstruktionsfehlern vgl. schon *Gidrostroitel'*, 6. März 1956, Nr. 625: 3; ebd., 8. März 1956, Nr. 626: 4.

und dafür bei den ausgeführten Bauarbeiten Qualitätsstandards missachteten.[111]) Die permanenten Aufforderungen der Parteisekretäre, „der Qualität der durchgeführten Arbeiten die notwendige Aufmerksamkeit zu schenken“, verhallten zumeist ungehört.[112]) Nicht nur in Novosibirsk wurde angesichts des Mangels an hochwertigen Baustoffen bei der Betonproduktion grober Schotter statt feinen Kieses sowie minderwertiger und zu wenig Zement benutzt. Die Ingenieure und Bauarbeiter meinten auch, sich über handwerkliche Grundregeln hinwegsetzen zu können, und begingen leichtsinnige Fehler, die sich später in Form von schweren Bauschäden rächten. So griffen die Verantwortlichen bei der Trockenlegung der Baugruben aus Kosten- und Zeitgründen zu veralteten Drainage- und Pumpsystemen, die nicht in der Lage waren, den geforderten „Sieg über das Grundwasser“ zu erreichen. Die Baugruben liefen voll; die Arbeiten kamen zum Erliegen.[113]) An den Staudämmen und Schleusen brachen große Teile des Stahlbetons ab. Es kam zum gefährlichen Wassereinbruch in den Maschinenräumen. Immer wieder erwiesen sich Betonplatten als nicht stark genug, um im Winter den sich auftürmenden Eisplatten zu trotzen und den Wellen standzuhalten. Deiche und Hafenanlagen waren, um Geld zu sparen und Zeit zu gewinnen, nicht sorgfältig genug befestigt worden, so dass sie in Gefahr gerieten, unterspült zu werden. In Novosibirsk, Kujbyšev, Stalingrad und Cimljansk mussten deshalb nach Abschluss der eigentlichen Bauarbeiten weitere Millionen Rubel investiert werden, um die Stabilität der Dämme, Deiche und Anlegestellen sowie die Betriebssicherheit der Kraftwerke und Schleusen zu erreichen. Beim fanatischen Wettkampf gegen widrige Verhältnisse und die davoneilende Zeit nahmen die Verantwortlichen in Kauf, dass knappe Arbeitskräfte und Ressourcen nach offiziellem Abschluss der Bauarbeiten noch lange Zeit gebunden blieben, um auszubessern und zu vollenden, was mangelhaft ausgeführt worden war.[114])

Auch bei den Montagearbeiten ergaben sich zahlreiche Probleme. Diese hatten ihre Ursache vielfach darin, dass die Herstellerwerke nur für die Lieferung, nicht aber für den ordnungsgemäßen und termingerechten Einbau der Maschinenanlagen verantwortlich waren. Er lag in den Händen hochspezialisierter Montagetrusts wie *Gidromontaž*, *Gidroelektromontaž* oder *Specgidroenergomontaž*. Zwischen ihnen und den Herstellerwerken gab es nur

[111]) RGAE, 7964/11/1570, 12 u. 53–56; RGAE, 7964/4/785, 17–25. Zur heftigen Kritik am Pfusch und zu den Aufrufen zum „Kampf um Qualität“ vgl. auch die Artikel in der Baustellenzeitung *Strojka Kommunizma*, 2. Juni 1951, Nr. 6: 1; ebd., 3. Juli 1951, Nr. 13: 1; ebd., 23. Januar 1957, Nr. 686: 4.

[112]) PANO, 1420/1/1, 6.

[113]) RGAE, 7964/4/785, 11–17.

[114]) Zu den schweren Bauschäden vgl. GARF, 5446/87/1237, 125; GANO, 1179/1/461, 108; ebd., 1681/1/496, 44–58; ebd., 532, 74–79; ebd., 9414/1/728, 126–128 u. 132–134; PANO, 27/1/320, 129–135; RGAE, 7964/2/1584, 28–33, 54–57 u. 91; ebd., 9572/1/461, 12–14; ebd., 704, 18–19 u. 81–84; ebd., 872, 120–122. Ferner *Gidrostroitel’*, 27. Januar 1954, Nr. 320: 4; Sdobnikov/Baranov 1963: 2f.

wenig Kooperation, so dass die Montagetrusts bei auftretenden Produktionsmängeln, Konstruktionsfehlern und Schwierigkeiten beim Einbau sich selbst überlassen blieben. Die Bauleiter der „Großbauten des Kommunismus" wiederum beschwerten sich darüber, dass die Montagetrusts nicht ihrer Zuständigkeit unterstanden, so dass sie kaum Einfluss auf die Installationsarbeiten nehmen konnten. Diese Form der Aufsplitterung von Kompetenzen erwies sich als organisatorische Schwachstelle mit weitreichenden Folgen.[115]) So wurden in Novosibirsk Schleusentore mit falschen Maßen und zahlreichen Rissen ausgeliefert. Den Klagen der Montagetrusts schenkten die Hersteller keine Beachtung, so dass schließlich die fehlerhaften Tore eingebaut werden mussten. Später stellte *Novosibirskgesstroj* ernüchternd fest, dass wegen der groben Konstruktionsfehler und Baumängel die Schleuse nicht zu gebrauchen war. Die Tore mussten erneut gefertigt und montiert werden. Die Inbetriebnahme zog sich darum um mehr als ein halbes Jahr hin.[116])

Die Folgen des Zuviel und Zuschnell waren oft erschütternd. Die Großbaustelle war „kein Schlachtfeld", auf dem Triumphe gegen die Natur erzielt wurden, sondern ein „Ort des Chaos und der Unordnung", wie die Stalingrader Baustellenzeitung im März 1957 feststellte.[117]) Ein Ingenieur, der am Entstehen des Wolga-Don-Kanals beteiligt gewesen war, brachte es noch treffender auf den Punkt. In seinem Brief an Matvej Škirjatov, einen engen Vertrauten Stalins und 1952 Minister für Staatssicherheit, sprach er davon, dass während der Arbeiten sowohl ein Übermaß an Ressourcen als auch an „Schweiß und Blut aller rechtschaffenen Werktätigen unserer großen Heimat" verschwendet worden sei. Ohne jegliche Übertreibung lasse sich festhalten, dass man mit den verbrauchten Mitteln „zwei Wolga-Don-Kanäle hätte bauen können". Die verantwortlichen Bauleiter, Ingenieure und Architekten seien „die Barbaren des 20. Jahrhunderts" und ihre Arbeitsmethoden „mittelalterlich". Das Resultat der Bauarbeiten deprimiere alle, die sich voller Begeisterung in das großartige Werk eingebracht hätten. Selbst das Stalin-Denkmal, das mit seinem 43 Meter hohen Sockel und seiner 23 Meter großen Skulptur die Krone des architektonischen Gesamtensembles sein sollte, erweise sich bei genauerem Hinsehen als eine ziemlich „plumpe Arbeit" mit zahlreichen Mängeln und Defekten. Wenn selbst auf die Darstellung des „großartigen Führers" so wenig Wert gelegt worden sei und das Denkmal jetzt schon zu rosten anfange, so verheiße dies Schlimmes für die Schleusen-, Kraftwerk- und Bewässerungs-

[115]) RGAE, 7854/2/1157; 7-10. Ferner Gersdorff 1962: 64f.

[116]) RGAE, 9572/1/704, 25; GANO, 1681/1/393, 62. Zu den Konstruktionsfehlern und Bauschäden an der Schleusenanlage vgl. ausführlich Opyt stroitel'stva 1962: 189-195. Zu ähnlichen Problemen mit den Schleusen in Kujbyšev und am Wolga-Don-Kanal siehe GARF, 9414/1/2355, 12-21; *Gidrostroitel'*, 15. Mai 1956, Nr. 654: 3; ebd., 24. Juni 1958, Nr. 978: 2.

[117]) *Strojka Kommunizma*, 26. März 1957, Nr. 730: 4. Ähnlich *Gidrostroitel'*, 16. November 1954, Nr. 423: 1.

anlagen, die nicht im Rampenlicht der Öffentlichkeit stehen.[118]) Es schien, so hieß es gleichfalls von anderen Großbaustellen, dass den „revolutionären Beschlüssen“ einfach keine „revolutionären Taten“ folgten.[119]) So blieb es auch später beim Bratsker Hydrogiganten bei der unüberhörbaren Klage über die „primitiven, handwerklichen Arbeitsmethoden und die Zersplitterung der Ressourcen“.[120]) Sie waren die zwangsläufige Folge kaum lösbarer Strukturprobleme der sowjetischen Planwirtschaft.

Generatoren- und Turbinenproduktion: Expansives Wachstum und neue Rückstände

Eine besondere Achillesverse des sowjetischen Kraftwerkbaus war die Generatoren- und Turbinenproduktion. Als die Sowjetunion im Rahmen des GOELRO-Plans in den 1920er Jahren die Errichtung großer Flusskraftwerke in Angriff nahm, musste sie bei der Produktion der Hydroturbinen und -generatoren praktisch bei null anfangen. Bei den ersten Plangiganten am Volchov und Dnepr’ wurden deshalb aus Deutschland und aus den USA importierte Aggregate eingebaut. Zugleich nahmen Mitte der 1920er die auf Grundlage zuvor nationalisierter deutscher Unternehmen (Siemens und Schuckert) neu gegründeten Leningrader Betriebe *Elektrosila* und *Leningradskij Metalličeskij Zavod* (Leningrader Metallfabrik, abgekürzt LMZ) ihre Produktion auf. Ihnen gelang es rasch, die ausländischen Turbinen- und Generatorenmodelle nachzubauen, so dass sie sich bei den weiteren Kraftwerkbauten als Herstellerwerke anboten.[121]) Die sowjetische Elektrizitätswirtschaft meinte bald, auf Importe verzichten zu können. Trotz aller Erfolge kam die sowjetische Eigenproduktion aber dem wachsenden Bedarf kaum nach. Planrückstände summierten sich. So wurden 1939 und 1940 nur 83 bzw. 84 Prozent der geplanten Hydroturbinen an die Kraftwerke ausgeliefert.[122]) Ein im August 1940 erstellter Bericht an den Rat der Volkskommissare hielt fest, die fortschreitende Elektrifizierung erfordere unbedingt höhere Investitionen in den Generatoren- und Turbinenbau, um die Errichtung von Flusskraftwerken zu beschleunigen.[123])

Beim Wiederaufbau der sowjetischen Elektrizitätswirtschaft nach 1945 konnten die Verantwortlichen auf sogenannte Trophäen (*trofei*) zurückgreifen. Dabei handelte es sich um demontierte Anlagen, die als industrielle Reparationen aus dem besiegten Deutschland, Österreich, Ungarn und der Mand-

[118]) GARF, 5446/86/2318, 178–80.
[119]) Sproge 1999: 444f.
[120]) So im Mai 1957 das Irkutsker *Obkom*. Vgl. Bratskaja GES 1964: 140.
[121]) Zur Geschichte der sowjetischen Turbinen- und Generatorenproduktion in den 1920er und 1930er Jahren vgl. Novikov 1962: 111–118; Žimerin 1962: 178–186; Koval’ev/Kvjatkovskij 1957: 47ff. u. 71–76; Formin 1981: 34–37.
[122]) Zu diesen Zahlen vgl. Zaleski 1980: 188 u. 196.
[123]) RGASPI, 82/2/642, 58–59 u. 63–64.

schurei in die Sowjetunion gebracht worden waren. Außerdem hatten die Volkskommissariate gegen Kriegsende gemeinsam mit der sowjetischen Militäradministration Spezialkommissionen ins Leben gerufen, deren Aufgabe darin bestand, in den besetzten Gebieten Kraftwerke, Staudämme und Talsperren zu untersuchen, um durch einen systematischen Wissens- und Technologietransfer die „vaterländische Produktion" zu verbessern.[124]) Darüber hinaus kam es nach 1945 wieder zu einem forcierten Import von Turbinen und Generatoren. Gerade mal jede zweite zwischen 1946 und 1950 neu installierte Turbine stammte aus sowjetischen Fabriken.[125])

Als in den Jahren 1948 und 1949 der forcierte Bau von großen Flusskraftwerken zur Diskussion stand, wiesen die Planungsstrategen auf die wachsenden Probleme beim Betrieb ausländischer Kraftwerkaggregate hin. Die erbeuteten Turbinen und Generatoren waren überaltert, und bei der Montage, der Wartung und der Reparatur importierter Anlagen ergaben sich immer wieder kaum lösbare Probleme. Zudem erschien es unter den Bedingungen des sich verschärfenden Kalten Krieges als unbedingt erforderlich, sich unabhängig von Einfuhren zu machen, um mit eigenen Modellen im Wettbewerb der Systeme Überlegenheit zu demonstrieren.[126]) Statt zu importieren, sollte in zunehmendem Maße Kraftwerkausrüstung exportiert werden.[127])

Dazu bedurfte es eines expansiven Wachstums des sowjetischen Energieanlagenbaus, dessen Situation sich 1948 und 1949 angesichts akuter Planrückstände als außerordentlich bedenklich darstellte.[128]) Die Expertenkommission, die für die Erstellung des Zehnjahrplans für den Kraftwerkbau Ende 1948 ins

[124]) Vgl. RGAE, 7964/11/443, 1-26; ebd., 447, 1; ebd., 1-68. Nachdem der Sowjetische Ministerrat im Mai 1958 die „Rückgabe von Kulturgütern an die DDR" beschlossen hatte, stellte das Ministerium für Kraftwerke fest, dass nach Kriegsende 250000 bis 300000 Skizzen, Pläne und technische Dokumentationen von Kraftwerkanlagen erbeutet und in die Sowjetunion gebracht worden waren. Vgl. RGAE, 7964/11/2081, 1. Des Weiteren war nach 1945 eine umfangreiche Sammlung von 80000 deutschen und 300000 amerikanischen Patenten als eine besondere Form der Kriegsbeute aus Deutschland in die Sowjetunion gebracht worden. Sie wurden 1948 nach Sachgebieten sortiert, um den einzelnen Ministerien spezialisierte Patentverzeichnisse zukommen zu lassen. Davon profitierte auch der sowjetische Elektroanlagen-, Kraftwerk- und Staudammbau. Vgl. dazu RGAE, 4372/96/860, 68-71.

[125]) RGAE, 4372/95/283, 127-128; ebd., 96/450, 87; ebd., 461, 1-2.

[126]) RGAE, 4372/95/281, 342 u. 447; ebd., 288, 114-117 u. 457-458; ebd., 96/443, 174; ebd., 450, 85, 152-153 u. 155-159.

[127]) Die zuständige Expertenkommission kam im Februar 1949 zum Schluss, dass der Export von Hydroturbinen und Hydrogeneratoren in der ersten Hälfte der 1950er Jahre schon acht Prozent und im darauffolgenden Jahrfünft dann zehn Prozent betragen sollte (GARF, 5446/81a/3763, 335). Im Jahr 1953 gingen die Planer sogar davon aus, dass der Exportanteil bald auf knapp ein Drittel steigen könnte (RGAE, 7964/11/1382, 75-77).

[128]) Eine kritische Zustandsbeschreibung findet sich in Voznesenskijs Schreiben an Stalin vom 10. Dezember 1948, in dem die Herausforderungen für den ins Auge gefassten Perspektivplan zur Elektrifizierung des Landes erörtert werden. Vgl. RGASPI, 82/2/643, 124-126. Zu den fortgesetzten Planrückständen siehe auch RGAE, 4372/96/449, 192-194; ebd., 450, 89-90; Tikhonov/Gregory 2001: 179.

Leben gerufen worden war, errechnete, dass die Jahresproduktion von Generatoren und Turbinen zwischen 1951 und 1960 um das Sechsfache gesteigert werden müsse. Dies erforderte den massiven Ausbau schon bestehender Herstellerwerke und die rasche Inbetriebnahme neuer leistungsfähiger Betriebe. Über einen Zeitraum von zwölf Jahren sollten zwei Mrd. Rubel für die notwendigen Investitionen bereitgestellt werden. Dabei galt es vor allem, Forschungs- und Entwicklungsarbeiten zu fördern, denn die projektierten Kraftwerkriesen setzten wegen ihres enormen Kapazitätszuwachses eine neue Generation von Turbinen und Generatoren voraus.[129])

Dank des enormen Investitionsvolumens erlebte der sowjetische Elektroanlagenbau während der 1950er Jahre einen „rasant beschleunigten technischen Fortschritt". Die Vergrößerung der Produktionskapazitäten und die Bildung einer wachsenden Zahl „schöpferischer Ingenieurskollektive" leiteten den massiven Aufschwung der Leningrader Betriebe *Elektrosila* und LMZ ein, den die dort Beschäftigten als „zweite Geburt der Fabrik" erfuhren.[130]) Die Zahl der Arbeiter stieg innerhalb eines Jahrzehnts bis 1961 von jeweils 1000 auf über 10000 bzw. knapp 11000 an. Beide Herstellerwerke erhielten moderne Produktionsanlagen, die zu einem großen Teil von britischen Firmen und den Škoda-Werken in der ČSSR geliefert und durch zahlreiche Veränderungen den sowjetischen Bedingungen angepasst wurden. *Elektrosila* und LMZ hatten fortan große Labors und beständig wachsende wissenschaftlich-technische Abteilungen, die eng mit Hochschulen, Instituten und der Sowjetischen Akademie der Wissenschaften kooperierten. So vergab LMZ bei der Entwicklung der neuen Kaplan-Turbine für die Wolga-Kraftwerke Forschungsaufträge an 26 wissenschaftliche Einrichtungen.[131])

Neben den beiden Leningrader Unternehmen produzierten der Betrieb *Uralelektroapparat* in Sverdlovsk und die neu gegründeten Turbogeneratorenfabriken in Char'kov und Novosibirsk die notwendigen Aggregate für die neuen Plangiganten. Das Novosibirsker Werk, 1960 umbenannt in Sibirische Fabrik für Schweren Elektromaschinenbau (abgekürzt *Sibelektrotjažmaš*), war als ein Tochterunternehmen von *Elektrosila* 1950 aus dem Boden gestampft worden, um die Elektrifizierung Sibiriens durch imposante Kraftwerkriesen voranzubringen. Als „teuerster Diamant im industriellen Collier Novosibirsks"[132]) steigerte es rasch sein Produktionsvolumen.[133])

[129]) GARF, 5446/81a/3762, 49–66; ebd., 3763, 110–119 u. 329–338; RGAE, 4372/96/443, 75–89 u. 174–201; ebd., 456, 258–262. Zu den neuen Herausforderungen vgl. allgemein Nekrasova 1974: 38–51; Novikov 1962: 164–170

[130]) Šišov 1981: 63–75 u. 71.

[131]) Koval'ev/Kvjatkovskij 1957: 82-93; Gersdorff 1962: 173-182; Hydro-electric installations 1957: 49–57.

[132]) Novosibirsk 1970: 79f.

[133]) GARF, 5446/81a/3763, 328–329; Žimerin 1962: 210–217; Nekrasova 1974: 117f.; Karpinin/Furman 1969: 51–70.

Der Quantensprung, den die sowjetische Elektroanlagenindustrie in den 1950er Jahren vollzog, zeigte sich besonders eindrucksvoll im Kapazitätszuwach der Hydroturbinen. Deren Leistung stieg von 62000 Kilowatt beim wiederaufgebauten Dnepr'-Kraftwerk (1948) auf zunächst 126000 beim neuen Kujbyšever Giganten (1955) und schließlich auf 230000 beim Bratsker Kraftwerkriesen (1960). Damit setzte die Sowjetunion Weltrekorde.[134]) Als industrielles Aushängeschild der Sowjetunion bekam *Elektrosila* auf der Brüsseler Weltausstellung von 1958 darum die Auszeichnung „Grand Prix" für hervorragende innovative Produkte verliehen.[135]) Westliche Fachleute zeigten sich beeindruckt und gestanden ein, dass sich die Sowjetunion mit der neuen Generation von Turbinen und Generatoren aus der vormaligen Importabhängigkeit befreit hatte.[136]) Fest etabliert auf dem Weltmarkt, begann die sowjetische Elektroanlagenindustrie zu exportieren, und das nicht nur in Ostblockstaaten und Dritte-Welt-Länder, sondern auch – allerdings in geringem Umfang – in westliche Industrienationen wie Japan, Schweden und Finnland. Die Nachfrage nach sowjetischen Turbinen und Generatoren galt in Moskau als „sichtbarer Beweis für die Erfolge der sowjetischen Hydroenergetik".[137])

Während der Tauwetterperiode kam es im Rahmen des Kraftwerkbaus zu einem wachsenden Informations- und Erfahrungsaustausch zwischen der Sowjetunion und anderen führenden Industrienationen. Fremdsprachige Fachliteratur und Patente wurden systematisch ausgewertet, internationale Konferenzen und Ausstellungen organisiert.[138]) Sowjetische Delegationen reisten ins Ausland, um sich dort über den Stand der Kraftwerktechnik zu informieren. Die Ministerien nahmen Kontakt mit Westfirmen auf, die als Hersteller von innovativen Elektroanlagen wichtige Ausrüstung liefern und neues Knowhow vermittelt konnten.[139]) Das Staatskomitee für Wissenschaft und Technik

[134]) Žimerin 1962: 217f.; Šišov 1981: 69f.; Nesteruk 1963: 301-330; Davydova/Burjak 1981: 77-83.

[135]) Nekrasova 1974: 118f.

[136]) Hydro-electric installations 1957: 57.

[137]) Davydova/Burjak 1981: 67. Ferner Formin 1981: 43; Karpinin/Furman 1969: 68.

[138]) In Moskau gründete die Sowjetische Akademie der Wissenschaften 1952 speziell für die systematische Auswertung von Fachzeitschriften das Institut für wissenschaftliche Informationen. 1955 in Allrussisches Institut für wissenschaftliche und technische Informationen umbenannt, war es bekannt unter der Abkürzung VINITI. 1960 hatte es schon 2000 feste und knapp 20000 freie Mitarbeiter. Diese sichteten Beiträge aus 11000 ausländischen und 3000 inländischen Periodika, übersetzten sie und verfassten dazu russischsprachige Kurzfassungen. Darüber hinaus machten sie Zehntausende von ausländischen Patenten dem russischsprachigen Publikum zugängig. Allein im Jahr 1960 veröffentlichte das Institut 700000 sogenannte Referate. So Buchholz 1963: 78. Ausführlich zur Geschichte dieses Instituts vgl. Černyj 2005.

[139]) Zum wachsenden Interesse an westlicher Kraftwerktechnik vgl. RGAE, 7964/2/1669, 182; ebd., 1735, 105-108; ebd., 1742, 33 u. 70-71; ebd., 1868, 8-19; ebd., 9572/1/888, 1-19; ebd., 893, 69-93 u. 104; ebd., 1468, 3-7 u. 10-29. Dass sowjetische Ingenieure vom Westen lernen wollten und offen für Innovationen waren, bemerkten auch westliche Delegationsmitglieder bei ihren Reisen in die Sowjetunion. Vgl. Hydro-electric installations 1957: 61.

kritisierte im Februar 1957 allerdings, dass „die Erforschung und Überprüfung der importierten Muster leider außerordentlich zögerlich geschieht und viel zu selten die Produktion von kopierten Modellen eingeführt wird, die im Vergleich zu den vaterländischen Produkten deutlich besser sind." Die für Forschung und Entwicklung neuer Generatoren- und Turbinenmodelle zuständigen Herstellerwerke und die mit ihnen kooperierenden Institute „nehmen eine viel zu kritische Haltung bei der Bewertung der Qualität importierter Produkte ein." Wichtige Ressourcen und wertvolle Zeit würden so dafür verschwendet, das zu entwickeln, was auch hätte übernommen werden können.[140])

Die sowjetischen Hydroenergetiker litten offensichtlich unter einer habituellen Schizophrenie, geprägt sowohl von eifersüchtiger Abgrenzung vom Westen als auch vom starken Willen, durch nachholende Imitation von ihm zu lernen. Nach ihrem Auslandsbesuch stellten so sowjetische Experten und Politiker 1957 ernüchtert fest, dass in Großbritannien wegen der naturräumlichen Bedingungen die Wasserkraft zwar nur eine marginale Rolle spielte, die dortige Produktion von Hydrogeneratoren und -turbinen aber bemerkenswerte Standards setzte. Für die zentralen Produktionsprobleme waren weit bessere technische Lösungen als bei den sowjetischen Modellen gefunden worden. Des Weiteren zeichneten sich die britischen Flusskraftwerke durch höhere Effektivität aus.[141]) Das Ministerium für Kraftwerke musste damals eingestehen, dass sich die sowjetische Elektromaschinenindustrie auf ihren bisherigen Erfolgen vorschnell ausgeruht und es damit versäumt hatte, die Forschungs- und Entwicklungsarbeiten an einer neuen Generation noch leistungsfähigerer Kraftwerkaggregate voranzubringen.[142])

Das Staatskomitee für Wissenschaft und Technik schlug im Dezember 1958 Alarm: „Ungeachtet aller Errungenschaften entspricht der Zustand des vaterländischen Hydrogeneratorenbaus nicht den Anforderungen des modernen Hydroenergiebaus in einer Reihe von Kriterien. Das führt zu einer erheblichen Verschlechterung der technisch-ökonomischen Charakteristik der Flusskraftwerke."[143]) Der Bau neuer hydroenergetischer Plangiganten könne erst wieder in Angriff genommen werden, wenn die sowjetische Turbinen- und Generatorenproduktion erneut den Anschluss an den Stand moderner Kraftwerktechnik gefunden habe. Dazu bedürfe es in den nächsten zehn Jahren der Investition von mindestens einer Milliarde Rubel. Die Herstellerwerke müssten grundlegend umgebaut und ihre Produktionsbasis entscheidend erweitert werden.[144]) Allerdings zog sich die längst überfällige Modernisierung hin.

[140]) RGAE, 7964/11/1982, 40–45 (Zitate auf 40–41).
[141]) RGAE, 7964/2/1806, 310–312.
[142]) RGAE, 7964/2/1867, 253–255. Ähnlich das Fazit amerikanischer Experten in Relative Water 1960: 48 u. 188.
[143]) RGAE, 9572/1/888, 48–50 (Zitat auf 49).
[144]) RGAE, 9572/1/888, 45–47.

Ende 1962 kritisierte Neporožnij, der Minister für Energetik und Elektrifizierung, dass die Unternehmen in Leningrad, Char'kov und Novosibirsk immer noch die veralteten Turbinen- und Generatorenmodelle der 1950er Jahre produzierten, obwohl in den Plänen mittlerweile die Fertigung neuer Typen mit einer Kapazität von mittlerweile 500000 Kilowatt vorgesehen war. Die „wissenschaftlich-technische Revolution" hatte sich im sowjetischen Kraftwerkbau festgefahren.[145])

Neben den Innovationsproblemen stellten sich Schwierigkeiten bei der Produktion ein. Zum einen konnten die Herstellerwerke ihre Pläne nicht erfüllen. Die Fertigung der Generatoren und Turbinen für die neuen Kraftwerkriesen verzögerten sich erheblich.[146]) Die Fabrikdirektoren erklärten dies mit der unzureichenden Ausrüstung ihrer Betriebe, der schlechten Materialversorgung und dem akuten Mangel an Fachpersonal. Zum anderen lieferten die Herstellerwerke unter großem Zeitdruck fehlerhafte Aggregate aus. Die Klagen über „Fabrikationsdefekte" häuften sich gegen Ende der 1950er Jahre. Speziell eingerichtete Untersuchungskommissionen warfen den Betrieben in Leningrad, Char'kov, Sverdlovsk und Novosibirsk vor, dass die schlechte Qualität ihrer Turbinen und Generatoren für die „beunruhigende Situation" beim Bau und Betrieb von Kraftwerken verantwortlich sei.[147])

Zu einer besonders angespannten Lage kam es im Frühjahr 1958, als durch die Turbinen des Cimljansker Kraftwerks wegen umfangreicher Reparaturen monatelang kein Wasser lief. Der Wasserspiegel im Stausee stieg statt auf 32 Meter auf über 36 Meter an. Weiträumige Überschwemmungen waren die Folge.[148]) Im Novosibirsker Kraftwerk stellte sich bald heraus, dass durch undichte Lötstellen Wasser in die Generatoren eindrang und die Aggregate besonders rostanfällig waren. Weitgehend auf sich selbst gestellt, musste das Kraftwerkpersonal mit den ihm zur Verfügung stehenden bescheidenen Mit-

[145]) RGAE, 9572/1/1944, 18–19 u. 36–37. Neporožnij hatte kurz zuvor die USA besucht und in internen Sitzungen selbstkritisch eingestanden, dass die sowjetische Hydroenergetik, gemessen an den amerikanischen Praktiken, Erfolgen und Perspektiven, in vielen wichtigen Bereichen deutlich ins Hintertreffen geraten war. Vgl. dazu die Erinnerungen in Čelovek 1994: 43.

[146]) So zog sich 1962 die Produktion eines Generators für den Bratsker Giganten bei *Sibelektrotjažmaš* fast neun Monate hin. Vgl. RGAE, 9572/1/1943, 115-116; ebd., 1944, 57-58. Zu einer ähnlichen Situation beim Kujbyšever Kraftwerk im Jahr 1956 vgl. RGAE, 7964/11/1838, 187-191.

[147]) RGAE, 9572/1/873, 87–88; ebd., 1581, 2–4; ebd., 1936, 371-373; PANO, 4/34/539, 85–88. Die akuten Produktionsprobleme hatten die Verantwortlichen schon seit langem erkannt und sie insbesondere 1953 und 1954 wiederholt thematisiert, ohne sie allerdings mit durchgreifenden Maßnahmen lösen zu können. Vgl. RGAE, 7964/11/1321, 85; ebd., 1348, 63–66; ebd., 1379, 190–191; ebd., 1573, 130–159; ebd., 1577, 41–48; ebd., 2224, 11; ebd., 2268, 18–20. Durch die verspätete Auslieferung oftmals fehlerhafter Aggregate an ausländische Auftraggeber litt der Ruf der sowjetischen Elektromaschinenindustrie. Vgl. dazu RGAE, 4372/96, 456, 152-154; ebd., 7964/11/1561, 7-9; ebd., 1570, 7-9.

[148]) RGAE, 7964/2/1805, 226.

teln versuchen, die Schäden zu beheben.[149]) Nachdem das erste Stromaggregat 1958 seinen Betrieb aufgenommen hatte, kam es wegen der „minderwertigen Qualität der Hydrogeneratoren", zahlreicher Fabrikationsfehler und eklatanter Bauschäden in nur drei Jahren zu zwölf schwerwiegenden Unfällen.[150]) Das Novosibirsker *Obkom* beschwerte sich darum 1960 vehement darüber, dass unter den vielen Reparaturen die regionale Stromversorgung erheblich litt.[151])

Wie im Novosibirsker Kraftwerk gab es auch im Kujbyšever Hydrogiganten akute Vibrationsprobleme, so dass die Schaufelblätter in den Kaplan-Turbinen zwischen 1959 und 1961 komplett ausgetauscht werden mussten. Zudem waren die Turbinen undicht und wurden nicht ausreichend geschmiert. Das hatte regelmäßig zu vermeidbaren Aus- und Unfällen geführt.[152]) Diese fortgesetzten Betriebsprobleme in den Hydrogiganten wirkten sich unweigerlich auf die Gestellungskosten aus. Nachdem anfänglich davon ausgegangen worden war, dass die Produktion einer Kilowattstunde Strom im Stalingrader Kraftwerkriesen nur 23 Kopeken kosten würde, gingen die Planer später von mindestens 29 Kopeken aus. Durch diesen deutlichen Anstieg ergaben sich veränderte Amortisations- und Rentabilitätsberechnungen, die sich weit weniger günstig darstellten als lange Zeit angenommen.[153])

4.2. Die Großbauten als Wachstumspole: Regionale Industrialisierung und Effizienzprobleme

Mit ihren vielfältigen Nutzungsmöglichkeiten wirkten die gigantischen Flusskraftwerke als ökonomische Wachstumspole und Gravitationszentren, die neue Großraumwirtschaften entstehen ließen und schon bestehende Wirtschaftsräume enger miteinander verflochten. Die Erschließung großer Energiemengen sollte die volkswirtschaftliche Integration beschleunigen. Sie versprach, eine bessere Verteilung zwischen Raum und Bevölkerung zu gewährleisten und das Zusammenspiel der verschiedenen Branchen und Sektoren – von der Landwirtschaft über die Schifffahrt und Kommunalwirtschaft bis hin zu innovativen Industrien – merklich zu verbessern. Vom Ausbau der Energiewirtschaft erwarteten sich die politisch Verantwortlichen darum wahre Wirtschaftswunder oder zumindest eine ökonomische Kraftentfaltung und ein exponentielles, breites Wachstum mit regionalen und volkswirtschaftlichen Strukturveränderungen. Die Zentralisierungs- und Verbundstrategien der

[149]) Zykov 1969a: 84ff.

[150]) Ausführlich Opyt stroitel'stva 1962: 169–173 u. 180–189.

[151]) PANO, 1420/1/19, 5–6 u. 83–84.

[152]) Štern 1963: 9–13. Zu ähnlichen Problemen im Bratsker Kraftwerk vgl. Gluchov 1978: 39. Ausführlich werden diese technischen Probleme erklärt von Vladislavlev 1962; Fiterman 1961. Vgl. auch Opyt stroitel'stva 1962: 180–196.

[153]) RGAE, 9572/1/78, 37–38.

Hydroenergetiker, ihre Träume von großflächig vernetzten Versorgungssystemen und leistungsstarken Großkraftwerken passten gut in die Zeit großer Erwartungen, als die Krisenerfahrungen der Kriegs- und unmittelbaren Nachkriegszeit erneut einem radikalen Ordnungs- und Umgestaltungsdenken den Weg bereiteten. Die „Großbauten des Kommunismus" waren deshalb als umfassende volkswirtschaftliche Mobilisierungspläne konzipiert, die unter den Vorzeichen der Über- und Einholrhetorik des Kalten Krieges ökonomische Entwicklungen beschleunigen sollten.

Energieproduktion und Infrastrukturausbau

Die räumliche Neuordnung der sowjetischen Volkswirtschaft begann im Zweiten Weltkrieg, als der rasche Vormarsch der Wehrmacht die massenhafte Evakuierung von Produktionsanlagen samt Belegschaften in östliche Landesgebiete erforderlich gemacht hatte. Seit Kriegsende kam es zwar zu Rückkehrprozessen; aber die kriegsbedingte Ostwanderung zeigte nachhaltige Wirkung. Trotz starker Widerstände von Seiten der Repräsentanten der europäischen Kerngebiete zielten die sowjetischen Wirtschafts- und Raumplanungen darauf, neue Industrieregionen im von der Wehrmacht zuvor nicht besetzten und damit angeblich sicheren Hinterland zwischen Wolga und Ural sowie in West- und Ostsibirien aus dem Boden zu stampfen. Diese vormals peripheren Gebiete wurde beim forcierten „military remapping"[154]) des beginnenden Kalten Kriegs zum „new Soviet heartland" erhoben.[155])

Für das mittlere Wolga-Gebiet sprach seine strategisch wichtige Mittellage zwischen den etablierten europäischen Wirtschaftszentren und den aufstrebenden südlichen und östlichen Regionen.[156]) Die Distanz zu Moskau und zu den wichtigen Industrieregionen im Ural und Donbass ließ sich durch ein Netz von Verkehrsstraßen sowie durch Röhren- und Hochspannungsleitungen überbrücken. Hinzu kam der Reichtum an natürlichen Ressourcen, die das Wolgaland (*Povolž'e*) mit seinen fruchtbaren Schwarzerdegebieten und seinen neu entdeckten Erdgas- und Erdölvorkommen zur agrarischen und energetischen Schlüsselregion aufsteigen ließen. Der Plan, zwischen Wolga und Ural durch die rasant wachsende Erdölförderung ein Zweites Baku zu schaffen, führte in der sowjetischen Investitionspolitik zu einer neuen regionalen Schwerpunktsetzung, die schon Ende der 1930er Jahre intensiv erörtert, aber erst nach 1948 ernsthaft angegangen wurde. So sollten der Wolga-Don-Kanal und die beiden monumentalen Wolga-Kraftwerke bei Kujbyšev und Stalingrad dazu beitragen, die drängenden Versorgungs- und Energieprobleme in Moskau, im Ural und im Donbass zu lösen. Die neuen infrastrukturellen Vernetzungen brachten die zentraleuropäischen, die südlichen und östlichen

[154]) Dieser Begriff stammt von Markusen/Hall/Campbell/Deitrick 1991.
[155]) Ausführlich zum Konzept des „heartland" vgl. Hooson 1962.
[156]) Širokov/Kabytov 2005; Voenno-promyšlennyj kompleks 2005.

Gebiete einander näher. Von der forcierten Erschließung des mittleren Wolga-Gebiets versprachen sich die politisch Verantwortlichen darum wichtige integrative Wirkungen für die gesamte Sowjetwirtschaft.[157])

Der verstärkte Ausbau der Infrastrukturen und Industrien des Wolgalands hatte während der 1950er Jahre überdurchschnittliche Zuwachsraten zur Folge. Die Bevölkerung des Gebiets Kujbyšev wuchs von 1,65 Millionen im Jahr 1939 auf 2,56 Millionen im Jahr 1966. Während am Vorabend des Zweiten Weltkriegs der Anteil der Stadtbevölkerung bei 35 Prozent gelegen hatte, stieg er 1958 zunächst auf 58 Prozent und 1966 dann auf 69 Prozent.[158]) Mit der Bevölkerungszunahme und der fortschreitenden Urbanisierung vervielfachte sich die industrielle Produktion.[159])

Tabelle 5: Zunahme der industriellen Produktion im Gebiet Kujbyšev, 1950–1965

	1950	1955	1958	1960	1965
Gesamte Industrieproduktion	1	2,2	4,3	5,6	9,2
Erdölgewinnung	1	2,4	3,8	5,4	9,2
Erdölverarbeitung	1	6,7	9,3	10,9	16,7
Strom und Wärmeenergie	1	2,6	18,3	21,6	25,6
Chemieindustrie	1	1,5	2,6	3,5	14,4
Baustoffproduktion	1	7,0	10,2	14,7	20,8

Quelle: Kujbyševskaja oblast' 1967: 195.

Das Kujbyšever Flusskraftwerk hatte zweifellos Anteil daran, dass sich das mittlere Wolga-Gebiet damals zu einer Wachstumsregion entwickelte, allerdings weniger durch seine Stromproduktion. Zwar hatten die Experten im Jahr 1949 den Bau des Plangiganten damit begründet, dass sich durch den Aufstieg des Zweiten Bakus und die Inbetriebnahme neuer Großunternehmen der Bedarf an Elektrizität in den 1950er Jahren im Wolgaland mehr als verdreifachen würde;[160]) doch sollte das Riesenkraftwerk von Beginn an vor allem Strom nach Moskau und in andere Industriegebiete liefern.[161]) Es speiste darum später kaum mehr als ein Zehntel seiner Produktion in die regionale Verbundwirtschaft ein. Nur jedes zwölfte bis fünfzehnte Kilowatt Strom, das im Gebiet Kujbyšev gegen Ende der 1950er Jahre verbraucht wurde,

[157]) Taskin 1953: 57–60; Dolgopolov/Fedorov 1957: 63–72; Karger 1959; Petrov 1955: 438f. u. 445f.; Hooson 1960; Prociuk 1961.

[158]) Narodnoe chozjajstvo Kujbyševskoj oblasti 1967: 10. Im benachbarten Gebiet Stalingrad/Volgograd war das demographische Wachstum wegen der heftigen Kriegszerstörungen moderater. Die Bevölkerung stieg im gleichen Zeitraum von 1,78 auf 2,2 Millionen. Auch hier lebten knapp zwei Drittel in der Stadt. Vgl. Narodnoe chozjajstvo Volgogradskoj oblasti 1967: 41.

[159]) Efremov 1959: 12–97; Narodnoe chozjajstvo Kujbyševskoj oblasti 1967: 22.

[160]) RGAE, 4372/96/443, 5–7; GARF, 5446/51a/3762, 127.

[161]) Velikie Strojki 1951: 60; GARF, 5446/51a/3759, 13 u. 53; ebd., 3762, 120 u. 124; RGAE, 7964/11/1321, 144.

stammte aus den Aggregaten des viel umjubelten „Großbaus des Kommunismus".[162]) Obwohl das Gebiet Kujbyšev damals über das weltgrößte Flusskraftwerk verfügte, mussten zahlreiche Wärmekraftwerke gebaut werden, um den industriellen Aufstieg der mittleren Wolga-Region zu befördern. Weniger das Wasser der Wolga als vielmehr Kohle aus dem ukrainischen Donbass und dem kazachischen Karaganda brachte in Kujbyšev und Stalingrad die Maschinen zum Laufen und die Lampen zum Leuchten.[163])

Die Bedeutung des Kujbyšever Giganten für den industriellen Aufstieg des Wolgalands lag darin, dass sich die Infrastrukturen in der Region erheblich verbesserten und damit weitere Bauvorhaben ermöglichten. Neue Eisenbahnstrecken, Straßen und vor allem die Umwandlung der Wolga zu einer Wassermagistrale verdichteten das Verkehrsnetz und vervielfachten das Transportaufkommen. Der riesige Stausee bot ein Überschuss an Brauchwasser und zog damit neue Unternehmen an. Eine regionale Bauindustrie war entstanden, die nach Abschluss des Kraftwerkbaus zahlreiche freie Kapazitäten hatte. Das galt insbesondere für *Kujbyševgesstroj*. Dessen Maschinenpark und Belegschaft ging zwar zu einem Teil an andere Großbaustellen über; der 1959 mit dem Leninorden ausgezeichnete Bautrust blieb jedoch weiter erhalten. Er übernahm neue Aufgaben und entwickelte sich in den 1960er Jahren zu einer der größten und modernsten Bauorganisationen der Sowjetunion. Zwischen 1958 und 1966 stellte *Kujbyševgesstroj* in der Region neunzehn weitere Großunternehmen (u.a. Chemiefabriken, Maschinenbauunternehmen, Erdölraffinerien und den neuen Flughafen) fertig, beteiligte sich aktiv am Ausbau des Stromnetzes und brachte darüber hinaus den Wohnungsbau voran.[164]) 1967 erhielt der Bautrust schließlich den Auftrag, in Tol'jatti, dem vormaligen Stavropol', Europas größte Autofabrik – *AvtoVAZ* – zu errichten. Dies war neben dem gigantischen Flusskraftwerk ein weiteres beeindruckendes Großprojekt, das dem Gebiet Kujbyšev den Ruf einer industriellen Wachstumsregion sicherte.[165])

Ähnlich wie in Kujbyšev war es in Novosibirsk nicht so sehr die Stromproduktion, sondern vielmehr die allgemeine infrastrukturelle Verbesserung, die den Kraftwerkbau zum Katalysator bedeutender Wachstumsprozesse werden

[162]) Berechnet nach den Angaben in Kujbyševskaja oblast' 1967: 269; RGAE, 7964/2/1832/81a, 137-138 u. 163-164.

[163]) Zur Dominanz der Wärmekraft im regionalen Stromverbund Kujbyševs vgl. Kujbyševskaja oblast' 1967: 268ff. u. 332; Efremov 1959: 58; Karger 1959: 438.

[164]) Zwei Jahre nach Fertigstellung des Flusskraftwerks hatte *Kujbyševgesstroj* im Jahr 1960 weiterhin 18200 Beschäftigte, die auf elf Baustellen tätig waren. RGAE, 9572/1/240, 14-15.

[165]) Zur Geschichte von *Kujbyševgesstroj* nach 1958 vgl. RGAE, 7964/11/1984, 77-78; ebd., 9572/1/1236, 42-43; ebd., 1581, 13-17; Kujbyševgesstroj 1974: 3; Kujbyševskaja oblast' 1967: 321f. Ausführlich zu den Fabrikbauten im näheren Umland des Hydrogiganten siehe Kujbyševskaja oblast' 1967: 277-284 u. 624-631. Zur Geschichte von *AvtoVaz* vgl. neuerdings Nettleton 2006.

ließ.[166]) Nach der kriegsbedingten umfassenden Verlegung von Industrieanlagen in die Ostgebiete der Sowjetunion galt die Metropole am Ob' als „Tor in das neue Sibirien".[167]) Die Zahl der Stadtbewohner hatte sich während der Kriegsjahre von 450000 auf 605000 stark erhöht. Bis zum Jahr 1959 stieg sie weiter auf 895000, um 1963 die Millionengrenze zu überschreiten. In dieser Zeit war Novosibirsk die sowjetische Großstadt mit dem größten demographischen Zuwachs. Sie gehörte schon 1956 zu den zehn führenden urbanen Metropolen der Sowjetunion und übertraf alle anderen Städte Sibiriens bei weitem.[168]) Auch der Produktionsanstieg setzte sich nach dem explosionsartigen Wachstum der 1930er und 1940er Jahre dynamisch fort. Allein der Industriesektor versiebenfachte in der Zeit von 1950 bis 1965 sein Warenaufkommen und erreichte Wachstumsraten, die deutlich über dem sowjetischen Durchschnitt lagen.[169]) Novosibirsk, das schon in der Kriegszeit als „Industriefestung" eine entscheidende Rolle gespielt hatte, etablierte sich damals mit bedeutenden Unternehmen und Organisationen, die zum Kern des „militärisch-industriellen Komplexes" gehörten, als eine der wichtigsten Rüstungsschmieden der Sowjetunion. Neben der Produktion von modernen Düsenflugzeugen und Panzern wurden hier Raketen und atomare Sprengköpfe gefertigt.[170]) Mit dem Kraftwerkbau ging in Novosibirsk nicht nur ein industrieller Aufschwung einher. Ihm folgte auch die Gründung der neuen Universitäts- und Wissenschaftsstadt Akademgorodok. Während der Jahre von 1958 bis 1964 wurden hier fünfzehn Akademie-Institute, eine komplette Universität, sechs Schulen, zwei Krankenhäuser und Wohnraum mit einer Gesamtfläche von 286600 Quadratmetern fertig gestellt. Dabei konnte sich der Bautrust *Novosibirskgesstroj* bewähren und den Wachstumsimpuls von der Hydroenergetik in andere wirtschaftliche und gesellschaftliche Bereiche hineintragen.[171])

Der rasante Aufstieg Novosibirsks stand im Zeichen der Schaffung der sogenannten Dritten Metallurgischen Basis. Nach den schon erschlossenen

[166]) Im Jahr 1960 wurden im Gebiet Novosibirsk 1625 Mrd. Kilowattstunden Strom produziert. Der Anteil des Novosibirsker Flusskraftwerks lag dabei unter einem Prozent. Vgl. Novosibirskaja oblast' 1967: 38 u. 49.

[167]) Schaper 1959: 51. Zum Aufstieg während des Zweiten Weltkriegs vgl. ausführlich Lincoln 1994: 412-419; Fuhrmann 1994: 165-198; Naša malaja rodina 1997: 213-218.

[168]) Novosibirskaja oblast' 1967: 18 u. 173; Balandin 1986: 12 u. 55; Naša malaja rodina 1997: 339-342 u. 419-423; Wein 1999: 174.

[169]) Novosibirskaja oblast' 1967: 40; Balandin 1986: 5ff. u. 48ff.

[170]) Ausführlich Lincoln 1994: 423-427; Ogli 1991: 54-85; Savickij 1996; Savickij 2005.

[171]) Zur Gründung von Akademgorodok vgl. ausführlich Vucinich 1984: 285ff.; Josephson 1997: 3-32. *Novosibirskgesstroj* trug seit 1958 zudem die Verantwortung für den Bau einer neuen Fabrik für Radioapparaturen in der umgesiedelten Kleinstadt Berdsk und blieb nach einigen Strukturveränderungen weiterhin ein bedeutender regionaler Bautrust. Vgl. RGAE, 7964/11/1984, 78. Im März 1958 sah ein Erlass des Obersten Sowjet die Gründung des neuen achten Stadtrajons von Novosibirsk vor, der den Namen Sovetskij trug. Er entstand aus der für den Kraftwerkbau angelegten Arbeitersiedlung Čemskoe und umfasste später auch das Wissenschaftszentrum Akademgorodok. Vgl. *Na Strojke*, 20. April 1958, Nr. 681: 1; ebd., 16. Mai 1958, Nr. 690: 1.

montanindustriellen Industriegebieten des ukrainischen Donbass und des Urals mit den Zentren Sverdlovsk, Čeljabinsk und Magnitogorsk sollte weiter östlich eine weitere Großraumwirtschaft entstehen. Sie erstreckte sich in Form eines breiten industriellen Streifens von Nordkazachstan aus durch den Süden West- und Ostsibiriens. Ihre ökonomische Zentralachse bildeten die Städte Novosibirsk, Krasnojarsk und Irkutsk. Neben den neu entdeckten Erdgas-, Erdöl- und Kohlevorkommen boten die Flüsse Ob', Enisej und Angara mit ihrem enormen hydroenergetischen Potential beste Bedingungen für den Aufbau einer expansiven Energiewirtschaft. Während in Sibirien 1958 noch knapp ein Fünftel des gesamtsowjetischen Hydrostroms erzeugte wurde, war es in den 1970er Jahren schon weit mehr als die Hälfte.[172]) Die hier errichteten gigantischen Kraftwerke „wirken wie starke Magneten: sie ziehen alles Eiserne und Industrielle an."[173]) Der Energiereichtum schuf günstige Voraussetzungen für die Ansiedlung neuer, stromintensiver Montanindustrien, die sich an den Abbau der unermesslichen sibirischen Bodenschätze machten. Der Erzbergbau wurde daher genauso forciert wie die Herstellung von Elektrostahl, hochwertigen Ferrolegierungen und Aluminium.[174]) Auf der Karte des sowjetischen Metallimperiums tauchten darum in den 1960er und 1970er Jahren neue sibirische „Industrieknoten"[175]) auf. Im mittleren Angara-Gebiet, auch Westbajkalien genannt, wurden später drei von ihnen durch dichte Produktions- und Infrastrukturverbindungen zum sogenannten Territorialen Produktionskomplex Bratsk-Ust'-Ilimsk verknüpft, der als ein besonderes Erschließungsmodell zum Vorbild für weitere sowjetische Großraumplanungen werden sollte.[176])

Während das Novosibirsker Flusskraftwerk und die Hydrogiganten an der Wolga die Funktion hatten, schon bestehende Verbundwirtschaften zu stärken, fiel dem Bratsker Großbau als Brückenkopf der sowjetischen Moderne in der unerschlossenen ostsibirischen Peripherie eine andere, weit wichtigere Funktion zu. Das Riesenkraftwerk wirkte als der stadtbildende und raumgestaltende Faktor schlechthin. Es zog das gesamte Gebiet an der mittleren Angara in seinen Bannkreis. Manche Beobachter sprachen vom „Lebensnerv" einer Frontier-Landschaft und vom „Nukleus"[177]) einer expansiven Regionalwirtschaft, andere vom „stützenden Skelett [...], das ein Territorium formt und ihm seine besondere Form verleiht".[178]) Im weitläufigen und rohstoff-

[172]) Gidroenergetika 1982: 31; Neporožnij 1979: 10.

[173]) Gudkov 1960: 16.

[174]) Einen guten wirtschaftsgeographischen Überblick geben Bursian/Pansa 1963; Polutoff 1957; Zimm 1966.

[175]) So der Begriff von Medvedkova 1978.

[176]) Zur Bildung des territorialen Produktionskomplexes vgl. Savin 1972; Srednee Priangar'e 1975; Srednee Priangar'e 1976; Voprosy formirovanija 1977; Dolgoljuk 1988. Zur Definition des Begriffs „territorialer Produktionskomplex" vgl. zusammenfassend Hönsch 1974; Gerloff 1981; Gerloff/Vorob'ev 1987: 32–40; Bandman 1980.

[177]) Wein 1987: 171.

[178]) Medvedkova 1978: 221.

reichen Erschließungsgebiet der ostsibirischen Taiga bildete Bratsk eine mächtige „pioneering city“[179]). Ihre herausragende Stellung als Standort der Stromerzeugung wurde durch zwei später errichtete Wärmekraftwerke gefestigt, die Reservekapazitäten bereitstellten, um in niederschlagsarmen Jahren oder bei aufwendigen Wartungs- und Reparaturarbeiten am alles dominierenden Flusskraftwerk die erforderliche Elektrizitätsproduktion zu garantieren.

Im Anschluss an die Schaffung der Bratsker Stromwirtschaft ging es um die Gründung energieaufwendiger Industrien, deren Entstehung in etwa noch einmal die gleiche Investitionssumme erforderte, die für das Riesenkraftwerk aufgewandt worden war.[180]) Dabei stieg der Bautrust *Bratskgesstroj* zu einer komplexen Organisation auf, die bei der wirtschaftlichen Entwicklung des mittleren Angara-Gebiets eine gewaltige Aufbauarbeit leistete. So übernahm *Bratskgesstroj* die Verantwortung für den Bau des riesigen Holzindustriekombinats, der schon 1958 begann, sich aber bis 1977 hinzog. Zu ihm gehörte ein Verbund unterschiedlicher Betriebe, so unter anderem eine Zellstoff- und Kartonfabrik, Säge- und Holzverarbeitungswerke, eine Hydrolyse- und Hefefabrik, ein Holzfaserplattenwerk, eine Furnier- und Sperrholzfabrik, ein Kolophonium-Extraktionswerk und eine Fabrik für Viskose und gebleichte Zellulose. Die Produktionsanlagen waren mit neuen schwedischen Maschinen ausgestattet. 1965 nahmen die ersten Werke ihren Betrieb auf. Knapp ein Jahrzehnt später, als die Endausbaustufe endlich abgeschlossen worden war, beschäftigte das Holzindustriekombinat knapp 15000 Beschäftigte. Es war für eine Verarbeitung von sieben Millionen Kubikmeter Holz im Jahr ausgelegt, was damals einem Viertel des gesamten Holzeinschlags in der Bundesrepublik entsprach. Die Hälfte der Taiga im mittleren Angara-Gebiet (mehr als sechs Millionen Hektar Wald) diente dem Bratsker Holzindustriekombinat dabei als Rohstoffbasis. Ein beträchtlicher Teil des vormals unzugänglichen Territoriums wurde nun in die wirtschaftliche Erschließung einbezogen.[181])

Der zweite industrielle Bratsker Gigant war das damals weltgrößte Aluminiumwerk. Die Bauarbeiten, die 1961 begonnen hatten, dauerten insgesamt fünfzehn Jahre. 1966 gingen die ersten Blöcke des Werks in Betrieb. Die Herstellung einer Tonne Aluminium erfordert zwischen 15000 und 20000 Kilowattstunden Strom und stellt damit eines der energieaufwendigsten industriellen Verfahren dar. Mit einer jährlichen Gesamtproduktion von 500000 Tonnen wurde das Bratsker Aluminiumwerk in den 1970er Jahren zum wichtigsten Stromabnehmer des gigantischen Flusskraftwerks. Es hatte über 12000 Beschäftigte und verarbeitete Erze, die überwiegend aus dem Ural und aus Kazachstan herbeigeschafft wurden. Das setzte eine deutliche Verbesserung

[179]) Wein 1987.

[180]) Gidroenergetika 1982: 165ff.; Medvedkova 1987: 222ff.; Wein 1987: 176–180.

[181]) Ausführlich Bratskij lesopromyšlennyj kompleks 1978. Knapp in Wein 1999: 202.

des Eisenbahnwesens voraus und führte zu einer Verdichtung des regionalen Verkehrsnetzes.[182])

Außerdem gab es in Bratsk noch 22 weitere Großbetriebe mit mehr als 500 Beschäftigten, die Nahrungsmittel, Baustoffe und Konsumwaren lieferten, um in der Stadt möglichst viele erforderliche Güter selbst zu produzieren. Anders als in Kujbyšev und Stalingrad, wo der dort erzeugte Hydrostrom zum Großteil mittels Hochspannungsleitungen in benachbarte Verbundwirtschaften geleitet wurde, kam er an der mittleren Angara vor allem der Regionalwirtschaft zugute. So versorgte das Bratsker Riesenkraftwerk auch die Großbaustelle im 300 Kilometer entfernten Ust-Ilimsk, wo zwischen 1962 und 1974 ein weiterer Hydrogigant mit 4,1 Millionen Kilowatt Kapazität und einer jährlichen Elektrizitätsproduktion von 22 Mrd. Kilowattstunden Gestalt annahm. Der dort entstehende Bautrust war ein Tochterunternehmen von *Bratskgesstroj*. Dieser trieb die Eroberung der Angara voran, so dass die industrielle Zivilisation in der unerschlossenen sibirischen Peripherie Raumgewinne erzielte.[183]) Des Weiteren war *Bratskgesstroj* für die Fertigstellung des Erzaufbereitungskombinats in Koršunovskoe zuständig, das, 150 Kilometer östlich von Bratsk gelegen, zum Zentrum des neuen Industrieknotens Železnogorsk-Ilimskij aufstieg. Die Bauarbeiten starteten 1958; die letzte Ausbauphase endete 1972. Dann hatte das Kombinat seine geplante Jahresproduktion von fünfzehn Millionen Tonnen Roherz erreicht.[184])

Die Geschichte von *Bratskgesstroj* endete nicht mit der Fertigstellung des Riesenkraftwerks an der Paduner Enge. Er galt in den 1970er Jahren weiterhin als ein besonders zuverlässiger, bestens ausgestatteter und gut organisierter Bautrust, dessen Wirkungsbereich keineswegs nur auf das mittlere Angara-Gebiet beschränkt blieb und dessen Belegschaft kontinuierlich wuchs.[185]) *Bratskgesstroj* übernahm schließlich sogar wichtige Aufträge in Moskau und war mit dem Bau von Wohnhäusern, Straßen, Sportanlagen und weiteren Infrastrukturbauten an den Vorbereitungen der Olympischen Spiele 1980 beteiligt.[186])

Vernetzungsprobleme: Verzögerte industrielle Koevolution und Rückstände beim Leitungsbau

So beeindruckend der industrielle Aufstieg der Regionalwirtschaften erscheint, bei genauerem Hinsehen zeigt sich, dass die „Großbauten des Kom-

[182]) Einen guten Überblick über die Geschichte des Werks gibt Aljuminij Bratska 1984. Zusammenfassend vgl. auch Wein 1999: 204.
[183]) Zur Geschichte Ust-Ilimsks vgl. Špak 1981; Kalinkin 1984.
[184]) Koršunovskij gorno-obogatitel'nyj kombinat 1975.
[185]) Auf dem Zenit der Bauarbeiten am Kraftwerk im Jahr 1969 hatte *Bratskgesstroj* eine Belegschaft von 29 540 Beschäftigten. Diese Zahl erhöhte sich 1965 auf 46 942 und erreichte 1980 schließlich 62 194. So Dolgoljuk 1988: 106.
[186]) Svet Angary 1980. Knapp auch Wein 1999: 94.

munismus“ vielfach zu einem ungleichgewichtigen Wachstum führten. Die Inbetriebnahme von energieintensiven Fabrikgiganten und Hochspannungsleitungen hinkte häufig um mehrere Jahre dem Kraftwerkbau hinterher. Es dauerte darum mitunter sehr lange, bis sich eine ausgewogene Balance zwischen Elektrizitätsproduktion und -verbrauch einstellte. In Bratsk trat dieses Problem in aller Schärfe auf. Mitten in der Taiga und fernab aller Wirtschaftszentren, setzte der Betrieb des Riesenkraftwerkes die unbedingte Koevolution einer industriellen Produktionsbasis voraus, um die mächtigen Turbinen mit voller Leistung laufen zu lassen. Schon 1956 wies das Ministerium für Kraftwerke mit Nachdruck darauf hin, dass die Bauarbeiten am Flusskraftwerk rasch voranschritten, während die Planungen für den Aufbau des Bratsker Industriezentrums noch nicht einmal abgeschlossen seien. Zwischen den eigentlich gleichzeitig zu realisierenden Bauvorhaben tat sich bald eine zeitliche Lücke auf.[187]) Die Bauarbeiten für das Holzindustriekombinat, das Aluminiumwerk und das Erzaufbereitungskombinat Koršunovskij begannen mit großer Verspätung und zogen sich wegen Mangels an Investitionsmitteln, Arbeitskräften und Maschinen lange hin. In Reaktion auf die sich unbefriedigend entwickelnde Auslastungsgraphik (*grafiki nagruzki*) verlangte *Gosplan* im Frühjahr 1962, die neuen Aggregate sollten nur sukzessive montiert werden und ans Netz gehen.[188]) Die komplette Inbetriebnahme des Flusskraftwerks dauerte statt der geplanten zwei darum letztlich fünf Jahre. Anschließend vergingen noch einmal mehr als fünf Jahre, bis Anfang der 1970er Jahren der Energiebedarf der Bratsker Industrie so weit gestiegen war, dass alle Aggregate des Hydrogiganten zum ersten Mal dauerhaft Volllast fahren konnten. In der Folgezeit kam es wiederholt dazu, dass sie deutlich weniger Elektrizität ins Netz einspeisten als vorgesehen. Die Ursachen dafür waren zum einen geringe Niederschläge, die 1977 die jährliche Stromproduktion um knapp ein Fünftel unter den berechneten Durchschnittswert fallen ließen. Zum anderen gerieten die Erzlieferungen an das Aluminiumwerk ins Stocken, so dass der größte Stromabnehmer im mittleren Angara-Gebiet seine Kapazitäten deutlich herunterfahren musste und damit die Balance zwischen Energieerzeugung und Energiebedarf aus dem Lot brachte. Stillstehende Aggregate stellten in Bratsk keineswegs die Ausnahme, sondern eher den Normalfall dar.[189])

Der weltgrößte Kraftwerkriese galt vielen sowjetischen Wissenschaftlern, Planern und Politikern als mahnendes Beispiel dafür, dass sich die Schaffung neuer Industriestandorte auf der Grundlage mächtiger Flusskraftwerke volkswirtschaftlich nur als wirklich effizient erwies, wenn „die strengste Beachtung der Bauzeiten und die gleichzeitige Inbetriebnahme energieproduzierender und energiekonsumierender Unternehmen“[190]) gewährleistet war. Der Hyd-

[187]) RGAE, 7964/2/1735, 277-280.

[188]) RGAE, 9572/1/1943, 117-123.

[189]) Dolgoljuk 1988: 54f.; Lincoln 1994: 440f.; Wein 1987: 174; Dyker 1983: 131.

[190]) Bykov 1969: 46.

rogigant an der Angara wirkte so weniger als Symbol einer gelungenen Erschließungspolitik; er verdeutlichte vielmehr, dass bei der Realisierung aufwendiger Großprojekte „lang teuer bedeutet“.[191]) Die negativen Erfahrungen in Bratsk hielten das Zentralkomitee dazu an, auf seiner Plenarsitzung im September 1965 einen entsprechenden Erlass zu verabschieden, der von den beteiligten Behörden fortan verlangte, bei Kapitalinvestitionen in Großprojekte der industriellen und infrastrukturellen Koevolution deutlich mehr Beachtung zu schenken.[192]) Die Wirtschaftsfachleute warnten mit Nachdruck, dass die Bauindustrie in Sibirien ihre Möglichkeiten nicht weiter überschätzen dürfe und aufhören müsse, ihre knappen Mittel auf zu viele Vorhaben zu zersplittern. Statt der Nichtübereinstimmung (*nesoglasovannost'*) der Planungen und der Disproportion zwischen den einzelnen Industriebranchen forderten sie in sich geschlossene und übergreifende Gesamtpläne, um endlich das Ziel der Ausgewogenheit (*sbalansirovannost'*) zwischen Ressourcen, Kapazitäten und Bedarf zu erreichen, das man in Bratsk, so das Fazit, offensichtlich weit verfehlt habe.[193])

Um die verstörende Gleichzeitigkeit von Engpässen und Überschüssen in der sowjetischen Elektrizitätswirtschaft zu überwinden, bedurfte es vor allem leistungsstarker Verteilungssysteme, die den Strom dorthin brachten, wo er dringend benötigt wurde. Angesichts der ungünstigen Regionalstruktur der sowjetischen Energievorräte, die sich fernab wichtiger Industriezentren befanden,[194]) galten darum Hochspannungsfernleitungen als die „Blutarterien der modernen Industrieproduktion“.[195]) Regionale Stromnetze sollten zu vereinten Energiesystemen zusammenwachsen.[196]) Das erforderte hohe Kapitalinvestitionen. Bei Hochspannungsleitungen mit 500000 Volt lagen die Kosten für einen Kilometer bei 320000 Rubeln.[197]) Der Bau der 400000-Volt-Leitung vom Kujbyšever Hydrogiganten bis Moskau verschlang allein 1,7 Mrd. Rubel. Beim Transfer ging 8,5 Prozent des Stroms verloren, und die Kosten für jedes übertragene Kilowatt beliefen sich auf 3,6 Kopeken. Das verteuerte den in Moskau konsumierten Wolga-Strom deutlich.[198])

Die Sowjetunion tat sich schwer, die notwendigen Ressourcen für den Leitungsbau aufzubringen. Zudem gab es Probleme, mit der technischen Ent-

[191]) So Gejdarov 1975. Vgl. ferner Dyker 1983: 131ff. u. 176f.; Gukov 1973.

[192]) Isaev 1971: 33–43.

[193]) Vgl. zu diesen Befunden und Begriffen bes. Potemkin 1965: 29f.; Gorbunov/Orlov 1966: 55–61; Krasovskij 1968: 40 u. 47-52.

[194]) Zur ungleichen regionalen Verteilung von Energieproduktion und Elektrizitätsbedarf vgl. ausführlich Oznobin 1963.

[195]) Matnijazov 1984: 4.

[196]) Nesteruk 1963: 184–190; Šeršov 1957: 68–73; Novikov 1962: 97-103 u. 171-210; Žimerin 1962: 170–177 u. 380–384; Nekrasova 1974: 23-29; Gersdorff 1962: 155-163.

[197]) Nekrasova 1974: 29. Allein die Kosten für den Bau der 400000-Volt-Hochspannungsleitung vom Kujbyšever Hydrogiganten nach Moskau wurden auf über 1,7 Mrd. Rubel geschätzt. So RGAE, 7964/11/859, 269.

[198]) RGAE, 7964/11/859, 269.

wicklung Schritt zu halten, um die Voraussetzungen für den effizienten Stromtransfer über große Distanzen zu schaffen.[199]) Im Oktober 1954 ließ das Ministerium für Kraftwerke dem Ministerrat und dem Zentralkomitee einen kritischen Bericht zukommen, in dem es hieß: „Die Entwicklung der Stromnetze zeichnet sich durch einen bedenklichen Rückstand aus. Infolgedessen werden die Übertragungsverluste immer größer, und in einzelnen Energienetzen lassen sich die Kraftwerkleistungen nicht vollständig nutzen." Deshalb gelte es, schnell „die Diskrepanz zwischen der Inbetriebnahme neuer Kapazitäten und der Entwicklung der Verbundwirtschaft in den Energiesystemen zu überwinden."[200]) Im Fünfjahrplan von 1956 bis 1960 war darum das Vierfache an Geldern für den Ausbau der Stromnetze, des „rückständigsten Bereiches der Energiewirtschaft", vorgesehen.[201]) Die Verantwortlichen hatten endlich erkannt, dass anders als in den westlichen Industrienationen in der Sowjetunion zwischen den Investitionen in den Kraftwerk- und den Leitungsbau ein eklatantes Missverhältnis bestand, das umgehend zu beheben war.[202]) Daher kam es nach 1955 zu einer Erweiterung der sowjetischen Starkstromnetze. Deren Gesamtlänge stieg zwischen 1955 und 1960 von 51 450 auf 124 370 Kilometer.[203])

Trotz dieses bemerkenswerten Wachstums kam der Ausbau der Verteilungsnetze vielerorts den steigenden Kraftwerkkapazitäten weiterhin nicht nach. Der Plan beim Leitungsbau im Jahr 1959 wurde nur zu 72 Prozent erfüllt.[204]) Auch die technischen Probleme bei der Stromübertragung waren keineswegs umfassend gelöst. In den sowjetischen Verteilungssystemen ging weiterhin mehr Strom verloren als in vergleichbaren westlichen Verbundnetzen, die zudem deutlich dichter geknüpft waren.[205]) Als besonders problematisch erwies sich der Leitungsbau in Sibirien. Wegen der widrigen Klimaverhältnisse und der Unzugänglichkeit des Territoriums bedurfte es hier spezieller Vorrichtungen und vorbereitender Maßnahmen, die den Auf- und Ausbau der Stromnetze drastisch verteuerten und ihre Inbetriebnahme hinauszöger-

199) Zum technischen Rückstand der sowjetischen Stromnetze vgl. die Expertenberichte in RGAE, 4372/96/ 444, 79–82 u. 117.

200) RGAE, 7964/11/1573, 130–159, Zitate 131 u. 154. Ähnlich ebd., 1675, 71–74. Auf die akuten Probleme beim Leitungsbau hatte die Leitung des Ministeriums für Kraftwerke den Ministerrat schon wiederholt Ende der 1940er Jahre hingewiesen, ohne dass dieser jedoch entsprechende Maßnahmen ergriff. Vgl. RGAE, 4372/95/283, 199-201; ebd., 5446/51a/3762, 49–66; ebd., 3763, 110–119.

201) RGAE, 7964/11/1840, 98 u. 112. Ferner ebd., 1692, 17-29 u. 43–52.

202) Während im Westen im Rahmen der Elektrizitätswirtschaft der Investitionsanteil für den Leitungsbau bei 50 Prozent lag, betrug er in der Sowjetunion zu Mitte der 1950er Jahre lediglich 28 Prozent. So Gorbunov/Orlov 1966: 56; Wessely 1959: 308. Zum Missverhältnis zwischen Kraftwerk- und Leitungsbau vgl. ferner RGAE, 7964/11/1573, 218; Gersdorff 1962: 70–73; Petrov 1956: 114.

203) Elektroenergetika 1983: 56.

204) RGAE, 9572/1/875, 186.

205) Žimerin 1962: 219; Gersdorff 1962: 163f.; Allinson 1977: 199–226.

ten.[206]) In Bratsk waren die Hochspannungsleitungen nach Tajšet und Krasnojarsk erst Ende 1963 zu einem Zeitpunkt fertig, als schon sechzehn Aggregate mit einer Leistung von 3,6 Millionen Kilowatt Strom erzeugten.[207]) Schwierigkeiten hatte es zuvor auch beim Ausbau der Hochspannungsleitung Bratsk-Irkutsk gegeben, die von 200000 auf 500000 Volt umgestellt werden sollte. Leider schaffte es der Zulieferbetrieb *Uralelektroapparat* nicht, die notwendigen Elektroanlagen im Sommer 1962 bereit zu stellen. Die in Bratsk in Betrieb genommenen Aggregate mussten deshalb ihre Stromproduktion über mehrere Monate hinweg deutlich drosseln. Das Kraftwerk nutzte damals nur 20 bis 30 Prozent der schon installierten Leistung.[208])

Auch die energetische Vernetzung der Wolga-Flusskraftwerke verlief alles andere als reibungslos. Trotz frühzeitiger Warnungen des Ministeriums für Kraftwerke ergab sich deshalb in Kujbyšev bald eine „äußerst angespannte Situation".[209]) So konnten die ersten erfolgreich montierten Kraftwerkaggregate in den Jahren 1955 und 1956 nicht umfassend genutzt werden, weil die Hochspannungsleitung nach Moskau und Saratov erst mit Verspätung fertig gestellt wurde und anschließend wegen Bau- und Betriebsmängeln immer wieder zusammenbrach.[210]) Im September 1956 klagte der Minister für Erdölindustrie darüber, dass in den neu erschlossenen Fördergebieten in der Tatarischen und der Baškirischen ASSR immer noch kein Strom aus Kujbyšev ankomme, weil der Leitungsbau mittlerweile ein ganzes Jahr hinter dem Plan zurückbleibe. Das erweise sich als Wachstumsbremse beim Aufstieg des Zweiten Bakus.[211]) Als ein Jahr später alle Aggregate des Kujbyšever Flusskraftwerks ihren Betrieb aufgenommen hatten, ging knapp ein Drittel ihrer möglichen Stromproduktion verloren, weil immer noch an der Hochspannungsleitung in den Ural gebaut wurde.[212]) Zu ähnlichen Verzögerungen kam es beim Wolgograder Flusskraftwerk, dessen Vernetzung mit den Verbundwirtschaften Moskaus, des Donbass und Urals lange auf sich warten ließ.[213])

Im Allgemeinen vergingen bei den Flusskraftriesen zwei Jahre, bis der Auf- und Ausbau der Stromnetze abgeschlossen waren und die Voraussetzungen

[206]) Der Bau der Bratsker Hochspannungsleitungen in Ostsibirien erforderte im Vergleich zu den Stromnetzen des Kujbyšever Flusskraftwerks bis zu 70 Prozent höhere Investitionen. So die Berechnungen des Ministeriums für Kraftwerke in RGAE, 7964/2/1738, 170–173. Zu den klimabedingten Problemen vgl. auch RGAE, 7964/2/1669, 31–34.

[207]) Bratskaja GES 1967: 573; Dyker 1983: 129.

[208]) RGAE, 9572/1/1941, 265-266; Gorbunov/Orlov 1966: 55.

[209]) RGAE, 9572/1/192, 3-5. Zu den Warnungen seit dem Frühjahr 1953 vgl. RGAE, 7964/11/1256, 64–67; ebd., 1349, 33-38.

[210]) RGAE, 7964/11/1838, 189-190; ebd., 2/1832, 82. Ferner *Gidrostroitel'*, 30. Juni 1956, Nr. 674: 1; ebd., 11. Dezember 1956, Nr. 742: 3.

[211]) RGAE, 7964/11/1838, 171-173.

[212]) RGAE, 7964/2/1832, 81a, 137-138 u. 163-164; Štern/Chazan 1967: 30.

[213]) RGAE, 9572/1/872, 360; ebd., 1939, 39; Nekrasova 1974: 80; Gersdorff 1962: 163; *Strojka Kommunizma*, 16. Juni 1959, Nr. 1317: 4; ebd., 27. Juni 1959, Nr. 1326: 2; ebd., 3. März 1960, Nr. 1503: 3; *Gidrotechnik*, 16. November 1962, Nr. 210: 1.

dafür bestanden, dass die Hydrogiganten Volllast fahren konnten. Gründe für diese Planrückstände gab es viele. So wurde in Novosibirsk nur ein Fünftel der für den Leitungsbau vorgesehenen Gesamtsumme investiert. Technische Dokumentationen und Baupläne gingen verspätet ein, und bei ihrer Umsetzung geschahen vermeidbare Fehler, die sich fatal auswirkten.[214]) Des Weiteren fehlte es den Zulieferbetrieben oftmals an Kupfer und Blei, um Stromkabel in der benötigten Menge zu fertigen.[215]) Sie verfügten vielfach auch nicht über die Produktionskapazitäten, um die Elektroanlagen für die Umspannwerke und Überlandzentralen pünktlich liefern zu können.[216]) Wenn es genügend Kabel und Anlagen gab, reichten dann mitunter die Lieferungen von Isolatoren und Kondensatoren nicht aus, um die Leitungen zu montieren.[217]) Große Probleme bereiteten auch die Strommasten. Sie sollten eigentlich aus Stahl gefertigt sein. Weil es daran mangelte, wurden verstärkt Holzmasten verwendet, um endlich die drückenden Engpässe zu beheben.[218])

Mit der Inbetriebnahme der neuen Verteilungssysteme waren die Probleme aber keineswegs gelöst. Der Ministerrat beklagte sich 1959 darüber, dass der Stromtransfer häufig zusammenbrach.[219]) Die Elektroanlagen der Überlandzentralen und Umspannwerke waren mit gravierenden Produktionsfehlern ausgeliefert und montiert worden. Das führte zu zahlreichen Ausfällen und machte langwierige Reparaturen notwendig. Bei der Hochspannungsleitung vom Wolgograder Kraftwerk nach Moskau hatte die zuständige Bauorganisation falsche Aufhängungen anbringen lassen. Vielerorts rutschten darum die Kabel aus ihren Befestigungen. An anderen Stellen erwiesen sich die Fundamente der Strommasten als instabil oder ihre Höhe als nicht ausreichend, so dass mit großem Aufwand nachgebessert werden musste.[220])

Das lange Warten auf den Anschluss

Offensichtlich warf die Distribution von Elektrizität in den expansiven energetischen Verbundwirtschaften weit mehr Probleme auf als die Stromproduktion. Die Propaganda hatte vollmundig versprochen, mit den „Großbauten des Kommunismus" würde endlich die flächendeckende „Elektrifizierung der Lebensweise" erreicht werden.[221]) Die Stromversorgung städtischer Kommu-

[214]) RGAE, 9572/1/1235, 378-383.

[215]) RGAE, 7964/11/1348, 213-215; ebd., 1376, 1-2 u. 92-95.

[216]) RGAE, 7964/2/1832, 163-164; ebd., 11/1348, 63-66; ebd., 1379 90-91, ebd., 2270, 37-48; ebd., 9572/1/192, 3-5.

[217]) So wurden Isolatoren und Kondensatoren schließlich aus der DDR importiert. Vgl. dazu RGAE, 9572/1/187, 1.

[218]) RGAE, 9572/1/1604, 165-187; ebd., 1937, 391a.

[219]) RGAE, 9572/1/875, 154.

[220]) RGAE, 7964/2/1669, 203-207 u. 296-298; ebd., 9572/1/1581, 5-9; ebd. 1940, 325-327; ebd., 147-149.

[221]) Vgl. z.B. Žimerin 1962: 318-336; Vinter/Markin 1956: 207-219.

nalwirtschaften und sowjetischer Haushalte ließ nämlich in den 1950er Jahren zu wünschen übrig. Zahlreiche Kleinstädte waren nicht an die regionalen Stromnetze angeschlossen, sondern bezogen ihre Elektrizität weiter aus veralteten Kleinkraftwerken, deren Aggregate hoffnungslos überlastet waren und immer wieder ausfielen. Millionen von Stadtbewohnern mussten ihren Alltag deshalb ohne Stromversorgung bestreiten. So stellte ein Bericht vom Oktober 1953 fest, dass in den meisten Städten des Gebiets Novosibirsk nur jeder zehnte Privathaushalt dauerhaft mit Elektrizität versorgt werde. In der Großstadt Novosibirsk erhielten in einigen Stadtteilen ganze Straßenzüge überhaupt keinen Strom.[222]) Zwar suggerierten die in den 1950er Jahren veröffentlichten Statistiken, dass immer mehr Haushalte über einen Netzanschluss verfügten; doch verschwiegen die aggregierten Zahlen, dass hier der Strom nur wenige Stunden am Tag floss und permanente Netzausfälle selbst diese zeitweilige Elektrizitätsversorgung tagelang zum Erliegen brachten.[223]) Den für die Elektrifizierung zuständigen Stellen, die nur zu gern mit schönfärberischen Statistiken agierten, wurde vorgeworfen, zu einer „Schnell-Schwindelmethode“ zu greifen und „Augenwischerei“ zu betreiben.[224]) Im Mai 1956 legte E. A. Russakovskij, der Leiter der Abteilung für Energiewirtschaft bei *Gosplan*, einen Geheimbericht vor, der die sträfliche Vernachlässigung städtisch-kommunaler Stromnetze anprangerte und einen energiepolitischen Kurswechsel einforderte.[225])

Den Repräsentanten der Provinzstädte blieb natürlich nicht verborgen, dass der Strom, der in den Riesenkraftwerken produziert wurde, keineswegs dazu bestimmt war, die akuten Versorgungsprobleme der Kommunalwirtschaften und Privathaushalte zu lösen. Die einseitige Bevorzugung der Großindustrie, die Milliarden von Kilowattstunden zugeteilt bekam, ließ die Stadtverwaltung Stalingrads protestieren. Obwohl die Stadt und ihre Bewohner große Opfer für den Bau des örtlichen Hydrogiganten erbracht hätten, zögen sie aus seiner Fertigstellung keinerlei Nutzen und seien mit ihren Problemen weiterhin sich selbst überlassen.[226]) Für großen Unmut sorgte, dass der Großteil des in den Wolga-Kraftwerken produzierten Stroms nach Moskau geleitet wurde. Beim Bau der teuren Hochspannungsleitung wurden breite Schneisen durch wichtige Schutzwälder geschlagen. Vielerorts mussten Gebäude und Häuser weichen. Bei den Bewohnern zahlreicher Kleinstädte und Siedlungen lösten die Strommasten das beklemmende Gefühl aus, vom allgemeinen Fortschritt und Wachstum ausgeschlossen zu werden. Deshalb erinnerten Vertreter regionaler Behörden 1952 die Staats- und Parteiführung mit Nachdruck

[222]) GANO, 1070/2/658, 122–140, 172–173 u. 251–264; ebd., 570, 235; PANO, 4/34/409, 80. Vgl. auch Gamburg 1962: 23ff.

[223]) So die Klage in RGAE, 7964/11/1838, 161–162.

[224]) Lichteffekte 1954.

[225]) RGAE, 7964/11/1840, 89–115, bes. 92.

[226]) RGAE, 7964/11/1371, 114–116; ebd., 1976, 49–52.

daran, Lenin habe den Kommunismus als „Sowjetmacht plus Elektrifizierung des ganzen Landes" definiert und nicht als „Sowjetmacht plus Elektrifizierung Moskaus".[227])

Die im Umland der „Großbauten des Kommunismus" weitverbreitete Unzufriedenheit brachte eine Karikatur in der satirischen Wochenzeitschrift *Krokodil* 1960 zum Ausdruck (Abb. 2). Sie hatte den Titel „Es kommt vor, dass Kolchozsiedlungen in der Nähe von Kraftwerken keine Elektrizität erhalten". Darauf sieht man zwei Männer vor einem alles überragenden Strommast stehen, die resigniert feststellen: „In der Tat, diese Spannung ist viel zu hoch für uns." Eine an ihrem Fahrrad festgeklemmte Kerosinlampe verdeutlicht, dass sie – wie viele andere Millionen Sowjetbürger auch – ihre *Pravda* damals immer noch nicht im Licht einer Glühbirne lesen konnten.[228])

Vor allem die Bewohner ländlicher Gebiete warteten verzweifelt auf ihren Anschluss an die Welt der Moderne. Zwar verkündete die stalinistische Propaganda zu den „Großbauten des Kommunismus", dass die energetische Vernetzung der Kolchozen und Sovchozen „für die Aufhebung der wesentlichen Unterschiede zwischen Stadt und Land von gewaltiger Bedeutung ist [...] Elektrifizierung und Vollmechanisierung werden die notwendigen Voraussetzungen schaffen, um die Arbeitsproduktivität in der Landwirtschaft erheblich zu steigern und die Arbeitsbedingungen zu erleichtern."[229]) Stalin hatte schon im Februar 1945 einen Erlass unterschrieben, der die umfassende Elektrifizierung der Landwirtschaft als eine „der dringendsten Maßnahmen" der Nachkriegspolitik bezeichnete.[230]) In der Realität wurde den Kolchozen und Sovchozen der Anschluss an die Stromnetze aber bis 1953 ausdrücklich verwehrt.[231]) Sie hatten stattdessen Mini-Flusskraftwerke, sogenannte *GES-maljutki* oder *mikrogesy* zu bauen und zu unterhalten.[232]) Das konnten sich allerdings die meisten ländlichen Siedlungen nicht leisten, oder sie waren wegen fehlender Fachleute und Ersatzteile mit der Instandhaltung einfach überfordert.[233]) Zudem kostete die durch Kleinstkraftwerke erzeugte Elektrizität das Zehnfache des von großen Wärme- und Flusskraftwerken erzeugten Netzstroms.[234]) Deshalb war 1956 nur jede vierte Kolchoze und jeder achte Haushalt auf dem Land elektrifiziert. Der Anteil der Landwirtschaft am gesamt-

[227]) RGAE, 7964/11/2270, 25.

[228]) *Krokodil*, 1960, Nr. 27: 2. Auch abgedruckt in Gestwa 2005a: 62.

[229]) Mstislavskij/Pustovalov 1953: 22f.

[230]) Rešenija partii 1968: 224–229.

[231]) Zu den spätstalinistischen Diskussionen um die Modernisierung des Agrarsektors und zu den unüberwindlichen Reformhindernissen vgl. zusammenfassend Gorlizki/Khlevniuk 2004: 133–142; Melvin 2003: 38–44.

[232]) So die Begriffe bei Šeršov 1957: 27. Ausführlich Nesteruk 1963: 127–132; Nekrasova 1974: 220–224.

[233]) Zu den Problemen vgl. z.B. RGAE, 4372/5/281, 332-333; ebd., 284, 223; GANO, 1020/2/570, 186 u. 284; ebd., 1179/1/209, 23-26.

[234]) Naučno-techničeskij progress 1962: 44.

— Да, для нас это слишком высокое напряжение!

Abb. 2: M. Sokolov, Es kommt vor, dass Kolchossiedlungen in der Nähe von Kraftwerken keine Elektrizität erhalten. Karikatur aus: Krokodil, *1960/27: 2.*

sowjetischen Stromverbrauch betrug damals lediglich 2,1 Prozent.[235]) Im näheren Umland des Wolga-Don-Kanals und des Cimljansker Flusskraftwerks bezogen nur 30 von 571 Kolchozen Strom aus dem staatlichen Verbundnetz. Knapp 200 hatten eigene Kleinstkraftwerke, deren Kapazitäten den lokalen Bedarf nur zu einem geringen Teil abdeckten.[236]) Dort, wo es Strom gab, fehlte es dann meist an geeigneten Elektromotoren und Maschinen. Daraus ergab sich die absurde Situation, dass die „modernste Technik" mit der Hand betrieben und „wie in Urväterzeiten mit veralteten Typen landwirtschaftlicher Apparaturen gekoppelt" werden musste.[237])

Die neue Agrarpolitik der Tauwetterperiode versprach, dieser traurigen Situation ein Ende zu machen. Schon im August 1953 hatte der Ministerrat angeordnet, fortan Kolchozen und Sovchozen verstärkt in die energetischen Verbundwirtschaften zu integrieren.[238]) Auch die Parteitage der Jahre 1956 und 1961 sowie das Zentralkomitee auf seinen Plenarsitzungen verkündeten in endloser Routine die baldige umfassende Elektrifizierung des Landes und machten Stalin für die frühere, verzerrte Vorstellung von Energie- und Agrarwirtschaft verantwortlich.[239]) Die gesteckten Ziele wurden jedoch weiterhin verfehlt. Die Disproportion zwischen den gigantischen Kapazitäten der „Großbauten des Kommunismus" und der akuten Unterversorgung der umliegenden Kolchozen und Sovchozen blieb unverändert bestehen.[240]) Je häufiger die Staats- und Parteiführung deshalb erklärte, die Energieprobleme des Agrarsektors lösen zu wollen, desto mehr gingen in Moskau Beschwerden von Kolchozvorsitzenden, regionalen Parteisekretären und Behördenvertretern ein.[241]) Im April 1958 schrieben Kolchozbauern aus dem Gebiet Novosibirsk einen offenen Brief, in dem sie sich verzweifelt beschwerten, dass beim Bau des Flusskraftwerkes und der neuen Stromnetze ihre Belange weiter unbe-

[235]) RGAE, 7964/11/1840, 91. Ähnlich Zacharin 1956; Sarkisjan 1957. Während 1957 die Farmen in den USA fast flächendeckend über Strom verfügten, waren in der Sowjetunion selbst nach offiziellen Angaben nur 39 Prozent der Kolchozen und Sovchozen elektrifiziert. So die Vergleichszahlen in Relative Water 1960: 105.

[236]) Zarevo 1959: 361. Oft wurden Kolchozen als „elektrifiziert" bezeichnet, obwohl es dort nur stundenweise Strom gab und die privaten Haushalte weiter nicht ans Elektrizitätsnetz angeschlossen waren. Zu diesen statistischen Schwindeleien vgl. Relative Water 1960: 95.

[237]) Iljitschs Lämpchen 1955: 1351. Ähnlich Nekrasova 1974: 224.

[238]) Direktivy KPSS 1958/4: 16–18.

[239]) Resolutionen des 20. Parteitags 1956: 44; Programm der Kommunistischen Partei 1961: 93. Ferner Nekrasova 1974: 225–229; Novikov 1962: 123f u. 226ff.; Žimerin 1962: 254–284.

[240]) Nekrasova 1974: 226 u. 230–234. Zur betrüblichen Situation im Gebiet Stalingrad, wo die regionale Landwirtschaft von den Hydrogiganten in Cimljansk und Volgograd keinerlei Strom erhielt, vgl. Zarevo 1959: 361. Zu einer kritischen Bewertung der sowjetischen Agrarpolitik und der Elektrifizierung der Kolchozen siehe auch Relative Water 1960: 92–106.

[241]) Derartige Klagen finden sich z.B. in RGAE, 9572/1/1937, 387; ebd., 7964/2/1831, 195–197; ebd., 2023, 209; ebd., 11/1269, 30–31; GANO, 1020/2/828, 259–261; PANO, 4/34/400, 19–21; ebd., 427, 20–21; 33/1717, 33–36.

rücksichtigt geblieben seien.[242]) Chruščev beklagte sich darum 1963 verbittert darüber, dass die Elektrifizierung des Agrarsektors immer noch nicht die notwendige Beachtung finde. „Obwohl Stalin schon lange tot ist und die Partei das Negative an ihm scharf kritisiert hat, ist bei der Versorgung der Kolchozen und Sovchozen mit Elektroenergie wenig geändert worden. Hier zeigt sich noch immer ein negatives Erbe der Vergangenheit, das ausgerottet werden muss, damit wir zu einem noch rascheren Aufschwung der Agrarproduktion beitragen können."[243]) Es blieb dann Chruščevs Nachfolger, Leonid Brežnev, vorbehalten, 1964 ein kämpferisches Aktionsprogramm für die flächendeckende Elektrifizierung des Landes zu erlassen und in den folgenden Jahren endlich den lang ersehnten und versprochenen energetischen Anschluss der Landbevölkerung herzustellen.[244])

Die „Großbauten des Kommunismus" trugen in den 1950er und zu Beginn der 1960er Jahre kaum etwas dazu bei, den regionalen Landwirtschaften an der Wolga, dem Ob' und der Angara aus Rückständigkeit und Krise aufzuhelfen. Hier galt „Marxens böses Wort von der Idiotie des Landlebens für das sozialistische Dorf nach wie vor in besonderem Maße."[245]) In den Plangiganten setzte sich offensichtlich der überlieferte wirtschaftspolitische Kurs fort, der dem Agrarsektor nur geringe Bedeutung zumaß. Er blieb „sadly underdeveloped"[246]) und weiterhin „das schwächste Kettenglied in der Sowjetökonomie".[247]) Noch deutlicher als am lange hinausgezögerten Anschluss an die neuen energetischen Verbundwirtschaften zeigte sich dies an der mangelhaften Umsetzung der ehrgeizigen Bewässerungspläne. Mit der Anlage riesiger Stauseen verloren die Kolchozen und Sovchozen durch Überflutung und die Veränderung des Grundwasserspiegels große Flächen fruchtbaren Ackerlandes und wertvolle Weiden. Die davon betroffenen Kolchozen und Sovchozen sollten nach dem Prinzip „Hektar für Hektar" für diese Verluste nicht nur durch neue, bewässerte Felder und Weiden entschädigt werden. Die „Großbauten des Kommunismus" waren darüber hinaus zentraler Teil eines umfassenden Agrarprogramms, das als der „Stalinsche Großartige Plan der Umgestaltung der Natur" im Oktober 1948 der Öffentlichkeit präsentiert wurde. Es ging um „den Kampf mit Naturgewalten: mit den schwarzen Stürmen und den Trockenwinden, mit Sommerglut und Schneestürmen, mit den zerstörenden Frühlingswassern und dem Vormarsch des fliegenden Sandes." Nun sei endlich die Zeit gekommen, ihnen „eine endgültige und vernichtende Niederlage zuzufügen, nachdem sie so oft unsere Felder zerstört haben."[248])

242) *Na Strojke*, 22. April 1958, Nr. 682: 1.
243) Chruščev 1964a: 263.
244) Elektroenergetika 1983: 12 u. 96; Nekrasova 1974: 235f.; Čukaev 1968: 3–14; Budzko 1984: 311f.; Volin 1970: 479f. Allgemein auch Melvin 2003: 44–90.
245) Hildermeier 1998a: 797.
246) Relative Water 1960: 105.
247) Filtzer 1995: 49.
248) Il'in 1951a: 123 u. 129.

Diese martialische Rhetorik hatte ihren Grund in der Hungerkatastrophe 1946/1947.[249]) Damals wurde die durch die Kriegswirren gebeutelte Landwirtschaft in den fruchtbaren Schwarzerdegebieten wieder einmal vom aus Zentralasien herüberziehenden Trockenwind, dem sogenannten *suchovej*, heimgesucht.[250]) Mit seinen fürchterlichen Staubstürmen vernichtete er nicht nur die Ernten, sondern zerstörte durch dicke Sandablagerungen dauerhaft zahlreiche Felder. Wie in den USA, wo die *dust bowls* des Jahres 1934 umfassende Maßnahmen zur Umgestaltung der Prärielandschaft des Mittleren Westens eingeleitet hatten,[251]) versuchte die Sowjetführung nach 1948, mit einem gewaltigen Aufforstungs- und Bewässerungsplan die Dürre und die Winderosion zu bekämpfen und längs der Wolga und des Dons die klimatischen Verhältnisse entscheidend zu verbessern. Schutzwaldgürtel von 5320 Kilometern Länge und einer Fläche von 4,2 Millionen Hektar sollten angepflanzt und über 40000 Teiche und Stauseen angelegt werden, um die Steppengebiete mit einem dichten Netz von Bewässerungskanälen und -gräben zu überziehen.[252]) Es galt, an der offenen Flanke zwischen dem Uralgebirge und Kaspischen Meer eine „Verteidigungslinie" in Form mächtiger Baum-, Felder- und Wasserfronten zu schaffen, um die gefährlichen trockenen Luftmassen Zentralasiens abfangen zu können.[253]) Damals schien es so, als ob der „jahrhundertealte Traum der Werktätigen in der Landwirtschaft, die Agrarproduktion von den wechselhaften Launen des Wetters und der Natur unabhängig zu machen", schon bald Wirklichkeit werden würde.[254])

Mit ihren riesigen künstlichen Wasserreservoiren eröffneten die „Großbauten des Kommunismus" die einzigartige Chance, „gegen die Unbilden der Natur einen meliorativen Keil [...] in die Zone zwischen Kujbyschew-Saratow-Stalingrad-Astrachan-Stawropol vorzutreiben. Dieses wird zu einer Revolution der Landwirtschaft führen."[255]) Insgesamt hoffte man darauf, durch die Anlage einzigartiger Irrigationssysteme zwischen 1951 und 1957 die unglaubliche Fläche von 28 Millionen Hektar neu zu bewässern und zu berieseln. Das „wird diesem Landstrich ein völlig neues Gesicht geben."[256])

Diese hochgesteckten Erwartungen erwiesen sich aber schnell als trügerische Hoffnungen. Nach Stalins Tod entschied der Ministerrat am 25. März 1953,

[249]) Zu den Missernten und den folgenden Hungerjahren, in deren Verlauf mehr als eine Million Menschen starb und fünf Millionen Menschen die betroffenen Gebiete verließen, vgl. Zima 1996; Zubkova 1999: 69–78; Ellman 2000.

[250]) Zum *suchovej* vgl. Stebelsky 1987: 80–89; Pryde 1972: 37–42; Lydolph 1964: 291-309; Zhirkov 1964.

[251]) Worster 1979; Jones 1987; Reisner 1993: 145–168; Opie 1993.

[252]) Ausführlich dazu Medvedev 1987: 144–50; Buchholz 1954; Buchholz 1960; Burke 1956; Ploss 1965: 67–97. Neuerdings auch Berg 2003.

[253]) Il'in 1951a: 204ff.

[254]) Elochin/Erlichman 1961: 17.

[255]) Kostjakow 1953: 283.

[256]) Mstislavskij/Pustovalov 1953: 18–21, Zitat S. 20. Ähnlich Kovda 1951: 586; Korčagin 1951: 33.

den Bau des 600 Kilometer langen und bis zu 300 Meter breiten „Stalingrader Hauptzuleitungskanals" zu stoppen. Er sollte als neuer Schifffahrtsweg zwischen dem Stalingrader Stausee und dem Fluss Ural auch die Voraussetzungen schaffen, um in der Kaspi-Niederung weiträumige Bewässerungssysteme anzulegen. Dieses Kernprojekt des gigantomanischen spätstalinistischen Agrar- und Erschließungsprogramms ließ sich zum einen wegen seiner hohen Baukosten von 3,75 Mrd. Rubel nicht realisieren. Zum anderen brauchten die Industriegebiete an der mittleren Wolga, in der Moskauer Zentralregion, im Ural und im Donbass dringend mehr Elektrizität. Die für den Betrieb des Kanals und seiner Bewässerungssysteme jährlich vorgesehenen 2 Mrd. Kilowattstunden wurden darum anderweitig verplant.[257]) Des Weiteren hatten die sowjetischen Agrarexperten kein schlüssiges Konzept, wie sich das Land in der Wolga-Kaspi-Region effizient großflächig erschließen ließe.[258]) Die Steppengebiete waren nicht nur von zahllosen Schluchten und kleinen Erdfalten durchzogen. Bei der Bewässerung kam es nach Anfangserfolgen schon bald zu einer erheblichen Verschlechterung der Böden. Versalzung, Alkalisierung und Versumpfung machten dann den weiteren Anbau unrentabel. Mitte der 1960er Jahre befand sich die sowjetische Bewässerungspolitik offensichtlich in der Sackgasse.[259])

Jahrzehntelang als Wirtschaftsakteure vernachlässigt, mussten die Landbewohner nun erleben, dass die Troubadoure der Hydroenergetik bei der Realisierung ihrer Pläne sträflich und rücksichtslos über die Belange des Agrarsektors hinweggingen. So hätte ohne größere Verluste an Kraftwerkleistung der Wasserspiegel des Bratsker Stausees um sechzehn Meter gesenkt werden können.[260]) Deshalb veröffentlichten führende Tageszeitungen wie die *Izvestija* Artikel, in denen Experten und Journalisten dringend forderten, beim Kraftwerkbau das Ausmaß der Überflutung an der Angara und ihren Zuflüssen so weit wie möglich zu begrenzen. Trotz vorliegender Alternativvorschläge setzten die verantwortlichen Planer und Bauleiter aber gegen alle Widerstände ihre ursprüngliche hydroenergetische Maximalvariante mit einer besonders hohen Staumauer durch.[261]) Mit einem zeitlichen Abstand von drei Jahrzehnten gestanden selbst die Erbauer und Betreiber des Hydrogiganten dann schließlich selbstkritisch ein, dass „die Philosophie der Gigantomanie, die sich bei den Planungs- und Bauarbeiten beim Bratsker Flusskraftwerk entfaltete, leider eine negative Rolle bei der Schaffung der ökonomischen Grundlagen unserer Region gespielt hatte."[262]) Die Folgen für die regionale Landwirt-

[257]) RGAE, 7964/11/1320, 3-5; ebd., 1321, 140-144.

[258]) Dass sich das Ministerium für Landwirtschaft mit anderen beteiligten Behörden nicht „über ein koordiniertes Vorgehen" einigen konnte, hatte schon der für das Gebiet Stalingrad zuständige Parteisekretär Grišin auf dem 19. Parteitag im Oktober 1952 beklagt. Vgl. dazu Diskussionsreden 1952: 76.

[259]) Egorov 1964.

[260]) Zu den unterschiedlichen Varianten vgl. RGAE, 7964/11/1381, 127-158, bes. 134.

[261]) Odincov 1960. Auch Pryde 1972: 116.

[262]) Čelovek 1994: 20f.

schaft waren fatal. Fruchtbare Felder und saftige Weiden fielen „dem übermäßigen Appetit der Planungskommission“ unnötig zum Opfer. Für das neue Zentraldorf Konovalova, das mit seinen Infrastrukturen Grundlagen für ein erneutes Wachstum der Agrarproduktion schaffen sollte, konnten die Verantwortlichen in dem riesigen Überflutungsgebiet keinen besseren Platz finden als einen lehmigen Hügel, der weit in das aufgestaute Bratsker Meer hineinragte. Der Anbau von Getreide war aussichtslos. Die Weideflächen erwiesen sich als zu klein und im Ertrag zu mager für Viehwirtschaft im großen Stil.[263]) Die Landwirtschaft im mittleren Angara-Gebiet lag bald derart danieder, dass sie den Bedarf der entstehenden Stadt Bratsk an Agrarprodukten nur zu einem kleinen Teil abdeckte. Der Mangel an frischem Obst und Gemüse, Fleisch und Milch wurde darum zu einem Problem, das die Verantwortlichen kaum zu lösen wussten. Bratsk musste für den riesigen Stausee, der offensichtlich viel zu groß geraten war, einen hohen Preis zahlen.[264])

Durchaus ähnlich stellte sich die Situation am Mittellauf der Wolga dar. Hier beklagte sich die Führung der Tatarischen Autonomen Sowjetrepublik bitterlich darüber, dass die Fluten des Kujbyšever Stausees einen Großteil des besten Ackerlands der Region überschwemmt und damit der regionalen Landwirtschaft erheblichen Schaden zugefügt hätten. Angesichts der verschwundenen Flussauen gebe es nicht mehr genügend Futter für das Vieh. Der Bestand müsse darum deutlich verkleinert werden. Die Versorgung mit Agrargütern sei so vielerorts deutlich schlechter geworden und damit gleichfalls die Stimmung in der Gesellschaft.[265]) In einem Untersuchungsbericht des Jahres 1960 hieß es, dass die Landwirtschaft längs der Wolga und Kama offensichtlich „noch nicht vorbereitet ist, um von dem neu angelegten Stausee zu profitieren.“ Die Mittel würden einseitig der Energiewirtschaft zur Verfügung gestellt, so dass die Ressourcen nicht ausreichten, um Pumpwerke zu bauen und Bewässerungssysteme einzurichten.[266]) Im ersten Jahrzehnt nach Fertigstellung des Kujbyšever Kraftwerkriesen war so im Gebiet Kujbyšev nur wenig neue Agrarfläche und damit nur ein Bruchteil des möglichen Neulands gewonnen worden.[267]) Der Aufschwung der Landwirtschaft blieb so deutlich hinter dem industriellen Wachstum zurück.[268]) Nach der Fertigstellung des Stalingrader Giganten berechneten Experten sogar, dass dieser Großbau wegen hoher Überflutungsverluste und ausbleibender Kompensationen der regi-

[263]) Scharff 1996: 611f.

[264]) Wein 1986: 45ff.; Wein 1987: 189f.; Avakjan/Šarapov 1968: 267f. Ähnlich stellte sich die Situation in Novosibirsk dar. Dort kam es zur Überflutung und zur administrativen Auflösung des landwirtschaftlich gut erschlossenen Rajons Irmensk. Vgl. Naša malaja rodina 1997: 439f.

[265]) Pryde 1972: 117f.; Vasil'ev/Chrisanov 1984: 131f.; Vendrov 1970a: 41.

[266]) RGAE, 9572/1/1235, 372. Allgemein Avakjan/Šarapov 1968: 352ff; Avakjan 1958.

[267]) Im Jahr 1965 wurde im Gebiet Kujbyšev eine Fläche von über 3 Millionen Hektar als Ackerland genutzt. Der Anteil der bewässerten Felder lag mit knapp 22000 Hektar bei weniger als einem Prozent. Vgl. Narodnoe chozjajstvo Kujbyševskoj oblasti 1967: 61 u. 74.

[268]) Očerki istorii 1967: 507, 522f. u. 574; Sbornik ekonomičeskich pokazatelej 1963: 4.

onalen Landwirtschaft jährlich einen Schaden von mindestens 200 Millionen Rubel zufügte.[269])

Nicht nur längs der Wolga überstiegen die Verluste die Gewinne bei weitem.[270]) Die Donkosaken als Anwohner des Wolga-Don-Kanals hatten zahlreiche Felder und Weiden, Wein- und Obstgärten aufgeben müssen.[271]) Drei riesige Bewässerungssysteme sollten dafür Neuland mit einer Gesamtfläche erschließen, die sich auf das Vierfache der vorhergehenden Verluste belief. Die Planer versprachen zugleich den Übergang zu neuen Feldfrüchten wie Mais, Baumwolle, Reis und Zuckerrüben und das exponentielle Wachstum der Viehwirtschaft.[272]) Aber die Kolchozbauern warfen den Hydroingenieuren und Wissenschaftlern vor, über die ehrgeizigen Projekte nur „in ihren Büros zu reden, ohne unser Land zu kennen." Ohne die lokalen Besonderheiten zu berücksichtigen, würden sie vielfach Maßnahmen realisieren, die sich rasch als kolossale Fehlschläge erwiesen.[273]) Des Weiteren kam der Bau der Kanäle und Gräben nur schleppend voran und wurde vielfach nicht vollendet.[274]) Darum blieb der tatsächliche Nutzen der Bewässerung weit hinter den Versprechungen zurück.[275]) Häufig befanden sich Kanäle, Gräben und Pumpwerke in einem derart miserablen Zustand, dass riesige Wassermengen im Erdreich versickerten. So kamen 1959 im vom Cimljansker Stausee gespeisten Irrigationssystem von 190 Millionen Kubikmetern Wasser nur 111 Millionen auf den Feldern an. Auf der Kolchoze *Pervomajsk* gingen sogar drei Viertel der abgezweigten Wassermenge verloren. Andere Ackerflächen wiederum erhielten zuviel Wasser, was ihre Versalzung oder Verschlammung zur Folge hatte. Dort, wo es früher blühende Obstgärten und ertragreiche Weinberge gegeben hatte, verwandelte sich „die Steppe in eine stinkende Pfütze."[276]) Das laute Gerede von den neuen blühenden Landschaften erwies sich darum schon bald als bloße Propaganda; im Gebiet längs des Wolga-Don-Kanals endete der ver-

[269]) Občinnikov 1960: 4.

[270]) Gidroenergetika 1982: 12 u. 179f.; Medwedjev 1991: 322; Pryde 1972: 115; Goldman 1972: 221ff. u. 257-260; Komarow 1979: 81f.; Schlögel 1984b: 41.

[271]) Zu den überfluteten Obstgärten und Weinbergen vgl. GARF, 9417/3/253, 135-140; ebd., 367, 4.

[272]) Zu diesen Plänen vgl. ausführlich GARF, 9401/2/269 (Teil 2), 63–64; Bernštejn-Kogan 1954: 175ff.; Ščerbakov 1951: 772f.; Grekulov 1952: 45–49. Allgemein Avakjan/Šarapov 1968: 136–140.

[273]) Ekologija 1999: 220.

[274]) Zu den schon frühzeitig geäußerten Vorwürfen, bei Planung und Realisierung von Bewässerungssystemen im mittleren Wolga-Gebiet „äußerste Gemächlichkeit walten" zu lassen, was sich „hemmend auf die volle Entfaltung der Arbeiten" ausgewirkt habe, vgl. die Kritik der regionalen Parteisekretäre auf dem 19. Parteitag: Diskussionsreden 1952: 69 u. 76.

[275]) Vgl. GARF, 5446/86/2317, 38-39 u. 236–261; ebd., 4252, 1–4, 17-18, 46–64, 99-115 u. 199–232; ebd., 4253, 78–79, 106–110 u. 126–133; ebd., 9401/1/2355, 101-102. Von der „Nichtvollendung" (*nezakončennost'*) des Gesamtprojekts des Wolga-Don-Kanals sprach dezidiert Vendrov 1970a: 125.

[276]) Ananev/Satochin 1990: 46.

sprochene Aufschwung der Landwirtschaft im Desaster.[277]) Das Leben der Donkosaken hatte sich, so die Beschwerden der Betroffenen, durch den Kanal- und Kraftwerkbau nicht verbessert, sondern merklich verschlechtert.[278])

Auf dem 24. Parteitag im Jahr 1971 tat schließlich der sowjetische Landwirtschaftsminister Mackevič den allgemeinen Unmut der betroffenen Kolchozen und Sovchozen öffentlich kund. Er warf den für die Elektrizitätswirtschaft verantwortlichen Planern vor, sie hätten genaue Kenntnis über die großen Folgeschäden gehabt, diese aber in der Präsentation der grandiosen Vorhaben verharmlost und ihre Projekte konsequent zu Lasten des Agrarsektors durchgesetzt.[279]) Wie ihm erschien es vielen absurd, Energie durch die Überflutung von fruchtbaren Feldern und Wiesen zu gewinnen, dafür aber Getreide und Fleisch importieren zu müssen. Experten kamen nach der Gewinn- und Verlustbilanz zunehmend zum Schluss, dass sich in den Tiefebenen an Wolga, Dnepr', Don und Ob' die Stromproduktion durch gigantische Flusskraftwerke nur bedingt oder sogar überhaupt nicht rechnete.[280])

Im Rahmen der sowjetischen Wasserwirtschaft verlor der energetische Imperativ nur allmählich an Bedeutung. Dennoch gewann die Politik forcierter Bewässerungsmaßnahmen schließlich die Oberhand.[281]) Schon im Dezember 1960 hatte die Parteiführung einen groß angelegten Plan ins Auge gefasst, durch forcierte Irrigationsmaßnahmen weite Steppen- und Wüstengebiete in agrarische Nutzflächen zu verwandeln und so der lange vernachlässigten Landwirtschaft zum ersehnten Aufstieg zu verhelfen.[282]) Die eigentliche Umsetzung des ehrgeizigen Programms begann nach 1965 unter dem neuen Generalsekretär Brežnev. In den nächsten zwei Jahrzehnten investierte der Sowjetstaat die riesige Summe von 150 Milliarden Rubel in aufwendige Meliorationsmaßnahmen.[283]) Auf dem durch weitverzweigte Bewässerungssysteme erschlossenen Neuland wurden schließlich ein Drittel aller sowjetischen Agrarprodukte geerntet, darunter 100 Prozent der Baumwolle und des Reises, drei Viertel des Gemüses und die Hälfte des Obstes.[284])

[277]) GARF, 5446/80/2290, 19-22, 61, 65-66 u. 111; Vendrov 1970a: 124ff.; Nekrasova 1974: 87; Avakjan/Šarapov 1968: 269f.; Zvorykin 1962: 61; Vendrov 1964: 203f.; Goldman 1972: 225.

[278]) GARF, 9417/1/58, 7-8 u. 27.

[279]) Zu dieser am 6.April 1971 auch in der *Pravda* abgedruckten Parteitagsrede vgl. Bush 1974: 22. Ferner Höhmann/Seidenstecher/Vajna 1973: 32f.

[280]) Gidroenergetika 1982: 12 u. 179; Komarow 1979: 79f.; Boden 1969; Weißenburger 1984: 29; Bahro 1986: 234f.; Stewart 1992: 228; Bridges/Bridges 1996: 93f.

[281]) Zum Wandel in der sowjetischen Wasserbauwirtschaft vgl. Gustafson 1981: 15-33 u. 102ff. Der Prioritätenwandel zeigte sich auch beim Bau neuer Flusskraftwerke. Oftmals wurde seit den 1960er Jahren für den Dammbau eine niedrigere Variante gewählt, um ungeachtet der daraus resultierenden Einbußen bei der Stromproduktion die Überflutungsverluste so gering wie möglich zu halten. So Vendrov 1970a: 44f. u. 188f.

[282]) Prezidium 2003: 456ff.

[283]) Goldman 1992: 3.

[284]) Peterson 1993: 58.

Tabelle 6: Anstieg der bewässerten Flächen in der Sowjetunion, 1950–1980

Bewässerte Fläche in Mio. Hektar	
1950	8,1
1965	9,9
1980	17,5

Quelle: Vendrov 1986: 24.

Das Problem der enorm hohen Verlust- und Verbrauchsmengen blieb aber weiterhin ungelöst, so dass nicht nur Milliarden Rubel sprichwörtlich in den Sand gesetzt wurden, sondern darin auch ein großer Teil des umgeleiteten Wassers versickerte. Moderne Sprinkleranlagen, wie sie in den westlichen Agrargebieten schon bald die Regel waren, leistete sich die sowjetische Landwirtschaft nur in Ausnahmefällen. Nachdem 1975 der 1100 Kilometer lange Karakum-Kanal die turkmenische Hauptstadt Aščhabad erreicht hatte, drohte der Wüstenmetropole durch die riesigen Mengen von Sickerwasser die Überflutung. 150 Pumpanlagen waren erforderlich, um das überschüssige Wasser aus der Stadt zu leiten. Die verantwortungslose „Überwässerung" hatte Unglaubliches zur Folge: In den sowjetischen Wüsten gab es plötzlich Sümpfe, so dass es mancherorts zur Ausbreitung von Malaria kam, die in der Sowjetunion eigentlich als ausgemerzt galt.[285]) Vielerorts wusch das Wasser auf seinem Weg zu den Feldern die im Boden enthaltenen Salze und Mineralien aus, deren hohe Konzentration schließlich das bewässerte Land verdarb. Mitte der 1980er Jahre war so knapp ein Drittel der durch Kanäle und Graben neu erschlossenen Felder infolge von Versalzungsprozessen nicht mehr nutzbar. Die überhastet und schlampig gebauten Irrigationsanlagen führten zudem vielerorts zur Austrocknung alter Brunnen, zahlreicher Flüsse, Bäche und Teiche.[286]) Die sowjetische Bewässerungswirtschaft hatte damals „übermäßige, hyperbolische Ausmaße" angenommen. Jeder in die Melioration investierte Rubel erbrachte im Durchschnitt nur 33 Kopeken Rückfluss.[287]) So wurden Milliarden verschwendet, um schlechtes Agrarland zu erschließen, während die Erträge auf den fruchtbaren Böden, die keiner Bewässerung bedurften, zurückgingen, weil hier für den verbesserten Anbau keine Gelder mehr übrig blieben. Die fortgesetzte prekäre Situation des sowjetischen Agrarsektors ließ sich darum nicht auf Wassermangel zurückführen, sondern auf „die verbrecherische, misswirtschaftliche Tätigkeit der Menschen", die für die Land- und Wassernutzung Verantwortung trugen.[288])

[285]) Peterson 1993: 58f. u. 113; Salygin 1988: 299.
[286]) Gustafson 1981: 123–132; Peterson 1993: 97ff.; Wolfson 1994: 56f., 66f. u. 71.
[287]) Salygin 1988: 297f. u. 303f.
[288]) Laskorin/Tichonov 1989: 218.

Königswege im Verkehrswesen: Elektrifizierte Bahnstrecken und durchgehende Wasserstraßen

Als umfassende Infrastrukturmaßnahmen sollten die „Stalinschen Großbauten des Kommunismus“ auch dem Verkehrswesen zugutekommen. So schufen die Hydrogiganten mit ihrer enormen Kraftwerkleistung Voraussetzungen für die Elektrifizierung wichtiger Eisenbahnmagistralen längs der Wolga und in Sibirien.[289]) Von Beginn an waren darum die Perspektivplanungen für die Elektrizitätswirtschaft eng mit den Programmen zum Ausbau des Bahnnetzes verknüpft. Die Eisenbahn-Lobbyisten unterstützten deshalb in der kritischen Phase aktiv die Hydroenergetiker.[290]) Die Elektrifizierung wichtiger Magistralen versprach eine spürbare Verdichtung und Beschleunigung des Bahnverkehrs.[291])

Allerdings litt die Elektrifizierung der sowjetischen Eisenbahn unter ähnlichen Schwierigkeiten wie der Ausbau der Stromnetze. Es fehlte an Kabeln, Transformatoren und anderen wichtigen elektrotechnischen Anlagen, die schließlich sogar aus dem westlichen Ausland importiert werden mussten. Desgleichen kam die Sowjetindustrie mit der Produktion moderner Elektrolokomotiven kaum nach.[292]) Vielerorts waren die Stromleitungen dann so nachlässig fertiggestellt worden, dass Unfälle und Ausfälle an der Tagesordnung waren.[293]) Als besonders problematisch für den Eisenbahnsektor erwies sich vor allem, dass sich die Inbetriebnahme neuer Kraftwerkkapazitäten genauso über Jahre hinauszögerte wie die Verlegung wichtiger Teilstrecken, die durch die Anlagen der riesigen Stauseen notwendig geworden war.[294]) Zwar stieg die Länge der elektrifizierten Bahnstrecken zwischen 1955 und 1965 von 5400 auf 24800 Kilometer an;[295]) aber in den meisten Jahren wurden die Plä-

289) Der Eisenbahnsektor stieg mit der Elektrifizierung seiner Verkehrsmagistralen zu einem immer bedeutenderen Stromabnehmer auf. Sein Elektrizitätsbedarf sollte allein in der Zeit des Siebenjahrplans (1959–1965) um knapp das Fünffache ansteigen. Dazu Zubčenko 1960: 344f. In manchen verkehrswirtschaftlich besonders verdichteten Regionen wie dem Gebiet Novosibirsk erhielt die Eisenbahn schließlich knapp ein Drittel des produzierten Stroms. So die Berechnung von Gamburg 1962: 22f.

290) Zu den engen Verbindungen vgl. GARF, 5446/51a/3763, 16–17 u. 247-265; RGAE, 7964/11/1709, 224–232; ebd., 1849, 89–115. Als im Dezember 1955 die Experten für den neuen Perspektivplan zur Elektrifizierung des Eisenbahnverkehrs ein Investitionsvolumen von 55 Mrd. Rubel errechneten, gingen sie davon aus, dass das Ministerium für Kraftwerke sich mit 18 Mrd. Rubeln daran beteiligen werde (RGAE, 7964/11/1709, 257).

291) Zu den Erwartungen vgl. Žimerin 1962: 285-317; Vinter/Markin 1956: 177-192.

292) RGAE, 7964/2/1833, 4–6; ebd., 9572/1/875, 166–170.

293) RGAE, 9572/1/1233, 1–8.

294) RGAE, 7964/2/1584, 20–21, 44–45, 55 u. 58–62; ebd., 9572/1/1941, 11-17. Eine Untersuchung Ende der 1960er Jahre kam zu dem Ergebnis, dass der forcierte Bau von Flusskraftwerken seit 1948 die Überflutung von mehr als 500 Kilometer Gleisstrecke und den Neubau Dutzender von Brücken zur Folge hatte. Vgl. dazu Avakjan/Šarapov 1968: 224–227.

295) Plechanov 1967: 78.

ne nur zur Hälfte erfüllt. Trotz aller Fortschritte blieb die Elektrifizierung der sowjetischen Eisenbahn damit weit hinter dem volkswirtschaftlich dringend notwendigen Entwicklungstempo zurück.[296]) Der Königsweg des Transportwesens nahm darum nicht die gehoffte Form einer Schnellstraße, sondern eher die einer Hindernisstrecke an, auf der die wachstumsorientierte Sowjetwirtschaft so manche Hürde überwinden musste und dadurch aufgehalten wurde.[297])

Große Erwartungen hatte vor allem die Binnenschifffahrt mit den „Stalinschen Großbauten des Kommunismus" verknüpft, denn diese versprachen mit ihren Dämmen, Kanälen und Schleusenanlagen ein einheitliches Tiefwassersystem auf den wichtigsten Binnenschifffahrtswegen zu schaffen.[298]) Dabei galt es vor allem, die meist von Nord nach Süd fließenden sowjetischen Flüsse mit sogenannten Wasserscheidenkanälen zu verbinden. Außerdem sollten die Flüsse durch riesige Stauseen schiffbar gemacht werden. Hohe Dämme garantierten eine entsprechende Wassertiefe und machten Untiefen und Stromschnellen ein Ende, die zuvor dem durchgängigen Schiffsverkehr im Wege gestanden hatten. Über 60 Prozent der Güter der Binnenschifffahrt wurden schließlich über künstlich geschaffene bzw. angestaute Wasserwege transportiert.[299]) Dank der forcierten Kraftwerk- und Kanalbauten konnte so die sowjetische Binnenschifffahrt in der Zeit von 1950 bis 1970 ihr Güteraufkommen fast vervierfachen. Ihre Bedeutung nahm besonders im Umland der kaskadisierten Flüsse merklich zu und trug maßgeblich zur verkehrstechnischen Erschließung dieser wichtigen Wirtschaftsräume bei.[300]) Dennoch blieb der Anteil der Binnenschifffahrt am gesamtsowjetischen Warenumschlag mit zwei Prozent weiterhin gering. Im Vergleich zum Eisenbahn- und Lastwagenverkehr stellte sie trotz aller Anstrengungen nur einen nachrangigen Verkehrsträger dar.[301])

Dem sowjetischen Schiffsverkehr bereitete zum einen die sehr kurze Navigationsperiode große Probleme. Sowohl in Sibirien als auch im europäischen Landesteil waren die Flüsse und Kanäle vielfach bis zu einem halben Jahr vereist.[302]) Zum anderen gab es zahlreiche wirtschaftliche Schwierigkeiten. So

[296]) Zu den wachstumsgefährdenden Planrückständen vgl. RGAE, 7964/2/1833, 4–6; ebd., 9572/1/1941, 11–13; Vinter/Markin 1956: 188; Ivanova 1980: 43.

[297]) Zu den fortbestehenden Problemen und Engpässen im sowjetischen Eisenbahnwesen vgl. zusammenfassend Grützmacher 2001: 1122–1126.

[298]) Lebed/Yakovlev 1956: 42ff.; Matlin 1961.

[299]) Neporožnij/Kozlov 1990: 15; Gidroenergetika 1982: 12 u. 85.

[300]) Deutlich zeigte sich dies am Mittellauf der Wolga. Hier verkehrten spezielle Wolga-Tanker zum Abtransport des Erdöls aus dem Zweiten Baku. Ohne den Aufschwung der Binnenschifffahrt wäre die dynamische Expansion der Energiewirtschaft hier kaum denkbar gewesen. Vgl. Kujbyševskaja oblast' 1967: 398–402; Efremov 1959: 73ff.

[301]) Grützmacher 2001: 1122 u. 1132ff.

[302]) Selbst der weit südlich gelegene Wolga-Don-Kanal war im Winter vier Monate lang nicht schiffbar. So Warneck 1954: 291. Die Navigationsperiode an Ob' und Wolga dauerte meist 175 Tage. So Alexeev 1956.

traf der im März 1953 verkündete Verzicht auf den Bau des Stalingrader Hauptzuleitungskanals die Binnenschifffahrt recht empfindlich, weil damit eine wichtige Ost-West-Verbindung nicht realisiert wurde. Als 1958 die hydroenergetische Dekade zu Ende ging, wurden weitere Kraftwerkbauten aufgeschoben. Das hatte massive Auswirkungen auf die Binnenschifffahrt, denn die Verwandlung der Flüsse in eine Verkehrsmagistrale für große Schiffe erforderte ihre umfassende Kaskadisierung. So wurde die Wolga erst in den 1970er Jahren mit dem abgeschlossenen Bau der Flusskraftwerke bei Saratov und Čeboksary zu einem durchgehenden Wasserweg.[303]) Große Probleme bereiteten vor allem auch die mangelhaften Lagerkapazitäten und die schlechten Verladeeinrichtungen in den Häfen. Der Umschlag der Güter vom Wasser auf Schiene und Straße zog sich deshalb unnötig hin. Lange Liegezeiten und Transportverzögerungen minderten die Effizienz der Binnenschifffahrt.[304])

Schon in den letzten Jahren stalinistischer Herrschaft stellten darum kritische Bestandsaufnahmen die Unrentabilität kostspieliger Kanalbauten fest.[305]) So verkehrten 1954 auf dem Wolga-Don-Kanal dreimal weniger Schiffe als im Plan vorgesehen. Sie brauchten anfänglich zwei Tage und später noch mindestens 18 Stunden, um die 101 Kilometer und die dreizehn Schleusen hinter sich zu bringen. Die große Mehrheit der Güter wurde weiterhin mit der Eisenbahn transportiert, deren Schienenweg parallel zur neuen Wasserstraße verlief. Großunternehmen wie die Stalingrader Traktorenfabrik zeigten bezüglich des ersten fertiggestellten und groß inszenierten „Stalinschen Großbau des Kommunismus“ eine „absolute Gleichgültigkeit“, so dass „seitdem der Kanal dem Verkehr übergeben wurde, ihn noch kein einziger Traktor aus Stalingrad befahren (hat).“ In einem *Izvestija*-Artikel baten das Kanalpersonal und die Wolga-Don-Schiffer schließlich dringend um mehr Ladung.[306])

Ein Grund für die enttäuschende Ausnutzung der neuen Wasserstraßen lag sicherlich darin, dass es zwischen den Vertretern der Hydroenergetik und denen der Binnenschifffahrt zunehmend zu ernsten Spannungen kam. So beschwerten sich das Ministerium für die Binnenschifffahrt (*Ministerstvo Rečnogo Flota*) und regionale Behördenvertreter vehement darüber, dass die Bauleiter nur daran dächten, das Kraftwerk fertigzustellen und darüber alle anderen Interessen vergäßen. So wurden die für den Schiffsverkehr notwendigen Signalzeichen erst mit enormer Verspätung aufgestellt. Auch die Ausbaggerung der Fahrrinnen und die Fertigstellung der Hafen- sowie Schleusenanlagen ließen lange auf sich warten.[307]) Das hatte Folgen. Auf den riesigen

[303]) RGAE, 7964/11/1990, 170–177; Avakjan/Šarapov 1968: 356.

[304]) Energetičeskie resursy 1967: 273ff.; Ungenutzte Wasserstraßen 1956.

[305]) Kokurin/Morukov 2001/20: 122ff.

[306]) Der *Izvestija*-Artikel vom 17. April 1954 ist als deutsche Übersetzung abgedruckt in *Ostprobleme* 6 (1954): 816f. Ähnlich Vendrov 1964: 204.

[307]) GARF, 5446/86/937, 5–7; RGAE, Fond 7964/4/784, 69; GANO, 1681/1/272, 8–24; ebd., 351, 31 u. 38; ebd., 393, 20–32 u. 56–61. Zu den Problemen mit Schleusen- und Hafenanlagen beim Kujbyšever Flusskraftwerk vgl. *Gidrostroitel'*, 15. Mai 1956, Nr. 654: 3; ebd.,

Stauseen bildeten sich mehrmals im Monat bis zu drei Meter hohe Wellen, die alle Schiffe dazu zwangen, einen sicheren Hafen anzulaufen. Oftmals fehlte es aber an den erforderlichen geschützten Anlegestellen und Nothäfen, so dass viele Schiffe in Seenot gerieten oder infolge fehlenden Schutzes schwer beschädigt wurden.[308])

Während der kritischen Bauphasen sollten zwar Maßnahmen getroffen werden, die trotz der Abriegelung des Flusses und des Volllaufens des Stausees ermöglichten, den Schiffsverkehr weiter aufrechtzuerhalten; doch bei der Umsetzung haperte es oft. Die erforderliche Wassertiefe konnte vielerorts nicht gewährleistet werden. Infolgedessen liefen viele Schiffe auf Grund. Derartige Störungen des Schiffsverkehrs dauerten monatelang und setzten sich noch zwei bis drei Jahre nach der Inbetriebnahme der Kraftwerkaggregate fort.[309])

Bei der Inszenierung der „Stalinschen Großbauten des Kommunismus" hatten die komplexen Nutzungsmöglichkeiten stets eine prominente Rolle gespielt, die sich dank der Stauseen den unterschiedlichen Wassernutzern boten. In der ökonomischen Realität warfen die „großen Gegensätze in den Forderungen der einzelnen Wirtschaftssektoren" und die „mangelhafte Zuverlässigkeit der gegenwärtigen Methoden zur Prognostizierung des Wasserstandes" aber kaum lösbare Probleme auf.[310]) Anlass für Interessenkonflikte war immer wieder, dass uneinsichtige Kraftwerkbetreiber in „eigenwilligen Aktionen"[311]) das Wasser der Stauseen primär nutzten, um elektrizitätswirtschaftliche Ziele zu erreichen. So reduzierten sie im Sommer den Wasserdurchlauf, um den Stausee anzufüllen und damit im Winter auf die notwendige Wassermenge für eine forcierte Stromproduktion zurückgreifen zu können. An vorgeschriebene Pegel hielten sie sich dabei nicht. In den übervollen Stauseen wurden so die Laichplätze hochwertiger Speisefische zerstört, während unterhalb des Kraftwerks der Wasserstand der Flüsse so weit sank, dass sich Untiefen bildeten, die den Schiffsverkehr zum Erliegen brachten.[312]) In anderen

6. September 1956, Nr. 703: 1; ebd. 22. November 1956, Nr. 735: 2; ebd., 16. Januar 1958, Nr. 911: 1. Zur ähnlichen Verzögerungen und Schwierigkeiten beim Wolga-Don-Kanal vgl. GARF, 9414/1/2355, 46–48; ebd., 9417/3/366, 325–326; Energetičeskie resursy 1967: 275.

308) Zu den Problemen mit dem hohen Wellengang vgl. RGAE, 7964/2/1903, 51; GANO, 1681/1/496, 1-3; *Gidrostroitel'*, 23. Oktober 1956, Nr. 723: 4; Vendrov 1970a: 174ff. u. 198ff.; Dubrovskij 1957: 163; Butjagin 1955: 39.

309) RGAE, 9572/1/871, 4–5 u. 8–10; GANO, 1681/1/496, 44–57; Avakjan 1968: 20. In Bratsk wurden Vorkehrungen getroffen, den Schiffsverkehr während der Flutungsphase des Stausees aufrechtzuerhalten. Das führte dazu, dass sich die Anstauung der Angara hinzog und es zeitweise zu wenig Wasser gab, um die installierten Kraftwerkaggregate zu nutzen. So Avakjan/Šarapov 1968: 356f.

310) Avakjan 1965; Avakjan 1966a: 3. Das erkannten auch die zuständigen Ministerien, deren Vertreter sich im Frühjahr 1956 trafen, um zu entsprechenden Absprachen und Regelungen zu kommen, an die sich später niemand zu halten schien. Vgl. RGAE, 7964/2/1739, 111-117.

311) Vendrov 1970a: 135.

312) GANO, 1616/1/78, 14; ebd., 120, 1-3; Šaronov 1967; Abramenko/Bitjukov 1967: 13–19; Konstantinidi 1971; Bitjukov 1975: 20f.

Jahren hatte die forcierte winterliche Energieerzeugung die Stauseen geleert. Als das Eis im Frühjahr schmolz und damit die Navigationsperiode anbrach, mussten die Schiffe deshalb wochenlang warten, bis der erforderliche Pegel erreicht war.[313])

Während in niederschlagsreichen Jahren Hochwasser Häfen und Felder überschwemmte,[314]) entbrannte in niederschlagsarmen Jahren ein besonders heftiger Streit um das knappe nasse Gut. Dann wollten die Interessenvertreter der Landwirtschaft mehr Wasser aus den Stauseen in die Bewässerungssysteme umleiten, um ihre Ernten zu retten. Die Protagonisten der Hydroenergetik und der Binnenschifffahrt hingegen rangen darum, die Entnahme zu begrenzen, um die für ihre Belange erforderlichen Pegel nicht zu unterschreiten.[315]) Die in der Planungsphase vorab berechneten Bedarfs- und Wasserdurchlaufmengen erwiesen sich dabei fast immer als falsch.[316]) Sie mussten mehrfach korrigiert werden, was angesichts der langsamen Entscheidungs- und Verwaltungswege oft jahrelang dauerte und über mehrere Sommer hinweg immer wieder zu den gleichen leidigen Problemen führte.[317]) Noch zehn Jahre nach Abschluss der Bauarbeiten am Novosibirsker Flusskraftwerk war darum weiterhin von „ernsthaften Widersprüchen in der Nutzung der Wasserressourcen zwischen den einzelnen Wassernutzern" die Rede.[318])

Unter den Launen der Natur und den Interessen anderer Wassernutzer litt besonders die Binnenschifffahrt. Selbst teure Ausbaggerungsarbeiten, um trotz sinkender Pegel und zunehmender Versandung die notwendige Wassertiefe zu garantieren, konnten keine dauerhafte Abhilfe schaffen. Ein ungestörter Schiffsverkehr war deshalb auf den kaskadisierten Flüssen keineswegs garantiert. Auch wenn auf der Wolga, dem Don und den sibirischen Flüssen bald eine wachsende Zahl moderner Passagier- und Frachtschiffe verkehrte, so zeigten sich die Verantwortlichen doch bitter enttäuscht darüber, dass die „Stalinschen Großbauten des Kommunismus" vieles schuldig geblieben waren und sich nicht als Königsweg bei der beschleunigten Entwicklung des Verkehrswesens erwiesen hatten. Zum Hauptproblem wurde, dass die Planer gegen Ende der 1940er Jahre nicht den fortgesetzten Trend zu immer größeren Schiffen vorausgesehen hatten. Die Fahrtiefe auf Flüssen und Kanälen sowie

[313]) So 1954 geschehen beim Cimljansker Stausee. Vgl. RGAE, 7964/2/1455, 367–370; ebd., 1456, 50–51.

[314]) Die Gefahr des Hochwassers war durch Dammbauten zwar vermindert, aber keineswegs gänzlich gebannt worden. Vgl. RGAE, 7964/2/1903, 33–35; Bitjukov 1975: 21 f.; Abramenko/Bitjukov 1967: 19.

[315]) RGAE, 7964/2/1455, 370–374; ebd., 1456, 22–23. Ausführlich Avakjan/Šarapov 1968: 126–153 u. 325–364; Vendrov 1970a: 41–45, 129, 134ff. u. 188f.

[316]) Vgl. die Fehlkalkulation für den Cimljansker Stausee GARF, 9414/1/2355, 1–2.

[317]) Zu den Problemen, zutreffende Maximal- und Minimalwerte für einen kontinuierlichen Wasserdurchlauf zu erhalten und diese dann durchzusetzen, vgl. bes. Avakjan 1966a: 4; Vendrov 1970a: 34f–37 u. 191; Gil'denblat/ Korenistov 1961; Filippova 1963; Volšanik 1967; Gil'denblat 1967; Štern/Chazan 1967.

[318]) Abramenko/Bitjukov 1967: 20.

die Breite und Länge der Schleusen setzten dem Größenwachstum der Binnenschifffahrt seit den 1960er Jahren enge Grenzen. Wegen fehlender Weitsicht erwiesen sich damit die gigantischen „Stalinschen Großbauten des Kommunismus" letztlich doch als zu klein.[319])

4.3. Fazit: An der Grenze zwischen Vernunft und Unsinn

Bei der Geschichte eines jeden technologischen Großprojekts stellt sich unweigerlich die Frage, wie viel ökonomische Vernunft sich in ihm verbarg. Bei der Antwort darauf kann es „weder um eine technikgeschichtliche Erfolgsbilanz noch um eine wohlfeile Denunziation technologischer Hybris" gehen.[320]) Man muss „Worte wie ‚Rationalität' und auch ‚Effizienz' mit größter Sorgfalt definieren"[321]) und sich gründlich überlegen, welche Parameter für die Bewertung eigentlich ausschlaggebend sind.[322]) Gerade bei gigantischen Kraftwerk- und Kanalbauten gibt es keine einfache Formel für die Kalkulation von Kosten und Nutzen, um so zu schnellen Gesamtergebnissen zu kommen.[323])

Im Unterschied zu anderen stalinistischen Großbauten – wie beispielsweise dem Weißmeer-Ostsee-Kanal und dem Turkmenischen Hauptkanal oder entlegenen Bahnstrecken wie der Bajkal-Amur'-Magistrale und der Polarmagistrale – stellten die gigantischen Flusskraftwerke an Wolga, Ob' und Angara kaum Monumente des Scheiterns dar. Unbestritten ist, dass diese „Stalinschen Großbauten des Kommunismus" der sowjetischen Elektrizitätswirtschaft und Bauindustrie zu einem schnellen Aufschwung verhalfen und mit dem Infrastrukturausbau dazu beitrugen, die Bedeutung des Wolgalands, Westbajkaliens und des Gebiets Novosibirsk als Standorte wichtiger Industrien zu stärken. Als unübersehbare Meilensteine des sowjetischen Stahl- und Betonsozialismus waren sie nicht Investitionsruinen, sondern ökonomische Aufbauwerke, mit denen sich neue räumliche Konzepte von Wirtschaft durchsetzten.

Gleichwohl schufen die „Stalinschen Großbauten des Kommunismus" wegen ihrer um Jahre verzögerten Fertigstellung und ihrer deutlich erhöhten Baukosten Abflusskanäle für riesige Investitionssummen. Sie waren markante Beispiele für die Misslichkeiten der Planwirtschaft, als im Zeichen der aggres-

319) Zvorykin 1962: 25–29; Avakjan 1986: 20; Vendrov 1970a: 30f., 126–129 u. 185; Vendrov 1964: 203; Opyt proektirovanija 1978: 37ff.

320) Laak 1999: 51.

321) Nove 1980: 453.

322) Seit Ende der 1950er Jahre versuchten sich die sowjetischen Wirtschaftswissenschaftler wiederholt an der genauen Bestimmung des Begriffs „Effektivität" und legten sogar Formeln zur genauen Berechnung vor. Trotz dieser angestrengten Bemühungen kam es aber zu keiner allseits akzeptierten klaren Definition. Der kleinste gemeinsame Nenner blieb der Verweis auf die zentralen Kennziffern der Arbeits- und Kapitalproduktivität. Zu dieser sowjetischen Debatte und den Bestimmungsproblemen vgl. Stahr 1970: 226–262.

323) Dams 2000: 21.

siven Ein- und Überholrhetorik des Kalten Krieges ein überhitzter Beschleunigungsprozess die Sowjetwirtschaft zu Spitzenleistungen treiben sollte. Eine Untersuchung sowjetischer Planungsexperten ergab, dass zwei Drittel der zwischen 1962 und 1966 realisierten Großvorhaben in Sibirien ihre Kapazitäten nicht zum geplanten Zeitpunkt in Betrieb genommen hatten. In diesen Jahren musste die gewaltige Summe von 83 Mrd. Rubel zusätzlich investiert werden, um überfällige Bauprojekte abzuschließen.[324]) Bei 369 untersuchten Großbauten lagen die Baukosten schließlich um mehr als ein Drittel über den ursprünglich geplanten Investitionen.[325]) Das weitverbreitete Phänomen des *dolgostroj*, also des langen und teuren Bauprozesses, verwandelte die sowjetischen Industrielandschaften oftmals in einen „graveyard of unfinished construction projects".[326]) Das erklärte, warum die Nachfolger Chruščevs bei ihren Wirtschaftsreformen von 1965 vehement auf die beschleunigte und planmäßige Inbetriebnahme der Investitionsbauten drangen und sich dabei sogar ansatzweise eines kreditpolitischen Instrumentariums bedienten, um endlich wieder den aus den Fugen geratenen Baukosten beizukommen.[327]) Der hohe „Preis des Kapitals" begann den Planungsexperten zunehmend Kopfzerbrechen zu bereiten.[328])

Auch in der internationalen Geschichte des Damm- und Kanalbaus stellten die „Stalinschen Großbauten des Kommunismus" weniger herausragende Negativbeispiele, sondern eher den Normalfall dar. In der zweiten Hälfte des 20. Jahrhunderts gehörten Hydrogiganten zu jener Gruppe von Megaprojekten, bei der es besonders häufig zu langen Verzögerungen und teuren Nachtragshaushalten kam.[329]) Wie viele andere wasserbauliche Großunternehmungen konnten die sowjetischen Stromkathedralen an Wolga, Ob' und Angara so nur dank der Mobilisierung unverhältnismäßig vieler Ressourcen fertiggestellt werden und kamen die Sowjetbürger schließlich teuer zu stehen. Als ihr Bau nach 1949 in Angriff genommen wurde, stieg der Strompreis von 25 auf 40 Kopeken pro Kilowattstunde. Im internationalen Vergleich war damit Elektrizität für den Privathaushalt in der Sowjetunion außerordentlich teuer. Nach offiziellen Moskauer Berechnungen kostete sie 1957 viermal so viel wie in den USA. Das Ministerium für Kraftwerke sah sich trotz zahlloser Bitten

[324]) Stahr 1970: 190.
[325]) Krasovskij 1968: 44.
[326]) Gregory 2004: 252.
[327]) Stahr 1970: 198–225.
[328]) Dazu Gustafson 1981: 53–70.
[329]) So kam eine internationale Untersuchungskommission bei der Analyse von 81 bzw. 99 Staudammbauten in der zweiten Hälfte des 20. Jahrhunderts in aller Welt zu dem Ergebnis, dass die geplanten Baukosten durchschnittlich um 57 Prozent überzogen wurden. Nur jedes fünfte Projekt hielt sich an den vorgegebenen Haushaltsrahmen. Zugleich zog sich die Fertigstellung bei der Mehrheit über den vorgegebenen Zeitrahmen hinaus. Jedes dritte Projekt konnte erst mit einer Verspätung von zwei und mehr Jahren in Betrieb genommen werden. Vgl. Dams 2000: XXXI u. 39–42.

und Klagen nicht in der Lage, die Preiserhöhung wieder rückgängig zu machen, um so die hohe finanzielle Belastung der Privathaushalte zu verringern. Nur dank der hohen Tarife galt der Bau der gigantischen Flusskraftwerke überhaupt als gesichert. Ihre Gemeinnützigkeit konnte sich besonders den Landbewohnern kaum erschließen, weil über sie der neue elektrizitätswirtschaftliche Aufschwung mit seinen beeindruckenden Hochspannungsleitungen im wahrsten Sinne des Wortes hinwegging.[330])

Die „Stalinschen Großbauten des Kommunismus" lagen zweifellos „an der Grenze zwischen Vernünftigkeit und Unsinn".[331]) Ihre Geschichte zeigt, wozu die sowjetische Wirtschaft während der 1950er Jahre in der Lage war und wo sie versagte und sich im Gestrüpp unlösbarer Systemmängel verhedderte. Durch zielgerichtete Investitionen ließen sich innerhalb kurzer Zeit nicht nur neue Industriegebiete, sondern auch zentrale Industriebranchen quasi aus dem Nichts aufbauen. Während im Vorkriegsstalinismus die Realisierung ambitiöser Großprojekte maßgebend auf dem Transfer westlicher Technologie beruhte, war es der Sowjetunion nach 1948 offensichtlich vielfach gelungen, die Importe durch eigene Produkte zu ersetzen und neue Technisierungspfade sowie Produktionsverfahren durchzusetzen, die sie international wettbewerbsfähig machten. Zwar blieb die westliche Technologie weiterhin der Vergleichsmaßstab, der Orientierung über die eigenen Leistungskräfte und Entwicklungsprobleme gab,[332]) doch mit den „Stalinschen Großbauten des Kommunismus" ging es der Sowjetunion nun nicht mehr darum, sich am eigenen Zopf aus dem Sumpf der Rückständigkeit zu ziehen und den Anschluss an die Entwicklung der modernen Technik zu finden. Vielmehr erhoben Parteifunktionäre, Wissenschaftler und Techniker selbstbewusst den Anspruch, fortan dem technischen Fortschritt voranzugehen und selbst Wegmarken für die Zukunft zu setzen. Mit einem neugewonnenen Überlegenheitsgefühl versuchten sie, endlich den quälenden Makel der Unzulänglichkeit abzustreifen. Das hohe Maß an Attraktivität, das damals für die Ostblockstaaten und Dritte-Welt-Länder vom Sowjetmodell ausging, und die wachsende Ängste im Westen, bald gegenüber dem dynamischen Aufschwung sowjetischer Technik ins Hintertreffen zu geraten, belegen anschaulich, dass die sowjetischen Erfolge bei der Umsetzung von Großprojekten damals großen Eindruck machten.

Während in der Entwicklung sowjetischer Technik zwischen den 1930er und den 1950er Jahren ein deutlicher Wandel erkennbar ist, lassen sich in der Art und Weise, wie Großprojekte realisiert wurden, klare Kontinuitäten herausarbeiten. Ähnlich wie in den Jahren nach 1928, als in der Sicht der Parteiführer der „Aufbau des Sozialismus" dank beeindruckender Großvorhaben gelang, war es beim „Übergang zum Kommunismus" zwei Jahrzehnte später wieder die verstörende Ambivalenz von Effizienz und Verschwendung, von

330) RGAE, 7964/11/1984, 12-14; ebd., 1991, 15-16.

331) Lebed/Yakovlev 1956: 42.

332) Vgl. dazu bes. Boettcher 1956.

bemerkenswerten Höchstleistungen und ernüchternden Ausfällen, die maßgeblich die Baugeschichte der neuen Großbauten charakterisierte. Erneut sollte offensichtlich zu viel zu schnell erreicht werden, so dass sich angesichts einer überschießenden, alle Bedenken pulverisierenden Vision das Planen und Bauen zu wenig an den Grenzen des Möglichen orientierte. Die fatale Mischung aus revolutionärer Ungeduld und ökonomischer Überforderung führte zwangsläufig dazu, dass die gigantischen Flusskraftwerke vielleicht nicht megalomanisch, aber in vielerlei Hinsicht gefährlich überdimensioniert waren. Wachstum wurde unvermindert mit Größe gleichgesetzt. Die sowjetische Fortschrittsidee konnte sich auch nach 1953 nur bedingt von der Tonnenideologie der stalinistischen Brachialindustrialisierung freimachen. Die irrige Vorstellung, die Spitzen- und Großtechnologie enthalte schon als solche produktive Impulse, durchzog die sowjetische Wirtschaftspolitik wie ein roter Faden. Reformansätze verfielen darum regelmäßig der Rhetorik der Rekorde. Großprojekte boten Scheinlösungen, vermittelten ein Gefühl der Befriedigung und verschleierten weiterhin evidente Rückstände und Probleme.

Ganz in der Tradition der aus den 1930er Jahren überlieferten „Kampagnenplanung"[333]) zielten die „Stalinschen Großbauten des Kommunismus" darauf, durch eine Serie von Vorwärtssprüngen, die auf wenige vorrangige Sektoren und Gebiete beschränkt blieben, der Wirtschaft kräftige Wachstumsstöße zu vermitteln. Offensichtlich waren die Parteiführer von der Angst ergriffen, dass die Sowjetökonomie durch längere Perioden relativer Normalität in einen Zustand der Routine, Trägheit und Stagnation verfallen könne, dem es durch die allseitige Konzentration aller Mittel auf neue großartige Ziele entgegenzuwirken galt. Die sogenannte „theory of tempos" versprach mit ihrem „planned heroism" den dynamischen Modus der Vorwärtsbewegung zu erhalten und das revolutionäre Momentum zu stärken.[334]) Der Logik der mobilisierenden Kampagnenplanung konnten sich in den 1950er Jahren auch renommierte westliche Entwicklungsökonomen nicht entziehen.[335]) Ihre Theorie des „unbalanced growth" sah die richtige Industrialisierungsstrategie rückständiger Volkswirtschaften gleichfalls darin, die ineinandergreifenden *circuli vitiosi* durch ein mutiges einseitiges Vorwärtsstürmen aufzubrechen. Langfristige Pläne mit klarer Prioritätensetzung und der bewussten Inkaufnahme fortgesetzter Rückstände nachrangiger Wirtschaftssektoren ließen schöpferische Spannungen entstehen, die als mächtiger Antrieb für weiteren umfassenden Strukturwandel wirken sollten. Kampagnen wurde die vitale Rolle von Mobilmachern und Engpässen die Funktion von Reizmitteln für weitere Anstrengungen zugeschrieben. Das erklärte die damals weitverbreitete Euphorie für ambitiöse Großprojekte, deren Realisierung versprach, mit stimulierenden und motivierenden Taten eine allseitige Entfaltung der Wirtschaftskräfte aus-

[333]) Nove 1963: 165.

[334]) Ausführlich dazu Hanson 1997: 147–176 u. 201–208.

[335]) Vgl. bes. die Arbeiten von Myrdal 1957; Hirschman 1958; Higgens 1959.

zulösen. Die „Stalinschen Großbauten des Kommunismus" erschienen in den 1950er Jahren daher vielen als vernünftige Reaktionen auf die Herausforderungen ihrer Zeit, um die Welt nach turbulenten Jahrzehnten endlich zum Besseren zu verändern und durch Technik- und Wirtschaftswunder die Zukunft für sich zu gewinnen.[336])

Der Umstand, dass Kampagnen nicht nur mit Wachstum und Aufbruch, sondern auch mit akuter Knappheit und Überforderung, Überkapazität und Verschwendung Hand in Hand gingen, hatte allerdings Folgen, die den Zeitgenossen gleichfalls nicht verborgen blieben. Zwar hatte es bei den „Stalinschen Großbauten des Kommunismus" im Unterschied zu anderen stalinistischen Megaprojekten durchaus vorbereitende Planungen gegeben. Die Projektierungs- und Erschließungsinstitute leisteten zweifellos bessere Arbeit als zuvor. Aleksandr Solženicyns Urteil „in Eile erkoren, blind geboren"[337]) trifft darum auf die Plangiganten an Wolga, Ob' und Angara kaum zu. Dennoch gehörte auch hier die Praxis des „Bauens ohne Plan" weiterhin zum Alltag. Das hypertrophe Tempo der „economics of virtuous haste"[338]) beschwor unnötige Fehler herauf, die knappe Ressourcen und ökonomisches Kapital vernichteten. So mussten wegen des Baus des Bratsker Giganten an der Angara insgesamt 110 Kilometer der kurz zuvor unter großem Aufwand fertiggestellten Tajšet-Lena-Gleisstrecke verlegt werden, weil sich die Planer keine Zeit genommen hatten, um das Kraftwerk- und das Eisenbahnprojekt aufeinander abzustimmen.[339]) Es mangelte am reibungslosen Ineinandergreifen der verschiedenen Teilpläne zu einem koordinierten Gesamtplan, um ein störungsfreies Wirtschaftswachstum zu gewährleisten.

Auch führte die fortgesetzte Überschätzung der Kapazitäten der Bau- und Zulieferindustrie und damit die unzureichende materiell-technische Versorgung der Großbaustellen dazu, dass diese „ihrem Wesen nach ein einziger gewaltiger Engpaß"[340]) blieben. Immer wieder kam es zu Verzögerungen im Ablauf der ökonomischen Prozesse. Angesichts der wirtschaftsdirigistischen Absurditäten war die plangemäße Fertigstellung der „Stalinschen Großbauten des Kommunismus" so von Beginn an in Frage gestellt. Die Bauleiter verloren schon bald den Überblick und die Koordination. Der Plan erwies sich einerseits als Befehl, anderseits als bloße Fiktion. Er schuf mit seinen „visions of growth"[341]) lediglich einen groben Rahmen, der die Grenzen der Aushandlung absteckte. So hatte die Praxis der sowjetischen Planwirtschaft, in der die

[336]) Auf die Ähnlichkeit der sowjetischen Kampagnenökonomie mit der westlichen Entwicklungsökonomie verwies Nove 1963: 334ff.; Nove 1980: 446–450.

[337]) Solschenizyn 1978: 95.

[338]) So Gregory Grossman, zit. n. Höhmann 1986: 41. Von einer Mentalität des „Nichtwartenwollens", die zur Anspannung der ökonomischen und sozialen Ressourcen „bis zur Unerträglichkeit" führte, sprach Boettcher 1959: 257.

[339]) Avakjan/Šarapov 1968: 224f.

[340]) Erren 2002: 578.

[341]) Gregory 2004: 191.

Kennziffern für die Inanspruchnahme hoher Investitionen und die Erfüllung bzw. Übererfüllung der Planvorgaben als maßgebliche Erfolgskriterien galten, eine spezifische Investitionsrationalität und Baukultur zur Folge. Das Bewertungssystem der sowjetischen Kommandowirtschaft ging vom Aufwand statt von der Effizienz, von der Quantität statt von der Qualität aus. Deshalb lag es im unmittelbaren Interesse der Wirtschaftsakteure, so viel wie möglich an Investitionen aus dem Staatsbudget „herauszuholen" und in den Rechenschaftsberichten ein möglichst großes Produktionsvolumen nachzuweisen. Dem „Kult des Brutto" (*kul't vala*) wurde überall auf den Großbaustellen eifrig Opfer dargebracht.[342]) Das schuf einzigartige „economics of illusion".[343]) Während riesige Erdmassen bewegt, Beton und Stahl in großen Mengen verbaut wurden und sich die Bautrusts mit neuen gigantischen Baumaschinen brüsteten, blieben baurelevante Faktoren vielfach unberücksichtigt, weil sie nur wenig zur Bruttoproduktion beitrugen. Die reinen Mengenpläne führten damit zu zahlreichen Detailproblemen im Kleinen, die den Bau und später den Betrieb der Kraftwerke und Kanäle erheblich behinderten.

Der Erfolg technologischer Großprojekte bestimmte sich über deren Fähigkeit, die zwangsläufig auftretenden Probleme zu lösen und die vielfältigen Nebenfolgen unter Kontrolle zu halten. Erst ein hohes Maß an Flexibilität, Rekombinierbarkeit und Regenerierbarkeit der Großprojekte garantierte Krisenfestigkeit und eigendynamisches Wachstum durch weitreichende Synergieeffekte. Es galt, aus unvorhergesehenen Herausforderungen und Störfällen rasche Konsequenzen zu ziehen, um durch erweiterte Handlungsoptionen die ökonomische Wucht der Großtechnik nicht ins Leere laufen oder katastrophische Folgen nach sich ziehen zu lassen.[344]) Damit war es bei den „Stalinschen Großbauten des Kommunismus" nicht besonders gut bestellt. In ihnen hatte sich neben den ökonomischen Maßlosigkeiten und Koordinationsproblemen auch die einseitige Prioritätensetzung der sowjetischen Volkswirtschaft deutlich eingeschrieben. Zwar wurden sie stets als komplexe Erschließungsprogramme inszeniert, die neben der Energiewirtschaft auch dem Agrarsektor und der Binnenschifffahrt zu einem Aufschwung verhelfen sollten; doch waren sie mit ökonomischen Zielvorgaben überfrachtet, so dass sich Ansprüche verfestigten, denen sie trotz aller Anstrengungen und bemerkenswerter Teilerfolge letztlich nicht gerecht werden konnten.

Das ideologische Postulat der Planbarkeit ökonomischer Prozesse und der prinzipiellen Interessenharmonie zwischen allen Wirtschaftsbranchen verwehrte oft die Einsicht in die Erkenntnis, dass es mit der zunehmenden Komplexität und Kompliziertheit der sich entwickelnden industriellen Volkswirtschaft auch zur Mehrdimensionalität und zur Konfliktträchtigkeit von Zielen

[342]) So der 1956 geprägte Begriff des sowjetischen Ökonomen D. Kondrašev, zit. n. Nove 1963: 179. Vgl. dazu auch Gregory 2004: 159ff.

[343]) Gregory 2004: 140.

[344]) Weyer 1992: 347 u. 363f.

und Erwartungen kam. Während dank der neuen Kapazitäten der Riesenkraftwerke die Elektrizitätswirtschaft und ausgewählte Industriezweige dynamisch expandierten, sanken die Stromnetze und vor allem die Landwirtschaft zu „Aschenbrödel-Sektoren“[345]) herab. Die fortgesetzte Vernachlässigung der Agrarwirtschaft führte dazu, dass Worte wie Landleben und Kolchoz „im Sprachgebrauch der Sowjetbürger [...] Synonym für Rückständigkeit, Elend und niedrigen Lebensstandard“ blieben.[346]) Dank neuer Rekordmarken bei den Kraftwerkkapazitäten wähnten die Moskauer Parteiführer ihr Land auf der Überholspur der Geschichte, obgleich es in vielen Bereichen lediglich auf der Kriechspur für Schwerlasttransporte vorankam. Statt das drastische ökonomische Leistungs-, Wachstums- und Innovationsgefälle zu verringern, zementierten die „Stalinschen Großbauten des Kommunismus“ die volkswirtschaftlichen Disproportionen und strukturellen Verzerrungen. Zweifellos lag das Grundproblem der Plangiganten darin, dass das dynamische Ineinandergreifen der verschiedenen Branchen, von Produktion und Konsum, von Industrie und Landwirtschaft weiter auf sich warten ließ. Im ökonomischen Labyrinth der Großprojekte wurden Synergieeffekte und Effizienzpotentiale wichtiger Basisinnovationen allzu leichtfertig verspielt. Denjenigen, die sich damals in Ost und West für die Strategien eines „unbalanced growth“ begeisterten, demonstrierte die sowjetische Technik- und Wirtschaftspolitik, dass sich ohne das sorgfältige Aussteuern ökonomischer Kreisläufe und Rückkopplungen der erwartete durchschlagende Strukturwandel kaum einstellte. Nicht ein sich selbst tragendes und nachhaltiges Wirtschaftswachstum gewährleistete die fortgesetzte Entwicklung der sowjetischen Volkswirtschaft, sondern weiterhin ein außerordentlich hoher Investitionsaufwand und die oftmals verschwenderische Nutzung vorhandener Ressourcen und Kapazitäten.

Als die Politik der Tauwetterperiode die wirtschaftspolitische Prioritätenskala um die forcierte Förderung der Landwirtschaft, der Konsumgüterindustrie und anderer Branchen erweiterte, führte dies zu einer wachsenden Knappheit an Kapital und Arbeitskräften. Das Wirtschaftswachstum hing darum in wachsendem Maß von der Steigerung der gesamtwirtschaftlichen Produktivität ab. Es galt, die produktiven Möglichkeiten des Landes umfassender und vor allem effizienter zu nutzen, um ein besseres Verhältnis von Aufwand und Ertrag, Kosten und Nutzen zu erreichen. Die sowjetische Wirtschaftspolitik stand spätestens Ende der 1950er Jahre angesichts der unumgänglichen „Modernisierung des Industriesystems“[347]) vor einer „Scheidewegsituation“[348]). Es galt zu klären, wie der „allmähliche Übergang von ihrer extensiven zur

[345]) Nove 1963: 169.

[346]) Fainsod 1965: 638f.

[347]) Ausführlich dazu Belousov 2000. Von der Phase der „reifenden Industriewirtschaft“ sprach Raupach 1964: 106.

[348]) Boettcher 1959: 292ff.

intensiven Phase der Industrialisierung“[349]), von der „Maximierung“ zur „Optimierung“[350]) der Wirtschaftskräfte, von der „Mobilisierung in die Rationalisierung“[351]) gelingen könnte, ohne die Grundlagen des etablierten planwirtschaftlichen Systems zu unterminieren.

Der 1958 verkündete Wandel in der Elektrizitätswirtschaft und die gesunkene Prioritätsposition der Hydroenergie sind zweifellos vor diesem allgemeinen Hintergrund angestrengter Bemühungen um eine kostenbewusste Wirtschaftsführung und die Verminderung volkswirtschaftlicher Disproportionen zu sehen. Der nicht immer unumstrittene Doyen der sowjetischen Wirtschaftswissenschaften Stanislav Strumilin warnte 1959 angesichts der bisherigen Erfahrungen mit Großprojekten vehement davor, dass sich die „Wirtschaftsgesetze an denjenigen rächen, die sie brechen.“[352]) Seine Kollegen forderten die „Perfektionierung der Planung“, die dringend notwendige Formulierung von Optimalitätskriterien (*kriterii optimal'nosti*).[353]) Diese technokratische Sicht mit ihrer Kritik an ressourcen- und kräftevergeudenden Großbauten schlug sich im 1961 verabschiedeten neuen Parteiprogramm nieder. Wenn hier von der „maximalen Verkürzung der Bauzeiten, (der) Kostensenkung und (der) Qualitätsverbesserung im Bauwesen durch konsequente Industrialisierung“ und vom „höheren wissenschaftlichen Niveau der Planung, des Projektierens, der Rechnungsführung und der Statistik“ die Rede war,[354]) ging es offensichtlich darum, aus den bei den „Stalinschen Großbauten des Kommunismus“ gemachten Fehlern zu lernen.

Die Realisierung weiterer hydroenergetischer Giganten zeigte aber, wie schwer sich die Verantwortlichen in Staat und Partei damit taten, von der weithin akzeptierten wissenschaftlichen Diagnose zur wirtschaftspolitischen Therapie zu kommen.[355]) Zwar kamen zwischen 1960 und 1966 unter der Leitung von *Gidroproekt* unterschiedliche Experten zusammen, um ein neues „Generalschema zur komplexen Nutzung und zum Schutz der Wasserressourcen“ für die nächsten zwanzig Jahre zu erarbeiten; doch blieben viele der neuen Flusskraftwerke nichtsdestoweniger mit ihrer „unglücklichen Errichtung“ volkswirtschaftliche Sündenfälle der besonderen Art.[356]) Wegen man-

349) Boettcher 1959: 200.
350) Thalheim 1972: 323.
351) Plaggenborg 2001b: 772.
352) Strumilin 1959: 127.
353) So Starostin/Frolov 1962; Smechov 1965; Metody 1965; Mežotraslevoj balans 1969. Zur damals wiederauflebenden wissenschaftlichen Diskussion um Wirtschaftstheorien, die schon vor 1953 geäußerte Meinungen von der Eigengesetzlichkeit der Wirtschaft und die Forderung nach einer ausgewogenen Investitionspolitik und einer proportionierten Wirtschafsstruktur aufgriffen, vgl. ausführlich Zaleski 1967; Sutela 1991.
354) Zit. n. Meissner 1962: 192 u. 204.
355) Zu den fortgesetzten Problemen mit der Arbeits- und Kapitalproduktivität, die sich auch in den 1960er und 1970er Jahren nicht merklich verbessern wollte, vgl. die Tabelle bei Gregory 2004: 250.
356) Vendrov 1970a: 188.

gelhafter planerischer Weitsicht litten sie unter einer „schnellen moralischen Alterung".[357]) Die Planer zeigten sich unfähig, die Interessen der verschiedenen Wirtschaftsakteure im Auge zu behalten und die Folgen der massiven Eingriffe in Umwelt, Gesellschaft und Wirtschaft richtig zu kalkulieren. Unbeirrt von allen Warnungen und Forderungen, wurden große Bauvorhaben fortgesetzt „nach dem Gesichtspunkt ihrer eigenen Effektivität (*effektivnost'*)" beurteilt und nicht „vom Standpunkt der Gesamteffektivität" und „im Verbund zusammenhängender multi-sektoraler Zielsetzungen" bewertet.[358])

Das Beispiel der beeindruckenden Elektrizitätstempel an den sowjetischen Flüssen verdeutlicht darum, dass es der poststalinistischen Sowjetunion an einem in allen Details durchdachten Modellentwurf einer reformierten Wirtschaftslenkung mangelte, um im Prozess der Planverwirklichung für cin ausgewogenes Wachstum zu sorgen und den zur spürbaren Verbesserung der wirtschaftlichen Gesamtlage notwendigen Strukturwandel durchzusetzen. Chruščev und vor allem später Brežnev praktizierten eine begrenzte, konservative Reform der Systemverbesserung, um durch die verordnete Implementierung sogenannter progressiver Elemente politische Verkrustungen aufzubrechen und die Volkswirtschaft wieder in die Balance zu bringen. Doch angesichts des „Fehlens koordinierter Indices für Output, Investitionen und Kapitalbestand"[359]) ließ sich die volkswirtschaftliche Disharmonie nicht überwinden, sondern lediglich auf ein tolerables Maß vermindern, um der drohenden Sprengung des Wirtschaftssystems entgegenzuwirken.[360]) Die Strukturprobleme der im Prozess der nachholenden Industrialisierung reifer und komplexer werdenden Sowjetwirtschaft blieben ungelöst, weil sich die drängenden ökonomischen Herausforderungen der Zeit dauerhaft nicht mit der Nachbesserung des sozialistischen Wirtschaftssystems bewältigen ließen.

Schon in der Tauwetterperiode zeigte sich, dass der wirtschaftspolitische Spielraum recht gering war und die künftige Entwicklung weiterhin stärker von der Wachstumsdynamik und der Wirtschaftsstruktur der Vergangenheit als von neuen Leitvorstellungen bestimmt wurde. Besonders die hydroenergetischen Großprojekte ließen die dem System der sowjetischen Wirtschaftsplanung immanente Tendenz, eine einmal geschaffene Wirtschaftsstruktur eher erweitert zu reproduzieren als im Sinne einer Modernisierung zu verändern, immer deutlicher hervortreten. Statt den Weg „schöpferischer Zerstörung" zu beschreiten, der für die kapitalistischen Marktwirtschaften im 20. Jahrhundert charakteristisch war, beließ es die sowjetischen Kommandowirtschaft dabei, ihre Industriestruktur in einem Zustand einzufrieren, der sich als „inefficient,

[357]) Vendrov 1970a: 32 u. 221.

[358]) So das kritische Fazit von Abel Abanbegjan, dem Direktor des Wirtschaftsinstituts der Sibirischen Abteilung der Sowjetischen Akademie der Wissenschaften, im Jahr 1971. Zit. n. Nove 1980: 90f. Ausführlich Dyker 1983: 175–200.

[359]) Zauberman 1972: 10f.

[360]) Raupach 1979: 110. Ähnlich Meissner 1960: 236; Hanson 2003: 48ff.

but stable" bezeichnen lässt.[361]) Sie setzte sich freilich wiederholt der „uncomfortable treadmill of reforms"[362]) aus, bei denen lediglich einzelne Symptome kuriert wurden, statt sich ernsthaft daran zu machen, die „faulty foundations"[363]) der Wirtschaftsordnung umzugestalten.

Eine existenzgefährdende Wirtschaftsschwäche trat schließlich in den 1970er Jahren ein, als infolge der Verknappung der traditionellen Wachstumsfaktoren Arbeit und Kapital die grundsätzlichen Defekte nicht mehr mittels leicht zu realisierender extensiver Wachstumspotentiale verdeckt werden konnten. Die poststalinistische Sowjetunion war angesichts starker „stalinistischer Trägheitswiderstände" auf halbem Weg zur Wirtschaftsstruktur eines hochentwickelten Industrielands steckengeblieben.[364]) Ihre in wichtigen Einzelteilen inkonsistente Ordnung erwies sich zunehmend als unfähig, „eine vollständige und genügend effiziente Nutzung des materiellen und intellektuellen Potentials der Gesellschaft zu gewährleisten." Die fortgesetzten Widrigkeiten und Absurditäten auf den Großbaustellen zeigten anschaulich, dass – wie es die sowjetischen Experten in der verordneten marxistischen Sprache treffend auf den Punkt brachten – „das System der Produktionsverhältnisse erheblich hinter dem Entwicklungsstand der Produktivkräfte zurückgeblieben ist."[365])

361) Ellman/Kontorovich 1998: 13.

362) Gregory 2004: 270.

363) Hunter/Szyrmer 1992.

364) Meissner 1966: 107 u. 121.

365) So steht es in der von der führenden sowjetischen Soziologin Tatjana Saslavskaja 1983 verfassten Novosibirsker Studie, die damals wegen ihrer heftigen Kritik an der sowjetischen Wirtschafts- und Sozialordnung erhebliches Aufsehen erregte. Zit. n. der deutschen Übersetzung: Studie 1984: A4 u. A9. Allgemein vgl. Radkau 1990.

5. Technik und Kultur: Kulturelle Praxis und gesellschaftliche Bedeutung des Technikkults

Wer sich der Einsicht anschließt, dass sich eine Gesellschaft durch die Idee konstituiert, „die sie sich von sich selbst macht" [1]), und „Wirklichkeit das ist, was wirkt"[2]), findet in der Utopie- und Faszinationsgeschichte von Großprojekten ein aufschlussreiches Problemfeld, um Technik- und Kulturgeschichte sinnvoll miteinander zu verbinden. Prestigeträchtige Monumentalbauten waren dank ihres dichten Beziehungsgeflechts von technologischen Lösungen, ökonomischen Interessen, politischen Zielen und kulturellen Aufladungen nicht nur „mechanisierte Sachsysteme", sondern auch „schematisierte Symbolsysteme".[3]) Sie wirkten „als Attraktionen, Optionen, Normen, Ritualisierungen, Kultivierungen, Imaginationen."[4]) Ihre enorme Dynamik ergab sich aus dem „Zusammenspiel von technischer Leistung und kulturellem Entwurf".[5])

Während zu Naturdenkmälern stilisierte Landschaften lange Zeit die Menschen durch ihre Schönheit, Erhabenheit und ihre übersinnliche Ausdruckskraft überwältigt hatten, löste im 20. Jahrhundert zunehmend die Begeisterung für die Wunderwelt moderner Technik das vielfach beinahe schon religiöse Naturempfinden ab. Großprojekte verschafften sich über ihre schiere Größe, enorme Leistungskraft und imposante Ästhetik unwiderstehliche Autorität. Als visualisierte Macht des Menschen über die Natur beeindruckten sie mit ihren kühnen Gestaltungsplänen. Beim Betrachter führten sie häufig zu einem sensuell überwältigenden Erlebnis, zu einer Mischung von Schauder und Bestürzung einerseits und ehrfurchtsvoller Bewunderung und Begeisterung für die ungeahnten Möglichkeiten anderseits. Der rationalen Erklärungskraft entzogen, wurden die technischen Wunderwerke zu Kathedralen der Moderne verklärt, die sowohl Respekt geboten als auch stolz machten. Sie vermittelten die mitreißende Wucht eines starken Willens, dem sich nichts entgegenzustellen vermochte. Bei diesem Technikschauspiel ging es nicht zuletzt darum, den Enthusiasmus der Menschen für das Machbare und ihre Euphorie für gigantische Umgestaltungsvorhaben als gesellschaftliche Energiequelle zu erschließen.[6])

In allen Industrienationen, die sich auf das Projekt der Moderne einließen, wurde der Technikkult zum Gegenstand einer politischen Theologie, zur normativen Selbstbeschreibungsfolie und zum Ausgangspunkt eines spekulativen Wunschdenkens. Die dabei inszenierten Zukunftslandschaften setzten sich so-

[1]) So Oexle 1996: 29.
[2]) Burckhardt 1999: 341.
[3]) Rammert 1993: 184. Ausführlich auch Hörning 1989.
[4]) Osietzki 1992: 309.
[5]) Sachs 1994: 305.
[6]) Dazu ausführlich Nye 1994; Wengenroth 1993.

wohl aus Beton und Stein als auch aus Hoffnungen, Ängsten und unterschiedlichen Traumbildern zusammen, die in eine zeit- und systemspezifische Ordnung gebracht wurden. Bei ihrer Analyse wird der Historiker, der sich an die Erforschung der kulturellen Grundlagen der Moderne macht, fündig und kann zeigen, dass unter dem Anspruch, „eine vernunftbegründete Gesellschaft aufgebaut zu haben, [...] ein mächtiger Rest mythischer Unvernunft“ lag.[7]) Auch die moderne Technik, deren Rationalität nicht ausreicht, um „den Raum zu erfüllen, der schließlich durch (sie) verändert wird“[8]), bedarf offensichtlich der Mythen. Der Technikkult steht darum für das Märchen- und Wahnhafte moderner Weltauslegungen, für ihr verzwicktes Gewebe von Täuschung und Selbsttäuschung.

Technik impliziert nicht nur wirtschaftliche und politische, sondern auch kulturelle Macht. Ihr Handlungspotential besteht in der Fähigkeit, zum einen neue Gewissheiten zu vermitteln, die Harmonie- und Glücksbedürfnisse zu befriedigen vermögen, zum anderen Interpretationen zu begründen, die sich in der gesellschaftlichen Debatte als legitim durchsetzen lassen. Erst durch diese geballte Verbindung von Heilsaussicht und Machtentfaltung ergeben sich die „kulturellen Explosionswolken technischer Kettenreaktionen“[9]), die den Technikkult im 20. Jahrhundert zu einer sozialromantischen und technikgläubigen Ersatzreligion werden ließen. „Überwuchert von irrationalen, ins Zauberische ausgreifenden Vorstellungen“ trugen die prestigeträchtigen Großprojekte als Sinnstiftungskompositionen, Legitimationsarsenale und Identitätsdepots maßgeblich dazu bei, dass die Menschen bei ihrem alltäglichen Umgang mit den neuen technischen Handlungsmöglichkeiten „nicht mehr der Gesellschaft als solcher (begegneten), sondern dem [...], was als abstrakte Identität an ihre Stelle getreten“ war.[10]) Der Technikkult wirkte als ein zentrales Stilmittel in der Rhetorik des sozialen Zusammenhalts, um durch eine technisch definierte Leitkultur den notwendigen gesellschaftlichen Konsens zu erreichen. Heerscharen von selbsternannten Sinnstiftungsaposteln, Weltanschauungsspezialisten und Fortschrittsfanatikern bewirkten, dass sich der Aufstieg moderner Technik dem Historiker heute als „Geschichte eines unausgesetzten Redens über Technik“[11]) darstellt. Auf der angestrengten Suche nach dem heiligen Gral neuer Identitäten, die an die Stelle traditioneller Fremd- und Selbstbilder getreten sind, kommt die moderne technik- und kulturhistorische Forschung deshalb kaum an dem inszenierten Verpflichtungsgefühl und den kollektiven Zugehörigkeitskodierungen vorbei, die den technologischen Großprojekten eingeschrieben waren und diese zu in Stahl und Beton gehauenen Formen symbolischer Vergemeinschaftung machten.

[7]) Schama 1996: 27.
[8]) Hussong 1983: 95.
[9]) Joerges 1996: 121.
[10]) Burckhardt 1999: 11 f.
[11]) Rusinek 2000: 256.

Wie die Kulturproduzenten die moderne Technik brauchen, um ein politisch kontrolliertes Deutungsspektrum der sozialen Welt in die Gesellschaft zu implantieren, so bedarf die Technik einer entsprechenden kulturellen Inszenierung und symbolischen Deutung, um als zentrale Metapher für Fortschritt und Modernität ihre Plausibilität und Sinnhaltigkeit zu entfalten. Die beschleunigte Technisierung des Wirtschafts- und Alltagslebens geht deshalb stets mit der Durchsetzung neuer kultureller Praktiken und Zeichensysteme einher, die wiederum eng mit der Popularisierung von Technik und Wissenschaft verbunden ist. Kultur ist darum als eine endogene Größe technischer Entwicklung zu behandeln.

Bei der Durch- und Umsetzung von Großbauten mussten die strategischen Akteure all ihr symbolisches Kapital zur „Erzeugung weiträumiger Aufmerksamkeit" investieren. Sie wiesen den Medien eine wichtige Rolle zu, „die im Beipflichten, Unterstützen und Legitimieren lag."[12]) Es galt, Pläne zu stabilen und anschlussfähigen Interpretationen zu verdichten und diese in der Öffentlichkeit glaubhaft zu machen, so dass die derart protegierten Projekte als die beste Lösung der zur Debatte stehenden Probleme erschienen. Ob die dabei thematisierten Entwicklungsdefizite und Engpässe real wahrnehmbar waren oder ob sie lediglich in Zukunfts- und Risikoszenarien antizipiert wurden, blieb in diesem Zusammenhang von zweitrangiger Bedeutung. Fortschritt, Wachstum und Expansionskraft mussten keineswegs unbedingt erreicht, aber in jedem Fall erfolgreich simuliert werden. Bei gigantischen Bauvorhaben ergab sich der Begriff der Größe darum nicht allein aus den benötigten Ressourcen und den neu geschaffenen Kapazitäten, sondern auch aus den „sozialen Diskursstrukturen [...], in deren Rahmen Problemlösungsansprüche Glaubwürdigkeit erringen" mussten.[13]) Falls es gelang, bei Großsystemen eine mythenbildende Kraft freizusetzen, so entwickelten sie eine starke Eigendynamik, die wiederum zum weiteren Wachstum anregte. Die Erfolgsgeschichte moderner Technik schritt folglich „auf zwei Beinen" voran, „nämlich im Wechselschritt von Sach- und Sinnaspekt".[14]) Diese Erkenntnis unterstreicht, dass die Moderne im 20. Jahrhundert „auf die Reproduktionsform des Komparativs, intrinsisch auf Steigerung und Ausweitung angelegt" war und dem Imperativ „Mehr" folgte. *Grow or Go* drängt sich als „die modernisierte Version von Sein oder Nichtsein" geradezu auf. Bei technologischen Großprojekten schlugen sich diese „Multiplikations- und Vermehrungsprozesse" der Moderne nicht nur in steigenden Größenordnungen bei Produktion und Effizienz nieder, sondern auch in einer forcierten Popularisierung von Technik und Wissenschaft, die der Vervielfältigung von Wissen und der Stärkung von Macht dient.[15])

[12]) Schirrmacher 2008: 77.

[13]) Weyer 1993: 359ff., 373–383, Zitate 376 u. 382.

[14]) Sachs 1994: 306.

[15]) Vgl. neuerdings dazu Tanner 2008, Zitate 2, 5 u. 7.

Hinter den metaphorischen Auslegungen und symbolischen Kodierungen moderner Großtechnik verbarg sich natürlich stets das Ringen historischer Akteure um Macht und Einfluss. Berauscht von optimistischen Zukunftsbildern, stimmten die Experten ihre Fachsprache auf den politischen Sprachgebrauch ab. Im Sog der Operationslogik der Medien bemächtigten sie sich neuer Zauberwörter und trugen damit Wichtiges zur Neuauslegung der Welt bei. Dabei kam es bei ambitionierten Großprojekten insbesondere in der Mitte des 20. Jahrhunderts nicht selten zu fließenden Übergängen zwischen ernsthaften Technikplänen und Science Fiction, zwischen Pragmatismus und Fantasie, die heute nur noch Erstaunen hervorrufen.[16])

Es wäre dennoch verfehlt, im Technikkult nur legitimatorisches Beiwerk, ein abgeleitetes Phänomen der politischen Macht oder die propagandistische Verbrämung konkreter Gruppeninteressen zu sehen. Die im politischen Diskurs artikulierten Auffassungen einer euphorisch entgrenzten Fortschrittszuversicht waren mehr als Camouflage und die sich um engagierte Öffentlichkeitsarbeit bemühenden Experten keineswegs nur utopistische Verräter der Wirklichkeit, die sich opportunistisch verhielten. Die zahlreichen Produzenten des Technikkults, zu denen neben den technisch-wissenschaftlichen Experten vor allem Journalisten, Literaten, Filmemacher und Propagandafachleute gehörten, verstanden sich auch nicht als bloße Erfüllungsgehilfen der Staats- und Wirtschaftsmacht und als Trittbrettfahrer, die im Windschatten ideologischer Fronten egoistisch ihre Sonderinteressen durchsetzten. Beim Projekt der Moderne sahen sie sich vielmehr als engagierte Mitstreiter, selbstbewusste Regisseure der Öffentlichkeit und Virtuosen weltanschaulicher Interpretationsarbeiten, die drängende Probleme zur Diskussion stellten, Lösungen präsentierten und richtungweisende Zukunftsperspektiven aufzeigten. Sie bildeten als „knowledge producers“[17]) eine der besonders aktiven „agencies of cultural government“ und einen „key part of the vast pedagogical apparatus“, indem sie ihren Lesern, Zuhörern und Zuschauern wirkungsmächtige Bilder vom Leben in der Moderne und Entwürfe des neuen Menschen vorgaben, an denen diese ihr Denken und Handeln ausrichten sollten.[18])

Die Kultproduzenten wirkten damit als tatkräftige „technologists of the self“.[19]) Sie machten den Technikkult zum kulturellen Energiezentrum mächtiger Industrienationen und sorgten dafür, dass prestigeträchtige Megaprojekte stets den Stempel hartnäckiger, unentrinnbarer Obsessionen trugen.

[16]) Laak 1999; Gestwa 2004a.

[17]) So der Begriff von Richard Whitley, zit. n. Schirrmacher 2008: 88.

[18]) Vgl. dazu besonders die Überlegungen zur gesellschaftspolitischen Rolle sowjetischer Journalisten bei Wolfe 2005: 2–20, Zitate 16. Allgemein zur Popularisierung und Medialisierung moderner Wissenschaft und Technik sowie zu den wechselseitigen Koppelungsaspekten mit der Politik vgl. Gregory/Miller 1998; Weingart 2001; Weingart 2005.

[19]) Wolfe 2005: 18. Von einer wechselseitigen Ressourcenbeziehung zwischen Wissenschaft und Öffentlichkeit sprechen Ash 2001; Nikolow/Schirrmacher 2007.

Die sinnstiftende Inszenierung der „Großbauten des Kommunismus" und die ihnen eingeschriebene suggestive Rhetorik sind deshalb unbedingt auf ideelle Motive, verdeckte Antriebskräfte und weltanschauliche Überzeugungen hin zu überprüfen. Dann ergeben sich Aufschlüsse über Tiefendimensionen der Technikentwicklung und deren heimliche Lenkung durch kulturelle Leitbilder. Als spezifische Form sozialer Kommunikation und wirksames Vermittlungsformat hatte die Propaganda zu den Großprojekten großen Anteil am Aufbau von Verhaltensabsichten, von Haltungen, Dispositionen und Mentalitäten. Ihr Narrativ gehörte zu einem Kanon von kulturellen Grundlagen, der die moderne Gesellschaft im Innersten zusammenhielt, weil er oftmals kommunikativ das stabilisierte, was auseinanderzufallen drohte. Jenseits von bloßer Verblendung und der damit einhergehenden utopistischen Überheblichkeit stellte der Technikkult einen normativen Rahmen dar, dessen historische Analyse hilft, die Möglichkeiten des Denk-, Sag- und Machbaren aufzeigen. Die semantischen Verdichtungen der oftmals formelhaften Agitationstexte müssen genauso wie die überwältigenden Technikbilder als prägende Deutungsschemata ernst genommen und auf ihre Sinn- und Handlungsstrukturen hin entschlüsselt werden, um der Wirkung des Technikkults und seinem Beitrag zum gesellschaftlichen Zusammenhalt nachspüren zu können.

Wer in Großprojekten eine spezifische gesellschaftliche Ausdrucksform sieht und sie auf ihre symbolischen und kommunikativen Funktionen hin untersucht, sollte unbedingt darauf achten, dass die „beabsichtigte Rekonstruktion der Faszination" nicht in eine „faszinierte Rekonstruktion" der Massenattraktivität des Technikkults umschlägt.[20]) Stets ist im Blick zu behalten, dass sich die moderne Technik von anderen sozialen Zeichensystemen zum einen durch ihre sichtbare Gegenständlichkeit und ihre funktionale Bedeutung als praktisches Problemlösungsinstrument unterscheidet; zum anderen ergab sich ihre Spezifik als Bedeutungsträger aus ihrer enormen „Eingriffstiefe" in Lebenswelten und Ökosysteme und damit aus ihren weitreichenden Folgen für Gesellschaft und Natur.[21]) Nachdem das postmoderne Spiel mit seinen flottierenden Signifikanten und seinem Surfen auf medialen Oberflächen allmählich begonnen hat, die Forschung zu langweiligen, kann die Bedeutungs- und Faszinationsgeschichte technischer Megaprojekte zur Fundierung der Kulturanalyse beitragen, indem sie dafür sorgt, dass endlich wieder „ein kräftiger Schuss Materialismus in die so lange um Virtuelles und Simulacra kreisenden Diskurse" kommt.[22]) Neben Symbolen und Zeichen haben Großbauten zweifellos auch Sozialkörper und Landschaften geschaffen bzw. zerstört.

20) Reichel 1996: 9.
21) Osietzki 1992: 317f. Ähnlich Hennen 1992: 99.
22) Schlögel 2003a: 12.

5.1. Kultproduzenten und Propagandamedien

Zeitungen: Die Diktatur des Wortes

Die Machthaber im Kreml hatten von Beginn an einen profunden Glauben an die sozialisierende Kraft des geschriebenen Wortes. Druckerzeugnissen wurde die Fähigkeit zugeschrieben, in die Gesellschaft ein mobilisierendes Kulturmodell zu implementieren, um die Kluft zwischen Partei und Bevölkerung, zwischen Intelligencija und Volk zu überwinden.[23]) Bei der Inszenierung der „Stalinschen Großbauten des Kommunismus" fungierten wie in den 1930er Jahren weiterhin die zentralen Tageszeitungen als „schärfste Waffe der Partei" und „Kommandeure der öffentlichen Meinung".[24]) Während die sowjetischen Zeitungen 1945 mit einer Gesamtauflage von 23,2 Millionen Exemplaren erschienen waren, stieg diese Zahl bis 1953 auf 44,2 Millionen an, um sich im folgenden Jahrzehnt noch einmal auf 89,1 Millionen zu verdoppeln. Mitte der 1960er Jahre gab es darum im Landesdurchschnitt für 100 Sowjetbürger schon 45 Zeitungsexemplare. Damit war die flächendeckende Versorgung mit Presseerzeugnissen fast überall im Sowjetimperium garantiert.[25])

Die *Pravda*, die Zeitung der Partei, galt im stalinistischen „Propagandastaat"[26]) als die wichtigste Massenbeeinflussungswaffe und blieb auch nach dem Tod Stalins „the most authoritative voice of the Soviet state".[27]) Mit ihrer hohen Auflage, die während der 1950er und zu Beginn der 1960er Jahre beständig bei etwa 6,5 Millionen Exemplaren lag,[28]) war sie mehr als eine Tageszeitung, die an der Spitze der sowjetischen Pressehierarchie stand und den politischen Ton angab; sie war eine Institution.[29]) Ihr kam die Funktion zu, die Instruktionen und Meinungen der Parteispitze sowie die Schlüsselworte und Kernphrasen des politischen Diskurses Parteifunktionären und Staatsbediensteten zu vermitteln. Sie organisierte die Diktatur des Wortes und schuf einen klaustrophobischen Informationsraum, in dem die Sowjetmenschen ihr Leben einrichten mussten.[30]) Bis 1969 stand der *Pravda* als Zentrum des Moskauer Informationssystems sogar das Recht der Erstveröffentlichung zu, so dass selbst Radio und Fernsehen mit der Verkündung von politisch relevanten

23) Vgl. bes. Lovell 2000: 1 ff., 21 f., 25 f. u. 156–159.

24) Roth 1982: 91; Holzweißig 2002: VII.

25) Zu diesen Zahlen vgl. Roth 1982: 153, 178 u. 211; Kalnins 1966: 85; Hollander 1972: 30 u. 58, Roth-Ey 2003: 5.

26) Kalnins 1956; Kenez 1985.

27) Roxburgh 1987: 29 u. 58. Zu Beginn der 1960er Jahre gewann die Regierungszeitung *Izvestija* an Auflage und Bedeutung. Sie überflügelte zeitweilig sogar die *Pravda* und wurde zu einem der Flaggschiffe und einem wichtigen Barometer der Tauwetterpolitik. Vgl. dazu Wolfe 2005: 19 u. 39.

28) Roxburgh 1987: 40 u. 281.

29) Hollander 1972: 30; Hopkins 1970: 200–212.

30) Brooks 2000: XIV u. 17.

Nachrichten warten mussten, bis das Parteiblatt die offiziellen Mitteilungen abgedruckt hatte.[31]) Die Chefredakteure der *Pravda* und der *Izvestija*, der Regierungszeitung, trafen sich einmal wöchentlich mit dem Sekretariat des Zentralkomitees, um sich mit den Parteifunktionären über genaue Publikationspläne abzustimmen und festzulegen, in welcher Form neue Entscheidungen den Zeitungslesern vermittelt werden sollten.[32])

Nachdem die Moskauer Führung beschlossen hatte, die „Stalinschen Großbauten des Kommunismus" in den Mittelpunkt der verordneten Sowjetöffentlichkeit zu stellen, veröffentlichte die *Pravda* darum vom 21. August bis zum 20. September 1950 die teilweise schon mehr als ein Jahr zuvor verabschiedeten Erlasse des Ministerrats. Im Anschluss daran begann eine aufwendige propagandistische Stoßkampagne ganz im Stil vorheriger Industrialisierungs- und Kollektivierungsfeldzüge.[33]) Mittels einer geballten Berichterstattung, deren Material meist auf der Frontseite konzentriert wurde, galt es, innerhalb kürzester Zeit die neuen Vorhaben populär zu machen und sie als ein koordiniertes sozialökonomisches Gesamtprogramm darzustellen, das die Sowjetunion auf dem Weg zum Kommunismus entscheidend voranbringen würde. Im Jahr 1951 verging darum kaum eine Woche, ohne dass die großen sowjetischen Tageszeitungen mindestens einen Bericht über die großartigen Ziele und die ersten Fortschritte auf den Großbaustellen abgedruckt hätten. Die „Stalinschen Großbauten des Kommunismus" stiegen zum erstrangigen innenpolitischen Medienevent auf. Eine im Sommer 1952 publizierte Kurzbibliographie führte daher allein zum Kujbyšever Flusskraftwerk schon 137 Titel an, die überwiegend in den großen sowjetischen Tageszeitungen erschienen waren.[34])

Einmal im öffentlichen Bewusstsein fest verankert, ließ in der Folgezeit die Zahl der Zeitungsartikel zwar nach; die Fortschritte bei den Bauarbeiten wurden aber weiterhin ausführlich dokumentiert. Besonders als es später mit der Abriegelung der Flüsse, der Inbetriebnahme von Stromaggregaten und Schleusen sowie mit der endgültigen Fertigstellung der Kraftwerke und Kanäle Großes zu feiern gab, kam es erneut zu einer intensiven Berichterstattung, um anhand des schon Erreichten das Optimismus-Programm des Sowjetkommunismus erfolgreich zu vermitteln. Bei ihren Triumphfanfaren und Siegesmeldungen überschlugen sich die Korrespondenten dann geradezu in ihrer Feiertagslyrik. Ausführlich schilderten sie die sorgfältig inszenierten Jubelveranstaltungen, die mit ihrer organisierten Fröhlichkeit zum großartigen Politspektakel und Volksfest wurden.[35]) Dabei setzte sich ein Stichtagsdenken durch. Die Inbetriebnahme von Aggregaten und der Abschluss wichtiger Bau-

31) Roxburgh 1987: 58.
32) Fateev 1999: 9f. u. 75ff.; Becker 1999: 1; McKenna 2001: 12f.
33) Zur Praxis der Stoßkampagne vgl. Lenoe 2004a: 38–45.
34) Na Kujbyševgidrostroj 1952.
35) Zur Berichterstattung vom Wolga-Don-Kanal und vom Kujbyšever Flußkraftwerk vgl. z.B. Ždanov/Rudenko 1952; Rjabčikov/Jachnevič 1955.

abschnitte ereignete sich häufig im Vorfeld der beiden wichtigsten sowjetischen Feiertage, des „Tages des Sieges" am 9. Mai und des „Tages der Revolution" am 7. November. Der aktuelle Triumph und der historische Sieg verstärkten sich gegenseitig, um die nicht enden wollende Erfolgsstory der Sowjetunion in einer euphorischen Hurra-Stimmung zum Ausdruck zu bringen.[36]) An Tagen wie diesen stellte sich der Stalinismus besonders anschaulich als „Inszenierungsdiktatur"[37]) dar. Ihr Anliegen war es zu verdeutlichen, dass „auf dem Weg zum Aufbau des Kommunismus unsere Heimat keine grauen Werktage kennt. Jeder Tag ist ein mit leuchtenden Feuern und Farben geschmückter Festtag der Arbeit, dessen Musik über die ganze Welt klingt."[38]) Insgesamt publizierten allein die *Pravda* und die *Komsomol'skaja Pravda* während der 1950er Jahre schließlich 500 bzw. 600 Artikel über die „Großbauten des Kommunismus" an Wolga, Don und Dnepr'.[39])

Diese beiden großen Tageszeitungen bauten damals ihr Korrespondentennetz aus. Sie hatten Sonderkorrespondenten auf den Baustellen, die sie mit neuem Material und Berichten versorgten. Die Vor-Ort-Reportagen brachten die Imperative der Authentizität und der Massenverbundenheit der Journalisten zur Anschauung und entfalteten die geforderte Emotionalität.[40]) Dabei dominierte das etablierte Genre der Skizze (*očerk*). Es rückte den einfachen Menschen in den Mittelpunkt und zeigte, wie er sich den Schwierigkeiten stellte und sie schließlich gegen alle Widerstände erfolgreich überwand. Beim Schreiben orientierten sich die Sonderkorrespondenten an den narrativen Strukturen, die sich mit den großen Romanen des Sozialistischen Realismus durchgesetzt hatten. Deren emotionaler Romantizismus und begeisterter Heroismus galt vielen als nachahmenswertes Beispiel.[41])

Von der Baustelle des Kujbyšever Flusskraftwerks berichteten V. Jachnevič und Konstantin Lapin für die *Pravda*. Ihre Artikel wurden später zu Büchern zusammengefasst, um so in Form eines geschlossenen Textkorpus noch einmal Zeugnis von den großartigen Heldentaten der Arbeiter und Ingenieure abzulegen.[42]) Prominentester Sonderkorrespondent war zweifellos Evgenij Rjabčikov. 1910 geboren, gehörte er zur Riege aufstrebender Sowjetjournalisten, die in den 1930er Jahren mit ihren Heldengeschichten den neuen Stil der stalinistischen Zeitungspresse geprägt hatten. Seit 1923 begeisterte er sich für die Fliegerei. Knapp ein Jahrzehnt später wurde er damit beauftragt, über die

[36]) Zum Stichtagsdenken vgl. Očerki istorii 1967: 518; *Strojka Kommunizma*, 9. Mai 1954, Nr. 210: 2; *Gidrostroitel'*, 8. Mai 1956, Nr. 651: 1 u. 10. Mai 1956, Nr. 652: 2.

[37]) Rolf 2006: 7 u. 258.

[38]) Velikie Strojki 1951: 338.

[39]) Taranov 1978: 135. Über den Bratsker Hydrogiganten wurden zwischen 1955 und 1962 insgesamt 1625 Zeitungs- und Zeitschriftenaufsätze veröffentlicht (die zahlreichen Fachartikel nicht einbezogen). So Karger 1965: 89.

[40]) Roxburgh 1987: 63; Lenoe 2004a: 132–138.

[41]) Lenoe 2004a: 230–233.

[42]) Jachnevič 1951; Lapin 1957.

Flugrekorde von Michail M. Gromov und Valerij P. Čkalov zu berichten. Seine vielgelesenen Helden- und Abenteuergeschichten über diese „Stalinschen Falken" machten ihn zum Starreporter. Zwischen 1949 und 1953 berichtete Rjabčikov dann für die *Pravda* und die Zeitschrift *Ogonek* von den Bauplätzen des Wolga-Don-Kanals, als dessen journalistisches Sprachrohr er galt. 1954 publizierte er einen Band über die Geschichte und Bedeutung des Kanals, der mit einer Auflage von 50000 Exemplaren erschien.[43]) Zwei Jahre später folgte ein für sowjetische Verhältnisse aufwendig gestalteter Reiseführer. Er feierte den Kanal als „herausragende hydrotechnische Anlage" und dessen Umland als „Gebiet mit heroischer Vergangenheit und besten Aussichten für die Zukunft"[44]). Kurze Zeit später wandte sich Rjabčikov wieder der Luftfahrt zu und machte sich bald einen Namen als Rundfunk- und Fernsehkommentator, der über das Leben, das Training und die Raumflüge der sowjetischen Kosmonauten Reportagen, Skripte und Bücher schrieb. Als Veteran des stalinistischen Massenjournalismus und stolzer Verkünder zahlreicher Rekorde nutzte er den Enthusiasmus für die Technik als Mobilisierungsinstrument, um durch lebendige Schilderungen der „sowjetischen Sensationen" die Leser für den unbedingten Fortschrittskurs des Parteistaats zu gewinnen.[45])

Die Presse sollte in der Sowjetunion mehr als nur kollektiver Propagandist und Agitator, sondern, wie Lenin es schon 1912 vehement gefordert hatte, zugleich auch Organisator des politischen und ökonomischen Lebens sein.[46]) Besonders die Zeitungen hätten als „Stoßkräfte an der ideologischen Front"[47]) die Massen für die Aufbauarbeit zu mobilisieren.[48]) In ihrer Funktion als „aktive Helfer der Partei" müssten sie zum „Herold und kollektiven Organisator des sozialistischen Wettbewerbs" werden und das gesamte Land mit einem dichten Netz von Kampagnen überziehen.[49]) Darüber hinaus bot die *Pravda* den Bauleitern auf ihren Seiten wiederholt die Möglichkeit, Zulieferbetriebe dafür zu kritisieren, dass sie ihre Zusagen nicht einhielten und deshalb die Verantwortung für Rückstände bei den Kraftwerk- und Kanalbauten zu übernehmen hätten.[50]) Wenn diese Form öffentlicher Druckausübung ergebnislos verlief, fungierte die *Pravda* sogar als Vermittlungsinstanz. In ihren Moskauer Redaktionsräumen wurden deshalb Treffen anberaumt, um unter der Führung der Zeitungsmacher die Bauleiter der Großbauten mit Vertretern säumiger

[43]) Rjabčikov 1954.

[44]) Rjabčikov 1956: 3.

[45]) Lenoe 2004a: 221 ff.; Rjabčikov 1972: 7f.

[46]) Lenin 1960/5: 11.

[47]) So eine Formulierung aus dem Erlass des ZK-Plenums im Juni 1963, zit. n. Roth 1982: 188.

[48]) Allgemein dazu Hopkins 1970: 36–40.

[49]) Koschwitz 1971: 102.

[50]) Vgl. z. B. den Bericht und Appell des leitenden Ingenieurs N. Razin bei *Kujbyševgesstroj* Ende Dezember 1956, mit dem er die Leiter der Zementfabriken und mehrerer großer Unternehmen der Elektroindustrie unter Druck setzte. Sein *Pravda*-Artikel findet sich in Zarevo 1959: 159ff.

Zulieferbetriebe und beteiligter Ministerien an einen Tisch zu bringen. Hier sollten Probleme und Schwierigkeiten offen angesprochen und gemeinsam Lösungen erarbeitet werden. Der Aufforderung der *Pravda*, deren Redakteuren gegenüber alle sowjetischen Amtsträger auskunftspflichtig waren,[51]) konnten sich die Eingeladenen kaum entziehen. Sie mussten Rede und Antwort stehen.[52])

Nicht nur die *Pravda*, sondern auch die regionale Presse berichtete aufwendig über den Fortgang der Bauarbeiten. Ihre Reporter waren besonders dazu angehalten, Mängel in der Arbeit der Bauleitung, der Staatsbehörden und Parteiorganisationen aufzudecken. Sie sollten auf die zügige Umsetzung neuer Arbeitsverfahren und den effizienten Einsatz von Ressourcen und Arbeitskräften achten. Zudem war es ihre Aufgabe, „an deutlichen und überzeugenden Beispielen die Perspektiven der wirtschaftlichen und kulturellen Entwicklung des Gebiets“ anschaulich darzulegen, um so die Menschen für die Großbauten zu begeistern und sie dazu zu motivieren, sich noch mehr einzubringen.[53]) In kritischen Bauphasen richtete die westsibirische Regionalzeitung *Sovetskaja Sibir'* (Sowjetisches Sibirien) beim Novosibirsker Kraftwerk sogar eine auswärtige Redaktion (*vyezdnaja redakcija*) ein, um täglich über Fortschritte berichten und gegebenenfalls schnell dringend benötigte Ressourcen und Arbeitskräfte mobilisieren zu können.[54])

Je weiter man die Stufen der sowjetischen Pressehierarchie hinabsteigt, desto mehr treten Aufklärung und Erziehung in den Hintergrund und desto stärker fallen die ökonomischen Funktionen auf. In Ergänzung zu den zentralen und regionalen Zeitungen konzentrierten sich die Lokalzeitungen ganz auf das Geschehen vor Ort. In Bratsk erschien beispielsweise *Ogni Angary* (Feuer der Angara) zweimal wöchentlich mit nur vier Seiten Text und wenigen Abbildungen. Ihre Auflage erreichte Ende der 1950er Jahre 7500 Exemplare. Sie wurde gemeinsam vom lokalen Parteikomitee und dem Bautrust *Bratskgesstroj* herausgegeben. Zwei Redakteure und drei Reporter schilderten, wie das Kraftwerk und die Stadt mit ihren Wohnsiedlungen und Industriebetrieben allmählich Gestalt annahmen. Die Beiträge gingen direkt auf die Lebens- und Arbeitswelt der Leser ein. Neben den Musterbiographien vorbildlicher Arbeiter, die zu *local heroes* stilisiert wurden, machte die Lokalzeitung Missetäter aus. Sie brandmarkte Amtsträger, indem sie nicht nur deren dienstlichen, sondern auch privaten Verfehlungen öffentlich machte.[55])

[51]) Zur Auskunftspflicht gegenüber den Reportern der *Pravda* vgl. Roxburgh 1987: 58.

[52]) Ein anschauliches Beispiel ist die Produktionskonferenz am 27. Dezember 1954, auf der Lieferengpässe bei *Kujbyševgesstroj* Gegenstand der Aussprache waren. Vgl. Zarevo 1959: 274ff.

[53]) Zu den Funktionen der Regionalzeitung vgl. die entsprechenden Anordnungen in Sowjetische Presse 1963: 103. Ferner Kalnins 1956: 174ff., Hopkins 1970: 212–219.

[54]) Drozdov 1975: 22.

[55]) Hopkins 1970: 223f.; Buzek 1965: 84f.

Daneben gab es kleine Baustellenzeitungen, die mehrmals wöchentlich mit einer Auflage von 300 bis 900 Exemplaren erschienen und vom jeweiligen Parteikomitee der Großbaustelle herausgegeben wurden. In Novosibirsk handelte es sich dabei um *Na Strojke* (1954–1959), in Stalingrad um *Strojka Kommunizma* (1951-1959) und in Kujbyšev um *Gidrostroitel'* (1951-1960). Ähnlich wie die Lokalpresse lag ihre Wirkung im „operativen Charakter" und „in ihrer außerordentlich großen Publikumsnähe". Die Baustellenzeitungen agierten „inmitten des wirklichen, echten Lebens". Sie hatten „einen betont produktionsgerichteten Charakter".[56]) Beharrlich wiesen sie als „Kampforgane" darauf hin, dass bis zu einem bestimmten Datum wichtige Aufgaben erfolgreich beendet sein müssten.[57]) Sie dokumentierten den sozialistischen Wettbewerb zwischen den Brigaden und gaben ausführlich weiter, was auf den Konferenzen und Treffen der Partei- und Gewerkschaftsorganisationen diskutiert und moniert wurde. Ihre Reporter spürten den Gründen für Engpässe und Überkapazitäten nach. Sie übten „scharfe bolschewistische Kritik", organisierten „die Verbreitung der fortschrittlichen Erfahrungen der Neuerer" und machten konkrete Vorschläge zur effizienten Nutzung vorhandener Ressourcen.[58]) Eifrig waren sie bemüht, sowohl Arbeitshelden zu konstruieren als auch Arbeitsdelinquenten zu identifizieren. Ihren Entlarvungsgestus zelebrierte beispielsweise die Zeitung *Strojka Kommunizma* damit, dass sie im Februar 1957 eine Rubrik einführte, die den Titel trug: „Wir nennen die Namen; wir zeigen die Gesichter."[59]) Trinkern und Schlägern, Frauen- und Maulhelden, Schmarotzern und Rowdys drohte das Schicksal, öffentlich an den Pranger gestellt zu werden. Es galt, die moralischen Imperative des Kommunismus zum Ausdruck zu bringen, um jedem einzelnen Arbeiter ins Bewusstsein zu rufen, dass das Schicksal des Großbaus entscheidend von seinem Arbeitseinsatz abhinge.[60])

Die Baustellenzeitungen wirkten als Organisations- und Mobilisierungsinstrumente, die zum einen die Bauleitungen, die Partei- und Gewerkschaftsorganisationen in ihrer Arbeit unterstützten, aber sie zum anderen auch unter Druck setzten, alles zu unternehmen, um den Plan zu erfüllen. Die einzelnen Zeitungsnummern boten darum oftmals nichts anderes als eine endlose Litanei über die miserable Arbeits- und Parteidisziplin, die Inkompetenz des Leitungspersonals und den verantwortungslosen Umgang mit knappen Ressour-

[56]) Sekerin 1979: 117f. Ferner Buzek 1965: 85f.; Gorčeva 1996.

[57]) Mitunter zählten die Baustellenzeitungen die Tage bis zur Inbetriebnahme der ersten Generatoren wie einen Countdown herunter. Vgl. z.B. *Strojka kommunizma*, 3. Juni 1958, Nr. 1030: 1. Eine ähnliche Kampagne organisierte die Novosibirsker Baustellenzeitung *Na Strojke*, die dazu sogar spezielle Plakate herstellen ließ. Vgl. GARF, 7690/5/1479, 69-72 u. 77-79.

[58]) Zum Tätigkeitsfeld und Selbstverständnis der Baustellenzeitung vgl. die Mitteilung der Redaktion von *Gidrostroitel'*, 19. Januar 1951, Nr. 1: 1.

[59]) *Strojka Kommunizma*, 12. Februar 1957, Nr. 700: 4. In der Novosibirsker Baustellenzeitung gab es schon seit Mai 1954 die Serie „Fortschrittliche Menschen der Baustelle". Vgl. *Na Strojke*, 28. Mai 1954, Nr. 128: 1 u. 19. September 1954, Nr. 175: 1.

[60]) Drozdov 1974: 90f.

cen. Die sowjetische Praxis öffentlicher Kritik und Selbstkritik wurde exzessiv betrieben. Im Mittelpunkt standen vor allem die akuten Versorgungsprobleme und der mangelhafte Ausbau der soziokulturellen Infrastruktur. Die Funktionsträger würden es an wahrer „Sorge um die Menschen" missen lassen und unternähmen nichts gegen die „antisanitären Zustände", unter denen die Bauarbeiter und ihre Familien zu leiden hätten.[61])

Populärwissenschaftliche Zeitschriften

Wenn die Parteiführung die Sowjetpresse als „Bannerträger der Ideen des Kommunismus", als „schärfste ideologische Waffe der Partei" und als „eine Quelle schöpferischer Begeisterung" feierte,[62]) dann hatte sie neben den Zeitungen auch die Zeitschriften im Sinn. Sie waren für den Sowjetmenschen als treuer, interessanter Begleiter durchs Leben gedacht, um ihn zu informieren, zu unterhalten und zu erziehen.[63]) Während der 1950er und 1960er stieg ihre Zahl darum rasch; ihre Gesamtauflage vervielfachte sich.

Tabelle 7: Zunahme der sowjetischen Zeitschriften, 1950-1965

	Zahl der Zeitschriften	Gesamtauflage
1950	430	137 Mill.
1960	923	578 Mill.
1965	1044	1100 Mill.

Quelle: Hopkins 1970: 227; Hollander 1972: 30 u. 58.

Der Aufschwung sowjetischer Periodika hatte seinen Grund auch darin, dass Ministerien und wichtige Behördenapparate bemüht waren, eigene Zeitschriften zu publizieren. Die für den Kraftwerkbau zuständigen Ministerien trugen Ende der 1950er Jahre schon die Verantwortung für die Herausgabe von acht Fachperiodika, deren wichtigste *Gidrotechničeskoe Stroitel'stvo* (Hydrotechnisches Bauwesen), *Električeskie Stancii* (Kraftwerke) und *Električestvo* (Elektrizität) waren.[64]) Sie dienten zum einen den Ingenieuren als „Plattformen innerdisziplinärer Kommunikations- und Identitätsbestimmung"; zum anderen bemühten sie sich, die Flut neuerer wissenschaftlich-technischer Informationen zu bändigen und sie in aufbereiteter Form für interessierte Kreise in Verwaltung, Wirtschaft und Gesellschaft zugänglich zu machen. Als „instruments of circulation" waren die technischen Fachzeitschriften so vor allem für die Vermittlung neuen Wissens zuständig.[65])

[61]) So *Strojka Kommunizma*, 30. Juni 1951, Nr. 12: 1f.

[62]) Vgl. die Grußadresse des ZK der KPdSU an den Ersten Unionskongress der sowjetischen Journalisten in Sowjetische Presse 1963: 19 u. 51.

[63]) Lovell 2000: 100f.

[64]) RGAE, 9572/1/871, 17.

[65]) Allgemein zur Funktion von technischen Fachzeitschriften vgl. Szöllösi-Janze 2002: 73f. Ausführlich auch Stehr 1994: 350–419.

Bei der medialen Aufbereitung, die den Sowjetbürgern unveränderliche Grundgewissheiten zu den „Großbauten des Kommunismus" vermitteln sollte, spielte die Zeitschrift *Ogonek* als „wöchentliches gesellschaftspolitisches und literarisch-künstlerisches Journal" eine wichtige Rolle.[66]) Im Jahr 1922 erstmals erschienen, hatte sie zu Beginn der 1950er Jahre eine Auflage von 500000, die 1956 auf eine Million stieg, um sich bis 1964 erneut auf knapp zwei Millionen zu verdoppeln. *Ogonek* wurde vom *Pravda*-Verlag herausgegeben und arbeitete eng mit der Redaktion der führenden Parteizeitung zusammen. Als weitverbreitete und vielgelesene Wochenillustrierte schenkte *Ogonek* den neuen Plangiganten viel Aufmerksamkeit. Über kein anderes Thema wurde derart häufig und ausführlich berichtet. Neben den Reportagen des Sonderkorrespondenten Rjabčikov veröffentlichten in *Ogonek* auch bekannte Literaten wie Konstantin Paustovskij und Boris Polevoj Erzählungen zum Fortgang der Bauarbeiten sowie zur Umsicht der Ingenieure und zum Heroismus der Arbeiter.[67]) Es gab zahlreiche ganz- oder doppelseitige Illustrationen, die das „Programm der Kämpfe und Siege"[68]) zur Anschauung brachten. Zur Bilderwelt von *Ogonek* gehörten Baustellenpanoramen, Ansichten der Kraftwerk- und Kanalbauten sowie der modernen Maschinen und der neu entstehenden Wohnsiedlungen. Die Illustrationen zeigten nicht nur Arbeiter und Ingenieure, sondern auch, wie sich die Mitglieder der Sowjetischen Akademie der Wissenschaften in die großartigen Vorhaben einbrachten und wie sich Schüler anhand von Karten einen Überblick über ihr umgestaltetes Heimatland machten. Über all dem wachte Stalin, der von Plakaten herabschaute oder dessen Name in Losungen auftauchte, die im Zentrum der Abbildungen standen.[69])

Beliebt bei den Lesern waren auch populärwissenschaftliche Zeitschriften, vor allem *Technika – Molodež'*[70]) (Technik für die Jugend), *Znanie – Sila*[71]) (Wissen ist Kraft) und *Nauka i Žizn'*[72]) (Wissenschaft und Leben).[73]) Sie profitierten von der enormen Aufmerksamkeit, die im Rahmen der gelenkten

[66]) Zur führenden Rolle von *Ogonek* vgl. Kalnins 1956: 194.

[67]) Paustovskij 1952a; Polevoj 1952.

[68]) Burkov 1952.

[69]) Vgl. z.B. die Zeichnung von N.A. Ponomarev und V.E. Cigal' *Volgo-Don. Cimljanskij gidrouzel. Prazdnik stroitelej* in: *Ogonek*, 1952/8: 1; das Gemälde zur Sitzung des Präsidiums der Sowjetischen Akademie der Wissenschaften in *Ogonek*, 1952/13: 18–19; das Foto aus der Schule Nr.330 in *Ogonek*, 1952/6: 18.

[70]) Sie erschien seit 1932 als Zeitschrift des Zentralkomitees des *Komsomol*.

[71]) Schon 1925 gegründet, wurde sie bis 1953 vom Ministerium für Arbeitsreserven herausgegeben, das dann im Kulturministerium aufging. 1959 war schließlich der Ministerrat für die Zeitschrift zuständig. Vgl. Žurnal „Znanie – Sila" 1951: 18–22.

[72]) Sie wurde von der Allunionsgesellschaft zur Verbreitung politischer und wissenschaftlicher Kenntnisse seit 1948 herausgegeben.

[73]) Es gab mit *Vokrug Sveta* (Rund um die Welt) noch eine vierte auflagenstarke populärwissenschaftliche Zeitschrift. Sie beschäftigte sich als geographisches Organ mehr mit Ländern und Kulturen außerhalb der Sowjetunion und weniger mit den technologischen Großprojekten an der Wolga und den sibirischen Flüssen. Deshalb wird im Folgenden nicht näher auf sie eingegangen. Zu dieser Zeitschrift vgl. knapp Schwartz 2003: 12.

Sowjetöffentlichkeit dem Fortschritt in Wissenschaft und Technik geschenkt wurde. Ihre Auflagen erhöhten sich zwischen 1950 und 1965 rasant.

Tabelle 8: Auflagenzuwächse der populärwissenschaftlichen Zeitschriften, 1950–1965

	Znanie – Sila	*Technika – Molodež*	*Nauka i Žizn'*
1950	60000	150000	50000
1955	125000	200000	120000
1958	200000	500000	180000
1960		600000	203000
1965			1750000

Selbst dieser Auflagenzuwachs gibt die große Popularität dieser drei Zeitschriften nur bedingt wieder. Noch zu Ende der 1950er Jahre hieß es, dass man ihre Auflage „spielend verdreifachen" könnte.[74]) Die populärwissenschaftlichen Zeitschriften gehörten in der Sowjetunion zu den besonders begehrten „Defizitperiodika". Ein Exemplar wurde stets von mindestens zwölf, mitunter zwanzig Personen gelesen. Auf der Kraftwerkbaustelle in Novosibirsk waren die neuesten Nummern, die in den öffentlichen Bibliotheken auslagen, sofort vergriffen. Die Referenten und Agitatoren machten die Artikel oftmals zur Grundlage ihrer Vorträge. Des Weiteren gab es in den Arbeiterklubs die Praxis der mündlichen Zeitschrift (*ustnyj žurnal*), bei der interessierten Zuhörern regelmäßig ausgewählte Beiträge aus populärwissenschaftlichen Zeitschriften vorgelesen wurden.[75])

Der Technik- und Wissenschaftsjournalismus erfüllte offensichtlich die Aufgabe, durch unterhaltsame Belehrung ein wohlgesonnenes Berichterstattungs- und Meinungsklima für ambitionierte Großprojekte zu schaffen. Popularisierung meinte die Übersetzung der wissenschaftlich-technischen Fachsprache, die nur Experten verstanden, in eine journalistisch vermittelbare, verständliche Alltagssprache. Es galt, „die kompliziertesten Dinge klar, einfach und [...] interessant darzustellen", um so „lebendig und fesselnd über die Wissenschaft sprechen" zu können.[76]) Kurz gesagt, es ging um die „assimilation of science into culture"[77]), um die Schaffung einer „verständlichen Wissenschaft"[78]) und eines „öffentlichen Wissens"[79]).

Technika – Molodež' und *Znanie – Sila* zielten auf jugendliche Leser. Bei den mitreißenden Erzählsequenzen flossen die einzelnen Heldengeschichten,

[74]) Kritik an der Zeitschrift „Priroda" 1959: 803. Ähnlich Žurnal „Znanie – Sila" 1951: 19.

[75]) GARF, 7690/5/1479, 137–140, 153–161 u. 193–201.

[76]) Kritik an der Zeitschrift „Priroda" 1959: 803.

[77]) Kapitsa 1988: 326.

[78]) So nannte der deutsche Verleger Ferdinand Springer seine 1927 gegründete Buchreihe, die moderne Naturwissenschaft breiten Leserkreisen zugänglich machen sollte. Vgl. Schirrmacher 2008: 80f.

[79]) So die Übersetzung des englischen Begriffes *public science* ins Deutsche bei Schirrmacher 2008: 79.

die Reportagen vom Baustellenleben und die Glorifizierung der modernen Technik zu einem aus austauschbaren Versatzstücken erstellten Grundmuster zusammen, das sich in verschiedenen Kontexten stets neu kombinieren und in unterschiedlichen Variationen aufbereiten ließ. Dabei wurden Fakten und Spekulation so geschickt miteinander vermischt, dass die Großprojekte weniger als Artefakte denn als Projektionen der Zukunft und als Beispiele für über Jahrzehnte hinweg vorausschauende Großraumplanungen eine starke Suggestivkraft entfalteten.

Der Verführungscharakter der Texte ergab sich ferner aus der Abenteuerlichkeit der Erzählung, bei der narrative Elemente eindeutig die argumentativen überwogen. Der Aufstieg der hochtechnisierten Moderne erschien als zwanghaft-mechanistischer Naturprozess, der durch nichts aufzuhalten war oder aufgehalten werden durfte. Dieser einfache Topos basierte auf dem Mythos vom wissenschaftlich-technischen Fortschritt, vertrat ihn mit Emphase und stattete ihn sowohl verbal als auch optisch mit überwältigenden Symbolen aus. Der kommunistische Fortschrittsmythos diente zum einen als Strategie, mit deren Hilfe Informationen an die Leser vermittelt sowie Interesse für Innovationen und Motivation für aktives Engagement geweckt wurden; zum anderen ersetzte er eine explizite Diskussion über Sinn und Wert der wissenschaftlich-technischen Neuerungen und der verkündeten politischen Programme, um durch manipulative Parteilichkeit öffentliche Akzeptanz und vorauseilendes Vertrauen in technologische Großprojekte zu schaffen. Diese Strategie der Entproblematisierung zielte auf die Reduktion von Komplexität, vermied darum die rationale Diskussion von Nutzen und Kosten der Technik und erschöpfte sich in der ausführlichen Schilderung banaler Aspekte wie Komfort und Einfachheit. Entsprechende Bedürfnisse wurden nicht erklärt, sondern vorausgesetzt. Die immanente Appellstruktur der Texte war darum so gestaltet, dass sie den Leser in einen rhetorischen Verständigungsprozess einbezog. Dieser ergab sich aus dem beständigen Wechselspiel von Frage – Antwort sowie Verlangen – Befriedigung, um durch die narrative Opposition von Spannung – Entspannung den Leser affektiv anzusprechen. Bei diesen emotionalen Appellen ging es um die Vereinnahmung der Jugend, um die Ausnutzung ihrer Begeisterungsfähigkeit und ihres Tatendrangs.

Die sowjetische Jugendpresse stärkte bewusst den Wunsch ihrer heranwachsenden Leser, sich selbst unter Beweis zu stellen. Sie versuchte, die weltanschaulichen Maximen und politischen Prioritäten des Parteistaats mit den Neigungen und Vorlieben der jungen Generation zusammenzubringen. Weit mehr denn als politisches Informations- und Erziehungsmedium wirkte diese Form des „Konsensjournalismus“[80]) damit als wichtiges Mobilisierungsinstrument. Die Redaktion von *Znanie – Sila* verwies 1951 voller Stolz darauf, dass die Zeitschrift angeblich zum „Organ der Bewegung von Millionen jungen

[80]) Zu diesem Begriff vgl. Schirrmacher 2008: 95, Fn. 73.

Technikbegeisterten geworden ist, das eine zentrale Rolle bei der Schaffung neuer Kader der technischen Intelligenz spielt."[81])

Der publizistischen Technikberichterstattung stand neben den beiden großen Jugendzeitschriften die Kinderzeitschrift *Pioner* zur Verfügung, die wie *Technika – Molodež'* vom Zentralkomitee des *Komsomol* herausgegeben wurde. Hier sollten sogenannte „Erzählungen über Komsomolzen" den Lesern unter vierzehn Jahren einen ersten Eindruck von der Baustellenromantik vermitteln und sie frühzeitig dafür begeistern. Die großartigen Siege bei der Abriegelung der Flüsse wurden genauso wie die Heldentaten von Bauleitern, Kran- und Baggerführern und Lastwagenfahrern kindgerecht erzählt. Immer wieder tauchten in den Zeitschriftenbeiträgen junge Pioniere auf, wie sie die großartigen modernen Maschinen aus nächster Nähe bestaunten. Als Augenzeugen des Unglaublichen und Märchenhaften sprachen sie der Technik geradezu magische Qualitäten zu.[82])

Die Pioniere erschienen in dieser Darstellung nicht nur als aufmerksame Beobachter, sondern darüber hinaus als aktive Teilnehmer an der beeindruckenden Welt der Hydrotechnik. So berichteten Artikel wiederholt, wie enthusiastische Kinder in Sommerlagern und Schulen Mini-Kraftwerke errichteten und damit erste Erfahrungen bei der Zähmung des Wassers machten.[83]) In einer anderen sorgfältig aufbereiteten Geschichte erzählte eine Schülerin, wie ihre Klasse einer Stalingrader Schule Sonntag morgens immer zum Wolga-Don-Kanal aufbrach, um ihren kleinen, aber dennoch bedeutsamen Beitrag zum Gelingen des „Stalinschen Großbaus" zu leisten. Ausgerüstet mit Schaufel und Spaten, rissen sie Sträucher aus und bereiteten so den Platz für die spätere Kanaltrasse vor. An anderer Stelle bepflanzten sie die schon fertigen Kanalufer mit Setzlingen, um Deiche und Dämme zu festigen und zu begrünen. Dabei trotzten die kühnen Schüler allen Widrigkeiten des Wetters. Ihren Abschluss fanden die arbeitsamen Sonntage im gemeinsamen Singen und Tanzen sowie in einer Lagerfeuerromantik. Schließlich nahmen die Schüler stolz an den Feierlichkeiten teil, die organisiert wurden, um mit Jubelrufen zu begrüßen, wie sich das Wasser des Dons und der Wolga endlich vereinigten.[84])

Während *Technika – Molodež'* und *Znanie – Sila* grundsätzlich als Jugendzeitschriften konzipiert waren, mit ihren Technik- und Zivilisationsfantasien aber auch zahllose ältere Leser hatten, erhob *Nauka i Žizn'* von Beginn an den Anspruch, eine Familienzeitschrift zu sein. Ihre Autoren verdeutlichten vor allem die praktische Bedeutung neuer Erfindungen, um so die Verbindung

[81]) Žurnal „Znanie – Sila" 1951: 19. Allgemein zu den narrativen Strategien populärwissenschaftlicher Jugendzeitschriften vgl. Hussong 1983; Strouhal 1991; Schruttke 1997.

[82]) Vgl. die Erzählungen und Reportagen von Kotenko 1953; Kiršinoj 1953; Moškovskij 1956.

[83]) Pionerskaja GES 1956: 53. Vgl. Pitirimov 1955; Ron 1956.

[84]) So der Bericht der Schülerin Inna Radomysl'skaja: 1953.

von abstraktem Wissen und Alltag herzustellen. Sie thematisierten zahlreiche wichtige Aspekte der modernen Industriezivilisation. *Nauka i Žizn'* sprach damit insbesondere die Schicht junger ausgebildeter neuer Stadtbewohner an, die im Zuge der massiven Urbanisierung der 1950er und 1960er Jahre ihren Heimatdörfern den Rücken kehrten. Um sich im Stadtleben besser zurechtzufinden, hatten sie ein außerordentlich großes Interesse an Informationen zu Technik und moderner Lebensweise.[85]) Nachdem die Auflage von *Nauka i Žizn'* schon Anfang der 1960er Jahre die Millionengrenze überschritten hatte, stieg sie in der Folgezeit weiter an und erreichte Mitte der 1980er Jahre schließlich ihre größte Auflage mit mehr als 3,5 Millionen Exemplaren.[86]) Die Zeitschrift hatte sich dank der Sozialmärchen vom traumhaften Aufstieg der Sowjetzivilisation und ihrer enthusiastischen neuen Menschen zum wichtigsten populärwissenschaftlichen Medium in der Sowjetunion entwickelt.[87])

Neben den drei großen populärwissenschaftlichen Zeitschriften, deren Autoren meist Technik- und Wissenschaftsjournalisten waren, gab die Sowjetische Akademie der Wissenschaften die Monatszeitschrift *Priroda* (Natur) heraus. Sie bot vor allem bekannten Wissenschaftlern ein Forum, um ihre Forschungsarbeiten einem interessierten Publikum zu vermitteln. Ihre Auflage, die 1954 kurzzeitig auf 44000 Exemplare verdoppelt worden war, stagnierte gegen Ende der 1950er Jahre bei enttäuschenden 20000 Exemplaren, von denen zudem nicht alle verkauft wurden. Mit ihren anspruchsvollen Beiträgen und dem Verzicht auf eine eingängige Illustrierung blieb *Priroda* weit hinter den Erwartungen zurück. Kritiker monierten, dass offensichtlich „viele Wissenschaftler nicht daran gewöhnt sind und es sogar für unmöglich halten, über ihre Wissenschaft mit Uneingeweihten zu sprechen." Zahlreiche Aufsätze in *Priroda* seien schlichtweg „unlesbar [...] Man muss sie durcharbeiten, gewappnet mit Geduld, Handbüchern und einem Haufen bekannter Literatur." Statt den „Hunger" der sowjetischen Öffentlichkeit „nach jedem lebendigen Wort, das über die Errungenschaften der Wissenschaft berichtet", zu stillen, habe sich *Priroda* zu einem wissenschaftlichen Insiderorgan für Liebhaber entwickelt.[88])

Um denjenigen, die als Agitatoren und Lehrer Millionen Sowjetmenschen in das kommunistische Weltreich moderner Technik einzuführen hatten, bei ihrer Überzeugungsarbeit zu helfen, gaben die Parteiführung und die zuständigen Ministerien besondere Zeitschriften heraus. Als Unterrichts- und Anweisungsmedien dienten diese dazu, den „Multiplikatoren" und „super-activists"[89]) neben politischen Zauberwörtern zugleich eine suggestive Metaphorik, repräsentative Symbolik und klar umrissene Argumentationsmuster

[85]) Lovell 2000: 105.
[86]) Kapitsa 1988: 320.
[87]) Zu diesem Fazit vgl. Schwartz 2003: 12.
[88]) Kritik an der Zeitschrift „Priroda" 1959: 803f.
[89]) Mickiewicz 1981: 118ff.

an die Hand zu geben, um die ehrgeizigen Technik- und Zukunftsrepräsentationen überzeugend zu begründen und damit die Effizienz der Propagandaarbeit zu verbessern. Rasch an Bedeutung und Auflagenstärke gewann vor allem die Zeitschrift *Bloknot Agitatora* (Notizbuch des Agitators), die der Propaganda- und Agitationsabteilung des ZK-Sekretariats unterstand. Sie stellte den zahllosen haupt- und nebenamtlichen Propagandisten wichtiges Material und Direktiven zusammen, um Vorträge, Debatten und andere Veranstaltungen erfolgreich organisieren zu können.[90]) Für die große Zahl von Lehrern waren die Periodika *Učitel'skaja Gazeta* (Lehrerzeitung) und *Estestvozanie v Škole* (Naturwissenschaften in der Schule) bestimmt. Letztere wurde vom Bildungsministerium herausgegeben. Allein zwischen 1950 und 1955 erhöhte sich ihre Auflage von 20000 auf 70000 Exemplare.

Als seit Ende 1950 die Propagandakampagne zu den „Großbauten des Kommunismus" das gesamte Land überzog, begannen die Zeitschriften, sofort neue Rubriken einzurichten. Am schnellsten reagierte *Nauka i Žizn'* auf die propagandistische Herausforderung. Sie führte schon im Oktober 1950 die Rubrik *Großbauten des Kommunismus* ein.[91]) Bis Ende 1951 hatte *Nauka i Žizn'* hier schon über zwanzig ausführliche Berichte zu den neuen Kraftwerk- und Kanalbauten publiziert.[92]) Die Redaktion von *Znanie – Sila* erklärte im Februar-Heft von 1951, die jungen Leser seien nachdrücklich mit der Bitte an die Zeitschrift herangetreten, mehr Berichte über die neuen Plangiganten in das Programm aufzunehmen. Die Redaktionsleitung machte fortan die hydrologischen Superprojekte zum Schwerpunktthema.[93]) Die Rubrik *Erzählungen über die Großbauten* nahm so in den folgenden Heften großen Raum ein. Gleiches galt für *Technika – Molodež'*, deren Redakteure zeitgleich mit *Für die Großbauten* und *An der Front der Großbauten* ähnliche Rubriken einrichteten. Des Weiteren erschienen in den Artikelserien *Reportagen aus der Zukunft* und *Fenster in die Zukunft* wiederholt Beiträge, die veranschaulichten, wie sich große Landstriche durch den Kraftwerk- und Kanalbau in blühende Vorposten des Fortschritts verwandelten. Anlässlich der Eröffnung des Wolga-Don-Kanals im Sommer 1952 veröffentlichten nicht nur *Znanie – Sila* und *Technika – Molodež'*, sondern auch die *Učitel'skaja Gazeta* ein spezielles Themenheft, an das sich in den folgenden Ausgaben eine Reihe weiterer Aufsätze anschloss.

[90]) Kalnins 1956: 69; Roth 1980: 147; Roth 1982: 153. Im Jahr 1956 erhielten die Arbeitersiedlungen an der Novosibirsker Großbaustelle und die naheliegende Kleinstadt Berdsk insgesamt 50 Exemplare der Zeitschrift *Bloknot Agitatora*. Vgl. PANO, 27/1/330, 39–40.

[91]) Die Rubrik hieß mitunter auch *Veličajščie sooruženija Stalinskoj epochi* (Die großartigsten Bauten der Stalinschen Epoche), seit 1953 dann *Na Strojkach pjatoj pjatiletki* (Auf den Baustellen des 5. Fünfjahrplans).

[92]) In den Jahren 1954 und 1955 gab es immer noch 16 bzw. 11 Beiträge zu den Großbauten.

[93]) Energija Rek 1951: 9. Ähnlich Žurnal „Znanie – Sila" 1951: 19–22.

Broschüren, Sammelbände und literarische Werke

Die wichtigsten Zeitungs- und Zeitschriftenartikel zu den einzelnen „Großbauten des Kommunismus" wurden gemeinsam mit Erlassen und öffentlichen Vorlesungen zusammengefasst und in Sammelbänden wieder abgedruckt, die mit Auflagen von 35000 bis 120000 Exemplaren erschienen. Ihre Publikation übernahmen Verlage, deren Aufgabe darin lag, die Informationsbedürfnisse von Lehrern, Agitatoren und der interessierten breiten Öffentlichkeit zu stillen. Dementsprechend eingängig überarbeitet waren die Beiträge. Wiederholt ließen die Herausgeber bekannte Vertreter der Sowjetischen Akademie der Wissenschaften zu Wort kommen. Deren meist von Ghostwritern verfassten Vorlesungen und Erläuterungen sollten den großartigen Plänen Wissenschaftlichkeit verleihen. Besonders zwischen 1950 und 1952 erschien eine Vielzahl von Sammelbänden, die häufig identische oder zumindest ähnliche Texte abdruckten und offensichtlich die Funktion hatten, zur Verbreitung zentraler propagandistischer Materialien beizutragen.[94])

Darunter gab es sogar eine spezielle Bibliographie und Materialsammlung, die „als Hilfe für die Arbeit der Kinderbibliotheken" gedacht war.[95]) Dies schien dringend erforderlich. Freilich wurden die Kraftwerk- und Kanalbauten wiederholt in der sowjetischen Kinderliteratur thematisiert.[96]) Dennoch klagte A. Surkov, der Generalsekretär des sowjetischen Schriftstellerverbands, Ende 1952 darüber, dass zu den „Großbauten des Kommunismus", die den Kinderautoren „reichlich Stoff" und „ein gewaltiges Tätigkeitsfeld" böten, zu wenig angemessene Bücher verfasst worden seien.[97])

Die mit den Kraftwerk- und Kanalbauten eng verknüpften Visionen von der Umgestaltung der Natur waren auch Gegenstand populärer Sachbücher. So fühlte sich der Ingenieur Arkadij Markin als Sachbuchautor dazu berufen, die Öffentlichkeit über die leuchtende Zukunft der sowjetischen Energetik aufzuklären.[98]) Der Geograph Nikolaj Michajlov erhielt für sein verständliches, aufwendig gestaltetes und packend geschriebenes Werk *Nad kartoj rodiny* (Über die Karte der Heimat) sogar den Stalin-Preis. Im Jahr 1947 erstmals erschienen und seitdem immer wieder neu aufgelegt, gehörte es fortan zu den beliebtesten sowjetischen Sachbüchern. Mit der Gegenüberstellung von Damals und Heute machte es dem Leser deutlich, wie sich das Antlitz des Landes durch das sozialistische Aufbauwerk auf wundersame Weise verändert habe

[94]) Vgl. Velikie sooruženija 1951 (100000 Exemplare); Velikie Strojki 1951 (115000 Ex.); Velikie Strojki 1952 (120000 Ex.); Na Velikich Strojkach 1952 (50000 Ex.); Sauškin 1952 (50000 Ex.); Loginov 1952 (66000 Ex.); Koševel 1952 (100000 Ex.); Stepanov 1953 (35000 Ex.); Davydov 1954 (51500 Ex.).

[95]) Baraskova 1951.

[96]) Vgl. Steiner 1999: 156f.

[97]) Unionskonferenz 1952: 1020f.

[98]) Markin 1957; Markin 1959: 1213.

und durch die neuen Großbauten noch weiter wandeln werde.[99]) Der wohl bekannteste Sachbuchautor war Michail Il'in. In den 1950er Jahren stieg er „zu einem der beliebtesten Sowjetschriftsteller" auf.[100]) Seine Leser fesselte er durch „das Verknüpfen wissenschaftlicher und künstlerischer Elemente und die dadurch entstehende Einheit von sachlicher Darstellung und lebendiger Bildhaftigkeit."[101]) Seine Bücher waren Bestseller und wurden in zahlreiche Sprachen übersetzt.[102])

Trotz des Aufstiegs des neuen literarischen Genres, bei dem die Grenzen zwischen Wirklichkeit und Utopie zunehmend verwischten, gab es weiterhin großen Bedarf an packend geschriebenen Sachbüchern. Parteiführer und Kulturpolitiker sprachen von einem Mangel an „Büchern mit wissenschaftlichen Zukunftsvisionen [...], die von der künftigen kommunistischen Gesellschaft erzählen. Die Sowjetmenschen haben wahre Wunder auf dem Gebiet der Wissenschaft und Technik vollbracht; es gibt jedoch noch keine künstlerisch bedeutenden Bücher, die davon berichten."[103])

Zudem verlief die Anpassung der Fachsprache an politische Sprachregelungen, die in den Sachbüchern geschehen sollte, keineswegs immer reibungslos. Bei ihren Versuchen als populärwissenschaftliche Autoren bewegten sich die Experten auf unsicherem Terrain, weil politische Vorgaben oft diffus formuliert waren und damit vieles Auslegungssache blieb. So geriet der angesehene Geograph V. L. Kotel'nikov mit seinem 1949 veröffentlichten Buch *Preobrazovanie prirody stepi i lesostepi* (Die Umwandlung der Natur der Steppe und der Waldsteppe) wegen einiger eigentlich unverfänglicher Formulierungen in die Kritik. Die Angelegenheit wurde sogar vor einer Kommission des Zentralkomitees verhandelt, die sowohl vom Autor als auch vom Lektor Selbstkritik forderte. Diese Affäre verunsicherte in der Folgezeit Wissenschaftler, die deshalb Zuflucht zu schon bewährten Formulierungen nahmen, so dass ihre Texte immer schablonenhafter wurden.[104])

Die anspruchsvolle Belletristik hatte sich in den 1930er Jahren wiederholt der großen Kraftwerk- und Kanalbauten angenommen. Boris Pil'njaks *Volga vpadaet v Kaspijskoe more* (Die Wolga fließt in das Kaspische Meer, 1930),

99) Michajlov 1949. Eine gute Analyse dieses Sachbuchs bietet Dobrenko 2003: 189–199.

100) Il'in 1935; Il'in 1948; Il'in 1950a; Il'in 1950b; Il'in 1951b; Il'in 1955; Il'in 1962.

101) So die Besprechung von Otto 1951: 554. Ausführlich zum Werk und Leben von Michail Il'in (eigentlich Il'ja Jakovlev Maršak) vgl. Segal 1962. Il'ins Werke wurden mehrfach aufgelegt, in mehrere Sprache übersetzt und erreichten in der Sowjetunion jeweils Auflagen zwischen 50000 und 100000 Exemplaren.

102) Die Rolle und Bedeutung von Michail Il'in in der Sowjetunion lässt sich durchaus mit der Anton Zischkas im deutschen Sprachraum vergleichen, der seit den 1930er Jahren seinen Lesern vielversprechende Technikutopien und Energievisionen erfolgreich als die Welt von Morgen präsentierte. Zum Werk und zur Wirkung Zischkas vgl. Weber 1999. Ferner Troitzsch 1980: 223–237.

103) Vgl. z.B. die Rede des Generalsekretärs des *Komsomol*, der gleichzeitig Mitglied im Politbüro war, Šelepin 1958: 538.

104) RGASPI, 17/32/143, 49–60 u. 70–72.

Marietta Šaginjans *Gidrocentral'* (Hydrozentrale, 1931) und Fedor Gladkovs *Energija* (Energie, 1933) sind dabei als die drei herausragenden Romane zu nennen.[105]) Zu zweifelhaftem Ruhm kam auch der von Leopol'd Averbach, Sergej Firin und Maksim Gor'kij herausgegebene Sammelband zum Weißmeer-Ostsee-Kanal. Insgesamt hatten 36 bekannte sowjetische Schriftsteller Texte dazu beigesteuert, um diesen von einem Zwangsarbeiterheer fertiggestellten Großbau als großartige „Helden- und Erziehungstat" zu feiern.[106]) Auch für den Moskau-Wolga-Kanal war ein aufwendiges Foliantenbuch geplant, um der Propaganda von der Umschmiedung (*perekovka*) und der „zweiten Geburt" der auf den Bauplätzen tätigen Häftlinge literarischen Ausdruck zu verleihen. Das 352-seitige Manuskript mit dem Untertitel *Vom Verbrechen zur Arbeit* lag 1938 vor; es wurde allerdings nicht veröffentlicht, weil mehrere Autoren kurz vor der Drucklegung als „Volksfeinde" verhaftet und erschossen worden waren. Die Fertigstellung der großartigen Stalinschen Magistrale (*Velikaja Stalinskaja Magistral'*) blieb so ohne Jubelband zur angeblich umsichtigen „sozialen Pädagogik" der Lager- und Bauleiter.[107])

Zu den „Stalinschen Großbauten des Kommunismus" reisten in den 1950er Jahren keine Schriftstellerbrigaden mehr. Neben den zahlreichen Propagandaschriften gab es zu den Bauarbeiten wiederholt Gebrauchsprosa, die jedoch keinen bleibenden Wert hatte. Als einziger prominenter Sowjetliterat besuchte Konstantin Paustovskij das mittlere Wolga-Gebiet, um sich auf den Bauplätzen des Wolga-Don-Kanals und des Stalingrader Flusskraftwerks einen Eindruck vom Voranschreiten der Arbeiten zu machen. Er kam damit einer Bitte Stalins nach, der sich von Paustovskij ein Buch über die neuen Plangiganten gewünscht hatte. Für sein literarisches Engagement erhielt Paustovskij Geld und eine größere Wohnung zugeteilt, was ihn nach der Geburt seines zweiten Kindes aus einer Notlage befreite. Seine Erzählungen *Roždenie Morja* (Geburt eines Meeres) gingen mit keinem Wort auf die Zwangsarbeit ein. Sie berichteten nur von Freiwilligen, die spontan auf die Züge sprangen, um sich als Bauarbeiter verdient zu machen. Die Zeit des „bekennenden Terrors"[108]) und der selbstgerechten Propaganda vom „Umschmieden" der Lagerinsassen hatte ihr Ende gefunden. Stattdessen gab sich Paustovskij ganz seiner Faszination für die moderne Bautechnik und den unerbittlichen Kampf gegen die Elementarkräfte hin. Sein Text war zudem voll des Lobes über Stalin, dessen „klare Zukunftsvision", „mächtiger Wille" und „unbegrenzter Mut [...] unser Land in die heutige Zeit geführt haben."[109]) Über die zahlreichen Schattenseiten des Baustellenlebens, die ihm kaum entgangen sein konnten, schwieg er

[105]) Zu diesen drei bedeutenden Romanen vgl. Westerman 2002: 125–129. Zu Pil'njaks Werk ausführlich Reck 1975: 167–182; Yun 1993.

[106]) Belormorsko-baltijskij kanal imeni Stalina. Ausführlich dazu siehe S. 62 ff.

[107]) Kokurin/Petrov 2000/5: 120f. Auch Westerman 2002: 177f.

[108]) Beyrau 2000a: 174.

[109]) Zit. n. Westerman 2002: 224.

sich geflissentlich aus. Das sprachlich-stilistische Niveau seiner Erzählungen lag zwar weit über dem der Zeitungs- und Zeitschriftenreportagen; in der Wahl der Themen und narrativen Strategien unterschied sich Paustovskij jedoch nicht grundsätzlich von den Reportagen der Journalisten.[110])

Während Paustovskijs Erzählungen zum Wolga-Don-Kanal kaum nachhaltige Wirkung erzielten, fand dreizehn Jahre später Evgenij Evtušenkos Poem zum Bratsker Flusskraftwerk *(Bratskaja GES)* große Beachtung. Nachdem Evtušenko, einer der bedeutendsten Tauwetter-Literaten, auf der Großbaustelle an der Angara Material gesammelt hatte, erschien eine erste Fassung seines Poems 1965 in der Zeitschrift *Junost'* und zwei Jahre später in einem Gedichtband.[111]) Das Werk, das eher eine Skizzensammlung als ein in sich geschlossenes Poem darstellt, ist geprägt vom heroischen Revolutions- und Aufbaupathos, das sich mit patriotischen Aspekten verbindet. Der Bratsker Hydrogigant erscheint als Quintessenz russisch-vaterländischer Geschichte. So ist das Poem nicht nur eine Laudatio auf die Erbauer des Kraftwerks, sondern auf alle „Söhne und Töchter Russlands, die ihr Leben gaben im Kampf für die Verwirklichung der größten Ideale der Menschheit".[112]) In Evtušenkos weiter geschichtsphilosophischer Perspektive wird eine ägyptische Pyramide mit dem sibirischen Großkraftwerk verglichen. Beide erscheinen als Sinnbilder für die gegensätzlichen statisch-konservativen und dynamisch-revolutionären Prinzipien der Geschichte. Der Konflikt zwischen den unterschiedlichen Großbauten wird in Form von Dialogen, Monologen, Liedern, Porträts und poetischen Reflexionen ausgetragen. Dabei schildert Evtušenko den technisch-historischen Fortschritt in der Sowjetunion aus subjektiver Perspektive und in engem Zusammenhang mit persönlichen Entbehrungen, Enttäuschungen und Triumphen. Zu Beginn des Poems legt er sein dichterisches Credo nieder und bekennt sich zum Ethos einer poetisch-politischen Verantwortungsliteratur. Literarische Kritik gab es an den kompositorischen Schwächen des Poems.[113]) Die wenigen gelungenen Reime „verstecken sich in 5000 Zeilen über Turbinen und Pyramiden."[114]) Zugleich bemängelten auf Aufbruch drängende Intellektuelle und Künstler Evtušenkos beständiges Abgleiten ins Banale, Gefällige und politisch Opportune. Andrej Sinjavskij ging sogar so weit, Evtušenko Schönfärberei vorzuwerfen. Das Poem vertusche, dass zahlreiche sowjetische Großbauten genauso wie die ägyptischen Pyramiden auf Sklavenarbeit beruhten. Nicht der Gegensatz, sondern die Analogie zwischen

[110]) Paustovskij 1952b. Die Erzählungen sind auch in Buchform veröffentlicht worden (Roždenie morja, Moskva 1952). Auszüge daraus sind übersetzt in Paustovskij 1952c. Auf seine Erzählungen zum Wolga-Don-Kanal schien Paustovskij nicht besonders stolz gewesen zu sein. Er verhinderte ihre Wiederauflage. Zu diesen Hintergrundinformationen vgl. die Recherchen von Westerman 2002: 218–230.

[111]) Evtušenko 1967: 69–238.

[112]) Guski 1988.

[113]) Guski 1988; Lauer 2000: 780f.; Mežakov-Korjakin 1973.

[114]) Vajl'/Genis 2001: 36.

diesen menschenverachtenden Projekten hätte darum betont werden müssen.[115])

Der Kraftwerkbau an der ostsibirischen Angara war auch schon 1957 Gegenstand eines literarischen Werks gewesen, das wegen seiner Bedeutung für das neue Genre des Jugendromans große Beachtung fand. Anatolij V. Kuznecovs Roman *Prodolženie legendy* (Die Fortsetzung der Legende) erzählt die Geschichte eines jungen Sowjetbürgers, der die Moskauer Schulzeit hinter sich lässt und auf der Großbaustelle des Irkutsker Flusskraftwerks allmählich in die Wirklichkeit der sozialistischen Industriegesellschaft hineinwächst. Die Arbeit in der rauen Taigalandschaft stellt für ihn eine große Herausforderung dar, sich selbst zu beweisen und nach einer schweren Bewährungszeit schließlich seine soziale Rolle als Teil einer Baubrigadengemeinschaft zu finden. In der kulturellen Geographie des Poststalinismus galt Moskau nunmehr als Ort, an dem der hauptstädtische Komfort und die Trivialität des von bloßer Routine geprägten Alltagslebens die Menschen zu Opportunisten und Zynikern hatten werden lassen. Abgestoßen von diesem Verlust an Enthusiasmus und Romantik, erlebt der jugendliche Held auf der ostsibirischen Großbaustelle eine noch unverdorbene Welt, die ihm neuen Lebensmut gibt. Im unerbittlichen Kampf gegen die wilde Natur gewinnt er an charakterlicher Stärke, um seine physischen und psychischen Schwächen zu überwinden. Der Topos von der ungebändigten Kraft der majestätischen sibirischen Flüsse, an der sich der Sowjetmensch zu messen habe, um zum Titan zu wachsen, bildet den Romanhintergrund. Geprägt durch Abenteuer, Naturromantik und Technikeuphorie steht Kuznecovs Jugendroman stellvertretend für eine Reihe von literarischen Werken der damaligen Zeit, die das Heroische betonten, um den jungen Sowjetmenschen mitreißende Ziele und Visionen vorzugeben.[116])

Gemälde, Plakate und Briefmarken

Im Rahmen des neuerdings ausgerufenen *pictorial* oder *visual turn* nimmt der Gemeinplatz, dass kulturelle Überlieferungen nicht nur durch Schrift, sondern auch über Bilder erfolgen, verstärkt Einfluss auf die Forschungspraxis des Historikers. Bilder gelten als Geschichts- und Mythosmotoren mit großer politischer Wirkkraft.[117]) Sie werden als „der eigentliche Transmissionsriemen totalitärer Diktatur"[118]) verstanden, weil sie mit der Schaffung einer „visualisierten Gefühlskultur" zuversichtliche mentale Bilder generieren und sich so als wichtige Deutungswaffen bei der Bemächtigung sozialer Imagination nut-

[115]) Sinjavskij 1968. Ferner Marsh 1986: 45.

[116]) Kuznecov 1957. Zu diesem Jugendroman vgl. bes. Clark 1981: 228ff.; Kindlers Neues Literatur Lexikon 1988/9: 887f.

[117]) Guten Überblick dazu bieten Roeck 2003; Paul 2006; Bachmann-Medick 2007: 329–380.

[118]) Wolle 1997: 177. Vgl. auch Hartewig/Lüdtke 2004.

zen lassen.[119]) Des Weiteren spielen Bilder mit ihren „konstruierten Sichtbarkeiten" und „visuellen Selbstverständlichkeiten" insbesondere bei der Popularisierung von Wissenschaft und Technik eine zentrale Rolle.[120])

Die Gemäldemalerei hatte in der Kunst und Propaganda des Stalinismus seit den 1930er Jahren die Rolle eines zentralen Mediums inne. Ikonographische Muster erhielten hier ihre kanonische Form.[121]) Als die „Großbauten des Kommunismus" in Angriff genommen wurden, wuchs das Künstlerinteresse an der Wolga; das parteistaatliche Kulturestablishment verlieh bald erste Auszeichnungen. So erhielten Nikolaj Romadin für seine Bilderserie *Die Wolga: Ein russischer Fluss* und Aleksej Gricaj für sein Gemälde *Ein stürmischer Tag bei Žiguli* im Jahr 1950 den Stalin-Preis. Letzteres zeigt ein kleines Frachtschiff, das sich auf der stürmischen Wolga vor der beeindruckenden Kulisse der Žiguli-Berge vorwärts kämpft und unbeirrt Kurs hält. Der Frachter, der den Kräften der Natur trotzt, steht hier sowohl für die Überlegenheit moderner Technik als auch für den Sowjetstaat, der sich in einer feindlichen Umwelt behauptet und ungeachtet aller Widerstände seinen Weg geht.[122]) Im gleichen Jahr entstand Jakov D. Romas' Gemälde *Der Ort, an dem das Kujbyšever Flusskraftwerk sein wird*. Es stellt in seiner linken Bildhälfte das beeindruckende Panorama der Žiguli-Berge dar; auf der rechten richten moderne Baumaschinen den Bauplatz ein. Der schon umgestaltete Uferabschnitt wirkt noch klein. Es besteht aber kein Zweifel daran, dass hier bald die Natur bezwungen wird, deren enorme Kraft die über den Bauplatz ziehenden Wolken symbolisieren.[123])

Romas' Motiv griff ein Jahr später eine Künstlerbrigade auf, die unter der Leitung von Pavel Sokolov-Sklaja das riesenhafte, 2,9 Meter hohe und 5,5 Meter breite Panorama *Na Velikoj Stalinskoj Strojke* (Auf dem großen Stalinschen Bauplatz) anfertigte. In einem deskriptiven Malstil bildet es die Baustellenlandschaft des Kujbyšever Flusskraftwerks ab. Während im Hintergrund neben der Wolga und den Žiguli-Bergen große Baumaschinen zu sehen sind, steht im Bildmittelpunkt der jugendliche, sonnenverbrannte, mit einem roten T-Shirt gekleidete Bauleiter Vasilij Ljamin, der sein Werkzeug niedergelegt hat, um den Bauplan mit einem älteren Akademiker, einer Ingenieurin und einem Vertreter des Parteikomitees zu erörtern. Die linke Bildhälfte dominiert eine Gruppe von Arbeitern, die gerade einen Bagger zusammenbauen. Auffällig ist vor allem das Zusammenspiel zwischen den muskulösen Arbeiterkörpern und den Maschinen. Die Bauarbeiter werden in ihrer Rolle als Beherrscher der Technik gezeigt, die sich voller Elan mit ihrem Verstand und Schaffensdrang daranmachen, die Wolga zu zähmen. Das Gemälde bietet

119) Wolle 2006.
120) Heßler 2006a; Heßler 2006b.
121) Bown 1998: 41–203; Reid 2001; Plamper 2003.
122) Bown 1998: 256f.
123) Bown 1998: 257.

die für den Spätstalinismus typische überhöhte Darstellung des Arbeitslebens. Es suggeriert eine dokumentarische Wahrheit, wirkt aber gestellt und in seiner idealisierten Form realitätsfremd. Die pompöse Darstellung appelliert nur noch flüchtig an das romantische Gefühl. Ihr fehlt es an Überzeugungskraft und Dynamik.[124])

Ein attraktives Propagandamedium, das eine große Reichweite hat, ist das Plakat. Es galt den Bolschewiki zum einen als „Massenkunst, mit der die Künstler ins Volk gehen",[125]) zum anderen als wirksamstes Kampfmittel der Sichtagitation (*nagljadnaja agitacija*), als „Attacke auf Herz und Sinne"[126]). Seine charakteristischen Eigenschaften, so der Stalin-Preisträger Viktor Koreckij, sind „aktives, emotionelles Ansprechen des Massenpublikums, schnelles operatives Reagieren auf gesellschaftliche und politische Ereignisse, Leidenschaft in der Agitation, äußerste Klarheit, Treffsicherheit und Knappheit der Gestaltung." Ein gutes Plakat muss „auch auf große Entfernung ein Blickfang" sein, der die Aufmerksamkeit auf sich lenkt.[127]) Es ist „kondensierte Energie, eine Ladung, die in die Dichte der Volksmassen geschossen wird, mit dem Ziel, durch seine Explosion in der Masse jenen Effekt hervorzurufen, auf den das Geschoss abzielte."[128]) In der Sowjetunion wurden darum in den Jahren 1953 und 1954 knapp 5000 Plakate in 130 Millionen Exemplaren gedruckt. Sie hingen auf zentralen Straßen und Plätzen, in Klubs, Partei- und Staatsgebäuden.[129]) Als wichtiger Teil des Stadtbildes und Gestaltungsmittel des öffentlichen Raums waren sie kaum zu übersehen.[130]) Diejenigen, die es wagten, Plakate abzureißen oder zu überkleben, begingen eine „konterrevolutionäre Tat" und wurden hart bestraft.[131]) Kein anderer Staat hatte jemals zuvor das Medium Plakat derart umfassend und intensiv für die visuelle Repräsentation und virtuelle Kreation seiner selbst eingesetzt.[132])

Als die groß angelegte Propagandakampagne um die „Großbauten des Kommunismus" 1950 begann, brachten sich die Plakatkünstler unverzüglich ein. Sie vereinten die Darstellung von Industriebauten, Gebäuden, Natur und Menschen zu „dekorativen Teppichen".[133]) Geprägt von Zuversicht und

[124]) Bown 1991: 226f. u. 233f. Auf den Gemälden, die Anfang der 1930er Jahre im konservativen piktoralen Malstil den Bau des Dnepr'-Flusskraftwerks abbilden, hatte die Technik noch ganz den Menschen überragt und ihn dominiert. Vgl. dazu Bown 1998: 115f.

[125]) So Michail Kalinin, zit. n. Koreckij 1978: 1.

[126]) Attacke auf Herz und Sinne 1955. Ausführlich Kenez 1985: 111–118; Kämpfer 1985; White 1988; Bonnell 1997; Waschik/Baburina 2003.

[127]) Zit. n. Kalnins 1956: 162.

[128]) So der sowjetische Kunsttheoretiker Nikolaj Tarabukin 1925, zit. n. Waschik/Baburina 2003: 5. Allgemein zu Wirkung und Geschichte des Mediums Plakat vgl. Schneider 1999; Sauer 2006.

[129]) Kalnins 1956: 162.

[130]) Waschik/Baburina 2003: 273–279.

[131]) Waschik/Baburina 2003: 293.

[132]) Waschik/Baburina 2003: 169.

[133]) Baburina 1993: 7.

Abb. 3: A. Lavrov, Sbylis' mečty narodnye *(Die Träume des Volkes sind wahr geworden). Plakat aus: Bonnell 1997: Plate 7; Waschik/Baburina 2003: 119.*

Abb. 4: Boris Berezovskij/Michail Solov'ev/Ivan Šagin, Pod voditel'stvom Velikogo Stalina – vpered k kommunizmu! *(Unter der Führung des großen Stalins – Vorwärts zum Kommunismus!) Plakat aus: Bonnell 1997; Plate 8; Baburina 2000: 159; Waschik/Baburina 2003: 118.*

Abb. 5: V. Govorkov, Vo imja kommunizma *(Im Namen des Kommunismus). Plakat aus: Na Velikich Strojkach 1952: I-II; Baburina 2000: 157; Waschik/Baburina 2003: 117f.*

Selbstvertrauen, entwarfen sie „ein Bild von unserer Heimat, die dem Kommunismus entgegen schreitet".[134]) Eindrucksvolles Beispiel für diese optimistische Weltsicht ist das 1950 mit einer Auflage von 300000 Exemplaren gedruckte Plakat (Abb. 3) von A. Lavrov *Sbylis' mečty narodnye* (Die Träume des Volkes sind wahr geworden). Es zeigt einen Großvater mit seinem Enkel, die von Bord eines luxuriösen Wolga-Dampfers auf eine moderne Industrielandschaft schauen. Im Hintergrund ist die gigantische Staumauer eines Kraftwerks zu sehen. Große Frachtschiffe fahren über die gestaute Wolga, während an den Ufern neue Industrie- und Wohnviertel Gestalt annehmen. Rechts oben hängt das berühmte Gemälde *Die Wolgatreidler* von Il'ja Repin an der Wand. Es soll genauso wie das Buch von Nikolaj A. Nekrasov, in dem der Enkel liest, an die zarische Zeit erinnern, als das Leben der Menschen an der Wolga von Not und Unterdrückung gekennzeichnet war. Die Konfrontation der düsteren Vergangenheit mit dem schönen Schein der Gegenwart schreibt den „Großbauten des Kommunismus" epochale Bedeutung als Fortschritts- und Heilsbringer zu. Eine Erfüllungsmetapher bringt die plakative Affirmation der Wirklichkeit gewordenen Utopie zu einem überwältigenden Ausdruck.[135]) Die glücklichen Gesichter des Großvaters, der auf das vollendete

[134]) Demosfenova 1962: 217.

[135]) Waschik/Baburina 2003: 119; Bonnell 1997: Plate 7.

Lebenswerk seiner Generation zurückblickt, und des Enkels, der nach vorn in seine lichte Zukunft schaut, vermitteln den Eindruck von Harmonie und Fröhlichkeit. Nach den entbehrungsreichen Jahren der Industrialisierungs- und Weltkriegsschlachten erwartet die Sowjetmenschen nun ein Leben in Sicherheit und Wohlstand, so die unmissverständliche Botschaft.[136])

Das zweifellos bekannteste Plakat (Abb. 4) zu den „Großbauten des Kommunismus“ war mit einer Auflage von 500000 Exemplaren das 1951 in Umlauf gebrachte *Pod rukovodstvom Velikogo Stalina – vpered k kommunizmu!* (Unter der Führung des großen Stalin – Vorwärts zum Kommunismus!).[137]) Seine Komposition erinnert „an eine Bühne, auf der alle Akteure geordnet und bewegungslos arrangiert sind.“[138]) In der Bildmitte steht ein übergroßer, den Weg weisender Stalin. Sein Blick ist auf einen außerhalb des Plakats gelegenen Fluchtpunkt gerichtet. In der dynastischen Szene schart sich um ihn in würdevoller Distanz eine exklusive Gruppe von Arbeits- und Fliegerhelden sowie von bekannten Stalin-Preisträgern. Hinter diesem Pantheon füllt eine gesichtslose Menschenmasse die untere Hälfte des Plakats aus. Sie wird links eingerahmt von den Hochhäusern des neuen Moskaus und rechts von Hochspannungsleitungen, die das Land durchziehen und es zusammenwachsen lassen. Auf der oberen Bildfläche stellt eine überdimensionale Karte den Süden der Sowjetunion dar, deren Landschaften durch die „Großbauten des Kommunismus“ geometrisiert und umgestaltet werden. Auf diesem Plakat erreichte die kommunistische Utopie als Gegenwartsrepräsentation ihre Apotheose. „Die Monumentalisierung des Raums gerinnt zu einem *nunc stans* der Zeit, zu einem ewigen Stillstand der Vision, dem auch die Losung *Vorwärts zum Kommunismus* keine Dynamik mehr verleihen kann.“[139]) Die Umgestaltung der Natur wird unmittelbar an ihren Schöpfer und Urheber zurückgebunden, so dass sich die Personalisierung der Utopie nunmehr einzig auf die Figur Stalins konzentriert. Eine pathetische Vereinigungsmetapher dominiert die Bildaussage: Raum und Zeit sind überwunden, Volk und Führer bilden eine Einheit, und die eingelöste kommunistische Zukunft erscheint als Quintessenz der Herrschaft Stalins.[140])

Auf zwei weiteren Plakaten, die mit einer Auflage von 300000 und 500000 Exemplaren erschienen, wird Stalin gleichfalls als Chefplaner der neuen hydrologischen Plangiganten gefeiert. Auf B. Belopol'skijs Plakat *Slava Stalinu, velikomu zodčemu kommunizma!* (Ruhm Stalin, dem großartigen Baumeister des Kommunismus!) von 1951 steht er überlebensgroß vor einem riesigen Flusskraftwerk. Links vor ihm ist eine kleine Gruppe von Parteifüh-

136) Bonnell 1997: 243ff. u. Plate 7.

137) Das Plakat entwarfen Boris Berezovskij, Michail Solov'ev und Ivan Šagin. Ein Abdruck findet sich in Bonnell 1997: Plate 8; Waschik/Baburina 2003: 118; Baburina 2000: 159.

138) Waschik/Baburina 2003: 228.

139) Waschik/Baburina 2003: 118.

140) Zur Interpretation des Plakats vgl. Waschik/Baburina 2003: 117f.; Bonnell 1997: 253f.

rern und Ingenieuren zu sehen, die den Willen des „weisen Führers" ausgeführt haben. Vom Ufer des umgestalteten Flusses winken glückliche und dankbare Bauarbeiter Stalin zu. Entscheidend für die Eindrücklichkeit der großartigen Vision ist auch hier wieder der kompositorische Umgang mit dem Raum. Bezwungen durch den Willen Stalins und der modernen Kraftwerktechnik, wirkt er als anschauliche Referenzgröße des Fortschritts und als ideologischer Ordnungsfaktor.[141])

Der Graphiker V. Govorkov bringt in seinem für den Stalin-Preis vorgeschlagenem Plakat *Vo imka kommunizma* (Im Namen des Kommunismus) den damaligen politischen Leitsatz zum Ausdruck, Stalin vollende als „Lenin von heute" das sowjetische Aufbauwerk (Abb. 5). Er scheint dabei weit mehr als nur legitimer Erbe Lenins zu sein. Die von ihm protegierten Projekte zeichnen sich durch eine gänzlich neue Größenordnung aus, die es ermöglicht, die Grundlagen für den Übergang zum Kommunismus zu schaffen und damit etwas zu erreichen, von dem der Gründungsvater der Sowjetunion 1920 nur träumen konnte. Der Verweis auf Lenin dient offensichtlich nur dem Zweck, Stalins Größe in noch hellerem Licht erstrahlen zu lassen. So ist auf der linken Bildfläche Lenin zu sehen, wie er vor einer großen Wandzeichnung des Volchover Flusskraftwerks den Standort dieses ersten großen hydroenergetischen Projekts des Sowjetstaats auf einer Karte einträgt. In der linken Hand hält er eine Ausgabe des GOELRO-Plans. Auf der rechten Bildhälfte ist Stalin mit zwei Karten abgebildet, auf denen zum einen der Turkmenische Hauptkanal in Zentralasien, zum anderen die beiden großen Wolga-Kraftwerke in Kujbyšev und Stalingrad vermerkt sind. Auf einer Karte liegt das Buch *Elektrifizierung der Sowjetunion*, in dem die General- und Perspektivpläne für die fortschreitende Erschließung des Landes während der 1950er und 1960er Jahre dokumentiert sind. Mit einem Rotstift streicht Stalin die Bezeichnung Karakum-Wüste durch, um zu verdeutlichen, dass hier der Turkmenische Hauptkanal anstelle trockenen Ödlands blühende Landstriche schaffen wird.[142])

Als „politische Plakate im Kleinformat" und „künstlerische Miniaturarbeiten" galten in der Sowjetunion Briefmarken. Wegen ihrer Massenzirkulation (1957 stellte die sowjetische Post vier Mrd. Briefe und 80 Millionen Pakete zu) waren sie das am weitesten verbreitete Bildmedium.[143]) Deshalb hatten die Parteiführer seit den 1930er Jahren alles unternommen, um die Postwertzeichen in ein „Erziehungsmittel der Massen und Propagandamedium der fortschrittlichen humanistischen Idee des Kommunismus und in ein Instrument im Friedenskampf zu verwandeln."[144]) Angesehene Künstler wurden mit der Gestaltung von Briefmarken beauftragt und ihre Entwürfe einer

141) Waschik/Baburina 2003: 227f.; Baburina 1993: 151.

142) Na Velikich Strojkach 1952: If.; Baburina 2000: 157; Waschik/Baburina 2003: 117f.; Gestwa 2003a: 76.

143) Dobrenko 2003: 163f.; Gestwa 2001a: 1144f.

144) Reznikov 1967: 33f.

strengen Kontrolle unterzogen. Zur „Bestätigung sozialistischer Ideale“ gab die Post regelmäßig Sondermarken heraus, um die großartigen Erfolge und Ziele der Sowjetunion darzustellen.[145]) Am 28. November 1951 wurde so die fünfteilige Sonderausgabe *Großbauten des Kommunismus* in einer Million Sätze verkauft. Anlässlich des ersten Jahrestages der Eröffnung des Wolga-Don-Kanals legte die Sowjetpost am 29. August 1953 eine sechsteilige Sonderausgabe mit zwei Millionen Sätzen auf. Am 28. Dezember 1957 folgte eine Sondermarke zur Inbetriebnahme des Kujbyšever Flusskraftwerks (2,5 Millionen Sätze). Die Hydrogiganten von Volgograd und Bratsk waren schließlich am 30. Dezember 1962 Motive der dreiteiligen Sonderausgabe *Großbauten des Kommunismus* (2,5 Millionen Sätze). Alle Briefmarken konzentrieren sich vor allem auf die architektonischen Besonderheiten der Plangiganten, um ihnen so einen Wiedererkennungswert zu verschaffen.[146]) Sie stellten auf kleinstem Raum die Größe sowjetischer Technik und die unendliche Weite der Sowjetunion dar. Wie das Plakat wurde die Briefmarke „zur sekundären Fiktion einer primären politischen Fiktion, einer Traumwelt, die sich Stilmittel der Phantasie eher bediente als realistischer Erfahrungswerte.“[147])

Spielfilme

Lenins immer wieder zitierte Beschwörungsformel „Von allen Künsten ist für uns die Filmkunst die wichtigste“ weist auf die Bedeutung hin, die der Kinematographie von den Machthabern im Kreml zugemessen wurde.[148]) Die Parteiführer betrachteten dabei die Künste vor allem aus einer pragmatischen Perspektive. Im Film sahen sie das zentrale Propagandamedium, das es ermöglichte, einer anfänglich noch kaum alphabetisierten Bevölkerung die gewünschten Botschaften zu vermitteln. Lenin und seinen Gefolgsleuten ging es weniger um die künstlerischen Ausdrucksformen als vielmehr um die Reichweite und Massenwirksamkeit, um die Parteilichkeit und Volksverbundenheit der Filmkunst. „Der Film sieht alles, weiß alles und zeigt allen alles“, so brachte L. Šipulinskij 1919 das damalige Verständnis des neuen Mediums optimistisch auf den Punkt.[149]) Von Beginn an gehörte das Kino damit zur Basiskultur und politischen Grundversorgung der Sowjetgesellschaft. Mit seiner Re-

[145]) Kisin 1980; Levitas 1985.

[146]) Michel 1999/2000: 1092, 1096, 1115 u. 1154. Dass zahlreiche Nationen ihre wasserbaulichen Großprojekte auf Briefmarken verewigten, bemerkte schon Flemming 1957: 412. Er sah darin den Beleg, dass sie von den Staaten als außerordentlich „bedeutsam für die Allgemeinheit angesehen werden.“ In den Briefmarken sah Flemming „kleine Kunstwerke, denen man einen dokumentarischen Charakter [...] nicht abstreiten kann. Ihnen darf in mancher Beziehung eine stärkere Aussagekraft beigemessen werden als selbst einem Lichtbild.“

[147]) Waschik/Baburina 2003: 227.

[148]) Zit. n. Margolit 1999a: 17.

[149]) Zit. n. Widdis 2003b: 62.

klameallmacht, seinen Vormundsansprüchen und Geschmacksdiktaten diente es der Stimmungsregie. Es schuf einen unionsweit einheitlichen Kommunikationsraum und einen Ort, an dem sich die Repräsentationsbedürfnisse des Regimes und die Unterhaltungsbedürfnisse der Bevölkerung überschnitten.[150]) Wenn sich die von der Parteiführung verordneten politischen Botschaften tatsächlich mit den Erwartungen und Deutungen der Zuschauer verbanden, dann konnte ein einziger Film, so hofften die Chefideologen des Kremls, „die Arbeit von vielen Tausend Agitatoren leisten."[151])

Die Rolle des Films als gesellschaftliches Lebens- und Verständigungsmittel und der damit unmittelbar verbundene politische Auftrag bestimmten über Jahrzehnte das Selbstbewusstsein und die Tätigkeit der sowjetischen Kinematographen. In seiner Funktion als Vorsitzender des Verbands der Filmemacher verkündete so Ivan Pyr'ev 1962 voller Stolz: „Es gibt heute keine Kunst mit größerer Massenwirkung und stärkerer Volksverbundenheit als die Filmkunst. Von einem solchen Auditorium wie dem, an das wir Filmschaffende uns wenden, kann eine andere Kunst nicht einmal träumen."[152]) Im gleichen Jahr sah der einflussreiche Filmkritiker V. Rasumnyj die Hauptaufgabe der Filmschaffenden darin, „Erzieher edler Gefühle" und „aktive politische Funktionäre" zu sein: „Worüber auch immer der Filmkünstler berichtet, welche Seiten des Lebens und des Innenlebens der Menschen auch immer er berührt, er muss das Gebot der Zeit und das erhabene Ziel seiner Arbeit verstehen [...] (Das) bedeutet kommunistische Erziehung von Millionen Menschen." Filme müssten das sowjetische Leben so darstellen, „dass in den Menschen gute Gefühle geweckt werden, dass sie besser, größer, reiner, zu Menschen des Kommunismus werden."[153])

Wie in kaum einem anderen Land schuf darum der Film in der Sowjetunion einen kulturellen Horizont, in dem die unterschiedlichen Effekte der Moderne und die menschlichen Erfahrungen im Umgang mit den neuen Techniken reflektiert, vermittelt und verarbeitet wurden. Als nach 1928 eine Generaloffensive gegen die widerständige Natur und Gesellschaft begann, sollten die symbolischen Bilderwelten von beeindruckenden Industrielandschaften und umgestalteten Flüssen dem offiziellen Weltbild anschaulichen Ausdruck verleihen. Es galt, die stalinistische Utopie von der neuen Welt und dem neuen Menschen auf Zelluloid zu bannen. Eine idealisierende Ästhetik und harmonisierende Illusionskultur erzeugte das Gefühl der Grenzenlosigkeit des vom Menschen bezwungenen und eroberten Raums. Die weltanschauliche Aus- und Zurichtung des sowjetischen Kinos zeigte sich in den 1930er Jahren nicht nur im überwältigenden Technikkult, sondern vor allem auch in der eindringlichen Pädagogisierung aller Bereiche des sozialen Lebens. Viele Regisseure

[150]) Widdis 2003b: 62; Kenez 1992: 29.

[151]) So Andrej Ždanov, zit. n. Liber 2002: 233.

[152]) Pyr'ev 1962a: 851.

[153]) Razumnyj 1962: 2843 u. 2846.

spielten erfolgreich auf der Klaviatur der stalinistischen Kulturindustrie, indem sie das sozialmoralische Programm der Parteiführung mit Gemeinschaftsritualen anschaulich machten, die Integration, Sicherheit und Glück verhießen. Der neue Sowjetmensch erschien als *homo laborans*, der sich mit seinem enthusiastischen Arbeitseinsatz im Kampf gegen die Elementarkräfte bewährt, seinen Charakter stählt und sich in das neue Kollektiv des Sowjetvolkes einbringt.[154])

Die Weiträumigkeit der umgestalteten Landschaft, die Monumentalität der neuen Technik und der Heroismus der Bauarbeiter stellte besonders überzeugend der ukrainische Regisseur Aleksandr Dovženko in seinem 1932 gedrehten Spielfilm *Ivan* dar. Schauplatz der dramatischen Szenen war die Großbaustelle des Riesenkraftwerks *Dneproges*. Sie wurde als Umerziehungs- und Sozialisationsinstanz inszeniert, als Ort, an dem Bauern und Arbeiter ihre Vergangenheit endgültig hinter sich lassen und zu neuen, zu wahren Sowjetmenschen werden. Der Film war als technologische Sinfonie für die heimatliche Erde konzipiert, deren Größe und Schönheit erst durch die Schaffenskraft der Menschen, die auf ihr leben und sie ihrem Willen unterwerfen, zur vollen Anschauung gebracht wird. Die großartigen Umgestaltungspläne zerstören keineswegs die sowjetische Landschaft; sie tragen vielmehr zu ihrer Erhabenheit bei. Die überlegene Kraft des Sozialismus hebt, so die Kernaussage des Films, die bestehenden Grenzen zwischen Natur und Technik, zwischen Stadt und Land, zwischen Arbeitern und Bauern ein für allemal auf. Das gigantische Flusskraftwerk *Dneproges* erscheint als soziale Skulptur, als das materialisierte Ergebnis eines unerbittlichen Ringens um Naturgestaltung und Selbstformung. Dovženkos ambitionierte Kreativität, die sich in einer poetischen Bildsprache, einem philosophischen Pathos und komplexen Metaphern ausdrückt, erschloss sich den sowjetischen Kritikern und Zuschauern nur bedingt, so dass der Film trotz seiner politisch korrekten Botschaft umstritten blieb. *Ivan* verstieß gegen die Prämissen des sich damals herausbildenden Darstellungskanons des Sozialistischen Realismus, weil er keinen simplen Handlungsablauf und keine eindeutigen Charakterisierungen bot. Er verstörte die Kulturpolitiker, weil zentrale Szenen vieldeutig blieben und Raum für ambivalente Interpretationen ließen. Darum monierten Filmkritiker, die Bilder „des majestätisch erhabenen Dnepr' lösen eine viel nachhaltigere ästhetische Wirkung aus als die Aufnahmen des mächtigen, polternden und krachenden Bauplatzes", der von Dovženko nicht überzeugend genug „als geheimnisvolles, gefahrenreiches, aber erhaben-schönes Werk" dargestellt werde.[155])

[154]) Widdis 2003b; Kenez 1992: 157–185; Margolit 1999a: 68–87; Anderson 1995; Taylor 1996.

[155]) Jurenev 1964: 49–55, Zitat 51f. Ferner Jurenev 1957: 1229f.; Widdis 2003b: 155f.; Liber 2002: 124–132; Marshall 1983: 135ff.; Kepley 1986: 85–105. Hier sei erwähnt, dass der fast zeitgleich in den Kinos gezeigte Film *Der Gegenplan* von Fridrich Ermler und Sergej Jutkevič wegen seiner schlichten Einfachheit *Ivan* im Publikumszuspruch bei weitem überflügelte und zu dem kinematographischen Werk wurde, das in den Augen der sowjeti-

Zu Beginn der 1930er Jahre thematisierten Filme wie *Ivan* noch das aufopferungsvolle Werden der neuen Sowjetzivilisation. Sie zeigten nicht die fertigen Großbauten in Panoramabildern, sondern widmeten sich ganz den Opfern und Mühen der Arbeiter. Das änderte sich Mitte der 1930er Jahre. Die monumentale Größe der Bau- und Schauplätze der stalinistischen Moderne überwältigte die Kinobesucher und ließ die gesellschaftliche Dynamik erstarren. Das Statische und Ewige begann zu dominieren. Der Alltag der Sowjetmenschen erschien weniger als harter Kampf denn als Festtag. Die Arbeit schien von selbst von der Hand zu gehen. Zudem stand fortan nicht mehr die Erschließung peripherer Räume, sondern das umgestaltete Moskau als sakraler Ort der politischen Macht im Mittelpunkt der Repräsentation der Sowjetgesellschaft. Von diesem Zentrum des Fortschritts aus sollte der Glanz der neu geschaffenen Welt „wie ein mächtiger Projektor den weiteren Weg unseres Landes zum Kommunismus" weisen.[156]) Moskau bot sich als Einschreibefläche für die „Schönschriften des Terrors" an, um der retuschierten Realität mit ihrem extremen Optimismus und ihrer sorglosen Euphorie den Weg in die Wirklichkeit zu bahnen.[157]) Geprägt von einer Ornamentalsprache des Überflusses und überfrachtet mit diversen Symbolen sowie pompösen Repräsentationsbauten, bot das dekorative Stadtbild eine überwältigende Siegesschau. Das Antlitz der Hauptstadt war die augenfällige Manifestation des stalinistischen Inszenierungswahns und ein beeindruckendes Manöver des unbedingten Machtwillens. Aufwendig inszeniert in populären Spielfilmen, vermittelte das neue Moskau als Schauplatz der Verzauberung einem Millionenpublikum das Gefühl, aktiver Teil jener Kraft und Bewegung zu sein, die das Antlitz der Erde verändert.[158])

Der 1938 gedrehte und mit dem Stalin-Preis ausgezeichnete Rivermovie *Volga – Volga* war eine der damals äußerst populären Musikkomödien, die dem Bedürfnis der Sowjetmenschen nach einer scheinbaren Normalität in Zeiten des Umbruchs nachkam. Sie gab den mit zunehmender Strenge an ihren Wohn- und Arbeitsplatz gefesselten Zuschauern die Möglichkeit, zumindest im Kino gemeinsam mit den Leinwandhelden die vielgepriesene Weite ihres Vaterlands und die Größe ihrer Hauptstadt zu erkunden. Die beschwingte Musikkomödie vermittelte einer deformierten Gesellschaft, in der Millionen von Menschen wegen der rücksichtslosen Kollektivierung und Industrialisierung ihre überlieferten Lebenswelten verloren hatten, neue Heimatgefühle. Die emotionale Eroberungstaktik des heiteren Films zielte auf die atmosphärische Ausformung des Stalinismus.

So begeben sich in *Volga – Volga* die Menschen der rückständigen, wunderschönen Flusslandschaft auf den Weg nach Moskau, in das sakrale Zentrum

schen Kritiker und Zuschauer den Zeitgeist des ersten Fünfjahrplans auf Zelluloid bannte. Vgl. dazu Jurenev 1964: 53–56.

156) Velikie Strojki 1952: 30.

157) Ryklin 2003: 160.

158) Zur Darstellung des neuen Moskaus im sowjetischen Film vgl. Urussowa 2004.

der neuen Superzivilisation. Während ihrer Reise auf der Wolga erkennen sie ihre wahre Bestimmung, entwickeln eine sowjetische Identität und bringen ihre Spontaneität und elementare Energie in das gemeinsame Aufbauwerk ein. Geradezu vorbildlich spielt dieser Film mit dem Motiv des Verschmelzens (*slijanie*), das damals zu einem wichtigen Topos des politisierten Zeitgeists geworden war.[159]) Der Fluss mit seinem gewaltigen, noch unerschlossenen Energiepotential und seinen tatkräftigen Anwohnern symbolisiert die urwüchsige Kraft Russlands. Die moderne Technik mit ihren immensen Erschließungs- und Regelungskompetenzen steht für das neue Bewusstsein der Zeit, dass Geschichte und Zukunft plan- und machbar seien. Der damals fertiggestellte Moskau-Wolga-Kanal, der mit seinen Schleusen, Dämmen und Häfen eine pompöse Filmkulisse schuf, erscheint als Ort, an dem die ungesteuerte Elementarkraft (*stichijnost'*) russischer Natur und der organisierende Geist (*soznatel'nost'*) sowjetischer Technik zueinander finden. Der Film verbindet so die zentralen Elemente des Sozialistischen Realismus; er inszeniert den Moskau-Wolga-Kanal als Symbol für den erreichten Idealzustand des erfolgreichen Besitzergreifens von Technik, Natur und Gesellschaft im gefestigten Stalinismus.[160])

In den folgenden Jahren verschwanden die grandiosen Kraftwerk- und Kanalbauten samt ihren Großbaustellen aus den stalinistischen Massenfilmen. Historisch-biographische Produktionen und Kriegsfilme prägten in den 1940er und zu Beginn der 1950er Jahre das sowjetische Kino. Die Leistung der Filmemacher hatte sich angesichts einer immer rigideren Auftragspraxis auf die Zementierung weniger kanonischer Muster zu beschränken. Das führte zu einer spürbaren Eintönigkeit im Genre. Während sich der künstlerische Gestaltungsraum verengte und die stalinistische Filmästhetik zunehmend erstarrte, führten sich verschärfende Zensurmaßnahmen, Aufführungs- und Regieverbote zu einem dramatischen Rückgang der Filmproduktion.[161]) Nach 1945 mussten die Kinotheater ihr knappes Repertoire darum mit Filmen aus früheren Jahren ergänzen und häufig sogenannte Trophäenfilme zeigen, also ältere ausländische Produktionen, die als Kriegsbeute aus dem besiegten Deutschland in die Sowjetunion gelangt waren.[162]) Die spätstalinistische Periode ging so als die magere Zeit des *malokartin'e* in die sowjetische Filmgeschichte ein. Angesichts des akuten „Filmhungers" litten die Kinobesucher darunter, dass ihnen auf der Leinwand keine neuen Bilderwelten geboten wurden, die ihnen

[159]) Bassin 2000: 328ff.

[160]) Zum Film vgl. Turovskaya 1993: 75–82; Clark 2002; Rossijskij illjuzion 2003: 183–188.

[161]) Im Jahr 1951 war der Tiefpunkt erreicht, als nur neun neue sowjetische Filmproduktionen in die Kinos kamen.

[162]) Die beliebtesten Filme, die während des Spätstalinismus in den sowjetischen Kinos liefen, waren darum zum einen die amerikanischen *Tarzan*-Filme, zum anderen der 1944 produzierte nationalsozialistische Farbfilm *Die Frau meiner Träume* (mit Marika Rökk in der Hauptrolle), den Joseph Goebbels zu Propagandazwecken protegiert hatte.

dabei hätten helfen können, die Alltagsrealität der Nachkriegsjahre zu deuten.[163])

Über den desolaten Zustand der sowjetischen Filmindustrie informierte der Kulturminister P. Ponomarenko kurz nach Stalins Tod den Ministerrat. In seinem Brief vom 30. April 1953 erklärte es, dass in den letzten vier Jahre 217 neue Filme in den sowjetischen Kinos gezeigt worden waren. Nur 52, also knapp ein Viertel, waren Sowjetproduktionen. Neben Komödien und Sportfilmen fehlte es vor allem an mutigen Filmen, die drängende Gegenwartsfragen aufgriffen.[164]) Das änderte sich in den folgenden Jahren. Während der Tauwetterperiode erlebte das sowjetische Kino eine bemerkenswerte Renaissance.[165]) Die politisch Verantwortlichen bemühten sich, „den Spielfilm auf den einst so erfolgreich beschrittenen Weg der aktiven schöpferischen Tätigkeiten zurückzuführen, in denen sich die Vielfalt des Genres und die zahlenmäßig starke Produktion mit kühnem Forschen und Suchen im Kampf für eine hohe Kunst des Sozialistischen Realismus verbanden."[166]) Seit 1956 gab es monatlich etwa zehn sowjetische und dazu drei bis neun ausländische Kinostarts. Das Kinonetz expandierte und erfuhr eine technische Modernisierung. Die Zahl der Filmtheater stieg innerhalb eines Jahrzehnts von 63300 auf 149700. Immer mehr Kinos verfügten über Cinemascope-Projektoren, um Breitwandfilme mit Stereoton zeigen zu können. Die Zuschauerzahlen schnellten in die Höhe. Nach 2,8 Mrd. Kinobesuchern im Jahr 1956 waren es ein Jahrzehnt später 4,2 Mrd. In diesem Zeitraum nahm die Zahl der jährlichen Kinobesuche pro Einwohner von 12,5 auf über 20 zu. Knapp 80 Prozent aller Jugendlichen und jungen Erwachsenen (16–26 Jahre) gingen damals zumindest einmal wöchentlich ins Filmtheater. Die Sowjetbürger waren damals die wohl aktivsten Kinobesucher der Welt.[167])

Von einer Krise des sowjetischen Spielfilms konnte angesichts der wachsenden Popularität des Kinos kaum mehr die Rede sein. Die Filmemacher sprachen sogar vom „silbernen Zeitalter" der sowjetischen Kinematographie.[168]) Erste soziologische Umfragen zeigten, dass damals beim Publikum ein großes Interesse an Filmen bestand, die aktuelle Probleme wie Jugend und

[163]) Zum *malokartin'e* vgl. Kenez 1992: 209–246; Margolit 1999b; Roth-Ey 2003: 106–118.

[164]) GARF, 5446/51/3054, 31. Vgl. auch zur akuten Unterversorgung der Sowjetunion mit Kinotheater den kritischen Bericht des Kulturministers Nikolaj Michajlov vom 2. Oktober 1955 in: Kinematograf ottepeli 1998: 68ff., bes. 70.

[165]) Eine Retrospektive des sowjetischen Tauwetterkinos, die 2000 im New Yorker Lincoln Center von amerikanischen und russischen Kinematografen gemeinsam organisiert wurde, sprach sogar von einer „revolution in the revolution". Vgl. Roth-Ey 2003: 99. An anderer Stelle spricht Roth-Ey (2003: 128) von „*Sturm und Drang* of de-Stalinization of cinema".

[166]) Gute Drehbücher 1956: 2831.

[167]) Zu diesen Zahlen vgl. Bulgakova 1999: 113; Kino i zritel' 1968: 65 u. 299; Sowjetische Film 1974/2: 54f.; Roth-Ey 2003: 7 u. 141–147. Vgl. auch die positive Bilanz der Kulturabteilung des ZK im August 1967 in Kinematograf ottepeli 1998: 90.

[168]) Kinematograf ottepeli 1998: 178–187.

Familie, Wissenschaft und Technik behandelten.[169]) Der neue Kulturminister Nikolaj Michajlov verwies 1957 mit Nachdruck darauf, dass „das Publikum auf Filme wartet, die wichtige Erscheinungen und Ereignisse, die das gesamte Sowjetvolk bewegen, künstlerisch gestalten."[170]) Sergej Gerasimov, ein bekannter Filmregisseur und Kulturpolitiker, hatte deshalb schon 1955 mit Nachdruck gefordert, in den sowjetischen Spielfilmen „mehr denn je die Gegenwart sprechen zu lassen". Es gelte, „aus der Prosa des Lebens [...] seine Poesie herauszudestillieren."[171])

Der Gegenwartsfilm blieb dennoch auch in der Tauwetterperiode ein Problemgenre. Die bedeutenden Filmwerke behandelten meist das „Thema des Großen Vaterländischen Krieges [...] Die ungeheure Vielfalt unserer modernen friedlichen Zeit dagegen ist für den Film bis jetzt noch nicht erschlossen worden."[172]) Die Filmemacher, so der Vorwurf der Staatsführung, ständen „abseits der großen Aufgaben", würden die „bedeutenden und aktuellen Themen" meiden und es leichtfertig versäumen, „mit den Mitteln des Kinos beim Aufbau des Kommunismus (zu) helfen".[173]) Funktionäre des *Komsomol* beklagten 1957, dass zu wenige Spielfilme darüber gedreht würden, wie sich junge Menschen auf den Weg zu den Großbaustellen machen, um sich dort zu beweisen, und damit den Kinobesuchern ein nachahmenswertes Vorbild geben.[174]) Der Sowjetfilm schien zum großen Bedauern der Verantwortlichen weiterhin „vom Leben isoliert" zu sein.[175]) Zudem blieben die wenigen neuen Produktionen, die sich aktuellen Themen widmeten, geprägt von „grauer Mittelmäßigkeit [...], schülerhafter Verschwommenheit der künstlerischen Gestaltung und Zugeständnissen an einen rückständigen, spießbürgerlichen Geschmack [...] Die Konfliktlosigkeit und die in allen Kunstdiskussionen verworfene Schönfärberei machen sich immer noch häufig bemerkbar."[176]) Der Regisseur Aleksandr Dovženko rief die Filmemacher sogar auf, endlich „Achtung vor der Intelligenz der Zuschauer" zu zeigen. Man könne „menschliche Leidenschaften nicht durch allgemeines Gerede ersetzen, komplizierte Beziehungen durch mechanische Unterordnung, Charaktergestaltung durch Dienststellung."[177]) Die Tiefen des Lebens blieben so weitgehend unberührt. „Nur die Oberfläche kommt zum Wallen, schäumt und bietet dem Auge ein effektvolles, aber zum größten Teil altbekanntes Bild."[178]) Diese „rein illust-

[169]) Kino i zritel' 1968: 130–134.

[170]) Zit. n. Ansprüchen des Volkes gerecht werden 1957: 1601.

[171]) Gerasimov 1955: 105f.

[172]) Razumnyj 1962: 2844.

[173]) So der Kulturminister Michajlov in einem Bericht an das Zentralkomitee am 13. April 1955. Zit. n. Kinematograf ottepeli 1998: Zitate 61 u. 63.

[174]) Molodež' 1957: 2.

[175]) Ansprüchen des Volkes gerecht werden 1957: 1601.

[176]) Gute Drehbücher 1956: 2832.

[177]) Zit. n. Jurenev 1964: 7.

[178]) Mačeret 1956: 699.

rative Darstellung des Lebens" vermochte es nicht, „die Seelen der Menschen zu erschüttern, ihnen einen ästhetischen Genuss zu bereiten und sie zu begeistern."[179]) Das immer wieder geforderte Absetzen von den „glatten Filmwerken der ersten Nachkriegsjahre" und die aufrichtige Hinwendung zur „rauen Wirklichkeitsnähe" ließen auf sich warten.[180])

Eine Ausnahme, so die offizielle sowjetische Filmkritik, stellte der 1958 produzierte Spielfilm *Poema o More* (Poem über das Meer) dar. Er galt damals als „herausragende Produktion nicht nur dieses Jahres, sondern der ganzen letzten Zeit".[181]) Das Drehbuch hatte Aleksandr Dovženko verfasst,[182]) der unmittelbar vor Beginn der Aufnahmen verstarb. Seine Ehefrau und langjährige Assistentin Julija Solnceva führte daraufhin Regie und brachte den Film zum erfolgreichen Abschluss. In seinem letzten Filmprojekt thematisierte Dovženko wie schon in seinem früheren Werk *Ivan* erneut den Bau eines gigantischen Flusskraftwerks. Von den „Großbauten des Kommunismus" machte er den Plangiganten in Kachovka am Dnepr', das einzige Vorhaben in der Ukraine, zum Gegenstand seines Films. Schon ein Jahr nachdem die *Pravda* offiziell den Beginn der Bauarbeiten verkündet hatte, erhielt Dovženko die Genehmigung, im Herbst 1951 die Großbaustelle und ihr Umland zu besuchen. In den nächsten Jahren folgten weitere Aufenthalte.[183]) Die Parteiführer erhofften sich von Dovženko einen eindrucksvollen Film zu einem neuen Stausee einer neuen Ära, um dem spätstalinistischen Umgestaltungsprogramm und dem damit eingeleiteten Übergang zum Kommunismus auf der Kinoleinwand ein Denkmal zu setzen.

Wie schon im Film *Ivan* stellte Dovženko nicht das Kraftwerk oder die moderne Bautechnik in den Mittelpunkt, sondern ging vielmehr der Frage nach, welche gesellschaftlichen und psychologischen Folgen die Realisierung des Plangiganten für die betroffenen Menschen habe. Als „Sänger der blühenden, freien Erde", der „wie kein anderer Drehbuchverfasser [...] tief in der Natur" seiner ukrainischen Heimat wurzelte,[184]) verschmolz er das großartige Aufbaupanorama neuer Industrielandschaften mit der zärtlichen, liebevollen Beschreibung der ukrainischen Felder und der „geistigen Schönheit des Sowjetmenschen".[185]) Der Film schildert, wie angesichts der bevorstehenden Flutung der Vorsitzende des Kolchoz alle ehemaligen Dorfbewohner, die sich längst anderorts eine neue Existenz geschaffen hatten, aufruft, zu ihrem Geburtsort zurückzukehren, um sich von ihrer Heimat zu verabschieden, die bald

179) Rasumnyj 1956: 770f.
180) Sowjetische Film 1974/2: 68.
181) Ežegodnik kino 1958: 4. Ähnlich Sowjetische Film 1974/2: 72.
182) Es ist abgedruckt in *Iskusstvo Kino*, 1957/1: 13–87. Deutsche Übersetzung in Jurenev 1964: 179–298.
183) Zu Dovženkos Aufenthalt in Kachovka vgl. seine Aufzeichnungen und Notizen in Crynnyk 1973: XXXIV, 168, 172f., 176–232, 256–267 u. 282f.
184) Tichonov 1963: 23.
185) Tichonov 1963: 21; Jurenev 1957: 1238f.; Vitriščak 1958.

den Fluten des neuen Stausees zum Opfer fällt. Die im neuen Breitbandformat aufgenommenen Szenen vermitteln einen überwältigenden Eindruck von der lärmerfüllten Baustelle, der Weite der Uferlandschaft und der Größe des Dnepr'. Die Leinwand wird mit stimmungsvollen Bildern ausgefüllt, die zeigen, wie die Kosaken ihre Wohnhäuser mittels spezieller Fahrgestelle und Traktoren aus dem Überflutungsgebiet an den Ort transportieren, wo die neue, moderne Siedlung entsteht. Dovženkos komplexe Filmcharaktere, deren unterschiedliche Ansichten und Lebenserfahrungen aufeinanderprallen, sind so sorgfältig ausgeleuchtet, dass der Film nicht von äußeren Handlungsabläufen, sondern von einer inneren Dramaturgie getragen wird. Sie konzentriert sich ganz darauf, die offizielle Deutung, „die tiefere Wahrheit über den geistig-moralischen Wachstumsprozeß der Sowjetmenschen" wiederzugeben.[186])

Die Produktion von *Poema o More*, mit der nach langer Zeit wieder einmal die grandiosen Kraftwerk- und Kanalbauten zur Kulisse eines aufwendig gestalteten Spielfilms wurden, nahmen die sowjetischen Kritiker überwiegend positiv, teilweise geradezu euphorisch auf. Sergej Gerasimov meinte, aus Dovženkos „menschlicher Leidenschaft" und seiner „hellen Weisheit" könnten die Regisseure lernen, ihre Kunst kreativ weiterzuentwickeln und sie nicht zu einem „kalten Handwerk" erstarren zu lassen.[187]) *Poema o More* galt als „ungewöhnliche Symphonie des Erschaffens"[188]), als „poetischer Film" mit einer „leicht wehmütigen Lyrik" und „prosahaften Episoden".[189]) Dovženko wurde dafür gelobt, dass er die Baustätten des Kommunismus „in all ihrer Kompliziertheit, in der Verflechtung großer und kleiner Dinge, in dem Bedauern, dass die Vergangenheit scheidet, und in der Hoffnung auf die Zukunft" inszeniert habe.[190]) Filmkritiker feierten Dovženkos letztes Werk darum als ersten gelungenen Gegenwartsfilm der Tauwetterperiode, der das „vulgäre Ersetzen des Lebens durch ein abstraktes Schema" endlich überwunden habe.[191]) Er erweiterte „die Ausdrucksmittel des Sozialistischen Realismus". Das Neue war dabei „primär nicht in einzelnen künstlerischen Verfahrensweisen zu suchen, sondern in der neuen Qualität des Erfassens unserer Zeit, in der aktiven Erkenntnisfunktion und in dem analytischen Herangehen an die komplizierten Prozesse und Erscheinungen der Gegenwart."[192])

Eingenebelt vom damaligen Zeitgeist, sahen die Filmkritiker Dovženkos Hauptgedanken darin, „dass der Aufbau des Kommunismus eine Umgestaltung des menschlichen Bewusstseins ist, dass die Schaffung von neuen Bauten nicht nur die Überwindung ökonomischer, technischer und anderer Schwierigkeiten bedeutet, sondern auch Kampf gegen die in den Herzen der Men-

[186]) Sowjetische Film 1974/2: 75f. u. 125. Ähnlich Ežegodnik kino 1958: 5ff.
[187]) Zit. n. Varšavskij 1958: 12.
[188]) Zelinskij 1959: 29.
[189]) Vitriščak 1958: 9; Jurenev 1957: 1238.
[190]) Jurenev 1964: 133.
[191]) Gerasimov 1955: 104.
[192]) Sowjetische Film 1974/2: 207.

schen nistenden Überreste des Alten." Die philosophischen Reflexionen über das Leben, über Herkunft und Ziel würden sich vor allem mit der Frage nach „dem zentralen Vorwärtsimpuls der Zeit" beschäftigen.[193])

Die Sicht der zeitgenössischen Filmkritik griff zu kurz. Das monumentale Szenarium bot keineswegs nur ein heroisches Epos über das kommunistische Aufbauwerk. Es war ein nachdenklicher Versuch, das durch ehrgeizige Wirtschaftsprogramme im steten Wandel befindliche soziale Terrain neu zu vermessen. Inspiriert von den neorealistischen Filmen italienischer Regisseure, die Mitte der 1950er Jahre ihren Weg in die sowjetischen Kinos gefunden hatten,[194]) mischten sich in Dovženkos Lobpreisung des „unbesiegbaren Neuen" deutliche Töne der Trauer. Einer der Filmhelden bringt die ambivalenten Erfahrungen treffend auf den Punkt: „Wir leben in einer großartigen Zeit; für dieses Privileg müssen wir zahlen."[195]) Die Geburt einer neuen Welt setzt die Zerstörung der vertrauten Heimat, den Verlust von Traditionen und gewachsenen sozialen Bindungen voraus. Die „aufwühlende, erschütternde und zarte Filmdichtung"[196]) ist geprägt durch die eigentümliche Mischung von Aufbauen und Vernichten, Begeisterung und Angst, Freude und Wehmut, Fortschrittseuphorie und Abschiedsschmerz. Die sowjetischen Filmkritiker sprachen zwar davon, dass im Film das Dorf mit seiner jahrhundertealten ukrainischen Bauernkultur und seiner gewachsenen Gemeinschaft verschwinde „wie das Abendrot, das die Erde durchwärmt zurücklässt"[197]); tatsächlich stellt Dovženko das Werden des Kommunismus aber als einen äußerst schwierigen und schmerzvollen Prozess dar. Bei den Umsiedlungsaktionen am Kachovker Stausee sah er viele Menschen bittere Tränen vergießen. In seinem Notizblock hielt er fest: „Es ist offenbar nicht so einfach, seine Sachen zu packen und in eine andere Stadt umzusiedeln."[198]) Während das alte Kachovka eine geschichtsträchtige Stätte mit einer ruhmreichen Vergangenheit und einem gewachsenen Stadtbild war, erschien Dovženko das neue Kachovka mit seiner gesichtslosen Einheitsarchitektur als Ort ohne Identität und Originalität. Die zentralen Projektierungsbüros seien, so seine Kritik, weit von der „tatsächlichen, lebendigen Arbeit an Ort und Stelle" entfernt.[199]) Angesichts dieser prägenden Erfahrung thematisiert Dovženko, dass für den Fortschritt große Opfer erbracht werden müssen, die von den einen als bloße Notwendigkeit der Zeit, von anderen jedoch als schwerer Verlust wahrgenommen werden.[200])

193) Ežegodnik kino 1958: 5.
194) Jurenev 1964: 6; Liber 2002: 253.
195) Zit. n. Ežegodnik kino 1958: 7.
196) Tichonov 1963: 21.
197) Tichonov: 22. Ähnlich Istorija sovetskogo kino 1978: 55. Von einer „optimistischen Tragödie" sprach darum Varšavskij 1958: 15.
198) Dovženko 1959: 35.
199) Jurenev 1964: 135f. Ferner Crynnyk 1973: 180–185.
200) Crynnyk 1973: XXXV; Jurenev 1964: 138f.; Kepley 1986: 150–153; Liber 2002: 254.

Die Technik ist bei Dovženko zum einen der Katalysator der sozialwirtschaftlichen Entwicklung und wichtiges Instrument in den Händen der Menschen, um sich die Welt nach ihrem Willen zu gestalten. Zum anderen wird sie als übermächtige Kraft dargestellt, die neue Gefahren heraufbeschwört und die Menschen dazu zwingt, sich veränderten Verhältnissen anzupassen. Eindrucksvoll zeigt *Poema o More* die dramatischen Situationen und Spannungspotentiale, die sich ergeben, wenn die vorwärtsdrängende, aggressive Technik in eine friedliche Naturlandschaft eindringt, die ihren Bewohnern trotz aller Widrigkeiten bislang Stabilität und Harmonie geboten hat.[201])

Es wäre überzogen, in Dovženko einen „pastoral poet“[202]) zu sehen. Sein Balanceakt zwischen künstlerischer Integrität und politischer Opportunität deutete aber fraglos einen pessimistischen Gegensatz zur allgemeinen Fortschrittseuphorie an und setzte damit einen wehmütigen, nostalgischen Akzent. Dovženkos Bild vom sowjetischen Landleben wirkte ernüchternd. Der Kolchoz bot den jungen Menschen keine Perspektive und ließ sie in die Stadt abwandern.[203]) Damit beeinflusste *Poema o More* nicht nur das „poetische Kino“ der 1960er und 1970er Jahre, sondern inspirierte auch Dorfschriftsteller wie Valentin Rasputin, Vasilij Šukšin und Viktor Astaf'ev, die fortan immer lauter vor den destruktiven Folgen der Sowjetmoderne warnten.[204]) So stellte Dovženkos letztes Filmprojekt vielleicht noch nicht den überlieferten Kanon des Sozialistischen Realismus grundsätzlich in Frage; es ging jedoch punktuell über die etablierten Darstellungsmuster und Erzählstrategien hinaus und bereitete den Weg für Neues.[205])

Nach der Verfilmung von Dovženkos *Poema o More* tauchten die grandiosen Kraftwerk- und Kanalbauten in weiteren sowjetischen Spielfilmen auf. Der Großbaustelle, dem Stausee und der umgestalteten Landschaft fiel dabei jedoch meist nur noch die Funktion einer beeindruckenden Kulisse zu, vor der Arbeits- und Familienkonflikte in politisch äußerst korrekter Weise ausgetragen wurden. 1959 drehte der Regisseur E. Aron den Spielfilm *Na dikom brege Irtyša* (Am wilden Ufer des Irtyš). Er erzählt die Geschichte, wie beim Bau des Buchtarminsker Flusskraftwerks der umsichtige leitende Ingenieur und der Parteisekretär zusammen mit einer Brigade enthusiastischer junger Bauarbeiter rationelle Arbeitsmethoden einführen, um so den Plan noch zu erfüllen. Sie geben mit „aufopferungsvoller Arbeit, schöpferischer Initiative und großem Verantwortungsgefühl“ ein derart beeindruckendes Vorbild, dass davon andere Bauarbeiter mitgerissen werden, denen der Moralkodex der Erbauer des Kommunismus bislang fremd geblieben war. Der Spielfilm macht

[201]) Kepley 1986: 158f. Vgl. zu diesem Thema auch Papazian 2003.
[202]) Kepley 1986: 161.
[203]) Marshall 1983: 170ff.
[204]) Siehe ausführlich S. 545–548.
[205]) Liber 2002: 254, 268 u. 271; Bulgakova 1999: 133.

deutlich, dass die Arbeit den Wert eines jeden Sowjetmenschen und seinen jeweiligen Platz in der Gesellschaft bestimmt.[206])

Kritisch schildert der Film *Slučaj na plotine* (Vorfall auf dem Damm) aus dem Jahr 1961 Missstände auf einer Großbaustelle. Wegen des Starrsinns des Bauleiters, der alle Schutzvorschriften und eindringlichen Warnungen missachtet, kommt es zur Katastrophe und zur Überflutung der Kraftwerkbaustelle. Nur dank des aufopferungsvollen Einsatzes aller Filmgestalten können die Schäden behoben und sodann die Bauarbeiten wieder planmäßig ausgeführt werden.[207])

Der im gleichen Jahr von R. Gol'din gedrehte Streifen *Dlinnyj Den'* (Ein langer Tag) schildert in Form eines „intimen Dramas", wie zwei Freunde, die um die Liebe einer Frau buhlen, unter Einsatz ihres Lebens eine Katastrophe verhindern. Vor dem Panorama eines Flusskraftwerks bringen sie in atemberaubender Höhe einen riesigen Brückenkran unter ihre Kontrolle, der sich zuvor infolge eines Versehens in ein führerloses, tobendes Ungeheuer verwandelt hat. Durch ihre gemeinsame Rettungstat bekommen die Helden „den richtigen Maßstab für ihr inneres Erleben, für die Kameradschaft und für die Interessen der Millionengemeinschaft", um sich endlich auszusprechen und ihren „sinnlosen Egoismus" zu überwinden.[208])

In der Komödie *Russkij Suvenir* (Das russische Souvenir) macht eine illustre Gemeinschaft von Amerikanern in Ostsibirien unerwartete Erfahrungen mit der sowjetischen Wirklichkeit. Sie können sich unter anderem auf der Bratsker Großbaustelle vom Enthusiasmus und unbedingten Friedenswillen des Sowjetvolkes überzeugen und müssen so schließlich die Überlegenheit des kommunistischen Systems anerkennen.[209])

Der Spielfilm *Negasimoe plamja* (Unauslöschbare Flamme) von 1964 thematisiert die allen überlegene Weisheit und die moralische Standhaftigkeit eines wahrhaftigen Kommunisten der „alten Garde", der sich auch nach seiner durch Verleumdung erzwungenen Verhaftung im Jahr 1937 und seiner langen Lagerhaft nicht vom Glauben an den Kommunismus und vom Vertrauen in die sowjetische Ordnung abbringen lässt. Das sonnige Panorama der Krasnojarsker Großbaustelle am Enisej tritt zu Beginn des Films an die Stelle trauriger Überreste eines ehemaligen Lagers, dessen Wachtürme und Stacheldrahtzäune nur noch vage an die dunkle Zeit stalinistischer Repressionen erinnern. Entlassen aus der Haft, nimmt der positive Held seine staatsbürgerlichen Pflichten besonders ernst. Er findet eine Anstellung auf der Großbaustelle und mischt sich ständig ein, um die Bauleitung dazu zu bewegen, Missstände endlich zu beseitigen. Sein Ethos und seine permanente Pädagogik bilden ei-

[206]) Irinin 1959; Sovetskie chudožestvennye fil'my 1968: 171f.

[207]) Jakubovič 1960; Sovetskie chudožestvennye fil'my 1968: 194f.

[208]) Langer Tag 1962: 17; *Sovetskij Ekran*, 1961/7: 9; Sovetskie chudožestvennye fil'my 1968: 368f.

[209]) Sovetskie chudožestvennye fil'my 1968: 300f.

nen moralischen Leuchtturm, an dem die jungen Bauarbeiter ihr Verhalten zunehmend ausrichten, um sich als „wahre Erbauer des Kommunismus" zu erweisen.[210])

Auch wenn diesen Produktionen aus waghalsigen Perspektiven einzelne beeindruckende Aufnahmen von den grandiosen Bauplätzen gelingen, so fehlt es ihnen insgesamt doch an der kinematographischen Qualität und künstlerischen Originalität, um sich in die sowjetische Filmgeschichte einzuschreiben.

Dokumentarfilme und Kinojournale

Noch weit mehr als in den Spielfilmen sahen die Parteiführer im Dokumentarkino und in der Filmpublizistik eines „der mächtigsten Mittel der Massenaufklärung".[211]) Dokumentarisches Filmmaterial sollte mittels der sich aufdrängenden „Authentizität des Dargestellten"[212]) dem sowjetischen Kinobesucher helfen, „seine wunderbare Gegenwart in all ihrem Reichtum und ihrer Vielfalt zu studieren, die Größe der heutigen Zeit zu erkennen und diejenige Rolle anzunehmen, die jedem fortschrittlichen Sowjetmenschen in der fortschreitenden Bewegung zu den großartigen kommunistischen Zielen zufällt."[213]) Dziga Vertov, einer der Begründer des modernen Dokumentarfilms, sah 1923 in seiner Filmwochenschau *Kino-Pravda* „eine illustrierte lebendige Zeitung [...], mit der keines der gedruckten Journale konkurrieren kann."[214]) Mit hoher Emotionalität und großem Pathos realisierte Vertov ästhetisch anspruchsvolle Mythen auf der Leinwand, um seiner Idee von der „kommunistischen Dechiffrierung der Welt" Ausdruck zu geben.[215]) Als Aleksandr Medvedkin zwischen 1931 und 1933 mit einem speziell eingerichteten Kino-Zug (*kino-poezd*) durch das Land reiste, um das gesammelte dokumentarische Material unverzüglich zu Kurzfilmen zusammenzustellen und diese vor Ort aufzuführen, verstand er den Dokumentarfilm als „Wunderwaffe [...], deren wichtigste Qualität in der Möglichkeit zur Attacke" liege. Er müsse darum die Wirklichkeit „nicht etwa bloß fixieren und konstatieren", sondern Fehler und Mängel schonungslos offenlegen und diejenigen angreifen, die sich noch nicht aktiv in das sozialistische Aufbauwerk eingebracht hätten.[216])

Als „besonders aktive Helfer der Partei auf den wichtigsten Bauplätzen der Fünfjahrpläne"[217]) machten sich die Dokumentarfilmer nach 1928 daran, den

210) Negasimoe plamja 1963: 1; Kamjanov 1964.

211) Drobaschenko 1967: 7.

212) Drobaschenko 1967: 41.

213) Kastelin 1950: 30.

214) Zit. n. Roberts 1999: 29.

215) Roberts 1999: 20–49; Kenez 1985: 203f.; Mal'kova 2002: 26–45.

216) Zit. n. Černenko 1999: 122. Zu Medvedkins Kino-Zug vgl. Drobaschenko 1967: 29ff.; Roberts 1999: 118ff.; Widdis 2003b: 43ff. u. 126; Leyda 1983: 286ff.; Selunskaya/Zezina 1993: 172f.

217) Kopalin 1950a: 8f.

„großen Maßstab der Geschichte“[218]), mit dem der neue Sowjetstaat plante, das Land zu vermessen und umzugestalten, in Bilder zu fassen. Dem Bau von gigantischen Kraftwerken und Kanälen fiel dabei zentrale Bedeutung zu. Vertovs abendfüllender Dokumentarfilm *Odinnadcatyj* (Das 11. Jahr), der im April 1928 in Kiev uraufgeführt wurde, setzte in Szene, wie dank der neuen Flusskraftwerke alte Dörfer im Wasser versanken und an ihrer Stelle an den neuen Ufern moderne, elektrifizierte Siedlungen entstanden, die das Landleben revolutionierten.[219]) Vier Jahre später drehte Esfir Šub den dokumentarischen Streifen *Komsomol – šef elektrifikacii* (Der Komsomol – Pate der Elektrifizierung), der die in Betrieb genommenen gigantischen Turbinen des Dnepr'-Kraftwerks ins rechte Bild rückte.[220]) Im gleichen Jahr ging Michail Sluckij in seinem Film *Imeni Lenina* (Im Namen Lenins) ausführlich in Form eines Filmpoems auf die unterschiedlichen Aspekte der Baugeschichte des Dnepr'-Kraftwerks ein und zeigte neben den beeindruckenden Staumauern und Stromaggregaten Szenen aus dem Alltag der Arbeiter in Form ethnographischer Shots.[221]) 1933 produzierte Aleksej Lemberg den Dokumentarfilm *Belomorsko-Baltijskij Vodnyj Put'* (Weißmeer-Ostsee-Wasserweg), das kinematographische Pendant zum gleichnamigen von Averbach, Firin und Gor'kij herausgegebenen Sammelband. In ihm zelebrierte er aufwendig die Umgestaltung der Natur, die Verwandlung von „Volksfeinden“ in „Bestarbeiter“ und die Rolle der OGPU als umsichtigen Organisator von Großprojekten.[222])

Nach den ersten Versuchen von Vertov und Medvedkin etablierte sich in den 1930er Jahren das Genre der regelmäßigen Filmwochenschau. In den sowjetischen Kinos wurde die sogenannte *kinochronika* fortan jedem gezeigten Spielfilm obligatorisch vorangestellt. Die sowjetischen Filmpolitiker hatten spezielle Studios und Redaktionen ins Leben gerufen, die wie die großen Zeitungen und Zeitschriften eigene Korrespondenten und Filmteams zu den bedeutenden Großbaustellen entsandten. Sie richteten unter anderem beim Dnepr'-Kraftwerk und beim Moskau-Wolga-Kanal kleine Büros ein, um das gesammelte Material zum Fortgang der Bauarbeiten bearbeiten zu können. Millionen von sowjetischen Kinobesuchern waren so schon während der 1930er Jahre gut über neue Siege an den entscheidenden Fronten der ersten Fünfjahrpläne informiert.[223])

Zu Ende des Jahrzehnts kam es zur Ausdifferenzierung der Filmwochenschau in einzelne Kinojournale (*kinožurnaly*). Während *Novosti Dnja* (Neuigkeiten des Tages) die Zuschauer über die aktuellen Ereignisse auf dem Laufenden hielten, berichteten die seit November 1940 bestehenden *Novosti Nauki*

[218]) Mal'kova 2002: 78ff.
[219]) Vertov 1984: 279–282. Ferner Roberts 1999: 75–79; Drobaschenko 1967: 16.
[220]) Roberts 1999: 104ff.
[221]) Roberts 1999: 107; Drobaschenko 1967: 39f.; Selunskaya/Zezina 1993: 181.
[222]) Roberts 1999: 116ff.; Selunskaya/Zezina 1993: 181f.
[223]) Selunskaya/Zezina 1993: 172; Kopalin 1950a: 8f.

i Techniki (Neuigkeiten aus Wissenschaft und Technik) über Erfindungen und Entdeckungen, über rationelle Arbeitsmethoden, über moderne Maschinen und Anlagen. Bei der zehnminütigen Ausgabe des Kinojournals mit jeweils drei bis vier Sujets blieben die großartigen Kraftwerk- und Kanalbauten stets ein populäres Thema.[224])

Während der Kriegs- und Nachkriegsjahre kam der Filmwochenschau „als wichtiger bolschewistischer Propagandawaffe" noch weit mehr als zuvor „ungeheure politische Bedeutung" zu.[225]) Stalin liebte die Kinojournale. Er ließ sich kaum eine Ausgabe entgehen. Die Filmwochenschau begann seine Wahrnehmung der Geschehnisse im Land zu beeinflussen.[226]) Anders als der Spielfilm litt das Dokumentarfilmgenre nach 1945 nicht darunter, dass die Filmproduktion dramatisch zurückging. Bis zu Stalins Tod wurden jährlich 70 Dokumentarstreifen und 100 Ausgaben der Kinojournale gedreht.[227]) Bestehende Redaktionen expandierten dank wachsender Mittelzuweisung, und das 1946 neu gegründete Ministerium für Kinematographie ließ neue Studios in allen Republikhauptstädten und bedeutenden Großstädten wie Irkutsk, Novosibirsk, Saratov und Stalingrad einrichten. Sie trugen die Verantwortung für regionale Filmjournale und stellten den zentralen Studios wichtiges Material zur Verfügung, um daraus längere Dokumentarfilme über die Entwicklung der einzelnen Sowjetrepubliken und Regionen zusammenschneiden zu können. Ein aufwendiger „politischer und ökonomischer Filmatlas" sollte damals den Kinobesuchern einen umfassenden Eindruck über den Wiederaufbau und die großartigen Entwicklungschancen ihres Heimatlandes vermitteln.[228])

Besondere Beachtung kam zuerst dem Dnepr'-Kraftwerk zu, das nach seiner Zerstörung durch die Wehrmacht mit hohem Aufwand repariert wurde und nach wenigen Jahren wieder ans Netz ging. Der Dokumentarfilm *Dneproges* setzte unter der Regie von Olga Podgoreckaja und Manuel Bol'šincov diese heldenhafte Episode des Wiederaufbaus 1948 pathetisch in Szene.[229]) Als Ende 1950 die großangelegte Propagandakampagne zu den „Stalinschen Großbauten des Kommunismus" begann, verging kaum eine Woche, in der die unterschiedlichen Kinojournale nicht eine Reportage über den Fortgang der Bauarbeiten sendeten. Jede Ausgabe von *Novosti Nauki i Techniki* kam damals mit einer Auflage von über 500 Kopien (1940 waren es lediglich 50 gewesen) in Umlauf und fand schließlich auch ihren Weg in die Kinos entlegener Kleinstädte und ländlicher Siedlungen.[230])

[224]) Grigor'ev 1950; Zguridi 1951; Tichonov 1956: 73.
[225]) Kopalin 1950a: 31.
[226]) Roberts 1999: 140.
[227]) Roberts 1999: 139; Drobaschenko 1967: 54f.
[228]) Sowjetische Film 1974/2: 37. Ferner Kopalin 1950a: 27f.; Istorija sovetskogo kino 1975/3: 152.
[229]) Kopalin 1950a: 23; Drobaschenko 1967: 56; Roberts 1999: 138.
[230]) Zguridi 1951; Sowjetische Film 1974/2: 41; Grigor'ev 1951: 16;

Den dokumentarfilmerischen Höhepunkt der spätstalinistischen Propagandakampagne um die „Großbauten des Kommunismus“ bildete zweifellos der von Fedor Kisel'ev gedrehte abendfüllende Streifen *Volga-Don*. Das Drehbuch hatte Evgenij Rjabčikov verfasst, der Korrespondent von *Pravda* und *Ogonek* auf der Großbaustelle. Als der Film im Januar 1953 uraufgeführt wurde, feierten die Kritiker ihn anfänglich als „bedeutenden kreativen Sieg“ und als „ein leuchtendes und aufregendes Dokument unserer Tage“. Den Filmemachern sei es gelungen, „den weiten Atem unserer Zeit, die Größe des Geistes und das Streben der Menschen der Stalinschen Epoche“ einzufangen. Die Zuschauer seien dankbar für „die aufregenden Erzählungen über die heroische Arbeit der Sowjetmenschen, über ihren aufopferungsvollen Kampf für den Weltfrieden, über die unzerbrechliche Freundschaft und das Aufblühen der sozialistischen Nationen, über den Reichtum, die Größe und die Schönheit unserer Heimat.“[231])

Trotz der Bedeutung und Verbreitung des Dokumentarfilmgenres stand es schon vor Stalins Tod in der Kritik. Das „Pathos des Experimentierens“, das der sowjetischen Filmpublizistik internationalen Ruf als innovatives Avantgarde-Kino eingebracht hatte, war schon in den 1930er Jahren verlorengegangen, als die Politik von den Filmkünstlern eine leicht verständliche und eingängige „Kinematographie für Millionen“ einforderte.[232]) Der verordnete Verzicht auf künstlerische Kreativität und innovative Ästhetik hatte Folgen. Zu Beginn der 1950er Jahre litt das sowjetische Dokumentarkino unter der „zufälligen Auswahl von Bildern und Ereignissen“ und unter der „fragmentarischen Theorie der bloßen Faktographie“.[233]) Den Filmemachern warfen bekannte Filmkritiker „fehlende parteiliche Leidenschaft“ und „Eintönigkeit in den künstlerischen Lösungen“ vor.[234]) Die Produktionen „neigten zum Pompösen, zur Zurschaustellung von Äußerlichkeiten.“[235]) Der Minister für Kinematographie, Ivan Bol'šakov, forderte, endlich „Filme zu schaffen, die der Stalinschen Epoche gerecht werden“. Die Kinojournale und Dokumentarfilme müssten bei den Zuschauern „patriotische Gefühle und Stolz auf die Heimat“ wecken und die Arbeiter dazu bringen, „ernsthaft über die Verbesserung ihres Handwerks nachzudenken.“ Vieles, was die Zuschauer auf der Kinoleinwand zu sehen bekämen, wirke nachgestellt und keineswegs authentisch. Dabei „ist unsere Gegenwart doch so wunderschön und vielfältig, dass sie keiner Inszenierung bedarf.“[236])

231) Dobrjakov 1953: 87–96, Zitate 87, 89 u. 96. Von einer „großartigen Leistung der sowjetischen Filmkunst“ sprach auch Bol'šakov 1953: 9; Ferner Kiselev 1953: 97–105.

232) Zum künstlerischen Stagnationsprozess vgl. Mal'kova 2002: 54–117; Džulaj 2001: 16–93. Vom „not so strange death of Soviet documentary“ sprach Roberts 1999: 122ff.

233) Grigor'ev 1951: 15.

234) Kopalin 1950b: 23.

235) Sowjetische Film 1974/2: 37f.

236) Bol'šakov 1951: 3.

Nach Stalins Tod verschärfte sich der Ton. Besonders der zuvor gelobte Film *Volga-Don* stand nun in der Kritik. Seine Inszenierung des ersten fertiggestellten „Großbaus des Kommunismus" habe der Propaganda keinen guten Dienst erwiesen. Der „trockenen informativen Darstellungsweise" fehle es völlig an Emotionalität, Einfühlungsvermögen und Überzeugungskraft. Die vielen „seltsamen, ausgedachten Episoden" würden lediglich Kopfschütteln auslösen.[237]) Sowjetische Filmhistoriker bewerteten diesen spätstalinistischen Dokumentarfilm später sogar als „inszeniertes Pseudo-Dokument" und „gigantische Fälschung".[238]) Statt den harten Kampf der Bauarbeiter mit der Technik und gegen die Natur zu zeigen, bei dem sie jedes Mal ihr Leben riskierten, biete der Film nur eine sterile Abbildung der alles dominierenden Baumaschinen, Schleusen- und Kraftwerkanlagen. Während die neuen technischen Errungenschaften ausführlich dargestellt würden, verkämen die Bauarbeiter ohne jeglichen Schweiß auf ihren ewig lächelnden Gesichtern zu blutleeren Klischees. Sie würden lediglich als Staffage und menschliches Anhängsel der Maschinen auftauchen. Probleme und Schwierigkeiten sowie ihre Lösung und Überwindung blieben ausgeblendet.[239]) „Das statische Herangehen an das Material, der Wunsch, alle obligatorischen Objekte zu zeigen", führe zu einem naiven und einfältigen Dokumentarstreifen, bei dem die „zielstrebige Filmreportage, das Scharfsinnige und Publizistische" auf der Strecke bleibe.[240])

Während der Tauwetterperiode wuchs bei den Filmemachern „das Bedürfnis, nach langen Jahren kriecherischer und verlogener Lobpreisungen, großsprecherischen Geschwätzes und endloser Fälschungen" endlich wieder die Wirklichkeit durch unpathetisch-alltagsnahe Bilder zu rehabilitieren. Der Ausbruch aus dem „Stalinschen Lügenreich" versprach den lang ersehnten Aufschwung des sowjetischen Dokumentarkinos.[241]) Bei den ernsthaften Bemühungen, „die Öde ideologisch geschwätziger Auftragsfilme" zu überwinden, entdeckten die sowjetischen Filmkünstler die unter Stalin verfemte Filmavantgarde wieder. Deren Darstellungsweisen wurden mittels der verbesserten Technik zu interessanten neuen Bild-Ton-Montagen weiterentwickelt.[242]) Auf internationalen Filmfestivals wie der 1958 in Moskau stattfindenden *Woche des neuen zeitgenössischen Dokumentarfilms* erhielten sowjetische Regisseure wichtige Anregungen. Unter dem Einfluss des amerikanischen *Direct Cinemas* und des französischen *Cinéma Vérité* veränderte sich ihr Verständnis der Filmpublizistik. Statt sich dem „süßlichen Lobpreis der inkarnierten Utopien" hinzugeben, verstanden sie den Dokumentarfilm fortan als

[237]) Istorija sovetskogo kino 1975/3: 156.

[238]) Andrejew 1989: 1076f.; Schlegel 1999: 16.

[239]) Istorija sovetskogo kino 1978/4: 352f.; Džulaj 2001: 96; Iskusstvo millionov 1958: 604; Grošev 1963: 850.

[240]) Kimjagarov 1956: 155 u. 157.

[241]) Andrejew 1989: 1077.

[242]) Schlegel 1999: 17f.

„soziographischen Report und philosophischen Essay, Pamphlet und ethnographische Aufzeichnung".[243])

Mit dem Anspruch an Qualität stieg auch die Zahl der produzierten abendfüllenden Dokumentarfilme von 135 im Jahr 1954 auf 190 zu Beginn der 1960er Jahre.[244]) Zur gleichen Zeit gab es mehr als 30 Kinojournale, die sich auf bestimmte Bereiche und Regionen spezialisierten. Zusammengenommen produzierten sie knapp 1800 Ausgaben und präsentierten den sowjetischen Zuschauern bis zu 8000 unterschiedliche Sujets.[245]) Das Dokumentarkino und die Filmpublizistik erlebten einen Aufschwung, weil sie versprachen, dem wachsenden gesellschaftlichen Bedürfnis nach Aktualität und Authentizität zu entsprechen. Die Zuschauerzahlen stiegen deutlich an. So verkaufte das Moskauer Kinotheater *Novosti Dnja*, das nur Filmwochenschauen und Dokumentarfilme zeigte, 1953 noch 513000, drei Jahre später aber schon 959000 Eintrittskarten.[246])

Als „wahrhafter Kundschafter des Neuen im Lebens"[247]) sollte der kinematographische Dokumentarist nun endlich „ein guter Freund, ein weiser Ratgeber und ein inspirierender Gesprächspartner des Kinobesuchers" werden.[248]) In „Gegenreaktion auf die süßlich verkitschte Banalität der offiziellen Ästhetik" bemühten sich die sowjetischen Dokumentarfilmer, sich vom überkommenen Dogmatismus, von den starren Schablonen und Schemata zu befreien.[249]) Statt auf den bisher verbindlichen Pathos ideologisch-erzieherischer Kommentare setzten sie zunehmend auf die Dynamik ungeschönter Bilder.[250]) Dabei ging es ihnen „nicht etwa nur um innovative Kameratechnik, sondern vor allem auch um Nichteinmischung in authentisch freie Verhaltensweisen, um die Freiheit eines unvoreingenommenen Kontaktes mit dem Gefilmten".[251]) Der Begriff des Dokumentarischen wurde neu definiert, und Dziga Vertovs „Prinzip des überraschten, überrumpelten Lebens" kam wieder zur Geltung.[252]) Auf dem Weg vom abgestandenen Heldentum der Vergangenheit zu den wahren

[243]) Černenko 1999: 123.

[244]) Die abendfüllenden Dokumentarfilme liefen sowohl in speziellen als auch in den allgemeinen Kinotheatern. Der Eintritt kostete deutlich weniger als die Karte für einen Spielfilm. Darüber hinaus hatte der Minister für Kinematographie im Sommer 1949 erreicht, dass Schulen, Institute und gesellschaftliche Organisationen zu Lehr- und Agitationszwecken kostenlose Aufführungen arrangieren durften. Vgl. GARF, 5446/51/3054, 31-32 u. 42. Im Jahr 1954 verpflichtete das Kulturministerium alle Kinotheater des Landes dazu, mehrmals wöchentlich Dokumentarfilme zu zeigen. O masterstve kinopublicistiki 1957: 11.

[245]) Istorija sovetskogo kino 1978/4: 346 u. 350f.; Bulgakova 1999: 159; Ežegodnik kino 1961: 81.

[246]) O masterstve kinopublicistiki 1957: 11.

[247]) Ežegodnik kino 1959: 104.

[248]) Ežegodnik kino 1961: 82.

[249]) Černenko 1999: 129.

[250]) Schlegel 1999: 17f.

[251]) Černenko 1999: 127.

[252]) Bulgakova 1999: 161.

Helden der Gegenwart erhielten die sowjetischen Filmemacher und Filmpublizisten den Auftrag, Dokumente mit menschlichem Antlitz zu schaffen, um in ihren Produktionen „den lebendigen Atem des Lebens“ zu vermitteln.[253]) Dank der forcierten Hinwendung zu den Menschen der Arbeit, die auch in ihrem Alltags- und Freizeitleben gezeigt wurden, sahen viele in der „Entdeckung des menschlichen Gesichts, des individuellen Mikrokosmos, des aus der gesichtslosen Masse herausragenden Einzelmenschen“ die wichtigste Qualität der neuen sowjetischen Dokumentaristik seit der Tauwetterperiode.[254]) Für das populäre Genre der Porträts wählten die Regisseure fortan seltener typische Lebensläufe, sondern verstärkt ungewöhnliche Menschenschicksale, weil sie das Großartige der Zeit besser veranschaulichten.[255])

Dieser Wandel schlug sich in den Reportagen zu den „Großbauten des Kommunismus“ nieder. Der im Breitbandformat und mit Stereoton von Roman Grigor'ev und Iosif Posel'skij gedreht Dokumentarfilm *Sčast'e trudnych dorog* (Das Glück schwerer Wege) setzte 1955 neue Maßstäbe. Eine seiner gelungensten Sequenzen zeigt eine Gruppe von jungen Ingenieuren, die sich beim Bau des Kujbyšever Flusskraftwerks bewähren wollen. Hier wird nicht mehr nur die brodelnde Atmosphäre der Großbaustelle eingefangen, sondern in romantisierenden Bildern auch vermittelt, wie die jungen Kollegen zu freundschaftlichen Gesprächen am Lagerfeuer zusammenkommen, das sie am hohen Wolgaufer entzündet haben. Die lyrische Uferlandschaft, das entfernte Baustellenpanorama und das Knistern des Lagerfeuers schaffen die Kulisse für Reflexionen über den Sinn des Lebens, über Freude und Glück. Als „Poem über das Leben und den Kampf der Sowjetjugend“[256]) entstand der Dokumentarfilm im Kontext einer öffentlicher Diskussion, die damals darüber geführt wurde, wie die neue Generation beim Übergang zum Kommunismus ihren Charakter formen und so ihren Weg in die Gesellschaft finden könne. Kritiker lobten den Film wegen seines hohen ästhetischen und ethischen Wertes. Er fessle das Publikum, lasse es über die Herausforderungen der Gegenwart nachdenken und gebe ihm mit seinem optimistischen Weltbild Zuversicht und Selbstvertrauen.[257])

Anlässlich des 40. Jahrestages der Oktoberrevolution drehte 1957 Il'ja Kopalin, ein seit Jahrzehnten international bekannter sowjetischer Regisseur, den Film *Nezabyvaemye gody* (Unvergessliche Jahre). „Mit Erregung und Stolz“ veranschaulichte dieses historische Filmepos an dem bemerkenswerten Fortschritt des Kraftwerkbaus die enorme Modernisierungsleistung des ersten sozialistischen Staats auf Erden. Unter dem Motto „Die revolutionären Traditionen altern nicht“ fließen in dem Film vergangene, gegenwärtige und zu-

[253]) Vgl z.B. Ežegodnik kino 1959: 79.

[254]) Černenko 1999: 126. Ähnlich Ežegodnik kino 1956: 34; Iskusstvo millionov 1958: 606.

[255]) Bulgakova 1999: 159f.

[256]) Gribačev 1957: 56.

[257]) Gribačev 1957: 56; Istorija sovetskogo kino 1978/4: 355f.; Drobaschenko 1967; Ežegodnik kino 1956: 34.

künftige Heldentaten ineinander. Die Langzeitsynopse fortgesetzter Triumphe präsentiert der älteren Aufbaugeneration die „jungen Bauarbeiter beim Bratsker Flusskraftwerk als ihre wahren Kinder und Enkel", die den Staffelstab der Geschichte an sich genommen haben, um dem Kommunismus den Weg in die sowjetische Wirklichkeit zu bereiten.[258])

Während *Nezabyvaemye gody* den kinematographischen Blick zurück inszenierte, wurde von 1959 an unter dem Titel *Šagaj, semiletka* (Schreite voran, Siebenjahrplan) eine Serie von Dokumentarfilmen gedreht, die illustrieren sollten, wie sich das Gesicht der Sowjetunion durch die neuen Großvorhaben in der näheren Zukunft verwandeln würde. Die revolutionäre Romantik, die das Leben der „Erbauer des Kommunismus" prägen sollte, fing vor allem der Regisseur M. Averbach in seiner Produktion *Na strojkach semiletki* (Auf den Bauplätzen des Siebenjahrplans) ein. Darin bietet er dem sowjetischen Kinobesucher interessante Einblicke in die großartigen Kraftwerkbauten an Wolga und Angara und in die mit ihnen verknüpften volkswirtschaftlichen Visionen.[259])

Die „Großbauten des Kommunismus" fanden aber nicht nur als Teil von Episodenfilmen ihren Weg auf die Leinwand, sondern waren auch Thema eigenständiger Produktionen. Den Bau des Kujbyšever Flusskraftwerks und die damit einhergehende Umgestaltung des mittleren Wolga-Gebiets stellte der Regisseur D. Dal'skij zwischen 1956 und 1958 in einer detailreichen Dokumentarfilmtrilogie ausführlich dar.[260]) Im Unterschied zu *Volgo-Don* dominiert bei diesen drei abendfüllenden Dokumentarwerken zum zweiten fertiggestellten „Großbau des Kommunismus" weniger das triumphale, sondern mehr das kämpferische Pathos. Zwar vermitteln die Aufnahmen einen grandiosen Eindruck von der Umgestaltung der Wolga und ihrer Uferlandschaften. Die gigantische Staumauer, die Kraftwerk- und Schleusenanlagen werden wie die neuen Fabriken und Siedlungen ins rechte Bild gerückt. Über die abschließende Siegesschau hinaus geht es der Trilogie aber vor allem um das Werden der neuen Industrieregion. Sie richtet deshalb das Augenmerk auf wichtige Entwicklungen und stellt immer wieder die Heldentaten der Bauarbeiter, ihre Opferbereitschaft und ihr zähes Ringen bei der Überwindung von Hindernissen und Widrigkeiten in den Vordergrund.[261])

[258]) Zlobin 1957: 51 u. 54. Im Jahr 1956 kam der historische Dokumentarfilm *Ot Volchova k Angare* (Vom Volchov an die Angara) von S. Gurov und N. Solov'eva in die sowjetischen Kinos. Auch er thematisierte den Aufstieg der sowjetischen Hydroenergetik, wurde aber im Unterschied zu Kopalins Streifen von der Filmkritik kaum beachtet. Vgl. Ežegodnik kino 1956: 34.

[259]) Ežegodnik kino 1960: 65f.; Grebnev 1960: 4.

[260]) Die drei einzelnen Filme haben folgende Titel: *Kujbyševskij gidrouzel* (Die Kujbyšever hydrotechnische Anlage), *Ogni Žigulej* (Die Feuer von Žigulevsk) und *Na Volge širokoj* (An der breiten Wolga).

[261]) Istorija sovetskogo kino 1978/4: 357; Ežegodnik kino 1956: 34; Ežegodnik kino 1958: 61f.; Drobaschenko 1967: 58.

Der Regisseur A. Sofin produzierte 1959 mit den Mitteln des in Saratov neu gegründeten regionalen Filmstudios den Dokumentarfilm *Molodost' velikoj reki* (Die Jugend des großen Flusses). Darin geht es um den Bau des Stalingrader Flusskraftwerks, dessen erste Aggregate bei ihrer Inbetriebnahme ebenso gezeigt werden wie das überwältigende Baustellenpanorama und das zähe Ringen der Arbeiter bei der Abriegelung der Wolga. Der Dokumentarfilm entwirft, so die sowjetische Filmkritik, ein angemessenes „Bild von unserer Zeit mit ihrer Energie und Kühnheit sowie vom hohen Niveau des technischen Fortschritts". Die grandiosen Errungenschaften ergäben sich vor allem aus der Ausdauer, dem Mut und Vermögen der Bauarbeiterschaft, alle Schwierigkeiten zu überwinden, die sich ihnen in den Weg stellten.[262])

Die sowjetischen Dokumentarfilme zeichneten damals ein durchaus realistisches Bild vom Bauarbeiter. Die „Erbauer des Kommunismus" wurden nicht mehr in sauberen Anzügen, sondern in verschmutzter Arbeitskleidung sowie mit ihren erschöpften und unrasierten Gesichtern gezeigt.[263]) Die Zuschauer sollten den anstrengenden Alltag auf den Großbaustellen durch die Augen der „Helden der Arbeit" erfahren, um so deren Ängste und Hoffnungen, Zweifel und Zuversicht mitzuerleben. Vor dem Hintergrund widriger Arbeits- und Lebensbedingungen, die statt wie zuvor verschwiegen nun bewusst in Szene gesetzt wurden, erschienen der ungebrochene Enthusiasmus und Heroismus der Bauarbeiter in einem noch strahlenderen Licht. Besonders die Werke über die Plangiganten an den sibirischen Flüssen bedienten sich dieser rauhen Poesie. Dazu zählte der 1957 von Olga Podgoreckaja gedrehte Film *U Padunskich porogov* (An den Paduner Stromschnellen), der den Beginn der Bauarbeiten am Bratsker Flusskraftwerk in Szene setzte. Ihm folgte zwei Jahre später der vom Irkutsker Filmstudio produzierte Fortsetzungsstreifen *Bitva na Padune* (Die Schlacht bei Padun). Er stellt die Abriegelung der Angara als hartnäckigen Kampf zwischen Fluss und Mensch dar, der sich der modernen Technik bedient, um die stürmischen Elementarkräfte zu zähmen. Die entschlossenen Gesichter der Arbeiter spiegeln ihren unbedingten Siegeswillen sowie die Anspannung und Dramatik der gesamten Situation wider. Aufnahmen davon, wie eine provisorisch eingerichtete Brücke unter der Last der mit Sand und Stein schwer beladenden Kipplaster einbricht, fesseln die Aufmerksamkeit der Zuschauer. Auch der 1961 in den sowjetischen Kinos laufende Dokumentarfilm *Enisejskaja Tetrad'* (Notizheft vom Enisej) schildert die packenden Ereignisse auf der Großbaustelle, indem er die Gesichter der Erbauer des Krasnojarsker Flusskraftwerks in den Vordergrund rückt und einzelne Facetten ihres Arbeitsalltags und Freizeitlebens ausleuchtet. Wie seine beiden Vorgänger veranschaulicht er, wie zum einen die fortgesetzte Bewährung beim Kraftwerkbau den Charakter der Bauarbeiter formt und diese zum

[262]) Ežegodnik kino 1959: 70; Osipov 1960.

[263]) Bulgakova 1999: 161.

anderen mit ihrer unerschütterlichen Begeisterung die Atmosphäre auf der Großbaustelle prägen.[264])

Wie der Dokumentarfilm versuchte auch die sowjetische Wochenschau, an publizistischer Schärfe zu gewinnen. Im Unterschied zur Filmpublizistik des Westens ging es dem sowjetischen Kinojournal – so das Selbstbild der Regisseure – statt um „sensationelle Verbrechen, Katastrophen, Kriegsschiffe und Details aus dem Privatleben von Prominenten" vor allem um die „schöpferische Arbeit der Sowjetmenschen und ihre hohen moralisch-ethischen Standards".[265]) Die sowjetischen Filmjournalisten zeigten deshalb ein wachsendes Interesse an unverbrauchten, interessanten Persönlichkeiten und begannen, die Aufnahmen von Baggern, Baumaschinen und Kraftwerkanlagen durch realitätsnahe Arbeiterporträts *(portretnye s'emki)* zu ersetzen. Auch sie brachten wieder Schmutz und Schweiß auf die Leinwand. Ihre „Reportagen über menschliche Gefühle" zeigten, wie sich die Arbeiter ehrlich freuten, wie sie sich gegenseitig zu Erfolgen gratulierten und stolz auf das von ihnen Geleistete waren. Es ging darum, die innere geistige und emotionale Welt der Sowjetmenschen zu erschließen, so dass die einzelnen Sujets oftmals in Form kleiner psychologischer Dramen inszeniert wurden.[266])

Als die „Fronten des Siebenjahrplans" blieben die Großbaustellen damit weiterhin eines der filmpublizistischen Schwerpunktthemen.[267]) Daher wurde im Januar 1956 mit *Novosti stroitel'stva* (Neuigkeiten des Bauwesens) sogar ein spezielles Filmjournal ins Leben gerufen, das fortan die Kinobesucher ausführlich über die Erfolge auf den Großbaustellen informierte.[268]) Vor allem die regionalen Kinostudios in Irkutsk und Saratov produzierten zahlreiche Erlebnisreportagen über die Kraftwerkbauten an Wolga und Angara.[269]) Typisch für den damaligen Wochenschaustil war die 37. Ausgabe von *Novosti Dnja* im Jahr 1961. Sie handelt vom Abschluss der Bauarbeiten beim Stalingrader Flusskraftwerk. Dabei zeigt sie nicht nur Aufnahmen von den offiziellen Feierlichkeiten, den Kraftwerkanlagen und der Staumauer, sondern legt großen Wert auf die gesellschaftlichen Folgen des Großbaus, insbesondere auf die Veränderungen im Leben der Arbeiter an den Ufern der gestauten Wolga.[270]) Des Weiteren wurde anlässlich des 40. Jahrestages der Oktoberrevolution eine filmjournalistische Sonderausgabe produziert, die den Titel *Ein Dorf an der Wolga* trug. Über knapp eine halbe Stunde hinweg skizziert sie die Ge-

[264]) Zu diesen drei Dokumentarfilmen über die Kraftwerkbauten an den ostsibirischen Flüssen vgl. Ežegodnik kino 1957: 35; Ežegodnik kino 1959: 70f. u. 101; Sowjetische Film 1974/2: 113; Istorija sovetskogo kino 1978/4: 351f.

[265]) Ežegodnik kino 1955: 34.

[266]) Ežegodnik kino 1959: 74–78, Zitat 77. Ferner Sowjetische Film 1974/2: 112–116; Istorija sovetskogo kino 1978/4: 347ff.

[267]) Ežegodnik kino 1959: 64f.

[268]) Ežegodnik kino 1956: 51; Potievskij 1956; Tichonov 1956: 74.

[269]) Osipov 1960: 19; U kinodokumentalistov vostočnoj Sibiri: 12f.

[270]) Istorija sovetskogo kino 1978/4: 347.

schichte der Siedlung Usol'e, die im 19. Jahrhundert zum Landgut des Grafen Orlov gehört hat. Seit 1917 verbessert sich dank der tatkräftigen Politik des Sowjetstaates das Leben ihrer Bewohner fortdauernd. Vor allem die Kraftwerkbauten an der Wolga bringen dem Dorf schließlich Fortschritt und Wohlstand. Die Kontrastierung der „düsteren Vergangenheit" mit der „strahlenden Gegenwart" war ein gebräuchliches Stilmittel, dessen sich die Filmjournalisten nur zu gern bedienten, um die Dramatik des historischen Wandels, die Überlegenheit der Sowjetordnung und die großartigen Herausforderungen der Zeit zu veranschaulichen.[271])

Neben der verstärkten Bedeutung von Dokumentarfilm und Kinojournal führte der publizistische Trend des Tauwetterkinos gleichfalls zum forcierten Aufstieg des Genres des populärwissenschaftlichen Films, der nicht nur dokumentarisches Material und Interviews präsentierte, sondern darüber hinaus Schlüsselszenen durch Schauspieler nachstellen ließ. Die Kombination von Dokumentar- und Spielfilm galt als gute Möglichkeit, den Zuschauern sowohl die historische Entwicklung als auch die neuesten Errungenschaften in Wissenschaft und Technik zu vermitteln. „Die Mischung von überzeugenden wissenschaftlichen Fakten und logischen Beweisen mit der Emotionalität und Anschaulichkeit der Filmkunst spricht die reiche Fantasie an und lässt die Zuschauer das Geschehene miterleben."[272]) Die Verantwortlichen waren darum 1956 entschlossen, „das Zurückbleiben der populärwissenschaftlichen Kinematographie hinter den Forderungen des Lebens" endlich zu beenden.[273]) Zwei Jahre später begann das Moskauer Kinostudio *Mosnaučfilm*, die populärwissenschaftliche Filmreihe *Rasskazy o semiletke* (Erzählungen zum Siebenjahrplan) zu produzieren. In diesem Rahmen drehte der Regisseur S. Levit-Gurevič den Streifen *Elektrifikacija SSSR* (Die Elektrifizierung der Sowjetunion).[274]) Während diese Produktion nur wenig Beachtung fand, galt der ein Jahr später unter der Leitung von N. Čurikov zusammengestellte Film *Plus Elektrifikacija* (Plus Elektrifizierung) als die „bedeutendste Produktion der populärwissenschaftlichen und dokumentarischen Kinematographie der letzten Jahre".[275]) Kritiker sprachen davon, dass er einen „ergreifenden Eindruck"[276]) hinterlasse. In epischer Form und unter Zuhilfenahme kleiner eingängiger Filmtricks zeigt er, „wie das Land aus der Zerrüttung der zwanziger Jahre zu seiner heutigen wirtschaftlichen Blüte gelangt". Der Film veranschaulicht „in großartiger Weise den Triumph des menschlichen Geistes",[277]) indem er die Erfolgsstory der sowjetischen Energetik dokumentiert und ein

[271]) Ežegodnik kino 1957: 61.

[272]) Ežegodnik kino 1960: 123.

[273]) Jakuškin 1956: 32. Ähnlich Šnejderov 1956; Perspektiven des sowjetischen Films 1956: 1237.

[274]) Nikiškin 1959; Aleksandrova 1959.

[275]) Ežegodnik kino 1960: 97.

[276]) Ebd.

[277]) Loktev 1962: 3.

„hohes Technikniveau der zeitgenössischen Kraftwerke und des energetischen Bauwesens" in den Vordergrund stellt. Damit erzählt er „leidenschaftlich und temperamentvoll von den Vorteilen des sozialistischen Systems, das zwangsläufig den Kapitalismus im friedlichen Wettbewerb der Systeme besiegen wird".[278]) Realisiert wurde das Filmprojekt mit der tatkräftigen Unterstützung des Ministeriums für Kraftwerkbau, das sich von der kinematographischen Inszenierung seiner Erfolge einen Zugewinn an Prestige und öffentlicher Aufmerksamkeit erhoffte.[279])

Vortragspropaganda und die Allunionsgesellschaft Znanie

Bei seiner Besetzung des öffentlich-kommunikativen Raums mittels eines überwältigenden Technikkults nutzte der sowjetische Parteistaat nicht nur Presse und Kunst. Er sah zugleich in der Vortragspropaganda „eine der wichtigsten Formen der Kadererziehung und der Hebung des Bewusstseins der breiten Massen".[280]) Die Ressourcen von Partei und Gewerkschaft, so die fortwährende Kritik, schienen mit ihrem Heer von Agitatoren und Politinformatoren aber nicht auszureichen, um das gewünschte Maß an öffentlicher Vortragsarbeit zu entfalten. Beklagt wurde stets das Fehlen an redegewandten Referenten mit Fachwissen, die sich mit den komplexen Sachverhalten gut auskannten und diese kompetent vermitteln könnten.[281]) Bei der Popularisierung von Technik und Wissenschaft bediente sich der sowjetische Propagandastaat deshalb von Beginn an jener Vermittlungswege und Organisationen, mittels derer sich die wissenschaftlich-technischen Eliten schon vor 1917 bemüht hatten, ihre Errungenschaften, Projekte und Visionen breiteren Bevölkerungsschichten nahezubringen. So schaltete die Partei die aus dem Zarenreich überlieferten wissenschaftlichen und technischen Gesellschaften gleich, um seit den 1930er Jahren Ingenieure und Gelehrte auf die stalinistischen Großprojekte einschwören und sie besser dazu anhalten zu können, als Referenten die Massen von der Notwendigkeit der ehrgeizigen Pläne zu überzeugen.[282])

Zur besseren Organisation der öffentlichen Vortragspropaganda rief die Partei zusammen mit der Sowjetischen Akademie der Wissenschaften am 7. Juli 1947 einen besonderen Lektorenverein ins Leben, die Allunionsgesellschaft zur Verbreitung politischer und wissenschaftlicher Kenntnisse (*Vsesojuznoe Obščestvo po Rasprostraneniju Političeskich i Naučnych Znanij*). Ihre

[278]) Ežegodnik kino 1960: 97f.

[279]) Zu den Bemühungen, die Feierlichkeiten zum 40. Jahrestag des GOELRO-Plans für eine koordinierte, großangelegte Imagekampagne des Ministeriums zu nutzen, vgl. RGAE, 9572/1/1236, 36–37.

[280]) Zit. n. Kalnins 1956: 140. Zu den Anfängen der bolschewistischen Erziehungsarbeit mit Hilfe von Vorträgen und Vorlesungen vgl. Kenez 1985: 121–144.

[281]) Hollander 1972: 145–149; McKenna 2001: 10.

[282]) Ausführlich Andrews 2003. Zur Wissenschaftlich-technischen Allunionsgesellschaft der Energetik und elektrotechnischen Industrie siehe ausführlich S. 140f.

explizite Aufgabe lag darin, „die neuen Wissensbestände der Spezialisten an das Volk zu vermitteln" und damit einen Dialog zwischen der wissenschaftlich-technischen Intelligenz und Arbeitern sowie Bauern zu ermöglichen.[283]) Die unter der Abkürzung *Znanie* populär gewordene Allunionsgesellschaft koordinierte fortan die Vortragsaktivitäten der zahlreichen wissenschaftlichen und technischen Gesellschaften und der großen Kulturverbände.[284]) Sie wirkte wie ein Dachverband, der mit öffentlichen Vorlesungen über Politik, Geschichte und Philosophie, Kunst und Literatur, Wirtschaft, Wissenschaft und Technik die „oral mass media"[285]) organisierte. Innerhalb weniger Jahre erhöhte sich die Zahl der *Znanie*-Mitglieder, der veranstalteten Vorträge und der dabei registrierten Zuhörer rasant.

Tabelle 9: Mitglieder, Vorträge und Zuhörer der Allunionsgesellschaft Znanie, *1950–1965*

	Mitglieder	Vorträge	Zuhörer
1948	6 300	82 900	12 300 000
1950	133 000	932 700	89 000 000
1953	303 000	1 048 200	92 100 000
1955	327 800	1 577 300	126 900 000
1958	659 000	5 611 000	388 800 000
1960	849 600	9 994 700	630 500 000
1963	1 204 000	13 249 100	697 400 000
1965	1 460 800	15 343 600	742 700 000

Quelle: Statističeskie dannye 1967: 12, 26 u. 28.

Von Beginn an war *Znanie* unionsweit in allen fünfzehn Sowjetrepubliken präsent und hatte ihre Strukturen mittels Gebiets-, Stadt- und Rajonabteilungen auf den unterschiedlichen regionalen Ebenen ausdifferenziert. Zugleich gab es unterschiedliche thematische Sektoren, in die sowohl die „wirklichen Mitglieder" (*dejstvitel'nye členy*), die als Referenten auftraten, als auch die große Mehrheit der einfachen Mitglieder, die zumeist als Zuhörer eine passive Rolle spielten, nach ihrer Bildung und Tätigkeit eingeteilt wurden.[286])

Die Aktivitäten der Allunionsgesellschaft blieben nicht auf das Vortragswesen beschränkt. Schon 1948 trug *Znanie* die Verantwortung für Ausstellungen im Moskauer Polytechnischen Museum, in denen die interessierten Besucher über wichtige Errungenschaften sowjetischer Technik informiert wurden.[287]) Des Weiteren veröffentlichte die Allunionsgesellschaft die Stenogramme bedeutender Vorträge, die in ihrem eigenen Verlag serienweise mit großer Auf-

[283]) Statističeskie dannye 1967: 3ff., Zitat 3.
[284]) Zu den assoziierten Gesellschaften und Verbänden vgl. die Auflistung in Statističeskie dannye 1967: 16f.
[285]) Mickiewicz 1981: 125.
[286]) Kalnins 1956: 139.
[287]) GARF, 5446/51/3551, 4.

lage (100000 bis 175000 Exemplare) als Broschüren erschienen.[288]) Eine wachsende Zahl von Vorlesungen wurde im Radio und später sogar im Fernsehen übertragen.[289]) Mit der populärwissenschaftlichen Zeitschrift *Nauka i Žizn'* hatte *Znanie* zudem ein eigenes Publikationsorgan, das weithin Beachtung fand.

Im Jahr 1961 etablierte sich die Allunionsgesellschaft endgültig als bedeutender Akteur der sowjetischen Medienlandschaft. Damals wurde neben der staatlichen Informationsfabrik TASS (*Telegrafnoe Agentstvo Sovetskogo Sojuza*) mit APN (*Agentstvo Pečati Novosti*) eine zweite Presseagentur in Moskau geschaffen.[290]) Ihre Aufgabe war es, die in- und ausländischen Medien mit anschaulichem Material über das gesellschaftliche Leben in der Sowjetunion zu versorgen. Zusammen mit drei anderen Organisationen[291]) hatte *Znanie* die Verantwortung für die neue Agentur APN übernommen, die sich auch unter der Abkürzung *Novosti* auf dem Weltmarkt für Information bald einen Namen machte. Die Lektoren der Allunionsgesellschaft begannen fortan, auch in der sowjetischen Auslandspropaganda eine immer bedeutendere Rolle zu spielen.[292])

Znanie finanzierte sich nur zum Teil aus den Beiträgen ihrer Mitglieder. Sie verfügte über keine größeren Einnahmequellen, weil ihre Vorlesungen meist kostenlos waren und ihre Publikationen zu kleinen Preisen verkauft wurden. Als „Hilfsorganisation der KPdSU“[293]) engagierte sie sich deshalb besonders bei Propagandakampagnen, um staatliche Fördergelder in Anspruch nehmen zu können.[294]) Nach 1948 konzentrierte die Allunionsgesellschaft ihre Tätigkeiten daher verstärkt darauf, Aufklärungs- und Agitationsarbeit zum „Stalinschen großartigen Plan der Umgestaltung der Natur“ und der damit verbundenen „Großbauten des Kommunismus“ zu machen. Auf der Sitzung ihres Präsidiums am 7. September 1950 wurde ein besonderes Aktionsprogramm beschlossen, um in den nächsten Jahren mit Ausstellungen, Vorlesungsreihen

288) In den Jahren 1948 bis 1953 publizierte *Znanie* so 4215 Broschüren und Sammelbände mit einer Gesamtauflage von 172 Millionen Exemplaren. Vgl. Kalnins 1956: 139.

289) Die Zahl der im Radio und Fernsehen übertragenen Vorlesungen blieb bis 1958 auf einige Tausend beschränkt, wuchs aber schon 1960 auf über 84000 und 1965 auf schließlich 250000 explosionsartig an. Vgl. Statističeskie dannye 1967: 26.

290) Zur Geschichte von TASS vgl. Kruglak 1962.

291) Dabei handelte es sich erstens um die Union der sowjetischen Gesellschaften für Freundschaft und Kulturbeziehungen mit dem Ausland, zweitens um den Journalisten- und drittens um den Schriftstellerverband.

292) Zur Presseagentur APN vgl. Hollander 1972: 32ff.; Roth 1980: 180–184 u. 219–224; Roth 1982: 205f.; Hopkins 1970: 291-295.

293) Kalnins 1956: 140.

294) Vgl. den Finanzbericht für das Jahr 1949 in GARF, 5446/51/3551, 15-16. Mit dem Hinweis auf das besondere Engagement für die spätstalinistischen Umgestaltungspläne bat die Leitung von *Znanie* um die Zuweisung staatlicher Fördergelder, um die erwarteten Ausgaben von 101 Millionen Rubeln decken zu können.

und Publikationen zur „Popularisierung des grandiosen Plans beizutragen, an der Wolga die weltgrößten Flusskraftwerke zu bauen".[295])

Spezielle Aktivitäten entfaltete die Allunionsgesellschaft auch auf den Großbaustellen. In Kujbyšev stellte die dortige *Znanie*-Abteilung eine Lektorengruppe zusammen, die im Frühjahr 1951 innerhalb von vier Monaten 1060 Vorlesungen auf den Bauplätzen und im Umland hielt, um Bauarbeiter und Anwohner für den neuen Kraftwerkriesen zu begeistern.[296]) Beim Wolga-Don-Kanal sprachen die Verantwortlichen 1952 sogar davon, dass es in den letzten drei Jahren zu mehr als 10000 Vorträgen und Diskussionen gekommen sei, auf denen sich leitende Ingenieure und Wissenschaftler mit Arbeitern und Bauern darüber ausgetauscht hätten, wie sich die großartigen Visionen realisieren ließen.[297]) In Stalingrad hatten Loginov, der Bauleiter des Flusskraftwerks, und seine Mitarbeiter die lokale *Znanie*-Abteilung beauftragt, regelmäßige öffentliche Veranstaltungen zu organisieren, um durch eine engagierte Vortragsarbeit die Verbindungen zwischen Großbaustelle, der Stadt und dem näheren Umland zu festigen.[298]) Wiederholt organisierten die örtlichen Abteilungen auch Exkursionen an die umgestalteten Flussufer, damit sich Schüler, Studenten, Jungkommunisten und andere interessierte „Techniktouristen", ergriffen vom grandiosen Baustellenpanorama, einen besseren Eindruck davon machen konnten, wie mit den Großbauten eine neue Welt zunehmend Gestalt annahm.[299])

5.2. Bilderwelten und Weltbilder: Inhalte und Funktionen

Aneignung des Raums: Ordnung und Übersichtlichkeit

Die Relativierung der gewohnten Zeit-Raum-Verhältnisse war spätestens seit Ausgang des 19. Jahrhunderts ein dominantes Epochengefühl der Moderne. In keinem anderen Staat wurde sie aber zu einem derart wichtigen Ansporn für die Dynamisierung der Welt- und Selbsterfassung wie in der Sowjetunion. Bei ihrer kulturellen Vermessungs- und Beherrschungsarbeit gaben sich die Moskauer Machthaber der Vorstellung hin, die fortschreitende Besetzung unerschlossener Räume sei die *conditio sine qua non* für die Entwicklung einer modernen Zivilisation. Infrastrukturell noch nicht durchdrungene Gebiete sahen die sowjetischen Kulturträger als Herausforderung des eigenen An-

[295]) Zarevo 1959: 250. Tatsächlich gab *Znanie* in der folgende Zeit mehrere auflagenstarke Broschüren und Sammelbände zu den spätstalinistischen Plangiganten heraus. So u.a. Velikie Strojki 1952; Kovda 1952; Voznesenskij 1949; Listov 1951; Loginov 1952; Davydov 1954.

[296]) Zarevo 1959: 247.

[297]) Svasovikov 1952.

[298]) Judin 1996: 196.

[299]) Zum Exkursionswesen vgl. Dubrovskij 1957: 179f.; *Strojka Kommunizma*, 1. Juli 1953, Nr. 225: 4; 11. Juli 1953, Nr. 228: 2 u. 17. April 1959, Nr. 1256: 2; Poezdka 1956: 59.

spruchs, Fortschritt und Sozialismus zu verwirklichen. So enthielten die sowjetischen Fünfjahrpläne stets die Sektion *osvoenie prostranstva*. Dieser in der russischen Geschichte schon lange bekannte, seit 1928 zunehmend kämpferisch ausgelegte Begriff der „Aneignung des Raums" stand für den Prozess der imperialen Expansion, in deren Verlauf die Sowjetmacht von den Kommandohöhen in Staat und Wirtschaft immer weiter in die Gesellschaft und in die Peripherie vordrang, um sich neue Handlungsräume zu eröffnen.[300])

Vor allem die Hydrogiganten galten als ein beeindruckendes Manöver des unbedingten Machtwillens. Auf den Industrialisierungsfeldzügen waren sie die schwere Artillerie, um der sowjetischen Zivilisationsoffensive zum Durchbruch zu verhelfen. Sie sollten dazu beitragen, dass sich der Raum in der Vorstellung der Sowjetmenschen als beherrscht und kontrolliert einprägte. Mit den stalinistischen Großprojekten entwickelte sich daher eine spezifische sowjetische „Frontier-Mentalität".[301]) Der Begriff *osvoenie* brachte die Dualität von Wissen und Kontrolle, den starken politischen Wunsch nach Eindeutigkeit und Übersichtlichkeit, zum Ausdruck. Damit war die technologische Binnenkolonisation genauso stark mit der Gestaltung des Zentrums beschäftigt wie mit der Gestaltung der Peripherie. Letztere war nicht einfach nur eine Erweiterung der modernen Welt. Sie war ein wesentlicher Teil dessen, was diese Welt zu einer Industriezivilisation machte.[302])

Mit ihrer auf Überwältigung angelegten Ästhetik visualisierter Ordnung bargen die Großbauten eine Theorie der Raumbeherrschung, ein spezifisches Dispositiv der Macht und das Kalkül sozialer Disziplinierung in sich. Mit ihnen erlebte der Plan eine bemerkenswerte Wandlung von einem zeitlichen zu einem räumlichen Erfahrungsmodus. Seine Zeitdimensionen materialisierten sich in der neuen Landschaftsordnung.[303]) Die neue Räumlichkeit der Zeit machten die „Stalinschen Großbauten des Kommunismus" dadurch deutlich, dass sie einen Traum zum Plan machten, der „vor den Augen der Sowjetmenschen realisiert (wird). Wir können unsere Karte, auf der die zukünftigen Wasserwege, Flusskraftwerke und Wälder schon vermerkt sind, die Karte der Plandirektiven nennen. In einigen Jahren wird dies schon die Karte des Sowjetlandes sein."[304])

300) Zur Begriffsgeschichte von *osvoenie* vgl. Widdis 2003b: 7f.

301) Zu den Unterschieden zwischen der sowjetischen und amerikanischen Kultur der „Frontier" vgl. ausführlich Frank 2003; Grützmacher 2004; Grützmacher 2005; Grützmacher 2009: 272–284.

302) Comaroff/Comaroff 2002: 277.

303) Wie sehr Zeit und Raum im Plan miteinander verschmolzen, veranschaulicht eine Erzählung aus der Gründerzeit der Stahlmetropole Magnitogorsk: Als Anfang der 1930er Jahre ein Reisender auf seiner Zugfahrt hörte, wie der Schaffner den Bahnhof Magnitogorsk ausrief, obwohl ringsherum nur Steppe zu sehen war, fragte er diesen, wie weit es denn bis zur Stadt sei. Darauf antwortete ihm der Schaffner: „Zwei Jahre." Siehe Kotkin 1995: 106.

304) Gorin 1952.

Die Großbaustelle erschien als Geburtsort einer neuen Welt, die sich im Zeitraffer entwickelte und mit ihrer raumbewältigenden Macht jegliche Grenzen und Teilungen überwand. Die Propaganda verkündete, die spätstalinistischen Kanäle und Flusskraftwerke würden „gleichsam eine Tür in ein neues Land aufreißen, und gleich hinter dieser Tür werden sich blühende Felder ausbreiten". Dabei werde die „Einflusszone" der Hydrogiganten „oder wie die Spezialisten es ausdrücken: das beherrschte Territorium wahrlich gewaltig sein [...] Nicht nur das umliegende Land wird mit Wasser und Strom versorgt, sondern auch Gebiete, Städte und Industriezentren, die weitab von ihm liegen." Folglich entstehe keineswegs nur ein Kanal. Vielmehr werde „gleichzeitig ein ganzes Land geschaffen, ein Land mit neuen Städten, Dörfern, verschiedenartiger Produktion, kulturellen Instituten und Institutionen."[305])

In ihrer Vorliebe für System und Symmetrie vertrauten die Moskauer Hohepriester von Revolution und Fortschritt ganz der Linientreue und dem planquadratischen Ordnungsdenken. Sie meinten, aus Gründen der Übersichtlichkeit und Einheitlichkeit alles Irreguläre, Andersartige und Abweichende aus der Welt verbannen zu müssen, um die amorphe Weite ihres riesigen Staatsterritoriums zu bezwingen. Den Großprojekten schrieben die stalinistischen Sozialingenieure eine starke formgebende Kraft zu. Ihre geradlinige und zielstrebige Weltauslegung zeigt sich vor allem in der Wahrnehmung der umgestalteten Landschaft. „Soweit das Auge reicht, breiten sich die verwandelten Steppen aus, eingeteilt in Quadrate und Rechtecke, die von Bewässerungskanälen umrahmt sind."[306])

Als groß angelegte Infrastrukturmaßnahmen wirkten die „Stalinschen Großbauten des Kommunismus" zudem integrierend. Mit ihrem ausgreifenden energetischen Verbundnetz und dem neuen, fünf Meere verbindenden Wasserverkehrssystem wuchs der europäische Teil der Sowjetunion immer mehr zu einem einheitlichen, eng verflochtenen Wirtschaftsraum zusammen. Gebetsmühlenartig wiederholten sowjetische Medien, dass althergebrachte räumliche Trennungen zwischen Stadt und Land, zwischen Moskau und anderen Industriegebieten, zwischen Zentrum und Peripherie an Bedeutung verlören.[307]) Bei der Parforcejagd in die Moderne des Kommunismus wurden die gigantischen Flusskraftwerke mit ihren weitreichenden Versorgungsnetzen darum zum „Merkmal der neuen Zeit."[308]) Die Macher dieses Technikkults schilderten den „Vorstoß der Kraftströme bis in die entlegensten Winkel des Landes [...] als ein packendes Schauspiel, wie erst Kraftwerke entstehen, dann zu Verbundnetzen einzelner Gebieten und später zu einem einzigen, von ein

[305]) Welitsch 1952.

[306]) Welitsch 1952: 33f.

[307]) Zum durch die Großbauten integrierten Wirtschaftsraum vgl. Kusin 1955: 64; Galaktionov 1953: 31, Velikie Strojki 1951: 210 u. 267ff. u. 304; Velikie Strojki 1952: 236.

[308]) Loktev 1962.

paar Leuten vom Schaltpult aus gesteuerten Verbundnetz vereint werden."[309]) Wie auf einem Schaubild wird so die Kraft einer Ordnung anschaulich, „unter der alle Gebiete des Landes eng, nach einem allgemeinen Plan, zum allgemeinen Nutzen zusammenarbeiten."[310]) Die das Land überziehenden Hochspannungsleitungen erschienen als großflächige Netzwerke der Macht, die nicht nur den energetischen, sondern auch den kulturellen und politischen Anschluss zum Ziel hatten, um die Imperative der stalinistischen Beuteökonomie durchzusetzen.

Überzeugt von der Räumlichkeit des Sozialen, sahen die stalinistischen Gesellschaftsplaner in einer gezielten Raumordnungspolitik den Schlüssel zur Beherrschung und Neuschöpfung sozialer Körper. Sie machten daher nicht nur die Natur, sondern auch die Gesellschaft zum Gegenstand ihrer als Formung, Korrektur und Kontrolle zielenden Umgestaltungspolitik. In den Fluten der neuen Stauseen sollten das bäuerliche Russland, das traditionelle Landleben der Ukrainer und die Lebensweise der Nomaden für immer verschwinden. Den davon betroffenen Menschen versprachen die Moskauer Sozialingenieure neue Städte und Siedlungen, die nach einheitlichen Vorgaben am Reißbrett entworfen und auf dem freien Feld errichtet würden. „Die bei ihrem Bau angewandte neueste Architektur wird der Größe der Stalinschen Epoche entsprechen und der Lebensauffassung der Sowjetmenschen würdig sein. Theater, wissenschaftliche Institute und industrielle Unternehmen werden entstehen. Die Wohnviertel werden in üppige Gärten und Grünflächen eingebettet sein. Wasserbassins und Springbrunnen werden in den Parks glitzern und rauschen."[311]) Das am Wolga-Don-Kanal gelegene Städtchen Kalač sei daher kaum mehr wiederzuerkennen. Als lebendiges Zentrum eines aufstrebenden Kreises habe es sich „zu einer großen und modernen Stadt" mit prächtigen mehrstöckigen Häusern und breiten Asphaltstraßen entwickelt.[312])

Auch wenn die „Stalinschen Großbauten des Kommunismus" dafür sorgten, dass die Südukraine, das mittlere Wolga-Gebiet, West- und Ostsibirien in ihrer Bedeutung aufgewertet wurden und zuvor kaum bekannte Kleinstädte plötzlich im Fokus der Öffentlichkeit standen, ließ die Propaganda bis 1953 kaum eine Möglichkeit aus, die Stellung Moskaus als Zentrum zu unterstreichen und damit das zentralistische Raum- und Gesellschaftsmodell des Stalinismus zu veranschaulichen. Deshalb wurde beständig darauf hingewiesen, dass der Strom der Wolga-Kraftwerke mehrheitlich nach Moskau fließe, um „das Herz unserer Heimat"[313]) schneller schlagen zu lassen und als saubere Energiequelle „das Grün der Boulevards und Gärten zu retten, die Stadtluft zu reinigen, die Gesundheit der Menschen zu bewahren und den Anbruch des

309) Loktev 1962: 1f.
310) Iljin 1953: 2.
311) Welitsch 1952: 51. Ähnlich Velikie Strojki 1952: 302f.; Rjabčikov 1954: 92–95.
312) Galaktionov 1953: 24ff.
313) Velikie Strojki 1951: 143.

Kommunismus vorzubereiten."[314]) Der Wolga-Don-Kanal machte Moskau außerdem zum Mittelpunkt eines gigantischen Netzes von Binnenwasserstraßen, so dass hier zahllose Warenströme zusammenliefen, um so die herausgehobene Bedeutung des hauptstädtischen Flusshafens zu unterstreichen.[315])

Moskau profitierte aber nicht nur von den Großbauten, sondern leistete entscheidende Beiträge zu deren erfolgreicher Realisierung. Als Zentrum von Wissen und Macht stellte die Hauptstadt die steuernde Expansionszentrale der sowjetischen Moderne dar. In ihren zahllosen Instituten und Behörden sei ein „riesiges Kollektiv von Wissenschaftlern und hochqualifizierten Ingenieuren der verschiedensten Berufe" damit beschäftigt, neue grandiose Vorhaben zu projektieren. Neben den Plänen für die Hydrogiganten erarbeiteten Moskauer Architektenbüros die standardisierten Wohnungsbauprogramme, um fernab der eigentlichen Bauplätze und ohne Erfahrungen vor Ort das Antlitz der umgestalteten Landschaften festzulegen.[316]) Die stalinistischen Raumplaner nahmen von der Hauptstadt aus das Umland der Großbauten vielfach als „Zone" wahr. Von Zentralbehörden streng beaufsichtigt, erschienen diese Peripherien als abgegrenzte Orte, an denen klar definierte ökonomische und gesellschaftspolitische Aufgaben „planmäßig" zu lösen seien.[317])

Als die „Stalinschen Großbauten des Kommunismus" in Angriff genommen wurden, sahen sich die sowjetischen Leser in Zeitungen, Broschüren und Büchern mit einer Vielzahl von Karten konfrontiert (Abb. 6).[318]) Schon 1926 hatte Walter Benjamin erkannt, dass „die Landkarte fast so nahe daran (ist), ein Zentrum neuen russischen Ikonenkults zu werden wie Lenins Portraits [...]. Man will abmessen, will vergleichen und will auch jenen Größenrausch genießen, in den der bloße Blick auf Rußland schon versetzt."[319]) Die sowjetischen Karten waren damit stets mehr als bloßes Abbild der Gegenwart. Sie waren gedankliche Hilfsmittel zur Darstellung sich wandelnder Realitäten. Durch die gigantischen Kanäle und Stauseen veränderte sich die Topographie des Landes fortwährend. Die Sowjetunion erschien deshalb als „lebende Landkarte".[320]) Das in den Medien dargebotene Kartenmaterial „erzählt von den großen Siegen des Sowjetmenschen über die Natur, und berechtigter Stolz schwellt die Brust. Die Landkarte erzählt vom Aufblühen des heimatlichen Landes, von dem anbrechenden Frühling der Menschheit."[321]) Als Vorgriff

[314]) Zarevo 1959: 210. Siehe ausführlich dazu S. 84ff., 214 u. 225f.

[315]) Vgl. z.B. Velikie Strojki 1951: 269.

[316]) Galaktionov 1953: 23 u. 26. Ähnlich Zarevo 1959: 268ff.

[317]) Zur „zonen-haften" Raumwahrnehmung vgl. allgemein Kaganskij 2001: 141.

[318]) Vgl. Velikie Strojki 1951: 160f.; Velikie Strojki 1952: I-II, 8f., 104f., 232f., 362f.; Na Velikich Strojkach, Anhang; Znanie – Sila, 1952, Nr. 6 u. Nr. 10, Einband; Sowjetmenschen 1951: 16f.; Zarevo 1959: 124f., 199 u. 224f.; Wunderwerke 1951: 5; Natur wird verändert 1951: 112f.

[319]) Benjamin 1972: 336f.; Benjamin 1980: 76.

[320]) Il'in 1950a.

[321]) Galaktionov 1953: 4.

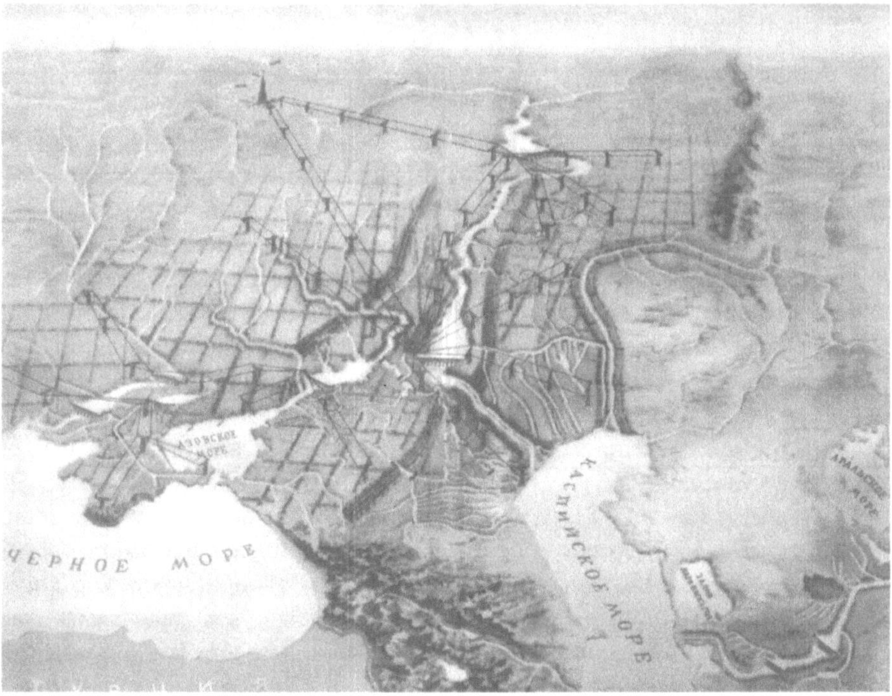

Abb. 6: Karte zu den Großbauten des Kommunismus. Karte aus: Velikie Strojki 1952: I-II.

auf die Zukunft drückten die Karten zu den Großbauten Machtverhältnisse und Expansionsgelüste aus. Sie symbolisierten das unaufhörliche Vordringen; sie identifizierten Einflusssphären und Geltungsbereiche, bildeten Herrschaft und Sehnsucht ab, pflanzten Bilder in die Köpfe der Menschen von dem, was Zentrum und Peripherie, was rückständig und modern sei. Mit ihren geometrisierten Flächen und Einflusslinien, die auf Moskau verwiesen, ließen die Landkarten den weiten, sowjetischen Raum als erschlossen, gebändigt, geordnet und zur Vernunft gebracht erscheinen. Er wirkte merkwürdig statisch und hierarchisch organisiert. Mit dem in ihnen fest eingeschriebenen „cult of visibility"[322]) machten Karten aus zuvor wenig bekannten Regionen dokumentierte geographische Einheiten und waren damit ein wichtiges Beweis- und Demonstrationsmittel von Herrschaft.[323]) Sie stellten die gigantischen Flusskraftwerke und Kanäle als Ausgangs- bzw. Fluchtpunkte dar, von denen aus es galt, die innere Gesetzmäßigkeit des perspektivischen Blicks auf den gesamten Raum zu übertragen. Das Bild von der Gesellschaft und dem Land, das sich in den Köpfen der Experten und Politiker formiert hatte, hörte damit auf, imaginär zu sein. Aus kartographischen Bilderwelten wurde ein technizistisches Weltbild.

322) Widdis 2003b: 8.

323) Zur Macht der Karten vgl. allgemein Wood 1992; Harris 2002; Schlögel 2003a: 96–107.

Verflüssigung der Zeit

Auf den Schau- und Bauplätzen der sowjetischen Moderne sollte nach dem Willen der Machthaber die alte, von Rückständigkeit und Ruinen gekennzeichnete Welt verschwinden und eine neue in gewaltigen Umbrüchen Gestalt annehmen. Hier wurde Vergangenheit zerstört und Geschichte gemacht, alte Erinnerungen ausgelöscht und dem neuen politischen Gedächtnis Form verliehen. Die Tilgung historischer Spuren ging der Routenbeschreibung in die kommunistische Welt von morgen voraus. Der Stalinismus setzt sich selbst als das Neue. Seine Selbsterfindung der Moderne verschrieb sich ganz dem erbitterten „Kampf zwischen Altem und Neuem, zwischen Absterbendem und neu Entstehendem, zwischen Ablebendem und sich Entwickelndem."[324]) In seiner Rede vor den Absolventen der Akademien der Roten Armee verkündete Stalin am 4.Mai 1935 darum lautstark und warnend: „Wer Altes aufrührt, ist ein schlechter Geselle."[325])

Beeindruckt von der „Zukunft im Rohbau"[326]) und dem überwältigenden Ausblick auf das leuchtende Morgen, den die Großbaustellen boten, sahen westliche Reisende und Korrespondenten die Sowjetunion schon seit Ende der 1920er Jahre als „das einzige Land der Welt, für dessen Beherrscher das Heute nichts, das Morgen alles ist".[327]) Die stalinistischen Prestigeprojekte bildeten stets die lautstarke Ouvertüre zum Anbruch eines neuen Zeitalters. Sie waren in Stahl und Beton „gebaute Utopie"[328]), gaben einen „Vorgeschmack auf die neue Welt des Sozialismus"[329]) und zielten auf die „Empfindung neuer Zeit-Raum-Verhältnisse"[330]).

In ihrer revolutionären Ungeduld in steter Vorwärtsbewegung begriffen, folgten die Moskauer Parteiführer einer Zeitachse, auf der konkrete Stationen auf dem Weg in den Kommunismus vermerkt waren. Jegliche Verzögerung beschwor die Gefahr herauf, den Anschluss an die vorgegebene historische Entwicklung zu verpassen. Unter dem Diktat eines hohen Tempos ertrug der sowjetische Parteistaat nur kurze Phasen der Entspannung und Erholung, der Stabilisierung und Normalisierung, um sodann durch eine umfassende Mobilisierung neue Beschleunigungsschübe zu initiieren und den Strom der Geschichte wieder zum Fließen zu bringen.[331])

[324]) Stalin 1955/13: 651.
[325]) Stalin 1955/13: 591.
[326]) Weiskopf 1932.
[327]) Scheffler 1982: 289.
[328]) Groys 1994: 15–21.
[329]) Neutatz 2001: 563–567.
[330]) Vajl'/Genis 2001: 15.
[331]) Grossman 1962; Hanson 1997: 147–176 u. 201–208. Zur extrem beschleunigten Zeit und der in wenigen Umbruchmomenten geballten Geschichte des Stalinismus vgl. auch Plaggenborg 2006: 83–97.

Die Wirren der Kriegs- und Nachkriegszeit hatten es während der 1940er Jahre notwendig gemacht, ehrgeizige Pläne aufzuschieben, um die enormen geschichtlichen Verwerfungen dieser Dekade zu überstehen. Die siegreiche Beendigung des Weltkriegs und der erfolgreiche Wiederaufbau hatten bis dahin die Sowjetgesellschaft mobilisiert und die stalinistische Politik legitimiert. Ende der 1940er Jahre, als die Parteiführer das Ende der Nachkriegszeit ausriefen, zeichnete sich jedoch eine akute Erwartungskrise ab. Enttäuschung machte sich breit, weil sich viele Sowjetmenschen von der beeindruckenden Selbstbehauptung des Stalinismus versprochen hatten, endlich für ihre jahrelangen Entbehrungen durch einen verbesserten Lebensstandard und größere Freiräume entschädigt zu werden.

In dieser Situation, in der die Entwicklungsdynamik des Regimes in der Wiederherstellung überlieferter Verhältnisse zu ersticken drohte und der gesellschaftliche Erfahrungshorizont von den Schranken der spätstalinistischen Wirklichkeit in bedrückender Enge gehalten wurde, traten die Parteiführer mit einer Politik des kurzen Prozesses die Flucht nach vorn an. Sie ersetzten die alten Hoffnungen mit neuen Träumen. Das durch die Krise der Nachkriegserwartungen entstandene ideologische Vakuum sollte fortan der Übergang zum Kommunismus ausfüllen. Dieses neue grandiose Zukunftsprojekt zielte auf die Übersteigerung eines sowohl im Moskauer Machtzentrum als auch in der Bevölkerung vorhandenen Interesses und Impulses, um wieder die Einheit von politischen Zielen und gesellschaftlichen Wünschen proklamieren zu können. Daher wurde 1947 die schon auf dem 18. Parteitag im Jahr 1939 begonnene Diskussion vom Aufbau des Kommunismus wieder aufgegriffen. Damals legte eine Arbeitsgruppe den Entwurf eines neuen Parteiprogramms vor, in dem es explizit um das Ziel ging, „im Verlauf der nächsten 20 bis 30 Jahre eine kommunistische Gesellschaft in der Sowjetunion zu schaffen."[332]) Ein Jahr später erklärte Colak Stepanjan, ein führender Polittheoretiker, zuversichtlich in einer in mehreren Auflagen erscheinenden Aufsatzsammlung (insgesamt wurden 120000 Exemplare gedruckt), dass „nach dem Wiederaufbau der ruinierten Volkswirtschaft das höchste Stadium des Kommunismus in ungefähr zwei Jahrzehnten erreicht werden kann."[333]) Im März 1949 hieß es auf dem 11. Kongress des *Komsomol*, dass die „überwiegende Mehrheit der Sowjetjugend schon alle Elemente des Charakters des Menschen der kommunistischen Gesellschaft aufweist."[334]) Im Sommer des folgenden Jahres organisierte das Wirtschaftsinstitut der Sowjetischen Akademie der Wissenschaften eine Konferenz, auf der führende Ökonomen verkündeten, dass in der Sowjetunion zweifellos

[332]) Zubkova 1998b: 141.

[333]) Stepanian 1948: 539-542; Weiner 2001b: 33.

[334]) Zu diesem Kongress vgl. die Artikel in *Komsomol'skaja Pravda*, 30. März und 2. April 1949, zit. n. Weiner 2001b: 34.

alle Voraussetzungen für den baldigen Übergang zum Kommunismus gegeben seien.[335]

Von Ende der 1940er Jahre bis 1959 prägten die Slogans vom „Übergang zum Kommunismus" und von der „Schaffung der materiell-technischen Grundlagen für den Aufbau des Kommunismus" das sowjetische Zukunftsdenken. Angesichts des 1958 von der chinesischen Parteiführung in Peking proklamierten Großen Sprungs sah die Sowjetunion ihre Hegemonie im sozialistischen Lager in Frage gestellt. Um die Führungsposition auf der Überholspur der Geschichte deutlich zu machen, ließ der sowjetische Propagandastaat 1959 darum lautstark verkünden, dass mit dem neuen Siebenjahrplan im fortschrittlichen Heimatland des Sozialismus nun schon der „umfassende (*razvernutoe*) Aufbau des Kommunismus" in Angriff genommen werde.[336]

Im Kontext dieser Aufbaudebatte, um die nächste, letzte Stufe im historischen Entwicklungsprozess zu erklimmen wurden die „Stalinschen Großbauten des Kommunismus" zum „Gehäuse der Bewegung: zu einer Passage, Schleuse oder Raumstraße"[337]. Als Katalysatoren des Zeitgeists und „Stufen in die Zukunft"[338] dienten sie mit ihren energetischen Rekorden der Beschleunigung des historischen Durchgangsverkehrs, um eine „neue Epoche des Schöpfertums"[339] einzuleiten. Hinter den reinen Zahlen, die vom Aufstieg neuer Agrar- und Industrieregionen künden, „entsteht das Bild des kommunistischen Überflusses."[340] Die rote Fortschrittslokomotive wurde mit neuem Enthusiasmus und neuer Zuversicht aufgetankt, um ihrem Ziel der kommunistisch-technizistischen Superzivilisation unaufhörlich entgegenzurasen (Abb. 7).[341] In ihrer offenbarungsgleichen Heilsgewissheit feierten die Kultproduzenten die Großbauten als Inbegriff für die „unbesiegbare Kraft" des Sowjetkommunismus, die alle Widerstände überwindet, „die Welt umgestaltet, sich die Natur unterwirft, den einfachen Menschen Glück, Freude und Zuversicht für den morgigen Tag schenkt, der Menschheit die Befreiung vom Joch der Ausbeutung, von Krisen und Kriegen bringt, den Werktätigen den wahren Weg zu ihrer Rettung weist."[342] Die „unsterblichen Großtaten" bei der Zähmung der Flüsse „strahlen gleich einem nie verlöschenden Leuchtturm".[343] „Der Kommunismus ist schon keine Frage der fernen Zukunft

[335] Ein Konferenzbericht wurde in der führenden Zeitschrift Voprosy Ekonomiki (1950/10: 99–108) publiziert. Vgl. Zubkova 1998b: 141f. Zur Debatte unter den sowjetischen Ökonomen vgl. ferner Zaleski 1980: 396; Dunmore 1984: 65f. Eine Diskussion über die Bedingungen beim „schrittweisen Übergang vom Sozialismus zum Kommunismus" gab es seit 1948 auch bei den sowjetischen Juristen. Vgl. Dobson 2005: 21f.

[336] Gilison 1975: 58–62 u. 184f.

[337] Burckhardt 1997: 281.

[338] Nikolaev/Sinedubskij 1964.

[339] Galaktionov 1953: 7.

[340] Velikie Strojki 1951: 216, 230, 241 u. 316.

[341] Vgl. die eindrucksvolle Zeichnung bei Dobrovol'skij 1959.

[342] Sowjetmenschen 1951: 90.

[343] Galaktionov 1953: 41.

Abb. 7: D. Dobrovol'skij, Stancii na puti k kommunizmu *(Stationen auf dem Weg zum Kommunismus). Zeichnung aus:* Krokodil, *1959/1:2. (Zur Erklärung: Auf den Plakatwänden hinter dem Zug steht rechts nach links geschrieben: Wolga-Flusskraftwerk, Stalingrader Flusskraftwerk, Bratsker Flusskraftwerk, Atomkraftwerke, Wärmekraftwerke.)*

mehr. Millionen Sowjetbürger bauen ihn Tag für Tag auf."[344]) Die Perspektive wies nach vorn in eine neblige, aber angeblich perfekte Zukunft.[345]) Die Zeitwahrnehmung wurde auf das Kommende hin ausgerichtet, um mit Hoffnungen den Schleier der Zuversicht über alltägliche Zweifel und Unmut zu legen. Der Technikkult wollte so die Sowjetmenschen glauben machen, dass sie „in einer glücklichen Zeit leben", in der jeder Tag harter Arbeit sie dem Kommunismus ein Stück näher bringen würde.[346])

Die propagandistische Inszenierung der spätstalinistischen Hydrogiganten folgte mit ihrem offensiven Zeitmanagement den Prinzipien des sogenannten Sozialistischen Realismus. Er hatte sich für alle Kulturproduzenten als verpflichtender Kanon spätestens Mitte der 1930er Jahre fest etabliert.[347]) Dabei sollte sich die künstlerische Methode des Realismus – also die mimetische Abbildung der Welt – mit dem Geist der Romantik, der emotional-optimistischen Einstellung zur Welt, verbinden. Neben den Leitbegriffen der Parteilichkeit (*partijnost'*) und der Volksverbundenheit (*narodnost'*) forderte der Sozialistische Realismus, so das Statut des sowjetischen Schriftstellerverbandes, eine „wahrheitsgetreue, historisch konkrete Darstellung der Wirklichkeit in ihrer revolutionären Entwicklung".[348]) Es ging also weniger darum, die sowjetische Welt so darstellen, wie sie war, sondern so, wie sie sein sollte. Die Realitäten wurden folglich nicht kritisch, sondern in einer utopischen Vorweg-

[344]) Velikie Strojki 1952: 27.

[345]) Einen interessanten Einblick, wie sich die Sowjetunion in den Erwartungen der Parteiführer um 1980 darstellte, gab der führende Ökonom Sergej Strumilin (Strumilin 1961). Ausführlich auch O kommunizme 1963; Gilison 1975: 101-164.

[346]) Historischer Sieg 1952: 1012.

[347]) Zur Herausbildung des Sozialistischen Realismus vgl. Günther 1984; Günther/Dobrenko 2000; Borev 2008.

[348]) Zit. n. Lauer 2000: 684.

nahme des kommunistischen Morgen- und Schlaraffenlandes als ideal geschildert.[349])

Als „Räume des enthusiastischen Willens“[350]) spielten die Großbaustellen bei dieser Form zeitlicher Positionsbestimmung eine zentrale Rolle. Die Simplizität der Umgestaltung eines als exemplarisch dargestellten Zukunftsraums suggerierte die Vorstellung von der Einfachheit der Neuordnung des gesamten Landes. Das Einmalige wurde als das Typische ausgegeben. Dieser optische Trick diente als diktatorisches Veranschauungsmittel zur symbolischen Repräsentation der kommunistischen Leitidee, der sich der sowjetische Parteistaat verschrieben hatte. Ähnlich wie es sowjetische Kinematographen in ihren Filmen vorgemacht hatten, entwarfen auch die Chefagitatoren der Partei und ihre Vermessungstechniker ein schöpferisches Zeitbild. Sie spürten im realen Raum zukünftige Einzelmerkmale auf und montierten diese zu einem sozialistischen Schönwetterland zusammen, um die Grenzen zwischen Wirklichkeit und Metapher, zwischen Präsens und Futur verschwimmen zu lassen. Die propagandistisch erzeugten Bilderwelten erhielten so unbemerkt den Charakter einer virtuellen Realität und eine sinngebende Struktur. Der um Großprojekte entfachte aufwendige Kult sollte dazu beitragen, dass der Sozialistische Realismus mit seiner „impossible aesthetic“[351]) nicht nur ein künstlicher Stil blieb, sondern zu einer Mentalität wurde, um die Fähigkeit der Sowjetmenschen zu fördern, in einem Graben einen entstehenden Kanal, in einer Baugrube einen imponierenden Großbau und in der düsteren Gegenwart die lichte Zukunft zu erblicken.[352]) Daraus ergab sich eine unbarmherzige Metrik des Fortschritts, der sich weder abbremsen und entschleunigen noch aufhalten ließ, um die schlimmsten Verwerfungen, Verschwendungen und Zerstörungen zu verhindern.

Der mächtige Umgestaltungswille des Sowjetkommunismus war nicht nur auf die Gewinnung der Zukunft, sondern zugleich auf die Neuordnung der Vergangenheit ausgerichtet. Die Geschichte sollte zum einen durch die materielle Vernichtung des Althergebrachten und durch die Auslöschung von Traditionen in radikaler Weise revidiert werden; zum anderen versuchte die sowjetische Führung, ihren politischen Kurs durch lebendige Erinnerungen zu legitimieren. Es ging den stalinistischen Ideologie- und Medienexperten um eine übergreifende Vorstellung von Zeitläufen, so dass die an Opfer und Leiden, aber auch an Helden und Siegen reiche Vergangenheit geradezu nahtlos – unter Umgehung der Gegenwart mit ihren unbewältigten Problemen und drückenden Unsicherheiten – in die glorreiche Zukunft überzugehen schien. Die Vergangenheit hatte mit ihren Traditionsbeständen und Strukturen kei-

349) Balina 2000: 585–595; Postoumenko 2000: 481–491.

350) Kaganskij 2001: 142.

351) Robin 1992.

352) Fitzpatrick 1999: 9.

nen Eigenwert, sondern wurde lediglich als Vorgeschichte des sozialistischen Gesellschaftsexperiments wahrgenommen.

Je älter die Sowjetunion wurde, desto größer war der Stolz, mit dem die Machthaber im Kreml auf die eigenen Errungenschaften seit 1917 zurückblickten. Bei ihrer kulturellen Repräsentation der jüngsten Vergangenheit bildeten die einzelnen Prestigeprojekte Fixpunkte, deren im historischen Logbuch des Parteistaats mit ausführlichen Eintragungen gedacht wurde. Sie drückten dem zur Supermacht aufgestiegenen roten Imperium in Form von Abkürzungen die Initialen der Moderne auf und gingen auf diese Weise in die sowjetische Erinnerungskultur ein. Diese narrativen Abbreviaturen speicherten die offizielle Geschichtsinterpretation und verdichteten wichtige Bedeutungen und Zuschreibungen zu semantischen Konzentraten. Ihre Wirkung entfalteten sie als „in Sprache eingelagerte Geschichten, die nicht als solche erzählt werden, sondern als schon erzählte aufgerufen und kommunikativ verwendet werden".[353])

Dank ständiger Querverweise in den Reden der Parteiführer und der gelenkten Öffentlichkeit vermittelten die narrativen Abbreviaturen ein kohärentes Bild der jüngsten Sowjetgeschichte. Der ehrgeizige Elektrifizierungsplan von 1920, der unter dem Kürzel GOELRO Eingang in die Sowjetgeschichte fand, wurde zum technologischen Gründungsmythos erhoben und einer Ikone gleich verehrt, auf der Lenins Heiligenschein in Form einer elektrischen Lichterkette erstrahlte. Anlässlich der runden Jahrestage des GOELRO-Plans erschienen fortan regelmäßig Jubiläumsbände, die stets den Vergleich mit der Stromproduktion von 1913 anführten, um die in der Sowjetzeit erreichten Fortschritte durch beeindruckende Wachstumszahlen zu zelebrieren.[354]) Die Abkürzung *Dneproges* für das erste gigantische sowjetische Flusskraftwerk am Dnepr' wurde allseits zum Synonym für Auf- und Durchbruch, um dank einer umfassenden Kräftemobilisierung die als drückend empfundene Rückständigkeit mit einem gewaltigen Schlag zu überwinden. Das Kürzel *Volgo-Don* stand für den ersten erfolgreich abgeschlossenen „Stalinschen Großbau" und damit für die Umwandlung der Ruinenlandschaften des Weltkriegs in aufblühende Regionen, die den Aufbruch zum Kommunismus verhießen. Das *Bratskaja GES*, der Hydrogigant an der mittleren Angara, galt als das Prestigeprojekt der Tauwetterperiode, in das sich nicht nur die Hoffnungen der neuen Parteiführer, sondern auch der Sowjetbevölkerung eingeschrieben hatten, mit der Erschließung Sibiriens ungeheure Reichtümer gewinnen, die Wohlfahrt aller verbessern und die Zeit des stalinistischen Terrors für immer hinter sich lassen zu können. Die Erwähnung dieser narrativen Abbrevia-

[353]) Rüsen 1994: 10f.

[354]) Vgl. Levit 1960; Neporožnij 1970. Anlässlich der runden Jahrestage des GOELRO-Plans gab es stets Publikationsoffensiven in allen Zeitungen und Zeitschriften, die selbst auf regionaler Ebene lange vorbereitet und koordiniert wurden. Siehe dazu die Planungen in Novosibirsk in GANO, 1610/1/78, 4–14 u. 15–47.

Abb. 8: E. V. Vučetinč, Iosif Vissarinovič Stalin. Denkmal am Wolga-Don-Kanal aus: Ogonek, *1952/29: 1.*

turen schuf eine selektive Aufmerksamkeit für die technologische DNA der Sowjetunion und für ihre scheinbar ungebrochene Aufwärtsentwicklung. Die Vorstellung von der sowjetischen Genesis aus dem Geist moderner Großtechnologie ermöglichte es, den ersten sozialistischen Staat auf Erden als einheitliches soziales Gebilde mit einer überlegenen Wirtschaftsordnung darzustellen. So ließ sich das gewonnene Selbstwertgefühl in ein historisches Bewusstsein überleiten und Identität stiften. Die technologischen Ursprungsmythen steckten den Erfahrungsraum und den Erwartungshorizont ab, um mit dem Verweis auf historische Kontinuität neue Dynamik für den fortgesetzten Zeitenwandel zu entfalten.

Die „Großbauten des Kommunismus" wurden über ihre Funktion als narrative Abbreviaturen hinaus selbst zu wichtigen Erinnerungsorten, die dem verordneten „remapping memory" Gestalt verliehen.[355]) Insbesondere das Gebiet um Stalingrad, wo mit dem Wolga-Don-Kanal und dem Wolga-Kraft-

[355]) Boyarin 1994.

werk gleich zwei Hydrogiganten entstanden, erlebte als „heilige Erde“[356]) und sowjetische Siegeslandschaft eine Sakralisierung. Die hellen Schleusentore, die sich wie Triumphbögen über den Wolga-Don-Kanal spannten, waren mit Reliefs, Reiterbildern und Skulpturen geschmückt, die eindrucksvoll die hier errungenen historischen Siege darstellten. Eine Fahrt auf dem Kanal glich einer Zeitreise in die glorreiche Vergangenheit, an deren Anfang (am Don) ein Standbild Peters des Großen und an deren Ende (an der Wolga) eine pompöse Statue des „großen Führers“ Stalin den rechten Weg wiesen (Abb. 8). „Hier stand einem die Geschichte von Angesicht zu Angesicht gegenüber und schien einem direkt ins Auge zu blicken“, so die pathetischen Worte des Schriftstellers Konstantin Paustovskij.[357]) Eine sowjetische Journalistin meinte, im Umland von Stalingrad „keinen Schritt tun zu können, ohne zu spüren, wie Gegenwart und Vergangenheit unlösbar miteinander verkettet sind.“[358]) Gedacht wurde neben den Siegen im Bürgerkrieg und den erfolgreichen Industrialisierungs- und Kollektivierungsschlachten der 1930er Jahre vor allem des Triumphs im Zweiten Weltkrieg. Der gestoppte Vormarsch der „faschistischen Okkupanten“ habe Stalingrad zur „Stadt des unsterblichen Kriegsruhmes“[359]), zu einer „Stätte des Heldentums“[360]) gemacht. Die Helden des Weltkriegs lehrten fortan die junge Generation im Kampf gegen die Natur „die Kunst des Siegens“.[361]) Das Gebiet um Stalingrad „ist erneut zum Vorposten“[362]), zum „Schlachtfeld“[363]) und zur Front gegen die stürmischen Naturkräfte geworden, auf dem nun „der Arbeitsruhm den Kriegsruhm vermehrt“.[364]) Die Anlagen des Wolga-Don-Kanals fungierten im buchstäblichen Sinne als „Erinnerungsschleusen“.[365])

Mit ihren Superlativen und Rekorden boten die „Stalinschen Großbauten des Kommunismus“ auch Anlass für einen technologischen Chauvinismus und die Eroberung von Vergangenheitsräumen, die weit in die russische Geschichte vor 1917 zurückreichten. Als sich im überhitzten Treibhausklima des Kalten Kriegs die Teilung der Welt in der Lehre von den zwei Wissenschaften, der sowjetischen und der bürgerlichen, niederschlug, kam es mit dem von der Parteiführung proklamierten „Kampf gegen die Kriecherei vor dem Westen und gegen den Kosmopolitismus“ zur einer regelrechten Erfinderwelle. Abhandlungen wurden abgefasst, um zu zeigen, dass die bedeutendsten Entdeckungen und Erfindungen russischen Gelehrten und Tüftlern zugeschrieben wer-

[356]) Maurin 1952.
[357]) Paustovskij 1952c: 146.
[358]) Maximova 1959: 13.
[359]) Loginov 1952: 3.
[360]) Paustovskij 1952c: 147.
[361]) Loginov 1952: 16; Velikie Strojki 1951: 148.
[362]) Paustovskij 1952c: 147.
[363]) Loginov 1952: 3.
[364]) Velikie Strojki 1951: 276.
[365]) Zu diesem Begriff vgl. Koselleck 2000: 265–284.

den müssten. Mit dieser Form der offensiven Außendarstellung versuchten die Machthaber im Kreml offensichtlich zu verschleiern, dass ihre Entscheidungen und Handlungen maßgeblich von der Ambivalenz bestimmt waren, sich einerseits an westlichen Entwicklungspfaden zu orientieren und das technologische Niveau führender Industrienationen zum eigenen Maßstab zu erheben, sich anderseits aber davon eifersüchtig abzugrenzen und Überlegenheit zu demonstrieren. Während die Sowjetpropaganda mit dem Blick auf Gegenwart und Zukunft der aggressiv vorgetragenen Rhetorik vom „Ein- und Überholen des Westens" wachsende Bedeutung zuwies, machten sich Historiker auf die krampfhafte Suche nach „russischen Prioritäten" auf dem Gebiet von Technik und Wissenschaft.[366]) Ihr mitunter bizarres „Erfinden von Erfindern" hatte das Ziel, die Erfolge der Sowjetunion als die Apotheose ruhmreicher Traditionen erscheinen zu lassen, um die Überlegenheit des russischen Geistes und die welthistorische Vorreiterrolle des russischen Volkes zu unterstreichen.[367]) Vieles wirkte derart haarsträubend konstruiert, dass sowjetische Wissenschaftler nicht umhinkamen, sich hinter vorgehaltener Hand darüber lustig zu machen.[368])

Trotz der technikhistorischen Merkwürdigkeiten ließ der Kreml immer wieder voller Stolz verkünden: „Alles, was die großen Gelehrten der Vergangenheit erträumten, wird sichtbar und greifbar werden in unserer Wirklichkeit, in unseren Projekten und Plänen."[369]) Die Parteiführer meinten, nun endlich über die politischen Mittel zu verfügen, um mit ihren ambitiösen Plänen den „sehnlichsten Wünschen und kühnsten Träumen" den Weg in die Realität zu bahnen.[370]) Sie schufen eine Vorstellung von der vaterländischen Geschichte, die nicht im Schrecken von zaristischer Unterdrückung und Ausbeutung gefangen blieb, sondern die Rückständigkeit, Not und Elend zu über-

[366]) Vgl. Gumilevskij 1949; Bolchovitinov 1950. Des Weiteren gab es in den Zeitschriften, so wie in *Znanie – Sila* seit 1948, entsprechende Serien und Rubriken, um ausführlich über russische Erfinder und ihre Pionierleistungen berichten zu können.

[367]) Vucinich 1984: 226ff.; Buchholz 1953: 13–17; Froggatt 2006: 251ff.; Dobrenko 1993: 386–390; Gerovitch 1996: 106f.; Gerovitch 1998: 195ff.; Caute 2003: 36f.

[368]) Die Merkwürdigkeiten bei der Erfindung russischer Erfinder fanden ihren Niederschlag in dem folgenden, bis heute populären Witz:
„Was würden sowjetische Wissenschaftler auf einer internationalen Konferenz zum Leben der Elefanten vortragen?
1. Was haben Marx, Engels, Lenin und Stalin über die Elefanten gesagt.
2. Russland ist die Heimat der Elefanten.
3. Der russische Elefant ist der beste Elefant der Welt.
4. Der weißrussische Elefant ist der kleinere Bruder des russischen Elefanten."
Dieser Witz wurde zum Speichermedium für den Hohn und Spott, in denen sich der Unmut der Wissenschaftler über die ideologische Verblendung und den Unverstand stalinistischer Parteifunktionäre kanalisierte. Hinweise darauf geben Sacharow 1990: 151; Brooks 2000: 214f. Nach 1956 begann die sowjetische Geschichtsforschung, das spätstalinistische „Erfinden russischer Erfinder" als haltlose Spekulation zu brandmarken, und wies auch wieder auf die Pionierleistungen westlicher Forscher und Bastler hin. Vgl. Froggatt 2006: 253–257.

[369]) Iljin 1953: 3.

[370]) Kusin 1955: 66.

winden vermochte. Statt des Stöhnens der Treidler in vorrevolutionärer Zeit seien deshalb an der Wolga nun die Motorengeräusche und die Signale mächtiger Dampfer und Frachtschiffe zu vernehmen.[371]) So wurde die Vergangenheit von der utopistischen Gegenwart besetzt. „Auch in der Tiefe der Zeiten [...] sah man nur Stalin, sowjetische Fahnen und das optimistisch in die Zukunft blickende Volk."[372])

Die Inszenierung der Großbauten folgte offensichtlich einer Verflüssigungslogik, um die Grenzen zwischen dem Gestern, dem Heute und dem Morgen verschwinden zu lassen. Die Utopie des Sowjetkommunismus sollte „in der Zeit keinen spezifischen Ort mehr haben [...] und sich im Ganzen über die Zeit erheben."[373]) Deshalb wurde die Gegenwart so behandelt, als ob sie nicht existiere, und die Zukunft so, als ob sie gerade angebrochen sei. Dieser Umgang mit der Zeit war als eingeübtes Ritual der Realitätsverweigerung wichtiger Teil sowjetischer Herrschaftspraxis. Die mächtigen Ursprungsmythen und lichten Zukunftsperspektiven trugen dazu bei, Zeit und Raum neu zu vermessen und diese beiden Grundkategorien sozialer Selbstverortung stärker aufeinander zu beziehen. In den durch die Hydrogiganten neu gestalteten Siegeslandschaften wurde Geschichte territorialisiert und das Territorium historisiert, um sich besser der Einbildungskraft der Sowjetmenschen zu bemächtigen.[374])

Sowjetpatriotismus

Mit einer erwartungsvollen Rhetorik des sozialen Zusammenhalts war der Kult um die „Großbauten des Kommunismus" fest in die sowjetpatriotische Sinngebung und mediale Vergesellschaftung eingebunden. Die Kremlführer hofften, mittels des sozialen Grundkonsenses über die technisch definierte Leitkultur nicht nur auf den Großbaustellen, sondern überall im Land eine virtuelle Erlebnis- und Schicksalsgemeinschaft zu schaffen. Die neuen gigantischen Umgestaltungsvorhaben „erfüllen die Sowjetmenschen mit Freude und geben ihnen ein Gefühl des Stolzes und die Gewissheit eines weiteren Aufblühens ihres Heimatlandes und neuer ruhmreicher Siege auf dem Weg zum Kommunismus". Mit ihrer Fertigstellung schien der politische Wunsch seiner Erfüllung näher zu kommen, dass durch die Stärkung der „unzerstörbaren Freundschaft und Brüderschaft der Sowjetvölker"[375]) ein neuer welthistorischer Superethnos Gestalt annehme. Darum hieß es in der Propagandaliteratur: „Es gibt keinen Bezirk in der Sowjetunion, in dem nicht auch ein Arbeitsanteil als Beitrag für die Giganten der Wolga erbracht wird." Letztere seien

[371]) Zarevo 1959: 226ff.; Wunderwerke 1951: 9; Velikie Strojki 1951: 139, 302 u. 333f.

[372]) Groys 1995: 162.

[373]) Groys 1995: 162.

[374]) Auch in der späten Sowjetunion wurden Raum und Zeit neu vermessen sowie Vergangenheit, Gegenwart und Zukunft in einer übergreifenden Temporalitätsstruktur zusammengebracht. Vgl. dazu Grützmacher 2009: 35–39.

[375]) Prozorov 1951.

„zu einer wirklichen Sache des ganzen Volkes geworden."[376]) Die Frachtbriefe der die Bauplätze erreichenden Lieferungen enthielten die „ganze Geographie der Sowjetunion".[377]) In Foto- und Artikelserien wurde unter der Überschrift „Das gesamte Land errichtet die Großbauten des Kommunismus"[378]) darüber berichtet, wie Betriebe Patenschaften übernahmen und Mittel freimachten, um außerplanmäßig Werkzeuge und Baumaterialien zu erwerben und diese quer durch das Land zu den Großbaustellen zu schicken.[379]) Wenn selbst im entfernten „aus Schutt und Ruinen auferstandenen" Weißrussland die Wolga-Kraftwerke als „Herzensangelegenheit angesehen" würden, dann sei dies ein einschlägiger „Beweis für die große, beständig stärker werdende Freundschaft der Völker".[380]) Die einzelnen Sowjetrepubliken und Großstädte ließen wiederholt Beiträge darüber publizieren, welchen Anteil – wie gering er auch immer ausfiel – sie für die „Großbauten des Kommunismus" leisteten.[381]) Eine verordnete emotionale Ereignisöffentlichkeit sollte allen Sowjetbürgern das Gefühl vermitteln, am großartigen Aufbauwerk teilzunehmen. Ungeachtet der Tatsache, dass der diktatorische Parteistaat den von seinen Plänen Betroffenen kaum Mitsprache einräumte, wurde auf diese Weise ein Anspruch auf Teilhabe und Teilnahme inszeniert.

Die Großbaustelle selbst galt als „symbolischer Ort der Völkerfreundschaft".[382]) Sie wurde als einheitsverkörpernde Öffentlichkeit und vorgestellte Gemeinschaft medial aufbereitet. So treffe man hier „Menschen aus allen Ecken unserer unermesslichen Heimat".[383]) Ergriffen vom „lebensspendenden Sowjetpatriotismus",[384]) fänden sie im enthusiastischen Arbeitseinsatz und als Nachbarn in den Wohnheimen zueinander und verschmölzen in den Arbeitersiedlungen zu „einer einträchtigen Familie".[385]) Wiederholt berichteten die Zeitungen mit Stolz und Pathos darüber, dass in allen Landesteilen „sowjetische Patrioten" ihren „brennenden Wunsch" erklärten, sich auf den Großbaustellen „mit aufopferungsvoller Arbeit in den Aufbau des Kommunismus einzubringen".[386]) Allein die Bauleitung des Kujbyšever Kraftwerks habe im Jahr 1951 über 33000 Briefe voll „flammendem Patriotismus" und „unbegrenzter Liebe zur Heimat" erhalten.[387]) Damit „gibt das Sowjetvolk

[376]) Kusin 1955: 65 u. 68. Zur Popularität des Slogans „Das ganze Land baut die Metro" in den 1930er Jahren vgl. Neutatz 2001: 509.
[377]) Paustovskij 1952c: 145.
[378]) So in Zarevo 1959: 246–302; Velikie Strojki 1951: 96f., 128f., 144f., 176f., 192f., 271f. u. 289f.; Velikie Strojki 1952: 148ff; Pod rabotoj 1951: 53–71.
[379]) Pachomov 1952.
[380]) Zarevo 1959: 265f.
[381]) Vgl. z.B. Saptaev 1950.
[382]) Welitsch 1952: 14 u. 79.
[383]) Velikie Strojki 1951: 313.
[384]) Sowjetmenschen 1951: 4.
[385]) Welitsch 1952: 14; Stepanov 1953: 43.
[386]) Velikie Strojki 1952: 149f. Ferner Taranov 1978: 133.
[387]) Zarevo 1959: 51.

der Welt das große Beispiel. Es zeigt ihr, wie die Völker verschiedenster Herkunft friedlich [...] zum gemeinsamen Vorteil miteinander planvoll leben und schaffen können".[388])

Trotz der ständigen Rede von der „moralisch-politischen Einheit der Sowjetvölker" etablierte sich eine klare Hierarchie. Die Großprojekte boten sich geradezu dazu an, Moskauer Wirtschaftsprogramme als Geschenke der modernen Zivilisation zu verherrlichen und die Sowjetmacht als neue Form russischer Kolonialherrschaft darzustellen. In „konsequenter Durchführung der weisen Nationalitätenpolitik Lenins und Stalins" würde dank der „Hilfe des großen russischen Brudervolks" nun bald endlich die Sehnsucht der Ukrainer, Turkmenen und anderer Nationalitäten nach Strom und Wasser gestillt.[389]) Das Engagement russischer Experten auf den „Großbauten des Kommunismus" schaffe „die Bedingungen für die weitere Erhöhung des materiellen Wohlstands und des kulturellen Niveaus der Brudervölker".[390]) Die Erzählungen über das Baustellenleben hoben das Bildungs-, Berufs- und Zivilisationsgefälle zwischen Russen und Nichtrussen immer wieder hervor.[391]) Sie zeigten damit, wie die Umgestaltung der Natur die Völker der Sowjetunion „noch stärker mit dem russischen Volk verbindet, das sie in die Schlacht mit den Naturkräften führt und großmütig an seinem Reichtum an wissenschaftlichen und praktischen Erfahrungen teilhaben lässt."[392])

Die Propaganda sprach vollmundig von einer „patriotischen Bewegung", die mit der Verkündung der spätstalinistischen Großvorhaben seit 1950 das Land erfasst habe.[393]) Die Bereitschaft, sich der „kämpferischen Avantgarde beim Angriff auf die Natur" anzuschließen, sei so groß, dass „nur den Besten der Besten die große Ehre zuteil wird, in die Familie der Bauarbeiter aufgenommen zu werden."[394]) Als imposante Beispiele sozialer Vernetzung – so das Bild der Propaganda – beglückten die Großbaustellen die Menschen mit einem neuen Gemeinschaftsgefühl, indem für die glorifizierten „Erbauer des Kommunismus" der unermüdliche, aufopferungsvolle Einsatz für das Aufbauwerk zum zentralen Wert erhoben wurde. Die Arbeit als natürliche Bedingung menschlicher Existenz sei in der Sowjetunion „zu einer Sache der Ehre, zu einer Sache des Ruhmes, zu einer Sache der Tapferkeit und des Muts geworden".[395]) Bei der stets betonten Verbindung von Kampf und Arbeit

[388]) Wunderwerke 1951: 33.
[389]) Sowjetmenschen 1951: 42.
[390]) Velikie Strojki 1952: 173f.
[391]) Welitsch 1952: 14f., 40, 79.
[392]) Sauškin 1952: 218.
[393]) Molodež 1952: 22.
[394]) Nebenzja 1951: 22.
[395]) Velikie Strojki 1951: 336. Zur „Tradition der Arbeit" als einem Basismythos der Sowjetunion vgl. Lane 1981: 109-130. Die für den Stalinismus typische Hochschätzung der Arbeit bezeichnete David Lane als „protestant ethic of socialism". So Lane 1987: 12-15. Zur Bedeutung des Faktors Arbeit für den „neuen kommunistischen Menschen" vgl. ferner Gilison 1975: 169ff.

schien es undenkbar, sich aus dem Makrokollektiv der stalinistischen Arbeitsgesellschaft zurückzuziehen. Die Bauarbeiter, erfüllt vom „Gefühl der Freude und des Stolzes auf ihre mächtige Heimat“[396]), sollten sich „der tiefen Verantwortung vor dem Sowjetvolk bewusst sein“. Sie müssten nun „ihr Examen vor der Partei und dem gesamten Land bestehen.“[397]) Es sei ihre „heilige Pflicht“, die Pläne einzuhalten, denn auf sie „schaut jetzt die ganze Welt.“[398])

Über die Appelle an das Verantwortungsbewusstsein hinaus wurden während wichtiger Bauabschnitte stets Verpflichtungserklärungen veröffentlicht, in denen die Belegschaften der Großbaustellen der Regierung, der Partei und Stalin persönlich ihr Wort gaben, die Planvorgaben einzuhalten.[399]) Zusammen damit erschienen Ergebenheitsadressen. In ihnen bekundeten die Absender ein „Gefühl des ungeheuren Stolzes und der grenzenlosen Dankbarkeit“ für die Fürsorge, die ihnen der Parteistaat zukommen lasse.[400]) Ziel derartiger Pressekampagnen war es, eine „moralische Ökonomie des Geschenks“ zu schaffen. Im Zentrum der Agitation stand dabei nicht das Opfer, sondern das Glück, die eingeräumten Zukunftschancen und Glaubensgewissheiten mit Selbstverpflichtungen und Engagement vergelten zu können. Den großzügig beschenkten Sowjetbürgern bürdete der Kult um die „Großbauten des Kommunismus“ kaum zu tilgende Dankesschulden auf, um sie in die Pflicht zu nehmen, sich den Zielen der politischen Führung unterzuordnen. Die vom Moskauer Parteistaat sorgfältig inszenierte Illusion, mit den Plangiganten verteile er Wohltaten an die Bevölkerung, schuf eine Kontinuität der Wechselseitigkeit und einen Dauerzustand der Schuldigkeit. Die in den propagandistischen Schriften immer wieder zum Ausdruck gebrachte Dankbarkeit sollte zu einem zentralen gesellschaftlichen Bindemittel werden und bestehende Abhängigkeiten im Rahmen des Sowjetpatriotismus aufrecht erhalten.[401])

Kriegszustand und Schlachtfeldatmosphäre

Um das Maß an Emotionalität zu schaffen, das erforderlich erschien, um die Sowjetmenschen zu „beseelen“ und für die grandiosen Umgestaltungsvorhaben zu gewinnen, griffen die Produzenten des Technikkults zu einer bellizis-

[396]) Velikie Strojki 1951: 137.
[397]) Zarevo 1959: 48 u. 133.
[398]) Velikie Strojki 1951: 284.
[399]) Sogenannte sozialistische Verpflichtungen (*socobjazatel'stva*) sind abgedruckt in den Baustellenzeitungen *Stalinskaja Strojka*, 22. Juli 1949: 1 (Erstausgabe); *Strojka Kommunizma*, 31. August 1951: 1. Ferner in Velikie Strojki 1951: 265 u. 284; Velikie Strojki 1952: 151; Zarevo 1959: 7, 48, 51, 133, 251 u. 298; Pod rabotoj 1951: 9ff.; Svasovikov 1952: 822. Die kollektiven Verpflichtungs- und Dankesbriefe wurden stets ohne Wissen der Bauarbeiter nach festgelegten Vorgaben in den Zeitungsredaktionen abgefasst. Vgl. Roxbourgh 1987: 38; Gaev 1953: 1572.
[400]) Velikie Strojki 1951: 21f., 286 u. 292. Ähnlich Pusanov 1952: 65f.
[401]) Brooks 2000: XVff., 83f. u. 244f.; Brooks 2003: 47–68.

tischen Rhetorik. Der sowjetische Sprachwissenschaftler Jaroslav M. Seliščev wies schon 1928 auf die wachsende Bedeutung des militärischen Vokabulars in der sowjetischen Gegenwartssprache hin. In der Berichterstattung von den Großbaustellen sei von Kämpfen, Schlachten, Attacken, Sturm, Kommandohöhen, Arbeiterarmeen, Fronten, Vorposten und Brückenköpfen die Rede.[402]) Der Begriff *osvoenie* (Aneignung) erschien oft deckungsgleich mit den militärischen Termini *pokorenie* (Unterwerfung) und *zavoevanie* (Eroberung).[403]) Zum viel zitierten Slogan der Zeit wurde die Aussage des sowjetischen Self-Made-Biologen und roten Vorzeige-Wissenschaftlers Ivan Mičurin: Von der Natur „dürfen wir keine Gnadengeschenke erwarten, wir müssen sie ihr vielmehr entreißen".[404])

In der Denkfigur vom unerbittlichen „Kampf gegen die Natur" offenbarte sich das manichäische Weltbild des Stalinismus, dessen Protagonisten Fortschritt als die Zerschlagung von Feinden definierten und das gesellschaftliche Leben durch das stete Überwinden von Hindernissen bestimmt sahen. Als Gegner, die unter allen Umständen besiegt und unterworfen werden müssten, gerieten nicht nur angebliche Klassen- und Volksfeinde, sondern auch die Elementarkräfte in das Visier stalinistischer Gewaltpolitik.[405]) So fallen die zerstörerischen Staubstürme aus den zentralasiatischen Wüstengebieten „wie ein feindliches Heer" in die fruchtbaren europäischen Agrargebiete längs der Wolga, des Don und Dnepr' ein.[406]) Die Wüste „läuft unablässig Sturm" und „läßt ihre Sandwogen gegen (die Felder) anbranden."[407]) Die Sowjetpropaganda verkündete zu Beginn der 1950er Jahre: „Wir haben keine Zeit, zu zögern. Es ist vielmehr höchste Zeit, den feindlichen Naturgewalten eine endgültige und vernichtende Niederlage zuzufügen."[408]) Die „Stalinschen Großbauten des Kommunismus" wurden darum als „Generalangriff" und „gewaltige Offensive gegen die Dürre"[409]) inszeniert. Im „Krieg mit dem Fluss" kämpft der Mensch mit dem reißenden Wasser „wie der Dompteur mit der wilden Bestie".[410]) Die Presse entwarf „Bilder von gewaltigen Zukunftsschlachten gegen die Natur".[411]) Dämme erschienen als „Festungsmauern"[412]), die neu angelegten Schutzwälder als „mächtige Verteidigungsfront"[413]) und

[402]) Seliščev 1928. Hinweis bei Kenez 1985: 255f. Ausführlich dazu Neutatz 2001: 315–324.
[403]) Widdis 2003b: 198, Anm. 21.
[404]) Zit. n. Bahro 1986: 47.
[405]) Belormorsko-baltijskij kanal 1934: 407–454; Günther 1993: 155–174; Schattenberg 2002: 213–222; Clark 1981: 100–106; Weiner 1995: 65–88; McCannon 1998: 82–89.
[406]) Il'in 1951a: 204. Auch Paustovskij 1952c: 149f. u. 157.
[407]) Welitsch 1952: 40 u. 68.
[408]) Il'in 1951a: 129.
[409]) Kusin 1955: 58f.; Galaktionov 1953: 4.
[410]) Il'in 1931: 48ff.
[411]) Il'in 1950b: 359.
[412]) Ždanov/Rudenko 1952: 283.
[413]) Il'in 1951a: 205f. Ähnlich Paustovskij 1952c: 150ff.

die Großbaustellen als „Kriegsschauplatz“[414]). Hier wird der Fluss mit einer „ganzen Flotte von verschiedensten Spezialfahrzeugen“[415]), die „wie Panzer vorgehen“[416]), in sorgfältig geplanten Attacken „von beiden Ufern angegriffen“.[417])

Zwischen Natur und Mensch herrschte offensichtlich Kriegszustand. Die Stimmung auf den Baustellen ähnelte einer Schlachtfeldatmosphäre. Reporter gefielen sich als Kriegsberichterstatter, die das Frontgeschehen in markigen Worten und mit martialischen Bildern vermittelten. Die für die Bewässerungssysteme zuständigen Ingenieure feierten sie als „Feldherren der Irrigation“.[418]) Die Bauleiter der Flusskraftwerke traten in ihren Reportagen als „Kommandeure“ auf, die eine „Millionenarmee von Arbeitern“ in den „Kampf gegen die feindlichen Naturkräfte“ führten.[419])

Diese sprachmilitärische Grundausbildung nahm Einfluss auf die Wahrnehmungs- und Ausdrucksweise der verantwortlichen Funktionsträger. So schrieb der Bauleiter des Stalingrader Wasserkraftwerks Fedor Loginov in sein 1951 geführtes Tagebuch, er setze sich mit aller Kraft für die Errichtung von Steinbrüchen, Sandgruben und Zementfabriken ein, um der Großbaustelle an der Wolga ein „Hinterland“ und leistungsfähige „Heimatfronten“ zu schaffen.[420]) Ein Kollege Loginovs sprach in seinen Memoiren davon, dass die „gewaltige Offensive der Wasserbauer in Sibirien“ ihre Fortsetzung finde. Um dort die erbitterten „Gefechte mit Flüssen durchzustehen“, müsse in der Belegschaft „die Stimmung einer angreifenden Truppe“ entfacht werden.[421])

Der „Kampf gegen die Natur“, zu dem der Kult um die „Stalinschen Großbauten“ aufrief, knüpfte unmittelbar an den Zweiten Weltkrieg an und diente offensichtlich einer Aktualisierung der Kriegserfahrung. Die Sowjetpropaganda vermittelte darum das Gefühl, „die Schlacht gehe weiter und könne gewonnen werden, wenn man das Kollektiv gut zusammenschweißt.“[422]) Während „die ganze Welt noch des Tages gedenkt, an dem unsere Truppen nach Stalins Plan zum Angriff übergingen und die Faschisten nach Westen jagten“, ziehen die Sowjetmenschen nun, bewaffnet mit modernen Baumaschinen, Schaufeln und Spaten, in einen neuen Krieg, um nach den faschistischen Horden die stürmischen Naturkräfte zu besiegen.[423]) Die vormaligen Kriegsschauplätze im Gebiet Stalingrad „sind heute wieder Schlachtfelder eines neuen

[414]) Il'in 1951a: 123.
[415]) Welitsch 1952: 77.
[416]) Rjabčikov 1952.
[417]) Kusin 1955: 62.
[418]) Paustovskij 1952c: 157.
[419]) Welitsch 1952: 40, 68, 71; Kusin 1955: 58 f. u. 62; Velikie Strojki 1951: 239; Zarevo 1959: 47 u. 51.
[420]) Vgl. dazu die kommentierten Auszüge aus seinem Tagebuch in Judin 1996: 196 f.
[421]) Botschkin 1978: 3, 11 u. 24.
[422]) Botschkin 1978: 15.
[423]) Il'in 1951a: 123.

Kampfes".[424]) Panzerfahrern, die sich in den Weltkriegsschlachten bewährt hätten, böten sich hier als Baggerführer neue großartige Herausforderungen. „Der Arbeitsruhm vermehrt den Kriegsruhm."[425])

Kalter Krieg: Friedenskampf an der psychologischen Kriegsfront

Im Kalten Krieg als dem Zeitalter der „organisierten Friedlosigkeit"[426]), in dem die direkte militärische Auseinandersetzung zwischen den beiden Supermächten tunlichst vermieden wurde, entlud sich das hochexplosive Konflikt- und Spannungspotential nicht nur in Stellvertreterkriegen in der Dritten Welt. Zugleich wurden ein technisch-wissenschaftlicher Ersatzkrieg und ein Krieg der Worte, Bilder und Symbole geführt. Für die Supermächte galt es, Überlegenheit zu demonstrieren und sich als der Garant von Frieden und Fortschritt in Szene zu setzen. Das Pathos der Größe und die Besessenheit vom Superlativ führten dazu, dass man die Realisierung technologischer Großprojekte als modernes Säbelrasseln inszenierte.[427]) Großbaustellen, Planungsbüros und Laboratorien wurden zu Kampfarenen verklärt. Zahlreiche Forscher, Planer und Ingenieure verstanden sich deshalb als „Soldaten im naturwissenschaftlich-technischen Krieg".[428]) In ihm gab es zwar „keine Millionen Tote auf den Schlachtfeldern, aber in den Konstruktionsbüros, Labors, in den geheimen Produktionshallen [...] war die Anspannung und teilweise auch der Arbeitsheroismus nicht geringer als [während der] Jahre des vergangenen Krieges". Hier fand der Kalte Krieg „tatsächlich im Tempo des heißen Krieges statt".[429])

Weithin verbreitet war die Ansicht, dass im erbitterten Konkurrenzkampf der politischen Systeme der Machtblock „die größte Achtung genießen wird, der die bedeutendsten und originellsten Anlagen zum Nutzen der Menschheit errichtet."[430]) Der Kalte Krieg verwandelte sich damit in eine Art „großes technologisches Schachspiel"[431]) und zu einer „friedlichen Schlacht gegen die Natur"[432]), die in Form eines Wettlaufs zunehmend erobert wurde. Während der Westen seit Ende der 1950er Jahre begann, für sein ehrgeiziges Eroberungsprogramm der Zukunft den politischen Kampfbegriff Modernisierung (*modernization*) zu nutzen, hielt man in Moskau mit dem Konzept vom Fortschritt (*progress*) dagegen, um die Welt mit einer eigenen „romance of economic development" zu beglücken. Mit unterschiedlichen ideologischen Konno-

[424]) Loginov 1952: 3.
[425]) Velikie Strojki 1951: 276.
[426]) Senghaas 1981.
[427]) Zuletzt ausführlich Werth 2006.
[428]) Sacharow 1990: 122f.
[429]) Tschertok 1998: 15 u. 344f.
[430]) Markin 1957: 115. Ähnlich Šepilov 1956: 51.
[431]) So die treffende Formulierung von Bruce 1993: 191.
[432]) Sauškin 1952: 219.

tationen beanspruchten beide Seiten für sich, Patentrezepte zu besitzen, um mittels moderner Technik und umfassender Naturbeherrschung andere Länder von ihrer Rückständigkeit zu befreien und ihnen so den Eintritt ins Zeitalter der industriellen Moderne zu ermöglichen.[433])

Die kühnen Vorschläge, die Landkarte neu zu gestalten, eigneten sich vorzüglich zum *impression management* während des Kalten Kriegs, um durch eine moralische Aufrüstung in die globale Offensive gehen zu können. Mit den atemberaubenden Großprojekten setzten die Moskauer Propagandastrategen ihren „Friedenskampf" aufwendig in Szene. So war die im September 1950 beginnende Kampagne zu den „Stalinschen Großbauten des Kommunismus" Teil der propagandistischen Vorbereitungen, die Aufmerksamkeit für zwei große, von der Moskauer Parteiführung gegen Jahresende organisierte Friedenskonferenzen erzeugen sollten.[434]) Im Februar 1951 entgegnete Stalin auf den Vorwurf des Westens, die Sowjetunion würde weiter aufrüsten und einen neuen Weltkrieg vorbereiten, die Milliarden bereitgestellter Investitionsgelder für die „Großbauten des Kommunismus" seien der beste Beweis dafür, dass sich der Schwerpunkt der sowjetischen Politik eindeutig von der Rüstung auf zivile Erschließungsprogramme verlagert habe.[435]) Die aufwendigen Umgestaltungs- und Aufbauwerke seien eine „anschauliche Demonstration der friedlichen und schöpferischen Arbeit der Sowjetmenschen"[436]) und „Symbole des Friedensstrebens des Sowjetvolkes"[437]). Während die Streitkräfte der USA in Korea Dörfer und Städte bombardierten, würden sowjetische Experten wichtige Erschließungs- und Projektierungsarbeiten vornehmen, um Entwicklungsländern zu helfen, „innerhalb einer Generation Rückständigkeit, Armut, Krankheit und Unkenntnis hinter sich zu lassen".[438]) Die Sowjetunion „schreitet der gesamten progressiven Menschheit voran im Kampf für den Frieden."[439]) Ihre grandiosen Bauten „begeistern die Friedensanhänger in aller Welt."[440]) Sie gedächten „voller tiefster Zuversicht der prophetischen Worte Lenins, der voraussah, daß dereinst der kommunistische Wirtschaftsaufbau zum Vorbild für das kommende sozialistische Europa und Asien werden wird."[441])

Unter dem Einfluss der neuen Psychologie von Krieg und Frieden versprach die Moskauer Propaganda der Menschheit neue Siege, ohne dass dazu wie in den Jahrzehnten zuvor Blut vergossen werden müsste. Heute, „da die Völker den Krieg verfluchen und den Frieden fordern, gibt unser Land jedem,

[433]) Barghoorn 1964: 166–206; Engerman 2003; Engerman 2004.

[434]) Zu diesen Konferenzen vgl. Fateev 1999: 126.

[435]) *Pravda*, 17. Februar 1951: 1.

[436]) Sowjetmenschen 1951: 37.

[437]) Galaktionov 1953: 37f.

[438]) Nesteruk 1963: 371.

[439]) Velikie Strojki 1951: 211.

[440]) Kusin 1955: 70.

[441]) Wunderwerke 1951: 33.

der es sehen will, eine vorbildliche Lehre. Seht her, sagt das Sowjetvolk, dies ist der Krieg, den alle Menschen führen sollten, der Krieg um die Herrschaft über die Naturgewalten, um das Wohlergehen von Kindern und Enkeln, um eine schöne Zukunft! Unser Volk glaubt: Es wird die Zeit kommen, da die Menschheit keine anderen Kriege mehr führen wird als die gegen Stürme, Trockenwinde, Überschwemmungen, Erdbeben und Krankheiten."[442]) Im Kampf gegen feindliche Elementarkräfte, gegen Rückständigkeit, Ausbeutung und Unterdrückung beweise die Sowjetunion mit ihren Großprojekten „die gewaltige Überlegenheit der sozialistischen Ordnung gegenüber dem kapitalistischen System"[443]) und zeige, „welche ungeahnten Möglichkeiten diese Ordnung sogar sehr rückständigen Ländern eröffnet."[444])

Die Erfahrungen der Sowjetunion bei der raschen Überwindung von Rückständigkeit, ihre spektakuläre wissenschaftlich-technische Revolution und die offensive Selbstdarstellung blieben nicht wirkungslos. Westliche Experten mutmaßten Ende der 1950er Jahre: „Soviet civilization is in some respects closer than the western culture to the feelings and aspirations of the intelligentsia in the backward countries."[445]) Mit der „magnetic power of Marxism" und ihrem auf brachialem Tempo beruhenden Modernisierungsmodell ziehe die Sowjetunion Entwicklungsländer wie Ägypten und Indien in ihren ideologischen Orbit. Von den „Großbauten des Kommunismus" ging offensichtlich eine Faszination aus, die den Westen befürchten ließ, im Kampf um die Sympathien in der Dritten Welt ins Hintertreffen zu geraten.[446])

Im „Friedenskampf an der psychologischen Kriegsfront"[447]) ging es nicht nur darum, die Weltöffentlichkeit für sich zu gewinnen und die Legitimität des gegnerischen Machtblocks zu untergraben. Die sich zwischen den späten 1940er und frühen 1960er Jahren herausbildende *Cold War Culture* reichte zugleich weit ins Innere der Industrienationen hinein. Im Ringen um Geschlossenheit zielten die medialen Inszenierungen der Systemkonkurrenz auf beiden Seiten auf die Konditionierung und Mobilisierung der eigenen Gesellschaft. Die vereinnahmende Propaganda forderte mit ihren aufdringlichen Angeboten zur Selbstverortung die bedingungslose Ein- und Unterordnung.[448]) So sollte die Vorstellung von den „Stalinschen Großbauten des Kommunismus" als eindrucksvolle Artillerie im „Friedenskampf" dazu beitragen, dem selbstlosen Arbeitseinsatz auf den Baustellen und in den Zulieferbetrieben einen höheren Sinn zuzuschreiben. Die grandiosen Vorhaben seien eine „angemessene Antwort des Sowjetvolkes auf die blutigen Intrigen

[442]) Il'in 1951a: 203.
[443]) Sowjetmenschen 1951: 20.
[444]) Ogni kommunizma 1952: 2.
[445]) Laqueur 1959: 292.
[446]) Zu den damaligen westlichen Befürchtungen vgl. Barghoorn 1964: 171f. u. 178ff., 205. Ferner Buchholz 1954: 167.
[447]) Fateev 1999: 125ff.
[448]) Vgl. knapp Lindenberger 2006: 12f. Dort weiterführende Literaturhinweise.

des anglo-amerikanischen imperialistischen Blocks.“[449]) Dank ihrer Fertigstellung werde die wirtschaftliche und militärische Kraft der Sowjetunion derart gestärkt, „daß sie mit jedem Jahr unangreifbarer und unüberwindlicher wird.“[450]) Die neuen Großbauten „sind damit ein großer Beitrag für die Sache des Friedens.“[451]) Mit ihrer aufopferungsvollen Arbeit leisteten die Bauarbeiter nicht nur einen wichtigen Beitrag für den Übergang zum Kommunismus; sie erweiterten gleichfalls die „mächtige Front der Vertreter des Friedens“.[452])

Im Westen hingegen sahen Experten in den sowjetischen Großbauten und Umgestaltungsplänen keineswegs „Friedensunternehmungen“. Sie zeigten sich vom sowjetischen „return to gigantomania“[453]) irritiert, weil die neuen ehrgeizigen Projekte als „außerplanmäßige Vorhaben“ angegangen wurden und mit ihrem enormen Investitionsbedarf sowie dem hohen Bautempo die Wirtschaftspläne durcheinanderwirbelten. Im explosiven Klima des Kalten Kriegs äußerten darum einige Fachleute die Befürchtung, die weltgrößten Flusskraftwerke an der Wolga und den sibirischen Flüssen dienten vor allem dazu, Voraussetzungen für einen forcierten Bau von Nuklearwaffen zu schaffen. Diese energetischen Großbauten böten nicht nur die erforderliche Elektrizitätsmenge, sondern mit ihren Stauseen auch genügend Wasser, um an den Ufern der eroberten Flüsse eine schlagkräftige Atomindustrie aufzubauen und so einen Nuklearkrieg vorzubereiten.[454])

Die Moskauer Seite machte sich über diese Wahrnehmung lustig, weil sich darin deutlich zeige, dass die durch die sowjetischen Erfolge verängstigten Eliten jenseits des Eisernen Vorhangs offensichtlich nur in den Dimensionen von Krieg und Aggression denken könnten. Beim Thema „Energiewirtschaftler der Welt im Wettstreit“[455]) nahm die parteistaatliche Propagandamaschinerie immer mehr Fahrt auf und strotzte bald nur so vor Selbstbewusstsein. Angesichts der energetischen Weltrekorde und der damit verbundenen massiven Eingriffe in Landschaft und Gesellschaft ließen sich keine Parallelen mehr zwischen den Arbeiten zur Umgestaltung der Natur in Ost und West ziehen. „Die geringfügigen Maßnahmen der kapitalistischen Länder hielten diesen Vergleich nicht aus.“[456]) Sie seien nur „Zwergenwerk“, gemessen an den titanischen Unternehmungen der Sowjetunion. Vor der eindrucksvollen Kulisse der sowjetischen

[449]) Velikie Strojki 1951: 87.

[450]) Wunderwerke 1951: 32.

[451]) Kusin 1955: 70.

[452]) Zarevo 1959: 8.

[453]) So der Titel eines Beitrags in der *New York Times* vom 4. Oktober 1950, in dem die zuvor veröffentlichten Erlasse zu den „Großbauten des Kommunismus“ dokumentiert und kommentiert wurden. Vgl. Gigantomanie 1950.

[454]) Petrov 1955: 438 and 446; Taskin 1953: 61; Laskovsky 1953: 66. In diesem Kommentar fasste Laskovsky seinen zuvor veröffentlichten Beitrag „What is the Power Being Used for?“ (Laskovsky 1950) zusammen, der 1950 im Novemberheft der angesehenen Wirtschaftszeitschrift *Business Week* veröffentlicht worden war.

[455]) Markin 1957: 37 ff.

[456]) Kusin 1955: 67.

Kraftwerkriesen wirkten westliche Flusskraftwerke lediglich wie „mittelalterliche Wassermühlen".[457]) „Die kapitalistischen Länder können von Vergleichbarem nicht einmal träumen."[458]) Diese aggressiv vorgetragene Ein- und Überholrhetorik nutzten die Parteiführer, um durch eine bedingungslose energetische Rekordjagd das seit langem quälende Minderwertigkeitsgefühl des Rückständigen endlich loszuwerden. Die Tatsache, dass die Elektrizitätsproduktion der USA die der Sowjetunion in den 1950er Jahren weiterhin um mehr als das Dreifache überstieg, wurde bei der propagandistischen Stilisierung von Überlegenheit allerdings meist nur beiläufig erwähnt und zur bloßen Übergangserscheinung mit absehbarem Verfallsdatum erklärt.[459])

Erfüllt vom Stolz auf die „größten friedlichen Siegestaten", verkündeten die sowjetischen Baumeister einer besseren Welt: „Der Kapitalismus kapituliert vor den Gegebenheiten der Natur und ist nicht imstande, die planmäßige Arbeit der Umgestaltung der Natur zu organisieren, ja nicht einmal dazu, den Raubbau an ihren Schätzen zu verhindern."[460]) Hier würden „die egozentrischen Interessen konkurrierender kapitalistischer Monopole und die Planlosigkeit und Anarchie der gesellschaftlichen Produktion ein unüberwindliches Hindernis bilden." Nur die planmäßige sozialistische Wirtschaft sei imstande, in kürzester Zeit gewaltige energetische Bauvorhaben zu vollenden und die Natur zu erobern.[461]) Falls in den USA große Kraftwerke gebaut würden, so müssten sie allein „für den Krieg arbeiten". Daher käme es hier zu einer „wahnsinnigen Verschleuderung der Errungenschaften der Energietechnik".[462]) „Der Prozess der Militarisierung von Wissenschaft und Technik in den kapitalistischen Ländern ist ein deutliches Anzeichen für die sich zuspitzende allgemeine Krise des Kapitalismus, der sich zur größten Fortschrittsbremse gewandelt hat."[463]) Angesichts des „parasitären Charakters des neuen amerikanischen Kapitalismus"[464]) würden die großen Infrastruktur- und Erschließungsprojekte missbraucht „zur Unterdrückung der ausgeplünderten Kolonialvölker, zur Niederhaltung der imperialistischen Konkurrenten und zum Kreuzzug gegen die Völker, die sich dem Zugriff der Ausbeuter entzogen haben."[465]) Die „profitgierigen Raubtiere"[466]) führten sich zunehmend wie „moderne Kannibalen"[467]) auf. In der kapitalistischen Welt wirke der Mensch

457) Velikie Strojki 1952: 32.
458) Velikie Strojki 1951: 146.
459) Vgl. z.B. Nesteruk 1963: 373.
460) Sowjetmenschen 1951: 19f.
461) Wunderwerke 1951: 4.
462) Sowjetmenschen 1951: 37f.
463) Velikie Strojki 1952: 18. Allgemein zur Darstellung der USA als „Kriegstreiber" vgl. McKenna 2001: 75-99; Nadžarov 1999: 134-150; Shiraev/Zubok 2000: 10ff.
464) Velikie Strojki 1951: 361.
465) Wunderwerke 1951: 31.
466) Velikie Strojki 1952: 22.
467) Velikie Strojki 1951: 190.

lediglich als „Zerstörer“, in der sozialistischen Ordnung sei er hingegen als „Schöpfer“ tätig, der als „Herr des Bodens, des Ozeans, der Luft, des Wetters, der Pflanzen und seiner selbst“ endlich die notwendige Ordnung in die Welt bringe.[468])

Das bipolare Moskauer Weltbild sah im Westen nur Raubbau, Vernichtung und Unterdrückung, im Osten hingegen Aufbau, Erschließung und Zusammenarbeit. Das so konstruierte Kontrast- und Feindbild war eng mit dem Sowjetpatriotismus verbunden, um in den widersprüchlichen Konkurrenz- und Nachahmungsverhältnissen des Kalten Krieges die Vorstellung zu vermitteln, allein die Sowjetmenschen seien dank ihrer Herrschaft über die Natur als siegessichere „Friedenskämpfer“ in der Lage, die „Erde zum Glück und Wohl der Menschheit“ zum Blühen zu bringen.[469])

Stalin-Kult

Die neuen grandiosen Kanal- und Kraftwerkbauten wurden in einer Zeit geplant und in Angriff genommen, als am 21.Dezember 1949 anlässlich des 70. Geburtstags Stalins der sowjetische Führerkult seinen Höhepunkt erreichte. Die Jubiläumsfeierlichkeiten waren ein Festival des internationalen Kommunismus, bei dem sich Stalin nicht nur von seinen Untertanen und Getreuen, sondern auch von Mao Zedong, Walter Ulbricht und anderen ausländischen kommunistischen Führern beglückwünschen ließ. Die sowjetische Presse überschlug sich mit enthusiastischen Huldigungen. Dabei folgte die Berichterstattung den kanonischen Formen, die schon zuvor dem Führerkult Gestalt und Struktur gegeben hatten. Nur schien Stalin durch die superlative Glorifizierung seiner Person und die überbordende euphorische Berichterstattung nun noch mächtiger und göttlicher geworden zu sein.[470])

Schon zu Beginn des Stalin-Kults während der 1930er Jahre war es üblich gewesen, den Weißmeer-Ostsee-Kanal und den Moskau-Wolga-Kanal als herausragende Großtaten eng mit der Person des Parteiführers zu verbinden; sie erhielten daher seinen Namen.[471]) Das prometheische Ethos, das Stalin bei der ritualisierten Verehrung für sich in Anspruch nahm, unterstrich nachdrücklich seine herausgehobene Stellung. Dem kam noch mehr Bedeutung zu, als 1948 der Wiederaufbau in eine neue Expansionsphase überging. Stalin wurde nun als „der große Baumeister des Kommunismus“ gefeiert, der „das Lager des Friedens, der Demokratie und des Sozialismus [...] sicher in seinen Titanenkampf für das Glück der Menschheit führt.“[472]) Nicht ein Kraftwerkbau würde, so die Propaganda, „ohne die konzentrierte Aufmerksamkeit des

[468]) Il'in 1951c: 763.
[469]) Wunderwerke 1951: 33.
[470]) Brooks 2000: 219-224; Plamper 2008, bes. Kap. 5.
[471]) Belormorsko-baltijskij kanal 1934: 527-562; Kokurin/Petrov 2000/5: 120.
[472]) Sowjetmenschen 1951: 3 u. 92; Velikie Strojki 1952: 130; Pusanov 1952: 70.

Führers fertiggestellt."[473]) Stalin erhielt die Urheberschaft an allen großen Unternehmungen zugeschrieben. Den GOELRO-Plan, den Stalin 1920 anfänglich abgelehnt hatte, zelebrierte die Sowjetpresse nun als die „Leninsche-Stalinsche Elektrifizierung der Sowjetunion"[474]). Die im Oktober 1948 verkündete Anpflanzung von Schutzwäldern, um die fruchtbaren Schwarzerdegebiete an Wolga, Don und Dnepr' vor den verheerenden Staub- und Sandstürmen zu schützen, wurde unter der Bezeichnung des „Stalinschen großartigen Plans zur Umgestaltung der Natur" bekannt. Daher verwundert es nicht, dass es bei der im Herbst 1950 beginnenden Kampagne zu den „Großbauten des Kommunismus" zu einer Symbiose von Technik- und Führerkult kam. Anfänglich sprach die Propaganda noch von den „Großanlagen der Stalinschen Epoche"[475]). Im Verlauf des Jahres 1951 setzte sich dann immer mehr die Sammelbezeichnung der „Stalinschen Großbauten des Kommunismus" durch.[476]) Die Sowjetpropaganda verkündete: „Die Sowjetmenschen wissen, dass der Initiator und Ideengeber dieser grandiosen Vorhaben ihr geliebter Führer und Lehrer ist."[477]) Deshalb gäben sie ihnen „mit dem Gefühl aufrichtigen Stolzes und wahrer Liebe" seinen Namen.[478])

Die Autorenschaft Stalins für die neuen Hydrogiganten stellte eindrücklich das 1949 angefertigte Gemälde von D.A. Nalbandjan *Für das Glück des Volkes. Sitzung des Politbüros* (280 x 380 cm) dar (Abb. 9).[479]) Es zeigt Stalin zusammen mit zehn Mitgliedern des Politbüros in einem einfachen Sitzungsraum. In eine helle Uniform gekleidet und im Licht stehend, das durch das seitliche Fenster einfällt, ist der „geniale Führer und Lehrer"[480]) der strahlende Mittelpunkt. Anhand einer auf dem Tisch ausgebreiteten Karte erklärt er seinen Getreuen, wie die Gebiete längs der Wolga durch die neuen „Großbauten des Kommunismus" umgestaltet werden sollen. Das Gemälde präsentiert ein statisches Bild, das seine Dynamik durch den Umgestaltungsplan und die angestrengte Planungstätigkeit Stalins erhält, der hier als „großartiges Genie und vorzüglicher Kenner der jahrhundertealten Wünsche des Volkes, (als) ein die Perspektiven des Landes klar erkennender und ein fest an die Kraft des Sowjetvolkes glaubender Führer" auftritt.[481])

Beim spätstalinistischen Führerkult handelte es sich um einen gesteuerten Prozess, den Stalin persönlich kontrollierte.[482]) Die Funktionsträger innerhalb des Parteistaats wetteiferten miteinander, das Genie und die Weisheit des

[473]) Velikie Strojki 1952: 145.
[474]) So Karasev 1947: 2.
[475]) Vgl. z.B. Velikie sooruženija 1951.
[476]) So z.B. Košelev 1952.
[477]) Velikie Strojki 1951: 145.
[478]) Velikie Strojki 1952: 133 u. 149.
[479]) Abgedruckt in Agitation 1994: 100.
[480]) Pusanov 1952: 70.
[481]) Velikie Strojki 1951: 145.
[482]) Allgemein dazu Plamper 2008, Kap. 3; Ennker 2004: 161-196.

Abb. 9: D. A. Nalbandjan: Für das Glück des Volkes. Sitzung des Politbüros. Gemälde aus: Agitation 1994: 100.

Führers zu preisen, um sich sein Wohlwollen zu sichern. Die Huldigungen boten sich im Kampf um Einfluss und Ressourcen als Kommunikationsstrategie an. So schrieben die regionalen Parteiführer der Gebiete Stalingrad und Rostov zusammen mit dem Innenminister Kruglov am 26. Juni 1952 einen Brief an den Ministerrat, in dem sie vorschlugen, den Wolga-Don-Kanal nach Stalin zu benennen. Angesichts der herausragenden Bedeutung des Kanals handelte es sich um eine politische Selbstverständlichkeit. Darüber hinaus schienen die drei für den Kanalbau verantwortlichen Absender auf eine wachsende Mittelzuweisung für die abschließenden Bauarbeiten gehofft zu haben, wenn es gelänge, ihr Vorhaben durch eine entsprechende Namensgebung zur Chefsache zu erklären. Doch schien dies angesichts des damals völlig überzogenen Kults um Stalin als „großartigen Baumeister" des Guten zu viel gewesen zu sein. Vermutlich inszenierte der „weise Führer" Bescheidenheit. Das Büro des Präsidiums des Ministerrats entschied darum, der Wolga-Don-Kanal solle als erster „Stalinscher Großbau" den Namen Lenins tragen.[483])

Als sich Anfang der 1950er Jahre der Gesundheitszustand Stalins zunehmend verschlechterte und er deshalb kaum mehr in der Öffentlichkeit auftreten konnte, diente die Vermischung von Führer- und Technikkult dazu,

[483]) Stalinskie Strojki 2005: 118f. u. 152ff.

mit triumphalen Gesängen auf Stalins Weitsicht und Initiativkraft die Vorstellung vom allwissenden Denker und aktiven Staatsmann aufrechtzuerhalten, der sich als „mächtige Quelle des Fortschritts" um das Wohl des Landes kümmere und mit seinen großartigen Ideen das „Vorwärtsschreiten zum Kommunismus" beschleunige.[484]) Während Stalin in seiner „Verewigungslogik" [485]) den Technikkult nutzte, um mit den grandiosen Kanal- und Kraftwerkbauten eine unübersehbare Leuchtspur im Dunkel der Geschichte zu hinterlassen, fungierte die alles überstrahlende Führergestalt ihrerseits als Bedeutungsverstärker und Verkörperung des neuen Ordnungssystems. Sie war jene Instanz, in der sich das gesellschaftliche Energiepotential bündelte, um den technizistischen Illusionen den Glanz zu verleihen, in dessen Licht sich Experten sonnten und in dessen Schatten sie für ihre ehrgeizigen Projekte die notwendigen Investitionen mobilisierten. Der Stalin- und der Technikkult profitierten wechselseitig voneinander. Sie wurden, weil sie beide das Evangelium der sozialen und politischen Revolution predigten, zu zentralen Glaubensartikeln im kommunistischen Credo und leisteten einen wichtigen Beitrag zur Sakralisierung sowjetischer Politik. So erschien Stalin als der Prometheus des 20. Jahrhunderts; die seinen Namen tragenden Großprojekte galten als mächtige Katalysatoren des historischen Prozesses. In der „Epoche des Schöpfertums"[486]) ließ der eingeleitete Übergang zum Kommunismus sowohl den Parteiführer als auch die Hydrogiganten im Licht der Erlösung als Heilsbringer erstrahlen.[487])

Schon wenige Monate nach Stalins Tod sprach die Sowjetpropaganda allerdings nur noch von den „Großbauten des Kommunismus" und strich den Namen des verstorbenen Diktators. Die Editionen, die nach 1956 zuvor zu den Hydrogiganten veröffentlichte Artikel zusammenfassten, wurden streng zensiert. Überall dort, wo ursprünglich Stalin als Initiator und Ideengeber gepriesen worden war, huldigte man jetzt der Partei.[488]) Der Wandel vom Stalin- zum Parteikult kam 1961 nach dem 22. Parteitag zum Abschluss. Stalingrad hieß fortan Volgograd, und das oberhalb der Stadt fertiggestellte Flusskraftwerk trug statt des Namens Stalin nun den des „22. Parteitags der KPdSU".[489]) Der Kult um die Hydrogiganten hatte sich vom Führerkult gelöst, nicht zuletzt

[484]) Nesmejanov 1953: 2.

[485]) Zu diesem Begriff vgl. Burckhardt 1999: 235.

[486]) Galaktionov 1953: 7.

[487]) Zur Funktion des stalinistischen Technik- und Führerkults als Form säkularer Religion und zum damit einhergehenden Sakraltransfer in die Welt des Politischen vgl. Neutatz 1998: 512f.; Todorov 1991: 364f.; Graham 1991: 297ff.; Jenks 2000. Kritisch dazu Plamper 2004: 38f.

[488]) So hieß es im Leitartikel der *Pravda* vom 23. August 1950, die Großbauten seien „neue bemerkenswerte Erscheinungen des schöpferischen Genies unseres Volkes, das durch den großartigen Stalin begeistert wird." Im späteren Nachdruck war dann vom „Genie unseres Volkes" zu lesen, „das durch die Kommunistische Partei begeistert wird." Des Weiteren wurden aus dem Artikel alle Stalin-Zitate herausgestrichen. Vgl. Zarevo 1959: 7f.

[489]) Zur zweiten Entstalinisierungswelle von 1961 und dem weit verbreiteten *renaming* vgl. allgemein Jones 2006b: 51–59. Zuvor schon Fainsod 1962: 127–152.

deshalb, weil der neue Parteichef Chruščev kaum Interesse daran zeigte, sich mit Kanal- und Kraftwerkbau als „Baumeister des Kommunismus" in Szene zu setzen. Er ließ sich lieber als Inspirator der Neulandkampagne und als „väterlicher Freund" sowjetischer Kosmonauten und Nuklearphysiker feiern.

5.3. Von der stilistischen Eintönigkeit zur kulturellen Lagerbildung: Kritik und Wandel

Politische Analphabeten am Rednerpult

„Der größte Feind der Partei-Indoktrination ist die Langeweile, die sie durch ihre Eintönigkeit, ihr ständiges Wiederkäuen orthodoxer Lehrsätze hervorruft."[490]) Zu dieser Einsicht kamen nicht nur westliche Sowjetologen, sondern auch diejenigen in der Sowjetunion, die Verantwortung für Propaganda und Agitation trugen. Die Moskauer Chefideologen trieb die ständige Sorge um, die Kampagnen könnten „ihren bolschewistischen Kampfgeist" einbüßen.[491]) Besonderen Anlass zur Sorge gab die Vortragspropaganda. Wiederholt forderten die Parteioberen, endlich „die Kluft zwischen den Vorlesungen und den praktischen Aufgaben des kommunistischen Lebens zu überbrücken."[492]) Karikaturen über Referenten, die nicht nur ihre Zuhörer, sondern auch sich selbst mit ihren langweiligen, monoton vorgetragenen Redetexten zum Einschlafen brachten,[493]) gingen mit wiederholten Beschwerden einher, dass viele Vorträge „ein niedriges politisches Niveau hätten", lediglich aus „inhaltlosen und starken Phrasen" beständen, kein Interesse fänden und zudem von der Mehrzahl der Hörer nicht verstanden würden.[494]) Die Redner waren gezwungen, ihre fertigen Vorträge sogenannten „Lektoraten" zur Überprüfung vorzulegen, und mussten sich bei ihren Vorlesungen streng an die korrigierten Texte halten. Abgelesene Manuskripte und das Bestreben, auch in der Diskussion sklavisch der verordneten Sprachregelung zu folgen, führten zur Eintönigkeit. Die Sowjetpresse sprach kritisch von „Bibelforschung und Talmudismus".[495]) Nur selten gewannen die Zuhörer den Eindruck, mit ihren Informationsbedürfnissen und Fragen ernst genommen zu werden. Sie erhielten für ihre Alltagsprobleme kaum praktische Lösungsvorschläge und zu wenig Orientierungswissen, um sich in ihrer sich wandelnden Welt besser zurechtzufinden.[496])

[490]) Fainsod 1965: 653.
[491]) So Michail Suslov in seiner Rede vor dem 20. Parteitag der KPdSU im Februar 1956. Vgl. Suslov 1956: 82.
[492]) Ideologiekontrollbeschluss 1959: 805.
[493]) Vgl. die Karikaturen Skučnaja lekscija, in: *Krokodil*, 1954/36: 14; Na antireligioznij leksii, in: *Krokodil* 1958/34: 13.
[494]) Zit. n. Kalnins 1956: 140.
[495]) Kalnins 1956: 52.
[496]) Kalnins 1956: 141. Ähnlich Mickiewicz 1981: 125f.; Methodik 1955: 1626f.

Zahlreiche Funktionäre der Allunionsgesellschaft *Znanie* kompromittierten die Vortragspropaganda dadurch, so die offizielle Kritik, dass sie „in ihrer Prinzipienlosigkeit allen möglichen Stümpern und x-beliebigen Leuten das Wort erteilten", von denen viele „ihre Vorlesungen zu einer ständigen Einnahmequelle gemacht haben."[497]) In der Arbeitersiedlung Čemskoe nahe der Novosibirsker Kraftwerkbaustelle gab es beispielsweise seit 1954 eine Ortsgruppe von *Znanie* mit 78 aktiven Mitgliedern, die als Referenten auftraten. Sie langweilten jedoch nur ihre Zuhörer mit standardisierten Vorträgen wie „Über die Gefahren des Rauchens" oder „Alkoholismus – ein schädlicher Überrest". Immer wieder kam es zu „äußerst peinlichen Situationen", weil viele Zuhörer besser über die jeweiligen Themen informiert waren als die Referenten.[498]) Die sachkundigen Ingenieure und Techniker nahmen ihre Aufklärungs- und Agitationsaufgaben nicht ernst genug. Leichtsinnig versäumten sie es, die öffentlichen Veranstaltungen zu nutzen, um den Bauarbeitern und Anwohnern die Fortschritte und Probleme beim Kraftwerkbau nahezubringen.[499]) Die Errungenschaften in Wissenschaft und Technik, an denen die Zuhörer ein echtes Interesse hatten, wurden deshalb nur selten propagiert.[500]) Die große Mehrheit der Vorträge wirkte darum merkwürdig realitätsfremd. Sie hatte keinerlei konkreten Bezug „zu den tatsächlichen Arbeiten und Aufgaben auf der Baustelle".[501])

Kaum besser stand es um die Vorlesungen, bei denen es um politische und ideologische Themen ging. Viele Redner verstanden auf der Novosibirsker Großbaustelle gar nicht, was sie von sich gaben. Kaum vorbereitet, zeigten sie sich nur halbherzig bei der Sache. Einige Referenten waren „politische Analphabeten", die weder Zeitung noch Bücher lasen und über das Weltgeschehen äußerst mangelhaft informiert waren.[502]) Auch ihre ideologische Schulung ließ zu wünschen übrig.[503]) Sie verstanden darum einfachste Sachverhalte nicht und beteten nur stereotyp die einschlägigen Lenin- und Stalin-Zitate herunter. Es kam mitunter sogar vor, dass die Agitatoren noch nicht einmal die Porträts von Marx, Engels, Lenin und Stalin erkannten. Sie hatten keinerlei Ahnung von sowjetischer Geographie und Geschichte und wussten kaum etwas zu erzählen, wenn sie von den Zuhörern nach den „großartigen Taten" Stalins gefragt wurden.[504])

Auf der Stalingrader Großbaustelle berichteten die Parteifunktionäre davon, dass bei den öffentlichen Agitationsveranstaltungen betrunkene Refe-

[497]) Ideologiekontrollbeschluss 1959: 804f.

[498]) *Na Strojke*, 11. Juli 1958, Nr. 711: 1.

[499]) PANO, P-27/1/258, 42.

[500]) Ideologiekontrollbeschluss 1959: 804.

[501]) PANO, P-27/1/257, 45.

[502]) PANO, P-4/1/431, 287; ebd., P-27/1/256, 39; ebd., P-27/1/257, 242-243; ebd., P-27/1/258, 53.

[503]) Zur intensivierten Schulung vgl. allgemein Kalnins 1956: 42–58.

[504]) PANO, P-27/1/257, 42–44. Ferner Kalnins 1956: 52; Filtzer 2002: 144–147.

renten vor betrunkenen Zuhörern ständen, um sich lallend irgendwelchen Unsinn an den Kopf zu werfen, was zu Unmut und Streit führte.[505]) In Anbetracht solcher Missstände forderten die Parteiführer vehement, „an die Propagandisten höhere Ansprüche zu stellen“[506]). Zu Beginn der 1960er Jahre riefen die Parteiorganisationen daher Kommissionen ins Leben, um Mittel und Weg zu finden, die Vorträge zu verbessern. Die Kampagnen, Redner besser auszubilden und vorzubereiten, blieben jedoch erfolglos. Es fanden sich nur wenige, die es wirklich dauerhaft ernst mit der Propagandaarbeit meinten. Umfragen aus dem weiteren Verlauf der 1960er Jahre zeigen, dass sich die Zuhörer bei den Vorträgen weiter langweilten, den Referenten nur bedingt vertrauten und stattdessen vor allem ihren Verwandten und Bekannten Glauben schenkten. Die von *Znanie*, Partei und Gewerkschaft organisierten öffentlichen Veranstaltungen nahmen deshalb wohl keinen größeren Einfluss auf die gesellschaftliche Meinung.[507]) Gleiches galt für die von *Znanie* herausgegebenen Broschüren, die den Text öffentlicher Vorlesungen einem breiteren Leserkreis zugänglich machen sollten. Sie wurden sowohl wegen ihres „niedrigen ideologischen und theoretischen Niveaus“ als auch wegen ihrer „trockenen Sprache“ gescholten.[508])

Modernisierung der Presse

Angesichts der lebensfernen Abgedroschenheit der Vortragspropaganda kam der Presseberichterstattung eine zunehmende Bedeutung zu, um die Massen aufzuklären und zu mobilisieren.[509]) Aber auch die mediale Propagandaarbeit stand häufig in der Kritik. Sie schien die Anforderungen der Zeit und des Parteistaats kaum mehr zu erfüllen. Schon im Herbst 1948 erteilte das Zentralkomitee darum ernste Presserügen, die vor allem die Zeitschrift *Ogonek* betrafen. Der Redaktion wurde vorgeworfen, die populäre Illustrierte „gleichförmig und phantasielos“ zu gestalten. „Sie behandelt die Erfolge der sowjetischen Wissenschaft und Technik nur schlecht und bringt keine populären Artikel über naturwissenschaftliche Themen.“ Zudem häuften sich in den einzelnen Nummern „mittelmäßige Werke und schwache, nichtssagende Informationen.“[510])

In der Kritik stand 1948 auch die satirische Wochenzeitschrift *Krokodil*, die den Lesern zu viel „stümperhafte Materialien“ präsentiere. Vor allem ihre Karikaturen erfüllten „nicht die erforderlichen Anforderungen an das ideo-

505) *Strojka Kommunizma*, 30. Juni 1951, Nr. 12: 2. Ähnlich Methodik 1955: 1628.
506) Suslov 1956: 82.
507) Hollander 1972: 145ff. u. 168.
508) Ideologiekontrollbeschluss 1959: 205.
509) McKenna 2001: 11.
510) Vgl. den ZK-Erlass *Über Maßnahmen zur Verbesserung der Zeitschrift Ogonek* in Sowjetische Presse 1963: 115f.

logische und künstlerische Niveau."[511]) Vier Jahre später verschärfte die Tageszeitung *Komsomol'skaja Pravda* die Kritik an den Karikaturen. Sie „gehen an großen wichtigen Themen achtlos vorüber, ironisieren nicht die schwachen Seiten der rückständigen Menschen, die bei uns noch recht häufig sind, und rücken Erscheinungen wie Bürokratismus, Liebedienerei, Prahlerei und Niedertracht [...] nicht scharf genug zu Leibe." Statt „grimmiger, kompromissloser Satire" und „flammendem Zorn [...], der den Kern der Sache trifft", böten die Karikaturisten lediglich „Effekthascherei [...], Eintönigkeit und ewige Wiederholung sattsam bekannter Schablonen." Ihre Zeichnungen ließen „jede Originalität vermissen" und würden sich durch „eine Neigung zur Süßlichkeit und Beschönigung der Wirklichkeit" auszeichnen, die „den Betrachter lediglich anöden."[512])

Im Verlauf des Jahres 1952 war immer heftigere Kritik an der verhängnisvollen „Theorie der Konfliktlosigkeit" und der „Schönfärberei der Wirklichkeit" geäußert worden.[513]) Zahllose Briefe gingen dem Zentralkomitee zu, in denen sich einfache Sowjetbürger über das niedrige Niveau der Propaganda beschwerten und ihrem Unmut Ausdruck verliehen.[514]) Die Parteiführung zeigte sich alarmiert. Eine Modernisierung des sowjetischen Pressewesens und die Verbesserung der medialen Propagandaarbeit schien nur noch eine Frage der Zeit zu sein. Der neue Generalsekretär Chruščev berief darum Ende 1953 eine Konferenz ein, auf der sich die Zeitungsredakteure der Kritik der Mitglieder des Zentralkomitees zu stellen hatten. Die Parteiführung forderte die Journalisten nachdrücklich dazu auf, die „eingefleischte Schablonenhaftigkeit und überlebte Methoden zu überwinden, wonach alles nach gleichem Muster geschrieben wurde."[515]) Doch die Redaktionen taten sich schwer mit dem „Feldzug gegen die Sprach- und Inhaltsschablone".[516]) In den Jahren 1956 und 1957 bezichtigte die *Pravda* die sowjetischen Zeitungen und Zeitschriften anlässlich des „Tags der Presse" am 5. Mai weiterhin „der Geschmacklosigkeit und tödlichen Langeweile".[517]) Im September 1958 rügte das Zentralkomitee erneut *Ogonek*. In der Zeitschrift werde „das Pathos des kommunistischen Aufbaus nicht in einer klaren, ansprechenden Form sichtbar gemacht." Vieles bleibe „primitiv und ausdruckslos". Die Beiträge müssten endlich „politisch

[511]) Roth 1982: 164.
[512]) Karikatur 1952: 1644ff.
[513]) Vgl. Günther 1988: 145f.; Eggeling 1994: 37f.; Laß 2002: 21ff. Nach kritischen Artikeln in der *Pravda* erreichte die Kunst- und Medienschelte ihren Höhepunkt in Malenkovs Rechenschaftsbericht an den 19. Parteitag. Malenkov rügte im Oktober 1952 die „vielen mittelmäßigen, farblosen und bisweilen einfach stümperhaften Werke". Er forderte die Kulturschaffenden dazu auf, „mutig die Widersprüche und Konflikte des Lebens zu zeigen" und scharf „mit der Waffe der Kritik" umzugehen. Vgl. Malenkov 1952: 77f.
[514]) Fateev 1999: 176f.
[515]) Buzek 1965: 99.
[516]) Koschwitz 1971: 46.
[517]) Koschwitz 1971: 46.

fundiert und aktuell sein", um „das vielseitige Leben des sowjetischen Volkes" widerspiegeln zu können.[518]) Im November 1959 verkündete Chruščev auf einem Empfang für Journalisten schließlich noch einmal: „Unsere Zeitungen sind immer noch voller Langweile. Man nimmt eine Zeitung, überfliegt sie schnell und legt sie weg, und man weiß nicht einmal mehr, was eigentlich drin stand."[519]) Westliche Korrespondenten, die aufmerksam die sowjetische Presse zu lesen hatten, fanden noch harschere Worte, so der amerikanische Journalist Fisher im Jahr 1956: „Sowjetische Zeitungen sind so unappetitlich wie abgestandenes Spülwasser und so aufregend wie das Protokoll der letzten Aufsichtsratssitzung einer Reißverschlußfabrik."[520])

Tatsächlich war, wie sowjetische Zeitungsmacher selbstkritisch eingestanden, die Entwicklung des Pressewesens deutlich hinter dem allgemeinen Wandel der Tauwetterperiode zurückgeblieben. Zwischen Angebot und Nachfrage tat sich eine große Kluft auf. Die Redaktionen zeigten sich kaum vorbereitet auf den neuen Leser der 1950er Jahre, der sich jenseits der eingefahrenen Zeitungsroutine eine Berichterstattung wünschte, die, statt sich in lebloser Faktographie zu ergehen, dem Puls der Zeit nachspürte, die Alltagsprobleme der einfachen Menschen ernst nahm und dem kritischen Geist ein Forum bot.[521]) Die sowjetischen Pressebosse hatten große Schwierigkeiten zu lernen, die Leser nicht als passive Konsumenten, sondern als intelligente Schüler wahrzunehmen, auf deren Erziehung und Ausbildung das gesamte Projekt der Sowjetmoderne beruhte.[522])

Neuen Schwung brachte erst das Engagement von Chruščevs Schwiegersohn Aleksej Adžubej. Er hatte an der Moskauer Staatlichen Universität Journalistik studiert und trug Ende der 1950er Jahre als Chefredakteur dafür Sorge, dass zuerst die *Komsomol'skaja Pravda* und später die Regierungszeitung *Izvestija* ihr Erscheinungsbild nicht nur vom Design und Layout her verbesserte. Die Artikel waren auch lebendiger, packender und abwechslungsreicher geschrieben, um den Informationsbedürfnissen und den Unterhaltungswünschen einer Leserschaft entgegenzukommen, die immer besser ausgebildet war und schon deshalb höhere Ansprüche stellte.[523]) Um Zugewinne an Modernität und Qualität zu erreichen, rief die *Komsomol'skaja Pravda* 1960 sogar ein eigenes Institut ins Leben, das mittels Umfragen Leserforschung betrieb und der modernen sowjetischen Demoskopie den Weg bereitete. Auf diesem Weg der „Wiederentdeckung der öffentlichen Meinung"[524]) hofften

[518]) Zur Kritik an den ernsten Mängeln im Inhalt der Zeitschrift *Ogonek* vgl. Sowjetische Presse 1963: 124f.

[519]) Zit. n. Buzek 1965: 102.

[520]) Zit. n. Roth 1980: 185. Ähnlich Koschwitz 1971: 47.

[521]) Lovell 2000: 45–55.

[522]) Wolfe 2005: 19.

[523]) Zu Adžubej und seinen Reformen Wolfe 2005: 33–70; Adžubej 2000: 14–45. Ferner Buzek 1965: 99f.; Hopkins 1970: 106f.; Roxburgh 1978: 40 u. 281; Roth 1982: 173.

[524]) Ahlberg 1969: 162.

die verantwortlichen Redakteure, die Aktivitäten der Zeitungsmacher den Interessen der Zeitungsleser weiter annähern zu können.[525])

Zu Beginn der 1960er Jahre bemerkten daher westliche Beobachter und Experten „einen allmählichen Rückzug der Monotonie aus der sowjetischen Zeitungspresse." Es schien ihnen, als ob die Massenmedien, „aus ihrer kriecherischen Servilität befreit", nun „die Rolle eines vertrauenswürdigen Dieners" ausüben,[526]) der als „a dispassionate critic and a loyal opposition" Anteil an der Tauwetterpolitik habe.[527]) Mit ihrer „gelenkten Liberalität" würden die Zeitungen und Zeitschriften damit zu „modernisierten Handlangern" der Sowjetmacht.[528]) Der Ton versachlichte sich, weil die Journalisten ihre bombastische, ritualisierte Sprache, ihre hochgestochenen Phrasen und schmähsüchtigen Polemiken sowie ihr ermüdendes Wortgeprassel merklich herunterfuhren. Die Zahlen- und Faktenanhäufung wich lebensnahen Reportagen, in welche die Autoren in Form von Erfahrungsberichten eine persönliche Note einfließen lassen konnten. In die Parteilyrik mischten sich zunehmend kritische Töne.[529]) Zugleich kam es zu einem Professionalisierungsschub, weil nach 1953 die akademische Ausbildung der Journalisten durch neue Fakultätsgründungen deutlich forciert wurde. Zu Beginn der 1960er Jahre zog eine neue Generation von Redakteuren, Korrespondenten und Reportern in die Verlagshäuser ein.[530]) Der wachsende Stellenwert der Zeitungs- und Zeitschriftenmacher schlug sich damals nicht zuletzt in der Gründung des sowjetischen Journalistenverbandes im Jahr 1959 nieder. Dieser Verband sollte zum einen die Interessen seiner Mitglieder wahren, ihr Sozialprestige und ihre professionelle Identität stärken; zum anderen fungierte er als wichtiger Transmissionsriemen zwischen der Parteiführung und den einzelnen Zeitungsorganen, als „second line of political control over the socialization and surveillance of journalists".[531])

Neue Bilder braucht das Land

Die Modernisierung des sowjetischen Pressewesens in der Tauwetterperiode lässt sich besonders anschaulich am Aufstieg der Farbfotographie darstellen. Schon die Errungenschaften der ersten Fünfjahrpläne hatten sowjetische

[525]) Zu diesem von Boris Grušin geleiteten Institut zur öffentlichen Meinung vgl. bes. Hollander 1972: 41; Lovell 2000: 48ff.; Roth 1980: 200f.; Grušin 1963: 193–201; Grušin 1967; Grušin 1970; Grušin 1999; Grušin 2000; Grušin 2001.

[526]) Koschwitz 1971: 47f.

[527]) Hopkins 1970: 339.

[528]) Roth 1980: 171 u. 173.

[529]) Koschwitz 1971: 43–46, 101 u. 115; Hopkins 1970: 51f.

[530]) Hopkins 1970: 104f. u. 156–173; Kalnins 1956: 197–200; Roth 1982: 154 u. 178; Roth 1980: 173; Kunze 1978: 47f.

[531]) Remington 1988: 70f. Zum sowjetischen Journalistenverband vgl. ferner Kunze 1978: 97–114; Achminov 1967: 895f.

Avantgardekünstler wie Aleksandr Rodčenko, Nikolaj S. Trošin, El' Lisickij und Maks Al'pert in aufwendigen Fotoreportagen dokumentiert. Ihre beeindruckenden *fotoočerki* wurden unter anderem in der auch ins Englische übersetzten Zeitschrift *SSSR na Strojke* publiziert.[532]) Dank der Möglichkeit der schnellen Bildherstellung eignete sich die Fotographie am besten für die „neue, schnelle und einzig adäquate, realistische Wiedergabe einer sich ständig wandelnden Welt".[533]) Die jahrzehntelange Konkurrenzsituation mit der Malerei, die dem „Kampf der Ewigkeit mit dem Moment" gleichkam, schien sich angesichts des wachsenden Bildhungers der Sowjetgesellschaft nun zugunsten der Fotographie zu entscheiden. Über Zeitungen und Illustrierte brachte sie Millionen von Lesern die Welt der Großbaustellen nach Haus. Sie machte damit das Ferne nah, überwand Raum, verkürzte Zeit, machte den Wandel überschaubar, visualisierte Fortschritt und schuf die Illusion des Dabeiseins.[534])

Anfänglich hatten die sowjetischen Fotokünstler erfolgreich mit Serien von Momentaufnahmen, Collagen, scharfen Kontrasten und ungewöhnlichen Perspektiven experimentiert. Mit starken Neigungswinkeln verliehen sie der abgebildeten Wirklichkeit eine Dynamik, eine Aufwärtsentwicklung und eine Ausrichtung auf Höhe und Größe. In der leichten Aufsicht des Kameraobjektivs manifestierte sich der Fortschritt als ein Voranschreiten in die Zukunft und eine auf das Morgen gerichtete Bewegung. Industrieanlagen und Maschinen wurden zwar durch den Bildrahmen beschnitten und nur ausschnittsweise dargestellt; durch ihre Schräglage schienen sie aber jegliche Einengung und Begrenzung zu sprengen. Die detaillierten Nahaufnahmen verwiesen auf die utopischen Dimensionen jenseits der Grenzen der Bildfragmente. Im weiteren Verlauf der 1930er Jahre setzte sich dann die deskriptive Ausrichtung der Sowjetfotographie durch. In Abkehr von kompositorisch komplexen Fotos und der formalistischen Aufnahmetechnik führte ein konventioneller Kameraeinsatz zu frontal situierten Räumen und übersättigten Bildausschnitten, auf denen die Baustellenszenerie von großen Maschinen dominiert wurde. Bei den Panoramaansichten wich nun die Dynamik der Monumentalität, das Werden der neuen Sowjetzivilisation ihrem angeblichen Sein.[535])

Als Ende des Jahres 1950 die groß angelegte Propagandakampagne zu den „Stalinschen Großbauten des Kommunismus" startete, dominierte die Fotographie noch keineswegs die anderen Bildmedien. Vielmehr waren es Poster und Gemälde, die dem spätstalinistischen Zeitgeist mit seiner Vorliebe für das Gigantische, Pompöse und Statische seine kanonische Form gaben. Schon im

[532]) Wolf 1999: 173–221.

[533]) So Aleksandr Rodčenko, zit. n. Sartorti 1981: 205. Allgemein zur wachsenden Bedeutung der Fotographie in der Moderne vgl. Jäger 2000.

[534]) Sartorti 1981: 205–209, Zitat 206.

[535]) Zur sowjetischen Fotographie in den 1930er Jahren vgl. Sartorti 1981: 265–270; Tupitsyn 2003: 113–136. Ausführlich auch Tupitsyn 1996; Benhadvid-Val 1999.

Oktober 1948 hatte das Zentralkomitee kritisiert, dass in Zeitschriften wie *Ogonek* die Fotos „häufig viel zu klein“ seien. Nur selten wurde die Farbfotographie angewandt, so dass es misslang, „den *Ogonek* zu einer wirklich mehrfarbigen, reich illustrierten Zeitschrift zu machen“. Der *Pravda*-Verlag erhielt darum den nachdrücklichen Parteiauftrag, ein Laboratorium einzurichten, um die hochwertige Reproduktion von Farbfotos endlich zu ermöglichen und die Anschaulichkeit der Zeitschriften zu verbessern.[536])

Doch die drucktechnischen Kapazitäten blieben in der Folgezeit weiter hinter den Anforderungen zurück. Darunter litten die Abbildungen zu den „Stalinschen Großbauten des Kommunismus“, die sich nicht nur in Zeitschriften und Zeitungen, sondern auch in den zahlreichen Sammelbänden und Broschüren fanden. Typisch war die dreiseitige Fotoserie *Na Volgo-Done* (Am Wolga-Don-Kanal) mit 25 Bildern, die im Sommer 1951 in der Zeitschrift *Nauka i Žizn'* erschien. Die Aufnahmen waren gleichförmig und fantasielos ohne jegliche Spur von Originalität. Stark retuschiert, unterschieden sich die Schwarzweißfotos in ihrer Simplizität vielfach kaum von Zeichnungen. Sie zeigten vor allem Frontalansichten der Baustelle, die leblos wirkten, weil Maschinen und Anlagen das Bild dominierten. Die Bauarbeiter fehlten oftmals völlig oder erschienen lediglich als Anhängsel von Bagger, Kränen und anderem Baugerät.[537])

Obwohl die auf den Pressefotos dokumentierten Szenen oft gestellt waren und alles dementsprechend arrangiert wurde, geschahen mitunter fatale Fehler. So lichtete die Tageszeitung *Stalingradskaja Pravda* im März 1952 auf ihrer Titelseite ab, wie eine Gruppe von Jungkommunisten am Wolga-Don-Kanal die Paradetreppe zum übergroßen Stalin-Denkmal fertigstellte. Das Foto sollte dokumentieren, dass dieser Großbau vor allem dank des ungebrochenen Enthusiasmus der Arbeiter Gestalt annahm. Tatsächlich hatten deutsche Kriegsgefangene einige der Prunkbauten an den Häfen und Schleusen errichtet. Als das Foto mit den Jungkommunisten geschossen wurde, mussten die deutschen Kriegsgefangenen den Bauplatz verlassen. Ihren Arbeitseinsatz verschwiegen die Reporter. Sie hatten aber beim Arrangement des Hintergrunds ein Schild mit der deutschen Aufschrift „Achtung Aufzug!“ übersehen. Als dann am nächsten Tag das gestellte Foto erschien, war der Hinweis auf die Präsenz deutscher Kriegsgefangener auf diesem prestigeträchtigen Bauplatz kaum zu übersehen. Nachlässigkeiten wie diese machten den Lesern unmissverständlich deutlich, dass es mit der Wahrheit und der Objektivität in der Sowjetpresse keineswegs zum Besten stand.[538])

536) Vgl. den ZK-Erlass *Über die Maßnahmen zur Verbesserung der Zeitschrift Ogonek* in Sowjetische Presse 1963: 115f.

537) *Nauka i Žizn'*, 1951/6: zwischen 24 und 25. Ähnlich Zolotarev 1951b: 25; Zolotarev 1951c; Abramov/Chuchlaev 1954.

538) Vgl. dazu die Erinnerung eines deutschen Kriegsgefangenen, hier zit. n. Roth 1982: 168f.

Die Redaktion der Zeitschrift *Ogonek* bemühte sich seit Anfang der 1950er Jahren um ansprechende Abbildungen. Ihre Fotoreportagen versuchten sich an abwechslungsreicheren Perspektiven und interessanteren Kompositionen.[539]) Sie rückten einzelne Helden der Großbaustelle ins Bild.[540]) Dennoch konnte *Ogonek* die Erwartungen der Parteiführung lediglich bedingt erfüllen. Mit ihren grobkörnigen, nur selten farbigen Reproduktionen, denen es offensichtlich an Farbe, Schärfe und Kontrast mangelte, hielten sie kaum mit dem Design und dem Druckbild der Illustrierten in anderen Industrieländern mit.[541]) Die Aufnahmen erschienen weiterhin inszeniert und monoton.[542]) Sie wirkten weder authentisch noch mitreißend. Wenn typische Geschehnisse des Baustellenalltags weiterhin durch simple Aquarell-Zeichnungen dargestellt wurden,[543]) so zeigt dies, dass sich die Fotographie noch nicht einmal in dem ihr eigenen Medium der Wochenillustrierten durchgesetzt hatte. Die simulierten Bilderwelten in *Ogonek* zeichneten sich durch Starre, Langeweile und Kraftlosigkeit aus. Ihnen gelang es kaum, den rationalen Diskurs durch eine emotionale Logik zu vitalisieren.[544])

Während der Tauwetterperiode wurde der spätstalinistische Fotojournalismus wegen seiner offensichtlichen Künstlichkeit (*delannost'*) und Schablonenhaftigkeit (*šablonnost'*) heftig gescholten, die zu einer „Trägheit des Bombastischen, einer eingefrorenen Monumentalität, einer schamlosen Inszenierung" geführt hätten.[545]) Der Kampf gegen das „oberflächliche Ablichten und den flachen Fotographismus", der nun als „antikünstlerisch" galt, gewann nach 1956 an Schärfe.[546]) Eine Kampagne kam in Gang, um der Fotographie ihren Platz unter den Künsten zurückzugeben und zugleich das Pressefoto „dank seiner Anschaulichkeit und seines Dokumentationswertes" wieder zu einem der „überzeugendsten Mittel der Agitation und Propaganda" zu erheben.[547]) Der Vorsitzende des sowjetischen Journalistenverbands und damalige Chefredakteur der *Pravda*, Pavel Satjukov, sprach 1961 davon, „neue hohe Standards an die Fotos zu stellen" und sie als „politische Dokumente zu betrachten, die wahrheitsgetreu das Leben der den Kommunismus aufbauenden Menschen widerspiegeln".[548]) Eine gelungene Fotographie „ersetzt zehntau-

[539]) Vgl. die Fotoserie Bašni nad kanalom, in: *Ogonek*, 1952/28: 12.

[540]) So z. B. auf dem Titelblatt von *Ogonek*, 1952/28.

[541]) Vgl. die Fotoreportage *Ogonek*, 1952/31: zwischen 16 u. 17.

[542]) Besonders stark retuschiert, so dass es wie ein Gemälde erscheint, ist unter anderem das Porträtfoto der Kranführerin Zinaida Petošina in: *Ogonek*, 1952/32: zwischen 16 u. 17.

[543]) Vgl. z.B. *Ogonek*, 1952/34: zwischen 8 u. 9.

[544]) Vgl. vor allem die Bebilderung der Artikelserie *Na trasse pjati morej* (Auf der Trasse der fünf Meere), die 1952 in *Ogonek* mit dem Heft 28 begann und sich in den folgenden zehn Ausgaben fortsetzte. Allgemein dazu Kalnins 1956: 188.

[545]) So M. Bugaeva, der Vorsitzende der Sektion Fotographie im sowjetischen Journalistenverband 1961, zit. n. Reid 1994: 34.

[546]) Reid 1994: 37.

[547]) Zit. n. Kunze 1978: 164.

[548]) Satjukov 1961: 1.

send Worte".[549]) Mit Nachdruck gaben sowjetische Fotokünstler und Zeitungsmacher damals zu bedenken, dass Bilder mit ihren „schnellen Schüssen ins Gehirn"[550]) und ihrer starken Einflussnahme auf das Unbewusste eine große Wirksamkeit entfalten können.[551])

Des Weiteren schuf die Kulturpolitik des Chruščevschen Tauwetters mit ihren neuen Imperativen der *iskrennost'* (Aufrichtigkeit) und *neposredstvennost'* (Unmittelbarkeit) ein äußerst fruchtbares Klima für die Erneuerung des sowjetischen Fotojournalismus. Während das angemessene Bildmedium für den entrückten, über alles erhabenen Stalin-Kult das übergroße Ölgemälde gewesen war, bediente sich Chruščev nur zu gern der Fotographie, um im Zeitalter der Raketen und Atomtechnik sein Image als moderner, spontaner Mann aus dem Volk zu pflegen und sich von seinem Vorgänger abzusetzen.[552]) Das Foto vermittelte den Anschein von Wirklichkeit und Alltagsnähe, nicht so sehr von Kunst und Inszenierung.

Auf ihren Auslandsreisen hatten die sowjetischen Parteiführer und Pressebosse die Arbeiten westlicher Fotojournalisten kennengelernt, deren Qualität, Kreativität und Originalität Eindruck machten. Zwar kritisierten die Herren über den sowjetischen Bilderkosmos die mit diesen Aufnahmen verbundenen politischen Botschaften, gestanden aber ein: „Unsere Fotokorrespondenten können sich Nützliches von den besten Fotoreportern der westlichen Presse abschauen."[553]) Zugleich besannen sich Zeitungsmacher und Künstler wieder auf das im Stalinismus verschüttete Erbe sowjetischer Avantgarde-Kultur. Vor allem Aleksandr Rodčenkos Bilder, die sich durch klare Linienführung, sorgfältige Komposition und starke Expressivität auszeichneten, galten fortan wieder als Vorbilder, denen die Fotoreporter nachzueifern hätten, um ihre Kunst kreativ weiterzuentwickeln.[554])

Die Industrie- und Baustellenfotographie kam daher gegen Ende der 1950er Jahre zu neuen Ehren. Sie sollte die prometheische Kampagne der Tauwetterperiode beleben und der wissenschaftlich-technischen Revolution Anschaulichkeit verleihen. Der sowjetische Journalistenverband rief deshalb 1960 den jährlichen Fotowettbewerb *Der Siebenjahrplan in Aktion* ins Leben, der in den folgenden Jahren rege Teilnahme und große öffentliche Aufmerksamkeit fand. Die prämierten Aufnahmen wurden ausgestellt und in der Zeitschrift *Sovetskoe Foto* veröffentlicht. Ein beliebtes Motiv blieben die „Großbauten des Kommunismus". Die Fotoreporter setzten nun die Forderung um, bei der Dokumentation der Kraftwerkbauten in Stalingrad, Krasnojarsk und Bratsk neue Wege zu gehen und sich von den eintönigen Motiven

549) Ronis 1961.
550) So der Begriff des Marketingexperten Werner Kroeber-Riel. Zit. n. Keghel 2003: 1.
551) Allgemein dazu Jäger 2000; Roeck 2003.
552) Reid 1994: 34f.
553) Satjukov 1961: 1.
554) Volkov-Lannit 1961. Ferner Reid 1994: 34ff.

und Schemata zu verabschieden, die zuvor den Bildjournalismus am Wolga-Don-Kanal und bei den Kujbyšever und Novosibirsker Hydrogiganten geprägt hatten.[555]) Die neuen Fotoserien wirkten frischer und expressiver. Sie stellten das Beziehungsgeflecht von Natur, Technik und Mensch zwar nicht in einem grundsätzlich neuen Licht dar; aber sie schufen zweifellos interessante Darstellungsformen, die jenes Maß an Emotionalität, Aktualität und Authentizität ausstrahlten, mit dem sich die Parteiführer erhofften neue gesellschaftliche Energiequellen erschließen zu können.[556])

Weiterhin zeigten sich die Fotojournalisten vom Panorama der Großbaustellen besonders fasziniert. Aleksej Buškin fing das emsige Treiben in der Bratsker Baugrube mit einem Großbild ein, das einen guten Eindruck vom enormen Aufwand und Arbeitseinsatz vermittelt.[557]) Aus der Hubschrauberperspektive fotographierte S. Raskin die Krasnojarsker Großbaustelle, deren überwältigende Größe so erst richtig anschaulich wurde.[558]) Nikolaj Perk und Dmitrij Val'termanc, die als Fotoreporter von *Ogonek* zuvor den Wolga-Don-Kanal in Szene gesetzt hatten, versuchten es mit Nachtaufnahmen, um anhand eindrucksvoller Lichtspiele zu zeigen, wie die moderne Technik die ostsibirische Taiga umgestaltete.[559]) Auf anderen Landschaftsbildern trat die Großbaustelle mit ihren Maschinen, Anlagen und Strommasten zurück; im Vordergrund standen nun Bäume und der Fluss. Dennoch vermittelte die sorgfältig organisierte Bildräumigkeit die Vorstellung von der Allmacht der Technik, mit deren Hilfe sich die Sowjetmenschen die ungeheure Kraft und den Reichtum der Natur verfügbar machen sollten.[560])

In seiner Fotoserie *Bratskaja GES* stellte Maks Al'pert die großen Kräne als besonderen Blickfang dar (Abb. 10 und 11). Sie bilden einen grandiosen Hintergrund, vor dem sich die der sibirischen Kälte trotzenden Bauarbeiten gut darstellen ließen. Ferner sah Al'pert die Kräne nicht als bloße Verfügungsobjekte des Menschen, sondern als historische Akteure der besonderen Art. Al'perts Kräne verdeutlichen, wie wichtig die „materiell-technische Grundlage für den Kommunismus" war, die – wie Spruchbänder optimistisch verkündeten – durch den enthusiastischen Einsatz der Bauarbeiter in Bratsk geschaffen werden sollte. Seine Fotos zeichnen sich durch eine strenge Kontrolle des gesamten Blickfelds und durch eine geschickte Kombination von Nahauf-

[555]) Nachdrücklich Satjukov 1961: 2. Vgl. auch Buškin 1961: 25.

[556]) Zu den jährlichen Fotowettbewerben *Der Siebenjahrplan in Aktion* vgl. *Sovetskoe Foto*, 1961/8: 4–9; 1961/11: 24; 1963/1: 2–5 u. 1963/9: 12–19.

[557]) Buškin 1961b. Ähnliche detaillierte Großaufnahmen der Baugrube finden sich in *Ogonek*, 1961/31: 2f. u. 1961/35: 9.

[558]) *Sovetskoe Foto*, 1963/9: 15.

[559]) Vgl. z.B. die Fotos von Nikolaj Perk: Panorama Bratskoj GES, in: *Sovetskoe Foto*, 1961/8: 7; Ogni Bratskoj GES, in: *Sovetskoe Foto*, 1963/1: 2f.; von Dmitrij Val'termanc: Krasnojarskaja GES, in: *Sovetskoe Foto* 1963/9: 22–23. Ferner ohne Namensnennung in: *Sovetskoe Foto* 1963/11, Rückseite des Umschlags; *Ogonek*, 1961/35: 7; 1961/38: 1f. u. 1961/41: 18f..

[560]) Vgl. neben Perks *Ogni Bratskoj GES* auch die Aufnahme des Bratsker Flusskraftwerks in: *Sovetskoe Foto*, 1963/1, Rückseite des Umschlags.

Abb. 10: Maks Al'pert, Auf dem Bratsker Flusskraftwerk. Fotographie aus: Sovetskoe Foto. *1961/4: 10.*

nahme und großer Kulisse aus. Nebel, Dampf, Rauch und der Atem der Menschen, die vieles nur schemenhaft erkennbar werden ließen, schufen eine verdichtete Atmosphäre, die unterstrich, welchen Herausforderungen sich Mensch und Technik in Bratsk zu stellen hatten.[561])

Neben den Kränen ging auch von den großen Turbinen der Flusskraftwerke besondere Faszination aus. Die Maschinensäle der Hydrogiganten waren

[561]) *Sovetskoe Foto*. 1961/8: 4; 1961/4: 10 u. 1961/10: 5. Einzelne Aufnahmen der Fotoserien erschienen auch in *Ogonek*, 1961/22: 1. Vgl. auch die Interpretation bei Reid 1994: 35 f.

Abb. 11: Maks Al'pert, Minus 42 Grad. Fotographie aus: Sovetskoe Foto, *1961/10: 5.*

darum ein beliebtes Fotomotiv. Die hier wie an einer Schnur aufgezogenen Turbinen ließen mit ihren enormen Diametern die Menschen winzig erscheinen. Sie beherrschten den Raum und gaben ihm eine klare symmetrische Ordnung. Die Fotos vermittelten mit ihrer sorgfältigen Linienführung den starken Eindruck, die moderne Kraftwerktechnik schaffe Übersichtlichkeit und Kontrolle. Keine anderen Bilder brachten das Sublime der Technik so deutlich zur Anschauung.[562])

[562]) *Sovetskoe Foto,* 1961/2: 22; *Ogonek,* 1961/30: 18 u. 1961/38: 2; *Kultur und Leben,* 1964/3: 12.

Abb. 12: Boris Rakins, Zusammenschweißen der Glieder des Wasserzuflusses. Fotographie aus: Sovetskoe Foto, *1961/3: 3.*

Abb. 13: E. Borisov, Mitglied der Brigade kommunistischer Betonarbeiter. Fotografie aus: Ogonek, *1961/4:7-8.*

Eine andere Gruppe von Baustellenfotos zielte darauf, das Außergewöhnliche im Gewöhnlichen, das Sensationelle im Arbeitsalltag festzuhalten, um damit die Aufmerksamkeit des Betrachters zu fesseln und ihm die großartigen Taten der Bauarbeiter zu vergegenwärtigen. So standen sowohl bei Boris Rakins *Svarka zven'ev vodavody* (Zusammenschweißen der Glieder des Wasserzuflusses) als auch bei V. Kivrins *Vercholazy* (Spezialisten für Arbeiten in großer Höhe) hochqualifizierte Bratsker Bauarbeiter im Mittelpunkt, die in einer gigantischen Röhre oder in schwindelnder Höhe auf einem Strommasten ihre Arbeit verrichteten, ohne die das Flusskraftwerk niemals seinen Betrieb hätte aufnehmen können (Abb. 12). Nicht der Technik, sondern dem Heroismus der Arbeiter wurde auf diesen Fotos gehuldigt. Rakin und Kivrin wählten atemberaubende Perspektiven von unten bzw. von oben, um die Großbaustelle lediglich als beeindruckende Kulisse erscheinen zu lassen, vor der die Sowjetmenschen ihren Wagemut, ihre Kühnheit und ihren Arbeitseifer unter Beweis stellten. So gelang es den Fotographen, das Atmosphärische des Augenblicks festzuhalten, der sich dank hochkarätiger Bildqualitäten im kollektiven Gedächtnis festschreiben sollte. Die Fotos stifteten Sinnbilder für das starke Selbstbewusstsein der Bauarbeiter; sie beabsichtigten, die Willenskraft, Opferbereitschaft und Begeisterung der „Erbauer des Kommunismus" zum Ausdruck zu bringen. Es waren deshalb Aufnahmen wie die von Rakins und Kivrin, die mit ihrer performativen Gestaltung von Anwesenheit später bei vielen nostalgische Gefühle wecken sollten, die sich während des Tauwetters in die Großprojekte eingebracht hatten.[563])

Immer wieder fanden sich in den sowjetischen Illustrierten auch Porträtfotos von Bratsker Bauarbeitern. Sie zeigten Gesichter, die von der Kälte und den enormen Anstrengungen gezeichnet waren. Die Fellmützen und Mäntel waren voller Schnee. Dennoch strahlten das Lächeln und der feste Blick ungebrochene Zuversicht und Begeisterung aus (Abb. 13). In den Begleittexten hieß es, dass es die abgebildeten Personen angesichts widriger Arbeits- und Lebensumstände in Bratsk nicht leicht hätten, „aber das beglückende Gefühl, von Anfang an dabei gewesen zu sein, macht alle Strapazen wett."[564]) Durch den bewussten Verzicht auf theatralische Simulation und Ausschmückung der Wirklichkeit sollten diese Pressefotos nachahmenswerte Beispiele vermitteln und das kommunistische Menschenbild zur Anschauung bringen.

Ende der 1950er Jahre druckten die großen sowjetischen Tageszeitungen monatlich schon zwischen 300 bis 500 Fotos, die zunehmend als Blickfang eingesetzt wurden. Auch das Erscheinungsbild der Zeitschriften verbesserte sich merklich. Die Aufnahmen waren nun schärfer; es gab keine simplen Zeichnungen und Aquarelle mehr, um das Leben auf den Großbaustellen zu illustrieren. Das Interesse an Bildreportagen wuchs. Die neue Moskauer Presseagentur *Novosti* bot deshalb seit 1961 verstärkt Fotos auf dem internationalen Nachrichtenmarkt an, die alsbald sogar ihren Weg auf die Seiten führender westlicher Presseorgane wie *Life* und *New York Times* fanden.[565])

Der Aufschwung des sowjetischen Fotojournalismus fand aber nicht nur Zuspruch. Das Zentralkomitee tadelte im Februar 1958 „die Redaktionen einiger zentraler und Moskauer Zeitungen" dafür, „übermäßig viele Illustrationen (zu) veröffentlichen". Sie würden nicht nur die Titelseite, sondern vor allem auch die Innenseiten mit Fotos ausfüllen, „wodurch faktisch kein Platz für Artikel zu dem äußerst wichtigen Thema blieb". Das hätte zur Folge, „daß häufig ganze Nummern zu inhaltslosen, apolitischen illustrierten Zeitungen

[563]) Zu diesen beiden Fotos vgl. *Sovetskoe Foto*, 1961/3: 3; 1963/9: 17 u. 1963/11, Innenseite des Umschlags. Kivrins Foto erschien auch in *Sowjetunion*, 1963/159: 1. Ähnliche Aufnahmen in schwindelnder Höhe finden sich in *Ogonek*, 1963/36: 16; Cunc 1964: 115.

[564]) *Sowjetunion*, 1963/158: 8f., Zitat 9 u. 1963/159: 8f.; *Ogonek*, 1961/4: 7f.; 1961/41: 17 u. 1963/36: 18.

[565]) Hopkins 1970: 293f.

werden, die dem Geschmack des Spießbürgers entsprechen."[566]) Ein halbes Jahr später wurde die Redaktion der Zeitschrift *Ogonek* dazu angehalten, „die Illustrationen strenger auszuwählen und keine zufälligen, inhaltslosen und minderwertigen Fotos und Zeichnungen zu dulden."[567]) Der Pressereformer Adžubej musste sich damals von seinem Schwiegervater Chruščev vorhalten lassen, dass die *Komsomol'skaja Pravda* zu viele und zu große Fotos publiziere, obwohl das Land unter akutem Papiermangel leide und deshalb die Zeitungen unbedingt Platz sparen müssten.[568]) Die Kritiker aus den Reihen der Partei führten das „übermäßige Illustrieren auf den schädlichen Einfluß der westlichen Presse zurück". Sie befürchteten, die westliche Sensationspresse übe mit ihrem Foto- und Boulevardjournalismus schädlichen Einfluss auf die sowjetischen Zeitungsmacher aus, und forderten deshalb nachdrücklich, das „übermäßige Illustrieren [...] auf Kosten des ideologisch-politischen Gehalts" der Zeitungen zu verurteilen. Der wiederholt geäußerten Einsicht, die sowjetischen Journalisten könnten vieles von ihren westlichen Kollegen lernen, waren offensichtlich von Seiten der Parteiführung Grenzen gesetzt.[569])

Anlass zur Kritik gab ferner der fortbestehende technische Rückstand. Zwar hatte sich die Qualität sowjetischer Zeitungen und Zeitschriften durch die Einführung neuer typographischer Technik und der verstärkten Kooperation mit ausländischen Druckhäusern spürbar verbessert; doch es dominierte weiterhin das technisch aufwendige und teure Farblithographieverfahren. Moderne Offset-Druckmaschinen wurden Ende der 1950er Jahre in der Sowjetunion immer noch nicht produziert und mussten aus den Ostblockländern importiert werden.[570])

Unter dem Rückstand der Drucktechnik litt vor allem die sowjetische Plakatkunst. Ihre in großer Auflage gedruckten Produkte der Sichtagitation zeichneten sich häufig nur durch eine mäßige Qualität aus.[571]) Hinzu kamen Gestaltungsprobleme. Angesichts des mechanischen Naturalismus des Fotoplakats, der Überfrachtung mit Text und Einzelheiten, der stilistischen Einseitigkeit und des langweiligen Schematismus hatten die Verantwortlichen schon vor Stalins Tod wiederholt dringend notwendige Verbesserungsmaßnahmen angemahnt.[572]) Noch 1955 hieß es aber in der Parteipresse, dass das Plakat wegen seines „passiven, friedlich beschaulichen Charakters [...] in den letzten

566) Sowjetische Presse 1963: 291.
567) Sowjetische Presse 1963: 124f.
568) Adžubej 2000: 25.
569) Sowjetische Presse 1963: 291. Dazu auch Hopkins 1971: 107.
570) Waschik/Baburina 2003: 255 u. 288.
571) Waschik/Baburina 2003: 255 u. 288; Demosfenova 1962: 227f.
572) Vgl. bes. den ZK-Beschluss vom 30.November 1948 *Über die Mängel und Verbesserungsmaßnahmen bei der Auflage politischer Plakate*, die Allunionskonferenz der Plakatkünstler im Jahr Sommer 1951 und den *Pravda*-Artikel *Die Qualität des politischen Plakats verbessern*. Ausführlich dazu Demosfenova 1962: 183f. u. 219; Waschik/Baburina 2003: 228 u. 256ff.

Jahren leider nur mit halber Stimme gesprochen hat. Es verliert seine Glut, seine imponierende Wucht." Die Künstler und Designer zeichneten statt schlagkräftiger Plakate lediglich schöne Bilder des Sowjetlebens, die kaum mehr agitatorische Kraft besaßen.[573])

Dem galoppierenden Akzeptanzverlust der Plakatpropaganda wurde erst in den späten 1950er Jahren mit einer Erneuerung der Bild- und Formsprache entgegengetreten. Die Künstler zeigten nun Mut zu neuen Symbolen und zu einem wiederbelebten metaphorischen Denken. Sie nahmen allmählich Abschied von der wirkungslos gewordenen Figurentypologie, rehabilitierten die konstruktivistische Plakatkunst der 1920er Jahre und wagten stilistische Entgrenzungsversuche. Die neuen großflächigen Arrangements, die sich auf das Wesentliche konzentrierten, sich vom naturalistischen Detailreichtum verabschiedeten und die Besonderheiten des Mediums Plakat hervorhoben, stießen nicht allseits auf Zustimmung.[574])

Einen vergleichbaren Stilwandel gab es in der sowjetischen Malerei. Nachdem die schon 1952 geäußerte Kritik am „geistlosen Fotographismus" und den oberflächlichen ikonographischen Klischees seit Mitte der 1950er Jahre immer vehementer vorgetragen worden war, wandten sich sowjetische Künstler von der dokumentarischen Exaktheit ab und expressiven Darstellungsmitteln zu, die auf Details verzichteten, vieles unfertig und verschwommen ließen, um den Blick des Betrachters zu konzentrieren. Die Gemälde sollten nicht mehr wie Spiegel die äußere Realität bloß wiedergeben, sondern dahinter schauen, um das soziale Bewusstsein und den vorwärtsdrängenden Zeitgeist zu reflektieren. Mittels einer geschickten Licht- und Farbwahl hofften die sowjetischen Maler, ein Gefühl der Anspannung zu schaffen und die Dynamiken zu veranschaulichen, die den Großbaustellen einen unwechselbaren Charakter gaben. Es ging nicht zuletzt darum, dass das gemalte Bild und das Foto als zwei unterschiedliche Kunstformen mit eigenen Techniken und Darstellungsweisen wieder klar voneinander zu trennen sein sollten.[575])

Über die „antirealistische Theorie des Impressionismus" gab es in der sowjetischen Kulturkritik kontroverse Meinungen.[576]) Der Vorwurf des Formalismus und der Dekadenz diente stets zur Abwehr moderner Einflüsse. Dieser „taste war"[577]) eskalierte im Dezember 1962 in der sogenannten Manège-Affäre, als Chruščev bei seinem Besuch einer Moskauer Kunstausstellung die Künstler wegen ihrer „Klecksereien" mit wüsten Kraftausdrücken rügte. Die Überwindung des restriktiven spätstalinistischen Darstellungskanons hatte zu widerstreitenden Auffassungen von Kunst und Ästhetik und zu kulturellen

573) Attacke 1955: 1633.

574) Waschik/Baburina 2003: 229ff. u. 259ff.

575) Zur Entwicklung der Malerei vgl. ausführlich Bown 1998: 303-410. Wichtige Gemälde zu den „Großbauten des Kommunismus" werden besprochen bei Bown 1998: 312f., 355, 371-375, 391 u. 395ff.

576) Bown 1998: 381-388.

577) Reid 2005: 711.

Abb. 14: Sergej A. Grigor'ev, Entuziasty iz Kachovki (Die Enthusiasten aus Kachovka). Gemälde aus: Bown 1998: 296.

Lagerbildungen geführt. Trotz allen Überdrusses an erstarrten Konventionen und Traditionen schienen das kritische Aufbegehren gegen die stilistische Dogmatik, das wachsende Interesse an der modernen internationalen Kunstentwicklung und das Bemühen um mehr Komplexität Publikum und Politik gleichermaßen verunsichert zu haben. Diese Irritationen schlugen sich im kulturpolitischen Kurs in Schwankungen zwischen Freizügigkeit und Einschränkung, zwischen Lockerung und Verhärtung nieder. Die Reizschwelle der Parteiführung war ungeachtet der Forderung nach Entdogmatisierung deutlich niedriger, als es innovative Kulturschaffende erwartet und erhofft hatten.[578])

Der positive Held als kulturelles Sorgenkind

Wie an keinem anderen Thema lässt sich die widersprüchliche kulturpolitische Situation an der Gestaltung des positiven Helden darstellen. In der Kunst

[578]) Zur Manège-Affäre, ihren Ursachen und Folgen vgl. zuletzt Reid 2005; Eggeling 1994: 150–155 u. 832ff.; Laß 2002: 129-202. Einen guten Überblick über die „Abkühlung" des Tauwetters und den Streit zwischen „Liberalen" und „Konservativen" gibt Sokolov 2006: 184–242.

brachten die sowjetischen Kritiker ihre Unzufriedenheit mit dem stereotypen, erstarrten Heldenbild schon 1952 öffentlich zum Ausdruck. Stein des Anstoßes war das auf der Allunions-Kunstausstellung präsentierte Gemälde Sergej Grigor'evs *Entuziasty iz Kachovki* (Enthusiasten aus Kachovka). Es zeigt einen Geologen und einen Landvermesser als die Helden des ukrainischen „Großbaus des Kommunismus", wie sie zusammen mit einer Frau in traditioneller kosakischer Kleidung in einem Ruderboot den Stausee überqueren (Abb. 14). Während im Hintergrund ein modernes Fährschiff zu erkennen ist, sieht man den jugendlichen Helden keinerlei Anstrengungen oder Mühsal an. Ihre lächelnden Gesichter erstrahlen im Glanz eines heiteren Sommertags. Dabei hatte Grigor'ev anfänglich eine nächtliche Ruderpartie bei stürmischer See im Sinn gehabt, um den spannungsreichen Kampf der „Erbauer des Kommunismus" gegen die Naturkräfte zu zeigen. Doch er musste sich dem spätstalinistischen Diktum von Heiterkeit und Konfliktlosigkeit beugen, so dass es seinem Bild schließlich völlig an Dramatik, Dynamik und Aussagekraft fehlte. Fern jeglichen Realitätsanspruchs erstarrte der Aufbau des Kommunismus in einer sonnenerfüllten Idylle, konfliktlosen Feiertagsstimmung und kitschigen Künstlichkeit.[579]

Die literaturpolitische Kontroverse eröffneten im Herbst 1953 der bekannte Schriftsteller Il'ja Erenburg und der Kritiker Vladimir Pomerancev. Beide mokierten sich in mitunter sarkastischem Ton über die lebensfremden „Überhelden" (*sverchgeroj*), die abgedroschenen Handlungsklischees und die konfliktlose Atmosphäre der Produktions- und Baustellenliteratur. Die Gestalten stellten keine lebendigen Menschen (*živye ljudi*) dar, sondern lediglich blutleere Attrappen und Lautsprecher allseits bekannter Slogans und Losungen. Die Romane, die eigentlich den emotionalen Zement der Gesellschaft anrühren sollten, beschrieben nicht mehr das komplexe Innenleben der Helden, sondern schilderten lediglich Produktionsprozesse. Um den Lesern bei der Entwicklung einer zeitgemäßen Gefühlskultur zu helfen, müssten die Sowjetliteraten endlich auf die schematische Darstellung ihrer Helden, deren unbegründeten Optimismus und auf jegliche Schönfärberei der entbehrungsreichen Alltagswirklichkeit verzichten. Erenburg und Pomerancev forderten stattdessen die Beschreibung komplizierter emotionaler Zustände und ungewöhnlicher persönlicher Schicksale. Literarische Gestalten, die selbst in einer romantischen Situation mit ihrem Liebespartner nur über Produktionszahlen und Baupläne sprächen, würden unglaubwürdig wirken. Man dürfe die Helden nicht ihres Privat- und Gefühlslebens berauben.[580]

579) Bown 1998: 296.

580) Erenburg 1953; Pomerancev 1953: 218–245 (Auszüge in deutscher Übersetzung finden sich in: *Ost-Probleme*, 1954/414–418; Eggeling 1994: 327–333). Zu dieser ersten literaturpolitischen Kontroverse vgl. Alexeyeva 1990: 72f.; Alexandrova 1994; Eggeling 1994: 46ff. u. 52ff.; Lauer 2000: 766f.; Waschik 2000: 115–128; Laß 2002: 25ff.

Als in der Folgezeit dann Werke in der öffentlichen Kritik standen, die auf die simple Schwarzweißmalerei von Held und Gegenspieler zugunsten realistischer Mixturen von Gut und Böse verzichteten, wurde der passende Zuschnitt positiver Gestalten fortan zur „Kernfrage des Sozialistischen Realismus"[581]), dessen Kanon offensichtlich dringend eine zeitgemäßes Erneuerung nötig hatte. Literaten und Kritiker, die sich wie Erenburg und Pomerancev für einen Helden einsetzten, der dank seiner Angewohnheiten und inneren Kämpfe nicht als „Heiligenbild" und „Rauschgoldengel" ohne Fehl und Tadel erschien,[582]) wurden dabei von den Repräsentanten des konservativ-dogmatischen Blocks als „Konjunkturakrobaten" beschimpft, die „Herdenstücke" verfassten, indem sie „den Zusammenbruch der Theorie der Konfliktlosigkeit umfunktioniert haben und in das entgegengesetzte Extrem hinübergetaumelt sind."[583]) Unter dem Vorwand, „die Lebenswahrheit verteidigen zu wollen", folgten sie der „zweifelhaften Tendenz zum Objektivismus, zur Ablehnung des Prinzips der Parteilichkeit, des Grundprinzips des Sozialistischen Realismus".[584]) Führende Kulturfunktionäre und bekannte Sowjetliteraten wie Konstantin Simonov setzten sich darum innerhalb des Schriftstellerverbandes, der im Dezember 1954 zu seinem zweiten Kongress zusammenkam, dafür ein, „die heilige Tradition fortzusetzen, einen vollwertigen positiven Helden zu schaffen, der das Pathos der Lebensbejahung, Kraft, Initiative und politische Leidenschaft besitzen muß."[585])

Die sowjetische Kontroverse um den „Helden unserer Zeit" beschäftigte nicht nur die Akteure des Literaturbetriebs, sondern auch zahllose Leser, die in Zuschriften an Zeitungen und Zeitschriften ihren Wunsch zum Ausdruck brachten, den positiven Helden nicht sterben zu lassen, sondern ihm endlich wieder Leben einzuhauchen.[586]) Deshalb gab es angestrengte Versuche, einen Mittelweg zwischen dem dogmatischen Kern des Sozialistischen Realismus und einer alltagsnahen Wiedergabe des wirklichen Sowjetlebens zu finden, also die Helden der Großbaustellen so zu beschreiben, dass die Darstellung der unverfälschten Lebenswahrheit in ihrer ganzen Komplexität möglich wurde. Die Vermittler zwischen den unterschiedlichen Positionen verwarfen ein „rezeptähnliches Verständnis vom positiven Helden". Allerdings gestanden sie ein, dass die Sowjetliteratur weiter einen „erziehenden Helden" brauche, damit sie ihren „aktiven Einfluss [...] auf den Entstehungsprozess des neuen kommunistischen Menschen festigen kann".[587]) Eine Gestalt, die den Leser sagen lässt: „So möchte ich sein", könne aber nicht nach dem „Ideal der Un-

[581]) Nikolaeva 1954.
[582]) So Protopopova 1954; Beliašvili 1954.
[583]) Nikolaeva 1954.
[584]) Helden 1954: 719.
[585]) Helden 1954: 719; Günther 1988: 148.
[586]) Vgl. z.B. die übersetzten Zuschriften an die *Literaturnaja Gazeta*. Sie finden sich in deutscher Übersetzung in *Presse der Sowjetunion*, 1954: 1359.
[587]) Medynskij 1954: 1353f. u. 1356.

beweglichkeit eines Heiligen, sondern (dem) der unendlichen Bewegung, der Entwicklung und des Schöpfertums" entworfen werden.[588]) Der Fehler habe bislang darin gelegen, „daß wir unsere Helden zu zaghaft mit lebensechten Konflikten zusammenstoßen, sie keine realen Widersprüche und Prüfungen erleben lassen [...] Wir beschützen unsere Helden zu sehr, ersetzen das Leid durch kleine Unannehmlichkeiten, erleichtern ihnen den Kampf durch sehr schnelle Erfolge und überschütten sie mit Glück, noch ehe sie es durch Beharrlichkeit und persönliche Fähigkeiten selbst zu erringen vermochten."[589]) Es gelte, „dem Leser das Wesentliche, nämlich die innere Erregung, die Bildung des Charakters, miterleben" zu lassen. Dazu dürfe der Held nicht „als ein schulmeisterhaftes Musterexemplar über dem Leser schweben". Er müsse deshalb nicht nur bei anderen, sondern auch bei sich selbst auf Zweifel und Fehler stoßen, sich jedoch imstande zeigen, alle Probleme und Konflikte zu überwinden und im Ringen mit den Unwägbarkeiten des Lebens zu reifen. Entscheidend für den Zuschnitt des Heldencharakters sei darum nicht die Frage nach der Makellosigkeit oder Fehlerhaftigkeit, sondern die nach Passivität oder Aktivität.[590]) Es komme auf den „kämpferischen parteilichen Geist (an), den diese Erbauer des Kommunismus alltäglich in großen und kleinen Taten Gestalt werden lassen." Als unbeugsamer Kämpfer mit fester ideologischer Zielstrebigkeit, beharrlicher Ausdauer und unerschöpflicher Energie beschrieben, bleibe der positive Held in der stürmischen Zeit des politischen und gesellschaftlichen Aufbruchs ein moralischer Leuchtturm. Indem er sich den Entscheidungsfragen und Herausforderungen der neuen Epoche mit fester Zuversicht und unbedingtem Siegeswillen stelle, gebe er vor allem den jungen Menschen wichtige Orientierung.[591])

Im weiteren Verlauf der Tauwetterperiode wurde der literarische Heroismus mit seinen titanischen Gestalten tatsächlich ein wenig zurückgenommen. Statt des Triumphs standen fortan vor allem der Konflikt und der Kampf wieder im Vordergrund. Der „neue Sowjetmensch" erschien nun verstärkt als kritischer Denker, der seine Aufmerksamkeit ganz darauf ausrichtet, gesellschaftliche Probleme zu erkennen und zu beseitigen.[592]) In dieser Form kam es zu einer Wiedergeburt des positiven Helden, der sich, besonders wenn er auf entlegenen Großbaustellen fern vom korrumpierten Moskau seinen Mann stand, trotz einiger Akzentverschiebungen weiter durch überlieferte Normen, Werte und Zuschreibungen auszeichnete.[593]) Seine fortgesetzte Dominanz wurde allerdings nicht widerspruchslos hingenommen. Unter dem Pseudonym Abram Tertz schmuggelte 1959 der spätere Dissident Andrej Sinavskij einen

[588]) Medynskij 1954: 1356.
[589]) Ketlinskaja 1954: 1359.
[590]) Ketlinskaja 1954: 1358.
[591]) Nikolaeva 1954. Ähnlich Beliašvili 1954: 1357f.
[592]) Wolfe 2005: 2.
[593]) Vgl. bes. Clark 1981: 215–233.

bissigen Essay über den Sozialistischen Realismus ins Ausland. Darin beklagte er sich über das weiterhin strikte literarische Regulierungssystem, das es nicht erlaube, wahrhafte psychologische Porträts zu zeichnen. Den fortgesetzten mythisch-märchenhaften Zuschnitt abgenutzter Charaktere und Szenerien bezeichnete Sinavskij als folkloristische Manipulation und verkündete die Selbstniederlage und den Bankrott des sowjetischen Helden.[594])

Andere Kritiker gingen nicht ganz so weit, sprachen aber auch von der Notwendigkeit, endlich „die Welt mit offenen Augen zu betrachten" und sich von der überkommenen stalinistischen Speichelleckerei, Katzbuckelei und Liebesdienerei freizumachen.[595]) Die Gegenwartsnähe galt ihnen als „Seele unserer Literatur".[596]) Deshalb dürfe der positive Held als „ein Schaustück, eine blutleere Vollkommenheit" nicht mit „schulmeisterlicher Dogmatik und stupider Illustration den lebendigen Gedanken" verdrängen.[597]) 1962 gab es daher erneut eine heftige Polemik gegen die immer noch „himmelblauen Helden" und die „prunkhaften Typen [...], die in der Publizistik vorgeschlagen werden."[598]) Allem Anschein nach sei „für das Tun und Handeln unserer Helden ein Gentleman-Statut" vorgeschrieben. Daraus erwachse eine schädliche „Primitivität vorherbestimmter Schicksale und Handlungen", so dass sich eine „eigentümliche, süßliche Langeweile" breitmache. Trotz einiger signifikanter Verschiebungen der Erzählstrukturen sei die spätstalinistische Misere der Sowjetliteratur keineswegs überwunden.[599])

Das orthodox-dogmatische Lager zeigte sich Anfang der 1960er Jahre hingegen verwirrt von den skeptischen Helden der „jungen Prosa", die nicht mehr bei jedem Schritt und Tritt ihr revolutionäres Credo kundtaten, sondern unter Entfremdung litten und verzweifelt nach ihrem Weg ins Leben suchten.[600]) Der Charakter dieser „Chaoten und billigen Nihilisten"[601]), der auch vielen sowjetischen Lesern unverständlich blieb, zeichne sich, so die argwöhnische Sicht, durch „eine Art Infantilismus, Lebensuntüchtigkeit, eine ethische und intellektuelle Schwerelosigkeit" aus.[602]) Konservative Kulturfunktionäre sprachen von einer um sich greifenden „literarischen Misswirtschaft" und beklag-

[594]) Tertz 1965. Zu diesem Essay vgl. die Interpretation von Mathewson 1975: Xf., 255f. u. 341-355.

[595]) Vinogradov 1962: 26f.

[596]) Svetov 1962: 672.

[597]) Rjurikov 1962: 780 u. 782.

[598]) Pogodin 1962: 811.

[599]) Batalov 1962: 829.

[600]) Die wichtigsten poststalinistischen Werke mit ihren „entfremdeten Helden" und „überflüssigen Menschen" werden literaturwissenschaftlich untersucht von Rogers 1972. Zur kontroversen innersowjetischen Diskussion über die skeptischen Helden der „jungen Prosa" vgl. Eggeling 1994: 130–144; Sokolov 2006: 221-227. Zu den politischen Problemen im Umgang mit jungen Literaten, die nicht in den Kulturbetrieb integriert, sondern ausgegrenzt und so in den kulturellen Untergrund abgedrängt wurden, vgl. Lygo 2006.

[601]) Elkin 1994a: 523. Ähnlich Elkin 1994b.

[602]) Gespräche 1962: 142.

ten den „Raub des Helden". Es sei Mode geworden, „verwirrte und vom Weg abgekommene Menschen als Träger einer höheren Moral" zu beschreiben. „Geistige Unordnung gilt als Zeichen von Ideenfülle, eingefleischte Skepsis ist komplizierter Optimismus." Bedauerlicherweise schüfen „literarische Hochstapler […] Helden, die nicht in unsere Zeit passen". Die zügel- und ziellosen Dekadenten wollten nur „als blinde Passagiere mit in die Zukunft fahren" und müssten deshalb dorthin gejagt werden, „woher sie gekommen sind."[603]) Sein vollkommenes Unverständnis für die neuartigen Generationsporträts brachte 1962 schließlich auch Chruščev zum Ausdruck. Die jungen Helden, die von der lauten Euphorie des Übergangs zum Kommunismus unberührt blieben und sich in ihren Sehnsüchten unverstanden fühlten, schienen ihm „moralisch degeneriert, bereits in der Jugend altgewordene Menschen, die keine hohen Ziele und Berufung kennen". Den Kulturschaffenden mangele es offensichtlich an Mut und Zorn, „um solche Ausgeburten mit Verachtung zu strafen."[604])

Zur Gratwanderung zwischen dem eingeforderten „künstlerischen Neuerertum" und dem Vorwurf bedrohlicher „Abweichung" kam es auch bei der Gestaltung der positiven Leinwandhelden. Die verantwortlichen Filmemacher zeigten den erklärten Willen, sich den modernen Problemen der sich wandelnden Sowjetgesellschaft zu stellen, ohne jedoch den etablierten kulturpolitischen Rahmen grundsätzlich in Frage zu stellen. Der spätstalinistische Heldenkult mit der „verflachten Darstellung menschlicher Charaktere"[605]) und der „antikünstlerischen Primitivität der Gestalten"[606]) sollte durch psychologische Tiefenanalysen überwunden werden.[607]) Über die oberflächlichen positiven Eigenschaften hinaus galt es, die Fähigkeit der Helden zu zeigen, „die einzelnen Widersprüche der Wirklichkeit nicht nur wahrzunehmen. Da sie diese Gesetzmäßigkeiten auch verstehen, können sie aktiv in das Leben eingreifen und es im Interesse der Gesellschaft verändern."[608]) Der sowjetische Gegenwartsfilm war deshalb angehalten, auch alltägliche Konflikte und Familienereignisse darzustellen, um „den lebendigen menschlichen Tonfall zu erlauschen, die Regungen der menschlichen Seele zu erkennen" und durch Szenen des kleinen privaten Glücks industriegesellschaftliche Normalität vorzuspielen.[609]) Gerade anhand der intimen Bereiche des Privatlebens der Helden lasse sich „wie in einem Wassertropfen das herrliche moralische Antlitz eines Menschen der neuen Welt, des Trägers einer neuen gesellschaftlichen Moral widerspiegeln."[610]) Eingängige Milieuschilderungen versprachen, den notwendigen Platz für die Poesie und Romantik des kommunistischen Auf-

603) Šatunovskij 1962: 134f. u. 138.
604) Zit. n. Bulgakova 1999: 144.
605) Gerasimov 1955: 104.
606) Rasumnyj 1956: 780.
607) Ausführlich Trifonova 1957.
608) Gerasimov 1955: 103.
609) Gerasimov 1955: 104.
610) Rasumnyj 1956: 778.

baus zu schaffen.[611]) Vermieden werden sollte der häufig verwendete Trick, Auftritte „pädagogischer Tanten“ und lautstarker Moraltrompeter in die Handlung einzuflechten, die mit ihren Predigten über die ewigen Kategorien von Gut und Böse, Hass und Liebe die Filmgestalten auf den rechten Weg zurückführten. Die unausgesetzte und abstrakte Moralisierung hatte begonnen, die Zuschauer zu langweilen.[612]) „Schließlich mobilisiert die fertige und vorgekaute Moral einen Menschen nicht, auch wenn sie noch so rein und ehrlich ist wie die Träne eines Kindes. Sie zwingt ihn nicht zum angestrengten Denken und hinterlässt schon deshalb keine tiefen Spuren in seiner Seele.“[613])

Zudem könnten die Leinwandhelden nur zu „echten Erziehern der Massen werden“, wenn der Film in aller Deutlichkeit ihren aufopferungsvollen Einsatz, die Schmerzen und Unannehmlichkeiten zeige, die sie auf den Großbaustellen zu ertragen hätten. Die lichte Zukunft komme nicht von allein, sondern müsse mit großer Kraftanstrengung und selbstloser Opferbereitschaft erkämpft werden. Dabei könnten durchaus Zweifel und Unbehagen dargestellt werden, die jedoch schließlich unweigerlich der Hoffnung und der Willenskraft Platz machen müssten. „Dann gibt es einen Konflikt, ein Drama, ausgeprägte Charaktere, und der Zuschauer wird vielleicht einem solchen Helden nacheifern wollen.“[614])

So sehr sich die Hüter des Kanons auch bemühten, der Prozess der Entkanonisierung war in der sowjetischen Filmkunst kaum mehr aufzuhalten. Der Sozialistische Realismus geriet in die Defensive und sank zum bloßen Kontrollmechanismus herab. Die Filmfunktionäre mahnten an, dass die Überwindung des unglaubwürdig gewordenen heroischen Mythos der Stalinzeit nicht dazu führen dürfe, dass man alles entheroisieren solle. Auf der Plenarsitzung des Organisationskomitees des Verbands der Filmschaffenden im Dezember 1963 warnte der Vorsitzende Ivan Pyr'ev mit Nachdruck davor, „alle möglichen Hinterhöfe des Lebens zu betrachten, wodurch die künstlerische Wahrheit unvermeidlich entstellt wurde. Unser Zeitgenosse, der eine neue Gesellschaft baut, ein Mensch mit einem starken Willen, einem scharfen Verstand und großem Talent, wurde auf der Leinwand häufig als geistig sehr arm dargestellt.“ Pyr'ev sprach von „verschnörkelten Formen, billigen Verrenkungen und Tricks [...], die aus dem Arsenal des westlichen Modernismus entliehen sind.“ Er erinnerte die Filmemacher daran, „den ideologischen Kampf zu berücksichtigen, der überall in der Welt auch auf der Filmleinwand geführt wird.“[615])

Angesichts zunehmender „verschleierter Ausfälle des Modernismus gegenüber dem Sozialistischen Realismus“[616]) hatte Pyr'ev schon ein Jahr zuvor mit

[611]) Aleksandrov 1958: 515.
[612]) Rasumnyj 1956: 781 ff.
[613]) Bondarčuk 1964: 817. Ähnlich Belova 1964.
[614]) Pyr'ev 1962: 2276.
[615]) Pyr'ev 1963: 3105–3106.
[616]) Grošev 1963: 853.

großer Besorgnis verkündet, dass es Kulturschaffende gebe, „die versuchen, den Kampf gegen den Personenkult dazu zu nutzen, persönliche Vorteile herauszuschlagen oder fremde, großbürgerliche Tendenzen in unsere Kunst hineinzutragen". Vehement kritisierte er junge Regisseure, weil sie sich zu sehr an ausländischen Filmen orientierten, über die glorreiche Vergangenheit und die packende Gegenwart ihres eigenen Landes hinwegsähen und so den Feinden der Sowjetunion in die Hände spielten, die einen Generationskonflikt entzünden wollten, um die Sowjetkultur zu schwächen.[617])

Auch die forcierte Hinwendung zum Privat- und Gefühlsleben des Helden traf auf Skepsis. Es sei keinesfalls weiter hinzunehmen, dass die jungen Regisseure bei ihren Filmwerken rasch das Interesse an der kommunistischen Arbeit verlieren und die abgetretenen Pfade der Familienstreitigkeiten, der melodramatischen Leidenschaften und der Liebesdreiecke weiter gehen. Das führe nur zu einem absichtlichen Entstellen des Lebens zugunsten einer verlogenen Kompliziertheit und Überspitztheit. „Matsch, Schlamm und Nässe des Tauwetters haben unsere Objektive beschlagen."[618]) Der Kritiker Grošev erinnerte die Filmemacher deshalb daran, dass im Oktober 1961 Chruščev in seinem Parteitagsbericht noch einmal mit Nachdruck darauf verwiesen hätte, dass „die Stählung des Menschen in der Arbeit, die Erziehung zur Arbeitsliebe und zur Achtung vor der Arbeit als der ersten Lebensnotwendigkeit [...] das Herzstück der gesamten kommunistischen Erziehungsarbeit" sind. Bei aller erforderlichen Entdogmatisierung der überkommenen hochpathetischen Heldenkonstruktion gelte es weiterhin zu zeigen, dass die sowjetische Jugend eine heroische Perspektive habe. Sie könne ihr geistiges Potential und ihre kreative Energie bei den anstehenden großartigen Aufbauarbeiten entfalten, um so ihre Sehnsüchte zu stillen. Der Erziehungs- und Mobilisierungsanspruch des sowjetischen Kinos dürfe keinesfalls verloren gehen, vor allem angesichts der Gefahr, dass die „goldene Jugend" der Tauwetterzeit der Dekadenz und dem Gleichmut verfallen könne, weil sie anders als ihre Eltern- und Großelterngeneration nicht im Kampf gestählt worden sei.[619])

Angesichts neuer Orientierungen und mahnender Grenzziehungen erwies sich die Darstellung der „Erbauer des Kommunismus" auf den Großbaustellen als äußerst schwieriges Unterfangen. Hinzu kam, dass Dovženkos Werk *Poema o More*, das in der offiziellen Filmkritik weitgehend auf Zustimmung traf, das Publikum nicht erreichte und deshalb nur als „prinzipieller Erfolg"

[617]) Grošev 1963: 3325f. Ähnlich Gerasimov 1963. Zur Kontroverse um die seit 1962 vehement kritisierten „poetischen Stimmungsfilme", vor allem um das Werk *Zastava Il'iča* vgl. bes. Bulgakova 1999: 144–148; Eggeling 1994: 157f. u. 798–821. Zur Kritik am experimentellen Kino vgl. ferner Roth-Ey 2003: 153–165.

[618]) Zit. n. Bulgakova 1999: 145.

[619]) Grošev 1963: 851f. Zur tiefsitzenden Angst der Parteiführer, die Jugend könne dem Projekt der Sowjetmoderne den Rücken kehren und sich der westlichen Kultur zu wenden, vgl. bes. Roth-Ey 2003: 46–98.

gefeiert werden konnte.[620]) Viele Zuschauer zeigten sich von der „komplizierten Bildsprache“ überfordert. Sie hatten Probleme, den logischen Zusammenhang zwischen den einzelnen Episoden zu erkennen, und waren betroffen davon, dass den negativen Charakteren zu viel Bedeutung zugemessen werde und so ein falsches Bild von den Bauarbeitern und umgesiedelten Kosaken entstehe.[621]) Andere stießen sich an der Unglaubwürdigkeit der Schlüsselszenen und vor allem an dem Übermaß an Pathos und Poesie. In seinem Drängen, die großartigen Ereignisse mit möglichst „großen Worten“ zu beschreiben, habe Dovženko seinen Helden eine Aufrichtigkeit zugeschrieben, die ihnen der Zuschauer einfach nicht abnehmen könne. Fast jeder Satz der „moralischen Übermenschen“ trage den Charakter einer Deklaration. Auf der steten Suche nach beeindruckenden Gesten und überwältigenden Symbolen wirkte der Film hochtrabend und wirklichkeitsfremd. „Letztlich bewegt uns die einfache menschliche Rede mehr als flammende Worte, die das Herz kalt lassen, weil sie vom Verstand abgelehnt werden.“[622])

Akzeptanzprobleme gab es gleichfalls bei den neuen Darstellungsweisen der Sowjetmenschen auf Plakaten und Gemälden. So ging der kritische Blick der Künstler nun verstärkt auf widrige Gegenwartsverhältnisse ein, was manche Betrachter als Verrat am Optimismusprogramm des Sozialistischen Realismus empfanden. Vladimir F. Tokarevs Gemälde *Das Wasser kommt* (1954) zeigt eine Gruppe von Kolchozbauern, wie sie am Ufer eines neu angelegten Kanals sehnsüchtig auf das Wasser warten, um damit endlich ihre Felder bewirtschaften zu können. Das Bild greift zwar das beliebte Thema vom technischen und sozialen Fortschritt auf; doch zeigt es die Kolchozbauern als bislang sträflich vernachlässigte soziale Gruppe, deren Leben weit vom propagierten Ideal entfernt ist.[623]) Auch Boris T. Sporychins Gemälde *Auf dem Don* (1956) spiegelte das gewachsene Interesse am provinziellen, rückständigen Landleben wider (Abb. 15). Es stellt eine Szene am Fluss dar. Während im Hintergrund ein modernes Fährschiff vorbeifährt, dominieren im Vordergrund kleine Ruderboote, einfache Karren und Holzhütten. Den traditionell gekleideten Kosaken sieht man an, wie sie sich im harten Kampf mit dem Fluss behaupten müssen. Ihr Blick schweift nicht mehr in die Ferne. Statt auf den Fluchtpunkt in der Zukunft ist er ganz auf das Naheliegende gerichtet. Die Quintessenz von Sporychins Bild ist, dass die Sowjetmoderne mit ihrem Versprechen des Übergangs zum Kommunismus am Horizont aufzieht, aber die widrigen Alltagsrealitäten noch nicht erfasst und zum Besseren verändert hat.[624])

Gegen Ende der 1950er Jahre setzte sich auf Plakaten und Gemälden zunehmend der „rauhe Stil“ (*surovyj stil'*) durch. Die Helden der Arbeit auf den

[620]) Sowjetische Film 1974/2: 58; Marshall 1983: 172.

[621]) Sowjetische Film 1974/2: 125f.; Poema o More 1958: 2f.

[622]) Nekrasov 1959b: 61. Ähnlich Sowjetische Film 1974/2: 75.

[623]) Bown 1998: 312f. (Abb. 346).

[624]) Bown 1998: 355 (Abb. 414).

Abb. 15: Boris T. Sporychin, Na Donu *(Am Don). Gemälde aus: Bown 1998: 355.*

Abb. 16: Nikolaj Andronov, Stroiteli Kujbyševskoj GES *(Die Bauarbeiter des Kujbyšever Flusskraftwerks). Gemälde aus: Bown 1998: 391.*

Großbaustellen an der Wolga und den sibirischen Flüssen erscheinen als kantige, breitschultrige und muskulöse Gestalten. Der allen überlegene Menschenschlag der „Erbauer des Kommunismus" entsteht im grimmigen Kampf mit der Natur und den Planvorgaben. Der Preis, der dafür zu zahlen ist, wird nicht mehr verschwiegen, sondern bewusst herausgestrichen, um den Heroismus zu betonen. Die harten Arbeitsbedingungen führen zu einem abgehärteten Charakter mit einer unbändigen Willenskraft und einer nie gekannten inneren Größe.

Diesen „zeitgenössischen Stil“ (*sovremennyj stil'*) brachte vor allem das Bild Nikolaj Andronovs *Die Bauarbeiter des Kujbyšever Flusskraftwerks* zur Anschauung, das im Juni 1958 auf der 4. Moskauer Jugendausstellung im Rampenlicht der Öffentlichkeit stand (Abb. 16). Mit seinem Anspruch, einen neuen militanten Realismus zu etablieren, um Optimismus, Authentizität und Monumentalität in plakativerer Form Ausdruck zu verleihen, stellte sich dieses Bild bewusst gegen überlieferte Darstellungsweisen und betrat neue künstlerische Wege. Während im Hintergrund ein Panorama der Großbaustelle zu sehen ist, ziehen im Vordergrund die Lastwagen und vor allem vier Bauarbeiter (darunter eine Frau) die Aufmerksamkeit auf sich. Ihr dynamisches Vorwärtsschreiten und die Aufwärtsbewegung des gesamten Bildes veranschaulichen eindrucksvoll unbändigen Tatendrang und das großartige Pathos des Erschaffens. Die harsche Umgebung des Bauplatzes wird nicht durch Bäume, Wiesen oder Blumen gemildert. Die von Mensch und Technik beherrschte Natur ist lediglich in Form einer Hügelkette und des Flusswassers präsent.[625])

Mit ihren geometrischen Figuren und kantigen Gesichtern markierten die als herb dargestellten Bauarbeiter einen scharfen Kontrast zu den spätstalinistischen „Schönwetterhelden“. Ihre simplifizierte Darstellung und der hohe Abstraktionsgrad waren umstritten. Während aufgeschlossene Kunstkritiker darin eine spannende Möglichkeit sahen, den Rhythmus des Lebens einzufangen und mit einer neuen künstlerischen Sprache eine zeitgemäße Vorstellung von der Rolle der Kunst zu verbreiten, attackierte das konservative Lager diesen zeitgenössischen Stil als gefährlichen ideologischen und kulturellen Revisionismus. Er ziele darauf ab, Realismus und Modernismus miteinander zu versöhnen, um damit eine vermeintliche Konvergenz von Sozialismus und Kapitalismus zu behaupten. Zudem monierte das Zentralkomitee anlässlich einer Plakatausstellung im Jahr 1960 die „schematische und wenig ausdrucksstarke Ausführung“ und warf den Künstlern vor, ihre „primitive Manier entfaltet nicht den Inhalt des Themas und fahndet nicht nach der realen Wirklichkeit.“[626]) Die Bauarbeiter verwandelten sich vielfach in unmenschliche Kraftmaschinen und schienen so kaum mehr fähig, einen klugen Gedanken zu fassen. Sie wirkten auf viele Betrachter als desillusionierte Personen, die über ihre anstrengende Arbeit den Glauben an die Schönheit des Lebens längst verloren hätten. Sie seien unfähig zu lächeln und Gefühle auszudrücken. Es fehle ihnen an jeglicher menschlichen Wärme. Das Gesicht, eigentlich der Spiegel der Seele, verkomme zur leblosen Maske, zur bloßen Leerstelle. Die dargestellten Personen interagieren nicht miteinander. Den Blick starr nach vorn gerichtet, gehe jeder seinen eigenen Weg. Das soziale Klima auf den Großbaustellen erscheine deshalb als kalt und herzlos. Die Vorstellung, derart ausdrucks- und gefühlslose Gestalten würden den Kommunismus erschaffen,

[625]) Reid 2006: 219f.; Bown 1998: 389–393.
[626]) Sviridova 1975: 12.

mochte sich bei vielen Betrachtern kaum einstellen. Der rauhe Stil der Tauwetterperiode vermochte es offensichtlich nicht, den gewünschten reichen Charakter des Sowjetmenschen zur Anschauung zu bringen.[627])

Zwischen der geforderten Abkehr von der überkommenen spätstalinistischen Idyllenproduktion und dem als bedrohlich empfundenen Neuentwurf durchlebte der sowjetische Held während der Tauwetterperiode offensichtlich eine tiefgehende Identitätskrise. Es bleibt zu fragen, inwieweit diese nicht nur die Kritiker und Kulturpolitiker, sondern auch den einfachen Kulturkonsumenten beschäftigte.

5.4. Soziale Wirkungen: Rezeption, Adaption und Reaktion

Überdruss oder Effizienz der Propaganda?

Die Entwicklung moderner Medien führte in der Sowjetunion zweifellos zu einer größeren Reichweite und zu einer eindringlicheren Wirkung der offiziellen Weltauslegung. Zahlreiche Zeitgenossen und Forscher hegten aber seit den 1950er Jahren Zweifel an der Effektivität der sowjetischen Massenbeeinflussung. Der „automatische Lauf der Gebetsmühlen der Partei"[628]) und das „ideologische Trommelfeuer", das auf den Sowjetmenschen niederging, lehrten ihn nur – so Merle Fainsod –, „auf politische Fragen die richtigen Antworten zu geben."[629]) Darüber hinaus habe die Hyperpräsenz von Kult und Propaganda mit der „Erscheinungsform der Verdrossenheit" und den „Symptomen der Apathie [...] Nebenwirkungen besonderer Art".[630]) Bruno Kalnins argwöhnte, das „Prinzip der ständigen Wiederholung" und der „völlige Gleichlaut der propagierten Ideen, Parolen und Argumente", die mit nervtötender Ausdauer vorgetragen werden, übten mit der Zeit nur noch „rein mechanisch eine Wirkung auf die Massen aus".[631]) So hätten sich angeblich viele Sowjetmenschen daran gewöhnt, die überall ausgehängten Plakate „als etwas zur Ausstattung des Arbeitsplatzes Gehörendes zu betrachten", das sie nur noch selten eines Blickes würdigten.[632]) Im Jahr 1967 beschwerte sich der Chefredakteur der *Pravda*, Fedor Tolkunov, vehement darüber, dass die monotone Berichterstattung dem Leser „jeden Willen nimmt, etwas über das gleiche

[627]) Zu den kontroversen Diskussionen um den „zeitgenössischen Stil" vgl. ausführlich Reid 2006: 220–226; Bown 1998: 391–404.

[628]) Ignatov 1996: 89.

[629]) Fainsod 1965: 654. Vom „talmudistischen Auswendiglernen" sprach Kalnins 1956: 53. Ähnlich Gilison 1975: 5.

[630]) Fainsod 1965: 653f.

[631]) Kalnins 1966: 135. Ähnlich Hollander 1972: 191–196; Roxburgh 1987: 101; Simon 1974: 581.

[632]) Kalnins 1956: 166f.

Thema zu lesen [...] Es ist natürlich, daß dadurch der tiefe Inhalt der Worte als solcher sich verwischt, verblaßt, ohne bis zum Bewußtsein zu dringen."[633])

Alex Inkeles stellte schon 1950 fest, dass die Sowjetpropaganda mit ihrem permanenten Moralismus, ihrer fortgesetzten Litanei und ihren strikten Handlungsanweisungen kaum den Eindruck von Parteiführern vermittle, „who are sure of the response of their audience and who feel that they are speaking to a convinced and loyal population."[634]) Die Kampagnen zu den „Großbauten des Kommunismus" lassen sich so als Ausdruck von Unsicherheit und Misstrauen gegenüber einer Bevölkerung interpretieren, die weiterhin steter Ermahnung, strenger Disziplinierung und Mobilisierung bedurfte, um sich als „Erbauer des Kommunismus" dazu berufen zu fühlen, eine bessere Welt zu schaffen.

Während manche westliche Politiker und Journalisten befürchteten, in den Propagandaschlachten des Kalten Kriegs nicht bestehen zu können, urteilten Experten darum weitaus gelassener. Die sowjetischen Kulturschaffenden würden sich viel mehr Sorgen um die ideologische Konformität ihrer Texte und Bilder als um ihre Wirksamkeit machen. Sie wollten primär der Parteilinie und erst dann den Bedürfnissen der Massen entsprechen. Die Kunst der Überzeugung sei im Westen auf Manipulation ausgerichtet, im Osten hingegen auf Konformität.[635]) Die sowjetischen Chefideologen hätten außerdem immer noch nicht erkannt, dass sie die Analyse komplexer sozialwirtschaftlicher und kultureller Probleme nicht durch abstrakte Deklarationen und Klischees ersetzen könnten, die sich vielfach mehr an den Verhältnissen des 19. Jahrhunderts als an den Wirklichkeiten der 1960er Jahre orientierten.[636]) Trotz einer partiellen Modernisierung zeichne sich die sowjetische Massenkultur und parteistaatliche Werbetätigkeit durch eine übergroße Skepsis gegenüber gesellschaftlichen Neuerungen sowie durch ein „backward, neomedieval, cultural pattern" aus. Die sowjetische Propaganda schwimme statt auf der Welle der Zukunft weiterhin auf der Welle der Vergangenheit.[637]) Ungeachtet des unaufhörlichen Geredes vom Kommunismus meinten Beobachter schon zu Beginn der 1960er Jahre erste Anzeichen zu erkennen, „daß die Bindung an die Ideologie im Vergleich mit der evangelischen Inbrunst und den apokalyptischen Hoffnungen der revolutionären Frühzeit bedeutend schwächer geworden ist." Der Marxismus-Leninismus stelle für viele nur noch eine „Art formales Glaubensbekenntnis" oder einen bloßen Parteijargon bzw. ein sinnentleertes Geschwätz dar.[638]) Fern allen Alltagserfahrungen habe sich der moderne Traum vom baldigen Übergang zum Kommunismus in permanenter Abnutzung er-

[633]) Zit. n. Achminov 1967: 894.

[634]) Inkeles 1950: 320.

[635]) Roxburgh 1987: 102ff.; Kalnins 1956: 229 u. 235; Barghoorn 1964: 312f.

[636]) Barghoorn 1964: 316; Simon 1974: 576.

[637]) Barghoorn 1964: 318.

[638]) Fainsod 1965: 654. Ähnlich Tucker 1967. Allgemein damals auch Bell 1962.

schöpft und damit allmählich das Ende der Utopie eingeleitet. Der verbale Overkill der ideologieübersättigten, realitätsfremden Berichterstattung führe zwangsläufig zu einer wachsenden „combination of indifference and dissatisfaction".[639]

Selbst skeptische Experten wagten es aber nicht, die parteistaatlich gelenkte Bewusstseinsformung als gänzlich erfolglos darzustellen. Auch wenn die sowjetische Propagandamaschinerie bei der Vermittlung des anspruchsvollen „Moralkodexes der Erbauer des Kommunismus" ins Stocken geriet,[640] so arbeitete sie keineswegs im Leerlauf. Kalnins wies darauf hin, dass es „nirgends auf der Welt eine so umfassende Werbetätigkeit, eine so planmäßige Meinungsbildung der Massen, eine so starke geistige Uniformierung wie in der Sowjetunion" gebe.[641] Die Sowjetpropaganda wirke dabei „meistens durch ihre gewaltige Quantität, weniger durch ihre Qualität."[642] Ihre verdichteten Diskursstrukturen und überwältigenden Bildprogramme dienten der Herstellung und Vorspiegelung einer nach innen homogenisierten und nach außen strikt abgeschlossenen Denkwelt sowie eines einheitlichen Kommunikationsraums. In ihm entfaltete der Parteistaat sein Meinungsmonopol und seine diskursive Macht, um die Infragestellung verordneter Glaubensgewissheiten kaum mehr zu ermöglichen.[643] Die primäre Funktion des omnipräsenten Technikkults lag darum weniger in der erfolgreichen Indoktrination der Sowjetmenschen als vielmehr in ihrer Integration in eine Inszenierungsdiktatur, in der die unbestrittene Dominanz der offiziellen Rhetorik und Weltsicht jegliche Form von Kritik und Skepsis entweder kanalisierte oder marginalisierte. Mit seiner utopistischen Phraseologie trug der Technikkult maßgeblich dazu bei, den Raum des Politischen und den gemeinsamen symbolischen Kosmos zu konstruieren, in dem alle gesellschaftlichen Wahrnehmungs-, Sinnstiftungs- und Handlungsprozesse stattfanden.[644]

Bei dem bemühten Versuch der hegemonialen Überformung des Denk- und Sagbaren machte das Sowjetregime mit der Monotonie der Slogans und der repetitiven Ritualisierung ihrer Politik deutlich, dass die politischen und

[639] Hopkins 1970: 337. Ähnlich Simon 1974: 585; Mickiewicz 1981: 148; Shlapentokh 1986: 66.

[640] Zu diesem Moralkodex mit seinen zwölf altruistischen Geboten vgl. Moral'nyj kodeks stroitelja kommunizma, in: *Pravda*, 24. September 1961: 1; Kolbanovskij 1961. Ferner Gilison 1975: 73 u. 165–181; O'Dell 1978: 28–50 u. 222–249. Zum verstärkten *moral engineering* während der Tauwetterperiode vgl. ausführlich Field 2007.

[641] Kalnins 1956: 231.

[642] Kalnins 1956: 233.

[643] Kalnins 1966: 136. Ähnlich Gilison 1975: 21. Als Spezialisten aus Harvard nach 1945 systematisch sowjetische Emigranten nach ihren Erfahrungen mit der Propaganda befragten, stellten sie fest, dass sich selbst bei denjenigen, die dem Vaterland des Sozialismus den Rücken gekehrt hatten, zentrale politische Botschaften durchaus im Bewusstsein abgelagert hatten. Vgl. zu dieser Studie Bauer 1956.

[644] Vgl. dazu das neuerdings in der Russlandforschung viel zitierte Werk zum syrischen Personenkult um Hafiz Al-Asad: Wedeen 1999.

gesellschaftlichen Ordnungsstrukturen stabil waren und trotz allen Wandels nicht zur Disposition standen. Zugleich sollte die restringierte politische Kommunikation mit ihren stereotypen Repräsentationen „der Partei- und Staatsführung ein Maximum an Sicherheit vor unkontrollierten, eigenwilligen Artikulationen durch die aus ihrer Sicht stets suspekten Vielen" bieten.[645]) Die Propaganda, deren Botschaften zugleich Glaubensbekenntnisse wie auch Handlungsmaximen waren, hatte außerdem eine ausgeprägte Kommandofunktion. Die Mächtigen brachten darin ihre kategorischen Erwartungen und Anweisungen an die Sowjetmenschen zum Ausdruck und zogen klare Grenzen zwischen dem Gewünschten, Erlaubten und Untersagten.[646]) Dieser in die sowjetische Kampagnenpolitik eingeschriebene Konformitätszwang lastete mit seinem aggressiven Enthusiasmus, seinen vorgefertigten Identitätspaketen und aufdringlichen Verpflichtungsappellen schwer auf der Sowjetgesellschaft.[647]) Angesichts dieser ideologiegesättigten Mediendispositive und pädagogischen Diktate meinten die Experten für die 1960er Jahre feststellen zu können, die Sowjetmacht gründe sich auf einem Fundament aus ideologischer Überzeugungstreue, passiver Systemloyalität und missmutiger Herrschaftsakzeptanz.[648]) Die vielfältigen Formen der Unzufriedenheit und Kritik würden weiterhin meist „von einem stabilen Konformismus in allen generellen Fragen der Staatsdoktrin und der Staatsräson überlagert".[649])

Die vom Institut für öffentliche Meinung der *Komsomol'skaja Pravda* zwischen 1960 und 1964 durchgeführten Umfragen belegten, dass die überwiegende Mehrheit der Sowjetbevölkerung die Propaganda zum „Aufbau des Kommunismus nicht als leere Worte" wahrnahm. Vielmehr stellte „die kommunistische Idee die Quintessenz, den Kernpunkt ihres geistigen und materiellen, ihres öffentlichen und privaten Lebens sowie ihres Denkens über Vergangenheit und Zukunft" dar. „Das Bewusstsein und die Mentalität war zu Beginn der 1960er Jahre in sehr hohem Maß abhängig von der in der Gesellschaft existierenden kommunistischen Ideologie."[650]) Das zeigte sich vor

[645]) Satjukow/Gries 2003: 26.

[646]) Zur Kommandofunktion der Sowjetpropaganda und ihres „behavioristic component" vgl. Shlapentokh 1986: XV u. 38–41. Um über die beeinflussende Information hinaus die wichtige Anleitungs- und Handlungsdimension zum Ausdruck zu bringen, wird in der neueren Forschung der Begriff „Tatpropaganda" benutzt. Vgl. Balistier 1996.

[647]) Allgemein dazu Baringhorst 1998; Gibas 1999: 540–549.

[648]) Boris Grušin bezeichnete die „Frustrierten", „Nihilisten" und „heimlichen Dissidenten" zu Beginn der 1960er Jahre als eine verschwindend kleine Minderheit. Neben der Gruppe der „revolutionären Romantiker" und „aktiven Gefolgsleute der Revolution" sah er in den „gemäßigten Konformisten" die große schweigende Mehrheit. Deren Mitglieder übten ihren Beruf „ohne Hurra-Geschreie" loyal und pflichtbewusst aus, blickten zwar über Missstände nicht hinweg, zeigten aber weiter Vertrauen in den sowjetischen Parteitag und waren von der grundsätzlichen Richtigkeit des eingeschlagenes Weges überzeugt. Vgl. Grušin 2001: 535ff.

[649]) Ahlberg 1969: 172. Ähnlich Roxburgh 1987: 103.

[650]) Grušin 2001: 519, 521 u. 523f.

allem darin, dass sich die Befragten in ihren Antworten häufig der „in Steinbeton gegossenen propagandistischen Formulierungen" bedienten, die Sprachschablonen und Slogans aus der Presse „mechanisch wiederholten", um ihre Ansichten zu artikulieren. Durch die Übernahme offizieller Deutungs- und Erklärungsmuster ergab sich ein „unselbständiges Bewusstsein", das sich häufig mit punktuell kritischen Sichtweisen verband, die aus negativen Erfahrungen in der eigenen Arbeits- und Lebenswelt gewonnen wurden.[651]) Der sowjetische „homo communisticus"[652]) glaubte an die Realisierung des vieles versprechenden Parteiprogramms von 1961. Die fortgesetzte Verbesserung des Lebensstandards weckte bei vielen neue Hoffnungen.[653]) Während die eine Gruppe von Befragten im Rückblick meinte, die Propaganda vom baldigen Aufbau des Kommunismus habe „wie eine Art Hypnose auf das einfache Volk" gewirkt, erinnerten sich andere daran, dass die junge Generation, die sogenannten Kinder des 20. Parteitages, Anfang der 1960er Jahre tatsächlich vom festen Willen beseelt war, Ideologie und Gesellschaft auf der Grundlage der wahren sozialistischen Prinzipien zu reformieren. Selbst wenn einzelne Skepsis äußerten, ob der Kommunismus in der Sowjetunion in den nächsten Jahren wirklich Gestalt annehmen könnte, so bot das ehrgeizige Aufbauprogramm immerhin doch etwas, das sich viele wünschten und sie zum Träumen anhielt.[654])

Das Bewusstsein der Sowjetmenschen war darum während der ausgehenden Tauwetterperiode nur in seltenen Fällen gespalten und – im Unterschied zur späten Sowjetzeit – noch nicht durch ein *double think* sowie ein sprachliches *code switching* geprägt.[655]) Es zeichnete sich durch eine „unzweifelhafte Aufrichtigkeit" aus. Die große Bevölkerungsmehrheit lebte nicht mit der Lüge, sie glaubte sie, weil die Widersprüche zwischen Propaganda und Realität entweder nicht wahrgenommen oder weitgehend toleriert wurden.[656]) Das allgemeine Interesse am Aufbau des Kommunismus hatte so zu einer gesellschaftlichen Aufbruchstimmung geführt, von der nur wenige unberührt blieben. Statt des Verlusts an Ideologie und Utopie, von der Merle Fainsod und andere westliche Experten damals gesprochen hatten, vermittelten die Um-

[651]) Grušin 2001: 523f.

[652]) Grušin 2001: 545.

[653]) Grušin 2001: 140f., 155f. u. 536f.

[654]) Der russische Historiker Jurij Aksjutin (2004: 333–339) führte in den 1990er Jahren Interviews mit Vertretern der Tauwettergeneration, um anhand der gesammelten Erinnerungen die öffentliche Meinung zu Beginn der 1960er Jahre zu rekonstruieren. Dieses Verfahren ist methodisch zweifelhaft. Aksjutins Auswertungen überschneiden sich aber mit den Ergebnissen der von Boris Grušin Anfang der 1960er Jahren durchgeführten Meinungsumfragen und anderen Erinnerungen. Zu einer kritischen Würdigung der Studie von Aksjutin vgl. Titov 2009: 18ff.

[655]) Scanlan 1985.

[656]) Grušin 2001: 544f.

fragen der *Komsomol'skaja Pravda* das Bild, dass die kommunistische Ideologie und Utopie zu Beginn der 1960er Jahre ihren Höhepunkt erlebten.[657]

Kommunikative Potentiale und Langzeitwirkung des Technikkults

Auch wenn die Propagandaoffensiven, bedingt durch den politisch-kulturellen Wandel während der Tauwetterperiode, keineswegs ohne Reibungsverluste und Irritationen abliefen, so konnte gerade der Technikkult weiterhin kommunikative Potentiale entfalten. Er trug zur allgemeinen Zuversicht und zur gesellschaftlichen Akzeptanz des politischen Kurses der Partei bei. Neben der wachsenden Beliebtheit der populärwissenschaftlichen Zeitschriften belegten vor allem die von Tageszeitungen organisierten Leserumfragen der 1960er Jahre, dass die von der Sowjetpresse gezeigte Sensibilität für die wissenschaftlich-technische Revolution auf breites öffentliches Interesse traf.[658] Themen aus den Bereichen Wissenschaft und Technik waren besonders bei jungen männlichen Lesern beliebt. Ungeachtet aller Klagen über die formelhaften Texte und den unerfüllten Wunsch nach lebendigen Vor-Ort-Reportagen sowie nach ausführlicheren Hintergrundinformationen verfolgten viele aufmerksam die Berichterstattung über die neuen Großprojekte.[659] Die neuen Errungenschaften festigten oftmals das Vertrauen in die wirtschaftliche und militärische Stärke der Sowjetunion. Das rechtfertige die hohen Investitionen des Sowjetstaates in die technologischen Großvorhaben.[660]

Als die sowjetischen Soziologen mit ihren Umfragen versuchten, ein „Selbstporträt der Jugend" zu zeichnen und das Wertesystem der neuen „Tauwettergeneration" näher zu ermitteln, stellten sie fest, dass die Großbaustelle des Bratsker Flusskraftwerks jungen Sowjetmenschen tatsächlich als Ort der Bewährung erschien, an dem die nachwachsende Generation von ihren Vätern und Müttern den Staffelstab der Revolution übernahm und sich zur „Avantgarde der Erbauer des Kommunismus" aufschwang. Die Kampagnen- und Mobilisierungspolitik Chruščevs traf deshalb bei der Sowjetjugend auf Zustimmung, auch wenn die Mehrheit den großen Worten kaum Taten folgen ließ und trotz ihres „deklarativen Verhaltens"[661] den neuen Bauplätzen in Sibirien und Kazachstan fernblieb. Als „irdischer, sibirischer Sputnik"[662] ge-

[657] Grušin 2001: 96f., 138ff., 538ff. u. 546. Ferner Vajl'/Genis 2001: 12–18; Gilison 1975: 58–188. Dass das Propagandamaterial damals vor allem bei sowjetischen Stadtbewohnern „pretty well accepted" war, schlussfolgerte auch Stites 1999: 85–104. Angesichts der fortgesetzten Entbehrungen, Erschwernisse und Mängel konstatierte die amerikanische Historikerin Kristin Roth-Ey (2003: 399) kürzlich noch einmal zur Situation der frühen 1960er Jahre: „Moscow did believe in blood, sweat, and tears."

[658] Barghoorn 1964: 311.

[659] Hopkins 1970: 323; Roxburgh 1987: 93f. u. 279; Mickiewicz 1981: 60; Hollander 1972: 65–68.

[660] Grušin 2001: 86ff. u. 102.

[661] Grušin 2001: 540.

[662] Gudkov 1960: 16f.

feiert, stellte der Bratsker Hydrogigant die Aufopferungsbereitschaft, den Enthusiasmus und Heroismus der Generation unter Beweis, der die Gnade der späten Geburt zugefallen war, so dass sie sich weder bei den Industrialisierungskampagnen der 1930er Jahre noch bei den Weltkriegsschlachten hatte bewähren können. Bei der Umfrage nach den herausragenden Ereignissen des 20. Jahrhunderts führte die Gruppe der 16- bis 29jährigen nach der Oktoberrevolution und der Erschließung des Kosmos darum die großen Erfolge bei der Umgestaltung der Natur an dritter Stelle an (noch vor dem Sieg im Zweiten Weltkrieg). Die Bratsker Großbaustelle war offenbar ein generationsspezifisches Medienerlebnis mit großer Symbolkraft für das jugendliche Selbstbewusstsein.[663])

Wie sehr die Kraftwerk- und Kanalbauten damals die Sowjetbürger beschäftigten, zeigten die zahlreichen Briefe, die leitenden Staats- und Parteiorganen zugingen. Ihre Absender griffen die offizielle Begeisterung für Hydrogiganten auf, um ihrerseits Vorschläge für weitere Vorhaben zu machen. Nachdem er in der Zeitung über die „Großbauten des Kommunismus" gelesen hatte, schrieb so der westsibirische Kolchozbauer D. G. Fedorenko Ende 1950 persönlich an Stalin. Mutig forderte er den „weisen Führer" dazu auf, zwecks besserer Energieversorgung und Verkehrsanbindung Sibiriens den Bau eines „gigantischen Kanals zwischen Wolga und Irtyš'" auf den Weg zu bringen, und legte seinem Schreiben sogar eine kurze Skizze zum möglichen Verlauf der Kanaltrasse bei.[664]) Im Zuge von Chruščevs Neulandkampagne traten in der zweiten Hälfte der 1950er Jahre zahlreiche Ingenieure, Arbeiter und Landbewohner mit der Idee an die Staats- und Parteiführung heran, mittels weiterer Hydrogiganten die Erschließung von neuen Ackerflächen in Kazachstan, Sibirien und der Kaspischen Senke voranzutreiben.[665]) Des Weiteren nahmen Sowjetbürger wiederholt Stellung zu den Plänen, die nordrussischen und sibirischen Flüsse umzuleiten, und äußerten ihre Ansichten, wie diese megalomanischen Unterfangen am besten zu realisieren seien.[666])

Das kulturelle Leistungsvermögen politischer Kulte und Kampagnen lässt sich vor allem an in sich geschlossenen Botschafts- und Bedeutungskomplexen näher einschätzen, die dauerhaft gültig waren und über Generationen sowie Systemwechsel hinweg gesellschaftliche Breitenwirkung entfalteten. Deshalb fordern neuere Studien nachdrücklich eine „Langzeit-Synopse unterschiedlicher propagandistischer Muster".[667]) Dazu müssen die mit dem

[663]) Grušin 2001: 159-222 u. 391-430. Ferner Grušin/Čikin 1962. Kurz O'Dell 1978: 213-218.

[664]) GARF, 5446/80/879, 184-85. Stalin leitete den Brief an den zuständigen Minister Žimerin weiter mit der Auflage, zu Fedorenkos Vorschlag Stellung zu beziehen.

[665]) RGAE, 9572/1/1604, 57-66. Diese Zuschriften griff das Moskauer Institut *Gidroproekt* nur zu gern auf, um gegenüber der Partei- und Staatsführung Werbung für seine kostspieligen Großprojekte zu machen.

[666]) RGAE, 9572/1/1604, 67-73.

[667]) Gries 2005: 28.

traditionellen Verständnis von Propaganda oft verbundenen engen Zeithorizonte überwunden werden. Die öffentliche persuasive Kommunikation führte mit ihren elementaren Narrativen und Argumentationen häufig über die intendierte soziale Verständigung hinaus zum kulturellen Zusammenhalt, der in Zeiten des Wandels weiterhin Stabilität und Kontinuität gewährleistete.[668]) Über die Aufdeckung verinnerlichter, nicht immer bewusst wahrgenommener, geradezu aufgesogener symbolischer Sinnwelten erschließen sich sedimentierte Prägungen, persistente kollektive Befindlichkeiten und mentale Dispositionen.[669]) Mit dem Paradigma der *longue durée* können folglich Tiefenstrukturen entdeckt werden, um durch eine Analyse komplexer Verarbeitungsprozesse den Anteil der Propaganda nicht nur am Machen von Politik, sondern auch „an der Konstitution von Gesellschaft überhaupt aus(zu)loten".[670])

Der Kult um die „Stalinschen Großbauten des Kommunismus" ging zweifellos in die auf Zukunft und Dauer gestellte Vergangenheitsdeutung der Sowjetgesellschaft ein, in dessen Licht die sich wandelnde Gegenwart stets neu ausgedeutet wurde. Wie andere herausragende, den Ruhm heroischer Epochen widerspiegelnde Großprojekte wurden sie im Moskauer „image management"[671]) als Markenartikel des Sowjetkommunismus präsentiert und damit zu narrativen Abbreviaturen, in denen Sinngehalte und offizielle Geschichtsinterpretationen verdichtet waren. Durch die Erwähnung der Großbauten konnten die in ihnen eingelagerten Geschichten aufgerufen und kommunikativ genutzt werden.[672]) Dank ständiger Querverweise in den Reden der Parteiführer und der gelenkten Öffentlichkeit vermittelten diese Abbreviaturen ein kohärentes Bild der jüngsten Sowjetgeschichte. Sie schufen eine selektive Aufmerksamkeit für bestimmte, deutungsfähige Ereignisse der Vergangenheit, während andere Erfahrungen tabu blieben. Vieles blieb dabei dem Sinn nach verschwommen, wurde allerdings stets mit großem Pathos, technologischem Chauvinismus und eschatologischem Triumphalismus aufgeladen.[673]) Das ließ die Sowjetgeschichte zum einen als einen Baukasten emotionaler Codes erscheinen; zum anderen suggerierte die Inszenierung der „Großbauten des Kommunismus" eine Übereinstimmung zwischen politischen Zielsetzungen und gesellschaftlichen Erwartungen, indem er die allgemeine Wohlfahrtssehnsucht und die großen Versprechungen der industriellen Moderne aufgriff und eingängig wiedergab.[674]) Auf diese Weise verband der Technikkult als Mediator ideologische Botschaften mit unpolitischen Inhalten und allgemeinen Zielen zu präzis kalkulierten Medienangeboten. Das verschaffte ihm gute Chancen auf gesellschaftliche Akzeptanz und Aneig-

[668]) Gibas 1998; Gibas/Abbe 1998.
[669]) Diesener/Gries 1996: XIII.
[670]) Gries 2000: 570. Ähnlich Grušin 2001: 524.
[671]) Shlapentokh 1996: 29.
[672]) Rüsen 1994: 10f. Ähnlich Niedermüller 1997: 264f.
[673]) Grušin 2001: 526f.
[674]) Roxburgh 1997: 103; Barghoorn 1964: 166f.

nung.[675]) Die Inszenierung von Großprojekten verhalf „den Massen zwar nicht zu ihren Interessen", wohl aber „zu (deren) Ausdruck."[676])

Der Technikkult trug maßgeblich dazu bei, dass die offizielle Propaganda neben dem Glauben an die Segnungen des Fortschritts und die Überlegenheit des eigenen Systems mit der enormen Vitalität des Sowjetpatriotismus unübersehbare Spuren im Massenbewusstsein hinterließ.[677]) Das zeigte sich in den 1990er Jahren, als die um sich greifende trotzige „Supermacht-Nostalgie" allmählich eine patriotische Neudeutung der Sowjetgeschichte einleitete, um dem als schmerzlich empfundenen Identitätsverlust entgegenzuwirken. In dieser Zeit erinnerungskultureller Hochkonjunktur wurde weniger der Wunden und Katastrophen, sondern wieder mehr der Errungenschaften und Erfolge der Vergangenheit gedacht.[678]) Die gigantischen Flusskraftwerke dienten vielen als Fixpunkte imperialer Träume und galten als „einzigartige Denkmäler der energetischen Revolution des 20. Jahrhunderts".[679]) Als 1994 und 1997 die Kolossalbauten in Bratsk und Krasnojarsk runde Jubiläen feierten, erschienen aufwendig gestaltete Jubelbände. Deren Texte und Bilder zelebrierten zum einen den aufopferungsvollen Enthusiasmus der Bauarbeiter und stellten ihn der egoistischen Profitgier der Gegenwart entgegen; zum anderen feierten sie die in den Jahrzehnten des Kalten Kriegs erreichten technologischen Weltrekorde mit dem offensichtlichen Ziel, in Zeiten des Umbruchs das erschütterte Selbstbewusstsein zu festigen und den Nationalstolz zu stärken.[680]) Seit der Währungsreform Mitte der 1990er Jahre ist darum das Krasnojarsker Flusskraftwerk auf dem Zehnrubelschein – dem gebräuchlichsten russischen Geldschein – abgebildet, um den Bürgern des postkommunistischen Russlands die beeindruckenden Triumphe über die Elementarkräfte zu vergegenwärtigen. Diese bis heute die politische Landschaft prägenden erinnerungskulturellen Ablagerungen sprechen fraglos für eine gewisse Wirkung der sowjetischen Imperative von Expansion und Monumentalität.

Dissonanz und Polyvalenz

Auch wenn die ersten Umfragen zu Beginn der 1960er Jahre der öffentlichen Meinung in der Sowjetunion eine „große Eintracht" bescheinigten, war sie keinesfalls monolithisch, sondern im zunehmenden Maß von einer Vielfalt unterschiedlicher Ansichten geprägt. Die von der Moskauer Parteiführung stolz verkündete „moralisch-politische Einheit des Sowjetvolkes" blieb mehr Wunsch als Wirklichkeit. „Die Abhängigkeit der Massenmentalität von Pro-

[675]) Grušin 2001: 531 f. Allgemein dazu Gries 2000: 569; Gries 2005: 21 u. 33 f.

[676]) So das bekannte Zitat von Walter Benjamin: Benjamin 1974: 506.

[677]) Simon 1974: 575; O'Dell 1978: 249; Hopkins 1970: 338.

[678]) Das geschönte russische Geschichtsbild hat Heinrich Vogel zutreffend auf die Kurzformel „Gagarin ohne Gulag" gebracht. Siehe Vogel 2001: 14.

[679]) Alekseev 1992.

[680]) Čelovek 1994; Krasnojarskaja GES 1997.

paganda und Agitation war bei weitem nicht absolut."[681]) Trotz aller Aufgeschlossenheit für den mythischen Gehalt des Kults blieben „Logik und Rationalismus" bei der Meinungsbildung keineswegs ausgeschlossen.[682]) Die Sowjetmenschen besaßen durchaus die Fähigkeit, zwischen dem fantastischen Konjunktiv des imaginären Kommunismus und dem trostlosen Indikativ des realen Sozialismus zu unterscheiden. Als nach dem 20. Parteitag 1956 die politische Führung offener als zuvor Widersprüche und Probleme diskutierte, fragten viele eingehender danach, inwieweit sich die eigene Lebenswirklichkeit mit der Propaganda übereinbringen ließ. Ein eigenständiges Potential von Kritik und Unmut begann sich zu entfalten. Zwar wurde das Sowjetsystem dabei nicht grundsätzlich in Frage gestellt; doch die skeptische Sicht auf den eigenen Alltag und das soziale Leben folgte keineswegs nur der vom Parteistaat vorgegebenen Problemorientierung. Jenseits der beeindruckenden Kulisse von Aufbruch, Aufstieg und Zuversicht nisteten sich in der Sowjetgesellschaft die ersten „Embryone der zukünftigen starken Ablehnung der Ideologie und sozialen Praxis" ein.[683])

Schon im Hochstalinismus Ende der 1930er Jahre war den Sowjetmenschen durchaus nicht entgangen, dass die wiederholten Propagandakampagnen der Lenkung und Ablenkung der öffentlichen Meinung dienten. Als der nach Moskau geflohene Kulakensohn Stepan Podlubnyj mit aufrichtigem Enthusiasmus und selbstlosem Einsatz hoffte, eine neue Identität zu erlangen, hielt er in seinem Tagebuch fest, dass im März 1938 ein Riesenrummel wegen der Rückkehr der Papanin-Mannschaft gemacht wurde, die am Nordpol überwintert hatte und dann auf einer Eisscholle über mehr als 2000 km zu den Ufern von Grönland gedriftet war. Dieser künstlich erzeugte, aufwendig in Szene gesetzte Triumphzug „lenkt die Aufmerksamkeit der Menschen davon ab, politisch zu denken. Vorgestern wurde die Gruppe um Bucharin, Rykov, Jagoda und Krestinskij erschossen. Auf vortreffliche Weise lenken die Papanin-Männer vom abgelaufenen Prozess und seinen Ereignissen ab."[684])

Der Bauer Andrej Aršilovskij sah es ähnlich. In seinem Tagebuch ist vom „dummen Volk" zu lesen, dass die glorreichen Rückkehrer „mit Blumen (überschüttet), und als Resultat muß der Staat seinen Ausgabenplan für wissenschaftliche Entdeckungen erhöhen und ein bis zwei Kopeken vom armen fluguntüchtigen Teufel draufschlagen. Was hat man vom Schwimmen auf den dicken Eisschollen am Nordpol? Meiner Ansicht nach nichts. Aber es wird geprahlt, jede Menge Fotos, bedeutende Leute in der Zeitung!". Aršilovskij mutmaßte, dass die stalinistischen Aufbauprojekte als Täuschungsmanöver vor allem der Prahlerei dienten, gestand sich jedoch ein, dass von den „schönen Phantasien ... das rauhe Leben ein wenig glatter" wurde. Mit großem

[681]) Grušin 2001: 524f. u. 541f., Zitat 524.
[682]) Grušin 2001: 522.
[683]) Grušin 2001: 524f. u. 537.
[684]) Zit. n. Hellbeck 1996: 255f.

Bedauern vertraute Aršilovskij seinem Tagebuch an, dass sich bei ihm der von der Propaganda verbreitete Rauscheffekt nicht bemerkbar mache. Er deutete dies als Charakterschwäche: „So ein Mensch bin ich eben – ohne beflügelnde Phantasie und Begeisterung."[685])

Während der Tauwetterperiode scheint immer mehr kritischen Geistern durchaus nicht entgangen zu sein, dass für die „Großbauten des Kommunismus" und Prestigeprojekte wie die Erschließung des Weltraums die knappen Mittel aufgebraucht wurden, die zur Verbesserung des Lebensstandards und der allgemeinen Wohlfahrt dringend erforderlich gewesen wären. In einem Beschwerdebrief forderte so der Automobilarbeiter Viktor Il'nickij die Moskauer Parteiführer auf, sich nicht mehr „ständig hinter Sputniks und Fernstreckenflugzeugen zu verstecken. Kommen Sie herunter – zu den allergewöhnlichsten Halbschuhen."[686]) Angesichts zahlreicher negativer Zuschriften dieser Art ergriffen die Redaktionen sowjetischer Tageszeitungen schließlich die Initiative und veröffentlichten ausgewählte kritische Leserbriefe, um daran die angeblich verzerrte Wahrnehmung der Absender zu erläutern und Lesern, die womöglich ähnliche Gedanken hegten, die Parteilinie näher zu erklären. Im Juni 1960 wählte daher die *Komsomol'skaja Pravda* ein Schreiben mit der drängenden Frage aus: „Was bringen denn eigentlich alle diese Raketen den gewöhnlichen Sterblichen, von denen auch ich einer bin? [...] Sind Sie nicht auch der Ansicht, daß dieses Spiel mit den Sputniks und dem Kosmos etwas unzeitgemäß oder, genauer gesagt, verfrüht ist? Ich will damit sagen, daß wir noch eine Unmenge von irdischen Problemen zu lösen hätten. Es herrscht Mangel an Wohnraum und Kinderkrippen, und die Waren sind teuer. Dabei bin ich überzeugt, daß diese Mondrakete Summen verschlingt, die einen schwindlig machen würden, wenn man sie erführe."[687])

Unzufriedene Stimmen, die technologisch-wissenschaftliche Großprojekte als Geldverschwendung geißelten, tauchten in den frühen 1960er Jahren sowohl in der Untergrund- als auch in der offiziellen Literatur (meist als Aussage negativer Charaktere) auf. Literaten und Wissenschaftler begannen zudem, sich über die Heilserwartungen und Erlösungsversprechen der Kremlführer zu belustigen, die den Kommunismus schon am Horizont heraufziehen sahen.[688]) So ging der Barde Jurij Vizbor, der als eine der Stimmen der Tauwettergeneration große Popularität genoss, in seinem 1964 geschriebenen Lied *Rasskaz technologa Petuchova* (Die Erzählung des Technologen Petuchov) mit Ironie darauf ein, dass sich sowjetische Politiker und Ingenieure bei jeder

[685]) Zit. n. Garros/Korenewskaja/Lahusen 1998: 64 u. 101ff. Wie unbarmherzig ausgrenzend die offiziell inszenierte Zukunftsgläubigkeit des Stalinismus wirkte, beschrieb Nadežda Mandel'štam in ihrer Autobiographie (Mandel'stam 1991: 135f.): „Wer wußte, daß man die Gegenwart nicht auf den Steinen der Zukunft bauen kann, mußte sich schon von vornherein mit seinem unausweichlichen Ende abfinden und auf seine Erschießung gefaßt sein."

[686]) Fußgänger 1959: 756.

[687]) Mondrakete 1960: 659f.

[688]) Marsh 1986: 168f. u. 220ff.

nur erdenklichen Gelegenheit damit brüsteten, mit ihren Raketen und gigantischen Flusskraftwerken führend in der Welt zu sein, und vor lauter Prahlerei kaum einen anderen Gedanken fassen könnten.[689])

Den direkten Zusammenhang zwischen den hohen Investitionen in prestigeträchtige Megaprojekte und den fehlenden Mitteln für den seit langem versprochenen Aufbau einer modernen Infrastruktur erfuhren vor allem diejenigen, die sich auf dem flachen Land oder in Provinzstädten jenseits der urbanen Metropolen und Industriezentren ihr Leben einrichten mussten. Als sie in den 1950er Jahren trotz aller neuen Kraftwerke und Stromnetze weiterhin kaum Anteil an den Erfolgen der sowjetischen Industriezivilisation hatten, machten die fortgesetzten Verzögerungen und Misserfolge die großmundig verkündeten Versprechungen von der Elektrifizierung des Landes und die großartigen Verheißungen vom Kommunismus zum Gespött. Die endlosen Zukunftsversprechen hatten in der Sowjetgesellschaft zu Erwartungen und Bedürfnissen geführt, denen der Parteistaat einfach nicht nachkommen konnte. Ausgeschlossen vom wissenschaftlich-technischen Fortschritt, erschöpften sich für die Bewohner der sozialen Peripherie die optimistischen Leitbilder in trostlosen Leerformeln.[690]) Selbst in unmittelbarer Nähe der Hydrogiganten verkam der ambitiöse Technikkult oft zur sinnentleerten Dekoration. Mit dem wachsenden Glaubwürdigkeitsverlust der Propaganda wurde die politische Indoktrination nicht nur wirkungslos, sondern diskreditierte sich häufig auch selbst.[691]) Die erbosten Briefe von Kolchozvorsitzenden, die zusehen mussten, wie der in den neuen Riesenkraftwerken produzierte Strom an ihnen vorbeigeleitet wurde, verdeutlichten, wie große Hoffnungen in noch größere Enttäuschungen umschlugen. Der Konsensbildungsmechanismus des Technikkults nutzte sich am wachsenden Unbehagen an der eigenen Ohnmacht ab. Den sträflich vernachlässigten Bevölkerungsgruppen blieb nichts anderes übrig, als die Moskauer Führung an ihre Versprechungen zu erinnern. Sie spielten mit den verordneten Sprachritualen und wohltönenden politischen Slogans.[692]) So begannen sie, den Leninschen Spruch „Kommunismus ist Sowjetmacht plus Elektrifizierung des gesamten Landes" auf ihre Weise zu lesen und damit zu verballhornen. Bei richtiger Anwendung mathematischer Regeln, so schlussfolgerten sie zynisch, sei Sowjetmacht offensichtlich Kommunismus minus Elektrifizierung.[693])

689) Der Text dieses Lieds findet sich auf der Website http://www.vizbor.ru (zuletzt eingesehen am 30. Juni 2009).

690) Allgemein Fainsod 1965: 664; Kalnins 1956: 233f.; Hollander 1972: 194; Inkeles 1950: 321f.

691) Koschwitz 1971: 42; Shlapentokh 1996: 165.

692) Dass auch bei Äußerungen des Unmuts und der Kritik die Sowjetmenschen meist „bolschewistisch" sprachen, bemerkten schon Hellbeck 2000; Fürst 2003.

693) Gestwa 2001b: 171. Solche Formen der Inversion politischer Slogans und zynische Witze, die an den Wurzeln der offiziellen Mythologie rührten, deutete der postmoderne russische Literat Viktor Pelevin als zweischneidiges Phänomen. „Die Infiltration des sow-

Trotz der vorstrukturierten Wahrnehmung durch eindeutige Vorzugslesarten bot der sowjetische Technikkult offensichtlich Möglichkeiten zu eigensinnigen Anverwandlungen.[694]) Die „ideologische Selbstbedienung der Gesellschaft“[695]) war vom direktiven sowjetischen Propagandastaat nicht in den Griff zu bekommen. In Form propagandistischer Selbstläufer konnten die unaufhebbaren Mehrdeutigkeiten sogar soziales Verhalten anleiten, das keineswegs den politischen Intentionen entsprach und als gefährliche Fehlentwicklung schließlich ein publizistisches Gegensteuern erforderlich machte. So war während der Kampagnen zu den „Stalinschen Großbauten des Kommunismus“ stets vollmundig verkündet worden, dass sich mit der fortschreitenden Elektrifizierung der Produktion das Arbeitsleben grundlegend verändern werde. Die Automatisierung und Mechanisierung zahlreicher Fertigungsprozesse führe zum Verschwinden der physischen, „schmutzigen Arbeit“.[696]) Das Wissen, wie die neuen Maschinen zu bedienen seien, trete an die Stelle von handwerklichen Fertigkeiten. Zahlreiche Eltern weigerten sich darum, ihre Kinder in traditionellen Berufen ausbilden zu lassen. „Wir werden unter dem Kommunismus leben, da stirbt jede schmutzige Arbeit ab“, so ihre einfache Erklärung. In zahlreichen Berufsparten kam es deshalb zu akuten Engpässen. Im Dezember 1952 veröffentlichte die *Literaturnaja Gazeta* daraufhin einen kritischen Artikel. Sein Verfasser beklagte, die einseitige Konzentration des Technikkults auf atemberaubende Anlagen und gigantische Baumaschinen habe falsche Vorstellungen von der Zukunft der Arbeit popularisiert und Werktätige marginalisiert, die weiterhin körperlich anstrengende Tätigkeiten ausüben müssten. „Der Kommunismus wird als Paradies für Nichtstuer dargestellt.“ Die Idee, die Arbeit reduziere sich schon bald auf das Drücken von Knöpfen, so dass man fortan „keine Muskeln, sondern nur Verstand“ brauche, schaffe „gefährliche Mythen“, „hochnäsige Stimmungen“ und die „gleichgültige Haltung junger Menschen“, die, nicht im Feuer von Revolution und Krieg gestählt, die Bereitschaft ihrer Eltern zu Mühsal und Selbstaufopferung vermissen ließen.[697])

Das in den sowjetischen Technikkult eingebettete Wunschdenken entwickelte offensichtlich eine Eigendynamik. Die offizielle Propaganda klärte kaum näher darüber auf, wie sich der „Übergang zum Kommunismus“ im Alltag tatsächlich darstellen würde. Bei den stets unklar bleibenden Paradiesverwirklichungsstrategien verschwammen die Grenzen zwischen Realität und Fantasie, um überzogenen Erwartungen und unrealistischen Zukunftsentwürfen den Weg zu bereiten. Die oft simplifizierende Propaganda führte bei ihren Adressaten zu einer „begrenzten Urteilsfähigkeit“ und zu „primitiven Vor-

jetischen Mythos ins Bewusstsein und seine Destruktion gingen praktisch miteinander einher.“ So Pelewin 2000: 414. Ausführlich dazu Yurchak 1997; Turovskaja 2006.

[694]) Zur Bedeutung eigenwilliger Aneignungsprozesse vgl. Davies 1997: 184ff.

[695]) Gajl'/Genis 2001: 325.

[696]) Ausführlich dazu Gilison 1975: 131–147.

[697]) Strogova 1953: 143f.

stellungen vom Kommunismus". Das hatte eine nichtintendierte Polyvalenz zur Folge, die sowohl die um anschließende Schadensbegrenzung bemühten Parteiführer als auch die stets öffentlich belehrten und damit ernüchterten Massen verstörte.[698])

5.5. Fazit: Zwischen Begeisterung und Erschöpfung, Aufbruch und Umbruch

Schon Lenin hatte 1920 offen darüber gesprochen, dass der GOELRO-Plan „an und für sich […] eine geringe praktische, dafür aber eine sehr große agitatorische Bedeutung" habe.[699]) Über die ersten Kraftwerke auf dem Land schrieb er: „Obzwar winzig klein, zeigen sie doch den Bauern, daß Russland nicht bei der Handarbeit haltmacht, nicht beim primitiven Holzpflug stehen bleibt, sondern vorwärts schreitet, anderen Zielen entgegen."[700]) In einer Broschüre, die den Bauern in die Welt der Elektrizität einführen sollte, sah er „wirklich ein gutes Beispiel dafür, wie man den russischen Wilden das ABC beibringen muß."[701]) Technologische Großprojekte waren darum in der Sowjetunion von Beginn an mehr als nur ökonomische Aufbauwerke; sie waren als „Quellen des Enthusiasmus"[702]) wichtige Sinnstiftungsveranstaltungen, bei denen es um die Funktionalisierung von Erinnerungskultur, Heldentaten und Rekorden ging, um durch die Vermittlung einer starken Aufbruchstimmung und eines optimistischen Lebensgefühls den Sowjetmenschen eingängige Identitätsangebote zu machen. Vor allem in Zeiten des Umbruchs gingen vom euphorischen Technikkult sowohl Mobilisierungs- als auch Stabilisierungseffekte aus. Indem er „eine Entschädigung der individuellen Frustration durch den kollektiven Triumph" schuf, übte er kompensatorische Funktion aus.[703]) Zudem vermittelte er mit seinen Volksbeglückungsstrategien die feste Zuversicht, dass die Zukunft gestaltbar sei, und half damit, die Widrigkeiten des Alltags als bloße Übergangsphänomene einzuordnen und ihnen damit einen Teil der Schärfe zu nehmen. Mit ihrer diskursiven Macht eröffnete die Propagandakampagne zu den „Stalinschen Großbauten des Kommunismus" imaginäre Zufluchten und diente als Mittel zur Bewältigung der Traumata der Kriegs- und Nachkriegszeit. Vor dem Hintergrund der armseligen Gegenwart schien das Grandiose der Zukunft nur noch heller zu erstrahlen, um diejenigen besser blenden zu können, die bereit waren, ihre Aufmerksamkeit auf den Fluchtpunkt in der Ferne auszurichten. Der ideelle Kern der kommunisti-

[698]) Grušin 2001: 526–529. Von den irritierenden Widersprüchen zwischen „mythological postulates and pragmatic commands" sprach Shlapentohk 1996: XIIf.

[699]) Lenin 1960/32: 516.

[700]) Lenin 1960/33: 153.

[701]) Lenin 1960/36: 555.

[702]) Uns lehrte Lenin 1961: 224.

[703]) Ryklin 2003: 117.

schen Aufbauwerke und des ihretwegen entfachten Presserummels lag damit im „Streit der Poesie mit der Alltäglichkeit, (im) Streit eines edlen Traums mit der Begrenztheit des täglichen Lebens.“[704])

Des Weiteren war der eindringliche Appell zum aufopferungsvollen Enthusiasmus und kühnen Engagement eine zentrale Propagandabotschaft. Abgesehen von der unbestreitbaren Faszination der gigantischen Flusskraftwerke und Kanäle, stellt sich damit auch die Frage: „wer mag sich einem solchen Projekt entziehen, dessen gesamte Konnotation auf Gemeinschaftsdienlichkeit abzielt?“[705]) Oftmals entwickelten die Großbauten darum ein propagandistisches Eigenleben. Es war nicht mehr nötig, nach ihrer Existenzberechtigung zu fragen. Als „Schlüssel zur modernen Welt“[706]) wurde der Technikkult zu einem wichtigen Forum der politisch-kulturellen Erziehung der gesamten Bevölkerung. Sein superlativer Sowjetpatriotismus und seine mediale Grammatik von Zeit- und Raumvorstellungen zielten auf die Vereinnahmung von Herz und Verstand, um Erwartungen, Stimmungen und Gefühle zu lenken. Unter den Vorzeichen des Kalten Kriegs ging es mit geschmetterten Phrasen um die moralische Aufrüstung der Sowjetgesellschaft. Für die Massenmedialisierung der Technik gab es ein beschränktes Auswahlspektrum an metaphorischen und semantischen Instrumentarien, durch welche die Adressaten in ihrer Bewertung der Inhalte gelenkt werden sollten. Der so inszenierte Technikkult richtete sich an die vermeintlich begeisterungsfähigen Sozialgruppen, besonders an die Jugend, die neue Errungenschaften und Bewährungsorte brauche, um sich zu beweisen und ihren Platz in der ruhmreichen Sowjetgeschichte zu finden. Im sowjetischen Fortschrittsnarrativ war das Persönliche mit dem Politischen, die harte Arbeit des Einzelnen mit dem Wohl der gesamten Menschheit untrennbar verbunden.[707])

Die offizielle Überwältigungsrhetorik bediente sich aller Formen moderner Kommunikation und Öffentlichkeit. So wurde das Utopische und Imaginäre im Technikkult zum nüchtern eingesetzten Machtinstrument. Die Sowjetpropaganda machte keinen Hehl daraus, dass die Sowjetmenschen „solche Zukunftsentwürfe (brauchen), helfen sie ihnen doch, sich eine Vorstellung von dem großartigen Arbeitsfeld zu machen“, auf dem sie sich bewähren müssten.[708]) Die kühnen Großvorhaben „reißen (sie) mit und beseelen sie zu neuem Schaffen.“[709]) Im Rahmen des 21. Parteitages 1959 brachte Chruščev die zentrale propagandistische Funktion des Technikkults zum Ausdruck, als er forderte: „Man muß die Einbildungskraft der Massen mit allen Mitteln

[704]) Jurenev 1957: 1238. Ähnlich Jurenev 1964: 138.

[705]) Laak 1999: 214.

[706]) Nikolow/Schirrmacher 2007: 80. Dass die Popularisierung von Wissenschaft und Technik oft als gesellschaftliche Modernisierungsstrategie ihre Wirkung entfaltete, betont bes. Schwarz 1999.

[707]) Roth-Ey 2003: 399.

[708]) Markin 1957: 109.

[709]) Galaktionov 1953: 7.

fesseln, man muß sie glauben machen, dass nichts in der UdSSR unmöglich ist, dass die Technik eines sozialistischen Staates alles zu überwinden erlaubt, selbst die Gesetze der Natur."[710])

Die Inhalte und Intentionen des Kults um die „Stalinschen Großbauten des Kommunismus" verweisen auf den beharrlichen Versuch der Parteiführer und Meinungsmonopolisten, in die Sowjetgesellschaft eine Konsensdiktatur zu implantieren, d.h. eine Form von Herrschaft zu erzwingen, „die den Konsens von Herrschenden und Beherrschten immerfort von oben proklamierte und von unten akklamieren ließ, die unaufhörlich die Massen mobilisierte, um sich aus einer behaupteten Identität von Volk und Führung heraus zu legitimieren."[711]) Die Dauerhaftigkeit und Profanisierung dieses künstlichen Konsenses hing „nicht zuletzt von der erfolgreichen Schaffung eines gleichsam vorpolitischen Wahrnehmungs- und Wertungsrahmens ab, der individueller Infragestellung nicht oder nur kaum zugänglich war und in dem die herrschende Ideologie ihre eigentliche Wirkung überhaupt erst entfalten konnte."[712]) Mit seinem virtuellen Gabentisch des Wohlfahrtskommunismus schuf der sowjetische Technikkult einen solchen übergreifenden Diskursrahmen. Er bediente sich allgemeiner Modernisierungsziele, wie des Fortschrittsglaubens und der Friedenssehnsucht, um Loyalitätsbindungen zu schaffen. Bei der Instrumentalisierung der Großbauten als hochgradig inszenatorische Medien sozialer Kommunikation kam es sowohl zur Entgrenzung als auch zur „Familiarisierung des Politischen".[713]) Die Metapher der „großen sowjetischen Familie" mit Stalin als fürsorglichen Vater, der Heimat als Mutter und den Sowjetmenschen als zu erziehende Kinder vermittelte ungeachtet aller Distanz und Infantilisierung gewisse Gefühle von Nähe und Wärme und schuf eine eigentümliche Sphäre schrecklicher Gemütlichkeit.[714]) Mit ihrem Überlegenheits- und Sendungsbewusstsein, ihrer Kultur der Rekorde und ihrer Dramatik des Augenblicks besaß die von der sowjetischen Agitationsbürokratie konstruierte und überwachte Sinnwelt weitere Gewissheitsquellen. Zudem führte die Verschränkung von Technikberichterstattung, Politikvermittlung und Identitätsstiftung zu selbstverständlichen Präskripten. Sie fanden schließlich im „Moralkodex der Erbauer des Kommunismus" ihren manifesten Niederschlag, der das Makrokollektiv des Sowjetvolks auf Kurs zu halten sollte.[715])

Die „Großbauten des Kommunismus" waren fraglos mediale Gestaltungsräume, „an denen Macht sich bestätigt und vollzieht, und zwar in ihrer sicher subtilsten Form: der symbolischen Gewalt als nicht wahrgenommene

[710]) Zit. n. Kluge 1997: 152. Dazu auch Conyngham 1973: 70.

[711]) Sabrow 1999: 90. In der Sowjetologie tauchte das Konzept vom organisierten Massenkonsens ansatzweise schon auf bei Zaslavsky 1982; Heller 1993.

[712]) Sabrow 1999: 91.

[713]) Murašov 2004.

[714]) Zuletzt dazu Günther 1996; Günther 1997; Clark 2000.

[715]) Knapp dazu Kharkhordin 1999: 297–303.

Gewalt".[716]) Anordnungen und Zumutungen verwandelten sich durch den aufdringlichen Technikkult in Deutungsmuster und Präferenzsysteme. In der ausführlichen Berichterstattung ging es weniger um Information und Unterhaltung, sondern mit der erwartungsvollen Rhetorik des sozialen Zusammenhalts vor allem um Ermahnung und Zurechtweisung. Am sowjetischen Gesellschaftskörper waren die Bau- und Schauplätze der sowjetischen Moderne die erhobenen Zeigefinger der Disziplinierung.[717])

Als machtvolle Kristallisationen des Zeitgeists und Laboratorien der Kultur bündelten die „Großbauten des Kommunismus" den gesamten Fortschrittsoptimismus der 1950er und 1960er Jahre und drückten das grenzenlose Zutrauen in das Vermögen des Sowjetstaats aus, natürliche und soziale Zustände kontrollieren und planmäßig umgestalten zu können. Die gigantischen Kraftwerke und Kanäle dienten als materialisiertes Ergebnis eines jahrzehntelangen Ringens um Selbstformung und der Schaffung einer dekorativen Herrschaftskultur. Deshalb war das Technische stets eng mit dem Ästhetischen verbunden und seinem Diktat mitunter sogar untergeordnet, um im parteistaatlichen Inszenierungswahn zum Fetisch erhoben zu werden. Das zeigte sich vor allem in der Architektur und dem monumentalen Design der Großbauten. So beschwerte sich Sergej Žuk als Leiter von *Gidroproekt* im Sommer 1950 beim Ministerrat darüber, dass der bisherige Plan für die Gestaltung der Schleusen und Anlagen des Wolga-Don-Kanals eine zwar kostengünstige, aber auch langweilige Architektur vorsehe, die dem großartigen Bauwerk in keiner Weise gerecht werde. Der erste „Stalinsche Großbau" müsse mit einer erfahrungsbildenden Symbolsprache Maßstäbe setzen und durch seine grandiose Architektur deutlich vor Augen führen, dass der Übergang zum Kommunismus bevorstehe. Es gelte, das Monumentale hervorzuheben. Žuk forderte darum eine pompöse Ausgestaltung des Kanals im Stil der Mitte der 1930er Jahre gebauten Moskauer Metrostationen und des Moskau-Wolga-Kanals mit seinem beeindruckenden Flusshafen.[718]) Sein Engagement blieb nicht erfolglos. Die Parteiobersten entschieden sich in seinem Sinn für eine prachtvolle Siegesarchitektur (Abb. 17). Mit seinen monumentalen Triumphbögen, mächtigen Halbkolonnaden, Arkaden und Säulenhallen, seinen gewaltigen Sockeln und grandiosen Türmen ergab die Gesamtkomposition des Wolga-Don-Kanals ein „überwältigendes architektonisches Ensemble"[719]) und eine „ausdrucksvolle Silhouette".[720]) „Die monumentale Weite aller Bauten verstärkt die Empfindung, dass sie für die Ewigkeit gebaut worden sind." Der Kanal erschien als angemessenes „Denkmal unserer großartigen Epoche".[721])

[716]) Bourdieu 1993: 27.
[717]) Ryklin 2003: 137ff.
[718]) GARF, 5446/80/2488, 57–58.
[719]) Galaktionov 1953: 27f.
[720]) Architektur 1952: 1084–1088, Zitat 1088.
[721]) Bernštejn-Kogan 1954: 180. Zur Architektur des Wolga-Don-Kanals vgl. ausführlich Rjabčikov 1954: 170–174; Architektura 1951: 2–7; Popov 1951; Architektura 1952: 22ff.

Abb. 17: Dmitrij Val'termanc, Triumphbogen an der Einfahrt zum Wolga-Don-Schifffahrtskanal namens Lenin. Fotographie aus: Ogonek, *1952/31, Umschlagseite.*

Der erste Entwurf des Kujbyšever Flusskraftwerks, erstellt von einer Architektengruppe um L.M. Poljakov im Jahr 1951, folgte noch ganz dem Muster des Wolga-Don-Kanals. Als es 1954 auf dem sowjetischen Architektenkongress zur Abkehr vom stalinistischen Neoklassizismus und zur heftigen Kritik an den „ästhetisch-archaischen Tendenzen“ kam, stand auch das Design des Wolga-Giganten zur Diskussion. Kritiker sprachen von unsinniger Geldverschwendung angesichts eines 60 Meter hohen Erkers, einer 85 Meter hohen Siegessäule und mächtiger Kolonnaden an den Schleusen, die keinerlei Zweck erfüllten. Statt auf der „Grundlage technisch berechtigter Parameter“ zu bauen, wurde das Gesamtensemble durch „eingestreute dekorative Elemente“ verunstaltet. Aus „falschen ästhetischen Erwägungen“ heraus war vor allem die Hauptfassade des Kraftwerks völlig überdimensioniert. Deshalb mussten andere Gebäude wie die Schaltzentrale so klein gebaut werden, dass die notwendigen Anlagen dort kaum hinein passten und das Personal in gedrängter Enge die anfallenden Arbeiten auszuführen hatte. Um der propagandistischen Simulation von Fortschritt, Wachstum und Expansionskraft einen pompösen Ausdruck zu verleihen, wurde der Monumentalität offensichtlich Vorrang vor der Funktionalität eingeräumt.[722])

[722]) Koval'ev 1964: 26–30, Zitate 28f.

Bei den später in der Tauwetterperiode folgenden Riesenkraftwerken erhielt die Frage nach den Kosten und der Effizienz Priorität. Der Kulissenpomp wurde deutlich zurückgenommen. Dennoch ließen sich Architekten und Künstler die Chancen nicht entgehen, die riesigen Betonfassaden als Projektionsfläche zu nutzen, um die großartigen Errungenschaften und Perspektiven eindrucksvoll in Szene zu setzen. Beim Volgograder Flusskraftwerk gab es neben einem riesigen Mosaik, das ein überwältigendes Panorama der Elektrifizierung des Landes entwarf, die zehn Meter große Stahlskulptur *Erbauer des Kommunismus*. Sie zeigt einen muskulösen Bauarbeiter, der mit vor Stolz geschwellter Brust kämpferisch und zuversichtlich in die Zukunft schaut. Die Skulptur wurde in eine Parkanlage eingefügt, von der aus sich ein guter Blick auf die Staumauer und ihre 22 Aggregate bietet. Das sorgfältig komponierte Gesamtensemble ließ schließlich auch dieses Kraftwerk über seine primäre Funktion als Stromzentrale hinaus zu einem kulturell überformten Ort werden. Hier flossen Erinnerungen und Visionen, Erwartungen und Versprechungen zu einem mitreißenden Weltbild zusammen, um den Betrachter im monumentalen Raum für das parteistaatliche Unterwerfungsprogramm von Natur und Gesellschaft zu vereinnahmen.[723])

Die mediale Präsenz der „Stalinschen Großbauten des Kommunismus" warf neben den Kosten für ihre pompöse Ausgestaltung zu Wallfahrtstätten weitere Probleme auf. So beschwerten sich die Bauleiter in Kujbyšev im Juni 1951 darüber, dass auf den Bauplätzen zahlreiche Reporter und Kameraleute herumliefen, die bei der Ausübung ihrer journalistischen Tätigkeit immer wieder den Fortgang der Arbeiten störten und die Bauarbeiter ablenkten.[724]) Zudem brachten sich Ingenieure und Wissenschaftler, die Verantwortung für die Planungs- und Bauarbeiten übernommen hatten, aktiv in die Öffentlichkeitsarbeit zu den Hydrogiganten ein, um sich in den Propagandakampagnen als Kulturvermittler zu bewähren. Während sie in den Medien, angetrieben vom kategorischen Imperativ des Gestaltens von Raum und Geschichte, prahlerisch über den technischen Fortschritt berichteten, gab es in ihrer sachbezogenen Informationsarbeit bedenkliche Leerstellen. So wurde den Mitarbeitern von *Gidroproekt* 1956 vorgeworfen, sich nicht für die Ausbildung einer Fachöffentlichkeit einzusetzen. Zwischen den einzelnen Baustellen, Behörden, Wissenschaftlern und Ingenieuren fand kein geregelter Erfahrungs- und Wissensaustausch statt, obwohl sich vielerorts die gleichen Probleme stellten. Die forcierte Medienpräsenz schuf offensichtlich Kommunikationsdefizite anderer Art.[725])

Der Kult um die „Stalinschen Großbauten des Kommunismus", der im Herbst 1950 mit einer Propagandaoffensive begann, war keineswegs statisch.

[723]) Atopov/Masljaev/Lipjavkin 1985: 101 ff.

[724]) GARF, 9414/1/457, 4.

[725]) RGAE, 7964/2/1670, 23–25; GARF, 5475/23/819, 33. Ähnlich auch die kritischen Artikel in *Strojka Kommunizma*, 11. August 1951: 1 u. 29. September 1951: 1.

Als nach 1953 mit der politisch verordneten Entstalinisierung Sand in die gut geölten Belobigungsmaschinen des sowjetischen Propagandastaats geriet, standen mit den kulturpolitischen Leitlinien auch die Inszenierungsstrategien und -inhalte des Technikkults zur Debatte. Zudem zählte die Zeit des Übergangs von den 1950er zu den 1960er Jahren weltweit zu den einschneidendsten Zäsuren für das Verhältnis von Wissenschaft und Technik zu Politik und Öffentlichkeit.[726]) Erst in dieser Phase war der sowjetische Parteistaat auch materiell dazu in der Lage, durch eine massive Expansion der medialen Infrastrukturen sein Ziel zu erreichen, Kultur zu einem festen Bestandteil im Alltagsleben aller Sowjetmenschen zu machen. Nach einer Phase abwartender Verunsicherung kam es ab 1956 zu einer „veritable revolution in the Soviets' own mass-media culture", die zu Beginn der 1960er Jahre ihren Höhepunkt erreichte.[727]) Damals begann das Aufschmelzen erstarrter Strukturen die Parteiführung zunehmend zu irritieren, so dass im kulturpolitischen Klimawandel der Tauwetterperiode erste Spätfröste um sich griffen. Sie froren eigendynamische Entwicklungen wieder ein und kühlten die auf der vehementen Suche nach Aufrichtigkeit erhitzten Gemüter merklich ab.

Zwar ging der kulturelle Aufbruch nach 1956 mit einer Wiederentdeckung eigener frühsowjetischer avantgardistischer Traditionen einher, die im Zuge des Hoch- und Spätstalinismus verloren gegangen schienen und nun erneut kreative Potentiale freisetzten; aber trotz des Eisernen Vorhangs hinterließen auch westliche Trends der Massenmedialisierung merkliche Spuren. Das ließ das konservativ-orthodoxe Lager befürchten, die bourgeoise Dekadenz übe schädlichen Einfluss auf das sowjetische Kulturleben aus, untergrabe seine Selbständigkeit und lähme seine weitere Entwicklung. Die selbsternannten Hüter des Kanons achteten geflissentlich darauf, dass die ideologischen Grundpostulate von Parteilichkeit und Volkstümlichkeit nicht in Vergessenheit gerieten und die Sowjetkultur ihren Charakter als gesellschaftliches Mobilisierungs- und Erziehungsinstrument nicht zugunsten eines privaten Unterhaltungs- und Freizeitvergnügen veränderte.

Das merkwürdige Zusammenspiel von massemedialer Expansion, Entdogmatisierung und neuen Grenzziehungen führte bei den sowjetischen Kulturschaffenden zu Irritationen. Sie schlugen sich besonders in der Identitätskrise des positiven Helden nieder, der statt bloß zu triumphieren nun hart kämpfen musste, der weder fehler- noch ziellos sein durfte und deshalb ständig in der Kritik stand. Die Reformpolitik Chruščevs verfing sich in den „contradictory demands of generating enthusiasm and spontaneity and maintaining control und ideological purity".[728]) Trotz allem Optimismus drückte sich in der rigiden Moralität und der forcierten Erziehungsarbeit „a sense of pessimism

[726]) Schirrmacher 2008: 75.

[727]) Roth-Ey 2003: 5 u. 9ff., Zitat 5.

[728]) Fürst 2006: 148.

about human nature" aus.[729]) Die sich daraus ergebende Gleichzeitigkeit von Vertrauen und Zwang, von Novitäten und Kontinuitäten macht es für Historiker schwierig, eine eindeutige Antwort auf die Frage nach der Dynamik des kulturellen Wandels während der Tauwetterperiode zu geben.[730]) Während viele Ausdrucksformen und Vermittlungswege eine Neugestaltung erfuhren, um die Schablonenhaftigkeit, Schönfärberei und Konfliktlosigkeit zu überwinden, blieben zentrale Botschaften und Denkfiguren weitgehend unverändert. Zwar wurde der stalinistische Personenkult durch die Aufwertung der Partei als Organisator der Hydrogiganten ersetzt und die medialen Benutzeroberflächen mehr den Realitäten und Bedürfnissen angepasst; aber nach 1956 hatten die Kampagnen zu den „Großbauten des Kommunismus" ihren emotionalen Resonanzboden und ihren organisch gewachsenen Traditionshintergrund weiterhin im durch die Systemkonkurrenz des Kalten Kriegs zugespitzten Sowjetpatriotismus und technologischen Chauvinismus, im charakterformenden Kampf gegen die Natur sowie im unbedingten Willen, Raum und Zeit neu zu vermessen. Auch wenn die neuen Parteiführer der stalinistisch-eschatologischen Raserei, bei der Euphorie und Hysterie, Enthusiasmus und Terror ineinander flossen, merklich an Schärfe nahmen, so verstanden sie sich doch weiter „als Exekutoren eines von ihnen durchschauten und eben daher beherrschten Geschichtsablaufs".[731]) Sie wollten sich keineswegs vom totalitären Utopismus und Hier-und-Jetzt-Radikalismus verabschieden, sondern ihrer Handlungsentschlossenheit lediglich eine den sich wandelnden Verhältnissen angemessenere Form geben.

Vieles spricht dafür, den Sozialistischen Realismus, der dem Kult um die „Stalinschen Großbauten" sein spezifisches Design gab, mit Katerina Clark als „cultural ecosystem" zu verstehen.[732]) Wie natürliche Ökosysteme aus einer vielfältigen, sich beständig wandelnden Flora und Fauna bestehen, zeichnet sich ein „cultural ecosystem" durch ein Konglomerat unterschiedlicher Ideen, Werte und Symbole aus, die sich teils ergänzen, teils im Spannungsverhältnis zueinander stehen und miteinander um Dominanz ringen. Einhergehend mit allgemeinen gesellschaftlichen Klimaveränderungen, blühen einige kulturelle Konzepte auf, andere passen sich den veränderten Bedingungen an, während manche aussterben oder nur noch eine Randexistenz pflegen. Zudem ist es durchaus möglich, durch die Implementierung neuer Ausdrucksweisen, Zeichen und Inhalte die bestehende kulturelle Biomasse zu stärken. Mitunter verläuft die kulturelle Modernisierung daher in archaisierenden Formen. „Medien der Moderne werden in die Sprache des Mittelalters übersetzt."

729) Jones 2006a: 10.

730) Während so Brooks (2000) in seiner Arbeit über die Inhalte der *Pravda* und Prokhorov (2002) in seiner Dissertation die Langlebigkeit der „stalinist tropes in Thaw culture" thematisieren, betont Roth-Ey (2003: 1-45 u. 398ff.) anhand der sich expandierenden kulturellen Infrastrukturen stärker den Wandel der poststalinistischen Medien.

731) Schlögel 2003b: 82f.

732) Clark 1995: IXf.

Fotographien und Plakate dienen als Ikonen und Heiligenbilder; die moderne Technikeuphorie gründet sich auf alten Mythen; Zweckbauten wie Kraftwerke und Kanäle werden zu Tempeln und sakralen Orten.[733]) Die Metapher vom „cultural ecosystem“ hilft, die Langlebigkeit und Flexibilität des Sozialistischen Realismus zu erklären, der „signifikante Verschiebungen“[734]) im Gattungsgefüge erlaubte, ohne sich dadurch die eigene Existenzgrundlage entziehen zu lassen. Während die Wandlungsfähigkeit der Sowjetkultur damit nicht in Frage gestellt wird, gerät zugleich die Beharrungskraft des traditionellen Wahrnehmungs- und Deutungsrahmens nicht aus dem Blick.[735]) Trotz der „growing diversity of forms of de-Stalinization“[736]) sollte keinesfalls übersehen werden, dass der überlieferte Kanon der Sowjetkultur zunehmend in die Defensive geriet, um, statt neue Horizonte zu eröffnen, meist nur noch Sichtblenden aufzustellen. Der Sozialistische Realismus verwandelte sich allmählich in ein von Moskauer Kulturwächtern geschütztes und gepflegtes Biotop, das durch die fortschreitende kulturelle Modernisierung immer bedrohter erschien, so dass die verunsicherten Chefideologen neue Blüten aus lauter Unsicherheit und Unwissenheit vorschnell zu Unkraut erklärten.[737])

Als die Parteiführung Anfang der 1950er Jahre die großangelegte Propagandakampagne zu den in Angriff genommenen neuen Plangiganten nutzte, um die Bevölkerung dazu zu bewegen, einen Salto Mortale aus den Ruinen der Nachkriegsgesellschaft in den Kommunismus zu wagen, ging es ihr offensichtlich darum, nach Abschluss des Wiederaufbaus ein ideologisches Vakuum zu füllen und einen als drückend empfundenen Geschwindigkeitsverlust des historischen Prozesses durch eine spürbare Tempoverschärfung aufzuholen. Bei der spätstalinistischen Wiedergeburt der Utopie in Form der „Großbauten des Kommunismus“ verbanden sich verschiedene Ströme sozialer und kultureller Fantastik mit ideologischen Postulaten und ökonomischen Erfordernissen, um einen neuen weiten Horizont von Erwartungen und Projektionen aufzuzeigen, von denen wohl selbst den Kulturproduzenten letztlich unklar blieb, was daran eigentlich realistisch war. Die hydrotechnische Megalomanie entsprang der akuten Angst der Parteiführer vor der in der Routine einer entwickelten Industriegesellschaft erstarrenden Normalität und vor dem Verlust des revolutionären Momentums, das allein die Entwicklung des ersten sozialistischen Staats voranzutreiben schien.

Der mit optimistischen Prädikaten überfrachtete Zukunftsdiskurs intensivierte sich zwischen 1956 und 1961 und hielt auch nach Chruščevs Sturz in wichtigen Punkten weiter an. In dieser Zeit galt die sowjetische Gesellschafts-

733) Bulgakowa 2003: 174.

734) Günther 1988: 151.

735) Die Nützlichkeit dieser Metapher betont daher Hoffmann 2004: 653f.

736) Jones 2006a: 12.

737) Auf die rigide Ausgrenzung neuer kultureller Formen als Wesenszug der Tauwetterpolitik verwies zuletzt Fürst 2006: 149f.

planung mit dem Anspruch, gesetzmäßige Modernisierungsprozesse exponentiell zu beschleunigen, als Realutopie und sich selbsterfüllende Prophezeiung. Erst nach 1968 war kaum mehr zu übersehen, dass „das starke Pathos und der lustige Idealismus" der Tauwetterperiode die Sowjetgesellschaft „in eine Sackgasse geführt hatte. Die lichte Zukunft trat nicht ein."[738]) Auf den „Ruinen der Utopie", die nicht zuletzt in Prag 1968 zusammengeschossen worden war, passten die Führer im Kreml ihr Parteiprogramm dem „real existierenden Sozialismus" an.[739]) In dieser Endphase der ideologischen Ausnüchterung begruben ein systemstabilisierender Immobilismus und eine verstetigte Gegenwart die einstigen hochgesteckten Ziele. Die Fantasie des Sozialistischen Realismus wich der realsozialistischen Tristesse.[740])

Der sowjetische Zukunftsboom zwischen 1948 und 1968 war Teil einer globalisierten Modernisierung, die langfristige Planungen, Großprojekte und Prognosen als unbedingt notwendig erscheinen ließ.[741]) Mit seinen desaströsen Krisenerfahrungen und existentiellen Verunsicherungen wirkte der Zweite Weltkrieg als „ganz zentraler Verstärker einer immer intensiveren Zukunftsdebatte und zugleich als Epochenschwelle des Zukunftsdenkens generell."[742]) Das Bedürfnis nach übergreifender Steuerung als bestem Mittel zur vorausschauenden Krisenbewältigung und Kriegsprävention schlug sich in den utopiegeschwängerten 1950er und 1960er Jahren nieder in Buchtiteln, die den „Griff nach der Zukunft"[743]) und die „Mutation der Menschheit"[744]) verkündeten. Die Planungsutopie wurde zur Heilslehre mit chiliastischen Zügen, die sich wirksamer Mittel religiöser Zukunftsbeschwörung bediente, um unter dem Vorzeichen des Kalten Kriegs das Denken auf ein Entweder-Oder einzuengen. Die technizistisch-voluntaristischen Leitbilder gingen oft mit der Vorstellung vom *homo novus* einher. Der umsichtige Planungsexperte wurde zum Prototyp erhoben, nach dem es im Rahmen eines geistigen und charakterlichen Wachstumsprozesses den Menschen der Zukunft zu modellieren galt.[745]) Die optimistischen Zukunftsentwürfe verrieten daneben nicht nur in der Sowjetunion die existierenden Präferenzen und Ängste der 1950er und 1960er Jahre. Darin „drückt die verdrängte Herrschaftsproblematik an die Oberfläche". Die „politische Leerstelle eines verengten technokratischen Zukunfts-

[738]) Vajl'/Genis 2001: 151. Ähnlich Roth-Ey 2003: 44f.; Titov 2009: 22.

[739]) Vajl'/Genis 2001: 324–330; Gilison 1975: 182–187. Dass der Verfall der Zukunft partiell schon 1964/65 eingesetzt hatte, konstatierte Schwartz 2003. Aber auch er sieht im Rahmen des sowjetischen Raumfahrtkults im Tod Gagarins 1968 und in der erfolgreichen amerikanischen Mondlandung knapp ein Jahr später eine Zäsur.

[740]) Plaggenborg 2006: 98–105.

[741]) Zum Folgenden vgl. bes. Schmidt-Gernig 1998. Ferner Strouhal 1991; Laak 1999; Laak 2008.

[742]) Neckel 1988: 483. Ausführlich Inglehart 1989.

[743]) Jungk/Mundt 1964.

[744]) Bertaux 1963.

[745]) Vgl. bes. Jungk 1964.

denkens" führte in Ost wie in West zu einer schier grenzenlosen Naivität, wie die aus dem Ruder laufenden Kontingenzen des Atomzeitalters gebannt und die Steuerungsfähigkeiten moderner Industriegesellschaften erhöht werden könnten.[746]) Mit seiner vagen, aber vieles versprechenden „Neuauflage der Utopie"[747]) war Chruščev als der kommunistische Träumer im Kreml nicht nur ein Sohn der Sowjetunion, sondern auch ein Kind seiner Zeit.

Wer die gesellschaftliche Resonanzmacht der sowjetischen Propaganda näher bestimmen will, muss zuerst anerkennen, dass die öffentliche Meinung insbesondere während der Tauwetterperiode keineswegs monolithisch und statisch, sondern bemerkenswert vielschichtig und wechselhaft war. Während die einen nun die Zeit gekommen sahen, ihren Mitbürgern mitteilen zu können, wie sie zu leben hätten, meinten andere, fortan das Recht zu haben, den Amtsträgern und Meinungsmachern nicht mehr zuhören zu müssen.[748]) Neue Studien belegen deshalb eine „massive socio-intellectual fermentation".[749]) Sie beschreiben die Entstalinisierung als „a highly unstable, and de-stabilizing force in Soviet public sphere", als deren fortdauerndes Erbe sich die „multiple fissures in public opinion" erwiesen.[750]) Zwischen euphorischer Zustimmung und widerwilliger Hinnahme einerseits, eigensinniger Umdeutung, Apathie und Skepsis anderseits gab es unterschiedliche Anschauungs- und Wahrnehmungsweisen. Dem Sowjetmenschen sollte deshalb ein multidimensionales Bewusstsein zugesprochen werden. Es ermöglichte ihm, Akzeptanz und Konformität, Unmut und Distanz so miteinander zu verbinden, dass sich die Balance zwischen enttäuschenden Erfahrungen und zuversichtlichen Erwartungen beständig neu austarieren ließ, um sich weder vom virtuellen Dauerfeuer der Propaganda blenden zu lassen noch die eigene allgemeine Systemloyalität in Frage zu stellen.[751])

Während westliche Experten in den 1960er Jahre schon eindeutige Erschöpfungszustände der Ideologie zu erkennen meinten,[752]) spricht doch einiges dafür, dass der poststalinistische Technikkult mit seinem Ruf nach revolutionärer Ursprünglichkeit und dem Appell an die Vehemenz der Jugend immer noch eine gewisse Bindungskraft besaß. Vom Gigantischen des Vorhabens, vom Militärischen seiner Ausführung, vom starken Willen zum Triumph, von

[746]) Senghaas 1968: 176. Ähnlich kritisch damals Schelsky 1966.

[747]) Vajl'/Genis 2001: 13.

[748]) Vgl. bes. Livschiz 2006: 132.

[749]) Kozlov 2006a: 94.

[750]) Jones 2006a: 7.

[751]) Zur Problematik der bipolaren Deutungsschemata Affirmation/Dissens und Konformität/Wiederstand, mit denen sich immer noch zahlreiche Historiker an die Beantwortung der Frage nach der Effizienz sowjetischer Propaganda machen, vgl. zuletzt Davies 1997: 185f.; Stites 2000: 478; Plamper 2005: 761.

[752]) So behauptete Inkeles 1968: 60: „After fifty years the Soviet Revolution has lost its momentum. It has exhausted its imagination and shows no marked signs of potential vitality for the immediate future."

der Sehnsucht nach der Heldentat und dem romantischen Abenteuer ging weiterhin eine Faszination auf die Sowjetjugend aus. Trotz aller öffentlich erörterten Probleme wurde der Bratsker Hydrogigant als Prestigeprojekt der Tauwetterperiode noch nicht von der Schwerkraft seiner eigenen Prätentionen aus der Kurve getragen, denn er „bewies Treue zu den verkündeten Zielen und zum eingeschlagenen Weg." Die stolz verkündeten, mit dem gesunden Menschenverstand kaum nachvollziehbaren Erfolgszahlen „fügten sich gut in das Dezimalsystem eines starken Willens ein."[753]) Deshalb zündete die Gründung von Bratsk als Zuversicht und Fortschrittsoptimismus vermittelndes Kraftwerkprojekt eine letzte Raketenstufe des jugendlichen Enthusiasmus, ehe der euphorisch entgrenzte Kult um Hydrogiganten in den folgenden Jahren merklich an propagandistischer Schubkraft verlor und sich die sowjetische Technikbegeisterung fortan auf anderen Feldern austobte.[754])

Gegen Ende der Tauwetterperiode ging der Aufbruch zunehmend in einen Umbruch über. Die großartigen Versprechungen Chruščevs und die daher steigenden gesellschaftlichen Erwartungen, hinter denen die tatsächlichen Erfolge und Verbesserungen deutlich zurückblieben, provozierten weit schärfere Kritik und Unmut als in der Stalin-Zeit.[755]) Die Steuerungs- und Deutungspotentiale der projektiven kommunistischen Ideologie verfingen sich im immer dichter werdenden Gestrüpp letztlich unvereinbarer Realitätsordnungen. Die aufwendig inszenierte Hochglanzpropaganda des Parteistaats ließ sich mit dem Lebensalltag vor Ort nur schlecht in Einklang bringen. Es scheint deshalb so, als ob wegen ihres offenkundigen Mangels an Authentizität die Bilder vom enthusiastischen Baustellenleben weniger auf die Bauarbeiter und Anwohner vor Ort, sondern primär auf die weite Sowjetöffentlichkeit ausgerichtet waren. Nur fernab der Großbaustellen konnte die Grenze zwischen der faktischen Welt des Wissbaren und der fiktiven Welt des Möglichen noch verschwimmen, um die ressourcenverschlingenden Großvorhaben im Namen von Fortschritt und Kommunismus zu legitimieren.[756]) Als die Anleihen aus der Zukunft jedoch nicht mit den versprochenen Fortschritten zurückgezahlt wurden, häuften sich die Schulden der Gegenwart immer weiter an.[757]) Eine Glaubwürdigkeitslücke tat sich damit auf, die sich auch durch intensive Propagandaarbeit kaum mehr überbrücken ließ. Die „Erosion der mobilisierten Gesellschaft"[758]) kam in Gang.

[753]) Vajl'/Genis 2001: 16.

[754]) Vajl'/Genis 2001: 84. Vgl. dazu auch die lebensgeschichtlichen Erinnerungen in Raleigh 2006: 72f., 85, 226f. u. 231–235.

[755]) Jones 2006a: 8.

[756]) Darauf verwies für die Plakatpropaganda während der 1930er Jahre schon Bonnell 1997: 112f. u. 122.

[757]) Gilison 1975: 17f.

[758]) Gudkov 2005: 69ff.

6. Technik und Gesellschaft: Mobilisierung und Zwang

Nachdem in den 1960er Jahren die moderne Technikgeschichte begann, sich allmählich von der Erfolgsstory großer Erfinder und Erfindungen zu lösen, wurde sie bald als eine zu wichtige Sache angesehen, um ihre Deutung allein den Ingenieuren zu überlassen, die darin meist eine Nebenbeschäftigung sahen.[1] Zur Entschlüsselung der Bedeutung moderner Technik habe auch der Soziologe und Historiker Wesentliches beizutragen.[2] Die Technik galt damals als die „große Unbekannte", deren Beitrag zum Zusammenhalt von Gesellschaft unbedingt näher erkundet werden müsse.[3] Beim in den 1970er und 1980er Jahren stattfindenden Aufstieg der Technikgeschichtsschreibung rückten deshalb die Entstehungs- und Verwendungszusammenhänge moderner Technik in den Mittelpunkt, um die komplexen Wechselwirkungen zwischen technischen und gesellschaftlichen Prozessen zu fassen. „Man muß die großen sozialgeschichtlichen Fragen vor Augen haben, wenn man optimale Ergebnisse, sei es auch nur bei der Untersuchung einer Schraubenform, erzielen will", so das neue ehrgeizige Credo.[4] Seitdem verstehen viele Forscher Technik als „Körper der Gesellschaft" und technische Normen als „soziale Normen",[5] um die Technik sowohl als eine gesellschaftlich gestaltete als auch eine gesellschaftsgestaltende Kraft darstellen zu können. Vor allem der Aufstieg großer technischer Systeme gilt als „Kernvorgang moderner Gesellschaftsentwicklung"[6]. Anhand seiner Analyse kann man „die Tiefe der technologischen Gesellschaft ausloten und die Strömungen erkennen, die in tieferen Schichten verlaufen als jene, die man gewöhnlich mit dem politischen und wirtschaftlichen Leben in Verbindung bringt."[7]

Die durch Großprojekte entstandenen Planlandschaften und Industriestädte „sind die Orte, an denen Amerika und die UdSSR wurden, was sie im 20. Jahrhundert waren: Supermächte."[8] Alles, was die modernen Industrienationen ausmachte, war mit grandiosen Erschließungsvorhaben verbunden, mit denen Expertenkartelle und Regierungen oftmals über die Köpfe der Bevölkerung hinweg Landschaft und Gesellschaft nach ihrem Willen zu gestalten beabsichtigten. Die Großbaustellen schufen Orte der Turbulenz; sie stellten eine aus den Angeln gehobene, pulsierende Welt voller Widersprüche dar, die

[1] Hausen/Rürup 1975: 19.
[2] Borries 1980: 52.
[3] Zum Aufstieg der modernen, sozialhistorisch orientierten Technikgeschichte vgl. Staudenmaier 1985; Radkau 1987; Weber/Engelskirchen 2000; Rusinek 2000.
[4] Hausen/Rürup 1975: 21f.
[5] Joerges 1996.
[6] Mayntz 1993: 100.
[7] Hughes 1989: 13.
[8] Schlögel 2001a: 301.

oftmals das Bild einer implodierenden Unordnung bot. Hier traf das Globale der Herrschaft auf das Lokale sozialer Wirklichkeiten. Die lokalspezifischen Modulationen zentralisierter Konstruktionsversuche von Gesellschaft werfen wichtige Fragen nach der Sozialverträglichkeit moderner Technikentwicklung auf. Daher thematisiert die Untersuchung technologischer Großprojekte neben den Wachstums- und Bindekräften auch die Konflikt- und Gefahrenpotentiale der modernen Mobilisierungs- und Disziplinargesellschaft. Der in den umgestalteten Landschaften beobachtbare „normale Ausnahmezustand"[9]) bietet folglich einen aufschlussreichen Ansatz für eine Sozialdiagnose, um in den Wirren des Alltags die Politik zu entzaubern und den Defiziten bei der Organisation von Gesellschaft nachzuspüren.

Den Großbaustellen fiel die Funktion eines Schmelztiegels zu, in dem sich die herkömmlichen Lebenswelten auflösten, um aus ihrer Schmelze neue Strukturen zu formen. Die sozialtechnokratischen Sanierungspläne setzten deshalb vor ihre konstruktiven Aufbauprogramme meist einen destruktiven Maßnahmenkatalog, der mitunter einer Kriegserklärung an die in den verplanten Räumen lebenden Menschen gleichkam. „Der Sprengmeister (stellte) die Vorhut der Erbauer der neuen Gesellschaft".[10]) Auf die zerstörerische Enttraditionalisierung von Gesellschaft folgte ein posttraditionaler Vergesellschaftungsprozess, der die Bau- und Schauplätze der Moderne mit ihren von Grund auf veränderten Normalitäten zu neuen Erfahrungsräumen werden ließ. Die gigantischen Industrie- und Infrastrukturvorhaben schufen monströse Sozialorganismen, die sich, einmal ins Leben gerufen, eigendynamisch entwickelten und recht ambivalente Wirkungen entfalteten.

Für diejenigen, die sich in das Projekt der Moderne einbringen und in der industriellen Welt ihren Platz finden wollten, waren die Großbaustellen Orte der Bewährung mit attraktiven Sinn- und Erfahrungsangeboten. Die wuchernde Bau- und Planungsbürokratie führte zu einem sozialen Aufstieg akademisch ausgebildeter Experten, denen als Sozialingenieuren wachsende politische Verantwortung zugebilligt wurde, um sowohl ihrem Bedürfnis nach verbindlicher Sinnstiftung als auch ihrem Anspruch auf Gestaltung von Gesellschaft und Landschaft zu entsprechen. Das auf den Großbaustellen entworfene Expertenbild zeichnete sich darum durch realitätstüchtige Fachkompetenz, charakterliche Härte und handlungsbereite Entschlossenheit aus. Es zielte auf die Selbstmobilisierung von Wissenschaftlern, Ingenieuren und Planungsstrategen, um aus ihnen die militante Stoßtruppe der industriellen Moderne zu formen, die in ihrem ungestümen Umgestaltungswillen kaum ein Maß zu kennen schien.

Als machtvolle Bedeutungsquellen für moderne Identitäten dienten technische Großprojekte auch der Steuerung von Ausbildungs- und Berufskarrieren für Millionen Menschen, die ihre Herkunftswelt hinter sich lassen wollten, um sich als Arbeiter eine neue Existenz aufzubauen. Die Migration vom Dorf in

[9]) Medick 1994: 46f.

[10]) Schlögel 2001b: 161.

urban-industrielle Milieus führte oft über Großbaustellen.[11]) Hier schuf die moderne Technik mit der Standardisierung von Lebenswegen genormte Biographien und charakteristische Sozialisationsstile. Das eröffnete denjenigen neue Zukunftschancen, die durch den beschleunigten Wandel ihrer herkömmlichen Arbeits- und Lebenswelt unter Entwurzelung, Verunsicherung und Entfremdung litten. Angesichts des heimatlosen Durcheinanders und der großen Unübersichtlichkeit einer im fundamentalen Wandel begriffenen Welt entwickelte sich auf den Großbaustellen ein durch widrige Arbeits- und Lebensumstände gestähltes Zusammengehörigkeitsgefühl. Dabei bleibt zu fragen, inwieweit es sich bei dieser Baustellenromantik um ein typisches Phänomen des ursprünglichen Erlebens oder um das Ergebnis einer nachträglich verarbeitenden Stilisierung handelt. Die Veralltäglichung des versprochenen Glücks stellte sich auf den Großbaustellen nämlich häufig nicht oder nur mit langen Verzögerungen und erheblichen Abstrichen ein. Meist nahm die soziokulturelle Infrastruktur die Form eines Dauerprovisoriums an, das den Arbeiterfamilien außerordentlich viel abverlangte und bei ihnen zu einer merkwürdigen Mischung von überspannter Erwartung und sozialer Frustration führte. Sie mussten lernen, mit den Tücken des Fortschritts zu leben. Deshalb bildeten sie Gelegenheitsstrukturen aus, um die Schwäche des Systems durch eigeninitiative Beziehungsarbeit und informelle Arrangements auszugleichen. Darin drückte sich einerseits ihre pragmatische Anpassungsbereitschaft aus; anderseits untergrub die lebensweltliche Überformung der Arbeitssphäre oftmals Grundmuster der industriellen Kultur – mit weitreichenden Folgen für die Produktivität und Qualität der Arbeit.[12])

Bei der Analyse technologischer Großprojekte haben Historiker ihren sozialdiagnostischen Fokus nicht nur darauf zu richten, wie es gelang, die Bevölkerung zum Mitmachen und Durchhalten zu bewegen. Sie müssen gleichermaßen herausarbeiten, ob und wie es nach Jahren ekstatischer Turbulenzen und Mobilität zur Beruhigung und Konsolidierung einer vom fortdauernden Auf- und Umbruch erschöpften Gesellschaft kam. Die Katastrophe sozialtechnokratischer Glücksversprechungen traf vor allem die Anwohner von Großbauten, deren Haus und Hof dem Fortschritt weichen mussten. Diese Heimatlosen der Moderne hatten es häufig schwer, sich aus dem Strudel des expansiven Wachstums freizuschwimmen. Ihre Erfahrung von Ungleichheit und Benachteiligung, für die sie mal mehr, meist weniger materiell entschädigt wurden, passte schlecht in das Bild einer in sozialer Aufwärtsbewegung befindlichen Industriegesellschaft. Eine Politik menschenverachtender Rücksichtslosigkeit führte dazu, dass nicht wenige Großprojekte, die sich mit dem Verweis auf Fortschritt und Moderne legitimierten, trotz bester Absichten nur von einer dünnen zivili-

[11]) Knapp dazu Dams 2000: 99–102 u. 116f.

[12]) Dass es auch auf Großbaustellen in demokratisch verfassten Industriegesellschaften widrige Arbeits- und Lebensverhältnisse gab, die den Bauarbeitern und ihren Familien viel zumuteten, beschrieb Stevens 1988: 47–80.

satorischen Lackschicht überzogen waren. Ihre Protagonisten nötigten Beteiligte und Betroffene mit Zwang oder ökonomischem Druck dazu, sich ihren Plänen zu fügen, und marginalisierten die Abwehrreflexe der von Überfremdung und Entwurzelung bedrohten Bevölkerungsgruppen.[13])

Wer politischer Verdrossenheit und ideologischen Aufweichungseffekten des hegemonialen Fortschrittsdiskurses auf der Spur ist, wird deshalb nicht selten dort fündig, wo durch Staudammbauten neue Industrie- und Planlandschaften aus dem Boden gestampft wurden. Die Propagandamedien konnten mit ihren eindrucksvollen Bildern von Kraftwerken und Kanälen zwar durchaus Macht über die Vorstellungswelt der Menschen erlangen, die in großer Entfernung vom Geschehen nur sekundäre, medial vermittelte Erfahrungen machten. Diejenigen, die in den umgestalteten Landschaften den technischen Fortschritt nicht als Fest, sondern als Verlust wahrnahmen, konnten die Asymmetrie zwischen politischer Macht und gesellschaftlicher Legitimität jedoch kaum übersehen. Für sie lagen zwischen Anspruch und Wirklichkeit der industriellen Moderne mitunter Galaxien. Vor Ort führten die hohen Folgekosten der rekordwütigen Höchstleistungsbegeisterung zu wachsenden Konsensverlusten. Anwohnern, die in Zonen fortgesetzter Unsicherheit und Heimatlosigkeit auf sich allein gestellt waren, gelang es kaum, die Konfrontation zwischen der medial inszenierten und der real erfahrenen, überfluteten Wirklichkeit zu verarbeiten.

6.1. Der Lager-Industrie-Komplex: GULag und Zwangsarbeit

Im Zweiten Weltkrieg verloren 27 Millionen Sowjetbürger ihr Leben, darunter 8,7 Millionen Armeeangehörige, die gefallen, ihren Verletzungen erlegen oder in deutscher Gefangenschaft umgekommen waren. Mit seinem hohen Blutzoll hatte der „Große Vaterländische Krieg" nicht nur das ökonomische Fundament, sondern auch das gesamte Sozialgefüge zerstört. Beim sowjetischen Wiederaufbau ging es deshalb nicht allein um die Re-Konsolidierung der Wirtschaft, sondern auch um die Re-Formierung der Gesellschaft.[14])

Bei den Kriegsopfern handelte es sich vor allem um Männer im arbeitsfähigen Alter, die zuvor den Kern der sowjetischen Arbeiterschaft gebildet hatten.[15]) Als nach Kriegsende nur ein Teil der zuvor einberufenen Männer an

[13]) Vgl. McCully 2001a: 66–85; Dams 2000: 102–112 u. 123–130; Harden 1996: 100–116; Colson 1971; Thukral 1992; Gutman 1994; Drèze/Samson/Singh 1997; Qing 1998; Heggelund 2004.

[14]) Zu den kriegsbedingten demographischen Verlusten vgl. Bonwetsch 1991: 182ff.; Hildermeier 1998a: 615ff.

[15]) Von den 26 Millionen Kriegsopfern waren 19 Millionen männlichen Geschlechts. Während 1940 die Altersgruppe der 22- bis 44-Jährigen insgesamt 37,6 Millionen Frauen und 34,8 Millionen Männer zählte, war 1946 die Zahl der Männer um 10 Millionen gefallen, während die der Frauen in etwa gleich geblieben war. Vgl. Zubkova 1998b: 20f.

ihren alten Arbeitsplatz zurückkehrte, hatten die Fabrikunternehmen und Bautrusts zahlreiche Stammarbeiter verloren. In der Nachkriegszeit stand die Sowjetwirtschaft deshalb vor der Aufgabe, den akuten Mangel an Arbeitern, insbesondere an ausgebildeten Fachkräften, zu überwinden. Mit der Rekrutierung neuer Beschäftigter kam es zu dramatischen Veränderungen der sozialen Zusammensetzung und der inneren Struktur der Arbeiterschaft.

Nachdem während der Kriegsjahre die Zahl der in Industrie und Bauwesen Beschäftigten von 11,7 auf 9,8 Millionen Arbeiter zurückgegangen war, registrierten die offiziellen Statistiken für das Jahr 1953 schon wieder 17,2 Millionen Industrie- und Bauarbeiter. Dieser enorme Zuwachs gründete sich zum einen auf der forcierten Einstellung von Frauen und Jugendlichen sowie auf der Zuwanderung neuer Arbeitskräfte, die es in die Fabriken und auf die Baustellen zog, um dem Elend des sowjetischen Landlebens zu entkommen; zum anderen mussten Millionen von GULag-Häftlingen ihre Arbeitskraft für den Wiederaufbau und das ambitionierte spätstalinistische Wirtschaftsprogramm zur Verfügung stellen. Angesichts der rigiden Straf- und Arbeitspolitik schienen die Grenzen zwischen freier und unfreier Arbeit oft zu verschwimmen. Die parteistaatlichen Rekrutierungszwänge lasteten schwer auf der Sowjetgesellschaft. Sie muteten Lohn- wie Zwangsarbeitern außerordentliche Entbehrungen zu, boten ihnen im Zuge des forcierten Urbanisierungs- und Modernisierungsschubs aber auch Chancen, ungeachtet aller Widrigkeiten sozial aufzusteigen.[16])

Die Lagerkomplexe der „Stalinschen Großbauten des Kommunismus"

Kein anderer Ort machte im ersten sozialistischen Staat auf Erden die Brechungen des Fortschritts so deutlich wie der ausufernde stalinistische „Lager-Industrie-Komplex". Er wurde zum Beweis für den Zivilisationsbruch, der die Deformation von Gesellschaft als das eigentliche Gesicht des Sowjetkommunismus erscheinen ließ. Zwischen 1930 und 1953 mussten insgesamt 18 Millionen Menschen diese Schattenwelt der stalinistischen Industriezivilisation erleben.[17]) Sie erreichte ihre größte Ausdehnung zwischen 1948 und 1953. In den letzten Lebensjahren Stalins fristeten über 2,5 Millionen Menschen in sogenannten Besserungsarbeitslagern und Besserungsarbeitskolonien ein Leben als Zwangsarbeiter.[18]) Das entsprach vier Prozent der damals arbeitsfähigen

[16]) Zu den strukturellen Veränderungen der sowjetischen Arbeiterschaft während der Kriegs- und Nachkriegszeit vgl. Segbers 1987: 235–246; Filtzer 2002: 13–40; Filtzer 2001: 102–106.

[17]) So die Schätzung von Applebaum 2003: 11 u. 613ff. Von 20 Millionen sprach Ivanova 2001: 194. Ausführliche Informationen zur Zahl und Zusammensetzung der GULag-Häftlinge bietet Naselenie GULaga 2004: 61–136.

[18]) Die russischen Begriffe lauteten *ispravitel'no-trudovye lagery* und *ispravitel'no-trudovye kolonii*, meist abgekürzt als ITL und ITK. In Kolonien wurden, wie es offiziell hieß, „sozial weniger gefährliche" Personen mit bis zu drei Jahren Freiheitsentzug geschickt, in Lager jene mit längeren Haftstrafen. In beiden Fällen handelte es sich um mit Stacheldrahtzäunen

Sowjetbevölkerung.[19]) In einer Zeit, die von Historikern gern als „lesser terror“ bezeichnet wird,[20]) erlebte der Archipel GULag seinen Zenit.[21]) Damals führten nicht mehr so sehr Säuberungswellen und politische Repressionen zum Anstieg der Lagerbevölkerung. Der Anteil der als „Konterrevolutionäre“ verurteilten Häftlinge (im Lagerjargon *kontriki* oder *politiki* genannt) sank von 42 Prozent im Jahr 1946 auf nur noch 22 Prozent sechs Jahre später. Es war nun vor allem eine in ihren Maßstäben beispiellose Kriminalisierung von Arbeitern, Kolchozbauern und Staatsbediensteten, die seit dem Sommer 1947 die Lager mit sogenannten *bytoviki* füllte, also mit Strafgefangenen, die wegen Alltagsvergehen (Mundraub, Diebstahl, Hooliganismus, Amtsvergehen, mangelhafte Arbeitsdisziplin) vom drakonischen spätstalinistischen Strafrecht zu hohen Haftstrafen verurteilt worden waren.[22])

Tabelle 10: Insassen in den Besserungsarbeitslagern und -kolonien des GULag, 1934–1953 (jeweils am 1. Januar)

	Lager (ITL)	Kolonien (ITK)	Insgesamt
1934	510307	-	510307
1937	820881	375488	1196269
1939	1317195	355243	1672238
1941	1500524	429205	1929729
1945	715505	745171	1460676
1946	746871	956224	1703095
1947	808839	912704	1721543
1948	1108057	1091478	2199535
1949	1216361	1140324	2356685
1950	1416300	1145051	2561351
1951	1522767	994379	2517146
1952	1711202	793312	2504514
1953	1727970	740554	2468524

Quelle: Zemskov 1991; Bacon 1994: 24; Beyrau 2001: 182.

umgebene Barackensiedlungen, deren Bewohner unter Aufsicht Zwangsarbeit zu verrichten hatten. Kurz dazu Stettner 1996: 200f. u. 210f.; Applebaum 2003: 244; Bacon 1994: 60f.

[19]) Beyrau 2001: 185.

[20]) So Parrish 1996.

[21]) Filtzer 2002: 22–29; Stettner 1996: 169ff.; Ivanova 2001: 59–66; Ivanova 2002: 31ff.; Applebaum 2003: 486f.; Werth 1997: 258–262; Gorlizki 1999: 1249ff.

[22]) Beyrau 2001: 195. Hier darf nicht verschwiegen werden, dass die Nachkriegsrepressionen gegen ausgewählte nationale Minderheiten, die Armee, vormalige Kriegsgefangene und „Ostarbeiter“ neue Kontingente „politischer Gefangener“ in die Lagerwelt trieben. Hinzu kam, dass viele, die während des Großen Terrors 1937/38 zu zehn Jahren Haft verurteilt worden waren, in den Jahren 1948 und 1949 zum zweiten Mal festgenommen wurden und neue Urteile erhielten. Die Zahl neuer Verurteilungen wegen „konterrvolutionärer Vergehen“ fiel von 129826 Fällen im Jahr 1946 in der Folgezeit aber konstant bis auf 27098 Fälle im Jahr 1952. Vgl. Gorlizki/Khlevniuk 2004: 124f.; GULag 2000: 437; Naselenie GULaga 2004: 131.

Der durch die hohen demographischen Kriegsverluste bedingte Arbeitskräftemangel ließ die Verantwortlichen in Partei und Staat die wachsende Lagerbevölkerung als „Arbeitskräftefond“ (*trudfond* oder *rabfond*) wahrnehmen.[23]) Nach Kriegsende erhielt der GULag darum immer mehr ökonomische Aufgaben übertragen. Sein zunehmend komplexer werdender Apparat wurde nach dem Branchenprinzip in für bestimmte Branchen und Großprojekte zuständige Hauptverwaltungen und Behörden ausdifferenziert. Der GULag entwickelte sich zu einem „Staat im Staat“[24]) und zu einem „Wirtschaftsgiganten“[25]), dem der Ministerrat schließlich mehr Investitionskapital als bedeutenden Industrieministerien zuwies.[26]) Der Fünfjahrplan für die Zeit von 1951 bis 1955 sah sogar die Verdoppelung dieser Investitionen vor, weil dem „Lager-Industrie-Komplex“[27]) neben einer Reihe weiterer spektakulärer Bauvorhaben[28]) die Verantwortung für die „Stalinschen Großbauten des Kommunismus“ übertragen worden war.[29]) Das Innenministerium war damit zum größten Bauministerium in der Sowjetunion aufgestiegen. Die aufwendigen Erd- und Montagearbeiten erforderten Heere von Arbeitskräften, die sich in der überstrapazierten sowjetischen Volkswirtschaft nur durch die Gründung neuer Lagerkomplexe mobilisieren ließen.[30]) Das GULag-System erlebte damals seine „expansivste Phase“.[31]) Zynisch sprach Stalin davon, die

[23]) Ivanova 1999: 107; Stettner 1996: 180; Beyrau 2000a: 168. Von „Arbeitsvieh“ sprach Solschenizyn 1978: 148.

[24]) Applebaum 2003: 10.

[25]) So Stettner 1996.

[26]) Beyrau 2000a: 169f.; Applebaum 2003: 495; Craveri/Chlevnjuk 1995: 180; Khlevniuk 2003: 53; Ekonomika GULaga 1998: 9ff. u. 83ff.; Sistema 1998: 55ff. Im Jahr 1952 erhielt der GULag insgesamt neun Prozent der Staatsinvestitionen zugewiesen. Vgl. Ekonomika GULaga 2004: 34.

[27]) Sistema 1998: 46, 55 und 62.

[28]) Dazu zählten vor allem spektakuläre Eisenbahnprojekte in abgelegenen, unwirtlichen Peripherien, so der Bau der ostsibirischen Bajkal-Amur‘-Magistrale, der als „Todesstrecke“ bekannt gewordene Schienenweg von Salechard bis Igarka im hohen Norden Sibiriens und der Bau eines Eisenbahntunnels zwischen dem Festland und der Insel Sachalin im Fernen Osten. Vgl. Stalinskie Strojki 2005: 167-367.

[29]) Die „Großbauten des Kommunismus“ zeigen, dass die Entwicklung des GULag nicht allein als die Geschichte einer Erschließung entlegener Peripherien geschildert werden kann. Auf Zwangsarbeit beruhende Großvorhaben wurden gleichsam in europäischen Kernregionen und selbst in der Hauptstadt Moskau (Moskau-Wolga-Kanal) realisiert.

[30]) Als Žuk als Leiter von *Gidroproekt* im Januar und Februar 1948 Stalin und Berija genaue Entwürfe zum Wolga-Don-Kanal vorlegte, machte er keinen Hehl daraus, dass sich seine Planungen auf die Zuweisung von insgesamt 200000 GULag-Häftlingen stützten. Vgl. Kokurin/Morukov 2001/21: 100ff.

[31]) Sistema 1998: 62. Das Innenministerium hatte damals Bauvorhaben übernommen, für deren Fertigstellung insgesamt 105 Mrd. Rubel veranschlagt wurden. Der Plan für das Jahr 1953 billigte dem Ministerium aber lediglich 13,3 Mrd. Rubel Investitionen zu, um die Bau- und Montagearbeiten voranzubringen. Dieses eklatante Missverhältnis von Baukosten und Investitionen belegt eindrücklich die Überlastung des Innenministeriums mit ökonomischen Aufgaben. Vgl. Ekonomika GULaga 2004: 34f.

Sowjetunion sei auf dem besten Weg, sich in eine „Diktatur des GULag-Proletariats" zu verwandeln.[32])

Als für die Fertigstellung der einzelnen Großbauten mit *Kujbyševgesstroj*, *Stalingradgesstroj* und *Volgodonstroj* neue Bautrusts ins Leben gerufen wurden, verschmolzen diese mit den ihnen zugeordneten riesigen „Besserungsarbeitslagern" zu bürokratischen Systemen. *Volgodonstroj* verfügte über vier große Lagerkomplexe: das Lager Kalačevskij für den eigentlichen Kanalbau, das Lager Cimljanskij für den Bau des Cimljansker Flusskraftwerks am Don, das Lager Martynovskij für den Bau der Bewässerungssysteme und das forstwirtschaftliche Lager Varnavinskij, das über 1000 Kilometer von der Kanaltrasse entfernt am Fluss Vetluga im Gebiet Gor'kij lag. Im September 1952 wurden die Lager Cimljanskij und Martynovskij zum Lager Nižne-Donskij zusammengelegt, um nach Inbetriebnahme von Kanal und Kraftwerk ein großes Zwangsarbeiterkontingent für die Fertigstellung der ehrgeizigen Bewässerungssysteme gezielt einsetzen zu können. Während der Jahre 1948 bis 1953 erbrachten für den ersten „Stalinschen Großbau" insgesamt 236778 Häftlinge Arbeitsleistungen. Zur Hochzeit der Bauarbeiten im Januar 1952 zählten die Verantwortlichen 118178 Zwangsarbeiter.[33])

Tabelle 11: Insassen der vier Lagerkomplexe von Volgodonstroj, *1948–1953*

	Kalačevskij	Cimljanskij	Martynovskij	Varnavinskij	Nižne-Donskij
01.07.1948	1343				
01.01.1949	13942				
01.04.1949		4764			
01.08.1949	14287	5314	51	4664	
01.10.1949	19285	11244		5253	
01.01.1950	20435	15829	954	5148	
01.01.1951	23281	32208	4354	6095	
01.01.1952	59114	47285	5515	6294	
01.09.1952					37679
01.01.1953	12589			4841	23607
01.04.1953	8608			5282	23760
01.07.1953	2598				6558
01.10.1953				4853	4002

Quelle: Stalinskie Strojki 2005: 121f.; Sistema 1998: 182, 253, 278, 321, 336f. u. 504; GARF, 9414/1/568, 88; ebd., 1321, 5ob, 68ob u. 84ob.

Neben sowjetischen GULag-Häftlingen kamen beim Bau des Wolga-Don-Kanals Kriegsgefangene – vornehmlich Deutsche, Österreicher und Ungarn –

[32]) Zit. n. Romanovskij 1997: 35.

[33]) Sistema 1998: 115f.; Kokurin/Morukov 2001/21: 109f. u. 117; Stalinskie Strojki 2005: 121. Insgesamt lebten zwischen 1948 und 1953 im Lager Kalačevskij 108917, im Lager Cimljanskij 103884, im Lager Martynovskij 11273 und im Lager Varnavinskij 12704 Häftlinge.

zum Einsatz. Im Sommer 1948 waren es anfänglich 500, bis ihre Zahl durch eine weitere Lagergründung und Verlegungen zuerst auf 1100 und schließlich auf über 2000 anstieg.[34])

Mit Baubeginn der Wolga-Kraftwerke in Kujbyšev und Stalingrad ging die Gründung der beiden Besserungsarbeitslager Kuneevskij und Achtubinskij einher, die jeweils unweit der Großbaustellen lagen.[35]) Ihre Insassen, deren Zahl rasch bis auf 46507 bzw. 24364 anstieg, stellte das große Korps der Belegschaft.[36]) *Stalingradgesstroj* war zudem seit dem Frühjahr 1952 mit Usol'gidroles im Gebiet Perm' ein Lager für Forstwirtschaft zugeordnet, das angesichts der Waldarmut im Umland von Stalingrad die Großbaustelle mit Holz versorgte. Während die Lagerkomplexe von *Volgodonstroj* und *Stalingradgesstroj* mit den ersten großen Amnestien im Verlauf des Jahres 1953 aufgelöst wurden, konnte *Kujbyševgesstroj* weiterhin auf große Zwangsarbeiterkontingente zurückgreifen, um die Bauarbeiten voranzutreiben.[37]) In das mit dem Bautrust verbundene, bei der Kleinstadt Stavropol' gelegene Lager Kuneevskij wurden im April 1953 nicht nur die Insassen des vormaligen Stalingrader Lagers Achtubinskij, sondern auch Häftlingskontingente von anderen damals eingestellten Großvorhaben verlegt. Trotz aller Massenentlassungen lebten und arbeiteten hier in den folgenden drei Jahren weiterhin 32000 bis 46000 Strafgefangene.[38]) Nach dem 20. Parteitag kamen im August 1956 dank der neuen Massenamnestie 5239 Häftlinge vorzeitig frei. Weitere 5000 Häftlinge hatten in diesem Jahr ihre Haftzeit verbüßt. Weil damals das Ausmaß der anfallenden Bauarbeiten merklich zurückging, wurden keine weiteren

[34]) Dabei handelte es sich um das Lager 7108/1 Krasnomajsk bei Beketovka (dort, wo der Kanal später in die Wolga einmündete) und das Lager 7108/3 (45 Kilometer westlich von Stalingrad gelegen). Vgl. GARF, 9417/3/57, 34 u. 103; Karner 1995: 142f.; Peter/Epifanow 1997: 26; Hilger 2000: 186 u. 200. Kriegsgefangenenlager gab es gleichfalls im Wolga-Knie in den Žiguli-Bergen, so dass zu vermuten ist, dass kleinere Kontingente Kriegsgefangene auch beim Bau des Kujbyšever Flusskraftwerks zumindest mittelbar beteiligt waren. Genaue Zahlen darüber liegen nicht vor. In Stalingrad und Umgebung waren Zehntausende von Kriegsgefangenen tätig. Einige von ihnen erbrachten durch den Bau von Straßen und Eisenbahnschienen, die Bereitstellung von Holz und das Entladen von Zügen und Schiffen sicherlich Arbeitsleistungen für das oberhalb der Stadt entstehende Riesenkraftwerk, ohne direkt an den Bau- und Montagearbeiten beteiligt zu sein. Vgl. Hilger 2000: 202f.; Bährens 1965: 318–327; Böhme 1966: 87f. u. Karte 27. Siehe auch oben S. 343.

[35]) Das Lager Kuneevskij wurde schon am 6. Oktober 1949 eingerichtet, das Lager Achtubinskij knapp ein Jahr später. Vgl. Zaključennye na strojkach kommunizma 2008: 138ff.

[36]) Im Verlauf des Jahres 1952 wurden große Arbeiterkontingente von *Volgodonstroj* in die Lager Kuneevskij und Achtubinskij verlegt. Vgl. Judin 1996: 195.

[37]) Im April 1953 wurde während der ersten Großamnestie im Lager Kuneevskij mit 25380 Häftlingen mehr als die Hälfte der Insassen entlassen. Vgl. GARF, 9414/1/168, 14.

[38]) Zu dieser Verlegung vgl. Judin 1996: 202; RGAE, 7964/11/1321, 21; ebd., 1320, 18; GARF, 9414/1/724, 12–13 u. 31–32. Als zu Beginn des Jahres 1954 abzusehen war, dass zahlreiche Insassen des Lagers Kuneevskij ihre Haftzeit bald verbüßt hätten, erhielt das Lager Priorität bei der Zuweisung neuer Zwangsarbeiterkontingente, ohne jedoch die Abgänge ausgleichen zu können. Vgl. dazu GARF, 9414/1/176, 78–82.

Häftlinge mehr nach Kuneevskij verlegt. Die Zahl der Zwangsarbeiter sank dort zu Anfang des Jahres 1957 deshalb auf weniger als 20000 und im weiteren Jahresverlauf auf 11688.[39]) Aufgelöst wurde das Lager am 12. März 1958, nachdem die Bau- und Montagearbeiten weitestgehend abgeschlossen waren. Das damals weltgrößte Flusskraftwerk war das letzte grandiose Bauvorhaben, das in der Sowjetunion vornehmlich von Lagerinsassen fertiggestellt wurde. Es bildete sowohl einen weiteren Höhepunkt als auch das Ende des GULag-Bauimperiums.

Tabelle 12: Insassen der Lager Kuneevskij und Achtubinskij, 1949–1957

	Kuneevskij	Achtubinskij	Usol'gidroles
01.12.1949	1253	–	–
01.01.1950	1328	–	–
01.11.1950		1284	–
01.01.1951	15864	4980	–
01.06.1951	19508	8939	–
01.01.1952	24985	13664	–
01.04.1952			809
01.08.1952	34120		
01.01.1953	45961	26044	3574
15.03.1953	45744	24364	3468
01.06.1953	23516		1822
15.07.1953	33860		–
01.11.1953		38	–
01.01.1954	46507	–	–
01.01.1955	36144	–	–
01.01.1956	32094	–	–
01.01.1957	21484	–	–
20.03.1957	19278	–	–
01.12.1957	11688	–	–

Quelle: Sistema 1998: 150f., 275f. u. 308. Ähnliche Zahlen GARF, 9401/2/491, l. 180; ebd., 9414/1/118, 89; ebd., 291, 7; ebd., 457, 8, 176 u. 202; ebd., 565, 46, 63 u. 73; ebd., 1331, 39; ebd., 1340, 5ob–6 u. 104ob–105.

Die gigantischen Lagerkomplexe, deren Insassenzahl die Einwohnerzahl benachbarter Kleinstädte deutlich überstieg, waren in Lagerabteilungen (*lagotdelenija*) und Lagerpunkte (*lagpunkty*) unterteilt, die unweit der verschiedenen Bauplätze und Zulieferbetriebe lagen.[40]) Während die eine Gruppe von Häftlingen für den Bau des Kraftwerks und der Schleusen zuständig war, fällte die andere Bäume auf dem späteren Überflutungsgebiet, baute Straßen und Bahnlinien oder arbeitete in Steinbrüchen und Zementfabriken. Im März 1953 waren dem monströsen Lagerkomplex Kuneevskij sechzehn Lagerabtei-

[39]) GARF, 9414/1/2448, 5.

[40]) Allgemein dazu Applebaum 2003: 211f.; Stettner 1996: 411–414; Stark 2002: 92–97.

lungen und 23 Lagerpunkte zugeordnet. Deren Insassenzahlen reichten von wenigen Hunderten bis zu mehreren Tausend.[41]) Die dritte Lagerabteilung, an der Baugrube des Flusskraftwerks, war bei weitem die größte. Sie zählte schon Anfang 1952 über 6500 Zwangsarbeiter. Eingeteilt in 53 Tages- und neunzehn Nachtbrigaden, verrichteten sie rund um die Uhr bei Tages- oder Scheinwerferlicht technisch aufwendige Bau- und Montagearbeiten.[42])

Die Inszenierung von Normalität: Versuche zur Produktivierung der Zwangsarbeit

Der Produktivität der Häftlingsarbeit und der Rentabilität der Lagerwirtschaft hatte Berija, der am 25.November 1938 zum neuen Leiter des NKVD und damit des GULag ernannt worden war, schon vor Beginn des Zweiten Weltkriegs große Bedeutung zugemessen. Die einzelnen Lagerkomplexe sollten sich selbst finanzieren, indem sie die Arbeitskraft ihrer Insassen so effizient wie möglich ausbeuteten.[43]) Dabei schien die Zeit, in der sich Häftlinge mit Schaufel, Spitzhacke und Schubkarre abschinden mussten, vorüber.[44]) Anders als beim Bau der Kanäle und Flusskraftwerke während der 1930er Jahre kamen bei den „Stalinschen Großbauten des Kommunismus" verstärkt große Baumaschinen zum Einsatz. Die stalinistische Zwangsarbeit bediente sich der modernen Technik. Voller Stolz wiesen die Lager- und GULag-Leiter 1950 darauf hin, dass der für die Fertigstellung des Wolga-Don-Kanals zuständige Bautrust dank der zahllosen Bagger, Kräne, Bulldozer und Kipplader weniger als die Hälfte der Arbeiter benötige, die man für die Fertigstellung des Moskau-Wolga-Kanals habe einsetzen müssen.[45])

Die Technisierung der Häftlingsarbeit setzte voraus, dass Lagerinsassen, die über eine Fachausbildung und langjährige Arbeitserfahrungen verfügten, auf den Baustellen ihren Berufen nachgingen. Angesichts der Vielzahl der zu besetzenden Leitungs- und Facharbeiterposten konnte auf ihre Kompetenz und ihr Wissen nicht verzichtet werden. Allein beim Bau des Wolga-Don-Kanals fehlten Mitte des Jahres 1949 mehr als 7000 Ingenieure, Techniker und qualifizierte Arbeiter.[46]) Das Innenministerium verfügte darum, dass die einzelnen Lager Listen führen sollten, die alle inhaftierten Experten und qualifizierten

[41]) GARF, 9414/1/724, 3–4.

[42]) GARF, 9414/1/457, 178 u. 184.

[43]) Der Umfang der geleisteten Bauarbeiten wurde nach bestimmten Rechnungskriterien auf der Einnahmeseite verbucht, den Ausgaben für den Unterhalt des Lagers gegenübergestellt und so eine Haushaltsbilanz berechnet.

[44]) Zu den sogenannten „Reformen" Berijas in den Jahren 1939/1940 vgl. ausführlich Khlevniuk 2004: 186–286. Ferner Bacon 1994: 57f.; Ivanova 2001: 94f.; Ekonomika GULaga 2004: 12f., 85, 91f., 119ff. u. 151; Soprotivlenie 1992: 121.

[45]) GARF, 9401/2/269 (Teil 2), 11 u. 67; Kokurin/Morukov 2001/21: 109f.; Ekonomika GULaga 2004: 36.

[46]) GARF, 9414/3/65, 113.

Arbeiter verzeichneten. So hoffte die Moskauer GULag-Zentrale an die notwendigen Informationen zu kommen, um die für die „Großbauten des Kommunismus" dringend benötigten Fachleute mobilisieren und aus den unterschiedlichen Lagern zusammenziehen zu können.[47]) Im Dezember 1950 waren dem Lager Kuneevskij schon 1440 qualifizierte Häftlinge zugewiesen worden, darunter 44 Ingenieure und 55 Techniker.[48]) Einen Monat später ließ die zentrale GULag-Administration weitere 3000 Fachleute nach *Kujbyševgesstroj* verlegen, darunter 70 ausgebildete Ingenieure.[49]) Noch im März 1957, als sich die Bauarbeiten dem Ende zuneigten, gab es hier mit 48 Ingenieuren, 80 Technikern, vierzehn Agronomen und 10185 qualifizierten Arbeitern weiterhin eine außerordentlich hohe Konzentration von Fachkräften.[50])

Gleiches galt für den Wolga-Don-Kanal. Im Lager Kalačevskij leisteten 1950 schon 200 Ingenieure und 216 Techniker intellektuelle Zwangsarbeit. Im benachbarten Lager Cimljanskij waren beim Bau des dortigen Flusskraftwerks 153 Ingenieure, 182 Techniker und knapp 6700 qualifizierte Arbeiter tätig. Jeder dritte Lagerinsasse gehörte damals zur Gruppe der Fachkräfte.[51]) Auch im Lagerkomplex Nižne-Donskij übten im September 1952 insgesamt 158 inhaftierte Ingenieure und 232 Techniker wichtige Funktionen beim Bau der Bewässerungssysteme aus.[52]) Hochqualifizierte Ingenieure, die sich bewährten, durften sich frei auf der Baustelle bewegen. Sie erhielten zahlreiche Vergünstigungen, so mitunter auch die Erlaubnis, als Freigänger (*zazonniki*) außerhalb des Lagers eine eigene Bleibe zu finden.[53]) Wie wichtig die qualifizierten Häftlinge für das Voranschreiten der Bauarbeiten waren, zeigte sich im Jahr 1953, als während der Massenentlassungen nach Stalins Tod zahlreiche Ingenieure, Techniker und Facharbeiter amnestiert wurden und sich kein adäquater Ersatz für sie finden ließ. Die meisten Bau- und Montagearbeiten mussten damals gestoppt werden.[54])

Der zielgerichtete Einsatz inhaftierter Fachleute auf Führungsposten blieb nicht ohne Probleme. Laut Richtlinien durften politische Häftlinge, die als „Konterrevolutionäre" nach Artikel 58 verurteilt worden waren, generell nicht in Verwaltungs- und wichtigen Wirtschaftsfunktionen eingesetzt werden. Unter diese Häftlingskategorie der *politiki* oder *kontriki* fielen allerdings zahlreiche Ingenieure und Fachkräfte.[55]) Beim Wolga-Don-Kanal kam es des-

[47]) Viele Lagerleiter schienen damals der Anordnung zur Führung von Listen nicht oder nur mangelhaft nachgekommen zu sein. Deshalb wurden sie Ende der 1940er und Anfang der 1950er Jahre wiederholt aufgefordert, dem Erlass Folge zu leisten. Vgl. GARF, 9414/1/1005, 13; ebd., 1095, 1-2; ebd., 1308, 1-3 u. 45; ebd., 1314, 86–90; ebd., 1331, 7.

[48]) GARF, 9414/1/154, 6.

[49]) GARF, 9414/1/495, 13.

[50]) GARF, 9414/1/291, 7ob.

[51]) GARF, 9414/1/154, 6–7 u. 52.

[52]) GARF, 9414/1/568, 147.

[53]) GARF, 9414/1/495, 70.

[54]) GARF, 9414/1/176, 23.

[55]) Stettner 1996: 263; Ivanova 2001: 156f.

halb 1949 zu Beschwerden. Die hier tätigen freien Lohnarbeiter beklagten sich darüber, dass sie auf den Bauplätzen gefährlichen „Konterrevolutionären" unterstellt seien, die als Ingenieure und Brigadiere über die Arbeitsorganisation zu bestimmen hätten. Es könne nicht angehen, dass gefährliche antisowjetische Gefangene gesetzestreuen Parteimitgliedern vorschrieben, wie sie zu arbeiten hätten. Zudem würden die intellektuellen Zwangsarbeiter ihre Leitungsfunktionen oft dazu missbrauchen, Lagerinsassen, denen sie wohlgesonnen waren, mit wichtigen Aufgaben zu betrauen, um weitreichende Seilschaften und einflussreiche landsmannschaftliche Netzwerke aufzubauen. Darunter leide sowohl die Lagerordnung als auch der Fortgang der Arbeiten.[56])

Unter dem Primat der Planerfüllung hatten die Bau- und Lagerleiter bei den „Großbauten des Kommunismus" aber keine andere Wahl. Sie mussten das Wissen und die Erfahrung der inhaftierten Fachleute nutzen. So hielt im August 1954 Ivan Dolgich, der damals der zentralen GULag-Administration vorstand, die Lager noch einmal nachdrücklich dazu an, alle verurteilten Ingenieure und Techniker, unabhängig von ihrer Strafe und dem vorgeworfenen Verbrechen, in ihren Berufen zu beschäftigen.[57]) Die restriktiven Prinzipien der Kaderauswahl waren außer Kraft gesetzt. Die Verantwortlichen bemaßen den Arbeitseinsatz der Häftlinge nicht nach deren Vergehen, sondern nach deren Kompetenz.[58])

Um die Lagerinsassen zur Arbeit zu motivieren, hatten die GULag-Leiter schon während der 1930er Jahre zeitweise mit verschiedenen Anreizen experimentiert, auf die sie nach 1948 vermehrt zurückgriffen. So wurden bei den „Großbauten des Kommunismus" die Häftlinge nach ihrer jeweiligen Tätigkeit und Arbeitsleistung entlohnt. Das gezahlte Entgelt lag jedoch deutlich unter dem Gehaltsniveau der freien Lohnarbeiter. Zudem hatten die Häftlinge hohe Abgaben für den Unterhalt des Lagers und die Bezahlung des Wachpersonals abzuführen. Sie mussten also selbst für die Kosten ihrer Inhaftierung aufkommen. Letztlich konnten sie deshalb nur über einen Bruchteil ihres Lohns verfügen. Beim Kujbyšever Kraftwerkbau erhielten die Zwangsarbeiter durchschnittlich die Hälfte ihres Lohnes tatsächlich ausgezahlt. Jedem zehnten Häftling wurde sogar lediglich der Minimallohn ausgehändigt, der sich auf kaum mehr als zehn Prozent des für Zwangsarbeiter festgelegten Normgehalts belief.[59]) Die Moskauer GULag-Administration räumte den Zwangsarbeitern die Möglichkeit ein, sich entweder das verdiente Geld bar

56) GARF, 9414/3/65, 111-112.

57) GARF, 9401/2/451, 158.

58) Ivanova 2001: 157ff. u. 173f.

59) Zaključennye na strojkach kommunizma 2008: 26. Im Durchschnitt erhielten die Häftlinge ein Drittel ihres Gesamtlohnes ausgezahlt. Allerdings gab es dank einer ausdifferenzierten Lohnskala eine große Spannbreite. Während der ausgezahlte Anteil bei einigen Häftlingen lediglich bei 10 bis 15 Prozent lag, konnte er bei Ingenieuren auf wichtigen Großbaustellen und in Unternehmen, denen oberste Priortität eingeräumt wurde, sogar 50 bis 70 Prozent erreichen.

oder in Gutscheinen auszahlen zu lassen, um damit in den Läden des Lagers Waren zu erstehen,[60]) oder es an ihre Familien zu überweisen, was allerdings die wenigsten taten.[61])

Einen weit wichtigeren Anreiz als die Löhne sahen viele Häftlinge in der Praxis der Anrechnung von Arbeitstagen (*začety rabočich dnej*). Dafür galt seit 1948 auf Großbaustellen ein ausdifferenziertes Bewertungssystem. Pro Arbeitstag, an dem der Häftling die ihm gestellte Arbeitsnorm erbracht oder übererfüllt hatte, verkürzte sich seine Haftzeit um einen halben oder ganzen Tag, bei schweren und wichtigen Arbeiten mitunter sogar um drei Tage. Durch dieses Anrechnungssystem gelang es vielen Häftlingen, ihre Freiheitsstrafen mehr als zu halbieren.[62])

Hinzu kam, dass die Bauleitungen von *Volgodonstroj* und *Kujbyševgesstroj* qualifizierten Zwangsarbeitern, die sich durch gute Arbeit und vorbildliches Benehmen hervorgetan hatten, nach planmäßigem Abschluss der Bau- und Montagearbeiten weitere Strafnachlässe in Aussicht stellten. Am 18. August 1952 erließ dann der Ministerrat sogar die Anordnung, nach der Inbetriebnahme des Wolga-Don-Kanals 15000 Zwangsarbeiter zu amnestieren (darunter 7000 Frauen), die Haftzeit von 35000 weiteren Lagerinsassen zu verkürzen und 3000 Zwangsarbeitern (darunter 1000 Frauen) Orden und Medaillen zu verleihen. Diese großzügige Geste des Parteistaats sollte sich in den Lagern Kuneevskij und Achtubinskij herumsprechen, um die dort Inhaftierten zu einem engagierten Arbeitseinsatz für die beiden folgenden „Großbauten des Kommunismus" zu bewegen.[63]) Als 1958 das Kujbyšever Flusskraftwerk ans Netz gegangen war und der vormalige Lagerkomplex aufgelöst wurde, gefiel sich die Bauleitung darin, den vermeintlich engagierten Einsatz qualifizierter Zwangsarbeiter gleichfalls mit vorzeitigen Entlassungen (in 425 Fällen) und deutlichen Haftverkürzungen (in 1517 Fällen) zu würdigen.[64])

60) Im Lagerkomplex Kuneevskij gab es Anfang 1953 insgesamt 22 Geschäfte, 20 Läden, 12 Kantinen und 9 Buffets, wo die Häftlinge mit ihrem Lohn Lebensmittel, Massenbedarfsartikel und andere Waren erstehen konnten. Dazu GARF, 9414/1/168, 19.

61) GARF, 9414/1/3380, 98 u. 109; ebd., 118, 3–4; ebd., 204, 18–19; ebd., 2230, 42–46. Ferner Ekonomika GULaga 2004: 296–314; Stettner 1996: 291f.; Ivanova 2001: 116; Gorlizki/Khlevniuk 2004: 129; Barton 1956: 1308. Anschaulich und informativ Ertz 2005a; Ertz 2006: 171–188.

62) Der Einführung dieser Praxis gingen kontroverse Diskussionen mit dem Justizministerium voraus. Die Vertreter des Justizministeriums sahen durch die Anrechnung von Arbeitstagen „die Stabilität der Urteile der Justizorgane gefährdet". Der Abschreckungseffekt der langen Freiheitsstrafe würde so merklich gemindert. Schließlich setzte sich das Innenministerium durch, indem es auf die Nützlichkeit dieser Praxis als Anreizsystem und Disziplinierungsinstrument hinwies. Vgl. die Briefwechsel zwischen den Ressorts in GARF, 5446/80a/7561, 38–45. Ferner Ekonomika GULaga 2004: 283–295; Gorlizki/Khlevniuk 2004: 128; Khlevniuk 2003: 55f.; Barton 1956: 1312f.; Ertz 2005b; Ertz 2006: 163–171; Zaključennye na strojkach kommunizma 2008: 25f.

63) Stalinskie Strojki 2005: 122f. u. 161–164.

64) GARF, 7523/72/635, 1–240; ebd., 9401/2/499, 234–235; ebd., 600, 167.

Ähnlich wie im normalen Berufsleben organisierten die Verantwortlichen in den Lagern und auf den Großbaustellen „sozialistische Wettbewerbe", bei denen Zwangsarbeiterbrigaden miteinander um die höchste Arbeitsleistung konkurrierten. Ein Sieg brachte ihnen neben einer lobenden Erwähnung in der Wandzeitung kleinere Vergünstigungen ein, die das Lagerleben erleichterten.[65]) Vorbildliche und besonders engagierte Zwangsarbeiter wurden vielfach in Stoßarbeiterbrigaden zusammengefasst, die auf der Stalingrader Kraftwerkbaustelle wichtige Bau- und Montagearbeiten ausführten. Sie leisteten zwischen 160 und 250 Prozent der Arbeitsnorm und legten damit Spitzenwerte vor, an denen sich andere Brigaden messen und orientierten sollten.[66]) Die Stoßarbeiterbrigaden erhielten getrennte, besser ausgestattete Unterkünfte, eigene Speisesäle, Badestuben und Wäschereien. Wer hier Aufnahme fand, zählte zur offiziellen Zwangsarbeiterelite und konnte sich berechtigte Hoffnung machen, nach Abschluss der Bauarbeiten von den vorzeitigen Entlassungen und Haftverkürzungen zu profitieren.[67])

Fraglich bleibt, inwieweit die auf den „Großbauten des Kommunismus" geltenden Anreizsysteme zur Produktivierung der Zwangsarbeit beitrugen. Im Herbst 1950 berichtete der damalige GULag-Chef Ivan Dolgich davon, dass sich die Einführung des Akkordlohns und der sozialistische Wettbewerb durchaus positiv auf den Einsatz von Baumaschinen auswirkten. Allerdings müssten den Stoßarbeiterbrigaden unbedingt vertrauenswürdige und kundige Fachleute vorstehen, die eigenverantwortlich ohne ständige Bevormundung den Einsatz moderner Technik koordinieren könnten.[68]) Der Bauleiter von *Stalingradgesstroj*, Fedor Loginov, hielt 1952 in seinem Tagebuch fest, dass inhaftierte Ingenieure und Fachkräfte, getrieben vom „Durst nach Freiheit", ausgezeichnete Arbeit verrichteten, sich mit Enthusiasmus einbrächten und sogar zahllose Verbesserungsvorschläge machten. Sie seien voller Hoffnung, so ihre vorzeitige Entlassung erreichen zu können.[69])

Das System der Haftzeitverkürzung hatte jedoch gleichfalls negative Folgen für alle Seiten. So verlor die Lagerwirtschaft dadurch zu schnell ihre besten Arbeitskräfte.[70]) Auch die Entlohnung der Zwangsarbeit erwies sich keineswegs als durchschlagender Erfolg. Die Lohnzahlungen an das Heer von Lagerinsassen trieben die Kosten für die Häftlingsarbeit deutlich in die Höhe

[65]) Zur Inszenierung sozialistischer Wettbewerbe im Lager Cimljanskij zu Beginn des Jahres 1950, an denen 90 Prozent der Lagerinsassen teilgenommen haben sollen, vgl. GARF, 9417/1/105, 26, 32, 198 u. 201–203. Ferner GARF, 9414/1/233, 198–199. Allgemein zu dieser Imitation „ziviler" Arbeitspraktiken vgl. Beyrau 2000a: 171; Ivanova 2001: 116; Applebaum 2003: 261f.

[66]) Judin 1996: 200f. Zu ähnlichen Stoßarbeiterbrigaden bei *Kujbyševgesstroj* vgl. GARF, 9401/2/500, 167; ebd., 9414/1/457, 181.

[67]) Ertz 2005a: 421f.; Ertz 2006: 161f.; Stark 2002: 193f. u. 214f.

[68]) GARF, 9414/1/106, 272–274; ebd., 118, 3–4.

[69]) Judin 1996: 201.

[70]) Dazu bes. Ertz 2005b.

und trugen zum wachsenden Budgetdefizit der einzelnen Lagerkomplexe bei. Ferner wollten viele Facharbeiter nicht in ihrem Beruf tätig sein, weil die Lagerleiter für andere Tätigkeiten mehr Vergünstigungen und ein höheres Entgelt in Aussicht stellten.[71]) Das perfide Belohnungssystem schürte Neid und Missgunst und vergiftete oftmals das Arbeitsklima. Angesichts der geringen Nettolöhne und des schlechten Warenangebots in den Lagern sahen zudem viele Häftlinge keinen Sinn darin, die eigene Arbeitsleistung durch einen verstärkten Einsatz zu verbessern.[72]) Hinzu kam, dass Unregelmäßigkeiten bei der Entlohnung die Zwangsarbeiter häufig entmutigten. So hatten Wachleute im Lager Kuneevskij die Arbeitsleistungen der Häftlinge oftmals willkürlich berechnet. Auch die Lagerleitung verhielt sich keineswegs besser. Sie zahlte ausstehende Löhne nicht aus, sondern unterschlug sie oder nutzte sie dazu, die Löcher im Lagerbudget zu stopfen.[73]) Diese „groben Verletzungen der Arbeits- und Erziehungspolitik" waren keine Ausnahmen.[74]) Im Juni 1953 stellte eine Untersuchungskommission fest, dass von den Häftlingslöhnen auf Großbaustellen insgesamt die große Summe von 126 Millionen Rubel rechtswidrig für andere Zwecke abgezweigt worden war.[75])

Das Grundproblem des seit 1948 eingeführten Anreizsystems lag vor allem darin, dass es sich mehr an der Quantität als an der Qualität der Arbeit orientierte. Angesichts vorgegebener Arbeitsnormen, die „nicht fürs reale irdische Leben geschaffen (waren), sondern für irgendein mondfernes Ideal", griffen die Zwangsarbeiter darum immer häufiger zur Praxis der *tufta*, einer ausgeklügelten Mogelei. Die Häftlinge schrieben sich nichtgeleistete Arbeitsleistungen an und verrechneten ungenutzte oder zweckentfremdete Materialien. Die Folge war „unverhohlene und erstklassige Pfuscherei [...] Überall sind Fehler, überall ist Verdruß."[76]) Dieses „strukturbedingte Betrugssystem"[77]) führte nicht nur zu einem verantwortungslosen Umgang mit Material und Maschinen, sondern auch zu einer ausgeprägt negativen Haltung gegenüber der Arbeit. Das Wesen der *tufta* war es, besondere Anstrengung zu vermeiden oder, falls sich der Arbeitseinsatz nicht umgehen ließ, den Aufwand soweit wie möglich zu vermindern. Während die GULag-Administration so tat, als ob sie die Zwangsarbeiter entlohne, taten diese so, als ob sie arbeiteten. Die massenhafte Verbreitung falscher Arbeitsergebnisse ließ

[71]) GARF, 9414/1/233, 92 u. 170.

[72]) GARF, 9414/1/204, 78. Ferner Stark 2002: 217f.

[73]) GARF, 9414/1/565, 97. Ferner ebd., 3380, 5 u. 110; ebd., 9417/3/138, 103-104; ebd., 168, 1.

[74]) Vgl. zu ähnlichen Verzögerungen und Rückständen bei den Lohnzahlungen in den Lagerkomplexen von *Volgodonstroj* den kritischen Bericht der Staatsanwaltschaft in GARF, 8131/29/485, 49-51.

[75]) Ivanova 2001: 131; Applebaum 2003: 497.

[76]) Solschenizyn 1978: 89f., 148f und 532f. Die Häftlinge entschlüsselten das Wort *tufta* als *technika učeta fiktivnogo truda* (Berechnungstechnik fiktiver Arbeit).

[77]) Beyrau 2001: 192.

offizielle Statistiken und Planziffern oftmals zur Farce werden.[78]) Auch die sozialistischen Wettbewerbe täuschten die Zwangsarbeiterbrigaden oftmals nur mit fingierten Erfolgszahlen vor, um formal den an sie gestellten Anforderungen gerecht zu werden.[79]) Die Bau- und Lagerleiter von *Stalingradgesstroj* wussten 1952 vom permanenten Normbetrug, von geschönten Bilanzen und der weitverbreiteten Pfuscherei. Ihnen war auch bekannt, dass die Zwangsarbeiter Maschinen mutwillig zerstörten, um sich angesichts des kräftezehrenden Arbeits- und Lagerlebens die zur Erholung notwendigen Pausen zu verschaffen. Was den zuständigen Leitern fehlte, war ein schlüssiges Konzept, wie sich diese Schwindelei und die mutwillige Verantwortungslosigkeit aus der Welt schaffen ließen. Daher blieb ihnen nichts anderes übrig, als die Missstände hinzunehmen.[80])

Neben der gegenseitigen Betrügerei wirkte es sich fatal auf die Produktivität der Zwangsarbeit aus, dass es den Lagern oftmals an den Mitteln und mitunter auch am Willen mangelte, die Häftlinge auszubilden, sie durch engagierte Propaganda- und Kulturaktivitäten zu motivieren und auf ihren Arbeitseinsatz vorzubereiten. Dabei hatte jedes Lager seine eigene Kultur- und Erziehungsabteilung (*Kul'turno-vospitel'naja Čast*), meist KVČ abgekürzt und von den Häftlingen als „Abteilung Zuckerbrot"[81]) verhöhnt. Nachdem Mitte der 1930er Jahre die vom Weißmeer-Ostsee-Kanal bekannte Propaganda von der „Umschmiedung" (*perekovka*) vorübergehend eingestellt worden war, kehrte nach 1939 die Kultur- und Propagandaarbeit allmählich wieder zurück in die Lager. Bei den „Großbauten des Kommunismus" hielt die GULag-Administration alle Lagerleiter explizit dazu an, sich intensiv um die Ausbildung und Indoktrination der Häftlinge zu kümmern. Auf den Großbaustellen sollten diejenigen, die sich eines Verbrechens schuldig gemacht hätten, durch gute Arbeit wieder ihren Weg in die Sowjetgesellschaft finden. In den Erlassen und Instruktionen tauchte erneut die Sprache der Umerziehung und Resozialisation auf.[82]) Die großen Lagerkomplexe erschienen in der Wahrnehmung der Moskauer GULag-Leiter nicht mehr nur als merkantile Wirtschaftsunternehmen, sondern auch wieder als Korrektur- und Disziplinaranstalten.[83]) Bald gab es hier Bibliotheken, deren Bücher- und Zeitschriftenbestand allmählich wuchs, und Klubs, in denen sowohl Filmvorfüh-

[78]) Vgl. Beyrau 2001: 191f.; Khlevniuk 2004: 338f.; Beyrau 2000a: 172; Ivanova 2001: 126–131; Barton 1956: 1313f.; Stark 2002: 219ff.; Applebaum 2003: 378–387; Hedeler/Stark 2008: 306–311.

[79]) GARF, 9414/1/1717, 143–144. Allgemein Stark 2002: 214.

[80]) Judin 1996: 201. Zu ähnlichen Problemen beim Wolga-Don-Kanal in Oktober 1949 vgl. GARF, 9417/1/17, 38–51. Ferner ebd., 9414/1/100, 10–18. Ähnliche Klagen von der Kujbyšever Kraftwerkbaustelle finden sich in GARF, 8131/32/1819, 225–226.

[81]) Stark 2002: 179.

[82]) Applebaum 2003: 258f.

[83]) Auf diesen von der Forschung oft vernachlässigten Punkt verwies nachdrücklich Barnes 2000: 384.

rungen, Konzerte und Theaterveranstaltungen als auch politische Vorträge und Diskussionen stattfanden.[84])

Während sich die Baustellenzeitungen, die das Voranschreiten der Bau- und Montagearbeiten dokumentierten und die Arbeiter auf die bevorstehenden Herausforderungen vorbereiteten, meist an das Wachpersonal und die freien Lohnarbeiter wandten,[85]) erschienen in den Lagern zwei- bis dreimal pro Monat Wandzeitungen, die vorbildliche Zwangsarbeiter lobend erwähnten und Drückeberger sowie Missetäter öffentlich brandmarkten. Als Helden der Kujbyšever Großbaustelle feierten die Lageragitatoren so die Brüder Žarikov. Die ehemaligen Kolchozbauern hatten sich zu Schlossern ausbilden lassen und vollbrachten bei der Montage der Hydrogeneratoren herausragende Arbeitsleistungen. Ihre Taten waren bald auch Gegenstand regionaler und überregionaler Zeitungsartikel. Die Brüder gaben dabei nicht nur den Strafgefangenen ein nachahmenswertes Beispiel, sondern der Kujbyšever Belegschaft auch ein Gesicht. Die Tatsache, dass die beiden Häftlinge waren und Zwangsarbeit verrichteten, wurde der sowjetischen Öffentlichkeit allerdings wohlweislich vorenthalten.[86])

Die Kultur- und Erziehungsabteilungen organisierten zudem Fußballspiele, Schachwettbewerbe, Gesangs- und Tanzensembles sowie Ausbildungskurse. Des Weiteren oblag es ihnen, sozialistische Wettbewerbe zu initiieren und die von Häftlingen gemachten Verbesserungsvorschläge zu sammeln und weiterzureichen.[87]) Im September 1953 kam es im Lager Kuneevskij wie auch andernorts sogar zu einer groß angelegten Kampagne, initiiert von der Kultur- und Erziehungsabteilung, um Häftlinge dazu zu bewegen, von ihrem Lohn Staatsanleihen zu zeichnen.[88])

Im Juni 1954 ging die Moskauer GULag-Administration davon aus, dass in den damals bestehenden Besserungsarbeitslagern die Kultur- und Erziehungsabteilungen insgesamt 11 500 Personen beschäftigten.[89]) Mehrheitlich handelte es sich dabei um Häftlinge, die Plakate anfertigten, Theaterstücke einstudier-

84) Insgesamt gab es im Frühjahr 1953 in den Lagerkomplexen des GULag 1807 Bibliotheken, 338 Klubs, 1396 Filmvorführgeräte. So die Angaben in einem Bericht der Moskauer GULag-Zentrale in GARF, 9414/1/176, 22. Zur Situation im Lager Cimljansk vgl. ebd., 568, 142–143. Auch Klause 2007.

85) Ende des Jahres 1954 erschienen insgesamt 58 Lagerzeitungen, die zusammen eine Auflage von 106 950 Exemplaren hatten. Vgl. GARF, 9414/1/233, 67. Ferner Gorčeva 1996: 38–70; Applebaum 2003: 259f.

86) GARF, 9414/1/235, 193.

87) GARF, 9414/3/73, 27–43; Applebaum 2003: 260f.; Stark 2002: 179ff. Zu den Tätigkeiten der Kultur- und Erziehungsabteilungen vgl. die Rechenschaftsberichte für die Lagerkomplexe am Wolga-Don-Kanal und dem Cimljansker Kraftwerk für das Jahr 1949 in Zaključennye na strojkach kommunizma 2008: 336–358.

88) GARF, 9414/1/1718, 10–11 u. 30–31. Jeder dritte Lagerinsasse zeichnete schließlich mehr oder weniger freiwillig eine Staatsanleihe. In manchen Lagerpunkten erklärten sich dazu weniger als fünf Prozent der Häftlinge bereit, in anderen mehr als die Hälfte.

89) GARF, 9414/1/233, 65.

ten, als Lehrer und Ausbilder ihr Wissen an ihre Mitinsassen weitergaben und mitunter Sportmannschaften trainierten. Sie wurden von GULag-Agitatoren angeleitet, für die es feste Planstellen gab. Allerdings hatten die Lagerleiter Schwierigkeiten, kompetente Mitarbeiter anzuwerben. Im Lager Nižne-Donskij waren so im September 1952 in der Kultur- und Erziehungsabteilung von 42 Stellen nur 27 besetzt.[90]) Die Moskauer GULag-Zentrale sandte darum wiederholt mobile Agitatoren in die Lager, die Kampagnen organisierten, bevor sie nach einigen Wochen weiterzogen.[91]) Allerdings gelang es auch ihnen nicht, die Propagandaarbeit dauerhaft auf das geforderte Niveau zu bringen. Die Berichte über die Tätigkeit der Kultur- und Erziehungsabteilungen klangen niederschmetternd. Über die riesigen Lagerkomplexe der „Großbauten des Kommunismus" hieß es, dass die Agitatoren, statt sich um die politische Aufklärung der Häftlinge zu kümmern, lieber Besäufnisse organisierten und sich dem Nichtstun hingäben.[92]) Die Baustellen- und Wandzeitungen waren zudem schlecht gemacht und dringend zu verbessern, wenn sie die Häftlinge und die Wachleute wirklich motivieren und begeistern sollten.[93]) Die Veranstaltungen in den Klubs fielen vielfach aus oder waren kaum besucht, weil die Redner nur uninteressante Vorträge zu bieten hatten.[94]) Vielerorts befanden sich die Klubs und Bibliotheken in einem schlechten und chaotischen Zustand. Niemand kümmerte sich um die Instandhaltung der Gebäude und des Inventars.[95]) Im September 1953 kam eine Untersuchungskommission für das Lager Kuneevskij zum erschreckenden Ergebnis, dass hier die politische Aufklärung auf der ganzen Linie versagt habe. Es sei zur „Ausbreitung fremder Ideologien, insbesondere religiöser Stimmungen, Aberglauben und Vorurteile" gekommen, die bei vielen Häftlingen zu gefährlichen antisowjetischen Einstellungen geführt hätten.[96]) Die Kultur- und Propagandaarbeit, auf deren Inszenierung die GULag-Bürokratie so viel Wert legte, stellte sich häufig als offizielle Fiktion heraus. Den dafür zuständigen Funktionären fiel die Rolle des bequemen Sündenbocks zu, um nicht das Lagersystem als ganzes an den Pranger zu stellen, sondern nur diejenigen, die es nicht vermocht hätten, die Lagerinsassen erfolgreich zu indoktrinieren und dauerhaft für die großen Ziele zu mobilisieren.[97])

Als nach Stalins Tod das GULag-System mehrfach reorganisiert wurde, stand stets zur Diskussion, die Häftlinge endlich besser auszubilden, um sowohl ihre Arbeitsleistungen als auch ihre Resozialisationschancen zu verbessern. Bei der Moskauer Konferenz der Lagerleiter im September 1954 gingen

[90]) GARF, 9414/1/568, 141-142.
[91]) GARF, 9417/3/71, 5-6, 10, 36 u. 41.
[92]) Vgl. bes. GARF, 9413/3/73, 261-269.
[93]) GARF, 9414/1/1716, 249-251.
[94]) GARF, 9414/3/77, 9-21.
[95]) GARF, 5446/80/2488, 8; ebd., 9414/1/457, 208; ebd., 817, 4-13; ebd., 9417/3/68, 128-135.
[96]) GARF 9414/1/1718, 26-29. Ähnlich das Fazit des zuständigen Staatsanwalts einige Monate zuvor in GARF, 8131/32/1819, 195.
[97]) Applebaum 2003: 265ff.; Hedeler/Stark 2008: 255-260.

die Experten davon aus, dass knapp 60 Prozent der Lagerinsassen ohne Berufsausbildung und viele nicht einmal des Lesens und Schreibens kundig seien. Die bisherigen Bemühungen, daran etwas zu ändern, hätten sich als vollkommen unzureichend erwiesen.[98]) Im Jahr 1955 kam es darum im Lager Kuneevskij zu einer Bildungsoffensive. Aus den Reihen der Häftlinge wurden forciert Lehrkräfte für berufsqualifizierende Schnellkurse und für einfachen Schulunterricht rekrutiert, um den Analphabetismus in der Lagergesellschaft zu beseitigen. Ein Untersuchungsbericht konstatierte zwar merkliche Fortschritte; die Zahl der Häftlinge, die sich weiterbildeten, stieg zunehmend. Dennoch gab es unvermindert erhebliche Probleme mit der Qualität der Lehre. Es fehlte an kompetenten Lehrern und Agitatoren, an geeignetem Lehrmaterial und Lehrwerkstätten. Zahlreiche Ausbildungs- und Aufklärungsmaßnahmen erstarrten in Langeweile und Routine. Auch die Lagerleitung zeigte immer noch nicht das notwendige Interesse am Aufbau und am Unterhalt einer effizienten Bildungsstruktur. Wegen ihrer begrenzten Mittel war sie vor allem mit ihrem Haushalt, den Wirtschaftsaktivitäten und der Aufrechterhaltung der Lagerordnung beschäftigt und folglich überfordert mit der Aufgabe, das Lager in eine funktionierende Bildungs- und Resozialisationsstätte zu verwandeln.[99])

Zahlreiche Probleme gab es mit der Organisation der Zwangsarbeit. Häftlinge, die weder Kenntnisse noch Erfahrungen im Umgang mit modernen Baumaschinen erworben hatten, erhielten die Verantwortung für Bagger, Kräne, Schweißgeräte und andere komplexe Geräte und Anlagen. Meist auf sich allein gestellt, machten sie häufig – sowohl mutwillig als auch unwissend – Fehler bei der Bedienung und Wartung, so dass es bei den Baumaschinen zu extrem hohen Ausfallquoten kam. Viele Arbeiten wurden zudem nicht sachgerecht ausgeführt. Aufwendige Nachbesserungen waren deshalb an der Tagesordnung.[100]) Der permanente Ausfall der Baumaschinen sowie die fehlende Mechanisierung wichtiger Arbeitsschritte machten es unumgänglich, dass zahlreiche Zwangsarbeiter weiterhin Arbeiten mit der Hand verrichteten und sich dabei unnötig verausgabten.[101]) Aus Unwissenheit blieben ferner Arbeitsschutzbestimmungen unbeachtet. Das führte zu zahlreichen vermeidbaren

[98]) GARF, 9414/1/204, 20 u. 23. So äußerte sich einen Monat zuvor auch schon der GULag-Leiter Dolgich in ebd., 9401/2/451, l. 155–159.

[99]) GARF, 9414/1/2421, 1–8 u. 12; ebd., 235, 188–196. Noch gegen Ende der 1950er Jahre gehörten 40 Prozent der Strafgefangenen zur Gruppe der Analphabeten. Eine abgeschlossene Schulausbildung hatten nur knapp neun Prozent. Vgl. GULag 2000: 445. Im Juni 1956 kritisierten die GULag-Leiter die weiterhin unzureichenden Erziehungsmaßnahmen, die dazu führten, dass zahlreiche Häftlinge ohne Berufsausbildung entlassen wurden und so Probleme hatten, ihren Weg in die Gesellschaft zurück zu finden. Vgl. GARF, 9414/1/2440, 1–4 u. 120–121.

[100]) Zum unangemessenen Umgang nichtqualifizierter Zwangsarbeiter mit modernen Baumaschinen vgl. die Klagen in GARF, 9417/1/17, 38–51; ebd., 3/455, 11 u. 14.

[101]) GARF, 9414/1/457, 26; ebd., 9417/3/365, 39. Zu den Problemen und Planrückständen bei der Mechanisierung der Bauarbeiten vgl. allgemein den kritischen Bericht in Ekonomika GULaga 2004: 282f.

Arbeitsunfällen, die vielfach tödlichen Ausgang hatten.[102]) Im Lager Kuneevskij registrierte die Lagerleitung für die erste Hälfte des Jahres 1951 schon 742 Arbeitsunfälle mit drei Toten und 134 Schwerverletzten.[103]) Zwei Jahre später hatte sich die Situation keineswegs verbessert. In der ersten Jahreshälfte 1953 hielten die offiziellen Statistiken für Kuneevskij 1439 Arbeitsunfälle mit 29 Toten und mehreren hundert Schwerverletzten fest.[104]) Bei den Erdarbeiten des Wolga-Don-Kanals wurden im April 1951 gleich neun Häftlinge verschüttet, die man später nur noch tot bergen konnte.[105])

Die Kommunikation zwischen den für die Koordination der Bauarbeiten zuständigen Ingenieuren und den Lagerleitern verlief keineswegs störungsfrei. Die Wachleute führten die Zwangsarbeiterbrigaden wiederholt in Kolonnen zu Bauplätzen, an denen ihr Einsatz gar nicht vorgesehen war. Ein anderes Mal fehlte es an Baumaterial, Maschinen und Arbeitsgerät, so dass die Häftlinge stundenlang an ihrem Einsatzort herumsaßen, bis endlich die Vorbereitungen abgeschlossen waren und sie tätig werden konnten. Die Unorganisiertheit der Zwangsarbeit und die unnötige Verschwendung von Arbeitszeit gab 1951 und 1952 auf den Kraftwerkbaustellen in Kujbyšev und Stalingrad wiederholt Anlass zu heftiger Kritik.[106]) Zahlreiche Insassen hatten keine Möglichkeit, die vorgegebene Arbeitsnorm zu erreichen. Für die Zeit von 1949 bis 1954 errechnete die zentrale GULag-Administration, dass in allen Lagerkomplexen zwischen zwanzig und 31 Prozent der Häftlinge die geforderte Arbeitsleistung verfehlte.[107]) Bei den Lagern der „Großbauten des Kommunismus" gab es vor allem in den Anfangsjahren große Rückstände. 1949 erfüllte auf den Bauplätzen des Wolga-Don-Kanals weniger als die Hälfte der Zwangsarbeiter die ihnen auferlegte Norm.[108]) Bis 1951 sank diese Quote zuerst auf 33 Prozent und im ersten Quartal 1952 schließlich auf zwanzig Prozent.[109]) Als im Herbst 1952 durch Zusammenlegung der neue Lagerkomplex Nižne-Donskij entstand, schnellte der Anteil der Häftlinge, die hinter der Arbeitsnorm zurückblieben, wieder auf über 50 Prozent hoch.[110]) Auch in den Lagern Achtubinskij und Kuneevskij gelang es vor allem in den chaotischen Aufbau- und Reorganisationsphasen nicht, den Einsatz der Lagerinsassen so zu koordinieren, dass diese ihre Arbeitskraft und Arbeitszeit effizient nutzen konnten.[111])

[102]) Vgl. allgemein Ivanova 1999: 109; Ivanova 2001: 127f.; Stark 2002: 221f.

[103]) GARF, 9414/1/495, 76.

[104]) GARF, 9414/1/724, 83; ebd., 204, 54. Zur systematischen Missachtung des Arbeitsschutzes auf der Kujbyšever Kraftwerkbaustelle vgl. ferner GARF, 8131/32/1819, 223–224.

[105]) GARF, 9417/3/365, 34. Allgemein zu Problemen mit dem Arbeitsschutz ebd., 455, 81-98; ebd., 8131/32/1819, 223.

[106]) Kokurin/Morukov 2001/18: 108f.; GARF, 8131/32/1819, 224–225; ebd., 9414/1/1347, 16–19.

[107]) GARF, 9414/1/204, 21.

[108]) GARF, 9417/3/68, 131; ebd., 192, 7.

[109]) GARF, 9417/3/138, 103–104; ebd., 192, 7; ebd., 365, 58.

[110]) GARF, 9414/1/728, 16.

[111]) GARF, 9414/1/457, 49; ebd., 724, 3–4; ebd., 1347, 16–18.

Unzufrieden zeigte sich die GULag-Administration insbesondere damit, dass ein beachtlicher Teil der Lagerinsassen nicht für Bau- und Montagearbeiten eingesetzt werden konnte oder sich weigerte, Zwangsarbeit zu leisten. Während im Januar 1950 der Anteil der sogenannten Arbeitskraftnutzung (*trudovoe ispol'zovanie*) in den GULag-Lagern durchschnittlich bei 76 Prozent lag, erreichte er in den vier Lagerkomplexen des Wolga-Don-Kanals nur 69 Prozent.[112]) Im Lager Achtubinskij arbeiteten im Dezember 1952 knapp 78 Prozent der Häftlinge. Jeder vierte bis fünfte Lagerinsasse kam auf den „Großbauten des Kommunismus" nicht zum Arbeitseinsatz.[113]) Das wirkte sich deutlich auf die Produktivität der Lagerwirtschaft aus.[114])

Das (Über-)Leben im Lager

Anders als in den Jahren des Zweiten Weltkriegs und der unmittelbaren Nachkriegszeit, als jeder vierte Lagerinsasse an Hunger, Krankheit und Erschöpfung verstarb und Hunderttausende zu krank oder zu schwach waren, um der Zwangsarbeit nachzugehen, verbesserten sich Ende der 1940er Jahre die Überlebenschancen in den Lagern spürbar.[115])

Tabelle 13: Sterberate (pro 100 Häftlinge) in den Besserungsarbeitslagern, 1942-1956

1942	24,90	1950	0,95
1943	22,40	1951	0,92
1944	9,25	1952	0,84
1945	5,95	1953	0,67
1946	2,20	1954	0,59
1947	3,60	1955	0,54
1948	2,30	1956	0,40
1949	1,20		

Quelle: GULag 2000: 441f.

112) GARF, 9414/1/1369, 2.
113) GARF, 9414/1/1347, 19.
114) Vgl. allgemein zu den geschilderte Problemen bei der Arbeitsorganisation Hedeler/Stark 2008: 296–302 u. 314f.; Ertz 2006: 117–122.
115) Die offiziellen GULag-Statistiken zur Zahl der Sterbefälle sind ungenau. Viele Todesfälle wurden nicht registriert oder durch statistische Tricks herausgerechnet. Hinzu kam, dass schwerkranke Häftlinge per Erlass vom 28.Mai 1948 oft vorzeitig entlassen wurden, damit ihr bald zu erwartendes Ableben nicht mehr im Lager geschah und in den Unterlagen dokumentiert werden musste. Um die entlassenen Schwerkranken kümmerte sich oftmals niemand, so dass viele einen elenden Tod starben (vgl. dazu den Bericht in GARF, 8131/29/485, 31). Allein 1949 verließen 300901 Inhaftierte aus Krankheitsgründen vorzeitig die Lager (vgl. GARF, 9401/2/269, Teil 1, 61). Die Zahl der Lagerinsassen, die während oder infolge ihrer Haft in den GULag-Lagern verstarben, wird sich deshalb niemals exakt ermitteln lassen. Sie war in jedem Fall deutlich höher, als dies die offiziellen Angaben glauben machen. Vgl. Ivanova 2005: 38ff.; Ivanova 1999: 109; Applebaum 2003: 619; Ertz 2006: 89–101.

Anfänglich mussten die Zwangsarbeiter auf den „Großbauten des Kommunismus" jedoch Widrigkeiten überstehen, die ihnen viel abverlangten. Im ersten Jahr gab es laut offiziellen Rechenschaftsberichten im Lager Kuneevskij „eine Reihe von Mängeln". Vor allem fehlte es an vernünftigen Unterkünften. Durchschnittlich stand damals jedem Häftling nur ein Wohnraum von 0,8 Quadratmetern zu. Zahlreiche Lagerinsassen mussten sich ein Bett teilen. Sie schliefen – mitunter ohne Bettzeug – in Erdhöhlen (*zemljanki*), Zelten und alten Eisenbahnwagons. In diesen Behelfsquartieren litten sie im Winter unter der Kälte, weil Kohle und Holz nicht ausreichten, um die Unterkünfte dauerhaft zu wärmen.[116]) Nicht viel besser stellte sich die Situation 1949 im Lager Cimljanskij dar, in dem es nur eine Baracke und 55 Erdhöhlen gab.[117]) Besonders schlechte Wohn- und Arbeitsverhältnisse gab es im forstwirtschaftlichen Lager Varnavinskij. Dorthin war eine große Zahl von Häftlingen aus Taškent verlegt worden, die sich weder an die Kälte noch an die schweren Holzfällerarbeiten gewöhnen konnten. Weniger aus humanitären als aus ökonomischen Gründen bat die Lagerleitung deshalb um den Bau angemessener Unterkünfte und eine bessere Versorgung.[118]) Aus dem Lager Kalačevskij berichteten Staatsanwälte Anfang 1950 von nicht geheizten, feuchten und stinkenden Baracken. Zahlreiche Häftlinge hatten sich seit mehreren Wochen nicht mehr waschen und ihre Wäsche reinigen können. Sie litten deshalb an Hautkrankheiten. Die Arbeitsfähigkeit der Lagerinsassen war nicht zuletzt wegen der mangelhaften Verpflegung kaum mehr gewährleistet. Der Ausbau des Lagers und die unverzügliche Verbesserung der Infrastruktur schienen dringend notwendig, um den planmäßigen Fortgang der Bauarbeiten nicht zu gefährden.[119])

Zu Beginn des Jahres 1953 herrschten auch im Lager Nižne-Donskij, wie die Verantwortlichen selbst eingestanden, „keine normalen Lebensverhältnisse". Der Wohnraum war äußerst beengt. Es fehlte an Bettzeug, Möbeln und Waschmöglichkeiten. Viele Lagerpunkte verfügten weder über Badestuben noch über Wäschereien. Die sanitären Verhältnisse in den Kantinen spotteten jeder Beschreibung. Allein im Januar 1953 gingen bei der Lagerleitung über 500 Beschwerdebriefe ein, in denen die Häftlinge auf die eklatanten Mängel hinwiesen und ihre unverzügliche Behebung einforderten.[120]) Angesichts der bedrückenden Enge und der fehlenden Hygiene breiteten sich Krankheiten aus. Im Lager Kuneevskij verstarben in der ersten Hälfte des Jahres 1951 allein 39 Häftlinge an Tuberkulose. Zahlreiche andere waren daran erkrankt und dauerhaft nicht arbeitsfähig.[121]) Mehrere Fälle offener Tuberkulose und

[116]) GARF, 8131/32/1819, 193; ebd., 9414/1/457, 1-2; ebd., 495, 21-25 u. 60; ebd., 3/97, 1-3.
[117]) GARF, 9417/3/38, 11.
[118]) GARF, 9417/1/58, 118-119.
[119]) GARF, 8131/29/485, 3-3ob, 28, 30 u. 50.
[120]) GARF, 9414/1/727, 25, 86, 131 u. 137-138; ebd., 728, 12-14, 20 u. 115.
[121]) GARF, 9414/1/495, 76. Vgl. allgemein zum Problem der Tuberkulose, weil erkrankte Insassen nicht isoliert wurden, die mahnenden Worte in GARF, 8131/32/1819, 205. Zahl-

Typhus-Epidemien suchten die *Volgodonstroj* zugeordneten Lager in der Anfangszeit heim und machten viele Häftlinge behandlungsbedürftig. Die Zwangsarbeiterbrigaden verzeichneten zahlreiche Ausfälle. Die so wichtigen Kennziffern für die „Arbeitskraftnutzung" sanken dramatisch.[122])

Nach der außerordentlich schwierigen Gründungsphase verbesserte sich die Infrastruktur der Lagerkomplexe allmählich. Die Lebensverhältnisse normalisierten sich dadurch zwar nicht, ermöglichten es aber den Zwangsarbeitern doch, sich halbwegs in der weiterhin von Mängeln und Missständen geprägten Lagerwelt zurechtzufinden. Im Verlauf des Jahres 1952 bezogen fast alle Insassen des Lager Kuneevskij feste Barackenunterkünfte und schliefen in ihrem eigenen Bett. Der durchschnittliche Wohnraum pro Häftling hatte sich auf 2,5 Quadratmeter erhöht. Einige Baracken ließen es an der notwendigen Sauberkeit missen. Allerdings hatte die Hygiene insgesamt ein solches Niveau erreicht, dass Tuberkulose und andere epidemischen Krankheiten eingegrenzt werden konnten. Die Krankenrate ging auf 3,2 Prozent zurück und sank damit unter den von der zentralen GULag-Administration berechneten Mittelwert. Die Erkrankten und Verletzten wurden in einem Lagerkrankenhaus behandelt, in dem es 300 Betten für männliche und 75 Betten für weibliche Inhaftierte gab.[123]) Die offizielle Sterberate für das Lager Kuneevskij lag damals wie die für die Lager des Wolga-Don-Kanals und des Stalingrader Kraftwerks unter dem offiziellen GULag-Durchschnitt.[124])

Besonders wichtig für den Gesundheitszustand der Häftlinge war die sich verbessernde Lebensmittelversorgung. In den Lagerkomplexen am Wolga-Don-Kanal erhöhte sich im Verlauf des Jahres 1949 der Nährwert der täglichen Häftlingsration um 212 Kalorien, für diejenigen, die gute Arbeitsleistungen erbrachten, nach offiziellen Angaben sogar um 342 Kalorien.[125]) Im Lager Kuneevskij stiegen die täglichen Ausgaben für Lebensmittel pro Häftling zwischen 1951 und 1953 um knapp ein Drittel.[126]) Zur besseren Ernährungssituation trug auch bei, dass die Lagerleitung den Häftlingen Möglichkeiten einräumte, sich selbst zu versorgen. Im Frühjahr 1948 gab sie am Wolga-Don-Kanal Fischnetze an zahlreiche Lagerinsassen aus.[127]) Zur gleichen Zeit be-

reiche Insassen erkrankten auch an der Ruhr. Im Jahr 1954 gab es so insgesamt noch 3911 Erkrankungen. Die Zahl sank erst ab 1955 deutlich. Vgl. GARF, 9414/1/235, 210.

122) GARF, 8131/29/485, 70; ebd., 9417/1/2, 88.

123) Zur allmählichen Verbesserung der Lebensumstände im Lager Kuneevskij vgl. die Berichte in GARF 9414/1/457, 84–92 u. 202–205. Die medizinische Versorgung in den Lagern erhielten Ärzte aus den Reihen der Häftlinge aufrecht. Infolge der Massenamnestien nach Stalins Tod kamen allerdings viele von ihnen frei, so dass es daraufhin in den Lagerkrankenhäusern einen akuten Mangel an medizinischem Fachpersonal gab. Vgl. GARF, 9414/1/1095, 59–83.

124) Zu den Sterberaten vgl. GARF, 9414/1/168, 14–17; ebd., 1322, 3; ebd., 1344, 3; ebd., 1360, 3.

125) GARF, 9414/1/1312, 182–184. Ferner GARF, 5446/53/4957, 35–36.

126) Sie stiegen von 2,84 Rubel (1951) auf 3,71 Rubel (1953). Vgl. GARF, 9414/1/204, 57.

127) GARF, 9417/1/2, 19.

klagten sich umliegende Kolchozen darüber, dass die Lagerkomplexe des ersten „Stalinschen Großbaus" einfach auf ihr Land zugriffen, um im großen Stil Obst und Gemüse anzubauen und damit die Nahrung für die Häftlinge vitaminreicher zu gestalten.[128]) Große Obst- und Gemüsegärten, die eine beachtliche Eigenernte an Kartoffeln ermöglichten, sind auch für das Lager Kuneevskij dokumentiert.[129]) Darüber hinaus erhielten die Häftlinge seit Ende der 1940er Jahre Pakete von ihren Verwandten und Bekannten, deren Inhalt ihnen half, sich das Leben im Lager halbwegs einzurichten. Allein für das Jahr 1949 ging die Moskauer GULag-Administration davon aus, dass den Insassen der Besserungsarbeitslager und -kolonien insgesamt elf Millionen Pakete zugestellt worden waren.[130]) Im September 1952 ergab daher eine Untersuchung des Gesundheitszustands der Häftlinge des Lagers Nižne-Donskij, dass 86 Prozent der Strafgefangenen in die „erste Kategorie" eingestuft wurden und damit jegliche Form von Zwangsarbeit, auch körperlich anstrengende, leisten mussten.[131])

Wenn trotz verbesserter Lebensumstände die Kennziffern zum Arbeitseinsatz und zur Arbeitsleistung weiter hinter den Erwartungen zurückblieben, so erklärt sich dies daraus, dass den „Großbauten des Kommunismus" Zwangsarbeiterkontingente zugewiesen wurden, die sich nur bedingt einsetzen ließen. So klagten im Sommer 1952 die Verantwortlichen darüber, dass es in ihren Lagern eine keineswegs kleine Gruppe von Häftlingen gebe, für die es wegen ihres fortgeschrittenen Alters und wegen körperlicher Behinderungen einfach kein Tätigkeitsfeld im Baustellen- und Lageralltag gebe.[132]) Für sie müssten vielmehr spezielle Heime eingerichtet werden, in denen sie ihre Haftzeit abzubüßen hätten. Sie fielen der Bau- und Lagerleitung nur zur Last. Ihre fortgesetzte Anwesenheit verursachte unnötige Ausgaben und wirkte sich negativ auf die Planziffern aus.[133]) Unkosten bereitete den Lagern auch die Unterbringung von Säuglingen und Kindern, die gleichfalls Teil der Lagergesellschaft waren. Ein Bericht aus dem Jahr 1950 führte die Zahl von 13500 Kleinkindern und 20085 Säuglingen an, die in den Besserungsarbeitslagern und -kolonien geboren worden waren und dort zusammen mit ihren Müttern oder in Säuglingshäusern und Kinderheimen lebten.[134]) Für ihren Unterhalt und

[128]) GARF, 9417/1/1, 126.
[129]) GARF, 9414/1/204, 58.
[130]) GARF, 9401/2/269 (Teil 1), 61. Vgl. allgemein auch Hedeler/Stark 2008: 338ff.
[131]) GARF, 9414/1/568, 138–139.
[132]) Für den 1. Januar 1953 verzeichnete die GULag-Statistik unter den 2468524 Häftlingen 198296 sogenannte Invaliden und 119000 Insassen, die älter als 55 Jahre waren. Ihr Anteil an der Lagergesellschaft betrug damit acht bzw. 4,8 Prozent. GARF, 9414/1/1331, 61–62.
[133]) GARF, 9414/1/117, 153.
[134]) Wegen der unzureichenden sanitären und hygienischen Verhältnisse war die Kindersterblichkeit in den großen Lagerkomplexen wie Kuneevskij überdurchschnittlich hoch. Vgl. GARF, 8131/32/1819, 203.

ihre Versorgung mussten 1950 insgesamt 180 Millionen Rubel aufgewendet werden.[135])

Die GULag-Administration versuchte, sich dieser „unproduktiven" und kostenintensiven Häftlingsgruppen durch Teilamnestien zu entledigen. Im August und September 1950 verabschiedete der Ministerrat darum den Erlass, alle minderjährigen Häftlinge zu entlassen und alle Frauen, die schwanger waren oder innerhalb bzw. außerhalb des Lagers Säuglinge und Kleinkinder zu versorgen hatten. Bis zum Juni 1951 wurden neben Tausenden von jugendlichen Straftätern knapp 120000 inhaftierte Mütter samt Nachwuchs vorzeitig freigelassen.[136]) Infolge dieser Teilamnestien sank der Anteil der weiblichen Häftlinge in den Jahren 1951 bis 1953 von zuvor 22 auf siebzehn Prozent.[137])

Auch bei den Lagerkomplexen der „Großbauten des Kommunismus" kam es zu vorzeitigen Entlassungen zahlreicher weiblicher Insassen.[138]) Der Anteil der Zwangsarbeiterinnen lag hier stets unter dem allgemeinen GULag-Durchschnitt. Während der Hochzeit der Bauarbeiten am Wolga-Don-Kanal in den Jahren 1951 und 1952 gab es hier zwischen 10000 und 13000 inhaftierte Frauen, die damit zehn bis zwölf Prozent der Zwangsarbeiterschaft stellten.[139]) Im Lager Kuneevskij betrug der Frauenanteil im Mai 1951 acht Prozent. Er erhöhte sich im Verlauf des Jahres 1952 zuerst auf elf Prozent und erreichte im März 1953 schließlich 12,6 Prozent. Damals lebten und arbeiteten im Lager 5841 weibliche Häftlinge.[140]) Sie waren in fünf speziellen Lagerpunkten getrennt von den Männern untergebracht.[141]) Vereinzelt wurden Frauen auf den Großbaustellen körperlich anstrengende Arbeiten zugemutet. Meist arbeite-

[135]) GARF, 9414/1/2224, 74. Zuvor auch schon GARF, 5446/53/4957, 2.

[136]) Zu diesen Teilamnestien vgl. Dugin 1999: 44; GARF, 9414/1/1328, 40; ebd., 1330, 40; ebd., 1332, 138. Schon im April 1949 hatte der Ministerrat die Freilassung von 55402 weiblichen Häftlingen angeordnet, die schwanger waren oder Kleinkinder versorgen mussten. Vgl. GARF, 9401/2/269 (Teil 1), 57; Kokurin/Morukov 2001/17: 114f. Ausführlich zu diesen Amnestien neuerdings Alexopoulos 2009.

[137]) GARF, 9414/1/1310, 2, 9, 16, 22, 30 u. 35. Ferner ebd., 1312, 93. Während der Großamnestien nach Stalins Tod wurden erneut zahlreiche weibliche Häftlinge entlassen. Der Frauenanteil sank deshalb 1954 und 1955 auf 12 Prozent. Vgl. GARF, 9414/1/1310, 39 u. 46. Eine ausführliche Darstellung des Lebens weiblicher Häftlinge gibt Stark 2002.

[138]) GARF, 9414/1/1329, 4, 74 u. 76; ebd., 1333, 10, 41, 105 u. 143.

[139]) GARF, 9417/3/365, 27; Kokurin/Morukov 2001/21: 117. Infolge der vorzeitigen Massenentlassungen nach der Fertigstellung des Kanals erhielt mehr als die Hälfte der weiblichen Lagerinsassen (7000) die Freiheit zurück. Als im September 1952 für den Bau der Bewässerungskanäle die verbleibenden Häftlingskontingente im neuen Lager Nižne-Donskij zusammengezogen wurden, sank der Frauenanteil deshalb auf nur noch sechs Prozent (lediglich 2285 von den 37679 Lagerinsassen waren weiblichen Geschlechts). So GARF, 9414/1/568, 132–135.

[140]) Zu diesen Zahlen vgl. GARF, 9414/1/117, 152; ebd., 457, 8, 176 u. 202; ebd., 495, 21 u. 81; ebd., 1331, 39.

[141]) GARF, 9414/1/168, 14. Im Lager Achtubinskij lag der Frauenanteil im März 1953 bei zehn Prozent (2656 Frauen bei einer Lagerbevölkerung von insgesamt 26044 Häftlingen). Auch hier gab es seit 1952 spezielle Lagerpunkte für Frauen. Vgl. Judin 1996: 196; GARF, 9414/1/1331, 39.

ten sie aber in Kantinen, Wäschereien und Zulieferbetrieben. Ferner waren sie damit beschäftigt, die Verantwortung für den Anbau von Obst, Gemüse und Kartoffeln zu übernehmen. Insgesamt bildeten die Zwangsarbeiterinnen eine Häftlingsgruppe, die bei Arbeitseinsatz und Arbeitsnorm meist niedrige Planziffern erreichte und damit in der Lagerbilanz negativ zu Buche schlug. Die Lager- und Bauleiter wandten sich darum wiederholt mit der Forderung an die Moskauer GULag-Zentrale, bei den „Großbauten des Kommunismus" die Zwangsarbeiterinnen durch Zwangsarbeiter zu ersetzen.[142]) Den für den Häftlingseinsatz zuständigen Verantwortlichen im Lager Kuneevskij schienen die weiblichen Insassen derart zur Last zu fallen, dass sie sich nicht um eine Verbesserung ihrer betrüblichen Lage bemühten. Der für das Lager zuständige Staatsanwalt hielt ihnen sogar „ein barbarisches Verhältnis" zu den Zwangsarbeiterinnen vor. Das stundenlange Herumstehen in der Kälte und die Unterbringung in eiskalten Baracken, einfachen Zelten und Erdhöhlen hatten diese völlig entkräftet. Täglich mussten darum Dutzende von ihnen das Krankenquartier aufsuchen. Zudem gab es zahlreiche Fälle von Vergewaltigungen und sexuellen Nötigungen, derer sich sowohl Häftlinge als auch Wachleute schuldig machten.[143])

Bandenkriege und Gewaltexzesse

Schon zu Beginn der Bauarbeiten hatten die Verantwortlichen für die neuen gigantischen Kraftwerk- und Kanalbauten darauf gedrängt, den neu gegründeten Lagerkomplexen geeignete Häftlingskontingente zuzuweisen, um die anfallenden Bau- und Montagearbeiten mit dem notwendigen Tempo und mit hoher Effizienz durchführen zu können. Für die „Großbauten des Kommunismus" sollten vorzugsweise Zwangsarbeiter mit einer längeren Haftstrafe tätig sein, um eine Stammbelegschaft zu schaffen, die mit den Herausforderungen auf der Baustelle zu einer erfahrenen Einheit heranwuchs.[144]) Konstanz erschien als wichtige Voraussetzung für Produktivität.[145]) Als problematisch erwies sich nur, dass diejenigen Häftlinge, die noch eine mehrjährige Haftzeit zu verbüßen hatten, meist verurteilte „Konterrevolutionäre" und „Heimatverräter" oder Berufsverbrecher (*blatnye*) waren.[146]) Sie galten als „gefährliche

[142]) Zu den Schwierigkeiten mit dem Einsatz von Zwangsarbeiterinnen vgl. GARF, 9414/1/724, 82 u. 86; ebd., 1347, 7-9; ebd., 9417/3/249, 77–78; ebd., 365, 27.

[143]) GARF, 8131/32/1819, 197. Von ähnlichen Vorfällen berichtete der für die Lagerkomplexe des Wolga-Don-Kanals zuständige Staatsanwalt in GARF, 8131/29/485, 61–63.

[144]) Als im April 1953 die Massenamnestien anstanden, ergab eine statistische Untersuchung der Zwangsarbeiter beim Kujbyšever und Stalingrader Flusskraftwerk, dass dort knapp 65 Prozent der Insassen eine Haft von drei bis zehn Jahren und weitere 25 Prozent noch mehr als zehn Jahre zu verbüßen hatten. Lediglich jeder zehnte Zwangsarbeiter sollte bis 1956 entlassen werden. Siehe die Statistik in GARF 9414/1/118, 89.

[145]) Vgl. den Bericht aus dem Juni 1952 von der Kujbyšever und der Stalingrader Kraftwerkbaustelle in GARF, 9414/1/1347, 7-9.

[146]) GARF, 9414/1/457, 186.

Elemente" und waren darum für den Einsatz bei den spätstalinistischen Prestigeprojekten eigentlich nicht vorgesehen.[147]) Allerdings hatte das GULag-System Ende der 1940er Jahre seine Arbeitskraftressourcen ausgeschöpft.[148]) Deshalb erhielten die „Großbauten des Kommunismus" nicht sorgfältig ausgewählte Kontingente, sondern Häftlinge, die noch verfügbar waren.[149]) Vormals erlassene Beschränkungen mussten ignoriert oder aufgehoben werden.[150]) So kam es, wie die Verantwortlichen es damals umschrieben, zu einer „Übervölkerung der Lager mit Parasiten".[151])

Im Mai 1951 bestand die Lagerbevölkerung in Kuneevskij zwar zu knapp 80 Prozent aus Kleinkriminellen, die wegen Diebstahl, Mundraub und kleiner Vergehen verurteilt worden waren; doch gab es dort auch schon 1377 politische Gefangene (knapp acht Prozent) und eine in etwa gleich große Gruppe von Schwerverbrechern (Mörder, Räuber, Vergewaltiger).[152]) Als im weiteren Verlauf des Jahres neue Kontingente nach Kuneevskij verlegt wurden, stieg die Zahl der „gefährlichen Elemente" deutlich an. Im Januar 1952 hatte sich die Gruppe der sogenannten *politiki* schon auf 2734 Insassen verdoppelt.[153]) Zu den 6522 Zwangsarbeitern, die direkt auf der Kujbyšever Kraftwerkbaustelle tätig waren, gehörten 645 Konterrevolutionäre und 316 Berufsverbrecher. Letztere hatten sich zu Banden zusammengeschlossen, um kollektiv die Arbeit zu verweigern, größere Protestaktionen anzuzetteln und systematisch gegen die Lagerordnung zu verstoßen. Besonders gefürchtet waren čečenische, krimtatarische und kazachische Lagerinsassen, die mittels ihrer informellen Selbstorganisation in Landsmannschaften begannen, Kontrolle über Mithäftlinge auszuüben und das Lagerleben auf ihre Weise zu beeinflussen.[154])

In dieser Phase einer beschleunigten Expansion kam es im Lager Kuneevskij zu einer explosiven Situation. Die einzelnen Landsmannschaften und Ver-

[147]) 1948 waren sogenannte Sonderlager mit verschärftem Regime eingerichtet worden, um dort über 200000 gefährliche Berufsverbrecher und Konterrevolutionäre isoliert zu inhaftieren. Vgl. GULag 2000: 135–141; Ivanova 2001: 63–66.

[148]) Im November 1948 teilte das Innenministerium mit, dass die zur Verfügung stehenden Zwangsarbeiter kaum mehr für seine zahlreichen ökonomischen Vorhaben ausreichten. Deshalb wollte die GULag-Administration keine Häftlinge mehr zur Arbeit an die Unternehmen und Baustellen anderer Ministerien ausleihen. Vgl. GARF, 9414/1/1312, 34–35; ebd., 5446/50a/4064, 82–84; ebd., 4964, 82–84. Diese Forderung wurde in den nächsten Jahren wiederholt vorgetragen. Vgl. GARF, 5446/81b/6726, 1-3, 27-33, 59-114 u. 134–165. Dazu auch Ekonomika GULaga 2004: 269f. u. 277ff.

[149]) Die GULag-Leiter wiesen im Herbst 1951 sogar darauf hin, dass beim Wolga-Don-Kanal, gemessen an den Planvorgaben, 11400 und beim Kujbyšever Flusskraftwerk sogar 15600 Zwangsarbeiter fehlten. Vgl. GARF, 9414/1/1312, 171-172. Ähnlich GARF, 5446/81b/6726, 60–61.

[150]) GARF, 9414/1/117, 150–152.

[151]) Kozlov 2006b: 57–63; Vosstanija 2004: 60–65.

[152]) GARF, 9414/1/457, 8–33.

[153]) GARF, 9414/1/457, 176–181.

[154]) GARF, 9414/1/457, 184–193. Zur Bandenbildung vgl. auch GARF, 8131/32/1819, 193–195.

brecherbanden kämpften erbittert miteinander um die Vorherrschaft. Sie bewaffneten sich mit Stichwaffen und Beilen und schlugen erbarmungslos aufeinander ein. Messerstechereien, Massenschlägereien, Vergewaltigungen und Morde waren damals an der Tagesordnung. Immer wieder kam es wegen nichtiger Anlässe zum offenen Bandenterror, den die Lagerleitung nicht unterbinden konnte. Die blutigen Übergriffe forderten allein in der ersten Hälfte des Jahres 1951 schon sechs Tote und 134 Schwerverletzte.[155])

Zwar hatten die Lagerleiter in Kuneevskij unter den Lagerinsassen 697 Informanten angeworben, die ihre Mitgefangenen ausspionierten und den Wachleuten Nachrichten über die Aktivitäten der Banden, über Fluchtpläne und Diebstähle übermittelten; aber die Spitzeldienste erwiesen sich als nicht ausreichend. Zum einen konnte die Lagerleitung zahlreiche Brigaden und Baracken nicht infiltrieren; zum anderen lieferten die Lageragenten wochenlang keine wirklich brauchbaren Informationen.[156]) Angesichts der ungesicherten Lebensumstände hatten viele Häftlinge keinerlei Probleme damit, sich mit Zwang und Drohungen rücksichtslos Vorteile zu verschaffen. So wurde der knappe Wohnraum nicht verteilt, sondern von den Banden und Landsmannschaften skrupellos in Anspruch genommen. Der Kleinkrieg ebbte ein wenig ab, als die Lagerleitung schließlich 76 Rädelsführer und Bandenchefs in Spezialgefängnisse überwies und weitere 365 Unruhestifter in andere, entfernte Lager verlegte.[157])

Dennoch blieb der Lagerkomplex Kuneevskij eine Brutstätte physischer Gewalt und eine „Welt ohne Erbarmen“[158]). Über sie schrieb 1952 eine Zwangsarbeiterin in einem Brief an die Parteiführer, dass hier die Gewalt „zur absoluten Bestialität gesteigert wird [...] Nicht ein Schriftsteller und kein Poet wird je die Barbarei beschreiben können, die in Sowjetlagern herrscht.“[159]) So gab es im Lager Kuneevskij auch nach der Verlegung der gefährlichsten Gewalttäter im Jahr 1952 wiederholt blutige Auseinandersetzungen, während deren neunzehn Insassen ermordet und 23 schwer verletzt wurden.[160]) Im aktiven Lageruntergrund organisierten die Berufsverbrecher weiterhin illegale Glücks- und Kartenspiele. Bei ihren fortgesetzten „antisozialen Handlungen“ setzten sie ihre Interessen skrupellos durch.[161]) In der Baugrube des Kujbyšever Kraftwerks fielen im März 1952 mit Beilen und Spaten bewaffne-

[155]) GARF, 9414/1/457, 10–11 u. 47–50; ebd., 495, 21–25 u. 76.

[156]) GARF, 9414/1/457, 34–46.

[157]) GARF, 9414/1/457, 12.

[158]) Herling 2001. Siehe auch den programmatischen Titel der Lagermemoiren von Bardach 2000. Die Verhältnisse in Kuneevskij waren typisch für die großen Lagerkomplexe. Die GULag-Administration registrierte für die ihr zugeordnete Lagerwelt für das Jahr 1951 insgesamt 2011 und für 1952 noch 1299 ermordete Häftlinge. So die Zahlen bei Gorlizki/Khlevniuk 2004: 126f.

[159]) Zit. n. Ivanova 2001: 70.

[160]) GARF, 9414/1/565, 96–97.

[161]) GARF, 8131/32/1819, 208–212.

te Häftlinge über Mitgefangene nichtrussischer, vor allem krimtatarischer und čečenischer Herkunft her. Die rassistisch motivierte Menschenjagd endete mit Toten und Verletzten. Sie war die Folge eines seit langem vergifteten Lagerklimas zwischen den Häftlingsgruppen unterschiedlicher ethnischer Herkunft.[162])

Gewaltexzesse und Bandenkriege hatten schon im Frühjahr 1950 die Lagerkomplexe des Wolga-Don-Kanals erschüttert. Im April berichtete der dafür zuständige Staatsanwalt, dass mit dem Eintreffen von immer mehr Zwangsarbeitern zugleich „ein starkes Anwachsen des Lagerbanditentums, begleitet von brutalen Ermordungen", zu beobachten sei. In zahlreichen Lagerpunkten hatten die Berufsverbrecher ein Schreckensregime errichtet. Im April 1950 ereigneten sich mehrere Massenschlägereien mit zahllosen Verletzten. Zehn Häftlinge wurden im Verlauf des Monats ermordet, meist mit selbstgefertigten Stichwaffen. Die Wachleute konnten dem Chaos keinen Einhalt gebieten, weil sie selbst um ihr Leben fürchten mussten und sich darum nicht in die Bandenkriege einmischten. Im Lauf des Sommers wurde schließlich der Lagerpunkt Nr.59 zu einem Sonderlager ausgebaut, um hier über 300 der gefährlichsten Häftlinge zu isolieren.[163])

Dennoch bildeten sich im Lager Cimljanskij weiterhin Banden. Wie andernorts gab es hier eine strikte Zweiteilung des kriminellen Milieus. Auf der einen Seite standen die „Diebe im Gesetz" (*vore v zakone*), die als Lagermafia mit ihren „Diebesgesetzen" (*vorovskie zakony*) ihren eigenen Verhaltenskodex hatten. Hartnäckig verweigerten sie jede Form von Arbeit und Kooperation. Auf der anderen Seite gab es die Gruppe von Berufsverbrechern, die sich der Lagerordnung beugten, Arbeiten verrichteten und der Lagerleitung sogar als Funktionshäftlinge dienten. Sie galten als abtrünnige „Hündinnen" (*suki*), zu denen die „gesetzestreuen Diebe" eine Todfeindschaft pflegten.[164]) Beide Gruppen waren im Lager Cimljanskij gut organisiert und bekämpften sich gegenseitig mit äußerster Brutalität.[165])

Als im Verlauf des Jahres 1952 riesige Zwangsarbeiterkontingente in die Lager Achtubinskij und Nižne-Donskij verlegt wurden, herrschte dort bald Chaos und Willkür. Die organisierten Banditen traten als „Desorganisatoren der Produktion" auf und entfesselten Gewaltexzesse.[166]) In dieser wilden, kaum geregelten Gründungsphase verübten die Häftlinge Lynchjustiz. Die Lagerdisziplin war praktisch außer Kraft gesetzt. Formen des „Massenhooli-

[162]) Vosstanija 2004: 263ff.; Zaključennye na strojkach kommunizma 2008: 390–393.

[163]) GARF, 8131/29/485, 55–57. Ferner Kokurin/Morukov 2001/21: 115.

[164]) Zu den „Dieben im Gesetz", ihrem Ehrenkodex und ihren Konflikten mit den abtrünnigen „Hündinnen" vgl. allgemein Applebaum 2003: 309–318; Vosstanija 2004: 60–77; Hedeler/Stark 2008: 180–183; Stark 2002: 271–282; Varese 1998; Varese 2001; Puz 2007; Petzer 2007.

[165]) Zur Bandenbildung im Lager Cimljanskij vgl. Vosstanija 2004: 236f.

[166]) Naselenie GULaga 2000: 301f.; Zaključennye na strojkach kommunizma 2008: 377–385.

ganismus“ (*massovoe chuliganstvo*) führten zu sinnlosen Verwüstungen und erschwerten den Arbeitseinsatz.[167]) Im Lager Nižne-Donskij kam es zwischen September 1952 und März 1953 zu zwölf Morden und zahllosen, häufig schweren Verletzungen. In dieser Zeit überstellten die Verantwortlichen 870 Lagerinsassen in spezielle Straflager, um das enorme Gewaltpotential zu begrenzen.[168])

Nach Stalins Tod eskalierte die Situation erneut. Die Ankündigung von Massenentlassungen am 27. März 1953 führte dazu, dass im Lager Achtubinskij zahlreiche Zwangsarbeiter über Wochen hinweg ihre Arbeitsnormen bis zu 200 Prozent übererfüllten. Mit ihrem Engagement wollten sie sich der Lagerleitung als vorbildliche Häftlinge aufdrängen, um sich keinesfalls die Chance entgehen zu lassen, amnestiert zu werden. Ihr opportunistisches Verhalten provozierte jedoch den Unmut anderer Häftlinge, die keine Aussicht auf frühzeitige Entlassung hatten. Einzelne Schwerverbrecher versuchten in dieser Zeit mit allen ihnen zur Verfügung stehenden Möglichkeiten, die Identität anderer Häftlinge anzunehmen, um den Weg aus dem Lager zu finden. Es kam zu forcierten Übergriffen und Unruhen.[169])

Als im Sommer 1953 schließlich mehr als 10000 nicht amnestierte Häftlinge aus Achtubinskij in das Lager Kuneevskij verlegt wurden, brachten sie dort ihre Enttäuschung und ihren Missmut offen zum Ausdruck. In dieser Umbruchsituation drohte die Lagergesellschaft in einem Strudel von Blut und Gewalt unterzugehen. Alteingesessene und neu verlegte Häftlinge kämpften miteinander um Einfluss und Ressourcen. Der Anteil gewalttätiger Berufsverbrecher in der Lagergesellschaft stieg bedenklich.[170]) Nach der Amnestie im April 1953 war, so der Justizminister Goršenin, in den Lagern das „allerschlimmste Kontingent übriggeblieben, Häftlinge, die wegen besonders schwerer Verbrechen zu langen Haftstrafen verurteilt worden sind. Sie versuchen ständig, sich dem Lagerregime zu widersetzen, den Arbeitseinsatz zu desorganisieren und zu fliehen.“[171]) Während der gesamten zweiten Jahreshälfte von 1953 kam das Lager- und Baustellenleben darum nicht mehr zur Ruhe. Die offiziellen Statistiken verzeichneten für das Lager Kuneevskij 18798 Verstöße gegen die Lagerordnung. Auf den Bauplätzen gab es eklatante Planrückstände.[172])

Zudem war es damals durch die Umorganisation des Innenministeriums und der GULag-Administration zu einem bürokratischen Wirrwarr gekommen. Fortan sollte das Justizministerium die Verantwortung über das Lager-

[167]) Judin 1996: 199–202; Kokurin/Morukov 2001/20: 108f.; GARF, 8131/32/1819, 207.

[168]) GARF, 9414/1/568, 156–158.

[169]) GARF, 9414/3/83, 21–29.

[170]) GARF, 9414/1/176, 94; Zaključennye na strojkach kommunizma 2008: 400ff.

[171]) GARF, 9414/1/773, 9.

[172]) GARF, 9414/1/204, 75–76. Zu den Unruhen und Ausschreitungen im Verlauf des Sommers 1953 im Lager Kuneevskij vgl. die Dokumente in Zaključennye na strojkach kommunizma 2008: 393–403.

system übernehmen. Damit überfordert, wies es den Bautrust *Kujbyševgesstroj* an, Aufsicht über das Lager Kuneevskij auszuüben. Die Bauleiter lehnten diese neue Kompetenzübertragung rigoros ab und drängten darauf, alles beim Alten zu belassen. Angesichts dieser ungeklärten Zuständigkeiten schien sich niemand ernsthaft darum zu kümmern, mit durchgreifenden Maßnahmen die Lagerleitung zu stärken und ihren Handlungsspielraum zu erweitern.[173])

Das hatte fatale Folgen. Ende September herrschte im Lager Kuneevskij für mehrere Wochen der Ausnahmezustand, nachdem die Wachleute angeblich grundlos zwei Häftlinge erschossen hatten. Während der nun folgenden gewalttätigen Ausschreitungen gab es sieben Tote und eine Vielzahl von Schwerverletzten. Die offizielle Statistik hielt damals insgesamt vierzehn Massenunruhen (*massovye bezporjadki*) fest, die das Leben in den Lagerpunkten und auf den Baustellen paralysierten. Drei Monate später flammte der offene Bandenkrieg erneut auf. Zahlreiche Lagerinsassen schrieben Beschwerdebriefe, in denen sie ihre unhaltbaren Lebensumstände und die Willkürherrschaft ihrer Mitgefangenen bitter beklagten. Die lange Zeit gelähmt wirkende Lagerleitung reagierte schließlich darauf, indem sie die Rädelsführer der Unruhen und ihre besonders gewalttätigen Helfershelfer in abgelegene Lager des Fernen Ostens verlegen ließ. Zudem drohte sie mit der Todesstrafe. Diese war von der Moskauer GULag-Administration zuvor wieder für Häftlinge eingeführt worden,[174]) die in den Lagern Banden bildeten, um mittels Mord und Totschlag ein Terrorregime zu errichten.[175])

Die Maßnahmen der Lagerleitung führten 1954 mittelfristig zu einer fragilen Befriedung der extrem angespannten Lage. In den folgenden Jahren wurde das Lager Kuneevskij nicht mehr auf der Liste derjenigen Lagerkomplexe geführt, deren Betrieb durch Gewaltexzesse und Aufstände nachhaltig gestört war.[176]) Dennoch kehrte keineswegs Ruhe und Ordnung ein. Als die Leiter von *Kujbyševgesstroj* neue Zwangsarbeiterkontingente anforderten, um die anfallenden Bau- und Montagearbeiten zu bewältigen, wuchs das besonders gefährliche „verbrecherisch-banditenhafte Element" (*ugolovno-banditsvujuščij element*) im Lager Kuneevskij. Im März 1957 zählte das Lager 19278 Insassen, darunter schon über 5000 sogenannte *recidivisty*, also Berufsverbrecher und

[173]) GARF, 9414/1/168, 3–4 u. 7–8. Dass das Justizministerium die Situation in den Lagern nicht unter Kontrolle bringen konnte, teilte der zuständige Minister Goršenin der Partei- und Staatsführung schon am 28. Juli nachdrücklich mit. Vgl. GARF, 9414/1/773, 9-10 u. 18–27. Im Januar 1954 ging die Verantwortung für die Lager schließlich wieder an das Innenministerium über. Dazu GARF, 9414/1/773, 36–39; GULag 2000: 372–390.

[174]) Zur Wiedereinführung der 1947 abgeschafften Todesstrafe am 13. Januar 1953 vgl. Gorlizki/Khlevniuk 2004: 127.

[175]) Die Umbruchkrise im Lager Kuneevskij während der zweiten Jahreshälfte von 1953 ist gut dokumentiert, weil sich eine speziell einberufene Untersuchungskommission über die Vorkommnisse, ihre Ursachen und Folgen genau informieren ließ und einen ausführlichen Bericht dazu vorlegte. Vgl. GARF, 9414/1/204, 28–29 u. 75–76; ebd., 565, 87–92 u. 140; ebd., 724, 3–4, 8, 12–14, 31–35, 42, 47–50 u. 64–67; ebd., 817, 27 u. 68.

[176]) GARF, 9414/1/233, 3–8 u. 56–57.

gefährliche Wiederholungstäter.[177]) Die zuständigen Amtsträger in Staat und Partei hatten mehrfach die „grundlegende Verbesserung bei der Leitung der Besserungsarbeitslager und -kolonien" sowie die „vollständige Liquidierung des Banditentums" gefordert.[178]) Beunruhigt musste der stellvertretende Innenminister Perevetkin Mitte des Jahres 1956 aber feststellen, „dass die kriminellen Aktivitäten der Schwerverbrecher und Banditen in der letzten Zeit immer besser organisiert worden sind und antisowjetische Prägung erhalten haben."[179])

Das Lager- und Wachpersonal: Opfer und Täter

Die Regeln für das Leben und Arbeiten im Lager wurden nicht allein von der Moskauer GULag-Administration abgefasst und ihre Einhaltung keineswegs stets und überall von den Wachmannschaften garantiert. Es gab zahlreiche ungeschriebene Gesetze, die sowohl den Umgang der Häftlinge untereinander als auch ihr Miteinander mit den Bewachern und Aufsehern bestimmten. Die Zwangsarbeiter und ihre Bewacher lebten zwar auf unterschiedlichen Seiten des Stacheldrahts, aber keineswegs in eindeutig voneinander getrennten gesellschaftlichen Sphären. Beide Gruppen stellten einen spezifischen „Auswurf der Gesellschaft"[180]) und einen „unheimlichen Bodensatz"[181]) dar. Sie hatten gemeinsam die Unterwelt der Sowjetzivilisation zu besiedeln, in der die „Grenze zwischen Sklaven und Sklavenhaltern zeitweilig fast aufgehoben" schien.[182])

In den Jahren 1943 und 1946 hatte die zentrale GULag-Administration die Größe der Wachmannschaften nach neuen Schlüsseln festgelegt. In den Lagerkomplexen sollte sich die Zahl der Bewacher auf neun Prozent der Insassen belaufen. Dieser Koeffizient wurde 1952 schließlich auf 9,7 Prozent erhöht, so dass im Durchschnitt auf jeweils zehn Häftlinge ein Wachmann kam.[183]) Mit dem Anstieg der Lagerbevölkerung in den folgenden Jahren sollte darum gleichzeitig die Zahl der Wachleute stark anwachsen.[184]) Während

177) GARF, 9414/1/176, 78–82 u. 91a–93; ebd., 291, 7-7ob u. 11. Über 85 Prozent der Häftlinge gehörten damals zur Altersgruppe der 18- bis 35jährigen. Ein etwa gleich großer Anteil hatte noch eine Haftzeit von mehr als drei Jahren vor sich.

178) GARF, 9414/1/233, 106–107.

179) GARF, 9414/1/259, 10–11ob. Vgl. auch den damals vorgelegten kritischen Bericht des Innenministers Dudorov über den schädlichen Einfluss der Berufsverbrecher in ebd., 117-120ob. Die veränderte Wahrnehmung des kriminellen Untergrunds der Lager, seine forcierte Untersuchung durch Juristen und die Einführung neuer Rechtsgriffe schildert anschaulich Elie 2009.

180) Zit. n. Gussew 1994: 21.

181) Beyrau 2000a: 171.

182) Ivanova 2001: 157 u. 188. Ähnlich Applebaum 2003: 126.

183) GARF, 9414/1/2574, 6, 11-13 u. 138–139; Ivanova 2001: 154f.; Gorlizki/Khlevniuk 2004: 126.

184) Zu den Schwierigkeiten, die dringend benötigten zusätzlichen Wachleute anzuwerben, vgl. GARF, 5446/50a/3944, 7–8; ebd., 4000, 1–23; ebd., 51a/5005, 2–4; ebd., 5101, 3–6.

1947 in den bewaffneten Wachmannschaften noch 157000 Menschen gedient hatten, waren es am 1. Januar 1952 schon 259344, darunter 13384 Offiziere und 57782 Unteroffiziere.[185]) Nach den Massenamnestien des Jahres 1953 sank mit der Zahl der Häftlinge auch die der Bewacher. Bis zum Herbst 1953 waren schon über 100000 Wachleute entlassen worden.[186]) Zu Beginn des Jahres 1955 zählten die Wachmannschaften nur noch 97598 Beschäftigte, darunter 7628 Offiziere und 16829 Unteroffiziere.[187]) Die Verantwortlichen hatten diesen Umbruch genutzt, um die Unfähigsten und Korruptesten aus dem Wachpersonal zu entlassen.[188])

In den gigantischen Lagerkomplexen der „Stalinschen Großbauten des Kommunismus" leistete ein Heer von Wachleuten Dienst. Als Anfang April 1953 im Lager Kuneevskij 47750 Häftlinge einsaßen, gab es dort 5046 Bewacher.[189]) Ein halbes Jahr zuvor registrierten die offiziellen Statistiken für das Lager Nižne-Donskij bei 37679 Insassen 4342 Wachleute und für das Lager Achtubinskij bei knapp 25000 Inhaftierten 2035 Bewacher.[190]) Trotz dieser beeindruckenden Zahlen hatte die Lagerleitung Probleme, alle Planstellen zu besetzen. Vielfach standen nicht genügend Wachleute zur Verfügung, um die Zwangsarbeiter in Kolonnen zu den Bauplätzen zu führen und ihren Arbeitseinsatz zu überwachen.[191]) 1953 waren auf der Kujbyšever Großbaustelle nur 74 von 100 Posten besetzt. Ohne Aufsicht verrichteten die Häftlinge kaum Arbeit und stahlen, häufig so viel sie konnten, um das entwendete Baumaterial illegal zu verkaufen.[192])

Die widrigen Lebensbedingungen und die niedrigen Löhne machten den Wachdienst bei den „Großbauten des Kommunismus" unattraktiv.[193]) Wie die Häftlinge litten ihre Bewacher unter der mangelhaften Infrastruktur und den akuten Versorgungsengpässen. Im Lagerkomplex Kuneevskij stand dem Lagerpersonal nur unzureichender Wohnraum zur Verfügung. Einfache Wachleute erhielten lediglich 2,3 Quadratmeter Wohnraum in zugigen Baracken zugewiesen. Die Offiziere und Unteroffiziere fanden keine angemessene Bleibe für ihre Familien. Es fehlte an Schulen und Kindergärten, an Wäschereien und Badestuben. Die Kantinen boten lediglich schlechtes Essen an, und die Geschäfte hatten nur wenig im Angebot. Epidemien und Krankheiten, die

[185]) GARF, 9414/1/2573, 23-24. Im Juni 1952 waren es schon 261633 und im Januar 1953 schließlich 266160 Wachleute. Vgl. ebd., 139; ebd., 118, 40–41.

[186]) GARF, 9414/1/176, 3.

[187]) GARF, 9414/1/2698, 3.

[188]) GARF, 9414/1/7233, 69.

[189]) Darunter gab es 296 Offiziere und 495 Unteroffiziere. Vgl. GARF, 9414/1/168, 20. Ähnliche Zahlen in ebd., 565, 46–47.

[190]) GARF, 9414/1/568, 150; ebd., 2573, 138–139.

[191]) Zum fortgesetzten Problem des Mangels an Wachpersonal vgl. GARF, 9414/1/2573, 16–19, 25, 66–71 u. 138–139.

[192]) GARF, 9414/1/565, 100–102.

[193]) Zum geringen Lohn der Wachleute, der kaum ausreichte, um die Familie zu versorgen, vgl. GARF, 5446/51a/5005, 23.

den Häftlingen zusetzten, sprangen regelmäßig auf die Wachmannschaften über. Zahlreiche Bewacher erkrankten an Ruhr.[194]) Andere steckten sich mit Tuberkulose an und verstarben daran. Für großen Unmut sorgte zudem, dass es nur selten organisierte Freizeit- und Kulturaktivitäten gab. Die Wachmannschaften mussten ständig zusätzliche Sonderschichten übernehmen und durften nur wenig Urlaub nehmen.[195]) Gleichlautende Klagen gab es aus den Lagern Nižne-Donskij und Achtubinskij.[196]) Im Jahr 1951 erhielt das Innenministerium 4700 Beschwerdebriefe, in denen das Wachpersonal in den GULag-Lagerkomplexen seine akute Notlage schilderte und dringend um Versetzung oder Abhilfe bat.[197]) Charakteristisch für den weit verbreiteten Missmut war der Brief eines Wachoffiziers: „Der Gulag wird als eine Verwaltungsform angesehen, von der alles abverlangt werden kann, die aber nichts erhält."[198]) Auch auf Parteiversammlungen beklagten die Wachleute wiederholt ihre sträfliche Vernachlässigung und ihr geringes Ansehen. So mussten sie spezielle Uniformen und Abzeichen tragen, die im Unterschied zu anderen Bediensteten des Innenministeriums und der Armee ihren niederen Status anschaulich machten.[199])

Angesichts der als quälend empfundenen Ungerechtigkeiten bei Gehalt, Unterkunft und Prestige verwundert es kaum, dass die GULag-Wachmannschaften unter einer außerordentlich hohen Fluktuation litten. 1951 quittierten knapp 50000 Wachleute ihren Dienst, weitere 40000 wurden – meist auf eigenen Wunsch – entlassen.[200]) Viele wussten sich nicht anders zu helfen, als zu desertieren. Allein im ersten Quartal des Jahres 1953 desertierten aus den Reihen der Wachleute des Lagers Kuneevskij 81 Personen. Die meisten wurden gefangen und mussten fortan auf der anderen Seite des Stacheldrahts ihr Leben fristen.[201]) Entsetzt über die Verhältnisse in den Lagern und ihren menschenverachtenden Dienst, begingen jährlich mehrere hundert Angehörige des Wach- und Lagerpersonals Selbstmord.[202])

Die Widrigkeiten des Lagerdienstes führten dazu, dass sich an dieser sozialen Peripherie des Sowjetsystems nur diejenigen einfanden, die zwangsver-

[194]) Die offiziellen Statistiken hielten für das Jahr 1952 fest, dass 82500 Wachleute an Ruhr erkrankten. Das bedeutete jeder Dritte der damaligen Wachmannschaften. Vgl. GARF, 9414/1/724, 41.

[195]) Zu den widrigen Lebensumständen GARF 9414/1/106, 8–19; ebd., 117, l. 219 u. 223; ebd., 168, 1 u. 21–23; ebd., 457, 208; ebd., 565, 141; ebd., 724, 41; ebd., 2573, 16–19; ebd., 2596, 162–163. Ferner Applebaum 2003: 290f.; Ivanova 2001: 153ff.

[196]) GARF, 9414/1/118, 54–66 u. 60.

[197]) GARF, 9414/1/2573, 19.

[198]) Zit. n. Applebaum 2003: 287f.

[199]) Applebaum 2003: 287.

[200]) GARF, 9414/1/2573, 16–17 u. 66–71. Ähnlich ebd., 2596, 162–163.

[201]) GARF, 9414/1/168, 1 u. 20; Applebaum 2003: 286.

[202]) GARF, 9414/1/235, 134; ebd., 565, 113–114; ebd., 2596, 168; ebd., 2698, 9. Ende der 1940er Jahre lag die Zahl der Selbstmorde jährlich bei 300 bis 400 Fällen. So Applebaum 2003: 293. Ferner Barton 1956: 1311; Beyrau 2001: 187; Ivanova 2001: 155 u. 166.

pflichtet worden waren oder denen sich kein anderer Ausweg mehr bot. Der Innenminister erhielt so im Juni 1951 einen äußerst kritischen Bericht über die Wachmannschaft des Lagers Kuneevskij. Das Lagerpersonal setze sich aus moralisch anrüchigen Personen zusammen, die sich grober Dienstvergehen (Veruntreuung, Amtsmissbrauch, Urkundenfälschung, Bestechung u.a.m.) und einer „nicht parteigemäßen Haltung zur Familie" schuldig gemacht hätten. Darunter wurde neben Trunksucht meist Ehebruch und Gewalttätigkeit gegenüber Frau und Kindern verstanden.[203]) Zahlreiche Wachleute waren vormalige Häftlinge, die nach Ende ihrer Haftzeit in den Lagern geblieben waren. Das Lager- und Wachpersonal stellte zudem ein Auffangbecken für in Ungnade gefallene Mitarbeiter des Innenministeriums dar, die durch Inkompetenz, schlechte Arbeitsdisziplin und Ungehorsam negativ aufgefallen waren. In den Sicherheitsorganen galt es als „größte Strafe", unredliche Mitarbeiter „zur Arbeit ins Lager zu schicken."[204]) Für andere wurde das Lager zur Endstation, weil sie wegen ihrer ethnischen oder sozialen Herkunft als unzuverlässig galten und aus den regulären Apparaten in die Welt des GULag abgeschoben wurden. Die Behörden des Innenministeriums verfuhren nach dem Prinzip: „Ihr könnt haben, was wir nicht brauchen."[205])

Während für viele der Dienst in den Wachmannschaften einen sozialen Abstieg bedeutete, bot er jungen Kolchozbauern als „die beste aller schlechten Möglichkeiten"[206]) die Chance, „soziale Wertigkeit zu erlangen und nicht den letzten Platz in der Gesellschaft [...] einzunehmen."[207]) Angesichts des akuten Elends im Kolchoz nahmen sie das trostlose Lagerleben vielfach als Alternative und Zwischenstation wahr, um der Not und Marginalität zu entkommen, die der Sowjetstaat der Landbevölkerung zumutete.[208])

Wachleute, die sich freiwillig als Lohnarbeiter anwerben ließen, waren beim GULag-Personal zu Beginn der 1950er Jahre in der Minderheit. Im Januar 1953 hatte man im Durchschnitt zwei von drei GULag-Wachleuten zum mehrjährigen Dienst eingezogen, darunter zahllose demobilisierte Rotarmisten und Wehrpflichtige, die für den Militärdienst als untauglich eingestuft worden waren.[209]) Im Lager Kuneevskij lag der Anteil der Zwangsverpflichteten sogar bei über 90 Prozent.[210]) Unter diesen Einberufenen gab es auch ehemalige Rotarmisten und Personen, die als Kriegsgefangene, „Ostarbeiter" oder aus anderen Gründen während des Zweiten Weltkriegs außerhalb der Sowjetunion gelebt hatten. Bei ihrer Rückkehr mussten sie sogenannte Prüf- und

[203]) GARF, 9414/1/457, 3.
[204]) Ivanova 2001: 147.
[205]) Ivanova 2001: 147.
[206]) Applebaum 2003: 292.
[207]) Ivanova 2001: 188f.
[208]) Zur sozialen Herkunft des Lager- und Wachpersonals vgl. Applebaum 2003: 286–289 u. 292; Ivanova 2001: 159ff. u. 167ff.
[209]) Ivanova 2001: 167.
[210]) GARF, 9414/1/118, 40–41.

Filtrationslager durchlaufen. Nach ausführlichen Verhören zwang man sie, fortan im GULag-System Dienst zu leisten. Ohne Pass und Aufenthaltserlaubnis konnten sie sich außerhalb der Lagerwelt keine Existenz aufbauen. Sie waren dazu verdammt, als Höllenhunde des stalinistischen Hades ein trauriges Dasein zu fristen. Erst mit den Massenamnestien nach Stalins Tod erhielten sie die Chance, endlich in das normale Gesellschaftsleben zurückzukehren, was den meisten von ihnen allerdings große Probleme bereitete.[211])

Das Lager- und Wachpersonal bestand, wie es die Verantwortlichen der Moskauer GULag-Administration selbst auf den Punkt brachten, meist nicht aus „Menschen zweiter Wahl, sondern der untersten, vierten Wahl".[212]) An der Lagerperipherie sammelte sich das soziale Strandgut der stalinistischen Politik. Der Bildungsstand der Wachleute war oftmals erschreckend niedrig. Viele hatten keinerlei Ahnung von der sowjetischen Ideologie und Politik. Sie kannten nicht einmal wichtige Parteiführer und fielen immer wieder durch Ignoranz und Unwissenheit auf. Die zuständigen Parteiorgane forderten wiederholt eine intensive Aufklärungs- und Erziehungsarbeit für die Wachleute, um dem Mangel an professionellen Qualifikationen und dem fortschreitenden moralischen Verfall entgegenzuwirken. Doch die Schulungsmaßnahmen verliefen überwiegend erfolglos. Trotz guter Noten, die das Lager- und Wachpersonal in den Kursen erhielt, änderte sich an der allgemeinen Gleichgültigkeit kaum etwas.[213]) Als völlig realitätsfremd erwies sich darum der pathetische Aufruf des Innenministers Kruglov, der von den Lagerleitern und ihren Untergebenen nachdrücklich forderte, sie müssten nicht nur als Wachsoldaten, sondern gleichfalls als Erzieher und Wirtschaftsfunktionäre tätig sein, um so einen bedeutenden Beitrag für die „Ökonomie des Kommunismus" zu leisten.[214])

Erschüttert über die Inkompetenz und Brutalität des Lagerpersonals berichteten Ingenieure, die auf der Stalingrader Kraftwerkbaustelle arbeiteten, dass die Wachleute bei ihnen einen „äußerst schlechten Eindruck hinterlassen" hätten. Mit ihnen wäre es ständig zu Konflikten gekommen, weil sie es im Umgang mit Mensch, Maschine und Material an jeglicher Humanität und Sorgfalt missen ließen. Zudem erschienen sie häufig nicht zum Dienst, gäben sich dem Dauerrausch hin und missachteten im Umgang mit anderen Menschen jegliche Form von Anstand und Moral.[215]) Vom Wolga-Don-Kanal gab es Klagen von Seiten der Ingenieure, dass die Wachleute die Arbeitsbrigaden falsch zusammenstellen und Vorarbeiter auswählen würden, die zwar in ihrer

[211]) GARF, 5446/50a/4000, 16; Applebaum 2003: 292f.; Ivanova 2001: 113 u. 165ff.

[212]) Ivanova 2001: 156. Zur sozialen Zusammensetzung der Wachmannschaft vgl. allgemein Hedeler/Stark 2008: 117ff. u. 134–142.

[213]) Ivanova 2001: 168–171; Applebaum 2003: 289. Zur „politischen Erziehung" der Wachleute vgl. die kritische Bestandsaufnahme für das Jahr 1953 in GARF, 9414/1/2596, 165–169; ebd., 3/83, 111–121.

[214]) Ivanova 2001: 171.

[215]) Čelovek 1994: 221.

Gunst ständen, aber die anfallenden Arbeiten nicht kompetent organisieren könnten.[216]) Das Wachpersonal erwies sich als eine Ansammlung von Trinkern, Unruhestiftern und moralisch anrüchigen Personen, denen es sowohl an menschlichen Werten und charakterlicher Stärke als auch an Kenntnissen über die Notwendigkeiten des Bauwesens mangelte.[217]) Erfolglos blieben die wiederholten Vorstöße der Bauleitung auf der Kujbyšever Kraftwerkbaustelle, die Wachleute dazu anhalten, die Arbeiten der ihnen zugeordneten Häftlinge sorgfältig zu überwachen und Aufseherfunktionen zu übernehmen. Das Lager- und Wachpersonal ließ sich einfach nicht sinnvoll in die Arbeitsprozesse einbinden.[218])

Auch wenn die GULag-Wachleute als Schräubchen eines unmenschlichen Räderwerks von Terror und Zwang in gewisser Hinsicht Opfer waren, so drehten sie ihrerseits als Täter maßgeblich mit an der Spirale der Gewalt. Die Memoiren ehemaliger Häftlinge und die Archivdokumente der GULag-Administration sind voller Hinweise auf die unmenschliche Grausamkeit und den Despotismus des Lagerpersonals. Durch die kaum begrenzte Macht über Menschen verführt, machten sich viele einen Spaß daraus, Häftlinge zu erniedrigen, sie zu bestehlen und sich an ihnen zu vergehen. Sie nutzten ihre Position, um sexuelle Gefälligkeiten zu erzwingen.[219]) Unter ihrer Fahrlässigkeit, ihrem Rowdytum und Terror mussten die Häftlinge oft leiden. Die Lagerkomplexe bei den „Großbauten des Kommunismus" bildeten dabei keineswegs eine Ausnahme. Als Säufer, Schläger und Wüstlinge machten sich die Wachleute im Lager Kuneevskij zahlreicher Vergehen und Disziplinverstöße schuldig.[220])

Wegen der Übergriffe des Lagerpersonals kam es wiederholt zu Unruhen und Aufständen, die zwar Massencharakter hatten, von ihrem Umfang und ihrer Wirkung her jedoch hinter den großen bewaffneten Lagerrevolten zurückblieben, die sich andernorts in Vorkuta, Noril'sk und Kengir ereigneten.[221]) Im Lager Cimljanskij verschärften sich die Spannungen, nachdem die Wachleute im August 1950 vor den Augen von Dorfbewohnern zwölf flüchtige Häftlinge exekutiert hatten. Zur Aufklärung dieses aufsehenerregenden Vorfalls berief das Innenministerium eine spezielle Untersuchungskommission und ein Tribunal ein, das die Todesschützen schließlich hart bestrafte.[222]) Als

[216]) GARF, 9414/1/2, 18–20.

[217]) GARF, 9417/1/58, 144–145.

[218]) GARF, 9414/1/100, 10–18; ebd., 457, 23-25.

[219]) Zur Vergewaltigung und sexuellen Nötigung vgl. ausführlich Stark 2002: 126–132 u. 385-391.

[220]) GARF, 9414/1/168, 20; ebd., 457, 14–15 u. 20–22; ebd., 565, 97.

[221]) Zu diesen Massenrevolten, zu deren Niederschlagung große militärische Verbände eingesetzt wurden, vgl. ausführlich Applebaum 2003: 511-531; Ivanova 2002: 70–79; Kozlov 2006b: 70–95; Craveri 1995; Craveri 1997. Vgl. neuerdings auch die Dokumente in Vosstanija 2004: 85-100 u. 317–648.

[222]) Kokurin/Morukov 2001/20: 102f.

im Januar 1952 große Zwangsarbeiterkontingente aus dem Lager Cimljanskij in das Waldlager Usol'skij überführt werden sollten, sprachen sich zwei verfeindete Häftlingsgruppen ab, ihre Baracken tagelang nicht zu verlassen, um zu erreichen, dass sie fortan nicht gemeinsam in einem Lagerpunkt miteinander leben und arbeiten müssten.[223]) Im Lager Achtubinskij protestierten die Häftlinge im März 1952 gegen die Willkür der Wachmannschaften, indem Hunderte von ihnen die Arbeit niederlegten und das Baustellenleben zum Stillstand brachten. Erst nachdem die Lagerleitung verbesserte Arbeits- und Lebensbedingungen zugesagt und die Wachmannschaften zu mehr Zurückhaltung angehalten hatte, nahmen die Streiks ein Ende.[224]) In der Folgezeit kam es zu weiteren Unregelmäßigkeiten und Beschwerden, so dass Anfang 1953 unter der Leitung des stellvertretenden Vorsitzenden des GULag, A.Z. Kobulov, eine Untersuchungskommission mit der Lösung der Probleme beauftragt wurde. Bei den Verhören schlug Kobulov vor den Augen örtlicher Amtsträger Häftlinge und dokumentierte damit eindrucksvoll, dass es selbst die GULag-Leiter nicht für notwendig erachteten, sich an die Anweisungen zum Umgang mit Häftlingen zu halten, die von ihnen selbst erlassen worden waren.[225])

Eine Folge der in den Lagern herrschenden Willkürherrschaft war es, dass zahlreiche Häftlinge die Lücken in der Lagerbewachung nutzten, um zu fliehen. Mehrere Tausend flüchtige Strafgefangene, die sich teils zu bewaffneten Banden zusammenschlossen, zogen damals durch die Sowjetunion und sorgten mit Überfällen und Diebstählen für Unruhe.[226]) Im oftmals organisierten Fluchtwesen sahen die Verantwortlichen ein großes Problem, dessen sie durch spezielle operative Ermittlungstruppen (*operativno-rozysknye otrjady*) Herr zu werden versuchten. Diese wurden für ausgewählte Gebiete zusammengestellt und konnten im Fall von Fluchten von der Lagerleitung unverzüglich angefordert werden.[227]) Während die offiziellen GULag-Statistiken für das Jahr 1948 noch 8964 Fluchten registrierten, sank diese Zahl in der Folgezeit kontinuierlich zuerst auf 3532 (1950) und schließlich auf 1454 (1952). Mit dem Umbruch nach Stalins Tod kam es 1953 erneut zu einem Anstieg der Ausbrüche auf 2367, um im folgenden Jahr auf 1634 registrierte Vorfälle zurückzugehen. In diesen Jahren war im Durchschnitt nur jede achte bis neunte Flucht erfolgreich, so dass es nur einer kleinen Gruppe von entlaufenen Häftlingen gelang, dauerhaft der Lagerwelt zu entkommen.[228])

[223]) Vosstanija 2004: 236f.

[224]) Judin 1996: 200.

[225]) Kokurin/Morukov 2001/20 108f.; Vosstanija 2004: 282ff. Die Übergriffe Kobulovs wurden von einem zufällig anwesenden Staatsanwalt sogar nach Moskau gemeldet.

[226]) Gorlizki/Khlevniuk 2004: 126.

[227]) GARF, 9401/2/269 (Teil 1), 59.

[228]) Zu diesen Zahlen vgl. ebd.; GARF, 9414/1/117, 54; ebd., 118, 5; ebd., 1319, 4–4ob, 7–7ob, 10–10ob; ebd., 2698, 33.

Die Lagerkomplexe der „Großbauten des Kommunismus" zeichneten sich durch eine hohe Fluchtquote aus. Immer wieder fielen entlaufene Kriminelle über Zivilpersonen her und verbreiteten im Umland der Lager Angst und Schrecken.[229]) Im Jahr 1951 flohen aus den Lagern des Wolga-Don-Kanals insgesamt 280 Insassen, 185 davon allein aus dem Lager Cimljanskij. Als das Lager Nižne-Donskij im September 1952 eingerichtet wurde, verzeichnete man in den ersten vier Monaten 208 Fluchtversuche. Im Lager Kuneevskij kam es vor allem 1951 und während seiner Reorganisation im Sommer und Herbst 1953 zu einer erhöhten Zahl von Fluchten. Der Anteil erfolgreicher Versuche lag hier in dieser Zeit zwischen 25 und 50 Prozent und damit deutlich über dem GULag-Durchschnitt.[230])

Die Wachleute und Lagerfunktionäre waren den Insassen bei diesen Fluchten mitunter behilflich und kollaborierten mit ihnen. Dazu arrangierten sie sich sowohl mit den im Lager organisierten Schwerverbrechern als auch mit den Lagerpolizisten, der *samoochrana*. Dabei handelte es sich um Funktionshäftlinge, die zur Beaufsichtigung ihrer Mitgefangenen angeworben wurden und in dieser Stellung besonders engen Kontakt zum Lagerpersonal hatten.[231]) Die Wachleute profitierten oft nicht nur vom Terror der Kriminellen im Lager, sondern halfen auch, die Gewalt ins Umland zu tragen. So ermöglichten sie den Verbrecherbanden nächtliche Raubzüge in benachbarte Dörfer und Kleinstädte, deren Bewohner überfallen und bestohlen wurden. Vom Beutegut erhielt das Lagerpersonal einen Anteil, so dass es einen materiellen Anreiz gab, das Bandenwesen zu fördern und die räuberischen Aktivitäten mit gezielten Informationen zu koordinieren.[232])

Die von der GULag-Administration oft bemängelte „liberale Haltung" der Wachmannschaften gegenüber den Häftlingen schloss zudem ein, dass die Wachleute beim Schwarzhandel und in den Korruptionsketten zwischen La-

[229]) GARF, 8131/32/1819, 198. Es sei allerdings auch erwähnt, dass die ortsansässige Bevölkerung oftmals Flüchtige stellte und tötete, um von der Lagerleitung Kopfgeld zu erhalten. Zwischen den Lagerinsassen und den Anwohnern herrschte darum vielfach ein kriegsähnlicher Zustand. Vgl. Applebaum 2003: 418f., Ivanova 2001: 113f. Allgemein zum Fluchtwesen vgl. auch Hedeler/Stark 2008: 208–212.

[230]) GARF 9414/1/111, 82–85; ebd., 55, 57, 62 u. 214; ebd., 118, 34; ebd., 204, 77; ebd., 568, 157; ebd., 2573, 23.

[231]) Die Zahl der Lagerpolizisten schwankte. Während der Jahre 1950 und 1952 kam in den Lager Kuneevskij, Kalačevskij und Nižne-Donskij mitunter ein Lagerpolizist auf fünf oder auf zehn Wachleute. Vgl. GARF, 9414/1/154, 6–7; ebd., 727, 135. Zu Beginn des Jahres 1953 erreichte die Zahl der in der *samoochrana* organisierten Lagerpolizisten im gesamten GULag-System knapp 30000. So Gorlizki/Khlevniuk 2004: 126. Zur *samoochrana* vgl. auch die Erklärungen des Innenministers Kruglov in GARF, 5446/50a/3944, 4–6.

[232]) Vgl. zur Kooperation zwischen Wachleuten und Verbrecherbanden in den Lagern Kuneevskij und Nižne-Donskij GARF, 9414/1/565, 102; ebd., 727, 80 u. 129; ebd., 2698, 8. Dass die Wachleute daran beteiligt waren, den Lagerterror ins Umland zu tragen, indem sie die Häftlinge deckten, meldeten die Staatsanwälte vor Ort wiederholt der Moskauer Generalstaatsanwaltschaft. Vgl. GARF, 8131/29/485, 65–66. Allgemein auch Ivanova 2001: 177; Hedeler/Stark 2008: 146ff.

ger und Umland zentrale Funktionen ausübten. Sie organisierten Prostitution und Alkoholverkauf und dienten als Verbindungsleute, wenn im Lager und auf den Großbaustellen gestohlene Lebensmittel, Kleidung, Medikamente und Baumaterialien an Schwarzhändler verkauft wurden. Anfang des Jahres 1950 gab es beispielsweise Engpässe in der Versorgung des Lagers Kalačevskij. Ein beachtlicher Teil der Brot- und Fleischlieferungen war veruntreut und auf dem Schwarzmarkt in- und außerhalb des Lagers angeboten worden. Die Baustellenzeitung *Stalinskaja Strojka* brachte den Skandal an die Öffentlichkeit und zwang die Strafverfolgungsorgane zu durchgreifenden Maßnahmen. Es kam zu Verhaftungen von 27 beteiligten Häftlingen, neunzehn freien Bauarbeitern und 46 Angehörigen des Lager- und Wachpersonals.[233])

Auch auf der Kujbyšever Kraftwerkbaustelle und im Lager Kuneevskij griffen Lagerangestellte und Wachleute zur Praxis der Selbstversorgung und unterschlugen massenhaft Waren und Material. Einzelne Amtsträger ließen sich von Zwangsarbeitern mit gestohlenem Baumaterial Wohnhäuser und Datschen errichteten. Andere betrieben schwunghaften Schwarzhandel. Die zuständige Staatsanwaltschaft bezifferte die durch widerrechtliche Aneignung entstandenen Verluste für die Jahre 1953 und 1954 auf jeweils weit über eine Million Rubel. Sie bezog sich dabei allerdings nur auf die Zahl der aufgeklärten Fälle, die zu Dutzenden Verurteilungen geführt hatten und lediglich die Spitze des Eisbergs darstellten.[234])

Wie schlecht es um die Ordnung im Lager bestellt war, verdeutlichte der Brief des Generalmajors Aleksandr Gračev, der im Sommer 1949 die Leitung eines Lagerpunkts am Wolga-Don-Kanal übernommen hatte. Er teilte dem Ministerrat mit, dass er unhaltbare Umstände vorgefunden hätte, die er trotz allen Engagements nicht verändern könne. Zwischen Lagerfunktionären, Wachleuten und Häftlingen gebe es Absprachen, um das Lagerleben ungeachtet aller Instruktionen und Anweisungen nach eigenem Gutdünken zu gestalten. Die entstandenen Netzwerke seien längst so fest geknüpft, dass sie sich durch keinerlei Maßnahmen auflösen ließen. Frustriert stellte Gračev fest, dass die Lagerleitung kaum Autorität besitze und faktisch keine Kontrolle über das Lagerleben ausübe.[235])

Um die Einhaltung der Gesetze gewährleisten und gegen Unregelmäßigkeiten besser vorgehen zu können, wurden bei den „Großbauten des Kommunismus" und in den dazugehörenden Lagerkomplexen Sondergerichte und spezielle Strafverfolgungsorgane ins Leben gerufen. Die Lagersondergerichte bestanden seit 1945 und waren für alle Strafsachen zuständig, die sich innerhalb der Lager und beim Arbeitseinsatz der Häftlinge ereigneten. Der GULag hatte als Staat im Staate damit auch sein eigenes Rechtssystem. Geleitet von

[233]) GARF, 8131/29/485, 20–21, 42, 77–78 u. 249–264.

[234]) GARF, 8131/32/4060, 23, 46, 129–155, 160–177, 181–185, 205–211 u. 214–217. Ferner GARF, 9414/1/176, 34.

[235]) GARF, 5446/80/2488, 8–9.

zumeist unqualifizierten und inkompetenten Richtern, verhandelten die Sondergerichte in der Nachkriegszeit jährlich bis zu 25000 Fälle. Gegenstand der Prozesse waren sowohl Flucht, Arbeitsverweigerung und „antisowjetische Agitation“ als auch Unterschlagung, Veruntreuung und Korruption. Zwischen 1945 und 1953 verurteilten die Lagersondergerichte über 200000 Personen. In 80 Prozent der Fälle handelte es sich um Häftlinge. Strafen für Lagerfunktionäre und Wachleute bildeten eher die Ausnahme. Ihr rechtswidriges und verantwortungsloses Verhalten wurde vielfach geduldet, obwohl die Richter angehalten waren, mit drakonischen Maßnahmen und harten Urteilen alles zu tun, um Ordnung und Disziplin im Lager aufrechtzuerhalten.

Den Lagersondergerichten zugeordnet war eine für die jeweiligen Lagerkomplexe und Großbauten speziell ins Leben gerufene Staatsanwaltschaft. Sie sollte die kriminellen Vorfälle untersuchen, die Schuldigen ausfindig machen und die Delikte zur Anklage bringen. Personell und materiell waren die Lagersondergerichte und die Staatsanwaltschaft aber schlicht zu schlecht ausgestattet, um systematisch gegen das Bandenwesen und die kriminellen Netzwerke vorgehen zu können. Die überforderten Untersuchungsbeamten klärten beim Kujbyšever Flusskraftwerk und beim Wolga-Don-Kanal viele Missstände nicht oder nur mangelhaft auf. Sie erhielten kaum Unterstützung von anderen Behörden, wirkten meist hilflos und baten ständig um Verstärkung.[236]) Um sich ins rechte Licht zu rücken, deckte die Staatsanwaltschaft regelmäßig „konterrevolutionäre Gruppen“ auf, bei denen es sich meist um Farcen handelte. Im Februar 1950 berichtete der Staatsanwalt des Wolga-Don-Kanals so vom Zusammenschluss einiger Lagerinsassen zur „Allrussischen Volksfront“. Ziel dieser Verschwörung sei es angeblich gewesen, mit Waffengewalt dem Kapitalismus in der Sowjetunion zum Sieg zu verhelfen.[237]) Immer wieder gab es auch Hinweise darauf, dass die Mitarbeiter der Staatsanwaltschaft durchaus von kriminellen Aktivitäten in den Lagern wussten, aber nichts unternahmen, weil sie entweder unter starken Druck gesetzt oder bestochen worden waren.[238])

In den Reihen des Lager- und Wachpersonals gab es nicht nur informelle Kooperationen und Absprachen, sondern auch gewaltsam ausgetragene ethnische Konflikte. Seit Ende der 1940er Jahre nahm die Zahl der Bewacher aus dem Kaukasus und Zentralasien beständig zu, die kaum des Russischen mächtig waren.[239]) Im Lager Nižne-Donskij waren im Herbst 1952 von den 4342 Wachleuten nur noch 948 russischer und 672 ukrainischer Herkunft. 455 Bewacher stammten aus dem Kaukasus, davon 265 aus Armenien, und 978 aus Mittelasien, allein 569 aus Uzbekistan.[240]) Hier gab es wie auch im Lager Ku-

236) GARF, 8131/29/485, 236–238; ebd., 32/1819, 195 u. 224; ebd., 4060, 18–20, 30 u. 129.
237) GARF, 8131/29/485, 16–18.
238) Vgl. z.B. die Denunziation in GARF, 8131/32/1812, 32–40.
239) Bardach 2000: 419f.; Ivanova 2001: 169f.
240) GARF, 9414/1/568, 150.

neevskij nationale Wachbataillone, die sich bewusst voneinander abgrenzten und getrennt Dienst leisteten. Meist verbunden mit Alkoholexzessen, kam es zwischen diesen Landmannschaften wiederholt zu Ausschreitungen. Die Ordnung in den Lagern von Nižne-Donskij und Kuneevskij erschütterten insbesondere Massenschlägereien zwischen azerbajdžanischen und armenischen Wachleuten. Sie endeten stets mit Schwerverletzten und Toten.[241])

Das Ende des GULag-Systems

In den Dokumenten der GULag-Administration fällt eine dominante ökonomische Rhetorik auf, die vielfach die menschenverachtende Grausamkeit des Lagerlebens und der Zwangsarbeit überdeckte. „Der Wirtschaftsjargon half den Lagerleitungen, alles zu rechtfertigen."[242]) Zugleich war es das Primat der Rentabilität, das schließlich das GULag-System in eine schwere Krise stürzte. Die „Stalinschen Großbauten des Kommunismus" machten deutlich, dass sich die Verschmelzung von Lagerwirtschaft und Großbaustelle spätestens in dem Moment als ineffizient erwies, als mit dem Einsatz moderner Maschinen die Anforderungen an die Qualität der Arbeit wuchsen. Innerhalb des Innenministeriums gab es zahlreiche Stimmen, die schon im Herbst 1949 meinten, „dass sich der GULag überlebt hat." Zur Diskussion stand die Reorganisation der zentralistischen, kaum mehr zu überblickenden GULag-Administration in mehrere Apparate mit klar abgegrenzten Kompetenzbereichen und einer kleineren Lagerbevölkerung, um die zahlreichen Verwaltungs-, Wirtschafts- und Resozialisierungsaufgaben besser zu bewältigen.[243])

Auch wenn Parteiführer wie Berija und Malenkov bestens über die Schwierigkeiten des „Lager-Industrie-Komplexes" informiert waren, so konnte die Einsicht in die Notwendigkeit von Veränderungen vor Stalins Tod noch nicht in grundlegende Reformen umschlagen.[244]) Zudem wurden wiederholt Argumente für die Zwangsarbeit vorgetragen. So unterrichtete man Berija im Oktober 1949 von einem merklichen Anstieg der Produktivität auf den GULag-Baustellen.[245]) Ein Jahr später verglich das Moskauer Zentralinstitut *Gidroproekt* die Baukosten von großen Flusskraftwerken. Seine Experten kamen zum Ergebnis, dass Vorhaben, die in der Verantwortung des Innenministeriums lagen und überwiegend Häftlinge beschäftigten, eine günstigere Kostenbilanz aufwiesen als Projekte, die das Ministerium für Kraftwerkbau mit ausschließlich frei angeworbenen Arbeitskräften realisierte. Nur bei qualifizierten Bauprozessen wie zum Beispiel bei der Montage der Kraftwerkanlagen

[241]) GARF, 9414/1/568, 154; ebd., 3/64, 131.

[242]) Applebaum 2003: 304f.

[243]) GARF, 9414/1/199, 94–98. Eine weitere Initiative für eine Reorganisation gab es im Sommer 1951 unter der Führung des damaligen stellvertretenden Innenministers S. S. Mamulov. Vgl. Gorlizki/Khlevniuk 2004: 128 u. 130; Tikhonov 2003: 69f.

[244]) Gorlizki/Khlevniuk 2004: 130ff.

[245]) GARF, 5446/53/4957, 38–41.

ergaben sich für die Zwangsarbeit merkliche Kostennachteile.[246]) Große Aufmerksamkeit fand auch ein Bericht, den Innenminister Kruglov am 9. Oktober 1950 dem Ministerrat vorlegte. Er führte aus, dass beim Bau des Wolga-Don-Kanals zwar in 85 Prozent aller untersuchten Fälle die Aufwendungen für einen Zwangsarbeiter (Bewachung, Unterbringung, Verpflegung, Entlohnung etc.) die Kosten für einen frei angeworbenen Lohnarbeiter überstiegen, die Häftlingsarbeit sich letztlich aber doch rechne, weil die Zwangsarbeiter höhere Arbeitsnormen, längere Arbeitszeiten und weniger Urlaubstage hätten und folglich mehr Arbeit verrichten müssten.[247]) Kruglov merkte allerdings auch an, es sei, um diesen Vorteil dauerhaft zu bewahren und die Baukosten zu senken, dringend notwendig, die Produktivität der Zwangsarbeit zu steigern.[248])

Angesichts der mangelhaften Arbeitsorganisation und der zahlreichen Widrigkeiten des Lagerlebens blieb der erwartete Produktivitätszuwachs auf den „Großbauten des Kommunismus" jedoch in den folgenden Jahren aus. Neben der Unvereinbarkeit des Grundkonzepts der Lagerwirtschaft mit qualifizierter und sorgfältiger Arbeit bereiteten vor allem die wachsenden Haushaltsprobleme den Partei- und Staatsführern Sorgen. So überzog der dem Wolga-Don-Kanal zugewiesene Lagerkomplex 1950 seinen Haushalt um mehr als 30 Prozent.[249]) Allein das Lager Kalačevskij erwirtschaftete damals während eines Quartals ein Defizit von 35 Millionen Rubeln.[250]) Auch im Lager Kuneevskij waren die Ausgaben kaum mehr zu kontrollieren, während die Einnahmen durch die geleistete Zwangsarbeit nur unwesentlich anstiegen.[251]) Die Besserungsarbeitslager konnten sich nicht selbst finanzieren. Im Jahr 1952 erhielt der GULag insgesamt 2,4 Mrd. Rubel Zuschüsse aus dem Staatshaushalt.[252]) Die Lagerwirtschaft war zu einem großen Kostenfaktor geworden, der knappe Ressourcen absorbierte und ein immer größeres Hindernis für die weitere Entwicklung darstellte.

[246]) GARF, 5446/81b/6645, 13–15.

[247]) Tatsächlich wurde im Mai 1951 angesichts forcierter Bautätigkeit am Wolga-Don-Kanal die tägliche Arbeitszeit der Häftlinge von acht auf zehn Stunden hochgesetzt. Arbeitsfreie Tage gab es damals kaum mehr. Vgl. GARF, 5446/81b/6693, 1-2.

[248]) GARF, 5446/81b/6645, 18–20; Ekonomika GULaga 2004: 273f.; Kokurin/Morukov 2001/20: 119; Gorlizki/Khlevniuk 2004: 130. Andere Berechnungen gingen davon aus, dass die Produktivität auf den GULag-Baustellen um 50 Prozent niedriger war als auf Baustellen, die den zivilen Ministerien unterstanden. Die Arbeitsleistung eines Häftlings blieb meist deutlich hinter der eines sowjetischen Lohnarbeiters zurück. So Ivanova 2001: 95f. u. 195.

[249]) GARF, 9414/3/207, 187.

[250]) GARF, 9414/3/192, 7.

[251]) GARF, 9414/1/168, 1; ebd., 204, 26; Zaključennye na strojkach kommunizma 2008: 279f.

[252]) GARF, 9414/1/2992, 31-38; Ivanova 1999: 110; Ivanova 2001: 106 u. 131ff. Im Jahr 1953 übertrafen trotz der Massenamnestien und der drastischen Verkleinerung der Lagerbevölkerung die Ausgaben die Einnahmen weiterhin um 1,9 Mrd. Rubel. Vgl. GULag 2000: 381.

Um die Kosten zu senken und die Arbeitsproduktivität durch mehr Eigenverantwortung zu steigern, setzten sich bei den „Großbauten des Kommunismus" die Bauleiter dafür ein, inhaftierte Fachkräfte zu entlassen und sie dazu zu verpflichten, sich bis zum Ablauf ihrer langjährigen Bewährungsfrist als Lohnarbeiter auf der Großbaustelle zu verdingen.[253]) Durch diese moderne Form der Arbeits- und Schollenpflicht kam es zu einer „conversion of slaves to serfs"[254]). Nach einem entsprechenden Erlass vom 28. Mai 1949 hatte die zuständige Staatsanwaltschaft allein für das Lager Kalačevskij bei 1057 Spezialisten darüber entschieden, sie auf Bewährung zur Arbeit am Wolga-Don-Kanal zu entlassen.[255]) Im Mai 1950 folgte dann ein weiteres Kontingent von 5000 Fachkräften.[256]) Auf den Kraftwerkbaustellen in Kujbyšev und Stalingrad erhielten Anfang 1951 knapp 6000 Ingenieure, Techniker, Facharbeiter sowie Kranführer, Bagger- und Lastwagenfahrer ihre Freiheit unter Auflagen zurück.[257]) Im Frühjahr 1952 verließen erneut Tausende von Häftlingen vorzeitig die Lager und wurden auf zahlreichen GULag-Baustellen zur Arbeit verpflichtet.[258])

Die eingeleitete Umorientierung von Zwangs- auf qualifizierte verpflichtende Lohnarbeit führte dazu, dass bei den „Großbauten des Kommunismus" das Kontingent mehr oder weniger freiwillig angeworbener (*vol'nonaemnye*) Arbeitskräfte schon vor dem Tod Stalins beständig zunahm. Beim Wolga-Don-Kanal stieg ihre Zahl von 15397 im Januar 1950 auf 28470 im August 1951.[259]) Die riesigen Bautrusts von *Kujbyševgesstroj* und *Stalingradgesstroj* beschäftigten vor dem großen Umbruch im März 1953 schon 12513 bzw. 15428 Lohnarbeiter.[260])

Mit den Massenamnestien setzte die Partei- und Staatsführung endlich die fälligen Reformen um.[261]) Während der letzten Jahre der Herrschaft Stalins hatte das Innenministerium die Verantwortung für Bauvorhaben erhalten, für

[253]) Zur Praxis der vorzeitigen Entlassung auf Bewährung bei fortbestehender Arbeitspflicht vgl. allgemein die Dokumente in Ekonomika GULaga 2004: 314–327.

[254]) Khlevniuk 2003: 55. Auch Gorlizki/Khlevniuk 2004: 129.

[255]) GARF, 8131/29/485, 107–109.

[256]) GARF, 8131/29/485, 117 u. 125–129; Kokurin/Morukov 2001/21: 104. Die zuständige Staatsanwaltschaft wollte der Bewährung vielfach nicht zustimmen. Sie wies darauf hin, dass vorzeitig entlassene Häftlinge wiederholt durch blutige Übergriffe gegen die ortsansässige Bevölkerung aufgefallen waren. Manche hatten vor Ablauf ihrer Bewährungsfrist die Bauplätze des Wolga-Don-Kanals sogar eigenmächtig und rechtswidrig verlassen. Zudem galten entlassene Spezialisten als „gefährliche Elemente" und potentielle Unruhestifter, die eingesperrt gehörten. Zu den Bedenken vgl. GARF, 8131/29/485, 39–40 u. 65–66.

[257]) Ekonomika GULaga 2004: 35f. u. 319; Gorlizki/Khlevniuk 2004: 128f.; Craveri/Chlevnjuk 1995: 185; Khlevniuk 2003: 56f.; Zaključennye na strojkach kommunizma 2008: 26f.

[258]) GARF, 9414/1/1367, 1–286; Zaključennye na strojkach kommunizma 2008: 237ff.

[259]) Kokurin/Morukov 2001/21: 106 u. 109f.

[260]) RGAE, 7964/11/1450, 6; ebd., 1452, 9.

[261]) Reabilitacija 2000; Tikhonov 2003; Applebaum 2003: 501–508; Stettner 1996: 349f.; Craveri/Chlevnjuk 1995: 181f.

deren Fertigstellung insgesamt 105 Mrd. Rubel veranschlagt wurden. Der Jahresplan für 1953 billigte dem Ministerium aber lediglich 13,3 Mrd. Rubel Investitionen zu, um die Bauarbeiten voranzubringen.[262]) Angesichts dieser eklatanten Unterfinanzierung und Überlastung des Innenministeriums mit ökonomischen Aufgaben ließ sich die Einstellung aufwendiger Infrastrukturprojekte und die Schließung zahlreicher Lager kaum mehr umgehen.[263]) Im März 1953 wurde der Apparat des Innenministeriums deshalb auf seine Kernaufgaben reduziert und das ausufernde Lagersystem drastisch verkleinert. Vieles verlief chaotisch, warf neue Probleme auf und musste anschließend rückgängig gemacht werden.[264]) Zwar gab es weitreichende Erleichterungen und Reorganisationen des Lagerregimes; aber im „zerzausten Archipel"[265]) wurde nichts Durchgreifendes unternommen, um die Qualitäts- und Rentabilitätsprobleme der Zwangsarbeit und damit die Haushaltsprobleme zu lösen.[266]) Der fortgesetzte Niedergang des „Lager-Industrie-Komplexes" war kaum aufzuhalten. Obwohl ein Understatement, brachte eine Äußerung Malenkovs im Februar 1954 die Unzufriedenheit der Parteiführer auf den Punkt, als er meinte, die Riesenlager seien „nicht unser Ideal".[267])

Als eines der wenigen nicht eingestellten Bauvorhaben blieb die Kujbyšever Großbaustelle eine Art Experimentierfeld, um zu überprüfen, ob sich massenhafte Häftlingsarbeit nicht doch effizient im Rahmen von Kanal- und Kraftwerkbauten organisieren ließe. Im August 1954 hatte der GULag-Leiter Dolgich noch einmal gefordert, „auf grundlegende Weise die Organisation der Häftlingsarbeit zu verbessern".[268]) Die Mitglieder einer speziell eingerichteten Kommission, die im Januar 1956 die Verhältnisse vor Ort untersuchte, zeigten sich jedoch erschüttert. Inhaftierte Fachleute wurden nicht in ihrem Beruf eingesetzt. Schwerverbrecher arbeiteten Seite an Seite mit frei angeworbenen Arbeitern und vergifteten mit ihrem „antisozialen Verhalten" die Arbeitskultur. Das Lager erwies sich weniger als Resozialisierungsagentur denn mehr als Trainingscamp für Kriminelle, die sich hier den Verhaltenskodex der Verbrecherwelt aneigneten und immer mehr in das organisierte Bandenmilieu abglitten. Die Lagerfunktionäre und Wachleute hatten sich mit den Missständen arrangiert und organisierten einen schwunghaften Alkohol-

[262]) Zaključennye na strojkach kommunizma 2008: 30.

[263]) Ekonomika GULaga 2004: 34f. Insgesamt wurden damals 107 von 175 Lagern geschlossen.

[264]) Eine kritische Bilanz der Reformen zog der Innenminister Kruglov schon im Januar 1955. In seinen Berichten wies er auf zahlreiche ungelöste Probleme hin. Vgl. GARF, 9414/1/233, 86–100 u. 148–157. Kruglov berief sich dabei auf den Abschlussbericht einer Untersuchungskommission vom Juni 1954 in GARF, 9414/1/773, 41–55.

[265]) Solschenizyn 1978: 505.

[266]) Im Jahr 1956 erhielt der GULag weitere Zuschüsse von 600 Millionen Rubel aus dem Staatshaushalt, um sein Defizit zu decken. Vgl. GULag 2000: 394.

[267]) Prezidium 2003: 21-23. Zur Reorganisation des GULags nach Stalins Tod und den unbewältigten Problemen vgl. ausführlich Elie 2005: 2–8.

[268]) GARF, 9401/2/451, 158.

schmuggel. Gewaltsame Übergriffe, Schlägereien und permanente Verletzungen der Lagerordnung prägten den Alltag im Lager Kuneevskij. Im Durchschnitt arbeitete jeder dritte Lagerinsasse nicht. Zudem blieben zwischen zwanzig und 30 Prozent der auf den Bauplätzen eingesetzten Häftlinge hinter den geforderten Arbeitsleistungen zurück. Das bedeutete, dass nur knapp die Hälfte der Lagerinsassen auf der Kujbyšever Großbaustelle einen Arbeitseinsatz leistete, der dem Plan entsprach.[269])

Im April 1956 stellte der neue Innenminister Dudorov dann unmissverständlich fest, dass die Zwangsarbeit unter den gegebenen Umständen keine Perspektive habe. Er forderte einen grundlegenden Strukturwandel. Wie sein Amtsvorgänger Kruglov wies er darauf hin, dass mit ihrer hohen Konzentration von nicht umerziehbaren Berufsverbrechern die riesigen Lagerkomplexe kaum mehr zu beherrschen seien und deshalb aufgelöst werden sollten. Die unterschiedlichen Häftlingsgruppen müssten voneinander getrennt in besser kontrollierbaren, weil kleineren Besserungsarbeitskolonien und schwer bewachten Spezialgefängnissen untergebracht werden. Zudem seien die Strafgefangenen besser auszubilden, damit die Zwangsarbeit mit dem technischen Fortschritt Schritt halten und sich den neuen volkswirtschaftlichen Verhältnissen anpassen könne. Nur so hätte das überkommene Lagersystem die Chance, zu einem rentablen Wirtschaftsbetrieb und zu einer erfolgreichen Resozialisierungsagentur zu werden.

Dudorov schlug zudem vor, im hohen Norden Sibiriens ein Sonderlager zu errichten, um darin unter strenger Bewachung besonders gefährliche Berufsverbrecher zusammenzufassen, die andernorts Chaos und Willkür verbreiteten. Dem völlig entlegenen Straflager sollte mit seinen 100000 Häftlingen der Bau einer 1482 Kilometer langen Eisenbahnlinie übertragen werden, um die periphere Industriestadt Noril'sk an das sowjetische Schienennetz anzuschließen. Gegen dieses Großprojekt, dessen Fertigstellung 1965 geplant war, sprach neben den immensen Baukosten von über 2 Mrd. Rubeln vor allem der komplette Misserfolg der ersten Polarmagistrale. Von 1946 bis 1953 hatte ein Heer von zeitweise bis zu 120000 Zwangsarbeitern zwischen dem Kohlerevier Vorkuta, Salechard an der Mündung des Ob' und Igarka am Enisej Schienen verlegt. Dabei wurden die riesige Summe von 3,2 Mrd. Rubel, knappe Ressourcen und unzählige Menschenleben vergeudet.[270]) Nach Einstellung der Bauarbeiten an diesem entlegenen Verkehrsweg im März 1953 klaffte zwischen Salechard und Igarka auf einer Strecke von 559 Kilometern ein Schienenloch. Die Trasse endete im Nirgendwo der sibirischen Tundra. Sie erlangte unter dem Namen Todesstrecke traurige Berühmtheit.[271]) Angesichts der im auf-

[269]) GARF, 9414/1/235, 6 u. 150–152. Ferner ebd., 233, 92; ebd., 3004, 11–12 u. 33.

[270]) Unter den Häftlingen hieß es damals: „Zwei Menschenleben blieben unter jeder Schwelle." Zit. n. Solschenizyn 1978: 529.

[271]) Vgl. dazu Applebaum 2003: 256f.; Ivanova 2001: 112f.; Stalinskie Strojki 2005: 300–338; Dobrovskij 1994; Mildenberger 2000.

tauenden Boden versinkenden Schienen, Züge und Wagons schien die Wiederaufnahme und Vollendung der Bauarbeiten ein riskantes und volkswirtschaftlich wenig rentables Unterfangen.[272]

Während eine unter der Leitung von Breżnev einberufene Kommission des Zentralkomitees darum schon bald das Dudorov-Projekt verwarf, die Polarmagistrale fertigzustellen, wurden in Form halbherziger Kompromisse andere Vorschläge Dudorovs sukzessive umgesetzt. In der Partei- und Staatsführung hatte sich das Verständnis vom Lagersystem merklich verändert. Das Prinzip der Selbstfinanzierung und damit die wirtschaftsrelevante Zweitbedeutung der Lager behielten zwar Gültigkeit; doch sollte der GULag, im November 1957 in GUITK[273] umbenannt, vor allem als Strafvollzugsinstitution beibehalten werden, die dem Gedanken der Erziehung Vorrang einräumte. Ohne die Gewährung der erforderlichen Haushaltsmittel gelang es in der Folgezeit aber nicht, den eingeleiteten Strukturwandel erfolgreich zum Abschluss zu bringen. In dieser Zeit des Umbruchs suchten die Verantwortlichen nach Möglichkeiten, neue Besserungsarbeitskolonien zu errichten, um dort die infolge wiederholter Amnestien deutlich reduzierte, aber weiterhin große Zahl von Strafgefangenen zur Arbeit einzusetzen.[274]

Tabelle 14: Insassen in den Besserungsarbeitslagern und -kolonien des GULag und GUITK, 19541-960 (jeweils am 1. Januar)

	Lager (ITL)	Kolonien (ITK)	Insgesamt
1953	1727970	740554	2468524
1954	873950	451053	1325003
1955	748489	326791	1075280
1956	557877	223753	781630
1957	492095	315882	807977
1958	409567	312332	721899
1959	388114	474593	862707
1960	276279	306438	582717

Quelle: GULag 2000: 443; Naselenie GULaga 2004: 133f.

Die Neuausrichtung erwies sich als schwierig, weil Ministerien, die knapp ein Jahrzehnt zuvor noch um die Zuweisung von Häftlingen gebeten und sich in heftige Ressortkämpfe verwickelt hatten, sich nun vehement weigerten, Straf-

[272]) Zu den umstrittenen Reformvorschlägen Dudorovs vgl. GARF, 9414/1/2439, 95-120; ebd., 2440, 1-13; ebd., 235, 237-253 u. 278-305; ebd., 259, 117-120; GULag 2000: 182ff. Ferner Craveri/Chlevnjuk 1995: 188f.; Ivanova 2001: 76f.; Applebaum 2003: 537f.; Elie 2005: 8-19.

[273]) Die Abkürzung steht für *Glavnoe Upravlenie Ispravitel'no-Trudovych Kolonij* (Hauptverwaltung der Besserungsarbeitskolonien). Zur Umbenennung vgl. GULag 2000: 408f.

[274]) GARF, 9414/1/2440, 4.

gefangene zu beschäftigen.[275]) Als sich das Innenministerium darum bemühte, für die Häftlingskontingente der Kujbyšever Großbaustelle ein neues Tätigkeitsfeld im ostsibirischen Bratsk zu finden, wo der nächste Hydrogigant errichtet werden sollte, lehnte das Ministerium für Kraftwerkbau dieses Anliegen energisch ab. Ihm kam der *Komsomol* zur Hilfe, der als Jugendverband der Partei die Patenschaft über dieses neue Prestigeobjekt übernommen hatte und seine Mitglieder nicht zusammen mit Strafgefangenen auf der Großbaustelle arbeiten lassen wollte.[276]) Die GULag-Administration wies anschließend noch einmal darauf hin, dass das abgelegene Angara-Gebiet mit seinem Waldreichtum und seinen neuen aufstrebenden Industrien ideale Voraussetzungen für die Errichtung neuer Besserungsarbeitskolonien biete. Sie machte sich den schon 1951 vorgelegten Plan zu eigen, hier ein forstwirtschaftliches und holzverarbeitendes Kombinat in Betrieb zu nehmen, um die Holzversorgung von Bratsk, Irkutsk und anderen ostsibirischen Städten sicherzustellen.[277]) Aber auch dieser Vorschlag traf auf hartnäckigen Widerstand. Die GULag-Funktionäre mussten sich schließlich damit zufriedengeben, dass Teilkontingente des ehemaligen Lagers Ozernyj am Mittellauf der Angara in einer Ziegelei und Möbelfabrik eingesetzt wurden. Andere Häftlinge zog man zum Eisenbahnbau und zu den Rodungsarbeiten auf dem zukünftigen Überflutungsgebiet heran.[278]) Kleinere Gruppen von Strafgefangenen kamen anfänglich sogar in Bratsk zum Einsatz, um dort bei der Schaffung von Wohnraum für die Bauarbeiter behilflich zu sein.[279]) Auf der eigentlichen Kraftwerkbaustelle war es jedoch mit der Präsenz von Zwangsarbeitern vorbei. Die „Großbauten des Kommunismus" hatten sich aus dem Würgegriff des GULag-Systems befreit.[280])

Nachdem im Februar 1956 das Innenministerium weitere ihm unterstellte Bautrusts und Unternehmen abtreten musste und ein Jahr später die beiden noch verbliebenen großen Lagerkomplexe Dal'stroj und Noril'sk aufgelöst

[275]) Vgl. dazu die vehemente Klage des Innenministeriums vom 28.Februar 1958 in Ekonomika GULaga 2004: 365-372. Das Ministerium für Kraftwerke hatte schon 1952 beim Bau des Irkutsker Hydrogiganten an der Angara darauf gedrängt, keine Zwangsarbeiter zu beschäftigen, weil deren Arbeitsleistung durchschnittlich um 50 Prozent geringer sei als die frei angeworbener Lohnarbeiter. Vgl. Zaključennye na strojkach kommunizma 2008: 29.

[276]) GARF, 9414/1/2448, 66; RGAE, 7964/11/1976, 41.

[277]) GARF, 9414/1/2444, 55-56ob.

[278]) Im Jahr 1956 gab es auch einen erfolglosen Versuch, in der Kleinstadt Berdsk ein neues Besserungsarbeitslager einzurichten, um beim Novosibirsker Hydrogiganten Strafgefangene bei den anstehenden Umsiedlungsaktionen und zur Säuberung des Überflutungsgebiets einzusetzen. Vgl. PANO, 27/1/330, 128.

[279]) GARF, 9414/1/2445, 209-2134; ebd., 2457, 42-44; ebd., 2459, 25-26 u. 39-46.

[280]) Auch die Geschichte von Bratsk kann nicht gänzlich vom GULag-System losgelöst werden. Zwar beginnen viele offizielle Entstehungsgeschichten erst mit dem Jahr 1955 und der Aufnahme der Bauarbeiten; doch konnte der Standort Bratsk für den Kraftwerkbau nur ausgesucht werden, weil zehntausende Häftlinge zuvor das erste Teilstück der Bajkal-Amur'-Magistrale zwischen Tajšet und Ust'-Kut fertiggestellt und damit für die erforderliche verkehrstechnische Anbindung der späteren Bauplätze gesorgt hatten. Darauf verweist nachdrücklich Portisch 1967: 57.

worden waren, hatte der GULag seine volkswirtschaftliche Leitungsfunktion als Organisator der infrastrukturellen und industriellen Erschließung des Landes endgültig verloren.[281]) Zwar setzte Dudorov im Sommer 1958 die Rückgabe einzelner spezieller Bautrusts, Abteilungen und großer Lagerkomplexe an das Innenministerium durch.[282]) Die endgültige Demontage des Zwangsarbeitssystems wurde damit aber lediglich hinausgezögert, jedoch nicht rückgängig gemacht. Nur für einige wenige ausgewählte Neubauprojekte stellte man noch Häftlinge ab. Ein wichtiger Auftraggeber blieb das Sonderkomitee „Atombombe", das schon im März 1953 aus dem Innenministerium ausgegliedert und dem wiedergegründeten Ministerium für Mittleren Maschinenbau (bekannt unter der Abkürzung *MinSredMaš*) zugeordnet worden war. Es setzte weiterhin Häftlinge für unqualifizierte Tätigkeiten beim Bau von Atomstädten und nuklearen Produktionsanlagen sowie zur Arbeit in den gesundheitsschädigenden Uranminen ein. In diesem nuklearen Archipel überdauerte der enge Kontakt von Staatssicherheit, GULag und Atomindustrie die Reformmaßnahmen bis in die 1960er Jahre hinein.[283]) Größere Häftlingskontingente kamen außerdem in weiteren unattraktiven Branchen zum Einsatz, so in der Forst- und Landwirtschaft, der Goldgewinnung sowie im Kohle- und Erzbergbau.[284]) Betriebe und Kombinate konnten nicht genügend Arbeitskräfte anwerben, die in unwirtlichen Regionen körperlich anstrengende, unqualifizierte Tätigkeiten ausführten. Angesichts fehlender Alternativen griffen sie deshalb weiterhin auf Häftlinge zurück.[285]) Das vormalige stalinistische Wirtschafts- und Bauimperium musste sich mit der Nebenrolle eines Subunternehmens und einer Leiharbeitsfirma begnügen. Aus dem vormaligen „Eckpfeiler der Sowjetwirtschaft"[286]) war nach einer mehrjährigen Übergangs- und Anpassungsphase ein Randpfosten geworden.[287])

[281]) GULag 2000: 794ff.; Ekonomika GULaga 2004: 38f.

[282]) Ekonomika GULaga 2004: 362ff. Später gab es wiederholt unbestätigte Gerüchte, dass in den 1970er und 1980er Jahren Zwangsarbeiter vereinzelt auch beim Bau der ostsibirischen Bajkal-Amur'-Magistrale, dem prestigeträchtigsten Eisenbahnprojekt der Brežnev-Ära, und der Erdgasleitungen aus Westsibirien eingesetzt worden wären. Vgl. Grützmacher 2000: 64.

[283]) Knapp dazu Stettner 1996: 314–318; Ivanova 2001: 118f.

[284]) Gesondert zu erwähnen ist vor allem der Einsatz von Häftlingen bei dem von Chruščev forcierten Prestigeprojekt der Neulandkampagne. Insgesamt gesehen, fiel der Zwangsarbeit bei diesem agrarischen Erschließungsprogramm in Kazachstan und Sibirien aber lediglich eine marginale Rolle zu.

[285]) GULag 2000: 169, 207-211 u. 440. Ausführlich Elie 2005: 24–27. Es gibt sogar spärliche Hinweise darauf, dass beim Bau der Bajkal-Amur'-Magistrale in den 1970er und frühen 1980er Jahren Zwangsarbeiter eingesetzt wurden. Eine andere Form von unfreiwilliger Arbeit war der Einsatz von Soldaten, insbesondere von Strafbataillonen. Das spätsowjetische Großprojekt der Bajkal-Amur'-Magistrale beruhte allerdings „nicht annähernd in so hohem Maße auf Zwangsarbeit [...] wie Vorgängerbauten bis in die 1950er Jahre." Vgl. Grützmacher 2009: 172-177, Zitat 174.

[286]) Stettner 1996: 366.

[287]) Rossi 1989: 94. Ähnlich Elie 2005: 29.

Die Reformpolitik der Tauwetterperiode hatte die Lagerwelt nicht komplett aufgelöst; sie hatte im sowjetischen Strafvollzug jedoch einen Prozess der Normalisierung eingeleitet. Symbolisch unterstrichen wurde dies vom Präsidium des Obersten Sowjets, das bereits am 4. Juli 1956 die seit 1930 bestehende internationale Konvention für die Aufhebung aller Formen von Zwangsarbeit endlich ratifizierte, um in der Weltöffentlichkeit einen Strich unter das stalinistische System der staatlichen Sklaverei zu ziehen.[288])

6.2. Bauarbeiter und Fachkader: Chancen und Nöte

Rekrutierung und Abwanderung

Die Entlassungen von zusammen knapp 50000 Häftlingen aus den Lagern Achtubinskij und Kuneevskij im April 1953 stellte die beiden Bautrusts *Kujbyševgesstroj* und *Stalingradgesstroj* vor ein ernstes Arbeitskräfteproblem. Der damals zuständige Minister für Kraftwerkbau Pervuchin schrieb einen besorgten Brief an den neuen Parteichef Chruščev, in dem er darauf hinwies, dass ohne die Anwerbung großer Kontingente von einfachen Bau- und vor allem ausgebildeten Facharbeitern die Fertigstellung der gigantischen Flusskraftwerke kaum möglich sei. Die Reorganisation der Lager habe zu einer Entvölkerung der Bauplätze geführt. Der einstige Maschinenlärm sei einer bedrohlichen Stille gewichen. Lohnarbeiter müssten deshalb dringend die entlassenen Zwangsarbeiter ersetzen.[289]) Obwohl Chruščev und die anderen Parteiführer das Anliegen Pervuchins nachdrücklich unterstützten, kam es bei den beiden Großbaustellen immer wieder zu Personalengpässen. Zwar konnte der Bautrust *Kujbyševgesstroj* auf die im Lager Kuneevskij zusammengezogenen Häftlingskontingente und damit auf ein Heer von über 46000 Zwangsarbeitern zurückgreifen; aber die Einstellung von freien Lohnarbeiter blieb bedenklich hinter den steigenden Planvorgaben zurück. Die Bauleiter baten deshalb sogar zeitweise um den Einsatz von Armeeeinheiten, um die Bauplätze durch konzentrierte Aktionen vor dem Hochwasser im Frühsommer zu schützen.[290]) Anfang August 1953 beklagte sich Pervuchin bei Malenkov, dem Vorsitzenden des Ministerrats, dass in den letzten drei Monaten lediglich knapp die Hälfte der benötigten Neuzugänge die Arbeit am Kujbyšever Hyd-

[288]) Ivanova 2001: 133. Das sowjetische Gefängnis- und Lagersystem fügte sich aber weiterhin nicht in einen „normalen" Strafvollzug ein. Es herrschten immer noch erschreckende Verhältnisse, die eine erfolgreiche Resozialisierung erschwerten. Zudem gab es mit den Dissidenten als „Gefangenen aus Gewissensgründen" wieder aus politischen Gründen Inhaftierte. Auch die Angehörigen von Sekten und Religionsgemeinschaften wurden im Zuge erneut entflammter atheistischer Feldzüge kriminalisiert. Knapp dazu Applebaum 2003: 555-579.

[289]) RGAE, 7964/11/1321, 21-22.

[290]) GARF, 5446/87/1239, 1-9; RGAE, 7964/11/1569, 1.

rogiganten aufgenommen hätte.[291]) Die Zahl der freien Lohnarbeiter war damit nur auf 18617 gestiegen.[292]) Sie erhöhte sich bis Anfang 1954 auf 26600 und schwankte im folgenden Jahr zwischen 20000 und 24000.[293]) 1955 waren lediglich 81 Prozent der geplanten Stellen besetzt. Als im März 1956 die Montagearbeiten an den Kraftwerk- und Schleusenanlagen ihre arbeitsintensivste Phase erreichten, fehlten *Kujbyševgesstroj* insgesamt 5500 Lohnarbeiter, darunter besonders 1000 qualifizierte Mechaniker, die wichtige Aufgaben hätten übernehmen sollen.[294])

Vor noch größeren Problemen stand *Stalingradgesstroj*. Nach der Auflösung des Lagers Achtubinskij errechneten die Verantwortlichen im Juni 1953 ein Defizit von über 42000 Arbeitskräften.[295]) Fedor Loginov, der Bauleiter, schrieb in seinem Tagebuch, dass die Kraftwerkbaugrube fast ein halbes Jahr völlig verwaist war, bis im Herbst und Winter 1953 „ein neues Kollektiv und eine neue Belegschaft geboren" wurden. Er freute sich darüber, dass „von den Spuren der vormaligen Häftlingskontingente nichts mehr zu sehen" war. Ein „freier Rhythmus" bestimme nun den Fortgang der Arbeiten. Loginov nahm die Umstellung von Zwangs- auf Lohnarbeit als markanten Umbruch und Befreiung vom drückenden stalinistischen Erbe wahr.[296]) Ende des Jahres 1953 zählte die Belegschaft von *Stalingradgesstroj* schon wieder 15681 Beschäftigte.[297]) Trotzdem hatte es gegenüber dem Plan 10000 Neueinstellungen zu wenig gegeben.[298]) In den folgenden Jahren wuchs die Zahl der Beschäftigten bis zum Januar 1955 zuerst auf 23380 und zwei Jahre später auf über 38000.[299]) Ungeachtet aller Priorität, die dieser Großbau genoss, und der wiederholten Rekrutierungsaktionen erreichte die Belegschaft bei weitem nicht die vorgesehene Sollstärke.[300]) Am 25. Oktober 1954 veröffentlichte darum die *Pravda* einen Beitrag Loginovs, in dem der Bauleiter das Fehlen von qualifizierten Arbeitskräften beklagte und an die Facharbeiter im Land appellierte, sich zur Stalingrader Kraftwerkbaustelle versetzen zu lassen.[301]) Damals äußerte das Ministerium für Kraftwerke sogar den Wunsch, 10000 Bauarbeiter aus der Volksrepublik China auf den Kraftwerkbaustellen einzusetzen, um zum einen

291) RGAE, 7964/11/1321, 138–139. Ähnliche Berechnungen finden sich in einem Bericht in ebd., 1320, 11 u. 17–18. Zum verstärkten Einsatz von Lohnarbeitern und den Rekrutierungsproblemen vgl. auch GARF, 9414/1/176, 78–82 u. 93–94.

292) GARF, 7690/5/318, 140.

293) GARF, 7690/5/318, 140; ebd., 700, 1 u. 90; RGAE, 9572/1/1157, 47.

294) RGAE, 7964/11/1838, 182; ebd., 9572/1/461, 4.

295) RGAE, 7964/11/1321, 11.

296) Judin 1996: 202.

297) RGAE, 7964/11/1585, 3–4.

298) RGAE, 7964/2/1273, 5–6.

299) RGAE, 7690/5/1085, 65; Nekrasova 1974: 102. Nachdem die Bau- und Montagearbeiten ihren Höhepunkt überschritten hatten, waren bei *Stalingradgesstroj* noch 1959 weiter 30364 Arbeiter beschäftigt. Vgl. RGAE, 7854/2/1788, 196–196ob.

300) RGAE, 7964/2/1456, 11.

301) Loginov 1954.

offene Stellen zu besetzen und zum anderen Gastarbeiter auszubilden, damit sie in ihrem Land unter sowjetischer Anleitung eigene Großprojekte angehen könnten.[302])

Während die akuten Arbeitskräftedefizite bei *Stalingradgesstroj* und *Kujbyševgesstroj* mit der Umstellung von Zwangs- auf Lohnarbeit verbunden waren, hatten die Bautrusts in Novosibirsk und Bratsk ihre Belegschaften von Beginn an nur aus Lohnarbeitern zu formieren.[303]) Im Vergleich zu den beiden damals weltgrößten Wolga-Kraftwerken fielen beim deutlich kleineren Novosibirsker Hydrogiganten weniger Bau- und Montagearbeiten an. *Novosibirskgesstroj* musste deshalb nicht eine Riesenarmee von Zehntausenden von Beschäftigten anwerben. Nachdem im ersten Baujahr 1950 die Namen von 1896 Arbeitern in den offiziellen Lohnlisten standen,[304]) vergrößerte sich die Belegschaft in den beiden folgenden Jahren auf knapp 3500 und stieg zur Mitte des Jahrzehnts schließlich auf über 6000 an.[305]) Wie die riesigen Bautrusts an der Wolga stand auch *Novosibirskgesstroj* vor dem unlösbaren Problem eines akuten Arbeitskräftemangels. Im Jahr 1955 konnten knapp 20 Prozent der geplanten Stellen nicht besetzt werden.[306])

Während beim Kujbyšever Flusskraftwerk 1954 zusammengenommen über 70000 Zwangs- und Lohnarbeiter tätig waren, kam der Bratsker Hydrogigant mit einer Belegschaft aus, die auf dem Höhepunkt der Bau- und Montagearbeiten in den Jahren 1961 und 1962 knapp 40000 Beschäftigte zählte.[307]) Dieser große Unterschied bei einem durchaus vergleichbaren Arbeitsaufwand beweist zum einen, dass die Modernisierung des sowjetischen Bauwesens seit Mitte der 1950er Jahre voranschritt. Zum anderen unterstreicht er noch einmal nachdrücklich, dass beim vormaligen Einsatz von Zwangsarbeitern weniger Qualität und Produktivität, sondern vor allem die Quantität im Vordergrund gestanden hatte.

Den großen Bautrusts fehlte es neben Tausenden von Facharbeitern vor allem an Ingenieuren und Technikern, die an Hochschulen und Fachschulen, den sogenannten Technikums, eine mehrjährige Ausbildung erhalten hatten.

302) RGAE, 7965/11/1583, 26.

303) In Novosibirsk fragten die Bauleiter 1950 und 1951 beim Innenministerium zwar um die Zuweisung von Häftlingen nach, um sie beim Bau von Zufahrtsstraßen, Unterkünften und bei anderen vorbereitenden Maßnahmen für den Kraftwerkbau einzusetzen; doch ließen sich im Umland von Novosibirsk damals keine Zwangsarbeiter mobilisieren. Vgl. GARF, 5446/81b/6726, 44–45; PANO, 4/34/409, 49–50.

304) RGAE, 7854/2/653, 46–47.

305) RGAE, 7854/2/906, 77; ebd., 921, 3; ebd., 1021, 114; ebd., 1277, 28; ebd., 1305, 9; PANO, 27/1/249, 72; Drozdov 1974: 86.

306) RGAE, 7854/2/1305, 9; ebd., 7964/11/1368, 77.

307) GARF, 7690/5/1993, 19; RGAE, 9572/1/1943, 19–20; Dolgoljuk 1988: 100; Gersdorff 1962: 153. Die Belegschaft, der kurz nach Baubeginn im Januar 1955 lediglich 657 Beschäftigte angehörten, wuchs bis zum März 1956 schon auf über 10000 an. Ende 1957 zählte *Bratskgesstroj* dann 17000 und im Januar 1959 knapp 27000 Mitarbeiter. Vgl. RGAE, 7854/2/1788, 28–28ob; Wein 1987: 172.

Diese technischen Kader stellten in etwa sechs Prozent der Gesamtbelegschaft.[308]) Von Beginn an hatte darum der Innenminister Kruglov darauf gedrängt, seinem Ressort bei der Zuteilung der Fachkräfte Vorrang zu gewähren, um die Leitungsposten bei den „Großbauten des Kommunismus" mit qualifiziertem und erfahrenem Personal zu besetzen. Die Ressortkonflikte um die knappen Fachkräfte spitzten sich deshalb seit 1948 zu.[309]) Die zentrale Planungsbehörde *Gosplan* versuchte den Personalwünschen des Innenministeriums entgegenzukommen. Doch gab es schlicht nicht genügend Ingenieure und Techniker. So erhielt der Wolga-Don-Kanal im Jahr 1949 statt der erforderlichen 75 neuen Hydroingenieure lediglich zehn.[310]) Als im gleichen Jahr der außerplanmäßige Baubeginn des Kujbyšever Hydrogiganten beschlossen wurde, teilte das Ministerium für Hochschulbildung mit, dass die von *Kujbyševgesstroj* geforderte Verpflichtung von 200 Hochschulabsolventen nicht umgesetzt werden könne. Die Zuweisung der akademischen Berufsanfänger sei schon vor Monaten abgeschlossen worden und ließe sich kaum mehr rückgängig machen.[311]) Zwei Jahre später mussten sich *Stalingradgesstroj* und *Kujbyševgesstroj* mit nur 33 neu eingestellten Ingenieuren zufriedengeben, obwohl die Bauleiter mit mehr als einhundert gerechnet hatten.[312]) 1953 war schließlich bei den „Großbauten des Kommunismus" nur knapp jede dritte Ingenieurstelle mit einer ausgebildeten Fachkraft besetzt.[313]) Die Gruppe der Spezialisten „erwies sich als minimal und konnte den an sie gestellten Anforderungen nicht gerecht werden."[314]) Dem Ministerium für Kraftwerke erging es nichts anders. 1952 wurden ihm statt der benötigten 2912 lediglich 1240 Ingenieure zugewiesen. Auch auf seinen Großbaustellen konnten die wichtigen Fachkader nicht vervollständigt werden.[315])

Angesichts des großen Mangels an ausgebildeten Spezialisten mussten die Bautrusts wichtige Leitungsposten mit sogenannten *praktiki* besetzen, d.h. mit erfahrenen Facharbeitern, denen zwar die formale Ausbildung fehlte, die sich aber dank langjähriger Erfahrung und guter Kenntnisse als qualifiziert erwiesen. Bei den „Großbauten des Kommunismus" hatte diese Gruppe der Praktiker von Beginn an die Verantwortung für zahlreiche Arbeitsprozesse übernommen. So gab es bei *Novosibirskgesstroj* 1950 im ersten Jahr seines Bestehens 144 ingenieur-technische Arbeiter (*inženerno-techničeskie rabotniki*), so

[308]) So bei *Bratskgesstroj* und *Stalingradgesstroj* im Jahr 1959. Vgl. RGAE, 7854/2/1788, 28–28ob u. 196–196ob.

[309]) Vgl. GARF, 5446/50a/71–80; ebd., 51a/3822, 3–5; ebd., 5054, 1–6; RGAE, 4372/96/454, 344–345.

[310]) GARF, 5446/51a/4948, 79–80.

[311]) RGAE, 4372/96/454, 344–345.

[312]) GARF, 5446/80a/7576, 34–38.

[313]) GARF, 9414/1/1095, 38–38ob. Ähnliche Zahlen in ebd., 1012, 7–10 u. 58–69; ebd., 1036, 20–23 u. 37.

[314]) Ekonomika GULaga 2004: 316f.

[315]) Zugleich erhielt das Ministerium nur 1603 der geforderten 3425 Techniker. Vgl. RGAE, 7964/11/2269, 1.

die offizielle Bezeichnung der technischen Fachkader, die in der sowjetischen Bürokratensprache unter der Abkürzung ITR bekannt wurden. Von diesen 144 Spezialisten waren 81 Praktiker ohne Diplom.[316])

Im Verlauf der 1950er Jahre investierte die Sowjetunion verstärkt in den Ausbau der ingenieurwissenschaftlichen und technischen Lehranstalten.[317]) Die Zahl der diplomierten Ingenieure und Techniker nahm deshalb dynamisch zu. Geschockt von den hohen sowjetischen Absolventenzahlen,[318]) befürchteten einige westliche Experten und Politiker damals sogar, die Sowjetunion hätte sich mit ihrem polytechnischen Ausbildungsmodell im „Kalten Krieg der Hörsäle"[319]) einen wichtigen Vorsprung verschafft, den es gelte, durch die Übernahme von Lehrplänen und -methoden aufzuholen.[320])

Tabelle 15: Zahl der diplomierten Ingenieure und Techniker in der Sowjetunion, 1940–1960

	Ingenieure	Techniker	Insgesamt
1940	289900	324200	614100
1954	530200	730700	1260900
1956	721000	1050000	1771000
1957	832200	1278000	2110200
1960	1135000	1955800	3090800
1963	1420500	2446400	3866900
1965	1630800	2886700	4517500

Quelle: Volkov 1999: 135.

Trotz der Initiativen zur „Entfaltung des Bildungspotentials"[321]) veränderte sich die Qualifikationsstruktur der technischen Intelligenz in der Sowjetunion nur zögerlich. Wegen der fortschreitenden Modernisierung der Volkswirtschaft konnte das Bildungssystem dem rasch wachsenden Bedarf an neuen Ingenieuren und Technikern kaum nachkommen.[322]) Auch Ende der 1950er

[316]) RGAE, 7854/2/653, 47. Bei den Kraftwerkbauten in Westsibirien waren 1953 zwei Drittel der ITR-Stellen mit Praktikern besetzt. Dieser hohe Anteil ging bis 1957 lediglich auf 53 und bis 1965 auf 46 Prozent zurück. Vgl. Drozdov 1975: 16.

[317]) 1950 erhielten nur 37400 Ingenieure in der Sowjetunion ihr Diplom, 1960 hingegen schon 120400. Fast jeder dritte Hochschulabsolvent war damals ein Ingenieur. Vgl. Volkov 1999: 144. Im gleichen Zeitraum stieg die Zahl der für Industrie und Bauwesen zu Ingenieuren ausgebildeten Studenten von 272800 auf 872600. Dazu Anweiler 1965: 94.

[318]) Im Jahr 1961 hatte die Sowjetunion 2,6 Millionen und die USA 3,6 Millionen Studenten. Allerdings verließen 108600 Absolventen damals in der Sowjetunion die technischen Hochschulen, in den USA hingegen nur 37300. Buchholz 1963: 6.

[319]) Buchholz 1963: 8.

[320]) Trace 1961; Barghoorn 1964: 173; Douglass 2002; Rosenberg 2005: 148f.

[321]) Raupach 1964: 114f.

[322]) Im Jahr 1956 warf das Ministerium für Kraftwerke dem Ministerium für Hochschulbildung vor, in seinen Plänen die Ausbildung von Hydroingenieuren sträflich zu vernachlässigen. Vgl. RGAE, 7964/2/1675, 48.

Jahre besetzten deshalb nichtdiplomierte Praktiker bei *Stalingradgesstroj* und *Bratskgesstroj* weiterhin zwischen 40 und 50 Prozent der Ingenieur- und Technikerposten.[323]) Anfang 1960 beschäftigte das Ministerium für Kraftwerkbau 56650 ingenieur-technische Arbeiter. Davon besaßen 39 Prozent ein Hochschuldiplom. Weitere 29 Prozent hatten erfolgreich ein Technikum besucht. Jede dritte Fachkraft konnte weiterhin keine abgeschlossene Hoch- oder Fachschulbildung vorweisen. Selbst von den 4199 Bauleitern, die damals bei den Kraftwerkbauten die obersten Leitungsposten bekleideten, gehörten 37 Prozent zur Gruppe der Praktiker.[324])

Zwischen den Praktikern und den jungen Spezialisten (*molodye specialisty*), die mit ihrem Diplom in der Tasche ihre Berufskarriere auf Großbaustellen starteten, gab es schon seit den 1930er Jahren ständig Konflikte und Verdrängungskämpfe, die in den 1950er und 1960er Jahren unvermindert fortdauerten.[325]) Die Bauleiter waren oftmals unzufrieden mit der mangelhaften, praxisfernen und häufig nicht mehr zeitgemäßen Ausbildung der diplomierten Berufsanfänger.[326]) Das Unterrichtsniveau an vielen Hoch- und Fachschulen sank in dem Maß, wie die Zahl der Studenten und Schüler zunahm. Das zeitlich und thematisch gedrängte Studium vermittelte nicht das erforderliche Fachwissen, um auf der Großbaustelle im Beruf bestehen zu können. Neben den Erfahrungs- und Kompetenzdefiziten warfen die Bauleiter den jungen Spezialisten oft Disziplinlosigkeit, Überheblichkeit und ein arrogant-hochnäsiges Verhalten gegenüber den Arbeitern vor.[327]) Sie ließen, so die wiederholte Klage, sich nicht belehren und meinten, alles besser zu wissen, obwohl die Propaganda sie dazu anhielt, unbedingt von der Arbeiterklasse zu lernen.[328])

Angesichts der oftmals fehlenden Qualifikation und der Disziplinprobleme der jungen Spezialisten hatte der Innenminister schon 1949 darauf gepocht, durch eine Kommission eine Vorauswahl zu treffen, um sicherzugehen, dass zu den „Großbauten des Kommunismus" nur Ingenieure und Techniker geschickt würden, die sich den dortigen Arbeits- und Lebensbedingungen gewachsen zeigten.[329]) Später gingen die Bauleiter dazu über, die diplomierten Berufsanfänger zuerst in viermonatigen Schnellkursen auf ihren Arbeitsein-

[323]) RGAE, 7854/2/1786, 1-2; ebd., 1788, 28-28ob.

[324]) RGAE, 9572/1/1235, 1-6. Ähnlich Novikov 1960b: 27f. Eine Verteilung wie die im Ministerium für Kraftwerkbau stellte im Gesamtrahmen der Sowjetwirtschaft den Normalfall dar. Noch 1966 hatten Praktiker knapp ein Drittel der Direktorenposten inne. Sie besetzten 43 Prozent aller Technikerstellen und stellten 35 Prozent der Planer und Ökonomen. So Raupach 1979: 148.

[325]) Bailes 1978: 218, 288-296, 305-312 u. 410ff.

[326]) RGAE, 7854/2/652, 3; ebd., 1376, 271-274; ebd., 1786, 2; ebd., 7964/4/785, 273-274; ebd., 11/1570, 11.

[327]) RGAE, 7690/5/1387, 96; ebd., 7854/2/1376, 271; GARF, 9417/3/249, 94-96.

[328]) So Botschkin 1978: 22.

[329]) GARF, 5446/51a/5054, 1-6.

satz vorzubereiten, um den unumgänglichen Praxisschock auf den Großbaustellen abzumildern.[330])

Die Maßnahmen hatten jedoch nur bedingten Erfolg. Viele Verantwortliche zogen die Praktiker weiterhin vor. Zahlreiche junge Spezialisten wurden deshalb auf zweitrangige Posten abgeschoben oder mussten sich sogar mit der Stelle eines einfachen Arbeiters zufriedengeben. Viele Berufsanfänger kehrten darum ihrem ersten Arbeitsplatz schon nach kurzer Zeit den Rücken und suchten anderorts nach einer Tätigkeit, die ihrem Ausbildungsstand und ihren Vorstellungen entsprach.[331]) Bei den zuständigen Stellen gingen zahlreiche Beschwerden ein, dass sich die Bauleiter nicht genügend um die Integration der Hoch- und Fachschulabsolventen kümmerten. Im Dezember 1953 beklagte sich der regionale Parteisekretär des Gebiets Stalingrad vehement darüber, dass ehemalige „Konterrevolutionäre" und „Berufsverbrecher" auf den Großbaustellen in wichtigen Führungsposten Karriere machten, während ambitionierte Jungkommunisten und diplomierte Parteimitglieder keine angemessene Anstellung fänden.[332]) Die zuständigen Ministerien verabschiedeten deshalb wiederholt Erlasse, die nachdrücklich die Bauleiter dazu anhielten, alle Ingenieure und Techniker in ihrem Beruf einzusetzen und sie gleichmäßig auf die verschiedenen Bauplätze und Zulieferbetriebe zu verteilen. Auf das Wissen ausgebildeter Fachleute könne, selbst wenn es ihnen an Kompetenz und Erfahrung mangele, nicht verzichtet werden. Aufgabe der zuständigen Führungskräfte sei es, die ihnen anvertrauten jungen Spezialisten nicht zu frustrieren, sondern sie zu fördern, damit sie sich in ihrem Beruf behaupten könnten.[333]) Angesichts der chaotischen Verhältnisse auf den Großbaustellen und der Vielzahl von Aufgaben waren die Leitungskader mit der Betreuung diplomierter Berufsanfänger aber häufig überfordert. Sie mussten sich deshalb den Vorwurf gefallen lassen, sie wollten mit der ständigen Bitte um besser ausgebildete Ingenieure und Techniker nur über ihre mangelhafte Ausbildertätigkeit hinwegtäuschen.[334])

Wegen der akuten Arbeitskräfteknappheit hatten die Bauleiter kaum eine Wahl. Sie mussten alle verfügbaren Arbeiter einstellen, um die Planrückstände zumindest zu begrenzen. Die Belegschaften der „Großbauten des Kommunismus" rekrutierten sich daher aus unterschiedlichen Gruppen, die mitunter für qualifizierte Bau- und Montagearbeiten und die moderne Arbeitskultur kaum geeignet waren. Dazu zählten entlassene Häftlinge, die nach Ablauf ihrer Bewährungsfrist oder Haftzeit die Großbaustellen nicht verließen, sondern an diesem ihnen mittlerweile bekannten Ort verweilten. Einige hatten keine Familie mehr, zu der es sie zog; andere ließen ihre Familie zu sich kom-

330) GARF, 9414/1/1036, 20–23 u. 37.
331) RGAE, 7690/5/85, 78; ebd., 7854/2/1786, 2; ebd., 9572/1/731, 179–179ob.
332) RGAE, 7964/11/1570, 11.
333) GARF, 9414/1/1036, 58; ebd., 9417/1/78, 273–274.
334) RGAE, 7854/2/1375, 43–46; Novikov 1960b: 28.

men, um gemeinsam einen Neuanfang zu wagen. Schon im April 1952 hatte der Ministerrat die verantwortlichen Bau- und Lagerleiter dazu angehalten, gezielt vormalige Strafgefangene zur Dauerbeschäftigung bei Unternehmen und Baustellen des Innenministeriums anzuwerben.[335]) Im Unterschied zu anderen Lagerorten schien bei den „Großbauten des Kommunismus" der Anteil der vor Ort weiter beschäftigten Ex-Häftlinge nicht besonders groß gewesen zu sein. So verblieben nach der Massenamnestie im März 1953 nur knapp 1000 von den aus dem Lager Kuneevskij entlassenen 25000 Insassen auf der Kujbyšever Großbaustelle.[336]) In den Lagern Achtubinskij und Nižne-Donskij waren die Amnestierten erbost darüber, dass ihnen noch zustehende Löhne nicht ausgezahlt wurden. Frustriert vom Chaos vor Ort, kehrten deshalb die meisten dem Stalingrader Hydrogiganten den Rücken.[337])

Auch wenn es bei den Kraftwerkriesen an der Wolga Probleme gab, die Zwangsarbeiter als Lohnarbeiter weiter an Bautrusts zu binden, so blieben die Großbaustellen doch stets Fluchtpunkte für Entwurzelte und Stigmatisierte und damit insbesondere für ehemalige Strafgefangene. Sie kamen aus allen Teilen der Sowjetunion angereist, um fernab ihrer Heimat und ihrer Haftorte auf den Bauplätzen des Kommunismus von vorn zu beginnen. Die Sowjetpropaganda hatte den Betroffenen die engagierte Teilnahme an entlegenen Großbauten wiederholt als Weg der gesellschaftlichen Reintegration und Selbstfindung nahegelegt, so unter anderem in dem Spielfilm *Negasimoe plamja*.[338]) Die Wahrnehmung der Bauleiter war jedoch eine völlig andere. In den ehemaligen Strafgefangenen sahen sie vor allem potentielle Unruhestifter und Störenfriede. Sie seien kaum an einen normalen Arbeitsalltag zu gewöhnen und würden die schädliche Lagerkultur in die Belegschaft hineintragen, damit die Disziplin der Arbeiter untergraben und kriminelle Energien freisetzen.[339]) Schon in spätstalinistischer Zeit hatten sich die Verantwortlichen deshalb bemüht, Lohnarbeiter getrennt von den Häftlingen einzusetzen. Sie wollten damit Exzesse verhindern, wie sie sich im Sommer 1951 in der Baugrube des Kujbyšever Flusskraftwerks ereigneten. Die dort zum Arbeitseinsatz gebrachten Berufsverbrecher terrorisierten die frei angeworbenen Arbeiter, deren Enthusiasmus angesichts der Übergriffe und Drohungen bald dem Entsetzen wich.[340])

Entlassene Häftlinge wurden für die Großbaustellen meist im Rahmen der sogenannten organisierten Rekrutierung (*organizovannyj nabor*) angeworben. Bei dieser unter dem Akronym *orgnabor* bekannten Einstellungspraxis

335) Craveri/Chlevnjuk 1995: 185.
336) GARF, 9414/1/1717, 160. Von den Entlassenen, die auf der Großbaustelle blieben, waren viele Facharbeiter und Fachkräfte, die sich schon mit qualifizierter Zwangsarbeit einen gewissen Respekt erworben hatten. Vgl. dazu GARF, 9414/1/235, 194.
337) GARF, 9414/1/1717, 162; Judin 1996: 202.
338) Zu diesem Spielfilm siehe ausführlich oben S. 291 f.
339) GARF, 5446/70/872, 185; ebd., 7690/5/1196, 63; ebd., 1734, 27-28.
340) GARF, 9414/1/457, 184-186.

schickten Großunternehmen und Bautrusts ihre Werber quer durch die Sowjetunion, um in ihnen zugewiesenen Gebieten ein bestimmtes Kontingent von Arbeitskräften davon zu überzeugen, bindende Arbeitsverträge zu unterschreiben und ihr berufliches Glück bei einem neuen Arbeitgeber zu suchen.[341]) Die Unterschriften wurden in den seltensten Fällen erzwungen. Doch wenn sie einmal geleistet worden waren, gab es für die Arbeiter kein Zurück. Sie waren für die nächsten drei bis fünf Jahre an einen Betrieb oder eine Großbaustelle gebunden. Zudem hatten die Fabrik- und Bauleitungen nach Ablauf der Verträge die Möglichkeit, das Beschäftigungsverhältnis eigenmächtig zu verlängern. Die ausgeschickten Werber nutzten jede Möglichkeit, Arbeitskräfte zu rekrutieren. Sie versprachen alles nur Erdenkliche, um mit ihren Angeboten Aufmerksamkeit zu finden. Mitunter spielte Alkohol eine Rolle. Die Autoritäten vor Ort übten ihrerseits Druck aus, um ihnen ungenehme Personen zur Unterschrift zu bewegen und sie damit an einen anderen Ort verschicken zu können. Viele der angeworbenen Arbeiter kamen so aus sozialen Randgruppen, die sich schwertaten, ihren Platz in der Sowjetgesellschaft zu finden. So unterschrieben zahllose Obdachlose die Arbeitsverträge, um zumindest zeitweilig wieder ein Dach über dem Kopf zu haben.[342]) Zwischen 1948 und 1952 wurden durch den *orgnabor* insgesamt drei Millionen Personen rekrutiert, um fortan als Industrie- oder Bauarbeiter tätig zu sein. Die Werber händigten ihnen Fahrkarten und Reisegeld aus und organisierten alles Notwendige, damit sie alsbald ihre neue Stelle antreten konnten.[343])

Die „Großbauten des Kommunismus" griffen vor allem anfangs zur organisierten Rekrutierung, um ihre Belegschaft zu vergrößern. Beim Novosibirsker Kraftwerkbau wurden 1950 auf diese Weise knapp 90 Prozent der neueingestellten Beschäftigten gewonnen. Im nächsten Jahr sank der Anteil zunächst auf 44 Prozent und im darauffolgenden weiter auf nur noch zwanzig Prozent. 1955 verzichtete die Bauleitung ganz auf den *orgnabor*.[344])

Als im März 1953 *Stalingradgesstroj* seine Zwangsarbeiter an den Kujbyšever Bautrust abtreten musste, zogen über 70 Werber nicht nur durch die Nachbarregionen wie Rostov am Don, Voronež und Penza, sondern auch in den Kaukasus und auf die Krim, um dort neue Bauarbeiter zu rekrutieren. Allerdings wurde das angestrebte Ziel weit verfehlt. Es gelang den Werbern lediglich, 2368 statt der erwarteten 16300 Arbeitskräfte zur Teilnahme am

[341]) In den 1930er Jahren hatte die organisierte Anwerbung im Durchschnitt jährlich 2,87 Millionen Arbeitskräfte mobilisiert und damit maßgeblichen Anteil an der Bevölkerung der stalinistischen Großbaustellen. In der Zeit von 1946 bis 1954 wurden auf diese Weise jährlich nur noch 700000 bis 800000 Industrie- und Bauarbeiter rekrutiert. Diese Zahlen finden sich bei Filtzer 1992: 70.

[342]) RGAE, 9572/1/172, 1-3; GARF, 5446/20/872, 185-186.

[343]) Filtzer 2002: 29-34.

[344]) RGAE, 7854/2/653, 46-47; ebd., 872, 59; ebd., 906, 82; ebd., 1305, 9. Ferner Drozdov 1974: 87.

Stalingrader Kraftwerkbau zu überreden.[345]) Ähnlich schlecht war es damals bei *Kujbyševgesstroj* um den Erfolg der organisierten Rekrutierung bestellt. Die Bauleiter mussten sich mit einem Bruchteil der erhofften 10000 Neueinstellungen zufriedengeben.[346]) In Bratsk spielte der *orgnabor* von Beginn an nur eine Nebenrolle. Die so Angeworbenen arbeiteten meist nicht auf der Kraftwerkbaustelle, sondern wurden als unqualifizierte Arbeitskräfte überwiegend zur Vorbereitung des Überflutungsgebiets für den künftigen Stausee eingesetzt. In der forstwirtschaftlichen Abteilung von *Bratskgesstroj* stellten sie knapp fünfzehn Prozent der Holzfäller.[347])

Die Praxis der organisierten Rekrutierung verlor im Verlauf der 1950er Jahre rasch an Bedeutung. Die Bauleiter erkannten, dass sie auf diese Weise kaum qualifizierte Arbeitskräfte erhielten. Angesichts verlockender Kopfprämien achteten die Werber nicht auf Kompetenz, Gesundheit und Charakter. Daher kamen völlig ungeeignete und moralisch anrüchige Personen auf die Großbaustellen, die sich nicht in die Bau- und Montageprozesse einbinden ließen und der Bauleitung zur Last fielen. Vielen angeworbenen Arbeitern wurde darum schon nach kurzer Zeit gekündigt.[348])

Durch die sogenannten Schulen der Arbeitsreserve, für die es ein eigenes Ministerium gab, fanden zahlreiche Jugendliche ihren Weg zu den „Großbauten des Kommunismus". Im Oktober 1940 hatte die Sowjetunion angeordnet, jährlich bis zu einer Million Teenager im Alter von 14 bis 17 Jahren auszuheben. Sie wurden entweder in der zweijährigen Handwerkerschule (*remeslennoe učilišče*, abgekürzt RU) oder einer sechsmonatigen Fabrik- und Betriebsschule (*škola fabrično-zavodskogo obučenija*, abgekürzt FZO) für die Arbeit in der Industrie und im Baugewerbe vorbereitet. Während ihrer Ausbildung erhielten die rekrutierten Schüler keinen Lohn. Lediglich Unterkunft, Verpflegung und Lehrmaterial stellten ihnen die Schulträger kostenlos zur Verfügung. Nach Schulabschluss wies das Ministerium für Arbeitsreserven sie bestimmten Unternehmen und Bautrusts zu. Dort mussten sie vier Jahre lang arbeiten. Mit diesem System etablierte der Sowjetstaat faktisch eine Ausbildungs- und Arbeitspflicht. Zwischen 1948 und 1952 wurden so insgesamt 2,5 Millionen Jugendliche rekrutiert. Die überwiegende Mehrheit war männlich und stammte vom Land. Offensichtlich diente diese Form der Mobilisierung dazu, die Arbeitskräfteknappheit in der Industrie und im Baugewerbe zu Lasten des Agrarsektors zu mindern und die Land-Stadt-Migration mit bildungspolitischen Mitteln zu beschleunigen.[349])

[345]) RGAE, 7964/2/1273, 1-5; Judin 1996: 202.

[346]) RGAE, 7964/11/1320, 11 u. 17-18; ebd., 1321, 138-139.

[347]) Dolgoljuk 1988: 80. Insgesamt erfolgten nur fünf Prozent aller Einstellung bei *Bratskgesstroj* zwischen 1955 und 1965 durch die organisierte Rekrutierung.

[348]) RGAE, 9572/1/172, 1-3; GARF, 5446/20/872, 185-186; ebd., 7690/5/1196, 63; ebd., 1734, 10. Ferner Drozdov 1975: 14; Filtzer 1992: 70f.; Filtzer 2002: 32f.

[349]) Filtzer 2002: 34-39.

Im Sommer 1953 erhielt *Stalingradgesstroj* über 3000 FZO-Schüler zugewiesen.[350]) Auch bei *Novosibirskgesstroj* machten jährlich mehrere Hunderte rekrutierte Schüler ihre ersten Berufserfahrungen.[351]) Dieses Aushebungssystem verpflichtete die Bauleitung dazu, sich um das Wohlergehen und die Ausbildung der Schüler zu kümmern. In ihren eigenen Lehranstalten sollten die Bautrusts gute Möglichkeiten haben, den jungen Arbeitern notwendige Kenntnisse beizubringen, damit sie sich im Baustellenleben bewähren könnten. Die Organisation eines funktionierenden Lehrbetriebs, um die Ausbildung der Schüler und die Fortbildung älterer Arbeiter zu gewährleisten, gelang bei den „Großbauten des Kommunismus" jedoch nur selten. In ihren Rechenschaftsberichten legten die Bauleiter zwar beeindruckende Zahlen zu den durchgeführten Bildungsmaßnahmen vor, brüsteten sich damit, die „Baustelle in ein gigantisches Lehrkombinat verwandelt" zu haben, und unterstrichen ihren Erfolg durch die musterhaften Biographien einiger Arbeitsheroen.[352]) Aber während der 1950er Jahre gab es von den „Großbauten des Kommunismus" fortgesetzte Klagen über inkompetentes Lehrpersonal, schlechte Lehrmittel und fehlende Räumlichkeiten. Die Schüler würden nach veralteten Lehrplänen mit längst überkommenen Methoden unterrichtet. Sie könnten sich daher nicht mit der modernen Maschinentechnik vertraut machen, die längst auf den Bauplätzen zum Einsatz käme.[353]) Viele rekrutierte Jugendliche fühlten sich vernachlässigt, waren dem Baustellenleben nicht gewachsen und liefen davon. Angesichts der zahlreichen Unzulänglichkeiten löste der Sowjetstaat schließlich 1959 die RU- und FZO-Schulen auf und ersetzte sie durch das neue System der polytechnischen Ausbildung. Dessen Umsetzung hielt zwar auch weniger als das Konzept versprach;[354]) dennoch stieg die Zahl und das Qualifikationsniveau der Arbeiter allmählich an, die *Bratskgesstroj* aus- und fortbildete. Dank neuer Schnellkurse fiel der Anteil der Beschäftigten ohne Ausbildung zwischen 1958 und 1963 von über 50 auf unter zwanzig Prozent.[355]) Anfang der 1970er Jahre verkündete *Bratskgesstroj* voller Stolz, im letzten Jahrzehnt 55 000 Arbeitern eine Berufsausbildung vermittelt zu haben.[356])

Begehrte Arbeitskräfte waren demobilisierte Soldaten. Sie galten als körperlich gesund, gut ausgebildet und diszipliniert. Die großen Bautrusts bemühten sich deshalb um sie und setzten sie vornehmlich als Facharbeiter ein. Während *Novosibirskgesstroj* zum großen Bedauern der Bauleitung nur wenige demobilisierte Soldaten anwerben konnte,[357]) wurden allein zwischen 1959

[350]) RGAE, 7964/11/1320, 11; ebd., 2/1273, 4.

[351]) Butjagin 1955: 31.

[352]) Lapin 1957: 8.

[353]) Vgl. GARF, 7690/4/1734, 22 u. 34–35; RGAE, 7854/2/1021, 131; ebd., 1277, 29; ebd., 1375, 43–46 u. 67; ebd., 9572/1/704, 47.

[354]) Filtzer 1992: 71–75; Filtzer 2002: 37f.

[355]) Dolgoljuk 1988: 119–125; Neporožnij 1979: 28f.

[356]) Neporožnij 1979: 25.

[357]) So die Klage im Jahr 1955 in RGAE, 7854/2/1376, 275.

und 1963 über 16500 nach Bratsk abkommandiert. Sie stellten einen Großteil des Fahrpersonals für die modernen Baumaschinen und waren in anderen Berufen wie Schlosser, Schweißer und Mechaniker gleichfalls stark vertreten.[358]) In ihren Uniformen, mit denen sie nach Bratsk angereist kamen, fielen sie selbst ausländischen Beobachtern auf.[359])

Als 1953 zahlreiche Lager aufgelöst und bedeutende Großbaustellen vom Innenministerium an andere Ressorts übertragen wurden, kam dem *Komsomol* als mächtige Arbeitskraftreserve wieder wachsende Bedeutung zu. Überall bildeten sich Komsomol-Brigaden, die Höchstleistungen vollbringen und damit den anderen Bauarbeitern ein Vorbild geben sollten.[360]) Beim Novosibirsker Kraftwerkbau gab es bald 40 Komsomol-Brigaden, die, so die offizielle Propaganda, zu den herausragenden Kollektiven gehörten. Als bester Brigadier und strahlender Held der Großbaustelle galt der Jungkommunist A. Belkin.[361]) Im Rückblick deutete die offizielle Propaganda die „Großbauten des Kommunismus" sogar zu Komsomol-Baustellen um.[362])

Die Jungkommunisten wurden durch sogenannte öffentliche Aufrufe (*obščestvennye prizyvy*) mobilisiert. Ein erster war schon im Sommer 1953 ergangen, um junge Leute zur Mitarbeit an den beiden großen Wolga-Kraftwerken in Stalingrad und Kujbyšev zu gewinnen. Zwar meldeten sich daraufhin viele zum Arbeitseinsatz; aber das Ziel von 15000 neuen Bauarbeitern, die sich bei den Parteiorganisationen melden sollten, wurde bei weitem nicht erreicht.[363])

Deutlich mehr Wirkung zeigte ein Aufruf, den die *Pravda* am 19. Mai 1956 veröffentlichte. Wenige Monate nach dem aufsehenerregenden 20. Parteitag wandte sich das Zentralkomitee darin an die Sowjetjugend. Deren historische Aufgabe sei es, sich auf den Weg nach Sibirien und Zentralasien zu machen, um dort die reißenden Ströme zu bändigen, Neuland zu erschließen und die gewaltigen Naturreichtümer industriell zu erschließen.[364]) Der Generalsekretär des *Komsomol*, Aleksandr Šelepin, versuchte die Mitglieder der Jugendorganisation der Partei bei der Ehre zu fassen, als er pathetisch davon sprach, „dass die heutige Generation der Sowjetjugend nicht die harte Schule des revolutionären Kampfes und der Stählung durchlaufen hat, wie dies bei der älteren Generation der Fall war [...] Es sind Jungen und Mädchen, die unter Verhältnissen geboren wurden, als in unserem Land der Sozialismus schon lange gesiegt hatte [...] Ein Teil der Jugend hat nur eine vage Vorstellung, um welchen Preis, um welche Opfer an Blut und Schweiß jene Verhältnisse errungen wurden, in denen sie heute lebt [...] Vereinzelte junge Menschen wachsen unter Treibhausbedingungen heran, können nicht den geringsten ernsthaften

[358]) Dolgoljuk 1988: 73f. u 82.
[359]) Gersdorff 1962: 153.
[360]) Volgogradskij komsomol 1967: 6f.
[361]) Dubrovskij 1957: 60; Butjagin 1955: 29f.; Drozdov 1974: 89.
[362]) Uns lehrte Lenin 1961: 189–198.
[363]) RGAE, 7964/11/1321, 21–22.
[364]) *Pravda*, 19. Mai 1956: 1. Auch abgedruckt in Bratskaja GES 1964: 93–97.

Lebensprüfungen standhalten und versagen, sobald sie auf die ersten Schwierigkeiten stoßen. Einzelne Jungen und Mädchen entwickeln parasitäre Stimmungen, indem sie zwar ihre Rechte nutzen, aber die Pflichten vor der Gesellschaft vergessen, vom Staate viel fordern, ihm aber wenig geben."[365]) Die Großbaustellen im Osten des Landes seien deshalb ein Glücksfall. Hier könne die Sowjetjugend zeigen, „wozu sie das Zeug hat", wie Chruščev in seiner Rede auf dem Allunions-Kongress junger Bauleute am 11.April 1956 schon betont hatte.[366])

Die Appelle der Parteiführer an die „Komsomolzen-Pflicht"[367]) übten großen sozialen Druck aus, der „es einem nicht erlaubte, kein Romantiker zu sein".[368]) Für die Sowjetjugend brach damit eine „nomadische Periode" an.[369]) Die Parteiführung sprach offiziell von 300000 jungen Menschen, die sich 1956 im Auftrag des *Komsomol* auf den Weg zu den großen Bauplätzen des Kommunismus im Osten des Landes gemacht hätten.[370]) Einer der Zielorte des enthusiastischen Aufbruchs war der Bratsker Hydrogigant. Im Juli 1956 erreichten über 4000 junge Menschen aus Moskau die Großbaustelle und ließen sich als neue „Eroberer der Angara" feiern.[371])

Bei diesem „Marsch der Enthusiasten"[372]) spielten die vielschichtigen Symbolbegriffe Romantik und Freiheit eine entscheidende Rolle. Die Sowjetpropaganda verband die hochgesteckten Ziele vom „entfalteten Aufbau des Kommunismus" geschickt mit der großen Sehnsucht junger Menschen nach Abenteuer, Heldentat und Bewährung. Die Großbaustelle bot danach mit ihren harschen Bedingungen die Möglichkeit, sich im Kampf gegen die Natur und seine eigenen persönlichen Schwächen zu beweisen. Das gigantische, in der unwirtlichen Taiga aus dem Nichts errichtete Bauwerk galt als „Wertmesser des Charakters. Nervenschwache, Waschlappen und Faulpelze hatten hier nichts zu melden, die hatten hier kein Glück. Ein echter Mensch dagegen, dem es vor allem darauf ankam, zu arbeiten und zu lernen, fand hier fruchtbaren Boden; für ihn gab es keinerlei Schranken, der hatte hier unerschöpfliche Möglichkeiten."[373]) In der „rauhen Wirklichkeit" an der noch unerschlossenen Angara sollte „jede Mahlzeit zu einem Erlebnis, jeder Tanzabend zu einem Fest" werden.[374]) Fernab des bequemen Kolchoz- und Großstadtlebens ließen sich in den entlegenen Erschließungsgebieten noch wahre Gemeinschaft und Pioniergeist erleben. Der exotische „Duft der Taiga", die Einsam-

365) Šelepin 1958: 535.
366) Chruščev 1956: 775.
367) Komsomolzen-Pflicht 1956.
368) Vajl'/Genis 2001: 126f.
369) Vajl'/Genis 2001: 128.
370) Uns lehrte Lenin 1961: 240f.
371) Dolgoljuk 1988: 80f.
372) Vajl'/Genis 2001: 126.
373) Davydaitis 1960: 19.
374) Portisch 1967: 65.

keit der sibirischen Weite und die Geselligkeit am Lagerfeuer sollten flammende Begeisterung wecken und von allen zivilisationsbedingten psychologischen Verkrampfungen befreien. Die Grenzerfahrung in den unendlichen Taigawäldern versprach den jungen Menschen Initiation und Emanzipation, um ihren eigenen Weg in die Sowjetgesellschaft zu finden.

Auch wenn die enthusiastischen Jungkommunisten den Zivilisationsfantasien der Parteiführer Glauben schenkten, so gründete sich ihre revolutionäre Romantik weniger auf dem Parteiprogramm als vielmehr auf dem Liederbuch der neuen Barden, die zu einfachen Gitarrenklängen „für die Zeit wichtige Worte in einer verständlichen Sprache sangen".[375]) Sie prägten einen eingängigen „Jargon der Romantik"[376]), bei dem es statt um Aufopferung und Vereinnahmung durch den Parteistaat vor allem darum ging, ein neues Freiheitsgefühl zu entwickeln und sich den drückenden gesellschaftlichen Konventionen zu entziehen. „Freies Leben" bedeutete, „sich frei von der Enge überbelegter Großstadtwohnungen, frei von der Routine und vielleicht auch Öde des Sowjetalltags in den großen Städten" zu fühlen.[377]) Der Weg nach Bratsk war daher über alle politischen Losungen und Slogans hinweg mit der erklärten Hoffnung verbunden, hier einen Ort der Selbstentfaltung zu finden. Die „revolutionäre Gitarrenromantik" veranschaulichte die vielfältigen Formen „ideologischer Selbstbedienung der Gesellschaft", bei der durch die eigensinnige Aneignung vorgegebener Botschaften zwar die politischen Kampagnen nicht in Frage gestellt, ihnen aber andere Bedeutungen zugeschrieben wurden.[378])

Die Popularität von Bratsk in der Sowjetjugend zeigte sich daran, dass es ausschließlich für dieses Großprojekt im Jahr 1956 mehr als 25000 Freiwilligenmeldungen gab. Deshalb wollte der *Komsomol* in der Folgezeit weitere Kontingente zur Großbaustelle schicken. Das Ministerium für Kraftwerke lehnte dieses Anliegen im Juni 1958 jedoch mit der Begründung ab, *Bratskgesstroj* sei mit der Ausbildung und Integration Tausender enthusiastischer, zugleich aber unerfahrener Jungkommunisten einfach überfordert. Der Bautrust benötige vor allem qualifizierte Fachleute. Nur ein ausgewogenes Verhältnis von jugendlicher Begeisterungsfähigkeit und langjähriger Berufserfahrung garantiere das erfolgreiche Voranschreiten der Bau- und Montagearbeiten.[379])

In Novosibirsk zeigte sich die Bauleitung außerordentlich unzufrieden mit den 350 Jungkommunisten, die im Sommer 1956 ihren Weg auf die Kraftwerkbaustelle gefunden hatten. Sie seien vielfach nur für vier Monate abkommandiert worden. Dieser kurze Zeitraum reiche nicht aus, um sie vernünftig anzulernen und effizient bei den Bau- und Montagearbeiten einzusetzen. Außer-

375) Vajl'/Genis 2001: 133.
376) Vajl'/Genis 2001: 126.
377) Portisch 1967: 65.
378) Vajl'/Genis 2001: 325.
379) RGAE, 7964/11/1976, 41.

dem hätten sich einige Jungkommunisten keineswegs als vorbildliche junge Sowjetmenschen, sondern als „Faulpelze, Betrüger und Diebe" herausgestellt, die nur Ärger machten. Auch *Novosibirskgesstroj* forderte darum statt weiterer Jungkommunisten mehr qualifizierte Bauarbeiter.[380])

Die wichtigen Arbeitskollektive der Bautrusts bestanden zu einem Großteil aus sogenannten „Bauschwalben"[381]), die von einer Kraftwerkbaustelle zu anderen zogen, um dort wichtige Arbeiten zu übernehmen. Viele hatten sich in hochspezialisierten Brigaden zusammengefunden und baten nach Abschluss ihrer Tätigkeit häufig darum, nicht aufgelöst, sondern gemeinsam auf eine neue Großbaustelle geschickt zu werden. Aufeinander eingespielt, hatten sie ein starkes professionelles Gruppenbewusstsein entwickelt, das ihnen Zusammenhalt und Selbstvertrauen vermittelte.[382]) Die Zentralkader in Bratsk bildeten so anfänglich Fachkräfte, die zuvor bei Kraftwerkbauten an Wolga und Kama beschäftigt waren. Als 1961 der Einbau der Generatoren und Turbinen begann, kamen im Rahmen des administrativen Verfahrens der Überführung (*perevod*) erfahrene Arbeitskollektive von den Kraftwerkbaustellen in Irkutsk, Novosibirsk und Kachovka an die Angara. Sie lernten in Bratsk neue Monteure, Mechaniker und Schweißer an, die sich bald ihrerseits organisierten, um selbständig komplexe Einbauarbeiten zu übernehmen.[383])

Mitunter stellten Bauorganisationen, die nichts mit Kraftwerken zu tun hatten, den „Großbauten des Kommunismus" ausgewählte Brigaden zur Verfügung, damit diese mit ihrem Spezialwissen und ihren Spezialgeräten wichtige Aufgaben ausführten. So wurden im April 1952 über 200 Fachkräfte des für die Moskauer Metro zuständigen Bautrusts *Metrostroj* auf eine dreimonatige Dienstreise zu Tunnelarbeiten an den Wolga-Don-Kanal geschickt.[384])

Wichtige Rekrutierungsaufgaben übten die regionalen Parteiorganisationen mit ihrer Form der Entsendung (*napravlenie*) aus. So kommandierte das Irkutsker *Obkom* zwischen 1955 und 1962 über 1000 Parteimitglieder nach Bratsk ab. Dabei handelte es sich keineswegs nur um Agitatoren und Funktionäre, sondern auch um Ingenieure, Facharbeiter und Chauffeure, die auf den Bauplätzen wichtige Aufgaben übernahmen.[385])

[380]) GARF, 7690/5/1196, 63.

[381]) Zu diesem positiv konnotierten, populären Begriff vgl. Grützmacher 2000: 66.

[382]) Das Leben der modernen Baunomaden glorifizierte der 1957 produzierte sowjetische Spielfilm *Vysota* (Höhe). Es geht darin um das Arbeiten und Leben einer Brigade, deren Mitglieder in schwindelerregender Höhe gefährliche Montagearbeiten auf Großbaustellen übernehmen. Zu diesem Film von Aleksandr Zarchi vgl. Woll 2000: 66–70.

[383]) Dolgoljuk 1988: 84–89 u. 102. Im Zuge einer solchen Überführung erhielt *Bratskgesstroj* im Jahr 1956 knapp 58 Prozent seiner Ingenieure und Techniker. *Novosibirskgesstroj* griff auf Fachkader zurück, die zuvor am Kraftwerkbau in Ust'-Kamenogorsk (in Kazachstan), Farchad und Čirčik (Uzbekistan) beteiligt gewesen waren. Vgl. Butjagin 1955: 29ff.; Dubrovskij 1957: 58. Allgemein Neporožnij 1979: 22.

[384]) GARF, 5446/86/2317, 357–369.

[385]) Dolgoljuk 1988: 101 u. 118f. Im Jahr 1956 kamen durch diese Form der Abkommandierung zehn Prozent der Ingenieure und Techniker nach Bratsk.

Als unter Chruščev die drakonische stalinistische Arbeitsverfassung gelockert wurde, gewann die individuelle freie Anwerbung (*vol'nyj naem*) an Bedeutung. Immer mehr Arbeiter fuhren direkt zur Großbaustelle und ließen sich dort anstellen, ohne staatliche Behörden oder Parteiorganisationen einzuschalten. Bei *Novosibirskgesstroj* war schon 1951 die Mehrheit der neu eingestellten Bauarbeiter auf eigenen Wunsch und eigenes Risiko zur Großbaustelle gekommen. Seit 1955 schloss die Bauleitung überwiegend individuelle Arbeitsverträge ab.[386]) Hier wie auch bei den Hydrogiganten in Kujbyšev und Stalingrad kamen die meisten Arbeitsmigranten aus der Region. Zahlreiche Dorfbewohner wechselten aus dem Kolchoz auf die Großbauten. Insbesondere die jungen Kolchozbauern zogen das Baustellenchaos dem trostlosen Landleben vor in der Hoffnung, über die Teilnahme am Kraftwerkbau den Sprung in die Welt der industriellen Moderne zu schaffen.[387])

In Ostsibirien war das mittlere Angara-Gebiet nur dünn besiedelt, so dass die individuell angeworbenen Arbeiter von *Bratskgesstroj* nur zu einem geringeren Teil aus dem näheren Umland kamen. Viele reisten aus den europäischen Landesteilen an, besonders aus den Gebieten am Don sowie aus Städten in der Ukraine. Bauarbeiter, die aus dem Kolchoz stammten, waren dabei in der Minderheit. Der überwiegende Teil der nach Ostsibirien reisenden Arbeitsmigranten hatte schon zuvor in der Stadt gelebt. Unter ihnen waren viele, die von der Hoch- oder Fachschule abgehen mussten und als gescheiterte Existenzen andernorts nach der Chance für einen Neubeginn suchten.[388])

Die Bauleiter erkannten, dass die Leute auf der Baustelle „nicht nur Romantiker“, sondern „ganz verschiedenen Kalibers“ waren. Sie unterschieden die Arbeiter danach, ob sie gekommen waren, „um zu arbeiten oder um Geld zu verdienen“.[389]) Ausschlaggebend für die unorganisierte, individuelle Arbeitsmigration waren materielle Anreize. Zu Beginn der 1950er Jahre hatte die Sowjetprogaganda zu gern Lenin damit zitiert, dass „der Kommunismus dort beginnt, wo einfache Arbeiter in selbstloser Weise, unter Überwindung harter Arbeit sich Sorgen machen um die Erhöhung der Arbeitsproduktivität, um den Schutz eines jeden Puds Getreide, Kohle, Eisen und anderer Produkte, die nicht den Arbeitenden persönlich [...] zugute kommen, sondern [...] der ganzen Gesellschaft.“[390]) Einige Jahre später musste Chruščev aber einräumen, dass man die Sowjetmenschen „zum Kommunismus nicht auf Grund des Enthusiasmus, sondern (nur) [...] auf Grund des persönlichen Interesses [...] führen kann.“[391]) Die sowjetische Arbeitspolitik reagierte darauf und maß dem „Prinzip der materiellen Interessiertheit“ wachsende Bedeutung

386) Drozdov 1974: 87.
387) Dubrovskij 1957: 58f.; Drozdov 1975: 14; Očerki istorii 1967: 504; Botschkin 1978: 21.
388) Dolgoljuk 1988: 71 u. 77f.; Gersdorff 1962: 153.
389) Botschkin 1978: 21.
390) Sowjetmenschen 1951: 7.
391) Chruščev 1963b: 128.

zu.[392]) Die Beschäftigung auf Großbaustellen war schon von Beginn an mit unterschiedlichen Lohnzuschlägen in Form von Regional- und Branchenkoeffizienten entgolten worden.[393]) Beim Wolga-Don-Kanal zahlte die Bauleitung 1949 neu eingestellten Beschäftigten, die sich aus- und fortbilden ließen, einen Zuschlag von 50 Prozent.[394]) Als *Novosibirskgesstroj* nicht mehr auf die organisierte Rekrutierung vertraute und dazu überging, individuelle Arbeitsverträge abzuschließen, musste der Bautrust zwischen 1950 und 1953 die Jahresgehälter der einfachen Arbeiter von 5318 auf 9652 Rubel (den damals in der Sowjetindustrie gezahlten Durchschnittslohn[395]) erhöhen, um neue Beschäftigte anzuwerben. Ingenieure und Techniker erhielten mit 19908 Rubel sogar mehr als das Doppelte.[396]) Die Bauleiter zahlten häufig mehr Lohn aus als in den Plänen vorgesehen, um mit Prämien ihre Beschäftigten zur Mehrarbeit zu motivieren oder Fachkräfte mit Lohnerhöhungen zum Bleiben bzw. zum Kommen zu bewegen.[397])

Mit attraktiven Gehältern lockte insbesondere *Bratskgesstroj*. Als die Bauarbeiten 1954 begannen, kamen Arbeiter und Ingenieure aus dem europäischen Landesteil an die Angara, weil ihnen hier ein um 50 Prozent höherer Lohn in Aussicht gestellt wurde.[398]) Das schuf Personalprobleme bei anderen Bautrusts wie *Stalingradgesstroj*. Deren Bauleitung bat 1955 darum, ihre Arbeiter besser entlohnen zu dürfen, um ihren Abzug zu verhindern.[399]) Als der Bautrust *Kujbyševgesstroj* nach der offiziellen Einweihung des Flusskraftwerks 1958 nicht mehr oberste Priorität zugewiesen bekam und die Reduktion seines Lohnfonds hinnehmen musste, wanderten viele Fachkräfte von der Wolga nach Bratsk ab und hinterließen kaum auszufüllende Lücken in den Zentralkadern.[400]) 1960 führte die Staats- und Parteiführung für Sibirien schließlich ein besonderes Lohnsystem ein, um die bisherigen Praktiken zu systematisieren. Fortan wurden die Gehälter gegenüber denen im europäischen Landesteil mit einem bestimmten Aufschlagsfaktor multipliziert. Bratsk erhielt so die Stufe 1,4; das bedeutete, dass es hier Lohnzuschlag von 40 Pro-

[392]) Chruščev hob zwar die Bedeutung des „Prinzips der materiellen Interessiertheit" für den kommunistischen Aufbau hervor, stellte aber zugleich mit Nachdruck fest: „Zwischen der kapitalistischen Profitgier und dem sozialistischen Prinzip des höheren Lohns für effektivere Arbeit liegt eine Kluft. Ebenso falsch ist es, die materiellen Anreize der ideologisch-erzieherischen Arbeit entgegenzustellen [...] Die moralischen und materiellen Anreize bekräftigen sich gegenseitig und dienen ein und demselben Ziel." Vgl. Chruščev 1963b: 128.

[393]) Zur differenzierten Lohnskala beim Kraftwerkbau vgl. die regionale Übersicht in RGAE, 7964/2/1742, 244–260.

[394]) GARF, 5446/86/4252, 134–136.

[395]) Filtzer 2001: 118.

[396]) RGAE, 7854/2/653, 43; ebd., 1021, 116.

[397]) RGAE, 7964/2/1833, 85.

[398]) RGAE, 7964/11/1581, 142.

[399]) RGAE, 7964/11/1581, 273–274.

[400]) RGAE, 9572/1/1236, 98–100.

zent gab. Um die Bauarbeiter längerfristig zu binden, erhöhte *Bratskgesstroj* zudem den Lohn in den ersten fünf Jahren des Beschäftigungsverhältnisses jährlich um weitere zehn Prozent. An der Angara konnten die Bauarbeiter und Ingenieure schließlich zu Mitte der 1960er Jahre fast das Doppelte des Lohnes verdienen, der ihren Kollegen an der Wolga gezahlt wurde.[401])

Neben diesem „langen Rubel" kamen die ostsibirischen Bauarbeiter in den Genuss weiterer Vergünstigungen. Sie hatten das Recht auf jährlich 48 Urlaubstage, während Beschäftigte im europäischen Russland oft nur 15 Urlaubstage in Anspruch nehmen durften. Alle drei Jahre wurde darüber hinaus sämtlichen Bratsker Bauarbeitern Geld für eine Heimreise gezahlt. Die Bautätigkeit in Bratsk rechnete man ihnen zugleich gesondert auf ihre Lebensarbeitszeit an, so dass sie früher das Rentenalter erreichten und mit verbesserten Pensionszahlungen rechnen konnten. Außerdem wurden die in der entlegenen Taiga tätigen „Erbauer des Kommunismus" bei der Zuweisung von Wohnungen, Autos und Krediten bevorzugt.[402])

Die „Großbauten des Kommunismus" zogen vor allem junge Menschen an, die im Begriff waren, ihren eigenen Hausstand zu gründen, und deshalb die unterschiedlichen Vergünstigungen nur zu gern in Anspruch nahmen. Über 70 Prozent aller Bauarbeiter, die *Bratskgesstroj* zwischen 1955 und 1965 einstellte, hatten ihr dreißigstes Lebensjahr noch nicht vollendet.[403]) Auch die Fachkader waren im Vergleich zum sowjetischen Durchschnitt jung und bestanden aus einer großen Zahl von Berufsanfängern. Von den Ingenieuren und Technikern hatten 69 Prozent ihr Diplom in den letzten acht Jahren erhalten.[404])

Die Belegschaften bei den Hydrogiganten waren multiethnisch. Allerdings waren einige Sowjetvölker deutlich über-, andere hingegen unterrepräsentiert. Das galt vor allem für die Führungskräfte. Bei *Bratskgesstroj* und *Stalingradgesstroj* waren 84 bzw. 87 Prozent der Ingenieure und Techniker russischer, weitere neun Prozent ukrainischer Herkunft. Sie dominierten das Geschehen auf der Großbaustelle.[405])

Wie auch in anderen Bereichen der Sowjetwirtschaft arbeiteten auf den „Großbauten des Kommunismus" zahlreiche Frauen.[406]) Die Bratsker Beleg-

[401]) Portisch 1967: 66; Wein 1999: 129.

[402]) Portisch 1967: 66; Wein 1999: 129f.; Wein 1987: 188. Ausführlich auch Knabe 1986: 132ff.

[403]) Dolgoljuk 1988: 114.

[404]) So der Stand vom Januar 1959 in RGAE, 7854/2/1788, 28–28ob. Das Durchschnittsalter der Bratsker Bauarbeiter lag Anfang der 1960er Jahre bei nur 25 Jahren. Vgl. Karger 1965: 91.

[405]) RGAE, 7854/2/1788, 28-28ob u. 196–196ob. Von den insgesamt 5776 diplomierten Ingenieuren und Technikern, die 1959 auf den Baustellen von Flusskraftwerken in der gesamten Sowjetunion arbeiteten, waren 74 Prozent russischer und 17 Prozent ukrainischer Herkunft. Vgl. ebd., 4–4ob.

[406]) Im Jahr 1950 lag der Anteil weiblicher Arbeitskräfte in der Sowjetindustrie bei 46 Prozent. Vgl. Filtzer 2001: 102. Im Jahr 1965 waren 1,4 Millionen Sowjetfrauen im Baugewerbe tätig. Sie stellten in dieser Branche damals jede dritte Arbeitskraft. Dazu Filtzer 1992: 29f. u. 181.

schaft hatte Anfang der 1960er Jahre einen Frauenanteil von über 30 Prozent.[407]) Frauen verrichteten in Bratsk selbst körperlich anstrengende Bauarbeiten. Sie lenkten die modernen Baumaschinen, arbeiteten als Schweißerinnen und verdienten sich als „Betonmädels" den Respekt ihrer männlichen Kollegen und Vorgesetzten.[408]) Der Umgang mit den Arbeiterinnen ließ aber vielfach zu wünschen übrig. Die Verantwortlichen gingen über weibliche Belange hinweg. Selbst auf Schwangere wurde keinerlei Rücksicht genommen. Sexuelle Belästigungen gehörten zum Alltag, und Vergewaltigungen blieben keineswegs Einzelfälle.[409])

Frauen hatten auf den Großbaustellen auch Führungsposten inne. 1959 waren so 42 Prozent der diplomierten Ingenieure und Techniker bei *Bratskgesstroj* und *Stalingradgesstroj* weiblichen Geschlechts.[410]) Zwei von drei Jungingenieuren, die 1956 ihre Berufskarriere in Bratsk starteten, waren Frauen.[411]) Sie nahmen das beschwerliche Leben auf entfernten Großbauten oftmals auf sich, weil diese in der vom Männermangel gekennzeichneten sowjetischen Nachkriegsgesellschaft die einzigen Orte mit einem akuten Männerüberschuss waren. Sie hofften, hier den langersehnten Partner zu finden und das Leben einer erfolgreichen Werktätigen und glücklichen Hausfrau führen zu können, das ihnen die Zeitungen vor allem am 8. März, dem internationalen Frauentag, als Ideal darstellten. Die herzergreifenden Schilderungen des Baustellenlebens in der Sowjetpresse waren durch eine Vermischung von privatem Glück und kommunistischem Aufbau gekennzeichnet, die, ganz auf die Gefühle und Wünsche vieler Frauen zugeschnitten, einnehmend wirkte.[412]) Neben der Ausschau nach einem Ehemann spielte die Aussicht auf eine schnelle Karriere eine Rolle bei der Entscheidung, sein Glück auf einer Großbaustelle zu suchen. Die Hierarchie versprach an Orten, in denen stabile Strukturen erst noch geschaffen werden mussten, weniger festgefahren und durch Männerbünde dominiert zu sein, so dass sich Frauen durch ihr Wissen und ihren aufopferungsvollen Einsatz Führungsposten sichern könnten. Ingenieurinnen, Technikerinnen und aufstiegswillige Arbeiterinnen hatten es allerdings nicht leicht, sich durchzusetzen. Ihre männlichen Kollegen und Gewerkschaftsfunktionäre warfen ihnen immer wieder Inkompetenz, Unerfahrenheit und

[407]) Dolgoljuk 1988: 111; Drozdov 1975: 16. Bei den 1956 durch den *Komsomol* mobilisierten jungen Bauarbeitern lag der Frauenanteil sogar bei fast 50 Prozent. Vgl. RGAE, 9572/1/490, 14; ebd., 704, 68.

[408]) Botschkin 1978: 22.

[409]) RGAE, 9572/1/731, 116. Vgl. allgemein zu den Umständen weiblicher Arbeit Filtzer 1992: 177–208.

[410]) RGAE, 7854/2/1788, 28–28ob u. 196–196ob.

[411]) RGAE, 7854/2/1376, 47.

[412]) Vgl. z. B. *Strojka Kommunizma*, 7. März 1953: 3; Neulandmythos 1956: 303. Ferner die Erinnerungen von Botschkin 1978: 22. Die Hoffnungen und Wünsche junger Frauen wurden literarisch publikumswirksam verarbeitet in der Erzählung *Devuški* (Junge Mädchen) von Kuznecov 1962. Zu ähnlichen Kampagnen, um Frauen zur Arbeit auf entlegenen Großbaustellen zu bewegen, vgl. für die 1930er Jahre schon Shulman 2003.

Arroganz vor und sahen in ihnen trotz ihres Diploms nur „Mädchen“ (*devuški*).[413]

Schon in den 1930er Jahren war der häufige Arbeitsplatzwechsel zum Hemmnis für eine höhere Produktivität geworden. Die Arbeiter zogen auf der Suche nach akzeptablen Arbeits- und Lebensbedingungen von einer Baustelle zur anderen. Diese ungesteuerte Arbeitsmobilität machte es für Unternehmen und Bautrusts außerordentlich schwierig, stabile Kader zusammenzustellen, um die anfallenden Arbeiten zu bewältigen und die Pläne zu erfüllen. Im Juni 1940 erließ der Sowjetstaat deshalb drakonische Arbeitsgesetze. Wer ohne offizielle Genehmigung seinen Arbeitsplatz wechselte, galt als Deserteur. Er konnte dafür mit mehrjähriger Lagerhaft bestraft werden. Die während des Zweiten Weltkriegs noch verschärfte Arbeitsverfassung blieb in der Nachkriegszeit weiter in Kraft. Die Arbeitskräftefluktuation konnte dadurch jedoch nur bedingt eingegrenzt werden. In den Belegschaften war das Verbot eigenmächtiger Kündigung äußerst unbeliebt. Zum einen nutzten darum unzufriedene Beschäftigte alle Möglichkeiten, um mit offizieller Genehmigung ihren Arbeitsplatz zu verlassen. Dabei verschleierten die vielfältigen Formen des legalen Stellenwechsels oft „Kündigungen aus eigenem Willen“.[414] Zum anderen „desertierten“ zahlreiche Arbeiter, weil sie an den unhaltbaren Zuständen verzweifelten und keinen anderen Ausweg fanden.[415] Im Jahr 1948 kam es zu 640170 Prozessen wegen widerrechtlicher Kündigung; von denen endeten 247947 mit einer Verurteilung. Und dabei handelte es sich nur um die Spitze des Eisbergs.[416] Zahlreiche „Arbeitsdeserteure“ konnten auf Nachsichtigkeit hoffen, so dass ihr Fall überhaupt nicht strafrechtlich verfolgt wurde. Ihre neuen Arbeitgeber schützten sie, und die zuständigen Stellen sahen über die illegalen Neueinstellungen häufig hinweg. Selbst wenn die extremen Ausmaße der Arbeitsmobilität während der ersten Fünfjahrpläne in der Nachkriegszeit nicht mehr erreicht wurden, weigerten sich zahllose Arbeiter den ihnen zugemuteten Anforderungen Folge zu leisten. Der massenhafte legale oder illegale Arbeitsplatzwechsel blieb ein ungelöstes Problem mit erheblichen Folgen. Die Stammbelegschaften wuchsen nur langsam. Lediglich jeder zweite Beschäftigte war 1953 seit mehr als drei Jahren für ein und denselben Arbeitgeber tätig.[417]

413) GARF, 7690/5/1387, 96.

414) Bei *Novosibirskgesstroj* fielen so 1952 ein Drittel aller Kündigungen unter die vage Kategorie „mit Genehmigung der Leitung“. Vgl. RGAE, 7854/2/906, 82.

415) Der Anteil der eigenmächtigen, widerrechtlichen Kündigungen lag bei *Novosibirskgesstroj* in den Jahren 1951 und 1952 zwischen 5 und 10 Prozent. Vgl. RGAE, 7854/2/872, 59; ebd., 906, 82.

416) GARF, 8131/29/105, 38. Die Zahl der Fälle des zur Anzeige gebrachten eigenmächtigen Arbeitsplatzwechsels nahm im Verlauf der Jahres 1952 noch einmal um 30 Prozent zu, nachdem das Strafmaß zuvor per Erlass reduziert worden war. Vgl. GARF, 8131/32/2400, 31.

417) Hildermeier 1998a: 705. Vgl. ausführlich zu den drakonischen Arbeitsgesetzen und der Arbeitsmobilität Filtzer 2001: 111–117; Filtzer 2002: 167–198.

Ein ständiges Kommen und Gehen herrschte insbesondere auf den Großbaustellen. Wegen der hohen Zahl von Neueinstellungen und Kündigungen glichen sie einem Durchgangslager. Die Belegschaften waren in ständigem Fluss begriffen, so dass es außerordentlich schwierig war, stabile Beschäftigungsstrukturen zu schaffen. Im Herbst 1950 erhielt der Ministerrat besorgniserregende Berichte, dass es auf den Kraftwerkbaustellen im laufenden Jahr schon 102 400 Kündigungen gegeben habe. Vielerorts seien die Baupläne deshalb nur zu 70 Prozent erfüllt. Die Zahl der Bauarbeiter, die widerrechtlich ihre Tätigkeit niedergelegt hätten, erweise sich als so groß, dass die Verstöße kaum mehr geahndet werden könnten.[418]) Als im Sommer 1953 die Belegschaft von *Stalingradgesstroj* neu formiert wurde, hatten von den 8523 neueingestellten Bauarbeitern während der ersten vier Monate 3214 die Großbaustelle schon wieder verlassen.[419]) Zwei Jahre später verzeichnete *Kujbyševgesstroj* 20 566 neue Beschäftigungsverhältnisse und 13 928 Kündigungen.[420]) Eine besonders hohe Arbeitsmobilität prägte den Novosibirsker Kraftwerkbau. Im Durchschnitt bedurfte es hier dreier Neueinstellungen, um angesichts der hohen Abwanderungsquote einen neuen Stammarbeiter dauerhaft zu gewinnen.[421])

Tabelle 16: Einstellungen und Kündigungen bei Novosibirskgesstroj, *1950–1956*

	Einstellungen	Kündigungen
1950	2514	494
1951	2575	1584
1952	3015	1996
1953	2427	1837
1954	2116	1584
1955	2780	2158
1956	3906	3253

Quelle: RGAE, 7854/2/653, 46–47; ebd., 872, 54; ebd., 906, 82; ebd., 1021, 119; ebd., 1088, 5 u. 82; ebd., 1277, 28; ebd., 1305, 9.

Als 1956 moderatere Arbeitsgesetze in Kraft traten und das Verbot des eigenmächtigen Stellenwechsels weitgehend aufgehoben wurde,[422]) verschärfte sich das Problem der Arbeitskräftefluktuation vor allem in den Erschließungsgebieten im Osten des Landes. Vielerorts in Sibirien wanderten mehr Arbeiter ab als zu. Die Zahl der Migranten übertraf die der langansässigen Bevölkerung um das Fünffache.[423]) Die Mobilitätsrate reichte damals mitunter sogar

418) GARF, 5546/20/872, 179–180 u. 196.
419) RGAE, 7964/11/1585, 3–4.
420) RGAE, 9572/1/1157, 48.
421) Drozdov 1974: 87.
422) Filtzer 1992: 36–40.
423) Wein 1999: 131.

an die astronomischen Vorgaben der 1930er Jahre heran.[424]) Die Instabilität der Belegschaften verursachte wachsende volkswirtschaftliche Schäden. Ende 1962 begann darum eine Pressekampagne und wurden neue Restriktionen verfügt, um die Arbeitsmobilität wieder einzugrenzen und es den Unternehmen zu erleichtern, eine Stammarbeiterschaft an sich zu binden.[425])

Das Ministerium für Kraftwerkbau legte im Sommer 1962 einen ausführlichen Bericht über die angespannte Situation auf seinen sibirischen Bauplätzen vor. Die hohe Fluktuation der Arbeitskräfte war hier für zahlreiche Planrückstände mitverantwortlich.[426]) In Bratsk hatte es während der ersten Jahreshälfte 7059 Einstellungen und 6966 Kündigungen gegeben. Die Belegschaft wuchs und festigte sich nur zögerlich.[427]) Noch 1965 waren lediglich 40 Prozent der Beschäftigten von *Bratskgesstroj* länger als drei Jahre für den Bautrust tätig. Jeder fünfte Arbeiter hatte erst im letzten Jahr seine Arbeit in Bratsk aufgenommen. An Stabilität gewannen die Fachkader darum erst im weiteren Verlauf der 1970er Jahre.[428])

Als ein besonders ernstes Problem nahmen die Verantwortlichen die Mobilität der Ingenieure und Techniker wahr. So stellte *Novosibirskgesstroj* im Verlauf des Jahres 1956 insgesamt 133 Spezialisten ein, davon 34 Berufseinsteiger. Im selben Zeitraum kündigten 121 Ingenieure und Techniker, darunter viele der gerade erst Neuangeworbenen.[429]) Das Ministerium für Kraftwerkbau beklagte sich 1960 darüber, dass sich trotz aller politischen Kampagnen, Lohnzuschläge und Privilegien viel zu wenig Studenten dazu bewegen ließen, nach ihrem Abschluss eine Tätigkeit in Bratsk und auf anderen sibirischen Kraftwerkbaustellen anzunehmen. Von 725 Hochschulabsolventen, die gezielt angeworben werden sollten, erklärten sich lediglich 90 dazu bereit, ihr Berufsleben in den östlichen Landesteilen zu beginnen. Die große Mehrheit wollte sich nicht auf den Weg in die Erschließungsgebiete machen, um sich wie „Lemminge [...] im endlosen Meer der Romantik (zu) ertränken."[430]) Für den vielbeschworenen Gemeinschafts- und Pioniergeist der entlegenen Großbaustellen zeigten sich viele Jungingenieure nur bedingt empfänglich.[431])

Zwei Jahre später beschwerte sich das Ministerium erneut heftig über Fachkräfte, die nicht willens waren, sich auf entlegene Baustellen entsenden zu lassen. Während die in Moskau und Leningrad angestellten Ingenieure alles taten, um nicht auf längere Dienstreisen nach Sibirien geschickt zu werden, umgingen andere ihre Überstellung an die sibirischen Bautrusts, indem sie kündigten und sich in den Hauptstädten nach einem anderen Arbeitsplatz

424) Filtzer 1992: 46–50 u. 66–70.
425) Filtzer 1992: 54ff.
426) RGAE, 9572/1/1941, 162–194. Vgl. auch Drozdov 1975: 16f.
427) GARF, 7690/5/1993, 24.
428) Dolgoljuk 1988: 129f.
429) RGAE, 7854/2/1277, 28–29.
430) Vajl'/Genis 2001: 126.
431) RGAE, 9572/1/1235, 1–6.

umschauten.[432]) Diejenigen, die der Aufforderung ihrer Behörde Folge leisteten, nahmen ihre Abkommandierung zu den peripheren Großbaustellen als Form der Verbannung wahr und nutzten jede nur erdenkliche Möglichkeit, um aus dem „Exil" in die angestammte Heimatwelt zurückzukehren. Nicht eine begeisterte Mitmach-, sondern eine Kofferstimmung, also eine Aufbruchstimmung besonderer Art, ergriff auserwählte Fachleute, die sich als Chefingenieure des Kommunismus ins Buch der Geschichte einschreiben sollten.[433])

Während die Propaganda die unbändige Willenskraft und das alles überwindende Durchsetzungsvermögen der Bauarbeiter zelebrierte, schien die Opferbereitschaft und die Leidenskraft vieler „Erbauer des Kommunismus" keineswegs unbegrenzt zu sein. Die widrigen Arbeits- und Lebensbedingungen wirkten abschreckend und ernüchternd. Die anfängliche Begeisterung verflog rasch, als die enttäuschten Bauarbeiter erkennen mussten, dass sich trotz aller Eingaben an der unzumutbaren Situation kaum etwas änderte. Nachdem im Sommer 1956 Tausende von enthusiastischen Jungkommunisten auf den Großbaustellen ihre Arbeit aufgenommen hatten, häuften sich schon im Herbst die Beschwerden. Eine Komsomol-Brigade, die sich beim Kujbyšever Hydrogiganten gebildet hatte und anschließend geschlossen nach Bratsk zog, beklagte sich darüber, dass sie als hochqualifizierte Mechaniker nun als Zimmerleute arbeiten und Tätigkeiten verrichten müssten, von denen sie keinerlei Ahnung hätten.[434]) In einem anderen Brief hieß es, das Arbeitsklima auf der Großbaustelle entspreche bei weitem nicht dem großartigen Ziel des Aufbaus des Kommunismus. Es erinnere mehr an die brutale Ausbeutung in kapitalistischen Ländern.[435])

Eine Gruppe von Hochschulabsolventen, die als Mitglieder einer Erschließungsexpedition und eines Planungsteams wichtige Vermessungsarbeiten ausführten, berichtete im Herbst 1956 von katastrophalen Arbeitsbedingungen, von denen im Lauf ihres Studiums niemals die Rede gewesen sei. Während sie bei minus 20 Grad mit steifen Fingern Zeichnungen anfertigen müssten und nach einem harten Arbeitstag in zugige Unterkünfte zurückkehrten, um dort miserabel verpflegt zu werden, säßen andere „Ingenieure in warmen Büros", könnten das Großstadtleben genießen und würden in den Zentralbehörden Karriere machen. Mit dem Gefühl, ungerecht behandelt zu werden, baten die von ihrem Job tief enttäuschten Berufseinsteiger inständig darum, in der bevorstehenden Winterzeit endlich „unter normalen menschlichen Bedingungen

[432]) RGAE, 9572/1/1937, 300. Ähnlich schon die Klage von *Stalingradgesstroj* aus dem Jahr 1956, als sich die Bauleiter darüber beschwerten, keine Ingenieure aus Moskau und Leningrad anwerben zu können. Vgl. RGAE, 7964/4/785, 273–274.

[433]) Zu dieser besonderen Aufbruchstimmung vgl. schon für die 1930er Jahre Kotkin 1995: 74.

[434]) RGAE, 9572/1/490, 1.

[435]) RGAE, 9572/1/731, 116. An anderer Stelle ist vom „barbarischen Umgang" mit den Arbeitern die Rede. Vgl. ebd., 179–179ob.

leben" zu dürfen, um ihre schon angeschlagene Gesundheit nicht gänzlich zu ruinieren.[436])

Angesichts der Flut von Klageschreiben sah sich das Zentralkomitee der Partei im Oktober 1956 sogar dazu gezwungen, eine Sitzung einzuberufen. Die Vertreter verschiedener Moskauer Ministerien und Behörden erstellten einen Maßnahmenkatalog, um die Arbeits- und Lebensbedingungen der Jungkommunisten auf den Großbaustellen zu verbessern.[437]) Doch der demonstrative Aktionismus zeigt kaum Wirkung. Voller Verzweiflung wandte sich im Februar 1957 eine Gruppe von jungen Arbeitern in einem herzergreifenden Brief mit 217 Unterschriften an Chruščev. Alle Unterzeichner hatten sich freiwillig aus Moskau zur Arbeit am Bratsker Hydrogiganten gemeldet. Doch statt zur Kraftwerkbaustelle wurden sie zum entlegenen Dorf Anžeba gebracht, um dort anstrengende Rodungsarbeiten auszuführen. Der Leiter der Personalabteilung empfing sie mit den barschen Worten: „Warum seid Ihr hierher gekommen. Wir haben Euch nicht gerufen! Man hat Euch wohl aus Moskau fortgejagt." Als vormalige Lagerbedienstete waren es die Vorgesetzten offensichtlich gewohnt, „grob mit Gefangenen umzuspringen. Nun lassen sie ihre Grobheit an uns aus." Die „jungen Patrioten" wollten sich „nicht vor der Partei, der Regierung und dem Volk kompromittieren." Doch herrschten in Anžeba unfassbare Zustände. Den Jungkommunisten wurden schwierige, schlecht bezahlte Posten zugewiesen. Das Kantinenessen war ungenießbar, und der Lohn reichte nicht aus, um zusätzliche Lebensmittel zu erwerben. Die aus Moskau zugereisten jungen Enthusiasten mussten darum „im wahrsten Sinne des Wortes hungern". Überall gab es Korruption, Diebstahl und Schwarzhandel. Rowdytum, Schlägereien und gefährliche Messerkämpfte erschütterten die öffentliche Ordnung. Unweit der kleinen Siedlung, in der die Jungkommunisten in einfachen Baracken bei minus 47 Grad überwintern mussten, gab es ein Strafgefangenenlager, dessen Insassen immer wieder über die jungen Arbeiter herfielen, ihnen sogar schwere Schnittwunden zufügten und Jungkommunistinnen vergewaltigten.[438])

Vier Jahre später beließen es die verzweifelten Bauarbeiter nicht bei Beschwerdebriefen. Frustriert von ihren erfolglosen Versuchen, die Verantwortlichen zum Handeln zu bewegen, legten sie kollektiv ihre Arbeit nieder, um endlich die Verbesserung ihrer Lebensverhältnisse und die Senkung der hohen Arbeitsnormen zu erzwingen. Als daraufhin die Sowjetpresse ihr Verhalten öffentlich rügte, baten die streikenden Arbeiter alle diejenigen, die sich empörten, nach Bratsk zu kommen, um „mit eigenen Augen zu sehen, dass es unmöglich ist, hier zu leben, zu arbeiten und sich zu erholen." Im Herbst 1961 bot der 14. Allunions-Kongress des *Komsomol* dann ein Forum, um die akuten Missstände anzusprechen. Zwar würde der Entwurf der neuen Stadt an

[436]) RGAE, 7964/2/1675, 160–162.
[437]) RGAE, 9572/1/490, 3–7.
[438]) RGAE, 9572/1/704, 68–73 u. 77–79.

der Angara als Blaupause beeindrucken, doch käme die Umsetzung dieses grandiosen Projekts nur schleppend voran. Die Großbaustelle in der Taiga sei ein Ort, der alles Formale ins Informelle auflöse und Verlässlichkeit sowie Menschlichkeit nicht kenne.[439])

Die baldige Entmutigung der voller Tatkraft angereisten Bauarbeiter thematisierten sogar Literaten, die sich auf den Weg nach Bratsk gemacht hatten, um die Erfahrungen vor Ort einzufangen. Anatolij Kuznecov ließ die Heldinnen seiner Erzählung *Devuški* (Mädchen) innerlich aufbegehren, weil die schwerfällige Bürokratie ihnen mehr Opfer abverlangte, als um der Sache willen notwendig gewesen wäre. Angesichts des Baustellenchaos und der sinnlosen Verschwendung von Material, Zeit und Arbeitskraft hielten die völlig verstörten Jungkommunistinnen ihren desorganisierten Vorgesetzten vor: „Wozu habt ihr uns gerufen, wenn ihr selbst nicht wisst, was wir hier tun sollen? Wir haben uns nicht aufgedrängt. Ihr habt uns gerufen, habt große Worte gemacht! Nur Worte! Nur Worte.“[440]) Auf dem 22. Parteitag stellte der Literaturnobelpreisträger Michail A. Šolochov schließlich mit großem Bedauern fest, dass die Sowjetjugend auf den Großbaustellen nach der Romantik des kommunistischen Aufbaus suche, aber sie dort nicht finden könne. Statt Zuversicht mache sich gefährlicher Unmut breit, dem die Kulturschaffenden dringend mit optimistischen Werken entgegenwirken müssten, um den Funken der Begeisterung nicht völlig erlöschen zu lassen.[441])

Der vernachlässigte Faktor Mensch

Die Klagen der frustrierten Enthusiasten verdeutlichten neben ihrer eigenen Ohnmacht die der Verantwortlichen, die nicht in der Lage waren, auf den Großbaustellen halbwegs zumutbare Bedingungen zu schaffen. Der Tag begann so mit dem bereits beschwerlichen Weg zum Arbeitsplatz. In Novosibirsk wohnten zahlreiche Bauarbeiter in der Kleinstadt Berdsk, die sich zwölf Kilometer von der Kraftwerkbaustelle entfernt befindet. Die Zahl der Busse reichte hier nicht aus, um den Personennahverkehr zu bewältigen. Die Bauarbeiter waren entweder gezwungen, sich in die übervollen Busse hinein zu zwängen und dabei Quetschungen sowie Brüche in Kauf zu nehmen, oder mussten auf der offenen Ladefläche bereitgestellter Lastwagen Platz nehmen. Dem kalten Fahrtwind schutzlos ausgeliefert, litten die Arbeiter in den Wintermonaten unter schweren Erkältungen und Erfrierungen.[442])

Auf der Großbaustelle war ihre Gesundheit durch fehlende Sicherheitsvorkehrungen und nicht aufgestellte Warnschilder gefährdet. Zudem mussten die

[439]) RGAE, 9572/1/1960, 14, 33 u. 39.
[440]) Kuznecov 1962: 538.
[441]) XXII S-ezd 1961: 171.
[442]) GARF, 7690/5/546, 46–47 u. 51; ebd., 4/1734, 26–27. Zu ähnlichen Problemen in Bratsk im Jahr 1962 vgl. RGAE, 9572/1/1943, 19–20.

Bauarbeiter ohne entsprechende Schutzkleidung gefährliche Tätigkeiten ausführen.[443]) In den Zulieferbetrieben und Werkstätten waren häufig keine Entlüftungsanlagen eingebaut, um giftige Abgase und Dämpfe zu entsorgen.[444]) Die Bauleiter in Stalingrad und Kujbyšev wendeten 1951 nur 40 Prozent der im Jahresplan vorgesehenen Mittel für den Arbeitsschutz auf.[445]) Durch grobe Fahrlässigkeit und nicht sachgemäßen Maschineneinsatz kam es zu zahlreichen vermeidbaren Unfällen, die schwere Verletzungen und wiederholt sogar Todesfälle zur Folge hatten. Im Jahr 1953 passierten – so die offiziellen Zahlen – jährlich pro 1000 Bauarbeiter durchschnittlich 50 Unfälle.[446]) Auch wenn die zuständigen Gewerkschaften immer wieder auf die Einhaltung der vorgeschriebenen Schutzmaßnahmen pochten und die Bauleiter an ihre Verantwortung erinnerten, änderte sich am mangelhaften Arbeitsschutz nur wenig.[447]) Im Jahr 1961 kam es beim Bautrust *Bratskgesstroj*, der damals knapp 40000 Beschäftigte hatte, zu 23 Todesfällen und 1167 Verletzungen.[448]) Die eigentlichen Missstände spiegelten diese statistischen Angaben zudem bedingt wider. Viele Zwischenfälle wurden nicht gemeldet, um die Unfallquote einzugrenzen und damit zu verhindern, dass Untersuchungskommissionen gebildet wurden.[449])

Die Verletzten auf den Bauplätzen konnten nicht auf schnelle medizinische Versorgung hoffen. Krankenwagen kamen wegen Benzinmangels häufig nicht oder erst stark verspätet, so dass den Unfallopfern vor Ort die notwendige Erste Hilfe nicht geleistet werden konnte und sie mitunter verbluteten.[450]) Die Gesundheitsvorsorge blieb insgesamt völlig unzureichend. *Kujbyševgesstroj* hatte 1954 nur vierzehn Prozent, der Bautrust in Stalingrad knapp die Hälfte der benötigten Bettenplätze für Kranke und Verletzte geschaffen.[451]) Den rasch neu eingerichteten Krankenhäusern fehlte es meist an medizinischen Instrumenten, Medikamenten und Verbandsmaterial. Auf der Novosibirsker Kraftwerkbaustelle kam es so 1953 zu einem dramatischen Anstieg von Tuberkulose-, Ruhr- und Malariaerkrankungen, die mehr schlecht als recht behandelt werden konnten, weil es keine Isolierstationen und ausreichende Medikamentenbestände gab. Als Problem erwies sich insbesondere das Trinkwasser, das stark verschmutzt schwere Infektionen auslöste. Bei der Versor-

[443]) GARF, 7690/5/490, 99; ebd., 4/1734, 18.
[444]) GARF, 5475/23/813, 3 u. 12.
[445]) GARF, 5475/23/710, 10.
[446]) GARF, 7690/5/546, 60 u. 75. Im Jahr 1955 meldete *Stalingradgesstroj* 1529 Unfälle bei insgesamt 26602 Beschäftigten. Vgl. ebd., 1085, 65. Zu *Kujbyševgesstroj* vgl. RGAE, 9572/1/1157, 53–54.
[447]) Zu den permanenten Klagen beim Novosibirsker Kraftwerkbau vgl. GARF, 7690/5/490, 98; ebd., 692, 29–31; ebd., 1196, 22–23; PANO, 27/1/276, 141–147.
[448]) GARF, 7690/5/1993, 18–19.
[449]) GARF, 5475/23/710, 1–2 u. 21; ebd., 7690/5/1479, 187.
[450]) RGAE, 7964/11/1369, 256; ebd., 7690/4/1742, 24.
[451]) GARF, 7964/2/1477, 117. Zu *Kujbyševgesstroj* vgl. auch ebd., 11/1571, 17–18.

gung der Belegschaft war das unterbesetzte medizinische Personal oftmals völlig überfordert und sich selbst überlassen.[452])

Der körperliche Zustand der Bauarbeiter litt ferner unter der unzureichenden Versorgung mit Lebensmitteln. Die Kantinen erwiesen sich häufig als viel zu klein; hygienische Vorschriften blieben unbeachtet. Wiederholt war von „antisanitären Verhältnissen" die Rede, die jeglichen Appetit verdarben und zahlreiche Kantinenbesucher erkranken ließen.[453]) Es gab bei den „Großbauten des Kommunismus" nicht nur akute Engpässe bei der Versorgung mit frischem Obst und Gemüse, Fleisch und Milchprodukten. Es fehlte tagelang sogar an Brot. 1962 drohten in Bratsk die Beschäftigten mit Arbeitsniederlegung, wenn nicht bald zusätzliche Lebensmittel angeliefert würden.[454]) Wegen ständiger Unregelmäßigkeiten bei der Auszahlung der Löhne verfügten die Bauarbeiter oft nicht über das Geld, um sich in den Geschäften der umliegenden Siedlungen und Städte mit dem Notwendigsten einzudecken. Die hier gültigen Preise lagen zudem deutlich über dem Durchschnitt, so dass den Bauarbeitern letztlich kaum etwas von den Lohnzuschlägen blieb.[455])

Das drängendste Problem war der akute Mangel an Wohnraum, der die Großbaustelle zu keinem besonders lebenswerten Ort machte. So waren die Bauarbeiter des Wolga-Don-Kanals und des Kujbyšever Flusskraftwerks 1951 Verhältnissen ausgesetzt, „die nicht einmal minimalsten sanitären Normen entsprechen". Wegen des Mangels an Baumaterial und Baumaschinen konnte der Plan für den Wohnungsbau nicht eingehalten werden. Die vor Ort tätigen Gewerkschaftsfunktionäre berichteten von zahlreichen Arbeitern, die in einfachen Zelten und Erdhöhlen leben mussten. Nicht viel besser erging es denjenigen, die einen Platz in den neuen Wohnheimen beziehen durften. Die Gebäude wiesen zahlreiche Baumängel auf, waren schlecht mit Mobiliar und Bettzeug ausgestattet und völlig überbelegt. Familien mussten auf den Fluren schlafen; mehrere Arbeiter teilten sich ein Bett. Ständig brach die Strom- und die Trinkwasserversorgung zusammen. Die Toiletten funktionierten schlecht, und für die Müllabfuhr erklärte sich niemand zuständig. Hier wie auch in Novosibirsk türmten sich in den Arbeitersiedlungen bald Müllberge auf, die Ratten sowie Ungeziefer anzogen und die Zufahrtswege versperrten. Verzweifelte Mütter riefen freiwillige Sanitärkommandos (*sandružiny*) ins Leben, um mit wenig Erfolg gegen den Schmutz und den Unrat zu kämpfen. Den Kindern der Bauarbeiter war es kaum zuzumuten, hier aufzuwachsen. Viele

[452]) Zu den die gesamten 1950er Jahre andauernden Klagen darüber vgl. GARF, 7690/4/1742, 23–25; ebd., 5/692, 6–8 u. 16–17; PANO, 27/1/330, 150–155; GANO, 706/1/11, 218–241; ebd., 1020/2/702, 61–64.

[453]) RGASPI, 17/135/54, 63–65; GARF, 5475/23/813, 73–74 u. 80–81; ebd., 7690/5/1318, 1–8.

[454]) RGAE, 9572/1/1947, 3–10; ebd., 1960, 14. Zu ähnlichen Engpässen bei anderen Großbauten vgl. RGASPI, 17/135/54, 29–30 u. 47–48; GARF, 5475/23/813, 66–67 u. 73; ebd., 7690/4/11752, 48; ebd., 5/85, 62–63.

[455]) GARF, 5475/23/813, 36–37; ebd., 819, 27; ebd., 7690/4/1734, 18 u. 28–29.

Familien mieteten darum in den umliegenden Dörfern Zimmer an, für die sie mit einem großen Teil ihres Lohnes zu zahlen hatten.[456])

Die dem „Ziel des Aufblühens des Kommunismus unwürdigen Verhältnisse“[457]) wurden nicht nur während der ersten Baujahre beklagt. Sie erwiesen sich als Phänomene von langer Dauer. Kurz vor Abschluss der Arbeiten am Wolga-Don-Kanal gab es wütende Briefe, deren Verfasser mit drastischen Worten dem Unmut der Beschäftigten rückblickend Ausdruck verliehen. Während „die Poeten im Namen der Bauarbeiter schon Ruhmeslieder singen und die Dichter Romane und Erzählungen über die aufopferungsvolle Arbeit schreiben“, würden sich die zuständigen Amtsträger vor Ort weiterhin nicht um die „Verbesserung des materiellen und kulturellen Lebens unserer Landsleute“ bemühen.[458]) In Novosibirsk kritisierten die Gewerkschaftsfunktionäre 1956 die systematische Vernachlässigung des Wohnungsbaus. In der dafür zuständigen Abteilung herrschten chaotische Verhältnisse, so dass wichtige Ressourcen sinnlos verschwendet wurden. Mehr als 1000 Bauarbeiter wohnten mit ihren Familien noch in provisorischen Unterkünften wie Eisenbahnwagons und Zelten und warteten schon seit Jahren auf eine feste Bleibe. Der Bauleitung wurde von den Gewerkschaftsvertretern vorgeworfen, sich nur für den Kraftwerkbau zu interessieren. Wer die Belange der Beschäftigten sträflich außer Acht lasse, müsse sich nicht wundern, dass viele fluchtartig die Großbaustelle verließen und sich adäquater Ersatz oder Zuwachs kaum anwerben ließ.[459]) Es könne nicht mehr weiter hingenommen werden, dass die Arbeitersiedlungen nach völlig veralteten Methoden gebaut würden. Der versprochene moderne Fertigbaustil müsse endlich realisiert werden.[460])

Mit dieser Umstellung taten sich die Verantwortlichen an der Wolga gleichfalls schwer. Die Arbeitersiedlungen von *Kujbyševgesstroj* sollten in der expandierenden Kleinstadt Stavropol’ aufgehen. Doch die Stadtplaner dachten in zu kleinen Dimensionen. Außerdem begannen sie erst mit langer Verzögerung, mehrstöckige Wohnhäuser und neue Stadtviertel (*mikrorajony*) zu bauen. Diese Planungsfehler und Bausünden schlugen sich in einem wenig harmonischen Stadtbild nieder und behinderten die rasche Zunahme des benötigten Wohnraums.[461])

Die Unfähigkeit, aus Fehlern zu lernen, demonstrierten die Kraftwerkbauer noch einmal eindrucksvoll in Bratsk. Auch hier maßen sie dem Wohnungsbau nicht die notwendige Bedeutung zu. Trotz aller anhaltenden Beschwerden

[456]) GARF, 5475/23/726, 7-11, 21-24, 32-33, 39-40 u. 48-51; ebd., 7964/11/1369, 255-260; RGASPI, 17/135/54, 63-65. Zu Novosibirsk vgl. PANO, 27/1/327, 89-90; GARF, 5475/23/813, 5, 69-70 u. 99-100; ebd., 7690/5/85, 5 u. 89; ebd., 546, 58-59 u. 82-83.

[457]) RGAE, 9572/1/731, 116.

[458]) GARF, 5446/86/2318, 178-179.

[459]) GARF, 7690/5/1995, 1, 6-8 u. 29-31.

[460]) RGAE, 7854/2/931, 5-6.

[461]) Zu dieser kritischen Sicht der verfehlten Stadtplanung vgl. Koval’ev 1964: 119-125 u. 130f.

konnten die Bauarbeiter im Jahr 1961 nur etwas mehr als die Hälfte des geplanten Wohnraums neu beziehen. Auch sieben Jahre nach Baubeginn waren die Zelte und einfachen Baracken immer noch nicht verschwunden.[462]) Mit Nachdruck wies das Moskauer Ministerium für Kraftwerkbau die Bauleiter noch einmal 1962 darauf hin, dass sich ohne die Zuweisung adäquater Wohnungen kaum mehr Ingenieure und Techniker anwerben ließen.[463])

Die Probleme mit dem offiziellen Wohnungsbauprogramm zwangen die Verantwortlichen dazu, seit 1956 das genossenschaftliche Bauen von kleinen Eigentumshäusern mit staatlicher Kredithilfe zu fördern. Arbeiter wurden für ihre guten Arbeitsleistungen mit der kostenlosen Zuweisung von Bauland und Bauholz belohnt. In Form der Nachbarschaftshilfe entstanden so bald Blockhaussiedlungen mit kleinen Gärten. Die Häuser befanden sich in Privateigentum und fielen bei der Verzierung der Giebel und Fensterblöcke dadurch auf, dass hier die altrussische Holzschnittkunst fortlebte. In Bratsk bildete sich nach kurzer Zeit ein aus 900 Häusern bestehendes eigenes Stadtviertel, das die volkstümliche Bezeichnung *indija* (Indien) erhielt. Die Bauleitung förderte den genossenschaftlichen Wohnungsbau, weil sie erkannt hatte, dass Hauseigentümer an ihrem Besitz festhielten und kaum bereit waren wegzuziehen. Sie wies darum weitere neue Baugrundstücke aus. Nicht wenige Bauarbeiter zogen das Leben im einfachen Holzhaus dem Wohnen in mehrstöckigen Plattenbauten vor. Im Jahr 1962 befanden sich deshalb in Bratsk, der gefeierten „Stadt der Superlative“[464]), schon 27 Prozent des Wohnraums in privater Hand. Die Unfähigkeit der zuständigen Behörden, neben den Kraftwerk- und Industriebauten die von der Propaganda versprochenen modernen Stadtsiedlungen zu schaffen, führte dazu, dass auch in den aus dem Nichts geschaffenen Bastionen des Fortschritts und in den vorgeschobenen Brückenköpfen der kommenden kommunistischen Gesellschaft Privateigentum und traditionelle Bau- und Lebensweisen zugelassen und sogar gefördert werden mussten. „Ein guter Schuß von Privatinitiative“ und den neuen Bedingungen angepasste Traditionen gehörten darum zu den „Hauptentwicklungskräften von Bratsk“.[465])

Die zahlreichen Lücken im zentralistischen Versorgungssystem ließen auch privatgewerbliche Geschäftstätigkeiten in den umliegenden Ortschaften aufblühen. In den Arbeitersiedlungen von *Novosibirskgesstroj* hatten es die Verantwortlichen versäumt, ausreichend Badestuben und Wäschereien zu errichten. Kolchozbauern boten darum den Bauarbeitern für ein entsprechendes

[462]) GARF, 7690/5/1825, 28-29; RGAE, 9572/1/1593, 17-18; ebd., 1604, 113-114.
[463]) RGAE, 9572/1/1937, 300.
[464]) Stadt der Superlative 1966.
[465]) Karger 1965: 91. Ferner Stadt der Superlative 1966: 5; Wein 1987: 181-185 u. 191ff.; GARF, 7690/5/1479, 195-196. Zum genossenschaftlichen Wohnungsbau und Privateigentum im Umland der Hydrogiganten von Novosibirsk und Kujbyšev vgl. RGAE, 7854/2/1376, 278; Koval'ev 1864: 124f.

Entgelt die notwendigen Dienstleistungen an. Als Vermieter und Schnapsbrenner, Wäscherei- und Badestubenbesitzer erwirtschafteten sie sich zusätzliche Einkünfte, um so auf ihre Weise von den Missständen auf der Großbaustelle zu profitieren.[466])

Wie hemmend sich der Rückstand der sozialen Infrastruktur auf die Bau- und Montagearbeiten auswirkte, zeigte sich vor allem in der vernachlässigten Kinderbetreuung. Die Gewerkschaftsfunktionäre von *Novosibirskgesstroj* beklagten sich 1956 über den sehr zögerlichen Bau von Kindergärten und fragten kritisch: „Wie viele Mütter arbeiten nicht, weil sie ihre Kinder nicht unterbringen können?"[467]) So war das Gebäude für die dringend benötigte Kinderkrippe zwar fertiggestellt worden; aber es fehlte an der Inneneinrichtung. Später zog eine Abteilung für Infektionskrankheiten in das Gebäude ein. Das Projekt der Kinderkrippe blieb auf Jahre hin nicht realisiert.[468])

Erhebliche Verzögerungen und Probleme gab es auch beim Schulbau. Die hastig erbauten Gebäude waren kaum beziehbar. Es fehlte zudem an Tischen, Stühlen und Tafeln, um angemessenen Unterricht zu ermöglichen.[469]) Beim Kujbyšever Großbau konnten im Herbst 1955 über 600 Schüler nicht untergebracht werden, so dass ihre Eltern dringend um Abhilfe baten.[470]) Auch der Bau von Pionierlagern, die den Kindern in den Ferien Unterhaltung und Erholung bieten sollten, erwies sich meist als eine endlose Angelegenheit mit betrüblichem Ausgang. In Novosibirsk gab es zuerst jahrelange Verzögerungen, bis schließlich der Rohbau stand. Er konnte dann lange Zeit nicht bezogen werden, weil die Strom- und Wasserversorgung auf sich warten ließ. Gleiches galt für die Lieferung des notwendigen Mobiliars und der Küchenausstattung. Als das Pionierlager schließlich eröffnet wurde, erwiesen sich die Bedingungen als so miserabel, dass viele Eltern es nicht wagten, ihre Kinder dort in Obhut zu geben. Manche Frauen blieben darum in den Ferien ihrer Arbeit fern, weil sie sich um ihre Kinder kümmern mussten.[471])

Das Freizeitangebot ließ nicht nur für die Kinder, sondern auch für die Erwachsenen sehr zu wünschen übrig. Beim Novosibirsker Hydrogiganten wurde der Bau eines Stadions und angeschlossener Sportanlagen jahrelang verschleppt. Zwar erinnerten die Verantwortlichen wiederholt an die soziale Funktion des Sports, um das „kulturelle Niveau" der Arbeiter zu heben, sie zu Disziplin und Ehrgeiz zu erziehen, ihre Gesundheit und damit Arbeitsfähigkeit zu verbessern. Doch gelang es bei *Novosibirskgesstroj* und *Stalingradges-*

466) GARF, 5475/23/813, 100.

467) GARF, 7690/5/1196, 81.

468) GARF, 7690/4/1752, 22. Ähnlich GARF, 7690/5/490, 99. Zu Bratsk vgl. Dolgoljuk 1988: 111; zu *Stalingradgesstroj* GARF, 5475/23/813, 68–69 u. 101; ebd., 7964/2/1477, 117.

469) PANO, 4/33/1367, 36–37; ebd., 27/1/256, 123.

470) GARF, 7964/2/1477, 129–130.

471) Zu den Dauerproblemen mit dem Pionierlager beim Novosibirsker Großbau vgl. GARF, 7690/4/1752, 13–14 u. 77; ebd., 5/526, 166; ebd., 546, 44; ebd., 1995, 8–9. Zu vergleichbaren Problemen bei *Stalingradgesstroj* vgl. GARF, 5475/23/813, 11 u. 79.

stroj nicht, die freiwilligen Sportgesellschaften mit Leben zu füllen und eine große Zahl von Arbeitern zur Körperertüchtigung anzuhalten.[472])

Auch die eingerichteten Klubs konnten das Freizeitleben der Bauarbeiter nur unzureichend organisieren, selbst wenn es gelang, ein Moskauer Symphonieorchester für einige Konzerte auf die Großbaustelle einzuladen.[473]) Die Kulturfunktionäre waren vielfach zu unerfahren, um dauerhaft ein attraktives Programm zu organisieren und durchzuführen. In Novosibirsk verließ der für die Kinoapparatur zuständige Mechaniker wegen schlechter Entlohnung den Klub, so dass in der Folgezeit zahlreiche Filmvorführungen wegen technischer Probleme ausfielen. Als unzureichend erwies sich oftmals die Innenausstattung der Klubs. Es fehlte vor allem an Tischen und Stühlen. In Novosibirsk kam hinzu, dass der Klub in der Bauarbeitersiedlung 1953 von Anwohnern ausgeraubt wurde.[474])

Die brüchige soziokulturelle Infrastruktur war eine zwangsläufige Konsequenz unzureichender Mittelzuweisung. Loginov, der Bauleiter von *Stalingradgesstroj*, erhielt 1951 die klare Anweisung: „Erst das Flusskraftwerk, dann die Stadt." Er erkannte die sich daraus ergebenden Probleme in der Anwerbung, Motivierung und Disziplinierung der Bauarbeiter, konnte jedoch nichts unternehmen, um an der verfahrenen Situation etwas zu verändern.[475]) Im Verlauf des Jahres 1953 musste *Stalingradgesstroj* die Pläne für den Bau von Wohnungen und Sozialeinrichtungen gleich fünfmal nach unten korrigieren, um zuletzt selbst die stark reduzierten Vorgaben nicht zu erreichen.[476]) Im Jahr 1959 bat das Ministerium für Kraftwerkbau nachdrücklich um die Bewilligung von 107 Millionen Rubel, um auf ihren Großbaustellen angemessene soziokulturelle Infrastrukturen schaffen und unterhalten zu können (allein *Stalingradgesstroj* hatte einen dringenden Finanzbedarf von 17 Millionen Rubel angemeldet). Letztlich musste sich das Ministerium mit lediglich 12 Millionen Rubel zufriedengeben, die bei weitem nicht ausreichten, um die Lebens- und Arbeitsbedingungen der Bauarbeiter merklich zu verbessern.[477]) Vor Ort waren die Bautrusts dem Zustrom von Tausenden von Arbeitern einfach nicht gewachsen. Unterfinanziert und überfordert mit den anstehenden Aufgaben, vermochten sie es nicht, halbwegs lebenswerte Zustände zu schaffen.

Auch in der Sowjetunion lebte die Jugend nicht allein von der Freude an der Arbeit und von der Begeisterung für Parolen und Schablonen. Jenseits aller verordneten Disziplin und des geforderten Arbeitsenthusiasmus wuchs das Bedürfnis nach Ablenkung und Spaß. Die gelenkte Unterhaltung in den

[472]) GARF, 7690/5/546, 81; ebd., 1196, 63; ebd., 1374, 14–21 u. 27–28; RGAE, 9572/1/704, 99. Für *Stalingradgesstroj* vgl. GARF, 5475/23/813, 49–51, 77 u. 150.

[473]) So geschehen im Sommer 1957 bei *Novosibirskgesstroj*. Dazu GARF, 7690/5/1479, 37.

[474]) GARF, 7690/4/1734, 31, 41 u. 46–47; ebd., 7690/4/1479, 110–114 u. 248; ebd., 5/546, 47–48 u. 70–72.

[475]) Judin 1996: 198f.

[476]) RGAE, 7964/11/1570, 9.

[477]) RGAE, 9572/1/875, 136 u. 275–289.

Kulturpalästen zeigte die Welt des Kommunismus heil und ohne jeden Makel. Ihr größter Schönheitsfehler lag jedoch darin, dass sie in Schablonen verhaftet blieb und in langweiliger Routine erstarrte. Die inszenierte Realität war weder bunt noch fantasievoll und fand bald kaum mehr Zuspruch. 1967 stellte deshalb ein Sekretär des *Komsomol* in Bratsk selbstkritisch fest: „Wir sind mit dem Problem der Freizeitgestaltung für Jugendliche nicht fertig geworden.“[478]) Junge Leute begannen deshalb, sich ihre eigene Freizeitsphäre zu schaffen. Sie trafen sich auf Straßen und öffentlichen Plätzen in Bratsk, um im Kreis von Gleichgesinnten angesichts der kulturellen Eintönigkeit ihren Drang nach unverbrauchter und dynamischer Kultur zum Ausdruck zu bringen. Bei dieser Art der informellen Zusammenkunft gaben die Gitarrenspieler nicht selten populäre westliche Beat- und Rockmusik zum Besten, während die Zuhörer dazu tanzten. Vor allem in der warmen Jahreszeit war diese Form der Straßenunterhaltung äußerst populär. Die Miliz und ehrenamtliche Hilfspolizisten (*družiniki*) versuchten mit aller Kraft, für die Einhaltung von Ruhe und Ordnung zu sorgen und die jugendlichen „Herumtreiber“ von den Straßen fernzuhalten. Die sich spontan bildenden Musik- und Tanztreffen wurden oft brutal auseinandergetrieben, die Gitarrenspieler als „Schuldige“ unsanft abgeführt und die Saiten ihres Musikinstruments herausgerissen. Trotz all dieser Straf- und Kontrollmaßnahmen konnten die Verantwortlichen dem Phänomen der informellen Straßenmusik nicht beikommen. Mit großer Hartnäckigkeit ließen die Jugendlichen nicht nach, der Enge der verordneten sozialistischen Lebensweise zu entkommen, um Individualität, Spontaneität und Vitalität zu erfahren. Sie behaupteten daher ihr Recht, sich den öffentlichen Raum auf ihre Weise anzueignen, so dass auch in der „kommunistischen Zukunftsstadt“ Bratsk die Lieder der Beatles und anderer westlicher Musikgruppen erklangen.[479]) Die Sowjetunion hatte ein hausgemachtes Jugendproblem, dass sich aus der Spannung zwischen dem Heroischen und dem Trivialen, zwischen der großartigen Vision und der tristen Realität ergab.[480])

Von der Verdrossenheit zur Disziplinlosigkeit

Die Unmöglichkeit, sich im sozialen Umfeld der Großbaustellen „zivilisiert zu erholen“ (*kul'turno otdychat'*), warf massive gesellschaftliche Probleme auf. Gelangweilt und sich selbst überlassen, gaben sich zahlreiche Bauarbeiter der Trunksucht hin. Der intensive Schwarzhandel mit selbstgebranntem Schnaps wurde sogar in den offiziellen Baustellenkantinen abgewickelt.[481]) Der übermäßige Alkoholkonsum ging mit Ruhestörungen, Schlägereien und

[478]) Portisch 1967: 71.
[479]) Portisch 1967: 70ff.
[480]) Roth-Ey 2003: 98f.
[481]) Zum Schnapsverkauf und Alkoholismus vgl. zum Novosibirsker Kraftwerkbau GARF, 7690/5/85, 63; ebd., 546, 92; PANO, 27/1/330, 16.

blinder Zerstörungswut einher. Die Verantwortlichen sprachen von sich häufenden Vorfällen von *chuliganizm* (Rowdytum). Unruhe ging meist von jungen unzufriedenen Arbeitern aus, die mit großen Hoffnungen zur Großbaustelle gekommen waren und, frustriert vom entsetzlichen Alltag, bald allen Anstand und Skrupel verloren hatten. Wiederholt gab es größere Ausschreitungen, bei denen sich Gruppen von Angetrunkenen gegenseitig krankenhausreif und arbeitsunfähig schlugen. Selbst Beschäftigte, die ein geordnetes Leben führten, litten unter den Unruhestiftern, weil diese „die Regeln der Hausordnung in den Wohnheimen grob missachteten" und mit ihrer unentwegten Randale ein vernünftiges Zusammenleben unmöglich machten.[482]) Vor allem in Anschluss an die Zahltage ging es in den Arbeitersiedlungen hoch her. Die Lage verbesserte sich auch nicht im Laufe der Zeit.[483]) In Novosibirsk berichteten die Verantwortlichen im Jahr 1956, als die Bau- und Montagearbeiten ihren Höhepunkt erreichten, sogar von einer dramatischen Verschärfung des Rowdytums. Die unterdrückte Verdrossenheit der Arbeiter schlug damals in unverhohlen zur Schau getragene Pöbeleien und blinde Zerstörungswut um. Die zuständigen Stellen waren entweder unfähig oder nicht willens, etwas Durchgreifendes gegen die Störung der öffentlichen Ordnung zu unternehmen.[484])

Disziplinlosigkeiten geschahen nicht nur in der Freizeit, sondern stets auch auf der Arbeit. Die Bratsker Gewerkschaftsfunktionäre sahen 1962 im Alkoholmissbrauch einen wichtigen Grund für das „niedrige Niveau der Arbeitskultur" und die große Zahl von Arbeitsunfällen.[485]) Schon im Sommer 1955 hatte die zuständige Staatsanwaltschaft von der Novosibirsker Großbaustelle Alarmierendes nach Moskau gemeldet. Ganze Brigaden gaben sich dem Alkohol hin und feierten regelrechte Orgien auf den Bauplätzen. Beim Schleusenbau hatte eine Brigade im Dauerrausch über einen Zeitraum von mehr als vierzehn Tagen die Arbeit komplett niedergelegt. Die zuständigen Funktionsträger waren vollkommen untätig geblieben. Zudem erschienen auch die Ingenieure und Techniker betrunken an ihren Arbeitsplätzen oder wurden in den Arbeitersiedlungen beim Randalieren von Milizionären aufgegriffen. In Novosibirsk hatte die Miliz allein während der ersten sieben Monate des Jahres 1955 schon mehr als 11 000 Betrunkene festgesetzt.[486]) Die Bauarbeiter von *Novosibirskgesstroj* galten dabei als besonders undiszipliniert. In den Jahren 1951 bis 1953 waren zwischen 45 und 65 Prozent seiner Beschäftigten wegen unterschiedlichen Fehlverhaltens negativ aufgefallen.[487])

[482]) So die Klage aus Stalingrad in GARF, 5475/23/813, 10.

[483]) Zum vielgestaltigen Phänomen des *chuliganizm* bei den „Großbauten des Kommunismus" vgl. GARF, 7690/4/1734, 10 u. 31-32; ebd., 5/1479, 44-45; PANO, 27/1/256, 115-116; ebd., 327, 89-94.

[484]) PANO, 27/1/330, 66-67 u. 144-145.

[485]) GARF, 7690/5/1993, 18.

[486]) GARF, 8131/32/4256, 233-235.

[487]) GARF, 8131/32/4256, 261-262.

Bei den registrierten Verstößen gegen die Arbeitsdisziplin handelte es sich neben eigenmächtigen Kündigungen, groben Fahrlässigkeiten und Alkoholmissbrauch vor allem um Absentismus. Ein großer Teil der Belegschaft erschien regelmäßig zu spät zur Arbeit oder fehlte ganze Arbeitstage. Beim Novosibirsker Kraftwerkbau erhielten in den Jahren 1952 bis 1954 knapp ein Drittel der Bauarbeiter wegen Fehlzeiten (*progulki*) Eintragungen in ihre Arbeitsbücher.[488]) Beim Bautrust *Kujbyševgesstroj* war es 1955 um die Anwesenheits- und Zeitdisziplin der Beschäftigten ebenfalls schlecht bestellt. Knapp jeder zehnte Lohnarbeiter gehörte zur Gruppe der notorischen Blaumacher.[489]) Von der Stalingrader Kraftwerkbaustelle gab es ähnliche Nachrichten. Die regionalen Parteisekretäre warfen den Ingenieuren und Technikern vor, mit ihrer Disziplinlosigkeit den einfachen Arbeitern ein schlechtes Beispiel zu geben.[490]) Daran hatte sich auch 1962 in Bratsk nicht viel verändert. Bei einer Belegschaft von knapp 40000 Beschäftigten waren 12944 Arbeiter wegen Absentismus verwarnt oder bestraft worden.[491]) Viele Jungkommunisten, die enthusiastisch nach Bratsk gereist waren, zeigten ihre Unzufriedenheit und ihren Missmut mit den unerträglichen Zuständen darin, dass sie bewusst der Arbeit fernblieben. Im Oktober 1956 arbeitete bei einer Gruppe von 233 Jungkommunisten ein Viertel weniger als zehn Tage, ein weiteres Drittel weniger als zwanzig Tage. Nur 96 junge Arbeiter kamen in diesem Monat täglich ihren Dienstpflichten nach.[492])

Ständigen Anlass zur Klage gab, dass die zuständigen Stellen auf den Großbaustellen nicht mit der notwendigen Härte gegen Blaumacher vorgingen. Die Novosibirsker Parteiorganisation erklärte im Herbst 1952: „Die Nichtahndung von Disziplinverstößen ist einer der wichtigsten Gründe für die zunehmende Verschlechterung der Arbeitskultur."[493]) Im Rechenschaftsbericht von *Kujbyševgesstroj* hieß es für das Jahr 1955, dass weit mehr als die Hälfte der Blaumacher nur verwarnt würden und die Bestraften zumeist geringe Geldstrafen erhielten. Lediglich eine kleine Gruppe müsse sich in Arrest begeben. Dieser geradezu gleichgültige Umgang mit Verfehlungen könne kaum abschreckende und disziplinierende Wirkung erzielen.[494]) Hinzu kam, dass die Statistiken zu den Fehlzeiten nicht das tatsächliche Ausmaß der bedenklichen Anwesenheits- und Zeitdisziplin wiedergaben. Zahlreiche Verspätungen und „blaue Montage" wurden nicht gemeldet, weil die Arbeiter ihre Abwesenheit geschickt vertuschten oder sich mit ihren Vorgesetzten auf ein Verschweigen verständigt hatten. Die wiederholte Aufforderung,

[488]) GARF, 8131/32/4256, 261-262; GARF, 7690/4/1734, 9-10; ebd., 5/46, 25-26; RGAE, 7854/2/1277, 30; ebd., 1305, 9; PANO, 27/1/249, 72.
[489]) RGAE, 9572/1/1157, 48-49.
[490]) RGAE, 7964/11/1570, 11.
[491]) GARF, 7690/5/1993, 24.
[492]) RGAE, 9572/1/704, 70.
[493]) PANO, 4/34/430, 20.
[494]) RGAE, 9572/1/1157, 48-49; GARF, 8131/32/815, 7.

Fehlzeiten keineswegs zu dulden und die Bauleitung über jeden Verstoß in Kenntnis zu setzen, erzielte zum großen Bedauern der verantwortlichen Stellen kaum dauerhafte Wirkung.[495]) Disziplinarische Kraft ging auch nur bedingt von den Kameradschaftsgerichten (*tovariščeskie sudy*) aus. Unter Anleitung der Partei- und Gewerkschaftsfunktionäre von den Bauarbeitern eingerichtet, sollten sie Verstöße gegen die Arbeitsdisziplin der Kollegen unverzüglich ahnden und so großen sozialen Druck ausüben. Die Kameradschaftsgerichte verhandelten jedoch nur einen kleinen Teil der gemeldeten Vorfälle und besaßen zu wenig Autorität, um sich mit ihren Urteilen wirklich Respekt zu verschaffen.[496])

Erhebliche Probleme bereiteten die Organisation und Durchführung der sozialistischen Wettbewerbe. In ihnen sahen die Verantwortlichen auf den Großbaustellen das Allheilmittel, um die Motivation der Arbeiter sowie die Produktivität der Arbeit zu heben. Dabei konkurrierten unterschiedliche Brigaden miteinander um die höchste Arbeitsleistung. Den Gewinnern lockten Sonderprämien und Auszeichnungen. Viele Brigaden weigerten sich aber, an diesem Arbeitswettstreit teilzunehmen, um ihre Belastung nicht unnötig zu erhöhen. Andere sprachen sich ab und schrieben sich Arbeitsleistungen zu, die nicht oder lediglich in Form von Pfusch erbracht worden waren. Die Partei- und Gewerkschaftsfunktionäre kamen zudem ihrer Rolle als Wettbewerbsorganisatoren mehr schlecht als recht nach. Sie zeigten wenig Initiative, nahmen die Missstände hin und zahlten in Aussicht gestellt Prämien wiederholt nicht aus. Das nahm den Bauarbeitern jeglichen Anreiz, miteinander um die höchsten Planziffern zu wetteifern. Die sozialistischen Wettbewerbe erstickten im Formalismus und gerieten zur bürokratischen Farce, die niemanden wirklich interessierte.[497])

Anlass zur Sorge gab neben der mangelhaften Arbeitsdisziplin auch die in den Belegschaften verbreitete „Selbstbedienungsmentalität". Die Beschäftigten nutzten die akuten Kontrolldefizite auf den Großbaustellen, um Baumaterial, Arbeitsgeräte, Benzin und alles Mögliche zu unterschlagen. Im Umkreis der Bauplätze hatten sich regelrechte Schieberbanden gebildet, die damit beschäftigt waren, einen Teil der Ressourcen umzuleiten. Die Entwendung und Unterschlagung staatlichen Eigentums nahm bei den „Großbauten des Kommunismus" einen Umfang an, der die verantwortlichen Staatsanwälte wiederholt Alarm schlagen ließ. Sie forderten vor allem, der „liberalen Haltung" (*liberal'noe otnošenie*) gegenüber „Amtsvergehen" (*dolžnostnye prestuplenija*) ein Ende zu bereiten, weil es insbesondere Funktionsträger waren, die sich der Veruntreuung schuldig machten und mit dem Diebesgut die Geschäfte

[495]) GARF, 8131/32/4256, 276; ebd., 8131/29/105, 3; ebd., 32/815, 8.

[496]) GARF, 7690/4/1734, 10–11; ebd., 8131/32/815, 8; RGAE, 7854/2/1277, 30; PANO, 4/34/430, 20.

[497]) GARF, 5475/23/813, 17-18, 38-39, 66, 106–107 u. 158; ebd., 819, 8, 19-20, 31, 40 u. 51; ebd., 7690/5/46, 14–17, 25–28 u. 34; ebd., 1196, 16; ebd., 1993, 7.

der kriminellen Schwarzhändler am Laufen hielten.[498]) Bei den einfachen Bauarbeitern dienten die illegalen Transaktionen meist dazu, ihren kärglichen Lohn aufzubessern und damit das Auskommen der Familie sicherzustellen. Je größer die Entbehrungen waren, desto häufiger griffen die Beschäftigten zur aktiven Selbsthilfe.[499])

Wegen der Vielzahl der Vergehen waren die Strafverfolgungsorgane kaum in der Lage, die Verstöße schnell zu ahnden. Beim Novosibirsker Hydrogiganten erklärte die zuständige Staatsanwaltschaft 1953, dass ihr die Möglichkeiten fehlten, um auf die Arbeitsverhältnisse positiv einwirken zu können. Sie musste ihre knappen personellen Ressourcen auf spektakuläre Vorfälle konzentrieren, um durch Exempel einen Abschreckungseffekt zu erzielen. Es blieb kaum Zeit, die Ursachen bestimmter Probleme eingehender zu untersuchen und konkrete Vorschläge zu machen, wie sich die Missstände auf den Großbaustellen beheben ließen.[500])

Massenfeste als Schauspiele der Loyalität und Einheit

Auch wenn bei den „Großbauten des Kommunismus" die utopischen Versprechungen ihre Realitätsprüfung nur selten bestanden und die anfängliche Euphorie mit merklichen Folgen für Motivation und Einsatz rasch verflog, war das Baustellenleben dennoch nicht durchweg von Tristesse gekennzeichnet. Es gab immer wieder Festtage, an denen ungeachtet aller Unzufriedenheit die affektiven Bindungen zwischen Belegschaft und Regime neu geknüpft wurden. Maßgeblich trugen dazu die Massenfeste und Feierlichkeiten bei, die anlässlich des Abschlusses wichtiger Bauabschnitte veranstaltet wurden. Ein Ereignis der besonderen Art war stets die Abriegelung des Flusses. Die Bändigung der Fluten durch einen Steindamm veranschaulichte nachdrücklich den heroischen Kampf der Sowjetmenschen gegen die ungezähmten Naturkräfte. Ausgezeichneten Fahrern und ausgewählten Bestarbeitern blieb es als Privileg vorbehalten, vollbeladene Lastwagen und Bagger auf den Damm zu steuern. So konnten sie sich in aller Öffentlichkeit noch einmal als die wahren Helden der Großbaustelle bewähren.[501]) Das Spektakel der Abriegelung ließ sich kaum ein Bauarbeiter entgehen. Die Belegschaft versammelte sich nahezu geschlossen, um dem selbstlosen Einsatz ihrer Kollegen zuzusehen. Zudem kamen die Bewohner anliegender Dörfer und Städte zu Tausenden angereist. Allein in Novosibirsk zählten die Verantwortlichen 35 000 Zuschauer, darun-

[498]) GARF, 8131/32/1023, 2–6; ebd., 1029, 1-9.

[499]) Zu den Diebstählen und Veruntreuungen auf den Großbaustellen vgl. GARF, 8131/29/261, 1-3; ebd., 7690/4/1765, 89-90; RGAE, 9572/1/1238, 207-217; ebd., 7964/11/1570, 10; PANO, 27/1/256, 115-116.

[500]) Zu den begrenzten Möglichkeiten und personellen Problemen der Novosibirsker Staatsanwaltschaft vgl. die kritischen Kommissionsberichte in GARF, 8131/32/1561, 2-24, 41-46, 74, 99-100 u. 112.

[501]) Rjabčikov/Jachnevič 1955.

ter ganze Familien und Schulklassen, die in Kälte und Regen stundenlang an den Ufern des Ob' ausharrten, um den beeindruckenden Sieg des Menschen über den Fluss mit zu verfolgen.[502])

Am Wolga-Don-Kanal war der 31. Mai 1952 ein außergewöhnlicher Festtag, weil um 13.55 Uhr das Wasser des Dons erstmals auf jenes der Wolga traf und sich damit die beiden großen russischen Flüsse vereinigten. Der Kanal begann sich mit Wasser zu füllen, um kurze Zeit später als wichtiger Schifffahrtsweg genutzt zu werden. An der Stelle des Zusammenflusses hatte sich eine große Menschenmenge versammelt, obwohl es dort eigentlich nichts Spektakuläres, sondern nur zwei kleine Rinnsale zu beobachten gab. Ein Orchester spielte die sowjetische Hymne. Laute Jubelschreie ertönten. Die Bauarbeiter umarmten sich gegenseitig und nahmen die Glückwünsche der Anwohner entgegen.[503])

Bei den Flusskraftwerken bot vor allem die Inbetriebnahme des ersten und des letzten Aggregats einen guten Anlass für Festlichkeiten, um sich der eigenen Leistung zu vergewissern und die Begeisterung für die noch anstehenden Aufgaben neu zu entfachen.[504]) Der wichtigste Feiertag war zweifellos der Tag der offiziellen Einweihung der fertiggestellten Hydrogiganten. Die dazu speziell veranstalteten Massenfeste waren sorgfältig choreographierte politische Großinszenierungen und einnehmende „Veranstaltungsöffentlichkeiten“[505]), die nicht nur Macht repräsentierten, sondern durch die Repräsentation auch erzeugten. Auf der Ehrentribüne und dem Rednerpodium stellten neben den regionalen Parteisekretären vor allem die aus Moskau angereisten Minister und Parteiführer ihre herausgehobene Position als die eigentlichen Baumeister des Kommunismus zur Schau. Mit den gigantischen Staumauern und Schleusen im Hintergrund traten sie dem abertausendköpfigen Heer der Bauarbeiter und Anwohner entgegen.[506]) Die inszenierte Festgemeinde schuf mit ihren „Räumen des Jubels“[507]) einen wichtigen Ort der Begegnung zwischen Herrschern und Beherrschten, um durch bestimmte Rituale der Kommunikation Verbundenheit und Nähe zu demonstrieren.[508])

Das „ästhetisierte Erlebnis der Gesinnungsgemeinschaft“[509]) wurde durch ein vielfältiges Unterhaltungsprogramm unterstrichen. Die Festorganisatoren scheuten keine Kosten, um populäre Künstler und bekannte Orchester einzuladen und den Festplatz auf der vormaligen Großbaustelle prachtvoll zu gestalten. Auf direkte Anweisung von Moskau hatten die für den Handel und

[502]) Dubrovskij 1957: 178ff. Ähnlich Lapin 1957: 77–85; Goroda 1960: 319f. Siehe auch die Erinnerung des Kraftwerkbauers Botschkin 1978: 24, 28 u. 47–51.

[503]) Vgl. Radomysl'skaja 1953: 17f.; Vstreča 1952: 1–4; Pogodin 1952: 785 u. 792; Grekulov 1952: 46f.

[504]) Goroda 1960: 323ff.; Ždanov/Rudenko 1952.

[505]) Zu diesem Begriff vgl. Saldern 2003: 448.

[506]) Vgl. die Schilderung bei Efremov 1959: 20f.

[507]) Ryklin 2003.

[508]) Allgemein Rolf 2006: 11 u. 163f.

[509]) Gries 2005: 22.

Warenverkauf Verantwortlichen dafür Sorge zu tragen, dass die Geschäfte in den Arbeitersiedlungen und den umliegenden Städten gut gefüllt waren, um die Feiertagsstimmung zu heben. Selbst in den Zwangsarbeiterlagern gab es an diesem Tag Sonderzuteilungen von Lebensmitteln und politische Veranstaltungen.[510]) Des Weiteren gingen die Festivitäten mit Auszeichnungen und Ordensverleihungen sowie materiellen Gratifikationen an große Teile der Belegschaft einher, um so nicht nur deren Einsatz zu würdigen, sondern auch die Einhaltung propagandistischer Versprechungen zu demonstrieren.[511])

Die Einweihung des Wolga-Don-Kanals erlebte am 27. Juli 1952 ihren Höhepunkt mit einer Schiffsparade, die vom blumengeschmückten weißen Dampfer *Iosif Stalin* angeführt wurde, der unter großem Beifall der dicht gedrängten Zuschauermenge in die erste pompös gestaltete Schleuse einfuhr. Anlässlich der Eröffnungsfeierlichkeiten erhielten auch die Beschäftigten von *Stalingradgesstroj* arbeitsfrei. Die Partei- und Gewerkschaftsfunktionäre baten die Bauleitung um Fahrzeuge, damit die Bauarbeiter des benachbarten Großbaus am historischen Ereignis der Kanaleinweihung teilhaben und sich vor Ort von der wieder entflammten Begeisterung anstecken lassen könnten.[512]) Offizielle Stellen sprachen davon, dass sich zur zentralen Veranstaltung an der ersten Schleuse 100000 Schaulustige versammelt hätten. Eine zeitgleich stattfindende Versammlung am Cimljansker Flusskraftwerk besuchten noch einmal 20000 Zuschauer. Hinzu kamen weitere Tausende, die entlang der Kanaltrasse die Schiffsparade beobachteten. Das Spektakel geriet allerdings in Gefahr, weil an Bord des Flaggschiffs *Iosif Stalin* ein Feuer ausbrach. Zwar kam niemand zu Schaden, aber die Durchfahrt verspätete sich durch die Löscharbeiten um mehr als eine Stunde. Zudem waren die Brandspuren am Dampfer kaum zu übersehen.[513])

Über die bloße Neugierde hinaus brachten zahlreiche Teilnehmer die Bereitschaft mit, sich von den Festaktivitäten hinreißen zu lassen. Auch wenn sie meist passiv blieb, versprach diese Form der Partizipation doch eine gewisse innere Erhebung und Erbauung. Mit der Ästhetisierung von Technik und Politik konnten die „Schauspiele der Loyalität und Einheit"[514]) zumindest zeitweilig ein identitätsstiftendes Potential entfalten. Als Schaltzentralen sozialer Kommunikation, wichtige Instrumente des „cultural management"[515]) und „legitimatorische Stützkonstrukte des Regimes"[516]) machten die Einweihungsfeste nicht nur die akklamatorische Zustimmung der Massen, sondern auch

510) Um Störungen der Lagerordnung zu vermeiden, waren potentielle Unruhestifter zuvor in Sonderlager verlegt worden. Strikt untersagt war auch an diesem Tag der Alkoholverkauf. Vgl. Kokurin/Morukov 2001/21: 113–116.

511) GARF, 5446/86/2335, 10–15; Stalinskie Strojki 2005: 154–161.

512) GARF, 5475/23/813, 89.

513) Kokurin/Morukov 2001/21: 116. Ferner Fedin 1956.

514) So Rolf 2006: 160f. u. 164; Petrone 2000: 25.

515) Lane 1981: 1.

516) Rolf 2006: 257.

das Engagement und die Fürsorge des Regimes allgemein sichtbar. Sie vermittelten Stolz auf das, was der Parteistaat inzwischen erreicht hatte, und Zuversicht, dass in Zukunft noch Großartigeres geleistet werde. Als kalendarische Zäsuren schufen die feierlichen Spektakel Berührungspunkte von Vergangenheit und Zukunft.[517]) Zum Abschluss einer langen Baugeschichte wirkten sie oft wie Filter, um widrige Realitäten im Rückblick zu glätten oder die ungelösten Probleme, harten Entbehrungen und nervenaufreibenden Missstände vergessen zu machen. In jedem Fall gaben die politischen Inszenierungen dem aufopferungsvollen Arbeitseinsatz einen höheren Sinn. Nicht ohne Grund berichtete die Propaganda deshalb von stolzen Bauarbeitern, deren „frohbeschwingter Marsch über die gebändigte Wolga der schönste Lohn für ihre Mühe, für die jahrelange beharrliche Arbeit (ist)."[518]) Der Kraftwerkbauer Bočkin erinnerte sich daran, dass die Belegschaft auf die Inbetriebnahme der Aggregate, die Flutung der Turbinen, die Einweihung der Stauseen und Kanäle „wie auf einen Kirchgang" wartete. Anschließend warfen sich die Bauarbeiter in einer rituellen Handlung ins Wasser. Das kam „gewissermaßen einer Taufe" gleich, um sich von den vormaligen Verfehlungen reinzuwaschen, seine Zugehörigkeit zur Gemeinschaft zu zeigen und zu demonstrieren, durch das Engagement auf der Großbaustelle ein anderer, besserer Mensch geworden zu sein.[519]) Ohne die aus dem Baustellenalltag herausragende Festkultur lässt sich die propagandistische Effizienz des Kults um die „Großbauten des Kommunismus" kaum erklären. Mit ihren eigentümlichen Ritualen und offiziellen Inszenierungen bildeten die gefeierten Höhepunkte der Baugeschichte Ankerpunkte des kollektiven Gedächtnisses.[520])

Wie sehr die zuständigen Staatsbehörden und Parteiorganisationen auf das Massenfest als wichtiges „Medium und Katalysator der inneren Sowjetisierung"[521]) vertrauten, zeigte sich darin, dass 1956 der zweite Sonntag im August zum „Tag der Bauarbeiter" erhoben wurde. Der Oberste Sowjet verfügte per Erlass, dass im Vorfeld des neuen Feiertags propagandistische Kampagnen organisiert werden sollten, um die Festlichkeiten eng mit der Agitation und Mobilisierung zu verknüpfen. Es gelte, die Bauarbeiter dazu anzuhalten, bis zum Festtag bestimmte Planvorgaben zu erfüllen und sich der verordneten Arbeitsdisziplin zu fügen. Die Bauleitungen arrangierten zusammen mit den Partei- und Gewerkschaftsfunktionären politische Zusammenkünfte und kulturelle Veranstaltungen. Wohnheime, Klubs und öffentlichen Plätze wurden herausgeputzt, offensichtliche Missstände beseitigt oder zumindest verdeckt.[522])

[517]) Allgemein Bünz/Gries/Möller 1997: 7-23.

[518]) Rjabčikov/Jachnevič 1955.

[519]) Botschkin 1978: 9.

[520]) Zur Bedeutung der Feste für das Baustellenleben vgl. neuerdings auch Grützmacher 2009: 41 ff.

[521]) Rolf 2006: 278.

[522]) RGAE, 7964/2/1742, 221 u. 229-238.

6.3. Die Anwohner: Heimatverlust durch den Einbruch der industriellen Moderne

In der Sowjetunion wurden zahlreiche gigantische Wasserkraftwerke nicht in Gebirgslandschaften am Oberlauf der Flüsse, sondern in der Nähe großer Industriestandorte im Flachland errichtet. Die Dämme stauten hier die Flüsse über Hunderte von Kilometern, schufen neue Binnenmeere und überfluteten riesige Landstriche. Ende der 1980er Jahre stellten Experten fest, dass in der Sowjetunion während der letzten sieben Jahrzehnte eine Fläche von 60000 Quadratkilometern durch Dammbauten im Wasser verschwunden war (das entspricht dem Territorium von Baden-Württemberg, Rheinland-Pfalz und Luxemburg zusammengenommen). Den von Menschenhand geschaffenen Fluten fielen Tausende von kleinen Ortschaften und 165 Städte zum Opfer.[523]) Schon bis Mitte der 1970er Jahre hatten 1,3 Millionen Menschen ihr Heim durch den Bau von Hydrogiganten verloren und mussten in neugeschaffene Dörfer und Städte umsiedeln.[524])

Tabelle 17: Stauseen und Umsiedlungen bei den „Großbauten des Kommunismus"

	Stauseen Fläche (km²)	Länge (km)	Max. Breite (km)	Überflutete Siedlungen	Umgesiedelte Haushalte	Personen
Kujbyšev	6450	600	40	300	35500	150000
Stalingrad	3165	500	14	125	18500	74000
Cimljansk	2700	350	40	159	15750	63000
Novosibirsk	1046	230	40	46	11500	30000
Bratsk	5500	650	25	264	26700	114000

Quelle: Nesteruk 1963: 115, 143, 119, 171, 201, 209, 222, 225 u. 255ff.; Pryde 1972: 116; Wein 1991: 94; Sovet deputatov Novosibirskoj oblasti 1997: 200ff.; Dubrovskij 1957: 50; Kokurin/Morukov 2001/21: 110; Khromov1961; Volkov/Vol'šanik 196: 60; GARF, 5446/51a/3759, 14; ebd., 9417/1/191, 5-8, 76-84, 89 u. 96-99; RGAE, 7964/4/774, 63-86; ebd., 785, 27-30; ebd., 792, 55 u. 74-75.

Vom Bau der Kraftwerke in Kujbyšev, Stalingrad, Cimljansk, Novosibirsk und Bratsk waren insgesamt 431000 Personen und 107950 Haushalte in 894 Siedlungen betroffen. Selbst Kleinstädte wie Berdsk bei Novosibirsk und Stavropol' bei Kujbyšev mussten komplett verlegt werden. Zusammengerechnet überfluteten die fünf Stauseen ein Territorium von 18861 Quadratkilometern (in etwa die Fläche des Bundeslands Rheinland-Pfalz).[525])

[523]) Gidroenergetika 1990: 179; Josephson 1996: 33.

[524]) Avakjan/Šarapov 1968: 214.

[525]) Amerikanische Experten zeigten sich damals beeindruckt darüber, wie viel Land und Wald durch den Kraftwerkbau in der Sowjetunion überflutet und wie viele Haushalte umgesiedelt wurden. Solche Dimensionen seien in den USA einfach undenkbar, weil es zu Massenprotesten und juristischen Auseinandersetzungen käme. Die sowjetischen Energiepolitiker griffen das Erstaunen der amerikanischen Experten auf, um die Vorzüge des planwirtschaftlichen Systems hervorzuheben, das solche großräumigen Aktionen möglich mache. Vgl. Relative Water 1960: 172f.

Neben historisch gewachsenen Dörfern und Städten, großen Waldbeständen und Acker- sowie Weideflächen verschwanden zahlreiche Kulturdenkmäler unter den Wasserfluten. Zwar stellten die Universitäten, die Sowjetische Akademie der Wissenschaften und andere Stellen archäologische Expeditionen zusammen, die wichtige Fundstellen vermaßen, aufschlussreiche Grabungsarbeiten ausführten und wertvolle Gegenstände sicherstellten. Einzelne Gebäude von kulturhistorischer Bedeutung wurden sogar ab- und an anderer Stelle erneut aufgebaut, um sie dauerhaft zu erhalten. Die angestrengten Bemühungen im Vorfeld der Flutung konnten aber nicht verhindern, dass wichtige archäologische Stätten fortan nicht mehr zugänglich und für die weitere Forschung verloren waren. Die Stauseen gingen über die Uferlandschaften mit ihren bedeutsamen Überresten menschlicher Zivilisation hinweg. Die Vergangenheit wurde hier dem Fluss des Vergessens preisgegeben.[526])

Die Propaganda deutete den Verlust an Geschichte stets als Aufbruch in die neue Welt des Kommunismus positiv um: Vom hölzernen Russland als Hort der Rückständigkeit und Unwissenheit wurde endgültig Abschied genommen. Die Kosaken am Cimljansker Stausee mussten nicht mehr in ihren ärmlichen, vom Fortschritt abgeschnittenen Ortschaften (*stanicy*) leben, die regelmäßig vom Frühjahrshochwasser überschwemmt wurden. Statt in windschiefen und morschen Holzhütten wohnten sie fortan in stabilen Steinhäusern, die an moderne Ent- und Versorgungssysteme angeschlossen waren. „Die neuen Siedlungen werden in nichts mehr an die alten Dörfer erinnern."[527]) Mit der Umsiedlung ließen die Kosaken die düstere Vergangenheit hinter sich und taten den großen Schritt in die lichte Zukunft der Sowjetzivilisation.[528]) Große symbolische Bedeutung für die Modernisierung des Landlebens hatte insbesondere der Abriss alter Dorfkirchen, deren Holz anschließend genutzt wurde, um an anderer Stelle einen Klub für Arbeiter und Kolchozbauern zu errichten.[529])

Tatsächlich waren die Umsiedlungsaktionen eng mit der neuen Siedlungs- und Raumpolitik verbunden, die schon vor Stalins Tod begonnen hatte, um dem flachen Land ein neues Antlitz zu geben. Zahllose kleine Ortschaften wurden aufgelöst und verschmolzen zu Zentraldörfern. Zwischen 1950 und 1955 hatte sich so die Gesamtzahl der sowjetischen Kolchozen von 93 300 auf 44 600 mehr als halbiert. Von der Siedlungsagglomeration versprachen sich die sowjetischen Agrarexperten einen Zugewinn an Wirtschaftlichkeit und Übersichtlichkeit, um die ländlichen Gebiete besser erschließen und kontrollieren zu können.[530])

[526]) RGAE, 7964/4/784, 107; Butjagin 1955: 33; Dubrovskij 1957: 163f.; Pikkeriev 1953.

[527]) Butjagin 1955: 30.

[528]) Rjabčikov 1956: 92–95; Neporožnij 1979: 31.

[529]) So 1955 geschehen in Novosibirsk. Vgl. GANO, 706/1/39, 84.

[530]) Ausführlich zur auf Konzentration ausgerichteten agrarischen Siedlungs- und Raumpolitik vgl. Medvedev 1987: 152–155; Melvin 2003.

Beim Kujbyšever Stausee wurden verstreute kleine Ortschaften zu Siedlungen von 700 bis 1000 Haushalten zusammengelegt. Knapp ein Drittel der umgesiedelten Dörfer hörte damit für immer auf zu existieren. Die in der Nähe des Kraftwerks gelegene Kleinstadt Stavropol' expandierte bei ihrem Neuaufbau an anderer Stelle. Sie verleibte sich zum einen benachbarte Siedlungen ein, so unter anderem das ehemalige Lager Kuneevskij, das mit dem forcierten Zuzug von freien Arbeitern nach 1953 in Komsomol'sk umbenannt worden war. Zum anderen wurde das neue urbane Zentrum zum Wohnort zahlreicher umgesiedelter Familien. Die dynamisch wachsende Industriestadt Stavropol' hatte so 1961 schon mehr als 80000 Einwohner.[531]) Bei Novosibirsk blieben von den 47 komplett verlegten Ortschaften insgesamt nur 30 weiter bestehen. Die anderen gingen in beibehaltenen Kolchozen auf und verschmolzen miteinander. Gewachsene Dorfgemeinschaften wurden dadurch auseinandergerissen und bewährte Sozialbindungen auf eine harte Probe gestellt. Wie Stavropol' sog auch die umgesiedelte Kleinstadt Berdsk nahegelegene Ortschaften auf und vergrößerte sowohl Einwohnerzahl als auch Territorium.[532])

Im Gesamtbudget waren beim Kraftwerkbau meist 20 bis 30 Prozent der bewilligten Gelder für den Stausee vorgesehen.[533]) So gingen die Planungen für den Kujbyšever Hydrogiganten im April 1953 von 8,35 Mrd. Rubel Gesamtkosten aus. Mit dem Budgetanteil von 1,9 Mrd. Rubeln mussten alle Ausgaben für die Rodung und sanitäre Säuberung des Überflutungsgebiets, für den Bau von Dämmen und Schutzdeichen, für die neu zu bauenden Verkehrswege und für Umsiedlungsmaßnahmen bestritten werden.[534]) Die Verlegung von Siedlungen und die dafür notwendigen Neubauten sollten inklusive Kompensationszahlungen an die betroffenen Haushalte und Unternehmen nicht mehr als 311 Millionen Rubel kosteten.[535]) Für die anfallenden Arbeiten war frühzeitig ein Zeitplan festgelegt worden, um die Aktivitäten der zahlreichen Zentral-, Republik- und Regionalbehörden zu koordinieren. Allein für den Novosibirsker Stausee mussten sich unterschiedliche Stellen aus mehr als sechzehn Moskauer Unionsministerien aufeinander abstimmen.[536]) Stete Klagen gab es darüber, dass die Säuberung des Überflutungsgebiets und die Umsiedlung der Ortschaften, Haushalte und Unternehmen fahrlässig verschleppt würden. Die involvierten Apparate kooperierten kaum, sondern stritten vehement um die Zuweisung von Aufgaben und Ressourcen, um sich schließlich im Wirrwarr einer chaotischen Bürokratie zu verheddern. So waren die Bautrusts eifrig bemüht, möglichst wenig Arbeits- und Finanzleistungen zu er-

531) Koval'ev 1964: 136f.

532) Butjagin 1955: 33; Dubrovskij 1957: 31 u. 159f. Zu einer ähnlichen Entwicklung beim Stalingrader Stausee vgl. Volkov/Vol'šanik 1961: 60.

533) RGAE, 7964/2/1739, 111.

534) RGAE, 7964/11/1450, 1 u. 27.

535) RGAE, 7964/2/1739, 10.

536) GARF, 5446/86/937, 52-53.

bringen, um die dringend für den Kraftwerkbau benötigten Mittel nicht aufteilen zu müssen. Gegenüber den Planvorgaben sparte *Kujbyševgesstroj* beispielsweise 20 bis 30 Prozent bei den Ausgaben für die Umsiedlungsaktionen und Kompensationszahlungen ein.[537]) Ähnliches geschah in Bratsk und Stalingrad, wo die Bauleitungen gleichfalls versuchten, sich aus ihrer Verantwortung für die Anwohner des Stausees zu stehlen.[538]) Die Regionalbehörden klagten darüber, dass sich neben den Bautrusts fast alle den Moskauer Ministerien unterstehenden Stellen nicht wirklich um die Belange vor Ort kümmerten und ihre Aufgaben sträflich vernachlässigten.[539])

Das führte jeweils dazu, dass es angesichts der bevorstehenden Flutung des Stausees schließlich zu einem überhitzten Aktionismus kam, um die jahrelangen Rückstände innerhalb kurzer Zeit aufzuholen. Neue Organisationen und Kommissionen wurden gebildet, um die mobilisierten Ressourcen auf die Lösung der dringlichsten Probleme zu konzentrieren.[540]) Nachdem bei Cimljansk durch den Staudammbau die Überflutungen begonnen hatten, griffen die Verantwortlichen sogar auf reguläre Einheiten der Roten Armee zurück, um die Rodungsarbeiten und Umsiedlungsmaßnahmen zu forcieren und in Form eines atemlosen Endspurts das Schlimmste zu verhindern.[541]) Außerdem nahmen die zuständigen Stellen hin, dass Privatleute (*častniki*) den Umgesiedelten ihre Handwerks- und Transportdienste gegen Entgelt anboten. Die zahlreichen Webfehler im offiziellen Versorgungs- und Hilfsnetz machten Eigeninitiative unumgänglich und ließen ein temporäres Kleinunternehmertum aufblühen.[542])

Ohne ein ausgearbeitetes Gesamtprogramm vollzog sich die unter großem Zeitdruck stattfindende Umsiedlung oftmals in Form unkoordinierter Einzelaktionen. Vieles blieb Stückwerk.[543]) Unter anderem gab es heftige Klagen darüber, dass Architekturbüros in Moskau und Leningrad ohne ausreichende Ortskenntnis die Blaupausen für neue Zentraldörfer vorgaben. Es kam so zu zahlreichen Planungsfehlern, die sich fatal auf den Fortgang der Umsiedlung auswirkten. Knappe Ressourcen wurden vielfach verschwendet.[544])

Für großes Unverständnis sorgte die schlampige Informationspolitik. So berichtete die Berdsker Lokalzeitung *Leninskij Put'* im November 1953 darüber, dass der Redaktion zahlreiche Briefe von Anwohnern zugegangen seien, die Auskünfte darüber erhalten wollten, wie die Flutung des Novosibirsker Stausees ablaufen werde. Die Verantwortlichen hielten es aber für unnötig, auf die berechtigten Anfragen zu reagieren. Sie ließen die Menschen über ihr

[537]) RGAE, 7964/4/792, 74-75.

[538]) RGAE, 7964/2/2023, 50; ebd., 9572/1/1157, 181-182.

[539]) Vgl. RGAE, 7964/2/1739, 5-9 u. 111-117; ebd., 4/784, 13, 23, 57, 72-73 u. 83-107; ebd., 11/1321, 4-6; GARF, 9417/3/366, 311-314.

[540]) RGAE, 7964/4/774, 63-86; ebd., 9572/1/859, 4-5.

[541]) RGAE, 9417/3/365, 19.

[542]) PANO, 27/1/307, 29.

[543]) PANO, 27/1/256, 108.

[544]) RGAE, 7854/2/1359, 56-63; GARF, 5446/86/840, 132-134.

Schicksal weiterhin im Dunkeln, so dass die späte Anordnung, Heim und Hof zu verlassen, die umgesiedelten Familien oftmals unerwartet traf und große Verbitterung auslöste. Die Anwohner der Stauseen waren nicht Beteiligte, sondern lediglich Betroffene, die sich widerspruchslos den Erlassen fügen mussten, als ihre Heimat vom Fortschritt verschlungen wurde.[545])

Unter dem „verantwortungslosen Handeln"[546]) der zuständigen Stellen hatten viele schwer zu leiden. Die versprochene „Berücksichtigung der modernen Anforderungen der Wohnkultur und Architektur"[547]) ließ meist auf sich warten. Es fehlte vielfach an den erforderlichen Fahrzeugen, Baumaschinen und Baumaterial, um die neuen Wohnorte rechtzeitig für die Umsiedler fertigzustellen.[548]) Beim Stalingrader Stausee zog sich die Verlegung einzelner Dörfer deshalb über mehrere Jahre hin. Das erboste die Betroffenen, weil Familien und Freunde getrennt und Nachbarschaften zerstört wurden.[549]) In Aussicht gestellte Kompensationsgelder wurden gekürzt oder nicht ausgezahlt. Vielen Haushalten fehlten darum die erforderlichen Mittel für einen erfolgreichen Neustart.[550])

Anderorts waren zwar neue Wohngebäude errichtet bzw. die alten Holzhäuser ab- und an anderer Stelle wieder aufgebaut worden; aber die ungesicherte Wasserversorgung machte ein geordnetes Leben kaum möglich. Die zuständigen Stellen hatte es einfach versäumt, Brunnen auszuheben. Zudem kam es häufig nicht zum Anschluss der neuen Zentraldörfer an das allgemeine Strom- und Telefonnetz. Die Umsiedlung bedeutete für die Betroffenen deshalb keineswegs die erwartete Integration in moderne Infrastruktursysteme. Ohne geregelte Wasser- und Stromversorgung konnten zahlreiche Landbewohner weiterhin nur sehr bedingt am zivilisatorischen Fortschritt teilhaben.[551])

Bei weitem keinen Einzelfall stellte das neu geschaffene Zentraldorf Konovalova dar. Auf einem lehmigen Hügel gelegen, der weit in das aufgestaute neue Bratsker Meer hineinragte, hatten seine Bewohner kaum die Möglichkeit, ein Dorfleben zu unterhalten, das sie dazu bewegt hätte, vor Ort einen Neubeginn zu wagen. Sie litten unter ihren unbewältigten Verlusterfahrungen und fühlten sich als Vertriebene, denen die notwendige Entschädigung vorenthalten worden war. Ohne wirkliche Zukunftsperspektiven im neuen Dorf wanderte die Jugend schon bald ab. Konovalova verarmte und vergreiste.[552])

[545]) PANO, 27/1/256, 95-96.
[546]) RGAE, 7964/4/775, 12-14.
[547]) Dubrovskij 1957: 160.
[548]) RGAE, 7964/4/770, 13-17, 45-46 u. 52-53; ebd., 9572/1/1157, 181-182.
[549]) RGAE, 7964/4/780, 82.
[550]) RGAE, 7964/2/2023, 50; GANO, 1020/2/702, 217; ebd., 782, 183-184.
[551]) Zu den akuten Problemen mit der Wasser- und Stromversorgung vgl. GARF, 9414/1/2355, 68-68; RGAE, 7964/4/784, 72-73 u. 83-107; ebd., 9572/1/1606, 21; PANO, 4/34/539, 135-138; ebd., 27/1/256, 108; GANO, 1020/2/632; ebd., 636, 167-170; ebd., 730, 229-234.
[552]) Scharff 1996: 611 f.

Besonders prekär war die Lage für die Ortschaften, die bei der Planung der Umsiedlungsaktionen schlichtweg vergessen worden waren. Beim Cimljansker Stausee betraf dies ein Dorf mit 113 Haushalten. Als das Wasser unaufhörlich stieg und die Überflutung unmittelbar bevorstand, unternahmen die Verantwortlichen nichts, um den betroffenen Familien ein neues Dach über dem Kopf anzubieten. Während Haus und Hof allmählich im Wasser versanken, waren sie im Kampf um ihr Hab und Gut ganz auf sich allein gestellt.[553])

Zu einem skandalösen Fall, der in der Sowjetpresse heftig diskutiert wurde, kam es im Sommer 1961. In einem Brief an die Zeitschrift *Literaturnaja Gazeta* berichtete eine Dorfbewohnerin: „Was in der letzten Zeit in Bratsk passiert ist, kann man kaum Umsiedlung nennen, eher schon Vertreibung." Die Ortschaften wurden nicht mehr versorgt, Wohnhäuser und Gebäude in Brand gesteckt. In den Geisterdörfern blieben Menschen zurück, die weiter auf die Zuteilung neuen Wohnraums warten und sich der ausgesetzten hungrigen Hunde erwehren mussten. Niemand erklärte sich für ihr Schicksal zuständig und unternahm etwas, um sie aus der ausweglosen Lage zu befreien. Die zahllosen Eingaben und Beschwerden an die regionalen Parteiorganisationen hatten keinerlei Erfolg gehabt. Angesichts der unglaublichen Verantwortungslosigkeit war es der frustrierten Klageführerin „schwierig zu vermitteln, was hier für ein Mist (*košmar*) abläuft."[554])

Der empörende Bericht aus Bratsk scheint mit seiner apokalyptischen Szenerie die Vorlage für Valentin Rasputins 1976 veröffentlichten Roman *Proščanie s Materoj* (Abschied von Matjora) gewesen zu sein.[555]) In ihm beschrieb der ostsibirische Schriftsteller in eindrucksvoller Weise die Verlusterfahrungen von umgesiedelten Familien an der Angara. Während Dovženkos Drehbuch und Film *Poema o More* den Bau eines Hydrogiganten nicht nur als Prozess eines dynamischen Aufbruchs, sondern auch als schmerzhaften Abschied dargestellt hatte,[556]) ging Rasputin noch einen Schritt weiter, um zu zeigen, wie die technisierte Moderne als destruktive Macht über die ländliche Lebensgemeinschaft hereinbrach. Sie zerstörte mit dem umgesiedelten Dorf nicht nur eine agrarische Produktionsstätte, sondern auch die Quelle wichtiger ethischer Werte und einen zentralen Gedächtnisort, in den sich das jahrhundertlange Leiden, Hoffen und Schaffen des russischen Volks eingeschrieben hatte. Die Überflutung, von Dovženko noch als unvermeidliche Trennung und würdiger Abschied dargestellt, erscheint bei Rasputin als bedrückender

[553]) RGAE, 9572/1/1157, 339–340. Zu den vergessenen Dörfern beim Novosibirsker Stausee vgl. RGAE, 7964/4/775, 74–79.

[554]) RGAE, 9572/1/1606, 17, 21 u. 26.

[555]) Erstmals veröffentlicht in der Zeitschrift *Naš Sovremennik*, 1976, Heft 10/11, später dann auch in den gesammelten Erzählungen Rasputin 1978. Die deutsche Übersetzung erschien schon 1977. In den 1980er Jahren folgten mehrere Neuauflagen. Unter der Regie von Elem Klimov wurde der Roman 1982 verfilmt und fand vor allem in der Perestrojka-Zeit ein großes internationales Publikum.

[556]) Siehe ausführlich S. 278–290.

Untergang und als kulturelle Katastrophe. Statt sentimentaler Wehmut dominiert in *Proščanie s Materoj* eine unversöhnliche Zivilisationskritik.[557])

In Rasputins Roman widersetzten sich einige Dorfbewohner ihrer angeordneten Umsiedlung, um die Verlegung des Friedhofs zu erzwingen und die Einebnung der Gräber ihrer Vorfahren durch die sogenannten „Sanitätsbrigaden" zu verhindern. Tatsächlich stellte die sogenannte sanitäre Vorbereitung (*sanitarnaja podgotovka*) der späteren Stauseen ein großes Problem dar. Zahlreiche Friedhöfe, Massengräber und Viehverscharrungsplätze wurden einfach überflutet, so dass die darin ruhenden menschlichen und tierischen Überreste oft hochgeschwemmt wurden.[558]) Auch verharrten zahlreiche Familien bis zuletzt in ihren Dörfern und weigerten sich hartnäckig, dem Umsiedlungserlass Folge zu leisten, ihre Häuser zu zerstören oder abzubauen. Ihr passiver Widerstand zielte – im Unterschied zu Rasputins Roman – jedoch nicht darauf, mit den Friedhöfen einen Teil ihrer Vergangenheit zu bewahren. Er sollte vielmehr die zuständigen Stellen unter Druck setzen, endlich etwas zu unternehmen, um ihre Zukunft zu sichern. In Novosibirsk gelang es einzelnen Familien so, als Härtefälle anerkannt zu werden und zusätzliche Mittel für ihren Neuanfang zu erhalten. Das Trauma der Umsiedlung konnte damit freilich nicht überwunden, sondern lediglich abgemildert werden.[559])

Die dissonanten Fortschrittserfahrungen führten dazu, dass viele Anwohner der Stauseen von den propagandistischen Schallwellen und Glaubensgewissheiten kaum mitgerissen wurden. Angesichts ihrer zahllosen Verluste und des „großen Elends" sprach ein sowjetischer Reporter nach einer Wolga-Reise Mitte der 1960er Jahre offen davon, dass die Einheimischen „nichts Gutes über das Meer zu sagen" wussten und immer wieder die Frage stellten, „warum die Wellen über Hunderte von Dörfern [...], über Felder, Weiden, Torfmoore, Eichen- und Kiefernwälder hinweggehen mussten."[560])

Dabei hatten sowjetische Experten die akuten Versäumnisse bei den Umsiedlungsaktionen und die hohen sozialen Folgekosten schon Ende der 1950er Jahre keineswegs verschwiegen. Aber erst die betrüblichen Ereignisse in Bratsk, als sich altbekannte Probleme erneut einstellten und in den Fokus der Öffentlichkeit rückten, hatten den Ministerrat schließlich dazu angehalten, am 15. Dezember 1961 einen Erlass zu verabschieden, durch den die Entschädigungspraxis neu geregelt wurde, um den betroffenen Familien ihr schweres Los zu erleichtern. Das Ministerium für Kraftwerkbau bat allerdings dringend darum, die neue Regelung nicht auf abgeschlossene oder in Gang befindliche Umsiedlungen anzuwenden, weil die zusätzlichen Kosten sein Budget schwer

[557]) Zu diesem sowjetischen Öko-Klassiker vgl. bes. Kluge 1982; Gillespie 1986: 39–46; Parthé 1992: 41 ff., 59 f., 73 ff. u. 119 f.; Peterson 1994.

[558]) Zu diesen Problemen vgl. RGAE, 7964/4/780, 114; ebd., 784, 72–73 u. 83–107; ebd., 9572/1/859, 7–8; Avakjan/Šarapov 1968: 301.

[559]) GANO, 1020/2/650, 99; ebd., 730, 229–234; PANO, 27/1/1330, 127–133.

[560]) Nosik 1968: 163–175 u. 183, Zitate 164, 166 u. 171.

belasten würden. Für die Bewohner der Städte und Dörfer, die den Fluten der „Großbauten des Kommunismus“ zum Opfer gefallen waren, kam die Einsicht des Parteistaats zu spät, sich um das Schicksal betroffener Familien ernsthaft zu bemühen.[561]) Über ihr Leben war die Sowjetmoderne mit den Fluten der gigantischen Stauseen wie eine Naturkatastrophe hereingebrochen und hatte eine sichtbare Spur der Zerstörung im sozialen Leben und kollektiven Bewusstsein hinterlassen.[562])

6.4. Fazit: Die industrialisierte Status- und Ständegesellschaft

Die „Stalinschen Großbauten des Kommunismus“ waren als die Schau- und Bauplätze sowjetischer Moderne Orte beglückender Gemeinschaftserlebnisse und tragischer Zusammenstöße; sie waren Orte des politischen Aufbruchs und sozialen Aufstiegs, des massenhaften Leids und des beruflichen Scheiterns. Begeisterte Jungkommunisten und karrieremachende Ingenieure, gewalttätige Schwerverbrecher und verzweifelte Familien, die ihr von der Überflutung bedrohtes Heim nicht räumen wollen, bildeten die Eckpunkte eines äußerst heterogenen gesellschaftlichen Panoramas. Die Großbaustellen spiegelten damit anschaulich die „industrialisierte Status- oder Ständegesellschaft“[563]) der Sowjetunion wider.

An ihrer Spitze standen aus Armut und Elend aufgestiegene Ingenieure und Techniker, die ungeachtet aller sozialen Kataklysmen die Großbauten als Orte der Bewährung, des beruflichen Erfolgs und persönlichen Glücks erlebten. Andrej Bočkin, Bauleiter bedeutender Hydrogiganten, erklärte, im Rückblick erschienen ihm seine aufopferungsvollen „Gefechte mit Flüssen“ so, „als ob man mich nach einem Spezialprogramm geschmolzen, gehärtet und geschmiedet hätte.“[564]) Beeindruckt vom dominanten Leitbild des asketischen Heroismus, der aufopfernden Entbehrung und der hartnäckigen Charakterformung ließen sich zu Baumeistern der Zukunft berufene Fachkräfte vom Zauber des Aufbruchs und der modernen Technik, vom Pathos des Kampfes und vom Ethos harter Arbeit so einnehmen, dass sie den Absurditäten des Baustellenlebens und den gesellschaftlichen Flurschäden keine größere Bedeutung zumaßen. Später bildeten sie einflussreiche Erinnerungsgemeinschaften. Deren Interpretation der Sowjetgeschichte ähnelte einem technisch-ökonomischen Epos, das die Industrialisierungsschlachten an den besiegten Flüssen als Erfolgsstory pries. Die Erfahrung einer gemeinsamen entbehrungsreichen, letztlich aber siegreichen Vergangenheit schuf Zusammengehörigkeit. Als diejenigen, die standhaft alle Prüfungen bewältigt und den Hydrogiganten nicht

561) RGAE, 9572/1/1943, 95–96.
562) Nosik 1968: 171 ff.
563) Beyrau 2000a: 171.
564) Botschkin 1978: 8 u. 11.

den Rücken gekehrt hatten, beanspruchten die stolzen Ingenieure Deutungshoheit. Sie übernahmen im offiziellen Diskurs vorgefertigte Identitätspakete und gefielen sich als Hauptakteure in einem historischen Drama, bei dem trotz aller Verwicklungen und Verwerfungen das großartige Ziel erreicht wurde, die majestätischen Flüsse als Elektrizitätsströme in den Dienst der Heimat zu stellen. Die Mühsal des Alltags galt als ein notwendiges Opfer für den Aufbau einer kommunistischen Gesellschaft.[565])

Wie eng das Schicksal technischer Fachkader mit den „Großbauten des Kommunismus" verknüpft war, zeigt sich darin, dass die Hydrogiganten mit ihrem enormen Bedarf an Fachkräften zur fortgesetzten „explosionsartigen Vermehrung"[566]) technischer Spezialisten beitrugen. In den 1980er Jahren arbeitete schließlich die Hälfte aller auf der Welt ausgebildeten Ingenieure in der Sowjetunion.[567]) Diese Tatsache war „a source of pride for the Soviet leaders, a source of alarm for some American observers, and a source of perplexity for economists and historians."[568]) Trotz des in der Nachkriegszeit beginnenden Prozesses der Vermassung des Ingenieurstands litten die „Großbauten des Kommunismus" weiterhin schwer unter einem akuten Mangel an Fachkräften. Das bewies, dass die sowjetische Volkswirtschaft damals nicht nur ihre ökonomischen, sondern auch ihre sozialen Ressourcen bei weitem überstrapaziert hatte. Die daraus resultierenden Kaderprobleme waren entscheidend dafür verantwortlich, dass Baupläne kaum eingehalten und die Arbeiten an den hydroenergetischen Großprojekten erst mit mehreren Jahren Verspätung abgeschlossen werden konnten.[569])

Angesichts des hohen Arbeitsaufwands und der Unwägbarkeiten der Planwirtschaft mussten die auf den Großbaustellen tätigen Ingenieure zweifellos Außergewöhnliches leisten. Ohne ihren unermüdlichen Einsatz und ihr Improvisationsvermögen hätten die gigantischen Flusskraftwerke niemals ihren Betrieb aufnehmen können. Allerdings lehrte die Tätigkeit auf den Großbaustellen viele Ingenieure einen verschwenderischen und rücksichtslosen Arbeitsstil, der Tempo und Quantität vor Sorgfalt und Qualität den Vorrang gab. Das Diktat der Planerfüllung und die Gleichzeitigkeit von Mangel und Überfluss nahmen den technischen Fachkräften jeden Anreiz, sich ernsthaft mit Kosteneffizienz, Produktivität und Innovation zu beschäftigen. Auf den „Großbauten des Kommunismus" erschienen die Bauarbeiter ihren Vorgesetzten primär als Arbeitskräfte, über die nach Belieben verfügt werden konnte. Sicherheitsvorkehrungen und Arbeitsschutz fanden darum kaum Beachtung. Verpflichtet dazu, den Kraftwerkbau über die Schaffung einer soziokulturel-

565) Vgl. dazu die Erinnerungen der „Erbauer des Kommunismus" in Čelovek 1994.

566) Beyrau 1993: 145.

567) Schon 1975 hatte die Sowjetunion dreimal mehr Ingenieure als die USA. Vgl. Graham 1991: 309.

568) Balzer 1990: 141.

569) RGAE, 7964/11/1368, 77; ebd., 9572/1/461, 1-3; ebd., 1157, 46–47; GARF, 7690/5/1995, 30–31.

len Infrastruktur zu stellen, begegneten nur wenige leitende Ingenieure den Sorgen und Nöten der Arbeiter mit Verständnis und Hilfsbereitschaft. Auf ihrer Prioritätenskala blieb kaum Platz für den Faktor Mensch. Für ein klar abgegrenztes Tätigkeitsfeld ausgebildet, nahm in der Sowjetunion ein Ingenieurtyp Gestalt an, der weniger dem flexiblen, selbstbewussten Alleskönner als dem engstirnigen, ängstlichen Spezialisten ähnelte. Sein Improvisationsvermögen zielte statt auf neue technische Lösungen und innovative Durchbrüche vor allem auf ein erfolgreiches Durchkommen durch das verworrene Gestrüpp planwirtschaftlicher Defizite. Die Propaganda der Tauwetterperiode stellte den tatkräftigen und wagemutigen Erfinder zwar als Helden der neuen Zeit heraus; doch blieben Typen wie Dmitrij Lopatkin, die Hauptfigur in Vladimir Dudincevs 1956 veröffentlichtem Schlüsselroman *Ne chlebom edinym* (Der Mensch lebt nicht vom Brot allein), bei den „Großbauten des Kommunismus" die Ausnahme.[570]) Statt unerschrocken den Kampf gegen bornierte Bürokraten als „gefrorene Macht" und „Sand im Getriebe der Zukunft"[571]) aufzunehmen, schienen sich die meisten Ingenieure mit den vorgefundenen Verhältnissen arrangiert zu haben, um daraus das Beste für sich zu machen.

Durch die ehrgeizigen Großprojekte gewannen die sowjetischen Ingenieure Stolz und Ansehen, verloren aber zugleich an Werten und Fachkompetenz.[572]) Die akademische und berufliche Sozialisation ließ sie zu „intellectually impoverished, politically tendentious, socially unaware, and ethically lame" Spezialisten werden, denen in der sowjetischen Wirtschaftsmaschinerie nicht die Rolle eines Schräubchens, sondern einer Antriebswelle zufiel.[573]) Trotz weitverbreiteter Sympathien für den rebellischen Erfinder Lopatkin zeigten sich Ingenieure kaum anfällig für Systemkritik. Auch später fanden sie nur selten den Weg in Dissidentenkreise. Der professionelle und soziokulturelle Zuschnitt der technischen Fachelite, die es nicht vermochte, verkrustete Strukturen aufzubrechen und innovative Dynamiken freizusetzen, erklärt, warum die Sowjetunion seit den 1950er Jahren zunehmend den Anschluss an die weitere Entwicklung von Technik, Wissenschaft und Wirtschaft verlor.[574])

Natürlich blickten diejenigen, die sich ihr Leben im Umland der „Großbauten des Kommunismus" eingerichtet hatten, mit Nostalgie zurück auf die Aufbauphase und verklärten gern ihren Enthusiasmus und Durchhaltewillen. Die Mehrheit der Ingenieure und Techniker hielt es aber auf den Schlachtfeldern im Kampf gegen die Natur nicht dauerhaft aus und zog weiter. Die Großbaustelle „blieb ihnen *frontier* und wurde nicht zum *homeland*"[575]); viele nahmen

570) Zu den heftigen Reaktionen auf diesen Sensationsroman vgl. Schattenberg 2006; Kozlov 2006a.

571) So Helen von Ssachno, zit. n. Lauer 2000: 774.

572) Bailes 1978: 425.

573) Graham 1993: 73.

574) Graham 1993: 77ff.; Mawdsley/White 2000: 115f.; Bailes 1978: 3 u. 425; Balzer 1990: 166f.

575) So zutreffend Grützmacher 2009: 347.

sie sogar als Ort des Scheiterns wahr. Ihre bleibende Erfahrung, der in der Erinnerungskultur wenig Aufmerksamkeit geschenkt worden ist, war deshalb Frustration. Schlecht vorbereitet und von demoralisierten Lehrern unterrichtet, misslang vielen Spezialisten der Berufseinstieg. Angesichts der eigenen Überforderung, der Bevorzugung nichtdiplomierter Praktiker und inakzeptabler Arbeitsverhältnisse schlugen zahlreiche gescheiterte Ingenieure alternative Karrieren ein. Die erfolgreichen Berufswechsler übernahmen Verwaltungsposten oder politische Ämter und machten jenseits von Wissenschaft und Technik Karriere im Parteistaat. Andere mussten mit Stellen vorliebnehmen, die kaum Ansehen und ein geringes Einkommen einbrachten. Angesichts „fließende(r) Übergänge vom Facharbeiter zum Ingenieur"[576]) waren sie besonders hart vom während der Tauwetterperiode einsetzenden Prestigeverlust des Ingenieurberufs betroffen.[577]) Die Diskrepanzen zwischen der versprochenen Bewährung und dem erlebten Scheitern ließen ein „unzufriedenes intellektuelles Proletariat" [578]) entstehen, dessen Missmut sich nicht in Protest, sondern meist in einem verbreiteten Motivationsverlust und in einem wachsenden Desinteresse niederschlug.[579]) In der öffentlichen Wahrnehmung litt der Mythos des Ingenieurs als Pionier von Wissenschaft und Technik. Angesichts der Vermassung und Dequalifizierung technischer Berufe erschienen die Spezialisten bald als „graue Menschen", die mit ihrer Inkompetenz, Borniertheit und Gleichgültigkeit den gesellschaftlichen Fortschritt bremsten.[580])

Neben Ingenieuren und Technikern, die auf den Großbaustellen Karriere machten, waren Arbeiter Teil der nostalgischen Erinnerungsgemeinschaften. Auch wenn die hohe Fluktuation der Arbeitskräfte eher das Bild eines Durchlauferhitzers nahelegte, so ging von den „Großbauten des Kommunismus" allmählich doch ein zähflüssiger Schmelztiegeleffekt aus. Viele Bauarbeiter fanden sich irgendwie im Chaos der Großbaustelle zurecht, um sich anschließend in den Bautrusts und Industrieunternehmen eine halbwegs gesicherte Existenz zu schaffen. Durch ihre Mitarbeit an den Hydrogiganten erwarben sie Kenntnisse und Fertigkeiten und eröffneten sich damit neue Lebenschancen. Nach der Fertigstellung des Bratsker Flusskraftwerks zog beispielsweis ein Viertel der Bauarbeiterschaft weiter zu neuen Hydrogiganten. Ein Drittel fand eine Anstellung auf den neuen Bauplätzen von *Bratskgesstroj*. Knapp 40 Prozent wechselten als Fabrikarbeiter in die Industriekombinate, die in Bratsk ihren Betrieb aufnahmen.[581]) Selbstbewusst erklärten diese Berufswechsler:

[576]) Beyrau 1993: 145.

[577]) Zuletzt stellte noch einmal Susanne Schattenberg fest, dass viele Ingenieure die Tauwetterperiode nicht als romantisch-revolutionäre Zeit wahrnahmen, weil sich ihre durch den 20. Parteitag geweckten Erwartungen und Hoffnungen in den Realitäten des unreformierbaren planwirtschaftlichen Systems rasch auflösten. Vgl. Schattenberg 2006: 76.

[578]) Kalnins 1966: 139.

[579]) Beyrau 1993: 149.

[580]) Balzer 1990: 141 u. 160ff.; Graham 1991: 303f. u. 309.

[581]) Neporožnij 1979: 137.

„Wir haben den Betrieb selbst gebaut; also wollen wir auch selbst darin arbeiten."[582]) Trotz aller Probleme steuerten die Großbaustellen zahlreiche Ausbildungs- und Berufskarrieren, um der Industrie neue Arbeitskräfte zuzuführen und die aus dem Nichts geschaffenen Städte wachsen zu lassen.

Was die Propaganda als heroische Vision für die Sowjetjugend verklärte und als „Zeit der Wunder" ausgab, erlebten viele Bauarbeiter allerdings als Zeit extremer Zumutungen. Die starken Entfremdungspotentiale der Großbaustelle überlagerten oftmals ihre Integrationskräfte. Die Bauplätze der Welt von morgen vermittelten das Bild einer implodierenden Unordnung. Die überfüllten und unterversorgten Arbeitersiedlungen zeichneten sich durch Unruhe und schwer kontrollierbaren Wildwuchs aus. Weit entfernt von jeglicher Übersichtlichkeit boten sie zwielichtigen Gestalten Schlupflöcher und Tätigkeitsfelder für informelle, oftmals illegale Arrangements. Die länderübergreifend für Hydrogiganten typische „Bauplatzpsychose" mit ihrem „Chaos des Werdens", dessen „Wirrwarr [...] (als) Voraussetzung des Neuen, Besseren" galt,[583]) weitete sich bei den „Großbauten des Kommunismus" vielfach zum Trauma aus. So erwiesen sich die widrigen Lebens- und Arbeitsbedingungen, die zahlreiche Grundbedürfnisse der Bevölkerung unbefriedigt ließen, keineswegs als bloße Anfangsschwierigkeiten. Die Rohfassung und das Provisorische wurden vielmehr zum Dauerphänomen. In der Unfähigkeit, Bedingungen zu schaffen, in denen sich der propagierte moderne Lebensstil hätte entfalten können, zeigten sich die Ohnmacht des Parteistaats und die Unfertigkeit seiner Spielart von Modernisierung. Während die riesigen Staumauern mit ihren Kraftwerkanlagen angeblich für die Ewigkeit gebaut wurden und deshalb alle Ressourcen absorbierten, blieben kaum mehr Mittel übrig, um die Arbeitersiedlungen aus ihrem Zustand scheinbar ewigwährender Vorläufigkeit zu befreien. Raum und Zeit wurden im Umfeld der Riesenkraftwerke damit zu einer eigentümlichen Zwischenzone komprimiert. In Bratsk zog sich die Aufbauphase mehr als zwei Jahrzehnte hin, bis in den 1980er Jahren der Übergangsprozess von einer „pioneering to a socialist city" endlich zum Abschluss kam.[584]) Fortan waren es weniger materielle Nöte als vielmehr die sich zuspitzenden Umweltschäden, die das Leben in Bratsk schwer belasteten.

Das Sowjetsystem zeigte sich nach Stalins Tod merkwürdig lernunfähig. Bei jeder Großbaustelle wiederholten sich die gesellschaftlichen Missstände von neuem. So stellte der spätere Generalsekretär Leonid Brežnev noch während der 1970er Jahre beim Bau des Hydrogiganten bei Sajano-Šušenskoe ernüchtert fest: „Das Versäumnis, Wohnraum, Kindergärten, Läden und Schulen für eine Reihe neuer Projekte bereitzustellen, hat die Vollendung von Produktionseinheiten verzögert und eine erhebliche Flucht von Arbeitskräften be-

[582]) Dolgoljuk 1988: 102.
[583]) So die Formulierungen von Flemming 1957: 407.
[584]) Wein 1987 193f.

wirkt."[585]) Wegen der fahrlässigen Vernachlässigung der soziokulturellen Infrastrukturen führten die Großprojekte zu einer „geschmacklosen Industrialisierung".[586]) Sie gab mit gesichtslosen Plattenbauten der Sowjetzivilisation schließlich ein schäbiges urbanes Antlitz, dem sich viele entzogen, um in ihrem selbstgebauten Holzhaus zu leben. Die Hydrogiganten ließen die Sowjetunion als Weltmacht erscheinen; die Arbeitersiedlungen hingegen verwiesen mehr auf die Verhältnisse eines Schwellenlands, dessen großer Sprung aus der Rückständigkeit zu kurz ausgefallen war.

Während die an den Ufern der Stauseen entstehenden Städte als Modell durchaus beeindruckten,[587]) bestanden sie ihre Realitätsprüfung nur selten. Ihr Bevölkerungszuwachs lässt sich darum weniger auf ihre Attraktivität und damit auf *pull*-Faktoren zurückführen, sondern vor allem mit der vielerorts herrschenden Trostlosigkeit des sowjetischen Lebens und folglich mit *push*-Faktoren erklären. Viele Menschen, an denen der Fortschritt bislang vorbeigegangen war, hofften, in Bratsk und Stavropol' endlich an der Industriezivilisation teilhaben zu können, und ertrugen mit der Aussicht auf Besserung lange Zeit alle Widrigkeiten. An den Großbaustellen sammelte sich das soziale Strandgut der sowjetischen Moderne, um daraus Belegschaften und Stadtbevölkerungen zu formen. Sie hatten genauso wie diejenigen, die zur Mitarbeit an den Hydrogiganten abkommandiert worden waren, nur wenig Grund, sich voll und ganz mit dem Großvorhaben zu identifizieren und sich zur aufopferungsvollen, sorgfältigen Arbeit verpflichtet zu fühlen.

Die von der Sowjetpropaganda verbreitete Vision von der Hingabe der Bauarbeiter an den technischen Fortschritt ist auch im Fall der begeisterten Jungkommunisten zu hinterfragen, die den mitreißenden Aufrufen der Partei folgten, um sich als „Erbauer des Kommunismus" feiern zu lassen. Ihr unbestrittener anfänglicher Enthusiasmus wirkte nicht als eingerasteter Automatismus und Daueremotion, sondern als momentanes Gefühl, dass sich angesichts unerträglicher Umstände schnell verbrauchte. Die Mischung von überspannten Erwartungen und enttäuschten Hoffnungen ließ die zelebrierte Baustellenromantik bald in den Hintergrund treten. Die unerfüllte Sehnsucht der Jungkommunisten nach Heldentat und Aufbruch brachte der Liedermacher Jurij Vizbor später mit dem wehmütigen Refrain auf den Punkt: „Wir werden uns an diese Stürme erinnern als die herbeigesehnten Anlässe zum Kampf."[588])

Die „Großbauten des Kommunismus" waren keine stabilen Sozialisationsinstanzen und erfolgreichen Disziplinierungsagenturen, sondern gekennzeichnet von strategischen Handlungskonflikten. Schon Aleksandr Solženicyn spot-

[585]) Zit. n. Lincoln 1994: 442. Bei einer Umfrage unter den Bauarbeitern der ostsibirischen Bajkal-Amur'-Magistrale erklärte die überwiegende Mehrheit der Befragten, dass sie von den Arbeits- und Lebensbedingungen enttäuscht seien. Vgl. Knabe 1986: 128.

[586]) Lincoln 1994: 442.

[587]) Zu den damaligen Vorstellungen von der kommunistischen Stadt vgl. Peremyslov 1962; Gutnov 1968. Knapp auch Gilison 1975: 152-161.

[588]) Zit. n. Vajl'/Genis 2001: 130.

tete zurecht: „Groß war die Begeisterung, enorm der Enthusiasmus, lediglich die Tuchta (Mogelei) ließ sich schwer erklären.“[589]) Es kam zu einem Austausch besonderer Art. Während der Parteistaat seinen Versorgungspflichten auf den Großbaustellen nur bedingt nachkam, nahmen es die Bauarbeiter mit ihren Arbeitspflichten gleichfalls nicht so genau, um die enormen Strapazen der Normalität einigermaßen erträglich zu gestalten. Beide Seiten pflegten eine „Kultur des Hintergehens“[590]). Oftmals taten sie nur so, als ob sie sich an ihre Versprechungen hielten. Angesichts dieser Praxis gegenseitiger Täuschungen wuchs die Zahl der Rechtsverstöße derart, dass sich die Justizbehörden kaum mehr in der Lage sahen, diese angemessen zu verfolgen.[591]) Die mangelhafte soziokulturelle Infrastruktur hatte eine brüchige moralische Infrastruktur zur Folge. Auf den Großbaustellen stellte sich das Sowjetsystem deshalb weniger als enthusiastische Mitmach-Gesellschaft, sondern vor allem als frustrierte Misstrauensgesellschaft und „corrupt society“[592]) dar. Der nachlassende Pflicht-, Ordnungs- und Arbeitsethos untergrub die Grundstrukturen industrieller Arbeitskultur und erschwerte damit den für das nachhaltige Wirtschaftswachstum dringend erforderlichen Zugewinn an Produktivität, Qualität und Innovation.[593])

Die dissonanten Erfahrungen führten bei den Bauarbeitern zu Haltungen und Einstellungen, die geprägt waren von starkem Unmut. Die Beteiligten und Betroffenen der „Großbauten des Kommunismus“ lebten „auf längere Dauer nicht von der Aussicht auf die Zukunft oder gar von Visionen, sondern durch die Bewältigung des Hier und Heute, ihr Lebensmodus (war) nicht eine Zukunftsstrategie, sondern das Sich-Durchwursteln, Sich-Durchschlagen, das lebenslange Improvisieren – auch durch das Hinnehmen von Befehlen, die man in Wahrheit unterläuft.“[594]) Immer schärfere Kritik wurde wegen der widrigen Lebens- und Arbeitsbedingungen geäußert, dabei jedoch nicht die allgemeine Politik und Ideologie in Frage stellt. Die Option zum Systembruch

[589]) Solschenizyn 1978: 89.

[590]) Hildermeier 1998a: 916. Es scheint, als ob die literarische Figur des Ostap Benders, so wie ihn die Satiriker Il'ja Il'f und Evgenij Petrov in ihren Romanen schilderten, nämlich als Schlawiner und gewieften Schwindler, durchaus aus dem Leben der sowjetischen Großbauten gegriffen war. Nicht wenige Ingenieure, Angestellte und Bauarbeiter erhoben das Wunschdenken des Stalinismus zu ihrem persönlichen Lebensprinzip. So erfuhren sie oftmals nicht die Allmacht des Staats, sondern vor allem seine Schwäche und Verletzbarkeit. Die Großbaustelle war für sie damit kein Ort des Terrors und der Not, sondern eine Landschaft unbegrenzter Möglichkeiten, um Träume wahr werden zu lassen; allerdings andere, als es sich die Machthaber wünschten. Vgl. dazu die faszinierende Biographie von Vladimir Gromov. Sie wird anschaulich geschildert in Alexopoulos 1998. Allgemein auch Fitzpatrick 2005: 265–281.

[591]) Angesichts der weit verbreiteten Kunst der Maskierung und Täuschung in der Sowjetunion konstatiert Figes 2007: 670: „Verstellung in so riesigem Ausmaß ist in der bisherigen Menschheitsgeschichte nicht oft beobachtet worden.“

[592]) Simis 1982.

[593]) Vgl. allgemein Lane 1987; Gregory 1987: 241–275; Filtzer 1996.

[594]) Schlögel 1998: 340f.

blieb weiterhin ausgeschlossen. Angesichts wachsender Unzufriedenheit und Gleichgültigkeit bei fortgesetzter Herrschaftsakzeptanz lässt sich das Sozialverhalten im gesellschaftlichen Nahbereich der Hydrogiganten am besten mit Begriffen wie „freudloser Enthusiasmus“[595]), „passive Konformität“[596]), „loyale Widerwilligkeit“[597]) oder missmutige Loyalität fassen. Sie umschreiben zutreffend die von den „Großbauten des Kommunismus“ selbst ausgehende schleichende Aushöhlung des von der Sowjetpropaganda immer noch mit aller agitatorischen Kraft aufrechterhaltenen Sinnsystems. Um die spannungsreiche Pluralität und Widersprüchlichkeit öffentlicher Meinungen und Haltungen auf den Punkt zu bringen, hatte Alex Inkeles schon 1950 zum anschaulichen Bild des Waldbrands gegriffen: An der Feuerfront schlagen die Flammen in voller Intensität hoch. Hier befindet sich eine dünne Linie von überzeugten und engagierten Kommunisten. Hinter dieser Flammenwand kommt ein größeres Gebiet, in dem die Flammen schon nicht mehr lodern, sondern es nur noch einige glühende Stellen gibt. Das ist die Zone der Halbgläubigen. Dahinter erstreckt sich die riesige Fläche des verbrannten Waldbodens mit verkohlten Baumstämmen. Vereinzelt glimmt die Asche noch zaghaft; überwiegend ist es hier aber kalt und grau. Der Propaganda kommt die Funktion des Winds zu, der die Flammen schürt und hilft, dass die Funken überspringen. Aber wie der Wind den Waldbrand intensiviert und beschleunigt, so treibt auch die Propaganda die Flammen der Leidenschaft und des Enthusiasmus weiter voran und damit ihrem Ende entgegen. Hinter dieser schmalen, meterhohen Feuerfront vermag der Wind nur noch die graue Asche aufzuwirbeln. Das Feuer der Leidenschaft und des Enthusiasmus lässt sich auf verbrannter Erde nicht mehr entfachen, weil der emotionale Brennstoff längst verbraucht ist.[598])

Die Desillusionierung war besonders stark bei jungen Arbeitern ausgeprägt, die über das Arbeitsreservesystem, den *Komsomol* und die Fachschulen auf die Großbaustellen kamen, um dort ihr Berufsleben zu beginnen. Bei ihnen konnte sich die integrative Wirkung des Weltkriegs, den sie im Kindesalter weniger als glorreichen Triumph denn als Zeit der Not und Entbehrung erlebt hatten, weit weniger entfalten als bei den älteren Generationen. Die „Großbauten des Kommunismus“ sollten darum neue affektive Bindungen zum Sowjetregime schaffen. Wegen der erschütternden Bedingungen, die ihnen der Parteistaat zumutete, litten die jungen Arbeiter aber unter einer zunehmenden Entfremdung. Die spätstalinistischen Mobilisierungsattacken endeten so mit einem Pyrrhus-Sieg. Eine Kluft zwischen dem politischen System und der Nachkriegsgeneration, die in der Tauwetterperiode schließlich den Kern der Arbeiterschaft stellte, tat sich damals auf und erschwerte als drückendes Erbe den neuen Aufbruch unter Chruščev. Das Sowjetregime

[595]) Filtzer 1999: 1013.
[596]) Kotkin 1998: 419.
[597]) Mallmann/Paul 1993.
[598]) Inkeles 1950: 323.

erlangte nach Abschluss des Wiederaufbaus zwischen 1948 und 1953 zwar eine gewisse politische Stabilität, verstärkte damit jedoch eine durch Distanz und Skepsis bestimmte Haltung in der Bevölkerung, die dem langfristigen wirtschaftlichen Aufschwung die Dynamik und Nachhaltigkeit nahm.[599])

Nachdem die moralischen Imperative durch die um sich greifende Frustration an Zugkraft verloren hatten, kam materiellen Anreizen als Motivationsressource wachsende Bedeutung zu. Die Entstalinisierung leitete deshalb die „Geburt des Konsumismus im Schoß des Kommunismus" ein. Es ging nach 1953 verstärkt darum, „aus dem heroischen Menschen der Mobilisationsgesellschaft" schrittweise einen selbstbewussten Konsumenten zu machen.[600]) Das stalinistische Terrorregime sollte sich in eine „Fürsorgediktatur"[601]) verwandeln, die in ihrem „welfare-state authoritarianism"[602]) Anpassungs- und Mitmachbereitschaft mit verbesserter wirtschaftlich-sozialer Absicherung belohnte.

Ein weiterer Unterschied zwischen dem Stalinismus und der Tauwetterperiode lag sicherlich darin, dass die Bauarbeiter nach 1953 weit weniger gewillt waren, soziale Missstände hinzunehmen, und nachdrücklich auf die Einhaltung materieller Versprechungen pochten. Über die ziemlich illusionslose und systemskeptische Jugend in Bratsk wusste der vor Ort zuständige Redakteur einer Jugendzeitung 1967 zu berichten: „Kritisch ist die Jugend vor allem, weil sie die Diskrepanz zwischen Theorie und Wirklichkeit sieht. Sie weiß, was der sozialistische Staat leisten und bieten sollte, und sie sieht, dass wir auf manchen Gebieten von dieser Leistung noch weit entfernt sind. Sie fragt sich, ob wir die Utopie verwirklichen werden. Das ist für uns die schwerste Aufgabe – den Glauben an die Verwirklichung der Utopie in der Jugend wachzuhalten."[603]) Die jungen Arbeiter in Bratsk, die den stalinistischen Terror nur vom Hörensagen kannten, setzten sich für ihre berechtigten Belange mit einem Selbstbewusstsein ein, „das die geschundene Generation der Stalinzeit nie gekannt hatte."[604]) In ihren Beschwerdebriefen wurde nicht nur der Ton deutlich schärfer, sondern die frustrierten Jungkommunisten scheuten auch nicht davor zurück, mit Streik zu drohen, kollektiv die Arbeit niederzulegen und so Druck auf die Verantwortlichen auszuüben. Zwar kam es an den „Großbauten des Kommunismus" nicht wie in Novočerkassk, Bijsk, Krasnodar, Temir-Tau und andernorts zu Arbeiterunruhen, in denen der allgemeine Unmut über die schlechten Lebensumständen gewaltförmig zum Ausdruck gebracht wurde;[605]) aber es ließ sich kaum übersehen, dass auf den Großbaustellen die zunehmenden Konflikte zu neuen Unsicherheiten und zu

599) Filtzer 2001: 129; Filtzer 2002: 257–265.
600) Schlögel 2001b: 306.
601) So der Begriff von Jarausch 1998.
602) Breslauer 1978: 3–25.
603) Portisch 1967: 72.
604) Karger 1979: 92; Karger 1965: 90.
605) Kozlov 2006b; Schlögel 1984a: 79–131; Baron 2001b.

Problemen mit der Arbeitsmoral und der Arbeitsproduktivität führten. Das hielt die Parteiführer schließlich dazu an, die 1956 umgesetzte Liberalisierung der Arbeitsbeziehungen zu überdenken und mit verschärften Gesetzen „eine untere Grenze der Verletzung der Arbeitspflichten" zu markieren, die sie nicht mehr gewillt waren, weiter hinzunehmen.[606]) Dieses Vorgehen zielte darauf, wichtige propagierte Verhaltensformen und Normen endlich als verbindlich durchzusetzen. Die strafrechtliche Verfolgung der „Störer der Arbeitsdisziplin" verdeutlichte die Inkonsistenzen der Reformpolitik, die zu Beginn der 1960er Jahre zunehmend von ‚liberal' auf ‚repressiv' umgestellt wurde und zu einer merklichen Abkühlung des Verhältnisses zwischen Parteistaat und Bevölkerung führte. Sowohl der Sozialverträglichkeit der Hydrogiganten als auch der sozialen Beherrschbarkeit der Bauarbeiterschaft waren damals weitaus engere Grenzen gesetzt, als es sich die Parteiführer vorgestellt hatten.

Das betrübliche Schicksal der Umsiedler veranschaulichte eindrücklich, dass sich bei den „Großbauten des Kommunismus" die fortschrittsoptimistischen Leitbilder oftmals in Leerformeln erschöpften. Die Flutung des Stausees hatte einen forcierten Prozess der gesellschaftlichen Desintegration und Verödung eingeleitet. Die umgesiedelten Familien fühlten sich zwischen ihrer zerstörten traditionellen Welt und der versprochenen, aber nur unvollkommen eingelösten sowjetischen Moderne im sozialen Niemandsland gefangen. Viele erlebten darum den angeblichen Aufbruch in eine bessere Welt vor allem als Verlust von Heimat und gelerntem Beruf. Die auf der Wasseroberfläche der eroberten Angara schwimmenden Särge, die bei der Überflutung zahlreicher Friedhöfe aus den Grabstätten hochgeschwemmt worden waren, galten im Rückblick als ultimatives Symbol für die destruktive Kraft sowjetischer Raumeroberung. Dieses bedrückende Bild machte deutlich, dass auch die in den neu gestalteten Uferlandschaften lebenden Menschen durch die erbarmungslose Flurbereinigung ihrer gewohnten Welt zu sozialem Treibgut geworden waren.[607])

Die „Großbauten des Kommunismus" wirkten wie Konzentrationspunkte und Kraftmagneten. Während sich hier ungeheure Ressourcen und Aktivitäten bündelten, versanken benachbarte Orte in zunehmender Passivität und Marginalität. Es kam zum Dualismus von „monumentalem" und „minimalem" Raum.[608]) Der Strudel einer konzentrierten, selbstbeschränkten Moderne verschlang die knappen Mittel, die für ein breit angelegtes Wachstum und einen zivilisatorischen Durchbruch erforderlich gewesen wären. Der Eindruck, die Großprojekte würden nicht nur vom, sondern auch für das Volk gebaut, konnte sich bei den betroffenen Anwohnern kaum einstellen. Die

[606]) Raschka 2006: 775.

[607]) Scharff 1996: A611.

[608]) So die Begriffe von Colton 1995: 325–351. In ähnlicher Weise hat Katerina Clark das Nebeneinander von „sakralem" und „profanem Raum" als fundamental für die kulturelle Geographie der Sowjetunion beschrieben. Vgl. Clark 2003.

vielgepriesene Zone des Fortschritts stellte sich an den Stauseeufern vielerorts als eine „Destruktionszone“ und ein Raum dar, in dem die Erschöpfung und Verwahrlosung der sowjetischen Moderne zur Anschauung kam.

„Man spricht, wie man mir Nachricht gab, Von keinem Graben, doch vom Grab.“ So hatte es schon Goethe im fünften Akt des zweiten Teils von *Faust* treffend auf den Punkt gebracht, dass Raumgewinn und Welterschließung schnell in Zerstörung und Tod umschlagen. Als Boris Pasternak Ende der 1950er Jahre den *Faust* ins Russische übersetzte, fand Goethes kritische Reflexion über den aufklärerisch-technizistischen Fortschrittsglauben seine ungeteilte Aufmerksamkeit. Pasternak sah die sowjetische Wirklichkeit in Fausts Plan vom Dammbau widergespiegelt, der allein der Lust entspringt, im Sieg über die Natur seine eigene Macht zu genießen. Wie die Bauernkaten an der Angara wird die Hütte des friedlichen alten Paares Philemon und Baucis rücksichtslos niedergebrannt, weil sie dem Anspruch der Weltverbesserer auf uneingeschränktes Verfügungsrecht im Weg ist. In seine Übersetzung schmuggelte Pasternak deshalb zum einen die kritische Frage hinein, ob „ein Kanal menschliche Opfer rechtfertigt“; zum anderen ließ er es sich nicht nehmen, den Ingenieur in seinem titanischen Tatendrang als mächtiges, aber gottloses Werkzeug des Teufels zu geißeln.[609])

Selbstverständlich war bei allen gigantischen Kraftwerkbauten im 20. Jahrhundert ein erhebliches Maß an „Disharmonie, Unruhe und Unbehagen spürbar“. Auch westliche Raumplaner und Gesellschaftssanierer sahen in der „Auflösung überholter Ordnung [...] eine der unerläßlichen Aufgaben der Technik, um neuen Formen den Weg freizumachen.“ Die Verluste deuteten sie als unumgängliche „Übergangserscheinungen, die für die Betroffenen schmerzlich sein mögen, aber doch nicht grundsätzlich zu Pessimismus oder Ablehnung berechtigen.“[610]) Die sowjetischen Vorhaben unterschieden sich von vergleichbaren westlichen Großprojekten zweifellos durch ihre besonders auffällige „monstrosity by ignoring the social context of engineering“[611]). Die neuen Flusslandschaften an Wolga und Angara prägte deshalb eine merkwürdige Mischung von Rohbau und Ruine, weil überlieferte Lebensformen auf dem „Müllhaufen der Geschichte“ landeten, während die neue Ordnung weiter auf sich warten ließ. Die Entsorgung der althergebrachten bäuerlichen Welt war mit viel mehr Energie angegangen worden als die Versorgung des aus ihren sozialen Überresten zu formenden neuen Lebensraums. Die Umgestaltung der Gesellschaft schien in den USA – trotz aller kulturellen Verwerfungen wie Las Vegas – insgesamt doch weit umfassender und erfolgreicher gewesen zu sein. Die von den Hydrogiganten entfaltete destruktive Kreativität besaß hier deutlich mehr Dynamik zum Aufbau neuer Strukturen. So wurden die Anwohner

[609]) Zu Pasternaks eigenwilligen und zeitkritischen Übersetzung von *Faust* vgl. Markov 1961: 507f.

[610]) Flemming 1957: 408.

[611]) Graham 1993: 105.

der Stauseen in größerem Maß in die neuen Versorgungssysteme eingebunden und damit zumindest infrastrukturell integriert. Auch der Kompensation von Modernisierungsschäden musste wegen der privaten Eigentumsrechte mehr Beachtung geschenkt werden. Zwar galt es die Ansprüche vielfach vor Gericht im Nachhinein einzuklagen; aber in den westlichen Industriegesellschaften hatten die meisten umgesiedelten Familien doch deutlich bessere Voraussetzungen für einen Neustart und fühlten sich oftmals nicht im gleichen Maße vom gesellschaftlichen Fortschritt abgekoppelt.

Die spezifische Verlustgeschichte der Sowjetmoderne zeigt sich vor allem darin, dass die Befreiung aus dem Gefängnis der Natur mit der Errichtung eines ausufernden Lagersystems einherging. Entworfen, um das Sowjetvolk ins Reich der Glückseligkeit zu führen, erlangte die kommunistische Zukunftsprognose mit dem Archipel GULag als totalitär-destruktive Heilslehre historische Mächtigkeit. Im „Jahrhundert der Lager"[612]) hat der erste sozialistische Staat auf Erden mit seiner „Ideologie der Staatssklaverei"[613]) zweifellos ein besonders trauriges Kapitel der Geschichte geschrieben. Der zum gigantischen Wirtschafts- und Bauimperium angewachsene stalinistische „Lager-Industrie-Komplex" demonstrierte nachdrücklich, dass „die Utopie der einen Person die Hölle der anderen ist."[614]) Skrupellos bediente sich der modernisierungssüchtige Parteistaat bei seiner selbsterklärten Zivilisationsmission nichtziviler Mittel. Unter der propagandistischen Oberfläche der kommunistischen Zukunftswelt hinterließen, eingezäunt vom „Stacheldraht der Revolution"[615]), Millionen von GULag-Sklaven in der Geschichte und Geographie des Landes deutliche Spuren, die sich nicht mehr umgraben und einebnen ließen. In der „industrialisierten Status- oder Ständegesellschaft" der Sowjetunion bildeten die Arbeitslager einen „unheimlichen Bodensatz".[616]) Die Häftlinge wurden zu einer Art sozialen Rohstoffs degradiert, mit dem nach Belieben verfahren werden konnte, um volkswirtschaftlich riskante Großprojekte in Angriff zu nehmen und in entlegenen Randgebieten neue Räume zu gestalten. Die Verfügbarkeit über ein Heer von Zwangsarbeitern beförderte maßgeblich den ökonomischen Voluntarismus der Parteiführer.[617]) Der Archipel GULag führte der „extensiven verschwenderischen Wirtschaft" stets neue humane Ressourcen zu,[618]) um die ökonomische Abnormität und Amoralität in der stalinistischen Sowjetunion zum Normalzustand werden zu lassen.[619])

Die „Großbauten des Kommunismus" stellten Strafkolonien des technischen Fortschritts und Orte des Zeitsprungs dar, gekennzeichnet vom erstaun-

612) Kotek/Rigoulet 2001.
613) Applebaum 2003: 307.
614) Bartov 2000: 103.
615) Heller 1975.
616) Beyrau 2000a: 171.
617) Chlevnjuk 2003: 66; Khlevniuk 2004: 333-339.
618) Sacharov 1990: 78.
619) Ivanova 2001: 107 u. 132.

lichen Kontrast zwischen Primitivität und Inhumanität einerseits und technischen Höchstleistungen und verführerischen Paradiesvisionen anderseits. Freilich waren die spätstalinistischen „Inselchen des Archipels“[620]) als in Beton und Stahl gegossene „Raubnest(er) der feudalherrschaftlichen Ausbeutung“[621]) keine „death camps“ mehr wie das berüchtigte Lagersystem in Kolyma während der 1930er und 1940er Jahre.[622]) Die Zustände und Überlebenschancen hatten sich verbessert, allerdings weniger aus humanitären Gründen, sondern vor allem weil „merkantile Aspekte des Umgangs mit den Insassen“[623]) immer stärker zu Geltung kamen. Trotz der forcierten Mechanisierung konnte das Grundproblem der Zwangsarbeit, nämlich ihre offenkundige Ineffizienz, nicht gelöst werden, um die finale Krise der Lagerwirtschaft abzuwenden. Als die Parteiführer die „wissenschaftlich-technische Revolution“ ausriefen, „stand der GULag hilflos vor dem Wachstum der Produktivkräfte.“[624]) Deshalb versuchte die Partei- und Staatsführung nach Stalins Tod, sich dieser „Zwangsjacke des Fortschritts“[625]) zu entledigen und dem fortexistierenden Lagersystem eine nur noch nachrangige volkswirtschaftliche Funktion zuzuweisen.

Die Lagerwelt sollte, so das ehrgeizige Ziel ihrer Erbauer Ende der 1920er Jahre, eine „Schule der Arbeit“ sein;[626]) sie wurde zum einen zur Brutstätte der Pfuscharbeit und lehrte sowohl den einfachen Zwangsarbeiter als auch den Lagerleiter, es mit Qualität und Ehrlichkeit nicht so ernst zu nehmen.[627]) Zum anderen waren die gigantischen Lagerkomplexe ebenso große „Schulen des Hasses“. Die Lagerinsassen lernten hier „Grausamkeit gegenüber Schwachen und Rechtlosen“[628]) und eigneten sich „das Handwerk des Einschüchterns, Schikanierens und Misshandelns“ an.[629]) So feierte bei den „Großbauten des Kommunismus“ nicht nur die Propaganda, sondern auch die Gewalt ungeahnte Erfolge. Dem „Wolfsgesetz einer totalitären Mobilisierung“[630]) verpflichtet, versagten die Verantwortlichen trotz aller pädagogischen Rhetorik auf der ganzen Linie, als es darum ging, die Lager zu wirklichen Resozialisierungsagenturen zu machen und entschieden gegen Willkür, Terror und Machtmissbrauch vorzugehen. Der „Preis des GULagischen Kilowatts“[631]) ist sicherlich nicht allein in Kopeken zu bemessen.

[620]) Solschenizyn 1978: 541. Von „energetischen Zonen“ spricht Oleg Chlevnjuk in Zaključennye na strojkach kommunizma 2008: 22.

[621]) Solschenizyn 1978: 527.

[622]) Conquest 1978.

[623]) Beyrau 2000a: 169.

[624]) Ivanova 2001: 128.

[625]) Armanski 1993: 137.

[626]) Ivanova 2001: 193.

[627]) Khlevniuk 2004: 338f.

[628]) Dobrowski 2002: 276.

[629]) Bardach 2000: 251.

[630]) Beyrau 2001: 196.

[631]) Zaključennye na strojkach kommunizma 2008: 22. Ähnlich Khlevniuk 2004: 344.

Oft wird das GULag-System als ein Treibhaus beschrieben, in dem eine Gewaltkultur herangezüchtet wurde, um von dort aus wie ein nicht einzukapselndes Krebsgeschwür den gesamten Gesellschaftskörper mit Brutalität, krimineller Energie und einem degenerierten Verantwortungsbewusstsein zu vergiften. Aber auch wenn der GULag seine eigenen Gesetze, seine eigenen Sitten, seine eigene Moral und sogar seine eigene Sprache hatte, so sollte er dennoch nicht als ein in sich abgeschlossenes soziales Paralleluniversum, als eine „im Grunde [...] andere Zivilisation" verstanden werden.[632]) Vielmehr spiegelte die Lagerwelt den allgemeinen Zustand der Sowjetgesellschaft wider, die sie umgab. Sie war die „präziseste Verkörperung" und „Quintessenz" des stalinistischen Terrorsystems.[633]) So fällt über das Neben- und Miteinander von Häftlingen und frei angeworbenen Lohnarbeitern hinaus auf, dass zahlreiche für die Lagerwirtschaft typischen Missstände – von den miserablen Lebensverhältnissen bis hin zur Pfuscharbeit und Unterschlagung – gleichfalls auf den Bauplätzen in Novosibirsk und Bratsk auftraten, wo die Verantwortlichen auf Zwangsarbeiter verzichteten.

Neben sozialen und wirtschaftlichen Wirkungen hatte das GULag-System mentale Spätfolgen, die in der Zeit der Perestrojka, dem letzten Stadium des europäischen Staatssozialismus, die Sowjetgesellschaft mit dem „Sturz in die Erinnerungspluralität"[634]) erschütterten. Im Zug der „revenge of the past"[635]) meldeten sich Gruppen verstärkt zu Wort, deren bittere Erfahrungen von der offiziellen Geschichtspolitik zum historischen Tabu erklärt worden waren. Getragen von unabhängigen sozialen Bewegungen, wurde die Organisation *Memorial* ins Leben gerufen, die als lautstarke „Demonstration gegen das Vergessen"[636]) das Gedenken an die zahlreichen Opfer des Stalinismus öffentlich machte.[637]) Neue memorative Praktiken breiteten sich aus, die als die „Rückkehr des Gedächtnisses"[638]) gedeutet wurden. Die Opferperspektive konkurrierte mit dem Blick der Sieger. Bei dieser Umwertung der Sowjetgeschichte zum Alptraum erschienen die „Großbauten des Kommunismus" keineswegs mehr als pompöse technologische Erinnerungstempel, sondern als gigantische Mahnmale einer fehlgeleiteten Moderne und schmerzende Narben der Geschichte.[639])

632) Applebaum 2003: 10.
633) Ivanova 2001: 191; Applebaum 2003: 25.
634) Langenohl 2000: 303.
635) Suny 1993.
636) Scheide 2003: 229.
637) Ausführlich Adler 1993; Smith 1996; Fein 2000.
638) So der programmatische Buchtitel der Edition Vozvraščenie pamjati 1991/1997.
639) Im Auftrag des gegenwärtig größten russischen Energieversorgers, der Aktiengesellschaft *EES Rossii*, gaben kürzlich russische Historiker unter der Leitung von Oleg Chlevnjuk einen eindrucksvollen Foto- und Dokumentenband heraus (Zaključennye na strojkach kommunizma 2008), um die Triumph- und die Schattenseiten der sowjetischen Elektrifizierungsgeschichte zusammenzubringen.

7. Technik und Umwelt: Ökologischer Notstand und gesellschaftliche Proteste

„Die Größe eines Fortschritts bemisst sich aber nach der Masse dessen, was ihm alles geopfert werden musste."

Friedrich Nietzsche

Allzu häufig haben Forschrittseuphorie und technikbesessener Zukunftstaumel den Blick auf die „Dialektik der Aufklärung"[1]) und „das Paradox der Modernisierung"[2]) verstellt. Zu diesen gehörte zweifellos, dass „Naturbeherrschung Menschenbeherrschung ein(schließt). Jedes Subjekt hat nicht nur an der Unterjochung der äußeren Natur, der menschlichen und nichtmenschlichen teilzunehmen, sondern muss, um das zu leisten, die Natur in sich selbst unterjochen."[3]) Die Überzeugung, dass die Gesellschaft um so freier sei, je mehr sie die Elementarkräfte und damit die eigenen Lebensverhältnisse unter Kontrolle bringe und infolgedessen je umfassender sie reguliert und beherrscht werde, führte zu weitreichenden Eingriffen in Lebenswelten und Ökosysteme. Der Ausbruch des modernen Menschen aus Unmündigkeit und Naturbefangenheit stellt sich folglich als Siegeszug eines Konquistadoren dar, der durch die Überwindung aller Hindernisse seine Umwelt und so schließlich sich selbst erobert. Natur wird dabei zwangsläufig zu einer sozialen Imagination, die zeigt, „was einer Gesellschaft wichtig ist und wonach sie strebt; (sie) stellt die Projektion eines Gesellschaftsbildes dar".[4]) So sagt „the state of nature" immer auch etwas über „the nature of the state" aus.[5]) Die Umweltgeschichte ist deshalb stets als eine Geschichte von Macht und Herrschaft zu verstehen, die reiches Erkenntnispotential bietet.[6])

In der Welt der Moderne gehören technische Infrastrukturen zur Grundausstattung des sozialen Daseins. Sie wirken als „strukturkonservierendes Rückgrat"[7]) und „gesellschaftliche Integrationsmedien erster Ordnung"[8]). Weitreichende großtechnische Ent- und Versorgungsnetze haben sich als vermittelnde Instanzen nicht nur zwischen Staat und Wirtschaft, Herrschaft und Alltag, sondern auch zwischen Kultur und Natur geschoben.[9]) Die damit einhergehende Umgestaltung von Landschaft und Ökologie ist ein „Kernvorgang

1) Adorno/Horkheimer 1969.
2) Loo/Reijen 1992.
3) Horkheimer 1974: 94.
4) Sachs 1985: 38. Ausführlich Gierer 1998.
5) Wehr 2004: 38ff.
6) Radkau 2000: 20f.
7) So Christoph Bernhardt, zit. n. Winiwarter/Knoll 2007: 200.
8) Laak 2001: 368.
9) Von „Schnittstelle" sprechen in diesem Kontext Engels/Obertreis 2007: 2.

moderner Gesellschaftsentwicklung"[10]) und ein „Kennzeichen"[11]) wachstumsbesessener Industriezivilisationen. Die Evolution großer technischer Systeme leitet damit unmittelbar zu umwelthistorischen Forschungen über und liefert Argumente dafür, neben die Trias von Herrschaft, Wirtschaft und Kultur als weitere Grundkategorie Umwelt zu stellen und sie in den Geschichtswissenschaften zu etablieren.[12])

In allen Industrieländern kam es in der Zeit nach dem Zweiten Weltkrieg zu einem anhaltenden expansiven Wirtschaftswachstum. In dieser besonders stürmischen Modernitätsepoche setzte der forcierte Übergang zu Massenproduktion und Konsumgesellschaft die immer weiter um sich greifende Erschließung der natürlichen Ressourcen und das beschleunigte Wachstum der Energieproduktion voraus. Die modernen Volkswirtschaften in Ost und West sind seitdem „von Energie so abhängig wie der Mensch als biologisches Wesen vom Brot."[13]) Angesichts ihres beständig wachsenden Bedarfs und der Endlichkeit der fossilen Brennstoffvorkommen erweisen sich die Handlungsspielräume jedoch nicht als grenzenlos. Hinter den Fassaden scheinbarer Stabilität ließ sich schon zu Ende der 1950er Jahre eine verunsicherte Industriegesellschaft erkennen, deren fortgesetzte Ausdifferenzierung zunehmend größere Anforderungen an die Steuerungskapazitäten der politischen Systeme stellte. So mussten die Verantwortlichen in Politik und Wirtschaft erkennen, dass mit dem ökonomischen Wachstumsschub auch die Umweltverschmutzung dramatisch anstieg. Die mit großem Aufwand, aber auch in kolossaler Arroganz und mit großer Rücksichtslosigkeit gegenüber ökologischen Belangen realisierten Großprojekte enthielten zahlreiche unangenehme und schmutzige Komponenten. Nur zu gern hatten sich die Systemkonstrukteure dem irrigen Glauben hingegeben, sie könnten alle Folgen und Schäden leicht in den Griff bekommen. Die vielfältigen Umweltzerstörungen veranschaulichten aber, dass in den eng verkoppelten, netzartig aufgebauten und damit „ungewöhnlich prekären Systemen"[14]) schon ein kleiner Störfall unabsehbare Kettenreaktionen mit gefährlichen Konsequenzen auslöste.[15]) Die gesteigerten Möglichkeiten der Naturbeherrschung waren so oftmals mit neuen Unsicherheiten teuer erkauft. Im „Zeitalter der Nebenfolgen"[16]) bietet sich deshalb die Geschichte ambitiöser Großvorhaben geradezu an, um das hohe ökologische Risikopo-

[10]) Mayntz 1993: 100.
[11]) Hughes 1989: 190.
[12]) Siemann/Freytag 2003: 12ff. Ähnlich Beck 2007: 73. Einen „eocological turn" konstatiert Engels 2006b. Zum Forschungsstand der Umweltgeschichte vgl. zusammenfassend zuletzt Freytag 2006; Engels 2006a; Winiwarter/Knoll 2007; Uekötter 2007; Reith 2008; Kirchhoff/Trepl 2009.
[13]) Joerges 1996: 33.
[14]) Joerges 1996: 151.
[15]) Vgl. bes. die aufschlussreiche Fallstudie von Kepplinger/Hartung 1995.
[16]) Beck 1994.

tential der Moderne und die unzweifelhaften Gefahren von Fortschritts- und Wachstumsverheißungen darzulegen.[17])

Umweltgeschichte darf aber keineswegs nur als ein negatives Pendant und grünes Anhängsel zur Geschichte der Modernisierung verstanden werden, die sich allein mit der lange Zeit „kaum bearbeiteten Außenzone der Industrie- und Technikgeschichte“[18]) beschäftigt. Neben den ökologischen Schadensbilanzen thematisiert sie den Aufstieg der Natur zum schutzwürdigen und schutzbedürftigen Objekt und die Entstehung zivilisationskritischer Befindlichkeiten, die schließlich in gesellschaftliche Proteste und soziale Bewegungen einmündeten. So wurde der Ruf nach reiner Luft, blauem Himmel und sauberem Wasser seit Ausgang der 1950er Jahre in den Industrienationen immer lauter vernehmbar. Qualmende Schornsteine galten fortan nicht mehr nur als Beweis einer expandierenden Volkswirtschaft. Zudem beförderte der Widerstand gegen besonders destruktive und riskante Superprojekte vielerorts den Aufstieg der Ökologie zum Politikum. Der traditionelle Naturschutz, dessen Vertreter sich vor allem für den Erhalt charakteristischer Landschaften fernab der Industriezentren eingesetzt hatten, wich damals allmählich einem modernen Umweltschutz. Dessen Ziel war es, in den Großstädten das Ausmaß der Verunreinigung von Luft, Boden und Wasser zu begrenzen und die Umsetzung weiterer Großbauten stärker auf ihre Sozial- und Umweltverträglichkeit zu überprüfen.[19]) So wichtig dieses erste Erwachen ökologischer Sensibilitäten auch gewesen war, es verging noch ein weiteres Jahrzehnt, bis sich in den 1970er Jahren eine breitere Öffentlichkeit nicht mehr der Erkenntnis verschloss, dass auch dem Wachstum expansiver Industriegesellschaften engere ökologische Grenzen gesetzt waren als allgemein angenommen. Der „kurze Traum immerwährender Prosperität“[20]) schien ausgeträumt. Ein gesellschaftliches Klima hielt Einzug, in dem es um die Landschaft und Gesellschaft verändernden Megaprojekte deutlich schlechter bestellt war als in den Jahrzehnten zuvor.[21])

7.1. Umweltpolitik und Umweltschäden: Vergebliche Hilferufe und ökologischer Analphabetismus

Ökologische Entstalinisierung?

In den 1920er und 1930er Jahren hatte der sowjetische Parteistaat in entlegenen Gebieten Naturschutzgebiete (*zapovedniki*) eingerichtet, die der ökono-

[17]) Radkau 1993: 376 u. 379f.
[18]) Radkau 2000: 12.
[19]) Vgl. z.B. für Deutschland Brüggemeier 1998: 179–205.
[20]) Lutz 1989.
[21]) Steinberg 2004; Schumacher 1999.

mischen Erschließung entzogen waren und zu denen der Zugang streng reguliert blieb. Zugleich kam es im Bereich des rechtlichen Umweltschutzes zur Verabschiedung von Verordnungen, die eine Verschwendung natürlicher Ressourcen verhindern und die Gesundheit der Sowjetmenschen sicherstellen sollten. Allerdings empfanden die meisten Funktionsträger in Staat und Partei den Umweltschutz nur als eine das wirtschaftliche Wachstum störende Angelegenheit. Ausgaben für den Umweltschutz erschienen ihnen als Vergeudung knapper Investitionsmittel. Angesichts der vehement geforderten Unterwerfung der Natur bemühte sich deshalb kaum jemand ernsthaft darum, die erlassenen Rechtsnormen und Dekrete umzusetzen.[22])

Nach Ende des Zweiten Weltkriegs ließ sich über die hohen Folgekosten der forcierten Industrialisierung und der damit einhergehenden Verschwendung natürlicher Ressourcen kaum mehr hinwegsehen. Es galt zu verhindern, dass sich eine übermäßige Umweltverschmutzung hemmend auf den weiteren sozialen und wirtschaftlichen Fortschritt auswirkte. Im Rahmen von Pressekampagnen wurde zuerst der desolate Zustand der Wälder thematisiert. Während der Kriegs- und Nachkriegsjahre waren allerorten unkontrolliert wertvolle Baumbestände vernichtet worden, ohne dass sich jemand um Neuanpflanzungen und erhaltende forstwirtschaftliche Maßnahmen gekümmert hätte.[23]) Gegen Ende der 1940er Jahre kam des deshalb zu einem aktiven Engagement für den Wald, das an überlieferte „waldfreundliche" Traditionen des russischen Kulturlebens anknüpfte und durch die Deutungslinie Wald – Heimat – Volk eng mit der damals von der Partei forcierten russisch-nationalen Symbolik verbunden war. Zugleich stärkten die im „Stalinschen Großartigen Plan zur Umgestaltung der Natur" vorgesehenen Baumanpflanzungen das wirtschaftliche und kulturelle Interesse am Wald.[24]) Im Sommer 1949 komponierte Dmitrij Šostakovič sein *Lied von den Wäldern*, für das er ein Jahr später mit dem Stalin-Preis ausgezeichnet wurde.[25]) In seiner *Erzählung von den Wäldern* beklagte 1948 der Schriftsteller Konstantin Paustovskij, dass sich große Waldgebiete durch die Ignoranz, Nachlässigkeit und Habgier der Men-

[22]) Radecki/Rotko 1991: 25-35; Weiner 1988; Sokolov 1994; Baller 1995: 39-101; Bonhomme 2005: 83-236.

[23]) Zu den kriegsbedingten Umweltschäden vgl. Noskov 1985.

[24]) Scheuerle 1953: 132-145; Buchholz 1961a: 11-17, 52-67 u. 83f.; Radecki/Rotko 1991: 54f.

[25]) Weiner 1984; Meyer 1995: 347-351; Fay 2000: 175f. Das „Lied von den Wäldern" (*Pesn' o Lesach*) ist ein siebenteiliges Oratorium für Tenor- und Bass-Soli, Kinderchor, gemischten Chor und Orchester. Die gefeierte Uraufführung fand am 15.November 1949 in Leningrad statt. Laut Zeitzeugenberichten war Šostakovič vom künstlerischen Wert seines Werkes wenig begeistert, weil es eine ganz dem spätstalinistischen Zeitgeist verpflichtete Auftragsarbeit war, um sich in turbulenter Zeit das Wohlgefallen des Kremls zu sichern. Šostakovič nutzte Stilmittel der heimischen Folklore und verband diese mit einer Laudatio auf Stalin. Nach 1953 wurden die Textteile umgeschrieben, die das Genie und die Weisheit Stalins priesen. Das Oratorium wurde recht populär und stellt heute ein aufschlussreiches musikalisches Zeitdokument dar.

schen in Ödnis verwandelt hätten, deren Anblick alle, die ihre Heimat liebten, traurig stimme. Wie Paustovskij zog auch Leonid Leonov eine Parallele zwischen den Kriegszerstörungen und den Verbrechen an der Natur. Auf Anregung zweier Forstwissenschaftler machte er sich an die Abfassung seines spätstalinistischen Monumentalwerks *Der russische Wald*, das 1953 erschien.[26]) Schon zuvor hatte sich Leonov publizistisch für den Wald eingesetzt und Aufforstungskampagnen zur dringlichen patriotischen Sache erklärt. In einem am 28. Dezember 1947 in der *Izvestija* veröffentlichten Artikel rief er zu einem „Kreuzzug zur Verteidigung unseres grünen Freundes" auf, um den Baumbestand in den Wäldern und in den städtischen Parkanlagen zu retten.[27])

Besonderen Anlass zur Besorgnis gab das Baumsterben in den sowjetischen Großstädten und Industriemetropolen.[28]) Schuld daran war die extrem hohe Luftverschmutzung, die in den 1940er und 1950er Jahren deutlich über den Vergleichswerten in den USA und in anderen westlichen Industriegesellschaften lag.[29]) Als „einer der rückständigsten Zweige der städtebaulichen Gestaltung" erwies sich damals auch die Schaffung von Grünanlagen.[30]) Der Zustand ihrer Parks, Schutzwälder und Naherholungsgebiete führte den sowjetischen Stadtbewohnern anschaulich vor Augen, wie schlecht es um die Natur in ihrem Land eigentlich bestellt war. Im April 1947 rief darum Suzanne N. Fridman, die geschäftsführende Sekretärin der Allrussischen Gesellschaft für Naturschutz (*Vserossijskoe Obščestvo za Ochranu Prirody*), mutig dazu auf, die Sowjetmenschen durch verstärkte Agitation zu überzeugen, sorgsam mit ihrer Umwelt umzugehen. Den Einsatz für den Erhalt von Flora und Fauna verband sie mit ethischen Prinzipien und erhoffte sich so, auch in Politik, Kultur und Öffentlichkeit Mitstreiter für den von ihr geforderten „moralischen und sozialen Aktivismus für den Naturschutz" zu gewinnen.[31]) Kurz darauf wurde die erste populärwissenschaftliche Broschüre zum Umweltschutz publiziert,[32]) und ein Jahr später erschien die Zeitschrift *Ochrana Prirody* (Naturschutz) wieder.

Fortan ging es nicht mehr allein um seltene Pflanzen und Tiere in den ausgewiesenen Schutzgebieten, sondern vereinzelt auch schon um die akuten Umweltbelastungen in den Industriegebieten.[33]) So waren in den Jahren nach

[26]) Hirzel 1996: 67-155; Meyer 2008.

[27]) Hirzel 1996: 80f.; Weiner 1999: 79f. Leonov setzte auch später seinen Einsatz für „den grünen Freund" fort. Vgl. Leonov 1957.

[28]) Vgl. zu dieser Besorgnis bes. die Verordnung des Ministerrats vom 29. Mai 1949. Abgedruckt in: Ob ochrane 1979: 95-98.

[29]) Goldman 1972: 29 u. 122-150; Ziegler 1987a: 49. Dazu auch Sysin 1956: 1786; Luft 1958.

[30]) So der Minister für das Gesundheitswesen in der *Pravda* vom 8. Juni 1960, zit. n. Kurašov 1969: 1614.

[31]) Weiner 1999: 75ff.

[32]) Dabei handelt es sich um Makarov 1947.

[33]) Weiner 1999: 71f., 79 u. 82.

1948 sowjetische Mediziner und Hygieniker damit beschäftigt, Grenzwerte für Schadstoffbelastungen zu ermitteln. Wissenschaftler erhielten die Aufgabe, ökologische Schäden zu dokumentieren und Verfahren auszuarbeiten, um den Schadstoffausstoß der Industrie zu reduzieren.[34]) Gleichzeitig wurden am 31. Mai 1947 und am 29. Mai 1949 zwei neue Rechtsverordnungen zum Schutz der Wasserquellen, zur Luftreinhaltung und zur Verbesserung der sanitär-hygienischen Bedingungen in Wohnsiedlungen erlassen.[35]) Diese ersten zaghaften Schritte dienten dazu, die schlimmsten Auswüchse beim rücksichtslosen Umgang mit den Naturressourcen zu vermindern; sie änderten aber nichts an der donnernden Rhetorik von der Umgestaltung der Natur. Gefangen in der Vorstellung, nun endlich im Prozess der Emanzipation des Sowjetmenschen von Natur und Tradition die finale Stufe zu erklimmen, lösten die Staats- und Parteiführer 1951 zwei Drittel der bestehenden sowjetischen Naturschutzgebiete auf, um auch entlegene Regionen wirtschaftlich erschließen zu können. Die vereinzelten Anzeichen für den Wandel vom traditionellen Naturschutz zum modernen Umweltschutz dürfen darum nicht darüber hinweg täuschen, dass es der stalinistischen Führung bei ihrem selbstverkündeten Feldzug gegen die Elementarkräfte ausschließlich um die Eroberung der Natur ging und der Einsatz für den Erhalt der natürlichen Ressourcen und für Schadstoffbegrenzungen einem klaren ökonomischen Kalkül folgte.[36])

Nach dem Tod Stalins wuchs das gesellschaftliche und politische Interesse an Umweltfragen. Die Tauwetterperiode markierte den Beginn der endlosen umweltpolitischen Versuche, das Unheilbare zu heilen. In ihrer Rede auf dem 20. Parteitag warnte die Gesundheitsministerin der UdSSR, Marija D. Kovrigina, dann in aller Öffentlichkeit davor, dass die fortschreitende Luft- und Gewässerverschmutzung erhebliche Gefahren für die Gesellschaft heraufbeschwöre. Sie warf den Leitern von Industriebetrieben und Behörden vor, die Fragen des Gewässerschutzes nicht zu beachten und es leichtsinnig zu versäumen, Klär- und Filteranlagen einzubauen. Zahlreiche umweltverschmutzende Betriebe „machen das Leben der in der Umgebung wohnenden Bevölkerung unerträglich." Die verantwortlichen Fabrikdirektoren müssten darum verstärkt dazu angehalten werden, „nicht nur an die Erfüllung des Plans für ihren Arbeitsbereich zu denken, sondern auch dafür zu sorgen, dass die Gewässer, der Boden und die Luft nicht verunreinigt werden."[37])

Die Thematisierung des Umweltschutzes auf dem 20. Parteitag hatte Folgen. Zahlreiche Regionalverwaltungen, wie die in Novosibirsk, richteten in den Jahren 1957 und 1958 ein Komitee zum Umweltschutz und zur Begrünung der Wohnsiedlungen ein. Seine Mitglieder waren allesamt angesehene Behördenvertreter, Wissenschaftler, Kulturschaffende und Repräsentanten

[34]) Ziegler 1987a: 104f.; Ruble 1980.
[35]) Radecki/Rotko 1991: 55.
[36]) Ausführlich Weiner 1999: 104–160.
[37]) Kovrigina 1956: 422f.

gesellschaftlicher Organisationen, die ihr Ansehen einsetzen sollten, um Verschmutzungen und Zerstörungen vorzubeugen und das Leben in den Städten und auf den Dörfern lebenswerter zu machen. Das Komitee hatte allerdings nur beratende Funktion, keine eigentliche administrative Macht. Es war eine Anlaufstelle und ein Diskussionsforum, aber kein exekutives oder legislatives Organ.[38])

Im Juli 1957 verlangte der Präsident der Sowjetischen Akademie der Wissenschaften, Aleksandr N. Nesmejanov, in einem *Pravda*-Artikel, dass der Umweltschutz dringend zu einer „wichtigen wirtschaftlichen, kulturellen und wissenschaftlichen Aufgabe" gemacht werden müsse. Nesmejanov beklagte neben dem Rückgang des Waldbestands vor allem die verheerende Bodenerosion, die erhebliche Verunreinigung der Gewässer und die wachsende Luftverschmutzung. Sie fügten „verschiedenen Zweigen der Volkswirtschaft und dem Aufbau des Gesundheitsschutzes einen ernsten und in einigen Fällen irreversiblen Schaden zu."[39])

Die Sowjetische Akademie der Wissenschaften nahm sich nun verstärkt der ungelösten Umweltprobleme an. Sie hatte deshalb schon am 11. März 1955 beschlossen, eine Kommission für Naturschutz einzurichten. Hier kamen Forscher aus unterschiedlichen Disziplinen zusammen, um wissenschaftliche Grundlagen und praktische Empfehlungen für den sorgsamen Umgang mit den natürlichen Reichtümern des Landes zu erarbeiten.[40]) Sie publizierten wichtige Ergebnisse und Erkenntnisse in der neu gegründeten Fachzeitschrift Umweltschutz und Naturschutzgebiete in der UdSSR (*Ochrana Prirody i Zapovednoe Delo v SSSR*).[41]) Regelmäßig wurden wissenschaftliche Konferenzen organisiert, um die drängenden Fragen zu erörtern. Dabei waren es vor allem die Geographen, die den Umweltschutz zum Gegenstand ihrer Forschungen machten und sich zunehmend Sachkompetenz erarbeiteten.[42]) Das „Ergrünen des Elfenbeinturms"[43]) kam in Gang.

In seinem *Pravda*-Artikel hatte Nesmejanov ferner gefordert, den Umweltschutz gesellschaftsfähig zu machen. Es gelte, „in der Jugend die Liebe zur Natur zu wecken [...] und die Propaganda für den Naturschutz unter der Bevölkerung in allen Richtungen zu entwickeln."[44]) Deshalb gab es seit Ende der 1950er Jahre zahlreiche Bemühungen, die junge Generation für die aku-

[38]) Vgl. zu Novosibirsk GANO, 1020/2/781, 173–174.

[39]) Zit. n. Nesmejanov 1957.

[40]) Nesmejanov 1957: 1976; Šapošnikov 1956: 125ff.; Dement'ev 1957; Radecki/Rotko 1991: 58f.; Weiner 1999: 250ff. Im Jahr 1961 wurde diese Kommission umorganisiert und ihre Kompetenzen erheblich erweitert. Sie war fortan *Gosplan* unterstellt, um als Teil dieser staatlichen Planungsbehörde stärkeren Einfluss auf die Ausarbeitung der Wirtschaftspläne nehmen zu können. Dazu Weiner 1999: 258f. u. 307–311; Laptev 1964: 132f.

[41]) Weiner 1999: 251 u. 382f.

[42]) Weiner 1999: 256–262 u. 272–281; Pryde 1972: 21f. Zu den Geographen vgl. bes. das Themenheft Ochrana prirody biogeografija 1960. Ferner Gerasimov 1961.

[43]) So der Titel des Buches von Creighton 1998.

[44]) Nesmejanov 1957: 1976.

ten Umweltprobleme zu sensibilisieren. Die für das Schulwesen Verantwortlichen erörterten, wie sich bestimmte Aspekte des Umweltschutzes in die Lehrpläne aufnehmen ließen. Schulgärten wurden angelegt, Vogelhäuser aufgestellt und Bäume gepflanzt.[45]) Die Jugend- und Kinderorganisationen der Partei (*Komsomol* und Pioniere) gründeten die Allunions-Gesellschaft der jungen Naturalisten (*Vsesojuznoe Obščestvo Junych Naturalistov)*, um den heranwachsenden Generationen den sorgsamen Umgang mit ihrer Umwelt beizubringen. Mit dem neu verkündeten „Tag des Waldes" und dem „Tag der Vögel" sowie mit „grünen Wochen" sollte die Naturverbundenheit der Kinder und Jugendlichen gestärkt werden.[46]) In den sowjetischen Städten wurden Schüler, Studenten und Jungkommunisten dazu aufgerufen, sich zu grünen (*zelenye*) und blauen Patrouillen (*sinie patruli*) zusammenzuschließen. Ziel dieser Bewegung ehrenamtlicher Milizen (*družiny*) war es, Wilderei und Umweltverschmutzungen auf die Spur zu kommen, die Schuldigen ausfindig zu machen und sie zu bestrafen.[47])

In engem Zusammenhang mit diesen gesellschaftlichen Initiativen bereicherten die Moskauer Chefideologen die Ikonographie Lenins um die Vorstellung, der Gründungsvater der Sowjetunion hätte sich engagiert für den Naturschutz eingesetzt.[48]) Zahlreiche Publikationen hielten die Sowjetbürger zu einem „Leninschen Verhältnis zur Natur" (*za Leninskoe otnošenie k prirode*) an. Der vorbildliche Sowjetbürger trat fortan als Naturliebhaber und aktiver Umweltschützer in Erscheinung, der sich der ökologischen Folgen der modernen Industriezivilisation und seines alltäglichen Handelns bewusst sein sollte.[49]) In der populärwissenschaftlichen Zeitschrift *Priroda* (Natur) füllte

[45]) Vgl. den sich an die sowjetischen Lehrer richtenden Sammelband Ochrana prirody 1962b. Später auch Srednjaja škola 1971; Ioganzen/Gorodeckaja 1976. Zur „pädagogischen Offensive" auch Pryde 1972: 22f.; Koutaissoff 1987: 35.

[46]) Ochrana prirody 1961; Gennings 1963; Molodež' 1972; Smurr 2002: 261-285. Trotz aller Beteuerungen wurde die Erziehung der jungen Generation zum Schutz der Natur jedoch nicht mit dem notwendigen Elan betrieben. Es fehlte an Lehrplänen, Lehrbüchern und ausgebildetem Lehrpersonal. Zudem koordinierten die gesellschaftlichen Massenorganisationen und schulischen Einrichtungen ihre Aktivitäten kaum miteinander. Die pädagogische Initiative für den Umweltschutz verlief darum mit wenigen Ausnahmen im Sand oder verkam zum bloßen Ritual. So das kritische Fazit von Nasimovič 1966: 9. Noch 1977 kritisierten engagierte Pädagogen, dass in sowjetischen Schulen das Fach Biologie weiterhin unter der überholten Devise der „Unterwerfung der Natur" gelehrt werde. Auch die Universitäten und Hochschulen vernachlässigten den Umweltschutz und machten sich lange Zeit nicht die Mühe, ihre Lehrpläne umzustellen. Dazu Bahro 1986: 217. Zu den Anstrengungen während der 1970er Jahre, die bestehenden Defizite im sowjetischen Bildungswesen endlich auszuräumen, vgl. ausführlich Hirzel 1996: 34-38; Koutaissoff 1983: 85-105; Koutaissoff 1987: 33-36; Srednjaja škola 1971; Zachlebnyj 1981.

[47]) Vgl. z. B. Kučeva 1962: 9; Efremenko 1962: 16. Zur historischen Bewertung der Umweltmilizen ausführlich Janickij 1996: 28-55; Janickij 1993: 52-65; Weiner 1999: 6, 15ff., 31ff., 281-287, 312-329 u. 404-414; Jancar 1987: 273-279; Pidžakov 1994: 81ff. Von „Scheinaktivitäten" sprachen in diesem Zusammenhang kritisch Radecki/Rotko 1991: 130.

[48]) Vgl. z. B. Kolbasov 1958. Dazu auch Goldman 1972: 14-18; Gladkov 1972.

[49]) Krivošcekov/Petkovič 1960: 8-13; Ochrana prirody 1962a.

darum nach 1957 die neue Rubrik „Zum Schutz der Natur" (*V Zaščitu Prirody*) den Platz aus, den bis 1955 die Rubrik „Umgestaltung der Natur" (*Preobrazovanie Prirody*) inne gehabt hatte.[50]) Die beliebte satirische Wochenzeitschrift *Krokodil* veröffentlichte 1959 sogar ein ganzes Themenheft zum Thema „Natur und Mensch", in dem die barbarischen Umgangsformen mit Flora und Fauna und die akuten Umweltschäden heftig angeprangt wurden.[51]) Auch Regionalzeitungen wie die *Volžckaja Kommuna* in Kujbyšev richteten neue Rubriken zu Gesundheit und Umwelt ein, um drängende ökologische und hygienische Probleme kritisch zu erörtern.[52]) Allein in den ersten neun Monaten des Jahres 1957 publizierten sowjetische Zeitungen und Zeitschriften über 400 Beiträge zu Themen des Umweltschutzes.[53])

Nachdem die Sowjetunion 1956 der Internationalen Union für Naturschutz und natürliche Ressourcen beigetreten war und damit fortan auch in Umweltfragen konkurrenzfähig werden musste,[54]) fand die erste umweltpolitische Offensive des Sowjetstaats ihren Höhepunkt und Abschluss in den zwischen 1957 und 1963 in allen Unionsrepubliken erlassenen Naturschutzgesetzen. Diese Gesetzeswerke fassten die zum Schutz und zur rationalen Nutzung der Naturressourcen verabschiedeten Verordnungen und Erlasse zusammen. Sie verpflichteten nachdrücklich alle Bürger, Unternehmen, Organisation und Behörden zu einem sorgsamen Umgang mit den Naturreichtümern des Landes. Der sowjetische Parteistaat setzte in seinem Vertrauen auf die Wirkung des geschriebenen Rechts darauf, mit Richtlinien und Vorschriften ein harmonisches Verhältnis zwischen Natur und Mensch erreichen zu können. Die Tatsache, dass es auf der Unionsebene kein einheitliches gesamtsowjetisches Naturschutzgesetz gab, sondern stattdessen auf der nachgeordneten Republikebene sechzehn verschiedene Verordnungen erlassen wurden, zeigte allerdings, dass die Gesetzgebung zum Umweltschutz damals nur als zweitrangiges Rechtsproblem wahrgenommen wurde.[55])

Der allmählich fortschreitende ökologische Sensibilisierungsprozess führte dazu, dass die vormalige Vorstellung des rücksichtslosen Kampfs zur Unterwerfung der Natur der neuen Rhetorik von der „rationalen Nutzung der natürlichen Ressourcen" (*racional'noe ispol'zovanie prirodnych resursov* oder auch kurz *racional'noe prirodopol'zovanie*) wich.[56]) Die Natur wandelte sich vom Klassenfeind zur Ressource. Von den besiegten und gezähmten Elemen-

[50]) Hirzel 1996: 36f.
[51]) *Krokodil*, 1959/11.
[52]) Kujbyševskaja oblast' 1967: 575.
[53]) Ščerbakov/Abramov 1958: 10.
[54]) Radecki/Rotko 1991: 61f.
[55]) Auszüge aus dem Naturschutzgesetz der Russischen Föderation (RSFSR) aus dem Jahr 1960 finden sich in Sbornik normativnych aktov 1978: 33–41; Knauß 1981. Vgl. ausführlich dazu Buchholz 1961b; Goldman 1972: 30ff., 301–310; Pryde 1972: 17f., 180–183, 199f., 212–219, 224 u. 244f.; Radecki/Rotko 1991: 63–69; Duke 1999: 1301–38.
[56]) Vgl. z.B. Kuražcjovskij.

tarkräften wurde nicht mehr die „vorbehaltlose Kapitulation" erwartet. Das nahm dem stalinistischen Topos der Umgestaltung seine Radikalität und setzte der Rücksichts- und Bedenkenlosigkeit im Umgang mit der Natur zumindest auf dem Papier ein Ende.[57]) Das sowjetische Konzept der Naturschutzes war aber keineswegs „passiv-konservativ", also nicht auf Erhaltung ausgerichtet. Es war „aktiv-progressiv". Die fortgesetzte prometheische Linguistik, dass „sich dem Tapferen die Natur unterwirft"[58]), ließ keinen Zweifel daran, dass es Ziel blieb, bedrohliche Elementarkräfte „in eine humanisierte, auf die Ziele des Menschen orientierte und für ihn gefahrlose Natur umzugestalten."[59]) Der natürliche Reichtum sollte mehr als nur geschützt und bewahrt werden. Es ging darum, ihn durch effektive Eingriffe zu vermehren. Der Umweltschutz in der Sowjetunion folgte darum „keine(r) Strategie des Konservierens, sondern [...] eine(r) Strategie zur Bereicherung der Natur [...] Die Natur fordert, dass der Mensch als Regulierer der Biosphäre die Ernte einbringt."[60]) Die Errungenschaften der „wissenschaftlich-technischen Revolution" müssten, so der Tenor, mit den Vorzügen des sozialistischen Wirtschaftssystems vereint werden. Dann sei die Harmonisierung der Beziehungen zur Natur „nicht nur möglich, sondern auch gesetzmäßig".[61]) Das neue Parteiprogramm von 1961 verkündete daher, der Kommunismus statte die Menschen „mit der vollkommensten und leistungsfähigsten Technik aus" und verleihe ihm so „eine ungeahnte Macht über die Natur", um „deren Elementargewalten in immer höherem Maße und immer vollständiger zu lenken."[62])

In dem ihm eigenen rhetorischen Stil hatte Chruščev schon im Dezember 1960 seine Einstellung deutlich gemacht. Auf einer Sitzung des Präsidiums des ZK machte er sich über den Artikel in der *Izvestija* lustig, in dem Konstantin Paustovskij am 25.Oktober 1960 das Abholzen alter Wälder heftig angeprangert und einen aktiveren Naturschutz gefordert hatte. Der als erhaltenswert deklarierte natürlich gewachsene Wald, so Chruščev, sei nicht anderes als „Unkraut" und „Mist". Falls die Kräfte und Mittel dafür ausreichten, würde er „einfach zwei Drittel des Waldes in der Russischen Föderation abholzen und [...] neue, gute Bäume anpflanzen." So ließe sich das ökonomische Potential des russischen Waldes deutlich steigern.[63]) Worte wie diese zeigten, dass sich der verstärkte Einsatz für den Umweltschutz lediglich als ein Nebenprodukt der Kampagne erwies, mit der die Parteiführung den Wandel vom extensiven zum intensiven Wirtschaftswachstum einleiten wollte. Die Natur der Heimat zu lieben bedeutete darum vorrangig, sie zu „verbessern", indem man ihre

[57]) Bestushew-Lada 1984: 63f.
[58]) Arbatskij 1958.
[59]) Frolov 1983: 8.
[60]) Laptev 1985: 221 u. 231. Ferner Weiner 1999: 265f.; Gladkov 1962.
[61]) Frolov 1983b: 38. Ausführlich Alpatev 1978.
[62]) Programm 1961: 75.
[63]) Prezidium 2003: 472. Zu weiteren programmatischen Aussagen von Chruščev zum Umweltschutz und zur rationalen Ressourcennutzung vgl. Laptev 1964: 21–25.

„Fehler korrigiert" und so „ihren Reichtum vermehrt".[64]) Die ökologische Entstalinisierung war darum wie der Gesamtprozess der Entstalinisierung durch Halbherzigkeiten gekennzeichnet.[65])

Überschwemmungs- und Erosionsschäden

Auch wenn dem erklärten Willen zum umweltpolitischen Handeln in den 1960er Jahren kein durchgreifendes Aktionsprogramm folgte, so wog sich die Moskauer Führung doch in der Zuversicht, sich im Bereich des Umweltschutzes auf der Höhe der Zeit zu befinden.[66]) Damit hatte sie nicht unbedingt unrecht, weil damals die westlichen Industriegesellschaften den Umweltschutz gleichfalls nur auf die Agenda ihrer Politik setzten, ohne ihm jedoch größere Beachtung zu schenken. Westliche Experten attestierten der Sowjetunion sogar „bemerkenswerte Erfolge im Naturschutzwesen". Staat und Partei hätten die Zeichen der Zeit erkannt und wichtige Schritte unternommen, um den Schutz der natürlichen Ressourcen „auf eine breite wissenschaftliche Grundlage" zu stellen.[67])

Tatsächlich waren die durch Hydrogiganten geschaffenen Stauseen und umgestalteten Flüsse von Beginn an Gegenstand intensiver Forschungen. An ihren Ufern gab es wissenschaftliche Einrichtungen, die sorgfältig die durch Kraftwerk- und Kanalbauten entstandenen Veränderungen dokumentierten und analysierten. Auf großen Konferenzen wurden Forschungsergebnisse ausgetauscht und durchaus kritisch erörtert. Ein ökologisches Frühwarnsystem entstand. In den Jahren von 1958 bis 1966 erschienen allein zum Kujbyšever Stausee 1138 und zum Cimljansker Wasserreservoir am Don 666 Veröffentlichungen.[68]) Ihre Verfasser wiesen mit Nachdruck auf drängende Umweltprobleme hin und die hohen Opfer, die im Namen des Energiewachstums beim Bau großer Flusskraftwerke erbracht werden mussten. Allerdings verhallten ihre Warnungen viel zu oft ungehört, so dass die Sowjetunion in den 1960er Jahren mit ihrem beständig wachsenden ökologischen Sündenregister weit davon entfernt war, den westlichen Industrienationen als umweltpolitisches Vorbild voranzugehen. Das zeigten vor allem die mit den „Großbauten des Kommunismus" verbundenen Schäden und Zerstörungen. In den Fluten der riesigen Stauseen und Kanäle versank nicht nur das alte, hölzerne Russland mit seinen wurmstichigen Bauernkaten und Kirchen. Die Fertigstellung der Plangiganten hatte zugleich die Vernichtung enormer Ressourcen, wertvoller Natur- und Kulturbestände zur Folge.

[64]) Vgl. z. B. Rynkovskij 1962: 140f.

[65]) Pryde 1991a: 12f.; Pryde 1972: 1–8; Ziegler 1987a: 27f., 35ff. u. 154f.; Schlögel 1984b: 11f.

[66]) Nasimovič 1966: 7ff.

[67]) Buchholz 1959: 140 u. 149.

[68]) Pryde 1972: 120; Kujbyševskaja oblast' 1967: 470f. Zur Tätigkeit der Forschungseinrichtungen vgl. Vendrov 1963.

Ein eindrucksvoller Beleg, wie fahrlässig und verschwenderisch bei den Großbauten mit den Naturressourcen umgegangen wurde, war die leichtfertige Vernichtung wertvoller Holz- und Torfbestände. Bei fast allen Flusskraftwerken gelang es den zuständigen Bau- und Lokalbehörden nicht, auf dem Überflutungsgebiet den dort reichlich vorhandenen Torf zu stechen, die Bäume zu fällen und sie abzutransportieren. Beim Cimljansker Stausee konnten zwölf Prozent und beim Stalingrader Stausee sogar 25 Prozent der Waldfläche nicht rechtzeitig gerodet werden. Hier hatte man sogar Herbizide und andere Chemikalien eingesetzt, um die Bäume zu entlauben und so die Holzfällerarbeiten zu forcieren. Das hatte schädliche Folgen, unter denen Flora, Fauna und Mensch noch lange litten. Zum Schluss sollten großflächige Brandrodungen die Menge an pflanzlichen Stoffen verringern, die durch die bevorstehende Überflutung in den Stausee geschwemmt würden.[69])

Aus den an der Wolga und am Don gemachten Fehlern zogen die Verantwortlichen leider keine Lehren. Auch bei den später fertiggestellten Flusskraftwerken in Sibirien kam es zum großflächigen „Wald unter“. Millionen von Bäumen, die als Bau- oder Brennholz hätten genutzt werden können, wurzelten im Grund der Stauseen. Zahllose gefällte Stämme schwammen zusammen mit großen Torfmengen auf der Wasseroberfläche.[70]) Sie bildeten als Treibgut nicht nur eine Gefahr für die Schifffahrt und die Kraftwerkanlagen, die durch den teuren Einbau von Schutzgittern geschützt werden mussten. Torf und Baumstämme lagerten sich gleichfalls an den Ufern und Flussmündungen ab und zerstörten hier wichtige Laichplätze. Durch Verwesungsprozesse gelangten große Mengen Fäulgase in die Erdatmosphäre und gefährliche Schadstoffe wie Phenol in das Flusswasser. Dessen chemische Zusammensetzung veränderte sich grundlegend. Noch Jahre nach der Flutung der Wolga-Stauseen faulten bei Kujbyšev und Volgograd die Reste der überschwemmten Vegetation weiter vor sich hin. Als Problem von langer Dauer ließ das faulige Wasser die Kraftwerkanlagen schneller rosten und zerstörte das ökologische Gleichgewicht der Flüsse.[71])

[69]) GARF, 9417/1, 191, 76–84; RGAE, 9572/1/859, 8–9; Kokurin/Petrov 2001/21: 110; Volkov/Vol'šanik 1961: 62.

[70]) Beim Bau der Kraftwerke bei Bratsk, Krasnojarsk, Ust-Ilimsk wurden zusammen 3,6 Millionen Holz vernichtet, durch die Flutung des Stausees bei Sajan-Šušenskoe noch einmal mehr als 3 Millionen Kubikmeter (dabei große Flächen des ökologisch besonders wertvollen Zedernwalds). Zu diesen außerordentlich hohen Verlusten vgl. Ökologische Unruhe 1982: A581–A594; Scherbakova/Monroe 1995: 64; Stewart 1992: 228; Åhlander 1994: 17.

[71]) Vasil'ev/Chrisanov 1984: 110–114; Safrazbekjan/Kuz'miščev 1953; Dračev 1957; Gordaševskij 1960; Komarow 1979: 80f.; Peterson 1993: 59f.; Ananev/Satochin 1990: 44. Hinzu kam, dass die sowjetischen Forstarbeiter gefällte Baustämme die Flusse hinunter treiben ließen, um das Holz auf diese billige Weise zum nächsten Hafen zu transportieren. Auf diesem Weg ging allerdings stets eine nicht geringe Zahl von Baumstämmen verloren, Sie wurden in seichte Gewässer, oft zu Laichplätzen, getrieben, wo sie unbemerkt verwesten. Vgl. Duke 1999: 180ff.

Die riesigen Wasserflächen, die durch den Bau von Flusskraftwerken entstanden, bewirkten spürbare Veränderungen des Mikroklimas. Es wurde milder und deutlich feuchter. Das veränderte nicht nur die Lebensbedingungen für Flora und Fauna, sondern hatte eine verstärkte Nebel- und Wolkenbildung zur Folge. Damit gingen deutlich höhere Windgeschwindigkeiten einher.[72]) Sie beeinträchtigen die Schifffahrt auf den Stauseen. Während der Navigationsperiode mussten die Schiffe auf dem Kujbyšever und Volgograder Stausee an jedem dritten Tag Zuflucht in einem Hafen suchen, weil der Wind mit mehr als Stärke 7 blies und damit selbst größere Frachter in Seenot brachte.[73])

Durch die vermehrten Stürme mit einem Wellengang von teilweise bis zu drei Metern kam es zu kaum für möglich gehaltene Erosionen an den Ufern. Ein zwei Jahrzehnte nach der Abriegelung des Ob' vorgelegter Expertenbericht stellte fest, dass sich am Novosibirsker Stausee das Ufer an einigen Stellen schon um mehr als 150 Meter ins Landesinnere verschoben hatte. Dadurch gingen agrarische Nutzflächen und eine beachtliche Zahl von Gebäuden und Wohnhäusern verloren. Zugleich schwemmten die Wellen große Mengen von Erdreich, Bäumen und Pflanzen in den Stausee. Die Experten bemängelten, dass die zuständigen Behörden diese Erosionsprobleme fahrlässig übersehen und keine Maßnahmen ergriffen hätten, um sie in den Griff zu bekommen.[74]) Die optimistischen Voraussagen, dass sich nach zehn Jahren an den Stauseen feste Ufer mit Stränden ausbilden würden, erwiesen sich als trügerische Hoffnung. Noch nach mehr als zwanzig Jahren setzten sich die gefährlichen Erosionsprozesse ungehindert fort.[75]) Das blieb nicht ohne Folgen. An der ostsibirischen Angara bildete sich an ihren beiden Ufern über eine Länge von 3000 Kilometern ein Erosionsstreifen von teilweise mehr als 200 Metern Breite. Große Mengen Erdreich und entwurzelte Bäume bereicherten infolge der Amplitude stark wechselnder Wasserstände die Stauseen mit Sedimenten und führten zu gefährlichen Verschlammungs- und Versumpfungsprozessen.[76])

[72]) Zu den Veränderungen des Mikroklimas vgl. Avakjan/Šarapov 1968: 71–74; Vasil'ev/Chrisanov 1984: 105–110; Vendrov 1970a: 192–219; Borovkova/Nikulin/Širokov 1962: 14–30; Selegej 1997.

[73]) Pryde 1991a: 58; Avakjan/Šarapov 1968: 52ff. u. 74f.; Weigt 1978: 439f.; Anapol'skaja 1956; Borovkova/Nikulin/Širokov 1962: 51–59; Čigirinskaja 1963; Artjuchina 1988: 18.

[74]) Im Jahr 1959 hatte die Novosibirsker Regionalverwaltung zusammen mit dem Landwirtschaftsministerium ein ehrgeiziges Aufforstungsprogramm umsetzen wollen, um die Ufer zu bewalden und so zu stabilisieren. Doch ein durchgreifender Erfolg war ausgeblieben, weil den zur Mitarbeit angehaltenen Kolchozen offensichtlich die Mittel und der Wille dazu fehlten, auf knapp 6200 Hektar Ufergebiet neue Bäume zu pflanzen. Vgl. GANO, 1020/2/817, 197–198; ebd., 827, 178–179.

[75]) Priroda 1968: 94ff.; Formirovanie 1968; Opyt proektirovanija 1978: 20f. u. 30ff.; Petrik 1997: 18. Zu den Wolga-Stauseen vgl. Avakjan/Šarapov 1968: 79–86; Borovkova/Nikulin/Širokov 1962: 60–79; Trepetcov 1959; Grebenkin/Kostomarov 1968; Nikitin 1963; Neutskaja/Olechova 1963. Zu Erosionsprozessen am Cimljansker Stausee vgl. Kašin 1953; Panov 1956; Vendrov 1957.

[76]) Avakjan/Šarapov 1968: 79–92; Kuckovskij 1975: 35–47; Scharff 1996: A606; Allgemein Gbelisiani/Šmal'cel' 1968.

In den flachen Ufergebieten vermehrten sich gefährliche Stechmücken. Vielerorts brach die eigentlich schon längst besiegte Malaria wieder aus. Das machte den massiven Einsatz von Chemikalien erforderlich, um ihrer erneut Herr zu werden.[77]) Ende der 1960er Jahre ähnelten die Stauseen an der Wolga mit den zahllosen verfaulenden Bäumen und angeschwemmten Stämmen in den sumpfigen Ufergebieten „einem Territorium, das mehrfach vom Krieg heimgesucht wurde [...] Es vermittelt das Bild eines allgemeinen Sterbens und einer trostlosen Landschaft."[78]) Die angestrebte Nutzung des Stausees zu Freizeit- und Erholungszwecken war hier schlichtweg unmöglich.

Statt gegen die massiven Erosionsschäden vorzugehen, wurden an vielen Flüssen die Uferwälder zur Gewinnung neuer Agrarflächen abgeholzt, obwohl dies wiederholt verabschiedete Erlasse ausdrücklich untersagten.[79]) Darunter litt die Stabilität der erosionsgefährdeten Ufer noch mehr. Sowjetischen Experten bot sich vielerorts ein eigenartiges Bild, das den Unsinn der sowjetischen Wirtschaftspraxis eindrucksvoll widerspiegelte. Während Traktoren die Uferregionen umpflügten, gab im Fluss ein Schwimmbagger sein Bestes, um durch die Beseitigung großer Schlammmassen die Fahrrinne auf die für die Schifffahrt ausreichende Tiefe zu bringen.[80])

Zu den „unangenehmen Überraschungen"[81]) der hydrologischen Großbauten gehörte es, dass sich durch die Anlage der Stauseen der Wasserspiegel um teilweise zwanzig und mehr Meter hob. Vor allem in den Karstregionen an Wolga, Dnepr' und Don kam es dadurch zu bedrohlichen Rutsch-, Abbruchs- und Senkungsphänomenen. Die rechten Steilufer wurden zunehmend von Schluchten, Rinnen und Dolinen durchzogen; im Landesinnern bildeten sich immer wieder große Einbruchkessel.[82]) In den Wolga-Städten Gor'kij, Volgograd, Kazan' und Uljanovsk zerstörte das steigende Wasser die unterirdischen Kommunikations- und Versorgungsnetze und verursachte große Schäden, zu deren Beseitigung zusammengenommen mehr als eine Milliarde Rubel erforderlich gewesen wäre.[83]) Zudem wurde Kritik laut, weil es mit dem Bau der

[77]) Avakjan/Šarapov 1968: 302f.; Volkov/Vol'šanik 1961: 64. Zur Malariagefahr in Novosibirsk vgl. den Bericht in GANO, 1179/1/320, 119–120.

[78]) Nosik 1968: 170 u. 173.

[79]) Ob ochrane 1979: 122–132

[80]) Höhmann/Seidenstecher/Vajna 1973: 25. Vgl. auch Buchholz 1961a: 63; Porfiv'ev 1962: 43; Taga 1976: 83.

[81]) Gerasimov 1983: 85.

[82]) Zu den teils dramatischen Erosionsfolgen nach der Entstehung der Stauseen an Wolga, Dnepr' und Don vgl. Avakjan/Šarapov 1968: 75–79; Weigt 1978: 438f.; Peterson 1993: 60f.; Pryde 1991a: 60; Borovkova/Nikulin/Širokov 1962: 60–80; Artjuchina 1988: 17ff.; Libert 1995: 58f.; Panov 1956; Zolotarev 1958; Samochvalova 1961; Grebenkin/Kostomarov 1968; Fazullin 1971.

[83]) Durch Bau hydrotechnischer Großanlagen waren in den 1980er Jahren schließlich 2600 Dörfer und 809 Städte, darunter mehrere Millionenstädte, unterspült worden. Vgl. Avakjan/Šarapov 1968: 217f.; Goldman 1962: 117f.; Jablokov 1990: 267f.; Medwedjev 1991: 322; Fey 1994: 148.

Flusskraftwerke zur Verschandelung der Uferlandschaft kam. So ließ die Bauleitung des Kujbyšever Giganten in den malerischen Žiguli-Bergen (die Wolga fließt dort in einer Schleife durch eine hügelige Kalksteinlandschaft) Steinbrüche einrichten, die fortan wie Ufernarben den eindrucksvollen Panoramablick störten.[84])

Geradezu fatal stellte sich die Situation in der am Cimljansker Stausee gelegenen Stadt Volgodonsk dar. An den Ufern des gestauten Dons wurde Anfang der 1970er Jahre mit dem riesigen Fabrikbetrieb *Atommaš* ein Schlüsselprojekt des sowjetischen Energieprogramms realisiert. In diesem riesigen Werkskomplex sollte mit dem VVER-1000 der damals modernste Reaktor für zahlreiche geplante sowjetische Atomkraftwerke in Serie produziert werden. Allerdings stieg der Grundwasserpegel in Volgodonsk unaufhörlich. Das Territorium der Stadt begann zu versumpfen. Die Bauarbeiten für *Atommaš* mussten deshalb mehrfach unterbrochen und schließlich deutlich eingeschränkt werden, nachdem das Absinken des Fundaments sogar den Zusammenbruch eines zentralen Werkgebäudes verursacht hatte. Durch die akuten Grundwasserprobleme konnte *Atommaš* bis 1983 statt der geplanten acht Druckbehälter lediglich zwei ausliefern. Das gesamte sowjetische Atomenergieprogramm geriet in erheblichen Rückstand. Der 1952 zelebrierte Triumph über die Natur, als der Cimljansker Stausee geflutet worden war, erwies sich drei Jahrzehnte später als Pyrrhus-Sieg. Das Wasser des Dons, das im Dienst von Heimat und Kommunismus stehen sollte, hatte eigene Wege gefunden, um auf die Entwicklung der sowjetischen Energiewirtschaft Einfluss zu nehmen.[85])

Wohin fließen die sowjetischen Flüsse? Das ökologische Drama der Binnenseen

Die Propaganda begeisterte sich für die Fähigkeit des Sowjetstaats, das Wasser der Flüsse dorthin umzuleiten, wo der Mensch es brauchte. Sie verkündete stolz, dass die Wolga, wie auch alle anderen Flüsse auf dem Territorium der Sowjetunion „in den Kommunismus fließt".[86]) In all ihrer Euphorie für riesige Stauseen, Kanäle und Bewässerungssysteme schienen die sowjetischen Hydroenergetiker die Erkenntnis verdrängt zu haben, dass die Flüsse ihr Wasser eigentlich in Binnenseen trugen und diese so erhielten.

Schon in den 1930er Jahren, als die ersten Pläne zur Großen Wolga ausgearbeitet wurden, bemerkten sowjetische Wissenschaftler, dass der Wasserspiegel des Kaspischen Meeres zu sinken begann.[87]) Doch der einflussreiche Leningrader Hydroingenieur und Wirtschaftsplaner I.G. Aleksandrov verwarf

[84]) Koutaissoff 1987: 19. Allgemein Avakjan/Šarapov 1968: 67–71; Vasil'ev/Chrisanov 1984: 127–136.

[85]) Medwedjev 1991: 262f. Vgl. ausführlich zu *Atommaš* Josephson 2000: 95–108.

[86]) Zit. n. Jakovlev/Lebed 1965: 1900.

[87]) Zu den frühzeitigen Warnungen vgl. z.B. Taskin 1953: 63f.

alle Bedenken als völlig überzogen. Für ihn war die industrielle und agrarische Erschließung des Wolga-Raums weit wichtiger als der Wasserspiegel des Kaspischen Meeres, das sich seiner Meinung nach keineswegs in Gefahr befände.[88]) Seine Zuversicht erwies sich bald als haltloses Wunschdenken. Tatsächlich bestand ein unmittelbarer Zusammenhang zwischen dem nachlassenden Zufluss aus der Wolga und dem Abfall des Meeresspiegels. Das Kaspische Meer verdankte der Wolga mehr als drei Viertel seines Wasseraufkommens. Gemessen an den Durchschnittswerten in den Jahren vor ihrer Umgestaltung, war die Abflussmenge der Wolga in den 1970er Jahren durch ihre Kaskadisierung und die wachsende Wasserentnahme um 20 bis 30 Prozent zurückgegangen. Neben klimatischen und tektonischen Veränderungen lag darin der Hauptgrund, weshalb der Wasserspiegel im Kaspischen Meer zwischen 1930 und 1977 um knapp drei Meter sank. Nach der Abriegelung der Wolga bei Kujbyšev und Volgograd hatte sich Anfang der 1960er Jahre die Küstenlinie derart deutlich verlagert, dass zahlreiche Hafenanlagen neu gebaut werden mussten.[89])

Am Nachbarfluss der Wolga, dem Don, kam es zu einer ähnlichen Situation. In den 1950er Jahren hatten die zuständigen Moskauer Wirtschaftsplaner zugesichert, dass der Bau des Wolga-Don-Kanals, des dazugehörenden Cimljansker Flusskraftwerks und neuer Bewässerungsanlagen keine größeren Auswirkungen auf den Wasserspiegel des Azovschen Meeres hätten. Tatsächlich sank dieser wegen der um ein Drittel reduzierten Wasserzuführung aber um mehr als zwei Meter. Große Mengen von Salzwasser strömten deshalb aus dem Schwarzen Meer in das Azovsche Meer, dessen ökologisches Gleichgewicht so erheblich gestört wurde.[90])

Aus den fatalen Irrtümern, die bei den „Stalinschen Großbauten des Kommunismus" leichtfertig begangen worden waren, zogen die Verantwortlichen keinerlei Schlüsse. Als später am armenischen Sevansee eine Kraftwerkkaskade das hydroenergetische Potential des größten Zuflusses, des Razdan, erschloss und ihm zusätzliche große Wassermengen für Bewässerungsprojekte entnommen wurden, sank der Seespiegel um insgesamt achtzehn Meter. Es bedurfte aufwendiger Tunnelbauten und der Umleitung benachbarter Gebirgsflüsse, um den Sevansee zu stabilisieren und zu retten.[91])

[88]) Gidrotechnika 1990: 142.

[89]) Goldman 1972: 216–220; Micklin 1974: 67–79; Probleme des Kaspischen Meeres 1957; Mirtsching 1964: 45–52; Problemy Kapsijskogo morja 1963; Gutman 1991. Seit den 1970er Jahren begann der Wasserspiegel des Kaspischen Meeres dann wieder zu steigen, so dass es bald nicht mehr hieß „Rettet das Meer", sondern „Rettet Euch vor dem Meer". Vgl. dazu Chublarjan 1999: 6f.

[90]) Vendrov 1970a: 183–186; Komarow 1979: 55f.; Razin/Gangardt 1967: 4 u. 8.

[91]) Vendrov 1970a: 57; Goldman 1972: 65f.; Pryde 1972: 122; Pryde 1991a: 81; Valesyan 1995: 229. Das Problem des Sevansees war schon gegen Ende der 1950er Jahre erkannt und kontrovers diskutiert worden. Vgl. Vermišev 1958; Mikirtitchian 1962; Greenwood 1965.

Auch bei den Umgestaltungsprojekten am Balchašsee in Kazachstan beharrten die sowjetischen Experten auf ihren Routinepraktiken und beschworen in ihrer Uneinsichtigkeit neue ökologische Dramen herauf. Am Ili, dem wichtigsten Zufluss des Balchaš, wurde bei Kapčagaj gegen Ende der 1960er Jahre ein Flusskraftwerk mit einem riesigen Stausee und Bewässerungsanlagen für eine Fläche von 700000 Hektar fertiggestellt. Die oberste Planungsbehörde *Gosplan* hatte im November 1964 das vorgelegte Projekt noch abgelehnt, weil darin der ökonomische Wert des Kraftwerks und der Irrigationssysteme bei weitem überschätzt und die ökologischen sowie wirtschaftlichen Folgeschäden verharmlost wurden. Die Gutachter von *Gosplan* wiesen explizit auf die negativen Erfahrungen bei vorherigen Bauprojekten hin und forderten, die Höhe des Staudamms deutlich zu senken, um nicht zu viel Land zu überschwemmen und die Wasserverluste für den See Balchaš in Grenzen zu halten. Doch die Moskauer Hydroenergetiker und Bewässerungslobbyisten setzten sich über alle Bedenken und Alternativen hinweg und realisierten ihren ursprünglichen Plan. Sie gaben das Mündungsgebiet des Ili und die Hälfte des Balchašsees der Austrocknung preis. Der Salzgehalt des verbleibenden Seewassers nahm deutlich zu. Das hatte zum einen fatale Folgen für die Flora und Fauna des Sees; zum anderen geriet angesichts der unaufhörlich voranschreitenden Versalzung die Trinkwasserversorgung der Industriestadt Balchaš genauso in Gefahr wie die Produktion des dortigen Kupferkombinats, das Brauchwasser aus dem See bezog, es aber bald kaum mehr nutzen konnte und deshalb teure Entsalzungsanlagen einbauen musste.[92])

Eine der größten von Menschenhand verursachten ökologischen Katastrophen spielte sich am Aralsee ab, weil von seinen beiden Zuflüssen, dem Amu-Dar'ja und dem Syr-Dar'ja, immer größere Wassermengen abgezweigt wurden. Die Tragödie des „langsamen" oder „zweiten Černobyls"[93]) nahm ihren Lauf, nachdem 1959 mit dem Wasser des Amu-Dar'ja die erste Stufe des Karakum-Kanals in Betrieb genommen worden war. Alle Warnungen vor unabsehbaren Folgen wurden damals in den Wind geschrieben und die Wasserentnahme fortgesetzt.[94]) Stolz erklärten die Vertreter des sowjetischen Wasserkartells, dass die Realisierung ihres gigantischen Bewässerungsprojekts „beachtliche Teile der Wüsten Mittelasiens in blühende Gärten verwandelt", während der salzige Aralsee „von der Landkarte verschwindet".[95]) Schließlich flossen zwei Drittel des Abflusses des Amu-Dar'jas in den 1975 fertiggestellten Karakum-Kanal und in die gigantischen Bewässerungssysteme, die vom Mündungsdelta des Amu-Darjas ausgingen und die dortige Autonome

[92]) Vendrov 1970a: 58; Goldman 1972: 58–62; Bahro 1986: 202f.; Smith 1995: 260 u. 265; Bond/Micklin/Sagers 1992.

[93]) Peterson 1993: 115 u. 118.

[94]) Frühzeitige Voraussagen der Katastrophe finden sich u.a. bei Bezrukov 1965; Dadabaev 1968; Dunin-Barkovskij 1967. Ferner Pryde 1972: 129ff.; Goldman 1972: 217.

[95]) Aralsee 1964.

Sowjetrepublik Karakalpakstan zum wichtigsten sowjetischen Anbaugebiet von Baumwolle aufsteigen ließen. In den 1980er Jahren verzeichneten die Experten einen Rückgang des Meerespiegels um siebzehn Meter und der Meeresfläche um mehr als 40 Prozent. Der dramatische Wandel „vom Aralsee zur Aralwüste“[96]), vom ertragreichen Binnenmeer zum vergifteten Ödland veränderte die zentralasiatische Landschaft grundlegend. Ein Gebiet so groß wie die Schweiz trocknete schließlich aus. Ehemalige Häfen lagen nun bis zu 90 Kilometer landeinwärts und vermittelten als Friedhöfe verrostender Schiffe Endzeitstimmung. Vom ehemaligen Seeboden nahmen die Steppenwinde das dort auskristallisierte Salz auf und trugen es über große Distanzen mit sich fort. Als schädlicher Fallout ging es dann wie ein weißer Schleier über Hunderte von Quadratkilometern nieder und ruinierte Felder und Weideflächen. Das Produktionswachstum der sowjetischen Baumwollindustrie wurde teuer bezahlt. Schon 1979 bezifferten Wirtschaftswissenschaftler den allein in der Sowjetrepublik Usbekistan durch das Austrocknen des Aralsees entstandenen ökonomischen Schaden auf jährlich 5,7 Milliarden Rubel. Ein ökologischer Albtraum war Wirklichkeit geworden und hatte ein ökonomisches Fiasko herauf beschworen.[97])

„Niagara-Fall ungereinigter Abwässer“

Zur Zerstörung und Verschmutzung der Umwelt trugen nicht allein die unmittelbaren Folgen der wasserwirtschaftlichen Großbauten bei. Flusskraftwerke schufen auch Voraussetzungen dafür, dass an den Ufern der Stauseen besonders umweltschädliche Unternehmen wie Aluminium- und andere Schwermetallkombinate, Erdölraffinerien, Chemiewerke, Holzverarbeitungs- und Zellulosebetriebe sowie Kautschukfabriken ihren Betrieb aufnahmen.[98]) Per Dekret, das in den folgenden Jahren wiederholt bestätigt wurde, hatte im Mai 1937 die sowjetische Staats- und Parteiführung den Betrieb von Fabriken auch ohne jegliche Abwasser-Reinigungsanlagen erlaubt.[99]) Zahlreiche industrielle Unternehmen folgten dieser Genehmigung oder besser Aufforderung zur Umweltverschmutzung und leiteten große Mengen petrochemischer Produkte, Salze, Sulfate, Chloride, Nitrate, Phosphate, Stickstoffe, Ammoniak, Tenside, Phenole und Schwermetalle in Flüsse und Seen. Zugleich wurden die

[96]) Glantz/Rubinstein/Zonn 1994: 174.

[97]) Über die Tragödie des Aralsees ist viel berichtet worden. Die Geschichte und die Folgen dieses ökologischen Dramas sind gut dokumentiert in Carley 1989; Halbach 1991; Micklin 1992; Giese 1998; Glantz 1999; Mauser 2007: 66–77; Pearce 2007: 261–282; Obertreis 2007 und 2008.

[98]) Goldman 1972: 264ff. Eine Auflistung der Industriebranchen, die am meisten zur Wasserverschmutzung in der Sowjetunion beitrugen, findet sich in Peterson 1993: 68; Weißenburger 1984a: 11f.; Baller 1995: 452–460. Ausführlich Turnbull 1991: 67-90 u. 171–204.

[99]) Schlögel 1984b: 19; Fey 1994: 209f. Zum pseudopolitischen Gewässerschutz in der Stalin-Zeit vgl. ausführlich Scheuerle 1953: 145–157; Baller 1995: 82–101.

kommunalen Abwässer meist ungeklärt entsorgt. Anfang der 1960er Jahre verfügte nur ein Fünftel aller sowjetischen Städte über Kanalisationssysteme und Kläranlagen. Unterhalb der Großstädte kam es deshalb regelmäßig zu großflächigen bakteriologischen Kontaminationen.[100]) Allein in die Wolga ergossen sich 1958 bei stark steigender Tendenz 8 Mrd. Kubikmeter Abwässer.[101]) Schon drei Jahre nach der Flutung des Kujbyšever Stausees machten Hygiene-Experten und Wissenschaftler deshalb darauf aufmerksam, dass hier die Wolga durch ungeklärte Abwässer so erheblich verschmutzt worden war, dass ihr Wasser kaum mehr zur Aufbereitung von Trinkwasser genutzt werden konnte. Mitte der 1960er Jahre mussten die Lokalbehörden der Stadt Žigulevsk sogar ein allgemeines Badeverbot aussprechen.[102]) Das Blühen der blaugrünen Algen und die merklichen Veränderungen der chemischen Zusammensetzung des Stauseewassers galten als eindeutige Warnzeichen, dass es dringend durchgreifender Maßnahmen bedurfte, um den sanitären Zustand der Wolga zu stabilisieren.[103]) Flussabwärts sah es nicht besser aus. Im Stalingrader Gebiet leiteten Ende der 1950er Jahre mehr als 30 industrielle Großbetriebe ihre teilweise hochbelasteten Abwässer in die Wolga, was nicht ohne Folgen für das Leben im und am Fluss blieb.[104])

Aus eigener Kraft konnte die Wolga kaum mehr etwas gegen die wachsende Verschmutzung ausrichten. Als die Umgestalter der Natur der Vollendung ihres Werkes immer näher kamen, dem größten Fluss Europas ein gewaltiges System von Dämmen, Kraftwerken, Brücken, Hochspannungslasten und Uferbefestigungen überzustülpen, verringerte sich die Strömungsgeschwindigkeit erheblich. Statt 50 Tage brauchte das Wolga-Wasser nun mehr als 500 Tage von der Quelle in den Valdaj-Bergen bis zur Mündung bei Astrachan'. Aus dem vormals kraftvoll strömenden Fluss war eine Kaskade riesiger Stauseen und damit ein beinahe stehendes Gewässer geworden. Ihm stellten sich in den 1970er Jahren schließlich neun gewaltige Kraftwerke entgegen, durch die sich der mächtige Strom wie durch riesige künstliche Thromben regelrecht durchwinden musste. Das Frühjahrshochwasser, das zuvor regelmäßig große Mengen abgelagerter Schadstoffe aus dem Flussbett gespült hatte, konnte nicht mehr mit seinen mächtigen Reinigungseffekten als wichtiger sanitärer

[100]) Eine erste offizielle Expertise des wachsenden Ausmaßes der sowjetischen Gewässerverschmutzung hatte die Ministerin für das Gesundheitswesen schon 1956 publiziert. Vgl. Nagibina 1956. Ferner Zvorykin 1962: 59–62; Vendrov 1970a: 28ff. u. 70–74; Pryde 1972: 138; Pryde 1991a: 77; Goldman 1972: 104–108; Weiner 1999: 382f.

[101]) Zvorykin 1962: 62.

[102]) Vendrov 1970a: 109.

[103]) Vendrov 1970a: 77; Avakjan/Šarapov 1968: 160–169; Cicin 1957: 14ff.; Kibal'čik/Žakov/Timofeeva 1963.

[104]) Buchholz 1961a: 85; Gruško 1959. Auch in Novosibirsk führte der Staudammbau dazu, dass sich die Wasserqualität im Ob' merklich verschlechterte und dadurch die regionale Trinkwasserversorgung schon wenige Jahre nach der Inbetriebnahme des Kraftwerks gefährdet war. Vgl. Pevznev 1960; Gutman 1960.

Faktor wirken. In ein Korsett von Stahl und Beton gezwängt, wurde „Mütterchen Wolga“ zu einer kränkelnden Patientin.[105]) In ihrem Namen veröffentlichte die *Komsomol'skaja Pravda*, eine der bekanntesten sowjetischen Tageszeitungen, deshalb 1960 einen Hilferuf, um die Öffentlichkeit und die Verantwortlichen wachzurütteln.[106])

Als besorgniserregend erwies sich nicht nur der Zustand der Wolga. Nachdem in den 1950er Jahren die ersten Versuche, die Gewässerverschmutzung zu begrenzen, wegen politischer Fahrlässigkeit erfolglos geblieben waren,[107]) verabschiedete der Ministerrat im April 1960 eine weit strengere Verordnung, um die Wassernutzung zu regeln und den Gewässerschutz zu stärken. Der Ministerrat kritisierte die untergeordneten Staatsorgane, Industriebetriebe und kommunalen Verwaltungen mit deutlichen Worten. Sie hätten den Bau von Kläranlagen sträflich vernachlässigt. Wasser wurde fortan als kostbares und durchaus knappes Gut wahrgenommen, das nicht weiter verschwendet und verunreinigt werden durfte. Auch die bis 1963 in allen Sowjetrepubliken erlassenen Naturschutzgesetze verpflichteten noch einmal nachdrücklich alle, die Abwässer in Flüsse und Seen einleiteten, zur Inbetriebnahme von Kläranlagen. Zwischen 1963 und 1969 folgten dann weitere konkrete Erlasse, um die Verschmutzung besonders stark belasteter Flüsse deutlich zu verringern.[108])

Neben der Moskauer Zentrale bemühten sich auch die Regionalbehörden mit entsprechenden Verordnungen, die Einleitung von giftigen Abwässern zu begrenzen. In Novosibirsk hatten die Verantwortlichen schon Ende der 1950er Jahre die sich verschärfenden Umweltgefahren erkannt und die örtlichen Industriebetriebe dazu angehalten, Klärwerke in Betrieb zu nehmen. Neue Fabriken durften fortan ohne entsprechende Reinigungsanlagen nicht mehr ihre Produktion aufnehmen. Zugleich war es den Kolchozen untersagt, Dünge- und Pflanzenschutzmittel in den Ufergebieten einzusetzen. Die Maßnahmen zum Schutz des Novosibirsker Stausees sahen vor, die Ufer und Strände von Unrat zu säubern, um „antisanitäre Verhältnisse“ zu verhindern.[109])

[105]) Vendrov 1970a: 36f., 74ff. u. 191; Ananev/Satochin 1990: 43; Weigt 1978: 439; Pidžakov 1994: 23f.

[106]) Demin 1960: 2.

[107]) Nagibina 1956: 39–46; Dement'ev 1957: 12f.; Weiner 1999: 255f.; Buchholz 1957; Buchholz 1961a: 85; Blagosklonov/Inozencev/Tichomirov 1967.

[108]) Die wichtigsten Auszüge dieser Gewässerschutzgesetze der 1960er Jahre finden sich in den Gesetzessammlungen Ob ochrane 1979: 107–112; Sbornik normativnych aktov 1978: 258–262 u. 276ff. Sie werden ausführlich besprochen von Baller 1995: 102–112: Kolotinskaja 1962: 31–38 u. 92–102; Kolotinskaja/Kazancev 1962: 82–96; Fox 1971; Kolbasov 1972; Radecki/Rotko 1991: 80f.; Duke 1999: 138–163. Im Jahr 1972 verabschiedeten die einzelnen Sowjetrepubliken sogar Wassergesetzbücher (*vodnye kodeksy*), in denen der Gewässerschutz und die Wassernutzung ausführlich festgeschrieben wurden. Vgl. Radecki/Rotko 1991: 113f.

[109]) Zu den zwischen 1958 und 1960 erlassenen Verordnungen und der kritischen Bestandsaufnahme der Gewässerverschmutzung vgl. GANO, 1020/2/781, 183; ebd., 826, 137–139; ebd., 786, 132–133; ebd., 1612/1/80, 1–17; ebd., 1/120, 15–21.

Die Offensive zum besseren Gewässerschutz hatte jedoch keinen durchgreifenden Erfolg. Staats- und Parteiorgane stellten wiederholt die fortgesetzte Missachtung der Gewässerschutzgesetze fest und forderten mit Nachdruck, endlich die Umweltsünder für die Schäden haftbar zu machen.[110]) Knapp ein Jahrzehnt nach Erlass der wichtigen Wasserschutzverordnung von 1960 klagten viele Regionen darüber, dass „nicht ein einziger Punkt dieses Dekrets tatsächlich umgesetzt worden ist".[111]) Zwischen 1958 und 1965 hatte sich, so die Schätzung sowjetischer Experten, der Umfang der industriellen und kommunalen Abwässer noch einmal verdoppelt; der Großteil wurde weiterhin in keinerlei Weise geklärt.[112]) Eine Kontrolle von 287 Industriebetrieben in der Stadt Novosibirsk und in ihrem Umland kam 1965 zu dem traurigen Schluss, dass nur 50 von ihnen über angemessene Kläranlagen verfügten und sich an die vorgeschriebenen Grenzwerte hielten. Bei einem Drittel lagen die Reinigungskapazitäten weit unter der verordneten Norm. Bei weiteren 45 Prozent waren die Anlagen aus unterschiedlichsten Gründen nicht in Betrieb oder fehlten gänzlich, so dass täglich hohe Konzentrationen von Giftstoffen in den Ob' gelangten. Außerdem hatten nur die Städte Novosibirsk und Berdsk kommunale Klärwerke, die zudem mehr schlecht als recht funktionierten. Fast alle anderen Kleinstädte und Siedlungen im Gebiet Novosibirsk leiteten ihre Abwässer ungeklärt in Flüsse und Seen.[113]) Angesichts solcher Ergebnisse schien es fast so, als ob beim Bau zahlreicher Fabrikanlagen und Wohnsiedlungen „von vornherein die Verschmutzung der Gewässer eingeplant worden wäre".[114]) Die betroffene Bevölkerung – so der Leiter der regionalen Fischereiwirtschaft – spreche mittlerweile vom „Ob'-Irtyš'-Giftwasserfall", um den katastrophalen Zustand der beiden großen westsibirischen Flüsse zu beschreiben.[115])

An der Wolga stellte sich die Situation nicht besser dar. Im Jahr 1966 produzierten an ihrem Mittel- und Unterlauf zwanzig von 38 untersuchten Betrieben ohne jegliche Reinigungsvorrichtungen, so dass 200 unterschiedliche toxische Substanzen in hohen Konzentrationen in den Fluss gelangten. Hinzu kamen regelmäßige Havarien, während deren sich große Mengen schädlicher Abwässer in die Wolga ergossen. Für Aufsehen sorgte 1965 die sogenannte

110) Vgl. die kritischen Stellungnahmen auf dem 23. und 24. Parteitag (1966 und 1971). Dazu Pryde 1972: 146.

111) Zit. n. Bush 1974: 23.

112) Baller 1995: 120f.

113) GANO, 2083/1/24, 1-3, 25-27 u. 49-50; ebd., 25, 1-2, 10-11, 18-20 u. 23-24; Pryde 1972: 145; Blagosklonov/Inozencev/Tichomirov 1967: 113 u. 116. Zu den größten Umweltsündern in Novosibirsk zählten die Unternehmen der Rüstungsindustrie. Ende der 1950er Jahre wurden sie angehalten, Klärwerke einzurichten. Ob die Kampagne durchgreifenden Erfolg hatte, ist zweifelhaft. Vgl. Savickij 1996: 300-303 u. 312.

114) So der sowjetische Umweltexperte Efremov 1969. Auch Höhmann/Seidenstecher/Vajna 1973: 37.

115) Bahro 1986: 197. Auch die Angara wurde „Giftwasserstraße" genannt. Vgl. dazu Lincoln 1994: 464.

„Juli-Katastrophe“. Nach einem Unfall in einem großen Chemiewerk verseuchte eine Giftwelle den Unterlauf der Wolga über Hunderte von Kilometern.[116]) Die zunehmende Verschmutzung führte schließlich 1970 in Astrachan' erstmals wieder zum Ausbruch der Cholera. Weitere Epidemien folgten.[117]) Im gleichen Jahr setzten spielende Kinder einen auf der Wolga schwimmenden großen Ölteppich in Brand. Das Feuer konnte erst nach Stunden gelöscht werden. Darauf erschien in der satirischen Wochenzeitschrift *Krokodil* eine Karikatur, auf der die Kapitäne der Wolga-Dampfer ihre Passagiere baten, wegen akuter Lebensgefahr keine Zigaretten und Streichhölzer mehr ins Wasser zu werfen.[118])

Ähnlich schlecht bestellt war es um den Don. Ihm wurden aus dem Umland des Cimljansker Stausees und des Wolga-Don-Kanals große Mengen hochgiftiger Abwässer zugeführt, die der Fluss schließlich ins Azovsche Meer trug. So wurde allmählich „aus einem reinen Meer ein schmutziger Wasserbehälter“.[119])

Nach jahrelangen Recherchen legte das Moskauer Institut *Gidroproekt* 1968 eine ernüchternde Analyse über den Zustand der sowjetischen Binnengewässer vor. Einen von Schadstoffen weitgehend unbelasteten Fluss gab es damals in der Sowjetunion schon kaum mehr. Wie zuvor das Staatskomitee für Wissenschaft und Technik forderte nun die Untersuchungskommission von *Gidroproekt*, zur Lösung der Wasserprobleme müsse ein umfassender Perspektivplan konzipiert und konsequent umgesetzt werden.[120]) Während die zunehmende Wasserverschmutzung der sowjetischen Volkswirtschaft schon jährliche Unkosten von sechs Mrd. Rubeln aufbürdete, wurden für den Schutz der Flüsse und Seen nur Investitionsmittel in Höhe von 300 Millionen bereit gestellt. Die Schaffung eines effektiven Systems der umfassenden Trinkwasserversorgung und Abwässerentsorgung hätte ein langfristiges Programm mit einem Investitionsvolumen von bis zwanzig Milliarden erfordert und damit auf Jahre den Verzicht auf weitere hydrologische Großprojekte bedeutet.[121]) Dazu konnte sich die sowjetische Staats- und Parteiführung nicht durchringen. Vereinzelt wurden in vorbildliche Vorzeigebetriebe und ausgewählte Klärwerke Gelder investiert. Das hatte aber weniger einen durchgreifenden Reinigungseffekt als vielmehr einen politischen Mehrwert. Der publizistische Trubel, der deswegen veranstaltet wurde, zielte auf die „Beruhigung der Gesellschaft“, um „die Stille der verödenden Wälder, des sterbenden Asowschen Meeres und des sterbenden Bajkalsees zu übertönen.“ Die umweltpolitischen

[116]) Bahro 1986: 196.

[117]) Goldman 1972: 235; Åhlander 1994: 83ff.; Gustafson 1981: 51.

[118]) Goldman 1972: 108 u. 231.

[119]) Stavskij 1965, zit. n. Bahro 1986: 196. Ferner Vendrov 1970a: 186f.

[120]) Der Bericht der Untersuchungskommission von *Gidroproekt* wurde publiziert als Schema 1968: 9-14. Vgl. auch die kritische Studie von Čenin/Pavlov 1969.

[121]) Zu diesen Angaben gegen Ende der 1960er Jahre vgl. Goldman 1972: 82f., 109 u. 117ff.; Åhlander 1994: 75; Baller 1995: 120f.; Vendrov 1970a: 78–81.

Initiativen von Staat und Partei erwiesen sich als „primitive Potjomkinsche Dörfer". Der Umweltschutz wirkte wie eine „Schaufensterattrappe", die „nicht Auskunft darüber gibt, was in dem Laden erhältlich ist, sondern der Propagierung sogenannter Errungenschaften dient."[122]) So ergoss sich vielerorts weiter ein „Niagara-Fall ungereinigter Abwässer"[123]) in die Flüsse. Die gigantischen Stauseen degenerierten zu riesigen Auffangbecken für große Menge hochgiftiger industrieller Schadstoffe.[124])

Das Sterben der Fische

Die nachhaltige und teilweise irreparable Schädigung der sowjetischen Binnengewässer war nicht nur in wachsenden Schadstoffkonzentrationen messbar, sondern zeigte auch immer deutlichere Auswirkungen auf die Fischbestände. Sowjetische Ichthyologen hatten schon in den 1930er Jahren wiederholt angemahnt, dass die Kaskadisierung der Wolga, des Dons und des Dnepr' das ökologische Gleichgewicht der Flüsse empfindlich stören würde.[125]) Auf dem 19. Parteitag 1952 gestand Anastas Mikojan (1895-1978), der als einer der stellvertretenden Vorsitzenden des Ministerrats die politische Oberaufsicht über die Fischereiwirtschaft ausübte, ein, dass die „Großbauten des Kommunismus" negative Folgen für die Fischbestände in den Flüssen, im Aralsee sowie im Kaspischen und Azovschen Meer hätten. Voller Zuversicht erklärte er aber, dass die Verluste durch den Bau von Aufzuchtstationen und industriellen Fischfarmen mehr als nur ausgeglichen würden.[126]) Den Ichthyologen blieb, selbst wenn sie Bedenken plagten, kaum etwas anderes übrig, als in diesen optimistischen Tenor einzustimmen und sich den politisch verordneten schönen Illusionen hinzugeben. Sie sahen in der „fischereiwirtschaftlichen Eroberung der Stauseen" ihren Beitrag zum „Stalinschen Plan der Umgestaltung der Natur", den sie mit dem entsprechenden propagandistischen Getöse in Szene setzten.[127])

Die Zuversicht musste allerdings bald der Ernüchterung weichen. Die Ichthyologen erkannten, dass beim Kraftwerkbau „Kilowatts und nicht Karpfen" zählten.[128]) Ohne jegliche Rücksichtnahme auf die Belange der Fischereiwirtschaft wurden die Bauvorhaben beendet. Die Kraftwerkbetreiber ließen die Stauseen so schnell vollaufen, dass kaum Maßnahmen ergriffen wer-

[122]) Komarow 1979: 27f., 147 u. 151.

[123]) So das anschauliche Bild sowjetischer Experten im Jahr 1987, zit. n. Feshbach/Friendly 1992: 18.

[124]) Zum dramatischen Ausmaß der Wasserverschmutzung vgl. Feshbach/Friendly 1992: 113–130; Pryde 1991a: 75–92; Peterson 1993: 55–94; Turnbull 1991: 11–31; Fey 1994: 146–170; Bridges/Bridges 1996: 42–84; Laskorin/Tichonov 1989; Weißenburger 1994: 103–108.

[125]) Sproge 1999: 450; Bernštejn-Kogan 1954: 157.

[126]) Josephson 2002: 211.

[127]) Vgl. Bellavin 1951; Bellavin 1953; Strogakov 1952; Babajan 1953.

[128]) Josephson: 210.

den konnten, um angemessene Lebensbedingungen für die Fischschwärme zu gestalten.[129]) Nach der Inbetriebnahme der Flusskraftwerke waren an der Wolga über 80 Prozent der Laichplätze wertvoller Speisefische überflutet und damit für immer verloren. Zudem stellten die riesigen Staudämme unüberwindbare Sperren dar, die es für viele laichende Fische kaum mehr möglich machten, ihre Wanderung auf den herkömmlichen Routen zu Ende zu bringen. Ähnliche Probleme ergaben sich an Don und Ob'.[130])

Um Abhilfe zu schaffen und den Fischen Zugang zu ihren flussaufwärts gelegenen Laichplätzen zu ermöglichen, begannen die Hydroingenieure, spezielle Fischpassagen in Form von Treppen und Aufzügen zu errichten. Darin sahen sie eine gelungene technische Lösung des Problems.[131]) Von den 250 großen sowjetischen Flusskraftwerken verfügten in den 1970er Jahren aber nur 85 über derartige Einrichtungen. Unter anderem meinten die Kraftwerkbauer am fischreichen Ob' in Novosibirsk, auf den Bau einer entsprechenden Passage verzichten zu können. Zudem erzielten die Fischtreppen und -aufzüge bei weitem nicht den erhofften Effekt. Nur ein Bruchteil der Störe, Weißfische und anderer hochwertiger Speisefische erreichte über diese Passagen ihre natürlichen Laichplätze. Wenig Erfolg hatte auch die aufwendige Anlage neuer künstlicher Laichstellen. Sie erwies sich wie der Transport der Fische per Wasserbehälter und Lastkraftwagen zu ihren Zielorten lediglich als Notmaßnahme ohne durchgreifende Wirkung.[132])

Neben den Problemen beim Laichen litten die Fischbestände unter der Veränderung der chemischen Zusammensetzung des Wassers und dem daraus folgenden akuten Sauerstoffmangel. Schuld daran waren das unkontrollierte Algenwachstum, die Einleitung belasteter Abwässer, die Sedimentablagerungen infolge fortdauernder Wassererosion und die in den Stauseen vor sich hinfaulenden Bäume, Sträucher und Torfflächen.[133]) Seit 1956 erschienen regelmäßig Karikaturen, in denen sich Fische bei den Sowjetmenschen über das vergiftete Flusswasser beschwerten.[134]) In seiner Rede vor dem 23. Parteitag machte der sowjetische Literaturnobelpreisträger Michail Šolochov 1966 einen Umweltskandal publik, weil kurz zuvor ein Volgograder Industriekombinat hochgiftige Abwässer in die Wolga geleitet und damit ein großes Fischsterben heraufbeschworen hatte, das der örtlichen Fischereiwirtschaft einen Schaden

[129]) Vgl. für Novosibirsk die Klagen in GANO, 1616/1/120, 1-2 u. 5-9. Allgemein RGAE, 7964/4/770, 4–7; Šaranov 1967: 67f.

[130]) GANO, 1612/1/78, 18–23; Tarasjuk 1956: 26f.; Situation 1996: 57.

[131]) Besonders deutlich bei Rogosinskij 1952.

[132]) Zu den Fischpassagen vgl. die Klagen und kritischen Expertisen in RGAE, 9572/1/1235, 364; ebd., 1239, 54. Ferner Komarow 1979: 57; Goldman 1972: 233f.; Avakjan/Šarapov 1968: 175–180 u. 311–316; Vasil'ev/Chrisanov 1984: 43ff.; Nusenbaum/Lapickaja 1957; Kipper 1959; Natarius 1962; Vovk 1976.

[133]) Šaponov 1967: 67f.; Avakjan/Šarapov 1968: 59–66 u. 222; Ljachov 1963: 83–88; Popov/Golubeva 1963; Vasil'ev 1997.

[134]) *Krokodil*, 1956/15: 4; ebd., 1960/28: 3 u. ebd., 1961/18: 11.

Abb. 18: A. Kanevskij, „Unsere Fabrik hat eine neue Fischart ausgesetzt! – Welche? – Eine Wollene!" Karikatur aus: Krokodil, *1960/28:3. (Zur Erklärung: Die Wollfabrik in der Stadt Černigov leitete seit vielen Jahren ungereinigte Abwässer in den Fluß Desna und wurde deshalb zur Zahlung einer Strafe von 170000 Rubel verurteilt.)*

von mindestens 11 Millionen Rubel zufügte.[135]) Gegen Ende der 1960er Jahre verlor die sowjetische Fischereiwirtschaft allein durch die Verschmutzung der Gewässer jährlich 200000 Tonnen Fisch im Wert von über 350 Millionen Rubel, so eine vorsichtige offizielle Schätzung.[136])

Die zunehmende Wasserverschmutzung führte ferner dazu, dass in den großen Stauseen mehr als drei Viertel der dort noch lebenden Fische von Helminthenwürmern befallen waren, die sich in ihrem Gewebe festsetzten und ihre Lebenszeit deutlich verkürzten.[137]) Schwärme von toten Fischen, die mit dem Bauch nach oben an der Wasseroberfläche umhertrieben, wurden an den

[135]) Duke 1999: 175.

[136]) Goldman 1972: 117f. Eine andere Schätzung ging damals sogar von Verlusten in Höhe von jährlich 550 Millionen Rubel aus. So Blagosklonov/Inozencev/Tichomirov 1967: 223f.

[137]) Ananev/Satochin 1990: 44; Fey 1994: 158. Im Novosibirsker Stausee trat dieses Problem schon rasch nach dem Dammbau ein. Vgl. GANO, 1612/1/78, 40–42.

Stauseen ein alltägliches Bild, das niemanden mehr überraschte.[138]) Später stellten Ichthyologen bei den Fischen im Kujbyšever Stausee eine derart hohe Dosis an Schwermetallen und Pestiziden fest, dass für den Menschen bei Verzehr akute Gesundheitsgefahr bestand. Die zuständigen Regionalbehörden sahen sich gezwungen, ein Verkaufsverbot zu verhängen und die Bevölkerung dazu aufzurufen, die in der Wolga gefangenen Fische keinesfalls für die Zubereitung von Speisen zu nutzen.[139])

Mit der Zerstörung des ökologischen Gleichgewichts der Binnengewässer ging eine Überfischung einher. Die sozialwirtschaftlichen Katastrophen des Stalinismus und des Zweiten Weltkriegs führten zu wiederholten Ernährungsengpässen. Die staatlichen Stellen und die Bevölkerung versuchten darum, den Ernteausfällen durch höhere Fischfangquoten entgegenzuwirken. So mussten die Fischerei-Kolchozen beständig steigende Planvorgaben erfüllen, was einen nachhaltigen Fischfang unmöglich machte.[140]) Gegen Ende der 1960er Jahre stellten Experten fest, dass vielerorts das rechte Maß zwischen Nutzung und Erhalt nicht ermittelt und eingehalten worden sei. Jahren mit hohen Fangergebnissen folgten wiederholt Zeiten mit deutlich reduzierten Fangquoten.[141])

Die Fischbestände wurden zusätzlich durch eine kaum zu kontrollierende Raubfischerei dezimiert, die trotz aller gesetzlichen Verbote Volkssport blieb. Das zeigten vor allem die öffentlich gemachten Skandale. So deckten Fischereiinspektoren 1960 auf, dass die lange gesuchten „Fischpiraten" auf der Wolga Bedienstete des Flusskraftwerks waren, die sich bei ihren Fischzügen nicht nur des Dienstbootes, sondern auch Starkstromkabel bedienten, um die im Flusskraftwerk produzierte Elektrizität zweckentfremdet zur Erbeutung wertvoller Fische zu nutzen.[142]) Zur gleichen Zeit hatten sich in den für die Bauarbeiter errichteten Siedlungen am Novosibirsker Flusskraftwerk eine wachsende Zahl von Bewohnern darauf verlegt, auf ihre „besondere Weise mit dem Stausee zu leben", indem sie die Raubfischerei zu einem regelrechten Gewerbe ausbauten. Mit Plakaten und Zeitungsartikeln versuchten die zuständigen Behörden verzweifelt, das 1957 erlassene Fischverbot durchzusetzen. Aber zum einen reichten die wenigen Inspektoren nicht aus, um der Lage Herr zu werden; zum anderen waren die Wilddiebe gut organisiert, so dass sie reiche Ernte einfuhren und die örtlichen Fischerei-Kolchozen, Behörden und Organisationen bei ihnen im großen Stil Fisch einkauften, um ihre Pläne zu erfüllen und die Familien ihrer Mitarbeiter zu versorgen. So

[138]) Goldman 1972: 232f.; Pryde 1972: 81; Peterson 1993: 76f. Zum wiederholten Fischsterben in Novosibirsk vgl. GANO, 2083/1/24, 26–27.

[139]) Jablokov 1988: 309; Jablokov 1990: 277; Peterson 1993: 77f.

[140]) Vgl. den Bericht der Sibirischen Abteilung für Fischschutz und Fischfang des Volkskommissariats für Fischereiwirtschaft vom Januar 1945 in Ekologija 1999: 39f.

[141]) Pryde 1972: 79; Josephson 2002: 39.

[142]) Bahro 1986: 220.

entstand ein illegaler Absatzmarkt, der maßgeblich zum Erfolg der Raubfischerei beitrug.[143])

Die unvermindert hohe Zahl der ertappten Fischdiebe, die nur die Spitze des Eisbergs darstellten, zeigte, dass die staatlichen Stellen auch in der Folgezeit damit überfordert waren, diesem Unwesen Einhalt zu gebieten. So wurden noch gegen Ende der 1970er Jahre im Kujbyšever Gebiet jährlich über 6000 Raubfischer strafrechtlich belangt. Die Fischereiinspektoren beklagten, dass die Fischdiebe eine moderne Ausrüstung nutzten, um so den Fischerei-Kolchozen die Fische „vor der Nase wegzuschnappen“ und durch ihren Verkauf auf dem Schwarzmarkt hohe Preise zu erzielen.[144])

Im Jahr 1964 wurde sogar der Präsident der Allrussischen Gesellschaft für Naturschutz, Michail Bočkarev, dabei fotografiert, wie er verbotenerweise ein engmaschiges Netz auf dem Fluss Oka auswarf und sich damit der Raubfischerei schuldig machte. Presseorgane brachten die „Bočkarev-Affäre“ an die breite Öffentlichkeit, um zu verdeutlichen, wie schlecht es um den Tier- und Naturschutz in der Sowjetunion bestellt sein müsse, wenn selbst der Vorsitzende der mitgliederstarken Naturschutzgesellschaft gewissenlos bestehende Gesetze missachtete. Sie erzwangen den Rücktritt Bočkarevs und forderten ein härteres Vorgehen gegen Raubfischer.[145])

Mit der Überfischung und den Eingriffen in das Ökosystem der Flüsse und Seen kam es zu einschneidenden Veränderungen bei der Spezieszusammensetzung der Wasserfauna. Am Mittel- und Unterlauf der Wolga war bald die Hälfte der zuvor bekannten Fischarten ausgestorben oder vom Aussterben akut bedroht. Geradezu dramatisch nahm vor allem der Bestand an wertvollen Speisefischen ab (Stör, Weißfisch, Grusinischer Karpfen, Kaulkopf, Rotfederauge, Zander und Hecht). Zu einer ähnlichen Situation kam es im Wolga-Delta, dessen große Fischpopulationen durch die Umgestaltung und die fortschreitende Verschmutzung des Flusses in Gefahr gerieten.[146]) Während 1935 der Fang der Wolga-Fischer noch zu 93 Prozent aus wertvollen Speisefischen bestanden hatte, sank dieser Anteil bis 1963 auf 34 Prozent und vier Jahre später sogar auf nur noch neunzehn Prozent.[147]) Auch im Don und im Azovschen Meer hatten sich schon wenige Jahre nach der Flutung des Cimljansker Staubeckens die Schwärme wertvoller Speisefische drastisch verkleinert. Später kam hier die Fischereiwirtschaft fast völlig zum Erliegen.[148]) Mit der fortschreitenden Elektrifizierung der sibirischen Flüsse erlitten deren

[143]) Zum Verbot der privaten Sportfischerei und den Erfolgen der Raubfischer zwischen 1957 und 1961 vgl. GANO, 1179/1/482, 57–58; ebd., 1612/1/110, 6; ebd., 112, 1-3.

[144]) Bahro 1986: 222f. Ferner Ekologija 1999: 218f.; Pryde 1972: 80f.; Duke 1999: 164ff.

[145]) Ausführlich dargestellt ist die „Bočkarev-Affäre“ bei Weiner 1999: 340–350.

[146]) Vendrov 1970a: 27f. u. 188f.; Berdičevskij 1958; Avandel'ta 1965.

[147]) Vendrov 1970a: 104f.; Šaponov 1961; Šaponov 1967: 69.

[148]) Cicin 1957: 14f.; Vendrov 1970a: 183–186; Jablokov 1988: 277f.; Lebedinskij 1989: 40 u. 132–136; Zholdasova 1999.

Edelfischbestände das gleiche Schicksal. Sie schrumpften auf einen kümmerlichen Rest.[149])

Die Probleme der Fischereiwirtschaft wurden in der sowjetischen Presse zwar stets ausgiebig erörtert. Es kam wiederholt zu „Hilferufen" im Namen der Forellen, Lachse und Störe.[150]) Zugleich verabschiedeten Staat und Partei in regelmäßigen Abständen neue Verordnungen zum Schutz der Fischbestände.[151]) Allerdings ließen durchgreifende Maßnahmen meist so lange auf sich warten, dass sich letztlich das Fischproblem von selbst löste, wie ein sowjetischer Journalist Ende der 1960er Jahre zynisch konstatierte.[152])

Die der Fischereiwirtschaft so entstandenen finanziellen Schäden schätzten die Experten allein in der Wolga-Kaspi-Region während der Zeit von 1960 bis 1990 schließlich auf mehr als sieben Milliarden Rubel.[153]) Die Befürworter der Flusskraftwerke argumentierten zwar stets, an den sinkenden Fangergebnissen seien nicht die Hydrogiganten, sondern einzig und allein die Fischereiwirtschaft selbst schuld, weil sie nicht genügend unternommen hätte, um die sich bietenden neuen Möglichkeiten an den großen Stauseen wirtschaftlich zu nutzen.[154]) Aber zum einen misslang die Akklimatisierung neuer Fischpopulationen in den Stauseen;[155]) zum anderen fehlte es vielfach an den Mitteln, um die geplanten modernen Aufzuchtstationen und industriellen Fischfarmen zu realisieren. Viele ehrgeizige Projekte blieben Luftschlösser.[156]) Schon 1960 war eine Studie davon ausgegangen, dass es kurzfristiger Investitionen von mindestens einer Milliarde Rubel bedurft hätte, um der Fischereiwirtschaft an der Wolga aus der Krise zu verhelfen, in die sie durch den Kraftwerkbau geraten war.[157]) Offensichtlich fehlte es der Moskauer Führung am politischen Willen, für einen nachrangigen Wirtschaftszweig derartige Mittel zu bewilligen.

149) GANO, 1612/1/78, 18–23; Bahro 1986: 222f.

150) Ananjan 1969; Smirnov 1969. Vgl. auch Avakjan 1966b.

151) Die wichtigsten Verordnungen sind abgedruckt in Ob ochrane 1979: 72–78, 117–121; Sbornik normativnych aktov 1978: 498–564; Sbornik rukovodjaščich dokumentov 1964.

152) Goldman 1972: 109. Zur Unwirksamkeit der Erlasse zum Schutz der Fischbestände vgl. Nikonorov 1970; Ognev 1974.

153) Zu den Problemen des Fischfangs der Wolga-Kaspi-Region vgl. Goldman 1972: 232f.; Micklin 1974: 69; Jablokov 1988: 308f.; Jablokov 1990: 278; Situation 1996: 57; Wolfson 1994: 68f.

154) So z.B. Novikov, der Minister für Kraftwerkbau, in seinem Brief an das Zentralkomitee im Sommer 1960 in RGAE, 9572/1/1235, 364–365 u. 372. Auch Pirožnikov 1964.

155) Vgl. z.B. Olifer 1970.

156) Für Novosibirsk vgl. GANO, 1179/1/1482, 57; ebd., 1612/1/114, 119–123. Allgemein zum mäßigen Erfolg der industriellen Fischfarmen Pryde 1972: 79f. u. 83; Josephson 2002: 39f. u. 211–218.

157) Občinnikov 1960: 13.

Vergiftete Mausoleen der Träume vom besseren Leben

Die Versorgung der Haushalte mit ausreichendem und sauberem Wasser war in der Sowjetunion stets ein Problem gewesen, das sich mit der „Eroberung“ der Binnengewässer noch erheblich zuspitzte. Nachdem in Bratsk die örtlichen Industriekombinate gegen Mitte der 1960er Jahre ihren Betrieb aufgenommen und hohe Schadstoffmengen in das Staubecken und den Fluss geleitet hatten, galt das Wasser der Angara bald als ungenießbar.[158]) Während der 1980er Jahre erwiesen sich schließlich in der Sowjetunion über 70 Prozent des Oberflächenwassers und auch ein Drittel des Grundwassers als ungeeignet für die Trinkwassergewinnung. Über die Hälfte der Bevölkerung musste auf Trinkwasser zurückgreifen, dessen Qualität nicht den gesundheitsrechtlichen Anforderungen entsprach. Die Experten mutmaßten, dass die miserable Wasserqualität in den letzten Jahrzehnten Hunderttausende von Menschen das Leben kostet hätte. Für die Bewohner zahlreicher Städte war es zur Gewohnheit geworden, dass sie nur morgens und abends für einige Stunden Wasser erhielten und die zentrale Wasserversorgung zeitweise völlig zusammenbrach, obwohl sich in unmittelbarer Nähe große Flüsse, riesige Stau- und Binnenseen befanden. Der scheinbare Überfluss war durch die zunehmende Verunreinigung zum akuten Mangel geworden. Die „Wasserkrise“ weitete sich so schließlich zum „Drama“ und zur „gesamtnationalen ökologischen Katastrophe“ aus.[159])

Die Umweltschäden längs der Flüsse und Stauseen blieben nicht allein auf die zunehmende Belastung der Gewässer mit einer beständig wachsenden Schadstoffkonzentration begrenzt. Die hier entstehenden industriellen Ballungszentren gehörten bald auch zu jener Gruppe von sowjetischen Städten, die durch eine extrem hohe Luftverschmutzung negativ auf sich aufmerksam machten.[160]) Die nach dem Kraftwerkbau neu gegründeten Industriekombinate verfügten meist nur über veraltete oder defekte Filteranlagen. Große Mengen von Staub und gefährlichen Gasen entwichen in die Atmosphäre. Geltende Grenzwerte wurden ignoriert. Die Aluminium- und Chemiefabriken bei Volgograd, Kujbyšev und Bratsk kamen deshalb auf die Liste der weltgrößten Umweltverschmutzer.[161]) Vor allem Bratsk konnte sich seit den 1970er Jahren der „Eintragung ins Guinness-Buch der Rekorde [...] als eine der lebensgefährlichsten Städte in der Welt“ gewiss sein.[162]) Allein in ihrer näheren Umgebung ging eine Fläche von 110000 Hektar durch akutes Waldsterben verloren. Der Weg von der Stadt hinaus zum Flughafen führte durch

[158]) Bahro 1986: 231f.

[159]) So Luk'janenko 1989. Ausführlich Feshbach/Friendly 1992: 113f.; Pryde 1991a; Weißenburger 1994: 108; Petersen 1993: 55; Richter 1997: 71f.; Rachmanin 1996; Feshbach 1995: 54f. u. 60f.

[160]) Die sowjetischen Großstädte mit der höchsten Luftverschmutzung sind angeführt bei Pryde 1991a: 19ff. u. 34f.; Feshbach/Friendly 1992: 289–304.

[161]) Scherbakova/Monroe 1995: 68f.; Jablokov 1990: 270f.; Grotzky 1984: 514; Pryde 1991b.

[162]) Scharff 1996: A611.

ein Taigagebiet, dessen Nadelbäume nur noch „Baumruinen“ waren. Die hier wachsenden Pilze galten als ungenießbar, und der Wildbestand war stark reduziert oder litt an unheilbaren Krankheiten. Der Sand auf den städtischen Kinderspielplätzen war nach westlichen Maßstäben derart stark verschmutzt, dass er auf eine Sonderdeponie hätte abtransportiert werden müssen. In den Wintermonaten lief das gigantische Kraftwerk meist auf vollen Touren. Die Angara fror deshalb unterhalb der Staudämme nicht mehr zu. Dadurch bildete sich Nebel, in dem sich die in die Atmosphäre emittierten Schadstoffe ansammelten. Die Stadt und ihre Vororte waren so fast zwei Drittel des Jahres in einen grauen Giftschleier eingehüllt. Er sorgte für Verkehrsbehinderungen und einen ätzenden Geruch. Das Umland der beeindruckenden Flusskraftwerke, in denen die kommunistische Zukunftsgesellschaft zuerst konkrete Gestalt annehmen sollte, stellte sich deshalb als industrielles Ödland dar, das ein Weltuntergangsszenarium bot. Es gab in der Sowjetunion „kaum einen hässlicheren und traurigeren Anblick“. Die vormalige idyllische Flusslandschaft hatte sich in eine „verschmutzte und versumpfte Wüstenei (verwandelt), in der haufenweise Asche, Schlacke, Flaschen, sonstiger Krempel und rostige Autowracks und Wagons anzutreffen sind.“[163])

Nachdem sich die Bewohner von Bratsk wiederholt öffentlich über Baumsterben, Rußschwaden und giftige Abwässer beschwert hatten, richtete die Moskauer Führung 1981 schließlich eine Untersuchungskommission ein. Deren Mitglieder zeigten sich wegen der akuten Umweltschäden äußerst besorgt und forderten dringend eine Verbesserung der Lage. Doch sichtbare Erfolge stellten sich nicht ein. Die Verschmutzung ging auf hohem Niveau weiter.[164]) Natur und Menschen opferte man hier „dem unmäßigen Appetit der Planungskommission“.[165])

Auch in Volgograd weitete sich die Umweltkrise bald zu einer akuten Gesundheitskrise aus. In den an den Ufern des Stausees aus dem Boden gestampften neuen Industrievierteln erreichte die Wasser- und Luftverschmutzung Extremwerte. Deshalb gab es immer mehr Fehl- und Missgeburten; die Kindersterblichkeit nahm dramatisch rasch zu. Auch die Zahl der Krebs-, Asthma-, Allergie- und Bronchitiserkrankungen lag um das Zwei- bis Dreifache über den sowjetischen Durchschnittswerten. Die Lebenserwartung in diesen „ökologischen Notstandsgebieten“ sank zunehmend.[166]) Die vielge-

[163]) Komarow 1979: 156.

[164]) Zu den Zuständen in Bratsk vgl. Baller 1995: 452–464; Komarow 1979: 36; Bahro 1986: 232f.; Wein 1999: 206f.; Stewart 1992: 228; Peterson 1993: 2; Mote 1976: 20. Erst nach dem Zusammenbruch der Sowjetunion wurde endlich ein aufwendiges Sonderprogramm zur Sanierung der Stadt und des Umlands beschlossen. Dazu Baller 1995: 475f. Zur katastrophalen ökologischen Situation in Bratsk vgl. auch die beiden Dokumentarfilme: *Report from the Edge* (Regie: T. Chirkova), Sacramento 2001; *The Bratsk Sea* (Regie: Tatiana Homutova). Sacramento 2001. Sie werden besprochen von Mote 2002.

[165]) Scharff 1996: A611f.

[166]) Feshbach/Friendly 1992: 16ff. Zur Erfahrung des ökologischen Notstand an der Wolga vgl. auch die lebensgeschichtlichen Erinnerungen bei Raleigh 2006: 147f. u. 248.

priesene Zone des Fortschritts erwies sich nicht nur in Volgograd und Bratsk als eine „Destruktionszone" und ein Raum, in dem die Erschöpfung und Verwahrlosung der sowjetischen Moderne zur Anschauung kam. Die „Großbauten des Kommunismus" stellten bald vergiftete Mausoleen der Träume vom besseren Leben dar.

„In einer kranken Ökonomie ist kein Platz für eine gesunde Umwelt"

In einem Zeitungsartikel wunderte sich 1990 der letzte Generalsekretär der KPdSU, Michail Gorbačev, darüber, warum die Natur im Land, in dem es einen Reichtum an natürlichen Ressourcen, ein großes intellektuelles Potential und zahlreiche Menschen gebe, die ihre Heimat und Natur lieben, in einer derart schlechten Verfassung sein könne.[167]) Ein Grund dafür ist sicherlich in dem grenzenlosen Optimismus der Parteiführung zu sehen, die sich dem bequemen Traum von einem Kommunismus hingab, der in naher Zukunft alle Probleme lösen werde. Während in den kapitalistischen Ländern die Profitsucht die Wirtschaftsakteure nicht davor zurückschrecken lasse, immer wieder von Neuem die Natur auf dem Altar des Marktes zu opfern, sei es in den sozialistischen Ländern viel besser um den Umweltschutz bestellt. „Hier besteht das Ziel der wirtschaftlichen Entwicklung nicht im Profit um jeden Preis, sondern in der maximalen Befriedigung der Bedürfnisse der Menschen." Deshalb sei es logisch, dass die sozialistischen Regierungen „das Signal der ökologischen Gefahr rasch beantworten" und eine Reihe von praktischen Maßnahmen zur durchgreifenden Lösung der Umweltprobleme treffen würden.[168]) Das Verständnis der ökologischen Krisensituation als bloßes Übergangsphänomen, als zeitbedingtes und nichts als systembedingtes Problem hatte eine Bagatellisierung der Umweltzerstörung zur Folge.[169]) In ihrer heilsgeschichtlichen Verblendung fiel es den Parteioberen schwer, das akute Gefährdungspotential wahrzunehmen und angemessen darauf zu reagieren. Die „ideologisch obligatorische ‚Wir-werden-es-schon-schaffen'-Attitüde"[170]) stand einem engagierten umweltpolitischen Handeln entgegen und ließ viele Entscheidungsträger die offensichtlichen Kausalzusammenhänge zwischen den Strukturschwächen des sowjetischen Systems und der enormen ökologischen Schadensbilanz übersehen. Die Spitze von Staat und Partei erlaubte darum zwar die Thematisierung ökologischer Probleme und unterstützte die Institutionali-

[167]) Zit. n. Peterson 1993: 23.

[168]) Bestushew-Lada 1984: 68 u. 133–139.

[169]) In der Parteipropapanda hieß es dazu stets, dass die Sowjetunion unter den Vorzeichen von Klassenkampf und Kaltem Krieg „kapitalistisch deformierte Technologien" übernehmen müsse, um die westlichen Industrienationen schnellstmöglich einzuholen. Der bevorstehende Übergang zum Kommunismus gehe aber mit der konsequenten Herausbildung eines eigenen Produktivkräftesystems einher, um das destruktive Erbe des Kapitalismus endlich abzuschütteln. Vgl. Busch-Lüty 1989: 15.

[170]) Höhmann/Seidenstecher/Vajna 1973: 28.

sierung des Umweltschutzes. Aber sie sah sich durch den Problemdruck und den Reformstau im Bereich der Umweltpolitik nicht dazu gedrängt, den immer lauteren Forderungen nach grundlegenden Veränderungen nachzugeben.[171])

Die umweltpolitischen Wahrnehmungs- und Handlungsdefizite kamen nicht von ungefähr. Die im stalinistischen *think big* sozialisierten Technobürokraten standen einer den tatsächlichen volkswirtschaftlichen Anforderungen angepassten Umweltpolitik im Weg. Sie waren „unfähig, in Varianten zu denken" und hatten „bereits lang das Gefühl für die Zeit verloren."[172]) Entgegen besserem Wissen und den schon gemachten negativen Erfahrungen bereiteten diese Bannerträger des technokratischen Ethos weiteren umweltschädlichen Plangiganten den Weg in die sowjetische Wirklichkeit. Als „Totengräber der Natur"[173]) trugen sie politisch die Verantwortung für den „Steinzeitvandalismus durchaus zivilisierter Mitglieder einer entwickelten sozialistischen Gesellschaft"[174]). Erst nach dem Dahinscheiden dreier ergrauter Generalsekretäre in den Jahren 1982 bis 1985 ging die politische Macht im Kreml endlich in die Hände einer jüngeren Garde von Parteiführern um Michail Gorbačev über. Sie kannten die großartigen Triumphe in den stalinistischen Industrialisierungs- und Weltkriegsschlachten nur vom Hörensagen, so dass sie weit weniger empfänglich für technizistischen Größenwahn waren und den Belangen der Umwelt mehr Beachtung schenkten.

Den lange Zeit nur sekundären Stellenwert des Umweltschutzes in der Prioritätenskala sowjetischer Politik verdeutlicht die mangelhafte Umsetzung der sowjetischen Umweltgesetze. Mit ihrem deklarativen und appellativen Charakter stellten sie lediglich die schriftliche Fixierung von Allgemeinplätzen und politischen Zielen dar. Ein wirksamer rechtlicher Umweltschutz ist allerdings erst dann gegeben, wenn durch administrativ-direktive, haftungs- und strafrechtliche sowie ökonomische Sanktionen die Implementierung entsprechender Schutzmaßnahmen erzwungen wird. Daran haperte es in der Sowjetunion. Eine enorme Kluft zwischen Recht und Rechtsanwendung tat sich auf. Sowjetische Betriebsdirektoren erklärten bei Umfragen, die umweltrechtlichen Bestimmungen wohl zu kennen. Mehr als drei Viertel von ihnen gaben aber noch in den 1980er Jahren zu, diese nicht zu beachten.[175]) Das hatte seinen Grund darin, dass Umweltsünder nur selten damit rechnen mussten, für ihre Vergehen juristisch zur Verantwortung gezogen zu werden. Zwar gab es wiederholt aufwendig in Szene gesetzte ökologische Schauprozesse, in denen gegen sorgsam ausgewählte Umweltsünder (z.B. 1967 gegen die Direktoren

171) Zur ideologischen Verblendung vgl. Höhmann/Seidenstecher/Vajna 1973: 28ff.; Busch-Lüty 1989: 13–19; Komarow 1979: 27 u. 176f.; Bush 1974: 25–28.

172) Salygin 1987: 37f.

173) So Fedor Morgun 1988 in seiner Funktion als Vorsitzender des Sowjetischen Staatskomitees für den Umweltschutz, zit. n. Weißenburger 1989: 194.

174) Lemešev 1988.

175) Weißenburger 1984a: 35; Hirzel 1996: 248. Dazu auch Peterson 1993: 18.

der Saratover Erdölraffinerie) ein Verfahren geleitet wurde;[176]) doch noch Mitte der 1970er Jahre wurde nur ein Drittel der angezeigten Umweltdelikte strafrechtlich verfolgt. Die seltenen Gerichtsprozesse endeten zumeist mit Freispruch oder mit lächerlich geringen Geldstrafen. Selbst bei schweren Fällen schöpften Richter und Staatsanwälte das ohnehin begrenzte Strafmaß nicht aus. Für sie schien es angesichts der Verbreitung der Umweltverstöße und des fehlenden politischen Drucks kaum der Mühe wert, auf breiter Front hart gegen Umweltsünder vorzugehen. Ungeachtet aller ökologischen Lippenbekenntnisse galt die Umweltverschmutzung weiter als Kavaliersdelikt. Das forderte die Verantwortlichen in den Betrieben geradezu heraus, die umweltschädigende, billigere Produktionsweise fortzusetzen und sich im Falle eines Gerichtsurteils von ihrer Schuld „freizukaufen".[177])

Die „Scheinwelt"[178]) des sowjetischen Umweltrechts basierte auf einer Institutionalisierung des Umweltschutzes, von der es kritisch hieß: zu viele Abteilungen und zu wenig Koordination.[179]) Die Experten hatten die Gründung einer unabhängigen und einflussreichen Umweltbehörde gefordert, um ein Gegengewicht zu den mächtigen Industrieministerien zu schaffen. Innerhalb des immobilen administrativen Systems der Sowjetunion gab es dafür aber keinen Platz. Die Parteispitze setzte auf das Prinzip der freiwilligen Selbstkontrolle und machte den Bock zum Gärtner. So wurden innerhalb der einzelnen Industrieministerien eigene Umweltagenturen eingerichtet, deren ökologische Expertisen oft intern und dem Ressortgeist verpflichtet blieben. Kontrollmechanismen konnten sich darum kaum ausbilden, um der Verschwendung von Investitionsmitteln entgegenzuwirken. Der Schutz natürlicher Ressourcen wurde „nur in dem Maße betrieben, wie er den Selbstzweck der Behörde, Machterhalt und Machtausdehnung, nicht behinderte".[180])

Innerhalb der einzelnen Bürokratien galten die Umweltagenturen bald als verordneter Appendix mit geringem Prestige. Sie waren mit Ausrüstung und Personal zu schlecht ausgestattet, um effektive Arbeit zu leisten. So erwies sich die Wasserinspektion als eine Institution von Halbamateuren. Wegen der niedrigen Löhne suchten hier meist nur pensionierte Offiziere oder schlecht

[176]) Diese ökologischen Schauprozesse wurden später in den Lehrbüchern zum Umweltrecht ausführlich dokumentiert. An die wenigen umweltrechtlichen Präzedenzfälle schloss sich meist eine kurzfristige Pressekampagne an, in der die großen sowjetischen Tageszeitungen Fabrikdirektoren als „Umweltkriminelle" brandmarkten und von ihnen mehr Fürsorgepflichten für den Erhalt der Umwelt einforderten. Duke 1999: 177-181.

[177]) Ziegler 1987a: 78-101 u. 155f.; Goldman 1972: 32-41; Hirzel 1996: 232-262; Höhmann/Seidenstecher/Vajna 1973: 34ff., 48f. u. 55f.; Weißenburger 1985: 34-42. Ausführlich zum Mangel an wirkungsvollen haftungs- und strafrechtlichen Instrumenten Radecki/Rotko 1991: 131-146.

[178]) Baller 1995: 536.

[179]) Pryde 1991a: 10.

[180]) Fey 1994: 232f. Ferner Pryde 1991a: 8-11; Jancar 1987: 22-34 u. 67-121; Lemešev 1988: 332 u. 339f.; Lebedinskij 1989: 45-48, 123ff.; Ziegler 1987a: 59ff., 102ff.; Höhmann/Seidenstecher/Vajna 1973: 31-34; Peterson 1993: 15-19; Weißenburger 1984b: 21-31.

qualifizierte Wissenschaftler und Laboranten eine Beschäftigung. Es fehlte an Transportmitteln und Laboreinrichtungen, um einen umfassenden Überblick über den desolaten Zustand der Binnengewässer zu erhalten. In den späten 1960er Jahren gab es für die Wasserinspektion des Kujbyšever Stausees nur ein Schiff, um 350 Kilometer der Wolga zu kontrollieren. Verzweifelt wurde für dieses Schiff eine Mannschaft, vor allem ein Kapitän, gesucht, weil wegen der niedrigen Gehälter niemand bei der Wasserinspektion anheuern wollte.[181]) Zudem wurden die Inspekteure bei ihrer Arbeit vielfach behindert, mitunter mit Gewalt bedroht oder sogar körperlich angegriffen. Die Betriebsdirektoren verwehrten ihnen den Zugang zu den Fabrik- und Kläranlagen. Bestechungen und Drohungen gehörten zum Arbeitsalltag, so dass die Wasserinspektoren vielfach geschönte Daten weiterleiteten oder Verschmutzungen einfach nicht dokumentierten. Diejenigen, die ihre Arbeit ernst nahmen, hatten nicht die Befugnis, um vor Ort die notwendigen Maßnahmen zu verfügen und so der umweltschädlichen Produktionspraxis Einhalt zu gebieten. Sie konnten lediglich ihre Moskauer Zentrale von den Delikten in Kenntnis setzen und hoffen, dass sich in der Hauptstadt jemand der Sache annahm und politischen Druck ausübte. In den meisten Fällen nutzten die für die überführten Umweltsünder zuständigen Industrieministerien aber ihre Macht, um die Angelegenheiten ohne Konsequenzen beizulegen. Auch eine Pressekampagne zu Beginn der 1970er Jahre, die sich für eine bessere Ausstattung der Wasserinspektion sowie für mehr Gehalt und Macht ihrer Mitarbeiter stark machte, änderte nichts an der betrüblichen Situation.[182]) Der ostsibirische Schriftsteller Valentin Rasputin verglich die Patrouillenboote der Wasserinspektion darum mit Ambulanzen, die nur Leute aufnähmen, die sie selbst überfahren hätten.[183])

Sträflich vernachlässigt hatte die Sowjetunion auch den Bereich der Umwelttechnologie. Der Stand der Klärwerktechnik stagnierte in den folgenden Jahrzehnten auf dem unbefriedigenden Niveau der 1950er Jahre. Deshalb wurden, selbst wenn die veralteten Anlagen ordnungsgemäß funktionierten, in Flüsse und Seen Abwässer eingeleitet, die bei weitem die gesetzlich vorgeschriebenen Grenzwerte überschritten. Auch zogen es viele Fabriken und Kommunalwirtschaften wegen des geringeren Aufwands vor, die schon bestehenden Anlagen zu erweitern, statt neue, verbesserte Einrichtungen einzubauen. Auf verschiedenen Tagungen versuchten Forscher der Sowjetischen Akademie der Wissenschaften in den 1970er Jahren die Verantwortlichen davon zu überzeugen, von ihrem technologischen Konservatismus abzulassen. Dazu verwiesen sie auf die Erfolge neuer Klärtechnologien und der engagierten Wasserschutzpolitik in den USA, wo die zunehmende Belastung der Flüs-

[181]) Duke 1999: 166.

[182]) Gustafson 1981: 133–136; Ziegler 1987a: 116–133; Weißenburger 1985: 31–34; Peterson 1993: 163f.; ZumBrunnen 1989: 122 u. 128f.; Duke 1999: 161ff. u. 170ff.

[183]) Zit. n. Scharff 1996: A608.

se und Seen deutlich reduziert worden war.[184]) Ihre Überzeugungsarbeit konnte aber kaum Wirkung erzielen, weil der sowjetische Anlagenbau damit überfordert war, moderne Klärsysteme in gewünschter Quantität und Qualität herzustellen. Es gelang in der Sowjetunion nicht, Wachstum mit Umweltschutz zu verbinden und so neue Entwicklungspotentiale freizusetzen.[185])

Die Hauptursache des ökologischen Notstands lag in der Sowjetunion vor allem darin, dass sich der Umweltschutz zwar volkswirtschaftlich gelohnt hätte, betriebswirtschaftlich aber als unvorteilhaft erwies. Die Einhaltung der Umweltauflagen und die Verringerung der Schadstoffemissionen trugen nicht zur Verbesserung der Planziffern bei. Die Installation, der sachgemäße Betrieb und die Instandhaltung von Reinigungseinrichtungen banden vielmehr Arbeitskräfte und Material. Auch hatten die Betriebsleiter und Wirtschaftsfunktionäre angesichts der niedrigen Kosten für Wasser, Energie und Rohstoffe kaum Interesse daran, zu sparsameren, intensiveren und abfallärmeren Technologien überzugehen. Die notwendigen Umstellungen hätten nur Unruhe in den Fabrikalltag gebracht und womöglich höhere Planvorgaben zur Folge gehabt. Gewinnbringender als die Einsparung erwies sich damit die fortgesetzte Verschwendung. Die betrieblichen Interessen an einer möglichst positiven Bewertung und die Belange des Umweltschutzes standen im Widerspruch zueinander. Auf der Ebene der Betriebe stellte sich die zentralisierte Planwirtschaft als „economics of pollution" dar.[186]) Ihre Wirtschaftsmechanismen ließen die Fabrikdirektoren und Planungsstrategen zu „Befürwortern traditioneller antiökologischer Lösungen" werden.[187])

Das, was die Chefideologen im Kreml stets als Vorteil des Sowjetsystems dargestellt hatten, nämlich dass den Wirtschaftsakteuren die vergesellschafteten Naturreichtümer kostenlos überlassen würden, erwies sich zunehmend als Fehler. Das vielgepriesene „Gratis-Prinzip" führte zur Herren- und Wertlosigkeit der Naturressourcen und wirkte als „quasi eingebautes Vorurteil gegen den Umweltschutz".[188]) Der Moskauer Jurist Jurij Butrim beklagte 1989 in einem Interview, dass die Aufhebung des persönlichen Eigentums an Naturreichtümern zu einer „furchtbaren Barbarei" und gefährlichen Verantwortungslosigkeit geführt hätte.[189]) Andere sowjetische Umweltexperten sprachen sogar von einer „Enteignung" und „Entsozialisierung der Natur", weil

[184]) Vgl. dazu Kehoe 1997; McGucken 2000.

[185]) Gustafson 1981: 139f.; Komarow 1979: 50; Åhlander 1994: 72ff. u. 77f.; Höhmann/Seidenstecher/Vajna 1973: 41–45; Schlögel 1984b: 27f.; Wolfson 1994: 78; Peterson 1993: 63 u. 66ff.; Pryde 1991: 90f.

[186]) Bush 1974: 18ff. Von „built-in incentives to pollute" sprach ZumBrunnen 1974: 81. Ausführlich Goldman 1972: 43–52 u. 67–75; Höhmann/Seidenstecher/Vajna 1973: 38f. u. 57–60; Weißenburger 1984a: 32–36; Lebedinskij 1989: 83–95; Åhlander 1994: 87ff.; Jancar 1987: 122–166; Kramer 1972; Taga 1976: 84–91.

[187]) Jablokov 1988: 322; Radecki/Rotko 1991: 152.

[188]) Busch-Lüty 1989: 17.

[189]) Radecki/Rotko 1991: 147.

ihre Ressourcen von Staatsorganen, Personengruppen und Betrieben eigennützig verschwendet und monopolistisch missbraucht würden.[190]) Die fortgesetzte ressourcenintensive Produktionsweise führe zu einem „ökologischen Analphabetismus"[191]) und zu einer „Selbstfresserei", die nicht nur die Natur zerstöre, sondern die Wirtschaft auch vom wahren Ziel der Entwicklung ablenke und das Wohlergehen der Gesellschaft beeinträchtige.[192])

Dabei hatten sowjetische Wirtschaftswissenschaftler und Planungsexperten schon während der 1960er Jahre mit Nachdruck darauf hingewiesen, dass die Geschenke der Natur keineswegs unentgeltliche und unerschöpfliche Güter seien. Sie sprachen sich nachdrücklich dafür aus, das sowjetische Preissystem grundlegend neu zu gestalten. Nur so könne der Wandel vom extensiven zum intensiven Wachstum, von einer umweltschädlichen zu einer „ökologischen Produktionsweise" vollzogen werden. Nutzungsabgaben, Ökosteuern, Verschmutzungsgebühren und bei Umweltdelikten hohe Strafgelder sowie Entschädigungszahlungen böten einen effektiven ökonomischen Hebel, um die Natur zu schützen.[193])

Die umweltpolitische Forderung nach der Durchsetzung des Nutzer- und Verursacherprinzips ging mit dem in anderen Zusammenhängen immer wieder eingebrachten Reformvorschlag einher, die Betriebe nicht durch einen rigiden planwirtschaftlichen Zentralismus zu gängeln, sondern ihnen Handlungsspielräume und Möglichkeiten zur Eigeninitiative zu gewähren. Ökologische Innovationen, Einsparungen und Qualitätszugewinne sollten mit Sondervergütungen belohnt werden, um den sozialistischen Wettbewerb wiederzubeleben. Diese neuen wirtschaftlichen Steuerungsinstrumente könnten, so ihre Verfechter, eine Veränderung der betrieblichen Interessenkonstellation herbeiführen und ein „soziales Optimum der Umweltbelastung" sicherstellen.[194]) Der „ökonomische Schutz der Natur"[195]) durch die Einführung des „ökologischen Imperativs"[196]) ließ sich allerdings politisch nicht durchsetzen. Die geforderte Einführung eines neuen Tarif- und Prämiensystems unterblieb, weil sie einen grundlegenden Umbau des Wirtschaftssystems vorausgesetzt und damit dem Moskauer Strukturkonservatismus ein Ende bereitet hätte. Einen sowjetischen Umweltexperten erinnerten daher die Bemühungen von Staat und Partei, die Betriebe ohne wirksame ökonomische Anreize zur Einführung ökologisch sauberer Technologien und sparsamer Produktionsmethoden zu bewegen, „an das Beispiel mit der Katze, der man Predigten

[190]) Komarow 1979: 143; Jablokov 1990: 287.

[191]) Ziegler 1992: 29.

[192]) Lemešev 1988: 338.

[193]) Vgl. z. B. Strumilin 1967; Fedorenko 1968; Chačaturov 1969. Später dann immer nachdrücklicher Gofman 1977; Chačaturov 1982.

[194]) Gofman 1977: 129.

[195]) Gofman 1989.

[196]) Moissejev 1988.

über den Nutzen der vegetarischen Lebensweise hält, um sie dazu zu bringen, Gurken zu fressen.“[197])

Von einer strukturellen Überlegenheit des sozialistischen Wirtschaftssystems konnte bei der Bewältigung ökologischer Probleme keine Rede sein. Der Titel eines Artikels in der führenden sowjetischen Tagungszeitung *Izvestija* brachte es im Mai 1991 kurz und knapp auf den Punkt: „In einer kranken Ökonomie ist kein Platz für eine gesunde Umwelt“[198]). Die Moskauer Partei- und Staatsspitze hatte aus Gründen politischer Stabilität darauf verzichtet, die Reformvorschläge der Experten umzusetzen, und sich stattdessen mit dem Kreislauf der planwirtschaftlichen „Ökonomie der Verschwendung“[199]) arrangiert.

7.2. Der Aufbruch aus der ökologischen Nische: Politische Kontroversen und kulturelle Heterogenität

Ökologische Nische

Das Bewusstsein von der Natur als schutzwürdigem und bewahrenswertem Gegenort zur modernen industriellen Welt hatte sich in Russland schon während des 19. Jahrhunderts ausgeprägt. Dabei ging es im Anschluss an die „Landschaftspflege“ und den „Heimatschutz“, wie sie sich in Deutschland, Österreich und der Schweiz herausgebildet hatten, um einen kulturell-ästhetischen Zugang zur Natur.[200]) Als Ausdruck neo-romantischer Stimmungen galten beeindruckende Naturdenkmäler zunehmend als nationale Symbole. Die meist bürgerlichen Heimatschützer setzten sich in Moskau und St. Petersburg erfolgreich dafür ein, dass erste Naturschutzgebiete eingerichtet wurden, um die landschaftlichen Schönheiten des Zarenreiches vor der drohenden Verschandelung zu bewahren. Nachdem in den Wirren der Oktoberrevolution und des Bürgerkrieges zahlreiche Naturschützer ihrer Heimat den Rücken gekehrt hatten, verloren die letzten kulturpessimistischen Agrarromantiker während der stalinistischen Kulturrevolution (1928 bis 1932) wenn nicht ihr Leben, so doch zumindest ihre Stimme. Als Protagonisten des Naturschutzes überlebten einzelne Zoologen und Botaniker mit ihrer Taktik der „protective coloration“[201]) die politischen Wirren des Stalinismus. Die in drei offiziell geduldeten Naturschutzgesellschaften organisierten akademischen Liebhaber von Flora und Fauna wurden von den zuständigen Parteistellen als kräutersammelnde und kleintieruntersuchende Exzentriker wahr-

[197]) Komarow 1979: 134.
[198]) Zit. n. Baller 1995: 537.
[199]) Schlögel 1984b: 62f.
[200]) Ausführlich dazu Ely 2002; Costlow 2003a und 2003b.
[201]) Weiner 1999: 12.

genommen, die so unbedeutend erschienen, dass es sich nicht lohnte, sie zu repressieren.[202])

Dem exklusiven Milieu der in alten Traditionen verhafteten akademischen Naturschützer fehlte jegliche politische Perspektive. Sie pflegten einen elitären Intellektualismus. Ihre Politikunfähigkeit ist aber nicht mit Bedeutungslosigkeit gleichzusetzen. Die aktiven Mitglieder der Naturschutzgesellschaften hielten nicht nur die Liebe zur Natur und das überlieferte Ethos der Wissenschaften hoch, das durch Scharlatane wie den stalinistischen Chefbiologen Trofim Lysenko in Gefahr geriet, aus der sowjetischen Forschung eliminiert zu werden. Die alte Garde der Naturschützer sensibilisierte Bürokraten, Studenten und Journalisten für ökologische Fragen. Ihrem bildungspolitischen Engagement war es zu verdanken, dass es seit Ausgang der 1950er Jahre eine Gruppe junger Akademiker gab, die nicht mehr bereit war, die eindrucksvolle Natur ihrer Heimat auf dem Altar der sowjetischen Moderne zu opfern. Sie versuchten, der politischen Marginalität zu entkommen, in der die alte Garde der Naturschützer zuvor untergetaucht war, und nutzten darum die kritischen Foren poststalinistischer Öffentlichkeit, um die heraufziehende ökologische Krisensituation ins Bewusstsein der Sowjetbevölkerung zu rücken.[203])

Soziale Netzwerke und Foren entstanden, die als Orte der Selbstverwirklichung auch Möglichkeiten zum kollektiven Handeln boten. Für besondere mediale Aufmerksamkeit sorgte 1960 die Gründung von *Kedrograd*, einem Walddorf im westsibirischen Altaj. Das mehrjährige Projekt ging von Moskauer Studenten aus, die von einzelnen Vertretern der Zentral- und Regionalbehörden unterstützt wurden und in einzelnen bekannten Presseorganen ausführlich darüber berichten durften. Anliegen ihrer Dorfgründung war es, sich für den Erhalt der sibirischen Zedernwälder zu engagieren, deren Bestand angesichts fortgesetzter Kahlschläge bedroht schien. Die jungen Aktivisten in *Kedrograd* hofften, mit ihrem Enthusiasmus ein Signal zu setzen, um der gesamten ökologischen Entstalinisierung Dynamik und Schwung zu verleihen.[204])

Kontroversen um wasserwirtschaftliche Großprojekte: Eine informelle Öko-Koalition bildet sich

Ähnlich wie in den USA machte sich in der Sowjetunion das wachsende Unbehagen an der Moderne zuerst am Protest gegen symbolträchtige wasserwirtschaftliche Großvorhaben fest. Vor allem die projektierte Umgestaltung

[202]) Zur Geschichte und Bedeutung der zarischen und sowjetischen Naturschutzgesellschaften bis 1953 vgl. ausführlich Weiner 1999: 36–81; Weiner 1988:. 9–12; Janickij 1993: 9–18; Vorontsov 1992: 369ff.

[203]) Janickij 1996: 28–55; Janickij 1993: 52–65; Weiner 1999: 6, 15ff., 31ff., 281-287, 312-329 u. 404–414; Jancar 1987: 273-279; Pidžakov 1994: 81ff.

[204]) Weiner 1999: 32f. u. 319–333.

von nationalen Naturdenkmälern führte dazu, dass immer mehr Menschen begannen, gegen die aggressive Industrialisierungs- und Erschließungspolitik öffentlich ihre Stimme zu erheben und der weiteren Machtausdehnung des „Wasserindustrie-Komplexes“[205]) Einhalt zu gebieten. Die Rolle, die in den USA der Grand Canyon und die *National Parks* spielten,[206]) fiel in der Sowjetunion dem ostsibirischen Bajkalsee zu. Dieses weltgrößte Süßwasserreservoir galt mit seinen zahlreichen endogenen Pflanzen-, Tier- und Fischarten als einzigartiges Naturwunder. Der bekannte sowjetische Schriftsteller Leonid Leonov sah im Bajkalsee „nicht nur einen kostbaren Becher lebendigen Wassers, sondern außerdem einen Teil unserer Seele.“[207]) Für die sowjetischen Umweltschützer wurde das „hellblaue Auge Sibiriens [...] zum Symbol für Hunderte anderer russischer Seen und Flüsse, die an Verschmutzung sterben; zum Symbol für die verschmutzte Luft, die der Wald und der Mensch einatmet, zum Symbol für die zugrundegehende urwüchsige Natur.“[208])

Die Kontroverse begann, nachdem 1957 *Gosplan,* die oberste Moskauer Planungsbehörde, beschlossen hatte, den Bajkalsee und sein Umland ökonomisch zu erschließen. Streit gab es zuerst um den Vorschlag, den Abfluss der Angara aus dem Bajkalsee durch eine gigantische Sprengung zu vertiefen, um das „energetische Potential“ des Flusses zu erhöhen.[209]) Mit guten Argumenten konnten Wissenschaftler und Ingenieure die Unrealisierbarkeit dieses titanischen Projekts schließlich überzeugend nachweisen, so dass seine Verfechter es zu den Akten legen mussten. Kurz darauf wurde 1959 der ebenfalls umstrittene Plan verkündet, am Bajkalsee und seinem Hauptzufluss, der Selenga, insgesamt fünf große Papier- und Zellulosekombinate zu errichten. Schon bald nach Beginn der ersten Bauarbeiten nahm die Debatte ihren Lauf. Wissenschaftler, die damit beschäftigt waren, das fragile Ökosystem des Bajkalsees zu erforschen, meldeten sich Ende 1961 zu Wort, um in alarmistischem Ton auf die drohende Zerstörung der einmaligen Natur des Sees hinzuweisen. Sie konnten nicht nur die Sibirische Akademie der Wissenschaften, sondern auch einzelne Regional- und Zentralbehörden (vor allem die der Fischereiwirtschaft und des Gesundheitswesens) sowie bekannte Schriftsteller, Filmemacher und andere Prominente des sowjetischen Kulturlebens für ihr Anliegen gewinnen. Es bildete sich eine „Ad-hoc-Koalition“[210]) heraus, der überregionale Tageszeitungen und Zeitschriften wie die *Komsomol'skaja Pravda* und die *Literaturnaja Gazeta* ein Forum boten, um durch wiederholte Artikelserien Kritik und Bedenken einer größeren Leserschaft vorzutragen. Zwar

[205]) So der Begriff von Vasil'ev 1997: 582.

[206]) Zum heftigen Widerstand gegen die in den 1950er und 1960er Jahren geplanten Staudammbauten im Grand Canyon, die dieses eindrucksvolle Naturdenkmal verschandelt hätten, vgl. Reisner 1993: 245ff. u. 255–305; Pearson 2002.

[207]) Zit. n. Komarow 1979: 9.

[208]) Komarow 1979: 25f.

[209]) Grigorovič 1960: 123ff.; Weiner 1999: 357f.; Josephson 1997: 169ff.

[210]) So u.a. Goldman 1989: 165.

konnte diese „environmental interest group“[211]) die Inbetriebnahme zweier Kombinate und die fortgesetzte Verschmutzung des Bajkalsees nicht verhindern; ihr unbestreitbarer Erfolg lag aber darin, dass erstmals die Unfehlbarkeit der Moskauer Wirtschaftspläne öffentlich angezweifelt werden durfte.[212]) Die Kontroverse um den Bajkalsee markierte so einen Wendepunkt in der Öffentlichkeits- und Umweltpolitik der Sowjetunion.[213])

Der engagierte „battle for wilderness“[214]) fiel zeitlich zusammen mit der große Wellen schlagenden „Debatte zwischen Physikern und Lyrikern“. Sie begann 1959, als der bekannte Schriftsteller Il'ja Erenburg auf den in der Tageszeitung *Komsomol'skaja Pravda* veröffentlichten Leserbrief einer Studentin reagierte. Sie war durch ihren Freund verwirrt worden, der festen Glaubens behauptete, im Zeitalter der Atomkraft und der Eroberung des Kosmos hätten Literatur und Poesie ihre Bedeutung verloren und wären nur noch etwas für „Damen mit Hündchen“. Erenburg kritisierte diese Vorstellung von der Allmacht moderner Technik und Wissenschaft als einseitig. Er verwies darauf, dass sich der Fortschritt in der Dialektik von Gewinn und Verlust vollziehe. Es sei falsch, in die bürgerliche Litanei von der Tragik des menschlichen Daseins und den unüberwindlichen Naturgesetzen einzustimmen. Zugleich dürfe man sich aber auch nicht blauäugig der Utopie einer wolkenlosen idealen Zukunft hingeben, die durch eine einwandfrei funktionierende, technisch und wissenschaftlich durchorganisierte Sowjetgesellschaft geschaffen werde. Erenburgs Absage an die unreflektierte Technikeuphorie traf auf breiten Zuspruch, weil sie das Unbehagen vieler Sowjetmenschen ausdrückte, vom Fortschritt überrollt zu werden.[215])

Dieses Nachdenken über die Folgen des in den 1950er Jahren beschleunigten gesellschaftlichen Wandels schuf ein kulturelles Klima, das es der damals entstehenden informellen Öko-Koalition ermöglichte, in der Folgezeit wiederholt zueinander zu finden, um Widerspruch gegen weitere riskante Megaprojekte einzulegen. So standen Anfang der 1960er Jahre der Bau eines mächtigen Flusskraftwerks und eines alle Vorstellungen übersteigenden riesigen Stausees (112000 km^2) am Unteren Ob' in der Kritik. Die Pläne wurden schließlich verworfen, als Geologen in den zur Überflutung ausgewiesenen west-

[211]) Zu diesem Begriff vgl. Kelley 1976.

[212]) Jurij Danilov, der Stellvertretende Unionsminister für das Gesundheitswesen, warf den verantwortlichen Planungsstrategen in der *Pravda* sogar eine „barbarische Haltung gegenüber der Natur“ vor. Hier zit. n. Ziegler 1987b: 48.

[213]) Die Kontroverse um den Bajkalsee ist wiederholt dokumentiert worden. Vgl. dazu Pryde 1972: 147–151; Goldman 1972: 178–209; Goldman 1989: 165–169; ZumBrunnen 1974; Gustafson 1981: 40–46; Bahro 1986: 206–213; Weiner 1999: 355–373; Josephson 1997: 163f. u. 169–185. Die besten russischsprachigen Dokumentationen mit zahlreichen interessanten, weniger bekannten Details sind Slovo 1987 und Gol'dfarb 1996.

[214]) So der Begriff für vergleichbare Entwicklungen in den USA von Frome 1997.

[215]) Ausführlich zu dieser Debatte Hiersche 1967: 25–74; Marsh 1986: 212–222; Städtke 1995: 182f.

sibirischen Sümpfen riesige Erdöl- und Erdgasvorkommen entdeckten.[216]) Proteste und Widersprüche verhinderten in den 1960er Jahren zudem den Kraftwerkbau an der unteren Wolga zwischen Volgograd und Astrachan', am Oberlauf der Kama, an der Pečora, am mittleren Enisej und am Amur'. Bei anderen Hydrogiganten, wie beim Flusskraftwerk an der Angara in der Nähe von Bogučany, wurden die Pläne verändert, um die Umweltschäden zumindest zu begrenzen.[217])

Im Jahr 1962 warnte Jurij Teplizyn als leitendes Mitglied der Allrussischen Gesellschaft für Naturschutz in aller Öffentlichkeit davor, dass der Bau weiterer Hydrogiganten bedeute, leichtfertig das Risiko einzugehen, „die Ordnung der Natur zu zerstören, Chaos hineinzutragen und die Ökonomie des Landes vor Schwierigkeiten zu stellen, deren Last unabsehbar ist."[218]) Der Geograph Semen Vendrov war 1970 schon fest davon überzeugt, „dass die in den Ebenen gelegenen Stauseen bald recht veraltet sein werden, so dass man sie erneut trockenlegen müsse", um das alte Flussbett wieder herzustellen.[219])

Wie kein anderes Großvorhaben polarisierte das megalomanische Projekt der Umleitung der sibirischen und nordrussischen Flüsse die sowjetische Gesellschaft. Der Ende der 1940er Jahre bekannt gewordene Davydov-Plan war vom sowjetischen Wasserkartell nach 1956 in den politischen Prozess eingebracht worden.[220]) Seine weitere Ausarbeitung und die ersten Schritte zu seiner Umsetzung beschäftigten in den folgenden drei Jahrzehnten über 150 Organisationen mit mehr als 70000 Mitarbeitern.[221]) Bald wurden spezielle Projektierungs- und Forschungsinstitute geschaffen, in denen Wissenschaftler unentwegt Artikel, Dissertationen und Habilitationen über Einzelaspekte dieses titanischen Vorhabens verfassten. Die zuständigen Stellen bewilligten Milliarden von Rubeln und gaben die ersten Baumaßnahmen, vor allem riesige Sprengungen, in Auftrag. Die Grandiosität dieses Vorhabens sollte die Bevölkerung mitreißen und seine Gegner als ängstliche Kleingeister herabwürdigen. Die riesigen Wasserressourcen der sibirischen und nordrussischen Flüsse sollten nicht mehr nutzlos gen Norden fließen, sondern in die südlichen Steppen- und Wüstengebiete gelangen, um hier für Millionen von Sowjetmenschen neue Lebens- und Wirtschaftsräume entstehen zu lassen.

Gegen dieses unglaublich klingende Mammutunternehmen bildete sich seit den 1970er Jahren, als die Moskauer Führung seine baldige Inangriffnahme in Aussicht stellte, eine immer breitere Front von Gegnern, die aus unterschied-

[216]) Zum Projekt vgl. Nikolaev/Sinedubskij 1964: 100–112; Čemin 1960: 155–165. Zur Kritik daran Klopov 1965: 291–298; Vendrov 1965; Vendrov 1970a: 201–208; Kompleksnoe osvoenie 1970. Ferner Pryde 1972: 118f.; Goldman 1972: 257ff.; Weiner 1999: 363f.; Bahro 1986: 133 u. 233f.; Hirzel 1996: 58f.

[217]) Vendrov 1970a: 188f.; Gustafson 1981: 48.

[218]) Bahro 1986: 201.

[219]) Vendrov 1970b, zit. n. Bahro 1986: 234.

[220]) Siehe oben S.130f.

[221]) Salygin 1988: 303f.

lichen Gründen der Fraktion der Umleiter entgegentraten, um einen drohenden „ökologischen Kriegskommunismus“[222]) zu verhindern. Vielen galt die Auseinandersetzung um das Flussumleitungsprojekt als die entscheidende „Kraftprobe der sowjetischen Gesellschaft bei der Überwindung völlig überholter, wissenschaftsfeindlicher, voluntaristischer Formen der Wirtschaftsführung.“[223]) Der Chefredakteur des einflussreichen literarischen Journals *Novyj Mir*, Sergej P. Zalygin, meinte später sogar zurückblickend, dass in dieser heftigen Debatte die öffentliche Meinung in der Sowjetunion endlich „Bürgerrecht erlangt“ hätte.[224])

Das dramatische Geschehen am Bajkalsee und die durch die Flussumleitung drohenden Großkatastrophen ließen zum einen die vormals gefeierten „Projekte des Jahrhunderts“ zunehmend als „Verbrechen des Jahrhunderts“ erscheinen;[225]) zum anderen öffneten sie vielen die Augen für die zahlreichen kleineren und größeren ökologischen Tragödien in ihrem näheren Umfeld. Das allgemeine Misstrauen und der gesellschaftliche Unmut schlugen sich in Tausenden von Briefe nieder, die den Staats- und Parteiorganen 1977 im Rahmen der öffentlichen Diskussionen um die neue sowjetische Verfassung zugingen. In ihnen verliehen Sowjetbürger ihrer Sorge um den desolaten Zustand der Natur Ausdruck und forderten nachdrücklich ein ökologisches Umdenken.[226])

Anfang der 1980er Jahre veranschaulichte ein weithin beachtetes Rundgespräch den wachsenden Stellenwert der Ökologiediskussion. Der Schriftsteller Danil Granin geißelte mit eindringlichen Worten die „Konsumenteneinstellung zur Natur“ und die „Überheblichkeit“ des modernen Menschen, der sich als „Bezwinger der Natur“ aufspiele. Er sah die Zeit gekommen, „dass der Mensch, die Gesellschaft, etwas opfern müssen um des Wohlergehens der Natur willen.“ Sein Kollege G.I. Resničenko forderte sogar einen „ökologischen Pazifismus“ und ein energisches Vorgehen „gegen den kriegerischen Angriff auf die Natur“. Der stalinistische Feldzug gegen die Natur müsse nun dem beherzten Einsatz für den Umweltschutz weichen. Statt in den Kampf gegen die Flüsse, Berge, Winde und Wüsten zu ziehen, habe der moderne

[222]) So Sergej Zalygin, zit. n. Josephson 1997: 193.

[223]) Salygin 1988: 300. Die Auseinandersetzung um das Umleitungsprojekt (mitunter als *Sibaral* bezeichnet) ist schon Gegenstand von interdisziplinären Studien gewesen. Vgl. bes. Gustafson 1981: 73–82; Salygin 1987; Petro 1987; Darst 1988; Bressler 1995; Josephson 1997: 185–203; Weiner 1999: 414–428; Duke 1999: 23–82. Gegenwärtig mehren sich Stimmen, die sich für das Umleitungsprojekt der sibirischen Flüsse erneut einsetzen, um sowohl die zentralasiatischen Wirtschaftsgebiete besser versorgen und erschließen als auch die dortigen Umweltprobleme wie das Austrocknen des Aralsees entschlossener angehen zu können. Vgl. Pearce 2007: 293ff.

[224]) Salygin 1987: 28.

[225]) Jablokov 1990: 296.

[226]) Ziegler 1987a: 37. Auch der Redaktion der *Komsomol'skaja Pravda* gingen Tausende von Leserbriefen zu, als sie 1975 die neue Rubrik „Mensch und Natur“ einrichtete, um Umweltprobleme zu erörtern. Vgl. Bahro 1986: 216.

Mensch mit der Natur in Frieden zu leben. Die Sowjetgesellschaft, so der Wirtschaftswissenschaftler P.G. Odlak, sei in ihrer „Entwicklung an der Grenzlinie angelangt, hinter der eine neue Denkweise und eine neue Lebensweise notwendig werden.“[227])

In seiner 1984 vorgelegten Prognose für die Sowjetunion im Jahr 2000 forderte der Futurologe Igor' Bestušev-Lada, dass es angesichts der drückenden ökologischen Risiken fortan darum gehen müsse, „nicht im Kampf gegen, sondern für die Natur als Sieger hervorzugehen.“ Er beklagte, die jahrzehntelang geltende antiökologische Mentalität habe eine „psychologische Barriere“ geschaffen, die dem aktiven Engagement für einen durchgreifenden Umweltschutz noch entgegenstehe. Ihre Überwindung falle vielen weiterhin schwer. Deshalb müsse mit allen Mitteln am „sittlichen Umschwung im Bewusstsein der Menschen“ gearbeitet werden, um die akute ökologische Problemsituation zukünftig bewältigen zu können.[228])

Die ökologischen Nischen, die sich seit den 1950er Jahren in Politik und Gesellschaft ausgebildet hatten, erweiterten sich. Diejenigen, die sich für den Umweltschutz einsetzten, waren längst keine geduldeten Randexistenzen mehr, sondern konnten sich öffentlich immer besser in Szene setzen. Das Besondere der sowjetischen Ökologiediskussion bestand lange Zeit darin, „dass sie eine ausgesprochene Vordenkerfunktion erfüllen muss und vorerst noch ohne eine gesellschaftliche Massenbewegung verläuft.“[229]) Der Grad der Mobilisierung der sowjetischen Gesellschaft für Umweltschutzfragen darf vor 1986 nicht überschätzt werden. Im Vergleich zu westlichen Industrienationen, in denen sich schon starke vorwärtsdrängende Umweltbewegungen gebildet hatten, war die Sowjetunion auch in diesem Bereich während der 1970er Jahre in Rückstand geraten.[230])

Die Heterogenität der Ökologiediskussion

Eine Gemeinsamkeit zwischen Ost und West bestand sicherlich darin, dass das Engagement für den Umweltschutz keineswegs nur aus der unmittelbaren Zerstörung der Natur herrührte, sondern dem allgemeinen Gefühl der sozialen Verunsicherung und der wachsenden Entfremdung entsprang. Das „Öko-

[227]) Ökologische Unruhe 1982: A583, A585 u. A590f. Kurz zuvor hatte schon Boris Laskorin, sowjetischer Philosoph und Akademiemitglied, das veränderte ökologische Problembewusstsein auf den Punkt gebracht, als er davon sprach, dass „sich eine Wende von der Idee der absoluten Herrschaft über die Natur zur Idee des Verhältnisses zwischen Gesellschaft und Natur als eines zwischen [...] ebenbürtigen Partnern vollzieht.“ Vgl. Laskorin 1983: 75.

[228]) Bestushew-Lada 1984: 68f.

[229]) Bahro 1986: 21.

[230]) Pidžakov 1994: 42, 75 u. 80f. Er charakterisierte die Zeit bis 1986 als „passive Phase“, weil sich die sowjetischen Umweltschützer mit ihren Protestaktivitäten zurückhielten. Ähnlich ZumBrunnen 1989: 129.

syndrom" wurde in der Sowjetgesellschaft zum Symptom für einen grundlegenden Wertewandel und die zunehmende ideologische Verschlissenheit des Sowjetkommunismus. Es umfasste ein Konglomerat unterschiedlicher Stimmungen, so den Protest gegen die Anonymität in den unwirtlich gewordenen Industriezentren, den Aufruf zur Wiederentdeckung der „reinen Natur", die Klage über Identitäts- und Geschichtsverlust und die Forderung nach einer „ganzheitlichen" Weltanschauung und Lebensweise.[231])

Ungeachtet der Vielfalt der Motive, Ansichten und Ziele lassen sich drei grundsätzliche Richtungen näher skizzieren.[232]) Die starke Gruppe der „Utilitaristen" bestand im Wesentlichen aus Wissenschaftlern unterschiedlichster Disziplinen, ökologisch aufgeklärten Staatsbediensteten und enttäuschten Ingenieuren. Ihre berufliche Praxis, bei der sie ständig mit den Umweltschäden konfrontiert wurden, ließ sie als Erste gegen die fortgesetzte Zerstörung wertvoller Ressourcen aufbegehren. Sie vertrauten auf die segensreichen Wirkungen der „wissenschaftlich-technischen Revolution" und glaubten daran, mit Hilfe moderner Forschung und innovativer Technologien die durch den industriellen Wandel hervorgerufenen ökologischen Probleme lösen zu können. Es käme, so die sowjetischen „gospels of efficiency"[233]), vor allem auf die „rationale Nutzung" der neuen technischen Möglichkeiten an, um die soziale und ökologische Verträglichkeit des Fortschritts zu gewährleisten. Ihr Einsatz für den Umweltschutz entsprang nicht einer abstrakten Liebe zur Natur, sondern dem wohlverstandenen Eigeninteresse und der Einsicht, dass die Folgekosten der ökologischen Schäden sozial, ökonomisch und gesundheitlich immer schwerer zu verkraften waren. Umweltschutz bedeutete Ressourcenschutz und zielte nicht auf den Erhalt der Natur, sondern auf den sorgsamen Umgang der sowjetischen Volkswirtschaft mit Naturreichtümern, Technik und Gesellschaft.

Als technologisch orientierte Elite, die sich Staat und Partei als Gesellschaftsgestalter anbot, erhofften besorgte Wissenschaftler, Ingenieure und Staatsbedienstete, im Rahmen des Umweltschutzes als Gutachter und Berater zunehmend an der gesellschaftlichen Willensbildung und den politischen Entscheidungsprozessen beteiligt zu werden. Ihr ökologischer Protest zielte darauf, das Sowjetsystem durch längst überfällige Reformen den neuen Herausforderungen der Zeit besser anzupassen. Die „Utilitaristen" stellten weder das Wachstumsparadigma noch die Führungsrolle der Partei in Frage und äußerten ihre Kritik im Rahmen des politisch Erlaubten und der vorgegebenen Strukturen. Beschäftigt an Universitäten und Instituten der Sowjetischen Akademie der Wissenschaften sowie an Regional- und Zentralbehörden, die

[231]) Schlögel 1984b: 58.

[232]) Die folgende Dreiteilung, der die meisten Forscher bislang gefolgt sind, geht zurück auf Darst 1988.

[233]) So die klassische demythologisierende Beschreibung U.S.-amerikanischer Naturschützer von Hays 1959.

aus Ressortgründen ein großes Interesse daran hatten, der Zerstörung der Naturressourcen Einhalt zu gebieten, legten sie Umweltschutzkonzepte vor, wie sie auch in westlichen Industrienationen diskutiert wurden. Die Idee, dass den sich zuspitzenden ökologischen Problemen ein systemgefährdendes Spannungspotential innewohnte, kam den „Utilitaristen" lange Zeit nicht. Auch wenn sie sich zum Engagement in den informellen „Öko-Koalitionen" berufen fühlten, um hier ein freies Denken zu pflegen und aus der beengenden Routine des Arbeitslebens auszubrechen, sahen sie den Sowjetkommunismus im Vorteil gegenüber dem westlichen Kapitalismus. Erst als während der Perestrojka immer deutlicher wurde, dass die Fundamente des Sowjetstaats hoffnungslos verrottet waren, gelangten viele zur Einsicht, dass sich das überkommene politische System nicht reformieren ließ.[234]) Danach bildeten sie „eine neue verwestlichte Avantgarde", die sich für internationale Umweltschutzorganisationen wie *Greenpeace* engagierte.[235])

Die zweite Gruppe der sowjetischen Umweltschützer erhielt das Etikett „Populisten", um zu verdeutlichen, dass sie sich vor allem für einen partizipatorischen Planungs- und Entscheidungsstil einsetzten. Die Projektierung von Plangiganten dürfe nicht allein den Spezialisten überlassen bleiben. Es gehe darum, auch die Betroffenen mit ihren Wünschen und Ängsten sowie ihrem lokalen Wissen einzubeziehen. Großprojekte sollten darum keinesfalls nur hinter den verschlossenen Türen der Expertenkommissionen, sondern in einer breiten Öffentlichkeit erörtert werden. So könne verhindert werden, dass der Horror vor der Vorherrschaft einer instrumentellen, in der Technik inkarnierten Vernunft und vor einer technisch überformten Welt um sich greife. Wenn deutlich werde, dass Großprojekte nicht nur vom, sondern auch für das Volk gebaut würden, dann ließen sich die Ziele des Regimes mit den Bedürfnissen der Bevölkerung in Einklang bringen, um so eine wahre Aufbruchsstimmung zu schaffen. Fortschritt hänge weniger von der modernen Technologie, sondern vor allem vom „menschlichen Faktor" ab.[236]) Bislang habe der sowjetische Parteistaat den falschen „neuen Menschen" für die moderne Industriegesellschaft erzogen. Er sei entmündigt und zum Befehlsempfänger degradiert worden. Es müsse mehr Wert auf Verantwortlichkeit und Eigeninitiative gelegt werden, um durch den verbesserten Arbeitseinsatz den gesellschaftlichen Fortschritt voranzubringen.

Neben diesem Neuverständnis vom Sowjetmenschen forderten die „Populisten" einen anderen Zugang zur Natur. Sie wurde nicht mehr primär als ökonomische Größe und Reservoir auszubeutender Rohstoffe betrachtet. Auch erschien sie keineswegs nur als schöner Hintergrund des menschlichen Lebens, sondern als eine eigenständige, lebendige und mit großer lyrischer Kraft

[234]) Darst 1988: 231-237. Auch Ziegler 1987a: 40-44; Schlögel 1984b: 60-63; Weiner 1999: 374-401.

[235]) Janickij 1992a: 696.

[236]) Vgl. dazu Janickij 1986. Auch Rezun 1996: 17.

gefüllte Welt. Natur sollte darum als ein äußerst komplexes, mit der menschlichen Kultur eng verwobenes ganzheitliches System begriffen werden. Der Mensch sei nicht in der Natur gefangen; er sei in ihr aufgehoben. Die Harmonie von Mensch und Natur müsse an die Stelle des Strebens nach schrankenloser Naturbeherrschung treten.[237])

Bei den „Populisten", deren sprachmächtige Vertreter literarischen und philosophisch-sozialwissenschaftlichen Milieus angehörten, fällt eine dissonante Haltung zur damals in der Sowjetunion laut verkündeten „wissenschaftlich-technischen Revolution" auf. Geplagt von Fortschrittsängsten und Wachstumsskrupeln, brachten sie gesellschaftlich weithin akzeptierte Werte in eine neue Hierarchie, ohne allerdings eine kulturpessimistische Umwertung des sowjetischen Zukunftsoptimismus vorzunehmen. So wie ihnen das Alte keineswegs als Feind des Neuen galt, sahen sie im technologischen Wandel nicht allein nur eine Zerstörungskraft. Damit unterschieden die „Populisten" sich von der dritten Gruppe der Umweltschützer, den „Nationalisten". Diese lehnten die Sicht auf die Natur vom Standpunkt des Nutzens und der Nutzung rigoros ab und wiesen ihr wieder sakrale Bedeutung zu. Wie in anderen Industrienationen kennzeichnete auch in der Sowjetunion die Spannung zwischen nachhaltiger Ressourcenbewirtschaftung und Schutz der ursprünglichen Natur das Lager der Umweltschützer.[238]) Den „Nationalisten" diente die Natur dabei als spirituelle Wärmequelle. Nicht mehr die Fabrik und das Kraftwerk als Tempel der Maschinen und des Fortschritts, sondern der Wald, der See und die Weite des von Menschenhand weitgehend unberührten Landes erschienen als Heiligtümer der Ganzheit und Ursprünglichkeit. Die unreflektierte Technikfeindlichkeit verdrängte die blinde Technikgläubigkeit. Im Namen verschandelter Natur setzten die „Nationalisten" Technik und Industrie auf die Anklagebank. Ihr Konzept von Umweltschutz besaß einen starken konservativ-nationalen Einschlag. Es war von Emotionalität und Naturromantik gekennzeichnet.

Die herausragenden Fürsprecher dieser Gruppe waren die sogenannten „Dorfschriftsteller" (*derevenščiki*), allen voran Vasilyj Belov, Viktor Astaf'ev, Vladimir Solouchin, Vladimir Čivilichin und Valentin Rasputin. Sie waren in der entlegenen Peripherie Nordrusslands oder Sibiriens aufgewachsen und hatten dort den Einfall der industriellen Moderne in die traditionelle ländliche Welt erlebt. Als literarische Partisanen des russischen Dorflebens thematisierten sie den Zusammenhang von fortgesetzter Naturbeherrschung und wachsendem Kulturzerfall. Bei ihrer ideologischen Odyssee knüpften sie an antiurbane und agrarromantische Traditionen des russischen Geistes- und Kulturlebens an, die lange Zeit ins Abseits gedrängt worden waren. Ein wichtiges Bindeglied zwischen den verschiedenen zivilisationskritischen Milieus und Generationen war der Literat und Naturliebhaber Konstantin G. Paus-

[237]) Darst 1988: 238–241; Weiner 1999: 424–428.

[238]) Zu dieser Spannung vgl. Radkau 2000: 260–273.

tovskij, der sich zuvor selbst für große Wasserbauvorhaben begeistert und sie überschwenglich gefeiert hatte.[239]) Er wurde in den 1950er Jahren zunehmend „misstrauisch gegenüber den Schriftstellern, die sich so begeistert über alle neu gebauten Fabriken, Hochöfen oder Elektrizitätswerke auslassen. Wir leben in einem hochentwickelten Industrieland, und es ist nichts Bewunderungswürdiges daran, daß wir viel bauen. Ich argwöhne, dass sich hinter solch einseitiger Darstellung des Lebens, hinter solchem im Grunde verlogenen Pathos entweder völlige Gleichgültigkeit gegenüber dem Schicksal der Menschen oder künstlerische Unfähigkeit des Schriftstellers verbirgt."[240])

In ihren literarischen Werken stellten die Dorfschriftsteller die lange Verlustliste der sowjetischen Industriezivilisation zusammen. In den Großprojekten sahen sie Tentakel eines katastrophischen Fortschritts und kritisierten, dass sich der Angriff der Modernisierungsfanatiker nicht allein gegen die Natur richte. Vielmehr zögen die Moskauer Planungsstrategen auch gegen die russische Kultur ins Feld, die im Namen des Kommunismus gleichgeschaltet, nivelliert und ausgerottet werde. An die Stelle des optimistischen und zugleich hegemonialen Technik-Diskurses mit seinen Postulaten von Zukunft, Größe und Macht trat seit den 1960er Jahren eine Rückbesinnung auf eine neu inszenierte nationale Kulturtradition. Anders als die meisten akademischen Umweltschützer wollten die zivilisationsmüden Literaten nicht mit Hilfe sinnvoll eingesetzter moderner Technologie weiter vorwärtsschreiten, sondern durch die Restauration überlieferter Traditionen das Rad der Geschichte zurückdrehen. Statt von Beschleunigung und Aufbruch sprachen sie von Bodenständigkeit und Rückkehr. Das in der spätsowjetischen Dorfprosa entworfene Idealbild war keineswegs mehr die kommunistische Industriegesellschaft. Die nostalgische Suche nach der verlorenen Schönheit der vorindustriellen Welt trat an die Stelle stalinistischer Zukunftsgläubigkeit. Die Werke der Dorfschriftsteller kamen einer Zeitreise in das alte Russland gleich. Die Welt des Waldes und der Felder, die hölzernen Hütten und Kirchen des Dorfes fügten sich zu einem Panorama der Idylle, Sehnsucht und Melancholie zusammen. Der durch seine Schönheit beeindruckende Bajkalsee, die mächtigen Flüsse und die weiten Wälder Sibiriens dominierten das Bild einer von der Industrie noch unberührten, heilen Landschaft. Als Insel der ursprünglichen Natur bot sie den Sowjetmenschen die Möglichkeit, die unerträgliche Entfremdung und Heimatlosigkeit zu überwinden und zu ihren eigentlichen Wurzeln zurückzufinden. Den enttäuschten, mit der Welt zerstrittenen literarischen Helden bringt die Wanderung in der metaphysisch offenen Landschaft eine innere Erneuerung. Das Erleben der Elemente und der Schönheit der Natur sollten helfen, die

239) Siehe oben Kapitel 5.1.

240) Zit. n. Kasack 1971: 101. Paustovskijs Werken maß die sowjetische Literaturkritik in den 1960er Jahren immer mehr Bedeutung zu. Mit ihrer Naturästhetik spielten sie bei der ökologischen Bewusstseinsbildung eine wichtige Rolle. Zur Mittlerrolle Paustovskijs und zu seinem Wandel vom Technikbegeisterten zum Naturästheten vgl. Shtil'mark 1992: 433–437; Hirzel 1996: 53–56. Bahro 1986: 33–41. Ausführlich Levickij 1977; Westerman 2002.

eigene Machtlosigkeit zu kompensieren und zu idealisieren. In der dichotomischen Wirklichkeitswahrnehmung der Dorfschriftsteller erschienen Großbaustellen, Fabriken und Städte als Orte, an denen sich die Industriezivilisation mit Beton, Stein und Eisen wie ein Krebsgeschwür in der russischen Landschaft festgesetzt hatte, um den Gesellschaftskörper mit dem Gift der Moderne zu durchsetzen.

Bei ihrem Engagement für den Erhalt der Natur ging es den „Nationalisten" eigentlich nicht so sehr um ökologische Fragen, sondern um etwas viel Fundamentaleres, nämlich um die Wiederentdeckung des alten russischen Dorfes als jenen sozialen Raum, der im Zuge von Kollektivierung und Industrialisierung erbarmungslos verwüstet worden war. Mit einer „Ökologie der Kultur"[241]) galt es, die Zerstörung unersetzlicher Denkmäler altrussischen Kulturlebens und historisch wertvoller Bausubstanz zu verhindern.[242]) In der Auseinandersetzung um die Flussumleitung prägte Vasilij Belov 1986 die eingängige Metapher vom „Fluss der Vergesslichkeit", um zu betonen, dass die gestauten und umgeleiteten Flüsse nicht nur Hunderte von Dörfern und zahllose Familien, sondern auch die nationale Identität der Russen zerstörten.[243])

Zur sowjetischen Dorfprosa mit ihrer Verschmelzung von Umwelt- und Kulturschutz gab es in den westlichen Industriegesellschaften kein Äquivalent. Hier war das traditionelle Dorf von der Moderne nicht in einem Kulturkampf und Bürgerkrieg vernichtet, sondern absorbiert worden. In der Sowjetunion hingegen hatte die Zertrümmerung der ländlich-bäuerlichen Lebenswelt eine tiefe Wunde gerissen, die auch mit dem Fortgang des gesellschaftlichen Fortschritts nicht verheilte.[244]) Dabei handelte es sich zwar um Phantomschmerzen, weil das „hölzerne Russland" höchstens noch atomisiert und fragmentiert existierte und die literarischen Nostalgiker bei ihrer Naturschwärmerei zumeist von den sozialen Realitäten abhoben. Dennoch gelang es den Dorfschriftstellern, das russische Dorf als selbständigen kulturellen Kosmos in der Prosa zu erhalten. Es sollte als geistiges Reservat dienen, um dem Strudel des umfassenden Wandels zu entkommen und brüchige Identitäten zu stabilisieren. Der russische Bauer erschien nicht mehr als Hinterwäldler, als Inkarnation der Rückständigkeit und Witzfigur, sondern als Überbleibsel einer alten Kultur und als Vorbild für ein ganzheitliches Leben im Einklang mit der Natur. Der Blick zurück galt als „Gewissenserforschung".[245])

Als die Irritationen des industriellen Wachstums immer greifbarer wurden, entwickelte sich die Natur- und Vergangenheitsnostalgie zum Modethema.

241) Dieser Begriff wurde vom international bekannten sowjetischen Kulturhistoriker Dmitrij Lichačev geprägt. Vgl. Lichačev 1982. Er wurde dann von „Nationalisten" wie Vladimir Čivilichin bevorzugt verwendet. Dazu Weiner 1999: 335.

242) Janickij 1992a: 697; Schlögel 1984b: 71; Bahro 1986: 149–154 u. 177f.; Weiner 1999: 419ff.

243) Zit. n. Darst 1988: 243.

244) Schlögel 1984b: 75.

245) Lewis 1976: 552.

Die „öko-literarische Welle“[246]) wurde davon getragen, dass angesichts lädierter Fortschrittskonzepte zahllose Leser der Suche der Dorfschriftsteller nach der verlorenen Schönheit der vorindustriellen Welt folgten. Das vehemente Plädoyer für Natur- und zugleich Heimatverbundenheit, der religiös motivierte Hypermoralismus und der hasserfüllte Anti-Modernismus setzten in der öffentlichen Debatte um Natur und Kultur, Tradition und Technik einen Kontrapunkt.[247]) Die Dorfschriftsteller fühlten sich als Verteidiger des wahren Russlands. Sie stellten den Umgestaltungs- und Beherrschungsvisionen nationale Rettungsphantasien entgegen. Ihren Protest gegen die Umleitung der sibirischen Flüsse luden sie ethnisch auf. Den Protagonisten dieses titanischen Vorhabens warfen sie vor, der sibirischen Taiga, dem Heimatboden des russischen Volkes, das Wasser zu entziehen und damit Wüsten und Steppen in den zentralasiatischen Sowjetrepubliken zu bewässern. Sie gingen sogar so weit, den Konflikt um das Flussumleitungsprojekt zum „Wasserkrieg“ und zum Entscheidungskampf zwischen Nord und Süd zu stilisieren. Daran entscheide sich, ob die Sowjetunion als Vielvölkerimperium die Interessen des russischen Volkes schütze oder zum Herrschaftsinstrument nichtrussischer Nationalitäten werde.[248])

Obwohl die Dorfschriftsteller mit ihrer archaisierenden Sozialromantik und Technikkritik dem Wertekatalog der Sowjetgesellschaft in vielen Punkten eine Absage erteilten und deshalb von einigen westlichen Literaturwissenschaftlern fälschlicherweise als Dissidenten wahrgenommen wurden, konnten sie ungehindert publizieren und erhielten für ihre Werke offizielle Preise und Prämien. Mit ihrem unverhohlenen russischen Nationalismus gewannen sie in bestimmten Kreisen der Partei- und Staatsbürokratie einflussreiche Anhänger und Freunde. Der in Moskau an Einfluss gewinnenden „Establishment-Rechten“ lieferten sie mit ihrer Wortgewalt eingängige Leitbilder und Begrifflichkeiten.[249]) Diese Nähe verhinderte, dass die markanten Gegensätze zwischen den Propheten des wissenschaftlich-technischen Fortschritts und den antiindustriell-russischnationalen Fundamentalisten in einen offen ausgetragenen politischen Streit und rigide Zensurmaßnahmen einmündeten.[250])

[246]) Bahro 1986: 176.

[247]) Hirzel 1996: 278–291 u. 296.

[248]) Bressler 1995; Weiner 1999: 422f. Die zentralasiatischen Parteiführer und intellektuellen Eliten deuteten die Auseinandersetzung um die Umleitung der sibirischen Flüsse auf ihre Weise. Den russisch-sibirischen Kritikern warfen sie vor, diese seien offensichtlich nicht daran interessiert, „eine grüne Brücke nach Zentralasien“ zu bauen und damit den inneren Zusammenhalt des Sowjetimperiums zu stärken. Der Erhalt der sibirischen Flüsse erscheine ihnen wichtiger als die Rettung des Aralsees und des Kaspischen Meeres. Vgl. Ziegler 1992: 33; Micklin 1992: 106f.; Allworth 1989: 566f.; Goldman 1991: 47f.

[249]) Zur „Establishment-Rechten“ vgl. bes. Mitrochin 2003.

[250]) Zu den literarischen Werken der Dorfschriftsteller, ihren Ansichten und ihrem gesellschaftlichen Wirken liegen mehrere Studien vor. So Petro 1987: 238–252; Bahro 1986: 64–109 u. 149–174; Hirzel 1996: 156–203 u. 263–296; Gillespie 1986; Parthé 1992; Peterson 1994; Kochanek 1999: 21-96; Mey 2004; Cosgrove 2004.

Die unheilige Allianz zwischen ökologischem Protest und Nationalismus war keineswegs nur ein russisches Phänomen. Sie war in mehreren Sowjetrepubliken anzutreffen, im Unterschied zu Russland aber nicht so sehr in der offiziellen Kultur, sondern vor allem im nationalen Dissens. In einer verbotenen, im Eigenverlag (*Samizdat*) hergestellten Denkschrift hatte so Mitte der 1970er Jahre der georgische Nationalist Zviad Gamsachurdia (er wurde 1992 erster Präsident des unabhängigen Georgiens) den Bau von Flusskraftwerken in den Bergen Westgeorgiens als „heimliche Politik der Russifizierung und Assimilierung des georgischen Volkes" beschimpft. Die Großbauten böten einen „hervorragenden Anlass, um ganze Ansiedlungen von Russen [...] zu schaffen und die russische Bevölkerung in Westgeorgien zu vergrößern." Nicht nur die russischen Soldaten der Roten Armee, auch die mehrheitlich russischen Ingenieure und Bauarbeiter wurden als „Okkupationstruppen" wahrgenommen. Von der in den Kraftwerkriesen produzierten Elektrizität „werde Georgien aller Wahrscheinlichkeit nach nichts erhalten", weil das weitgespannte Netz von Hochspannungsleitungen den Strom in die Nachbarregionen leite. Die Talsperren im Gebirge seien mit ihren riesigen Wassermengen, die sich über zahllose Dörfer ergießen und eine Million Menschen töten könnten, gefährliche Vernichtungswaffen. Mit denen hielten die Russen das georgische Volk in Schach, weil sie durch das Bersten der Staudämme jederzeit den „Genozid Georgiens" einleiten könnten.[251])

Die „Formierung des Informellen": Die sowjetischen Umweltbewegungen in der Perestrojka

Gamsachurdias *Samizdat*-Pamphlet verdeutlichte, dass es die Sorge um die Umwelt ermöglichte, ethnische Identitäten auszubilden und Souveränität einzufordern. Als in der Perestrojka überall in der Sowjetunion nationale Umweltbewegungen entstanden, fanden darum hier auch nationale Kräfte vorübergehend ihre politische Heimat. Die Umweltzerstörungen galten damals weithin als Symbol der Moskauer Gleichgültigkeit gegenüber dem Wohlergehen peripherer Regionen und nichtrussischer Nationalitäten. Ideen und Ansichten, die zuvor in Dissidentenkreisen erörtert worden waren, fanden nun ihren Weg in eine größere Öffentlichkeit. Der ökologische Protest verschmolz mit dem nationalen Erwachen zu einem „Öko-Nationalismus" [252]). Damit erreichte der politischen Unmut eine Dynamik, die sich nicht mehr unter Kontrolle halten ließ. In vielen Sowjetrepubliken stärkte die eigentümliche politische Symbiose von Umwelt- und Nationalbewusstsein die separatistischen

[251]) Zit. n. Gerber 1997: 259. Zu ähnlichen Phänomen in anderen Sowjetrepubliken vgl. auch Ziegler 1992: 25; Goldman 1992: 6.
[252]) Zu diesem Begriff vgl. Dawson 1996. Allgemein dazu Barcena/Ibarra/Zubiaga 1997.

Kräfte, die das Moskauer Zentrum für alle Missstände verantwortlich machten.[253]

Die „Öko-Nationalisten" deuteten die massenhaften Umweltproteste als „Aufschrei kolonisierter Nationen gegen das antidemokratische Eindringen des imperialen Zentrums".[254] Sie wehrten sich dagegen, als Hinterwäldler und rückständiger Hinterhof Moskaus bezeichnet und gegen ihren Willen verplant zu werden. Keinesfalls wollten sie Geiseln eines um jeden Preis auf Umgestaltung und Industrialisierung bedachten politischen Systems sein. Sie warfen Moskau „ökonomisches Diktat" und „ökologischen Analphabetismus" vor.[255] Bei ihrer klaren Schuldzuweisung übersahen sie allerdings, dass sich gerade die einheimischen Eliten lange Zeit vehement für die nun verhassten hydrologischen Großprojekte, Industriegiganten und Kernkraftwerke eingesetzt hatten. Sie waren nicht nur in Moskau als Symbole des Fortschritts gefeiert worden.[256]

Als der Super-GAU in Černobyl' als „letzter Tropfen das Fass zum Überlaufen brachte" und „eine Explosion im gesellschaftlichen Bewusstsein" auslöste,[257] führte neben dem Widerstand gegen die Atomkraft die zunehmende Sorge um die sterbenden Flüsse und Seen dazu, dass die Umweltdebatte die öffentliche Meinung in kaum erwartetem Maß mobilisierte. In der Folgezeit kam es zu einer „Formierung des Informellen"[258]. Fast überall in der „postkatastrophalen Gesellschaft"[259] entstanden Umweltbewegungen. Der verantwortungslose Umgang der Regierenden mit der Natur und der Gesundheit der Menschen machte wie kein anderes Thema deutlich, wie rücksichtslos sich die Staats- und Parteibürokratie bei der Umsetzung ihrer Interessen über das Wohlergehen der Bevölkerung hinweggesetzt hatte. Neben Wissenschaftlern, Literaten, Ingenieuren und ökologisch aufgeklärten Bürokraten engagierten sich jetzt immer mehr Akteure, die bislang öffentlich nicht in Erscheinung getreten waren. Unzufriedene Arbeiter, Frauen, die um die Gesundheit ihrer Kinder bangten, desillusionierte Lehrer, mit ihrem Leben unzufriedene junge Menschen und empörte Anwohner bestimmten maßgeblich die regionalen Kampagnen und lokalen Selbsthilfegruppen.[260]

Durch Presseberichte in Aufruhr versetzt, gingen in den Großstädten Zehntausende und manchmal sogar Hunderttausende auf die Straße. Eine Welle ökologischer Proteste zog gegen Ende der 1980er Jahren über das Land. Statt sich mit weiteren Versprechungen vertrösten zu lassen, beharrten die Demons-

253) Ausführlich Panel 1989; Marples 1991a; Marples 1991b; Dawson 1996; Auer 1998; Smurr 2002: 307–372; Metzo 2009.

254) Dawson 1996: 7.

255) Ziegler 1992: 29.

256) Peterson 1993: 215–218.

257) Lebedinskij 1989: 49f. u. 54.

258) Igrunov 1990: 77.

259) Kostjušev 1990.

260) Janickij 1992a: 698; Janickij 1993: 168f.

tranten auf sofortigen Maßnahmen. Das Ultimatum ersetzte die Schonfrist.[261]) Täuschungsmanöver, mit denen zwei Jahrzehnte zuvor bei der Bajkal-Kontroverse die Kritiker hingehalten und hintergangen wurden, hatten keinen Erfolg mehr. Eine „Ökologie der Angst"[262]) mobilisierte große Massen, um unüberhörbar das in der Sowjetverfassung zugesicherte Recht auf eine lebenswerte Umwelt ohne Gefahren für Natur und Mensch einzufordern.[263]) Immer populärer wurde der Begriff der „ökologischen Sicherheit"[264]). Die ökonomischen Strategien des Regimes müssten endlich „den ökologischen Interessen der Bevölkerung angepasst werden."[265]) Nicht die Eroberung der Flüsse, sondern ihre Reinhaltung war nun das erklärte Ziel. Nach dem Vorbild des 1988 gegründeten Komitees zur Rettung der Wolga entstanden an anderen Flüssen und Binnenseen Bürgerorganisationen, die nicht nur der Gewässerverschmutzung Einhalt gebieten wollten, sondern deren Mitglieder auch die Idee äußerten, den ursprünglichen Zustand der Flüsse und Seen durch die Demontage der Flusskraftwerke und Bewässerungssysteme wiederherzustellen.[266]) Sie hielten es geradezu für „ein Wunder, dass die von den Krebsgeschwüren ‚Stauseen' umgestalteten Flüsse noch nicht gänzlich abgestorben sind."[267])

Diese Rettungskomitees schufen ein eigenartiges Laboratorium gesellschaftlicher Veränderungen. Sie dienten der Sowjetgesellschaft dazu, sich unabhängig zu organisieren und demokratische Verhaltensweisen einzuüben. Im Vergleich zu den westlichen Industrienationen, in denen die Zivilgesellschaft schon seit langem existierte, stellten die sowjetischen Umweltbewegungen einen politischen Dammbruch dar. Der monopolistische Parteistaat duldete es erstmals, dass „alternative soziale Strukturen"[268]) entstanden, die seiner Kontrolle weitgehend entzogen waren. Bei den Lokal- und Regionalwahlen gegen Ende der 1980er Jahre führten die „bushfires at the grass roots" schließlich dazu, dass in den Großstädten längs der umgestalteten und verschmutzten Flüsse Umweltaktivisten viele Rathäuser als neue Volksvertreter eroberten.[269]) Die heterogenen Umweltbewegungen, die sich überall in der Sowjetunion bildeten und kaum miteinander vernetzt waren, erschienen damit als ein wichtiges Übergangsphänomen. Sie leiteten das Ende eines politischen

[261]) Feshbach/Friendly 1992: 16–22; Peterson 1993: 211-214; Weiner 1999: 435ff.

[262]) So der Begriff von Davies 2000.

[263]) Zur systematischen Analyse der Unterschiede zwischen den „Öko-Koalitionen" vor 1986 und den sowjetischen Umweltbewegungen der Perestrojka-Zeit vgl. DeBardeleben 1992; Kozeltsev 1993.

[264]) Vgl. programmatisch Bezopasnost 1994. Auch Fey 1994: 50f.

[265]) Petrik 1997: 19.

[266]) Zu den „Rettungskomitees" vgl. Ananev/Satochin 1990: 44f.; Lebedinskij 1989: 57f.; Weiner 1999: 429ff.; Feshbach/Friendly 1992: 240f.; Pryde 1991a: 252; Peterson 1993: 207; Pidžakov 1994: 99; Wolfson 1988.

[267]) Petrik 1997: 18.

[268]) So die Charakterisierung der sowjetischen Umweltbewegungen bei Pidžakov 1994: 92.

[269]) Feshbach/Friendly 1992: 18ff. u. 237–247.

Systems ein, dessen Führung jahrzehntelang gemeint hatte, Natur und Gesellschaft nach ihren Wünschen diktatorisch führen und zentralistisch gestalten zu können.[270]

7.3. Fazit: Der sowjetische Ökozid

Wie die westlichen Industrienationen begann auch der sowjetische Parteistaat während der 1950er Jahre, erste Entwürfe zur ökologischen Schadenskorrektur und Schadensverhinderung zu diskutieren. Zwar bestimmte der Wunsch, die Elementarkräfte in den Dienst des Sowjetkommunismus zu stellen, weiterhin das Denken und Handeln der Macht- und Facheliten; aber die Mitte der 1950er Jahre eingeläutete „wissenschaftlich-technische Revolution" nahm mit der Forderung nach einer intensiven Nutzung verfügbarer Ressourcen dem Umgang mit der Natur doch etwas an Radikalität. Die Zähmung des Staatsterrors ging damals mit einer partiellen Mäßigung der Umgestaltungswut einher. Das bellizistische Gesellschafts- und Naturbild des Stalinismus wich einer technokratischen Weltsicht.

Zugleich stieß die Megalomanie der Moskauer Weltveränderer und „Naturdompteure"[271] an ihre ökonomischen und ökologischen Grenzen. Einzelne wasserwirtschaftliche Großprojekte scheiterten nicht nur an innerbürokratischen Machtkämpfen, sondern auch an öffentlichen Widersprüchen und Protesten. Diese wurden zunächst von wissenschaftlichen Experten artikuliert, dann von einzelnen Behördenvertretern politisiert und schließlich von gewichtigen Repräsentanten des Kulturlebens popularisiert. Die Hydroingenieure und Planungsstrategen, die lange Zeit Wissenschaftler und Schriftsteller nur als lautstarke Trommler für ihre Projekte wahrgenommen hatten, zeigten sich irritiert. Sie warfen diesen nun vor, ihnen sei „eine Sicherung durchgebrannt. Erst hoben sie die sozialistischen Ingenieurswerke in den Himmel, und dann rissen sie alles bis auf die Grundmauern ein."[272]

Als ein von der Parteiführung geduldeter Themenbereich bot die öffentliche Ökologiediskussion Reformwilligen ein wichtiges Forum, um Kritik am Sowjetsystem zu äußern. Viele Protagonisten des Umweltschutzgedanken hofften, die Lösung drängender Umweltprobleme führe einen einschneidenden ökonomischen, administrativen und moralischen Wandel herbei. Sie waren lange Zeit voller Zuversicht, dass sich das Sowjetsystem den neuen Herausforderungen erfolgreich stellen und zum „ökologischen Ideal" einer

[270] Janickij 1992b; Janickij 1993a: 25–39. Zum Unterschied zwischen Ost und West vgl. Janickij 1993b: 141f.; Ziegler 1987a: 128f.

[271] Westerman 2002: 233.

[272] Westerman 2002: 278.

modernen Industriegesellschaft werden könnte.[273]) Je lädierter die Moskauer Konzepte von Moderne und Sozialismus im weiteren Verlauf jedoch wurden, desto mehr erweiterte die sowjetische Umweltdebatte das Spektrum des politisch Erlaubten und ließ schließlich sogar Ansichten zu, die das marxistisch-leninistische Fortschrittsaxiom anzweifelten und einem aggressiven „Öko-Nationalismus" den Weg bereiteten.

Den ökologisch sensibilisierten Milieus in Wissenschaft und Kultur dämmerte immer mehr, dass der Sowjetmensch mittels moderner Wissenschaft und Technik „nicht nur Wüsten in Oasen verwandelt, sondern auch anstelle einstiger Oasen Wüsten hinterlässt"[274]). Eine wachsende Zahl von Mahnern brachte den weit verbreiteten Unmut gegen die rabiate kulturelle Enteignung zum Ausdruck, weil es mit dem Aufstieg der Sowjetmoderne nicht nur die wilde, unbezwungene Natur, sondern auch die überlieferten Tradition des bäuerlichen Russlands zerstört werde. Dennoch waren das Trägheitsmoment und die Schwungkraft des vererbten stalinistischen Umgestaltungswahns so stark, dass die Mahner gegen die kulturlandschaftlichen Folgen der ressourcenvergeudenden Modernisierungsstrategie lediglich das Allerschlimmste verhindern konnten. Schon während der ersten umweltpolitischen Offensive in der Tauwetterperiode zeichnete sich die Unfähigkeit des sowjetischen Parteistaats ab, einen stabilen Ausgleich zwischen ökologischen Notwendigkeiten und ökonomischen Interessen zu gewährleisten. Die sowjetischen Machteliten begeisterten sich zu wenig für Klärwerke und für den sparsamen Umgang mit dem knappen Gut Wasser und zu viel für abenteuerliche Großvorhaben. Die fortgesetzten Routinepraktiken der sowjetischen Kommandowirtschaft hatten zur Folge, dass es nicht gelang, einen effizienten Umweltschutz durchzusetzen. Allzu oft erwies sich die Moskauer Umweltpolitik nur als symbolische Problembewältigung. Die Produktionszuwächse gingen darum in ein „quantitatives Vernichtungswachstum"[275]) und einen „Selbstvernichtungsfortschritt" über.[276]) Das ökonomische und ökologische Fiasko nahm seinen Lauf.

Als in den 1970er Jahren unter dem Schock der Ölkrise weltweit eine zweite umweltpolitische Offensive in Angriff genommen wurde, wachten die Moskauer Führung und ihre hydroenergetischen Wasserträger noch lange nicht aus ihrem „ökologischen Schlaf" auf.[277]) Zwar setzten sich die Leiter und Mitarbeiter von *Gidroproekt* für den Gewässerschutz ein, um die komplexe Nutzung der von ihnen geschaffenen gigantischen Stauseen nicht zu gefährden. Aber erst in der Zeit von Glasnost' und Perestrojka bekannte sich die neue

[273]) Laptev 1985: 215. Vgl. ferner die Diskussion zwischen Philosophen und Naturwissenschaftlern in Kruglyj stol 1973.

[274]) Frolov 1983a: 7.

[275]) Frolov 1983a: 9.

[276]) Zu diesem Begriff vgl. Groh/Groh 1996: 70.

[277]) Jablokov 1990: 297.

Generation von Direktoren und leitenden Ingenieuren der Behörde zu den fatalen Fehlern der Vergangenheit. Sie räumten ein, dass ihre Vorgänger in riskanter Eile und ohne sorgfältige Analyse der Sozial- und Umweltverträglichkeit den Bau von Plangiganten realisiert hätten. Die Bedürfnisse der Menschen und der Naturschutz seien deshalb der pathologischen Ignoranz wachstumsbesessener Hydroenergetiker zum Opfer gefallen. Die neue Institutsleitung gelobte nun die seit langem überfällige Ökologisierung und Humanisierung ihrer Projekte.[278])

Einzelne Experten versuchten, die ökologische Bankrotterklärung der sowjetischen Hydroenergetik zu relativieren, indem sie zurecht darauf verwiesen, dass Kraftwerkkaskaden auch in den Vereinigten Staaten Landschaft und Natur im großen Stil verschandelt hätten.[279]) Ihrer apologetischen Sicht hielten sowjetische Kritiker allerdings entgegen, dass es den führenden westlichen Industrienationen seit den 1970er Jahren mit Einsparmaßnahmen gelungen war, die Energie- und Materialintensität ihrer Volkswirtschaften zu senken und die ökologischen Schäden zumindest zu begrenzen. Die Umweltverschmutzung erwies sich darum im Westen als „zivilisierter", während sie in der Sowjetunion „wirklich über alle Maße" ging und sich mit den beschränkten politischen Steuerungskapazitäten nicht in den Griff bekommen ließ.[280]) Die sowjetische Wirtschaftsordnung war zu einseitig auf Umgestaltung und schnelle Expansion ausgerichtet, so dass sich Strategien der Bewahrung und nachhaltigen Entwicklung kaum entfalten konnten.[281]) Im historischen Rückblick auf das 20. Jahrhundert erscheint der erste sozialistische Staat auf Erden als eindrucksvoller Beweis dafür, dass sich besonders Industrienationen mit einer zentralisierten Kommandowirtschaft und einem diktatorisch-autoritären Regime durch „ökologische Ignoranz und Amoralität" [282]) und ein großes Zerstörungspotential auszeichnen. Dem Sowjetsystem fehlte es einfach an Kontrollmechanismen, Hemmschwellen und materiellen Anreizen, die der Verschwendung von Ressourcen einen Riegel vorschoben oder ihr zumindest Einhalt geboten.[283])

[278]) Gidroenergetika 1990: 4, 14–26 u. 33–45.

[279]) Barabanova/Malik 1995b.

[280]) Janickij 1992a: 702. Ähnlich Radecki/Rotko 1991: 152–155. Als westliche Umweltschützer in den 1980er Jahren wiederholt die Ostblockstaaten mit der naiven Erwartung bereisten, dort sei es um den Erhalt der natürlichen Ressourcen besser bestellt, zeigten sie sich schockiert über das enorme, die Schadensbilanzen der westlichen Industriegesellschaften deutlich übersteigende Ausmaß der Umweltverschmutzung. Eine solch niederschmetternde ökologische Bestandsaufnahme Osteuropas und der Sowjetunion findet sich z.B. bei Rosenbladt 1986.

[281]) Goldman 1972: 75; Lebedinskij 1989: 110.

[282]) Jablokov 1988: 319 u. 324.

[283]) Allgemein dazu Josephson 2004. Mit dem Wortspiel der „unnatural union" hat daher David F. Duke (Duke 1999) die unmögliche Beziehung zwischen Umweltschutz und Wirtschaftspolitik in der Sowjetunion treffend auf den Punkt gebracht.

Zwei renommierte westliche Experten meinten sogar, bei ihrer Autopsie des zerfallenden Sowjetimperiums auf dem Totenschein vermerken zu können: „Verstorben an Ökozid“[284]. Dieser umwelthistorische Befund kann die komplexe Zerfallsgeschichte natürlich nicht hinreichend erklären und überzieht sicherlich mit seinem dramatisierenden Ton. Aber die zentralen Ursachen des Niedergangs lassen sich zum einen auf die immer offensichtlichere Wachstumsschwäche der Sowjetunion zurückführen, die sich angesichts ihres „ziemlich archaischen, auf Eisen und Rauch beruhenden Industriesystems“[285] nicht zuletzt aus dem fortgesetzten Raubbau an der Natur ergab. Zum anderen war der Parteistaat nicht in der Lage, seinen Bürgern ein Leben ohne zu große Schadstoffbelastungen zu gewährleisten. Die sowjetische Industrienation, deren Macht- und Facheliten sich selbst dazu ermächtigt fühlten, alles zu unternehmen, um ehrgeizige Modernisierungsziele zu erfüllen, hatte zweifellos ein Vielzuviel an menschlichen Fähigkeiten, Lebenschancen und Landschaften vergeudet. Die in der Sowjetgesellschaft immer weiter um sich greifende Einsicht in die Gefährlichkeit und Unerträglichkeit des Lebens im „reifen Sozialismus“ untergrub die Autorität der Moskauer Führung und rief soziale Bewegungen ins Leben, die mit aller Macht auf Mitsprache, Selbstbestimmung und Unabhängigkeit drangen.[286] Das gebetsmühlenartig wiederholte Versprechen der Parteibosse, den Sowjetmenschen die Macht zu geben, die Natur nach ihrem Willen zu gestalten und damit eine bessere Welt zu schaffen, stellte sich schließlich als so giftig dar, wie der Traum von Fortschritt und Wohlstand zuvor verführerisch gewesen war.[287]

[284] Feshbach/Friendly 1992: 1. Zur Kritik an dieser „sensationsheischend(en)“ Formulierung Obertreis 2008: 37ff.
[285] Hobsbawm 1994: 330.
[286] Zu den „liberation ecologies“ vgl. allgemein Watts 1996; Forsyth 2003.
[287] Deev 1999: 23.

8. Schluss: Verortungen und Verwandtschaften

Die technologische DNA der Sowjetgeschichte

Aufstieg und Niedergang des ersten sozialistischen Staats auf Erden lassen sich als Geschichte einer Liebesaffäre zwischen Technik und Macht schreiben. Nachdem es anfänglich zu ekstatischen Rauscherscheinungen im Zuge der allgemeinen Fortschrittseuphorie gekommen war, zeigte sich die Sowjetunion bald als unfähig, aus Problemen und Fehlschlägen zu lernen. Die verheißungsvollen Ouvertüren mit ihren enthusiastischen Fanfarenstößen und die darauf folgenden Dissonanzen vermessener Fortschrittssymphonien wiederholten sich mit ermüdender Regelmäßigkeit. Sie beschworen ein Drama herauf, gekennzeichnet von wachsender Entfremdung und Empörung. Ressourcenvernichtendes Missmanagement und desaströse Umweltkatastrophen ließen sich auch durch aufwendige Propagandakampagnen kaum mehr kaschieren. Die sowjetische Geschichte begann mit einer politisch-technischen Doppelrevolution; sie endete in einer sozial-ökologischen Doppelkrise.

Wenn sich Historikern die Geschichte moderner Energiesysteme als die Reise von „Prometheus auf der Titanic“ darstellt,[1]) dann lieferte die Sowjetunion eindrucksvolle Beweise für dieses anschauliche Bild. Das zweifelhafte Verdienst der Moskauer Parteiführer liegt darin, für das 20. Jahrhundert demonstriert zu haben, wie mit einzelnen technischen Höchstleistungen, Terror und Zwangsarbeit sowie ohne politische Partizipation und auf niedrigem Konsumniveau größtmöglicher gesellschaftlicher und ökologischer Schaden angerichtet werden konnte. Der Machbarkeitswahn der Technokraten verband sich mit dem Optimismusprogramm der Gralshüter der Revolution zu einem utopischen Gesellschaftsentwurf. Dank der wissenschaftlich-technisch gestützten, zugleich ideologisch überfrachteten Zukunftsbilder kam es zu radikalen sozialtechnokratischen Sanierungsplänen, die sowohl der Planungslust der Experten als auch der Planungsbesessenheit der Weltanschauungsspezialisten Ausdruck verliehen. Stalinismus und Technik hatten das Denken in vermeintlich umfassenden Lösungen und die vehement vorgetragene Forderung gemein, dass sich bei ihrer Zivilisationsmission alle und alles ihrer Systemlogik anzupassen hätten. Die neuen Planlandschaften waren in der Weltsicht ihrer Protagonisten der Versuch, gesellschaftliche Vernunft in Aktion zu versetzen. Während sich die Technikexperten mit ihrem „engineers' imperialism“[2]) den suggestiven Angeboten der Machtpolitik verschrieben, nutzte die sowjetische Führung die Hydroenergetiker als Wasserträger und Ideenlieferanten für ambitionierte Wachstumsprogramme. Als „in Beton gegossene Erinnerungs-

[1]) Debeir/Deléage/Hémery 1989.
[2]) Adas 2006: 129.

monster starrer Machtstaatlichkeit“[3]) gaben die monumentalen Kanal- und Kraftwerkbauten der Expansionspolitik des allmächtigen Parteistaats Ausdruck und Orientierung. Sie schufen die Vorstellung, nicht die USA, sondern die Sowjetunion sei eigentlich das Land der unbegrenzten Möglichkeiten.

Als Leitfossilien der Sowjetgesellschaft stehen die „Stalinschen Großbauten des Kommunismus“ exemplarisch für eine Periode der sowjetischen Geschichte, in der die metaphorischen Batterien der grandiosen Vorhaben noch genügend Strom hatten, um wirksame Wunschbilder zu projizieren. Ihre Verführungskraft lag in dem großartigen, leidenschaftlich vorgebrachten Versprechen, die Sowjetmenschen könnten ihre Zukunft selbst gestalten und schon bald den Übergang zum Kommunismus erleben. Zum Stil des sowjetischen Technikkults gehörte es, bei der Schilderung der grandiosen Vorhaben Fakten und Spekulation so geschickt miteinander zu vermischen, dass diese weniger als technische Artefakte denn als Projektionen der Zukunft starke emotionale Bindekraft entfalteten. Die mit moderner Technik und mitreißendem Arbeitsenthusiasmus ausstaffierten Schaufenster des kommunistischen Wohlfahrtsparadieses sollten das Gefühl vermitteln, der Moskauer Parteistaat falle nicht hinter die zivilisatorische Entwicklung zurück, sondern gehe ihr voran in eine bessere, weil von sozialen Verwerfungen und politischen Krisen bereinigte Sowjetmoderne.

Die sowjetischen Hydrogiganten befanden sich ganz auf der Höhe ihrer Zeit und erschienen den Zeitgenossen keineswegs als die Ideen von Verrückten. Angesichts der aus dem Boden gestampften neuen Industriegebiete sah selbst der britische Premierminister Harold Macmillian 1960 in der Sowjetunion eine aufwärtsstrebende Volkswirtschaft, die womöglich schon bald die kapitalistischen Industrienationen im Wettlauf um materiellen Wohlstand überholen könne.[4]) Auch in einer Reihe von unabhängig gewordenen Dritte-Welt-Staaten glaubten die neuen Herrscher, das sowjetische Wirtschaftsrezept sei wie für sie geschaffen, um eine Abkürzung in die Industriemoderne zu nehmen. Sie stürzten sich mit Begeisterung in den Wirtschaftsaufbau mittels technischer Großprojekte und ambitionierter Infrastrukturbauten, zu deren Realisierung sie auf sowjetische Hilfe in Form von Kapital, Importen und wissenschaftlich-technischen Expertisen zurückgriffen.[5])

In den verschiedenen Medien schuf der sowjetische Technikkult ein verdichtetes Bezugsfeld aus symbolischen, metaphorischen und allegorischen Versatzstücken. Durch Standardzitate kam es zu einer direktiven Kodierung und damit zum stereotypen Gleichklang der Reportagen, Plakate und Wochenschauberichte.[6]) Deren stupider Schematismus wurde schon vor Stalins

[3]) Beyrau 2005: 49.
[4]) Hobsbawm 1994: 23 u. 471.
[5]) Neuerdings bes. Engerman 2004.
[6]) Alexei Yurchak spricht von einem „shift toward increased standardization and citationality“. Der offizielle sowjetische Diskurs „experienced progressive normalization, with the different texts written in it sounding like excerpts from one text.“ Vgl. Yurchak 2006: 37 und 47. Zit. n. Grützmacher 2009: 20.

Tod zunehmend als wirkungsschwache Inszenierungsstrategie kritisiert. Im weiteren Verlauf der Tauwetterperiode begann sich abzuzeichnen, dass Großbauten als Wiederaufbereitungsanlagen für ausgebrannte Enthusiasten auf Dauer keine neuen sozialen Energien mehr freisetzen konnten. Die widrigen Lebens- und Arbeitsbedingungen führten auf den Baustellen vielfach zu kognitiven Dissonanzen und zur weit verbreiteten Praxis von Täuschung und Selbsttrug. Der Technikkult erstarrte bald in Ritualen und Kampagnen, weil sich der Parteistaat weiterhin ungeniert die Hoffnungen der Menschen borgte, ihnen aber im Gegenzug zu wenig an eingelösten Versprechungen zurückzahlte. Die „Stalinschen Großbauten des Kommunismus" zwangen die Sowjetmenschen in die außeralltägliche Dauerspannung der Verwirklichung einer historischen Utopie und verbrannten mit den Illusionen und Wünschen der Nachkriegsgeneration den mentalen Brennstoff, der dringend erforderlich gewesen wäre, um die Sowjetgesellschaft für einen langandauernden Aufbruch in die Zukunft zu mobilisieren. Ein Prozess der „long-term demobilization from the Soviet project" kam in Gang, „when people in the Soviet Union were retreating from the grand, regime vision, the endless march toward the radiant future, and focusing on the world of their daily lives."[7])

Die gigantischen Flusskraftwerke an Wolga, Ob' und Angara waren sicherlich keine Potemkinschen Dörfer, weil sie neben Visionen auch Strom in beachtlichen Mengen produzierten. Sie wirkten dennoch nicht als die erwarteten politischen Identitätsgeneratoren und mächtigen Modernitätsaggregate, weil sie zahlreiche Probleme meist nur symbolisch lösten und dazu neue aufwarfen. Vielfach hatte es den Anschein, als ob der Sinn der Technik in der Sowjetunion weniger darin bestand, die Beschwernisse des Alltags zu mindern, als vielmehr darin, die Fantasie zu befriedigen. Die titanischen Unternehmungen, die sowjetischen Flüsse zu elektrifizieren, führten darum zu einer demonstrativen Modernität und dekorativen Herrschaftskultur. Im ökonomischen Labyrinth der Großprojekte wurden knappe Ressourcen leichtfertig verschwendet. So gelang es nicht, die Weite des Landes mit tragfähigen Infrastrukturen und dynamischen Vernetzungen in einen sich selbst tragenden Raum zu verwandeln. Mit dem Wachstum in die Größe statt in die Breite ließen sich in der zweiten Hälfte des 20. Jahrhunderts kaum mehr die durchschlagenden Struktur- und Effizienzoptimierungen erreichen, die für eine nachhaltige Verbesserung der wirtschaftlichen Gesamtlage notwendig gewesen wären. Der Sowjetstaat sonnte sich mit seinen Riesenkraftwerken und Kanaltrassen im Glanz technischer Pionier- und Höchstleistungen, die sich, auf Kosten und Nutzen hin untersucht, meist als verblendende Scheinerfolge herausstellten.

Wer sich die mühselige Arbeit macht, das dichte Beziehungsgeflecht von wirtschaftlichen Interessen und technischen Lösungen, politischen Zielen und kulturellen Aufladungen zu entwirren, findet Grund zur Annahme, dass es bei den „Großbauten des Kommunismus" weniger um ökonomische Rationalität

[7]) Roth-Ey 2003: 44.

als vielmehr um eine Seelenheil-Ökonomie ging, damit die emphatischen Deutungen einer sinnerfüllten Zukunft zur Geltung gebracht und so ideologische Leerstellen ausgefüllt werden konnten. Die fortgesetzte Beschwörung und Aktualisierung von Lenins unerschütterlichem Glaubenssatz, Kommunismus sei Sowjetmacht plus Elektrifizierung, ließ die *idée fixe* zur Lebenslüge der Sowjetunion werden, der Fortschritt setze die Realisierung immer ehrgeizigerer technischer Vorhaben voraus.

Die Kultur technologischer Superlative diente dem sowjetischen Parteistaat, der sich in der Rolle des „roten Prometheus"[8]) gefiel, als unverzichtbares Instrument trotzig-polemischer Selbstbehauptung und ließ die hochmütige Prahlerei vielfach zum Spiegel quälender Minderwertigkeitskomplexe werden. Angesichts des großen Sprungs „vom Holzpflug zum Atomreaktor"[9]), vom „Muschik zum Sputnik"[10]) wähnten sich die Kremlbosse weiter auf der Überholspur der Geschichte, während die rote Fortschrittslokomotive tatsächlich bald nur noch auf der Kriechspur für ideologisch-technizistische Schwerlasttransporte vorankam. Großprojekte gehörten in der Sowjetunion zu jenen Ritualen der Macht, die ohne Zweifel an ihrer Dauergültigkeit intakt blieben, obwohl sie sich schon während der Tauwetterperiode nur noch dank ihrer Trägheit sowie angesichts des Mangels an alternativen Legitimationsquellen behaupten konnten.

Die Machthaber im Kreml vertrauten in ihrer Erlösungssehnsucht ganz auf das kompensatorische Potential eines auf die lichte Zukunft ausgerichteten Technikkults. Sie investierten ökonomisches Kapital, um das für den Fortbestand des Systems notwendige Mindestmaß an politischem Kapital zu erwirtschaften. Ohne grandiose Infrastrukturbauten, so formulierten es Parteifunktionäre, „gäbe es hierzulande überhaupt keinen Idealismus mehr".[11]) Mit diesem nüchternen Bekenntnis unterstrichen sie, dass der Technikkult eine unverzichtbare Scharnierfunktion zwischen den Hoffnungen der Bevölkerung und den Erwartungen des Regimes übernahm. Die Moskauer Parteiführung blieb auf herausragende Erfolge in Kultur und Technik als Formen politischer Ersatzlegitimation angewiesen.

Die Geschichte der „Großbauten des Kommunismus" war sowohl von einer utopischer Überheblichkeit als auch von einem Verzweiflungstriumphalismus geprägt. Mit ihren gigantischen Aushebungen an Erde, Menschen und Kapital wurden sie zu Tempeln der Verzauberung und zum eigentlichen Ort säkularer Religiosität. Als sakrale Fetischobjekte, gespickt mit Erlösungsmetaphern, wirkten die Hydrogiganten als Opium für das Volk, um mit der Schaffung eines emotionalen Designs über die Beschwernisse der sowjetischen Mangelgesellschaft hinweg zu trösten. Sie waren zugleich Opium für die

[8]) Zu diesem treffenden Begriff vgl. Augustine 2007.

[9]) Hughes 1989: 258.

[10]) *Sowjetunion Heute*, 1964/24: 26.

[11]) Zit. n. Smith 1976: 420f.

Herrscher. Ergriffen von einer kaum zu stillenden Rekordsucht und beseelt von der Eindeutigkeitsmetaphysik der Moderne, machten die Mächtigen im Kreml den unbeirrten Glauben an die Allmacht der Technik zum rituellen Bestandteil ihrer Selbsthypnose.

Auch wenn Atomkraft und Raumfahrt als neue Zukunftstechnologien bald zu den überragenden Gegenständen kultischer Verehrung wurden, blieben grandiose Infrastrukturvorhaben wichtige Inkunabeln des zivilisatorischen Fortschritts. Die Großbauten hielten Millionen von Sowjetmenschen dazu an, ihre angestammte Heimat zu verlassen. In den unerschlossenen Regionen Sibiriens konnten sie sich als hartgesottene Kolonisatoren am Lagerfeuer bis zum bitteren Ende des Sowjetimperiums neuen Herausforderungen stellen, um Pioniergeist und revolutionäre Romantik zu erfahren, die sich anderorts in Produktionsroutine und durchstrukturierten Lebensräumen längst aufgelöst hatten. Angesichts einer um sich greifenden Zivilisationsmüdigkeit und einer ungestillten Sehnsucht nach Abenteuern bedurfte es weiterhin Orte der Bewährung, die sich am besten durch Großbaustellen schaffen ließen, um die Sowjetgesellschaft in Bewegung und unter Anspannung zu halten. Als nach Ende der Tauwetterperiode die Aufbruchstimmung in einem zunehmend erstarrenden autoritär-technokratischen System endgültig einem Strukturkonservativismus zum Opfer fiel, suggerierten allein neue Großvorhaben noch Dynamik und Mobilität. Beim Bau der ostsibirischen Bajkal-Amur'-Magistrale (1974–1984) und beim megalomanischen Plan der Umleitung der sibirischen und nordrussischen Flüsse handelte es sich deshalb um heftige technikutopische Nachwehen revolutionärer Ungeduld.[12])

[12]) In seiner kürzlich fertiggestellten Dissertation beschreibt Johannes Grützmacher die Bajkal-Amur'-Magistrale materialreich als spätsowjetisches „Mobilisierungsprojekt" und „unerwarteten Dynamisierungsversuch". Er analysiert die ostsibirische Eisenbahntrasse als „Symbol einer Ära" und „Generationserlebnis", als „Mythos" und „kohärentes Erfahrungssystem". Überzeugend legt er dar, dass „die Sowjetunion der vermeintlich stabilitätsorientierten Brežnev-Ära mit dem Bau der BAM an die Tradition des permanenten Aufbruchs, des ständigen Ausnahmezustands und des dauernden Provisoriums an(knüpfte)." In seinem Fazit schlussfolgert er dann: „Insgesamt war die Mobilisierungsmacht der BAM deutlich geringer als bei früheren Projekten, und die kampagnenartige Mobilisierung hat allenfalls ein letztes Mal und nur zu einem geringen Teil angeschlagen." Vgl. Grützmacher 2009: Zitate 13, 27f. 338f. und 342. Ähnlich Raleigh 2006: 48. An der Helmut-Schmidt-Universität der Bundeswehr in Hamburg arbeitet gegenwärtig Esther Meier zur Geschichte von Naberežnye Čelny, einer Stadt in der Tatarischen ASSR. Ihr rasanter Aufstieg zu einem bedeutenden Industriestandort begann 1976, nachdem das dort gegründete Kombinat KAMAZ die Produktion von Lastwagen, Dieselmotoren und Panzern aufgenommen hatte. Die Stadtbevölkerung stieg sprunghaft an und erreichte 1989 die Zahl von 500000. Nach der Bajkal-Amur'-Magistrale war Naberežnye Čelny (zwischen 1982 und 1988 in Brežnev umbenannt) das bedeutendste Prestige- und Mobilisierungsprojekt der Brežnev-Ära. Es wird abzuwarten sein, ob Esther Meier zu ähnlichen Ergebnissen wie Johannes Grützmacher kommt. Eine knappe Projektbeschreibung findet sich auf http://www.hsu-hh.de/hisost/ (zuletzt eingesehen am 8. August 2009).

Die unbeirrte Zuflucht in neue kostspielige Großprojekte erklärte sich auch aus der starken Prägung der politischen Eliten durch technische Milieus. Die große Mehrheit der führenden Staats- und Parteifunktionäre machten als Ingenieure in einer Zeit Karriere, als der totalitäre Machbarkeitswahn die Köpfe vernebelte. Bis in die Perestrojka-Zeit hinein blieb diese mit den stalinistischen Großprojekten politisch sozialisierte „Brežnev-Generation" der Bannerträger des technokratischen Ethos autoritärer Verfügungsgewalt. Getrieben von den messianischen Energien der Sowjetmoderne, trugen ihre einflussreichen Vertreter Sorge dafür, dass die wachsende Technik- und Fortschrittskritik, die sich in bestimmten akademischen, kulturellen und administrativen Milieus auszubreiten begann, keinen politischen Kurswechsel einleitete. Selbst ernstgemeinte Ansätze, das starre planwirtschaftliche System zu reformieren, verfielen regelmäßig der technizistischen Illusion, die so offensichtlich dazu beitrug, von überfälligen gesellschaftspolitischen Neuorientierungen abzulenken.

Die Moskauer Parteiführer sollten keinesfalls als eine Kaste bauernschlauer Heilsbringer und zynischer Machtpolitiker verstanden werden, die sich ungeachtet ihres fortschreitenden Utopieverlusts weiter ungeniert des Technikkults zur affirmativen Legitimationsbeschaffung bedienten. Sie konnten sich vielmehr nicht den Versuchungen der von ihnen selbst ausgerufenen „wissenschaftlich-technischen Revolution" entziehen. Konfrontiert mit dem Dilemma, ihren Anspruch, eine andere, bessere Moderne zu schaffen, weder aufgeben noch einlösen zu können, agierten sie wie fortschrittssüchtige Drogendealer, die sich selbst nur zu gern dem Rausch der Technik hingaben, den sie ihren Untertanen als propagandistisches Narkotikum zur verzerrten Wirklichkeitswahrnehmung und Bewusstseinserweiterung verabreichten.

Einordnung im Gesamtkontext sowjetischer Geschichte

Die Geschichte der „Stalinschen Großbauten des Kommunismus" vermag das Rätsel der langen Dauer des Sowjetsystems und seines späten raschen Zusammenbruchs sicherlich nicht endgültig zu lösen. Sie vermittelt jedoch interessante Aufschlüsse, wie sich die einzelnen Perioden mit ihren widersprüchlichen Wandlungs- und Beharrungskräften in den Gesamtkontext von Aufstieg und Niedergang des ersten sozialistischen Staats auf Erden einordnen lassen.

Wenn man technologische Großprojekte als Movens der Sowjetgeschichte und Agens des Fortschritts betrachtet, dann gab es im Spätstalinismus mehr Aufbruch, in der Tauwetterperiode hingegen weniger Aufbruch als bislang angenommen. Das Jahr 1948, in dem die Moskauer Technik- und Wirtschaftsexperten neue Perspektivpläne für ein forciertes Wachstumsprogramm entwarfen, markierte das Ende der Wiederaufbauperiode und den Beginn einer neuer Expansions- und Beschleunigungsphase. Wie die Plangiganten während des ersten Fünfjahrplans dienten auch die spätstalinistischen Großprojekte einem Fluchtunternehmen. Als „Barometer zum Messen von internen Druckverhältnissen […], von Spannungen und Verspanntheiten"[13]) belegen sie den verzweifelten Versuch der Parteiführung, den restaurativen Charakter des Spätstalinismus mit einer neuen aggressiven und mobilisierenden Kampagnenpolitik zu durchbrechen, um den gesellschaftlichen Ausnahmezustand in die 1950er Jahre hinüberzuretten. Die Inangriffnahme der „Stalinschen Großbauten des Kommunismus" wurde verkündet, als sich die Krise der Nachkriegserwartungen zuspitzte. Zahlreiche Sowjetmenschen hatten den Versprechungen des Regimes vertraut, für ihre während der Industrialisierungs- und Weltkriegsschlachten erbrachten Opfer mit einem besseren Leben entschädigt zu werden. Als 1948 das Ende des Wiederaufbaus offiziell verkündet wurde und zahlreiche Wünsche unerfüllt geblieben waren, inszenierten die Kremlführer mit den Hydrogiganten eine neue optimistische Aufbruchstimmung, um mit neuen Träumen von betrogenen Hoffnungen abzulenken.[14]) Die damals in der Sowjetöffentlichkeit aufwendig dargestellte Marschroute in die glorreiche Zukunft des kommunistischen Schlaraffenlands verwies darum „weniger auf ein souveränes Gebieten über den historischen Prozess, sondern eher auf ein Notstandshandeln".[15])

Der spätstalinistische Technikkult griff das aus den 1930er Jahren bekannte Heilsvokabular wieder auf und passte es den neuen Verhältnissen an. Hochkarätig besetzte Kommissionen wurden einberufen, um ambitionierte ökonomische Perspektivpläne bis in die 1960er Jahre hinein auszuarbeiten. Mit dem proklamierten „Übergang zum Kommunismus" erbte die neue Parteiführung unter Chruščev Fortschrittsvisionen und Wirtschaftsprogramme, um sich an ihnen in bedrohlichen Situationen neuer Unübersichtlichkeit und Ungewissheit aufzurichten und festzuhalten. Im dritten, auf dem 22. Parteitag 1961 verabschiedeten Parteiprogramm, das den Sowjetmenschen versprach, sie würden schon 1980 im Kommunismus leben, erfuhr der optimistische Zeitgeist mit seiner anmaßenden Überspannung und chronischen Realitätsverweigerung seinen Höhepunkt. Das Jahr 1961, in dem sich die Sowjetunion im Glanz des Ruhmes von Jurij Gagarins Raumflug sonnte, stellte darum die „Hochwassermarke des Sowjetkommunismus" dar, dessen Pegelstand in der Folgezeit unerreicht blieb.[16]) Diesem Zukunftstaumel war schon Ende der 1940er Jahre der Weg bereitet worden, nachdem die Moskauer Ideologiepäpste in den Diskussionen zum Entwurf eines neuen Parteiprogramms begonnen hatten, ernsthaft über die baldige Verwirklichung des Kommunismus nachzudenken. Der Blick auf die utopischen Dimensionen sowjetischer Politik lässt den Spätstalinismus darum weniger als Schwanengesang einer untergehenden Epoche denn als Ouvertüre einer Übergangsphase zum paradiesischen Endzustand der kommunistischen Überflussgesellschaft erscheinen. Unter utopie-

[13]) Schlögel 2003b: 92.

[14]) Zubkova 1998b: 141f.; Zubkova 1999: 210f.

[15]) Schlögel 2003b: 79.

[16]) So Oleg Kalugin, zit. n. Rosenberg 2005: 247.

und planungsgeschichtlichen Gesichtspunkten stellen sich die zwei Jahrzehnte zwischen 1948 und 1968 ungeachtet aller politischen Zäsuren durchaus als eine in sich geschlossene Epoche dar. Die langen 1950er (1948–1961) und die kurzen 1960er Jahre (1961–1968) waren durch ein optimistisches ideologisches Übergangsdenken, eine planende Zukunftsorientierung der Politik und eine große soziale Fantasie miteinander verzahnt und hoben sich damit von der Zeit zuvor und danach ab. In keiner Epoche sowjetischer Geschichte war die Zuversicht größer, sich die Welt mittels moderner Technik im Sinne der marxistisch-leninistischen Heilslehre untertan zu machen.

Trotz aller Verschränkung mit dem Spätstalinismus markierte die Tauwetterpolitik unter Chruščev einen Bruch mit dem überkommenen Terrorsystem, dem überzogenen Personenkult und dem in Eintönigkeit erstarrten Kulturleben. Die innergesellschaftliche Entspannung reagierte auf Krisenpotentiale und Handlungsnotwendigkeiten, die von vielen Parteiführern schon vor Stalins Tod erkannt worden waren. Das Ableben des im allseitigen Misstrauen ergreisten Diktators setzte angestaute politische Energien frei. Sie entluden sich zuerst in der Reform des GULag-Systems und des „Lager-Industrie-Komplexes", die merklich das soziale Profil der Großbaustellen veränderte, indem sie die Zwangsarbeit endgültig zum beschäftigungspolitischen Auslaufmodell erklärte. Die Sowjetmoderne wurde dadurch „zivilisierter, nahm, wenn auch nicht ein ausgesprochen menschliches Antlitz, so doch keinesfalls das Äußere eines Tigers an. Mehr noch, in gewisser Weise war diese Epoche für einen Teil der Bevölkerung psychologisch wohltuend", so fasste Andrej Sacharov im Rückblick seine persönlichen Erfahrungen nach 1953 in Worte.[17]) Freilich wirkte die parteistaatliche Bevormundungsdiktatur mit ihrer rabiaten Weltbeglückungsrhetorik weiterhin massiv auf die Gesellschaft ein, weil die Parteiführer als selbstberufene Apostel der kommunistischen Moral unbeirrt meinten, sich um die kollektive Seelenwellness der Sowjetmenschen ausgiebig kümmern zu müssen; aber gegenüber den staatsterroristischen Übergriffen und den großen Verhaftungswellen der Stalin-Ära erschien das *moral engineering* der Tauwetterzeit mit seiner aufdringlichen Geschwätzigkeit und seinen punktuellen Repressionsmaßnahmen als berechenbar und damit weniger als gefährliches denn als lästiges Übel.

Die Tauwetterperiode zeichnete sich durch eine eigenwillige Wandlungsdynamik aus. So stellten nicht die politisch bedeutsamen Jahre 1953 oder 1956 für die Hydroenergetik den entscheidenden Einschnitt dar, sondern das Jahr 1957. Als das damals weltgrößtes Flusskraftwerk in Kujbyšev feierlich eingeweiht wurde und die sowjetischen Hydroenergetiker zuversichtlich meinten, an der Spitze des technischen Fortschritts zu stehen, verkündete Chruščev

[17]) Sacharov 1988: 161. Ähnlich im Sinn, aber drastischer im Ausdruck die Erinnerung des sowjetischen Physikers und Dissidenten Jurij Orlov: „Die Gesellschaft blieb totalitär, aber sie hatte aufgehört, sich in Blut und Erbrochenem zu wälzen." Zit. n. Baberowski 2004b: 258.

überraschend, mit dem neuen Siebenjahrplan einen Kurswechsel in der Strompolitik einzuleiten. Angesichts überlanger Bauzeiten und überzogener Baukosten der ressourcenverschlingenden Hydrogiganten sah er sich gezwungen, die Investitionen zugunsten anderer Energieträger umzuschichten, um mit weniger Kapitaleinsatz schnellere Zuwächse in der Stromproduktion zu erzielen. Damit ging wieder eine hydroenergetische Dekade zu Ende. Der Anteil der Wasserkraft an der gesamtsowjetischen Elektrizitätsproduktion stagnierte und blieb trotz der Inbetriebnahme immer größerer Kraftwerkbauten an den sibirischen Flüssen weit hinter dem vormals gesteckten Planziel zurück.

Der energiepolitische Wandel verdeutlichte, dass die Chruščevschen Reformen von Hast, Sprunghaftigkeit und der Suche nach schnellen Lösungen gekennzeichnet waren. Trotz ihrer oft einschneidenden Maßnahmen zielten sie nur auf Teilreparaturen am halsbrecherischen Industrialisierungsmodell und konservierten damit die „faulty foundations"[18]) der Planwirtschaft. Daher wurden zwar Lernprozesse eingeleitet; aber die drängenden Strukturprobleme nicht gelöst. Zugleich ließ Chruščevs grenzenlose Überschätzung der politischen Möglichkeiten und des volkswirtschaftlichen Potentials seine ambitionierten Vorhaben oft ins Leere laufen. Nachdem er von seinen Mitstreitern im Politbüro abgesetzt worden war, musste der Veränderungswille hinter den Wunsch zurücktreten, etablierte Strukturen zu festigen. Nach Jahrzehnten ekstatischer Turbulenzen kam es zur Konsolidierung einer von der stalinistischen Hypermobilisierung, vom Zweiten Weltkrieg und von den Reformexperimenten in der Chruščev-Ära erschöpften Gesellschaft. Fortan entwickelte sich der vormalige Ausnahmezustand zu einem allseits akzeptierten und institutionalisierten Dauernotstand. Man lernte oben wie unten, mit den Paradoxien der sowjetischen Moderne zu leben. Die Sowjetunion hatte, statt Stabilität zu gewinnen, ihre Fragilität eingefroren. Sie lebte in einer stabilen Krise, in der sich grundlegende Reformen zwar als unmöglich erwiesen, jedoch eine gewisse Bestandsgarantie gegeben war.[19])

Schon während der Tauwetterperiode zeichnete sich ab, dass die poststalinistische Sowjetunion durch das Aufkommen einer neuen Spannungslinie zwischen industriegesellschaftlicher Modernisierung und ökologischer Krise gekennzeichnet war. Die Fortschrittsskepsis und Technikkritik machten auch vor Entwürfen der sozialistischen Moderne keinen Halt. Die Nebenfolgen des enthemmten Wirtschaftswachstums waren für den Osten weitaus fataler als für den Westen, der seine natürlichen Ressourcen mit etwas mehr ökonomischer Effizienz verbrauchte. Die planwirtschaftlich verfassten Systeme konnten weniger flexibel auf Umweltprobleme reagieren und zeigten sich kaum in der Lage, lebensweltliche Verluste und wachsende Schadstoffbelastungen durch hohen Wohlstand zu kompensieren. Ihre existenzgefährdende Wirtschaftsschwäche begann sich deshalb gegen Ende der 1970er Jahre immer stärker auszuwirken,

[18]) Hunter/Szyrmer 1992.
[19]) Ausführlicher Gestwa 2009: 273–277.

als ihre grundsätzlichen Defekte und Ineffizienzen nicht mehr mittels leicht zu realisierender extensiver Wachstumspotentiale verdeckt werden konnten. Und zu einer intensiven Entwicklung, die Impulse des sich beschleunigenden wissenschaftlich-technischen Fortschritts wirksam umsetzte, war das Sowjetsystem unfähig. Entgegen den Erwartungen der Parteiführer „war der Motor der sowjetischen Wirtschaftsentwicklung so konstruiert, dass er, anstatt zu beschleunigen, immer mehr an Geschwindigkeit verlor, sobald der Wagen eine bestimmte Strecke gefahren war und der Fahrer aufs Gaspedal drückte. Seine Dynamik schloss den Mechanismus seines eigenen Verschleißes mit ein."[20])

Der sowjetische Parteistaat vertraute auf einen sozialen Konsens, der über die technisch definierte Leitkultur geschaffen wurde und sich damit ganz vom Fortschrittspathos abhängig machte. Das rächte sich, als die Erfahrung der zivilisatorischen Selbstgefährdung und der planetarischen Endlichkeit zu Beginn der 1970er Jahre die Boomperiode der wachstumsorientierten Industriegesellschaften in eine Krisenzeit übergehen ließ. Der veränderte Zeitgeist begann vom Westen her, die modernen Nationen zivilisationskritisch durchzudeklinieren. Mühelos durchdrang er den Eisernen Vorhang, um auch im Ostblock gesellschaftliche Verletzbarkeiten zu vergegenwärtigen und beklemmende Prozesse der Entsicherung der Welt in Gang zu bringen. Vor dem Hintergrund des sich entfaltenden Schreckenspanoramas der sich selbst bedrohenden Gefahrenzivilisation, verflüchtigten sich ideologisch abgeleitete und politisch untermauerte Unfehlbarkeitsansprüche. An die Stelle hochtrabender technischer und sozialer Utopien trat das angstvolle Rätseln um die katastrophalen Nebenfolgen, die beim Aufstieg der Sowjetmoderne bedenkenlos in Kauf genommen worden waren und die Sowjetmenschen mit einem neuartigen Gefährdungsschicksal konfrontierten. Der Moskauer Parteistaat geriet in eine Legitimationsfalle. Angesichts der damals eingefahrenen „bitteren Ernte des Fortschritts" und mit dem Sichtbarwerden des zutiefst Prekären des real existierenden Sozialismus wich die Zuversicht in die Moderne einem weitverbreiteten Unbehagen an ihr.

Sozialwissenschaftliche Diagnosen sehen die 1970er Jahre als die entscheidende Dekade im Übergang von der „alten, einfachen Moderne" zur „zweiten, reflexiven Moderne". Der Niedergang der auf Stahl und Kohle gegründeten industriellen Welt und der Anbruch des digitalen Informationszeitalters beschworen einen „Gesellschaftswandel innerhalb der Moderne" herauf, bei dem Veränderungen und Kontinuitäten ineinandergriffen.[21]) Die westliche Moderne erhielt eine Generalüberholung, bei der im Zuge einer durchgreifenden Modernisierung von innen vieles neu verhandelt, revidiert und restrukturiert wurde, um durch ein auf Dauer gestelltes Neuerungssystem überlieferte Verkrustungen und Blockaden aufzubrechen. Das mit der Selbsttransformation der Industriegesellschaft freigesetzte reflexive Moment führte

[20]) Hobsbawm 1994: 481.

[21]) Beck 1986: 17.

sogar dazu, dass im kritischen Selbstbezug Prämissen und Funktionsprinzipien des Sozialsystems in Frage gestellt wurden, um aus dem kritischen Umgang mit den Paradoxien und Pathologien der Modernisierung notwendige Schlüsse für ein angemesseneres Verständnis von Fortschritt und Wachstum zu ziehen.[22]) „To heal the wounds of modernity through a fuller or deeper modernity“[23]), so ließ sich das Credo dieser ambitionierten sozialwissenschaftlichen Großtheorie beschreiben.

Letztlich bleibt strittig, ob der diagnostizierte „Meta-Wandel der Moderne“ wirklich die ihm unterstellte reflexive Kraft entfaltete oder ob es sich nur um einen theoriegeleiteten Rettungsversuch handelt, um das westliche Modell weiterhin zum „Maß aller Dinge“ erheben zu können.[24]) Unstrittig hingegen ist, dass in der Sowjetunion das Reflexions- und Innovationspotential der Industriemoderne zu schwach war, um diejenigen notwendigen qualitativen Veränderungen herbeizuführen, die es dem planwirtschaftlichen System ermöglicht hätten, den sich wandelnden technischen und gesellschaftlichen Anforderungen in angemessener Weise zu begegnen. Die in ihrer Kernarchitektur auf dem Stand der 1930er Jahren eingefrorene sowjetische Industriegesellschaft hatte in den 1970er Jahren „mit wahrhaft titanischen Anstrengungen die beste Wirtschaft der Welt nach den Maßstäben der 1890er Jahre aufgebaut.“[25]) Die Sowjetunion erschien in ihrer Endphase selbst Angehörigen der Moskauer Machtelite als ein System, „das mit einer überlebten Ideologie des 19. Jahrhunderts ins 21. zu gehen versucht.“[26]) Der erste sozialistische Staat auf Erden hatte den Anschluss an die „Modernisierung der Moderne“[27]) verloren und geriet deshalb immer tiefer in den Strudel einer Entmodernisierung. Seine greisen Parteiführer waren längst dazu übergegangen, vorhandende Ressourcen zu „verwirtschaften“ und Entwicklungspotentiale zu verspielen.

Angesichts der schmutzigen Kehrseite des katastrophischen Fortschritts mündeten die Traumstraßen zum diesseitigen Paradies in Irrwege in das sowjetische Absurdistan. Ohne Privateigentum an Land und Wasser und ohne partizipatorische Entscheidungsprozesse, die den Betroffenen die Möglichkeit eingeräumt hätten, Sozial- und Umweltverträglichkeit einzufordern, gab es nur wenig Sand im Getriebe der sowjetischen Fortschrittsmaschinerie. Die Ignoranz der sie mit kühnen Visionen befeuernden Technikfetischisten gegenüber den hohen Risiken ihrer Projekte wurde pathologisch. Unter den Bedingungen der organisierten politbürokratischen Verantwortungslosigkeit führte Besitzlosigkeit zu Gleichgültigkeit, die zusammen mit dem kaum zu erschütternden Glau-

[22]) Zur Denkfigur der „reflexiven“, „zweiten“ oder „anderen Moderne“ vgl. Beck 1986; Beck/Giddens/Lash 1994; Beck/Lau 2005. Zu dieser sozialwissenschaftlichen Diagnose vgl. aus zeithistorischer Sicht Doering-Manteuffel/Raphael 2008: 67–72.

[23]) Berman 1988: 98.

[24]) Zur Kritik vgl. Dörre 2002.

[25]) Hobsbawm 1994: 312.

[26]) So Jelzin 1990: 287.

[27]) Zapf 1991: Beck/Bonß 2001.

ben an die Unerschöpflichkeit der Natur dafür sorgte, dass die Kreml-Führung ihr gebetsmühlenartig propagiertes Ziel, die westlichen Industrienationen zu überholen, im Bereich der Umweltzerstörung zweifellos erreichte. Die angeblich „beste Technik der Welt" hatte eine nie zuvor gekannte „Raubwirtschaft an natürlichen und sozialen Ressourcen" hervorgebracht.[28]) Robert Conquest schlussfolgerte deshalb, das Ende des Kalten Kriegs lasse sich als „defeat of Magnitogorsk by Silicon Valley" deuten. Sein eingängiges Urteil blieb zwar im Sprachgebrauch ganz der in den USA populären *Reagan Victory School* verhaftet, bringt aber doch einen zentralen technikhistorischen und modernisierungstheoretischen Sachverhalt treffend auf den Punkt.[29])

Die technologische DNA des Sowjetkommunismus war verantwortlich für fatale Erbkrankheiten, die im fortgeschrittenen Alter ausbrachen, als die Macht- und Facheliten es nicht vermochten, ihren Glauben an die Machbarkeit von Geschichte und Gestaltbarkeit von Natur ökologisch und sozial zu bändigen. Die angestrengten Bemühungen, ungeachtet aller Kosten und Konsequenzen die Spitze des technischen Fortschritts zu erklimmen, endeten in der Schaffung einer immobilen Verwaltungsbürokratie. Sie beschwor politische Lähmungserscheinungen, die Selbstblockade des Systems und eine gesellschaftliche Depression herauf, die bald jeglichen inszenierten und geforderten Enthusiasmus schluckte. Mit der Katastrophe von Černobyl' wurden die Zweifel am sowjetischen Projekt der Moderne schließlich übermächtig und untergruben endgültig das Vertrauen in das umgestaltungssüchtige und fortschrittsbedürftige Moskauer Herrschaftssystem. Hydrologische Großprojekte, die zur Verschmutzung der Flüsse und zur Austrocknung der Binnenseen beigetragen hatten, erschienen nunmehr als „die hässlichen Spuren dieser Schwundstufe der Moderne"[30]). Nach sieben Jahrzehnten kompensatorischer Arbeit hatte sich der Technikkult als wichtiges Stilmittel in der Rhetorik des sozialen Zusammenhalts verbraucht.

Es zeigte sich, dass ehrgeizige Großprojekte, die im 20. Jahrhundert weithin als beliebtes Allheilmittel gegen gesellschaftliche Krisenzustände und politische Minderwertigkeitskomplexe galten, auf Dauer weniger als effektive Medikamente, sondern vor allem als Rauschmittel wirkten, die gefährliche Abhängigkeiten schufen. Je deutlicher die Verschlissenheit des sowjetischen Technikkultes schließlich zutage trat, desto mehr löste sich die politische Macht auf. Als die Optimismus und Leistungskraft vermittelnden Zukunftsbilder in der Zeit der Perestrojka endgültig zur sinnentleerten Dekoration verkamen, die gesellschaftlichen Unmut und organisierten Protest provozierte, ließ sich die „zivilisatorische Lücke"[31]) des Sowjetkommunismus nicht

[28]) Raupach 1964: 107.

[29]) Conquest 1992: 7.

[30]) Schlögel 2001b: 165f.

[31]) Engler 1992. Zum „gebrochenen Fortschritt" der sozialistischen Spielart der Moderne vgl. auch Birmann 2003.

mehr überbrücken. Sie weitete sich zum Abgrund aus, in den das ökonomisch impotente und politisch implodierende Sowjetimperium schließlich stürzte. Im Sinne von Marx lässt sich angesichts der Erstarrung überkommener Produktionsverhältnisse davon sprechen, dass nicht nur das Sowjetvolk, sondern auf ihre Weise auch die Produktivkräfte und die geschundene Natur gegen den real existierenden Sozialismus revoltierten.[32])

Im Blick zurück auf den Verlauf der Sowjetgeschichte zeigt sich, dass „der entscheidendste Umstand für die Selbstlähmung der Macht [...] in dem Paradoxon (lag), dass über erstaunlich lange Zeit die Erosion in der Maske der Festigung auftrat, die innere Destabilisierung der oktroyierten Wirklichkeitsordnung innen wie außen als Stabilisierung des sozialistischen Systems durch internationale Integration wahrgenommen wurde. Aus diesem Blickwinkel bilden Stabilität und Zusammenbruch [...] weniger ein unvereinbares Paradoxon als vielmehr ein unlösbares Bedingungsgefüge."[33]) Während der euphorische Technikkult die äußere Fassade der diskursiven Herrschaftslegitimation aufrechterhielt und zum internationalen Ansehen der erodierenden parteistaatlichen Diktatur beitrug, konnte die Aushöhlung ungestört voranschreiten und besiegelte schließlich die innere Auflösung aus eigener Schwäche.

Die Rolle der modernen Technik hat Donald Worster mit einem auf dem Zirkusball tanzenden Elefanten verglichen. Während ihm das begeisterte Publikum anfänglich laut applaudiert, stellt sich schon bald die Frage, wie lange dieser gewagte Balanceakt noch andauert, wann sich die Zuschauer gelangweilt davon abwenden und ob die bemerkenswerte Akrobatik nicht von anderen, wichtigen Dingen ablenkt.[34]) Dieses anschauliche Bild trifft auf die Sowjetunion in besonderem Maße zu. Dabei gilt es nicht zu vergessen, dass der Moskauer Parteistaat derartige Kunststücke und technische Abenteuer finanziell keineswegs so leicht wie westliche Industriegesellschaften verkraften konnte, weil er trotz zeitweise beeindruckender Wachstumszahlen kaum mehr als ein Viertel des Wirtschaftsaufkommens der USA erzielte. Technizistische Luftschlösser hatten in der Sowjetunion deshalb besonders hohe Baukosten und trugen maßgeblich zum politischen Ruin des Staatssozialismus bei.[35])

Der schwierige Umgang mit der sowjetischen Moderne

Der Historiker kann die Geschichte des 20. Jahrhunderts kaum verstehen, solange er „sich nicht der eigentümlichen Schönheit der Industrie- und Planlandschaften ausgesetzt hat."[36]) Die moderne Industriegesellschaft darf dabei

[32]) Radkau 1990.
[33]) Sabrow 1999: 104
[34]) Zit. n. Rothmann 1994: 173.
[35]) Eine genaue Berechnung des sowjetischen Wirtschaftsaufkommens auf der Grundlage verbesserter statistischer Angaben findet sich bei Kouwenhoven 1997.
[36]) Schlögel 2001b: 301.

keineswegs mehr in dem binären Gegensatzpaar von Kapitalismus und Sozialismus als sich gegenseitig ausschließende Alternativen gesehen werden. Das im letzten Jahrzehnt in Mode gekommene Paradigma der *illiberal modernity* hat neue Möglichkeiten für komparative Studien erschlossen, um Denkbarrieren zu überwinden, die, in den Jahrzehnten des Kalten Krieges betoniert, den Erkenntnishorizont einengten.[37]) Bei der Thematisierung der oft irritierenden Zeitgenossenschaft des Totalitarismus in der Moderne rücken die unheilvollen Allianzen von Barbarei und Zivilisation in den Mittelpunkt. Neue Studien knüpfen so zum einen teils unwissentlich an die Ende der 1950er und in den 1960er Jahren geführten Modernisierungsdebatten an, die sich keineswegs darin erschöpften, der Sowjetunion lediglich Rückständigkeit zuzuschreiben.[38]) Zum anderen holen die mit der Sowjetgeschichte befassten Historiker damit Diskussionen nach, die im Rahmen der deutschen Geschichte schon in den 1980er Jahren um das schwierige Verhältnis zwischen Nationalsozialismus und Modernisierung[39]) und in den 1990er Jahren dann um die Frage geführt wurden, ob die DDR eine „Diktatur in der Moderne“ oder eine „moderne Diktatur“ gewesen sei.[40])

Die Zielvorgabe der neuen Forschung besteht darin, die zivilisatorische Hegemonie des Westens zu hinterfragen und die Existenz von „multiple modernities“[41]) zu problematisieren, deren Gegen- und Miteinander maßgeblich das 20. Jahrhundert prägten. Allerdings lässt die damit einhergehende Horizonterweiterung das „unglückliche Wort der Modernität“ zu einem Großbegriff werden, der „zu einer Assoziationssoziologie einlädt und zu keiner begrifflichen Präzisierung führt.“ Er bleibt „soziologisch amorph [...], wenn man der Moderne höchst unterschiedliche Eigenschaften in einer gewissen Beliebigkeit zuschreibt, etwa wirtschaftliches Wachstum und politische Partizipationserhöhung, Individualismus und zunehmende Empathie oder Selbststeuerung von Teilsystemen und Zerfall von Ligaturen.“ Auch der interpretative Ausweg, die Moderne auf die Aufklärung zu beziehen, hilft kaum weiter, weil im 18. Jahrhundert entwickelte Ideen im 20. Jahrhundert nicht ohne die Vermittlung von Interessen, ideologische Manifestationen und Konkretisierungen durch Institutionen wirksam werden konnten.[42])

[37]) Holquist 1997; Kotkin 2000; Hoffmann 2000. Das Paradigma der *illiberal modernity* bestimmt auch den Interpretationsrahmen der Monographien von Kotkin 1995; Weiner 2001b; Hellbeck 2006.

[38]) Vgl. bes. Black 1960. Hier sei angeführt, dass der Fokus der Modernisierungdebatte damals vor allem auf der Industrialisierung und damit auf ökonomischen Prozessen lag. Siehe die einflussreiche Artikelsammlung von Gerschenkron 1962.

[39]) Vgl. dazu Herf 1984; Frei 1993; Mergel 1997; Kershaw 2000.

[40]) Kocka 1994: 43.

[41]) Eisenstadt 2000a; Eisenstadt 2000b. Vgl. auch schon Hall/Gieben 1992. Besonders paradigmatisch Chakrabarty 2000.

[42]) Lepsius 1996: 361 ff. Von einer „erstaunlichen Nachlässigkeit in der Theoriebildung“ und einer „bemerkenswerten Distanzlosigkeit zur Moderne“ spricht Plaggenborg 2006: 10.

Bei den Debatten um die illiberalen Modernitäten kann man sich nicht des Eindrucks erwehren, dass es um weit mehr als um historische Einordnungen, sondern grundsätzlich um den Umgang mit den gebrochenen Fortschrittsversprechen des 20. Jahrhunderts geht. So werden neuerdings mit Zygmunt Bauman die totalitären Gewaltherrschaften nicht als Abweichung, sondern als Inbegriff von europäischer Moderne verstanden, um diese auf ihre „hässliche Fratze" zu reduzieren.[43]) Der Stalinismus, der die gärtnerischen Ambitionen der Moderne auf die Spitze trieb und sich darin erging, Ambivalenzen unter allen Umständen auszumerzen und der Utopie der Eindeutigkeit den Weg in die sowjetische Wirklichkeit zu bahnen, diskreditiert die Moderne, indem er ihre Negativeffekte, Gewaltphänomene und Verlustgeschichte besonders hervortreten lässt.[44]) Damit wird der Stalinismus nicht mehr nur als eine europäische Tat, sondern als die europäische Tat gedeutet. Das scheint doch des Bösen zu viel zu sein. Der Verdacht drängt sich auf, dass zu Anklägern berufene Historiker den Stalinismus als Zivilisation untersuchen und den kulturellen Ursprüngen seines enthemmten Gewaltpotentials nachgehen, um im „endless trial"[45]) gegen Aufklärung und Moderne weiteres Belastungsmaterial zusammenzutragen.[46])

Als Verteidiger von Moderne und Aufklärung treten *nolens volens* diejenigen Forscher auf, die sich bemühen, die zivilgesellschaftlichen Defizite totalitärer Gewaltherrschaften zu unterstreichen und sie als Perversion der Moderne darzustellen. Sie sprechen darum von den „vernutzten Strategien" [47]) der Modernisierung, vom „Missbrauch der Moderne"[48]), von der „halbierten Moderne"[49]). „der eindimensionalen Moderne"[50]) oder der „vorgetäuschten Modernisierung"[51]). Terry Martin und Matthew Lenoe führen den Begriff des „neo-traditionalism" ein, um den Stalinismus aus dem allgemeinen Rahmen der europäischen Moderne herauszudefinieren und ihn als distinktes industriegesellschaftliches Entwicklungsmodell darzustellen. Ihre Forschungen zielten deshalb darauf ab, zu veranschaulichen, dass die stalinistische Politik trotz ihrer unbestritten modernen Intentionen archaisierende Strukturen und Praktiken schuf. Die Sowjetunion sei darum in weit höherem Maße als westliche Industriegesellschaften von einer traditionellen Substanz geprägt gewesen.[52])

[43]) Baumann 1995.

[44]) Vgl. z.B. die Formulierungen bei Plaggenborg 2006: 331: „Der Stalinismus ist Moderne. Er ist es besonders in seinem zentralen Aspekt – der Gewalt." Es war der Durchbruch der Moderne, der „den Stalinismus zur Blüte" trieb.

[45]) Kolakowski 1991.

[46]) Vgl. bes. Baberowski 2004b; Baberowski 2005; Baberowski/Doering-Manteuffel 2006. Ferner Mazower 2000; Weiner 2003.

[47]) Mommsen 2003: 139.

[48]) Weiß 1996: 213.

[49]) Joas 1996: 345.

[50]) Plaggenborg 2006: 330.

[51]) Mommsen 1991.

[52]) Lenoe 2004a: 4f. u. 248–254; Lenoe 2004b; Martin 2000. Auf die Kontroverse zwischen der „modernity group", bestehend aus den von Stephen Kotkin beeinflussten vormaligen

Zweifelsohne blieben die ambitionierten Modernitätsansprüche angesichts der Überspannung verfügbarer Kräfte umso mehr in den Widrigkeiten der Plan- und Misswirtschaft stecken, je ungehemmter sich die technische Megalomanie und Umgestaltungswut in der Sowjetunion austobten. Nirgendwo wurden die Unfertigkeiten der sowjetischen Moderne derart offensichtlich wie an den aus dem Boden gestampften Vorposten des Kommunismus. Die mit Kienspan spärlich beleuchtete Bauernhütte gehörte genauso zur Geschichte der Großbauten wie die lichtdurchflutete Maschinenhalle der Hydrogiganten, die als technizistisches Abbild klarer Ordnung und hoher Effizienz unerfüllbare Erwartungen weckte. Während die alten Lebenswelten überflutet worden waren, hatte die neue Ordnung noch nicht ausreichend Kraft entwickelt, um alle Betroffenen in ausreichendem Maße in moderne Ent- und Versorgungsnetze zu integrieren. Die Schwächen formaler Strukturen mussten darum in vielen gesellschaftlichen Teilbereichen durch informelle Netzwerke und Selbsthilfearrangements ausgeglichen werden. Patronagenetzwerke, Korruption und die eigenwillige Gestaltung des Arbeitsalltags, die oftmals gegen Grundprinzipien der Industriekultur verstieß, schufen die notwendige Kompensation, um die Zumutungen des Lebens an den eroberten Flüssen halbwegs zu ertragen. Die weitverbreiteten informellen Handlungsweisen in extremformalisierten Machtstrukturen führten zwar zu spezifischen Verformungen bürokratischer Rationalität; sie stellten jedoch keine systemunabhängigen Beziehungen dar, die aus sich selbst heraus existierten. Vielmehr lagerten sie sich parasitär an die offiziellen Strukturen an, nutzten diese aus und waren gerade deshalb immer von ihnen abhängig. Informelle Netzwerke und Praktiken ergaben sich vor allem aus den unüberwindbaren systemischen Inkonsistenzen und Defiziten. Sie gehörten, obwohl sie kaum modern anmuteten, in ihrer Funktion als Behelfskonstruktionen zu den Tragpfeilern der brüchigen Sowjetmoderne.[53])

Dem Kernprogramm der Industriemoderne verpflichtet, blieb bei den „Großbauten des Kommunismus" die Technik des Westens stets das *tertium comparationis*, zugleich Maßstab und Kontrast, gegen den die Existenz sowjetischer Großprojekte als dialektische Entgegensetzung definiert wurde. Die Moskauer Parteiführer machten das Niveau des Kapitalismus zur Elle eigener Leistungen.[54]) Sie verfestigten damit oftmals unrealistische Zielvorgaben. Im Rahmen eines Modus von *challenge and response* hielten die Erfolge und Er-

Doktoranden der Columbia University, und Verfechtern des an der University of Chicago wieder aufgegriffenen Paradigmas des „neo-traditionalism" verwies zuerst Fitzpatrick 2000: 11. Ausführlich David-Fox 2006.

[53]) Vgl. dazu Pollack 1997: 121–124.

[54]) In seinem kritischen Rückblick auf die Sowjetgeschichte sprach Aleksandr Sinov'ev 1989 sogar davon, dass „the impact of the West on the communist world has been so strong that communist leaders are afraid to use communist methods for the solution of their problems and prefer to act in a Western-like way or at least pretend to follow the Western model." Zit. n. Shearman 2000: 85. Ähnlich Radkau 1990: 39.

rungenschaften der Sowjetunion ihrerseits die westlichen Industrienationen dazu an, auf die sowjetische Herausforderung mit forcierten Planungsaktivitäten zu reagieren. „Why should the Russians have all the fun of remaking the World?", so brachte es der Ökonom Stuart Chase 1933 auf den Punkt, als er in den USA den neuen politischen Leitbegriff „New Deal" prägte.[55])

Angesichts der offenkundigen Verflechtungen der „entangled modernities"[56]) und ihrer „geteilten Geschichte"[57]) formuliert Paul Josephson zugespitzt, die Unterschiede zwischen westlichen und sowjetischen Großprojekten lägen nicht „in essence, only in degree".[58]) In seiner technikeuphorischen Darstellung des Jahres 1967 betonte schon Hans Walter Flemming, dass der globale Staudammbau „mit imponierender Eindringlichkeit zeigt, mit wie einheitlichen Mitteln die moderne Technik die Welt umgestaltet. Die gegensätzlichen politischen Anschauungen wirken sich bei den Bauvorgängen offenbar nur in Einzelheiten aus, die neben der Größe der Bauaufgaben weit in den Hintergrund treten."[59]) Für Michail Ryklin besteht die Spezifik der sowjetischen Vorhaben darin, dass hier „alle westlichen Ideen eine übertriebene, hyper-radikale Form annehmen, so dass sich der Westen einerseits anfangs für die Kompromisslosigkeit seiner russischen Parteigänger begeistert und sich anderseits nach Ablauf einer gewissen Zeit nicht genug über die zerstörerischen Folgen der jeweiligen Experimente wundern kann."[60]) Für Karl Schlögel sind die stalinistischen Großbauten Teil einer einheitlichen Zivilisationsgeschichte des 20. Jahrhunderts mit all ihren Dynamiken, Härten und Paradoxien. Die Sowjetunion war „in vielem nur die radikalisierte Variante von auch anderswo vorkommenden Dingen, nur reiner und klarer hervortretend, weil die Hemmungen, Vermittlungen, Widerstände, die überall vorhanden sind, wo es zu zivilgesellschaftlichen Bildungen gekommen ist, fortgefallen sind." Die höchst riskanten sowjetischen Technikabenteuer schufen so „Aufbruchs- und Katastrophenerfahrungen pur."[61]) Wenn Ian Kershaw bei seinem Rückblick auf das

[55]) Chase 1933: 252. Zit. n. Engerman 2004: 30. Der Medienmogul Rufus Woods, der als einflussreicher Protagonist des Hydrogiganten Grand Coulee am Columbia River im Staat Washington wirkte, hatte in den frühen 1930er Jahren mehrfach die Sowjetunion besucht. Seine Forderung nach einem forcierten amerikanischen Staudamm- und Kraftwerkbau rechtfertigte er damit, dass die USA nicht hinter die dynamische Entwicklung der sowjetischen Hydroenergetik zurückfallen dürften. Vgl. Ficken 1995.

[56]) Zu diesem Begriff vgl. David-Fox 2006: 551–554.

[57]) Der deutsche Begriff der „geteilten Geschichte", der im Englischen sowohl mit *shared* als auch mit *divided* wiedergegeben werden kann, scheint mit seinem doppelten Sinngehalt besonders zutreffend zu sein, um die auf Distanz bedachte Nähe der Industriegesellschaften des Kalten Krieges zum Ausdruck zu bringen. Vgl. Randeira 1999; Randeira/Conrad 2002.

[58]) Josephson 1995: 559.

[59]) Flemming 1967: 245f.

[60]) Ryklin 2003: 77.

[61]) Schlögel 2001b: 298. Zygmunt Bauman charakterisierte den Kommunismus darum sogar als „modernity's most devout, vigorous and gallant champion [...] the audacious dream of modernity, freed from obstacles by the merciless and omnipotent state, was

20. Jahrhundert Utopien, Wohlstand, Technologie und Gewalt als die vier prägenden Wesensmerkmale ausmacht, so setzte die Sowjetunion (Wohlstand ausgenommen) bei drei dieser Faktoren zweifellos Rekordmarken.

Die hervorstechende Besonderheit der stalinistischen Umgestaltungspolitik war sicherlich die systematische, mehr als zwei Jahrzehnte andauernde Nutzung von millionenfacher Häftlingsarbeit, darin eingeschlossen intellektuelle Zwangsarbeit. Die Verhaftung der „Stalinschen Großbauten des Kommunismus" im unmenschlichen GULag-System führte dazu, dass „der Unterschied zwischen der amerikanischen und der sowjetischen Variante auch in der Epoche größter Übereinstimmung, in der Epoche des heroischen Industrialismus und der Planlandschaft, daher grundlegend" ist.[62])

Freilich bemüht sich Kate Brown bei ihrem ambitionierten Vergleich zwischen den „gridded lives" in Kazachstan und Montana, den Exzeptionalismus des stalinistischen Zwangsarbeitssystems in einer Universalgeschichte der Moderne aufzulösen, indem sie die kommunistische *Partei* in der Sowjetunion und die kapitalistische *Company* in den USA als raumerschließende monopolartige Machtapparate gleichsetzt, die jeweils Millionen von Menschen in ihrem „System" gefangen hielten. Brown nivelliert die Unterschiede zwischen sowjetischen Lagerinsassen und amerikanischen Siedlern, weil auch letztere nicht aus freiem Willen, sondern aus Not und Verzweiflung nach Montana übersiedelten, um dort fortan ihre Arbeitskraft ausbeuten zu lassen. Schließlich geht Brown sogar so weit, die Zahl im Lager verstorbener GULag-Häftlinge mit den Sterbestatistiken amerikanischer Arbeitnehmer zu vergleichen, die bei der Ausübung ihres Jobs das Leben verloren.[63]) Eine solche Sicht, die sowjetische und westliche Erfahrungen unter allen Umständen in einen gemeinsamen Referenzrahmen stellen will, führt zwangsläufig zu Differenzblindheit und komparativen Exzessen, die wichtige Konturen verwischen, anstatt sie profilschärfer darzustellen. So aufschlussreich es ist, auf die „Verwandtschaft des Denkstils" hinzuweisen, so gefährlich ist es, von „fließenden Übergängen" zwischen liberaler und illiberaler Moderne zu sprechen.[64]) Nicht zuletzt geht es denjenigen, die nach dem modernen Wesen des Stalinismus fragen, nachdrücklich um „distinctiveness and particularism within the framework of overall comparativism"[65]). Sie verfolgen das erklärte Ziel, zwischen markanten Analogien und Unterschieden, zwischen Verschränkungen und systemimmanenten Eigendynamiken die analytische Balance zu wahren.[66])

pushed to its radical limits: grand designs, unlimited social engineering, huge and bulky technology, total transformation of nature.". Zit. n. Scott 1998: 147.

[62]) Schlögel 2001b: 308f.

[63]) Brown 2001: 17–48.

[64]) So die Formulierungen bei Hildermeier 2004: 7.

[65]) David-Fox 2006: 538.

[66]) Vom „puzzle of acute-difference-in-manifest-similarity" spricht neuerdings Michael Geyer und bezieht dies auf die „feindliche Nähe" (Ernst Nolte), bzw. die „entfernte Verwandtschaft" (Wolfgang Schivelbusch) von Stalinismus und Nationalismus. Siehe Geyer 2009: 26.

Es bleibt ein schwieriges Unterfangen, im Rahmen sozial- und geschichtswissenschaftlicher Theorie- und Begriffsbildungen die nahen und entfernten Verwandtschaften der Sowjetmoderne zu erörtern. Weit einfacher ist es, die sowjetischen Hydrogiganten im Rückblick auf den internationalen Staudammbau des 20. Jahrhunderts komparativ zu untersuchen und ihren historischen Ort näher zu bestimmen. Nachdem in den 1990er Jahren die Zahl der Großdammprojekte im Vergleich zu den vorherigen drei Dekaden spürbar zurückging, riefen Gegner und Befürworter der Wasserbaukartelle 1998 die *World Commission of Dams* (WCD) ins Leben, um sich auf ein einmaliges Experiment internationaler Meinungsbildung einzulassen. Dem zwölfköpfigen Expertengremium gehörten Mächtige aus Wirtschaft und Politik sowie Wissenschaftler und Vertreter von Nichtregierungsorganisationen an. So unterschiedlich diese Persönlichkeiten und die Interessen, die sie zu vertreten hatten, auch waren, sie schafften es nach zwei Jahren intensiver Studien und Beratungen, einstimmig einen 300 Seiten starken Abschlussbericht zu verabschieden.[67])

Darin mussten selbst die Repräsentanten der Wasserbauwirtschaft angesichts der ausgewogenen Analysen eingestehen, dass die historische Bilanz des Großdammbaus kritisch ausfiel. Die von den Dammbauern und Wasserpolitikern selbst gesetzten Ziele bei Stromerzeugung, Schifffahrt und Bewässerung wurden nur selten erreicht. Immer wieder gab es unerwartete technische Probleme, Verzögerungen und massive Proteste. Bei einer durchschnittlichen Kostenüberschreitung von 56 Prozent drängte sich der Verdacht auf, dass bewusst knapp kalkuliert wurde, um die Akzeptanz der Projekte zu erhöhen. Auch das Kosten-Nutzen-Verhältnis fiel oftmals unbefriedigend aus, weil es zu unerwartet hohen sozialen und ökologischen Nebenfolgen kam. In nicht wenigen Fällen hätte eine Kombination aus alternativer Stromerzeugung, Einsparmaßnahmen und Verbesserungen der agrarischen Anbaumethoden zu weit besseren Ergebnissen geführt als der kostspielige Bau eines Staudamms. Besonders bemängelte die *World Commission of Dams*, dass die betroffene Bevölkerung bei den Kolossalprojekten nicht als Partner mit eigenen Rechten wahrgenommen wurde und vielfach keinerlei Möglichkeit hatte, auf Planungsprozesse und Bauarbeiten Einfluss zunehmen. Die Lebensgrundlagen von Millionen Menschen wurden durch Dammbauten zerstört, ohne ihnen die gerechte Chance auf eine neue Existenzgründung einzuräumen. Die Hydrogiganten schufen sowohl Wohlstand und Überfluss als auch Armut und Mangel. Mit der kritischen Bestandsaufnahme des Erreichten und Verfehlten unterstrich die *World Commission of Dams*, dass sich die „Stalinschen Großbauten

[67]) Der Abschlussbericht wurde publiziert als Dams 2000. Die Gründung der *World Commissions of Dams*, ihre Tätigkeit und die unterschiedlichen Reaktionen auf ihren Bericht sind Gegenstand eines Themenheftes der American University International Law Review 16 (2001), Heft 6. Eine ausführliche Besprechung findet sich auch bei Baur 2001; McCully 2001: XV–LXIV; Pearce 2007: 187–191.

des Kommunismus" in wesentlichen Punkten in die fünfzigjährige Geschichte des globalen Großdammbaus einfügen und mehr den Regelfall als die Ausnahme darstellen. Im Fokus ihrer Entstehung und Wirkung lassen sich damit nicht nur Grundprobleme der Sowjetgeschichte, sondern auch des hydraulischen Gigantismus des 20. Jahrhunderts erkennen und analysieren.

Ungeachtet aller Skepsis beflügeln Damm- und Kanalbauten bis heute die Fantasie der Menschen und sind weiterhin Gegenstand ehrgeiziger Erschließungsprogramme, die sich zum Ziel setzen, Infrastrukturprobleme in vielen Gebieten der Erde dauerhaft zu lösen. Daher bemühte sich die *World Commission of Dams* ausdrücklich darum, einen Katalog von Empfehlungen zu erarbeiten, der dafür Sorge tragen sollte, dass bei neuen Projekten aus alten Fehlern die notwendigen Schlüsse gezogen und die unvermeidbaren Nebenwirkungen so weit wie möglich verringert würden. Der Abschlussbericht schlug mit sozialer Gerechtigkeit, Effizienz, Partizipation, Nachhaltigkeit und Rechenschaft fünf zentrale Werte vor, deren Einhaltung im Rahmen transparenter Konsultations- und Konfliktregelungsverfahren unbedingt zu überprüfen seien.

Die *World Commission of Dams* hoffte auf eine Entideologisierung und Versachlichung der Debatten, um vor dem Hintergrund der Erfahrungen des 20. Jahrhunderts eine neue Ära des internationalen Staudammbaus einzuleiten und zuversichtlich „in die Zukunft zu schauen".[68]) Die Relevanz dieses Anliegens ist kaum zu bestreiten, weil hydrologische Großprojekte angesichts der heraufziehenden Klima- und Energiekrise als wichtige Hoffnungsträger gelten. Während manche Beobachter infolge des sich verschärfenden Wassermangels besonders in Afrika, im Mittleren und Nahen Osten den baldigen Ausbruch von „Wasserkriegen" befürchten,[69]) meinen andere, dass sich durch grenzüberschreitende Staudammbauten Prozesse eines „turning water into politics"[70]) einleiten ließen, um den überkommenen „hydro-jihad"[71]) zu beenden und Voraussetzungen für einen dauerhaften Frieden zu schaffen. Die unbedingte Notwendigkeit zur Kooperation biete Chancen, drängende politische, ökonomische und ökologische Konflikte endlich einer Lösung nahe zu bringen.[72])

Zudem verhilft das wachsende Interesse an „regenerativen Energien" der Wasserkraft als *blue power* zu neuem Ansehen. Viele Repräsentanten der Hydroenergetik geben vor, die im 20. Jahrhundert begangene „sin of scale"[73]) aufrichtig zu bereuen, und bekennen sich zu dem von Umweltschützern ver-

[68]) Dorsey 1997.
[69]) Ward 2002: 187–209; Pearce 2007: 216–242; Dyer 2008; Hüholdt 2007; Welzer 2008.
[70]) Rouyer 2000.
[71]) Shiva 2002: 71 f.
[72]) Zu diesen Chancen und Hoffnungen vgl. Hittel 1994; Elmusa 1996. Zuvor schon optimistisch Flemming 1967: 299 f.
[73]) Ward 2002: 49.

kündeten Slogan „big is ugly"[74]). Sie erklären „thinking big about small-scale irrigation and hydropower"[75]) zu ihrem neuen Credo. Offensichtlich sind die Wasserkartelle darum bemüht, ihren Projekten ein grünes Gütesiegel aufzukleben, um in der sich verändernden Energie- und Wasserwirtschaft ihre Marktlücke zu finden.

Während die *World Commission of Dams* den Weg zu sozial- und umweltverträglichen Dammbauten deutlich aufgezeigt hat, bleibt jetzt abzuwarten, ob ihre Empfehlungen in den nationalen Planfeststellungsverfahren berücksichtigt werden, um ein neues hydraulisches „century of the small"[76]) einzuleiten. Trotz der engagierten Bemühungen bleiben viele Konflikte zwischen Ökologie und Ökonomie weiterhin nicht hinreichend gelöst. Die Vorliebe für Hydrogiganten hält sich hartnäckig. Wie kein anderes Vorhaben dokumentiert der zwischen 1994 und 2006 fertiggestellte Drei-Schluchten-Damm am chinesischen Jangtse, dass die Elektrifizierung der Flüsse durch Megabauten auch zu Beginn des 21. Jahrhunderts kaum an Relevanz und Aktualität verloren hat.[77]) Mit einer Höhe von 185 Metern und einer Länge von über zwei Kilometern geht das weltgrößte und teuerste Flusskraftwerk, das vermutlich 29 Milliarden Dollar gekostet hat, als „Mutter aller Staudämme" und „zweite chinesische Mauer" in die Geschichte ein.[78]) Zwar sicherten sich westliche Firmen lukrative Bauaufträge und ließen den Hydrogiganten zu einer internationalen Unternehmung werden; 1958 hatten jedoch die Mitarbeiter des Moskauer Zentralinstituts *Gidroproekt* mit ihren Erschließungs- und Projektierungsarbeiten die späteren konkreten Planungen und Bauarbeiten entscheidend vorbereitet. Zudem war Li Peng, der langjährige chinesische Ministerpräsident und maßgebliche Protagonist des Drei-Schluchten-Damms, in der Sowjetunion als Hydroingenieur ausgebildet worden. Seine hier gesammelten Erfahrungen im Umgang mit Raum, Natur und Gesellschaft gaben seiner Politik klare Motivationen und Ziele vor. Li Pengs Lieblingsprojekt erscheint zu Beginn des 21. Jahrhunderts als überlebtes Relikt des rücksichtslosen sowjetischen Planungsstils. Der Drei-Schluchten-Damm setzte nicht nur energetische Rekordmarken. Seinetwegen mussten schon mindestens zwei Millionen Menschen während der Bauarbeiten umgesiedelt werden; weiteren vier Millionen droht ein ähnliches Schicksal, weil es am Stausee vielerorts zu unerwarteten ökologischen Folgeschäden gekommen ist.[79])

[74]) Steinberg 2004.
[75]) Postel 1999: 201–227,
[76]) McCully 2001: XXXVIII ff., 24 ff. u. 227–232.
[77]) Dams 2000: 10.
[78]) McNeill 2005: 196; Gutowski 2000; Keil 2002.
[79]) Graham 1998: 110–115 u. 120: Josephson 2004: 124–129. Zur Nähe des chinesischen Planungsstils zum sowjetischen Modell vgl. bes. Shapiro 2001. Zu den mit dem Staudammbau einhergehenden verheerenden Zerstörungen von Landschaft und Gesellschaft vgl. bes. Qing 1998; Jackson/Sleigh 1998; Heggelund 2004; ferner den dokumentarischen Spielfilm *Still Life* des chinesischen Regisseurs Jai Zhangke, der auf der 63. Biennale in Venedig

Vor diesem aktuellen Hintergrund stellen die „Stalinschen Großbauten des Kommunismus“ noch längst kein abgeschlossenes Kapitel der Geschichte dar. Sie haben zu Beginn des Kalten Krieges dem hydraulischen Gigantismus den Weg geebnet, der mit seinen ökonomischen Versprechungen, sozialen Verwerfungen und ökologischen Zerstörungen gegenwärtig trotz aller Kritik fortwirkt. Als unerbittliche Fortschrittsikonen der ersten beiden Nachkriegsdekaden prägen sie zudem bis heute Landschaft und Gesellschaft an der Wolga und Angara, an Don und Ob'. Die hydroenergetischen Artefakte der Sowjetmoderne können als „Traditionen früherer Generationen gedacht“ und „als Überreste früherer Raum- und Gesellschaftsentwürfe gelesen werden“[80]). Sie brachten den Traum vom Kommunismus zur Anschauung. In ihren gigantischen Staumauern, den überwältigenden Maschinensälen und den schier uferlosen Stauseen steckt darum nicht nur Vergangenheit, sondern gleichsam Zukunft, die nicht zur Wirklichkeit geworden ist.

2006 als bester Film mit dem Goldenen Löwen ausgezeichnet wurde. Ähnlich beklemmend der 2007 gedrehte kanadische Dokumentarfilm *Up the Yangtse* (Regie: Yung Chang) und die WDR-Reportage von 2008 *Chinas Größenwahn am Yangtse* (Regie: Shi Ming und Thomas Weidenbach). Aktuelle Nachrichten und Hintergrundinformation zum Drei-Schluchten-Damm finden sich auch auf der Website http://www.irn.org/programs/threeg (zuletzt eingesehen am 15.Mai 2009).

[80]) Laak 2001: 368 u. 393.

9. Verzeichnis der Tabellen, Karten und Abbildungen

Tabellen

Karten

Abbildungen

10. Verzeichnis der benutzten Quellen und Literatur

10.1. Archivbestände

Staatsarchiv der Russländischen Föderation (GARF)

- Fond des Ministerrats der Sowjetunion (Fondnummer 5446);
- Fonds des Innenministeriums der Sowjetunion (Fondnummer 9414 und 9417);
- Fond der sowjetischen Gewerkschaften (Fondnummer 7690);
- Fond der Generalstaatsanwaltschaft der Sowjetunion (GARF, Fond 8131).

Wirtschaftsarchiv der Russländischen Föderation (RGAE)

- Fonds der für Kraftwerke und Kraftwerkbau zuständigen Ministerien der Sowjetunion (Fondnummer 7854, 7964 und 9572);
- Fond der obersten Planungsagentur der Sowjetunion Gosplan (RGAE, Fond 4372).

Russisches Staatsarchiv für soziale und politische Geschichte (RGASPI)

- Fonds des Politbüros sowie des Zentralkomitees der Partei.

Staatsarchiv des Gebiets Novosibirsk (GANO)

- Fonds der Regionalbehörden des Gebiets Novosibirsk (*Oblispolkom*) und der Lokalbehörden der Stadt Novosibirsk und der Kleinstadt Berdsk (*Gorpolkomy*).

Parteiarchiv des Gebiets Novosibirsk (GANO)

- Fonds der regionalen Parteiorganisationen des Gebiets Novosibirsk (*Obkom*) und der lokalen Parteiorganisationen der Stadt Novosibirsk und der Kleinstadt Berdsk (*Gorkomy*).

Für den Nachweis der Archivdokumente in den Fußboten ist das folgende Schema ausgewählt worden:
GARF (= das international bekannte russische Kürzel für das Archiv),
5446 (=Fond)/50 (=Findbuch)/2933 (=Akte), 22-28 (=Blatt).
Dementsprechend stellt sich die Fußnote wie folgt dar: GARF, 5446/50/2933, 22-28.
Bei Hinweisen auf Dokumente aus mehreren Akten des gleichen Fonds oder Findbuchs wird das Kürzel ebd. verwendet. Beispiel: GARF, 5446/50/2933, 22-28; ebd., 2934, 10-12 (also gleicher Fond und gleiches Findbuch).
Bei wichtigen Dokumenten werden im Text Verfasser, Adressat, Datum und die genaue Bezeichnung der Akte erwähnt.

10.2. Literatur

Abelshauser 1987: Werner Abelshauser, Die langen fünfziger Jahre. Wirtschaft und Gesellschaft der Bundesrepublik Deutschland, 1949-1966, Düsseldorf 1987.

Abramenko/Bitjukov 1967: Ju. N. Abramenko/V.P. Bitjukov, Opyt ekspluatacii Novosibirskoj GES kak kompleksnogo gidrouzla, in: Sbornik materialov naučno-techničeskoj konferencii po obmenu opytom ekspluatacii elektrostancij i električeskich setej Novosibirskenergo, Novosibirsk 1967, S.9–23.

Abramov/Chuchlaev 1954: B.S. Abramov/G.A. Chuchlaev, Novosibirskaja GES, in: Nauka i Žizn', 1954, Nr. 11, S. 4–6.

Achminow 1964: Herman F. Achminow, Die Totengräber des Kommunismus. Eine Soziologie der bolschewistischen Revolution, Stuttgart 1964.

Achminow 1967: Hermann F. Achminov, Probleme der Sowjetjournalistik, in: Osteuropa 17 (1967), S. 894–899.

Ackroyd 2009: Peter Ackroyd, Die Themse, München 2009.

Adams 1992: William M. Adams, Wasting the Rain. Rivers, People and Planning in Africa, London 1992.

Adas 1989: Michael Adas, Machines as the Measure of Men. Science, Technology, and Ideologies of Western Dominance, Ithaca/London 1989.

Adas 2006: Michael Adas, Dominance by Design. Technological Imperatives and America's Civilizing Mission, Cambridge (Mass.) 2006.

Adler 1993: Nanci Adler, Victims of the Soviet Terror. The Story of the Memorial Movement, Westport/London 1993.

Adler 2002: Nanci Adler, The Gulag Survivor. Beyond the Soviet System, New Brunswick 2002.

Adorno/Horkheimer 1969: Theodor W. Adorno/Max Horkheimer, Dialektik der Aufklärung. Philosophische Fragmente, Frankfurt a.M. 1969.

Adžubej 2000: Rada N. Adžubej, Rešajuščij šag byl sdelan, in: Pressa v obščestve (1959-2000). Ocenki žurnalistov i sociologov, Moskva 2000, S. 14–45.

Agitation 1994: Agitation zum Glück. Sowjetische Kunst der Stalinzeit, Bremen 1994.

Åhlander 1994: Ann-Mari Åhlander, Environmental Problems in the Shortage Economy. The Legacy of Soviet Environmental Policy, Aldershot 1994.

Ahlberg 1969: René Ahlberg, Theorie der öffentlichen Meinung und empirische Meinungsforschung in der UdSSR, in: Osteuropa 19 (1969), S. 161–172.

Aksjutin 2004: Jurij V. Aksjutin, Chruščevskaja ottepel' i obščestvennye nastroenija v SSSR v 1953-1964 gg., Moskva 2004.

Aleksandrov 1931: I.G. Aleksandrov, Probleme Angary, Moskva 1931.

Aleksandrov 1934: I.G. Aleksandrov, Kamyšinskij uzel i irrigacija Zavolž'ja, Moskva 1934.

Aleksandrov 1952: B.A. Aleksandrov, Stalinskij plan preobrazovanija prirody v dejstvii, Moskva 1952.

Aleksandrov 1956: B.K. Aleksandrov, Ot Volgi k Angare, in: Priroda, 1956, Nr. 2, S. 11–22.

Aleksandrov 1958: Grigorij Aleksandrov, Wir wollen den Menschen der Arbeit besingen!, in: Presse der Sowjetunion, 1958, S. 515–516.

Aleksandrov 1971: Aleksandr P. Aleksandrov, Krupnaja pobeda arabskich i sovetskich gidrostroitelej, in: Gidrotechničeskoe Stroitel'stvo, 1971, Nr. 4, S. 4–9.

Aleksandrov/Malyšev 1933a: I.G. Aleksandrov/V. Malyšev, Angaro-Bajkal'skij rajon, in: Planovoe Chozjajstvo, 1933, Nr. 7/8, S. 67–78.

Aleksandrov/Malyšev 1933b: I.G. Aleksandrov/V. Malyšev, Problema reki Angary, in: Planovoe Chozjajstvo, 1933, Nr. 6, S. 204–228.

Aleksandrova 1959: T. Aleksandrova, Rasskazy o semiletnem plane, in: Sovetskij Ekran, 1959, Nr. 16, S. 6.

Alekseev 1973a: Veniamin V. Alekseev, K voprosu o roli energetičeskogo faktora v istorii obščestva, in: Voprosy metodologii i istorii nauk, Irkutsk 1973, S.344–352.
Alekseev 1973b: Veniamin V. Alekseev, Elektrifikacija Sibiri. Istoričeskoe issledovanie. Čast' 1: 1885-1950 gg., Novosibirsk 1973.
Alekseev 1981: Veniamin V. Alekseev, Energetika v istorii obščestva. Masštaby i charakter vozdejstvija, in: Obščestvo i Priroda. Istoričeskie etapy i formy vzaimodejstvija, Moskva 1981, S.125-135.
Alekseev 1983: Veniamin V. Alekseev, Energetičeskij faktor v istoričeskom processe (voprosy metodologii i istoriografii), in: Metodologičeskie i filosofskie problemy istorii, Novosibirsk 1983, S.164–182.
Alekseev 1992: Veniamin V. Alekseev, Gidrostancii Sibiri – unikal'nye pamjatniki energetičeskoj revoljucii XX veka, Ekaterinenburg 1992.
Alexandrov 1963: Aleksander Alexandrov, Der Hochdamm am Nil, in: Sowjetunion Heute, 1963, Nr.5/6, S.30–31.
Alexandrova 1954: V. Alexandrova, Soviet Literature since Stalin, in: Problems of Communism, 1954, Nr.4, S.11-14.
Alexeev 1956: G. Alexeev, In Sibirien – am Ob, in: Sowjetunion Heute, 1956, Nr.27, o. S.
Alexeyeva 1990: Ludmila Alexeyeva, The Thaw Generation. Coming to Age in the Post-Stalin Era, Boston 1990.
Alexopoulos 1998: Golfo Alexopoulos, Portrait of a Con Artist as a Soviet Man, in: Slavic Review 57 (1998), S.774–790.
Alexopoulos 2009: Golfo Alexopoulos, Exiting the Gulag After War: Women, Invalids, and the Family, in: Jahrbücher für Geschichte Osteuropas 57 (2009), im Erscheinen.
Aljuminij Bratska 1984: Aljuminij Bratska. Očerki istorii Bratskogo aljuminievogo zavoda, Irkutsk 1984.
Allinson 1977: W.G. Allinson, High Voltage Electric Power Transmission, in: Ronald Amann /Julian Cooper/R.W. Davies (Hg.): The Technological Level of Soviet Industry, New Haven/London 1977, S.199-226.
Allworth 1989: Edward Allworth, The New Central Asians, in: ders. (Hg.), Central Asia. 120 Years of Russian Rule, Durham/London 1989, S.527-572.
Alpatev 1978: A.M. Alpatev, Problemy razvitija, preobrazovanija i zaščitty okružajuščoj sredy, Moskva 1978.
Altrichter/Haumann 1987: Helmut Altrichter/Heiko Haumann (Hg.), Die Sowjetunion. Von der Oktoberrevolution bis zu Stalins Tod. Bd.2: Wirtschaft und Gesellschaft, München 1987.
Ananev/Satochin 1990: Andrej Ananev/Sergej Satochin, Ohne Wolga kein Rußland, in: Sowjetunion Heute, 1990, Nr.2, S.43–47.
Ananjan 1969: V. Ananjan, V zaščitu foreli, in: Pravda, 25.Februar 1969, S.2.
Anapol'skaja 1956: L.E. Anapol'skaja, Vetrovoj režim vodochranilišča stepnogo rajona evropejskoj territorii SSSR, Moskva 1956.
Andersen 1998: Arne Andersen, Das 50er-Jahre-Syndrom. Umweltfragen in der Demokratisierung des Technikkonsums, in: Technikgeschichte 65 (1998), S.329-344.
Anderson 1995: T. Anderson, Why Stalinist Musicals, in: Discourse 17 (1995), S.38–48.
Andrejew 1989: Felix Andrejew, Das Gewissen des Films. Der Dokumentarfilm der Sowjetunion vor Glasnost und heute, in: Osteuropa 39 (1989), S.1075-1091.
Andrews 2003: James T. Andrews, Sciences for the Masses. The Bolshevik State, Public Science, and the Popular Imagination in Soviet Russia, 1917-1934, College Station 2003.
Ansprüchen des Volkes gerecht Werden 1957: Der Film muß den Ansprüchen des Volkes gerecht werden, in: Presse der Sowjetunion, 1957, S.1601.
Anweiler 1965: Oskar Anweiler, Ausbildung und Produktion, in: Werner Markert (Hg.), Osteuropa-Handbuch Sowjetunion. Das Wirtschaftssystem, Köln/Graz 1965, S.77-100.
Applebaum 2003: Anne Applebaum, Der GULAG, Berlin 2003.

Aralsee 1964: Im Jahre 2000 ist der Aralsee versiegt, in: Sowjetunion Heute, 1964, Nr.17, S.15.

Arbatskij 1958: M. Arbatskij, Dem Tapferen unterwirft sich die Natur, in: Presse der Sowjetunion, 1958, S.2445 (aus: Komsomol'skaja Pravda, 3.August 1958).

Architektur 1952: Die Architektur des Leninkanals, in: Ostprobleme 4 (1952), S.1084–1088 (aus: Pravda, 21.Juli 1952).

Architektura 1939: Architektura Kanala Moskva-Volga, Moskva 1939.

Architektura 1951: Architektura sooruženij Volgo-Donskogo kanala, in: Architektura SSSR, 1951, Nr.1, S.2-7.

Architektura 1952: Architektura solnečnoj trassy, in: Znanie – Sila, 1952, Nr.6, S.22–24.

Armand 1951: D.L. Armand, Novye zadači i metody sovetskoj geografii v epochu vypolnenija Stalinskogo plana preobrazovanija prirody, in: Priroda, 1951, Nr.11, S.17-26.

Armanski 1993: Gerhard Armanski, Maschinen des Terrors. Das Lager (KZ und GULAG) in der Moderne, Münster 1993.

Armstrong 1961: John A. Armstrong, The Politics of Totalitarianism. The Communist Party of the Soviet Union from 1934 to the Present, New York 1961.

Arnold 1998: Sabine Arnold, Stalingrad im sowjetischen Gedächtnis. Kriegserinnerung und Geschichtsbild im totalitären Staat, Bochum 1998.

Arnold 2003: Klaus Arnold, Propaganda als ideologische Kommunikation, in: Publizistik 48 (2003), S.63–82.

Artjuchina 1988: T.S. Artjuchina, Gidroenergetika i gidrotechničeskoe stroitel'stvo v SSSR, Moskva 1988.

Ash 2001: Mitchell G. Ash, Wissenschaft und Politik als Ressourcen füreinander. Programmatische Überlegungen am Beispiel Deutschland, in: Jürgen Büschenfeld (Hg.), Wissenschaftsgeschichte heute. Festschrift für Peter Lundgreen, Bielefeld 2001, S.117-134.

Askočenskij 1957: A.N. Askočenskij, Rol' nauki v razvitie vodnogo chozjajstva SSSR, in: Gidrotechnika i Melioracija, 1957, Nr.11, S.53–64.

Asuan 1964: Asuan – simvol sovetsko-arabskoj družby, Moskva 1964.

Atopov/Masljaev/Lipjavkin 1985: V.I. Atopov/V.E. Masljaev/A.F. Lipjavkin, Volgograd, Moskva 1985.

Attacke 1955: Attacke auf Herz und Sinne, in: Ostprobleme 7 (1955), S.1633.

Auer 1998: Matthew R. Auer, Environmentalism and Estonia's Independence Movement, in: Nationalities Paper 26 (1998), S.659–676.

Auf der Wolga 1959: Auf der Wolga breiten Fluten ..., in: Sowjetunion Heute, 1959, Nr.23, S.15-16.

Auf zu neuen Großtaten 1956: Auf zu neuen Großtaten, junge Patrioten, in: Presse der Sowjetunion, 1956, S.1512 (aus: *Pravda*, 21.Mai 1956).

Augustine 2007: Dolores Augustine. The Red Prometheus. Engineering and Dictatorship in East Germany, 1945-1990, Cambridge (Mass.) 2007.

Avakjan 1958: Artur B. Avakjan, u.a., Nekotorye voprosy proektirovanija vodochranilišč, in: Gidrotechničeskoe Stroitel'stvo, 1958, Nr.4, S.45–47.

Avakjan 1965: Artur B. Avakjan, Naučno-techničeskoe soveščanie po sozdaniju i kompleksnomu osvoeniju vodochranilišč, in: Gidrotechničeskoe Stroitel'stvo, 1965, Nr.10, S.59–61.

Avakjan 1966a: Artur B. Avakjan, Nekotorye vyvody iz opyta ekspluatacii vodochranilišč gidroelektrostancii, in: Gidrotechničeskoe Stroitel'stvo, 1966, Nr.10, S.3–6.

Avakjan 1966b: Artur B. Avakjan, O kompleksnom ispol'zovanii vodochranilišč. Gidrostroitel'stvo i problemy rybnogo chozjajstva SSSR, in: Izvestija Akademii Nauk SSSR. Serija Geografičeskaja, 1966, Nr.2, S.28–37.

Avakjan 1968: Artur B. Avakjan, Značenie preobrazovanija režima rek vodochraniliščami dlja vodnogo transporta, in: Gidrotechničeskoe Stroitel'stvo, 1968, Nr.4, S.18–23.

Avakjan 1971: Artur B. Avakjan, u.a., Značenie vodochranilišč dlja otdycha i sporta, in: Gidrotechničeskoe Stroitel'stvo, 1971, Nr.7, S.27-31.

Avakjan/Jakovleva 1975: Artur B. Avakjan/B.V. Jakovleva, Povyšenie effektivnosti rekreacionnogo ispol'zovanija vodochranilišč, in: Gidrotechničeskoe Stroitel'stvo, 1975, Nr. 12, S. 9–12.

Avakjan/Šarapov 1968: Artur B. Avakjan/Vladimir Alekseevič Šarapov, Vodochranilišča gidroelektrostancii SSSR, Moskva [2]1968.

Avandel'ta 1965: Avandel'ta reki Volgi i ee rybochozjajstvennoe značenie, Astrachan 1965.

Azrael 1966: Jeremy Azrael, Managerial Power and Soviet Politics, Cambridge (Mass.) 1966.

Babajan 1953: K.E. Babajan, Zadači rybochozjajstvennogo osvoenija vodochranilišč, in: Rybnoe Chozjajstvo, 1953, Nr. 10, S. 4–11.

Baberowski 2000: Jörg Baberowski, Denunziation und Terror in der stalinistischen Sowjetunion, in: Friso Ross/Achim Landwehr (Hg.), Denunziation und Justiz. Historische Dimensionen eines sozialen Phänomens, Tübingen 2000, S. 165–197.

Baberowski 2004a: Jörg Baberowski, Verschleierte Feinde. Stalinismus im sowjetischen Orient, in: Geschichte und Gesellschaft 30 (2004), S. 10–36.

Baberowski 2004b: Jörg Baberowski, Der rote Terror. Die Geschichte des Stalinismus, München 2004.

Baberowski 2005: Jörg Baberowski, Zivilisation der Gewalt. Die kulturellen Ursprünge des Stalinismus, in: Historische Zeitschrift 281 (2005), S. 59–102.

Baberowski/Doering-Manteuffel 2006: Jörg Baberowski/Anselm Doering-Manteuffel, Ordnung durch Terror. Gewaltexzesse und Vernichtung im nationalsozialistischen und im stalinistischen Imperium, Bonn 2006.

Babkov 1952: V. Babkov, Der Schrapper, in: Wissenschaft und Fortschritt, 1952, S. 10–11.

Baburina 1993: Nina I. Baburina, Rossija – 20 vek. Istorija strany v plakate, Moskva 1993.

Baburina 2000: Nina I. Baburina, Rossija – 20 vek. Istorija strany v plakate, Moskva 2000.

Bachmann-Medick 2007: Doris Bachmann-Medick, Cultural Turns. Neuorientierungen in den Kulturwissenschaften, Hamburg [2]2007.

Bacon 1994: Edwin Bacon, The GULag at War. Stalin's Forced Labour System in the Light of the Archives, Basingstoke 1994.

Bährens 1965: Kurt Bährens, Deutsche in Straflagern und Gefängnissen der Sowjetunion (=Zur Geschichte der deutschen Kriegsgefangenen des Zweiten Weltkrieges, Bd. V/1), München 1965.

Bahro 1986: Gundula Bahro, Umwelt- und Tierschutz in der modernen russischen Literatur, Berlin 1986.

Bailes 1978: Kendall E. Bailes, Technology and Society under Lenin and Stalin. Origins of the Soviet Technical Intelligentsia, 1917–1941, Princeton 1978.

Bailes 1990: Kendall E. Bailes, Science and Russian Culture in the Age of Revolutions. V. I. Vernadsky and his Scientific School, 1863–1945, Bloomington 1990.

Balandin 1986: S.N. Balandin, Novosibirsk. Istorija gradostroitel'stva 1945–1985 gg., Novosibirsk 1986.

Balina 2000: Marina Balina, Diskurs vremeni v socrealizme, in: Chans Gjunter/Evgenij Dobrenko (Hg.), Socrealističeskij kanon, Sankt-Peterburg 2000, S. 585–595.

Balistier 1996: Thomas Balistier, Die Tatpropaganda der SA. Erfolg und Mythos, in: Gerald Diesener/Rainer Gries (Hg.), Propaganda in Deutschland. Zur politischen Geschichte der politischen Massenbeeinflußung im 20. Jahrhundert, Darmstadt 1996, S. 23–34.

Baller 1995: Oesten Baller, Rechtlicher Gewässerschutz in Rußland. Geschichte, Theorie und Wirklichkeit, Berlin 1995.

Balzer 1990: Harley Balzer, Engineers. The Rise and Decline of a Social Myth, in: Loren R. Graham (Hg.), Science and the Soviet Social Order, Cambridge (Mass.) 1990, S. 141–167.

Balzer 1996: Harley Balzer, The Engineering Profession in Tsarist Russia, in: ders. (Hg.), Russia's Missing Middle Class. The Professions in Russian History, Armonk/London 1996, S.55–88.

Bandman 1980: M.K. Bandman, Zur Definition und Spezifik programm-zielorientierter Territorialer Produktionskomplexe, in: Petermannsche Geographische Mitteilungen 124 (1980), S.169–173.

Barabanova/Malik 1995a: E.A. Barabanova/L.K. Malik: GES Rossii v prošlom i nastojaščem, in: Energija: Ekonomika – Technika – Ekologija, 1995, Nr.7, S.8–12.

Barabanova/Malik 1995b: E.A. Barabanova/L.K. Malik, Gidroenergetika Rossii v ekologičeskom izmerenii, in: Energija: Ekonomika – Technika – Ekologija, 1995, Nr.9, S.27–30.

Baraskova 1951: V. Baraskova, Velikie Strojki Kommunizma, Moskva 1951.

Barber/Harrison 1991: John Barber/Mark Harrison: The Soviet Home Front. A Social and Economic History of the USSR in World War II. London 1991.

Barcena/Ibarra/Zubiaga 1997; Inaki Barcena/Pedro Ibarra/Mario Zubiaga, The Evolution of the Relationship between Ecologism and Nationalism, in: Michael Redclift (Hg.), The International Handbook of Environmental Sociology, Cheltenham 1997, S.300–318.

Bardach 2000: Janusz Bardach, Der Mensch ist des Menschen Wolf. Mein Überleben im Gulag, München 2000.

Barghoorn 1964: Frederick C. Barghoorn, Soviet Foreign Propaganda, Princeton 1964.

Baringhorst 1998: Sigrid Baringhorst, Politik als Kampagne. Zur medialen Erzeugung von Solidarität, Opladen 1998.

Barlow/Clarke 2002: Maude Barlow/Tony Clarke, Blue Gold. The Fight to Stop the Corporate Theft of the World's Water, New York 2002.

Barnes 2000: Steven A. Barnes, Researching Daily Life in the Gulag, in: Kritika 1 (2000), S.377–390.

Baron 2001a: Nick Baron, Conflict and Complicity. The Expansion of the Karelian Gulag, 1923–1933, in: Cahiers du Monde Russe 42 (2001), S.615–648.

Baron 2001b: Samuel H. Baron, Bloody Sunday in the Soviet Union, Novocherkassk 1962, Stanford 2001.

Barton 1956: Paul Barton, Die Rationalisierung der Zwangsarbeit, in: Ostprobleme 8 (1956), S.1306–1314.

Bartov 2000: Omar Bartov, Utopie und Gewalt. Neugeburt und Vernichtung des Menschen, in: Hans Maier (Hg.), Wege in die Gewalt. Die modernen politischen Religionen, Frankfurt a.M. 2000, S.92–120.

Baskakov 1998: Vladimir Baskakov, „Serebrjanyj vek“ sovetskogo kino, in: Kinematograf ottepeli. Dokumenty i svitel'stva, Moskva 1998, S.178–187.

Bašni 1952: Bašni nad kanalom, in: Ogonek, 1952, Nr.28, S.12.

Bassin 2000: Mark Bassin, 'I object to rain that is cheerlees'. Landscape Art and the Stalinist Aesthetic Imagination, in: Ecumene 7 (2000), S.313–336.

Batalov 1962: Alexej Batalov, Der Held unserer Zeit, wie er ist, in: Sowjetwissenschaft. Kunst und Literatur 10 (1962), S.828–831.

Bater 1996: James Bater, Russia and the Post-Soviet Scene. A Geographical Perspective, London u.a. 1996.

Bauer 1956: Raymond Bauer, u.a., How the Soviet System Works, Cambridge (Mass.) 1956.

Bauman 1995: Zygmunt Bauman, Moderne und Ambivalenz. Das Ende der Eindeutigkeit, Frankfurt a.M. 1995.

Bauman 1996: Zygmunt Baumann, Gewalt – modern und postmodern, in: Max Miller/Hans-Georg Soeffner (Hg.), Modernität und Barbarei. Soziologische Zeitdiagnose am Ende des 20. Jahrhunderts, Frankfurt a.M. ^{2}1996, S.36–67.

Bauman 2008: Zygmunt Bauman, Flüchtige Zeiten. Leben in der Gewissheit, Hamburg 2008.

Baur 2001: Jörg Baur, Mehr Nutzen aus Staudamm-Großprojekten? Zum Bericht des World Commission on Dams, in: Aus Politik und Zeitgeschichte, B48–49/2001, S.23–29.

Beach 1969: Beatrice Beach, The Education of Members of the Central Committee of the Communist Party of the Soviet Union, in: Comparative Education Review 13 (1969), S.187–195.

Bebel 1977: August Bebel, Die Frau und der Sozialismus, Frankfurt a.M. 1977.

Beck 1986: Ulrich Beck, Risikogesellschaft. Auf dem Weg in eine andere Moderne, Frankfurt a.M. 1986.

Beck 1994: Ulrich Beck, Das Zeitalter der Nebenfolgen und die Politisierung der Moderne, in: ders./Anthony Giddens/Scott Lash (Hg.), Reflexive Modernisierung, Frankfurt a.M. 1994, S.289–315.

Beck 2007: Ulrich Beck, Weltrisikogesellschaft. Auf der Suche nach der verlorenen Sicherheit, Frankfurt a.M. 2007.

Beck/Bonß 2001: Ulrich Beck/Wolfgang Bonß (Hg.), Die Modernisierung der Moderne, Frankfurt a.M. 2001.

Beck/Giddens/Lash 1994: Ulrich Beck/Anthony Giddens/Scott Lash (Hg.), Reflexive Modernisierung, Frankfurt a.M. 1994.

Beck/Lau 2005: Ulrich Beck/Christoph Lau, Theorie und Empirie reflexiver Moderne: Von der Notwendigkeit und den Schwierigkeiten, einen historischen Gesellschaftswandel innerhalb der Moderne zu beobachten und zu begreifen, in: Soziale Welt 56 (2005), S.107-135.

Becker 1999: Jonathan A. Becker, Soviet and Russian Press Coverage about the United States. Press, Policy, and Identity in Transition, New York 1999.

Beliašvili 1954: A. Beliašvili, Reale und erdachte Helden, in: Presse der Sowjetunion, 1954, S.1357-1358 (aus: Literaturnaja Gazeta, 22. Juli 1954).

Bell 1962: Daniel Bell, The End of Ideology. On the Exhaustion of Political Ideas in the Fifties, New York 1962.

Bellavin 1951: G. Bellavin, Novoe v žizni ryb, in: Znanie – Sila, 1951, Nr.12, S.1-3.

Bellavin 1953: G. Bellavin, Gidrostroitel'stvo i rybnye resursy SSSR, in: Priroda, 1953, Nr.4, S.47-54.

Belomorsko-baltijskij kanal 1934: Belomorsko-baltijskij kanal imeni Stalina. Istorija stroitel'stva, Moskva 1934 (Nachdruck Moskva 1998); [Ins Englische übersetzt als: Belomor. An Account of the Construction of the New New Canal between the White Sea and the Baltic Sea, New York 1935 (Nachdruck Westport/Conn. 1977)].

Belousov 2000: Andrej Belousov, Stanovlenie sovetskoj industrial'noj sistemy, in: Rossija XXI, 2000, Nr.2, S.28–78 und Nr.3, S.20–70.

Belova 1964: L. Belova, Der Filmheld im Kollektiv, in: Presse der Sowjetunion, 1964, S.3261-3262.

Belova 2001: Eugenia Belova, Economic Crime and Punishment, in: Paul Gregory (Hg.). Behind the Façade of Stalin's Command Economy, Stanford 2001, S.131–158.

Benhadvid-Val 1999: Leah Benhadvid-Val (Hg.), Photographie und Propaganda. Die 30er Jahre in den USA und der Sowjetunion, Zürich 1999.

Benjamin 1972: Walter Benjamin, Denkbilder: Moskau, in: ders., Gesammelte Schriften. Bd.4/1, Frankfurt a.M. 1972, S.316–348.

Benjamin 1974: Walter Benjamin, Das Kunstwerk im Zeitalter seiner technischen Reproduzierbarkeit (1935/36), in: ders., Gesammelte Schriften. Bd.1/2, Frankfurt a.M. 1974, S.471-508.

Benjamin 1980: Walter Benjamin, Moskauer Tagebuch, Frankfurt a.M. 1980.

Benton 1996: Ted Benton (Hg.), The Greening of Marxismus, New York 1996.

Berdičevskij 1958: L.S. Berdičevskij, Ochrana zapasov cennych promyslovych ryb Kaspijskogo bassejna, in: Priroda, 1958, Nr.10, S.51–54.

Berg 2003: Raisa L. Berg, Suchovej. Vospominanija genetika, Moskva 2003.

Berija 1999: Lavrentij Berija. 1953. Stenogramma iul'skogo plenuma CK KPSS i drugie dokumenty, Moskva 1999.

Berliner 1957: Joseph Berliner, Factory and Manager in the U.S.S.R, Cambridge (Mass.) 1957.

Berman 1988: Marshall Berman, All that is Solid Melts into Air. The Experience of Modernity, New York 1988.

Bernštejn-Kogan 1954: S.V. Bernštejn-Kogan, Volgo-Don. Istoriko-geografičeskij očerk, Moskva 1954.

Bertaux 1963: Pierre Bertaux, Mutation der Menschheit, München 1963.

Bestushew-Lada 1984: Igor Bestushew-Lada, Die Welt im Jahr 2000. Eine sowjetische Prognose für unsere Zukunft, Freiburg 1984.

Beyrau 1993: Dietrich Beyrau, Intelligenz und Dissens. Die russischen Bildungsschichten in der Sowjetunion 1917 bis 1985, Göttingen 1993.

Beyrau 2000a: Dietrich Beyrau, GULAG – die Lager und das Sowjetsystem, in: Sowi 29 (2000), S.166–176.

Beyrau 2000b: Dietrich Beyrau, Nationalsozialistisches Regime und Stalin-System, in: Osteuropa 50 (2000), S.709–720.

Beyrau 2001: Dietrich Beyrau, Petrograd, 25.Oktober 1917. Die russische Revolution und der Aufstieg des Kommunismus, München 2001.

Beyrau 2003: Dietrich Beyrau, Das bolschewistische Projekt als Entwurf und als soziale Praxis, in: Wolfgang Hardtwig (Hg.), Utopie und politische Herrschaft im Europa der Zwischenkriegszeit, München 2003, S.13–39.

Beyrau 2005: Dietrich Beyrau, Sowjetisches Modell, in: Peter Hübner/Christoph Kleßmann/Klaus Tenfelde (Hg.), Arbeiter im Staatssozialismus. Ideologischer Anspruch und soziale Wirklichkeit, Köln/Weimar/Wien 2005, S.47–70.

Bezopasnost' 1994: Ekologičeskaja bezopasnost' Rossii. Vyp. 1, Moskva 1994.

Bezrukov 1965: B. Bezrukov, Sumerki nad Aralom, in: Komsomol'skaja Pravda, 16.9.1965, S.2.

Bilinsky 1966: Andreas Bilinsky, Die Entwicklung der sowjetischen Wirtschaftsverfassung, in: Erik Boettcher/Hans-Joachim Lieber/Boris Meissner (Hg.), Bilanz der Ära Chruschtschow, Stuttgart 1966, S.172–188.

Birmann 2003: Norman Birmann, Nach dem Fortschritt. Vorletzte Anmerkungen zum Sozialismus, Stuttgart 2003.

Bishop 1997: Elizabeth Bishop, Egyptian Engineers and Soviet Specialists at the Aswan High Dam. Ph.d. Disseration, University of Chicago 1997.

Bitjukov 1975: V.P. Bitjukov, Propusk navodkov na Novosibirskoj GES, in: Gidrotechničeskoe Stroitel'stvo, 1975, Nr.2, S.20–23.

Black 1960: Cyrill E. Black (Hg.), The Transformation of Russian Society. Aspects of Social Change since 1861, Cambridge 1960.

Blagosklonov/Inozencev/Tichomirov 1967: K.N. Blagosklonov/A. Inozencev/V.N. Tichomirov, Ochrana prirody, Moskva 1967, S.107–116.

Boden 1969: Wie wertvoll ist der Boden?, in: Osteuropa 19 (1969), S. A258–A261.

Bodenschatz 2003: Harald Bodenschatz, u.a., Städtebau im Schatten Stalins. Die internationale Suche nach der sozialistischen Stadt in der Sowjetunion 1929–1935, Berlin 2003.

Bodunov 1958: S.I. Bodunov, u.a., Proizvodstvo massovych i special'nych rabot na stroitel'stve gidrostancij, in: Energetičeskoe stroitel'stvo SSSR za 40 let (1917–1957), Moskva 1958, S.89–124.

Boettcher 1956: Erich Boettcher, Moskaus Bild der westlichen Wirtschaft – ein Spiegelbild seiner eigenen Probleme und Absichten, in: Osteuropa 6 (1956), S.211–228.

Boettcher 1959: Erik Boettcher, Die sowjetische Wirtschaftspolitik am Scheidewege, Tübingen 1959.

Böhme 1966: Kurt W. Böhme, Die deutschen Kriegsgefangenen in sowjetischer Hand. Eine Bilanz (= Zur Geschichte der deutschen Kriegsgefangenen des Zweiten Weltkrieges, Bd.VII), München 1966.

Bol'šakov 1951: Ivan Bol'šakov, Sozdavat' fil'my, dostojnye Stalinskoj epochi, in: Iskusstvo Kino, 1951, Nr.4, S.1–8.

Bol'šakov 1953: Ivan Bol'šakov, Zadači novogo goda, in: Iskusstvo Kino, 1953, Nr.1, S.3-10.

Bolchovitinov 1950: V. Bolchovitinov u. a., Rasskazy o russkom pervenstve, Moskva 1950.

Bollenbeck/Schäfer 2000: Georg Bollenbeck/Gerhard Schäfer (Hg.): Die janusköpfigen 50er Jahre, Wiesbaden 2000.

Bond/Micklin/Sagers 1992: Andrew Bond/Philip P. Micklin/Matthew J. Sagers, Lake Balkhash Dwindling, Becoming Increasingly Saline, in: Post-Soviet Geography 32 (1992), S.131-134.

Bondarčuk 1964: Sergej Bondarčuk, Was das Filmpublikum braucht, in: Presse der Sowjetunion, 1964, S.817–818.

Bonhomme 2005: Brian Bonhomme, Forests, Peasants, and Revolutionaries. Forest Conservation and Organization in Soviet Russia, Boulder 2005.

Bonnell 1997: Victoria E. Bonnell, Iconography of Power. Soviet Political Posters under Stalin and Lenin, Berkeley 1997.

Bonß 1995: Wolfgang Bonß, Vom Risiko. Unsicherheit und Ungewißheit in der Moderne, Hamburg 1995.

Bonwetsch 1990: Bernd Bonwetsch, Die „Leningrader-Affäre“ 1949–1951: Politik und Verbrechen im Spätstalinismus, in: Deutsche Studien 28 (1990), S.306–322.

Bonwetsch 1991: Bernd Bonwetsch, Der „Große Vaterländische Krieg“ und seine Geschichte, in: Dietrich Geyer (Hg.), Die Umwertung der sowjetischen Geschichte, Göttingen 1991, S.167-187.

Bonwetsch 1998: Bernd Bonwetsch, Sowjetunion – Triumph im Elend, in: Ulrich Herbert/Axel Schildt (Hg.), Kriegsende in Europa. Vom Beginn des deutschen Machtzerfalls bis zur Stabilisierung der Nachkriegsordnung 1944–1948, München 1998, S.52–88.

Borcke/Simon 1980: Astrid von Borcke/Gerhard Simon, Neue Wege der Sowjet-Forschung. Beiträge zur Methoden- und Theoriediskussion, Baden Baden 1980.

Borev 2008: Jurij Borev, Socialističeskij Realizm. Vzgljad sovremennika i sovremennyj vzgljad, Moskva 2008.

Borisov 1964: Aleksandr L. Borisov, Organizacii VOIR – borcy za massovoe techničeskoe tvorčestvo, Moskva 1964.

Borovkova/Nikulin/Širokov 1962: T.N. Borovkova/P.I. Nikulin/V.M. Širokov, Kujbyševskoe vodochranilišče, Kujbyšev 1962.

Borries 1980: Volker von Borries, Technik als Sozialbeziehung. Zur Theorie industrieller Produktion, München 1980.

Borscheid 2004: Peter Borscheid, Das Tempo-Virus. Eine Kulturgeschichte der Beschleunigung, Frankfurt a.M. 2004.

Borulja 1972: Viktor Borulja, Potomki Prometeja, Moskva 1972.

Botschkin 1978: Andrej Botschkin, Mein ganzes Leben, Moskau 1978.

Bourdieu 1993: Pierre Bourdieu, Physischer, sozialer und angeeigneter Raum, in: Martin Wentz (Hg.), Stadt-Räume, Frankfurt a.M. 1993, S.25–34.

Bovin 1931: V.T. Bovin, Problema Angary, in: Gidrotechničeskoe Stroitel'stvo, 1931, Nr.10, S.5–8.

Bown 1991: Matthew Cullerne Bown, Kunst unter Stalin 1924–1956, München 1991.

Bown 1998: Matthew Cullerne Bown, Socialist Realist Painting, New Haven/London 1998.

Boyarin 1994: Jonathan Boyarin (Hg.), Remapping Memory. The Politics of TimeSpace, Minneapolis 1994.

Brandenburger 2004: David Brandenburger, Stalin, the Leningrad Affair and the Limits of Postwar Russocentrism, in: Russian Review 63 (2004), S.241-255.

Brandt/Hassan 2000: Steven A. Brandt/Fekri Hassan (Hg.), Dams and Cultural Heritage Management (World Archaeological Congress, WCD Working Papers), Cape Town 2000.

Bratsk Sea 2001: The Bratsk Sea (Regie: Tatiana Homutova). Sacramento 2001.

Bratskaja GES 1964/1967: Bratskaja GES. Sbornik dokumentov i materialov. Tom 1 u. 2, Irkutsk 1964/1967.

Bratskij lesopromyšlennyj kompleks 1978: Bratskij lesopromyšlennyj kompleks, Irkutsk 1978.

Braun/Joerges 1994: Ingo Braun/Bernward Joerges, Große technische Systeme – erzählt, gedeutet, modelliert, in: dies. (Hg.), Technik ohne Grenzen, Frankfurt a.M. 1994, S.7–49.

Brecht 1981: Bertold Brecht, Lehrgedicht von der Natur des Menschen (Fragment), in: ders., Gesammelte Gedichte. Bd.3 (1942-1947), Frankfurt a.M. [3]1981, S.902.

Breslauer 1978: George W. Breslauer, On the Adaptability of Soviet Welfare-State Authoritarianism, in: Karl Ryavec (Hg.), Soviet Society and the Communist Party, Amherst 1978, S.3–25.

Bressler 1995: Michael L. Bressler, Water Wars. Siberian Rivers, Central Asian Deserts, and the Structural Sources of a Policy Debate, in: Stephen Kotkin/David Wolff (Hg.), Rediscovering Russia in Asia. Siberia and the Russian Far East, Armonk 1995, S.240–255.

Bridges/Bridges 1996: Olga Bridges/Jim Bridges, Losing Hope. The Environment and Health in Russia, Aldershot 1996.

Bröckling 2008: Ulrich Bröckling, Alle planen, auch die, die nicht planen. – Niemand plant, auch die nicht, die planen, in: Mittelweg 36 17 (2008), Nr.6, S.61–79.

Brooks 2000: Jeffrey Brooks, Thank You, Comrade Stalin. Soviet Public Culture from Revolution to Cold War, Princeton 2000.

Brooks 2003: Jeffrey Brooks, Stalin's Policy of Obligation, in: Harold Shukman (Hg.), Redefining Stalinism, London 2003, S.47–68.

Brown 2001: Kate Brown, Gridded Lives: Why Kazakhstan and Montana Are Nearly the Same Place, in: American Historical Review 106 (2001), S.17–48.

Brown 2009: Archie Brown, Aufstieg und Fall des Kommunismus, Berlin 2009.

Bruce 1993: Robert V. Bruce, The Misfire of Civil War R&D, in: John A. Lynn (Hg.), Feeding Mars. Logistics in Western Warfare from the Middle Ages to the Present, Boulder 1993, S.191–216.

Brüggemeier 1998: Franz-Josef Brüggemeier, Tschernobyl, 26.April 1986. Die ökologische Herausforderung, München 1998.

Brunner 1986: Georg Brunner, Economic Institutions as Instruments of Political Rule, in: Hans-Hermann Höhmann/Alec Nove/Heinrich Vogel (Hg.), Economics and Politics in the USSR. Problems of Interdependence, Boulder/London 1986, S.58–76.

Bruno 2007: Andy Bruno, Russian Environmental History. Directions and Potentials, in: Kritika 8 (2007), S.635–650.

Brus 1987: Wlodzimerz Brus, Geschichte der Wirtschaftspolitik in Osteuropa, Köln 1987.

Bucharin/Preobraženskij 1985: Nikolaj I. Bucharin/Evgenij A. Preobraženskij, Das ABC des Kommunismus, Zürich 1985.

Buchholz 1953: Arnold Buchholz, Ideologie und Forschung in der sowjetischen Naturwissenschaft, Stuttgart 1953.

Buchholz 1954: Erwin Buchholz, Das Problem der Umgestaltung der Natur in der Sowjetunion und seine geschichtlichen Voraussetzungen, in: Jahrbücher für Geschichte Osteuropas 2 (1954/5), S.158–172.

Buchholz 1957: Erwin Buchholz, Verschmutzung der Gewässer und ihre Bekämpfung, in: Osteuropa 7 (1957), S.194–195.

Buchholz 1959: Erwin Buchholz, Naturschutz in der Sowjetunion, in: Osteuropa-Naturwissenschaft 3 (1959), S.138–149.

Buchholz 1960: Erwin Buchholz, Die Bedeutung des Waldes für die Großraumplanungen der Sowjetunion, in: Osteuropa-Naturwissenschaft 4 (1960), S.115–131.

Buchholz 1961a: Erwin Buchholz, Die Waldwirtschaft und Holzindustrie der Sowjetunion, München 1961.

Buchholz 1961b: Erwin Buchholz, Das neue Naturschutzgesetz der UdSSR, in: Osteuropa 11 (1961), S.130–134.
Buchholz 1963: Arnold Buchholz, Neue Wege sowjetischer Bildung und Wissenschaft, Köln 1963.
Buchholz 1965: Gert Buchholz, Die sowjetische Waldwirtschaft in der Eigenkritik, in: Osteuropa-Naturwissenschaft 9 (1965), S.116–118.
Budzko 1984: U.A. Budzko, Elektrifikacija sel'skogo chozjajstva, in: Elektrifikacija Rossii. Vospominanija starejšich energetikov, Moskva 1984, S.299-314.
Bukin/ Birger 1962: M.A. Bukin/I.S. Birger, Krupnejšaja v mire. K istorii Volžskoj GES imeni XXII s-ezda KPSS, Moskva 1962.
Bulgakowa 1999: Oksana Bulgakowa, Der Film der Tauwetterperiode, in: Christine Engel (Hg.), Geschichte des sowjetischen und russischen Films, Stuttgart/Weimar 1999, S.109–181.
Bulgakowa 2003a: Oksana Bulgakowa, Spatial Figures in Soviet Cinema of the 1930s, in: Evgeny Dobrenko/Eric Naiman (Hg.), The Landscape of Stalinism. The Art and Ideology of Soviet Space, Seattle/London 2003, S.51-76.
Bulgakowa 2003b: Oksana Bulgakowa, Ton und Bild. Das Kino als Synkretismus-Utopie, in: Jurij Murašov/Georg Witte (Hg.), Die Musen der Macht. Medien in der sowjetischen Kultur der 20er und 30er Jahre, München 2003, S.173–186.
Bunce 1999: Valeri Bunce, Subversive Institutions. The Design and Destruction of Socialism and the State, Cambridge 1999.
Bünz/Gries/Möller 1997: Enno Bünz/Rainer Gries/Frank Möller, Erwartungen in der Geschichte, in: dies. (Hg.), Der Tag X in der Geschichte. Erwartungen und Enttäuschungen seit tausend Jahren, Stuttgart 1997, S.7-23.
Burckhardt 1997: Martin Burckhardt, Metamorphosen von Raum und Zeit. Eine Geschichte der Wahrnehmung, Frankfurt a.M./New York 1997.
Burckhardt 1999: Martin Burckhardt, Vom Geist der Maschine. Eine Geschichte kultureller Umbrüche, Frankfurt a.M. 1999.
Burke 1956: Albert Burke, Influence of Man upon Nature – the Russian View. A Case Study, in: Thomas, L. William (Hg.), Man's Role in Changing the Face of the Earth, Chicago 1956, S.1035–1051.
Burkov 1952: B. Burkov, Programma bor'by i pobedy, in: Ogonek, 1952, Nr.24, S.2.
Bursian/Pansa 1963: Klaus Bursian/Gerhard Pansa, Die Angara und ihre Umgestaltung, in: Geographische Berichte 8 (1963), S.201-224.
Busch-Lüty 1989: Christiane Busch-Lüty, Zur Gestaltung des Verhältnisses von Gesellschaft und Natur im realen Sozialismus: Harmonisierung von Ökonomie und Ökologie der Naturnutzung – ein „erstrangiges Problem"?, in: Helmut Schreiber (Hg.), Umweltprobleme in Mittel- und Osteuropa, Frankfurt a.M. 1989, S.11–42.
Bush 1974: Keith Bush, The Soviet Response to Environmental Disruption, in: Ivan Volgyes (Hg.), Environmental Deterioration in the Soviet Union and Eastern Europe, New York 1974, S.8–36.
Buškin 1961a: Alexej G. Buškin, Na strojkach Sibiri, in: Sovetskoe Foto, 1961, Nr.2, S.25.
Buškin 1961b: Alexej G. Buškin, Kotlovan (Bratskaja GES), in: Sovetskoe Foto, 1961, Nr.2, S.23.
Butjagin 1955: Igor P. Butjagin, Novosibirskaja GES, Novosibirsk 1955.
Butjagin 1963: Igor P. Butjagin, u.a., Energetika Sibiri, Moskva/Leningrad 1963.
Buzek 1965: Anton Buzek, Die kommunistische Presse, Zürich 1965.
Bykov 1969: V.I. Bykov, Analiz ekonomičeskichj prognozov razvitija Angaro-Enisejskogo rajona („Bol'šoj Angarstroj"), in: Ekonomiko-geografičeskie problemy formirovanija territorial'no-proizvodstvennych kompleksov Sibiri. Vyp. 1, Novosibirsk 1969, S.37–46.

Čaplygin 1934: A.V. Čaplygin, Gidrotechničeskaja rekonstrukcija Samarskoj Luki, Moskva 1934.

Čaplygin 1937: A.V. Čaplygin, Grandioznoe sooruženie epochi sozializma, Kujbyšev 1937.
Carley 1989: Patricia M. Carley, The Price of the Plan. Perception of Cotton and Health in Uzbekistan and Turkmenistan, in: Central Asian Survey 8 (1989), S. 1-38.
Caufield 1996: Catherine Caufield, Masters of Illusion. The World Bank and the Poverty of Nations, New York 1996.
Caute 2003: David Caute, The Dancer Defects. The Struggle for Cultural Supremacy during the Cold War, Oxford 2003.
Čelovek 1994: Čelovek i ego delo. Očerki istorii Bratskgesstroja, Moskva 1994.
Čemin 1960: A.N. Čemin, Schemy energoispol'zovanija nižnego tečenija Obi, in: Energetika. Razvitie proizvoditel'nych sil vostočnoj Sibiri, Moskva 1960, S. 155-165.
Čemin/Pavlov 1969: A.N. Čemin/G.I. Pavlov, Vodoobespečenie promyšlenno-industrial'nych rajonov, in: Gidroenergetika i kompleksnoe gidrotechničeskoe stroitel'stva za 50 let sovetskoj vlasti, Moskva 1969, S. 336-356.
Černenko 1999: Miron Černenko, Wege zur Freiheit. Russische Aspekte, in: Hans-Joachim Schlegel (Hg.), Die subersive Kamera. Zur anderen Realität in mittel- und osteuropäischen Dokumentarfilmen, Stuttgart 1999, S. 121-136.
Černyj 2005: A. I. Černyj, Vserossijskij institut naučnoj i techničeskoj informacii: 50 let služenija nauke, Moskva 2005.
Černyšev 1951: V. Černyšev, Technische Erfolgsmeldungen, in: Ostprobleme 3 (1951), S. 1044-1048.
Chačaturov 1969: Tigan Chačaturov, Ob ekonomičeskoj ocenke prirodnych resursov, in: Voprosy Ekonomiki, 1969, Nr. 1, S. 66-74.
Chačaturov 1982: Tigran Chačaturov, Ekonomika prirodopol'zovanija, Moskva 1982.
Chakrabarty 2000: Dipesh Chakrabarty, Provincializing Europe. Postcolonial Thought and Historical Difference, Princeton 2000.
Chal'fin/Kičigin 1957: F.N. Chal'fin/V.V. Kičigin, Perekrytie Obi pri stroitel'stve Novosibirskogo gidrouzla, Kujbyšev 1957.
Chase 1933: Stuart Chase, The New Deal, New York 1933.
Chlevnjuk 1992: Oleg Chlevnjuk, Prinuditel'nyj trud v ekonomike SSSR: 1929-1941 gody, in: Svobodnaja mysl', 1992, Nr. 13, S. 73-84.
Chlevnjuk 2000: Oleg Chlevnjuk, Die sowjetische Wirtschaftspolitik im Spätstalinismus und die „Affäre Gosplan", in: Osteuropa 50 (2000), S. 1031-1047.
Chlewnjuk 1998: Oleg W. Chlewnjuk, Das Politbüro. Mechanismen der Macht in der Sowjetunion der dreißiger Jahre, Hamburg 1998.
Chlusov 1999: M.I. Chlusov, Sistema GULAGa kak element vlasti, in: Vlast' i obščestvo SSSR. Politika repressy (20-40-e gody), Moskva 1999, S. 192-215.
Chromov 1999: S.S. Chromov (Hg.), Industrializacija Sovetskogo Sojuza. Noyve dokumenty, novye fakty, novye podchody. Tom 2, Moskva 1999.
Chruščev 1956: Nikita S. Chruščev, Die Industrialisierung Sibiriens, in: Ostprobleme 8 (1956), S. 774-779 (aus: Pravda, 13. April 1956).
Chruščev 1959: Nikita S. Chruščev, Über die Kontrollziffern für die Entwicklung der UdSSR in den Jahren 1959 bis 1965, Berlin 1959.
Chruščev 1963a: Nikita S. Chruščev, Kommunismus – Frieden und Glück der Völker, Berlin 1963, S. 411-544.
Chruščev 1963b: Nikita S. Chruščev, Über die wichtigsten Probleme der Gegenwart. Reden – Aufsätze von 1956-1963. Teil 1: Sozialismus und Kommunismus, Moskau 1963.
Chruščev 1964a: Nikita S. Chruščev, Ein würdiger Beitrag zur großen Sache des siegreichen Kommunismus!, in: ders., Auf dem Wege zum Kommunismus. Reden und Schriften zur Entwicklung der Sowjetunion 1962/1963, Berlin 1964, S. 257-268.
Chruščev 1964b: Nikita S. Chruščev, Reden zur Kulturpolitik, 1956-1963, Berlin 1964.
Chruščev 1964c: Nikita S. Chruščev, Auf dem Wege zum Kommunismus. Reden und Schriften zur Entwicklung der Sowjetunion 1962/1963, Berlin 1964, S. 257-268,
Chruschtschow 1971: Chruschtschow erinnert sich, Reinbek 1971.

Chublarjan 1999: M.G. Chublarjan, Sovremennye vodnye problemy Rossii i puti ich rešenija, in: Vodnye problemy na rubeže vekov, Moskva 1999, S.5–10.

Cicin 1957: N.V. Cicin, u.a., V zaščitu prirody, in: Priroda, 1957, Nr.1, S.7–17.

Čigirinskaja 1963: K.P. Čigirinskaja, Charakteristika i uslovija voznikovenija šturmov na Kujbyševskom vodochranilišče, in: Materialy pervogo naučno-techničeskogo soveščanija po izučeniju Kujbyševskogo vodochranilišča. Vyp. 1: Gidrobiologija i vodnoe chozjajstvo, Kujbyšev 1963, S.135–144.

Cioc 2002: Mark Cioc, The Rhine. An Eco-Biography, 1815-2000, Seattle 2002.

Clark 1981: Katerina Clark, The Soviet Novel. History as Ritual, Chicago/London 1981.

Clark 1995: Katerina Clark, Petersburg. Crucible of Cultural Revolution, Cambridge (Mass.) 1995.

Clark 2000: Katerina Clark, Stalinskij mif a „velikoj sem'e", in: Hans Günter/Evgenij Dobrenko (Hg.), Socrealističeskij kanon, Sankt-Peterburg 2000, S.785–796.

Clark 2002: Katerina Clark, Grigorii Aleksandrov's *Volga-Volga*, in: Igal Halfin (Hg.), Language and Revolution. Making Modern Political Identities, London 2002, S.215–234.

Clark 2003: Katerina Clark, Socialist Realism and the Sacralizing of Space, in: Evgeny Dobrenko/Eric Naiman (Hg.), Landscape of Stalinism. The Art and Ideology of Soviet Space, Seattle 2003, S.3–18.

Clarke 1994: Robin Clarke, Wasser. Die politische, wirtschaftliche, ökologische Katastrophe – und wie sie bewältigt werden kann, München/Zürich 1994.

Cohen 1980: Stephen F. Cohen, The Friends and Foes of Change. Reformism and Conservatism in the Soviet Union, in: ders./Alexander Rabinowitch/Robert Sharlet (Hg.), The Soviet Union since Stalin, Bloomington/London 1980.

Cohen 2000: Gerald A. Cohen, Karl Marx's Theory of History. A Defense, Oxford [2]2000.

Colson 1971: Elizabeth Colson, The Social Consequences of Resettlement, Manchester 1971.

Colton 1984: Timothy J. Colton, The Dilemma of Reform in the Soviet Union, New York 1984.

Colton 1995: Timothy J. Colton, Moscow. Governing the Socialist Metropolis, London 1995.

Conquest 1978: Robert Conquest, Kolyma. The Arctiv Death Camps, New York 1978.

Conquest 1992: Robert Conquest, Party in the Dock, in: Times Literary Supplement, November 1992, S.7.

Conyngham 1973: William Conyngham, Industrial Management in the Soviet Union. The Role of CPSU in Industrial Decision-Making, 1917–1970, Stanford 1973.

Coopersmith 1992: Jonathan Coopersmith, The Electrification of Russia, 1880–1926, Ithaca 1992.

Cosgrove 2004: Simon Cosgrove, Russian Nationalism and the Politics of Soviet Literature. The Case of Nash Sovremennik 1981-91, Basingstoke 2004.

Cossi 1993: Olga Cossi, Water Wars. The Fight to Control and Conserve Nature's Most Precious Resource, New York 1993.

Costlow 2003a: Jane Costlow, The Mushroom That Stands at the Steps to Our World, in: Russian Studies in Literature 39 (2003), S.48–64.

Costlow 2003b: Jane Costlow, The 'Forest Question' in Nineteenth Century Russian Culture, in: Russian Review 62 (2003), S.91-118.

Coutard 1999: Oliver Coutard (Hg.), The Governance of Large Technological Systems, London 1999.

Crankshaw 1966: Edward Crankshaw, Khrushchev. A Career, New York 1966.

Craveri 1995: Marta Craveri, Krizis Gulaga. Kengirskoe vosstanie 1954 goda v dokumentach MVD, in: Cahiers du Monde Russe 36 (1995), S.319–344.

Craveri 1997: Marta Craveri, The Strikes in Norilsk and Vorkuta Camps, and their Role in the Breakdown of the Stalinist Forced Labour System, in: Tom Brass/Marcel van den Linden (Hg.), Free and Unfree Labor. The Debate Continues, Bern 1997, S.363–378.

Craveri/Chlevnjuk 1995: Marta Craveri/Oleg Chlevnjuk, Krizis ekonomiki MVD (konec 1940-ch – 1950-e gody), in: Cahier du Monde Russe 36 (1995), S.179–190.
Creighton 1998: Sarah H. Creighton, Greening the Ivory Tower. Improving the Environmental Track Record of Universities, Colleges, and Other Institutions, Cambridge (Mass.) 1998.
Crowfoot/Harrison 1990: John Crowfoot/Mark Harrison, The USSR Council of Ministers under Late Stalinism. Its Production Branch Composition and the Requirements of National Economy and Policy, 1945–54, in: Soviet Studies 42 (1990), S.39–58.
Crynnyk 1973: Marco Crynnyk, Alexander Dovzhenko. The Poet as Filmmaker, Cambridge (Mass.) 1973.
Čuchin 1990: Ivan Čuchin, Kanaloarmejcy, Petrozavodsk 1990.
Čukaev 1968: D.S. Čukaev, Sovremennoe sostojanie i perspektivy elektrifikacii byta sel'skogo naselenija, in: Elektrifikacija byta sel'skogo naselenija, Kiev 1968.
Cunc 1956: Michail Cunc, Velikie strojki na rekach Sibiri, Moskva 1956.
Cunc 1964: Michail Cunc, Rasskaz o bol'šoj Volge, Moskva 1964.

Dadabaev 1968: N. Dadabaev, Beda prišla k Aralu, in: Komsomol'skaja Pravda, 11. August 1968, S.2.
Dahm 1980: Hermann Dahm, Ökologie und „Wissenschaftlicher Kommunismus", in: Berichte des Bundesinstitut für ostwissenschaftliche und internationale Studien, 1980, Nr.13.
Dams 2000: Dams and Development. A New Framework for Decision-Making. The Report of the World Commission on Dams, London 2000.
Daniels 1971: Robert V. Daniels, Soviet Politics Since Khrushchev, in: John W. Strong (Hg), The Soviet Union under Brezhnev and Kosygin. The Transition Years, New York 1971, S.16–25.
Danilov 2000: Aleksandr A. Danilov, Stalinskoe Politburo v poslevoennye gody, in: Političeskie partii Rossii. Stranicy istorii, Moskva 2000, S.193–221.
Danilov/Pyžikov 2002: Aleksandr A. Danilov/Aleksandr V. Pyžikov, Roždenie sverchderžavy. SSSR v pervye poslevoennye gody, Moskva 2002.
Darst 1988: Robert A. Darst, Environmentalism in the USSR. The Opposition to the River Diversion Project, in: Soviet Economy 4 (1988), S.223–251.
David-Fox u.a. 2002: Michael David Fox, u.a., On the Narrowness of 'Periods': Or, 1699 is not 1700, in: Kritika 3 (2002), S.193–196.
David-Fox u.a. 2003: Michael David Fox, u.a., 1930s Studies, in: Kritika 4 (2003), S.1–4.
David-Fox 2006: Michael David-Fox, Multiple Modernities vs. Neo-Traditionalism. On Recent Debates in Russian and Soviet History, in: Jahrbücher für Geschichte Osteuropas 54 (2006), S.535–555.
Davidovskij 1937: L.D. Davidovskij, Volgo-Donskoe soedinenie, Moskva 1937.
Davies 1956: R.W. Davies, The Reappraisal of Industry, in: Soviet Studies 7 (1956), S.308–331.
Davies 1997: Sarah Davies, Popular Opinion in Stalin's Russia. Terror, Propaganda and Dissent, 1934–1941, Cambridge 1997.
Davies 2000: Mike Davies, Ecology of Fear. Los Angeles and the Imagination of Disaster, London [2]2000.
Davydaitis 1960: Jonas Davydaitis, Bezwinger der Flüsse und Blitze, in: Kultur und Leben, 1960, Nr.7, S.18–21.
Davydov 1954: Mitrofan Davydov, Gidrotechničeskoe stroitel'stvo SSSR v pjatoj pjatiletke, Moskva 1954.
Davydov 1956: Mitrofan Davydov, Flüsse werden rückwärts fließen, in: Presse der Sowjetunion, 1956, Nr.9, S.1913–1914.
Davydov 1972: Mitrofan Davydov, The Ob' Will Enter the Caspian: The Yenisey-Ob'-Aral-Caspian Water Connection and the Energy Problem, in: Soviet Geography 13 (1972), S.603–621.

Davydov/Zunz 1955: Mitrofan Davydov/Michail Zunz, Die Unterwerfung der großen Flüsse, in: Presse der Sowjetunion, 1955, S.505-508 u. 533-535 (aus: Znamja, 1955, Nr.1).
Davydova/Burjak 1981: Ljudmila G. Davydova/Anatolij A. Burjak, Energetika: Puti razvitija i perspektivy, Moskva 1981.
Dawson 1996: Jane I. Dawson, Eco-Nationalism. Anti-Nuclear Activism and National Identity in Russia, Lithuania, and Ukraine, Durham/London 1996.
DeBardeleben 1992: Joan DeBardeleben, The New Politics in the USSR. The Case of the Environment, in: John M. Stewart (Hg.), The Soviet Environment. Problems, Policies and Politics, Cambridge u.a. 1992, S.64-87.
Debeir/Deléage/Hémery 1989: Claude Debeir/Jean-Paul Deléage/Daniel Hémery, Prometheus auf der Titanic. Geschichte der Energiesysteme, Frankfurt a.M. 1989.
Deev 1999: Vladimir G. Deev, Social'no-ekologičeskie posledstvija industrial'nogo razvitija zapadnoj Sibiri vo vtoroj polovine 60-ch – 70-e gg. Avtoreferat dissertacii, Novosibirsk 1999.
Dement'ev 1957: G.D. Dement'ev, Dejatel'nost' komissii po ochrane prirody AN SSSR za pervyj god ee suščestvovanija, in: Ochrana Prirody i Zapovednoe Delo v SSSR 2 (1957), S.3-15.
Demin 1960: I. Demin, Reka zovet na vyručku, in: Komsomol'skaja Pravda, 27.April 1960.
Demosfenova 1962: Galina L. Demosfenova u. a., Sovetskij političeskij plakat, Moskva 1962.
Dienes/Shabad 1979: Leslie Dienes/Theodore Shabad, The Soviet Energy System. Resource Use and Policies, New York 1979.
Diesener/Gries 1996: Gerald Diesener/Rainer Gries, Vorwort, in: dies. (Hg.), Propaganda in Deutschland. Zur politischen Geschichte der politischen Massenbeeinflußung im 20.Jahrhundert, Darmstadt 1996, S.IX-XXII.
DiFranceisco/Gitelman 1984: Wayne DiFranceisco/Zvi Gitelman, Soviet Political Culture and Covert Participation in Policy Implementation, in: American Political Science Review 78 (1984), S.603-621.
Direktivy 1958: Direktivy KPSS i Sovetskogo Pravitel'stva po chozjajstvennym voprosam. Tom 3 u. 4, Moskva 1958.
Diskussionsreden 1952: Diskussionsreden auf dem XIX. Parteitag der KPdSU (b), 5. bis 14.Oktober 1952, Berlin 1952.
Djilas 1962: Milovan Djilas, Gespräche mit Stalin, Frankfurt a.M. 1962.
Dmitriev 1957: G.B. Dmitriev, Schema perebroski stoka severnych rek v bassejn rek Kamy i Volgi, in: Gidrotechničeskoe Stroitel'stvo, 1957, Nr.9, S.1-7.
Dobrenko 1993: Evgenij Dobrenko, Metafora vlasti. Literatura stalinskoj epochi v istoričeskom osveščenii, München 1993.
Dobrenko 2003: Evgeny Dobrenko, The Art of Social Navigation. The Cultural Topography of the Stalin Era, in: ders./Eric Naiman (Hg.), The Landscape of Stalinism. The Art and Ideology of Soviet Space, Seattle 2003, S.163-200.
Dobrjakov 1953: Ju. Dobrjakov, Pervyj fil'm o Velikich Strojkach Kommunizma, in: Iskusstvo Kino, 1953, Nr.1, S.87-96.
Dobrovol'skij 1959: V. Dobrovol'skij, Stancii na puti k kommunizmu, in: Krokodil, 1959, Nr.1, S.2.
Dobrovskij 1994: Aleksandr Dobrovskij, Mertvaja doroga, in: Otečestvo, 1994, Nr.5, S.193-210.
Dobrowski 2002: I.W. Dobrowski, Wie die Vergangenheit – so auch Gegenwart und Zukunft?, in: ders. (Hg.), Schwarzbuch GULAG. Die sowjetischen Konzentrationslager, Graz/Stuttgart 2002, S.275-279.
Dobson 2005: Miriam Dobson, „Show the Bandit-Enemies no Mercy!" Amnesty, Criminality and Public Response in 1953, in: Polly Jones (Hg.), The Dilemmas of De-Stalinization. A Social and Cultural History of Reform in the Khrushchev Era, New York 2005, S.21-40.

Dodd 1994: Charles K. Dodd, Industrial Decision-Making and High-Risk Technology. Siting Nuclear Power Facilities in the USSR, London 1994.

Doering-Manteuffel 2007: Anselm Doering-Manteuffel, Nach dem Boom. Brüche und Kontinuitäten der Industriemoderne seit 1970, in: Vierteljahreshefte für Zeitgeschichte 55 (2007), S.559–581.

Doering-Manteuffel/Raphael 2008: Anselm Doering-Manteuffel/Lutz Raphael, Nach dem Boom. Perspektiven auf die Zeitgeschichte seit 1970, Göttingen 2008.

Dolata 2003: Ulrich Dolata, Unternehmen Technik. Akteure, Interaktionsmuster und strukturelle Kontexte der Technikentwicklung. Ein Theorierahmen, Berlin 2003.

Dolgoljuk 1988: Aleksej A. Dolgoljuk, Formirovanie trudovych kollektivov Bratsko-Ust'-Ilimskogo TPK 1955–1980, Novosibirsk 1988.

Dolgopolov/Fedorov 1957: K.V. Dolgopolov/E.F. Fedorov, Na beregach velikoj russkoj reki, in: Priroda, 1957, Nr.10, S.63–72.

Dombrovskij 1952: N.G. Dombrovskij, Novaja technika na Velikich Strojkach Kommunizma, in: Priroda 1952, Nr.3, S.63–74.

Dorn 1979: Harold Dorn, Hugh Lincoln Cooper and the First Détente, in: Technology and Culture 20 (1979), S.322–347.

Dörre 2002: Klaus Dörre, Reflexive Modernisierung – eine Übergangstheorie. Zum analytischen Potential einer populären soziologischen Zeitdiagnose, in: SOFI-Mitteilungen, Juli 2002, S.55–67.

Dorsey 1997: Tony Dorsey (Hg.), Large Dams. Learning from the Past, Looking at the Future, Gland 1997.

Douglass 2002: John A. Douglass. A Certain Future. Sputnik, American Higher Education, and the Survival of a Nation, in: Roger D. Launius/John M. Logsdon/Robert W. Smith (Hg.), Reconsidering Sputnik. Forty Years Since the Soviet Satellite, London 2002, S.327–362.

Dovženko 1959: Aleksandr Dovženko, Nakaplivaja materiala dlja scenarija, in: Mosfilm. Stat'i, publikacii, izobrazitel'nye materialy. Vyp. 1, Moskva 1959, S.34–35.

Dračev 1957: S.M. Dračev, u.a., O vlijanii zatoplennoj rastitel'nosti na kačestvo vody, in: Bjulleten' Moskovskogo Obščestva Ispytatelej Prirody. Otdel Biologii, 1957, Nr.2, S.81–88.

Drèze/Samson/Singh 1997: Jean Drèze/Meera Samson/Satyajit Singh (Hg.), The Dam and the Nation: Displacement and Resettlement in the Narmada Valley, Oxford 1997.

Drobaschenko 1967: Sergej Drobaschenko, Der sowjetische Dokumentarfilm. Ein historischer Abriß, in: Wolfgang Klaue/Manfred Lichtenstein (Hg.), Der sowjetische Dokumentarfilm, Berlin 1967, S.7–61.

Drozdov 1974: Ivan D. Drozdov, Partijnye organzacii v bor'be za sozdanie i spločenie kollektiva stroitelej Novosibirskoj GES (1950–1959), in: Dejatel'nost' KPSS po razvitiju ekonomiki Sibiri, Novosibirsk 1974, S.85–94.

Drozdov 1975: Ivan D. Drozdov, Partijnoe rukovodstvo energetičeskim stroitel'stvom v Zapadnoj Sibiri (1950–1965 gg.). Avtoreferat dissertacii, Novosibirsk 1975.

Dubrovskij 1957: Boris Dubrovskij, Nad širokoj Ob'ju, Novosibirsk 1957.

Dubrovskij 1961: Boris Dubrovskij, Opyt vremennoj ekspluatacii Novosibirskoj GES, Irkutsk 1961.

Duceppe-Lamarre/Engels 2008: Francois Duceppe-Lamarre/Jens Ivo Engels (Hg.), Umwelt und Herrschaft, München 2008.

Dugin 1999: A.N. Dugin (Hg.), Neizvestnyj GULAG. Dokumenty i fakty, Moskva 1999.

Duke 1999: David F. Duke, Unnatural Union, Soviet Environmental Policies 1950–1981. Ph.D. Dissertation, University of Edmonton 1999.

Dunin-Barkovskij 1967: L.V. Dunin-Barkovskij, Razvitija irrigacii i sud'ba Aral'skogo morja, in: Problemy preobrazovanija prirody Srednej Azii, Moskva 1967, S.75–84.

Dunmore 1984: Timothy Dunmore, Soviet Politics, 1945–1954, London 1984.

Duskin 2001: J. Eric Duskin, Stalinist Reconstruction and the Confirmation of a New Elite, 1945–1953, Basingstoke 2001.
Dyer 2008: Geynne Dyer, Climate Wars, Carlton North 2008.
Dyker 1983: David A. Dyker, The Process of Investment in the Soviet Union, Cambridge 1983.
Dynesius/ Nilsson 1994: Matthew Dynesius/Christer Nilsson, Fragmentation and Flow Regulation of River Systems in the Northern Third of the World, in: Science 266 (1994), S.753–762.
Dži Mšelejšvili 1958: G.A. Dži Mšelejšvili, Rabota Tblisskogo Naučno-issledovatel'skogo Instituta Sooruženij i Gidrotechniki (TNISGEI), in: Energetičeskoe stroitel'stvo SSSR za 40 let (1917–1957), Moskva/Leningrad 1958, S.288–300.
Džulaj 2001: Ljudmila Džulaj, Dokumental'nyj illjuzion. Otečestvennyj kinodokumentalizm – opyty social'nogo tvorčestva, Moskva 2001.

Efremenko 1962: E. Efremenko, Junošeskaja organizacija goroda Kemerova, in: Ochrana prirody i škola, Kemerovo 1962, S.10–18.
Efremov 1959: Michail T. Efremov, Semiletnyj plan Kujbyševskoj oblasti, Kujbyšev 1959.
Efremov 1969: Ju. Efremov, Put' k predotvarščeniju bedy, in: Literaturnaja Gazeta, 1969, Nr.20, S.11.
Eggeling 1994: Wolfram Eggeling, Die sowjetische Literaturpolitik zwischen 1953 und 1970. Zwischen Entdogmatisierung und Kontinuität, Bochum 1994.
Egorov 1957: A.V. Egorov, Novosibirskaja gidroelektrostancija na reke Obi, in: Gidrotechničeskoe Stroitel'stvo, 1957, Nr.12, 3–9.
Egorov 1960: A.V. Egorov, Schema energoispol'zovanija verchnego tečenija Obi i Kamenskaja GES, in: Energetika. Razvitie proizvoditel'nych sil vostočnoj Sibiri, Moskva 1960, S.149–154.
Egorov 1964: V.V. Egorov, Osobennosti irrigacionnogo osvoenija zemel' v Prikaspijskom Povolž'e, in: Gidrotechnika i Melioracija, 1964, Nr.2, S.9–16.
Eible u.a. 2008: Doris Eible/Lorelies Ortner/Ingo Schneider/Christoph Ulf (Hg.), Wasser und Raum. Beiträge zu einer Kulturtheorie des Wassers, Göttingen 2008.
Eisenstadt 2000a: Shmuel N. Eisenstadt, Multiple Modernities, in: Daedalus 129 (2000), S.1–29.
Eisenstadt 2000b: Shmuel N. Eisenstadt, Die Vielfalt der Moderne, Weilerswist 2000.
Ekologija 1999: Ekologija i vlast' 1917–1990. Dokumenty, Moskva 1999.
Ekonomika GULaga 1998: Ekonomika GULaga i ee rol' v razvitii strany v 1930-e gody. Sbornik dokumentov, Moskva 1998.
Ekonomika Gulaga 2004: Ekonomika Gulaga. Istorija Stalinskogo Gulaga. Tom 3, Moskva 2004.
Elanceva 1992: Ol'ga P. Elanceva, Kto i kak stroil BAM v tridcatye gody, in: Otečestvennye Archivy, 1992, Nr.5, S.71–81.
Elanceva 1996: Ol'ga P. Elanceva, BAM: Pervoe desjatiletie, in: Otečestvennaja Istorija, 1996, Nr.6, S.89–103.
Elektroenergetika 1983: Elektroenergetika i energetičeskoe stroitel'stvo SSSR. Statističeskij obzor, Moskva 1983.
Elie 2005: Marc Elie, Khrushchev's Gulag. Camps, Colonies and Prisons in the USSR, 1953–1964 (unveröffentl. Vortrag der Konferenz „The Thaw", Mai 2005 in Berkeley).
Elie 2009: Marc Elie, Aufstieg und Fall der Verbrecherbanden. Kriminelle Gegenkultur, kriminologische Untersuchungen und Strafpolitik im Tauwetter, in: Jahrbücher für Geschichte Osteuropas 57 (2009), im Erscheinen.
Elkin 1994a: A. Elkin, Das Maß des Guten und des Bösen. Bemerkungen zur Literatur der Nachwuchsschriftsteller, in: Wolfram Eggeling, Die sowjetische Literaturpolitik zwischen 1953 und 1970. Zwischen Entdogmatisierung und Kontinuität, Bochum 1994, S.521–523.

Elkin 1994b: A. Elkin, Kopfüber vom Parnas, in: Wolfram Eggeling, Die sowjetische Literaturpolitik zwischen 1953 und 1970. Zwischen Entdogmatisierung und Kontinuität, Bochum 1994, S.558–562.

Ellman 2000: Michael Ellman, The 1947 Soviet Famine and the Entitlement Approach to Famines, in: Cambridge Journal of Economics 24 (2000), S.603–630.

Ellman/Kontorovich 1998: Michael Ellman/Vladimir Kontorovich, The Destruction of the Soviet Economic System, Armonk 1998.

Elmusa 1996: Sharif S. Elmusa, Negotiating Water. Israel and the Palestinians, Washington, D.C. 1996.

Elochin/Erlichman 1961: E.A. Elochin/B.L. Erlichman, Stalingradskij gidrouzel v narodnom chozjajstve strany, in: Stalingradskaja gidroelektrostancija, Moskva 1961, S.12-18.

Ely 2002: Christopher David Ely, This Meager Nature. Landscape and National Identity in Imperial Russia, DeKalb 2002.

Energetičeskie resursy 1967: Energetičeskie resursy SSSR. Tom 2: Gidroenergetičeskie resursy SSSR, Moskva 1967.

Energija Rek 1951: Energija Rek, in: Znanie – Sila, 1951, Nr.2, S.9-17.

Engels 1958: Friedrich Engels, Dialektik der Natur, Berlin 1958.

Engels 2006a: Jens Ivo Engels, Umweltgeschichte als Zeitgeschichte, in: Aus Politik und Zeitgeschichte, B13/2006, S.32-38.

Engels/Obertreis 2007: Jens Ivo Engels/Julia Obertreis, Infrastrukturen in der Moderne. Einführung in ein junges Forschungsfeld, in: Saeculum 58 (2007), S.1-12.

Engels 2009: Jens Ivo Engels, The Ecological Turn, in: Joachim Radkau/Frank Uekötter (Hg.), The Turning Points of Environmental History, Lanham 2009 [im Erscheinen].

Engerman 2003: David Engerman u.a. (Hg.), Staging Growth. Modernization, Development, and the Global Cold War, Amherst/Boston 2003.

Engerman 2004: David Engerman, The Romance of Economic Development and New Histories of the Cold War, in: Diplomatic History 28 (2004), S.23–54.

Engler 1992: Wolfgang Engler, Die zivilisatorische Lücke. Versuche über den Staatssozialismus, Frankfurt a.M. 1992.

Ennker 2004: Benno Ennker, „Struggling for Stalin's Soul". The Leader Cult and the Balance of Social Power in Stalin's Inner Circle, in: Jan Plamper/Klaus Heller (Hg.), Personality Cults in Stalinism – Personenkulte im Stalinismus, Göttingen 2004, S.161-196.

Erenburg 1953: Il'ja Erenburg, O rabote pisatelej, in: Znamja, 1953, Nr.10, S.160–183.

Erren 2002: Lorenz Erren, Die großen Industriebauten des ersten Fünfjahresplans und das Scheitern der „Sozialistischen Stadt", in: Jahrbücher für Geschichte Osteuropas 50 (2002), S.577–596.

Ertz 2005a: Simon Ertz, Forced Labour and the Need for Motivation. Wages and Bonuses in the Stalinist Camp System, in: Comparative Economic Studies 47 (2005), S.418–436.

Ertz 2005b: Simon Ertz, Trading Effort for Freedom. Workday Credits in the Stalinist Camp System, in: Comparative Economic Studies 47 (2005), S.476–491.

Ertz 2006: Simon Ertz, Zwangsarbeit im stalinistischen Lagersystem. Eine Untersuchung der Methoden, Strategien und Ziele ihrer Ausnutzung am Beispiel Norilsk, 1935–1953, Berlin 2006.

Evtušenko 1967: Evgenij Evtušenko, Bratskaja GES, in: ders., Stichi i Poema, Moskva 1967, S.69-238.

Ežegodnik kino 1955: Ežegodnik kino 1955, Moskva 1956.

Ežegodnik kino 1956: Ežegodnik kino 1956, Moskva 1957.

Ežegodnik kino 1957: Ežegodnik kino 1957, Moskva 1960.

Ežegodnik kino 1958: Ežegodnik kino 1958, Moskva 1960.

Ežegodnik kino 1959: Ežegodnik kino 1959, Moskva 1961.

Ežegodnik kino 1960: Ežegodnik kino 1960, Moskva 1962.

Ežegodnik kino 1961: Ežegodnik kino 1961, Moskva 1963
Ežov 1999: Viktor A. Ežov, Gosudarstvennoe upravlenie SSSR posle okončanija Velikoj Otečestvennoj Vojny (1945–1950), Sankt-Petersburg 1999.

Fainbojm 1956: I. Fainbojm, Die Angara – der Fluß der Elektrizität, in: Presse der Sowjetunion, 1956, S.1519–1521 (aus: Vokrug Sveta, 1956, Nr.3).
Fainsod 1962: Merle Fainsod, The Twenty-Second Party Congress, in: Abraham Brumberg (Hg.), Russia under Khrushchev, London 1962, S.127–152.
Fainsod 1963: Merle Fainsod, How Russia is Ruled, Cambridge (Mass.) 1963.
Fainsod 1965: Merle Fainsod, Wie Rußland regiert wird, Neuwied 1965.
Fall Berija 1993: Der Fall Berija. Protokoll einer Abrechnung. Das Plenum des ZK der KPdSU Juli 1953, Berlin 1993.
Fateev 1999: A.V. Fateev, Obraz vraga v sovetskoj propagande 1945–1954 gg., Moskva 1999.
Fazullin 1971: N.T. Fazullin, Nekotorye dannye o pererabotke berega Kujbyševskogo vodochranilišča, in: Rybnoe Chozjajstvo, 1971, Nr.10, S.18–19.
Fedin 1952: K. Fedin, Ein Festtag des Volkes, in: Sowjetliteratur, 1952, Nr.11, S.144–146.
Fedorenko 1968: Nikolaj Fedorenko, Ob ekonomičeskoj ocenke prirodnych resursov, in: Voprosy Ekonomiki, 1968, Nr.3, S.94–103.
Fein 2000: Elke Fein, Geschichtspolitik in Rußland. Chancen und Schwierigkeiten einer demokratisierenden Aufarbeitung der sowjetischen Vergangenheit am Beispiel der Tätigkeit der Gesellschaft MEMORIAL, Münster 2000.
Feist 2009: Silvia Feist (Hg.), Weltmacht Wasser. Weltreporter berichten, München 2009.
Feldman 1985: Elliot J. Feldman, Patterns of Failure in Government Megaprojects. Economics, Politics, and Participation in Industrial Democracies, in: Samuel P. Huntington/Joseph S. Nye (Hg.), Global Dilemmas, Boston/London 1985, S.138–158.
Feshbach 1995: Murray Feshbach, Ecological Disaster. Cleaning up the Hidden Legacy of the Soviet Regime, New York 1995.
Feshbach/Friendly 1992: Murray Feshbach/Alfred Friendly, Ecocide in the USSR. Health and Nature Under Siege, New York 1992.
Fey 1994: Astrid Fey, Umweltsituation und Umweltschutz in der ausgehenden Sowjetunion. Eine vergleichende Studie, Frankfurt a.M. 1994.
Ficken 1995: Robert E. Ficken, Rufus Woods, the Columbia River and the Building of Modern Washington, Pullman 1995.
Field 2007: Deborah A. Field, Private Life and Communist Morality in Khrushchev's Russia, New York 2007.
Figes 2007: Orlando Figes, Die Flüsterer. Leben in Stalins Russland, Berlin 2007.
Filippova 1963: T.A. Filippova, Utočnenie parametrov regulirovanija Novosibirskoj GES v period ekspluatacii, in: Gidrotechničeskoe Stroitel'stvo, 1963, Nr.1, S.34–36.
Film 1956: Der sowjetische Film braucht gute Drehbücher, in: Presse der Sowjetunion, 1956, S.2831–2832.
Film 1957: Der Film muß den Ansprüchen des Volkes gerecht werden, in: Presse der Sowjetunion, 1957, S.1601.
Film 1974: Der sowjetische Film. Bd.2: Von 1945 bis zur Gegenwart, Berlin 1974.
Filtzer 1992: Donald Filtzer, Soviet Workers and De-Stalinization. The Consolidation of the Modern System of Soviet Production Relations, 1953–1964, Cambridge 1992.
Filtzer 1995: Donald Filtzer, Die Chruschtschow-Ära. Entstalinisierung und die Grenzen der Reform in der UdSSR, 1953-1964, Mainz 1995.
Filtzer 1996: Donald Filtzer, Labor Discipline, the Use of Work Time and the Decline of the Soviet System, 1928–1991, in: International Labor and Working-Class History 50 (1996), S.9-28.
Filtzer 1999: Donald Filtzer, The Standard of Living of Soviet Industrial Workers in the Immediate Postwar Period, 1945–1948, in: Europe-Asia Studies 51 (1999), S.1013-38.

Filtzer 2001: Donald Filtzer, Wirtschaft und Gesellschaft in der Nachkriegszeit, in: Stefan Plaggenborg (Hg.), Handbuch der Geschichte Rußlands. Bd.5: 1945–1991. Vom Ende des Zweiten Weltkriegs bis zum Zusammenbruch der Sowjetunion, Stuttgart 2001, S.78–129.

Filtzer 2002: Donald Filtzer, Soviet Workers and Late Stalinism. Labour and the Restoration of the Stalinist System after World War II, Cambridge 2002.

Fischer 1968: George Fischer, The Soviet System and Modern Society, New York 1968.

Fischer 1991: Ernst Peter Fischer (Hg.), Mannheimer Gespräche. Auf der Suche nach der verlorenen Sicherheit, München/Zürich 1991.

Fiterman 1961: Ja. F. Fiterman, Montaž i remont gidroturbin, Moskva 1961.

Fitzpatrick 1992: Sheila Fitzpatrick, Stalin and the Making of a New Elite, in: dies., Cultural Front. Power and Culture in Revolutionary Russia, Ithaca 1992, S.149–182.

Fitzpatrick 1996a: Sheila Fitzpatrick, Signals from Below. Soviet Letters of Denunciation of the 1930s, in: Journal of Modern History 68 (1996), S.831–866.

Fitzpatrick 1996b: Sheila Fitzpatrick, Supplicants and Citizens. Public Letter-Writing in Soviet Russia in the 1930s, in: Slavic Review 55 (1996), S.78–105.

Fitzpatrick 1999: Sheila Fitzpatrick, Everyday Stalinism. Ordinary Life in Extraordinary Times: Soviet Russia in the 1930s, Oxford 1999.

Fitzpatrick 2000: Sheila Fitzpatrick, Introduction, in: dies. (Hg.), Stalinism. New Directions, London/New York 2000, S.1-14.

Fitzpatrick 2005: Sheila Fitzpatrick, Tear Off the Masks! Identity and Imposture in Twentieth-Century Russia, Princeton 2005.

Fitzpatrick 2006: Sheila Fitzpatrick, Conclusion: Late Stalinism in Historical Perspective, in: Juliane Fürst (Hg.), Late Stalinist Society. Society between Reconstruction and Reinvention, London/New York 2006, S.269–282.

Fitzpatrick 2006: Sheila Fitzpatrick, Social Parasites. How Tramps, Idle Youth, and Busy Entrepreneurs Impeded the Soviet March to Communism, in: Cahiers du Monde Russe 47 (2006), S.377–408.

Fitzpatrick/Lüdtke 2009: Sheila Fitzpatrick/Alf Lüdtke, Energizing the Everyday: On the Breaking and Making of Social Bonds in Nazism and Stalinism, in: Michael Geyer/ Sheila Fitzpatrick (Hg.), Beyond Totalitarianism. Stalinism and Nazism Compared, Cambridge 2009, S.266–301.

Flakserman 1964: Jurij N. Flakserman, Gleb Maksimilianovič Kržižanovskij, Moskva 1964.

Fleck 1952: Rudolf Fleck, Planmäßige Umgestaltung der Landschaft im Dienste grossregionaler Wirtschaftsentwicklung, in: Petermannsche Geographische Mitteilungen 96 (1952), S.32–35.

Flemming 1957: Hans Walter Flemming, Wüsten, Deiche und Turbinen. Das große Buch von Wasser und Völkerschicksal, Berlin/Frankfurt a.M. 1957.

Flemming 1965: Hans Walter Flemming, Weltmacht Wasser, Göttingen 1965.

Flemming 1967: Hans Walter Flemming, Energie für die Welt. Große Talsperren in fünf Kontinenten, München 1967.

Fogel'son 1958: S.V. Fogel'son, Gidromechanizacija v gidroenergetičeskom stroitel'stve, in: Energetičeskoe stroitel'stvo SSSR za 40 let (1917–1957 gg.), Moskva/Leningrad 1958, S.130–142.

Formin 1981: B.I. Formin, Ot Volchovstroja do Sajana, in: Arsenal elektrifikacii, Leningrad 1981, S.33–47.

Formirovanie 1968: Formirovanie beregovoj zony Novosibirskogo vodochranilišča, Novosibirsk 1968.

Forsyth 2003: Tim Forsyth (Hg.), Critical Political Ecology. The Politics of Environmental Science, London 2003.

Foster 1998: John Bellamy Foster, Marx's Ecology. Materialism and Nature, New York 1998.

Fox 1971: Irving K. Fox (Hg.), Water Resources Law and Policy in the Soviet Union, Madison 1971.

Fradkin 1996: Philip L. Fradkin, A River No More. The Colorado River and the West, Berkeley [2]1996.

Frank 2003: Susi K. Frank, „Innere Kolonisation" und *frontier*-Mythos. Räumliche Deutungskonzepte in Russland und den USA, in: Osteuropa 53 (2003), S. 1658–1675.

Frei 1993: Norbert Frei, Wie modern war der Nationalsozialismus?, in: Geschichte und Gesellschaft 19 (1993), S. 365–387.

Freytag 2006: Nils Freytag, Deutsche Umweltgeschichte - Umweltgeschichte in Deutschland. Erträge und Perspektiven, in: Historische Zeitschrift 283 (2006), S. 383–407.

Froggatt 2001: Michael Froggatt, Renouncing Dogma, Teaching Utopia. Science in Schools under Khrushchev, in: Polly Jones (Hg.), The Dilemmas of De-Stalinization. Negotiating Cultural and Social Change in the Khrushchev Era, New York 2006, S. 250–266.

Frolic 1972: Michael Frolic, Decision Making in Soviet Cities, in: American Political Science Review 66 (1972), S. 38–52.

Frolov 1983a: Ivan Frolov, Einleitung, in: Umweltschutz und Gesellschaft, Moskau 1983, S. 7–14.

Frolov 1983b: Ivan Frolov, Das marxistische Herangehen an das ökologische Problem, in: Umweltschutz und Gesellschaft, Moskau 1983, S. 27–39.

Frome 1997: Michael Frome, Battle for Wilderness, Salt Lake City 1997.

Fuhrmann 1994: Axel Fuhrmann, Die Herausbildung des Industriestandorts Novosibirsk (1896–1945). Unveröffentlichte Dissertation, Universität Düsseldorf 1994.

Fürst 2003: Juliane Fürst, Prisoners of the Soviet Self? – Political Youth Opposition in Late Stalinism, in: Europe-Asia Studies 54 (2003), S. 353–375.

Fürst 2006a: Juliane Fürst, Introduction – Late Stalinist Society: History, Policies and People, in: dies. (Hg.), Late Stalinist Society. Society between Reconstruction and Reinvention, London/New York 2006, S. 1–19.

Fürst 2006b: Juliane Fürst, The Arrival of Spring? Changes and Continuities in Soviet Youth Culture and Policy between Stalin and Khrushchev, in: Polly Jones (Hg.), The Dilemmas of De-Stalinization. Negotiating Cultural and Social Change in the Khrushchev Era, New York 2006, S. 135–153.

Fußgänger 1959: Der Fußgänger und der Flug in den Kosmos, in: Ostprobleme 1 (1959), S. 756 (aus: Sovetskaja Rossija, 4. Oktober 1959).

Gaev 1953: A. Gaev, Sowjetische „Druckpresse" in: Ostprobleme, 1953, S. 1567–1573.

Galaktionov 1953: V.D. Galaktionov, Der Wolga-Don-Schiffahrtskanal „W. I. Lenin", Moskau 1953.

Galaktionov/Zernov 1939: V.D. Galaktionov/S.A. Zernov, Kanal Volgo-Don, Moskva 1939.

Galbraith 1977: John K. Galbraith, The Age of Uncertainty, London 1977.

Gamburg 1962: B. Gamburg, Steržen' ekonomiki kommunizma. Ob elektrifikacii Novosibirskoj oblasti, Novosibirsk 1962.

Garbrecht 1985: Günther Garbrecht, Wasser. Vorrat, Bedarf und Nutzung in Geschichte und Gegenwart, Reinbek 1985.

Garmonov/Panpulov 1937: I.V. Garmonov/A.S. Panpulov, Volgo-Donskoj Kanal, Volgograd 1937.

Garros/Korenewskaja/Lahusen 1998: Véronique Garros/Natalija Korenewskaja/Thomas Lahusen (Hg.), Das wahre Leben. Tagebücher der Stalin-Zeit, Berlin 1998.

Gasparov 1996: Boris Gasparov, Development or Rebuilding. Views of Academian T. D. Lysenko in the Context of the Late Avant-Garde, in: John E. Bowlt/Olga Matich (Hg.), Laboratory of Dreams. The Russian Avant-Garde and Cultural Experiment, Stanford 1996, S. 133–150.

Gavrilov 1951: A.M. Gavrilov, Reki SSSR na službe rodiny, Leningrad 1951.

Gbelisiani/Šmal'cel' 1968: A.P. Gbelisiani/N.I. Šmal'cel', Zailenie vodochranilišč gidroelektrostancii, Moskva 1968.

Gejdarov 1975: N. Gejdarov, Dolgo – značit dorogo, in: Ekonomičeskaja Gazeta, 1975, Nr.26, S.9.

Gellert 1949: Johannes F. Gellert, Das Jenissej-Ob-Projekt zur Bewässerung der mittelasiatischen Steppen und Wüsten, in: Zeitschrift für Erdkundeunterricht, 1949, Nr.1, S.42–45.

Gennings 1963: J. Gennings, Die Natur und die geistige Welt der Kinder, in: Presse der Sowjetunion, 1963, S.2107–2108.

Gerasimov 1955: Sergej Gerasimov, Über die sowjetische Filmdramatik, in: Presse der Sowjetunion, 1955, S.103–107.

Gerasimov 1961: Innokentij P. Gerasimov, Sovetskaja geografičeskaja nauka i problemy preobrazovanija prirody, in: Izvestija Akademii Nauk SSSR, Serija Geografičeskaja, 1961, Nr.5, S.6–17.

Gerasimov 1963: Sergej Gerasimov, Wahrheit und Prinzipienfestigkeit im Film, in: Presse der Sowjetunion, 1963, S.689–690.

Gerasimov 1983: Innokentij P. Gerasimov, Methodologische Aspekte der Ökologisierung der Wissenschaft, in: Umweltschutz und Gesellschaft, Moskau 1983, S.85–103.

Gerber 1997: Jürgen Gerber, Georgien. Nationale Opposition und kommunistische Herrschaft seit 1956, Baden-Baden 1997.

Gerloff 1981: J.U. Gerloff, Territoriale Produktionskomplexe in Sibirien. Entwicklung. Gemeinsamkeiten, Spezifika, in: Zeitschrift für den Erdkundeunterricht 33 (1981), S.401–413.

Gerloff/Vorob'ev 1987: J.U. Gerloff/V. Vorob'ev, Die Erschließung Sibiriens und des Fernen Ostens, Gotha 1987.

Gerovitch 1996: Slava Gerovitch, Perestroika of the History of Technology and Science in the USSR. Changes in the Discourse, in: Technology and Culture 27 (1996), S.102–134.

Gerovitch 1998: Slava Gerovitch, Writing History in Present Tense. Cold War-Era Discursive Strategies of Soviet Historians of Science and Technology, in: Christopher Simpson (Hg.), Universities and Empire. Money and Politics in the Social Sciences During the Cold War, New York 1998, S.189–228.

Gerschenkron 1962: Alexander Gerschenkron, Economic Backwardness in Historical Perspective. A Book of Essays, Cambridge (Mass.) 1962.

Gersdorff 1962: Bernhard von Gersdorff, Elektrizitätswirtschaft in der Sowjetunion, Essen 1962.

Gespräche 1962: Gespräche über moderne Menschen, in: Ost-Probleme 14 (1962), S.138–145.

Gestwa 2000: Klaus Gestwa, Archivrecherchen zur sowjetischen Technik- und Umweltgeschichte in Novosibirsk, in: Osteuropa 50 (2000), S.937–948.

Gestwa 2001a: Klaus Gestwa, Infrastrukturen – Kommunikation, in: Stefan Plaggenborg (Hg.), Handbuch der Geschichte Russlands. Bd.5: 1945–1991. Vom Ende des Zweiten Weltkriegs bis zum Zusammenbruch der Sowjetunion, Stuttgart 2001, S.1142–1152.

Gestwa 2001b: Klaus Gestwa, Herrschaft und Technik in der spät- und poststalinistischen Sowjetunion. Machtverhältnisse auf den „Großbauten des Kommunismus", 1948–1964, in: Osteuropa 51 (2001), S.171–197.

Gestwa 2003a: Klaus Gestwa, Sowjetische Landschaften als Panorama von Macht und Ohnmacht. Historische Spurensuche auf den „Großbauten des Kommunismus" und in dörflicher Idylle, in: Historische Anthropologie 11 (2003), S.72–100.

Gestwa 2003b: Klaus Gestwa, Ökologischer Notstand und sozialer Protest. Der umwelthistorische Blick auf die Reformunfähigkeit und den Zerfall der Sowjetunion, in: Archiv für Sozialgeschichte 43 (2003), S.349–384.

Gestwa 2004a: Klaus Gestwa, „Energetische Brücken" und „Klimafabriken". Das energetische Weltbild der Sowjetunion, in: Osteuropa 54 (2004), S.14–38.

Gestwa 2004b: Klaus Gestwa, Technik als Kultur der Zukunft. Der Kult um die „Stalinschen Großbauten des Kommunismus", in: Geschichte und Gesellschaft 30 (2004), S.37-73.

Gestwa 2005a: Klaus Gestwa, Raum – Macht – Geschichte. Making Sense of Soviet Space, in: Osteuropa 55 (2005), S.46-69.

Gestwa 2005b: Klaus Gestwa, Das Besitzergreifen von Natur und Gesellschaft im Stalinismus. Enthusiastischer Umgestaltungswille und katastrophischer Fortschritt, in: Saeculum 56 (2005), S.105-138.

Gestwa 2007: Klaus Gestwa, Auf Wasser und Blut gebaut. Der hydrotechnische Archipel GULag, 1931-1958 in: Osteuropa 57 (2007), Nr.6, S.239-266.

Gestwa 2009: Klaus Gestwa, Social und soul engineering unter Stalin und Chruschtschow, 1928-1964, in: Thomas Etzemüller (Hg.), Die Ordnung der Moderne. Social Engineering im 20. Jahrhundert, Bielefeld 2009, S.241-278.

Getty/Naumov 1999: J. Arch Getty/Oleg V. Naumov, The Road to Terror. Stalin and the Self-Destruction of the Bolsheviks, 1932-1939, New Haven/London 1999.

Geyer 2009: Michael Geyer (with assistance from Sheila Fitzpatrick), Introduction. After Totalitarianism – Stalinism and Nazism Compared, in: ders./Sheila Fitzpatrick (Hg.), Beyond Totalitarianism. Stalinism and Nazism Compared, Cambridge 2009, S.1-37.

Gibas 1998: Monika Gibas, Massenbeeinflußung und politischer Wandel. Die Langzeitwirkung der DDR-Propaganda, in: Universitas. Zeitschrift für interdisziplinäre Wissenschaft 53 (1998), S.510-523.

Gibas 1999: Monika Gibas, Die „einheitliche öffentliche Meinung". Zur Kampagnenpolitik und Kommunikationspraxis, in: Simone Barck/Martina Langermann/Siegfried Lokatis (Hg.), Zwischen „Mosaik" und „Einheit". Zeitschriften in der DDR, Berlin 1999, S.540-549.

Gibas/Abbe 1998: Monika Gibas/Thomas Abbe, Erbschaft einer Zeit. Zur Persistenz der sozialistischen Metaerzählung nach dem Systemwechsel, in: Psychologie und Gesellschaftskritik 22 (1998), S.55-71.

Gibian 1960: George Gibian, Interval of Freedom. Soviet Literature During the Thaw, 1954-1957, Minneapolis 1960.

Gidroenergetika 1974: Gidroenergetika SSSR. Statističeskoj obzor, Moskva 1974.

Gidroenergetika 1977: Gidroenergetika v X pjatiletke i ochrana vodnych i zemel'nych resursov, Leningrad 1977.

Gidroenergetika 1982: Gidroenergetika i kompleksnoe ispol'zovanie vodnych resursov SSSR, Moskva [2]1982.

Gidroenergetika 1990: Gidroenergetika i okružajujaščaja prirodnaja sreda, Moskva 1990.

Gidrotechnika 1990: Gidrotechnika i ekologija antičnogo mira – Volga do 1930-ch godov, Moskva 1990.

Gierer 1998: Alfred Gierer, Im Spiegel der Natur erkennen wir uns selbst. Wissenschaft und Menschenbild, Reinbek 1998.

Giese 1998: Ernst Giese, Die ökologische Krise des Aralsees und der Aralseeregion: Ursachen, Auswirkungen, Lösungsansätze, in: ders./Gundula Bahro/Dirk Betke, Umweltzerstörungen in Trockengebieten Zentralasiens (West- und Ost-Turkestan). Ursachen, Auswirkungen, Maßnahmen, Stuttgart 1998, S.55-120.

Gigantomanie 1950: Gigantomanie und Friedenskampagne, in: Ostprobleme 2 (1950), S.1326-1333.

Gil'denblat 1967: Ja. D. Gil'denblat, Režimy nižne-volžskich vodochranilišč na različnych etapach razvitija gidrotechničeskogo stroitel'stva v bassejne Volgi, in: Kompleksnoe ispol'zovanie vodnych resursov i režimy Volžsko-Kamskogo kaskada gidroelektrostancij, Moskva 1967, S.21-26.

Gil'denblat/Korenistov 1961: Ja. D. Gil'denblat/D.V. Korenistov, Vodnoe chozjajstvo, in: Stalingradskaja gidroelektrostancija, Moskva 1961, S.48-65.

Gilison 1975: Jerome Gilison, The Soviet Image of Utopia, Baltimore 1975.

Gille 2009: Zsusza Gille, From Nature as Proxy to Nature as Actor, in: Slavic Review 68 (2009), S.1-9.

Gillespie 1986: David C. Gillespie, Valentin Rasputin and Soviet Village Prose, London 1986.

Gladkov 1962: N.A. Gladkov, Bogatstva prirody. Zabotlivo ochranjat', razumno ispol'zovat', vosstanovlivat' i umnožat', in: Priroda, 1962, Nr.2, S.3-10.

Gladkov 1972: N.A. Gladkov, Ochrana prirody v pervye gody sovetskoj vlasti. Po materialam leninskich dekretov, Moskva 1972.

Glantz 1999: Michael H. Glantz (Hg.), Creeping Environmental Problems and Sustainable Development in the Aral Sea Basin, Cambridge 1999.

Glantz/Rubinstein/Zonn 1994: Michael H. Glantz/Alvin Z. Rubinstein/Igor Zonn, Tragedy in the Aral Sea Basin. Looking Back to Plan Ahead?, in: Hafeer Malik (Hg.), Central Asia. Its Strategic Importance and Future Prospects, Basingstoke/London 1994, S.159-194.

Gluchov 1978: I.S. Gluchov, Mnogoletnij opyt ekspluatacii Bratskoj GES imeni 50-letija Velikogo Oktjabrja, in: Gidrotechničeskoe Stroitel'stvo, 1978, Nr.11, S.38-40.

Gofman 1977: Konstantin Gofman, Ekonomičeskaja ocenka prirodnych resursov v uslovijach socialističeskoj ekonomiki, Moskva 1977.

Gofman 1989: Konstantin Gofman, Ekonomičeskaja zaščita prirody, in: Kommunist, 1989, Nr.5, S.31-39.

Gol'dfarb 1996: Stanislav I. Gol'dfarb, Bajkal'skij sindrom. Rassledovanie ekologičeskogo prestuplenija veka, Irkutsk 1996.

Goldman 1972: Marshall I. Goldman, The Spoils of Progress: Environmental Problems in the Soviet Union, Cambridge (Mass.) 1972.

Goldman 1989: Marshall I. Goldman, Umweltverschmutzung in der Sowjetunion: Die Abwesenheit einer aktiven Umweltbewegung und die Folgen, in: Helmut Schreiber (Hg.), Umweltprobleme in Mittel- und Osteuropa, Frankfurt a.M. 1989, S.162-183.

Goldman 1991: Marshall I. Goldman, Pollution in the Soviet Union. The Growth of Environmentalism and its Consequences, in: Anthony Jones u.a. (Hg.), Soviet Social Problems, Boulder/Oxford 1991, S.39-56.

Goldman 1992: Marshall I. Goldman, Environmentalism and Nationalism: An unlikely Twist in an unlikely Direction, in: John M. Stewart (Hg.), The Soviet Environment: Problems, Policies and Politics, Cambridge u.a. 1992, S.1-10.

Goldsmith/ Hildyard 1984/86: Edward Goldsmith/Nicholas Hildyard (Hg.), The Social and Environmental Effects of Large Dams. 2 Bde, San Francisco 1984/86.

Goodbody/Wanning 2008: Axel Goodbody/Berbeli Wanning (Hg.), Wasser – Kultur – Ökologie. Konstanten und Wandel in der sozialen und kulturellen Bedeutung des flüssigen Elements, Göttingen 2008.

Gorbunov/Orlov 1966: E. Gorbunov/B. Orlov, O narodnochozjajstvennoj effektivnosti razvitija promyšlennosti v Sibiri, in: Voprosy Ekonomiki, 1966, Nr.8, S.51-61.

Gorčeva 1996: Alla Ju. Gorčeva, Pressa Gulaga, Moskva 1996.

Gordaševskij 1960: P.F. Gordaševskij, Izmenenie chimičeskogo sostova gruntovych vod v svjazi s sozdaniem Cimljanskogo vodochranilišča, in: Gidrotechničeskoe Stroitel'stvo, 1960, Nr.9, S.33-35.

Gore/Shields 1995: James A. Gore/F. Douglas Shields, Can Large River be Restored?, in: BioScience 45 (1995), S.142-152.

Gorin 1952: G. Gorin, Reki služit narodu, in: Znanie – Sila, 1952, Nr.10, S.9.

Gorlizki 1995: Yoram Gorlizki, Party Revivalism and the Death of Stalin, in: Slavic Review 54 (1995), S.1-22.

Gorlizki 1999: Yoram Gorlizki, Rules, Incentives and Soviet Campaign Justice After World War II, in: Europe-Asia Studies 51 (1999) S.1245-1265.

Gorlizki 2001: Yoram Gorlizki, Stalin's Cabinet. The Politburo and Decision Making in the Postwar Years, in: Europe-Asia Studies 53 (2001), S.291-312.

Gorlizki 2002: Yoram Gorlizki, Ordinary Stalinism. The Council of Ministers and the Soviet Neopatrimonial State, 1946–1953, in: Journal of Modern History 74 (2002), S.699–736.
Gorlizki/Khlevniuk 2004: Yoram Gorlizki/Oleg Khlevniuk, Cold Peace. Stalin and the Soviet Ruling Circle, 1945–1953, Oxford 2004.
Gorod Volžskij 2004: Gorod Volžskij v zerkale istorii. K 50-letiju goroda, Volgograd 2004.
Goroda 1960: Goroda, kotorych ne bylo na karte, Moskva 1960.
Gotov'tes' k vystavke 1961: Gotov'tes' k vystavke „Semiletka v dejstvii 1962", in: Sovetskoe Foto, 1961, Nr.11, S.24.
Gotov'tes' k vystavke 1963: Gotov'tes' k vystavke „Semiletka v dejstvii 1963", in: Sovetskoe Foto, 1963, Nr.1, S.2–5.
Graham 1991: Loren R. Graham, Adapting to New Technologies, in: Anthony Jones u.a. (Hg.), Soviet Social Problems, Boulder/San Francisco/Oxford 1991, S.296–318.
Graham 1993: Loren R. Graham, The Ghost of the Executed Engineer. Technology and the Fall of the Soviet Union, Cambridge (Mass.) 1993.
Graham 1998: Loren R. Graham, What have We Learned About Science and Technology from the Russian Experience?, Stanford 1998.
Granick 1960: David Granick, Der Rote Manager. Ein Blick hinter die Kulissen der russischen Wirtschaft, Düsseldorf 1960.
Grebenkin/Kostomarov 1968: V.G. Grebenkin/V.M. Kostomarov, Obrušenie berega u sela Levčunovki na Volgogradskom vodochranilišče, in: Gidrotechničeskoe Stroitel'stvo, 1968, Nr.1, S.30–31.
Grebnev 1960: Anton Grebnev, Poema o sozidateljach, in: Sovetskij Ekran, 1960, Nr.9, S.4–5.
Greenwood 1965: N.H. Greenwood, Developments in the Irrigation Resources of the Sevan-Razdan Cascade of Soviet Armenia, in: Annals of the Association of American Geographers 55 (1965), S.291–307.
Gregory 1987: Paul R. Gregory, Productivity, Slack, and Time Theft in the Soviet Economy, in: James R. Millar (Hg.), Politics, Work and Daily Life in the USSR: A Survey of Former Soviet Citizens, Cambridge 1987, S.241–275.
Gregory 2004: Paul R. Gregory, The Political Economy of Stalinism. Evidence from the Soviet Secret Archives, Cambridge 2004.
Gregory/Miller 1998: Jane Gregory/Steve Miller, Science in Public. Communication, Culture and Credibility, New York 1998.
Greiner 2003: Bernd Greiner, Zwischen „Totalem Krieg" und „Kleinen Kriegen". Überlegungen zum historischen Ort des Kalten Krieges, in: Mittelweg 36, 12 (2003), Nr.2, S.3–20.
Grekulov 1952: L.F. Grekulov, Volgo-Donskoj Vodnyj Put', in: Priroda, 1952, Nr.7, S.37–50.
Grekulov 1957: L.F. Grekulov, Ekonomičeskoe značenie problemy perebroski stoka severnych rek v Volgu i Kamu, in: Gidrotechnika i Melioracija, 1957, Nr.9, S.40–45.
Gribačev 1957: Nikolaj Gribačev, Oblik žizni, in: Iskusstvo Kino 1957, Nr.5, S.51–59.
Gries 2000: Rainer Gries, Propagandageschichte als Kulturgeschichte. Methodische Erwartungen und Erfahrungen, in: Deutschland Archiv 33 (2000), S.558–570.
Gries 2005: Rainer Gries, Zur Ästhetik und Architektur von Propagemen. Überlegungen zu einer Propagandageschichte als Kulturgeschichte, in: ders./Wolfgang Schmale (Hg.), Kultur der Propaganda, Bochum 2005, S.9–35.
Grigor'ev 1950: G. Grigor'ev, Masterstvo naučnoj kinopublicistiki, in: Iskusstvo Kino, 1950, Nr.2, S.16–18.
Grigor'ev 1951: R. Grigor'ev, O scenarii dokumental'nogo fil'ma, in: Iskusstvo Kino, 1951, Nr.5, S.15–19.
Grigor'ev 1981: Ju.A. Grigor'ev, Mobilizacija energii rek, in: Arsenal elektrifikacii, Leningrad 1981, S.49–61.
Grigorovič 1960: N.A. Grigorovič, Schema energoispol'zovanija Angary, in: Energetika. Razvitie proizvoditel'nych sil vostočnoj Sibiri, Moskva 1960, S.118–126.

Groh/Groh 1996: Ruth Groh/Dieter Groh, Weltbild und Naturaneignug. Zur Kulturgeschichte der Natur, Frankfurt a.M. ²1996.

Grošev 1962: A.N. Grošev, Neue Wege in der Filmkunst, in: Presse der Sowjetunion, 1962, S.3233–3236.

Grošev 1963: A.N. Grošev, Fertige Standards für Meisterwerke der Filmleinwand?, in: Presse der Sowjetunion, 1963, S.849–854.

Grossman 1960: Gregory Grossman (Hg.), Value and Plan. Economic Calculation and Organization in Eastern Europe, Berkeley 1960.

Grossman 1962: Gregory Grossman, Communism in a Hurry. The „Time Factor" in Soviet Economics, in: Abraham Brumberg (Hg.), Russia under Khrushchev. An Anthology from Problems of Communism, London 1962, S.205–218.

Grotzky 1984: Johannes Grotzky, Umweltschutz und Umweltschäden in der jüngsten sowjetischen Diskussion, in: Osteuropa 34 (1984), S.511–514.

Groys 1994: Boris Groys, Die gebaute Ideologie, in: Peter Noever (Hg.), Tyrannei des Schönen. Architektur der Stalin-Zeit, München/New York 1994, S.15–21.

Groys 1995: Boris Groys, Die Erfindung Rußlands, München/Wien 1995.

Groys/Hagemeister 2005: Boris Groys/Michael Hagemeister (Hg.), Die Neue Menschheit. Biopolitische Utopien in Russland zu Beginn des 20.Jahrhunderts, Frankfurt a.M. 2005.

Grušin 1963: Boris Grušin, Institut obščestvennogo mnenija „Komsomol'skoj Pravdy", in: Voprosy organizacii i metodiki konkret'no-sociologičeskich issledovanij, Moskva 1963, S.193–201.

Grušin 1967: Boris Grušin, Mnenija o mire i mir mnenij, Moskva 1967.

Grušin 1970: Boris Grušin, Zum Freizeitproblem in der UdSSR, Moskau 1970.

Grušin 1999: Boris Grušin, Gor'kij vkus nevostrebovannosti, in: Rossijskaja sociologija šestidesjatych godov. V vospominanijach i dokumentach, Sankt-Peterburg 1999, S.205–228.

Grušin 2000: Boris Grušin, Institut obščestvennogo mnenija – otdel Komsomol'skoj Pravdy, in: Pressa v obščestve (1959–2000). Ocenki žurnalistov i sociologov, Moskva 2000, S.46–64.

Grušin 2001: Boris Grušin, Četyre žizni Rossii v zerkale oprosov obščestvennogo mnenija, Moskva 2001.

Grušin/Čikin 1962: Boris Grušin/V. Čikin, Ispoved' pokolenija, Moskva 1962.

Gruško 1959: Ja. M. Gruško, Važnye voprosy ochrany vodoemov, in: Priroda, 1959, Nr.7, S.47–50.

Grützmacher 2001: Johannes Grützmacher, Infrastrukturen – Verkehr, in: Stefan Plaggenborg (Hg.), Handbuch der Geschichte Rußlands. Bd.5: 1945–1991. Vom Ende des Zweiten Weltkriegs bis zum Zusammenbruch der Sowjetunion, Stuttgart 2001, S.1117–1141.

Grützmacher 2004: Johannes Grützmacher, Die BAM-Frontier. Sibiriens Wilder Osten zwischen Baikal und Amur (http://w210.ub.uni-tuebingen.de/dbt/volltexte/2004/1213 – zuletzt eingesehen am 27. Juni 2009).

Grützmacher 2005: Johannes Grützmacher, „Young Men go East!" The BAM Frontier under Brezhnev, in: Eva Maria Stolberg (Hg.), The Siberian Saga. A History of Russia's Wild East, Frankfurt a.M. 2005, S: 203–220.

Grützmacher 2009: Johannes Grützmacher, Die Baikal-Amur-Magistrale. Vom BAMLag zum Mobilisierungsprojekt unter Brežnev. Unveröffentlichte Disseration, Universität Tübingen 2009.

Gubin 1949: F.F. Gubin, Gidroelektričeskie stancii, Moskva 1949.

Gudkov 1960: D. Gudkov, Pulsschlag des jungen Sibiriens, in: Sowjetunion Heute, 1960, Nr.11, S.16–17.

Gudkov 2005: Lev Gudkov, Ideologema „vraga". „Vrag" kak massovoj sindrom i mechanizm sociokul'turnoj integracii, in: ders. (Hg.), Obraz vraga, Moskva 2005, S.7–79.

Gugerli 1994: David Gugerli (Hg.), Allmächtige Zauberin unserer Zeit. Zur Geschichte der elektrischen Energie in der Schweiz, Zürich 1994.

Gukov 1973: V.P. Gukov, Opyt chozjajstvennogo osvoenija srednego Priangar'ja, in: Ekonomiko-geografičeskie problemy formirovanija territorial'no-proizvodstvennych kompleksov Sibiri. Vyp. 5, Novosibirsk 1973, S.32-50.
GULag 1992: GULag v Karelii, Petrozavodsk 1992.
GULag 2000: GULAG 1918-1960. Dokumenty, Moskva 2000.
Gumilevskij 1949: Lev Gumilevskij, Mastera techniki, Moskva 1949.
Gumprecht 1999: Blake Gumprecht, The Los Angeles River. Its Life, Death and possible Rebirth, Baltimore 1999.
Günther 1984: Hans Günther, Die Verstaatlichung der Literatur. Entstehung und Funktionsweise des sozialistisch-realistischen Kanons in der sowjetischen Literatur der 30er Jahre, Stuttgart 1984.
Günther 1988: Hans Günther, Das Tauwetter als Prozeß der Entkanonisierung, in: Dietrich Beyrau/Ivo, Bock (Hg.), Das Tauwetter und die Folgen, Bremen 1988, S.143-154.
Günther 1993: Hans Günther, Der sozialistische Übermensch. M. Gor'kij und der sowjetische Heldenmythos, Stuttgart/Weimar 1993.
Günther 1996: Hans Günther, Bol'šaja sem'ja, in: Iskusstvo Kino 4 (1996), S.103-108.
Günther 1997: Hans Günther, Das Massenlied als Ausdruck des Mutterarchetypus in der sowjetischen Kultur, in: Wiener Slawistischer Almanach 44 (1997), S.337-355.
Günther/Dobrenko 2000: Hans Günther/Evgenij Dobrenko (Hg.), Socrealističeskij kanon, Sankt-Peterburg 2000.
Guski 1988: Andreas Guski, Bratskaja GES, in: Kindlers Neues Literatur Lexikon. Studienauflage. Bd.5, München 1988, S.349.
Gussew 1994: Wladimir Gussew, ... wo die Wahrheit und wo die Lügen, in: Agitation zum Glück. Sowjetische Kunst der Stalinzeit, Bremen 1994, S.17-22.
Gustafson 1981: Thane Gustafson, Reform in Soviet Politics. Lessons on Recent Policies on Land and Water, Cambridge 1981.
Gute Drehbücher 1956: Der sowjetische Film braucht gute Drehbücher, in: Presse der Sowjetunion, 1956, S.2831-2832.
Gutman 1960: A.U. Gutman u. a., Konferencija po sostojaniju kanalizovanija i očistki stočnych vod g. Novosibirska, in: Voprosy ochrany prirody zapadnoj Sibiri, Novosibirsk 1960, S.160-164.
Gutman 1991: Margarita Gutman, Die Seespiegelschwankungen des Kaspischen Meeres und ihre möglichen Ursachen, in: Helmut Brückner/Ulrich Radtke (Hg.), Von der Nordsee bis zum Indischen Ozean, Stuttgart 1991, S.87-104.
Gutman 1994: P.S. Gutman, Involuntary Resettlement in Hydropower Projects, in: Annual Review of Energy and the Environment 19 (1994), S.189-210.
Gutnov 1968: Alexej Gutnov, u.a., The Ideal Communist City, New York 1968.
Gutowski 2000: Achim Gutowski, Der Drei-Schluchten-Staudamm in der VR China. Hintergründe, Kosten-Nutzen-Analyse und Durchführbarkeitsstudie eines großen Projektes unter Berücksichtigung der Entwicklungszusammenarbeit, Bremen 2000.

Hagemeister 1989: Michael Hagemeister, Nikolaj Fedorov. Studien zu Leben, Werk und Wirkung. München 1989.
Hagemeister 2003: Michael Hagemeister, Die Eroberung des Raums und die Beherrschung der Zeit: Utopische, apokalytische und magisch-okkulte Elemente in den Zukunftsentwürfen der Sowjetzeit, in: Jurij Murašov/Georg Witte (Hg.), Die Musen der Macht. Medien in der sowjetischen Kultur der 20er und 30er Jahre, München 2003, S.259-286.
Hahn 1982: Werner G. Hahn, Postwar Soviet Politics. The Fall of Zdanov and the Defeat of Moderation, 1946-53, Ithaca/London 1982.
Halbach 1991: Uwe Halbach, Weißes Gold, weißer Tod ... Materielle Krise und ethnische Unruhe in Sowjetisch-Zentralasien, in: Berichte des Bundesinstitut für ostwissenschaftliche und internationale Studien, 1991, Nr.42.

Hall/Gieben 1992: Stuart Hall/Bram Gieben (Hg.), Formations of Modernity, Cambridge 1992.

Hanson 1997: Stephen E. Hanson, Time and Revolution. Marxism and the Design of Soviet Institutions, Chapel Hill/London 1997.

Hanson 2003: Philip Hanson, The Rise and Fall of the Soviet Economy, London 2003.

Hård 2003: Mikael Hård, Zur Kulturgeschichte der Naturwissenschaft, Technik und Medizin, in: Technikgeschichte 70 (2003), S.23–45.

Harden 1996: Blaine Harden, A River Lost. The Life and Death of the Columbia, New York 1996.

Hargrove 1994: Erwin C. Hargrove, Prisoners of Myth. The Leadership of Tennessee Valley Authority, 1933-1990, Princeton 1994.

Harris 1996: James R. Harris, The Great Urals. Regionalism and the Evolution of the Soviet System, Ithaca/London 1996.

Harris 2002: Nathaniel Harris, Mapping the World. Maps and their History, San Diego 2002.

Harrison 1985: Mark Harrison, Soviet Planning in Peace and War, 1938–1945, Cambridge 1985.

Harrison 1986: Mark Harrison, Accounting for War. Soviet Production, Employment, and the Defence Burden, 1940–1945, Cambridge 1996.

Hartewig/Lüdtke 2004: Karin Hartewig/Alf Lüdtke (Hg.), Die DDR im Bild. Zum Gebrauch der Fotografie im anderen deutschen Staat, Göttingen 2004.

Haumann 1974: Heiko Haumann, Beginn der Planwirtschaft. Elektrifizierung, Wirtschaftsplanung und gesellschaftliche Entwicklung Sowjetrußlands, 1917-1921, Düsseldorf 1974.

Hausen/Rürup 1975: Karin Hausen/Reinhard Rürup, Einleitung, in: dies. (Hg.), Moderne Technikgeschichte, Köln 1975.

Hays 1959: Samuel P. Hays, Conservation and the Gospel of Efficiency, Cambridge (Mass.) 1959.

Hedeler/Hennig 2008: Wladislaw Hedeler/Horst Hennig (Hg.), Schwarze Pyramiden, rote Sklaven. Der Streik in Workuta im Sommer 1953, Bonn 2008.

Hedeler/Stark 2008: Wladislaw Hedeler/Meinhard Stark, Das Grab in der Steppe. Leben im Gulag. Die Geschichte eines sowjetischen „Besserungsarbeitslagers" 1930–1959, Paderborn u.a. 2008.

Heggelund 2004: Gorild Heggelund, Environment and Resettlement Politics in China. The Three Gorges Project, Aldershot 2004.

Heikal 1980: Mohamed Heikal, Sphinx und Kommissar. Der sowjetische Einfluß in der arabischen Welt, Frankfurt a.M. 1980.

Heilbroner 1994: Robert L. Heilbroner, Do Machines Make History?, in: Technology and Culture 8 (1967), S.335–345.

Helden 1954: Mehr Raum dem positiven Helden. Von einer Konferenz des sowjetischen Schriftstellerverbandes, in: Presse der Sowjetunion, 1954, S.718–719 (aus: Sovetskaja Kul'tura, 29. April 1954).

Hellbeck 1996: Jochen Hellbeck (Hg.), Tagebuch aus Moskau 1931-1939, München 1996.

Hellbeck 2000: Jochen Hellbeck, Speaking Out. Languages of Affirmation and Dissent in Stalinist Russia, in: Kritika 1 (2000) S.71-96.

Hellbeck 2006: Jochen Hellbeck, Revolution on my Mind. Writing a Diary under Stalin, Cambridge (Mass.) 2006.

Heller 1975: Michail Heller, Stracheldraht der Revolution. Die Welt der KZ-Lager in der sowjetischen Literatur, Stuttgart 1975.

Heller 1993: Agnes Heller, Der sowjetische Weg. Bedürfnisdiktatur und entfremdeter Alltag, Hamburg 1993.

Heller/Nekrich 1981: Michail Heller/Andrej Nekrich, L'utopie au pouvoir. Histoire de L'U.R.S.S. de 1917 à nos jours, Paris 1981 (dt.: Geschichte der Sowjetunion, Königstein 1981).

Hennen 1992: Leonard Hennen, Technisierung des Alltags. Ein handlungstheoretischer Beitrag zur Theorie technischer Vergesellschaftung, Opladen 1992.

Hennicke/Müller 2005: Peter Hennicke/Michael Müller, Weltmacht Energie. Herausforderung für Demokratie und Wohlstand, Stuttgart 2005.

Herf 1984: Jeffrey Herf, Reactionary Modernism. Technology, Culture, and Politics in Weimar and the Third Reich, Cambridge (Mass.) 1984.

Herling 2001: Gustaw Herling, Welt ohne Erbarmen, München/Wien 2001.

Hessler 1998: Julie Hessler, A Postwar Perestroika? Toward a History of Private Enterprise in the USSR, in: Slavic Review 57 (1998), S.516–542.

Hessler 2004: Julie Hessler, A Social History of Soviet Trade. Trade Policy, Retail Practices, and Consumption, 1917-1953, Princeton/Oxford 2004.

Heßler 2006a: Martina Heßler, Die Konstruktion visueller Selbstverständlichkeiten. Überlegungen zu einer Visual History der Wissenschaft und Technik, in: Gerhard Paul (Hg.), Visual History. Ein Studienbuch, Göttingen 2006, S.76–95.

Heßler 2006b: Martina Heßler (Hg.), Konstruierte Sichtbarkeiten. Bilder von Wissenschaft und Technik seit der Frühen Neuzeit, München 2006.

Hiersche 1967: Anton Hiersche, Sowjetliteratur und wissenschaftlich-technische Revolution, Berlin 1967.

Higgens 1959: Benjamin Higgens, Economic Development, New York 1959.

Hildermeier 1998a: Manfred Hildermeier, Geschichte der Sowjetunion 1917-1991. Entstehung und Niedergang des ersten sozialistischen Staates, München 1998.

Hildermeier 1998b: Manfred Hildermeier, Zur Einführung, in: ders. (Hg.): Stalinismus vor dem Zweiten Weltkrieg, München 1998, S.VII-X.

Hildermeier 2001: Manfred Hildermeier, Die Sowjetunion, 1917-1991, München 2001.

Hildermeier 2004: Manfred Hildermeier, Einführende Bemerkungen, in: Geschichte und Gesellschaft 30 (2004), S.5-9.

Hilger 2000: Andreas Hilger, Deutsche Kriegsgefangene in der Sowjetunion, 1941-1956. Kriegsgefangenenpolitik, Lageralltag und Erinnerung, Essen 2000.

Hilger 2008: Andreas Hilger, Grenzen der Entstalinisierung. Sowjetische Politik zwischen Rehabilitierung und Repression, in: Roger Engelmann/Thomas Großbölting/Hermann Wentker (Hg.), Kommunismus in der Krise. Die Entstalinisierung 1956 und die Folgen, Göttingen 2008, S.253–273.

Hillel 1991: Daniel Hillel, Out of the Earth. Civilization and the Life of the Soil, Berkeley 1991.

Hirschman 1958: Albert O. Hirschman, The Strategy of Economic Development, New Haven 1958.

Hirzel 1996: Stefan Hirzel, Ökologie und Öffentlichkeit. Untersuchungen zur Rolle der sowjetrussischen Schriftsteller in der ökologischen Bewusstseinsbildung der fünfziger bis achtziger Jahre, Bern 1996.

Historischer Sieg 1952: Ein historischer Sieg des Sowjetvolkes, in: Presse der Sowjetunion, 1952, S.1011-1012 (aus: Pravda, 12. Juli 1952).

Hittel 1994: Daniel Hittel, Rivers of Eden. The Struggle for Water and the Quest for Peace in the Middle East, New York 1994.

Hobsbawm 1994: Eric Hobsbawm, Das Zeitalter der Extreme. Weltgeschichte des 20. Jahrhunderts, München 1994.

Hockerts 1993: Hans Günter Hockerts, Zeitgeschichte in Deutschland. Begriff, Methoden, Themenfelder, in: Historisches Jahrbuch 113 (1993), S.98–127.

Hodnett 1965: Grey Hodnett, The Obkom First Secretaries, in: Slavic Review 24 (1965), S.636–652.

Hoffmann 2004: David L. Hoffmann, Stalinist Values. The Cultural Norms of Soviet Modernity, 1917-1941, Ithaca 2003.

Hoffmann 2004: David L. Hoffmann, Was There a „Great Retreat" from Soviet Socialism? Stalinist Culture Reconsidered, in: Kritika 5 (2004), S.651–674.

Hoffmann/Kotsonis 2004: David L. Hoffmann/Yanni Kotsonis (Hg.), Russian Modernity, New York 2000.

Höhmann 1986: Hans-Hermann Höhmann, The Place of Economic Policy Objectives on the List of Soviet Political Priorities, in: ders./Alec Nove/Heinrich Vogel (Hg.), Economics and Politics in the USSR. Problems of Interdependence, Boulder/London 1986, S.41-57.

Höhmann/Seidenstecher/Vajna 1973: Hans-Hermann Höhmann/Getraud Seidenstecher/ Thomas Vajna, Umweltschutz und ökonomisches System in Osteuropa, Stuttgart u.a. 1973.

Hollander 1972: Gayle D. Hollander, Soviet Political Indoctrination. Developments in Mass Media and Propaganda Since Stalin, New York 1972.

Holquist 1997: Peter Holquist, „Information is the Alpha and Omega of Our Work". Bolshevik Surveillance in its Pan-European Context, in: Journal of Modern History 89 (1997), S.415-450.

Holzweißig 2002: Gunter Holzweißig, Die schärfste Waffe der Partei. Eine Mediengeschichte der DDR, Köln 2002.

Hommes 1955: Jakob Hommes, Der technische Eros. Das Wesen der materialistische Geschichtsauffassung, Freiburg 1955.

Hönsch 1974: F. Hönsch, Vom Produktionskombinat zum territorialen Produktionskomplex, in: Zeitschrift für den Erdkundeunterricht 26 (1974), S.385-394.

Hooson 1960: David J.M. Hooson, The Middle Volga. An Emerging Focal Region in the Soviet Union, Geographical Journal 126 (1960), S.180-190.

Hooson 1962: David J.M. Hooson, A New Soviet Heartland?, in: Geographical Journal 128 (1962), S.19-29.

Hopkins 1970: Mark W. Hopkins, Mass Media in the Soviet Union, New York 1970.

Horkheimer 1974: Max Horkhheimer, Zur Kritik der instrumentellen Vernunft, Frankfurt a.M. 1974.

Hörning 1989: Karl H. Hörning, Vom Umgang mit den Dingen. Eine techniksoziologische Zuspitzung, in: Peter Weingart (Hg.), Technik als sozialer Prozeß, Frankfurt a.M. 1989, S.90-127.

Hough 1969: Jerry Hough, The Soviet Prefects. The Local Party Organs in Industrial Decision-Making, Cambridge (Mass.) 1969.

Hough 1974: Jerry Hough, Die Parteiapparatschiki, in: Gordon H. Skilling/Franklyn Griffiths (Hg.), Pressure Groups in der Sowjetunion, Wien 1974, S.53-94.

Hough/Fainsod 1979: Jerry F. Hough/Merle Fainsod, How the Soviet Union Is Governed, Cambridge (Mass.) 1979.

Hughes 1983: Thomas P. Hughes, Networks of Power. Electrification in Western Society, 1880-1930, Baltimore 1983.

Hughes 1989: Thomas P. Hughes, Die Erfindung Amerikas. Der technologische Aufstieg der USA seit 1870, München 1989.

Hughes 1998: Thomas P. Hughes, Prometheus Rescued. Four Monumental Projects that Changed the World, New York 1998.

Hughes 2004: Thomas P. Hughes, Human-Built World. How to think about Technology and Culture, Chicago/London 2004.

Hüholdt 2007: Jürgen Hüholdt, Der Klimakrieg. Die Folgen eines kaum verstandenen Teufelskreises, Bochum 2007.

Hundley 1992: Norris Hundley, The Great Thirst. Californians and Water, 1770s-1990s, Berkeley 1992.

Hünemörder 2003: Kai F. Hünemörder, 1972 - Epochenschwelle der Umweltgeschichte?, Archiv für Sozialgeschichte 43 (2003), S.124-144.

Hunter/Szyrmer 1992: Holland Hunter/Janusz Szyrmer, Faulty Foundations. Soviet Economic Politicies, 1928-1941, Princeton 1992.

Huß/Tangemann 1992: Guido Huß/Michael Tangemann, Die Bedeutung der Elektrotechnik in der Gründungsphase der Sowjetunion, in: Armin Hermann/Hans-Peter Sang (Hg.), Technik und Kultur. Bd.9: Technik und Staat, Düsseldorf 1992, S.120-136.

Hussong 1983: Martin Hussong, Mythen der Technik im „Neuen Universum". Fortschrittsideologie in einem Jugendjahrbuch von 1880 bis 1980, Frankfurt a.M. 1983.
Hydro-Electric Installations 1957: Hydro-Electric Installations in the Soviet Union. Report of a Team of Engineers who Visited Russia in October 1956, London 1957.

Ideologiekontrollbeschluss 1959: Ideologiekontrollbeschluss des ZK, in: Ostprobleme, 1959, S.804–806 (aus: Partijnaja Žizn', 1959, Nr.18).
Ignatov 1996: Assen Ignatov, Selbstauflösung des Humanismus. Die philosophisch-anthropologischen Grundlagen für den Zusammenbruch des Kommunismus, Baden-Baden 1996.
Igrunov 1990: Vjačeslav Igrunov, Öffentlichkeitsbewegung in der UdSSR: Vom Protest zum politischen Selbstbewußtsein, in: Klaus Segbers (Hg.), Perestrojka. Zwischenbilanz, Frankfurt a.M. 1990, S.76–105.
Il'in 1931: Michail Il'in, Rasskaz o velikom plane, Moskva/Leningrad ^{3}1931.
Il'in 1935: Michail Il'in, Gory i ljudi, Moskva 1935 (dt.: Berge und Menschen, Wien 1946).
Il'in 1948: Michail Il'in, Kak čelovek stal velikom, Moskva 1948 (dt.: Wie der Mensch zum Riesen wurde, Berlin o. J.).
Il'in 1950a: Michail Il'in, Die lebende Landkarte. Das Werden der Großen Wolga, Berlin/Leipzig 1950.
Il'in 1950b: Michail Il'in, Wolkenschieber und Wettermacher, Berlin 1950.
Il'in 1951a: Michail Il'in, Besiegte Natur, Berlin 1951.
Il'in 1951b: Michail Il'in, Preobrazovanie planety. Rasskazy o pokorenii prirody, Moskva 1951 (dt.: Besiegte Natur, Berlin 1951).
Il'in 1951c: Michail Il'in, Erde und Menschen, in: Neue Gesellschaft, 1951, Nr.10, S.755–764.
Il'in 1955: Michail Il'in, Rasskazy o tom, čto tebja okružaet, Moskva 1955 (dt.: ABC der Natur, Berlin 1956).
Il'in 1962: Michail Il'in, Čelovek i stichija, in: ders., Izbrannye proizvedenija. Tom 3, Moskva 1962, S.5–313.
Iljin 1953: Michail Iljin, Der Morgige Tag, in: Wissenschaft und Fortschritt 3 (1953), S.1–3.
Iljitschs Lämpchen 1955: Iljitschs Lämpchen fressen den Strom, in: Ostprobleme, 1955, S.1350–1352, (aus: Literaturnaja Gazeta, 23. Juli 1955).
Im Jahre 2000: Im Jahre 2000 ist der Aralsee versiegt, in: Sowjetunion Heute, 1964, Nr.17, S.15.
Inglehart 1989: Ronald Inglehart, Kultureller Umbruch. Wertewandel in der westlichen Welt, Frankfurt a.M./New York 1989.
Inkeles 1950: Alex Inkeles, Public Opinion in Soviet Russia. A Study in Mass Persuasion, Cambridge (Mass.) 1951.
Inkeles 1968: Alex Inkeles, Social Change in Soviet Russia, Cambridge (Mass.) 1968.
Ioganzen/Gorodeckaja 1976: B.G. Ioganzen/N.A. Gorodeckaja, Sel'skaja škola o ochrane prirody, Moskva 1976.
Irinin 1959: K. Irinin, Na dikom brege Irtyša, in: Sovetskij Ekran, 1959, Nr.9, S.12–13.
Isaev 1971: V. Isaev, Soveršenstvovanie planirovanija kapital'nych vloženij – važnejšaja narodochozjajstvennaja zadača, in: Planovoe chozjajstvo, 1971, Nr.2, S.29–43.
Iskusstvo millionov 1958: Iskusstvo millionov. Sovetskoe kino 1917–1957, Moskva 1958.
Istorija sovetskogo kino 1975/3: Istorija sovetskogo kino. Tom 3: 1941–1952, Moskva 1975.
Istorija sovetskogo kino 1978/4: Istorija sovetskogo kino. Tom 4: 1952–1967, Moskva 1978.
Ivanov 1990: Ivan N. Ivanov, Gidroenergetika Angary i prirodnaja sreda, Novosibirsk 1990.
Ivanova 1980: Valentina S. Ivanova, Social'no-ekonomičeskie posledstvija elektrifikacii železnodorožnogo transporta zapadnoj Sibiri, Novosibirsk 1980.
Ivanova 1999: Galina M. Ivanova, GULag und Stalinsche Repressionen nach dem Zweiten Weltkrieg, in: Berliner Debatte INITIAL 10 (1999), S.102–112.
Ivanova 2001: Galina M. Ivanova, Der Gulag im totalitären System der Sowjetunion, Berlin 2001.

Ivanova 2002: Galina M. Ivanova, Wie und warum konnte der Gulag entstehen?, in: I.W. Dobrovskij (Hg.), Schwarzbuch GULAG. Die sowjetischen Konzentrationslager, Graz/ Stuttgart 2002, S.13–113.
Ivanova 2005: Galina M. Ivanova, Lagersondergerichte in der UdSSR (1945-1954), in: JfGO 53 (2005), S.25–41.
Ivkin 1999: Vladimir I. Ivkin, Gosudarstvennaja vlast' SSSR. Vysšie organy vlasti i upravlenija i ich rukovoditeli 1923–1991. Istoriko-biografičeskij spravočnik, Moskva 1999.

Jablokov 1988: Alexej Jablokov, Ökologische Ignoranz und ökologisches Abenteurertum. Sperren auf dem Wege der Umgestaltung, in: Jurij Afanas'ev (Hg.), Es gibt keine Alternative zu Perestroika. Glasnost, Demokratie, Sozialismus, Nördlingen 1988, S. S.307-326.
Jablokov 1990: Alexej Jablokov, Die ökologische Situation in der UdSSR, in: Klaus Segbers (Hg.), Perestrojka. Zwischenbilanz, Frankfurt a.M. 1990, S.266–297.
Jachnevič 1951: V. Jachnevič, Velikaja strojka na Volge, Kujbyšev 1951.
Jackson/Sleigh 2000: Sukhan Jackson/Adrian Sleigh, Resettlement for China's Three Gorges Dam. Socio-Economic Impact and Institutional Tensions, in: Communist and Post-Communist Studies 33 (2000), S.223-241.
Jäger 2000: Jens Jäger, Photographie: Bilder der Neuzeit. Einführung in die historische Bildforschung, Tübingen 2000.
Jakovlev/Lebed 1965: Boris Jakovlev/Andrei Lebed, Wasserstraßen und Binnenraumplanung, in: Ostprobleme 6 (1965), S.1896–1900.
Jakubovič 1960: N. Jakubovič, Slučaj na plotine, in: Sovetskij Ekran, 1960, Nr.18, S.5.
Jakuškin 1956: E. Jakuškin, Ešče raz o forme i soderžanii naučno-populjarnych fil'mov, in: Iskusstvo Kino, 1956, Nr.3, S.23-32.
Jancar 1987: Barbara Jancar, Environmental Management in the Soviet Union and Yugoslavia, Durham 1987.
Janickij 1954: N.F. Janickij, Gidrotechničeskoe stroitel'stvo v evropejskich stranach narodnoj demokratii, in: Priroda, 1954, Nr.2, S.41–48.
Janickij 1986: Oleg Janickij, Čelovečeskij faktor i social'no-vosproizvodstvennye processy, in: Rabočij Klass i Sovremennyj Mir, 1986, Nr.4, S.33–47.
Janickij 1992a: Oleg Janickij, Die ökologische Bewegung in Rußland – Versuch eines Soziogramms, in: Osteuropa 42 (1992), S.694–702.
Janickij 1992b: Oleg Janickij, Ekologičeskoe dviženie i kontekst. Stanovlenie graiždanskogo obščestva v posttotalitarnoj srede, in: Sociologičeskie Issledovanija, 1992, Nr.12, S.40–50.
Janickij 1993a: Oleg Janickij, Russian Environmentalism. Leading Figures, Facts, Opinions, Moscow 1993.
Janickij 1993b: Oleg Janickij, Environmental Initiatives in Russia: East-West-Comparisons, in: Anna Vari/Pal Tamas (Hg.), Environment and Democratic Transition. Policy and Politics in Central and Eastern Europe, Dordrecht 1993, S.120–145.
Janickij 1996: Oleg Janickij, Ekologičeskoe dviženie v Rossii. Kritičeskij analiz, Moskva 1996.
Jarausch 1998: Konrad H. Jarausch, Realer Sozialismus als Fürsorgediktatur. Zur begrifflichen Einordnung der DDR, in: Aus Politik und Zeitgeschichte, B20/1998, S.33–46.
Jarausch 2008: Konrad H. Jarausch (Hg.), Das Ende der Zuversicht? Die siebziger Jahre als Geschichte, Göttingen 2008.
Jasny 1961: Naum Jasny, Soviet Industrialization 1928–1952, Chicago 1961.
Jelzin 1990: Boris Jelzin, Aufzeichnungen eines Unbequemen, München 1990.
Jenks 2000: Andrew Jenks, A Metro on the Mount. The Underground as a Church of Soviet Civilization, in: Technology and Culture 41 (2000), S.697–724.
Jo 2009: Junbae Jo, Dismantling Stalin's Fortress. Soviet Trade Unions in the Khrushchev Era, in: Melanie Ilic/Jeremy Smith (Hg.), Soviet State and Society under Nikita Khrushchev, London 2009, S.122-141.

Joas 1996: Hans Joas, Modernität und Krieg, in: Max Miller/Hans-Georg Soeffner (Hg.), Modernität und Barbarei. Soziologische Zeitdiagnose am Ende des 20. Jahrhunderts, Frankfurt a.M. ^{2}1996, S.344–352.

Jobin 1999: William R. Jobin, Dams and Disease, London 1999.

Joerges 1996: Bernward Joerges, Technik, Körper der Gesellschaft. Arbeiten zur Techniksoziologie, Frankfurt a.M. 1996.

Jones 1987: David C. Jones, Empire of Dust. Settling and Abandoning the Prairie Dry Belt, Edmonton 1987.

Jones 2006a: Polly Jones, Introduction: The Dilemmas of De-Stalinization, in: dies. (Hg.), The Dilemmas of De-Stalinization. A Social and Cultural History of Reform in the Khrushchev Era, New York 2006, S. 1-18.

Jones 2006b: Polly Jones, From the Secret Speech to the Burial of Stalin. Real and Ideal Responses to De-Stalinization, in: dies. (Hg.), The Dilemmas of De-Stalinization. A Social and Cultural History of Reform in the Khrushchev Era, New York 2006, S.41–63.

Josephson 1995: Paul R. Josephson, Projects of the Century in Soviet History: Large-Scale Technologies from Lenin to Gorbachev, in: Technology and Culture 36 (1995), S.519-59.

Josephson 1996: Paul R. Josephson, Totalitarian Science and Technology, Atlantic Highlands/New York 1996.

Josephson 1997: Paul R. Josephson, New Atlantis Revisited. Akademgorodok, the Siberian City of Science, Princeton 1997.

Josephson 2000: Paul R. Josephson, Red Atom. Russia's Nuclear Power Program from Stalin to Today, New York 2000.

Josephson 2002: Paul R. Josephson, Industrialized Nature. Brute Force Technology and the Transformation of the Natural World, Washington, DC 2002.

Josephson 2004: Paul R. Josephson, Resource under Regimes. Technology, Environment, and the State, Cambridge (Mass.) 2004.

Josepshon 2004: Paul Josepshon, Ressources under Regimes. Technology, Environment, and the State, Cambridge (Mass.) 2004.

Joyce 2003: Christopher Joyce, The Gulag in Karelia, 1929 to 1941, in: Paul R. Gregory/Valery Lazarev (Hg.), The Economics of Forced Labor. The Soviet Gulag, Stanford 2003, S. 163–188.

Judin 1996: Vasilij Judin, Kak načinalas' GES. Razmyšlenija nad stranicami dnevnika, in: Petlja-3. Vospominanija, očerki, dokumenty. Vyp. 3, Volgograd 1996, S. 194–202.

Juliver 1976: Peter H. Juliver, Revolutionary Law and Order. Politics and Social Change in the USSR, New York 1976.

Jungk 1964: Robert Jungk, Gesucht: Ein neuer Mensch, in: ders./Hans Josef Mundt (Hg.), Der Griff nach der Zukunft. Planen und Freiheit (Modelle für eine neue Welt, Bd. 1), München 1964, S.505–516.

Jungk/Mundt 1964: Robert Jungk/Hans Josef Mundt (Hg.), Der Griff nach der Zukunft. Planen und Freiheit (Modelle für eine neue Welt, Bd. 1), München 1964.

Jurenev 1957: Rostilav Jurenev, Die Filme A. P. Dowshenkos – Spiegel der Entwicklung des Sowjetstaates, in: Sowjetwissenschaft. Kunst und Literatur, 1957, S. 1222–1239.

Jurenev 1964: Rostilav Jurenev, Alexander Dovshenko, Berlin 1964.

Jurinov 1969: D.M. Jurinov, Institut Gidroproekt imeni S. Ja. Žuka i gidroenergetika strany za 50 let, in: Gidroenergetika i kompleksnoe stroitel'stvo za 50 let sovetskoj vlasti, Moskva 1969, S. 13–22.

Kaelble 1992: Hartmut Kaelble, Der Boom 1948–1973/74. Gesellschaftliche und wirtschaftliche Folgen in der Bundesrepublik Deutschland und in Europa, Opladen 1992.

Kaganskij 2001: Vladimir Kaganskij, Kul'turnyj landšaft i sovetskoe obitaemoe prostranstvo, Moskva 2001.

Kalinkin 1984: V.I. Kalinkin, Gigant na Angare, Moskva 1984.

Kalnins 1956: Bruno Kalnins, Der sowjetische Propagandastaat. Das System und die Mittel der Massenbeeinflußung in der Sowjetunion, Stockholm 1956.

Kalnins 1966: Bruno Kalnins, Agitprop. Die Propaganda in der Sowjetunion, Wien 1966.

Kamjanov 1964: V. Kamjanov, V mire uslovnostej, in: Iskusstvo Kino, 1964, Nr.10, S.19-22.

Kämpfer 1985: Frank Kämpfer, Der rote Keil. Das Politische Plakat. Theorie und Geschichte, Berlin 1985.

Kämpfer 1994: Frank Kämpfer, Vom Massengrab zum Heldenhügel. Akkulturationsfunktionen sowjetischer Kriegsdenkmäler, in: Rainer Koselleck/Michael Jeismann (Hg.), Der politische Totenkult. Kriegsdenkmäler in der Moderne, München 1994, S.327-349.

Kapitsa 1988: Sergej P. Kapitsa, Issues in the Popularization of Science, in: Impact of Science on Society 152 (1988), S.317-326.

Karasev 1947: I.P. Karasev, Energetika velikoj deržavy, in: Ogonek, 1947, Nr.39, S.2-3.

Karger 1959: Adolf Karger, Das „Wolgaland" als Beispiel für die Entwicklung eines russisch-sowjetischen Großwirtschaftsraumes, in: Geographische Rundschau 11 (1959), S.428-438.

Karger 1965: Adolf Karger, Als Geograph in der Sowjetunion, in: Osteuropa-Naturwissenschaft 9 (1965), S.81-96.

Karger 1979: Adolf Karger, Die Sowjetunion als Wirtschaftsmacht, Frankfurt a.M. 1979.

Karikatur 1952: Die Karikatur im Lande des großen Stalin, in: Ostprobleme 4 (1952), S.1644-1646.

Karner 1995: Stefan Karner, Im Archipel GUPVI. Kriegsgefangenschaft und Internierung in der Sowjetunion 1941-1956, Wien/München 1995.

Karpinin/Furman 1969: M. Karpinin/L. Furman, Sibiriskoe echo GOELRO, in: Ros i mužal rabočij klass, Novosibirsk 1969, S.51-70.

Kasack 1971: Wolfgang Kasack, Der Stil Konstantin Georgievič Paustovskijs, Köln/Wien 1971.

Kaser 1970: Michael Kaser, Wirtschaftspolitik der Sowjetunion. Ideologie und Praxis, München 1970.

Kašin 1953: Ju. S. Kašin, Berega Cimljanskogo vodochranilišča, in: Priroda, 1953, Nr.12, S.95-99.

Kastelin 1950: N. Kastelin, Nekotorye osobennosti dokumental'nogo kinoočerka, in: Iskusstvo Kino, 1950, Nr.4, S.30-32.

Kath 1972: Abraham Kath, The Struggle for Economic Reform in the Soviet Union, London 1972.

Kaufmann 2000: Stefan Kaufmann, Technisiertes Militär. Methodische Überlegungen zu einem symbiotischen Verhältnis, in: Thomas Kühne/Benjamin Ziemann (Hg.), Was ist Militärgeschichte, München/Wien/Zürich 2000, S.195-209.

Kazanskij 1957: N.N. Kazanskij, Sel'skochozjajstvennoe osvoenie srednego Priangar'ja v svjazi so stroitel'stvom Bratskoj GES, in: Izvestija Akademii Nauk SSSR, Serija Geografičeskaja, 1957, Nr.3, S.32-47.

Keck 1985: Otto Keck, The Theory of White Elephants. A Rational Choice Explanation of Policy Failures in Government Support for Civilian Technology, Berlin 1985.

Keghel 2003: Isabelle de Keghel, Die Staatssymbolik des neuen Russland im Wandel. Vom antisowjetischen Impetus zur russländisch-sowjetischen Mischidentität (= Forschungsstelle Osteuropa Bremen. Arbeitspapiere und Materialien, Nr.53), Bremen 2003.

Kehoe 1997: Terence Kehoe, Cleaning Up the Great Lakes. From Cooperation to Confrontation, Dekalb, Ill. 1997.

Keil 2002: Jens-Philipp Keil, Das Drei-Schluchten-Projekt und seine Auswirkungen auf die sozio-ökonomische Entwicklung im Xiangxi-Einzugsgebiet in der Provinz Hubei, VR China, Gießen 2002.

Kelley 1976, Donald R. Kelley, Environmental Policy-Making in the USSR: The Role of Industrial and Environmental Interest Groups, in: Soviet Studies 28 (1976), S.570-589.

Kenez 1985: Peter Kenez, The Birth of the Propaganda State. Soviet Methods of Mass Mobilization, Cambridge 1985.

Kenez 1992: Peter Kenez, Cinema and Soviet Society 1917–1953, Cambridge 1992.

Kepley 1986: Vance Kepley, In the Service of the State. The Cinema of Alexander Dovzhenko, Madison/London 1986.

Kepplinger/Hartung 1995: Hans Mathias Kepplinger/Uwe Hartung, Störfall-Fieber. Wie ein Unfall zum Schlüsselereignis einer Unfallserie wird, München 1995.

Kershaw 2000: Ian Kershaw, The Nazi Dictatorship. Problems and Perspectives of Interpretation, London [4]2000.

Kershaw 2006: Ian Kershaw, Vier Begriffe für ein Jahrhundert. Was nützt uns eine „Neue Politikgeschichte", in: Norbert Frei (Hg.), Was heißt und zu welchem Ende studiert man Geschichte des 20. Jahrhunderts?, Göttingen 2006, S. 148–155.

Ketlinskaja 1954: Vera Ketlinskaja, Helden und Konflikte unserer Zeit, in: Presse der Sowjetunion, 1954, S. 1358–1359.

Kharkhordin 1999: Oleg Kharkhordin, The Collective and the Individual in Russia. A Study of Practice, Berkeley 1999.

Khlevniuk 2003: Oleg Khlevniuk, The Economy of the OGPU, NKVD, and MVD of the USSR, 1930–1953: The Scale, Structure, and Trends of Development, in: Paul R. Gregory/Valery Lazarev (Hg.), The Economics of Forced Labor. The Soviet Gulag, Stanford 2003, S. 43–66.

Khlevniuk 2004: Oleg Khlevniuk, The History of the Gulag. From Collectivization to the Great Terror, New Haven 2004.

Khromov 1961: M.N. Khromov, Changes in the Geography of Population Centers in Connection with the Creation of the Tsimlyansk Reservoir, in: Soviet Geography 10 (1961), S. 57–63.

Khrushchev 1974: Khrushchev Remembers. The Last Testament. Hg. und übersetzt von Strobe Talbott, Boston 1974.

Kibal'čik/Žakov/Timofeeva 1963: I.A. Kibal'čik/Ju.A. Žakov/T.Z. Timofeeva, Nekotorye dannye izučenija Kujbyševskogo vodochranilišča kak istočnik vodosnabženija, in: Materialy pervogo naučno-techničeskogo soveršČanija po izučeniju Kujbyševskogo vodochranilišča. Vyp. 3: Gidrobiologija, ichtologija i gidrochimija, Kujbyšev 1963, S. 70–77.

Kimjagarov 1956: B. Kimjagarov, Für höhere Ansprüche in der Dokumentarfilmproduktion, in: Sowjetwissenschaft. Kunst und Literatur 4 (1956), S. 155–159.

Kindlers Neues Literatur Lexikon 1988/9: Kindlers Neues Literatur Lexikon. Bd. 9, München 1988.

Kinematograf ottepeli 1998: Kinematograf ottepeli. Dokumenty i svitel'stva, Moskva 1998.

Kino i zritel' 1968: Kino i zritel'. Opyt sociologičeskogo issledovanija, Moskva 1968.

Kipper 1959: Z.M. Kipper, Gidrostroitel'stvo i rybopropusknye sooruženija, in: Rybnoe Chozjajstvo, 1959, Nr. 6, S. 15–22.

Kircheisen 1995: Inge Kircheisen (Hg.), Tauwetter ohne Frühling. Das Jahr 1956 im Spiegel blockinterner Wandlungen und internationaler Krisen, Berlin 1995.

Kirchhoff/Trepl: Thomas Kirchhoff/Ludwig Trepl (Hg.), Vieldeutige Natur. Landschaft, Wildnis und Ökosystem als kulturgeschichtliche Phänomene, Bielefeld 2009.

Kirillov 1980: A.P. Kirillov, u.a., Atomnaja energija v rabotach Gidroproekta, in: Razvitie gidroenergetiki i gidrotechničeskogo stroitel'stva za 60 let. Sbornik naučnych trudov Gidroproekta, Moskva 1980.

Kiršinoj 1953: K. Kiršinoj, Stranica letopisi, in: Pioner, 1953, Nr. 5, S. 3–17.

Kirstein 1972: Tatjana Kirstein, Die Konsultation von „Außenstehenden" durch den Partei- und Staatsapparat sowie den Obersten Sowjet der UdSSR als stabilisierender Faktor des sowjetischen Herrschaftssystems, Berlin 1972.

Kirstein 1979: Tatjana Kirstein, Sowjetische Industrialisierung – geplanter oder spontaner Prozeß? Eine Strukturanalyse des wirtschaftspolitischen Entscheidungsprozesses beim Aufbau des Ural-Kuzneck-Kombinats 1918–1930, Baden-Baden 1979.

Kirstein 1985: Tatjana Kirstein, Die Rolle der KPdSU in der Wirtschaftsplanung 1933–1953/55, Berlin 1985.

Kiselev 1953: Fedor Kiselev, Bol'šaja škola. Iz opyta raboty nad fil'mom „Volgo-Don", in: Iskusstvo Kino, 1953, Nr. 1, S. 97–105.

Kisin 1980: Boris M. Kisin, Stranicy istorii na počtovych markach, Moskva 1980.

Kislov/Saatčja 1960: K.P. Kislov/L.O. Saatčja, Rol' gidroelektrostancii v formirovanie EES central'noj Sibiri, in: Energetika. Razvitie proizvoditel'nych sil vostočnoj Sibiri, Moskva 1960, S. 233–239.

Klause 2007: Inna Klause, Musik per Verordnung. Offizielles Kulturleben im Lager, in: Osteuropa 57 (2007), Nr. 6, S. 301–314.

Klein 1995: Joachim Klein, Belomorkanal. Literatur und Propaganda in der Stalinzeit, in: Zeitschrift für Slavische Philologie 55 (1995/6), S. 53–98.

Klein 2007: Naomi Klein, Die Schock-Strategie. Der Aufstieg des Katastrophen-Kapitalismus, Frankfurt a. M. 2007.

Klopov 1965: S.V. Klopov, On the Influence of the Proposed Lower Ob'-GES on Nature and on the Economic Complex of the West Siberian Lowland, in: Problems of the North, 1965, Nr. 9, S. 291–298.

Kluge 1982: Rolf Dieter Kluge, Rasputins „Abschied von Matjora", in: Boris Zelinsky (Hg.), Die russische Novelle, Düsseldorf 1982, S. 274–284.

Kluge 1997: Robert Kluge, Der sowjetische Traum vom Fliegen. Analyseversuch eines gesellschaftlichen Phänomens, München 1997.

Knabe 1986: Bernd Knabe, Aspekte der gegenwärtigen Arbeitspolitik in Sibirien, in: Gerd Leptin (Hg.), Sibirien. Ein russisches und sowjetisches Entwicklungsproblem, Berlin 1986, S. 123–137.

Knauß 1981: Christel Knauß (Hg.), Beschlüsse und andere Dokumente der KPdSU und des Sowjetstaats zum Umweltschutz, Potsdam 1981.

Knight 1993: Amy Knight, Beria. Stalin's First Lieutenant, Princeton 1993.

Knirsch 1965: Peter Knirsch, Technischer Fortschritt und zentrale Planwirtschaft, in: Werner Markert (Hg.), Osteuropa-Handbuch Sowjetunion. Das Wirtschaftssystem, Köln/Graz 1965, S. 213–235.

Kochanek 1999: Hildegard Kochanek, Die russisch-nationale Rechte von 1968 bis zum Ende der Sowjetunion. Eine Diskursanalyse, Stuttgart 1999.

Kocka 1994: Jürgen Kocka, Ein deutscher Sonderweg. Überlegungen zur Sozialgeschichte der DDR, in: Aus Politik und Zeitgeschichte, B40/1994, S. 34–45.

Koenen 2000: Gerd Koenen, Utopie der Säuberung. Was war der Kommunismus?, Frankfurt a. M. 2000.

Kojevnikov 2002: Alexej B. Kojevnikov, The Great War, the Russian Civil War, and the Invention of Big Science, in: Science in Context 15 (2002), S. 239–275.

Kojevnikov 2006: Alexej B. Kojevnikov, Stalin's Great Science. The Times and Adventures of Soviet Physicists, London 2006.

Kokurin/ Morukov 2001/10: Aleksandr Kokurin/Michail Morukov, GULAG: Struktura i kadry. Stat'ja dvadcataja, in: Svobodnaja Mysl', 2001, Nr. 6, S. 101–125.

Kokurin/ Morukov 2000/15: Aleksandr Kokurin/Michail Morukov, GULAG: Struktura i kadry. Stat'ja pjatnadcataja, in: Svobodnaja Mysl', 2000, Nr. 12, S. 89–110.

Kokurin/ Morukov 2001/16: Aleksandr Kokurin/Michail Morukov, GULAG: Struktura i kadry. Stat'ja šestnadcataja, in: Svobodnaja Mysl', 2001, Nr. 1, S. 103–118.

Kokurin/ Morukov 2001/17: Aleksandr Kokurin/Michail Morukov, GULAG: Struktura i kadry. Stat'ja semnadcataja, in: Svobodnaja Mysl', 2001, Nr. 3, S. 111–128.

Kokurin/ Morukov 2001/18: Aleksandr Kokurin/Michail Morukov, GULAG: Struktura i kadry. Stat'ja vosemnadcataja, in: Svobodnaja Mysl', 2001, Nr. 4, S. 82–110.

Kokurin/ Morukov 2001/21: Aleksandr Kokurin/Michail Morukov, GULAG, Struktura i kadry. Stat'ja dvadcat' pervaja (Volgo-Don), in: Svobodnaja Mysl', 2001, Nr. 7, S. 97–118.

Kokurin/Petrov 1999/3: Aleksandr Kokurin/Nikita Petrov, GULAG: Struktura i kadry. Stat'ja tret'ja (Dmitlag), in: Svobodnaja Mysl', 1999, Nr. 11, S. 107–125.

Kokurin/Petrov 1999/4: Aleksandr Kokurin/Nikita Petrov, GULAG: Struktura i kadry. Stat'ja četvertaja (Dmitlag), in: Svobodnaja Mysl', 1999, Nr. 12, S. 94–111.

Kokurin/ Petrov 2000/5: Aleksandr Kokurin/Nikita Petrov, GULAG: Struktura i kadry. Stat'ja pjataja (Dmitlag), in: Svobodnaja Mysl', 2000, Nr. 1, S. 108–123.

Kokurin/ Petrov 2000/6: Aleksandr Kokurin/Nikita Petrov, GULAG: Struktura i kadry. Stat'ja vos'maja, in: Svobodnaja Mysl', 2000, Nr. 6, S. 109–124.

Kokurin/ Petrov 2000/7: Aleksandr Kokurin/Nikita Petrov, GULAG: Struktura i kadry. Stat'ja sed'maja, in: Svobodnaja Mysl', 2000, Nr. 3, S. 105–123.

Kokurin/ Petrov 2000/8: Aleksandr Kokurin/Nikita Petrov, GULAG: Struktura i kadry. Stat'ja vos'maja, in: Svobodnaja Mysl', 2000, Nr. 5, S. 99–116.

Kokurin/Morukov 2000/11: Aleksandr Kokurin/Michail Morukov, GULAG: Struktura i kadry. Stat'ja desjataja, in: Svobodnaja Mysl', 2000, Nr. 7, S. 111–128.

Kokurin/Požarov 1996: Aleksandr I. Kokurin/A.I. Požarov, Novyj kurs L. I. Berii, in: Istoričeskij Archiv, 1996, Nr. 4, S. 137–142.

Kol'cov 1999: A.V. Kol'cov, Sozdanie i dejatel'nost' Komissi po Izučenij Estestvennych Proizvoditel'nych Sil Rossii, St. Petersburg 1999.

Kolakowski 1988: Leszek Kolakowski, Die Hauptströmungen des Marxismus. Entstehung, Entwicklung, Zerfall. Bd. 1, München/Zürich ³1988.

Kolakowski 1991: Leszek Kolakowski, Modernity on an Endless Trial, Chicago 1991 (dt. Ausgabe: Die Moderne auf der Anklagebank, Zürich 1991).

Kolbanovskij 1961: V. Kolbanovskij, Moral'nyj kodeks stroitelja kommunizma, in: Kommunist, 1961, Nr. 15, S. 36–46.

Kolbasov 1958: Oleg S. Kolbasov, Leninskie idei ob ochrane prirody, in: Priroda, 1958, Nr. 4, S. 41–44.

Kolbasov 1972: Oleg Kolbasov, Vodnoe zakonodatel'stvo v SSSR, Moskva 1972.

Kolodjažnyj 1953: I.I. Kolodjažnyj, Istorija stroitel'stva Dneproges imeni V. I. Lenina (1927-1932 gg.), Kiev 1953.

Kolotinskaja 1962: Elena Kolotinskaja, Pravovaja ochrana prirody SSSR, Moskva 1962.

Kolotinskaja/Kazancev 1962: Elena Kolotinskaja/Nikolaj D. Kazancev, Pravovja ochrana prirody v SSSR, Moskva 1962.

Komarow 1979: Boris Komarow, Das große Sterben am Baikalsee. Der geheime Bericht eines hohen Funktionärs über die Umweltkrise der Sowjetunion, Reinbek 1979.

Kompleksnoe osvoenie 1970: Kompleksnoe osvoenie vodnych resursov Obskogo bassejna, Novosibirsk 1970

Komsomolzen-Pflicht 1956: Unsere Komsomolzen-Pflicht, in: Presse der Sowjetunion, 1956, S. 1512 (aus: Pravda, 21. Mai 1956).

Komzin/Luk'janov 1960: I . V. Komzin/E.V. Luk'janov, Volžskaja GES imeni V. I. Lenina, Kujbyšev 1960.

Kondrašev 1959: S. Kondrašev, Größtes Projekt in der Geschichte Ägyptens, in: Presse der Sowjetunion, 1959, S. 20 (aus: Izvestija, 28. Oktober 1958).

König 1989: Wolfgang König, Friedrich Engels und „Die elektrotechnische Revolution". Technikutopie und Technikeuphorie im Sozialismus in den 1880er Jahren, in: Technikgeschichte 56 (1989), S. 9–37.

Konstantinidi 1971: K.I. Konstantinidi, Uchudšenie uslovij vosproizvodstva tuvodnych ryb v srednem tečenii r. Obi v svjazi s zaregulirovaniem ee plotinoj Novosibirskoj GES, in: Racional'noe ispol'zovanie i ochrana živoj prirody Sibiri, Tomsk 1971, S. 115-117.

Kopalin 1950a: Il'ja P. Kopalin, Sovetskaja dokumental'naja kinematografija, Moskva 1950.

Kopalin 1950b: Il'ja P. Kopalin, Dokumental'nye fil'my jubilejnogo goda, in: Iskusstvo Kino, 1950, Nr. 1, S. 20–23.

Korčagin 1951: A.A. Korčagin, Stalinskie Strojki Kommunizma i zadači botaničeskich issledovanij, in: Priroda, 1951, Nr.3, S.24–41.

Koreckij 1978: Viktor B. Koreckij, Tovarišč Plakat, Moskva 1978.

Koršunovskij gorno-obogatitel'nyj Kombinat 1975: Koršunovskij gorno-obogatitel'nyj kombinat, Irkutsk 1975.

Koržichina 1994: Tat'jana P. Koržichina, Sovetskoe gosudarstvo i ego učreždenija, nojabr' 1917 - dekabr' 1991, Moskva 1994.

Koschwitz 1971: Hansjürgen Koschwitz, Pressepolitik und Parteijournalismus in der UdSSR und der Volksrepublik China, Düsseldorf 1971.

Košelev 1952: F.P. Košelev, Veličestvennye Stalinskie Strojki Kommunizma i narodochozjajstvennoe značenie, Moskva 1952.

Koselleck 2000: Reinhard Koselleck, Erinnerungsschleusen und Erfahrungsschichten, in: ders., Zeitschichten, Frankfurt a.M. 2000, S.265-284.

Kostjakow 1953: A.N. Kostjakow, Die Entwicklung des Bewässerungswesens in der UdSSR und die Großbauten des Kommunismus, in: Wasserwirtschaft - Wassertechnik 3 (1953), S.281-287.

Kostjušev 1990: Vladimir Kostjušev, Die „postkatastrophale Gesellschaft“ und ihre Bewegungen, in: Klaus Segbers (Hg.), Perestrojka. Zwischenbilanz, Frankfurt a.M. 1990, S.143-153.

Kotek/Rigoulet 2001: Joel Kotek/Pierre Rigoulet, Das Jahrhundert der Lager. Gefangenschaft, Zwangsarbeit, Vernichtung, Berlin 2001.

Kotenko 1953: Il'ja Kotenko, Svjazist Volodja Kozlov, in: Pioner, 1953, Nr.4, S.66–70.

Kotkin 1995: Stephen Kotkin, Magnetic Mountain. Stalinism as a Civilization, Berkeley 1995.

Kotkin 1998: Stephen Kotkin, 1991 and the Russian Revolution. Sources, Conceptual Categories, Analytical Frameworks, in: Journal of Modern History 70 (1998), S.384–425.

Kotkin 2000: Stephen Kotkin, Modern Times. The Soviet Union and the Interwar Conjuncture, in: Kritika 2 (2000), S.111-164.

Kotok 1964: V.F. Kotok, S-ezdy i soveščanija trudjaščichsja - forma neposredstvennoj demokratii, Moskva 1964.

Koutaissoff 1983: Elisabeth Koutaissoff, Environmental Education in the USSR, in: J.J. Tomiak (Hg.), Soviet Education in the 1980s, London 1983, S.85-105.

Koutaissoff 1987: Elisabeth Koutaissoff, Survey of Soviet Material on Environmental Problems, in: Fred Singleton (Hg.), Environmental Problems in the Soviet Union and Eastern Europe, Boulder/London 1987, S.11–45.

Kouwenhoven 1997: R. Kouwenhoven, A Comparison of Soviet and U.S. Industrial Performance, 1928–1990, in: Jahrbuch für Wirtschaftsgeschichte 1997/2, S.107-143.

Koval'ev 1964: A.Ja. Koval'ev, Volžskaja gidroelektrostancija imeni V. I. Lenina, Moskva 1964.

Koval'ev 1970: A.Ja. Koval'ev, Gigant na Angare, Moskva 1970.

Koval'ev 1975: A.Ja. Koval'ev, Angarskij kaskad, Moskva 1975.

Koval'ev/Kvjatkovskij 1957: Nikolaj N. Koval'ev/Vladimir S. Kvjatkovskij, Gidroturbinostroenie v SSSR, Moskva/Leningrad 1957.

Kovda 1951: V.A. Kovda, Die Großbauten im Sowjetland, in: Die Neue Gesellschaft 4 (1951), S.580–592.

Kovda 1952: V.A. Kovda, Velikij plan preobrazovanija prirody, Moskva 1952.

Kovrigina 1956: Marija D. Kovrigina, Ständige Sorge um die Gesundheit der Sowjetmenschen, in: Diskussionsreden auf dem XX. Parteitag der KPdSU, 14.- 25.Februar 1956, Berlin 1956, S.415–425.

Kozeltsev 1993: Michael Kozeltsev, Old and New in the Environmental Policy of the Former Soviet Union, in: Barbara Jancar-Webster (Hg.), Environmental Action in Eastern Europe. Responses to Crisis, Armonk/London 1993, S.58–72.

Kozlov 1996: Vladimir A. Kozlov, Denunciation and its Function in Soviet Governance. A Study of Denunciations and Their Bureaucratic Handling from the Soviet Police Archives, 1944–1953, in: Journal of Modern History 68 (1996), S. 867–898.

Kozlov 2003: Boris I. Kozlov, Akademija nauk SSSR i industrializacija Rossii, Moskva 2003.

Kozlov 2006a: Denis Kozlov, Naming the Social Evil. The Readers of *Novyj Mir* and Vladimir Dudintsev's *Not by Bread Alone*, 1956–1959 and Beyond, in: Polly Jones (Hg.), The Dilemmas of De-Stalinization. A Social and Cultural History of Reform in the Khrushchev Era, New York 2006, S. 80–98.

Kozlov 2006b: Vladimir Kozlov, Neizvestnyj SSSR. Protivostojanie naroda i vlasti 1953–1985 gg., Moskva 2006.

KPSS v rezoljucijach 1971: KPSS v rezoljucijach i rešenijach s-ezdov, konferencii i plenumov CK. Tom 6, Moskva 1971.

Kraftwerke 1954: Kraftwerke – im Dutzend billiger, in: Ostprobleme 6 (1954), S. 1901-1903.

Kramer 1972: John M. Kramer, Prices and the Conservation of Natural Ressources in the Soviet Union, in: Soviet Studies 24 (1972/73), S. 364–373.

Krasnojarskaja GES 1997: Krasnojarskaja GES. Energija Eniseja – prosvetaniju Rossii 1967-1997, Krasnojarsk 1997.

Krasovskij 1968: V. Krasovskij, Ekonomičeskaja reforma i problemy kapital'nych vloženij, in: Voprosy Ekonomiki, 1968, Nr. 10, S. 40–52.

Kravcov/Pičužkin 1958: V.I. Kravcov/A.A. Pičužkin, Vsesojuznyj Naučno-Issledovatel'skij Institut Gidrotechniki (VNIIG) imeni B.E. Vedeneeva, in: Energetičeskoe stroitel'stvo SSSR za 40 let (1917-1957), Moskva/Leningrad 1958, S. 272-287.

Krementsov 1997: Nikolaj Krementsov, Stalinist Science, Princeton 1997.

Kritik an der Zeitschrift „Priroda" 1959: Kritik an der Zeitschrift „Priroda", in: Ostprobleme 11 (1959), S. 803–804 (aus: Komsomol'skaja Pravda, 31. Oktober 1959).

Krivošcekov/ Petkovič 1960: G.M. Krivošcekov/A.N. Petkovič, Za massovuju propagandu leninskich idej ochrany prirody, in: Voprosy ochrany prirody zapadnoj Sibiri, Novosibirsk 1960.

Krüger 1957: Karl Krüger, UdSSR. Unser Wissen über die Sowjetunion, Berlin 1957.

Kruglak 1962: Theodore Kruglak, The Two Faces of TASS, Minneapolis 1962.

Kruglyj stol 1973: Kruglyj stol: Čelovek i sreda ego obitanija, in: Voprosy Filosofii, 1973, Nr. 2, S. 36–52.

Kučeva 1962: B.T. Kučeva, Ochrana prirody – delo vsej obščestvennosti, in: Ochrana prirody i škola, Kemerovo 1962, S. 3- 10.

Kuckovskij 1975: V.S. Kuckovskij, u.a., Izmenenija prirodnych uslovij v pribrežnoj zone posle sozdanija Krasnojarskogo i Novosibirskogo vodochranilišč, in: Geografija Sibiri v uslovijach naučno-techničeskogo progressa, Novosibirsk 1975, S. 35–47.

Kujbyševgesstroj 1974: Kujbyševgesstroj – stroitel' Volžskogo avtomobil'nogo zavoda imeni 50-letija SSSR, in: Gidrotechničeskoe Stroitel'stvo, 1974, Nr. 2, S. 3.

Kujbyševgidrostroj 1952: Na „Kujbyševgidrostroj". Kratkij ukazatel' literatury o delach i ljudach Velikoj Strojki, Kujbyšev 1952.

Kujbyševskaj a oblast' 1967: Kujbyševskaja oblast'. Istoriko-ekonomičeskij očerk, Kujbyšev 1967.

Kulev 1954: I. Kulev, Der Bau des Kujbyšever Wasserkraftwerkes tritt in sein entscheidendes Stadium, in: Presse der Sowjetunion, 1954, S. 1328–1329 (aus: Pravda, 29. September 1954).

Kulev 1956: I. Kulev, Wasserkraft für Großprojekte, in: Ostprobleme 8 (1956), S. 779–786 (aus: Kommunist, 1956, Nr. 4).

Kunze 1977: Gottfried Kunze, Weltwunder des 20. Jahrhunderts, Leipzig ^{5}1977.

Kunze 1978: Christine Kunze, Journalismus in der UdSSR, München/New York 1978.

Kupper 2003: Patrick Kupper, Die „1970er Diagnose". Grundsätzliche Überlegungen zu einem Wendepunkt der Umweltgeschichte, in: Archiv für Sozialgeschichte 43 (2003), S. 325–348.

Kurašov 1969: S.V. Kurašov, Stadteinrichtung, Grünanlagen und Verbesserung der hygienischen Verhältnisse in den Städten, in: Presse der Sowjetunion, 1969, S.1614.
Kuražcjovskij 1966: Ju.N. Kuražcjovskij, O soderžanii terminov „ochrana prirody" i „prirodopol'zovanie", in: Bjulleten' Moskovskogo Obščestva Ispytatelej Prirody. Otdel Biologii, Nr.3, S.132–133.
Kusin 1955: P. Kusin, Die Wolga, Leipzig/Jena 1955.
Kusin 1970: A.A. Kusin, Karl Marx und das Problem der Technik, Leipzig 1970.
Kuznecov 1957: Anatolij V. Kuznecov, Prodolženie legendy, Moskva 1957 (auch in: Junost', 1957, Nr.7; deutsche Übersetzung: Im Gepäcknetz nach Sibirien, Berlin 1958).
Kuznecov 1962: Anatolij V. Kuznecov, Junge Mädchen, in: Osteuropa 12 (1962), S.532–548.

Laak 1999: Dirk van Laak, Weiße Elefanten. Anspruch und Scheitern technischer Großprojekte im 20. Jahrhundert, Stuttgart 1999.
Laak 2001: Dirk van Laak, Infra-Strukturgeschichte, in: Geschichte und Gesellschaft 27 (2001), S.367-393.
Laak 2008: Dirk van Laak, Planung. Geschichte und Gegenwart des Vorgriffs auf die Zukunft, in: Geschichte und Gesellschaft 34 (2008), S.305-326.
Lane 1981: Christel Lane, Rites of Rulers. Ritual in Industrial Society – The Soviet Case, Cambridge 1981.
Lane 1987: David Lane, Soviet Labor and the Ethic of Full Employment and the Labor Process in the USSR, Boulder 1987.
Langenohl 2000: Andreas Langenohl, Erinnerung und Modernisierung. Die öffentliche Rekonstruktion politischer Kollektivität am Beispiel des Neuen Russlands, Göttingen 2000.
Langer Tag 1962: Ein langer Tag, in: Sowjetfilm, 1962, Nr.4, S.17.
LaPierre 2006: Brian LaPierre, Making Hooliganism on a Mass Scale. The Campaign against Petty Hooliganism in the Soviet Union, 1956–1964, in: Cahiers du Monde Russe 47 (2006), S.349-376.
Lapin 1957: Konstantin K. Lapin, Pobeda na Volge, Moskva 1957.
Laptev 1964: Ivan P. Laptev, Naučnye osnovy ochrany prirody, Tomsk 1964.
Laptev 1985: Ivan Laptev, Sozialismus und Perspektiven der Nutzung der Natur, in: Die sowjetische Gesellschaft: Sozialökonomische Probleme, Moskau 1985, S.214–236.
Laqueur 1959: Walter T. Laqueur, The Soviet Union and the Middle East, New York 1959.
Larabee 2000: Ann Larabee, Decade of Disaster, Urbana 2000.
Laskorin 1983: Boris Laskorin, Die Entwicklung der Produktion und der Umweltschutz, in: Umweltschutz und Gesellschaft, Moskau 1983, S.73–84.
Laskorin/Tichonov 1989: Boris Laskorin/Vladimir Tichonov, Wasserprobleme. Neue Betrachtungsweisen, in: Gesellschaftswissenschaften, 1989, Nr.2, S.210–222.
Laskovsky 1950: Nikolai S. Laskovsky, What is the Power Being Used for, in: Business Week, Nr.11, 1950.
Laskovsky 1953: Nikolai S. Laskovsky, Discussion, in: Proceedings of the Conference of the Institute for the Study of the History and Culture of the USSR, March 20–22, 1953, München 1953, S.64–66.
Laß 2002: Karen Laß, Vom Tauwetter zur Perestrojka. Kulturpolitik in der Sowjetunion (1953–1991), Köln/Weimar/Wien 2002.
Lauer 2000: Reinhard Lauer, Geschichte der russischen Literatur. Von 1700 bis zur Gegenwart, München 2000.
Lebed/Yakovlev 1956: Andrei Lebed/Boris Yakovlev, Soviet Waterways. The Development of the Inland Navigation System in the USSR, München 1956.
Lebedinskij 1989: Jurij Lebedinskij, Umweltschutz in der Sowjetunion. Was bedeuten „Perestroika" und „Glasnost" für die Ökologie?, Hamburg 1989.
Lefebvre 1994: Henri Lefebvre, The Production of Space, Oxford 1994.
Leimbach 1950: Werner Leimbach, Der Dawydow-Plan der Sowjetunion, in: Zeitschrift für Raumforschung 1 (1950), S.57–64.

Lekivcev 1965: M.M. Lekivcev, KPSS – organizator stroitel'stva elektrostancii v Vostočnoj Sibiri 1956–1965 gg. (na materialach Krasnojarskogo kraja), Moskva 1967.
Lemešev 1988: Michail Lemešev, Wirtschaftsinteressen und soziale Naturnutzung, in: Jurij Afanas'ev (Hg.), Es gibt keine Alternative zu Perestroika. Glasnost, Demokratie, Sozialismus, Nördlingen 1988, S.327–345.
Lenin 1960: Vladimir I. Lenin, Werke, Berlin 1960/61.
Lenoe 2004a: Matthew Lenoe, Closer to the Masses. Stalinist Culture, Social Revolution, and Soviet Newspapers, Cambridge (Mass.) 2004.
Lenoe 2004b: Matthew Lenoe, In Defense of Timasheff's Great Retreat, in: Kritika 5 (2004), S.721–730.
Leonov 1957: Leonid M. Leonov, Schützt die Wälder und Gärten unserer Heimat!, in: Presse der Sowjetunion, 1957, S.1219–1220 (aus: Pravda, 23. und 29.April 1957).
Lepsius 1996: M. Rainer Lepsius, Modernität und Barbarei. Schlußbemerkungen, in: Max Miller/Hans-Georg Soeffner (Hg.), Modernität und Barbarei. Soziologische Zeitdiagnose am Ende des 20.Jahrhunderts, Frankfurt a.M. [2]1996, S.359–364.
Leptin 1965: Gert Leptin, Der industrielle Betrieb, in: Werner Markert (Hg.), Osteuropa-Handbuch Sowjetunion. Das Wirtschaftssystem, Köln/Graz 1965, S.198–212.
Levickij 1977: Lev Levickij, Konstantin Paustovskij. Očerk tvorčestva, Moskva 1977.
Levit 1957: Grigorij O. Levit, Istorija energetičeskich obščestv SSSR. Moskva/Leningrad 1957.
Levit 1960: Grigorij O. Levit, Plan velikich rabot. Sorok let plana GOELRO, Leningrad 1960.
Levit/Skladnev 1967: Grigorij O. Levit/M.F. Skladnev, Vklad naučno-techničeskoj obščestvennosti v razvitie gidroenergetiki SSSR, in. Gidrotechničeskoe Stroitel'stvo, 1967, Nr.12, S.2–5.
Levitas 1985: I.Ju. Levitas, I ser'ezno, i kur'ezno. Filatelističeskij kalejdoskop, Moskva 1985.
Lewin 1985: Moshe Lewin, The Making of the Soviet System. Essays in the Social History of Interwar Russia, New York 1985.
Lewis 1976: Philippa Lewis, Peasant Nostalgia in Contemporary Russian Literature, in: Soviet Studies 28 (1976), S.548–569.
Leyda 1983: Jay Leyda, Kino. A History of the Russian and Soviet Film, London [3]1983.
Liber 2002: George O. Liber, Alexander Dovzhenko. A Life in Soviet Film, London 2002.
Libert 1995: Bo Libert, The Environmental Heritage of Soviet Agriculture, Wallingford 1995.
Lichačev 1982: Dmitrij Lichačev, Ekologija kul'tury, in: Znanie – Sila, 1982, Nr.6, S.18–24.
Lichteffekte 1954: Trügerische Lichteffekte, in: Ostprobleme 6 (1954), S.1906–1907 (aus: Pravda, 15.August 1954).
Lincoln 1994: Bruce W. Lincoln, Die Eroberung Sibiriens, München/Zürich 1994.
Lindenberger 2006: Thomas Lindenberger, Einleitung, in: ders. (Hg.), Massenmedien im Kalten Krieg. Akteure, Bilder, Resonanzen, Köln u.a. 2006, S.9–23.
Listov 1951: P.N. Listov, Velikie Strojki Kommunizma i elektrifikacija sel'skogo chozjajstva, Moskva 1951.
Livschiz 2006: Ann Livschiz, De-Stalinizing Soviet Childhood, in: Polly Jones (Hg.), The Dilemmas of De-Stalinization. A Social and Cultural History of Reform in the Khrushchev Era, New York 2005, S.117–134.
Ljachov 1963: M. Ljachov, Osnovnye čerty raspredelenija bentosa v Kujbyševskom vodochranilišče, in: Materialy pervogo naučno-techničeskogo soveršcanija po izučeniju Kujbyševskogo vodochranilišča. Vyp. 3: Gidrobiologija, ichtiologija i gidrochimija, Kujbyšev 1963, S.83–88.
Loginov 1951: Fedor G. Loginov, Vozroždenie Dneproges, Kiev 1951.
Loginov 1952: Fedor G. Loginov, Stalingradskaja gidroelektrostancija na Volge, Moskva 1952.

Loginov 1954: Fedor G. Loginov, In Stalingrad fehlen Facharbeiter, in: Ostprobleme 6 (1954), S.1903-1907 (aus: Pravda, 25. Oktober 1954).

Loginov 1957: Fedor G. Loginov, Razvitie i uspechi sovetskogo gidroenergetičeskogo stroitel'stva za 40 let, in: Gidroenergetičeskogo Stroitel'stva, 1957, Nr. 11, S.6-14.

Loginov 1958: Fedor G. Loginov, Energetičeskoe stroitel'stvo SSSR – važnejšaja baza kommunističeskogo stroitel'stva, in: Energetičeskoe stroitel'stvo SSSR za 40 let (1917-1957), Moskva/Leningrad 1958, S.3-6.

Loktev 1962: Arkadij Loktev, Plus Elektrifizierung, in: Sowjetfilm, 1962, Nr. 11, S.2-3.

Loo/Reijen 1992: Hans van der Loo/William van Reijen, Modernisierung. Projekt und Paradox, München 1992.

Lovell 2000: Stephen Lovell, The Russian Reading Revolution. Print Culture in the Soviet and Post-Soviet Eras, Basingstoke 2000.

Löwenthal 1970: Richard Löwenthal, Development vs. Utopia in Communist Policy, in: Chalmers Johnson (Hg.), Change in Communist Systems, Stanford 1970, S.33-116.

Lowry 2003: William R. Lowry, Dam Politics. Restoring America's Rivers, Washington, D.C. 2003.

Lubjanka 2003: Lubjanka. Organy VČK – OGPU – NKGB – MGB – MVD – KGB, 1917-1960. Spravočnik, Moskva 2003.

Luft 1958: Frische Luft für Moskau, in: Sowjetunion Heute 1958, Nr. 34, S.9-10.

Luk'janenko 1973: V.I. Luk'janenko, Goroda, roždennye volej partii, Irkutsk 1973.

Luk'janenko 1989: V.I. Luk'janenko, Drama vody, in: Pravda, 11. August 1989, S.2.

Lutz 1989: Burkart Lutz, Der kurze Traum immerwährender Prosperität. Eine Neuinterpretation der industriell-kapitalistischen Entwicklung im Europa des 20. Jahrhunderts, Frankfurt a.M. 1989.

Lydolph 1964: Paul E. Lydolph, The Russian Sukhovey, in: Annals of the Association of American Geographers 54 (1964), S.291-309.

Lygo 2006: Emily Lygo, The Need for New Voices. Writers' Union Policy Towards Young Writers 1953-64, in: Polly Jones (Hg.), The Dilemmas of De-Stalinization. A Social and Cultural History of Reform in the Khrushchev Era, New York 2005, S.193-208.

Maass 1951: Arthur Maass, Muddy Waters. The Army Engineers and the Nation's Rivers, Cambridge (Mass.) 1951.

Mačeret 1956: A. Mačeret, Fragen des Stils in der Filmkunst, in: Sowjetwissenschaft. Kunst und Literatur, 1956, S.679-701.

MacKenzie 1984: Donald MacKenzie, Marx and the Machine, in: Technology and Culture 25 (1984), S.473-502.

Maier 2000: Charles S. Maier, Consigning the Twentieth Century to History: Alternative Narratives for the Modern Era, in: American Historical Review 105 (2000), S.807-831.

Major/Mittler 2003: Patrick Major/Rana Mittler (Hg.), Across the Blocs. Cold War Cultural and Social History (= Themenheft in: Cold War History, 4 (2003), Nr. 1).

Makarov 1947: Vasilij N. Makarov, Ochrana Prirody v SSSR, Moskva 1947.

Mal'kova 2002: L. Mal'kova, Sovremennost' kak istorija. Realizacija mifa v dokumental'nom kino, Moskva 2002.

Malenkov 1952: Georgij M. Malenkov, Rechenschaftsbericht des Zentralkomitees der KPdSU (b) an den XIX. Parteitag, Berlin 1952.

Malenkov 1956: Georgij M. Malenkov, Elektrifizierung – ein Fundament des Kommunismus, in: Diskussionsreden auf dem XX. Parteitag der KPdSU, 14.-25. Februar 1956, Berlin 1956, S.125-153.

Malia 1994: Martin Malia, Vollstreckter Wahn. Rußland 1917-1991, Stuttgart 1994.

Mallaby 2004: Sebastian Mallaby, NGOs. Fighting Poverty, Hurting the Poor, in: Foreign Policy, September/October 2004, S.50-58.

Mallmann/Paul 1993: Klaus-Michael Mallmann/Gerhard Paul, Resistenz oder loyale Widerwilligkeit? Anmerkungen zu einem umstrittenen Begriff, in: Zeitschrift für Geschichtswissenschaft 41 (1993), S.99–116.

Malyšev 1953: N.A. Malyšev, Velikaja strojka na Volge, in: Priroda, 1953, Nr.2, S.29–38.

Malyšev 1959: N.A. Malyšev, Sowjetmenschen helfen den Nil bezwingen, in: Presse der Sowjetunion, 1959, S.2282f (aus: Pravda, 2.August 1959).

Mandel'stam 1991: Nadeschda Mandel'stam, Das Jahrhundert der Wölfe. Eine Autobiographie, Frankfurt a.M. 1991.

Margolit 1999a: Evgenij Margolit, Der sowjetische Stummfilm und der frühe Tonfilm, in: Christine Engel (Hg.), Geschichte des sowjetischen und russischen Films, Stuttgart/Weimar 1999, S.17–67.

Margolit 1999b: Evgenij Margolit, Die „mageren Jahre" des Films als Resultat der totalitären Filmästhetik, in: Christine Engel (Hg.), Geschichte des sowjetischen und russischen Films, Stuttgart/Weimar 1999, S.97-108.

Markin 1957: Arkadij Markin, Die Kraftwirtschaft der Sowjetunion. Die Zukunft der Energetik, Moskau 1957.

Markin 1959: Arkadij Markin, Träume – Pläne – Wagemut, in: Presse der Sowjetunion, 1959, S.1211-1213 (aus: Literaturnaja Gazeta, 21.April 1959).

Markov 1961: Vladimir Markov, An Unnoticed Aspect of Pasternak's Translations, in: Slavic Review 20 (1961), S.503–508.

Marks 1991: Steven Marks, Road to Power. The Trans-Siberian Railway and the Colonization of Asian Russia, 1850–1917, Ithaca 1991.

Markusen/Hall/Campbell/Deitrick 1991: A. Markusen, u.a., The Rise of the Gunbelt. The Military Remapping of Industrial America, New York 1991.

Marples 1991a: David R. Marples, The Greening of the Ukraine: Ecology and Emergence of Zelenyj Svit, 1986–1990, in: Jim Butterfield/Judith B. Sedaitis (Hg.), Perestroika from Below: Social Movements in the Soviet Union, Boulder 1991, S.133–144.

Marples 1991b: David R. Marples, Ukraine under Perestroika. Ecology, Economics and Worker's Revolt, New York 1991.

Marquardt 1993: Bodo Marquard, Zeit und Endlichkeit, in: Michael Baumgarten (Hg.), Das Rätsel der Zeit. Philosophische Analysen, Freiburg/München 1993, S.363–377.

Marsh 1986: Rosalind J. Marsh, Soviet Fiction Since Stalin. Science, Politics and Literature, London 1986.

Marshall 1983: Herbert Marshall, Masters of the Soviet Cinema. Crippled Creative Biographies, London 1983.

Martin 2000: Terry Martin, Modernization or Neo-Traditionalism? Ascribed Nationality and Soviet Primordialism, in: Sheila Fitzpatrick (Hg.), Stalinism. New Directions, London/New York 2000, 348–367.

Mathewson 1975: Rufus W. Mathewson, The Positive Hero in Russian Literature, Stanford 1975.

Matley 1989: Ian M. Matley, The Population and the Land, in: Edward Allworth (Hg.), Central Asia. 120 Years of Russian Rule, Durham/London 1989, S.92–131.

Matlin 1961: G.M. Matlin, Ekonomičeskaja effektivnost' gidrotechničeskogo stroitel'stva dlja vodnogo transporta (na primere Volgo-Kamskogo bassejna), Moskva 1961.

Matnijazov 1984: Mat'jakub Matnijazov, Elektrifikacija i ee social'nye posledstvija, Taškent 1984.

Maurin 1952: Aleksej Maurin, Glazami očevidca, in: Znanie – Sila, 1952, Nr.6, S.25.

Mauser 2007: Wolfram Mauser, Wie lange reicht die Ressource Wasser? Vom Umgang mit dem blauen Gold, Bonn 2007.

Mawdsley 2004: Evan Mawdsley, An Elite within an Elite: Politburo/Presidum Membership under Stalin, 1927-1953, in: E.A. Rees (Hg.), The Nature of Stalin's Dictatorship. The Politburo, 1924–1953, Basingstoke 2004, S.59–78.

Mawdsley/White 2000: Evan Mawdsley/Stephen White, The Soviet Elite from Lenin to Gorbachev. The Central Committee and its Members, 1917-1991, Oxford 2000.
Maximova 1959: E. Maximova, Stalingrad, in: Kultur und Leben, 1959, Nr.5, S.12-19.
Mayntz 1993: Renate Mayntz, Große Technische Systeme und ihre gesellschaftliche Bedeutung, in: Kölner Zeitschrift für Soziologie und Sozialpsychologie 45 (1993), S.97-108.
Mayntz 1995: Renate Mayntz, Entwicklung, Regelung und gesellschaftliche Bedeutung technischer Infrastruktursysteme, in: dies./Fritz W. Scharpf (Hg.), Gesellschaftliche Selbstregelung und politische Steuerung, Frankfurt a.M. 1995, S.73-100.
Mazower 2000: Mark Mazower, Der dunkle Kontinent. Europa im 20. Jahrhundert, Berlin 2000.
McAuley 1977: Martin McAuley, Politics and the Soviet Union, Basingstoke 1977.
McCagg 1978: William O. McCagg, Stalin embattled, 1943-1948, Detroit 1978.
McCannon 1998: John McCannon, Red Artic. Polar Exploration and the Myth of the North in the Soviet Union, 1932-1939, New York/Oxford 1998.
McCully 2001a: Patrick McCully, Silenced Rivers. The Ecology and Politics of Large Dams, London/New York 2001.
McCully 2001b: Patrick McCully, The Use of a Trilateral Network; An Activist's Perspective on the Formation of the World Commission of Dam, in: American University International Law Review 16 (2001), S.1453-1476.
McGucken 2000: William McGucken, Lake Erie Rehabilitated. Controlling Cultural Eutrophication, 1960s-1990s, Akron 2000.
McKenna 2001: Kevin J. McKenna, All the Views Fit to Print. Changing Images of the U.S. in *Pravda* Political Cartoons, 1917-1991, New York u.a. 2001.
McNeill 2003: John R. McNeill, Observations on the Nature of Culture of Environmental History, in: History and Theory 42 (2003), S.5-43.
McNeill 2005: John R. McNeill, Blue Planet. Die Geschichte der Umwelt im 20. Jahrhundert, Bonn 2005 (amerik. Originalausgabe: Something New Under the Sun. An Environmental History of the Twentieth-Century World, New York 2000).
Meder 1965: Walter Meder, Das sowjetische Wirtschaftsrecht, in: Werner Markert (Hg.), Osteuropa-Handbuch Sowjetunion. Das Wirtschaftssystem, Köln/Graz 1965, S.290-337.
Medick 1994: Hans Medick, Mikrohistorie, in: Winfrid Schulze (Hg.), Sozialgeschichte, Alltagsgeschichte, Mikro-Historie, Göttingen 1994, S.40-53.
Medvedev 1987: Zhores A. Medvedev, Soviet Agriculture, New York/London 1987.
Medvedkova 1978: Emilija A. Medvedkova, Die Industrieknoten des Mittleren Angaragebietes (Bratsk, Ust'-Ilimsk, Železnogorsk-Ilimskij), in: Petermanns Geographische Mitteilungen 122 (1978), S.221-226.
Medwedjev 1991: Zhores Medwedjev, Das Vermächtnis von Tschernobyl, Münster 1991.
Medynskij 1954: Grigorij Medynskij, Die Hauptrichtung in der sowjetischen Literatur, in: Presse der Sowjetunion, 1954, S.1353-1356.
Meissner 1960: Boris Meissner, Russland unter Chruschtschow, München 1960.
Meissner 1962: Boris Meissner, Das Parteiprogramm der KPdSU 1903 bis 1961, Köln 1962.
Meissner 1966: Boris Meissner, Der soziale Strukturwandel im bolschewistischen Rußland, in: ders. (Hg.), Sowjetgesellschaft im Wandel. Rußlands Weg zur Industriegesellschaft, Stuttgart 1966, S.27-152.
Mel'nikov 1962: G.I. Mel'nikov, Rabota partijnoj organizacii Bratskoj GES po trudomu vospitaniju molodeži, Moskva 1962.
Melvin 2003: Neil J. Melvin, Soviet Power and the Countryside. Policy Innovation and Institutional Decay, Basingstoke 2003.
Mensch 1956: Der Mensch rettet das Kaspische Meer, in: Presse der Sowjetunion, 1956, Nr.9, S.3139-3140.
Mergel 1997: Thomas Mergel, Geht es weiterhin voran? Modernisierungstheorie auf dem Weg zu einer Theorie der Moderne, in: ders./Thomas Welskopp (Hg.), Geschichte zwischen Kultur und Gesellschaft. Beiträge zur Theoriedebatte, München 1997, S.204-232.

Merl 2001: Stefan Merl, Entstalinisierung, Reformen und Wettlauf der Systeme, in: Stefan Plaggenborg (Hg.), Handbuch der Geschichte Russlands. Bd.5: 1945–1991. Vom Ende des Zweiten Weltkriegs bis zum Zusammenbruch der Sowjetunion, Stuttgart 2001, S.175–318.

Merrow 1988: Edward W. Merrow, Understanding the Outcomes of Megaprojects. A Quantitative Analysis of very Large Civilian Projects, Santa Monica 1988.

Methodik 1955: Methodik sowjetischer Parteipropaganda, in: Ostprobleme 7 (1955), S.1624–1632.

Metody 1965: Metody planirovanija mežotraslevych proporcii, Moskva 1965.

Metzler 2003: Gabriele Metzler, „Geborgenheit im gesicherten Fortschritt". Das Jahrzehnt von Planbarkeit und Machbarkeit, in: Matthias Frese u.a. (Hg.), Demokratisierung und gesellschaftlicher Aufbruch, Die sechziger Jahre als Wendezeit der Bundesrepublik, Paderborn 2003, S.349–377 u. 777–797.

Metzo 2009: Katherine Metzo, The Formation of Tunka National Park. Revitalization and Autonomy in Late Socialism, in: Slavic Review 68 (2009), S.50–69.

Mey 2004: Alexandra Mey, Russische Schriftsteller und Nationalismus 1986–1995. Vladimir Solouchin, Valentin Rasputin, Aleksandr Prochanov, Eduard Limonov, Bochum 2004.

Meya/Sibum 1987: Jörg Meya/Heinz Otto Sibum, Das fünfte Element. Wirkungen und Deutungen der Elektrizität, Reinbek 1987.

Meyer 1961: Alfred G. Meyer, USSR, Incorporated, in: Slavic Review 20 (1961), S.369–376.

Meyer 1965: Alfred G. Meyer, The Soviet Political System. An Interpretation, New York 1965.

Meyer 1974: Gerd Meyer, Bürokratischer Sozialismus. Eine Analyse des sowjetischen Herrschaftssystems. Stuttgart 1974.

Meyer 1995: Krzysztof Meyer, Schostakowitsch, Bergisch Gladbach 1995.

Meyer 2008: Vera Meyer, Idyll, Ware, Ökosystem. Der Wald in der russischen Literatur, in: Osteuropa 58 (2008), H. 4–5, S.95–105.

Mežakov-Korjakin 1973: I.I. Mežakov-Korjakin, Kompozicija poemy Evgenija Evtušenka „Bratskaja GES", in: Melbourne Slavonic Studies 8 (1973), S.78–103.

Mežotraslevoj balans 1969: Mežotraslevoj balans i proporcii narodnogo chozjajstva, Moskva 1969.

Michajlov 1949: Nikolaj Michajlov, Nad kartoj rodiny, Moskva ^{2}1949.

Michajlov 1990: L.P. Michajlov, Vklad Gidroproekta v gidroenergetiku i prirodoochrannye meroprijatija, in: Gidroenergetika i okružajuščaja sreda, Moskva 1990, S.5–13.

Michajlov/Jurinov 1980: L.P. Michajlov/D.M. Jurinov, Gidroproektu – 50 let, in: Razvitie gidroenergetiki i gidrotechničeskogo stroitel'stva za 60 let, Moskva 1980, S.7–20.

Michel 1999/2000: Michel. Europa-Katalog 1999/2000 Ost. München 1999.

Michel/Klain 1964: Aloys A. Michel/Stephen A. Klain, Current Problems of the Soviet Electric Power Industry, in: Economic Geography 40 (1964), S.206–220.

Mickiewicz 1981: Ellen P. Mickiewicz, Media and the Russian Public, New York 1981.

Micklin 1974: Philipp P. Micklin, The Falling Level of the Caspian Sea, in: Ivan Volgyes (Hg.), Environmental Deterioration in the Soviet Union and Eastern Europe, New York 1974, S.67–79.

Micklin 1992: Philip P. Micklin, Water Management in Soviet Central Asia: Problems and Prospects, in: John M. Stewart (Hg.), The Soviet Environment. Problems, Policies and Politics, Cambridge 1992, S.88–114.

Mikirtitchian 1962: L. Mikirtitchian, Lake Sevan Development Projects in Soviet Armenia, in: Studies on the Soviet Union, 1962, Nr.3, S.92–106.

Mildenberger 2000: Florian Mildenberger, Die Polarmagistrale. Zur Geschichte strategischer Eisenbahnprojekte in Russlands Norden und Sibirien (1943–1954), in: Jahrbücher für Geschichte Osteuropas 48 (2000), S.407–419.

Mildner 1996: Kirk Mildner, Lokale Politik und Verwaltung in Rußland, Basel 1996.

Miller 1957: J. Miller, The Decentralization of Industry, in: Soviet Studies 9 (1957), S. 65–83.

Mirtsching 1964: Alex Mirtsching, Probleme des Kaspischen Gebiets und Russisch-Mittelasiens, in: Osteuropa-Naturwissenschaft 8 (1964), S. 34–54.

Misa 2003: Thomas J. Misa u. a. (Hg.), Modernity and Technology, Cambridge (Mass.) 2003.

Mitrochin 2003: Nikolaj Mitrochin, Russkaja partija. Dviženie russkich nacionalistov v SSSR: 1953–1985 gody, Moskva 2003.

Moissejev 1988: Nikita Moissejev, Ökologischer Imperativ, in: Gesellschaftswissenschaften, 1988, Nr. 2, S. 264–278.

Molodež' 1952: Molodež' – Velikam Strojkam, in: Technika – Molodež', 1952, Nr. 8, S. 22–23.

Molodež' 1957: Molodež' pred-javljaet sčet, in: Iskusstvo Kino 1957, Nr. 2, S. 1–9.

Molodež' 1972: Molodež' v ochrane prirody, Saratov 1972.

Mommsen 1991: Hans Mommsen, Nationalsozialismus als vorgetäuschte Modernisierung, in: ders., Der Nationalsozialismus und die deutsche Gesellschaft, Reinbek 1991, S. 405–427.

Mommsen 1996: Hans Mommsen, Modernität und Barbarei. Anmerkungen aus zeithistorischer Sicht, in: Max Miller/Hans-Georg Soeffner (Hg.), Modernität und Barbarei. Soziologische Zeitdiagnose am Ende des 20. Jahrhunderts, Frankfurt a. M. ^{2}1996, S. 137–155.

Mondrakete 1960: Mondrakete und Lebensstandard, in: Ostprobleme 12 (1960), S. 659–660 (aus: Komsomol'skaja Pravda, 11. Juni 1960).

Montaigne 2002: Fen Montaigne, Wasser für die Welt, in: National Geographic Deutschland, September 2002, S. 44–75.

Moral'nyj kodeks 1961: Moral'nyj kodeks stroitelja kommunizma, in: Pravda, 24. September 1961, S. 1.

Morgan 1971: Arthur E. Morgan, Dams and other Disasters. A Century of Army Corps of Engineers in Civil Works, Boston 1971.

Morosov 1953: A. Morosov, Der Bagger Pjatiletka, in: Wissenschaft und Fortschritt, 1953, S. 132–133.

Morozov 1952: A. Morozov, Učenie – Velikim Strojkam, in: Technika – Molodež', 1952, Nr. 1, S. 3–7.

Morukov 2003: Mikhail Morukov, The White Sea-Baltic Canal, in: Paul R. Gregory/Valery Lazarev (Hg.), The Economics of Forced Labor. The Soviet Gulag, Stanford 2003, S. 151–162.

Moses 1974: Joel C. Moses, Regional Party Leadership and Policy-Making in the USSR, New York 1974.

Moškovskij 1956: A. Moškovskij, Belye buruny, in: Pioner, 1956, Nr. 1, S. 2–6.

Mote 1976: Victor L. Mote, The Geography of Air Pollution in the Soviet Union, in: Fred Singleton (Hg.), Environmental Misuse in the Soviet Union, New York 1976, S. 3–32.

Mote 2002: Victor L. Mote, Film-Review: *Report from the Edge/The Bratsk Sea*, in: Slavic Review 61 (2002), S. 366–377.

Mstislavskij/ Pustovalov 1953: P.S. Mstislavskij/I.S. Pustovalov, Die Großbauten des Kommunismus. Berlin 1953 (aus: Bol'šaja Sovetskaja Enciklopedija. Tom 7, Moskva ^{2}1951, S. 218–228).

Murašov 2004: Jurij Murašov, Sowjetisches Ethos und radiofizierte Schrift. Radio, Literatur und die Entgrenzung des Politischen in den frühen dreißiger Jahren der sowjetischen Kultur, in: Ute Frevert/Wolfgang Braungart (Hg.), Sprachen des Politischen. Medien und Medialität in der Geschichte, Göttingen 2004, S. 217–245.

Myrdal 1957: Gunnar Myrdal, Economic Theory and Underdeveloped Regions, London 1957.

Na Kujbyševgidrostroj 1952: Na Kujbyševgidrostroj. Kratkij ukazatel' literatury o delach i ljudach Velikoj Strojki, Kujbyšev 1952.

Na prostorach 1952: Na prostorach Cimljanskogo morja, in: Znanie – Sila, 1952, Nr. 6, S. 6–9.
Na Velikich Strojkach 1952: Na Velikich Strojkach Kommunizma, Moskva 1952.
Nadžarov 1999: D.G. Nadžarov, Antiamerikanskie propagandistskie pristrastija Stalinskogo rukovodstva, in: Stalinskoe desjatiletie cholodnoj vojny. Fakty i gipotezy, Moskva 1999, S. 134–150.
Nagibina 1956: T.E. Nagibina, Zadači sanitarnoj ochrany vodoemov, in: Ochrana Prirody i Zapovednoe Delo 1 (1956), S. 36–46.
Narodnoe chozjajstvo Kujbyševkoj oblasti 1967: Narodnoe chozjajstvo Kujbyševkoj oblasti za 50 let. Statističeskij sbornik, Kujbyšev 1967.
Narodnoe chozjajstvo Volgogradskoj oblasti 1967: Narodnoe chozjajstvo Volgogradskoj oblasti za 50 let, Volgograd 1967.
Naša malaja rodina 1997: Naša malaja rodina. Chrestomanija po istorii Novosibirskoj oblasti, 1921-1991, Novosibirsk 1997.
Naselenie Gulaga 2004: Naselenie Gulaga: Čislennost' i uslovija soderžanija. Istorija Stalinskogo GULaga. Tom 4, Moskva 2004.
Nasimovič 1966: A.A. Nasimovič, Značenie ochrany prirody i prirodnych resursov v period postroenija kommunizma, in: Bjulleten' Moskovskogo Obščestva Ispytatelej Prirody. Otdel Biologii, 1966, Nr. 3, S. 5–9.
Natarius 1962: Ja.I. Natarius, O stroitel'stve i ekspluatacii rybopropusknych sooruženij, in: Gidrotechničeskoe Stroitel'stvo, 1962, Nr. 11, S. 50–52.
Natur wird verändert 1951: Die Natur wird verändert, in: Wissenschaft und Fortschritt 1 (1951), S. 112-113.
Naučno-techničeskij progress 1962: Naučno-techničeskij progress v SSSR, Moskva 1962.
Naumov 1996: V.P. Naumov, Bor'ba N. S. Chruščeva zu edinoličnuju vlast', in: Novaja i Novejščaja Istorija, 1996, Nr. 2, S. 10–31.
Nebenzja 1951: A.A. Nebenzja, Komsomol'cy na Velikich Strojkach. Govorit Stalingrad, in: Technika – Molodež', 1951, Nr. 7, S. 22-23.
Neckel 1988: Sighard Neckel, Entzauberung der Zukunft. Zur Geschichte und Theorie sozialer Zeitperspektiven, in: Rainer Zoll (Hg.), Zerstörung und Wiederaneignung von Zeit, Frankfurt a.M. 1988, S. 464–486.
Negasimoe plamja 1963: Negasimoe plamja, in: Sovetskij Ekran, 1963, Nr. 23, S. 1.
Nekrasov 1959a: A.M. Nekrasov, Razvitie energetiki SSSR v 1959–1965 godach, Moskva 1959.
Nekrasov 1959b: Viktor Nekrasov, Slova velikie i prostye, in: Iskusstvo Kino 1959, Nr. 5, S. 55–61.
Nekrasova 1960: Idlena M. Nekrasova, Leninskij plan elektrifikacii strany i ego osuščestvlenie v 1921-1931 gg., Moskva 1960.
Nekrasova 1974: Idlena M. Nekrasova, Razvitie elektrifikacii SSSR (40–60-e gody). Moskva 1974.
Neporožnij 1960: Petr S. Neporožnij, u.a., Opyt stroitel'stva gidroenergouzlov, Kiev 1960.
Neporožnij 1970: Petr S. Neporožnij, 50 let leninskogo plan GOELRO. Sbornik materialov, Moskva 1970.
Neporožnij 1979: Petr S. Neporožnij, Gidroenergetika Sibiri i Dal'nego Vostoka, Moskva 1979.
Neporožnij/Kozlov 1990: Petr S. Neporožnij/V.B. Kozlov, Environmental Problems Associated with the Soviet Electric Power Industry: A Survey, in: Energy Systems and Policy 14 (1990), S. 1-36.
Neporožnij/Razin 1965: Petr S. Neporožnij/N. Razin, Razumno ispol'sovat' vodnye resursy, in: Partijnaja Žizn', 1965, Nr. 15, S. 20-35.
Nesmejanov 1951: Aleksandr N. Nesmejanov, Gelehrte bei den Großbauten, in: Die Neue Gesellschaft 4 (1951), S. 753-754.
Nesmejanov 1953: Aleksandr N. Nesmejanov, Po Stalinskomu puti, in: Technika – Molodež', 1953, Nr. 4, S. 2.

Nesmejanov 1957: Aleksandr N. Nesmejanov, Naturschutz – eine Sache von gesamtstaatlicher Bedeutung, in: Presse der Sowjetunion, 1957, S. 1975–1976.

Nesteruk 1961: Fedor Ja. Nesteruk, Razvitie gidroenergetičeskogo stroitel'stva v KNR, in: Iz istorii nauki i techniki v stranach Vostoka. Tom 2, Moskva 1961, S. 7–44.

Nesteruk 1963: Fedor Ja. Nesteruk, Razvitie gidroenergetiki SSSR, Moskva 1963.

Nettleton 2006: Nordica Nettleton, Driving Towards Communist Consumerism: AvtoVAZ, in: Cahiers du Monde Russe 47 (2006), S. 131-152.

Neulandmythos 1956: Zersetzter Neulandmythos, in: Ostprobleme 8 (1956), S. 301-304.

Neutatz 2001: Dietmar Neutatz, Die Moskauer Metro. Von den ersten Plänen bis zur Großbaustelle des Stalinismus, Köln 2001.

Neutskaja/Olechova 1963: N.N. Neutskaja/L.I. Olechova, Sopostavlenie faktičeskoj pererabotki beregov Kujbyševskogo vodochranilišča s prognosami 1952 g. i nekotorye vyvody, in: Materialy pervogo naučno-techničeskogo soveršČanija po izučeniju Kujbyševskogo vodochranilišča. Vyp. 4: Geologija, geomorfologija u gidrogeologija, Kujbyšev 1963, S. 90–96.

Niedermüller 1997: Peter Niedermüller, Zeit, Geschichte, Vergangenheit. Zur kulturellen Logik des Nationalismus im Postsozialismus, in: Historische Anthropologie 6 (1997), S. 245-267.

Nikiškin 1959: S. Nikiškin, Kino na službe semiletki, in: Sovetskij Ekran, 1959, Nr. 22, S. 1.

Nikitin 1963: M.P. Nikitin, Gidrobiologičeskie prognosy i faktičeskoe razvitie podpora gruntovych vod v beregach Kujbyševskogo vodochranilišča, in: Materialy pervogo naučno-techničeskogo soveršČanija po izučeniju Kujbyševskogo vodochranilišča. Vyp. 4: Geologija, geomorfologija u gidrogeologija, Kujbyšev 1963, S. 71–77.

Nikolaev/Sinedubskij 1964: Ju. Nikolaev/V. Sinedubskij, Dvadcat' stupenek v zatra, Moskva 1964.

Nikolaeva 1954: Galina Nikolaeva, Wie schafft man die Gestalt eines Helden, in: Presse der Sowjetunion, 1954, S. 1360 (aus: Literaturnaja Gazeta, 25. September 1954).

Nikolow/Schirrmacher 2007: Sybilla Nikolow/Arne Schirrmacher (Hg.), Wissenschaft und Öffentlichkeit als Ressourcen füreinander. Studien zur Wissenschaftsgeschichte im 20. Jahrhundert, Frankfurt a. M. 2007.

Nikonorov 1970: I.V. Nikonorov, Ochrana i vosproizvodstvo rybnych zapasov i regulirovanie rybolovstva v SSSR, in: Rybnoe Chozjajstvo, 1970, Nr. 4, S. 38–40.

Nolte 1983: Ernst Nolte, Marxismus und industrielle Revolution, Stuttgart 1983.

Nosik 1968: Boris N. Nosik, Po Rusi Jaroslavskoj, Moskva 1968.

Noskov 1985: Jurij G. Noskov, Environmental Devastation in the USSR during the Second World War, in: Environmental Management in the USSR 4 (1985), S. 87-95.

Nosov 1958: R.P. Nosov, Istoričeskij obzor gidroenergostroitel'stva, in: Energetičeskoe stroitel'stvo SSSR za 40 let, Moskva/Leningrad 1958, S. 37–63.

Nosov 1984: R.P. Nosov, Istorija i tradicii Glavgidroenergostroja (k 50-letiju organizacii), in: Gidrotechničeskoe Stroitel'stvo, 1984, Nr. 10, S. 44–46.

Novalis 1907: Novalis, Schriften III. Jena 1907, Fragment 229.

Nove 1963: Alec Nove, Die sowjetische Wirtschaft, Wiesbaden 1963.

Nove 1964: Alec Nove, Economic Rationality and Soviet Politics or Was Stalin really Necessary?, New York 1964.

Nove 1967: Alec Nove, The Soviet Economy. An Introduction, New York [3]1967.

Nove 1980: Alec Nove, Das sowjetische Wirtschaftssystem, Baden-Baden 1980.

Nove 1982: Alec Nove, Soviet Economic Performance. A Comment on Wiles and Ellman, in: J. Drewnoski (Hg.), Crisis in the East European Economy, New York 1982, S. 164–171.

Nove 1984: Alec Nove, An Economic History of the U.S.S.R., New York [7]1984.

Novikov 1960a: Ignatij T. Novikov, Elektrifikacija SSSR – važnejšnyj faktor sozdanija material'no-techničeskoj bazy kommunizma, Moskva/Leningrad 1960.

Novikov 1960b: Ignatij T. Novikov, Osnovnye zadači energetičeskogo stroitel'stva na 1959–65gg., Moskva 1960.

Novikov 1962: Ignatij T. Novikov, Razvitie energetiki i sozdanie edinoj energetičeskoj sistemy SSSR, Moskva 1962.
Novosibirsk 1970: Novosibirsk, Novosibirsk 1970.
Novosibirskaja gidroelektrostancija 1968: Novosibirskaja gidroelektrostancija na r. Obi, Novosibirsk 1968.
Novosibirskaja oblast' 1967: Novosibirskaja oblast' za 50 let. Statističeskij sbornik, Novosibirsk 1967.
Nusenbaum/Lapickaja 1957: L.M. Nusenbaum/L.N. Lapickaja, Pervye resul'taty raboty rybopod'emnika na Volžskoj GES XXII s-ezda KPSS, in: Rybnoe Chozjajstvo, 1957, Nr. 11, S. 13–19.
Nye 1994: David E. Nye, Technological Sublime, Cambridge (Mass.)/London 1994.
Nye 1997: David E. Nye, Narratives and Spaces. Technology and the Construction of American Culture, New York 1997.
Nye 1998: David E. Nye, Consuming Power. A Social History of American Energies, Cambridge (Mass.) 1998.
Nye 2003: David E. Nye, America as Second Creation. Technology and Narratives of a New Beginning, Cambridge (Mass.) 2003.

O kommunizme 1963: O kommunizme. Kniga dlja čtenija, Moskva 1963.
O masterstve kinopublicistiki 1957: O masterstve kinopublicistiki, in: Iskusstvo Kino, 1957, Nr. 4, S. 1-13.
O'Connor 1998: James O'Connor, Natural Causes. Essays in Ecological Marxism, New York 1998.
O'Dell 1978: Felicity Ann O'Dell, Socialisation through Children's Literature, Cambridge 1978.
O'Hara/Hannan 1999: Sarah O'Hara/Tim Hannan, Irrigation and Water Management in Turkmenistan: Past Systems, Present Problems and Future Scenarios, in: Europe-Asia Studies 51 (1999), S. 21–41.
Ob ochrane 1979: Ob ochrane okružajuščej sredy. Sbornik dokumentov partii i pravitel'stva, Moskva 1979.
Občinnikov 1960: A.A. Občinnikov, Problemy ispol'zovanija vodnych i zemel'nych resursov Volgo-Achtubinskij zony, in: Gidrotechnika i Melioracija, 1960, Nr. 12, S. 3–14.
Obertreis 2007: Julia Obertreis, Infrastrukturen im Sozialismus. Das Beispiel der Bewässerungssysteme im sowjetischen Zentralasien, in: Saeculum 58 (2007), S. 151-182.
Obertreis 2008: Julia Obertreis, Der „Angriff auf die Wüste" in Zentralasien. Zur Umweltgeschichte der Sowjetunion, in: Osteuropa 58 (2008), H. 4–5, S. 37–65.
Očerki istorii 1967: Očerki istorii Kujbyševskoj organizacii KPSS, Kujbyšev 1967.
Ochrana prirody 1961: Ochrana prirody – dolg každogo pionera i škol'nika, Čita 1961.
Ochrana prirody 1962a: Ochrana prirody – vsenarodnoe delo, Blagoveščensk 1962.
Ochrana prirody 1962b: Ochrana prirody v rabote srednej školy, Moskva 1962.
Ochrana prirody biogeografija 1960: Ochrana prirody biogeografija, in: Voprosy Geografii 48 (1960).
Odincov 1960: M. Odincov, Nužno li zatopljat' Ilimskuju dolinu?, in: Izvestija, 17. Februar 1960.
Oexle 1996: Otto Gerhard Oexle, Geschichte als Historische Kulturwissenschaft, in: Wolfgang Hardtwig/hans-Ulrich Wehler (Hg.), Kulturgeschichte Heute, Göttingen 1996, S. 14–40.
Ogli 1991: B.I., Novosibirsk. Ot prošlogo k buduščemu, Novosibirsk 1991.
Ognev 1974: N. Ognev, Ochranjaja prirody, in: Rybnoe Chozjajstvo, 1974, Nr. 4, S. 3–7.
Ogni kommunizma 1952: Ogni kommunizma, in: Znanie – Sila, 1952, Nr. 12, S. 1-5.
Ohlsson 1995: Leif Ohlsson (Hg.), Hydropolitics. Conflicts over Water as a Development Constraint, London 1995.
Ökologische Unruhe 1982: UdSSR – Ökologische Unruhe. Eine Diskussion über Umweltfragen in Sibirien, in: Osteuropa 32 (1982), S. A581–A594

Olifer 1970: S.A. Olifer, O rezul'tatach akklimatizacii ryb v Bratskom vodochranilišče, in: Rybnoe Chozjajstvo, 1970, Nr. 9, S. 18–20.
Opie 1993: John Opie, Ogallala. Water for a Dry Land, Lincoln 1993.
Opyt proektirovanija 1978: Opyt proektirovanija, stroitel'stva i ekspluatacii vodochranilišč gidroelektrostancii, Leningrad 1978.
Opyt stroitel'stva 1962: Opyt stroitel'stva Novosibirskogo gidrouzla, Moskva 1962.
Osietzki 1992: Maria Osietzki, Für eine neue Technikgeschichte, in: Österreichische Zeitschrift für Geschichtswissenschaft 3 (1992), S. 293–318.
Osipov 1960: L. Osipov, Na zemle Saratovskoj, in: Sovetskij Ekran, 1960, Nr. 11, S. 19.
Osnovnye čerty 1963: Osnovnye čerty raspredelenija bentosa v Kujbyševskom vodochranilišče, in: Materialy pervogo naučno-techničeskogo soverščanija po izučeniju Kujbyševskogo vodochranilišča. Vyp. 3: Gidrobiologija, ichtiologija i gidrochimija, Kujbyšev 1963, S. 83–88.
Osnovnye položenija 1966: Osnovnye položenija po ekonomičeskim nasšetam gidroelektrostancii, Moskva 1966.
Otto 1951: Herbert Otto, Das Buch des Monats: „Besiegte Natur" von M. Iljin, in: Die Neue Gesellschaft 1951, Nr. 7, S. 554–555.
Oznobin 1961: N.M. Oznobin, Elektroenergetika i ee razmeščenie, Moskva 1961.

Pachomov 1952: E. Pachomov, Das ganze Land baute den Kanal, in: Presse der Sowjetunion, 1952, S. 1144 (aus: Trud, 24. Juli 1952).
Panel 1989: Panel on Nationalism in the USSR: Environmental and Territorial Aspects, in: Soviet Geography 30 (1989) S. 441-509.
Panov 1956: D.G. Panov, Formy razrušenija beregov Cimljanskogo vodochranilišča, in: Priroda, 1956, Nr. 8, S. 94–96.
Papazian 2003: Elizabeth A. Papazian, Offscreen Dreams and Collective Synthesis in Dovzhenko's *Earth*, in: Russian Review 62 (2003), S. 411–428.
Parrish 1996: Michael Parrish, The Lesser Terror. Soviet State Security, 1939–1953, Westport 1996.
Parsons 1964: Talcott Parsons, Evolutionary Universals in Society, in: American Sociological Review 29 (1964), S. 339–357.
Parsons 1977: Howard L. Parsons, Marx and Engels on Ecology, Westport 1977.
Parthé 1992: Kathleen F. Parthé, Russian Village Prose. The Radiant Past, Princeton 1992.
Pater/Schmidt-Kallert 1989: Siegfried Pater/Einhard Schmidt-Kallert, Zum Beispiel Staudämme, Göttingen 1989.
Paul 2006: Gerhard Paul, Von der Historischen Bildkunde zur Visual History, in: ders. (Hg.), Visual History. Ein Studienbuch, Göttingen 2006, S. 7–36.
Paustovskij 1952a: Konstantin Paustovskij, Pervaja blagodarnost', in: Ogonek, 1952, Nr. 2, S. 2–4.
Paustovskij 1952b: Konstantin Paustovskij, Roždenie morja, in: Znamja, 1952, Nr. 4, S. 8–64 und Nr. 5, S. 95–143.
Paustovskij 1952c: Konstantin Paustovskij, Von der Wolga zum Don, in: Sowjetliteratur, 1952, Nr. 1, S. 145-162.
Payne 2001: Matthew J. Payne, Stalin's Railroad. Turksib and the Buildung of Socialism, Pittsburgh 2001.
Pearce 2007: Fred Pearce, Wenn die Flüsse versiegen, München 2007.
Pearson 2002: Byron E. Pearson, Still the Wild River Runs: Congress, the Sierra Club, and the Fight to Save Grand Canyon, Tuscon 2002.
Pelewin 2000: Viktor Pelewin, Buddhas kleiner Finger, Berlin 2000.
Peremyslov 1962: A. Peremyslov, Dom buduščego, Moskva 1962.
Perrow 1987: Charles Perrow, Normale Katastrophen. Die unvermeidbaren Risiken der Großtechnik, Frankfurt a.M./New York 1987.
Perspektiven des sowjetischen Films 1956: Perspektiven des sowjetischen Films, in: Presse der Sowjetunion, 1956, S. 1237.

Peter/Epifanow 1997: Erwin Peter/Alexander E. Epifanow, Stalins Kriegsgefangene. Ihr Schicksal in Erinnerungen und nach russischen Archiven, Graz/Stuttgart 1997.

Peterson 1993: D.J. Peterson, Troubled Lands. The Legacy of Soviet Environmental Destruction, Boulder 1993.

Peterson 1994: Dale E. Peterson, „Samovar Life". Russian Nurture and Russian Nature in the Rural Prose of Valentin Rasputin, in: Russian Review 53 (1994), S.81–96.

Pethybridge 1967: R.W. Pethybridge, A History of Postwar Russia, London [2]1967.

Petrik 1997: A.I. Petrik, Ekologičeskie problemy Sibiri, in: Sibirskij standart žizni. Ekologija, obrazovanie, zdorov'e, Novosibirsk 1997, S.14–19.

Petro 1987: Nicolai N. Petro, The Project of the Century. A Case Study of Russian National Dissent, in: Studies in Comparative Communism 20 (1987), S.235–252.

Petrone 2000: Karen Petrone, „Life has become more joyous, comrades". Celebrations in the Time of Stalin, Bloomington 2000.

Petrov 1955: V. Petrov, Großkraftwerke in der Sowjetunion, in: Osteuropa 5 (1955), S.438–446.

Petrov 1956: V. Petrov, Großkraftwerke in der Sowjetunion (II), in: Osteuropa 6 (1956), S.110–115.

Petzer 2007: Tatjana Petzer, Der Olymp der Diebe. Spurensicherung bei Šalamov und Danilo Kiš, in: Osteuropa 57 (2007), Nr.6, S.205–220.

Pevznev 1960: S.V. Pevznev, Sanitarnoe sostojanie vodoemov i perspektivy pit'evogo vodosnabženija naselenija Novosibirskoj oblasti, in: Voprosy ochrany prirody zapadnoj Sibiri, Novosibirsk 1960, S.112–116.

Pfister 1995: Christian Pfister (Hg.): Das 1950er Syndrom. Der Weg in die Konsumgesellschaft, Bern/Stuttgart/Wien 1995.

Pfister 2003: Christian Pfister, Energiepreis und Umweltbelastung. Zum Stand der Diskussion über das „1950er Syndrom", in: Wolfram Sieman (Hg.), Umweltgeschichte. Themen und Perspektiven, München 2003, S.61–86.

Pidžakov 1994: Aleksandr Ju. Pidžakov, Sovetskaja ekologičeskaja politika 1970-ch – načala 1990-ch godov, Sankt-Peterburg 1994.

Pikkeriev 1953: I. Pikkeriev, Na dne Cimljanskogo morja, in: Znanie – Sila, 1953, Nr.6, S.1–4.

Pionerskaja GES 1956: Pionerskaja GES, in; Pionier, 1956, Nr.6, S.53.

Pirožnikov 1964: P.L. Pirožnikov, Gidrostroitel'stvo i rybnoe chozjajstvo, in: Rybnoe Chozjajstvo, 1964, Nr.7, S.16–18.

Pisani 2002: Donald Pisani, Water and American Government. The Reclamation Bureau, National Water Policy, and the West, Berkeley 2002.

Pitirimov 1955: N. Pitirimov, Das Schul-Wasserkraftwerk, in: Presse der Sowjetunion, 1955, S.306 (aus: Komsomol'skaja Pravda, 25. November 1955).

50 let 1970: 50 let leninskomu planu GOELRO. Sbornik materialov, Moskva 1970.

Plaggenborg 2001a: Stefan Plaggenborg, Grundzüge: Später Stalinismus, Wiederaufbau und Kalter Krieg 1945-1953, in: ders. (Hg.), Handbuch der Geschichte Russlands. Bd.5: 1945-1991. Vom Ende des Zweiten Weltkriegs bis zum Zusammenbruch der Sowjetunion, Stuttgart 2001, S.29-35.

Plaggenborg 2001b: Stefan Plaggenborg, Die Sowjetunion – Versuch einer Bilanz, in: Osteuropa 51 (2001), S.761-777.

Plaggenborg 2006: Stefan Plaggenborg, Experiment Moderne. Der sowjetische Weg, Frankfurt a.M. 2006.

Plamper 2003: Jan Plamper, The Spatial Poetics of the Personality Cult. Circles Around Stalin, in: Evgeny Dobrenko/Eric Naiman (Hg.), The Landscape of Stalinism: The Art and Ideology of Soviet Space, Seattle 2003, S.19–50.

Plamper 2004: Jan Plamper, Introduction. Modern Personality Cults, in: ders./Klaus Heller (Hg.), Personality Cults in Stalinism – Personenkulte im Stalinismus, Göttingen 2004, S.13–44.

Plamper 2005: Jan Plamper, Cultural Production, Cultural Consumption. Post-Stalin Hybrids, in: Kritika 6 (2005), S.755–762.
Plamper 2008: Jan Plamper, Alchemy of Power: The Stalin Cult in Painting (im Erscheinen).
Plan elektrifikacii 1955: Plan elektrifikacii RSFSR, Moskva ²1955.
Plechanov 1967: Michail E. Plechanov, Istorija elektrifikacii železnych dorog SSSR, Sverdlovsk 1967.
Ploss 1965: Sidney I. Ploss, Conflict and Decision-Making in Soviet Russia. A Case Study of Agricultural Policy, 1953-1963, Princeton 1965.
Pobedy 1951: Pobedy molodych mechanizatorov, in: Znanie – Sila, 1951, Nr.10, S.2–4.
Pod rabotoj 1951: Pod rabotoj na Velikoj Strojke, Kujbyšev 1951.
Podvig 1972: Podvig nad Enisej. Iz istorii stroitel'stva Krasnojarskoj GES, Moskva 1972.
Poema o More 1958: Poema o More. Govorjat zriteli, in: Sovetskij Ekran, 1958, Nr.22, S.2–3.
Poezdka 1956: Poezdka na GES, in: Pioner, 1956, Nr.7, S.59.
Poff 1997: N. LeRoy Poff, u.a., The Natural Flow Regime. A Paradigm for River Conservation and Restoration, in: BioScience 47 (1997), S.769–784.
Pogodin 1952: Nikolaj Pogodin, Ein historisches Ereignis. Wolga und Don vereinigt, in: Presse der Sowjetunion, 1952, S.785 u. 792.
Pogodin 1962: Nikolaj Pogodin, Der Held unserer Zeit, in: Sowjetwissenschaft. Kunst und Literatur 10 (1962), S.810–813.
Pohl 1934: Karl A. Pohl, Das Problem der „Großen Wolga“, in: Osteuropa 10 (1934/5), S.410–421.
Polevoj 1952: Boris Polevoj, Na Velikoj Trasse, in: Ogonek, 1952, Nr.4, S.17–20.
Politbjuro 2000/2001: Politbjuro CK RKP(b) – VKP(b). Povesti dnja zasedanii. Tom 1, 2, u. 3, Moskva 2000–2001.
Politbjuro 2002: Politbjuro CK VKP (b) i Soviet Ministrov SSSR, 1945–1953, Moskva 2002.
Političeskaja ekonomika 1962: Političeskaja ekonomika. Učebnik, Moskva ⁴1962.
Pollack 1997: Detlef Pollack, Die konstitutive Widersprüchlichkeit der DDR. Oder: War die DDR-Gesellschaft homogen?, in: Geschichte und Gesellschaft 24 (1997), S.110–131.
Polutoff 1957: Nikolaus Polutoff, Mittelsibirien, eine länderkundliche Skizze, in: Geographische Rundschau 8 (1957), S.291–298.
Pomerancev 1953: Vladimir Pomerancev, Ob iskrennosti v literature, in: Novyj Mir, 1953, Nr.12, S.218–245.
Ponting 1991: Clive Ponting, A Green History of the World, New York 1991.
Popitz 1992: Heinrich Popitz, Phänomene der Macht, Tübingen ²1992.
Popov 1951: E.M. Popov, Architektura Velikich Stroek, in: Technika – Molodež', 1951, Nr.11, S.1–4.
Popov 1952: I.V. Popov, Sovetskaja geologija na službe Velikich Stroek Kommunizma, in: Priroda, 1952, Nr.10, S.15–24.
Popov 1990: Gavril Popov, Zwei Farben einer Zeit. Der erste Sturm, in: Alexej Adshubej, Gestürzte Hoffnung. Meine Erinnerung an Chruschtschow, Berlin 1990, S.380–401.
Popov/Golubeva 1963: V.A. Popov/I.D. Golubeva, K voprosu o formirovanii beregovych biocenozov Kujbyševskogo vodochranilišča, in: Materialy pervogo naučno-techničeskogo soveršćanija po izučeniju Kujbyševskogo vodochranilišča. Vyp. 3: Gidrobiologija, ichtiologija i gidrochimija, Kujbyšev 1963, S.102–109.
Porfiv'ev 1962: V.S. Porfiv'ev, Sochranit' učastki taežnych lesov v Volžsko-Kamskom krae, in: Ochrana Prirody i Zapovednoe Delo 7 (1962), S.34–44.
Portisch 1967: Hugo Portisch, So sah ich Sibirien. Europa hinter dem Ural, Wien 1967.

Postel 1999: Sandra Postel, Pillar of Sand. Can the Irrigation Miracle Last?, New York 1999.

Postel/Richter 2003: Sandra Postel/Brian Richter, Rivers for Life. Managing Water for People and Nature, Washington 2003.

Postoumenko 2000: Kirill Postoumenko, Istoričeskij optimizm kak modus stalinskoj kul'tury, in: Hans Günther/Evgenij Dobrenko (Hg.), Socrealističeskij kanon, Sankt-Peterburg 2000, S.481-491.

Potemkin 1965: P. Potemkin, u.a., Ekonomičeskie voprosy sozdanija i osvoenija novych predprijatii Sibiri, in: Voprosy Ekonomiki, 1965, Nr.5, S.26-32.

Potievskij 1956: W. Potievskij, Novyj žurnal, in: Iskusstvo Kino, 1956, Nr.3, S.77.

Power 1996: Thomas Michael Power, Lost Landscapes and Failed Economies. The Search for a Value of Place, Washington, D.C. 1996.

Prezidium 2003: Prezidium CK KPSS 1954-1964. Tom1: Černovye protokol'nye zapisi zasedanij stenogrammy, Moskva 2003.

Prieß 2002: Sebastian Prieß, Strafe und Textproduktion. Apologetisches Bekenntnis und literarische Kompensation, Diskurse über Lagerhaft, Frankfurt a.M. 2002.

Priroda 1968: Priroda Novosibirskoj oblasti, Novosibirsk 1968.

Probleme des Kaspischen Meeres 1957: Probleme des Kaspischen Meeres. Bericht über eine Konferenz sowjetischer Experten, in: Zeitschrift für den Erdkundeunterricht 9 (1957), S.151-153.

Problemy Kaspijskogo morja 1963: Problemy Kaspijskogo morja, Baku 1963.

Prociuk 1961: Stephan G. Prociuk, The Territorial Pattern of Industrialization in the USSR, in: Soviet Studies 13 (1961), S.69-95.

Programm der Kommunistischen Partei 1961: Programm der Kommunistischen Partei der Sowjetunion. Beschlossen auf dem XXII. Parteitag der KPdSU am 31.Oktober 1961, Moskau 1961.

Project Data Base 2005: Project Data Base for the Attendance at a Meeting with Stalin, in: The Melbourne Gateway to Research on Soviet Histoy. In: www.history.unimelb.edu.au/Russia (2005).

Prokhorov 2002: Alexander Prokhorov, Inherited Discourse: Stalinist Tropes in Thaw Culture. Ph.D. Dissertation, University of Pittsburgh 2002.

Protopopova 1954: A. Protopopova, Die Kraft des positiven Helden, in: Presse der Sowjetunion, 1954, S.1356-1357 (aus: Komsomol'skaja Pravda, 13.Juli 1954).

Prozorov 1951: E.D. Prozorov, Glavnyj Turkmenskij Kanal, Moskva 1951.

Pryde 1972: Philip R. Pryde, Conservation in the Soviet Union, Cambridge 1972.

Pryde 1991a: Philip R. Pryde, Environmental Management in the Soviet Union, Cambridge 1991.

Pryde 1991b: Philip R. Pryde, The Environmental Costs of Eastern Resources: Air Pollution in Siberian Cities, in: Soviet Geogrophy 32 (1991), S.403-411.

Pusanov 1952: A.M. Pusanov, Glänzende Perspektiven durch den neuen Fünfjahrplan, in: Diskussionsreden auf dem XIX. Parteitag der KPdSU (b), 5. bis 14.Oktober 1952, Berlin 1952, S.64-70.

Puz 2007: Manuela Puz, Die Herren des Lagers. Berufsverbrecher im Gulag, in: Osteuropa 57 (2007), Nr.6, S.341-352.

Pyr'ev 1962: Ivan Pyr'ev, Schöpfe, ersinne, probiere, in: Presse der Sowjetunion, 1962, S.2275-2276.

Pyr'ev 1962a: Ivan Pyr'ev, Der XXII. Parteitag der KPdSU und der sowjetische Film, in: Sowjetwissenschaft. Kunst und Literatur 10 (1962), S.832-854.

Pyr'ev 1963: Ivan Pyr'ev, Sowjetische Filme – Waffen im ideologischen Kampf, in: Presse der Sowjetunion, 1963, S.3105-3106.

Pyžikov 2002: Aleksandr Pyžikov, Sovetskoe poslevoennoe obščestvo i predposylki Chruščevskich reform, in: Voprosy Istorii, 2002, Nr.2, S.33-43.

Qing 1998: Dai Qing/John G. Thibodeau/Philip B. Williams, The River Dragon Has Come. The Three Gorges Dam and the Fate of China's Yangtze River and its People, Armonk 1998.

Raboty 1961: Raboty sledujuščich avtorov udostoeny diplomov, in: Sovetskoe Foto, 1961, Nr.8, S.4-9.

Rachmanin 1996: Jurij A. Rachmanin, u.a., Die Trinkwasserversorgung in Rußland, in: Aktuelle Ostinformationen 28 (1996), Nr.3/4, S.54-61.

Radecki/Rotko 1991: Wojciech Radecki/Jerzy Rotko, Entwicklung des Natur- und Umweltschutzrechtes in Mittel- und Osteuropa, Baden-Baden 1991.

Radkau 1983: Joachim Radkau, Der Emigrant als Warner und Renegat. K. A. Wittfogels Dämonisierung der „asiatischen Produktionsweise", in: Exilforschung. Internationales Jahrbuch. Bd.1, München 1983, S.73-94.

Radkau 1987: Joachim Radkau, Literaturbericht Technikgeschichte, in: Geschichte in Wissenschaft und Unterricht 38 (1987/8), S.503-518 u. 655-668.

Radkau 1990: Joachim Radkau, Revoltierten die Produktivkräfte gegen den real existierenden Sozialismus? Technikhistorische Anmerkungen zum Zerfall der DDR, in: 1999, 4 (1990), S.13-42.

Radkau 1993: Joachiom Radkau, Entwicklungsprozesse und gesellschaftliche Entscheidungsspielräume in der Geschichte großtechnischer Systeme, in: Helmuth Albrecht/ Charlotte Schönbeck (Hg.), Technik und Kultur. Bd.10: Technik und Gesellschaft, Düsseldorf 1993, S.373-410.

Radkau 1994: Joachim Radkau, Zum ewigen Wachstum verdammt? Jugend und Alter großer technischer Systeme, in: Ingo Braun/Bernward Joerges (Hg.), Technik ohne Grenzen, Frankfurt a.M. 1994, S.50-106.

Radkau 1996: Joachim Radkau, Energie: Zauberwort und Fetisch, in: Damals 28 (1996), Nr.11, S.24-30.

Radkau 2000: Joachim Radkau, Natur und Macht. Eine Weltgeschichte der Umwelt, München 2000.

Radomysl'skaja 1953: Inna Radomysl'skaja, Kak my pomogli stroitel'jam, in: Pioner, 1953, Nr.6, S.17-18.

Raleigh 2002: Donald J. Raleigh, Doing Soviet History. The Impact of the Archival Revolution, in: Russian Review 61 (2002), S.16-24.

Raleigh 2006: Donald J. Raleigh, Russia's Sputnik Generation. Soviet Baby Boomers Talk about their Lives, Bloomington 2006.

Rammert 1993: Werner Rammert, Technik aus soziologischer Perspektive, Opladen 1993.

Randeira 1999: Shalini Randeira, Geteilte Geschichte und verwobene Moderne, in: Jörn Rüsen u.a. (Hg.), Zukunftsentwürfe. Ideen für eine Kultur der Veränderung, Frankfurt a.M. 1999, S.87-96.

Randeira/Conrad 2002: Shalini Randeira/Sebastian Conrad, Geteilte Geschichte – Europa in der postkolonialen Welt, in: dies. (Hg,), Jenseits des Eurozentrismus. Postkoloniale Perspektiven in den Geschichts- und Kulturwissenschaften, Frankfurt a.M. 2002, S.9-49.

Raschka 2005: Johannes Raschka, Mobilisierung zur Arbeit. Die Verfolgung von „Parasiten" und „Asozialen" in der Sowjetunion und in der DDR 1954-1977, in: Zeitschrift für Geschichtswissenschaft 53 (2005), S.324-344.

Raschka 2006: Johannes Raschka, Soziale Einordnung durch Rechsetzung? Die Verfolgung von „Arbeitsscheuen" in der Sowjetunion und in der DDR, in: Karl Eimermacher/ Astrid Volpert (Hg.), Tauwetter, Eiszeit und gelenkte Dialoge. Russen und Deutsche nach 1945, München 2006, S.747-777.

Rasputin 1978: Valentin Rasputin, Proščanie s Materoj, in: ders., Povesti, Moskva 1978, S.201-383 (dt. Übersetzung: Abschied von Matjora, München 1977).

Rassweiler 1988: Anne D. Rassweiler, The Generation of Power. The History of Dneprostroi, New York 1988.

Rasumnyj 1956: V. Rasumnyj, Das Illustrative – Ein Feind der Kunst, in: Sowjetwissenschaft. Kunst und Literatur, 1956, S.770-803.

Raupach 1964: Hans Raupach, Geschichte der Sowjetwirtschaft, Reinbek 1964.

Raupach 1979: Hans Raupach, Wirtschaft und Gesellschaft Sowjetrußlands 1917-1977, Wiesbaden 1979.

Razin 1954: Nikolaj V. Razin, Mechanizacija zemljanych rabot na Kujbyševgidrostroe, in: Gidrotechničeskoe Stroitel'stvo, 1954, Nr. 1, S. 5-10.

Razin 1956: Nikolaj V. Razin, The Tsimlyanskaya Project, Moscow 1956.

Razin 1969: Nikolaj V. Razin, Vklad instituta „Gidroproekt" v delo razvitija gidroenergetiki i kompleksnogo ispol'zovanija vodnych resursov SSSR, in: Gidroenergetika i kompleksnoe stroitel'stvo za 50 let sovetskoj vlasti, Moskva 1969, S. 23-39.

Razin/Gangardt 1967: Nikolaj V. Razin/G.G. Gangardt, Ispol'zovanie i ochrana vodnych resursov SSSR, in: Gidrotechničeskoe Stroitel'stvo, 1967, Nr. 6, S. 1-8.

Razumnyj 1962: V. Razumnyj, Sowjetische Filmkunst – Erzieher edler Gefühle, in: Presse der Sowjetunion, 1962, S. 2843-2846.

Razvitie 1960: Razvitie proizvodstvennych sil Vostočnoj Sibiri, Tom 1 u. 2, Moskva 1960.

Reabilitacija 2000: Reabilitacija: kak eto bylo. Dokumenty Prezidiuma CK KPSS i drugie materialy Mart 1953 – fevral' 1956, Moskva 2000.

Reck 1975: Vera T. Reck, Boris Pil'niak. A Soviet Writer in Conflict with the State, Montreal/London 1975, S. 167-182.

Rees 1997: E.A. Rees, The People's Commissariat of Water Transport, in: ders. (Hg.), Decision-Making in the Stalinist Command Economy, 1932-1937, Basingstoke 1997, S. 235-261.

Rees 2002a: E.A. Rees, Moscow City and Oblast, in: ders. (Hg.), Centre-Local Relations in the Stalinist State 1928-1941, Basingstoke 2002, S. 92-116.

Rees 2002b: E.A. Rees, The Great Purges and the XVIII Party Congress of 1939, in: ders. (Hg.), Centre-Local Relations in the Stalinist State 1928-1941, Basingstoke 2002, S. 191-211.

Rees 2004: E.A. Rees, Stalin as a Leader, 1937-1945. From Dictator to Despot, in: ders. (Hg.), The Nature of Stalin's Dictatorship. The Politburo, 1924-1953, Basingstoke 2004, S. 200-239.

Reichel 1996: Peter Reichel, Der schöne Schein des Dritten Reiches, Frankfurt a.M. 1996.

Reid 1994: Susan E. Reid, Photography in the Thaw, in: Art Journal 53 (1994), Nr. 2, S. 33-39.

Reid 2001: Susan E. Reid, Socialist Realism in the Stalinist Terror. The Industry of Socialism Art Exhibition, 1935-41, Russian Review 60 (2001), S. 153-184.

Reid 2005: Susan E. Reid, In the Name of the People. The Manège Affair Revisited, in: Kritika 6 (2005), S. 673-716.

Reid 2006: Susan E. Reid, Modernizing Socialist Realism in the Khrushchev Thaw. The Struggle for a 'Contemporary Style' in Soviet Art, in: Polly Jones (Hg.), The Dilemmas of De-Stalinization. A Social and Cultural History of Reform in the Khrushchev Era, New York 2006, S. 209-230.

Reisner 1993: Marc Reisner, Cadillac Desert. The American West and its Disappearing Water, New York [2]1993.

Reith 2008: Reinhold Reith, Umweltgeschichte und Technikgeschichte am Beginn des 21. Jahrhunderts, in: Technikgeschichte 75 (2008), S. 337-356.

Relative Water 1960: Relative Water and Power Resource Development in the U.S.S.R. and the U.S.A.: Report and Staff Studies to the Committees on Interior and Insular Affairs and Publiv Works United States Senate, Washington 1960.

Remington 1984: Thomas F. Remington, Building Socialism in Bolshevik Russia. Ideology and Industrial Organization 1917-1921, Pittsburgh 1984.

Remington 1988: Thomas F. Remington, The Truth of Authority, Pittsburgh 1988.

Report from the Edge 2000: Report from the Edge (Regie: T. Chirkova), Sacramento 2001.

Rešenija partii 1967/68: Rešenija partii i pravitel'stva po chozjajstvennym voprosam. Sbornik dokumentov za 50 let. Tom 2 u. 3, Moskva 1967/1968.

Resolutionen des XX. Parteitags 1956: Resolutionen des XX. Parteitags der Kommunistischen Partei der Sowjetunion, Moskau 1956.
Reuss 1998: Martin Reuss, Designing the Bayous. The Control of Water in the Atchafalya Basin, 1800–1995, Alexandria 1998.
Reuss 1999: Martin Reuss, Art of Scientific Precision. River Research in the United States Army Corps of Engineers to 1945, in: Technology and Culture 49 (1999), S. 292–323.
Reznikov 1967: Michail R. Reznikov, 50 let sovetskoj svjazi, Moskva 1967.
Rezun 1996: Miron Rezun, Science, Technology, and the Ecopolitics in the USSR, Westport/London 1996.
Richter 1997: Bernd S. Richter, Nature Mastered by Man: Ideology and Water in the Soviet Union, in: Environment and History 3 (1997), S. 69–96.
Rieber 1990: Alfred Rieber, The Rise of the Engineers in Russia, in: Cahiers du Monde Russe et Soviétique 31 (1990), S. 539–568.
Rigby 1972: Thomas H. Rigby, The Soviet Politburo. A Comparative Profil, 1951–1971, in: Soviet Studies 24 (1972), S. 3–23.
Rigby 1992: Thomas H. Rigby, The Government in the Soviet Political System, in: Eugene Huskey (Hg.), Executive Power and Soviet Politics. The Rise and Decline of the Soviet State, Armonk 1992, S. 3–48.
Rivalität 1953: Rivalität zwischen Partei-, Staats- und Wirtschaftsfunktionären, in: Ostprobleme 5 (1953), S. 136–141.
Rjabčikov 1952: Evgenij Rjabčikov, Ein Meer in der Steppe, in: Presse der Sowjetunion, 1952, S. 770–771 (aus: Vokrug Sveta, 1952, Nr. 4).
Rjabčikov 1954: Evgenij Rjabčikov, Volgo-Don. Očerk, Moskva 1954.
Rjabčikov 1956: Evgenij Rjabčikov, Volgo-Don. Putevoditel' po Volgo-Donskomu kanalu imeni V. I. Lenina, Moskva 1956.
Rjabčikov 1972: Evgenij Rjabčikov, Rote Raketen. Keiner kennt Baikonur, Stuttgart 1972.
Rjabčikov/Jachnevič 1955: Evgenij Rjabčikov/V. Jachnevič, Die Wolga wurde bezwungen, in: Presse der Sowjetunion, 1955, S. 2820 (aus: Pravda, 30. Oktober und 1. November 1955).
Rjurikov 1962: B. Rjurikov, Der Held und sein Ideal, in: Sowjetwissenschaft. Kunst und Literatur 10 (1962), S. 778–783.
Roberts 1999: Graham Roberts, Forward Soviet! History and Non-Fiction Film in the USSR, London/New York 1999.
Robin 1992: Régine Robin, Socialist Realism. An Impossible Aesthetic, Stanford 1992.
Roeck 2003: Bernd Roeck, Visual Turn? Kulturgeschichte und ihre Bilder, in: Geschichte und Gesellschaft 29 (2003), S. 294–315.
Rogers 1972: Thomas F. Rogers, Superfluous Men and the Post-Stalin Thaw. The Alienated Hero in Soviet Prose During the Decade 1953-1963, The Hague/Paris 1972.
Rogosinskij 1952: P. Rogosinskij, Fische fahren Fahrstuhl, in: Wissenschaft und Fortschritt, 1952, Nr. 1, S. 27.
Rolf 2006: Malte Rolf, Das sowjetische Massenfest, Hamburg 2006.
Romanovskij 1997: Nikolaj Romanovskij, Zur Anatomie des Spätstalinismus, in: Forum für Osteuropäische Ideen- und Zeitgeschichte, 1 (1997), Nr. 2, S. 9–40.
Ron 1956: A. Ron, Ein Schul-Wasserkraftwerk, in: Presse der Sowjetunion, 1956, S. 313.
Ronis 1961: Villi Ronis, Odna fotografija možet zamenit' desjat' tysjač slov, in: Sovetskoe Foto, 1961, Nr. 7, S. 31.
Ropohl 2001: Günter Ropohl (Hg.), Erträge der Interdisziplinären Technikforschung. Eine Bilanz nach 20 Jahren, Berlin 2001.
Rosa 2005: Hartmut Rosa, Beschleunigung. Die Veränderung der Zeitstrukturen in der Moderne, Frankfurt a. M. 2005.
Rosenberg 1983: Nathan Rosenberg, Inside the Black Box: Technology and Economics, Cambridge [2]1983.
Rosenberg 2005: Victor Rosenberg, Soviet-American Relations, 1953–1960. Diplomacy and Cultural Exchange During the Eisenhower Presidency, Jefferson/London 2005.

Rosenbladt 1986: Sabine Rosenbladt, Der Osten ist Grün?, Hamburg 1986.
Ross 1987: Cameron Ross, Local Government in the Soviet Union, London 1987.
Rossi 1989: Jacques Rossi, The GULAG Handbook, New York 1989.
Rossijskij illjuzion 2003: Rossijskij illjuzion, Moskva 2003.
Rostanowski 1977: Peter Rostanowski, Wird es ein „Sibirisches Meer" geben?, in: Geographische Rundschau 29 (1977) S.402–418.
Roth 1980: Paul Roth, Sow-Inform, Nachrichtenwesen und Informationspolitik in der Sowjetunion, Düsseldorf 1980.
Roth 1982: Paul Roth, Die kommandierte öffentliche Meinung. Sowjetische Medienpolitik, Stuttgart 1982.
Roth-Ey 2003: Kristin Roth-Ey, Mass Media and the Remaking of Soviet Culture, 1950s–1960s, Ph.D. Dissertation, Princeton University 2003.
Rothmann 1994: H.K. Rothman, The Sky's the Limit? Technology and the American West, in: Technology and Culture 25 (1994), S.168–73.
Rougle 1984: Charles Rougle, Express: The Future According to Gastev, in: Russian History 11 (1984), S.256–268.
Rouyer 2000: Alwyn R. Rouyer, Turning Water into Politics. The Water Issue in the Palestinian-Israeli Conflict, Basingstoke 2000.
Roxburgh 1987: Agnes Roxburgh, Pravda. Inside the Soviet News Machine, London 1987.
Ruble 1977: Blair Ruble, Soviet Trade Unions. Changing Balances in the Their Function. Ph.D. Dissertation, University of Toronto 1977.
Ruble 1980: Blair A. Ruble, The Emergence of Soviet Environmental Studies, in: Environmental Review 5 (1980), Nr.1, S.2-13.
Ruder 1998: Cynthia A. Ruder, Making History for Stalin. The Story of Belomor Canal, Gainesville 1998.
Rudych 1972: V.M. Rudych, Gorod Bratsk, Irkutsk 1972.
Rüsen 1994: Jörn Rüsen, Historische Orientierung. Über die Arbeit des Geschichtsbewußtseins, sich in der Zeit zurechtzufinden, Köln/Wien 1994.
Rusinek 2000: Bernd-A. Rusinek, Technikgeschichte im Atomzeitalter, in: Christoph Cornelißen (Hg.), Geschichtswissenschaften. Eine Einführung, Frankfurt a.M. 2000, S.247-257.
Russo 1958: Georgij A. Russo, Rabota Instituta „Gidroproekt" imeni S. Ja. Žuka, in: Energetičeskoe stroitel'stvo SSSR za 40 let (1917-1957 gg.), Moskva/Leningrad 1958, S.266–270.
Russo 1961: Georgij A. Russo, Problema racional'nogo ispol'zovanija stoka severnych rek, in: Gidrotechničeskoe Stroitel'stvo, 1961, Nr.7, S.11-16.
Rybinskoe vodochranilišče 1972: Rybinskoe vodochranilišče i ego žizn', Leningrad 1972.
Ryklin 2003: Michail Ryklin, Räume des Jubels. Totalitarismus und Differenz, Frankfurt a.M. 2003.
Ryle 1988: Martin Ryle, Ecology and Socialism, London 1988.
Rynkovskij 1962: P.M. Rynkovskij, O rabote i zadačach Novosibirskogo oblastnogo otdelenija Vserossijskogo obščestva ochrany prirody, in: Voprosy ochrany prirody zapadnoj Sibiri, Novosibirsk 1962, S.137-141.

Sabrow 1999: Martin Sabrow, Der Konkurs der Konsensdiktatur. Überlegungen zum inneren Zerfall der DDR aus kulturgeschichtlicher Perspektive, in: ders./Konrad H. Jarausch (Hg.), Weg in den Untergang. Der innere Zerfall der DDR, Göttingen 1999, S.83–116.
Sacharov 1988: Andrej Sacharov, Die Unvermeidbarkeit der Perestroika, in: Jurij Afanas'ev (Hg.), Es gibt keine Alternative zu Perestroika. Glasnost, Demokratie, Sozialismus, Nördlingen 1988, S.160–176.
Sacharow 1990: Andrej Sacharow, Mein Leben, München/Zürich 1990.
Sachs 1985: Wolfgang Sachs, Energie als Weltbild. Ein Kapitel aus der Kulturgeschichte des Produktivismus, in: Technik und Gesellschaft 3 (1985), S.36–57.

Sachs 1994: Wolfgang Sachs, Satellitenblick. Die Ikone vom blauen Planeten und ihre Folgen für die Wissenschaft, in: Ingo Braun/Bernward Joerges (Hg.), Technik ohne Grenzen, Frankfurt a.M. 1994, S.305–346.

Safrazbekjan/Kuz'miščev 1953: G.S. Safrazbekjan/P.F. Kuz'miščev, Zatrudnenija ot zasorenija topljakom i torfom vodovodov gidroelektrostancii, in: Gidrotechničeskoe Stroitel'stvo, 1953, Nr.1, S.27–29.

Saldern 2003: Adelheid von Saldern, Öffentlichkeiten in Diktaturen. Zu den Herrschaftspraktiken im Deutschland des 20. Jahrhunderts, in: Günther Heydemann/Heinrich Oberreuter (Hg.), Diktaturen in Deutschland – Vergleichsaspekte. Strukturen, Institutionen und Verhaltensweisen, Bonn 2003, S.442–475.

Salygin 1987: Sergej Salygin, Wie die Umleitung der sibirischen Flüsse gestoppt wurde, in: Jörg Huffschmid (Hg.), Glasnost/Perestrojka – Streiten für die Umgestaltung. Die sowjetische Diskussion. Bd.2, Köln 1987, S.26–60.

Salygin 1988: Sergej Salygin, Offensive oder Defensive?, in: Jurij Afanas'ev (Hg.), Es gibt keine Alternative zu Perestroika. Glasnost, Demokratie, Sozialismus, Nördlingen 1988, S.294–306.

Samarskaja Luka 1934: Samarskaja Luka (o proekte gidroelektrostancii), Moskva 1934.

Samochvalova 1961: M.P. Samochvalova, K izučeniju processa pererabotki beregov Cimljanskogo vodochranilišča, in: Gidrotechničeskoe Stroitel'stvo, 1961, Nr.8, S.37–38.

Šaponov 1961: I.B. Šaponov, O roli ščuki v formirovanii ichtiofauny Kujbyševskogo vodochranilišča, in: Rybnoe Chozjajstvo, 1961, Nr.12, S.30–33.

Šaponov 1967: I.B. Šaponov, Interesy rybnogo chozjajstva i vodnyj režim vodochranilišč sezonnogo regulirovanija, in: Kompleksnoe ispol'zovanie vodnych resursov i režimy Volžsko-Kamskogo kaskada gidroelektrostancij, Moskva 1967, S.67–70.

Šapošnikov 1956: L.K. Šapošnikov, Akademija nauk i ochrana prirody, in: Ochrana Prirody i Zapovednoe Delo v SSSR 1 (1956), S.117–128.

Saptaev 1950: K.I. Saptaev, Učenye Kazachstana – Stalinskim Strojkam, in: Nauka i Žizn', 1950, Nr.12, S.5–8.

Sarkisjan 1957: A.M. Sarkisjan, Osnovnye zadači elektrifikacii sel'skogo chozjajstvo, in: Električestvo, 1957, Nr.7, S.1–5.

Sartorti 1981: Rosalinde Sartorti, Pressefotografie und Industrialisierung in der Sowjetunion. Die *Pravda* 1925–1933, Wiesbaden 1981.

Saslavskij 1932: D. Saslavskij, Dneprstroj. Proletarischer Wille – sozialistische Tat, Moskau 1932.

Satjukov 1961: Pavel Satjukov, Sovetskij fotožurnalist – pravdivyj letopisec velikoj epochi, razvedčik buduščego, in: Sovetskoe Foto, 1961, Nr.1, S.1–3.

Satjukow/Gries 2003: Silke Satjukow/Rainer Gries, Von Feinden und Helden. Inszenierte Politik im realen Sozialismus, in: Aus Politik und Zeitgeschichte, B53/2003, S.20–29.

Šatunovskij 1962: I. Šatunovskij, Raub des Helden, in: Ost-Probleme 14 (1962), S.134–138.

Sauer 2006: Michael Sauer, „Hinweg damit!" Plakate als historische Quellen zur Politik- und Mentalitätsgeschichte, in: Gerhard Paul (Hg.), Visual History. Ein Studienbuch, Göttingen 2006, S.37–56.

Sauškin 1952: Jurij H. Sauškin, Velikoe preobrazovanie prirody Sovetskogo Sojuza. Moskva 1952.

Savickij 1996: I.M. Savickij, Oboronnaja promyšlennost' Novosibirskoj oblasti. Opyt poslevoennogo razvitija (1946–1963 gg.), Novosibirsk 1996.

Savickij 2005: I.M. Savickij, Važnejšij arsenal Sibiri. Razvitie oboronnoj promyšlennosti Novosibirskoj oblasti v gody Velikoj Otečestvennoj Vojny, Novosibirsk 2005.

Savin 1972: S.I. Savin, Formirovanie territorial'no-proizvodstvennych kompleksov Vostočnoj Sibiri, Moskva 1972.

Sbornik ekonomičeskich pokazatelej 1963: Sbornik ekonomičeskich pokazatelej sel'skogo chozjajstva Kujbyševskoj oblasti, Kujbyšev 1963.

Sbornik normativnych aktov 1978: Sbornik normativnych aktov po ochrane prirody, Moskva 1978.
Sbornik rukovodjaščich dokumentov 1964: Sbornik rukovodjaščich dokumentov ryboochrany, Moskva 1964.
Scanlan 1985: James P. Scanlan, Doublethink in the USSR, in: Problems of Communism, 34 (1985), Nr. 1, S. 67–72.
Sčerbakov 1951: V.J. Sčerbakov, Wolga – Don. Neue Maschinen – neue Menschen, in: Die Neue Gesellschaft 4 (1951), S. 769–778.
Ščerbakov 1957: D.I. Ščerbakov, Die Geographen werden zu Umgestaltern der Natur, in: Presse der Sowjetunion, 1957, S. 1617.
Ščerbakov/Abramov 1958: D.I. Ščerbakov/L.S. Abramov, Bereč' prirodnye resursy strany, in: Priroda, 1958, Nr. 3, S. 3–10.
Schalamow 1983: Warlam Schalamow, Geschichten aus Kolyma, Frankfurt a.M. 1983.
Schalamow 1996: Warlam Schalamow, Ankerplatz der Hölle. Erzählungen, Gedichte, Briefe, Fotos, Berlin 1996.
Schama 1996: Simon Schama, Der Traum von der Wildnis. Natur als Imagination, München 1996.
Schanetzky 2007: Tim Schanetzky, Die große Ernüchterung. Wirtschaftspolitik, Expertise und Gesellschaft in der Bundesrepublik 1966 bis 1982, Berlin 2007.
Schaper 1959: Alwin Schaper, Auf den Bauplätzen einer neuen Welt, Berlin 1959.
Schapiro 1965: Leonard Schapiro, Partei und Staat in der Sowjetunion, Köln/Berlin 1965.
Scharff 1996: Roland Scharff, Schadensbilanzen – Eingriffe in den Wasserhaushalt Ostsibiriens, in: Osteuropa 46 (1996), S. A606–A612.
Schattenberg 2002: Susanne Schattenberg, Stalins Ingenieure. Lebenswelten zwischen Technik und Terror in den 1930er Jahren, München 2002.
Schattenberg 2006: Susanne Schattenberg, Democracy or Despotism? How the Secret Speech Was Translated into Everyday Life, in: Polly Jones (Hg.), The Dilemmas of De-Stalinization. A Social and Cultural History of Reform in the Khrushchev Era, New York 2006, S. 64–79.
Scheffler 1982: Paul Scheffler, Augenzeuge im Staate Lenins. Ein Korrespondent berichtet aus Moskau 1921–1930, München 1982.
Scheide 2003: Carmen Scheide, Memorial heißt Erinnerung. Öffentliche Räume und politische Symbole, in: dies./Monica Rüthers (Hg.), Moskau. Menschen – Mythen – Orte, Köln/Weimar 2003, S. 227–230.
Schelsky 1966: Helmut Schelsky, Planung der Zukunft. Die rationale Utopie und die Ideologie der Rationalität, in: Soziale Welt 17 (1966), S. 155–172.
Schema 1934: Schema rekonstrukcii Volgi, Moskva 1934.
Schema 1968: General'naja schema kompleksnogo ispol'zovanija i ochrany vodnych resursov SSSR, Moskva 1968.
Schenk 2005: F. Benjamin Schenk, Imperiale Raumerschließung. Die Beherrschung der russischen Weite, in: Osteuropa 55 (2005), S. 33–45.
Scherbakova/Monroe 1995: Anna Scherbakova/Scott Monroe, The Urals and Siberia, in: Philip R. Pryde (Hg.), Environmental Resources and Constraints in the Former Soviet Republics, Boulder 1995, S. 61–77.
Scheuerle 1953: Wilhelm A. Scheuerle, Das sowjetische Wald- und Wasserregime und seine derzeit geltenden Rechtsgrundlagen, in: Jahrbücher für Geschichte Osteuropas 1 (1953), S. 129–157.
Schildt/Sywottek 1993: Axel Schildt/Arnold Sywottek (Hg.), Modernisierung im Wiederaufbau. Die westdeutsche Gesellschaft der 50er Jahre, Bonn 1993.
Schirrmacher 2008: Arne Schirrmacher, Nach der Popularisierung. Zur Relation von Wissenschaft und Öffentlichkeit im 20. Jahrhundert, in: Geschichte und Gesellschaft 34 (2008), S. 73–95.

Schlager 1994: Neil Schlager (Hg.), When Technology Fails. Significant Technological Disasters, Accidents, and Failures of the Twentieth Century, Detroit 1994.

Schlegel 1999: Hans-Joachim Schlegel, Subversive Dokumentarfilm-Strategien. Aspekte „realsozialistischer" Dokumentarfilmgeschichte, in: ders. (Hg.), Die subversive Kamera. Zur anderen Realität in mittel- und osteuropäischen Dokumentarfilmen, Stuttgart 1999, S.11-36.

Schlögel 1984a: Karl Schlögel, Der renitente Held. Arbeiterprotest in der Sowjetunion 1953-1983, Hamburg 1984.

Schlögel 1984b: Karl Schlögel, Ökologiediskussion in der Sowjetunion, in: Berichte des Bundesinstituts für ostwissenschaftliche und internationale Studien, 1984, Nr.14.

Schlögel 1988: Karl Schlögel, Jenseits des Großen Oktobers. Das Laboratorium der Moderne. Petersburg 1909-1921, Berlin 1988.

Schlögel 1995: Karl Schlögel, Go East oder die Zweite Entdeckung des Osten, Berlin 1995.

Schlögel 1998: Karl Schlögel, Kommunalka – oder: Kommunismus als Lebensform. Zu einer historischen Topographie der Sowjetunion, in: Historische Anthropologie 6 (1998), S.329-346.

Schlögel 2001a: Karl Schlögel, Landschaft nach der Schlacht, in: ders., Promenade in Jalta und andere Städtebilder, München 2001, S.297-310.

Schlögel 2001b: Karl Schlögel, Promenade in Jalta und andere Städtebilder, München 2001.

Schlögel 2003a: Karl Schlögel, Im Raume lesen wir die Zeit. Über Zivilisationsgeschichte und Geopolitik, München/Wien 2003.

Schlögel 2003b: Karl Schlögel, Utopie als Notstandsdenken – einige Überlegungen zur Diskussion über Utopie und Sowjetkommunismus, in: Wolfgang Hardtwig (Hg.), Utopie und politische Herrschaft im Europa der Zwischenkriegszeit, München 2003, S.77-96.

Schmidt 1971: Alfred Schmidt, Der Begriff der Natur in der Lehre von Marx, Frankfurt a.M. ²1971.

Schmidt-Gernig 1998: Alexander Schmidt-Gernig, Die gesellschaftliche Konstruktion der Zukunft. Westeuropäische Zukunftsforschung und Gesellschaftsplanung zwischen 1950 und 1980, in: WeltTrends 18 (1998), S.63-84.

Schneider 1991: Volker Schneider, The Governance of Large Technical Systems. The Case of Telecommunication, in: Todd R. La Porte (Hg.), Social Responses to Large Technical Systems. Control or Anticipation, Dordrecht 1991, S.19-42.

Schneider 1999: Gerhard Schneider, Das Plakat, in: ders./Hans-Jürgen Pandel (Hg.), Handbuch Medien im Geschichtsunterricht, Schwabbach 1999, S.277-338.

Schneider 2001: Volker Schneider, Die Transformation der Telekommunikation. Vom Staatsmonopol zum globalen Markt (1800-2000), Frankfurt/New York 2001.

Schnitter 1994: Nicholas J. Schnitter, A History of Dams. The Useful Pyramids, Rotterdam 1994.

Schreitbagger 1954: Ein Schreitbagger mit 20cbm Kübelinhalt, in: Presse der Sowjetunion, 1954, S.51 (aus: Znanie – Sila, 1953, Nr.11).

Schröder 1986: Hans-Henning Schröder, Lebendige Verbindung mit den Massen. Sowjetische Gesellschaftspolitik in der Ära Chruščev, in: Vierteljahreshefte für Zeitgeschichte 34 (1986), S.523-560.

Schruttke 1997: Tatjana Schruttke, Die Jugendpresse des Nationalsozialismus, Köln/Weimar/Wien 1997.

Schumacher 1999: E.F. Schumacher, Small is Beautiful. A Study of Economics as if People really Mattered: 25 Years later ... with Commentaries, Washington 1999.

Schwartz 2003: Matthias Schwartz, Die Erfindung des Kosmos. Zur sowjetischen Science Fiction and populärwissenschaftlichen Publizistik vom Sputnikflug bis zum Ende der Tauwetterzeit, Frankfurt a.M. 2003.

Schwarz 1999: Angela Schwarz, Der Schlüssel zur modernen Welt. Wissenschaftspopularisierung in Großbritannien und Deutschland im Übergang zur Moderne (ca. 1870–1914), Stuttgart 1999.
Scott 1998: James C. Scott, Seeing like a State. How Certain Schemes to Improve the Human Condition Have Failed, New Haven/London 1998.
Sdobnikov/Baranov 1963: D.V. Sdobnikov/M. S Baranov, Opyt ekspluatacii gidrotechničeskich sooruženij Volžskoj GES imeni Lenina, in: Gidrotechničeskoe Stroitel'stvo, 1963, Nr.6, S.1-7.
Segal 1962: E.A. Segal, Žizn' i tvorčestvo M. Il'ina, Moskva 1962.
Segbers 1987: Klaus Segbers, Die Sowjetunion im Zweiten Weltkrieg. Die Mobilisierung von Verwaltung, Wirtschaft und Gesellschaft im „Großen Vaterländischen Krieg", München 1987.
Sekerin 1979: V.P. Sekerin, Die Rayon-Presse, in: Hansjürgen Koschwitz (Hg.), Massenkommunikation in der UdSSR. Sowjetische Beiträge zur empirischen Soziologie der Journalistik, Freiburg/München 1979, S.117-130.
Selegej 1997: V.V. Selegej, Ocenka social'no-ekologičeskich posledstvij poteplenija klimata na regional'nom urovne, in: Sibirskij standart žizni. Ekologija, obrazovanie, zdorov'e, Novosibirsk 1997, S.29–32.
Šelepin 1958: Aleksandr N. Šelepin, Der XIII. Komsomolkongreß und die Jugend, in: Ostprobleme 10 (1958), S.534–547 (aus: Komsomol'skaja Pravda, 16. April 1958).
Seliščev 1928: Ja. M. Seliščev, Jazyk revoljucionnoj epochi, Moskva 1928.
Selunskaya/Zezina 1993: Valeriya Selunskaya/Maria Zezina, Documentary Film – A Soviet Source for Soviet Historians, in: Richard Taylor/Derek Spring (Hg.), Stalinism and Soviet Cinema, London/New York 1993, S.171-185.
Semiletka 1963: Semiletka v dejstvii 1963, in: Sovetskoe Foto, 1963, Nr.9, S.12-19.
Semjonov 1975: Juri Semjonov, Sibirien. Schatzkammer des Ostens, Düsseldort 1975.
Senghaas 1968: Dieter Senghaas, Rückblick auf die Zukunft. Futurologie und ihre Leerstellen, in: Neue Politische Literatur 13 (1968), S.171-177.
Senghaas 1981: Dieter Senghaas, Abschreckung und Frieden. Studien zur Kritik organisierter Friedlosigkeit, Frankfurt a.M. [3]1981.
Šepilov 1956: Dmitrij T. Šepilov, Die alles bewegende Kraft das Marxismus-Leninismus, in: Diskussionsreden auf dem XX. Parteitag der KPdSU, 14.-25. Februar 1956, Berlin 1956, S.37–62.
Šeršov 1957: S.F. Šeršov, Belyj ugol', Moskva/Leningrad 1957.
Service 1998: Robert Service, A History of Twentieth-Century Russia, Cambridge (Mass.) 1998.
Shallat 1994: Todd Shallat, Structures in the Stream. Water, Science and the Rise of the U.S. Army Corps of Engineers, Austin 1994.
Shapiro 2001: Judith Shapiro, Mao's War against Nature. Politics and the Environment in Revolutionary China, Cambridge 2001.
Shearer 1996: David D. Shearer, Industry, State, and Society in Stalin's Russia, 1926–1934, Ithaca/London 1996.
Shearman 2000: Peter Shearman, Nationalism, the State, and the Collapse of Communism, in: Sarah O. Vanderluis (Hg.), The State and Identity Construction in International Relations, Basingstoke 2000, S.76–106.
Sheasby 1999: Walt Sheasby, Anti-Prometheus, Post-Marx. The Real and the Myth in Green Theory, in: Organization & Enivronment 12 (1999), S.5–44.
Shiraev/Zubok 2000: Eric Shiraev/Vladislav Zubok, Anti-Americanism in Russia. From Stalin to Putin, New York 2000.
Shiva 2002: Vandana Shiva, Water Wars. Privatization, Pollution, and Profit, Cambridge (Mass.) 2002.
Shlapentokh 1986: Vladimir Shlapentokh, Soviet Public Opinion and Ideology. Mythology and Pragmatism in Interaction, New York 1986.

Shlapentokh 1996: Dmitry Shlapentokh, Bolshevism as a Fedorovian Regime, in: Cahiers du Monde Russe 37 (1996) S.429–466.

Shtil'mark 1992: Feliks R. Shtil'mark, The Evolution of Concepts about the Preservation of Nature in Soviet Literature, in: Journal of the History of Biology 25 (1992), S.429–447.

Shulman 2003: Elena Shulman, Soviet Maidens for the Socialist Fortress. The Kehtagurovite Campagn to Settle the Far East, 1937–1939, in: Russian Review 62 (2003), S.387–410.

Sieferle 1982: Rolf Peter Sieferle, Der unterirdische Wald. Energiekrise und Industrielle Revolution, München 1982.

Sieg 1952: Ein historischer Sieg des Sowjetvolkes, in: Presse der Sowjetunion, 1952, S.1011-1012, hier S.1012 (aus: Pravda, 12. Juli 1952).

Sieglerschmidt 1995: Jörn Sieglerschmidt (Hg), Der Aufbruch ins Schlaraffenland. Stellen die Fünfziger Jahre eine Epochenschwelle im Mensch-Umwelt-Verhältnis dar?, in: Environmental History Newsletter, Special Issue, 1995, Nr.2.

Siemann/Freytag 2003: Wolfram Siemann/Nils Freytag, Umwelt – eine geschichtswissenschaftliche Grundkategorie, in: Wolfram Siemann (Hg.), Umweltgeschichte. Themen und Perspektiven, München 2003, S.7-20.

Simis 1982: Konstantin Simis, USSR: The Corrupt Society. The Secret World of Soviet Capitalism, New York 1982.

Simon 1974: Gerhard Simon, Die Wirksamkeit der sowjetischen Propaganda, in: Berichte des Bundesinstituts für ostwissenschaftliche und internationale Studien, 1974, Nr.9.

Sinjavskij 1968: Andrej Sinjavskij, In Defence of Pyramids. Notes on the Art of Yevtushenko and his Poem „Bratskaja GES", in: Problems of Communism 18 (1968), Nr.5, S.90.

Širokov/ Kabytov 2005: G.A. Širokov/R.S. Kabytov (Hg.), Vojna. Vlast'. Nauka, 1941-1945, Samara 2005.

Šišov 1981: G.A. Šišov, Živaja svjaz' vremen, in: Arsenal elektrifikacii, Leningrad 1981, S.63-75.

Sistema 1998: Sistema ispravitel'no-trudovych lagerej v SSSR. Spravočnik, Moskva 1998.

Situation 1996: Die ökologische Situation in der Wolgaregion, in: Wostok, 1996, Nr.2, S.56–58.

Škaratan 1978: Osvej I. Škaratan, Promyšlennoe predprijatie. Sociologičeskie očerki, Moskva 1978.

Skilling 1966: Gordon H. Skilling, Interest Groups and Communist Politics, in: World Politics 18 (1966), S.435–451.

Skilling/Griffiths 1974: Gordon H. Skilling/Franklyn Griffiths (Hg.), Pressure Groups in der Sowjetunion, Wien 1974.

Škol'nikov 1958: M.G. Škol'nikov, Angaro-Enisejskaja problema, Moskva 1958.

Škundin 1953: V.N. Škundin, Saugbagger und Hydromonitoren, in: Die Neue Gesellschaft 6 (1953), S.291-295.

Slisskij 1965: S.M. Slisskij, 35 let gidrotechničeskomy fakul'tetu Moskovskogo ordena Trudovogo Krasnogo Znameni inženerno-stroitel'nogo instituta imeni V. V. Kujbyševa, in: Gidrotechničeskoe Stroitel'stvo, 1965, Nr.6, S.62–63.

Slovo 1987: Slovo v zaščitu Bajkala. Materialy diskussii, Irkutsk 1987.

Smechov 1965: B. Smechov, O kriterii optimalnosti narodo-chozjajstvennogo plana, in: Voprosy Ekonomiki, 1965, Nr.1, S.123–134.

Smil 1994: Vaclav Smil, Energy in World History, Colorado 1994.

Smirnov 1952: A.S. Smirnov, Der Sieg über das Grundwasser, in: Presse der Sowjetunion, 1952, S.1225-1226 (aus: Znanie – Sila, 1952, Nr.6).

Smirnov 1969: Ju. Smirnov, Kak pomoč' lososju. in: Pravda, 8. Januar 1969, S.3.

Smith 1976: Hendrik Smith, Die Russen, Bern/München 1976.

Smith 1995: David R. Smith, Kazakhstan, in: Philip R. Pryde (Hg.), Environmental Resources and Constraints in the Former Soviet Republics, Boulder 1995, S.251–274.

Smith 1996: Kathleen E. Smith, Remembering Stalin's Victims. Popular Memory and the End of the USSR, Ithaca 1996.
Smurr 2002: Robert W. Smurr, Perceptions of Nature, Expressions of Nation: An Enivronmental History of Estonia. Ph.D. Dissertation, University of Washington 2002.
Šnejderov 1956: V. Šnejderov, Nerešenye problemy naučno-populjarnogo kino, in: Iskusstvo Kino, 1956, Nr. 3, S. 33–40.
Sokolov 1994: Valerij V. Sokolov, Očerki istorii ekologičeskoj politiki Rossii, St. Petersburg 1994.
Sokolov 2007: K.B. Sokolov, Chudožestvennaja kul'tura i vlast' v poststalinskoj Rossii. Sojuz i bor'ba (1953–1985gg.), Moskva 2007.
Solschenizyn 1978: Alexander Solschenizyn, Der Archipel GULAG. 2. Folgeband: Arbeit und Ausrottung, Seele und Stacheldraht, Reinbek 1978.
Soprotivlenie 1992: Soprotivlenie v Gulage. Vospominanja, pis'ma, dokumenty, Moskva 1992.
Sovet deputatov Novosibirskoj oblasti 1997: Sovet deputatov Novosibirskoj oblasti 1937-1997 gody, Novosibirsk 1997.
Sovet Narodnych Komissarov 1999: Sovet Narodnych Komissarov SSSR – Sovet Ministrov SSSR – Kabinet Ministrov SSSR, 1923–1991. Enciklopedičeskij spravočnik, Moskva 1999.
Sovetskie chudožestvennye fil'my 1968: Sovetskie chudožestvennye fil'my. Annotirovannyj katalog. Tom 4 (1958–1963), Moskva 1968.
Sowjetische Film 1974/2: Der sowjetische Film. Bd. 2: Von 1945 bis zur Gegenwart, Berlin 1974.
Sowjetische Presse 1963: Die sowjetische Presse in Dokumenten, Leipzig 1963.
Sowjetmenschen 1951: Sowjetmenschen beherrschen die Naturkräfte. Über die großen Bauwerke des Kommunismus, Stuttgart 1951.
Špak 1981: V.M. Špak, Strategija poiska, Moskva 1981.
Sproge 1999: B.E. Sproge, Zapiski inženera, Moskva 1999.
Srednee Priangar'e 1975: Srednee Priangar'e. Geografičeskoe issledovanija chozjajstvennogo osvoenija taežnoj territorii, Irkutsk 1975.
Srednee Priangar'e 1996: Srednee Priangar'e, Irkutsk 1976.
Srednjaja Sibir': Srednjaja Sibir', Moskva 1964.
Srednjaja škola 1971: Srednjaja škola i ochrana prirody. V pomošč' učitelju, Tomsk 1971.
Stadt der Superlative 1966: Stadt der Superlative, in: Sowjetunion Heute, 1966, Nr. 2, S. 4–6.
Städtke 1995: Klaus Städtke, Wandel im Technikbewußtsein. Zur Geschichte eines sowjetischen Ideologems, in: Wolfgang Emmerich/Karl Wege (Hg.), Der Technikdiskurs in der Hitler-Stalin-Ära, Stuttgart/Weimar 1995, S. 175–188.
Stahr 1970: Gunter Stahr, Probleme der Planung und Effizienz von Investitionen im sowjetischen Wirtschaftssystem, Köln 1970.
Stalin 1955: Josif W. Stalin, Werke, Berlin 1955.
Stalin 1979: Josif W. Stalin, Werke. Bd. 15: Mai 1945 - Dezember 1952, Dortmund [3]1979, S. 37–53.
Stalin 2001: Iosif Stalin, Bez chorošei stolicy net gosudarstva, in: Istočnik 4 (2001), S. 110–112.
Stalingradskaja gidroelektrostancija 1961: Stalingradskaja gidroelektrostancija, Moskva 1961.
Stalinskie Strojki 2005: Stalinskie Strojki GULAGA, 1930–1953, Moskva 2005.
Stark 2002: Meinhard Stark, Frauen im Gulag. Alltag und Überleben 1936 bis 1956, München/Wien 2002.
Starostin/Frolov 1962: S. Starostin/E. Frolov, Ekonomičeskoe razvitie i soveršenstvovanie planirovanija, in: Kommunist, 1962, Nr. 17, S. 16–25.
Statističeskie dannye 1967: Statističeskie dannye o dejatel'nosti Vsesojuznogo Obščestva „Znanie", Moskva 1967.

Staudenmaier 1985: John Staudenmaier, Technology's Storytellers. Reweaving the Human Fabric, Cambridge (Mass.) 1985.
Stavskij 1965: E. Stavskij, Vokrug Azovskogo morja, in: Literaturnaja Gazeta, 5. Oktober 1965.
Stebelsky 1987: Ihor Stebelsky, Agricultural Development and Soil Degradation in the Soviet Union: Policies, Patterns, and Trends, in: Fred Singleton (Hg.), Environmental Problems in the Soviet Union and Eastern Europe, Boulder/London 1987, S. 71–96.
Stehr 1994: Nico Stehr, Arbeit, Eigentum und Wissen. Zur Theorie von Wissensgesellschaften, Frankfurt a.M. 1994.
Steinberg 2004: Ted Steinberg, Big is Ugly. Corporate Enclosure and the Global Water Supply, in: Technology and Culture 45 (2004), S. 618–623.
Steiner 1999: Evgeny Steiner, Stories for Little Comrades. Revolutionary Artists and the Making of Early Soviet Children's Books, Seattle 1999.
Štejngauz 1955: E. Štejngauz, Nekotorye problemy razvitija energetiki SSSR, in: Voprosy Ekonomiki 1955, Nr. 8, S. 26–37.
Stekol'nikov 1933: M.A. Stekol'nikov, Osnovy vodnogo chozjajstva SSSR, Leningrad/ Moskva 1933.
Stepanian 1948: Colak Stepanian, Uslovija i puti perechoda ot socializma k kommunizmu, in: O sovetskom obščestve. Sbornik stat'ej, Moskva 1948, S. 539–542.
Stepanov 1953: B.D. Stepanov, Kujbyševskaja gidroelektrostancija. V pomošč' lektora, Moskva 1953.
Štern 1963: E.P. Štern, Iz opyta ekspluatacii turbinnogo oborudovanija Volžskoj GES imeni V. I. Lenina, in: Gidrotechničeskoe Stroitel'stvo, 1963, Nr. 10, S. 9–13.
Stern 1986: Klaus Stern, Die Umleitung eines Teils des Abflusses nördlicher europäischer und sibirischer Flüsse in der Sowjetunion und mögliche Auswirkungen auf die Umwelt, Berlin 1986.
Štern/Chazan 1967: E.P. Štern/B.V. Chazan, Opyt ekspluatacii vodnych resursov Kujbyševskogo vodochranilišča, in: Kompleksnoe ispol'zovanie vodnych resursov i režimy Volžsko-Kamskogo kaskada gidroelektrostancij, Moskva 1967.
Stettner 1996: Ralf Stettner, Archipel GULag. Stalins Zwangslager. Terrorinstrument und Wirtschaftsgigant, Paderborn 1996.
Stevens 1988: Joseph E. Stevens, Hoover Dam. An American Adventure, Norman/London 1988.
Stewart 1968: Philip P. Stewart, Political Power in the Soviet Union. A Study in Decision-Making in Stalingrad, Indianapolis/New York 1968.
Stewart 1992: John M. Stewart, Air and Water Problems beyond the Urals, in: ders. (Hg.), The Soviet Environment. Problems, Policies and Politics, Cambridge 1992, S. 223–237.
Stier 2000: Bernhard Stier, Die neue Elektrizitätsgeschichte zwischen kulturhistorischer Erweiterung und kommunikationspolitischer Instrumentalisierung. Anmerkungen zum Forschungsstand am Ende des langen 20. Jahrhunderts der Elektrizität, in: VSWG 87 (2000), S. 477–487.
Stites 1989: Richard Stites, Revolutionary Dreams. Utopian Visions and Experimental Life in the Russian Revolution, New York/Oxford 1989.
Stites 1999: Richard Stites, Heaven and Hell. Soviet Propaganda Constructs the World, in: Rawnsley, Gary D. (Hg.), Cold-War Propaganda in the 1950s, New York 1999, S. 85–104.
Stites 2000: Richard Stites, Festivals of Collusions? Provincial Days in the 1930s, in: Kritika 1 (2000), S. 475–479.
Strogakov 1952: N.S. Strogakov, Velikie Strojki Kommunizma i peredelka prirody promyslovych chozjajstv, in: Rybnoe Chozjajstvo, 1952, Nr. 12, S. 23–25.
Strogova 1953: J. Strogova, Mythos vom Absterben der Arbeit, in: Ostprobleme 5 (1953), S. 142–145 (aus: Literaturnaja Gazeta, 11. Dezember 1952).
Strouhal 1991: Ernst Strouhal, Technische Utopien. Zu den Baukosten von Luftschlössern, Wien 1991.

Strumilin 1959: Stanislav Strumilin, Zakon stoimosti i planirovanie, in: Voprosy Ekonomiki, 1959, Nr. 7, S. 123-133.
Strumilin 1961: Stanislav Strumilin, Mir čerez 20 let, in: Kommunist, 1961, Nr. 13, S. 25–36.
Strumilin 1967: Stanislav Strumilin, O cene „darovych blag" prirody, in: Voprosy Ekonomiki, 1967, Nr. 8, S. 60–72.
Studie 1984: Die Studie von Novosibirsk, in: Osteuropa 34 (1984), S. A1–A25.
Suny 1993: Ronald G. Suny, The Revenge of the Past. Nationalism, Revolution, and the Crisis of the Soviet Union, Stanford 1993.
Suslov 1956: Michail Suslov, Die marxistisch-leninistische Theorie schöpferisch anwenden, in: Diskussionsreden auf dem XX. Parteitag der KPdSU, 14.-25. Februar 1956, Berlin 1956, S. 63–87.
Sutela 1991: Pekka Sutela, Economic Thought and Economic Reform in the Soviet Union, Cambridge 1991.
Svasovikov 1952: M. Svasovikov, Die führende Kraft der großen Bauvorhaben, in: Presse der Sowjetunion, 1952, S. 822–823 (aus: Pravda, 1. Juni 1952).
Svet Angary 1980: Svet Angary. Očerki istorii ordena Lenina i ordena Oktjabr'skoj revoljucii special'nogo upravlenija Bratskgesstroj, Irkutsk 1980.
Svet i ten' 1989: Svet i ten' velikogo desjatiletija. N. S. Chruščev i ego vremja, Leningrad 1989.
Svet nad Rossiej 1960: Svet nad Rossiej. Očerki elektrifikacii SSSR, Moskva 1960.
Svetov 1962: F. Svetov, Der Moralkodex des Helden, in: Sowjetwissenschaft. Kunst und Literatur 10 (1962), S. 671–684 u. 784–801.
Sviridova 1975: Irina A. Sviridova, Sovetskij političeskij plakat, Moskva 1975.
Swift 1998: Anthony Swift, The Soviet World of Tomorrow at the New York World's Fair, 1939, in: Russian Review 57 (1998) S. 364–379.
Sysin 1956: A. Sysin, u.a., Reine Luft in den Städten, in: Presse der Sowjetunion, 1956, S. 1786.
Szöllösi-Janze 2002: Margit Szöllösi-Janze, Die institutionelle Umgestaltung der Wissenschaftslandschaft im Übergang vom späten Kaiserreich zur Weimarer Republik, in: Rüdiger vom Bruch/Brigitte Kaderas (Hg.), Wissenschaften und Wissenschaftspolitik. Bestandsaufnahme zu Formationen, Brüchen und Kontinuitäten im Deutschland des 20. Jahrhunderts, Stuttgart 2002, S. 60–74.

Taga 1976: Leonore S. Taga, Externalities in a Command Society, in: Fred Singleton (Hg.), Environmental Misuse in the Soviet Union, New York 1976, S. 75-100.
Tanner 2008: Jakob Tanner, Multiplikationsprozesse in der Moderne – Plädoyer für ein Analysekonzept, in: Historische Anthropologie 16 (2008), S. 2-7.
Taranov 1978: E. Taranov, Pokolenija Prometeev, Moskva 1978.
Tarasjuk 1956: B.F. Tarasjuk, Ochrana rybnych zapasov, in: Ochrana Prirody i Zapovednoe Delo v SSSR 1 (1956), S. 25-35.
Taskin 1953: George A. Taskin, Political Significance of the Volga Project, in: Proceedings of the Conference of the Institute for the Study of the History and Culture of the USSR, March 20–22, 1953, München 1953.
Tatu 1968: Michel Tatu, Macht und Ohnmacht im Kreml. Von Chruschtschow zur kollektiven Führung, Berlin 1968.
Taubman 2003: William Taubman, Khrushchev. The Man and his Era, New York/London 2003.
Taubman 2006: William Taubman, The Khrushchev Period, 1953–1964, in: Ronald Grigor Suny (Hg.), The Cambridge History of Russia. Vol. 3: The Twentieth Century, Cambridge 2006, S. 268–291.
Taylor 1996: Richard Taylor, The Illusion of Happiness and the Happiness of Illusion: Grigorij Aleksandrov's 'The Circus', in: Slavonic and East European Review 74 (1996), S. 601–620.
Teckenberg 1983: Wolfgang Teckenberg, Gegenwartsgesellschaften: UdSSR, Stuttgart 1983.

Terman 1980: I.A. Terman, Rol' i značenie plana GOELRO v razvitii gidroenergetiki, in: Razvitie gidroenergetiki i gidrotechničeskogo stroitel'stva za 60 let, Moskva 1980, S.3-40.
Tertz 1965: Abram Tertz, *The Trial Begins* and *On Socialist Realism*, New York 1965.
Teusch 1993: Ulrich Teusch, Freiheit und Sachzwang. Untersuchungen zum Verhältnis von Technik, Gesellschaft und Politik, Baden-Baden 1993.
Thalheim 1966: Karl C. Thalheim, Soziologische Auswirkungen der sowjetischen Wirtschaftspolitik, in: Boris Meissner (Hg.), Sowjetgesellschaft im Wandel. Rußlands Weg zur Industriegesellschaft, Stuttgart 1966, S.185-201.
Thalheim 1972: Karl C. Thalheim, Wirtschaftsreformen in Osteuropa – eine Zwischenbilanz nach 9 Jahren, in: ders./Hans-Hermann Höhmann/Michael C. Kaser (Hg.), Die Wirtschaftsordnungen Osteuropas im Wandel. Ergebnisse und Probleme der Wirtschaftsreformen. Bd.2: Analysen wirtschaftlicher Teilordnungen. Funktionswandel der Systemelemente, Rombach 1972, S.317-368.
Thiel 1950a: Erich Thiel, Das Projekt der Großen Wolga, in: Zeitschrift für Raumforschung 1 (1950), S.362-371.
Thiel 1950b: Erich Thiel, Die Elektrifizierung der Sowjetunion, in: Zeitschrift für Raumforschung 1 (1950), S.176-184.
Thukral 1992: Enakshi G. Thukral (Hg,), Big Dams, Displaced Persons: Rivers of Sorrow, Rivers of Change, New Delhi 1992.
Tichonov 1956: M. Tichonov, Moskovskaja studija naučno-populjarnych fil'mov, in: Iskusstvo Kino, 1956, Nr.3, S.73-76.
Tichonov 1963: Nikolaj Tichonov, Alexander Dovshenko als Drehbuchverfasser, in: Sowjetfilm, 1963, Nr.6, S.20-23.
Tikhonov 2003: Aleksei Tikhonov, The End of the Gulag, in: Paul R. Gregory/Valery Lazarev (Hg.), The Economics of Forced Labor. The Soviet Gulag, Stanford 2003, S.67-74.
Tikhonov/Gregory 2001: Aleksei Tikhonov/Paul G. Gregory, Stalin's Last Plan, in: Paul G. Gregory (Hg.), Behind the Façade of Stalin's Command Economy, Stanford 2001, S.159-192.
Titov 2009: Alexander Titov, The 1961 Party Programme and the Fate of Khrushchev's Reforms, in: Melanie Ilic/Jeremy Smith (Hg.), Soviet State and Society under Nikita Khrushchev, London 2009, S.8-25.
Todorov 1991: V. Todorov, Introduction to the Political Aesthetics of Communism, in: Textual Practice 5 (1991), S.363-381.
Tolczyk 1999: Dariusz Tolczyk, See No Evil. Literary Cover-Ups and Discoveries of the Soviet Camp Experience, New Haven/London 1999.
Tolz 2001: Vera Tolz, Russia, London 2001.
Trace 1961: Arthur S. Trace, What Ivan Knows That Johnny Doesn't, New York 1961.
Trepetcov 1959: E.V. Trepetcov, Voprosy izučenija pereformirovanija beregov vodochranilišč, in: Gidrotechničeskoe Stroitel'stvo, 1959, Nr.5, S.61-63.
Trifonova 1957: T. Trifonova, Gegen Stilbrüche und andere Filmkrankheiten, in: Sowjetwissenschaft. Kunst und Literatur 5 (1957), S.167-180.
Troitzsch 1980: Ulrich Troitzsch, Technikgeschichte in der Forschung und in der Sachbuchliteratur während des Nationalsozialismus, in: Herbert Mehrtens/Steffen Richter (Hg.): Naturwissenschaft, Technik und NS-Ideologie. Beiträge zur Wissenschaftsgeschichte des Dritten Reiches, Frankfurt a.M. 1980, S.215-242.
Tromly 2004: Benjamin Tromly, The Leningrad Affair and Soviet Patronage Politics, 1949-1950, in: Europe-Asia Studies 56 (2004), S.707-729.
Trotzki 1924: Leo Trotzki, Literatur und Revolution, Wien 1924.
Trotzki 1982: Leo Trotzki, Geschichte der russischen Revolution. Erster Teil: Februarrevolution, Frankfurt a.M. 1982.
Trudy GOELRO 1960: Trudy GOELRO. Dokumenty i materialy, Moskva 1960.
Trudy GOELRO 1964: Trudy GOELRO. Materialy po elektrifikacii otdel'nych rajonov, Moskva 1964.

Tschertok 1998: Boris E. Tschertok, Raketen und Menschen. Bd. 1, Klitzschen 1998.
Tucker 1967: Robert C. Tucker, The Deradicalization of Marxist Movement, in: American Political Science Review 61 (1967), S. 343–358.
Tucker 1971: Robert C. Tucker, The Soviet Political Mind, New York [2]1971.
Tumarkin 1994: Nina Tumarkin, The Living and the Dead. The Rise and Fall of the Cult of World War II in Russia, New York 1994.
Tümmers 1994: Horst Johannes Tümmers, Der Rhein. Ein europäischer Fluß und seine Geschichte, München 1994.
Tupitsyn 1996: Margarita Tupitsyn, The Soviet Photograph, 1924–1937, Yale 1996.
Tupitsyn 2003: Margarita Tupitsyn, Das Stigma der Apparatur. Zur „organischen" Wende in der Fotografie und der bildenden Kunst, in: Jurij Murašov/Georg Witte (Hg.), Die Musen der Macht. Medien in der sowjetischen Kultur der 20er und 30er Jahre, München 2003, S. 113-136.
Turnbull 1991: Mildred Turnbull, Soviet Environmental Policies and Practices. The Most Critical Investment, Aldershot 1991.
Turovskaya 1993: Maya Turovskaya, The Strange Case of Making Volga-Volga, in: Horton, Andrew (Hg.), Inside Soviet Film Satire. Laughter with a Lash, Cambridge 1993, S. 75–82.
Turovskaya 2006: Maya Turovskaya, Achilles und die Schildkröte. Der politische Witz in der totalitären Epoche, in: Karl Eimermacher/Astrid Volpert (Hg.), Tauwetter, Eiszeit und gelenkte Dialoge. Russen und Deutsche nach 1945, München 2006, S. 303–339.
Tvardovskij/Pečerskij 1956: A. Tvardovskij/N. Pečerskij, Die Angara ist abgesperrt, in: Presse der Sowjetunion, 1956, S. 2049-2050.

U kinodokumentalistov vostočnoj Sibiri 1958: U kinodokumentalistov vostočnoj Sibiri, in: Sovetskij Ekran, 1958, Nr. 6, S. 12-13.
Uekötter 2007: Frank Uekötter, Umweltgeschichte im 19./20. Jahrhundert, München 2007.
Ungenutzte Wasserstraßen 1956: Ungenutzte Wasserstraßen, in: Ostprobleme, 1956, S. 1424–1425 (aus: Gudok, 18. September 1956).
Unionskonferenz 1952: Unionskonferenz über Fragen der Kinderliteratur, in: Ostprobleme 4 (1952), S. 1020–1021.
Unruhe 1982: UdSSR – Ökologische Unruhe. Eine Diskussion über Umweltfragen in Sibirien, in: Osteuropa 32 (1982), S. A581-A594.
Uns lehrte Lenin 1961: Uns lehrte Lenin. Aus der Geschichte des Komsomol. Bd. 2, Berlin 1961.
Urussowa 2004: Janina Urussowa, Das neue Moskau. Die Stadt der Sowjets im Film 1917-1941, Köln/Weimar 2004.

Vajl'/Genis 2001: Petr Vajl'/Aleksandr Genis, 60-e: Mir sovetskogo čeloveka, Moskva [3]2001.
Valesyan 1995: Armen L. Valesyan, Armenia, in: Philip R. Pryde (Hg.), Environmental Resources and Constraints in the Former Soviet Republics, Boulder 1995, S. 221-234.
Varchim/Radkau 1981: Joachim Varchim/Joachim Radkau, Kraft, Energie und Arbeit. Energie und Gesellschaft, Reinbek 1981.
Varese 1998: Frederico Varese, The Society of the Vory-v-Zakone, 1930s-1950s, in: Cahiers du Monde Russe 39 (1998), S. 515–538.
Varese 2001: Frederico Varese, The Russian Mafia, Oxford 2001.
Varšavskij 1958: Ja. Varšavskij, Duša sovremennika, in: Iskusstvo Kino, 1958, Nr. 11, S. 8–26.
Vasil'ev 1997: O.F. Vasil'ev, u.a., Vodochozjajstvennye i ekologičeskie problemy Novosibirskogo vodochranilišča, in: Vodnye resursy 24 (1997), Nr. 5, S. 581-589.
Vasil'ev/Chrisanov 1984: Ju. S. Vasil'ev/N.I. Chrisanov, Ekologičeskie aspekty gidroenergetiki, Leningrad 1984.
Vedernikov 1966: I.A. Vedernikov, Dejatel'nost' partijnych organizacij po sozdaniju krupnejšich gidroelektrostancii Volžsko-Kamskogo kaskada, Moskva 1966.

Veigt 1978: Ernst Veigt, Die Wolga. Vom Strom zur Stauseetreppe, in; Geographische Rundschau 30 (1978), S.436–440.
Veličie 1952: Veličie našich dnej, in: Znanie – Sila, 1952, Nr.1, S.1–3.
Velikie sooruženija 1951: Velikie sooruženija Stalinskoj epochi, Moskva 1951.
Velikie Strojki 1951: Velikie Strojki Kommunizma. Sbornik materialov dlja učitelja, Moskva 1951.
Velikie Strojki 1952: Velikie Strojki Kommunizma. Sbornik stenogramm lekcii, Moskva 1952.
Vendrov 1957: Semen L. Vendrov, Izmenenie rel'efa beregov i dna Cimljanskogo vodochranilišča, in: Izvestija Akademii Nauk SSSR. Serija Geografičeskaja, 1957, Nr.3, S.75–80.
Vendrov 1963: Semen L. Vendrov, Zaprosy narodnogo chozjajstva k izučeniju i ekspluatacii vodochranilišč v svjazi s zadačami kompleksnogo ispol'zovanija i ochrany vodnych resursov, in: Materialy pervogo naučno-techničeskogo soveršcanija po izučeniju Kujbyševskogo vodochranilišča. Vyp. 1: Gidrologija i vodnoe chozjajstvo, Kujbyšev 1963, S.56–66.
Vendrov 1964: Semen L. Vendrov, Bemerkungen über ein einheitliches Tiefwassersystem der wichtigsten Binnenschiffahrtswege im Europäischen Teil der Sowjetunion, in: Petermann Geographische Mitteilungen 108 (1964), S.201–205.
Vendrov 1965: Semen L. Vendrov, A Forecast of Changes in Natural Conditions in the Northern Ob' Basin in Case of Construction of the Lower Ob' Hydro-Project, in: Soviet Geography 6 (1965), Nr.10, S.3–18.
Vendrov 1970a: Semen L. Vendrov, Problemy preobrazovanija rečnych sistem, Leningrad 1970.
Vendrov 1970b: Semen L. Vendrov, Ekologija i ekonomija, in: Literaturnaja Gazeta, 17. Juni 1970.
Vendrov 1986: Semen L. Vendrov, Žizn' našich rek, Leningrad 1986.
Vermišev 1958: K. Vermišev, Sevenskaja problema, in: Priroda, 1958, Nr.11, S.39–45.
Vertov 1984: Dziga Vertov, Outline for the Scenario of The Eleventh Year, in: ders., Kino-Eye. The Writings of Dziga Vertov, Berkeley 1984, S.279–282.
Vilenskij 1958: Matvej A. Vilenskij, Vyigriš vremeni, in: Technika – Molodež', 1958, Nr.12, S.1–3.
Vilenskij 1963, Matvej A. Vilenskij, Elektrifikacija SSSR i razmeščenie proizvodstvennych sil, Moskva 1963.
Villiers 2000: Marq de Villiers, Water. The Fate of Our most Precious Resource, Boston 2000.
Vinogradov 1962: I. Vinogradov, Der Held unserer Zeit, in: Sowjetwissenschaft. Kunst und Literatur 10 (1962), S.17–48.
Vinter/Markin 1956: Aleksandr V. Vinter/Arkadij Markin, Elektrifikacija našej strany, Moskva/Leningrad [2]1956.
Vitriščak 1958: V. Vitriščak, Poema o More, in: Sovetskij Ekran, 1958, Nr.6, S.9.
Vladislavlev 1962: L.A. Vladislavlev, Vibracija gidroagregatov gidroelektričeskich stancij, Moskva 1962.
Voenno-promyšlennyj kompleks 2005: Voenno-promyšlennyj kompleks Kujbyševskoj oblasti v gody Velikoj Otečestvennoj Vojny (1941–1945 gg.). Sbornik dokumentov, Samara 2005.
Vogel 2001: Heinrich Vogel, Charisma und Zweifel. Präsident Putin vor großen Herausforderungen, in: Internationale Politik 56 (2001), Nr.10, S.7–16.
Volgogradskij komsomol 1967: Volgogradskij komsomol v period zaveršanija stroitel'stva socializma (1953–1958gg.), Volgograd 1967.
Voliani 1934: A. Voliani, Elektrogigant na Volge (Kamyšinskaja gidrocentral'), Moskva/ Leningrad 1934.
Volin 1970: Lazar Volin, A Century of Russian Agriculture. From Alexander II to Khrushchev, Cambridge (Mass.) 1970.
Volkov 1999: Sergej V. Volkov, Intellektual'nyj sloj v sovetskom obščestve, Moskva 1999.

Volkov/Vol'šanik 1961: L.N. Volkov/V.G. Vol'šanik, Vodochranilišče, in: Stalingradskaja elektrostancija. Moskva 1961, S.59–65.

Volkov-Lannit 1961: L. Volkov-Lannit, Aleksandr Rodčenko, in: Sovetskoe Foto, 1961, Nr.12, S.19–22.

Volšanik 1967: V.G. Volšanik, O kompleksnom ispol'zovanii vodnych resursov i osnovnych položenijach pravil ich ispol'zovanija, in: Kompleksnoe ispol'zovanie vodnych resursov i režimy Volžsko-Kamskogo kaskada gidroelektrostancij, Moskva 1967, S.17–21.

Voprosy formirovanija 1977: Voprosy formirovanija Bratsko-Ust'-Ilimskogo TPK, Novosibirsk 1977.

Vorontsov 1992: Nikolaj N. Vorontsov, Nature Protection and Government in the USSR, in: Journal of the History of Biology 25 (1992), S.369–383.

Vosstanija 2004: Vosstanija, bunty i zabastovki zaključennych. Istorija Stalinskogo GULaga. Tom 6, Moskva 2004.

Vovk 1976: F.I. Vovk, u.a., Effektivnost' raboty rybopod'emnika Volgogradskogo gidrouzla, in: Rybnoe Chozjajstvo, 1976, Nr.6, S.16–17.

Voznesenskij 1949: A.N. Voznesenskij, Gidroenergetika SSSR v poslevoennoj pjatiletke, Moskva 1949.

Voznesenskij 1958: A.N. Voznesenskij, Rabota instituta „Gidroenergoproekt“, in: Energetičeskoe stroitel'stvo SSSR za 40 let (1917–1957 gg.), Moskva/Leningrad 1958, S.219–254.

Voznesenskij 1960: A.N. Voznesenskij, u.a., Nekotorye voprosy sozdanija vodochranilišč gidroelektrostancij v uslovijach vostočnoj Sibiri, in: Energetika. Razvitie proizvoditel'nych sil vostočnoj Sibiri, Moskva 1960, S.177–186.

Voznesenskij/Besčinskij 1960: A.N. Voznesenskij/A.A. Besčinskij, Gidroenergetičeskie resursy vostočnoj Sibiri i perspektivy ich ispol'zovanija, in: Energetika. Razvitie proizvoditel'nych sil vostočnoj Sibiri, Moskva 1960.

Vozvraščenie pamjati 1991–97: Vozvraščenie pamjati, Novosibirsk 1991–1997.

Vstreča 1952: Vstreča velikich rek, in: Znanie – Sila, 1952, Nr.6, S.1–4.

Vucinich 1984: Alexander Vucinich, Empire of Knowledge. The Academy of Science of the USSR (1917–1970), Berkeley 1984.

Walicki 1995: Andrzej Walicki, Marxism and the Leap to the Kingdom of Freedom. The Rise and Fall of Communist Utopia, Stanford 1995.

War Damage 1947: War Damage in the USSR, in: USSR Information Bulletin, 14. Mai 1947, S.5–6.

Ward 1993: Chris Ward, Stalin's Russia, New York 1993.

Ward 2002: Diane R. Ward, Water Wars. Drought, Flood, Folly, and the Politics of Thirst, New York 2002.

Warne 1973: William E. Warne, The Bureau of Reclamation, New York 1973.

Warneck 1954: P.A. Warneck, The Volga-Don-Navigation Canal, in: Russian Review 13 (1954), S.285–291.

Waschik 2000: Klaus Waschik, Literatur und Zeitgeschichte in der Sowjetunion. Zum Wandel alternativer Geschichtsentwürfe in der sowjetischen Prosa und Literaturkritik der 60er bis 80er Jahre, Bochum 2000.

Waschik/Baburina 2003: Klaus Waschik/Nina Baburina, Werben für die Utopie. Russische Plakatkunst des 20. Jahrhunderts, Bietigheim-Bissingen 2003.

Watts 1996: Michael Watts (Hg.), Liberation Ecologies. Environment, Development, Social Movements, London 1996.

Weber 1999: Heike Weber, Technikkonzeptionen in der populären Sachbuchliteratur des Nationalsozialismus. Die Werke von Anton Zischka, in: Technikgeschichte 66 (1999), S.205–236.

Weber/Engelskirchen 2000: Wolfhard Weber/Lutz Engelskirchen, Streit um die Technikgeschichte in Deutschland 1945–1975, Münster 2000.

Wedeen 1999: Lisa Wedeen, Ambiguities of Domination. Politics, Rhetorics, and Symbols in Contemporary Syria, Chicago 1999.

Wehr 2004: Kevin Wehr, America's Fight over Water. The Environmental and Political Effects of Large-Scale Water Systems, New York/London 2004.

Weigt 1978: Ernst Weigt, Die Wolga – Vom Strom zur Stauseetreppe, in: Geographische Rundschau 28 (1978), S.436–440.

Wein 1986: Norbert Wein, Die Landwirtschaft in den jungen Erschließungsgebieten Sibiriens (Stand, Probleme, Perspektiven), in: Leptin, Gert (Hg.), Sibirien. Ein russisches und sowjetisches Entwicklungsproblem, Berlin 1986, S.34–64.

Wein 1987: Norbert Wein, Bratsk – Pioneering City in the Taiga, in: Soviet Geography 28 (1987), S.171-194.

Wein 1999: Norbert Wein, Sibirien, Gotha/Stuttgart 1999.

Weiner 1984: Jack Weiner, The Destalinization of Dmitrii Shostakovich's *Song of the Forest*, Op.81 (1949), in: Rocky Mountain Review of Language and Literature 38 (1984), S.214–222.

Weiner 1988: Douglas R. Weiner, Models of Nature. Ecology Conservation and Cultural Revolution in Soviet Russia, Bloomington 1988.

Weiner 1995: Douglas R. Weiner, Man of Plastic. Gor'kii's Vision of Humans in Nature, in: Soviet and Post-Soviet Review 22 (1995), S.65–88.

Weiner 1999: Douglas R. Weiner, A Little Corner of Freedom. Russian Nature Protection from Stalin to Gorbachev, Berkeley 1999.

Weiner 2000: Amir Weiner, Saving Private Ivan. From What, Why and How?, in: Kritika, 1 (2000), S.305-336.

Weiner 2001a: Amir Weiner, In the Long Shadow of War. The Second World War and the Soviet and Post-Soviet World, in: Diplomatic History 25 (2001), S.443–456.

Weiner 2001b: Amir Weiner, Making Sense of War. The Second World War and the Fate of the Bolshevik Revolution, Princeton 2001.

Weiner 2003: Amir Weiner (Hg.), Landscaping the Human Garden. Twentieth Century Population Management in a Comparative Perspective, Stanford 2003.

Weingart 2001: Peter Weingart, Die Stunde der Wahrheit. Zum Verhältnis der Wissenschaft zu Politik, Wirtschaft und Medien in der Wissensgesellschaft, Weilerswist 2001.

Weingart 2005: Peter Weingart, Die Wissenschaft der Öffentlichkeit. Essays zum Verhältnis von Wissenschaft, Medien und Öffentlichkeit, Weilerswist 2005.

Weiskopf 1932: Franc Carl Weiskopf, Zukunft im Rohbau. 18.000 Kilometer durch die Sowjetunion, Berlin 1932.

Weiß 1996: Johannes Weiß, Antinomien der Moderne, in: Max Miller/Hans-Georg Soeffner (Hg.), Modernität und Barbarei. Soziologische Zeitdiagnose am Ende des 20. Jahrhunderts, Frankfurt a.M. [2]1996, S.211-218.

Weißenburger 1984a: Ulrich Weißenburger, Umweltprobleme und Umweltschutz in der Sowjetunion. Teil 1: Umweltverschmutzung und -zerstörung als Problem der Wirtschaftspolitik, in: Berichte des Bundesinstituts für ostwissenschaftliche und internationale Studien, 1984, Nr.52.

Weißenburger 1984b: Ulrich Weißenburger, Umweltprobleme und Umweltschutz in der Sowjetunion. Teil 2: Die Umweltplanung und die institutionellen Zuständigkeiten für den Umweltschutz, in: Berichte des Bundesinstituts für ostwissenschaftliche und internationale Studien, 1984, Nr.53.

Weißenburger 1985: Ulrich Weißenburger, Umweltprobleme und Umweltschutz in der Sowjetunion. Teil 3: Die Maßnahmen für den Umweltschutz, in: Berichte des Bundesinstituts für ostwissenschaftliche und internationale Studien, 1985, Nr.12.

Weißenburger 1989: Ulrich Weißenburger, Der Umweltschutz in der Sowjetunion. Zwang zum Handeln, in: Helmut Schreiber (Hg.), Umweltprobleme in Mittel- und Osteuropa, Frankfurt a.M. 1989, S.184–196.

Weißenburger 1994: Ulrich Weißenburger, Umweltprobleme und Umweltschutz in der Russischen Föderation, in: Osteuropa-Wirtschaft 39 (1994), S.100–114.
Welitsch 1952: W. Welitsch, Die Eroberung der Wüste Karakum, Leipzig 1952.
Welzer 2008: Harald Welzer, Klimakriege. Wofür im 21. Jahrhundert getötet wird, Frankfurt a.M. 2008.
Wengenroth 1993: Ulrich Wengenroth, Menschenbilder in der Technik und die säkularisierte Heilsbedürftigkeit, in: Kurt Weis (Hg.), Bilder vom Menschen in Wissenschaft, Technik und Religion, München 1993, S.163–187.
Werth 1997: Nicolas Werth, Ein Staat gegen sein Volk. Gewalt, Unterdrückung und Terror in der Sowjetunion, in: Stéphane Courtois (Hg.), Das Schwarzbuch des Kommunismus. Unterdrückung, Verbrechen und Terror, München/Zürich 1997, S.51–298.
Werth 2006: Karsten Werth, Ersatzkrieg im Weltraum. Das US-Raumfahrt-Programm in der Öffentlichkeit der 1960er Jahre, Frankfurt a.M./New York 2006.
Wessel 2002: Horst A. Wessel (Hg.), Das elektrische Jahrhundert. Entwicklungen und Wirkungen der Elektrizität im 20. Jahrhundert, Essen 2002.
Wessely 1959: Kurt Wessely, Energiewirtschaft, in: Osteuropa 9 (1959), S.304–310.
Wessely 1962: Kurt Wessely, Tendenzen in der Energiewirtschaft des Ostblocks. Teil 1: Sowjetunion, in: Osteuropa 12 (1962), S.578–584.
Westerman 2002: Frank Westerman, Ingenieure der Seele. Schriftsteller unter Stalin – Eine Erkundungsreise, Berlin 2002.
Weyer 1993: Johannes Weyer, Größendiskurse. Die strategische Inszenierung des Wachstums sozio-technischer Systeme, In: Ingo Braun/Bernward Joerges (Hg.), Technik ohne Grenzen, Frankfurt a.M. 1993, S.347–385.
Wheatcroft 2004: Stephen G. Wheatcroft, From Team-Stalin to Degenerate Tyranny, in: E.A. Rees (Hg.), The Nature of Stalin's Dictatorship. The Politburo, 1924–1953, New York 2004, S.79–107.
White 1988: Stephen White, The Bolshevik Poster, New Haven/London 1988.
White 1995: Richard White, The Organic Machine. The Remaking of the Columbia River, New York 1995.
Widdis 2003a: Emma Widdis, To Explore or to Conquer? Mobile Perspectives on the Soviet Cultural Revolution, in: Evgeny Dobrenko/Eric Naiman (Hg.), The Landscape of Stalinism. The Art and Ideology of Soviet Space, Seattle/London 2003, S.219–240.
Widdis 2003b: Emma Widdis, Visions of a New Land. Soviet Film from the Revolution to the Second World War, New Haven/London 2003.
Wiles 1965: Peter Wiles, Zentrale und dezentrale Elemente der Wirtschaftslenkung, in: Werner Markert (Hg.), Osteuropa-Handbuch Sowjetunion. Das Wirtschaftssystem, Köln/Graz 1965, S.433–460.
Williams 1997: James C Williams, Energy and the Making of Modern California, Akron (Ohio) 1997.
Williams 2003: Rosalind Williams, Retooling. A Historian Confronts Technological Change, Cambridge (Mass.) 2003.
Winiwarter/Knoll 2007: Verena Winiwarter/Martin Knoll, Umweltgeschichte. Eine Einführung, Klön/Weimar 2007.
Wittfogel 1977: Karl A. Wittfogel, Die Orientalische Despotie. Eine vergleichende Untersuchung totaler Macht, Frankfurt a.M. 1977 (engl. Erstausgabe 1957).
Wolf 1999: Erika Maria Wolf, USSR in Construction. From Avant-Garde to Socialist Realist Practice. Ph.D. Dissertation, University of Michigan 1999.
Wolfe 2005: Thomas C. Wolfe, Governing Soviet Journalism. The Press and the Socialist Person after Stalin, Bloomington/Indianapolis 2005.
Wolfson 1988: Ze'ev Wolfson, Ecological Problems as Natural Problems. Lake Sevan in Armenia, Lake Baikal and the Volga, in: Environmental Policy Review 2 (1988), Nr.2, S.3–16.
Wolfson 1994: Ze'ev Wolfson, The Geography of Survival. Ecology in the Post-Soviet Era, Armonk/London 1994.

Woll 2000: Josephine Woll, Real Images. Soviet Cinema and the Thaw, London 2000.

Wolle 1997: Stefan Wolle, Die Diktatur der schönen Bilder. Zur politischen Ikonographie der SED-Diktatur, in: Deutsche Fotographie. Macht eines Mediums 1870–1970, Köln 1997, S.174–185.

Wolle 2006: Stefan Wolle, Die Welt der verlorenen Bilder. Die DDR im visuellen Gedächtnis, in: Gerhard Paul (Hg.), Visual History. Ein Studienbuch, Göttingen 2006, S.333-352.

Wood 1992: Denis Wood, The Power of Maps, London 1992.

Worster 1979: Donald Worster, Dust Bowl, New York 1979.

Worster 1985: Donald Worster, Rivers of Empire. Water, Aridity, and the Growth of the American West, New York/Oxford 1985.

Worster 1992: Donald Worster, Hoover Dam. A Study in Domination, in: ders., Under the Western Skies. Nature and History in the American West, New York/Oxford 1992, S.64–78.

Wunderwerke 1951: Wunderwerke unserer Epoche, Wien 1951.

XVIII S-ezd 1939: XVIII s-ezd Vsesojuznoj kommunističeskoj Partii (b) 10–21 marta 1939g. Stenografičeskij otčet, Moskva 1939.

XX S-ezd 1956: XX s-ezd Kommunističeskoj Partii Sovetskogo Sojuza. Stenografičeskij otčet. Tom 2, Moskva 1956.

XXI S-ezd 1959: Vneočerednoj XXI s-ezd Kommunističeskoj Partii Sovetskogo Sojuza. Stenografičeskij otčet. Tom 2, Moskva 1959.

XXII S-ezd 1961: XXII s-ezd Kommunističeskoj Partii Sovetskogo Sojuza 17-31 oktjabrja 1961 goda. Stenografičeskij otčet. Tom 2, Moskva 1962.

Yanov 1984: Alexander Yanov, The Drama of the Soviet 1960s. A Lost Reform, Berkeley 1984.

Young 2000: R. Young, On the Limited Economic Benefits of Dam and Reservoir Projects, Boulder 2000.

Yun 1993: Woo-Seob Yun, Studien zu Boris Pil'njaks „Krasnoe Derevo" und „Volga vpadaet v Kaspijskoe more", München 1993.

Yurchak 1997: Alexei Yurchak, The Cyncial Reason of Late Socialism. Power, Pretense, and the Anekdot, in: Political Culture 9 (1997), S.161-188.

Yurchak 2006: Alexei Yurchak, Everything Was Forever, Until It Was No More. The Last Soviet Generation, Princeton 2006.

Zacharin 1956: A.G. Zacharin, Elektrifikacija sel'skich rajonov SSSR, in: Priroda, 1956, Nr.2, S.56–63.

Zachlebnyj 1981: A. Zachlebnyj, Škola i problema ochrany prirody, Moskva 1981.

Zadači 1961: Zadači gidroenergostroitelej v svete rešenij XXII s-ezda KPSS, in: Gidrotechničeskoe Stroitel'stvo, 1961, Nr.11, S.9–14.

Zaključennye na strojkach kommunizma 2008: Zaključennye na strojkach kommunizma. Gulag i ob'ekty energetiki v SSSR. Sobranie dokumentov i fotografij, Moskva 2008.

Zaleski 1967: Eugène Zaleski, Planning Reforms in the Soviet Union, 1962-1966, Chapel Hill 1967.

Zaleski 1980: Eugène Zaleski, Stalinist Planning for Economic Growth, 1933-1952, Chapel Hill 1980.

Zapadnaja Sibir' 1963: Zapadnaja Sibir', Moskva 1963.

Zapf 1991: Wolfgang Zapf (Hg.), Die Modernisierung moderner Gesellschaften, Frankfurt a.M. 1991.

Zarevo 1959: Zarevo nad Volgoj, Moskva 1959.

Zaslavsky 1982: Victor Zaslavsky, In geschlossener Gesellschaft. Gleichgewicht und Widerspruch im sowjetischen Alltag, Berlin 1982.

Zauberman 1972: Alfred Zauberman, Wirtschaftsreformen und neue Planungstechniken in Osteuropa, in: Hermann Hans- Höhmann/Michael C. Kaser/Karl C. Thalheim (Hg.), Die Wirtschaftsordnungen Osteuropas im Wandel. Ergebnisse und Probleme der Wirtschaftsreformen. Bd.2: Analysen wirtschaftlicher Teilordnungen: Funktionswandel der Systemelemente, Rombach 1972, S.7-46.

Ždanov/Rudenko 1952: N. Ždanov/S. Rudenko, Der Don nähert sich der Wolga, in: Presse der Sowjetunion, 1952, S.283-284 (aus: Izvestija, 7.Februar 1952).

Zejliger 1960: A.N. Zejliger, Schema razvitija EES central'noj Sibiri, in: Energetika. Razvitie proizvoditel'nych sil vostočnoj Sibiri, Moskva 1960.

Zelinski 1959: Kornelij Zelinski, K poznaniju tvorčeskogo opyta A. P. Dovženko, in: Mosfilm. Stat'i, publikacii, izobrazitel'nye materialy. Vyp. 1, Moskva 1959, S.18-30.

Želtova 1996: E.L. Želtova, Elektrifikacija Rossii (1921-1928): Mifologičeskie aspekty, in: Voprosy Istorii Estestvoznanija i Techniki, 1996, Nr.1, S.61-77.

Zezina 1995: M. Zezina, Šokovaja terapija. Ot 1953-go k 1956 godu, in: Otečestvennaja Istorija, 1995, Nr.2, S.121-135.

Zguridi 1951: A. Zguridi, K desjatiletiju kinožurnala „Nauka i Technika", in: Iskusstvo Kino, 1951, Nr.1, S.27-29.

Zhirkov 1964: K.F. Zhirkov, Dust Storms in the Steppes of Western Siberia and Kazakhstan, in: Soviet Geography 5 (1964), Nr.5, S.33-41.

Zholdasova 1999: Iliya Zholdasova, Fish Population as an Ecosystem Component and Economic Object in the Aral Sea Basin, in: Michael H. Glantz (Hg.), Creeping Environmental Problems and Sustainable Development in the Aral Sea Basin, Cambridge 1999, S.204-224.

Ziegler 1987a: Charles E. Ziegler, Environmental Policy in the USSR, Amherst 1987.

Ziegler 1987b: Charles E. Ziegler, The Bear's View: Soviet Environmentalism, in: Technology Review 90 (1987), Nr.3, S.44-45.

Ziegler 1992: Charles E., Political Participation, Nationalism and Environmental Politics in the USSR, in: John M. Stewart (Hg.), The Soviet Environment. Problems, Policies and Politics, Cambridge 1992, S.24-39.

Zima 1996: Venjamin F. Zima, Golod v SSSR 1946-1947 godov. Proischoždenie i posledstvija, Moskva 1996.

Žimerin 1960: Dmitrij G. Žimerin, Razvitie energetiki SSSR, Moskva 1960.

Žimerin 1962: Dmitrij G. Žimerin, Istorija elektrifikacija SSSR, Moskva 1962.

Zimm 1957: Alfred Zimm, Der Plan der „Großen Wolga" – Projekt und Wirklichkeit, in: Zeitschrift für den Erdkundeunterricht 9 (1957), S.289-298.

Zimm 1966: Alfred Zimm, Die Herausbildung neuer Industrierayons in den Ostgebieten der Sowjetunion, in: Geographische Rundschau 18 (1966), S.129-136.

Zimmerman 1987: William Zimmerman, Mobilized Participation and the Nature of Soviet Dictatorship, in: James R. Millar (Hg.), Politics, Work and Daily Life in the USSR. A Survey of Former Soviet Citizens, Cambridge 1987, S.332-353.

Zischka 1979: Anton Zischka, Kampf ums Überleben. Das Menschenrecht auf Energie, Wien/Düsseldorf 1979.

Zischka 1988: Anton Zischka, Die alles treibende Kraft. Weltgeschichte der Energie, Heidelberg 1988.

Zlobin 1957: A. Zlobin, Svjaz' vremen, in: Iskusstvo Kino 1957, Nr.12, S.51-55.

Zolotarev 1951a: T.L. Zolotarev, Gidroenergetika, Moskva/Leningrad 1951.

Zolotarev 1951b: T.L. Zolotarev, Ot Volchova do Volgi, in: Nauka i Žizn', 1951, Nr.2, S.21-25.

Zolotarev 1951c: T.L. Zolotarev, Velíkij vodnoj put', in: Nauka i Žizn', 1951, Nr.3, S.5-7.

Zolotarev 1958: G.S. Zolotarev, Nekotorye itogi izučenija pererabotki beregov Kujbyševskogo i Rybinskogo vodochranilišč, Moskva 1958.

Zolotaryov 1937: T.L. Zolotaryov, Hydroelectric Stations, in: Benjamin I. Weitz (Hg.), Electric Power Development in the USSR. A Collective Study, London/Moskau 1937, S.265-299.

Zonn 1999: Igor S. Zonn, The Impact of Political Ideology on Creeping Environmental Changes in the Aral Sea Basin, in: Michael H. Glantz (Hg.), Creeping Environmental Problems and Sustainable Development in the Aral Sea Basin, Cambridge 1999, S.157-190.

Zubčenko 1960: V.V. Zubčenko, Perspektivy razvitija elektrotjagi na železnych dorogach Sibiri, in: Energetika. Razvitie proizvoditel'nych sil vostočnoj Sibiri, Moskva 1960, S.344-349.

Zubkova 1998a: Elena Zubkova, Kaderpolitik und Säuberungen in der KPdSU (1945-1953), in: Hermann Weber/Ulrich Mählert (Hg.), Terror. Stalinistische Parteisäuberungen 1936-1953, Paderborn 1998, S.187-281.

Zubkova 1998b: Elena Zubkova, Russia after the War. Hopes, Illusions, and Disappointments 1945-1957, Armonk/London 1998.

Zubkova 1999: Elena Zubkova, Poslevoennoe sovetskoe obščestvo. Politika i posvednevnost' 1945-1953, Moskva 1999.

Zubkova 2004: Elena Zubkova, The Soviet Regime and Soviet Society in the Postwar Years. Innovations and Conservatism, 1945-1953, in: Journal of Modern European History 2 (2004), 134-152.

Žukovskij/Russakovskij 1951: Ja. Žukovskij/E. Russakovskij, Velikie Stalinskie Strojki i ich pol' v sozdanii material'no-proizvodstvennoj bazy kommunizma, in: Planovoe Chozjajsto, 1951, Nr.4, S.3-20.

ZumBrunnen 1974: Craig ZumBrunnen, The Lake Baikal Controversy: A Serious Water Pollution Threat or a Tuning Point in Soviet Environmental Consciousness, in: Ivan Volgyes (Hg.), Environmental Deterioration in the Soviet Union and Eastern Europe, New York 1974, S.80-122.

ZumBrunnen 1989: Craig ZumBrunnen, Rechtliche, institutionelle und praktische Aspekte der sowjetischen Wasserreinhaltepolitik, in: Helmut Schreiber (Hg.), Umweltprobleme in Mittel- und Osteuropa, Frankfurt a.M. 1989, S.115-133.

Zumm 1952: Alfred Zumm, Der W.-I.-Lenin-Wolga-Don-Schiffahrtskanal, in: Wissenschaft und Fortschritt, 1952, S.291-293.

Zunz 1956: Michail Zunz, Wasserkraft im Dienste des Menschen, in: Presse der Sowjetunion, 1956, S.95-97 (aus: Vodnyj Transport, 13.Oktober 1955).

Žurnal „Znanie – Sila" 1951: 25 let žurnalu „Znanie – Sila", in: Znanie – Sila, 1951, Nr.2, S.18-22

Zverev 1973; Arsenij G. Zverev, Zapiski ministera, Moskva 1973.

Zvorykin 1962: K.A. Zvorykin, Vodnye bogatstva na službe semiletki, Leningrad 1962.

Zykov 1969a: A.N. Zykov, Pervenec na Obi, in: Ros i mužal rabočij klass, Novosibirsk 1969, S.81-89.

Zykov 1969b: A.N. Zykov, KPSS – organizator stroitel'stva gidroelektrostancij Vostočnoj Sibiri (1950-1967 gg.), Moskva 1969.

Register

Ordnungssysteme. Studien zur Ideengeschichte der Neuzeit

Herausgegeben von Dietrich Beyrau, Anselm Doering-Manteuffel und Lutz Raphael

---

Die Reihe **Ordnungssysteme** nimmt Impulse auf, die sich seit zwei Jahrzehnten aus der Revision politik- und sozialgeschichtlicher Forschungsansätze entwickelt haben. Als Forum einer methodisch erneuerten Ideengeschichte trägt sie der Wirksamkeit politisch-kultureller Traditionen Europas seit dem Zeitalter der Aufklärung Rechnung. Die besondere Aufmerksamkeit gilt dem konkreten Wechselspiel ideeller, politischer und sozialer Prozesse.

Die Reihe **Ordnungssysteme** hat insbesondere das Ziel:

- vergleichende Studien zu den nationalen Eigenarten und unterschiedlichen Traditionen in der europäischen Ideengeschichte zu fördern,
- gemeineuropäische Dimensionen seit der Aufklärung zu untersuchen,
- den Weg von neuen Ideen zu ihrer breitenwirksamen Durchsetzung zu erforschen.

Die Reihe **Ordnungssysteme** verfolgt einige Themen mit besonderem Interesse:

- den Ideenverkehr zwischen Europa und Nordamerika,
- die Beziehungen zwischen politischen und religiösen Weltbildern,
- die Umformung der politischen Leitideen von Liberalismus, Nationalismus und Sozialismus im 20. Jahrhundert,
- die Herausbildung traditionsstiftender, regionenbezogener Gegensatzpaare in der europäischen Ideenwelt, wie zum Beispiel den Ost-West-Gegensatz.

Die Reihe **Ordnungssysteme** bemüht sich um eine methodische Erneuerung der Ideengeschichte:

- Sie verknüpft die Analyse von Werken und Ideen mit ihren sozialen, kulturellen und politischen Kontexten.
- Sie untersucht die Bedeutung von Wissenssystemen in der Entwicklung der europäischen Gesellschaften.
- Sie ersetzt die traditionelle Ideengeschichte der großen Werke und großen Autoren durch eine Ideengeschichte, die Soziabilität und Kommunikation als tragende Gestaltungskräfte kultureller Produktion besonders beachtet.
- Sie bezieht Institutionen und Medien der Kulturproduktion systematisch in die Untersuchung ein.

Band 1:
Michael Hochgeschwender
Freiheit in der Offensive?
Der Kongreß für kulturelle Freiheit und die Deutschen
1998. 677 S. ISBN 978-3-486-56341-2

Band 2:
Thomas Sauer
Westorientierung im deutschen Protestantismus?
Vorstellungen und Tätigkeit des Kronberger Kreises
1999. VII, 326 S. ISBN 978-3-486-56342-9

Band 3:
Gudrun Kruip
Das „Welt“-„Bild“ des Axel Springer Verlags
Journalismus zwischen westlichen Werten und deutschen Denktraditionen
1999. 311 S. ISBN 978-3-486-56343-6

Band 4:
Axel Schildt
Zwischen Abendland und Amerika
Studien zur westdeutschen Ideenlandschaft der 50er Jahre
1999. VIII, 242 S. ISBN 978-3-486-56344-3

Band 5:
Rainer Lindner
Historiker und Herrschaft
Nationsbildung und Geschichtspolitik in Weißrußland im 19. und 20. Jahrhundert
1999. 536 S. ISBN 978-3-486-56455-6

Band 6:
Jin-Sung Chun
Das Bild der Moderne in der Nachkriegszeit
Die westdeutsche „Strukturgeschichte“ im Spannungsfeld von Modernitätskritik und wissenschaftlicher Innovation 1948–1962
2000. 277 S. ISBN 978-3-486-56484-6

Band 7:
Frank Becker
Bilder von Krieg und Nation
Die Einigungskriege in der bürgerlichen Öffentlichkeit Deutschlands 1864–1913
2001. 601 S. und 32 S. Bildteil ISBN 978-3-486-56545-4

Band 8:
Martin Sabrow
Das Diktat des Konsenses
Geschichtswissenschaft in der DDR 1949–1969
2001. 488 S. ISBN 978-3-486-56559-1

Band 9:
Thomas Etzemüller
Sozialgeschichte als politische Geschichte
Werner Conze und die Neuorientierung der westdeutschen Geschichtswissenschaft nach 1945
2001. VIII, 445 S. ISBN 978-3-486-56581-2

Band 10:
Martina Winkler
Karel Kramář (1860–1937)
Selbstbild, Fremdwahrnehmungen und Modernisierungsverständnis eines tschechischen Politikers
2002. 414 S. ISBN 978-3-486-56620-8

Band 11:
Susanne Schattenberg
Stalins Ingenieure
Lebenswelten zwischen Technik und Terror in den 1930er Jahren
2002. 457 S. ISBN 978-3-486-56678-9

Band 12:
Torsten Rüting
Pavlov und der Neue Mensch
Diskurse über Disziplinierung in Sowjetrussland
2002. 337 S. ISBN 978-3-486-56679-6

Band 13:
Julia Angster
Konsenskapitalismus und Sozialdemokratie
Die Westernisierung von SPD und DGB
2003. 538 S. ISBN 978-3-486-56676-5

Band 14:
Christoph Weischer
Das Unternehmen ‚Empirische Sozialforschung'
Strukturen, Praktiken und Leitbilder der Sozialforschung in der Bundesrepublik Deutschland
2004. X, 508 S. ISBN 978-3-486-56814-1

Band 15:
Frieder Günther
Denken vom Staat her
Die bundesdeutsche Staatsrechtslehre zwischen Dezision und Integration 1949–1970
2004. 364 S. ISBN 978-3-486-56818-9

Band 16:
Ewald Grothe
Zwischen Geschichte und Recht
Deutsche Verfassungsgeschichtsschreibung 1900–1970
2005. 486 S. ISBN 978-3-486-57784-6

Band 17:
Anuschka Albertz
Exemplarisches Heldentum
Die Rezeptionsgeschichte der Schlacht an den Thermopylen von der Antike bis zur Gegenwart
2006. 424 S., zahlreiche Abb. ISBN 978-3-486-57985-7

Band 18:
Volker Depkat
Lebenswenden und Zeitenwenden
Deutsche Politiker und die Erfahrungen des 20. Jahrhunderts
2007. 573 S. ISBN 978-3-486-57970-3

Band 19:
Lorenz Erren
„Selbstkritik" und Schuldbekenntnis
Kommunikation und Herrschaft unter Stalin (1917–1953)
2008. 405 S. ISBN 978-3-486-57971-1

Band 20:
Lutz Raphael, Heinz-Elmar Tenorth (Hrsg.)
Ideen als gesellschaftliche Gestaltungskraft im Europa der Neuzeit
Beiträge für eine erneuerte Geistesgeschichte
2006. 536 S. ISBN 978-3-486-57786-0

Band 21:
Thomas Großbölting
„Im Reich der Arbeit"
Die Repräsentation gesellschaftlicher Ordnung in den deutschen Industrie- und Gewerbeausstellungen 1790–1914
2007. 518 S., zahlreiche Abb. ISBN 978-3-486-58128-7

Band 22:
Wolfgang Hardtwig (Hrsg.)
Ordnungen in der Krise
Zur politischen Kulturgeschichte Deutschlands 1900–1933
2007. 566 S. ISBN 978-3-486-58177-5

Band 23:
Marcus M. Payk
Der Geist der Demokratie
Intellektuelle Orientierungsversuche im Feuilleton der frühen Bundesrepublik: Karl Korn und Peter de Mendelssohn
2008. 415 S. ISBN 978-3-486-58580-3

Band 24:
Rüdiger Graf
Die Zukunft der Weimarer Republik
Krisen und Zukunftsaneignungen in Deutschland 1918–1933
2008. 460 S. ISBN 978-3-486-58583-4

Band 25:
Jörn Leonhard
Bellizismus und Nation
Kriegsdeutung und Nationsbestimmung in Europa und den Vereinigten Staaten 1750–1914
2008. XIX, 1019 S. ISBN 978-3-486-58516-2

Band 26:
Ruth Rosenberger
Experten für Humankapital
Die Entdeckung des Personalmanagements in der Bundesrepublik Deutschland
2008. 482 S. ISBN 978-3-486-58620-6

Band 27:
Désirée Schauz
Strafen als moralische Besserung
Eine Geschichte der Straffälligenfürsorge 1777–1933
2008. 432 S. ISBN 978-3-486-58704-3

Band 28:
Morten Reitmayer
Elite
Sozialgeschichte einer politisch-gesellschaftlichen Idee in der frühen Bundesrepublik
2009. 628 S. ISBN 978-3-486-58828-6

Band 29:
Sandra Dahlke
Emel'jan Jaroslavskij (1878–1943)
Individiuum und Herrschaft im Stalinismus
2010. Ca. 448 S. ISBN 978-3-486-58955-9

Band 30:
Klaus Gestwa
Die Stalinschen Großbauten des Kommunismus
Sowjetische Technik- und Umweltgeschichte, 1948–1967
2010. 660 S., 18 Abbildungen. ISBN 978-3-486-58963-4

Band 31:
Rüdiger Bergien
Die bellizistische Republik
Wehrkonsens und „Wehrhaftmachung" in Deutschland 1918–1933
2011. Ca. 390 S. ISBN 978-3-486-59181-1

www.ingramcontent.com/pod-product-compliance
Lightning Source LLC
LaVergne TN
LVHW092115300926
849161LV00002B/141
* 9 7 8 3 4 8 6 5 8 9 6 3 4 *